国外生命科学优秀教材

# 生物医学信息学

（第三版）

〔美〕Edward H. Shortliffe　　主　编
〔美〕James J. Cimino　　　　 副主编

罗述谦　　　　　　　　　　　主　译

科学出版社
北　京

## 内 容 简 介

本书包括三部分共24章，均由美国著名大学和医院有实际经验的一线专家撰写。第一部分（第1~11章）介绍生物医学信息学的基本概念和理论；第二部分（第12~22章）偏重讨论生物医学信息学的应用；第三部分（第23~24章）对生物医学信息学的发展前景做了展望。每章的开始部分提出一些导读性问题，明确告诉读者该章要讲述的问题；正文论述部分既有准确的概念定义，又有丰富的图表和临床实例及真实临床场景描述；每章结尾列出一组思考问题。本书是当前国际上生物医学信息学领域最权威的基础教科书之一。

本书可作为医学、药学、医学信息学、生物医学工程和公共卫生等相关专业本科、专科的生物医学信息学课程教材或参考书，对健康信息学感兴趣的医生、护士、管理人员，以及从事医疗服务的技术人员、医疗保险事业人士也可以参考阅读。

**图书在版编目(CIP)数据**

生物医学信息学：第3版/(美)肖特利弗(Shortliffe,E.H.)主编；罗述谦译.—北京：科学出版社，2011.6
国外生命科学优秀教材
ISBN 978-7-03-031215-0

Ⅰ.①生… Ⅱ.①肖… ②罗… Ⅲ.①生物医学工程-信息技术-教材
Ⅳ.①R318.04

中国版本图书馆CIP数据核字(2011)第097134号

责任编辑：王国栋　刘　晶/责任校对：林青梅
责任印制：徐晓晨/封面设计：耕者设计工作室

科 学 出 版 社 出版
北京东黄城根北街16号
邮政编码：100717
http://www.sciencep.com

**北京凌奇印刷有限责任公司** 印刷
科学出版社发行　各地新华书店经销

\*

2011年6月第 一 版　　开本：890×1240 A4
2020年7月第五次印刷　　印张：30 1/2
字数：860 000
**定价：128.00元**
（如有印装质量问题，我社负责调换）

# 翻译人员及分工

| | | | |
|---|---|---|---|
| 罗述谦 | 教授 | 首都医科大学 | 主译，全书统稿 |
| 张　楠 | 博士 | 首都医科大学 | 第4章和第7章 |
| 雷健波 | 常务副主任 | 北京大学医学信息学中心 | 前言和第23章 |

（以下按姓氏笔画排序）

| | | | |
|---|---|---|---|
| 石宏理 | 博士 | 首都医科大学 | 第1章和第9章 |
| 刘庆凯 | 博士 | 首都医科大学 | 第12章 |
| 李　霞 | 博士 | 首都医科大学 | 第16章和第17章 |
| 严华刚 | 博士 | 首都医科大学 | 第6章和第11章 |
| 严雪敏 | 主治医师 | 北京协和医院 | 第13章 |
| 张　景 | 博士 | 首都医科大学 | 第18章和第20章 |
| 陈　卉 | 博士 | 首都医科大学 | 第5章和第10章 |
| 周　震 | 博士 | 首都医科大学 | 第8章上和第21章 |
| 郑文新 | 博士 | 首都医科大学 | 第3章和第24章 |
| 夏　翃 | 博士 | 首都医科大学 | 第14章和第15章 |
| 高　磊 | 博士 | 首都医科大学 | 第2章和第22章 |
| 郭江贵 | 博士 | 首都医科大学 | 第8章下和第19章 |

# 译 者 序

我国的计算机医学应用最早应回溯到 20 世纪 80 年代。从医学信号处理、中医专家系统、医院人事管理和计费系统发展到今天的医院信息系统、PACS、电子病历，乃至社区医疗健康信息系统和远程医学，医疗信息化建设化水平有了很大的提高，计算机医学应用也更加广泛。在长期的医院信息化建设过程中，人们积累了大量的宝贵经验，也逐渐认识到医院信息化建设不只是计算机人员和医生的事，它需要医疗服务的提供部门（包括管理部门、医院、诊所、医疗器械研究和生产部门）、医护人员、患者，以及多方面的社会组织（医疗保险、法律、伦理道德）共同关注。人们已经认识到医疗信息化建设需要科学理论的指导，一些大学开始创建医学信息学专业并授予相应学位，开办医学信息学专业证书课程培训，同时也出现一些医学信息学方面的专著和教材。人们更渴望有一本高水平的、系统的、综合的医学信息学著作。

《生物医学信息学》（*Biomedical Informatics*）就是这样的著作。该书的主编 Edward H. Shortliffe 是人工智能的先驱者之一，也是医学信息学这门学科的奠基人之一，同时是国际著名的医学信息学专家，现任美国医学信息学会（American Medical Informatics Association，AMIA）主席、医学信息学杂志（*Journal of Biomedical Informatics*）主编。

2009 年，在日本广岛召开了世界医学信息学会（International Medical Informatics Association，IMIA）代表大会（General Assembly，GA）。我作为中国医药信息学会（China Medical Informatics Association，CMIA）的代表之一出席了会议。会议期间，我与 Shortliffe 教授谈及医学信息学教育，他说，他的这本著作在欧美广泛使用，在全世界已有多种语言的译本，我表示有可能将他的书译成中文，他十分高兴。会后，CMIA 主席黄永勤先生委托我承办此事。得到我们译书的决定之后，Shortliffe 教授专门与原书的出版社 Springer 联系确认，推荐我们办理版权协议。首都医科大学生物医学工程学院刘志成院长对译书工作给予了全面支持。

现在翻译的《生物医学信息学》已经是第三版。该书共有三大部分共 24 章，均由有实际经验的一线专家撰写。第一部分（第 1～11 章）介绍生物医学信息学的基本概念和理论；第二部分（第 12～22 章）偏重讨论生物医学信息学的应用；第三部分（第 23～24 章）对生物医学信息学的发展前景做了展望。每章的开始部分都提出一些导读性问题，明确告诉读者该章要讲述的问题；正文论述部分既有准确的概念定义，又有丰富的图表和临床实例及真实临床场景描述，理论密切联系实际，让人不感枯燥。生物医学信息学是自然科学与社会科学的大跨度交叉学科，内容涉及计算机科学、电子技术、医学、生物学、管理学、经济学、法学和伦理道德等众多领域。该书目前已经成为国际上医学信息学领域最权威的教科书。

张楠老师在整个译书过程中做了大量细致的组织和协调工作。作为 Shortliffe 教授的学生，北京大学医学信息学中心的雷健波常务副主任曾在美国哥伦比亚大学亲身听过 Shortliffe 教授对该书的讲授，为该书翻译了原书的前言和第 23 章。参加该书翻译工作的共有 14 人，他们都是生物医学信息学或相关领域的青年专家和教学骨干。周果宏教授对部分章节的译文进行了审阅，并在一些疑难问题的翻译方面参加讨论和指导。尽管大家十分认真努力，但正如前面所说的，生物医学信息学涉及多个学科，又是理论和实践性都很强的学科，限于我们的水平，译文中的不确切之处和错误在所难免，敬请广大读者提出宝贵意见。

罗述谦

2010 年 11 月于北京

# 丛 书 前 言

本套丛书是针对在医疗卫生行业中利用信息技术来引领行业变革的业内人士编写的。自从1988年以"医疗卫生领域的计算机"创立开始,本套丛书提供了一系列分布广泛的书目:一些涉及了特殊的行业,如护理、医疗、卫生行政管理;一些涉及了特殊的实践领域,如创伤学和放射学。另外,在本套丛书中还有一部分以交叉学科领域为重点,如研究电子病例、电子健康档案、医疗卫生网络系统等。

为了反映学科的快速发展,在1998年本套丛书更名为《卫生信息学》,而且将继续变化名称以体现该学科的发展。在本套丛书中,有许多知名的专家作为编委或者作者,为医学信息学的发展作出了杰出的贡献。纵观世界,信息学对于医疗卫生体系改革的影响已经不再局限于硬件和软件的建设。伴随着信息技术在卫生服务领域的拓展应用,本套丛书也将越来越多地关注于人力资源的建设和在组织结构、行为、社会等方面产生的变化。

在新的千禧年里,这些变化将深刻地影响着卫生服务领域。医学信息学通过全面地、创造性地使用信息技术,可以实现对数据、信息的变换和整理,从而促进卫生服务领域知识时代的发展。作为编委,我们承诺向我们的同行和读者提供帮助,从而使他们能够在这个新兴的、令人兴奋的领域中共同进步。

Kathryn J. Hannah<br>
Marion J. Ball

# 第三版前言

正如没有金融软件,银行不可能开展现代的银行业务;没有可共享的航班时刻表数据库,航空公司不可能制订现代的航运计划一样,没有了信息技术,我们也不可能开展现代的医学临床工作或进行现代的生物学研究。生命科学家们正以传统的、用纸和笔进行信息管理及数据分析所不能想象的速度产生数据。医学专家们也认识到了他们大部分的工作是依赖于信息管理工具的。例如,获取和记录患者信息,同行间的学术交流,查阅专业文献,规划诊断流程,制订患者护理策略,分析实验室和影像学检查结果,进行基于病例个案或人群的研究等。医学本来就存在复杂性和不确定性,加之社会对患者健康的过分关注和对优化决策的需求,所有这些原因都使医学与其他信息密集型行业迥然不同。我们的愿望是为我们的社会提供最好的并且可以实现的医疗保健服务,这种愿望对医学专家、生物医学研究者有效组织和管理海量的数据有特别的意义,这些要求需要我们发展专业的方法和训练通晓生物学、临床医学、信息技术的科学家。

## 生物医学中的信息管理

尽管在生物医学界计算机技术的应用是近几年的事情,但是生物医学计算机系统在临床、科研上的影响已经是非常广泛了。现在几乎所有的医疗机构中都安装着有通讯和信息管理功能的临床信息系统。通过电脑程序提供的信息,医生们在几秒钟之内就能查到所有药物的索引,从而预知药物的副作用和交互作用。心电图就是典型的例子,它由电脑程序控制进行分析,类似的技术正在被应用于肺部功能实验的分析,以及各种实验室和影像学异常的分析。在重症监护室(ICU)和手术室中有一种嵌入微处理器的设备,可以在患者危急状态下实时监测患者状态,并提供预警。无论是生物医学研究人员,还是临床工作人员都会经常使用计算机程序来检索医学文献。在当代,如果没有基于计算机的数据存储技术和统计分析系统,临床科学研究将受到严重的阻碍。兴起于研究机构中的先进的决策支持系统正在整合于患者护理系统中,并开始对临床医学的实践方式产生深远的影响。

虽然在医疗卫生和生物医学研究中越来越多地使用到计算机,大家学习生物医学计算机技术的兴趣也越来越浓厚,但是许多生命科学家、医学学生和专家们发现想要获得这个领域内完整翔实的知识是比较困难的,大家只是对这个领域的非技术部分及概况有所了解。

不论是一线的从业者还是从事基础研究的科学家都认识到,为了给未来专业的发展打好基础,需要他们了解生物医学信息学这门学科的最新状态、现在和未来的发展趋势及技术上的限制因素,还有信息化的发展如何适应生物医学环境下的科学、社会和财务的发展方式。反过来,医学专业人员和生物医学科学家们为专业发展所做的努力很大程度上决定了生物医学信息学这个领域未来的发展前景。本书旨在满足准备充分的专业人员日益增长的需求。第一版在1990年公开发行(由 Addison-Wesley 出版),随即在遍及世界的医学信息学课程中被广泛使用。为了反应20世纪90年代业内巨大的变化,尤其是万维网概念的引入及其对于互联网的影响,本书在2000年更新为第二版(由 Springer 出版)。像先前的两个版本一样,新的第三版为学习信息学在医疗保健和生物学上的应用、评价现有的系统、预测领域未来的发展方向构建了理论上的框架。但在很多方面,第三版与前两个版本有很大的不同,它反映了在计算机领域和通讯领域继续发生着的巨大变化,尤其表现在通讯交流、网络体系、医学信息技术政策、系统整合中信息技术的重要性、临床基因组整合中的创新方法等方面。事实上,本书的名称已经从医学信息学改为生物医学信息学,来反映这门基础学科研究领域的不断拓展,以适应领域内的大学机构、社会团体、研究项目、出版物等使用的新名称。而且第三版加入了一些新的章节,同时修订了其他的章节。我们添加的新的章节涉及认知科学、自然语言处理、影像信息学、消费者卫生信息学和公共卫生信息学,对先前的生物信息学、图像系统等章节也进行了大幅度的修订,所有其他的章节也进行了大幅的修改和更新。熟悉前两个版本的读者将会发现本书的组织结构和理念是没有变化的,但是内容进行了添加或大量的更新\*。

在书籍的覆盖面和侧重点方面,本书和其他的关于本专业的导论读物是有一定区别的。我们的书籍假设目标读者是没有医学、计算机学背景,但是对了解本学科基本概念和完整概要有浓厚兴趣的人。本书对技术上的细节仅描述

---

\* 与前两个版本一样,第三版也趋向于从北美地区选取例子和介绍对象,但在其他各国、各地区也存在着很多很好的工作实例。尽管在医疗卫生领域存在很多差异性,尤其像财政支持,确实可以改变整个体系的发展方式,它在每个国家是各有差异的,但是涉及的基本概念是完全相同的,所以本书在全世界范围的教育中都可以使用。

到以理解相关概念为主要目的所必要的程度。所以它和早期业内一本很有影响的书（Ledley，1965）不同，早期的那本书强调了技术上的细节内容，而没有考虑生物医学信息系统植根于的更广阔的社会的、临床的环境。

## 本书概述及使用指南

本书是以教材的形式进行编写的，所以可以用在正式的教学授课中。但是我们也针对了更广泛的目标人群，因此，本书不仅仅医学学生和其他的医学专业人士可用，而且一些未来的生物医学信息学专业人士也把它当作学科的入门读物来使用，还可以用它来自学或者把它当作参考书使用。尽管这本书可以用作未来独立学习的参考读物，但是对于2～3天的继续教育课程来讲，本书有可能还是过于详细的。

我们编写这本教材的首要目标是向大家传授生物医学信息学领域的基本理念，包括生物医学信息及其在决策支持中的使用等，传授这些概念在目前我们使用的或有既往教训的各种代表性系统中起到的作用。正如你将看到的一样，生物医学信息学不仅仅是对生物医学计算机技术的研究，我们编写这本教材也着重强调这一点。首先在第1章的内容中，我们简单介绍了学科的未来发展，定义了一些重要的术语和概念，描述了领域内的研究内容，解释了生物医学信息学和其他相关学科间的关系，讨论了在生物医学信息学研究中的影响因素及影响因素如何整合医学临床和生物学研究，从而为本书余下的章节奠定一个基调。

就像与最优决策相关的概念一样，关于数据、信息、知识的本质属性等的广泛议题遍布于应用领域中。第2章和第3章作为余下章节的基础，将集中谈到这些问题，但是对于计算机技术的使用只是一带而过。新添加的第4章是关于认知科学的，进一步加强了在第2章和第3章中讨论的内容，同时指出人们的行为和决策的制订深深根植于人脑中处理信息的方式。在第4章中还介绍了关于系统设计、人机交互作用、教育技术和决策制订的关键的概念。

第5章和第6章介绍了一些计算机硬件和软件的核心概念，这对随后应用程序的理解是十分重要的。这两个章节还包括了一个计算机系统设计问题的讨论，并对贯穿本书余下部分的特殊的应用和系统中需要考虑的重要议题进行了解释。

第7章总结概括了标准化的发展，特别提及了数据交换和临床数据共享等问题。这一重要且不断发展的主题引起了国家卫生信息化基础设施建设的变革，加强了标准在临床系统中的核心地位，在医疗卫生实践中产生着越来越大的影响。

第8章也是一个新添加的章节，主要探讨了一个无论在临床医学界还是生物学界都越来越显著的、现实的重要问题，即对自然语言的理解和对生物医学文本的处理。当一个人考虑到包含在病例中的自由文本或是已出版的生物医学文献中庞大的信息量时，这些研究的重要性就显而易见了。即使在临床系统中鼓励结构化数据录入，这种能够允许信息系统从自然语言文档中获取信息的技术也将越发重要。

第9章是另外一个新添加的章节，在前两个版本中已经有了放射影像系统章节，新的第9章进一步拓展了它的深度和广度。在这本书中，我们把先前已有的材料分为了两个章节，一个是关于影像和结构信息学（本书第9章中方法学部分），另一个是关于放射学中的影像系统（第18章）。经过这种划分，我们就可以对在影像技术中有代表性的基本概念术语和在放射影像学、影像管理中突出的实际应用问题（包括图像的存档和通讯系统问题）进行区分。

第10章关注于随着医学信息系统的受重视出现的法律和伦理问题。第11章讲述了在技术评价方面遇到的挑战，也介绍了临床信息系统评价的内容。

第12～22章研究了许多生物医学的关键领域，这些领域都在使用计算机信息系统。每一章节都解释了搭建该种信息系统在概念上和组织结构上遇到的一些问题，回顾了相关的经验教训，并阐述成功实施该系统可能的障碍等。

第23章回顾医疗卫生领域的支付方式的变迁历程，讨论了一些医疗卫生领域成本效益分析的可选方法，对财政支持影响医学信息学发展的方式提出了一些建议。第24章是对未来的展望：在不远的未来，医学信息学的理念、思想、计算机技术、先进的通讯设备将遍及生物医学研究和临床实践中的每一个分支。

## 关于生物医学中计算机技术的学习

医疗卫生和生物医学领域中计算机技术的实际和潜在应用涉及一个面大而复杂的课题。但正如我们大家都不知道电话或者ATM机的工作原理，却能够很好地使用它们，并且在使用过程中能够辨别出它们是不是出了问题一样，我们相信过于专业的生物医学信息技术对于医学工作者和生命科学家来讲是不需要的，他们能够熟练地使用电脑就足以了。但对那些为生物医学领域开发信息系统的个人来讲，掌握专业的计算机技术当然是有必要的。因此这本书既不会教你成为一名程序员，也不会教你如何修电脑（虽然这可能会激发起你学习以上两项知识的兴趣），更不会讲到每一个生物医学信息系统或者应用程序。我们只是推荐大量的参考书目，在里面有丰富的有关计算机技术的文章和报告。我们仅在举例子时提到一些特定的信息系统,这样能够帮助你了解在构架信息系统时会遇到的一些概念上和组织上的问题,同时也能帮助了解构建出成功的信息系统会遇到哪些阻碍因素。本书中介绍的应用程序有一些在现实中已经非常成熟,甚至都运用在了商业领域,另外的一些在生物医学领域仅仅是刚开始大规模普及,还有一些正在实验室研发阶段。

因为本书一直希望强调的是在生物医学领域的基本理念,所以我们一般会控制关于计算机技术细节问题的探讨,这方面的知识从其他的课程、教材中都可以学得到。但是有一个例外,关于决策科学我们进行了详细的介绍,因为决策科学中的内容涉及了生物医学领域中解决问题的方法(第 3~20 章)。一般情况下在计算机课程中不会过多提到决策科学,但它确实在生物医学数据和知识的智能化应用方面扮演了核心的角色。同时比较其他章节,第 3~20 章对于医学决策制订和计算机辅助决策支持部分的技术细节描述也更加详尽。

本书中每个章节都有一个推荐阅读目录,如果你对某个章节的主题特别感兴趣,可以参考这个目录,同时在本书的最后也列出了一个综合的参考文献表。我们用粗体字印刷标出了每一章涉及的关键术语,在本书最后的专业词汇表中包含对这些术语的定义。因为在生物医学信息学中遇到的许多问题都是概念层面的问题,所以我们在每章节的最后列出了一些问题供大家探讨。你会很快发现大部分的问题是没有正确答案的,这些问题只是起到抛砖引玉的作用,以促使你进行额外的文献阅读和对新领域的研究。

仅仅阅读本书对于计算机技术学习来讲是远远不够的,因此我们鼓励读者可以通过观摩,更理想的是通过实际操作在用的系统来弥补理论学习的不足。如果你们个人亲身体验过有代表性的应用程序,那么你们对于生物医学信息系统的局限性和改进系统方法的理解将会得到巨大的强化。希望大家能够主动地寻找机会去观摩并实际操作在用的信息系统。

正如计算机科学一样,医学信息学这门学科发展的速度也是相当快的,所以很难保证你掌握的知识完全是这个领域内最新的知识。但是在这门学科内理论基础发展的速度要远比具体计算机技术发展的速度慢。因此,从这本书中学到的知识将为你打下一个学习医学信息学的基础,在此基础之上才能在未来继续进步。

## 对于生物医学计算机应用课程的需求

有的人提出给医学专业的学生增加新的课程,一般情况下,这种建议不会引起大家的热情。如果有建议,教师和学生们可能更热衷于减少授课时间,增加小组讨论,把更多的时间留给解决问题和思考。一份 1984 年全美医学院校联合会(AAMC)进行的官方调查显示,无论是教师还是医学学生都对传统的授课和记忆方式的学习有严重异议,然而,来自于内科医生全科职业教育(General Professional Education of the Physician,GPEP)小组的分析和随后的调查研究特别指出,包括计算机应用技术在内的生物医学信息学成了一个新的学科领域,在这个领域内需要提供新的教育机会,来使医生和医学专业人员为临床实践打好基础,做好准备。全美医学院校联合会已经建议在我们的医学院校中建立新的医学信息学学院,随后的研究报告也继续强调了医学信息学的重要性和医学教育课程对这门学科内容的需求。

如此强烈推荐的原因非常清楚:医学实践和信息管理是密不可分的。在过去,医学从业者们都是从以下方式获得医学信息的:去就近医院或者医学院校的图书馆、个人收集的图书、期刊和复印件、患者的病历文档、与同事的讨论、手工记录的办公室日志和经常有缺陷的记忆过程。虽然这些方法现在还是可用的,但是计算机技术正在提供新的方法以获取、归档、整理信息,比如,包含全文出版物的在线文献查询系统,用来管理个人信息和打印文件的带有数据库软件的个人电脑或个人掌上电脑,用来获取、传送、保存医学记录中关键信息的办公室和临床信息系统,当无法找到同事时提供协助的会诊系统,能够和办公室、临床等部门进行收费、计费功能整合的管理系统,以及在某些需要我们必须记住特殊内容的领域中帮助我们减轻记忆压力的网络信息资源。随着计算机技术在临床实践中的应用越来越普遍和不可或缺,以及传统的技术越来越不能满足医疗卫生行业从业者日益增长的信息管理需求,以上两种情况的出现使许多人都明显感觉到了在培养医疗卫生专业人才的医学院校中一个崭新的、基础性的学科已经形成了。

有一个问题还不是十分明确,那就是在研究生教育阶段这门课程应该怎样教,教到什么程度。但是我们相信生物医学信息学这门课程的内容最好是在医学科学这种环境下去授课、学习,在这种大背景下才能使医学、计算机科学的理念得到整合。一旦医学相关的学习培训结束,那么生物医学信息学的初学者就少有机会深入地学习医学信息学了。

随着越来越多的医学院校聘请专业的学科人才负责教学,以及对以讲座为主要教学方法的强调越来越减弱,医学信息学的教学形式肯定也在不断发生着变化。计算机将更广泛地被应用在教学工具、通讯工具、解决问题、教师学生间数据共享等方面。同时,生物医学信息学将广泛地在教室中讲授。尽管本书中的讨论性问题等内容也可以放在小型的讲座和小组讨论这种形式中,但是本书还是被设计给那种传统的教室授课使用的。随着学校教学资源的不断丰富,医学信息学和临床实践的整合也将变得越来越普遍。我们的最终目的应该是只要和学生学习的主题相关,我们随时提供生物医学信息学的教学。达到这个目标要求有连续正规的学校教育培养、毕业后的继续教育等教育机会。

整合生物医学和计算机科学的目标是为医疗卫生从业者增强专业性提供一个途径,以便他们能够了解、掌握现有的资源。同时他们还应该熟知以前生物医学信息学中失败、成功的经验教训,领域发展的前沿和制约发展的因素,避免犯以前的错误。在生物医学信息学学习的过程中,也要注意提高信息管理和解决问题的能力。通过对上机实践操作、计算机化授课、临床课程学习和本书的学习等几个方面内容进行适当的整合,医学学生就能够在医疗卫生领域中有效地使用计算机技术和运用信息管理技术了。

## 需要生物医学信息学专家

如前所述,这本书也可以作为一本入门的引导读物,供那些把医学信息学作为职业的人在系统的学习过程中使用。如果我们已经使你认识到开设生物医学信息学这门课程的必要性,那么对训练有素的授课教师的需求就显而易见了。然而一些人可能会提出异议:这门学科的课程可以由那些对生物医学信息学感兴趣的计算机科学家来教,或者由那些有计算机授课经验的医师、生物学家来教。确实,在过去,非常多的教学和科研任务都是由只具备其中一种知识背景的人员来完成的。但是现在,很多学校正在认识到对接受过专业培训的人员的需求,这些专业的培训包括具备生物医学、计算机学和统计学、认知学、卫生经济学、医学伦理学等相关学科的交叉知识背景。对于那些把医学信息学作为未来职业的学生来讲,这本书可以作为他们职业训练的第一课。我们特别强调了对一种正式的教育经历的需求,在这种教育经历中,计算机学、信息学的理念和在科研、教学、临床实践中涉及的生物医学问题得到了整合。这种相关学科的整合弥补了对以医学信息学为未来职业的学生传统教育内容的不足。如果学校将要开设这门课程或培训项目(这样的例子正在不断增加),那么就需要教师要精通本领域的内容,以及能够开设专业的课程给医学、工程学或计算机科学的学生。

面对越来越多的把计算机技术引用到生物医学中的情况,要求我们要有训练有素的教师,这些老师不仅能够教学生,还能够设计、发展、选择、管理使用未来的生物医学信息系统。有许多分布广泛的、语境依赖的计算机难题,人们只能通过在医疗环境中工作、处理各种由医疗卫生规则和限制因素所引发的问题来理解它们。由于几乎没有专门人才来设计研究程序,进行试验性、探索性研究,在生物医学信息学领域提供学术上的领导,这个领域的发展已经受到了限制。一个经常会提到的案例是医学(或生物学)专家和以技术培训为主的计算机学专家在相互交流上存在的困难,因为这两个领域使用的术语都是十分复杂并且很少有重叠,加之这两个领域相互渗透还要有一个过程,所以对于计算机学家来讲,仅仅通过观察还是很难理解医学信息学。因此,只有由有效驾驭好这两个领域的人才来领导,才能使跨学科的研究和开发项目更容易成功,像这样的专业人员才能经常促进项目内学科、知识背景差别迥异的人员之间的敏锐交流。

在这样一个成熟中的、有利于社会发展的领域中工作真是一件非常令人兴奋的事情。随着新技术的发展,通过大家努力的工作和创造性的研究使计算机的基本问题得以解决,学科能提供越来越多创新的机会。一般来讲,鉴于计算机学科不断发展的复杂化、专门化,在计算机学和生物医学两学科的交叉中产生一门新的学科就一点也不惊奇了。本书将致力于阐释生物医学信息学这门学科的定义及有效地培育这门学科的发展。

Edward H. Shortliffe<br>
New York, N. Y.<br>
James J. Cimino<br>
New York, N. Y.<br>
February 2006

# 致　　谢

在 20 世纪 80 年代，当 Larry Fagan、Gio Wiederhold 和我决定编写第一部关于医学信息学方面的综合性教科书时，我们没有预料到即将面临的工作的艰巨性。我们遇到的挑战是既要编写一本多作者的教科书以包括领域内领导者的综合的专业知识，又要在教材的结构、风格上保持一致。在 1982 年，我们就有了编写这样一本书的想法。之前，在斯坦福医学院我们就曾经教授过关于计算机技术在医疗卫生领域应用方面的课程，并且很快发现这门学科还没有一本综合性的入门教材。尽管有一些调查研究和文献综述的册子，但是它们都不符合严格的基础入门课程的需要。

因为主题的多样性，编写一本教材的想法是令人望而却步的。在我们的编委中没有人能说他自己精通编纂过程中涉及的所有重要科目，但是我们希望避免仅仅把各科目中的文献综述组合起来，形成不连贯的章节。因此，我们在收集各专业领域内有代表性的领导者们的内容前，事先为每章节提供一个章节组织框架。同时我们也敦促编委们尽量不要涉及文献综述，而是多把重点放在他们各自领域中的关键概念等主题上，并且提供足够的例子来对他们要讲授的观点进行说明。

随着章节的草稿纷至沓来，我们意识到如果要达到本书综合性、统一性的目标还要进行大量的编辑工作。令我们欣慰的是，在 1987 年，我们培训项目毕业的研究生 Leslie Perreault 承担起了对各个章节修订的责任，从而使本书连贯成为一个整体，完成了本书最后的编纂工作。在经历了许多的折中、繁重的编纂工作、详细的修订、多次的反复之后，最终的成品终于在 1990 年得以出版。我们很欣慰，这本书一经出版就得到了大家的肯定，尤其是生物医学信息学专业的学生们经常在学术会议上提到我们，也向我们表达对这本书的赞美之情。

然而随着 20 世纪 90 年代的发展，我们开始认识到尽管我们的重点是领域内的基本概念（而不是对已有的系统的研究），但是这本书还是跟不上时代的发展，显露出了不足。章节中的大量内容都已经发展变化了，对新版本的要求也日益凸显出来。原来的编委们讨论了这个问题，并决定要重新设计这本书，同时要添加一些新的章节，出版一个新的版本。在这个时候，第一版的编委 Leslie Perreault 在纽约正忙于主管 First Consulting Group 的工作，没有时间来负责第二版的编写工作。带着这种忧虑，根据我们掌握的相关的知识，我们开始了新版本的编纂工作。

像从前一样，每一章的作者都做了了不起的工作：努力在我们的截止日期前完稿；为了保持整体风格的统一性，进行了编辑上的相应更改并且写出了非常好的章节来反映本领域在近 10 年的发展情况。

第二版一出版，就有人向我们询问下一次版本更新是在什么时候。我们开始了解到在生物医学信息学这样的领域中对教材的修订增编是一个持续性的、不断发展前进的过程。这个时候我转到了哥伦比亚大学任教，最开始的编委组也解散了，编委 Leslie Perreault 也离开了纽约。因此当第三版的计划开始形成的时候，我在哥伦比亚大学的同事 Jim Cimino 作为副主编加入到了编委的队伍中来，同时 Fagan、Wiederhold 和 Perreault 博士则继续作为章节的作者而贡献力量。在第三版的形成过程中，编委们又一次尽力在我们的截止日期前完稿，这一次我们添加了一些新的章节来容纳新增加的一些重要的主题，这些主题都是编委和读者们认为有必要增加到旧的版本中的。我们代表这本教材、代表医学信息学这个领域再一次向诸多编委和他们杰出的工作表示敬意！

除了感谢众多的编委和章节作者外，第三版的完成倾注了许多人的工作和支持。特别的感谢要献给编委 Andi Cimino，鉴于巨大的工作量和复杂性，他严谨求实、专注细节的态度非常关键。我们非常高兴和这些认真负责的编委在一起工作，起初有 Laura Gillan，随后有 Michelle Schmitt-deBonis。Katharine Cacace 在和出版社沟通和成文的过程中起到了至关重要的协调作用。

在这里也要提一下一位幕后英雄、我的助手 Eloise Wender，在第三版中她承担起了建立名称索引和更新术语的责任。这些艰巨的工作需要非常的细心，非常感激她对细节的专注和在本书重要章节部分的编纂中对我的帮助。

Edward H. Shortliffe<br>
New York, N. Y.<br>
February 2006

# 目 录

译者序
丛书前言
第三版前言
致谢

## 第一部分 生物医学信息学中反复出现的主题

**第1章 计算机结合医学与生物学:一个新学科的兴起** ……………………………………… 3
 1.1 集成信息管理:技术展望 ………… 3
 1.2 计算机在生物医学中的应用 ……… 10
 1.3 医学信息的性质 …………………… 18
 1.4 集成生物医学计算和医疗实践 …… 19
 推荐读物 …………………………………… 20
 问题讨论 …………………………………… 21

**第2章 生物医学数据:获取、存储和使用** … 22
 2.1 什么是医学数据 …………………… 22
 2.2 医学数据的用途 …………………… 26
 2.3 传统医学记录系统的缺陷 ………… 30
 2.4 医学数据的结构 …………………… 32
 2.5 医学数据选择和使用策略 ………… 35
 2.6 计算机和医学数据的收集 ………… 38
 推荐读物 …………………………………… 39
 问题讨论 …………………………………… 39

**第3章 生物医学决策:临床概率推理** ……… 40
 3.1 临床决策的本质:不确定性与诊断过程 … 40
 3.2 概率估计:估计验前概率的方法 …… 42
 3.3 诊断检验工作特性的度量 ………… 45
 3.4 验后概率:贝叶斯定理和预测值 …… 48
 3.5 期望值决策 ………………………… 52
 3.6 关于治疗、检验或不做处理的决策 … 58
 3.7 决策模型的图形表示方法:影响图和信念网络 …………………………………… 60
 3.8 医学中概率和决策分析的作用 …… 61
 附录:贝叶斯定理的推导 ………………… 62
 推荐读物 …………………………………… 62
 问题讨论 …………………………………… 63

**第4章 认知科学和生物医学信息学** ………… 64
 4.1 引言 ………………………………… 64
 4.2 认知科学:解释性框架的产生 …… 65
 4.3 人类信息处理 ……………………… 67
 4.4 医学认知 …………………………… 72
 4.5 人机交互:认知工程法 …………… 76

 4.6 临床实践指南 ……………………… 84
 4.7 结论 ………………………………… 88
 推荐读物 …………………………………… 88
 问题讨论 …………………………………… 88

**第5章 生物医学计算的基本概念** …………… 89
 5.1 计算机体系结构 …………………… 89
 5.2 数据获取与信号处理 ……………… 106
 5.3 数据和系统安全性 ………………… 108
 5.4 总结 ………………………………… 110
 推荐读物 …………………………………… 110
 问题讨论 …………………………………… 110

**第6章 医疗保健中的系统设计与工程** ……… 112
 6.1 计算机系统如何为医疗保健提供帮助? …………………………………… 112
 6.2 理解健康信息系统 ………………… 115
 6.3 开发与实施医疗保健系统 ………… 118
 6.4 总结 ………………………………… 124
 推荐读物 …………………………………… 125
 问题讨论 …………………………………… 125

**第7章 生物医学信息学标准** ………………… 127
 7.1 标准的理念 ………………………… 127
 7.2 健康信息学标准需求 ……………… 127
 7.3 标准事业和组织 …………………… 128
 7.4 编码术语、术语和命名方案 ……… 133
 7.5 数据交换标准 ……………………… 141
 7.6 当今现状和未来趋向 ……………… 147
 推荐读物 …………………………………… 149
 问题讨论 …………………………………… 149

**第8章 生物医学中的自然语言和文本处理** … 150
 8.1 NLP动机 …………………………… 150
 8.2 NLP的应用 ………………………… 150
 8.3 在NLP所用到的知识 ……………… 151
 8.4 NLP技术 …………………………… 152
 8.5 临床语言的挑战 …………………… 158
 8.6 挑战生物语言处理 ………………… 162
 8.7 NLP的生物医学资源 ……………… 163

致谢 ………………………………………… 163
　　推荐读物 …………………………………… 163
　　问题讨论 …………………………………… 164
第9章　影像和结构信息学 ……………………… 165
　9.1　引言 …………………………………… 165
　9.2　基本概念 ……………………………… 165
　9.3　结构成像 ……………………………… 166
　9.4　二维图像处理 ………………………… 169
　9.5　三维图像处理 ………………………… 170
　9.6　功能成像 ……………………………… 178
　9.7　结论 …………………………………… 180
　　推荐读物 …………………………………… 180
　　问题讨论 …………………………………… 180
第10章　伦理学与健康信息学：用户、标准及结果 …… 181
　10.1　健康信息学中的伦理问题 …………… 181
　10.2　健康信息学应用：合理的使用、用户及环境
　　　………………………………………… 181

　10.3　隐私权、机密性与数据共享 …………… 184
　10.4　社会挑战和伦理学义务 ……………… 186
　10.5　法律和监管问题 ……………………… 188
　10.6　总结和结论 …………………………… 191
　　推荐读物 …………………………………… 191
　　问题讨论 …………………………………… 191
第11章　评价与技术评估 ………………………… 192
　11.1　术语介绍与定义 ……………………… 192
　11.2　研究设计和开展面临的挑战 ………… 194
　11.3　所能研究的总范围 …………………… 195
　11.4　研究设计的方法 ……………………… 196
　11.5　客观主义研究的开展 ………………… 200
　11.6　主观主义研究的开展 ………………… 205
　11.7　结论：评价和技术评估的思维模式 …… 207
　　推荐读物 …………………………………… 208
　　问题讨论 …………………………………… 209

# 第二部分　生物医学信息学应用

第12章　电子健康记录系统 …………………… 213
　12.1　什么是电子健康记录？ ……………… 213
　12.2　历史回顾 ……………………………… 214
　12.3　电子健康记录系统的功能组成 ……… 215
　12.4　基于计算机的病历系统的基本问题 … 223
　12.5　面临的挑战 …………………………… 227
　　推荐读物 …………………………………… 228
　　问题讨论 …………………………………… 229
第13章　医疗保健机构信息管理 ……………… 230
　13.1　概述 …………………………………… 230
　13.2　医疗保健信息系统的功能及组成 …… 238
　13.3　医疗保健信息系统的历史变革 ……… 240
　13.4　环境变迁中的设计理念 ……………… 242
　13.5　影响未来医疗信息系统的重要因素 … 244
　　推荐读物 …………………………………… 245
　　问题讨论 …………………………………… 245
第14章　消费者健康信息学和远程健康 ……… 246
　14.1　引言 …………………………………… 246
　14.2　历史回顾 ……………………………… 247
　14.3　用信息学跨越距离：真实世界系统 …… 248
　14.4　挑战和未来方向 ……………………… 255
　　推荐读物 …………………………………… 257
　　问题讨论 …………………………………… 258
第15章　公共健康信息学和健康信息基础设施 …… 259
　15.1　引言 …………………………………… 259
　15.2　公共健康信息学 ……………………… 259
　15.3　免疫登记：一个公共健康信息学实例 … 261
　15.4　健康信息基础设施 …………………… 264

　15.5　实例：国家健康信息基础设施和国土安全
　　　………………………………………… 268
　15.6　结论和未来的挑战 …………………… 269
　　推荐读物 …………………………………… 270
　　问题讨论 …………………………………… 270
第16章　患者护理系统 ………………………… 271
　16.1　患者护理中的信息管理 ……………… 271
　16.2　患者护理系统的历史演变 …………… 274
　16.3　当前研究 ……………………………… 278
　16.4　展望未来 ……………………………… 279
　　推荐读物 …………………………………… 279
　　问题讨论 …………………………………… 280
第17章　患者监护系统 ………………………… 281
　17.1　什么是患者监护？ …………………… 281
　17.2　历史回顾 ……………………………… 282
　17.3　数据获取和信号处理 ………………… 284
　17.4　重症监护室（ICU）中的信息管理 …… 291
　17.5　患者监护的当前问题 ………………… 298
　　推荐读物 …………………………………… 303
　　问题讨论 …………………………………… 303
第18章　放射影像系统 ………………………… 304
　18.1　引言 …………………………………… 304
　18.2　基本概念和问题 ……………………… 304
　18.3　历史的发展 …………………………… 313
　18.4　现状 …………………………………… 315
　18.5　影像系统的未来方向 ………………… 318
　　推荐读物 …………………………………… 319
　　问题讨论 …………………………………… 319

## 第19章 信息检索与数字图书馆 ·············· 320
- 19.1 生物医学信息检索的发展历史 ········ 320
- 19.2 卫生保健和生物医学方面的知识型信息
  ································· 320
- 19.3 信息检索 ························· 326
- 19.4 数字图书馆 ······················· 336
- 19.5 情报检索信息检索系统以及数字图书馆的未来方向 ························· 338
- 推荐读物 ····························· 338
- 问题讨论 ····························· 338

## 第20章 临床决策支持系统 ·············· 340
- 20.1 临床决策的性质 ··················· 340
- 20.2 历史回顾 ························· 341
- 20.3 临床决策支持系统的主要特征结构 ····· 345
- 20.4 决策支持工具的建造 ··············· 347
- 20.5 临床决策支持系统的例证 ··········· 349
- 20.6 未来10年的决策支持 ··············· 355
- 推荐读物 ····························· 358
- 问题讨论 ····························· 358

## 第21章 计算机在医学教育中的应用 ·········· 360
- 21.1 在医学教育中计算机的角色 ········· 360
- 21.2 基于计算机学习的模式 ············· 362
- 21.3 目前的应用程序 ··················· 365
- 21.4 设计、开发和技术 ················· 367
- 21.5 评估 ··························· 370
- 21.6 结论 ··························· 371
- 推荐读物 ····························· 371
- 问题讨论 ····························· 372

## 第22章 生物信息学 ······················ 373
- 22.1 生物学信息处理中的问题 ··········· 373
- 22.2 生物信息的起源 ··················· 374
- 22.3 生物学现在由数据驱动 ············· 375
- 22.4 关键生物信息学算法 ··············· 377
- 22.5 当前生物信息学应用成果 ··········· 380
- 22.6 生物信息学与临床信息学结合的未来挑战
  ································· 384
- 22.7 结论 ··························· 385
- 推荐读物 ····························· 385
- 问题讨论 ····························· 386

# 第三部分 未来的生物医学信息学

## 第23章 医疗保健财政与信息技术：历史回顾 ······ 389
- 23.1 引言 ··························· 389
- 23.2 无限制的消费时代 ················· 389
- 23.3 20世纪80～90年代医疗保健支出的增长和改革策略 ····················· 392
- 23.4 管理式医疗保健时代：采用、抵制、超越
  ································· 396
- 23.5 医疗保健财政、医疗保健服务提供和医疗保健技术三者间的关系 ··············· 401
- 推荐读物 ····························· 405
- 问题讨论 ····························· 405

## 第24章 生物医学中计算机应用的未来 ·········· 406
- 24.1 生物医学计算的进展 ··············· 406
- 24.2 基于计算机技术的整合 ············· 409
- 24.3 计算机在保健和生物医学中未来的作用
  ································· 410
- 24.4 影响医学计算未来的动力 ··········· 411
- 24.5 回顾：我们学到了什么？ ··········· 412
- 推荐读物 ····························· 413
- 问题讨论 ····························· 413

**参考文献** ····························· 414
**词汇表** ······························· 460

# 第一部分
# 生物医学信息学中反复出现的主题

# 第1章 计算机结合医学与生物学:一个新学科的兴起

**阅读本章后,您应对下列问题有所了解:**

- 为什么信息管理是生物医学研究和临床实践的核心问题?
- 什么是集成信息管理环境?我们希望其未来如何在医疗实践、促进健康和生物医学研究中发挥作用?
- 了解几个词语的含义:医学计算机科学、医学计算、生物医学信息学、临床信息学、护理信息学、生理信息学和健康信息学。
- 为什么健康专业人士、生命科学家和健康专业的大学生应该学习生物信息学概念及信息应用的知识?
- 现代计算技术和互联网的发展是如何改变了生物医学计算的性质?
- 生物医学信息是如何同临床实践、生物医学工程、分子生物学、决策科学、信息科学和计算机科学联系的?
- 临床医疗和健康的信息同其他基础科学信息的不同点是什么?
- 计算机技术和医疗保健的资金供给方式是如何影响医学计算和临床实践的结合的?

## 1.1 集成信息管理:技术展望①

自从科学家在20世纪40年代开发数字计算机以来,人们发现这些新设备将成为常用的存储设备,并具有计算和信息检索功能。在接下来的10年中,医生和其他健康工作者获知了这种新技术在医疗实践中的巨大影响力。计算机技术超过50年的迅速发展应验了这些早期的预言,并且一些预言已经逐渐被超越。关于"信息革命"的故事充满了报纸和流行杂志,现在的孩子在利用计算机作为学习和娱乐的普通工具方面表现出不可思议的能力。同样,住院部和门诊部有足够的临床工作站。然而,也有很多人举例说明医疗保健系统在理解信息技术、因其独特的实际和关键功能需要开发,以及其不能与工作环境有效结合等方面存在不足。但是,过去20年巨大的技术进步(PC机、图形工作站、人机交互新技术、海量数据存储新技术、个人数字助理、互联网和万维网、无线通讯)共同使计算机在健康工作者和生物医学科学家的工作中变得不可或缺。一个新世界已经来临,其最大的影响力还在日后。本书将向您展现目前的资源和成就,以及未来几年可以期望的东西。

值得注意的是,直到20世纪70年代后期才出现最初的PC机,万维网到90年代初才出现。但是过去10年中令人眼花缭乱的发展及在几乎所有国际卫生保健系统中的广泛普及和革命性变化,使得医疗保健系统的设计者和机构的管理者很难立刻处理好这两个问题。很多观察者现在相信这两个问题不可避免地联系在一起,并且相信21世纪的医疗保健系统设计需要深刻理解信息技术在此环境中可能担当的角色。对于典型的临床医师,未来是什么样的?正如我们将在第12章详细讨论的,目前没有哪个涉及计算机的临床项目比电子健康记录(EHR)受到更多的关注。卫生保健机构发现他们没有适当的系统让他们回答关于战略规划极为重要的问题,以及让他们更好地了解如何在当地或区域的竞争环境中与其他供应商们进行竞争。

在过去,管理和财务数据是制订这些规划所需的主要内容,但现在,综合的临床数据对于机构的自我分析和战略规划也很重要。此外,低效率和纸质医疗记录的缺陷也日益明显[Dick and Steen,1991(revised 1997)],特别是当医师们努力提高工作效率以满足临床需求,这时临床信息获取不充分就成为主要障碍之一。

### 1.1.1 电子健康记录:未来预测

许多医疗机构都在大力发展综合临床工作站,这些临床工作站以单点式接入医疗世界,其中的计算工具不仅协助解决临床问题(测试结果报告,允许临床医师直接订单,便于获得转录的报告并在某些情况下支持远程医疗或决策支持功能),而且协助解决管理和财务问题(如在医院内跟踪患者、管理物资和库存、支持人事功能、工资管理),以及支持研究(如分析和治疗方法与程序相关的结果、执行质量保证、支持临床试验并实施各种治疗方案)和获取学术信息(如访问数字图书馆、支持书目检索及访问药品信息数据库),甚至办公自动化(如提供电子表格、文字处理软件)。然而,在不断变化的临床工作站中的一个关键问题在于得到新型的医疗记录:电子的、可访问的、保密的、安全的、被临床医生和患者所接受的,并可以与其他类型的与患者无关的信息相结合。

**1. 传统纸质记录的不足**

纸质的医疗记录已远远不能满足现代医学的需求,它产生于19世纪,是一个高度个性化的"实验室笔记本"。医师可以用它来记录自己的观察结果和计划,以便在下次看到同一患者时能够回忆起有关细节。纸质记录没有官方的要求,没有假设该记录将用于支持不同医师之间的通信,且几乎不需要数据或测试结果来填补记录

---

① 本节的部分内容是从韩国首尔Medinfo98的一篇文章改编而来(Shortliffe,1998a)。

页。一个世纪前满足临床医生需求的记录尽力调整了几十年以适应卫生保健和医药变化所提出的新要求。

无论是针对一个特定患者还是涉及患者管理的普遍问题,获取信息难对于从业人员是一个令人沮丧且经常发生的事。随着提高临床效率的压力越来越大,从业人员开始强烈要求在他们照顾患者时能够提供更多轻便的、能直观地获取所需信息的可靠系统。EHR 提供了改善获得患者信息的希望,既有利于提高护理质量,又有利于改善临床医师的生活质量。

尽管明显需要一个新的记录保存模式,但大多数机构仍然感觉到过渡到一个无纸化的、以电脑为基础的临床记录的挑战性(见第12章和第13章)。这一情况迫使我们提出下列问题:什么是现代世界的健康记录?现有的产品和系统是否与现代理念的综合健康记录良好匹配?公司提供了医疗记录的产品,但这些软件包限制在它们自己的功能之内,似乎很少能够满足复杂的卫生保健机构所提出的所有需要。

通过分析一个与创建记录和使用记录相关的过程,而不是将记录看成一个根据需要在机构内部可以到处移动的实体,就可以非常好地体会到自动化医疗记录的复杂性。例如,在输入端(图 1.1),医疗记录需要对获取数据的过程和综合不同来源信息的过程进行集成。传统上纸质记录的内容是按时间顺序组织的——往往存在这样一个严重的缺陷,即当临床医师想找到一条特定信息时,它可能存在于记录的几乎任何地方。记录系统必须可以很容易地访问和显示所需的数据,以方便应用、进行分析,以及在同事之间和不直接涉及患者护理的次级记录使用者之间分享(图 1.2)。因此,最好不要将基于电脑的医疗记录看成一个对象或一个产品,而是将其作为一组在技术支持下实施的过程的集合(图 1.3)。实施电子记录本身就是一个系统集成的任务,不可能为复杂机构购买一种现成的医疗记录系统,因此,联合发展至关重要。

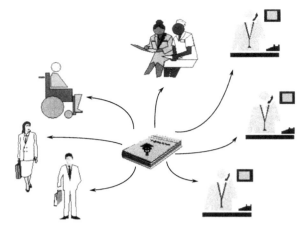

图 1.2 医疗记录的输出。一旦将信息记录在传统的纸质健康记录上,它可能为潜在用户提供了各种图表。这些用户包括健康专业人员和患者本身,也包括可以合法读取记录但不直接参与患者护理的多种"二级用户"(这里代表商业机构的人员)。大多数提供者通常涉及患者护理,所以该图也表示它们之间的通信。显示、分析和共享这些记录信息的机制源于通常跨越几个患者护理环境和机构的一系列处理,这些环境和机构变化很大

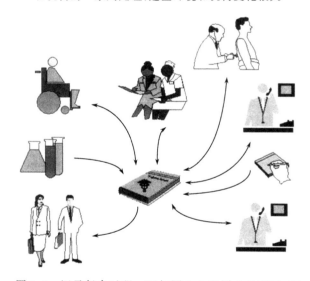

图 1.3 记录复合过程。正如图 1.1 和图 1.2 所示,医疗记录是制度化过程复合的具体化,这两个过程均收集信息并在有合法理由的使用者间分享这些信息。如该图中所示,纸质文件严重限制了收集和访问数据信息时的不同要求

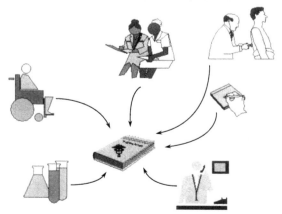

图 1.1 医疗记录输入。传统的纸质医疗记录由获取不同类型信息的各种制度化过程组成(医疗专家和患者之间直接接触的记录、实验室或放射结果、电话报告或处方,以及直接从患者获得的数据),记录一般就是这些数据按时间顺序组织的集合

## 2. 医疗记录和临床试验

关于自动医疗记录的讨论将在第2章、第12章及医学研究所关于基于计算机的健康记录的报告[CPR;Dick and Steen,1991(revised 1997)]中总结。值得强调的一个论点是,电子记录在支持临床试验中的重要性——特定患者交互的临床经验数据将进行汇集和分析以了解新治疗或测试的安全性和有效性,并获得其他方法所不能

得到的对疾病过程的充分理解。今天的医学研究人员受限于笨拙的临床数据获取方法。获取方法通常依靠人工采集得到资料信息,然后转录为计算机数据库以便统计分析(图1.4)。该方法劳动强度大,存在很多出错的可能,并增加了随机性的前瞻研究计划的成本。

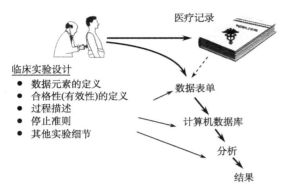

图1.4 通常的临床试验数据收集。虽然现代临床试验通常用计算机系统进行数据存储和分析,但研究数据收集通常是一种手动任务。负责录入试验患者的医师经常要填写特殊数据表以便随后录入计算机数据库,同时雇用数据管理人员从传统的图表中提取有关数据。这些试验一般根据所需数据元素的定义和分析方法而设计,但从患者护理的角度看,它在收集数据过程的结构化格式方面都仍停留在手工作业

电子健康记录在临床研究方面有许多优势。最明显的是,它有助于消除从图表中提取数据或填写专门数据表格的人工作业。需要研究的数据可直接来源于电子健康记录,从而使数据收集成为日常临床记录保存的副产品(图1.5)。如此也有其他优点。

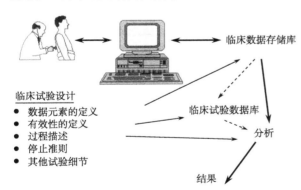

图1.5 电子健康记录(EHR)在支持临床试验中的作用。随着引进以计算机为基础的患者记录(CPR)系统,临床试验研究数据的收集成为患者日常护理的附带结果。可以从临床资料库直接分析研究数据,或从网上下载在线健康记录资料来建立辅助研究资料库,因此,EHR消除了图1.4中的手动过程。此外,医师与健康记录互动保证了双向沟通,可以大大提高临床试验的质量和效率。当患者符合实验协议时,计算机系统可提醒医生,而且还可以提醒医生研究方案所规定的规则,从而使其更好地遵守实验计划

例如,当一个患者适合某种研究、或当一项研究计划要求对患者的现有数据进行特殊管理时,记录系统可以帮助满足研究计划。我们还知道,为临床试验方案开发的新录入环境可以确保试验所需的数据单元与当地描述患者情况的电子健康记录的习惯相协调。

### 1.1.2 必须解决的常见问题

至少有4个主要问题一直制约我们建立有效的患者记录系统:

(1)需要有临床领域标准术语;
(2)涉及有关数据的隐私、保密和安全;
(3)医师输入数据的挑战;
(4)医疗保健环境下有关整合该记录系统与其他信息资源的困难。

这些问题中的第一个问题在第7章详细讨论,而隐私权是第10章的中心议题之一。临床医师直接输入数据的问题在第2章和第12章及其他许多章节讨论。在1.1.3节中,我们研究网络的最新趋势,探索通信是如何改变目前分散的、缺乏协调的患者医疗记录,以便更好地与其他相关信息资源和临床过程整合。

### 1.1.3 健康记录与其他信息资源的整合

经验表明,医生是信息技术的"横向"使用者(Greenes and Shortliffe,1990)。他们倾向于寻求跨系统和资源的通用功能,而不是成为一个狭义软件包的"超级用户"。因此,只要计算环境能够提供足够功能使系统能够顺利整合,并且对所有就诊者有益,就能非常容易实现电脑及电子健康记录的普遍使用。

在医疗保健机构中引入网络系统,就存在通过单一的临床工作站集成各种资源的新机会(见第10章)。该集成任务的本质如图1.6所示,其中,左上角表示的各种工作站(供患者、医生或文书人员使用的机器)连接到一个企业级网络或内联网。在这样的环境中,各种临床、财务和管理数据库都需要访问和进行整合,特别是通过网络将它们连接在一起,以及通过各种标准在它们之间共享数据。因此,临床资料库已经发展成为一个越来越普遍的思路,它指的是一个中央计算机收集和整合不同来源的临床数据,如化学、微生物实验室、药房和放射科等。正如图1.6中所示,临床数据库是电子健康记录的源泉。当越来越多的临床数据变成电子形式后,纸质文件的需要逐渐缩小并最终消失。

另一个在卫生保健里不断变化的主题是创造临床准则和路径中的投资不断增加(参见第20章),通常要努力减少实际变化和达成共识以解决反复出现的管理问题。一些政府和专业组织,以及个体供应商群体都投入巨资开发临床标准。它们通常强调文献中明确证据的使用,而不是仅仅以专家的意见作为论据。尽管建立这种以证据为基础的标准是成功的,但人们越来越认识到,我们需要提供更好的办法将决策逻辑传播到各医疗点。专著

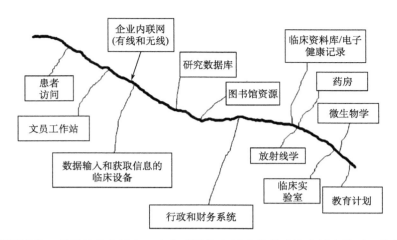

图1.6 组织网络化。我们已经生活在一个大型医院和医疗保健系统广泛实施了网络技术的时代，允许其在组织内部不同系统和用户之间互相通讯。企业内联网是一个扩展到医疗保健系统的局部控制网络。它使专门工作站能够访问丰富的信息资源，包括教育、临床、财务、管理等。电子健康记录（EHR）源于这样的结构——一个系统从不同来源收集患者特性资料并整合以便用户访问，如图1.2所示，这种系统通常称为临床数据存储库，特别是当它们还不像通常的医疗记录那样包含全面的信息。企业内联网面临着连接和整合的挑战，试图将电子健康记录和其他不同组织临床系统连接起来是更大的社会实践的一个缩影

或论文中的准则往往躺在书架里，它包含的知识对于实践者是最宝贵的但他们却无法得到。基于计算机的工具为实施这些准则并将它们和电子健康记录结合提供了一个潜在的、用于对日常临床给出高质量建议的手段。因此，许多组织试图将决策支持工具与其新的电子记录系统结合起来。

### 1. 常见假设的反思

软件开发人员的首要本能之一是创造物质世界里对象或过程的一个电子版本，一些熟悉的概念提供了新软件产品的灵感。然而，一旦软件被开发，人类的聪明才智和创造力往往导致版本演变远远超出了最初设想。因此，计算机可以展示如何看待这些熟悉概念的演化。

例如，考虑当今文字处理机和打字机的显著差异，这是其发展的原始诠释。虽然早期文字处理器的设计主要是为了让用户避免每次重新输入轻微改动的文件，但今天的文字处理器与打字机的相似性很小，如考虑所有功能强大的桌面出版设施、图表集成、拼写校正、语法辅助等。同样地，今天的电子制表软件和我们曾经在方格纸上建立数字表没有多大的相似性。可以再想到自动柜员机（ATM）及其今天为世界银行业提供的便利，这是过去采用银行出纳员时代的业界从未考虑过的。

因此，一个符合逻辑的问题是当计算机系统得到了有效实施，以及其强大新机遇对于我们越来越清晰的时候，健康记录将如何发展。显然，从现在开始的10年以后，以计算机为基础的健康记录和仍然在我们的医疗环境中占主导地位的、过时的文件夹有太多的相似性是不可能的。一个猜想可能发生的变化的办法是考虑广泛的网络链接和互联网的在记录演变中的潜在作用。

### 2. 跨机构的记录

考虑信息技术不断发展的趋势会不可避免地带来一些改变，就不得不提及互联网。互联网是1968年始于美国国防部高级研究项目署（ARPA）资助的研究活动。最初为众所周知的ARPAnet，网络开始建立一个新机制，允许大多设在学术机构或国防工业的、与国防有关的少数大型机分享彼此的数据文件，并提供远程访问其他地点的计算能力。电子邮件的概念产生于其后不久，机器对机器的电子邮箱交流很快成为网络通信的重要组成部分。随着技术的成熟，其用于非军事研究活动的价值得到了认识，1973年第一个和医疗研究相关的计算机加入到网络（Shortliffe,1998b,2000）。

20世纪80年代，世界上其他地方开始发展该技术，美国国家科学基金会承担了在美国运行高速骨干网的任务。顶级医院（主要是学术中心）开始将计算机连接到了后来称为互联网的系统，后来政策决定允许商业机构参与到网络中。到1995年4月，互联网在美国已完全商业化运作，甚至是主要的骨干连接都不再依靠于美国政府的支持。很多人指出互联网是联邦投资在促进技术创新方面极好的例子。互联网是一个重大的社会力量，可以说，假如所有的研究和开发及协调活动都被交给私营部门创造，就永远不会创造出互联网。

直到20世纪90年代后期，当万维网（物理学界最初设想通过互联网在研究人员之间分享包括照片和图表的预印本）被引入和推广，互联网的爆炸性增长才出现。网络是非常直观的，并不需要特别的训练，它提供了一个获

取多媒体信息的机制,成为一个全球性显著增长的现象。

这种通讯现象的社会影响力再夸大都不为过,尤其是考虑到国际上过去15年惊人的连接增长。在曾经被信息孤立的乡村,信息对那里的居民都是很重要的,从消费者到科学家及那些对政治问题感兴趣的人,现在能够通过个人电脑连接互联网来得到及时信息。

因此,电信业经历了一个巨大动荡,同时那些过去不同的行业,现在发现它们的活动和技术已经合并。美国1996年通过立法,允许发展新的竞争和新兴产业出现。目前有大量的技术融合实例,如有线电视、电话、网络和卫星通信。进入家庭和办公室的高速网线随处可用,无线网络无处不在,以及无需使用计算机就能连接互联网的廉价机器(如手机)也出现了。这对所有人的影响可能是巨大的,因而对我们的患者、他们获取的信息以及他们的医疗保健提供者同样有巨大影响。医学不能承担忽视这些迅速变化所致的巨大风险。

### 1.1.4 集成疾病监测模型①

为强调国家网络基础设施能够在临床数据整合和加强保健提供方面的作用,让我们设想一个关于疾病监测、预防和保健怎样受到从现在起到10年以后的信息和通信技术影响的模型。设想有一天,所有的提供者,包括实体单位(医院、急诊室、小型办公室、社区诊所、军事基地和多专长组等)在医疗实践中不管是为患者治疗,还是给患者提供预防疾病的建议都使用电子健康记录。使用这些电子资源的全面影响将出现在所有这些数据记录都被汇集于区域和国家监测数据库并通过互联网连接之时(图1.7)。当然,面临的挑战是找到一种方法来整合这些不同设置的数据,特别是因为在市场上无可避免地活跃着多个供应商和系统开发商,它们竞相提供增值功能以激发和吸引将订购电子健康记录产品的医生。

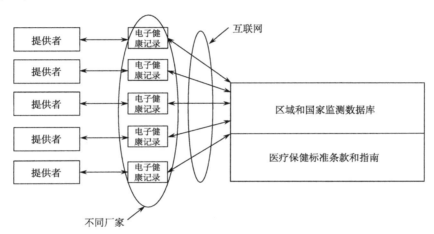

图1.7 未来的监测数据库。其通过互联网上的数据提交过程将临床资料汇集于区域和国家数据库(在重视隐私和保密问题的前提下,见以后讨论)。当信息得到有效的收集、汇总和分析时,就会有非常好的机会给该医疗点的医生反馈经过处理的深刻见解

要达到这个目标,汇集和融合来自不同资源和系统的临床资料的实践强调必须解决一些实际事宜。有趣的是,大部分潜在的障碍在本质上是逻辑、政治和金融问题而不是技术问题,如下所述。

• 数据加密:有关隐私和数据保护的规定要求临床信息只能以加密数据形式在互联网传播,并建立一个机制,使它们得到识别和认证后才允许以监测或研究为目的解密这些信息。

• 符合HIPAA政策:1996年,健康保险流通与责任法案(HIPAA)引出的隐私和安全规则并没有禁止汇集和使用这些数据(见第10章),但他们制定了政策法规和技术保障方法,这些必须是解决方案构想的一部分。

• 数据传输和共享的标准:通过网络共享数据需要所有电子健康记录和临床数据库开发者采用一套单一的标准来交流和分享信息。事实上这种共享的标准,如医疗健康信息传输与交换标准(Health Level 7,HL7),已被广泛使用,但仍然没有被一致接受、实施或利用(见第7章)。

• 数据定义标准:一个统一的数字通信"信封",如医疗健康信息传输与交换标准,并不能保证信息内容被理解或标准化。汇集和数据集成需要临床术语和在数据库中存储临床信息架构的标准(见第7章)。

• 质量控制和错误检查:任何的汇集、分析和利用从各种渠道获得临床数据的系统必须辅之以严格的质量控制和错误检查方法。非常重要的是用户对于这些数据库中收集的数据的准确性和详尽性有很高的信任,因为政策、指导方针,以及各种统计数据可从这些资料中得到。

• 区域和国家监测数据库:任何采用图1.7的模型

---

① 这部分改编自最初出现在Shortliffe和Sondik(2004)的讨论。

均需要创建、筹资和维护所涉及区域和国家数据库的机制。该州政府和联邦政府的作用需要区分并需要解决政治问题(包括对一些民众的关注,任何管理或分析他们健康数据的政府行为可能引起的社会影响,这些威胁到这些人的个人自由、就业等)。

随着监测数据库的建立,以及EHR结合互联网这个强大系统,摘要信息可以回流到提供者以改进他们在医疗点所做的决策(图1.7)。假想标准使信息能够集成在供应商提供的产品中,这些产品是临床医师在实践中使用的,这些可能是EHR或越来越多的订单输入系统。临床医生以此能够在他们治疗或管理患者的措施中采用特定行动。此外,如图1.7所示,数据库可以辅助建立以证据为基础的准则或临床研究方案,这些可通过反馈过程分发到从业人员。因此,将来应该有一天,医师、医疗点得到将是整合的、非教条的支持,资料包括以下几个方面。

- 推荐的健康促进和疾病预防步骤。
- 无论是在社区还是更广泛的区域,综合症状检测并发现问题。
- 公众健康的重要趋势和模式。
- 适应于执行和集成到患者特别决策支持系统的临床指导,而不仅仅作为文本文件提供。
- 分配过的(以社区为基础)临床研究机会,让患者注册到临床试验,随后将协议准则和患者电子健康记录整合,以支持管理符合协议的登记患者。

## 1. 国家健康信息基础设施的实施

正如前面提到的,大型的供应商机构,包括医院和分布的卫生系统,日常使用网络技术作为基础设施建立他们的以计算机为基础的通讯通道(图1.6)。随着部门计算机系统(如放射科、临床实验室、微生物学和药学实验室)连接到网络,机构一般在中央临床资料库收集和储存数据。随着时间的推移,这个数据库变得越来越综合,有效地变成电子健康记录。临床医生使用不同方法获取在这些仓库中的患者数据,如从安装在办公室或护理站的有线工作站,到手持无线设备[如个人数字助理(PDA)或平板计算机]。

文书工作人员使用相同的网络输入并获取信息,有时邀请患者输入他们的病史,访问教育资料,甚至在网络上审查他们个人的临床资料。数据可提交到研究数据库,网络用户可以代表性地访问图书馆资源、行政或财务系统。这种组织内部的资源整合取决于一个强大的企业内部网(图1.6)。实施和维护一个高级网络是复杂供应商在财政和组织机构方面所面临的挑战之一。

在门诊部门中,小型和大型网络正变得司空见惯(图1.8)。在一个流动的机构中,医生和其他人员可能使用一起联网的多台计算机,以便电子健康记录系统共享数据。该系统的效用取决于这些本地网络到互联网的通道,因为这是患者和商业公司(如药房和临床实验室)不断增加地获取和提供信息的通道。几种电子健康记录产品提供专门的Web界面,使患者可以访问他们的医生安排,包括预约、实验室检查结果和药品清单。

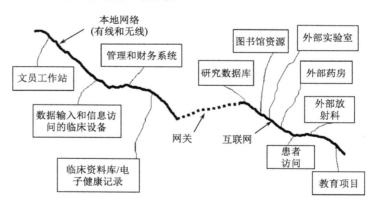

图1.8 通信网络越来越多地出现在门诊装置中,包括小型办公系统,但当他们通过网关连接到互联网和他们自己之外的信息资源、组织和个人时,其价值才得到加强

图1.7所示的未来展望要求建立监测数据库,其取决于在互联网上从临床数据库提交驻留在大型机构(图1.6)和门诊部门(图1.8)的数据。此外,这些设置的信息传递依赖于基础设施、支持决策支持要素和记录的整合,并在相同实践环境中使用的订单输入系统。如果我们要创建共享的研究和监测数据库(图1.7),我们一定要输入这些临床资料,其可以作为日常门诊记录的副产品。如果是用于研究或监测目的的提交的数据,就需要额外的步骤或忙碌的临床医生的特别努力,不管从业人员的愿望多么良好,这个过程都可能会失败。此外,这项额外的步骤应该是不必要的。我们可以根据标准建立集成系统,允许通过一个安全、负责和保密的方式在互联网上自动提交和收集数据。

因此,图1.7的设想依赖于国家卫生信息基础设施(NHII)(图1.9),它连接了该国所有的实践和实践者(见第15章的展开讨论),具有提供给他们获取信息、需要时的决策支持、与患者和同事的沟通渠道,甚至支持他们的业务操作等方面的价值(例如,通过网上提交纳税人的发票,可以进行潜在的错误检查和实时确认,从而大大缩短了应收账款的付款周期)。这个理想的模式解决了我们医疗制度大量的严重问题,从实践变化中预防和减少错误,减少行政成本并提高效率。公共保健系统,包括疾病监测,将是这种变革的众多受益者之一。

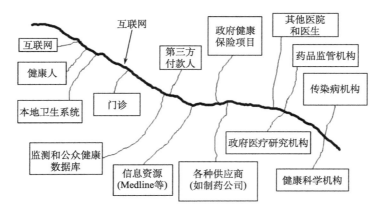

图1.9 超越组织的传播。所有临床系统的基于网络技术和数据交换标准及隐私保护的集成互联创造了国家卫生信息基础设施(National Health Information Infrastructure,NHII),它支持临床治疗、研究和公众健康。企业互联网是一个组织内部网(图1.6在这里被压缩到"本地卫生系统"的方框中)和全部潜在的全球互联网的集成。提供者和患者通过互联网访问越来越多的信息资源,其功能如图(见正文)

**2. 临床护理信息流的循环**

以上所描述的概念产生了未来的周期性信息流的组合模型,如图1.10所示。开始于图的左边,医生根据电子健康记录照顾患者。这些记录的信息将自动流向区域和国家记录,同时流向研究数据库(如果患者参加了以社区为基础的临床试验)。该信息可用于开发预防和治疗标准,主要指导生物医学研究。研究人员可以直接从医疗记录或从汇集的注册数据中提取信息。标准接着被转化成协议、准则和教育材料。这些新知识和决策支持功能将通过NHII传递给临床医生,使信息传播到行医点,它在那里无缝地集成了电子健康记录和订单输入系统。

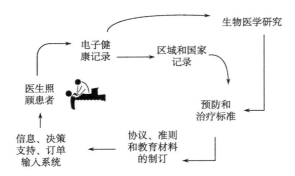

图1.10 最终目标是建立一个信息流循环,数据从分散的电子健康记录(EHR)自动提交给注册和研究数据库。由此产生的新知识又可以反馈给医疗点的医生,使用了多种计算机支持的决策支持分发机制

**3. 对患者的影响**

随着互联网用户数量的增长,不足为奇的是越来越多的患者和健康人转到在互联网上获得健康信息(见图1.9)。北美医生遇到一个没有准备问题或没带一堆激光打印纸的预约患者,将是非常罕见的,这是由于在网络上可以进行医疗搜索。提供互联网上医疗报告相关网站搜索引擎的公司是消费者搜索最流行的公司,因此医生和其他医护服务人员必须在患者寻求医生帮助时准备处理患者在网络上发现并带来的信息。一方面,一些信息是及时的和出色的,从这种意义上讲,医生经常能够从他们的患者那里得到更新的、需要越来越多关注的问题,使他们在实践中增强了通过患者获取的信息量。另一方面,网络上的许多资料缺乏健康同行的审查,或是纯粹的传闻,没有医疗培训的人可能被这种信息误导,就像过去他们被印刷的书籍和资料(如轶事杂志)的治疗方法欺骗一样。此外,一些网站提供的个性化建议往往是收费的,随之而来的所有关注是与有关建议的质量和电子邮件或基于网络互动提供有效意见的能力。

在更积极的情况下,新的通讯技术为临床医师提供创造性的方式来与患者互动,以提供更高质量的护理。几年前医疗系统采用电话作为标准通信工具促进患者护理,我们现在想当然地和患者采取这样的互动。如果我们把音频通道扩展到包括我们的视觉,远程医疗的概念就出现了(见第14章)。虽然在远程医疗可能被广泛直接用于患者护理前存在重大挑战需要克服,但这些在很大程度上是监管和财政方面的(Grigsby and Sanders,1998),有些专门设

置已经证明是成功的、成本效益高的(如以国际医疗、远程放射学和视频为基础照顾在州和联邦监狱中的患者)。

短期内可能更实际的概念是利用计算机和互联网作为患者与医生之间沟通的基础。举例来说,电子邮箱快速增长,可避免"电话捉迷藏"及对简单问题的异步回答(电话需要同步通信,电子邮箱则不需要)。更多极具潜力的探索是对网络技术为基础的通信方法。例如,有年轻的公司为管理式医疗保健组织和卫生保健系统工作提供基于Web的疾病管理设施。患者登录到一个私人网站提供有关他们慢性疾病的状态(如糖尿病患者的血糖读数),随后在家里从他们的医生或从疾病经理那里得到反馈信息以保持健康,从而减少对急诊室或诊所就诊的需要。

### 1.1.5 实现远景的要求

上述提出的许多概念取决于互联网更高的带宽、可靠性、延迟时间的缩短和财务模型,这些使应用程序具有成本效益和实用性。人们正在积极努力解决这些问题中的一些,包括美国联邦大型网络活动[①]。另外,学术机构联合起来旨在建立新的高带宽通信测试平台以支持研究和教育。他们最初的努力是建立在已有的联邦资助或实验网络,也就是 Internet 2 之上[②]。探索性的努力继续推动目前的互联网技术水平,这些都对未来的健康护理有重大影响,特别是以计算机为基础的健康记录(Shortliffe,1998c)。

**教育和培训** 计算机知识(熟悉计算机和其在日常社会中的应用)与了解计算和通信技术在健康护理系统中能够和应该发挥作用的知识之间是有区别的。我们一般只是对未来的临床医师在后一个领域做了糟糕培训,结果使他们在快速变化的环境中面对挑战时准备不足(Shortliffe,1995a)。

此外,只有当教育机构培养出不仅理解计算和通信技术,也对生物医学基础知识和其他从业人员及卫生工作者的需求有深刻理解的骨干人才,我们这里提出的未来的大多数设想才可能实现,仅计算机科学训练是不够的。幸运的是,我们已经开始看到正在提供量身订制的生物医学信息学教育的机会,以建立正规的训练方案。很多学员是生命科学研究人员、医生、护士、药剂师,以及一些其他看到生物医药、信息科学、计算机科学和通信技术的结合所带来的职业机会和挑战的卫生专业人员。不过,对于这些人的需求远远超过供应,无论是学术界还是工业职业界(Greenes and Shortliffe,1990)。我们需要更多的培训项目,扩展那些已经存在的,再加上那些在这方面争取更多培训的健康科学学校的初级系的支持[③]。

**组织和管理变革** 最后,如上所述,需要医疗保健方面的领导者更深入地理解再造过程在软件成功应用中的作用。医疗保健提出了社会上最复杂的一些组织结构,它被简化为假设现成产品没有经过重大的分析、重新设计和合作联合开发的努力就能顺利地引入一个新的机构。投资不足,未能理解软件的重新设计是软件实施中的一部分规定,以及技术领导和规划的问题,造成很多医疗机构的报告中令人沮丧的经历,这些医疗机构本来努力使用计算机以便更有效地支持患者护理并提供服务。

这里描述的未来设想是为了提供一个对未来远景的一瞥,并提出需要书中讨论的课题,如此书一样。本质上,以下各章节涉及集成系统设想的一些主题,其已超越了单一的机构。但是,在展开这些主题以前,让我们强调两点。首先,只有医院、学术医疗中心和国家协调机构提供了标准、基础设施和必要资源,本节早些时候提出的构想才能成为现实。没有任何单个的系统开发商、供应商或管理员能够完全制订连接和数据共享的标准,如图1.9所示的一个集成环境。在从业人员获取常规信息之前,一个国家主导的合作计划及机构和诊所内实现计算和通信资源的规划是必需的。为了资源之间轻便和简洁地传输,需要一个统一的环境。

其次,尽管我们的构想集中于以临床医师观点看待的访问集成信息,在这个领域的其他工作人员都可以类似的方式处理类似的需求。如果临床用户将访问类似数据和信息,学术研究团体已经应用了的大部分技术需要合并。

在这种讨论背景下,现在让我们考虑导致出现了许多设施的学科,这些设施需要在未来的综合计算-医疗环境中合作使用。本章其余部分涉及作为一个领域的医学计算及作为研究对象的医学信息,它们提供了了解这本书随后的许多章节所需的辅助背景。

## 1.2 计算机在生物医学中的应用

计算机的生物医学应用是一个根据性质包含所涉及的领域不同图像的短语。对于医院管理员,它可能意味着计算机医疗记录的维护;对于决策科学家,它可能意味着计算机在疾病诊断中的辅助功能;对于一个研究基本科学的科学家,它可能意味着计算机在维护和检索基因排序信息中的应用。许多医生马上联想到的是办公任务的工具,如患者账单或安排预约。该领域的研究包括所有上述内容和其他很多活动。更重要的,它包括了各种影响生物医学设施的外部因素。除非你考虑到这些周围因素,否则很难理解生物医学计算可以帮助我们将医疗保健及其实施的各种问题整合在一起。

为了统一观点,我们可能会考虑三个相关主题:

---

[①] 大型网络是下一代互联网(Next Generation Internet)计划的继续,活跃于20世纪90年代,参见 http://www.itrd.gov/subcommittee/lsn.html

[②] 参见 www.internet2.org

[③] 一些现有的培训课程目录见 http://www.amia.org/resource/acad&training/f1.html

①计算机在生物医学中的应用；②医疗信息的概念（为什么它在医疗实践中是重要的，为什么我们可能要使用计算机来处理它）；③医学的结构特点，包括所有计算机可能被应用的子主题。其中第一个是这本书的主题，我们在本章和下一章会简要提到第二个和第三个主题，同时我们给那些愿意学习更多的学生提供参考阅读文献。

现代计算机仍然是一个相对年轻的设备。因为计算机作为一台机器是非常令人振奋的，人们为此付出了不成比例的关注，像医疗领域，当给定了数量、概念、观念和认知基础时，不考虑电脑可以干什么。近年来，计算机科学家、哲学家、心理学家和其他学者共同开始考虑信息和知识的本质，以及人如何处理这些观念等问题。这些调查因为计算机的存在都给了及时性（如果不紧急）的感觉。临床医师在实践中的认知活动在过去20年获得了比以前几十年的历史更多的关注（见第4章）。同样，计算机的存在和它扩展一个临床医生认知能力的可能性激发了这些研究中的大部分。开发基于计算机的工具来帮助决策，我们必须更清楚地了解医师的诊断过程、治疗规划、决策制订和问题解决。

### 1.2.1 术语

20世纪60年代，那时几乎每个从事传统的生物医学计算的人都访问某些类型的计算机系统，人们一直不确定他们应该使用什么名称称呼计算机科学的生物医学应用的概念。计算机科学这个名称本身在1960年也是新的、模糊的定义。即使在今天，计算机科学使用更多的是习惯语，而不是具有该领域科学内涵的解释。

我们使用术语"医学计算机科学"指计算机科学的分支，应用于医学主题更大领域的方法。然而，正如你将看到的，医药提供了丰富的计算机科学的研究领域，以及来自应用医学计算研究的一些基本的计算见解和方法。术语"信息科学"偶尔与计算机科学结合使用，其源于图书馆科学领域，逐渐普遍地指与管理纸质和电子存储信息相关的一系列问题。信息科学最初的很多东西在认知科学的名义下燃起了新的兴趣。

与此相反，信息论首先是由研究有关通信的物理特性的科学家发展起来的，它已经发展成可视为一个新的数学分支。科学家们在信息论方面所取得的成果已被通信技术的许多过程所证实，但它们对我们理解人类信息处理的影响不大。

生物医学计算或生物计算的术语已用了数年，它们是非解释性和模糊的，只意味着计算机为了某种目的在生物学或医学中的应用。然而，他们往往与计算机的工程应用相联系，其中设备更被看成是生物工程应用的工具，而不是研究重点。

欧洲最初推出的术语是医学信息，比医学计算（它包括医疗统计数据、记录保存等项目，以及医学信息本身性质的研究等）更广泛，它不强调计算机，而是注重于计算机应用方面的性质。由于到了20世纪90年代，信息学一词在美国才被接受，医学信息科学21世纪才被替代应用；但是，这个词可能会和图书馆科学混淆，而且不及欧洲所用之词涉及的应用领域广泛。因此，即使在美国，尽管有些人不喜欢一个尴尬的新词出现，"医学信息"到2000年已成为首选的术语。事实上，这是我们在该领域前两个版本的教科书中使用的名称，它仍然在大量的专业和学术环境中使用。然而，尤其是因为生物信息学的兴起，许多观察家担心，形容词"医疗"太专注于医生，没有重视与该学科相关的其他健康和生命科学的专业人士，虽然在该领域的人不打算将"医疗"特定为专门地面向医生，甚至面向疾病。因此，"健康信息"或"保健信息"之称也取得了一定的应用，即使它有排除应用生物学（第22章）的倾向，正如我们马上就要讲的，这些术语往往把重点放在应用领域（公共卫生和预防）的名称上，而不是基础学科及其广泛的应用性。

在20世纪90年代后期，美国国家卫生研究所（NIH）主任Harold Varmus（哈罗德瓦尔穆斯）任命了一个咨询小组，称为生物医学计算工作组。1999年6月，该工作组提交了一个报告①，该报告建议NIH②发表一项生物医学信息科学与技术的倡议。NIH随后创建的另一个组织称为生物信息学工作组，大大提高了信息学在生物中的应用。今天，生物信息学是一个在NIH[7]、世界各地的许多大学及生物技术公司中主要的研究领域。但是，这一领域爆炸性的增长混淆了一直在讨论的命名的约定。此外，医疗信息学和生物信息学之间的关系变得不明确。因此，在更加积极地包容许多医疗信息工作组已经涉及的生物应用，医学信息学已逐渐让位给生物医学信息学。几个学术团体已经改变了它们的名字，一个主要的医疗信息学杂志《计算机和生物医学研究》已更新为《生物医学信息学杂志》。

尽管存在这些问题，我们认为在生物医学信息管理的广泛领域确实需要一个适当的名称，从本版开始，我们始终使用"生物医学信息学"这个术语，它正成为被广泛接受的术语，应该被广泛应用在健康、临床实践和生物医学研究等各个领域。当具体谈到计算机及其在生物医学信息学的应用活动时，我们使用术语生物医学计算机科学（对于方法学问题）或生物医学计算（描述活动本身）。但是，请注意，生物医学信息学除了计算机科学外，还有许多其他的组成，包括决策科学、统计、认知科学、信息科学，甚至管理科学。当作为一个基础研究的学科中基础与应用的性质讨论时，我们很

---

① 参见 http://www.nih.gov/about/director/060399.html
② 参见 http://www.bisti.nih.gov/

快回来讨论这一点。

虽然这些术语有些是随意的,但它们决不是无足轻重的。在新尝试和新科学分支中,它们在指明领域范围、确定或限制它的内容方面都是很重要的。现代计算机最显著的特点是其应用的一般性。几乎无限的计算机使用范围使命名复杂化。因此,也许更好说明计算机科学本质的方法是例子而不是形式的定义。这本书正是这样做的,提出的许多例子。

总之,我们将生物医学信息学定义为研究生物医学信息、数据和知识的存储、检索及最佳利用的科学领域。因此,它涉及所有的生物医学及与之紧密联系在一起的现代信息技术,特别是计算机科学和通信(生物医学计算科学)学科的基础和应用科学领域。生物医学信息学作为一门新学科,其产生在很大程度上源于计算和通信技术的快速发展,以及越来越意识到生物医学的知识基础必然是由传统的纸质方法无力管理的,越来越相信信息决策过程在现代生物医学中和制定临床决定或研究计划中的证据收集是同等重要的。

### 1.2.2 历史回顾

现代数字计算机是在第二次世界大战期间美国和其他国家发展起来的,通用计算机于50年代中期开始在市场上出现了(图1.11)。但是,人们更早就开始猜测此类机器可能干什么(如果它们变得更可靠)至少可以追溯到中世纪,那时学者就提出了人类的推理是否可能以正式或算法的过程来解释①。戈特弗里德·威廉·莱布尼兹是一位17世纪德国哲学家和数学家,试图建立一个微积分来模拟人类的推理。"逻辑引擎"的概念是后来由Charles Babbage在19世纪中叶提出的。

图1.11 ENIAC计算机。早期的计算机(如ENIAC)
是今天的个人电脑(PC)和手持计算器的先驱
(照片由Unisys公司提供)

第一个自动计算与医学有关的实际应用是Herman Hollerith开发的用于1890年美国人口普查(图1.12)的打卡数据处理系统。他的方法很快应用于流行病学和公共健康调查,开创了机电打孔卡数据处理技术,该技术在20世纪二三十年代成熟并广泛应用。这些技术是存储程序和全电子数字计算机的先驱,出现于40年代末(Collen,1995)。

图1.12 制表机。Hollerith制表机是早期的数据处理系统,该系统使用打孔卡进行自动计算
(图片提供:美国国会图书馆)

生物医学计算早期的一个活动是企图建构一个辅助医生做出决策的系统(见第20章)。但是,并非所有的生物医学计算程序都追求这种做法。很多早期的系统坚持总医院信息系统的概念(HIS,见第13章)。这些项目也许不那么雄心勃勃,他们更关心的是短期内的实际应用;然而,他们遇到的困难仍然是难以应付的。HIS在美国的最早工作可能与通用电气的MEDINET项目有关,其次是Bolt、Beranek、Newman在马萨诸塞州剑桥的工作,然后是在波士顿的麻省总医院(MGH)的工作。一些医院应用程序是由Barnett和他的同事在20世纪60年代初开始历经30年以上的时间在麻省总医院开发的。类似的系统工作由Warner在犹他州盐湖城的末世圣徒(摩门教)医院、Collen在加州奥克兰的Kaiser Permanente和Wiederhold加州的斯坦福大学,以及加州Sunnyvale洛克希德公司的科学家分别完成②。

---

① 算法是一个定义好的解决问题的过程或步骤序列。
② 后来的系统由Technicon公司接管,并得到进一步的发展(后来的TDS医疗系统公司)。直到最近,该系统仍然是Eclipsys公司现有产品套件的一部分。

HIS 系统在 20 世纪 70 年代出现分叉。一种方法是基于一个综合的整体设计,其中应用一个很大的分时计算机以支持所有应用软件。另一种是分布式设计,采用个人计算机(微型计算机)使在各领域的特殊应用系统能够分开独立执行。一个共同的假设是存在一个简单的、可共享的患者信息数据库。但是,直到网络技术允许快速、可靠地在分布和(有时)异型机器之间通信,多机模型才是切合实际的。这种分布式 HIS 开始出现于 20 世纪 80 年代(Simborg et al.,1983)。

20 世纪 70 年代初随着微机的出现,生物医学计算扩宽了应用范围,并加速发展。这些机器使人们有可能为个别部门或小的组织单位取得他们自己专用的电脑,并开发自己的应用系统(图 1.13)。通过与以有限的计算机培训即可提供标准化功能的通用软件工具(如 UNIX 操作系统和编程环境)相结合,在微处理器引入前,小型计算机投入更多计算能力于生物医学研究,而不是任何其他的单一开发。一个中央处理单元(CPU)包含一个或几个芯片(图 1.14)。

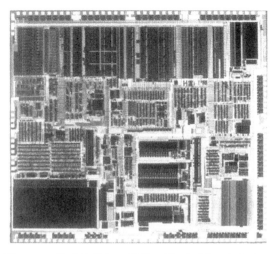

图 1.14 微型计算机。微处理器,或者"一个芯片上的计算机",彻底改变了 20 世纪 70 年代的计算机行业。通过在小盒子里安装芯片并连接到计算机终端,工程师生产了个人计算机(PC)——一个使个人用户能够购买其自己系统的创新

图 1.13 部门的系统。医院的部门,如临床实验室等,当负担得起小型计算机时就能够实现自己定制的系统。今天,这些部门往往使用微机以实现行政和临床功能(照片由惠普公司提供)

图 1.15 医疗广告。出现在 20 世纪 70 年代后期医学期刊中一种早期的便携式计算机终端的广告。精巧、价格低廉的外围设备和个人电脑(PC)的发展启发了直接面向医师的市场营销(著作权德州仪器许可转载,1985)

20 世纪 70 年代末和 80 年代初,当微处理器和个人计算机(PC)或微型计算机成为可能时,一切从根本上改变了。不仅医院的部门可以负担得起小型机,现在个人也能负担得起微型计算机,这一变化极大地拓宽了我们的计算基础,产生了一个新的软件产业。计算机在医学上的第一批文献出现在 20 世纪 50 年代后期的临床杂志,但直到 70 年代后期,第一个有关电脑和针对医师的广告才开始出现(图 1.15)。短短几年,以计算机为基础的信息管理工具已商业化并广泛使用。对它们的描述开始与传统的药品和其他医疗产品广告一起出现在刊物中。今天,个体医生们发现在各种环境中,包括患者护理或临床研究应用使用个人电脑是很实际的事情。

现阶段出现了不同大小、类型、价格和功能的一系列硬件,所有这些将在未来几十年继续发展。虽然科学家们开始预测最终计算机电路小型化的物理限制,但电脑尺寸和价格降低同时功能增强的趋势(图 1.16)丝毫没有显示出放缓的迹象。

生物医学计算研究的进展将继续依赖于政府或商业的资金支持。由于大多数的生物医学计算研究是探索性

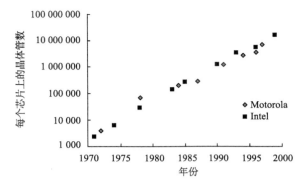

图1.16　摩尔定律。英特尔前董事长戈登·摩尔的"定律"将流行,其认为微处理器芯片的尺寸和成本将每18个月减半一次,而它们的计算能力将增加一倍。本图显示了2个主要芯片制造商单微处理器集成的晶体管数量,它们呈指数增长（来源:圣何塞水星报,1997年12月）

的,是为远离企业商业应用准备的。过去40年中,联邦政府的资金发挥了关键性作用,其主要是通过美国国立卫生研究院及卫生保健研究和质量部（AHRQ）完成的。美国国家医学图书馆（NLM）已经承担了生物医学信息学研究的主要作用,特别是在基础研究支持方面（图1.17）。由于越来越多的应用证明其成本效益好（见第6章和第23章）,更多的开发工作很可能将转向工业环境,大学的课程设置将日益集中于基础研究,但相对于短期商业化来说其被视为太过虚幻。

图1.17　美国国家医学图书馆（NLM）。NLM是NIH在马里兰州贝塞斯达的分部,是美国生物医学图书馆的主要部分（见第15章）,也是支持生物医学研究的主要信息源（图片提供:美国国家医学图书馆）

### 1.2.3　与生物医学科学和医学实践的关系

生物医学信息学令人兴奋的成就,以及暗含的对医学未来的潜在益处,使我们必须从社会和现行的医疗体系来审视。早在1970年,一位著名的临床医生就认为,电脑将来可能对医疗保健、医疗教育,甚至对健康科学的学员的选择标准产生革命性影响（Schwartz,1970）。随后计算活动的巨大增长已经使一些健康专业人员感到害怕,他们问到哪里才能彻底停止。是否健康工作者将逐步被电脑取代？是否护士和医生需要高度计算机科学训练才能有效地完成自己的工作？是否患者和健康工作者最终讨厌而不是接受自动化的趋势？他们认为自动在可能威胁到健康保健系统传统的人文价值观（见第10章）（Shortliffe,1993）。临床医生如果不转向用于信息管理与决策支持（图1.18）的计算机工具,是否将被视为过时的和落后的？

图1.18　未来的医生。到20世纪80年代初,医学期刊广告开始使用计算机设备作为工具。这张照片的迹象似乎表示一个现代医师在执业活动中对用电脑为基础的工具感觉舒适（照片提供者为美洲ICI公司的分公司ICI Pharma）

本质上,生物医学信息学是生物医学科学内容交织在一起的一门学科,它确定并分析了生物医学信息和知识的结构,而生物医学科学是由该结构制约的。生物医学信息学融合了生物计算科学的研究与生物医学信息和知识的分析,从而解决了计算机科学和生物医学科学的接口。为了说明医疗信息和知识"结构性"特征的含义是什么,我们可以将典型领域如物理或工程的信息和知识的性质与生物医学的信息和知识的性质作比较（见1.3节）。

生物医学信息学也许最好被视为一个基础的生物医学科学,是一个具有广泛应用潜力的领域（图1.19）。与其他基础科学类似,生物医学信息学利用过去的经验结果来理解、构建和编码主观及客观的生物医学研究结果,从而使它们适宜处理。这些方法支持它们的分析结果和整合。反过来,创造的知识选择性分配可以帮助患者护理、健康计划和基础生物医学研究。

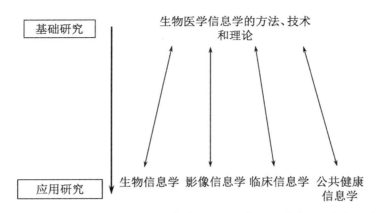

图 1.19 作为基础科学的生物医学信息学。我们将生物医学信息学看成是以创新和发展新方法及新理论为主要活动目的的基础科学学科,这些核心概念及方法在健康和生物医学科学中有广泛的适用性。本图底部相应的名称表示的信息学各分支,最好被认为是从生物信息学领域概念和技术集合的应用领域。请注意,生物医学信息学完全由应用领域所激发,该领域的目的是服务(图中的双头箭头所示)。因此,该领域的基础研究活动一般源于识别现实世界中一个健康或生物医学问题,寻求信息学的解决方案(见正文)

从本质上讲,生物医学计算是一门实验性科学。实验性科学的特点是提出问题、设计实验、进行分析,并用获得的信息设计新的实验。只是为了追求新知识的研究称为基础研究,将知识用于实践的研究称为应用研究,这两种研究之间有一个过渡性的阶段(见图 1.19)。生物医学信息学在应用领域和基础研究之间有一个紧密耦合的区域,其中应用领域的大多数学科如图 1.19 的底部所示。但是研究表明,基础研究中开发的新概念及方法和其在生物医学领域的最终应用之间需要很长的时间(Balas and Boren,2000)。此外,许多发现被丢弃,只留下很小百分比的基础研究发现对患者保健发挥实际作用(图 1.20)。

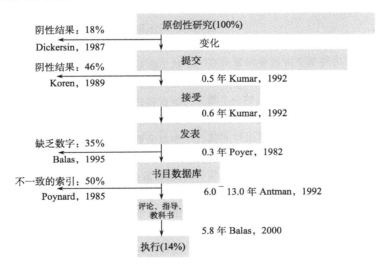

图 1.20 各时期研究转移到临床实践的情况。一项关于不同阶段的综合研究表明,平均需要 17 年时间使创新成为常规护理的一部分(Balas and Boren,2000)。先驱性的机构应用创新往往更快,有时在数星期内,但在全国范围内推广通常是缓慢的。具体的、证据充分的全国性使用率也表明到达广泛应用要 20 年的延误(Andrew Balas 博士提供)

本质上,生物医学信息学研究的动机是在生物医学领域的应用环境中遇到的问题。历史上,首先遇到的是临床护理(包括医药、护理、牙科和兽医护理),这是一个要求以患者为本的信息应用领域,我们把这个领域称为临床信息学。

与临床信息紧密联系在一起的是公共健康信息学(图 1.19),其中类似的方法被推广到广义的患者人群,而不是单一的个人(见第 15 章)。因此,临床信息学和公共健康信息学共享了很多相同的方法和技巧。另外,临床信息学和公共健康信息学这两个大的应用方法相互重叠,包括影像信息学(放射学及其他影像管理图像分析领域的一系列问题,如病理学、皮肤病学、分子可视化,见第9章和第18章)。最后,还有生物信息学的新兴领域,即在分子和细胞水平上同样提出了许多方法(见第22章)。

如图1.21所示,这些应用领域有一个从左到右的谱系。在生物信息学中,工作人员应用信息学方法处理分子和细胞过程。在下一个水平,工作人员集中于组织和器官,其往往成为影像信息工作(在一些机构,也称为结构信息学)。临床信息的发展重点是单个患者,并最终为公众健康,从而使研究人员解决公众和社会的问题。生物医学信息学对全体国民有重要贡献。

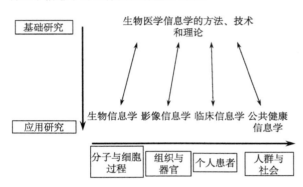

图1.21 生物医学信息学的宽阔领域。作为核心学科的生物医学信息学及其派生的系列应用领域之间的关系,应用领域涵盖了生物科学、影像、临床实践、公共健康及其他没有说明的领域(见正文)

一般来说,生物医学信息学研究人员的灵感之一来自应用领域,确定需要加以解决的基本方法学问题并在原型系统中测试它们,更成熟的方法是在临床或生物医学研究的实际系统环境中进行测试。这个观点的一个重要含义是核心学科是相同的,不考虑应用领域。因此,需要统一的生物医学信息学教育课程,使其给学生带来统一的多种应用兴趣。选修课程和对特定感兴趣领域的实习当然是主要课程的重要补充。但是,鉴于对团队合作和对领域了解的需求,根据不同应用领域学员的兴趣分开训练,将是适得其反和浪费的[1]。

生物医学信息学的科学贡献也可以通过对健康专业人员的教育潜在增加。例如,在医学学生教育中,传统医师各种认知活动往往是单独考虑的、孤立的,尽管它们在很大程度上被视为在性能上是相互依赖和独特的模块。一个吸引了越来越多兴趣的活动是正式的医疗决策(见第3章),这一领域的具体内容还有待进一步完善,但该学科对正式方法和知识及信息使用的依赖性表明它是生物医学信息学的一个分支。

医疗决策研究的一个特别主题是诊断,它常常被设想和讲解成好像是一个独立的和不相关的活动。医学学生可能因此将其看作一个过程,在该过程中,医生在做出对一个患者的诊断或进行其他模块化任务之前需对其进行隔离。多项研究表明,该模型过于简单,这种认知任务的分解可能是相当容易产生误解的(Elstein et al.,1978;Patel and Groen,1986)。医生似乎在同一时间可以处理几个任务。虽然看到一个新的患者时,诊断可能是医生考虑的第一件事情,但对患者的评估(诊断、管理、分析治疗结果、监测病情发展等)是一个从来没有真正结束的过程。一个医生必须有灵活和开放的态度。如果基于最初诊断的治疗不成功,或新的信息削弱了支持原诊断的证据或出现第二个并发疾病时,改变诊断一般是恰当的。第4章将就这些问题做详细讨论。

当我们说做出诊断、选择治疗、管理治疗、决策、监护患者或预防疾病时,我们正在使用医学中不同方面的术语,一个包括全体的实体。医疗保健是一个将这些元素紧密交织在一起的整体。无论我们将计算机科学和信息科学看作是专业、或技术、或科学,其对于生物医学的重要性是毫无疑问的。我们可以想象在临床实践中电脑将越来越多地用于生物医学研究和健康科学教育。

### 1.2.4 与计算机科学的关系

在其发展为大学学术实体的过程中,计算机科学是一门不稳定的课程,教师试图确定该领域的关键课题,并找到该学科的结构定位。许多计算机科学的项目位于电机工程系,因为研究人员主要关心的是计算机架构、设计和开发实用的硬件组件。同时,计算机科学家们对编程语言和软件感兴趣,不是特别关注工程特性。此外,他们的与算法设计、可计算理论[2]和其他理论问题有关的工作似乎更多地和数学相关。

生物医学信息吸引了所有这些活动:硬件、软件的开发,计算机科学的理论。生物医学计算一般没有足够大的市场来影响主要硬件的发展过程,也就是说,还没有为生物医学应用开发专门的电脑。直到20世纪60年代初(当健康计算专家偶尔谈及,在少数情况下,开发了专门的医疗终端)才有人认为生物医学计算应用可以使用专门设计的硬件而不是为一般使用设计的硬件。

至于生物医学应用是否需要专门的编程语言20世纪70年代任何参观过麻省总医院多功能多处理系统的人可能会肯定地回答该问题,它称为MUMPS语言(Greenes et al.,1970,Bowie and Barnett,1976),是专为

---

[1] 例如,哥伦比亚大学的生物医学信息学培训方案在设计时就考虑到这一观点。对临床、影像学、公共健康和生物应用有兴趣的学生,通过一起使其训练,必须了解其他应用领域的每一个东西。该课程的详情可在 http://www.dbmi.columbia.edu/educ/curriculum/curriculum.html 找到(又见 Shortliffe and Johnson,2002)。

[2] 许多有趣的问题不可能在有限的时间内计算出来,需要启发。可计算理论是评估得到正式表示问题的完整性和正确结果的可行性及计算成本。

医疗应用而开发的。几年以后，MUMPS是医疗记录处理使用最广泛的语言。根据其新的名称，M仍然被广泛使用，为每一代计算机已经开发了新的现实版本。但是，M像任何编程语言，不是对所有的计算任务都有用。此外，医学的软件需求更易懂，不再是唯一的，而是依据具体的任务而不同。科学计算的程序的外观几乎相同，不管是为化学工程还是为药物代谢动力学计算而设计。

那么，生物医学计算科学与生物信息学的区别在哪里？新学科是否仅仅以"生物医学"研究计算机科学？如果你回到我们在1.2.1节提出的生物信息学的定义，然后参考图1.19，我们相信你会明白为什么生物医学信息学比计算机科学在生物医学中的应用简单得多。它涉及的问题不仅有广泛相关的卫生、医药、生物，还有本质上是跨学科的、生物医学科学专业人士提出的潜在的科学。因此，成功的生物信息学研究往往会吸引并有助于计算机科学，但它也可能与决策科学（概率论，决策分析，或者是人类解决问题的心理学）、认知科学、信息科学或管理科学（图1.22）密切相关。此外，生物信息学研究人员将和现实世界中一些健康或生物医学的基本问题紧密联系在一起。例如，如图1.22所示，生物信息学的基础研究人员或博士生因此受到应用领域启发，如在图1.19和图1.21的底部所示，该领域的一个博士学位论文通常会确定一个可归纳的科学结果，并有益于组成部分的学科（图1.22），其他科学家可以以此构建未来。

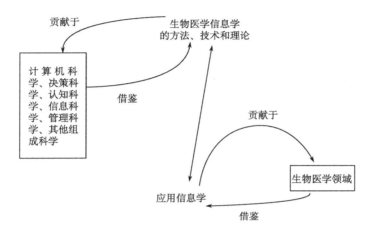

图1.22 生物医学信息学的科学组成。信息学的应用领域源于相关生物医学领域的需要，它试图提供问题的解决办法。因此，任何应用的信息学工作都激发了生物医学领域的灵感，从而描述了生物医学信息学基础研究的挑战，如果生物医学领域要最终受益，该挑战就必须解决。在方法学方面，生物信息学提出了一系列组成学科，并为之作出贡献，计算机科学只是其中一个。正如图1.19和图1.21所示，生物信息学本质上是多学科，无论是在应用领域还是由其导出的学科组成上

## 1.2.5 与生物医学工程的关系

如果生物医学信息学是一个年轻的学科，相比之下，生物医学工程是一个基础扎实的学科。对于后者，许多工程和医学学校有正规的学术课程，通常有学科地位和专职教师。生物信息学是如何与生物医学工程联系在一起，尤其在一个工程和计算机科学越来越交织在一起的时代，是个值得探讨的问题。

生物医学工程部门出现于35～45年前当技术开始在医疗实践中发挥越来越重要作用的时期。这些部门的重点往往是研究和开发仪器（如第17章和第18章所讨论的高级监测系统、临床或实验室使用专门的转换器及在放射科使用的图像增强技术），研究和开发与医疗器械、人工器官①和专门研究的工具（图1.23）。

近年来，计算机技术已被用于设计和制造医疗设备，以及用于医疗设备自身。例如，"智能"设备越来越多地发现于大多数科室，其都依赖于微处理器技术。这种"智能"设备的例子是重症监护的监视器，它在记录血压值同时计算平均值，生成每小时的平均值。生物医学工程和生物医学信息学的重叠表明强制划分两个领域之间的严格界限将是不明智的。本书有充分的互动机会，而且本书的一些章节清楚地覆盖了生物医学工程主题，如第17章的患者监护系统、第18章的放射成像系统。但是，即使它们重叠，领域重点仍存在差别，可以帮助了解不同的发展历史。生物医学工程的重点是医疗设备，生物医学信息学的重点放在生物医学信息和知识，并在电脑上进行管理。这两个领域中，电脑是从属性的，虽然都使用计算机技术。本书的重点在于生物医学计算机科学的信息学目的，所以我们不会花很多时间研究生物医学工程的主题。

---

① 替代人体器官的设备，如人工臀部或人工心脏。

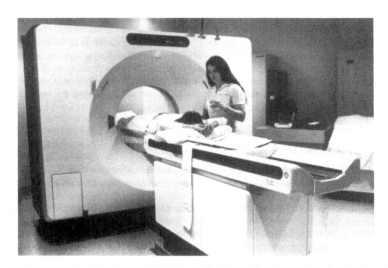

图 1.23　高级成像设备。计算机断层(CT)扫描仪和其他放射科使用的成像设备,医学计算机科学家和生物医学工程师均对其感兴趣(照片由 Janice Anne Rohn 提供)

## 1.3　医学信息的性质

从前面的讨论,你可能会认为生物医学应用没有提出任何特别问题或疑虑。相反,生物医学环境以有趣的方式提出了若干问题,它们明显不同于在大多数其他领域的计算机应用过程中遇到的问题。临床信息似乎从系统上有别于物理、工程,甚至临床化学(它一般更接近于化学应用)中使用的信息。生物医学信息包含本质上的不确定性——我们无法知道所有生理过程的情况,还有因此产生的不可避免的个体差异,这些差别引起了特殊问题。部分由于该原因,一些研究者认为生物医学计算机科学和传统的计算机科学有本质不同。我们在这里只是简单地探讨这些差异,您可以就这个问题参考 Blois 的书了解详细情况(参见推荐读物)。

让我们看看一个低级的(或容易形式化的)学科实例。物理学是一个自然的出发点,在任何科学等级关系的讨论中(从公元前4世纪古希腊哲学家亚里士多德到20世纪美国图书管理员 Melvil Dewey),物理学均被放置在底部附近。物理学有典型的简单性和普遍性。但是,物理学对象和过程的概念及描述必须用于所有的应用领域,包括医学。物理学的定律和某些类型物理过程的描述是表示或解释医学性质必不可少。比如,我们需要了解分子物理的东西以了解为什么水是这么好的溶剂;解释营养分子是如何代谢,谈论电子转移反应的作用。

为解决一个物理问题,在医学环境应用的计算机(或任何正式计算)和在一个物理实验室或工程应用中应用的计算机没有不同。电脑在各种低阶处理中的应用(如物理或化学中的应用)类似,是独立于应用的。如果我们谈论水的溶解性能时,它没有什么区别,不管我们工作于地质、工程或医学领域。这种低层次的物理过程特别适于数学处理,因此计算机用于这些应用只需要传统的数字编程。

然而,生物医学还有其他更复杂的对象[如生物体(其中一类是患者)]需要进行高阶处理,许多重要的信息化进程是这样的。当我们讨论、描述或记录人类的属性或行为时,我们描述的是非常高阶的对象,其中没有在物理或工程中对应的行为。使用计算机来分析这些高层次对象的描述和过程会遇到严重的困难(Blois,1984)。

有人可能会反对这一论调,认为毕竟电脑在商业应用中是常规使用的,与它们有关的情况和涉及的有关计算进行得相当成功。其解释是,在这些商业应用中,人类的描述和他们的活动被高度抽象,事件或过程已降低为低级别的对象。在生物医学中,无论是从临床还是研究的角度,抽象进行到这样的程度将是毫无价值的。

例如,一个实例是一个人在银行存业务时,他是客户,有可能存款、贷款、收回或投入资金。为了描述这些商业活动,我们只需要几个属性,客户可以保持为一个抽象的实体。但是,在临床医学,我们不能以这些简单的抽象处理代表患者,我们必须准备分析大部分人类展示的复杂行为,并尽可能完整地描述患者。我们必须处理高层次上的丰富描述,利用数学和计算机科学在较低水平上工作良好的工具,我们可能很难编码和处理这些信息。从这些言论来看,一种称为人工智能(**artificial intelligence,AI**)的事物可以恰当地描述计算机科学应用于高层次现实世界的问题。

因此,生物医学信息学包括的计算机应用从非常低级别的应用(这和物理、化学或工程的中遇到的问题很少有不同)到极高层次的应用,即存在系统性的完全不同。当我们研究人类的全部(包括人类的认知、自我意识、意向性和行为等方面)时,我们必须使用高层次的描述。我们会发现它们提出复杂的问题,而常规的逻辑和数学是不容易适用的。一般来说,低层次对象的属性表现为清晰、简明扼要和毫不含糊(如"长度"、"质量"),而高层次的描述倾向于不清晰、模糊和不确切(如"令人不快的气味"、"好")。

正如我们需要编写不同的方法来描述高层次的对象,推理方法也可能不同于我们应用于低级别对象的方法。在正常的逻辑中,我们首先假定一个给定的命题必须是真的或假的。这种假设是必要的,因为逻辑涉及在各种形式转变中保存真值。但是,假设许多高层次的医学描述或甚至在日常生活中所有命题都有真值是很难或者不可能的。这些问题如"伍德罗威尔逊是不是一个好总统?",不可能回答为"是"或"否"(除非我们限制了决定总统好坏问题的具体标准),生物医学中许多常见的问题与此有相同的属性。

## 1.4 集成生物医学计算和医疗实践

前面的讨论表明生物医学信息学是一个非常广泛和复杂的课题。我们认为,信息管理的本质是医疗实践,其中使用计算机辅助的信息管理的兴趣在过去40年有所增加。在这一章及贯穿全书中,我们多次强调计算机用于生物医学以减少信息处理的负担,以及可以改变卫生保健提供的新技术。这种变化实现的速度和程度部分取决于外部力量,影响制订和实施生物医学应用的成本,临床医师、患者的能力,以及产生的潜在利益的卫生保健体系。

我们可以总结几个正在影响生物医学计算,以及将决定计算机融入到医疗实践中程度的全局力量:①计算机硬件和软件的新发展;②在临床医药和生物医学信息学方面接受了训练专业的人士的数量逐渐增加,③旨在控制医疗支出增长速度的卫生保健资金正在发生变化(第23章)。在1.2.2节中当我们描述生物医学计算的历史发展和大型计算机到微型计算机再到个人电脑的趋势时,我们谈到了这些因素中的第一个。1.1节中关于未来的描述是基于互联网过去10年中对整个社会产生的影响。新的硬件技术给医院、医院内部各部门,甚至个别医生提供了廉价而强大的计算机。各种尺寸、价格和性能的计算机可供选择,使得计算机的应用既有吸引力又有实用性。信息存储的技术进步正促进大量数据的廉价存储,从而提高密集型数据的应用可行性,如第18章讨论的全数字化放射科。硬件标准化和网络技术的进步使共享数据及在医院或其他医疗保健组织内整合相关的信息管理功能变得更容易。

电子计算机正日益在我们生活的各个方面普及起来,无论是作为自动柜员机、微波炉,或作为文字处理器的微处理器。近年来,医生的培训可能已经使用计算机程序来学习诊断技术或管理模拟患者的治疗。学员们可能已经学会了使用电脑来搜索医学文献,或者直接完成,或者得到一个受过特别训练的图书馆员帮助。然而,简单地接触电脑保证不了对计算机的热情。医务人员将不愿意使用设计不当、造成混乱、过分耗费时间和缺乏明显优点的、以计算机为基础的系统(见第4章和第6章)。

第二个因素是接受培训已了解生物医学问题及技术和工程的专业人士数量增加。计算机科学家了解生物医学能够更好地设计系统以满足实际需求。受到生物医学信息学正式训练的卫生专业人员有可能使用成熟的技术建立系统,同时避免其他开发者过去的错误。随着越来越多的专业人士在这两个领域进行特别的培训,以及他们开发的程序被引入后,当打开计算机寻找信息管理任务的帮助时,医疗专业人员更有可能得到有用和可用的系统。

第三个影响卫生保健机构集成计算技术的因素是管理式医疗保健和日益增加控制医疗支出的压力(见第23章)。不断增强技术应用于所有患者护理任务的趋势在现代医疗实践中是经常提及的现象。仅仅做身体检查已不再被认为是足够做出诊断和制订规划的依据。其实,由有经验的医生教的、通过检查身体各部分发现微妙的诊断标志的医科学生,仍然往往选择回避或淡化身体检查,热衷于制订一个又一个测试,有时他们无视由此产生的成本。一些新的技术取代较便宜但技术较差的测试,在这种情况下,使用较昂贵的方法一般是合理的。有时,计算机相关的技术使我们能够执行以前不可能的任务。例如,电脑断层扫描或磁共振成像(见第18章)首次使医生能够观察到人体横断面,重症监护室的医疗器械能够持续监测患者的身体功能,而以前只能不连续进行检查(见第17章)。

然而,昂贵新技术的发展,相信更多的技术更好,助长了20世纪70年代和80年代医疗费用的迅速攀升,导致近几年引入的管理式医疗保健和按人收费。第23章讨论的机制打开了医疗费用快速增长之门,以及旨在遏制开支成本的融资和分配的变化。计算集成系统潜在地提供了获取数据进行详细成本核算的手段,分析医疗的费用和医疗效果之间的关系,评估所提供医疗的质量,并确定低效率的环节。提高医疗质量同时减少医疗费用的系统显然将受到青睐。增加医疗费用同时提高医疗质量在技术上的控制成本压力并不太明显。医疗技术包括电脑将改善医疗保健的分配,同时不是降低成本就是提供更好疗效的效益,使其显著超过成本。

改进的硬件和软件使计算机更适合生物医学应用。然而,医疗系统的设计必须在计算机充分融入医疗实践前,先圆满解决许多逻辑和工程问题。例如,电脑终端机是否方便定位?手持设备是否可以有效取代过去固定的终端和工作站?用户是否可以完成他们的任务而没有过分的拖延?系统是否可靠,足以避免数据丢失?用户是否可以方便直观地和计算机互动?患者的数据是否得到安全和适当的数据保护以防泄露?此外,生产成本控制的压力越来越不愿意接受增加医疗成本的昂贵技术。这些对立的趋势在很大程度上将决定在何种程度上计算机可融入医疗环境。

总之,计算机硬件和软件的快速发展,具有电脑知识的卫生保健专业人员和研究人员的增加,有利于在医疗实践和生命科学的研究中实现有效的计算机应用程序。此外,在医疗保健行业的竞争日趋激烈时,供应商需要由计算机系统提供的信息管理能力。面临的挑战证明了这些系统在财务和临床上的优势。

## 推荐读物

Altman R. B. (1997). Informatics in the care of patients: Ten notable challenges. Western Journal of Medicine, 166(6): 118-122.

这是一篇经仔细推敲的文章,给临床医师介绍了医疗信息学的概念,同时解释了主要的挑战,以帮助确定该领域的目标和研究方案。

Blois M. S. (1984). Information and Medicine: The Nature of Medical Descriptions. Berkeley, CA: University of California Press.

作者以信息层次结构模型分析了医学知识。他探讨了高-低层次科学的思想,用医学描述的性质说明了计算机技术应用于医疗的困难。

Collen M. F. (1995). A History of Medical Informatics in the United States: 1950 to 1990. Bethesda, MD: American Medical Informatics Association, Hartman Publishing.

这本书全面回顾了医学信息学领域的历史,指出了该学科名称的由来(1974年首次在英文文献中出现)。

Degoulet P., Phister B., Fieschi, M. (1997). Introduction to Clinical Informatics. New York: Springer-Verlag.

该文献介绍了医疗信息学的广泛观点,并提出了强调向临床应用发展的概念。

Elstein A. S., Shulman L. S., Sprafka S. A. (1978). Medical Problem Solving: An Analysis of Clinical Reasoning. Cambridge, MA: Harvard University Press.

该收藏经典论文的书为专家和新医师举例说明了如何解决几个方面医疗问题的方法。

Friedman CP, Altman RB, Kohane IS, McCormick KA, Miller PL, Ozbolt JG, Shortliffe EH, Stormo GD, Szczepaniak MC, Tuck D, Williamson J (2004). Training the next generation of informaticians: The impact of BISTI and bioinformatics. Journal of American Medical.

这个重要分析讨论了由于生物信息学和计算生物学的变化所引起的生物医学信息学性质的变化,以及完成培训、学术团体的组织及课程的发展。

Institute of Medicine (1991 [revised 1997]). The Computer-Based Patient Record: An Essential Technology for Health Care, Washington, DC: National Academy Press.

Institute of Medicine (2002). Fostering Rapid Advances in Health Care: Learning from System Demonstrations, Washington, DC: National Academy Press.

National Research Council (1997). For The Record: Protecting Electronic Health Information, Washington, DC: National Academy Press.

National Research Council (2000). Networking Health: Prescriptions for the Internet, (Washington, DC: National Academy Press.

这4个来自美国科学院分支机构的报告在过去15年对卫生信息技术教育和政策产生了重大影响。

Institute of Medicine (2000). To Err is Human: Building a Safer Health System, Washington, DC: National Academy Press.

Institute of Medicine (2001). Crossing the Quality Chasm: A New Health Systems for the 21$^{st}$ Century, Washington, DC: National Academy Press.

Institute of Medicine (2004). Patient Safety: Achieving a New Standard for Care, Washington, DC: National Academy Press.

这三个来自美国医学研究院的报告概述了提高利用信息技术和质量及在实践中减少错误的紧密关系。患者安全方面的主要方案来自这些报告,它们提出了提高决策者、供应商组织,甚至患者对健康信息技术兴趣的刺激方法。

Panel on Transforming Health Care (2001). Transforming Health Care Through Information Technology (President's Information Technology Advisory Committee (PITAC), Report to the President), Washington, DC: National Coordinating Office for IT Research and Development, http://www.nitrd.gov/pubs/pitac/pitac-hc-9feb01.pdf

Panel on Transforming Health Care (2004). Revolutionizing Health Care Through Information Technology (PITAC, Report to the President), Washington, DC: National Coordinating Office for IT Research and Development, http://www.nitrd.gov/pitac/reports/20040721_hit_report.pdf

这两个总统咨询委员会的报告提供了卫生保健领域的未来信息技术的挑战性的观点,以及曾经对白宫和国会最近立法及公布的方案提出过决策建议的观点。

Shortliffe E. (1993). Doctors, patients, and computers: Will information technology dehumanize health care delivery? Proceedings of the American Philosophical Society, 137(3): 390-398.

在本文中,作者考察了备受关注的观点:引入计算机技术到卫生保健机构将破坏医生与患者之间的和谐,从而导致丧失人性的治疗过程。但作者认为计算机可能对临床医生和患者之间的关系起到恰恰相反的作用。

van Bemmel J. H. ,Musen,M. A. (1997). Handbook of Medical Informatics. Heidelberg,Germany：Springer-Verlag.

本书提供了医疗信息学领域的全面概述,是该领域许多主题的很好的参考性起点。

## 问题讨论

1. 你怎么理解"逻辑行为"？计算机的行为是否合乎逻辑？人们的行为是否合乎逻辑？解释你的答案。

2. 你觉得说一个计算机程序是"有效"的含义是什么？请列出十几个您所熟悉的计算机应用程序。根据你已经解释的这个概念，按照有效性递减的顺序排列名单。然后,对于每个应用程序,表明你估计人类是如何执行相同的任务(这将要求您确定人类有效的含义)。你辨识出什么模式吗？如果说辨识出,你如何解释呢？

3. 请讨论决定计算机在何种程度上融入医学实践的三个社会因素。

4. 重读对1.1节中介绍的对未来的展望,描述管理医疗信息集成环境的特征。请从两个方面讨论这种系统可以改变医学实践。

5. 你是否相信改进医疗技术质量必然承担非人性化的危险？如果是,是否值得冒险？说明你的理由。

# 第 2 章 生物医学数据：获取、存储和使用

**阅读本章后，您应对下列问题有所了解：**
- 什么是医学数据？
- 如何使用医学数据？
- 传统的纸质医学记录有哪些缺陷？
- 计算机在数据存储、检索和解释中的潜在作用是什么？
- 数据库和知识库的区别是什么？
- 医学诊断中的数据收集和假设生成是如何紧密联系的？
- 发病率、预测值、敏感度和特异度这些概念的含义是什么？
- 上述概念间的关系如何？
- 在医学数据库中输入数据有哪些替代方式？

## 2.1 什么是医学数据

从最初时起，疾病和治疗的思想就已经伴随着对数据的观察和解释。无论是在早期的希腊经典文献，还是在现代医生所使用的复杂实验室与X射线研究中考虑疾病的描述和治疗方针，数据的收集及其含义的解释都显然是医疗过程的中心环节。一本生物医药领域的计算机教科书将会一再花费相应的时间来说明数据的收集、存储和使用。本章将为此类常见问题构建一个基础，涉及与生物医药领域中应用计算机相关的所有方面，既包括临床领域，也包括与生物和人类遗传学相关的应用。

之所以称数据是所有医学护理的中心，是因为它们对决策制订过程（见第3章和第4章）至关重要。事实上，通过简单的反思即可发现，所有的医疗护理活动都包括数据的收集、分析或使用。数据提供了诊断患者所患疾病类型或在患者群体中分辨不同亚群体的基础。数据还可以帮助医生去决定还需要哪些额外的信息，应采取什么样的行动才能够更深刻理解患者的疾病，或者最有效地去治疗已经确诊的疾病。

作为科技卫生保健环境持续发展的一个成果，可以很容易地将数据看作一列列数据或检测波形图表。然而尽管实验室检测结果和其他数字化的数据常具有不可估量的价值，大量各类更为微妙的数据对于提供最佳医疗也同样重要，如在医疗访谈中似乎在回避问题的患者的尴尬眼神，患者主诉的细节或关于其家庭或经济背景的信息，关于疾病严重程度的主观感觉等，一位有经验的医生通常在进入患者房间后几分钟内就可以获取数据。没有医生质疑此类观察对患者评估和管理过程中的决策制订的重要性，然而此类数据及其相应的决策标准的精确规则却仍然很不清晰，这是因为很难找到一种方法可以完整地传达它们的全部信息，甚至仅从一位医生传给另一位也很困难。尽管有这些限制，临床医生们还是需要彼此分享描述性信息。当他们不能与其他人直接交流时，他们经常会使用图表或以计算机为基础的记录来达到通讯的目的。

我们认为一条医学数据是任何关于一位患者的单一观察，如一个体温读数、一个红细胞计数、一段风疹病史或一个血压读数。这里还有一个问题，正如以血压为例所显示的，单独一次观察实际上可以被看做多条数据。当仅仅关心一位患者的血压是否正常时，血压120/80mmHg可以被很好地记录为此背景中的一个单一数据点。如果心脏舒张（此时心腔正开始注血）与收缩（此时它们开始挤压）时血压之间的差别对决策制订或分析非常重要，则最好将血压读数视为两条信息（收缩压＝120mmHg，舒张压＝80mmHg）。人们看到一个写出的血压值，就能够很轻松在将其视为一个单一的数据点的统一观点和关于收缩压和舒张压的分解信息间进行转换。这种双重观点对计算机来说则可能困难得多，除非在数据存储和分析的方法设计中加以特别考虑。用于计算机存储医学数据的数据模型的思想因此成为医学数据系统设计中的一个重要问题。

相对于单项医学数据而言，医学数据通常是指多次观察的结果，既可以包含同一时刻所做出的多个不同的观察，也可包含对同一患者参数在不同时间点的观察，或者二者皆有。单项数据通常可以由以下4个元素定义。

(1) 讨论的患者。
(2) 观察的参数（如肝脏大小、尿糖值、风湿热病史、胸透X光片中心脏大小）。
(3) 所讨论参数的值（如体重70kg、体温98.6F、职业为钢铁工人）。
(4) 观察的时间（如2:30 A.M. 14FEB1997①）。

时间可能会对评估以及以计算机数据管理增加特别的复杂性，在某些环境下，按日期观察即可。例如，在门诊或私人诊所，一位患者通常不会频繁出现，识别所收集数据需要的时间精度不必超过日历日期。在另一些情况下，每分钟的变化都可能是重要的。例如，来自糖尿病酮

---

① 注意在计算机中将此类时间记录为"14FEB97"的倾向曾经导致了被称为2000年问题的世纪末难题，认为只用两位数字就可以为年份编码是短视的。

症酸①中毒患者频繁的血糖读数,或者对心源性休克②患者血压的连续测量。

保留获取数据时的条件也通常是非常重要的。例如,血压获自手臂还是腿？患者是卧姿还是立姿？测压时间是在刚刚运动后测量的,还是在睡眠中测量的？使用了哪一种记录仪器？观察者是否可信？此类附加的信息(有时称为修饰语)可能对正确地解释数据具有关键的重要作用。通过对其主诉修饰语的仔细评估,经常能够揭示出对两位基本主诉和症状相同患者的问题有着显著不同的解释。

一个相关的问题是数据值的不确定性。即便是由熟练的医生所获得的观察,也很难说是绝对可信的,参考如下例子。

• 一位成年患者报告了一个伴有发烧和红色皮疹还有关节肿胀的儿童疾病。他是否可能已经患上了猩红热？该患者不知道他的儿科医生如何称呼这种疾病,别人也不知道他是否患过猩红热。

• 一位医生为一位患有气喘的儿童进行心脏听诊时认为他听到了心脏杂音,但由于其患者喘气的声音太大而不能确定。

• 一位放射科医生正在看一张胸X光片时发现一个阴影,但不能确定那代表的是重叠的血管还是一个肺肿瘤。

• 一位昏乱的患者能够回应关于他的简单问题,但在这种条件下医生无法确定其所汇报的病史中在多大程度上是可靠的。

如在第3章和第4章所描述的,有大量可能的应对方法去处理数据的不完整、数据的不确定和对数据的解释。其中一项技术是收集附加数据,用以证实或剔除在最初观察中引起的关注点。这种解决方法并不总是合适,因为必须要考虑数据收集的成本。增加的观察可能昂贵、对患者有风险,或者会浪费本应已经开始着手治疗的时间。因此在指导健康护理决策的制订中,权衡考虑对数据收集来说变得非常重要。

## 2.1.1 什么是医学数据类型？

上节中的例子说明在医药实践及其相关的健康科学中存在着范围广泛的数据类型。它们从叙述、文本数据到数值测量值、记录的信号、图画,乃至照片。

叙述数据占患者护理中所收集信息的很大部分。例如,患者关于他目前病情的描述,包括对医生所关注问题的回答,一般都被逐字收集并被记录为医疗记录中的文本。同样的信息还包括患者的社会家族病史,多数新患者评估过程中的系统一般检查,以及临床医生关于体检发现的报告。这样的叙述数据传统上由临床医生手写而

成并且置于患者的医疗记录中(图2.1)。而最近叙述总结正在越来越多地通过口述并由使用文字处理工具的打字员转写为打印本总结,作为医疗记录中的内容。电子版的此类记录也能够很容易地合并进电子病历和临床数据仓库中,因此临床医生在已经无法获得纸质记录时仍可以访问那些重要的临床信息。口述信息转录而成的电子存储版本往往不仅包括患者的病史和身体检查,还包括其他叙述型描述,如专家会诊、外科手术、组织病理检查的记录和患者出院时的住院总结。

一些叙述数据会按照健康护理工作人员所共知的缩写规则简单编码,特别是在身体检查过程中所收集的数据,此时所记录的观察反映了为每位从业者所知的一个一成不变的检查过程,这种现象是很常见的。例如,在一位患者的医疗记录内的眼科检查中找到标记"PERRLA",这个编码形式显示的是患者的"双瞳孔等大、正圆、对光反射良好"(pupils equal, round, and reactive to light and accommodation,PERRLA)③。

注意使用这种缩写伴随着的严重问题。很多缩写不标准而且可能依赖于其被使用的上下文而有不同的含义。例如,"MI"可能意味着"二尖瓣关闭不全"(mitral insufficiency)(心脏瓣膜之一发生泄露)或者"心肌梗死"(myocardial infarction)(心脏病发作这一名词的医学形式)。很多医院试图建立一组"可接受的"带有含义的缩写,但是此类标准的实施通常都不成功。

使用完整的词组已变成在医务人员间交流的不严格规则,包括"动时轻度呼吸困难"(mild dyspnea on exertion)、"由抗酸剂或牛奶缓解疼痛"(pain relieved by antacids or milk)、"生长迟缓"(failure to thrive)。这些标准化表达式试图使用约定俗成的文字记法,作为一种对临床表现多样化的疾病的概括形式,以共同描述关于一位患者的简单概念。

在医学中所使用的数据常取自离散的数值,它们包括实验室检测的参数、生命体征(如体温和脉率)和来自体检中的特定测量值。在解释这种数值数据时,"精度"的问题就变得重要了。一位医生能够在检查一位患者的腹部时区分9cm与10cm的肝跨度吗？报告血清钠水平达到小数点后两位精度是否会更有意义？从一周到下一周体重发生了1kg的波动是否有显著性？两次衡量患者的秤是否相同(即不同值所显示的差异是否更多来自器械的差别而非患者的变化)？

在医学的一些领域中,连续信号形式的模拟数据具有特殊的重要性(见第17章)。最著名的例子也许是心电图(electrocardiogram,ECG),即来自患者心脏电活动的跟踪记录。当此类数据在医疗记录中存储,它的图形描迹和解释它的手写说明经常包含在内。显然,决定在

---

① 由于血糖水平控制不良引起产酸作用的酮酸中毒结果。
② 心源性休克是心脏衰竭引起的危险的低血压。
③ Accommodation是指聚焦于近处物体的过程。

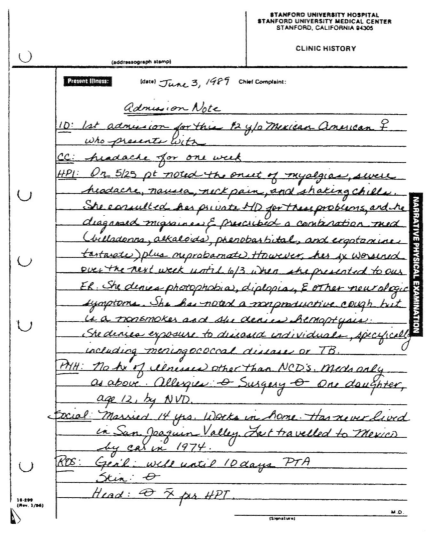

图 2.1　在医-患对话中所收集的大部分信息被书写在一份医疗报告中

计算机存储系统中如何最好地管理此类数据还存在很多挑战。

得自机器或是由医生所草绘的可视图像是另一类重要的数据，放射影像就是明显的例子。医生们也经常通过绘制简单的图画来表示他们所发现的异常，这种绘画可能成为他们或其他医生再次诊断患者时进行比较的基础。例如，一幅草图是表示前列腺上结节的位置和大小的一种简洁方式(图 2.2)。

正如这些例子所阐明的，数据的概念与数据记录的概念存在紧密的联系。医生和其他医护人员从一开始就被教会一项重要原则，即护理患者时不要相信自己的记忆。为了能够在以后与他们自己和其他人进行交流，他们必须记录他们的观察、他们所采取的行为及采取这些行为的理由。粗略浏览一份医学记录将会很快发现已发展出的多种多样的数据记录技术，其范围从手写文本到通常能理解的速记符号，再到只有特殊专业才能理解的晦涩符号。例如，很少有内科医生知道如何解释眼科医生的数据记录习惯(图 2.3)。这些记号可能是高度结构化的记录，包括简短文本或数字信息、手绘草图、由机器生成的模拟信号轨迹图或拍摄图像(患者照片、放射学图像或其他检查图像)。多种多样的数据记录常规习惯给从事以计算机为基础的医疗记录系统的人员提出了严峻的挑战。

### 2.1.2　谁来收集数据？

患者和群体的健康数据是由各类健康护理工作人员收集的。尽管医疗团队的传统概念给人们的印象是合作者们在治疗患者这个团队其实还有着比治疗本身更为广阔的责任，数据的收集和记录在其任务中是一个中心的部分。

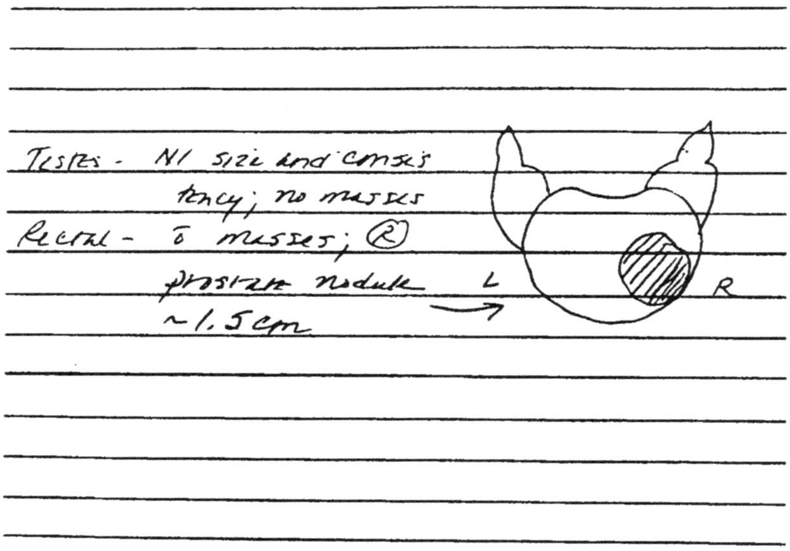

图 2.2 一位医生绘制的患者前列腺结节草图。在表达精细信息方面,绘图可以比文本描述地更为容易和简洁

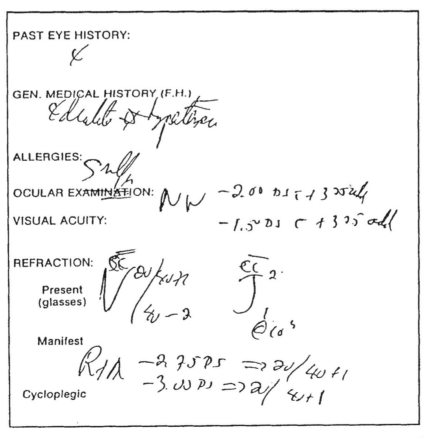

图 2.3 一位眼科医生关于一次眼睛检查的记录。大多数在其他专业受训的内科医生都很难解读眼科医生所使用的符号

医生是数据收集和解释过程中的关键人物。他们与患者交谈以收集主诉中的叙述型描述数据、过去的疾病、家庭和社会信息及系统回顾。他们检查患者,收集有关数据并在此访问过程中或结束后进行记录。此外,他们通常通过预定实验室或放射学研究,或观察患者对治疗性干预(也是另一种形式的对患者评价有贡献的数据)的反应,决定要收集哪些附加的数据。

无论在门诊还是在住院环境中,护士在进行观察和记录以备将来参考的过程中发挥着核心作用。他们所收集的数据有助于护士护理计划,也同样有助于医生或其他健康护理人员对患者进行评价。因此,护士的训练包括如何进行仔细和精确的观察、记录病史并检查患者。因为护士通常比医生有更多的时间与患者在一起,特别是在医院环境中,护士经常与患者建立起关系,从而发现信息和观点,以有助于恰当的诊断、理解患者的心理问题、制订适当的专业治疗计划或出院管理(图 2.4)。护士在信息系统支持(如护理计划的患者护理任务)中所发挥的作用是第 16 章的主题。

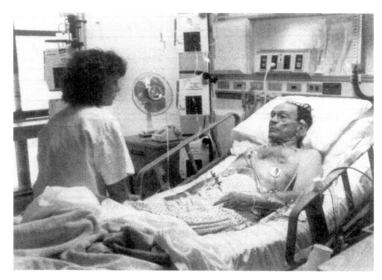

图 2.4　护士经常与患者发展紧密的关系。这些关系可以允许护士观察到其他人员错过的信息。这种能力是护士在数据收集和记录中发挥关键作用的一种方式
(Janice Anne Rohn 授权照片)

多种其他医疗工作者也对数据收集过程作出了贡献。办公室工作人员和住院管理人员收集人口统计学和财政信息。物理或呼吸治疗师记录他们治疗的结果而且经常对进一步处置提供建议。实验室工作人员在生物样本上进行检验(如血或尿)并且记录其结果,以备其后的医生和护士使用。放射技师进行 X 射线检查;放射学家解释结果数据并向患者的医生报告他们的发现。药剂人员可以与患者讨论他们的处方或药物过敏反应,并监督患者使用处方药物。正如这些例子所示,在医疗系统中工作的很多不同的个人在他们的工作中收集、记录并使用患者数据。

最后,还有一些产生数据的技术设备——实验室仪器、成像机械、重症监护室的监视设备,以及获取某一单独读数的测量设备(如体温计、心电图机、用于测量血液压力的血压计和检验肺功能的肺活量计)。有时此类设备会产生适用于包含在传统医学记录中的纸质报告。有时设备会在测量仪器显示结果或描绘出必须被专门读取的结果并将其记录在患者的图表中。有时接受过培训的专科医生必须解释输出的结果,然而越来越多的设备能够直接向计算机设备提交结果,因此数据可以像在纸质记录上一样被分析或为电子存储而格式化。随着详尽的电子病历(见第 12 章)的出现,将这些数据摘要打印出来可能将不再必要,而对信息的全部访问都将通过计算机工作站。

## 2.2　医学数据的用途

记录医学数据的目的有很多。它们可能用于支持为产生这些数据的患者提供合适的护理,但通过集成和分析由大量个体所组成的总体的数据,他们也可能为社会的利益作出贡献。当一位患者一生的医疗都由单独一位医生提供时,传统的数据记录技术和纸质记录尚能胜任。然而,面对现代医疗不断增长的复杂性,参与一位患者治疗的更多是由很多个体所组成的受到广泛训练的团队,并且很多医疗提供者都需要访问患者数据并通过病历表与其他人进行高效的交流,此时纸质记录不再能够支持针对患者个体的最优化医疗。还存在另一个问题,即传统的以纸为基础的数据记录技术使覆盖患者群体的临床研究极为冗长复杂。以计算机为基础的记录在此方面表现出了重要优势,正如在本章稍后部分及第 12 章和第 15 章中更为详细讨论的一样。

## 2.2.1 创建病史记录基础

任何一位学习科学的学生都曾经学习过在进行实验时一丝不苟地收集和记录数据的重要性。正如实验笔记提供了一份关于科学家曾做过的事情、所获得的数据和中间决策的根本原因一样，医学记录也在尝试提供关于个别患者信息的详细汇编。

- 患者有什么样的病史（当前疾病的发展过程；并发或已经治愈的其他疾病；相关的家庭、社会和人口统计学信息）？
- 患者报告了什么样的症状？它们何时开始，是什么似乎令它们加重，是什么使它们减轻？
- 体检时记录了哪些体征？
- 体征和症状如何随时间改变？
- 曾经得到或正在得到哪些实验室结果？
- 做过哪些放射或其他特殊的检查？
- 正在使用哪些药物及是否有过敏反应？
- 曾经采用过哪些其他的治疗方式？
- 处置决策背后的原因是什么？

每个新的患者主诉及对它的处理都可以被看成是一次必然被不确定性所困扰的医疗试验其目标是当它结束时回答三个问题：

（1）疾病或症状的性质是什么？
（2）处置的决定是什么？
（3）处置的结果是什么？

正如所有试验一样，一个目标是通过仔细的观察和数据记录从经验中进行学习。一方面，在一个给定的具体情况下学习到的经验可能是高度个人化的（例如，医生可能了解到一位特别的患者倾向于如何对疼痛做出反应，或者家庭互动倾向于如何影响这位患者对疾病的反应）；另一方面，一些试验的价值可能必须将有相似问题的大量患者的数据收集起来，并通过分析不同治疗选择的结果以确定其疗效。

尽管实验室研究为我们关于人类疾病及其治疗的知识做出引人注目的贡献——特别是在最近半个世纪当中尤其如此，但在关于病患医护新知识的产生中发挥根本重要性作用的还是技术熟练的医疗人员仔细的观察和记录。我们的学习需要集合来自大量患者的信息，因此，对患者个人的病史记录对临床研究起到了不可估量的作用。

## 2.2.2 支持提供者间的交流

在医疗背景下，结构化数据的收集和记录的一项中心功能是辅助专业人员在不同的时间为一位患者提供协调的医疗。多数患有严重疾病的患者会在几个月或几年内在多个场合为需要持续评估和治疗的一个或多个疾病而就诊。考虑到在很多的文化和医疗背景下，老年患者的数目不断增长，为一位患者所提供的医疗越来越少地仅针对一个孤立的疾病事件，而越来越多地关注于一项或多项慢性疾病（可能要历经很多年）。

曾经很常见的一个现象是患者所获得的主要医疗都来自同一位提供者：——家庭医生照顾孩子，也照顾成人，经常照看一位患者多年或者整个一生，我们往往将这样一位医生的形象描述为与其患者具有非常紧密的关系——认识整个家庭并且参与患者的很多生活事件，特别是在较小的社会团体中。尽管如此，此类医生仍会保留所有医疗接触的记录，由此他们能够获得关于过去疾病的治疗的数据，以作为评估未来医疗问题的指南。

在现代医学世界中，精细分科的出现及不断增长的由医疗专业人员团队所提供的医疗供应已经使医疗记录的主要作用出现了新的重点（图 2.5）。当今此类记录不仅包括用于在下次访问时留作参考的医生观察，还会作为在医生及其他医疗专业人员间的一种交流机制，如医生与呼吸治疗师、护理人员、放射学技师、社会工作者或住院计划人员。在很多门诊环境中，患者在很长时间从很多不同的医生，包括主治医生、患者被提交到的专科医生或管理式医疗保健组织中的个案管理者那里得到医疗服务。不难听到还记得曾经日子的患者们的抱怨，那时还可能从同一位他们非常信任而且非常熟悉他们的医生那里获得几乎全部的医疗服务。医生们对此类问题很敏感，因而认识到了医疗记录通过适当地记录在过去的干预和正在进行的治疗计划中细节和逻辑，对确保医疗质量和医疗连续性的重要性。此思想是医疗卫生系统中具有特别重要性的问题之一，如在美国的医疗系统中，相比于外伤或急性感染，慢性疾病逐渐主导了患者与其医生间相互关系的基础。

## 2.2.3 预测未来健康问题

提供高质量的医疗服务比对患者的急性或慢性健康问题做出反应包括更多的内容，它还需要教育患者关于一些他们的环境和生活方式中能够对疾病的未来发展作出贡献或降低其风险的方法。类似地，在患者正在进行的治疗中例行的检查可能暗示着他正处于某种疾病发展的风险中，即使他目前感觉良好且尚没有发现症状。因而在检测风险因素，跟踪一段时间内患者的风险记录，并且为特别的患者提供教育或预防性的干预，如节食、用药或锻炼的基本原则等方面，医学数据都非常重要。或许在我们的社会中，此类正在进行的风险评估中最普通的例子就是日常进行的针对超重、高血压和血清胆固醇水平的监测。在这些事例中，非正常的数据可能能够预测后来有症状的疾病；最佳医疗需要在哪些并发症有机会发展完全之前进行早期干预。

图 2.5　医学记录的一项功能:一种在共同工作以制订患者医疗计划的健康专业人士间的交流机制(Janice Anne Rohn 允许照片)

### 2.2.4　记录标准预防措施

医学记录还可以用作预防普通或严重疾病而曾经进行的干预措施的数据资源。有时这种干预还包括辅导或教学项目(如关于戒烟、阻止药物滥用的措施、安全性行为和为降低胆固醇的饮食改变)。其他重要的预防性干预还包括免疫——从幼儿时期开始的和可能持续一生的疫苗接种,包括在某人将会处于特殊高风险时采取的特殊处置(例如,在前往肝炎流行地区前注射的用于防治肝炎的丙种球蛋白)。当一位被割伤的患者前往当地医院急诊室时,医生会例行地检查其最近进行破伤风免疫的迹象。当容易从记录(或从患者)获取时,此类数据能够防止不必要而且伴随着风险和很大花费的处置(如在此例中的一次注射)。

### 2.2.5　识别与预期趋势的偏差

在医疗护理中,经常只有在将数据看做是随时间变化的连续体的一部分时它才是有用的。一个例子是儿科医生对儿童正常成长和发育所做的例行监测(图 2.6)。单个表示身高和体重的数据点本身只有限的用途;只有这些在数月或数年监管测得数据点所反应的趋势才能为一个医学问题提供最初的线索。这些参数经常记录在特别的图表或表格上,从而能够一眼看出趋势。希望怀孕的妇女经常保留类似的体温记录。通过每天测量体温并将读数记录在特殊的图表上,妇女可以识别伴随着排卵的体温轻微提高,从而判断出最有可能受精的日子。很多医生将会要求患者保留此类图形化的记录,从而使他们能够在日后与患者讨论此数据并将此记录包含在医学图表中以用于持续的参考。此类图形正在作为患者医学记录中的一项特征被临床医生越来越多地创建和观察使用。

### 2.2.6　提供法律记录

医学数据的另一项用途是,一旦它们被绘制和分析,就成为当需要时法庭能够调用的法律记录的基础。医学数据是一种法律文献,责任个体必须签署大多数被记录的临床信息。此外,病历表通常应该描述并能证明对一位患者的假设诊断及所选处置的正当性。

我们早些时候强调了记录数据的重要性,事实上,除非数据被记录下来,否则不会存在于广泛使用的表格中,司法系统同样强调这一点。医疗提供者关于他们的观察和采取一些行为的原因的无确实根据的记忆在法庭上没有任何用处。医学记录是判断是否提供合适医疗的基础。因此,保持良好的记录不仅是对患者,也是对他们的医生的保护资源。

### 2.2.7　支持临床研究

尽管护理单个患者的经验随着时间为医生提供了特殊的技能和增强了判断力,只有当正式的分析由大量患者所收集的数据后,研究者才能发展并检验新的具有广乏应用性的临床知识。因此,医学数据的另一个用途就是通过聚合并统计分析收集自患者总体的观测,以支持临床研究(参见 1.1 节,见图 1.4 和图 1.5)。

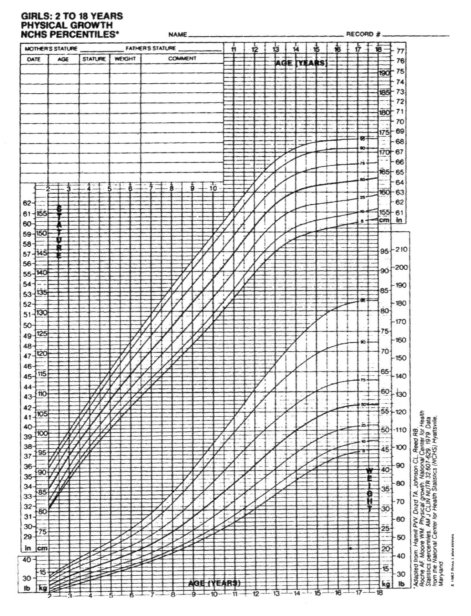

图 2.6　一份儿科成长表。单独数据点没有用处；数值随时间改变的变化显示出发育是否正常进行
（资料来源：经 Ross Laboratoriees,Columbus,OH 43216 许可重印）

随机临床试验（randomized clinical trial，RCT）是将临床问题试验化的常用方法。随机临床试验通常涉及当不确定如何最好地处理患者的问题时，将患者随机分配到匹配的、采用不同处理的群组中，可能影响患者进程的变量（如年龄、性别、体重、并发疾病）被测量且记录。随着研究的继续，数据被小心地收集起来以提供一份每位患者在处置下如何表现及处置被如何执行的精确情况的记录。通过合并这些数据，有时在数年的试验之后（取决于所研究疾病的时间过程），依赖患者参加研究时表现的精确特征或患者被如何管理的细节，研究者可能能够描述研究组间的统计差异。此类结果便可以帮助调查者为未来相同或类似疾病的患者制订医疗标准。

医学知识也可能获取自对大量患者数据集合的分析，即使这些患者过去并没有被特别地包括在随机临床试验中。很多流行病学领域的研究涉及分析此类以群体为基础的数据。例如，我们关于吸烟所伴随的风险的知识，就是基于来自患有或未患肺癌、其他肺部疾病和心脏病的个体所组成的巨大总体的、无可辩驳的统计事实。

## 2.3 传统医学记录系统的缺陷

前文关于医学数据及其应用的描述强调了在纸质记录中存储和检索信息的正面观点。然而，所有的医疗人员很快意识到医学记录的使用被一系列逻辑上和实践上的现实变得非常复杂，从而严重地限制了这些记录原本所期望的效能。

### 2.3.1 实用和逻辑问题

首先，数据除非被记录下来，否则将不能有效地服务于医疗服务的提供。其最佳的使用取决于下列问题的正确回答：

- 当我需要时我能找到我需要的数据吗？
- 我能找到记录数据的医学记录吗？
- 我能在记录中找到数据吗？
- 当我找到数据时我会阅读和解释这些数据吗？
- 我能够用新的观察可靠地更新这些数据吗？而且，数据形式要与以后我本人或其他人访问该数据的要求一致。

传统的纸质记录系统频繁地造成了各种让人们对这些问题给出否定回答的情况，如下所述。

- 当医疗人员需要时，患者的病历表可能是无法获得的，它可能正在被其他地方的某个人使用，也可能在医院、临床或办公室的记录追踪系统中被错误放置（图 2.7），还有可能被某人不经意地拿走且目前正被掩埋在办公桌上。

图 2.7 典型的医学记录存储室。病历表有时会被错放是一件毫不令人吃惊的事
（Janice Anne Rohn 授权使用照片）

- 当已经拿到病历表时，也还可能很难找到所需要的信息。可能以前知道数据但是由于医生或其他健康工作人员的疏忽从来没有被记录下来。病历表中糟糕的组织形式可能导致用户花费过多的时间来搜索数据，特别是在病史长且复杂的患者的大量纸质病历表中更是如此。

当医疗专业人员找到了这些数据之后，可能会发现这些数据难以阅读。当两位医生在一起研究病历表时，不难听到一位医生向另一位发问"那个字是什么？"、"那是 2 还是 5？"、"谁的签字？"，不规范和污损的记录可能是有效使用这些病历表的主要阻碍（图 2.8）。

当病历表无法获得时，医疗专业人员仍然必须提供医疗服务。因此，提供者必须在没有过去数据的情况下工作，将他们的决策转而依赖于患者所能告诉他们的内容及他们的检查所返回的结果。于是当这份病历表又被找到时，他们再写个笔记作为病历表中的内容。在一个巨大的拥有数以千计医疗记录的机构中，此类松散的笔记未能收入患者的病历表或存档顺序被打乱都毫不令人吃惊，因而在此份记录中，真实的管理时间表被打乱了。

当患有慢性疾病或频繁患病的患者在几个月或几年间就诊时，他们的记录增长到如此之巨大以致病历表必须分解为多个分册。当医院临床或者急诊室调阅患者的病历表时，通常只有最近的分册能被提供。旧的但是不可缺少的数据可能在早期的分册中，而这些分册可能被另外存储或者变得无法获得。

如在第 12 章中所描述的，以计算机为基础的医学记录系统提供了对在纸质记录使用中所有这些实际问题的潜在解决方案。

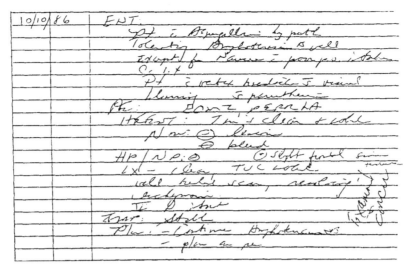

图 2.8 书写条目是纸质记录的标准形式,然而手写笔记可能是不合规范的。笔记无法被其他人解读可能导致治疗的延误或者不合适的医疗

## 2.3.2 冗余和低效

为了能够在病历表中迅速找到数据,医疗人员已经开发了多种不同的技术来提供冗余的记录以对应不同的获取模式。例如,放射研究的结果通常被输入到一份标准放射学报告表格中,归档于病历表中标记为"X射线"的部分当中。在一些复杂的过程中,放射学家还经常在实验时将同样的数据总结为简短笔记放置在病历表的叙述部分,这是因为他们知道将正式的报告返回病历还需要1~2天的时间。此外,患者的接诊医生、会诊医生和护理人员书写的笔记中也经常会提到这些研究结果。尽管人们有很好的理由将此类信息以多种方式在病历表中的不同位置多次记录,但这些大批量的笔记加速了文献规模的增长。更有甚者,随着病历表的臃肿,定位患者的特定信息也变得越来越困难。可预见的结果是会有人再写一份冗余的记录,以将其花费数小时才追查出的信息总结出来。

类似的低效率还由于很多实验室在设计其所使用的报告表格时目标不一致所造成的矛盾而出现。多数医疗人员更愿意使用一种一致的、熟悉的、经常还会用颜色编码的纸质表格,因为它可以帮助他们更快地找到信息(图2.9)。例如,一位医生可能知道尿检报告表被打印在一张黄色的纸上而细菌计数在表格中间栏的下半部分,此类知识能让医生们迅速地回头查看病历表中的实验室部分以获得最近的尿检单并且一眼看到细菌计数。问题是这样的表格通常只存储着稀疏的信息。迅速增长的病历表本中充斥着只记录着单独一个数据的纸张,这显然不是一个最优的方案。

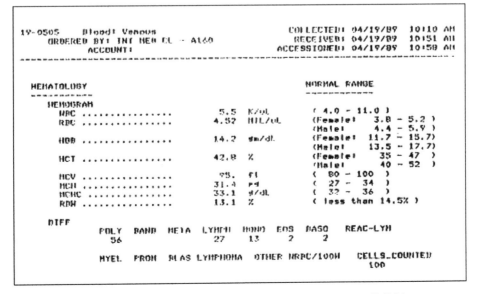

图 2.9 实验室报告表以一种一致的、熟悉的格式记录医学数据

### 2.3.3 对临床研究的影响

任何曾经参与到基于病历表回顾的临床研究计划的人都能证明翻阅无数的医学记录的乏味无趣。由于在1.1节所描述的所有原因(见图1.4),坐在成堆的患者病历表旁边,为结构化的统计分析提取并重新格式化数据是一件艰辛的工作,同时这个过程也极易被转写中的错误所影响。观察家经常会想知道有多少医学知识正静坐在从未使用过的医学记录中,因为没有从纸质记录中提取相关数据的第一步工作,就没有简单的方案去分析巨大的患者群体的经验。

例如,假设一位医生注意到服用某一种常规口服糖尿病药物(将其称为药物X)的患者似乎比服用其他糖尿病药物的手术患者表现出更严重的术后低血压。这位医生仅依赖较少的一些近期病例形成假设——药物X影响手术后血压,于是,他决定去查询现有的医院记录去观察此相关关系是否以足够高的频率出现来证实这一研究。由现有医学数据探究他的理论的最佳方式应当是检查所有患有糖尿病并曾经为手术住院的患者的医院病历表。由此这项任务需要检查这些病历表并记录所有患者住院时是否服用药物X,以及他们是否发生术后低血压。如果统计结果显示服用药物X的患者比接受其他治疗的糖尿病患者更倾向于在手术后有低血压,进行一组受控试验(前瞻性观察和数据收集)很可能是适当的。

注意两种研究间的区别,在回顾性病历审查中,研究的问题并不是收集数据时研究的主题之一;而在前瞻性研究中,临床假设已经事先知道,已经特别地制订研究方案以收集未来与所考虑问题相关的数据。受试对象被随机地分配到不同的研究组以防止研究者(其已经有了成型的假说,难免会有偏见)无意间将某一类的患者都分入了同一个研究组,从而歪曲了试验结果。出于同样的原因,研究应尽可能做到双盲,即无论研究者还是受试者都不知道执行的是哪种治疗。当对患者或医生来说采用了哪种治疗方式非常清楚时(如外科手术相对药物治疗),这种"盲"当然是不切实际的。前瞻性、随机化、双盲研究被认为是确定最优疾病处理手段的最佳方法。

回到我们的例子中,考虑当研究者在回顾地搜寻术后低血压问题、进行病历审查时将会遇到的问题。第一步,他必须识别感兴趣的病历表——关于同时患有糖尿病的手术患者的医学记录的子集。在装满了数以千计病历表的医院病历室,病历表选择任务几乎是无法完成的。病历部门通常会保留特定患者交叉引用的诊断和手术代码索引(参见2.4.1节)。由此,有可能使用这样的索引去发现所有的出院诊断(包括糖尿病)和手术代码(包括大手术)中的病历表。研究者能够排列出一列患者识别号并将各份病历表调出病历室进行审查。

研究者的下一步任务是按顺序检查每份病历表,以找出患者在手术期间接受了什么针对糖尿病的治疗并且确定患者是否患有术后低血压,发现此类信息可能是极端耗时的。研究者应当在哪里寻找?住院药物定单可能显示患者用什么控制糖尿病,但还应该检查药单去查看这种治疗是否被执行(与订单一致),同样还应该检查住院病史以查看患者在入院前是否一直采用某种常规糖尿病治疗,而在住院期间没有执行。关于低血压具体情形的信息也同样很难定位。研究者可以从复原室的护士笔记或者手术室麻醉师的数据单开始,但患者可能直到离开复原室回到病房后才出现低血压。因此,病房内护士的笔记也需要被检查,生命体征表、医生的病程记录和出院总结也同样需要注意。

在这个例子中还需要澄清的是,回顾性病历审查是一项艰难而乏味的过程,而且非常容易出现转写错误并忽略关键数据。而便于进行病历回顾的潜在能力正是电子病历具有重要吸引力的方面之一。它们不再需要检索硬拷贝病历表,取而代之的是使用以计算机为基础的数据检索和分析技术来完成大多数工作(找到相关患者、定位患者数据,以及整理信息格式以用于统计分析)。研究者能够使用相似的技术在前瞻性临床试验中使用计算机去辅助数据管理。

### 2.3.4 纸质记录的被动属性

传统的人工系统还有另一个直到计算机时代到来前都还毫无意义的局限。人工档案系统具有固有的被动性,病历表会坐等与其相关的事情发生。它们对每页中记载的数据的属性不敏感,如可读性、准确性或患者处理的含义。它们不能对那些可能的含义主动地适当响应。

电子病历(EHR)系统正在逐渐改变人们对医疗人员可以如何期待于病历的态度。自动记录系统引入了对记录在其中的数据进行动态反应的机会。正如在后续很多章节中描述的一样,关于数据存储、检索和分析的计算机技术使得开发具有以下功能的记录系统成为可能:①基于单独观察或数据的逻辑整合监督其内容并为提供者生成警告或建议;②提供自动的质量控制,包括对可能出错数据的标记;③提供对患者特异或以群体为基础的、与描述性标准间的差异的反馈。

## 2.4 医学数据的结构

科学学科通常开发一套精确的、标准化的并被该领域的工作者所接受的术语或标记。例如,可以考虑关于化学公式中使用的化学通用语,物理学家使用的精确定义和数学验证的方程,逻辑学家所使用的谓词演算或电气工程师所使用的用于描述电路的惯例。医学由于其在开发标准化词汇和术语方面的失败而引人注目,很多观察家相信,除非这一问题得到解决,否则这一领域将不会拥有真正的科学基础(见第7章)。其他人则争辩说,通常所说的"医学艺术"反映了医学与"纯粹"科学之间的重要区别,这些人质疑在一个以其人文主义传统自豪的领域引入过多的标准是否可行。

这一争论由于计算机在数据管理领域的引入而更加突出,因为这种机器倾向于需要遵循数据标准和定义。否则,数据的检索和分析会由于观测者或记录者的本意与进行信息检索或数据分析人员理解的含义不一致而被困扰。什么是"上呼吸道感染"?它是否包括气管或主支气管的感染?怎样应对过多的依赖人名的疾病名称(如阿尔茨海默症、霍奇金病),这些名称并不描述疾病,而且可能并不为所有从业者所熟悉。我们所说的"急腹症"是什么含义?对腹部的范围是否有一致的意见?"急性"的腹部疼痛所对应的时间限制是什么?疼和痛含义是否相同?"偶发"的腹部绞痛又指什么?

当我们希望将大量医疗人员记录的数据整合或研究跨越长时间的趋势时,不严密性和标准词汇表的缺失尤其会造成困难。没有一个受控、事先定义的词汇表,数据整合有着固有的复杂性,而数据的自动化总结也将是不可能的。例如,一位医生可能记录了一位患者"气短",后来另一位医生可能记下她"呼吸困难"。除非这些词被设定为同义词,自动的流程化程序将不会注明患者在两个场合有着相同的问题。

不考虑关于医学中的"艺术性"元素的争论,无论在急性医疗服务还是患者长期的诊疗过程中,医疗人员对有效交流的需求都很明显。高质量医疗和科学过程都依赖于一些术语的标准。否则,所指含义或定义标准的差异将会导致错误的交流、不恰当的解释,以及对所涉及患者潜在的不良后果。

即便很多医学词汇正式定义缺失,值得注意的是医学工作者们的交流一直很顺畅。只在偶然的情况下,患者的治疗才会由于错误的交流而受到影响。如果电子病历要演变为患者数据的动态且敏捷的操控者,那么,其编码逻辑必须为观察者所输入的词汇和数据元素假定一个特定含义。第7章将会更为细致地讨论此问题,该章将涉及开发医疗-计算标准的多种努力,包括一套共享的、受控的生物医学术语体系。

## 2.4.1 编码系统

我们曾看到过很多图表显示了某种肿瘤发病或冬季死于流感人数的增长趋势,或者其他类似的我们都视其为理所当然的卫生统计结果。这些数据是如何累计的?它们在健康计划和医疗投资方面的作用是显而易见的,但是如果其累计计算需要通过本章稍早所描述的过程进行病历回顾的话,我们关于不同社区群体健康状况的了解将会大为减少(见第15章)。

由于了解群体健康趋势并在早期阶段识别流行病的需求,需要医院(及其他公共机构)和从业者提供各种不同的健康报告。例如,淋病、梅毒和肺结核病例一般必须被报告到地方公共卫生组织,在那里编码数据以便进行随时间推移的趋势分析。在亚特兰大的美国疾病控制与预防中心将会收集地方数据,并报告国家及地方的疾病发病率趋势、细菌耐药性模式等。

另一类报告包括所有住院患者的出院诊断的编码,加上住院期间所进行的特定操作编码(如外科手术类型)。此类编码被报告至州或联邦健康计划和分析机构,也被用于在机构内部进行病例混合分析(测定住院人群中多种不同疾病的相对频率及每种疾病类型的平均住院时间)和研究。对于这些有用的数据,这些编码必须被良好地定义以便于一致的应用和接受。

美国政府出版了一套国家诊断编码方案,并称之为国际疾病分类(International Classification of Disease, ICD)。其当前版本被美国所有非军方医院用作出院编码,且必须记录在提交给多数保险公司的账单上(图2.10)。病理学家已经开发了另一个广泛应用的诊断编码方案,开始时称为"病理学系统命名法(SNOP)",后来被扩展为"医药系统命名法(SNOMED)"(Côté and Robboy, 1980; American College of Pathologists, 1982)。另一个由美国医学会开发的编码方案是"当代操作术语集(CPT)"(Finkel, 1977),它也同样广泛地应用于为向患者所提供的服务出具账单。关于此类方案更加详细的讨论将会在第7章进行,在这里值得重视的是这些编码开发的动机:医务人员需要标准的术语,从而能够支持为分析而进行的数据收集,并且能够为个别患者的收费决定提供标准。

当编码系统应用于更加一般的临床环境时,编码方案的历史根源使其表现出局限或特质。例如,ICD-9编码源自于为流行病学报告开发的分类方案,其后果是其拥有超过50个独立的代码用于描述结核感染。SNOMED允许病理学发现的代码精密详细,但直到最近才开始引入表示患者功能状态方面的代码。在一个特定的临床环境中,没有一个通用的编码方案是完全合适的。在一些情况下,编码方案的密度会显得太粗疏。一方面,一位血液学家(研究血液疾病的人)可能希望细分在ICD中被概括为一个单独代码的大量不同的血红蛋白疾病(血红蛋白结构和功能的疾病);另一方面,其他从业者可能更愿意将很多单独的编码(如那些活动性结核的编码)整合为一个单独的类别以简化数据的编码和检索。

除非被医疗提供者所接受,此类方案无法起到实际的作用。在编码系统的需求中存在固有的矛盾:一方面要使编码系统足够普遍以覆盖很多不同的患者;另一方面要包括细致和独特的词条,使之能够精确地应用于个别的患者,而且不会不适当地限制医生描述其发现的努力。然而,如果医生将电子病例看作一页空白的、可以在上面写下任何非结构性信息的纸,他们记录的数据将会不适用于动态过程、临床研究和健康计划。真正的挑战是学会如何应对所有这些需求。不同机构的研究者已经工作了超过10年以开发一体化医学语言系统(unified medical language system, UMLS),一种将不同的词汇联系在一起的通用结构已经开发。与此同时,特定领域术

```
CHRONIC OBSTRUCTIVE PULMONARY DISEASE AND ALLIED CONDITIONS
                        (490-496)

    490    Bronchitis, not specified as acute or chronic

    491    Chronic bronchitis

           491.0  Simple chronic bronchitis
           491.1  Mucopurulent chronic bronchitis
           491.2  Obstructive chronic bronchitis
           491.8  Other chronic bronchitis
           491.9  Unspecified chronic bronchitis

    492    Emphysema

           492.0  Emphysematous bleb
           492.8  Other emphysema

    493    Asthma

           493.0  Extrinsic asthma
           493.1  Intrinsic asthma
           493.9  Asthma, unspecified

    494    Bronchiectasis

    495    Extrinsic allergic alveolitis

           495.0  Farmer's lung
           495.1  Bagassosis
           495.2  Bird-fanciers' lung
           495.3  Suberosis
           495.4  Malt workers' lung
           495.5  Mushroom workers' lung
           495.6  Maple bark-strippers' lung
           495.7  "Ventilation" pneumonitis
           495.8  Other specified allergic alveolitis and pneumonitis
                  Cheese-washers' lung, Coffee workers' lung, Fish-meal workers' lung,
                  Furriers' lung, Grain-handlers' disease or lung, Pituitary snuff-takers'
                  disease, Sequoiosis or red-cedar asthma, Wood asthma
           495.9  Unspecified allergic alveolitis and pneumonitis
```

图 2.10 一小部分由国际疾病分类(第 9 版)、临床标准(ICD-9-CM)定义的疾病类别。[Health Care Finacing Administration [1980]. *The International Classification of Diseases*, 9th Revision, Clinical Modification, ICD-9-CM. U. S. Department of Health and Human Service, Washington, D. C. DHHS Publication No. [PHS] 80-1260)

语的开发者一直持续致力于改善并扩展他们独立的编码方案(Humphreys et al.,1998)(见第 7 章)。

### 2.4.2 从数据到知识的范围

构成"医学基本内容"的信息库是医学信息学的一个中心关注点,在此领域的工作者努力澄清三个频繁用于描述计算机为基础系统的词汇之间的区别:数据、信息和知识(Blum,1986b),这些词汇经常被交叉地使用。在本书中,我们所指的一条数据是指描述一项关系一个单独的观测点[①],它经常能被认为是一个特定对象(如一位患者)某个参数在给定的时间点的值。知识则来源于对数据正式或非正式的分析(或解释),由此,它既包括正式的研究,也包括普通的直观事实、假设、启发法和模型——其中的任何部分都可能反映了解释原始数据的人的经验或者偏倚。词条信息则更为普遍使用,同时包括组织化的数据和知识,然而除非数据以某种方式组织化以用于分析或显示,否则就不能称为信息。

患者布朗的血压为 180/110mmHg 的观察是一条数据,关于一位患者心肌梗死(心脏病发作)的记录也是一样。当研究者集合并分析此类数据时,他们可能查明血压高的患者比血压正常或偏低的患者更可能心脏病发作,此项数据分析便产生了一条关于世界的知识。一位医生认为对处于较低经济标准的患者来说,对盐的限制

---

① 注意数据 data 是一个复数名词,即使它经常在演讲和数学中都被错误地当作单数使用。

饮食处方并不会对控制高血压产生影响(因为过后他们很可能无法负担得起特定的低盐食物),这是附加的一条个人知识,一项在决策过程中指导医生的启发法。注意对这些定义恰当的解释依赖于上下文环境。在一个层次上抽象的知识可能会在更高层次中被考虑为数据。血压180/110mmHg是一条原始的数据;患者患有高血压的说法则是对该数据的解释,从而表现为一个高层次的知识。而作为辅助诊断决定的输入,很可能需要获知是否有高血压,在这里发现高血压就被当作一条数据条目。

数据库是单独的、未被总结分析的观察的集合,因此,一份电子病例可以被看成一个数据库——存储患者数据的地方。相应的,知识库是可以用于解决问题和数据分析的事实、启发法和模型。如果知识库能够提供足够的结构,包括知识条目间的语义联系,计算机本身可能会将这些知识作为辅助信息提交,以用于案例分析问题的解决。很多决策支持的系统称为"基于知识的系统",反映了知识库和数据库之间的区别。

## 2.5 医学数据选择和使用策略

设想一个"完整的医学数据集"是虚幻的。所有的医学数据库,以及医学记录都必然是不完整的,这是因为它们反映了由对患者负责的医疗人员所收集和记录的数据。需要注意的是,在风格和解决问题方面的人际差别都造成了从业者在同样的环境中对同样的患者收集和记录数据方式的差异,然而这种差异并不一定都代表好的作法,多数医学教育都被导向到帮助医生和其他卫生专业人员去学习做哪些观察、如何做它们(通常是一个技术问题)、如何解释它们,以及如何决定是否保存正式记录。

这种现象的一个例子是在第一病史、体检和医学学生阐述的书写报告,以及由第二位临床医生检查同一位患者的类似过程之间的区别。医学学生倾向于从全面的心理综述开始工作,包括要问的问题、要执行的体检和要收集的附加数据,因为他们还没有发展出选择性的技巧,获取病史和身体检查的过程可能会超过1h,之后学生们会写下丰富的关于他们所发现的东西和他们如何解释他们发现的记录。对执业医生来来说,花费大量的实践评估每一位新患者显然是不明智、低效率而且不适当的。因而对新手而言,部分挑战就在于学习如何只去问必须的问题,去进行真正需要的检查,以及去记录那些与证明正在进行的诊断方法及指导未来对患者的管理有关的数据。

我们在数据收集和记录过程中所说的选择性是什么意思?恰恰正是这个过程经常被看做是"医学艺术"中的一个中心部分,是体现个体风格的一个元素和有时存在在临床医生中的显著差别。正如在第3章和第4章中讨论的几个临床案例,选择性的想法意味着一项正在进行的指导着数据收集和解释的决策制订过程。尝试去理解临床专家如何将这个过程内化,以及如何将这些想法定型,使它们能够更好地被教学和解释,是生物医学信息学研究的中心。改进这些决策制订的准则,从生物医学信息学研究活动中获得经验,不仅正在加强医学教学和实践,而且也正在提供深刻的见解以促进以计算机为基础的决策支持工具的方法的开发。

### 2.5.1 假设演绎法

对医学决策制定者的研究已经显示数据收集和解释的策略可以嵌入到一个称为假设-演绎法循环过程当中(Elstein et al.,1978;Kassirer and Gorry,1978)。当医科学生学习了这个过程,他们的数据收集变得更加集中而有效,而他们的医学记录变得更加紧致。其中心思想是一项序列化、阶段化的数据收集,紧跟着的是数据解释和假设生成,从而引发出假设导向的选择以决定下一步要收集的最适当的数据。当数据在每个阶段被收集起来,它们被加入到不断增长的观察数据库中,并用于再形成和改善那些活跃的假设。这个过程将不断循环,直到一个假设的可信度达到了阈值水平(例如,它被证明是真的,或至少不确定性已经降低到了一个令人满意的水平)。在这时,就可以制订一项处置、安排或者治疗决定了。

图2.11中所显示的程序图清晰地描述了这个过程。正如图2.11所显示的,当患者带着一些主诉(一项症状或疾病)出现在医生面前时,数据收集就开始了。医生通常会回应几个问题以使之迅速集中到问题的特性。在书面报告中,通过这些初始问题收集的数据通常被记录为患者基本资料、主诉和当前疾病的病史的初始部分。研究显示,经验丰富的医生在听到了患者对最初的6或7个问题的反应之后,心中将会有一组假设(理论)的初始集合(Elstein et al.,1978),这些假设就会作为选择附加问题的基础。如图2.11所示,对这些附加问题的回答将使医生改善关于患者问题来源的假设。医生会把这一组活跃的假设当作对患者的不同诊断;鉴别诊断集由这组可能的诊断组成,医生必须从其中作出区分以决定如何最好地指导治疗。

注意到问题选择过程的本质是启发式的。例如,它是个体化的而且效率较高,但它不能保证收集到每一条可能适当的信息。人类在他们的决策过程中总是使用启发法,这是因为使用全面的问题解决方法常常是不明智或者不可能的。一个常见的启发式问题解决的例子是进行一个复杂的比赛,如象棋。由于从一个给定的棋盘位置出发,去获得所有可能的移动和随之而来的对应行动会需要数量巨大的时间,专业棋手开发个人的启发法来评估任意时刻的棋局,然后选择最佳的继续进行的策略,这些启发法间的差别部分说明了观察技术之间的差异。

然而,医生已经在为当前进行的病史获取过程中开发出了安全的检测方法,以帮助他们避免遗漏在假设导向的数据收集中可能没有发现的重要问题(Pauker et al.,1976)。这些检测方法倾向于在关于主诉的信息收集之后关注4种通常类型的问题:过去的病史、家族病

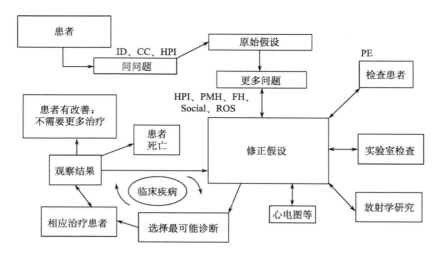

图 2.11 假设演绎法示意图。医学数据收集和处理的过程紧密联系于正在进行的假设生成和修正过程,完整讨论见正文。ID,患者识别;CC,主诉;HPI,现病史;PMH,过去病史;FH,家族病史;Social,社会史;ROS,系统回顾;PE,体检

史、社会病史和一个简略的系统回顾。在系统回顾中,医生询问一些关于身体各主要器官系统状态的一般问题。有时候,医生会发现完全的新问题,或者发现需要修正假设列表式调整可用治疗选项的重要信息(例如,患者告知了过去的一项严重药物反应或过敏反应)。

当医生已经结束了询问问题,改进的假设列表(有可能已缩减到只有一个诊断)便被作为重点体检的基础。到这时,医生们很可能对检查将会得到的结果已有所估计,或可能已经知道要采用哪些检测来帮助他们分辨那些基于他们过去问过的问题而仍然活跃的关于疾病的假设又一次的,正如在问题提问过程中,重点的假设导向检查由一些一般检查所增强,它们偶尔会找到新的反常并生成医生在仅以病史为基础时没有预料到的假设。除此之外,在检查中原因不详的发现可能提出需要附加的病史提取才能回答的问题。于是,询问问题通常部分地与检查过程整合起来。

当医生完成了体检,他们改善的假设列表可能被有效地缩减,以使他们采取相应的治疗,然而,收集附加数据常常还是必要的,此类检验会再一次被当前假设所指导。可选的选项包括实验室检验[对血、尿、其他体液或切片检查]、放射学研究[X射线检查、核成像扫描、电脑断层扫描(CT)、磁共振扫描、超声波检查或其他成像方式中的一种],以及其他专门检验[心电图(ECG)、脑电图、神经传导检测和很多其他的检测]。当获得此类研究的结果时,医生会不断地修改和改善他们的假设列表。

最终,医生充分地确定患者问题的来源,并能够开发出特定的处理方案,开始实施治疗,并观察患者。注意对治疗的反应本身也是可能影响对患者疾病假设的数据点。如果患者没有对治疗做出反应,可能意味着他们的疾病对治疗有抗性,此时他们的医生应该尝试另一种方法,或者意味着最初的诊断是不正确的,此时医生应该考虑对患者的主诉作出另一种解释。

患者可能在治疗和观察循环中停留很长时间,如图2.11所示。这个长期循环反映了慢性疾病处理的特性——医疗发展的一个方向就是社会的健康医疗工作所占的比例越来越大(且健康医疗消费的比例也越来越大)。最终,患者或者治愈而不需要继续治疗,或者死亡。尽管图2.11中描述的过程已经在许多方面进行了简化,但它一般仍适用于大多数医学领域的数据收集、诊断和治疗过程。

注意假设导向的数据收集、诊断和治疗过程本质上是以知识为基础的,它不仅依赖于允许对数据合理解释的显著的事实基础,以及对接下来的问题和检验适当的选择,也依赖于显示个体技能的启发式技术的高效应用。

在第3章中将会详细讨论另一个重要的问题,即医生需要平衡在数据收集中的经济成本和健康风险与前文所述获得那些数据后所能带来的益处之间的矛盾。在患者床边检查或询问附加问题除时间外没有其他的消耗,但如果所考虑的数据需要诸如X射线照射、冠状动脉造影或头部CT扫描(所有这些都关系着风险和花销),那么在缺乏全部信息情况下,继续进行治疗也可能是更好的选择。对数据收集中的消耗-收益权衡的差别,个人在不确定性下进行决策意愿差异,经常是彼此合作的医生们意见分歧的原因。

## 2.5.2 数据与假设的关系

我们在2.5.1节中很流利地写到"从数据中产生的假设",现在我们需要回答这个过程的本性到底是什么?像第4章中讨论的那样,有一定心理导向的科研人员花费了很多时间试图理解专家问题解决如何提出假设(Pauker et al.,1976;Elstein et al.,1978;Pople,1982),以及传统的概率决策科学对这个过程有更多的发言权。

这里对这些问题我们仅仅提供一个简要的介绍,它们将在第3章及第4章中进行更细致的讨论。

当一个观察产生假设时(如当临床发现带来特别的诊断时),这个观察大概与假设有一些紧密的关系。这个关系可能有的特征是什么?也许当假设成为现实时这个发现几乎总是被观测到。这足以对假设的产生进行解释吗?一个简单的例子将显示这种简单的关系不足以解释这个过程的产生。考虑下面这个假设:观察到一位患者是女性产生的假设是该患者怀孕了。很显然,所有的怀孕患者是女性,然而观察到一个新的患者为女性时,不能立即得出这个患者有怀孕的可能。因此,女性性别是对怀孕的高度敏感的暗示(一位怀孕的患者有100%的可能是女性),但是并不是对怀孕的一个好的预测指标(大多数女性并没有怀孕)。敏感度的概念(在一位患有给定疾病或状况的患者身上观察到给定数据的可能性)是很重要的,但是它不能独立地说明医学诊断中假设生成过程。

也许临床表现很少出现,除非假设成为现实,但这足以解释假设的产生吗?这个思想看起来有点像标记。假设所给数据反见于患者患有某种特定疾病的。例如,除子宫或宫颈癌患者外,从未发现带有显著异常细胞(称为IV类发现)的巴氏涂片(从位于子宫开口处宫颈获取的细胞涂片,经过巴氏染色处理后在显微镜下进行检查)。这种检验称为特异病征性的检验它们不仅能进行专门的诊断,还能立即证明诊断的结果,不幸的是医学中很少有这样的病征以确定诊断检验。

更普遍的是,一种特征在一种疾病或一类疾病中较其他疾病更频繁地出现,但是不是绝对的相关。比如,很少有疾病比感染更容易增加患者的白细胞数量,当然白血病也会增加白细胞数量,使用强的松药物也是一样;但是大多数没有发生感染的患者有着正常的白细胞读数,因此白细胞数量的增加不能证明患者感染,但是它倾向于支持出现感染的这种假设,用来描述这种关系的概念是特异度。如果对于没有患某种疾病的患者来说某种观察通常不被发现,那么这种观察就对该疾病具有高度的特异度。确定诊断的观察对于疾病就有100%的特异度。当一种观察对于某疾病具有高度的特异度时,在诊断或数据收集过程中它就倾向于产生这种疾病的假设。

到目前为止,你可能已经意识到在医生看到能够联想到一项疾病假设的检验结果和这位医生愿意去实践这项疾病假设之间存在本质的区别。然而甚至对于具有富有经验的医生来说,尽管他们已经做出了与某种疾病高度特异的观察,但有时也会认为患者更像是患有其他的疾病(而不是患有可疑的疾病),除非这种观察是确定疾病特有的属性,或者可疑疾病比其他导致异常观察的疾病更普遍,这种错误已经被认为是医疗诊断中最普遍的直觉错误。为了更细致地解释这种混淆的基础,我们必须介绍两个名词:患病率(prevalence)和预测值(predictive value)。

疾病的患病率是对疾病在群体中出现的频率的简单测度。一种给定的疾病可能在某个群体中仅有5%的患病率(20个人中有1个患有该疾病),但是在一个特别选定的亚群体中有更高的患病率。举个例子,黑肺病在普通人群中患病率比较低,但是在煤炭挖掘工人中有较高的患病率,他们吸入的煤灰导致产生了黑肺病。因此诊断的任务包括将患者患病的概率由基准率(患者所外人群的患病率)更新到反映检验结果的后验概率。比如,假定在美国患有肺癌的概率是低的(也就是该病的患病率低),但是如果在胸部X射线检验显示可能患有肿瘤的人群中,患该病的患病率就会高得多。如果在美国一位患者来自吸雪茄的人群,那么患肺癌的患病率就会更高。在这种情况下,相同的胸部X射线检验将导致吸雪茄的人群比来自美国全体人群更高的患肺癌的可能。

检验的预测值(predictive value,PV)是基于某种检测结果下疾病出现的后验概率的简化表示。如果观察支持患有某种疾病,PV将大于患病率(也称为先验风险);如果观察倾向于争论患有某种疾病,PV将低于患病率。对于任何检验和疾病,如果检验结果是阳性的,存在一个PV;如果检验结果是阴性的,存在另一个PV。这些值被简记为$PV^+$(对于阳性PV)和$PV^-$(对于阴性PV)。

在医学诊断中假设过程的产生包括对某种疾病或某类疾病的假设引起和似然设计(概率)。阳性检验PV依赖检验的敏感度、特异度和患病率。描述这个关系的公式如下:

$$PV^+ = \frac{敏感度 \times 患病率}{敏感度 \times 患病率 + (1-特异度) \times (1-患病率)}$$

对于定义$PV^-$,根据敏感度、特异度和患病率有相似的公式。两个公式都可以从简单的概率理论得到。注意,如果疾病的患病率低,即使它有高的敏感度和特异度,其阳性检验的后验概率($PV^+$)仍可能很低。你应该在$PV^+$公式中通过替代值证实这种推断的正确性。这种关系通常不能被初学者很好地理解,常常被认为是违反直觉的(这说明你的直觉会误导你!)。还要注意(通过公式替代),只有当检验是确定诊断(也就是当特异度是100%时,要求$PV^+$是100%)时,检验敏感度和疾病患病率才可以忽略。$PV^+$公式是贝叶斯理论的许多形式之一,贝叶斯理论是一项组合概率数据的规则,通常归功于18世纪Reverend Thomas Bayes的工作。贝叶斯理论将在第3章中进行更细致的讨论。

### 2.5.3 选择问题和比较试验的方法

我们已经描述了假设导向的序列数据收集过程,并且曾经询问一个观察会如何引起或修正医生关于异常情况对患者疾病的意义的假设。与其互补的问题是:给定一组当前假设,医生将如何决定应当收集哪些补充的数据?这一问题也已经被详细地分析过(Elstein etal., 1978;Pople, 1982),并且适应于高效收集数据以辅助临床医生诊断或做出治疗决策的计算机程序(见第20章)。由于理解检测选择和数据解释问题对理解医疗数据及其用途至关重要,第3章致力于这些及与医学决策相关的问题。例如在

3.6节，我们将讨论决策分析技术在决定是基于已有信息治疗患者还是进行更多的诊断检测中的应用。

## 2.6 计算机和医学数据的收集

尽管本章没有直接讨论计算机系统，但计算机在医学数据存储、检索和解释中潜在的角色应当已经清晰。本书余下内容的大部分都是关于一些特别的应用，在其中计算机的基本作用是数据管理。一个问题是对所有此类应用都适用的——最开始时，你如何将这些数据引入计算机？

数据登记对医生的要求从一开始就引发了医学-计算系统的问题。相比于其他因素，与计算机交互的难以操作或者不够直观（特别是需要医生的键盘输入时）给计算机临床应用带来了最大的阻碍。由于这些被强加的难以操作的界面，医生和很多其他医疗护理人员倾向于简单地拒绝使用计算机。

大量不同的方法已经用于改善这一问题。其中一个是设计系统以使文职人员可以完成几乎所有数据录入及相应的大多数数据检索工作，很多临床研究组织已采取这种方法。医生可能会被要求填充结构化的纸质数据表格，或者此类表格可能由浏览患者病历表的数据提取员所填写，但实际的将数据录入到数据库的工作由专门雇佣的转录员完成。

在一些实际应用中，数据可能通过其测量或收集设备被自动输入到计算机中。例如，在重症监护或心脏监护室中，肺功能或脑电机，以及临床化学实验室中使用的的测量设备能够直接接入安装着数据库的计算机。某些数据能够直接由患者输入。例如，有些机构中，通过在计算机屏幕上显示按照分支逻辑设计的多选问题来采集患者的病史信息。患者对这些问题的反应被用作生成交给医生的电子或硬件拷贝的报告，同时也被直接存入计算机数据库，用于接下来在其他条件下的应用。

当医生或其他医疗人员自己使用这些机器，特定的设备经常会允许迅速和直观的人机交互。大多数此类设备使用一类"点击并选择"技术，如触感屏幕、光笔和鼠标点击设备（见第5章）。当使用传统的终端时，特制的键盘可能会有帮助。设计者频繁地允许针对显示在屏幕上的条目的逻辑选择，由此用户不需要学习一套特定的命令去输入或回顾数据。最近我们已经看到有关带有以手写笔为基础的数据录入机制的手提平板电脑的介绍。一些关于以手写笔为基础的结构化临床数据录入方法的实验工作已经被特别提供（图2.12）。掌上电脑（personal digital assistant, PDA）也开始引入到数据收集及信息访问当中。随着无线网络的引入，此类设备将允许临床医生保持正常的移动（进出于检查室和病房），同时访问和录入与患者治疗紧密相关的数据。

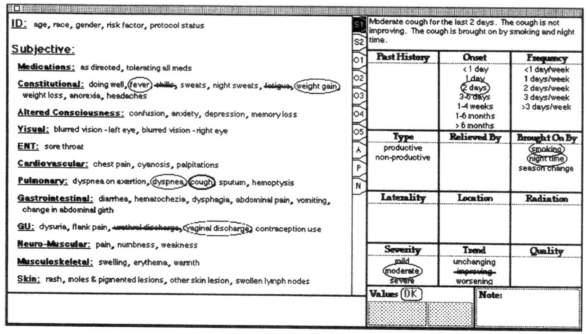

图2.12　PEN-Ivory用户界面，进入病程记录的原型系统。左侧屏幕表示列有医学发现名字的约定表格，右侧表示属性组件盘，用于使用特定修饰语扩展发现[在本例中，修饰语指"咳嗽（cough）"，当前条目，用粗体圈注在约定表中]。用户可以通过圈注、画线和划出词汇与系统交互。所选发现的文本翻译及其属性显示在右上角。在约定表格和属性组件盘之间的页面标签用于在约定表格的页面间进行移动。[例中屏幕截图由 Alex Poon 授权使用。也见 Poon A. D.，Fagan L. M.，Shortliffe E. H. (1996). The PEN-Ivory project: Exploring user-interface design for the selection of items from large controlled vocabularies of medicine. Journal of the American Medical Informatics Association, 3(2):168-183]

这些问题在几乎全部从应用领域内产生，并且由于它们对系统成功的配置和使用至关重要，故在系统设计中它们需要被加以特别的关注。随着更多的医生在家中逐渐熟悉计算机，他们会发现在他们的实践中使用计算机不再困难。我们鼓励在学习有关应用领域及稍后章节中描述的特别系统时认真思考其中的人类-计算机的交互关系。

## 推荐读物

Campbell J. R., Carpenter P., Sneiderman C., Cohn S., Chute C. G., Warren J. (1997). Phase II evaluation of clinical coding schemes: Completeness, taxonomy, mapping, definitions, and clarity. Journal of the American Medical Informatics Association, 4(3): 238-251；

Chute C. G., Cohn S., Campbell K. E., Oliver D., Campbell J. R. (1996). The content coverage of clinical classifications. Journal of the American Medical Informatics Association, 3(3): 224-233.

这两篇论文详细报告了关于不同临床术语学编码系统的研究。作者尝试描述每个编码方案，并关注其在表达一般临床概念方面的能力，论证了没有一个已经能够稳健、完整地编码患者的医学记录。

Patel V. L., Arocha J. F., Kaufman, D. R. (1994). Diagnostic reasoning and medical expertise. Psychology of Learning and Motivation, 31: 187-252.

此论文说明了理论驱动的心理学研究和认知评价的作用，以及它们所涉及的医疗决策和临床数据的解释，参见第4章。

Terry K. (2002). Beam it up, doctor: Inexpensive wireless networking technology, now available on PDAs and tablet computers, can connect you with clinical and scheduling data throughout your office. Medical Economics, 79(13): 34-36.

这篇论文以执业医生为对象，介绍了在门诊环境中在无线PDA上使用临床软件的新技术。

van Bemmel J. H., etal. (Eds.)(1988). Data, information and knowledge in medicine. Methods of Information in Medicine, Special issue, 27(3).

这是医学信息化方法的特别卷，包含大约40篇该杂志之前出版的论文，它提供了一个关于生物医学信息学科学发展的历史观点。第一部分提供了10篇介绍医疗数据的各个不同方面的论文，其余部分关于医疗系统、医疗信息和模式、医学知识和决策及医学研究。

## 问题讨论

1. 检查自己的脉搏，发现你的心率是每分钟100次，这个速率是否正常？作出这个判断你会采用哪些其他信息？收集数据的背景如何影响对这些数据的解释？

2. 在许多医学术语并不准确的情况下，你认为为什么健康保健专业人士间沟通不畅的严重事件并不多见？为什么为了操作患者数据，电脑要比人类更加需要严格的术语标准？

3. 基于对表示医学信息的编码方案的讨论，你预计在尝试构建适用于在全国的医院、医生办公室和研究机构中使用的医学术语学标准时的三个挑战。

4. 如果全部医学数据由非医生收集，医学实践将会发生怎样的变化？

5. 就你所了解的繁忙临床医生的日常规划，连接到互联网的无线设备作为这些临床医生的工具有什么好处？又有什么坏处？注意在工作流程和临床需要外，还要考虑到信息的安全性和保护。

6. 为判定患者是否患有严重的尿路感染，医生通常需要对患者尿液中每毫升细菌数做一计算。如果每毫升中有至少10 000个细菌，医生通常假设这位患者患有尿路感染。即使实验室能够以合理的精度提供这种量化指标，但医生仍会在显微镜下检测1ml尿液并精确地数出数量巨大的细菌数显然也是不现实的。作为结果，近年一篇论文为医生提供了如下指南："当解释…染色离心尿…的显微镜观察时，每个视场发现一个生物体的阈值具有95%的敏感度，而每个视场5个生物体具有95%的特异度，说明菌尿（尿液中的细菌）处在至少每毫升10 000个生物体的水平"（Senior Medical Review, 1987, p. 4）

a. 请描述一项能够让研究者测定显微镜方法的敏感度和特异度的实验。

b. 当每个显微镜视场中细菌数由1增加到5时，特异度会有怎样的改变？

c. 当每个显微镜视场中细菌数由1增加到5时，敏感度会有怎样的改变？

d. 为什么要获得95%的特异度需要比获得95%的敏感度在每个显微镜视场中有更多的生物体？

# 第 3 章  生物医学决策：临床概率推理

**阅读本章后，您应对下列问题有所了解：**

- 在涉及不确定性的情况下，解释检验结果和作医学决策时，概率这一概念是多么有用。
- 我们如何来表征某检验区分健康与疾病状态的能力？
- 我们需要哪些信息来正确解释检验结果？
- 什么是期望值决策？这种方法如何帮助我们理解特定的医学问题？
- 什么是效用？它们是如何来表示患者的优先选择的？
- 什么是敏感度分析？我们如何使用它来检验决策的鲁棒性，并识别决策中的重要变量？
- 什么是影响图？影响图与决策树有什么不同？

## 3.1 临床决策的本质：不确定性与诊断过程

由于临床数据不完整，治疗结果不确定，健康专业人员常常面临困难的选择。本章介绍医学概率推理，它是一种能够帮助保健提供者处理医学决策中固有的不确定性的方法。医学决策的方法很多，我们的方法对于所有的决策问题来说，既不一定是必须的，也不一定是恰当的。贯穿本章，我们提供了一些简单的临床案例，这些案例展示了医学概率推理确实为广泛领域中的问题提供了很有价值的见解。

如第 2 章所述，医疗实践就是医学决策，本章我们来关注一下医学决策的过程。第 2 章和第 3 章的内容为本书其他部分奠定了基础。在余下的章节中，我们探讨各种计算机辅助医师作决策的方法，并重点讨论了所需信息、系统设计及程序执行之间的关系。

本章所提供的材料均是以一名医师作出的决策为背景的，然而，这些概念是可以广泛使用的。敏感度和特异度是实验室系统中表示异常检测结果的重要参数，如患者监护系统（第 17 章）及信息检索系统（第 19 章）。对概率是什么，以及在获取新的信息后该如何调整概率这些问题的理解，是我们对临床咨询系统研究的基础（第 20 章）。在医学决策中概率的重要性早在 1922 年就受到了关注。

"良好的治疗方案不能靠对患者滥做实验室检验得到，而依赖于足够清楚地了解该病例的各种可能性，从而知道哪种检验能够给出有价值的信息。"(Peabody,1922)

**例 1**  你是一个大城市血库的主管。所有的献血者都需要通过化验，以确定他们没有感染艾滋病毒（HIV），即获得性免疫缺陷综合征（AIDS）的病原体。你会问使用多聚酶链反应（PCR）是否有助于甄别艾滋病患者？PCR 技术是一种能够诊断艾滋病的基因扩增技术。PCR 检验在抗体存在的情况下阳性率为 98%，在没有抗体的情况下阴性率为 99%[①]。

如果该检验呈阳性，那么献血者确实感染艾滋病的可能性有多大？如果检验结果是阴性，你又能够在多大程度上确定该名献血者没有感染艾滋病毒？从直觉水平上，这些问题似乎并不是特别难以回答。这个检验看起来很准确，我们也希望如此，如果检验结果是阳性，该血样有可能含有艾滋病毒。这样，我们很吃惊地发现，如果 1000 名献血者中只有一例艾滋病感染者，该检验出错的次数要远远多于正确的次数。实际上，每 100 例检验结果呈阳性的献血者中，只有少于 10 人感染。对于每一个正确结果伴有 10 个错误结果，我们怎样来理解这个结果？在我们试图找到答案之前，我们来考虑一个相关的案例。

**例 2**  James 先生 59 岁，是一名老年冠心病患者（供给心脏营养物质的血管狭窄或阻塞）。当心肌因血液不能够到达而没有得到足够的氧气（缺氧）时，患者常常感到胸痛（心绞痛）。James 先生曾两次接受冠状动脉搭桥手术（CABG），该手术通常从人的腿上取出一段新的血管，并将其接在心脏血管上，这样血液就可以绕过被堵塞的心脏血管。不幸的是，他的胸痛复发，尽管接受药物治疗，胸痛还是日益加剧。如果心肌缺氧，会导致心脏病发作（心肌梗死），心肌局部坏死。

James 先生应该接受第 3 次手术吗？药物治疗是无效的；不做手术，心脏病发作的风险很高，这可能是致命的；然而，手术本身也有危险性。不仅第 3 次外科手术的死亡率要高于第 1 次和第 2 次，并且第 3 次手术减轻胸痛的概率也低于首次手术。例 2 中所有的决策须承担相当大的不确定性，而且将冒很大的风险。一个不正确的决定将大大增加 James 先生死亡的可能，这种决策即使对经验丰富的临床医师来说也是困难的。

这些例子举出一些直觉会产生误导或者不足以作出决定的情况。虽然例 1 中的检测结果对于血库来说是恰当的，如果医生也不加验证地报告这些检测结果，会错误地告知许多人他们感染了艾滋病毒，这种错误会带来一系列深刻的情绪及社会问题。例 2 中，医生的决策技能会影响患者的生活质量和生命长度，类似的情况在医学

---

[①] 例 1 中所用到的敏感度和特异度与最初报道的诊断艾滋病的 PCR 检验的敏感度和特异度的取值一致，但是不同实验室做这一检验的精确度不同，并且该精确度在不断改善（Owens et al.,1996b）。

上是常见的。本章旨在展示如何使用概率和决策分析帮助明确找到这类问题的最佳解决方案。

决策是健康专业人员的典型活动之一,有些决策基于演绎推理或生理规律。然而,有许多决策基于从积累的大量经验获取的知识基础之上——临床医师经常要靠有关症状和疾病之间关联的经验知识来对问题作出估计。通常基于不太完善的关联作出的决策在一定程度上具有不确定性。在3.1.1节至3.1.3节,我们考察了在不确定情况下的决策过程,并且对诊断过程进行了概括。正如史密斯(1985,P.3)所说:"基于概率的医学决策是必要的,同时也是危险的;即使是最精明的医生,有时也会犯错误。"

## 3.1.1 在不确定情况下的决策

**例3** Kirk先生33岁,他左腿血管中曾经有过血凝块(血栓)的病史,他说过去的5天内左腿疼痛并且肿胀。在体检中,这条腿无力并且肿胀至小腿一半处——可能有深层静脉血栓症的迹象①。做B超检查,对Kirk先生腿部的血流进行评估。血流异常,但是放射学家无法判断是否有新的血栓。

Kirk先生应该按照血栓来接受治疗吗?诊断重点是他腿部血栓的复发。腿部血管内的血栓可以随血液流动,导致肺部血管的栓塞,这种可能致命的事件称为肺栓塞。腿肿的患者中,有一半确实有血栓;还有很多其他原因可以导致腿肿,所以,如果发生腿肿,医生也不能断定是血栓造成的,因此,体检结果留下了很大的不确定性,并且,在例3中可利用的诊断检查结果是模棱两可的。治疗血栓需要给抗凝血剂(抑制血栓形成的药物),这同时给患者带来失血过多的危险。所以,除非医生确信出现血栓,否则他们并不希望对患者进行治疗。但是需要有多大的把握才能够实施治疗呢?我们会发现通过计算治疗的利弊能够回答这个问题。

这个例子阐明了一个重要的概念:临床数据是不完善的,只是程度上有所差别。但是所有的临床数据包括诊断结果、患者提供的病史和体检结果,都具有不确定性。

## 3.1.2 概率:表示不确定性的一种方法

医生描述患者情况的时候所用的语言往往含糊其辞,这是一个使医疗决策中的不确定性问题进一步复杂化的因素。医生常常使用"很可能"和"疑似"等词汇对患者患某种疾病可能的确信度进行描述。对于不同的人来说,这些词的含义差别惊人(图3.1)。因为通用描述词汇含义上存在着广泛的差异,给错误表意带来了充足的机会。

如何表达不确定性程度的问题对医学来说不唯一。在其他环境下这个问题是如何处理的呢?赛马有它的不

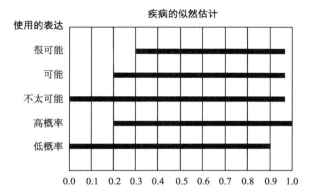

图3.1 概率和描述词汇。不同的医生赋予同一词的含义不同。横栏表示,当医生被要求解释这些词汇时,就不同的医生和保健工作者给这些词汇赋予的概率值来说,变化范围很宽。[资料来源:Bryant G. D., Norman, G. R. (1980). Expressions of probability: Words and numbers. New England Journal of Medicine, 302:411.]

确定性成分,有经验的赌徒在决定是否下赌注时,他们知道仅仅被告知某匹马有很高的胜算是不够的,他们会要求知道比率。

比率(odd)是表达概率(probability)的另一简单方法,用概率或比率来表达不确定性避免了这些通用描述词汇本身的含义不清。

## 3.1.3 诊断过程概述

第2章我们描述了假设演绎法,诊断步骤包括:逐次迭代的假设生成、数据收集和解释。我们讨论了现象是如何引出假设,新的信息后来又如何增强或削弱假设的可信度。这里我们用一个具体的例子来简要回顾一下这一过程。为了我们的讨论目的,将诊断过程分为三个阶段。

第一阶段包括对患者是否有可能患有某种疾病作一个初步判断。经过面诊和体检,医生对某种疾病可能性的大小会产生一个直观判断,这个判断可能是基于经验或者医学文献上的知识。医生关于患某种疾病可能性大小的判断往往是模糊的;医生可以通过精确估计患这种疾病的概率使之精确。这个在得到更多信息之前估计出的概率,称为该疾病的先验概率(prior probability)或验前概率(pretest probability)。

**例4** Smith先生60岁,他和医生说当他快步走的时候,会感到胸部有压痛。检查后综合考虑他的病史,医生相信他患心脏病的可能性足够大,应该接受运动负荷检查。在运动负荷检查中,当Smith先生运动的时候记录他的心电图(ECG)。因为负荷练习中心脏每博必须泵出更多的血液,而且必须跳动得更快(以获取更多的氧

---

① 医学中,迹象指客观的检查结果(临床医生观察所得),如温度101.2℉;症状指患者的主观体验,如感觉发烧。如果患者的体验可以被临床医生观察到时,这种差别可能被混淆。

气),所以心脏的许多状况只有在患者进行负荷运动时才能显现。Smith先生在运动中,心电图检查结果异常,此即患心脏病的迹象。

医生会如何估计该患者的病症?他们会先询问患者疼痛的性质、持续时间和强度。一般来说,医生会根据他对胸痛病因的直觉来决定下一步如何处理。我们的方法是让医生通过估计患该种疾病的验前概率使他的直觉判断明确。本例中的医生基于他和患者谈话所得,可以估计出患心脏病的先验概率为0.5(50%的可能性或者说1∶1的比率;参阅3.2节)。我们将在3.2节中探索准确估计先验概率的方法。

估计了患某种疾病的先验概率之后,诊断疾病的第二阶段主要包括收集更多的信息,通常进行诊断检验。例4中的医生通过检查来降低诊断为心脏病的不确定性。阳性检验结果支持患有心脏病的诊断,图3.2(a)显示检查降低了不确定性。尽管例4中的医生选择了心脏负荷检验,但可以用来诊断心脏病的检查还有很多种,医生需要知道他应该选择哪种检查。有些检查比其他检查更能降低不确定性[图3.2(b)],但是费用更高。检查越能减小不确定度,该检查越有价值。在3.3节中,我们探索了衡量检查降低不确定性程度的方法,扩展了在第2章中首次提到的敏感度和特异度的概念。

如果检查提供了新的信息,第三阶段是更新概率的初始估计值。例4中的医生必然会问"如果负荷检验异常,患病概率该是多少?"医生想要知道疾病的后验概率(posterior probability)或验后概率(post-test probability)[图3.2(a)]。在3.4节中,我们重新考察了第2章介绍过的贝叶斯定理,我们讨论了如何用它来计算疾病的验后概率。正如我们注意到的,想要计算验后概率,我们必须知道该检验的验前概率和敏感度、特异度[1]。

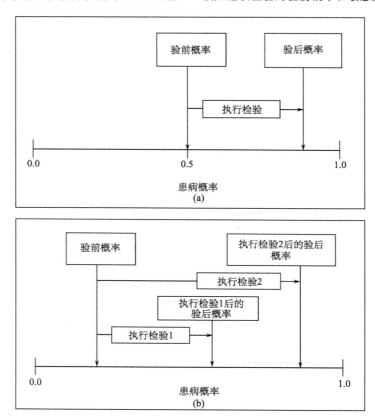

图3.2 检验结果对疾病概率的影响。(a)阳性的检验结果提高患病概率;(b)检验2比检验1更能够降低疾病出现的不确定性(提高了患病的概率)

## 3.2 概率估计:估计验前概率的方法

在本节中,我们探索了在定制检验前,医生判断某种疾病的患病概率的方法。概率是我们表达不确定性的首选方式。在这个框架下,概率($p$)把医生对某事件发生的可能性的意见表示为0~1的一个数字。必然发生的事件概率为1;不可能的事件概率为0[2]。

---

[1] 注意验前概率和验后概率对应于患病率和预测值的概念。第2章中使用的是后者,因为该讨论是关于对筛查后的人群使用检验;在总体中,某种疾病的验前概率就简单地等于该总体的患病率。

[2] 我们假设的是一个概率的贝叶斯解释;概率还有其他的统计学解释。

事件A的概率记作$p[A]$。所有可能的概率和，即随机事件所有可能结果之和一定为1。这样，在抛硬币实验中，
$$p[\text{正面}] + p[\text{反面}] = 1.0$$
事件A和B共同发生的概率记作$p[A\&B]$或$p[A,B]$。

如果一个事件出现的概率不影响另一个事件出现的概率，事件A和B被认为是独立的。两个独立事件同时发生的概率由两个事件单独出现概率的乘积给出：
$$p[A,B] = p[A] \times p[B]$$

这样，连续两次掷硬币出现正面的概率为$0.5\times 0.5=0.25$（不考虑第一次掷硬币的结果，第二次掷硬币出现正面的概率为0.5）。

如果已知事件B发生，事件A发生的概率称为事件B发生的条件下事件A的条件概率，记作$p[A|B]$，读作"B发生的条件下A的概率"。这样，验后概率是在检验或发现的基础上预测得到的条件概率。例如，如果腿肿的患者中30%有血栓，我们称在腿肿的条件下有血栓的概率为0.3，记作：
$$p[\text{血栓}|\text{腿肿}] = 0.3$$
在注意到腿肿之前，先验概率简单的是所选患者所在的群体中腿部有血栓的患病率——一个可能远远小于0.3的数字。

现在我们决定用概率来表达不确定性时，如何来估计概率？我们可以通过主观或者客观的方法来做这件事；每种方法都各有利弊。

### 3.2.1 主观概率估计

医生对概率作出的大多数估计是基于个人经验的。医生可能会把当前的问题和从前遇到的相似的问题进行比较，然后问："我所见到的相似的患者中患这种疾病的频率是多少？"

对概率作出主观的估计，人们常常依赖于几个分立的，并且常常不是很清晰的被认知心理学家所描述并研究的精神过程（Tversky and Kahneman, 1974），这些过程被称为启发式认知。

更具体地说，启发式认知是我们学习、回忆，或者处理信息的精神过程；我们可以把启发式理解为经验法则。启发式知识很重要，因为它能帮助我们理解直观的概率估计的基础。初级和高级的决策者（包括医生和统计学家）都会误用启发式，所以在估计概率时造成系统误差，往往很严重。正如在一个特别晴朗的天气中，我们会低估距离一样，在具有欺骗性的临床状况下我们在估计概率的时候也会犯错误。在估计概率时，三步启发式被认为是重要的。

（1）代表性（representativeness）。人们估计概率的一条途径是问自己：客体A属于B的概率有多大？例如，腿肿的患者属于患有血栓的患者的概率是多少？要回答这个问题，我们常常依赖于代表性启发式，在此过程中概率按照A能够代表B，或者与B相似的程度来判断。医生会通过患者腿肿的程度来判断血栓形成的概率（血栓的形成），构成医生脑中对患者患有血栓的构想。如果患者有所有典型的患有血栓的现象（迹象或症状），医生就会判断该患者极有可能患有血栓当出现以下情况时，使用这种启发式就有困难了。例如，当这种疾病很罕见时（很低的先验概率或患病率），如果医生对该种疾病的已有经验不够典型，就有可能给出错误的印象；当患者的临床状况不典型时；当某些现象出现的概率依赖于其他现象是否出现的情况。

（2）可用性（availability）。我们对一个事件概率的估计依赖于我们记起相似事件的难易。越容易记起的事情被认为可能性越大，这条规则是可用性启发式，它常常误导我们。我们更容易记住一些戏剧化的、非典型的或者是印象深刻的事件，所以更容易过高估计它们的概率。曾经治疗过一位腿肿并且死于血栓的患者的医生，会清楚地记得形成血栓是腿肿的一个原因，但这位医生记住腿肿的其他原因却没有这么容易，他会高估腿肿的患者患有血栓的概率。

（3）锚定和调整（anchoring and adjustment）。另外一个判断概率的普遍的启发式方法是锚定与调整。医生对概率作一初始的判断（锚定），然后依据进一步的信息调整这一估计。例如，例4中的医生对患者患有心脏病的概率初始估计为0.5。如果他随后得知患者所有的兄弟也死于心脏病，医生会提高这一估计，因为患者的有力的心脏病家族病史提高了他患有心脏病的概率，这一事实有文献可证。常犯的错误是，基于新的信息对初始的估计（锚定）调整不足。医生没有把他对先验概率的估计提高至0.8（比如说），而是仅调整到0.6。

在判断先验概率时，启发法经常引入误差。尽管我们使用定量的方法来派生出后验概率，但我们对先验概率的初始估计中的误差还是会反映在后验概率中。这样对启发法的理解对医疗决策来说是重要的，临床医师利用已发表的研究结果来估计概率，可以回避这样的困难。

### 3.2.2 客观概率估计

已发表的研究结果可以作为很多主观估计概率的指导。我们可以利用群体或者群体的某一亚组中某种疾病的患病率或临床预测结果，来估计疾病的概率。

如第2章中所讨论的，患病率是群体中某事件发生的频率，是估计概率的一个有用的起点。例如，如果你想估计50岁男人中患前列腺癌的概率，该年龄段男性前列腺癌的患病率（5%~14%）会是一个有用的锚定点，从此出发你可以根据你的发现提高或降低该概率。在特定群体中估计疾病的患病率在医学文献中常常是可得的。

例如，排尿困难等症状或者前列腺节明显等迹象，可以用来把患者分入临床亚组，在该亚组中患病概率已知。对于前面提到的泌尿科医师评估前列腺节明显的患者，癌症的患病率是50%。该方法可能会受限于将患者归入正确的临床定义的亚组的困难，尤其当划分患者的标准是错误定义的时候。一个趋势是制订指导方针，称为临床预测规则，帮助医生把患者归入正确定义的患病概率已知的亚组中。

临床预测规则（clinical prediction rule）是从对有某种特定诊断问题的患者的系统研究发展而来的；定义了医生如何综合使用临床现象来估计概率。对患者患某种疾病的概率作出独立贡献的症状或迹象，被确定并且按照对该种现象贡献的统计学分析赋予一个权重数值。得到的结果是患者的症状和体征的列表，每一项都有对最后得分的相应的数值贡献，根据总得分可以把患者归入一个患病概率已知的亚组。

**例5** 56岁的Troy女士，4个月前心脏病发作，心率异常（arrhythmia），在很差的医疗条件下，正在准备做择期手术。

Troy女士会得心脏病并发症的概率是多少？帮助医生估计风险的临床预测规则已建立（Palda and Detsky, 1997）。表3.1列出了临床现象和相应的诊断权重。我们把患者的每一项临床现象的诊断权重相加得到总分，总的得分把患者归入以特定概率患心脏病并发症的一组，如表3.2所示。Troy女士的得分为20，这样，医生可以估计患者有27%的可能会发展为严重的心脏病病并发症。

由于作为估计基础的研究本身的偏倚，对先验概率的客观估计受误差的影响。例如，已发表的患病率不能直接应用于特殊的患者。临床显示是，前期研究表明某患者有细微的血尿的证据（显微镜血尿），该患者应该接受广泛的检查，因为相当比例的该种患者会被查出有癌症或其他严重的疾病。这些检查给患者带来一些风险、不适和费用。尽管如此，对有显微镜血尿的所有患者进行检查的做法被广泛实践了很多年。然而，最近的研究表明对于仅有血尿的细微证据而无其他症状的患者患有严重疾病的概率仅为2%（Mohr et al.,1986）。过去，许多患者会以相当大的财力和物力为代价，来接受不必要的检查。

**表3.1 对由非心脏手术引发的心脏病并发症风险估计的诊断权重**

| 临床现象 | 诊断权重 |
| --- | --- |
| 年龄大于70岁 | 5 |
| 近期有心脏病发作记录 | |
| >6个月前 | 5 |
| <6个月前 | 10 |
| 严重心绞痛 | 20 |
| 肺水肿[a] | |
| 1周内 | 10 |
| 曾经 | 5 |
| 最近的心电图（ECG）显示心率失常 | 5 |
| >5 PVC | 5 |
| 关键主动脉瓣狭窄 | 20 |
| 差的医疗条件 | 5 |
| 急诊手术 | 10 |

注：ECG为心电图；PVC为术前心电图室性早搏。
a 心脏功能衰退引起的肺积液。

资料来源：Modified from Palda V. A., Detsky A. S. (1997). Perioperative assessment and management of risk from coronary artery disease. Annals of Internal Medicine,127:313-318.

**表3.2 表3.1中诊断权重的临床预测规则**

| 总分 | 心脏病并发症[a] 的患病率/% |
| --- | --- |
| 0～15 | 5 |
| 20～30 | 27 |
| >30 | 60 |

注：a 定义为死亡、心脏病发作，或者充血性心脏衰竭的心脏病并发症。

资料来源：Modified from Palda V. A., Detsky A. S. (1997). Perioperative assessment and management of risk from coronary artery disease. Annals of Internal Medicine,127:313-318.

如何解释估计疾病患病率的差异？表明血尿患者有高患病率的初始研究是在泌尿科医生诊断的患者中做的，他们是这方面的专家。初级保健医师指出患者可能患有某专家专业领域内的某种疾病。由于初级保健医师的筛查，医生很少能看到有临床现象的患者患病率低的情况。这样，在医生的工作中患者群体中的患病率往往远远高于在初级保健工作中的患病率，因此，在前面的患者群体中所作的研究几乎总会高估患病概率。这个例子就演示了提名偏倚（referral bias），提名偏倚很普遍，因为很多研究是用医生提供的患者来做的。所以，在你准备估计其他临床环境的验前概率之前，你可能需要调整已在文献中发表的概率估计。

我们现在就用本章本部分所讨论的技术演示一下例4中的医生如何能够估计他的患者,（胸部有压痛的Smith先生），患心脏病的验前概率。我们从可得到的客观数据开始，60多岁的男人心脏病的患病率可以作为我们的出发点。在本例中，我们可以通过将患者分入患病概率已知的临床亚组中得到一个更加精确的估计。临床亚组的患病概率（如有典型冠心病症状的人群）比与心脏病症状相异的组别的心脏病的患病概率（如大的群体）能够更精确地预测验前概率。我们假设大规模研究显示在典型的心绞痛症状男性的冠心病发病率是0.9左右；这个可以用作患病率的初步估计，可根据患者的具体信息进行调节。虽然有典型症状的人中心脏病的患病概率比较高，10%的有这些症状史的人没有患心脏病。

医生可以使用主观的方法根据患者的其他具体信息来进一步调节他的估计。例如，医生可以根据心脏病的家族病史的信息把他的初始估计0.9上调至0.95或者更高。然而，医生应该小心以避免使用启发法作主观概率估计时可能产生的错误。特别地，当用更多的信息进行调整时，他需要注意离初始估计太近的倾向。通过综合使用主观和客观的估计验前概率的方法，医生可以得到一个对心脏病验前概率的合理估计。

在本节中，我们总结了确定先验概率的主观和客观的方法，并且学习了在估计该类代表性患者的特定亚群后，如何调整先验概率。诊断过程的下一步是进一步收集信息，通常以正式的诊断检验形式（实验室化验、X射线研究等)进行。为帮助你更清晰地理解这一步,在下面的两节我们讨论如何度量检验的精确度,以及如何应用概率解释检验的结果。

## 3.3 诊断检验工作特性的度量

评估任何检验的首要挑战是确定判断某一结果为正常或异常的标准。在本节中,我们提出当你做这样的决定时需要考虑的事情。

### 3.3.1 检验结果异常分类

在健康人群组中,大多数生物学测量是一些对不同的个体假定不同值的连续取值变量。这些值的分布通常由正态(高斯或钟形)分布曲线来近似(图3.3)。这样,群体的95%会落入均值左右2倍标准差的范围内,大约群体的2.5%会落在该分布两端离开均值2倍标准差以外的部分。患病个体取值分布也可能是正态分布。这两种分布通常会重叠(图3.3)。

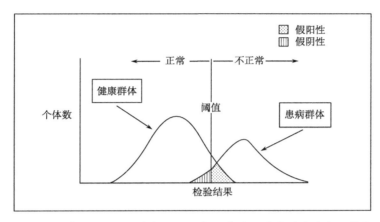

图3.3 健康人和患病个体检验结果的分布。在可能取值的连续范围内改变区分"正常"和"异常"的阈值,会改变两个群体假阳性(FP)和假阴性(FN)的相对比例

如何把一个结果归为异常?多数实验室报告一个"正常值上限",通常被定义为均值以上2倍标准差。这样,一个高于均值2倍标准差以上的结果被报告为异常(或阳性);一个低于该阈值的结果被报告为正常(或阴性)。例如,如果血液中胆固醇浓度的均值是220mg/dl,临床实验室可以选择280mg/dl作为正常值的上限,因为该值为均值以上2倍标准差处的取值。注意一个基于任意统计学标准的阈值可能不具有生物学意义。

一个理想的检验应该没有使患病和未患病的人的分布重叠的取值。那就是说,如果阈值设定的合理,该检验会使所有的健康个体显示为正常,并且使所有的患病个体显示为异常,但很少有检验满足这个标准。如果一个检验结果被统计学标准定义为异常,2.5%的健康个体会得到异常的检验结果。如果健康个体和患病个体的检验结果分布有重叠,一些患病的患者会得到正常的检验结果(图3.3)。你应该熟悉用来定义这些组的名词。

- 真阳性(TP)指有该种疾病的患者得到阳性检验结果(该检验结果正确地将患者归为患病个体)。
- 真阴性(TN)指未患该种疾病的患者得到阴性检验结果(该检验结果正确地将患者归为未患病个体)。
- 假阳性(FP)指未患该种疾病的患者得到阳性检验结果(该检验结果错误地将患者归为患病个体)。
- 假阴性(FN)指患有该种疾病的患者得到阴性检验结果(该检验结果错误地将患者归为未患病个体)。

图3.3显示了改变一个异常检验的阈值点(移动图中的竖线)会改变这些组的相对比例。随着阈值从正常值的均值位置进一步上移,FN的个数增加,同时FP的个数减少。一旦我们选定了阈值点,我们可以很方便地用一个2×2列联表总结出检验的性能——区分患病与未患病的能力,如表3.3所示。该表总结了各组中患者的个数:TP、FP、TN和FN。注意第1列的和为患病患者的总数,即TP+FN;第2列的和为未患病患者的总数,即FP+TN;第1行的和TP+FP是得到阳性检验结果的患者总数;同样,FN+TN给出得到阴性检验结果的患者总数。

一个完美的检验应该没有FN和FP结果,然而错误的检验结果出现了,你可以使用一个2×2的列联表来定义检验性能的度量,反映这些错误。

表3.3 检验结果的2×2列联表

| 检验结果 | 患病 | 未患病 | 总数 |
|---|---|---|---|
| 阳性结果 | TP | FP | TP+FP |
| 阴性结果 | FN | TN | FN+TN |
|  | TP+FN | FP+TN |  |

注:TP为真阳性;TN为真阴性;FP为假阳性;FN为假阴性。

### 3.3.2 检验性能的度量

检验性能的度量包含两种类型:检验间一致性的度量或者说和谐性度量;检验间不一致性的度量或者说不和谐性度量。在表3.3所示的2×2的列联表中有两种一致性的结果：TP 和 TN。这两种结果的相对频率形成了一致性度量的基础，这些度量对应于在第 2 章中介绍过的敏感度和特异度，我们用这个 2×2 的表格和条件概率来定义每一个指标。

真阳率（TPR）或敏感度反映的是患病者得到阳性检验结果的似然估计。用条件概率表示，敏感度被表达为在患病的条件下检验呈阳性的概率，即

$$p[检验呈阳性 | 患病]$$

考虑 TPR 的另一种方法是将其视为一个比率。患病患者得到阳性检验结果的似然估计由得到阳性检验结果的患病患者的个数和所有患病患者的比值给出，即

$$TPR = \frac{得到阳性检验结果的患病患者个数}{患病患者总数}$$

我们可以确定出这个 2×2 的列联表中所举例子的这些数值（见表 3.3）。患病患者得到阳性检验结果的数目是 TP。患病患者的总数是第一列的和（TP+FN），则

$$TPR = \frac{TP}{TP + FN}$$

真阴率（TNR）或特异度反映的是未患病的患者得到阴性检验结果的似然估计。用条件概率表示，特异度是在未患病条件下，得到阴性检验结果的概率。

$$p[检验呈阴性 | 未患病]$$

如果看作比率，TNR 可以由未患病患者得到阴性结果的数目除以未患病患者的总数得到，即

$$TNR = \frac{得到阴性检验结果的未患病患者个数}{未患病患者总数}$$

从 2×2 的列联表（见表 3.3）中得，

$$TNR = \frac{TN}{TN + FP}$$

不一致性的度量——假阳率（FPR）和假阴率（FNR）——定义相似。FNR 反映患病患者得到阴性结果的似然估计，表达式为

$$FNR = \frac{得到阴性检验结果的患病患者个数}{患病患者总数}$$

$$= \frac{FN}{FN + TP}$$

FPR 反映未患病患者得到阳性结果的似然估计，即

$$FPR = \frac{得到阳性检验结果的未患病患者个数}{未患病患者总数}$$

$$= \frac{FP}{FP + TN}$$

**例 6** 再次考虑对献血者筛查 HIV 病毒的问题。一个用来对献血者筛查 HIV 病毒抗体的检验是酶联免疫法（EIA）。所以 EIA 检验的性能可以被度量，该检验在 400 名受试者中进行；把假设的结果表示在表 3.4 所示的 2×2 的列联表中①。

为了确定检验的性能，我们计算 EIA 抗体检验的 TPR（敏感度）和 TNR（特异度）。按照前面的定义，TPR 为

$$\frac{TP}{TP + FN} = \frac{98}{98 + 2} = 0.98$$

这样，有 HIV 抗体的患者 EIA 检验呈阳性的似然估计为 0.98。如果该检验对 100 名确实带有这种抗体的患者执行，我们可以预期该检验在这些患者中的 98 人身上会呈阳性。反之，我们也可以预测这些患者中的 2 位会得到错误的、阴性的结果，因为 FNR 为 2%（应该确信，根据定义 TPR 和 FNR 的和必定是 1：TPR+FNR=1）。

且 TNR 为

$$\frac{TN}{TN + FP} = \frac{297}{297 + 3} = 0.99$$

没有 HIV 病毒抗体的患者得到阴性检验结果的似然估计为 0.99。所以，如果 EIA 检验在 100 名没有被 HIV 病毒感染的个体中执行，那么会得到 99 例阴性结果和 1 例错误的阳性结果（记住，TNR 和 FPR 的和也必须是 1：TNR+FPR=1）。

**表 3.4 HIV 病毒抗体 EIA 检验的 2×2 列联表**

| 检验结果 | 有抗体 | 无抗体 | 总数 |
|---|---|---|---|
| 阳性 EIA | 98 | 3 | 101 |
| 阴性 EIA | 2 | 297 | 299 |
| | 100 | 300 | |

注：EIA 为酶联免疫法。

### 3.3.3 敏感度和特异度的含义：如何选择检验

你可能已经明白，计算一个连续取值的检验的敏感度和特异度依赖于所选定的用于区分正常和异常结果的特定阈值。在图 3.3 中，注意到阈值水平的提高（把它向右移动）会显著降低 FP 检验的数目，而且会增加 FN 检验的数目。这样，该检验会变得特异度更高同时敏感度更低。类似地，降低阈值会增加 FP 同时降低 FN，因此增加敏感度同时降低特异度。无论何时，当决定使用哪个阈值来确定某个检验为异常时，就做出了一个关于是容忍 FN（遗漏病例）还是 FP（未患病的患者被不恰当地归为患病）的内在哲学决策。阈值的选择依赖于问题中的疾病和检验的目的。一方面，如果该疾病很严重并且挽救生命的治疗是可行的，我们应该尽力减小 FN 结果的数目；另一方面，如果疾病并不严重并且治疗很危险，我们应该设定阈值来减小 FP 结果的数目。

---

① 本例假设我们有一个检测抗体存在与否的完美的方法（不同于 EIA）。在 3.3.4 节中我们将讨论金标准检验。我们选用例中的数字来简化计算。实际上，HIV 的 EIA 检验的敏感度和特异度高于 99%。

我们应该强调一点，敏感度和特异度不是一个检验本身的特征，而是该检验及何时称一个检验结果异常的标准的特征。改变图3.3中的阈值对检验本身没有影响（检验的执行方式或者任何特定患者的具体值）；反之，为了敏感度应权衡考虑特异度。这样，表征一个检验最好的方法是用该阈值在一个可能范围内取值时，敏感度和特异度可能取值的变化范围。表现这种关系的典型的方法是画出检验的敏感度关于1减去特异度的变化关系图（如TPR对FPR），随着阈值的变化检验的两个特征可以相互折中考虑（图3.4）。所得到的曲线被称为受试者工作特征（ROC）曲线，最初由研究电磁信号检测方法的研究者描绘，之后被应用在心理学领域（Peterson and Birdsall，1953；Swets，1973）。某检测ROC曲线上的任何一点对应于一个给定异常阈值后的敏感度和特异度。对任何用于联系观察到的临床数据和某种特定的疾病或疾病类的检验，都可以画出类似的曲线。

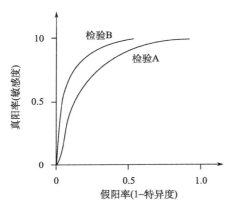

图3.4 两个假设检验的受试者工作特征（ROC）曲线。检验B比检验A分辨力强，因为它的曲线更高［比方说，在真阳率（TPR）取任何值时，检验B的假阳率（FPR）低于检验A的FPR］。更具分辨力的检验在临床实践中也许不总被选择（见正文）

假设引入的一种新的检验需与现有的筛查当前疾病的方法比较。例如，假设有一种新的可行的用来估计患肺炎与否的放射方法，这个新的检验可以通过折中考虑敏感度和特异度来评估，可以画出ROC曲线。如图3.4所示，如果一个检验的ROC曲线位于另外一个检验的ROC曲线的上方，该检验分辨能力就优于另外一个。换句话说，检验B比检验A分辨力更强，当对于任意水平的敏感度，检验B的特异度都高于检验A的特异度（并且当对于任意水平的特异度，检验B的敏感度都高于检验A的敏感度）。

在理解检验选择和数据解释时，理解ROC曲线是非常重要的。医生不必然而却经常选择ROC曲线分辨力最强的检验。费用、风险、不适和延误因素，在选择收集哪些数据及执行什么样的检验时也是重要的。当你必须在几个可行的检验中作出选择的时候，假如其他的因素（如费用和风险）对患者来说是相等的时候，你应该选择敏感度和特异度最高的检验。检验的敏感度和特异度越高，检验的结果会更大程度地降低患病概率的不确定性。

### 3.3.4 检验性能研究的设计

在3.3.2节中，我们讨论了检验性能的度量，即检验区分患病和未患病的能力。当我们将一个检验结果归为TP、TN、FP或FN时，我们假设我们确知患者是疾病状态还是健康状态。这样，任何检验的有效性必须通过和金标准比较来衡量；能够揭示患者真实患病状态的检验，如病变组织活检或手术。金标准检验是用来明确定义有无患病的程序。分类结果被衡量的检验被称为指数试验。金标准检验与指数试验相比，通常更加昂贵，风险更大或是执行起来更困难（否则，不太精确的检验就根本不会被使用）。

指数试验的性能在一小组选定的参加研究的患者中测量。然而，我们感兴趣的是在实际应用中在更广泛的患者中该检验表现如何。该检验可能在这两个组中表现不同，所以我们做下面的区分：研究群体包括那些患者（通常是临床相关群体的一个子集），在这个群体中检验的分辨力被测量并且报道；临床相关群体由进行检验的那些患者组成。

### 3.3.5 检验特征度量的偏倚

我们之前提到过转诊偏倚的问题。已发表的疾病患病率的估计（从一个研究群体得到）可能与临床相关群体的患病率不同，因为患病的患者比未患病的患者更易被包括在研究中。类似地，已发表的敏感度和特异度的值是从研究群体得来的，从平均健康水平和疾病患病率来说研究群体异于临床相关群体。这种不同可能会影响检验性能，所以报道的值也许不能应用于临床实践中来做检验的许多患者。

**例7** 在19世纪80年代早期，一个称为癌胚抗原（CEA）的血液检验被誉为结肠癌的筛查检验。在选定患者中执行的早期研究报道表明该检验有高的敏感度和特异度，然而后续工作证明CEA作为结肠癌的血液检测筛查方法是完全没有价值的。筛查检验被用于未选择过的群体，研究群体和临床相关群体之间的差异部分导致了对CEA的TPR和TNR的最初计算错误（Ransohoff and Feinstein，1978）。

CEA的经验在许多检验中被重复。对检验分辨力的早期测量过于乐观，后来得到的检验性能可能令人失望。当在研究群体中测量到的TPR和TNR不能应用于临床相关群体时，问题出现了。这些问题通常是初始研究设计偏倚的结果——特别是谱偏倚、检验转诊偏倚或检验解释偏倚。

谱偏倚发生在研究群体仅包含晚期患者（症状最严重的患者）和健康志愿者时，一种检验最初被发展时常常是这种情况。晚期患者比早期患者更容易被检测到。例如,当癌已经遍布全身时(转移)比位于结肠的某一小部分时更容易被检测到。与研究群体对比,临床相关群体包含更多的早期疾病患者,更易被指数试验所遗漏(FN)。这样,研究群体会得到人为的低的FNR,这会导致人为的高的TPR(TPR=1-FNR)。另外,健康志愿者比临床相关群体更不易患有其他疾病而导致FP结果[①],研究群体会得到人为的低的FPR,所以特异度会被高估(TNR=1-FPR)。对CEA的TPR和TNR早期估计的不精确部分归咎于谱偏倚。

检验转诊偏倚发生在阳性的指数试验被作为是否做金标准检验的标准时。在临床实践中,指数试验结果呈阴性的患者比指数试验呈阳性的患者更不易被要求做金标准检验。换句话说,研究群体,(包含得到阳性指数试验结果的个体),患病患者的比例要高于临床相关群体,所以,TN和FN在研究群体中人数不足,结果是在研究群体中对TPR的高估和对TNR的低估。

检验解释偏倚发生在指数试验的解释影响金标准检验的解释时,反之亦然。这种偏倚导致检验的人为一致(结果更有可能是一致的)和在研究群体中貌似增加一致性指标——敏感度和特异度(记住,TP和TN的相对频率是一致性指标的基础)。为避免这些问题,人们解释指数试验时应该不受金标准检验结果的影响。

为应对这三种偏倚,当应用于新的群体时,你可能需要调整TPR和TNR。TPR所有的偏倚结果在研究群体中高于临床相关群体,这样,如果你怀疑有偏倚,当你把它应用到一个新的群体时,你应该下调TPR(敏感度)。

对TNR(特异度)的调整依赖于出现了何种偏倚。谱偏倚和检验解释偏倚导致TNR在研究群体中高于临床相关群体,这样,如果这些偏倚出现,当你应用到一个新的群体时你应该下调特异度;而检验转诊偏倚导致在研究群体中测量到的特异度低于在临床相关群体中,如果你怀疑有检验转诊偏倚,当你将其应用于新的群体时,就应该上调特异度。

### 3.3.6 诊断检验的元分析

通常,有很多种研究来估计同一个诊断检验的敏感度和特异度。如果对检验的敏感度和特异度不同的研究得到相似的结果,这些研究结果的可信度会得到提高。如果研究结果不一致又说明什么?例如,1995年,超过100个研究评估了PCR诊断HIV的敏感度和特异度(Owens et al.,1996a,1996b);这些研究估计PCR的敏感度低至10%,高至100%,估计PCR的特异度为40%~100%。你应该相信哪个结果?你可以使用的一种途径是评估各种研究的质量,使用质量最高的研究的估计值。

然而对于PCR的评估,即使是高质量的研究,结果也不一致。另外一种途径是执行元分析——一个定量综合各单独研究的估计来产生累积ROC曲线的研究(Moses et al.,1993;Owens et al.,1996a,1996b;Hellmich et al.,1999)。研究者通过综合多个研究的估计发展了累积ROC曲线,与之对照的是3.3.3节中讨论的那种类型的由单一研究的数据发展而来的ROC曲线。累积ROC曲线提供了最好的综合多个研究数据的可行方法。

3.3节解决诊断过程中的第二步,通过诊断检验获得进一步的信息。我们学习了如何用敏感度(TPR)和特异度(TNR)表征检验的性能,这些指标揭示了在患者的真实状态给定的条件下一个检验结果的概率,然而不能回答构成下面开放案例中的临床相关问题:如果给定一个阳性的检验结果,该患者患病的概率是多少?要回答这个问题,我们必须学习计算疾病验后概率的方法。

## 3.4 验后概率:贝叶斯定理和预测值

诊断的第三阶段[见图3.2(a)]是通过计算验后概率,考虑从诊断检验中得到的新的信息,调整我们的概率估计。

### 3.4.1 贝叶斯定理

如我们在本章前面所注意到的,医生可以使用患者群体中疾病的患病率作为疾病验前风险的初始估计。然而,一旦医生开始积累患者的信息,他们会修改他们对疾病概率的估计。修改后的估计(而不是一般群体中疾病的患病率)成为他们所做检验的验前概率。在他们通过诊断检验收集了更多的信息之后,他们可以利用贝叶斯定理计算疾病的验后概率。

贝叶斯定理是用验前概率及检验的敏感度和特异度计算验后概率的定量方法,这个定理从条件概率的定义及概率的性质发展而来(推导见本章附录)。

请回忆,条件概率是在已知事件B会发生的条件下,事件A发生的概率(见3.2节)。一般来说,我们想要知道在检验结果呈阳性的条件下(事件B)疾病出现的概率(事件A)。我们用D表示疾病出现,不出现记为-D,检验结果记为R,疾病的验前概率记为$p[D]$。给定检验结果的条件下疾病的概率记为$p[D|R]$。贝叶斯定理可表示为

$$p[D|R] = \frac{p[D] \times p[R|D]}{p[D] \times p[R|D] + p[-D] \times p[R|-D]}$$

我们在阳性检验(+)结果的情况下改写这个一般方程,用$p[D|+]$替代$p[D|R]$,用$p[+|D]$替代$p[R|D]$,用$p[+|-D]$替代$p[R|-D]$,用$1-p[D]$替

---

① 健康志愿者通常是健康的,而临床相关群体中的患者通常除了用来设计检验的疾病之外还有其他几种疾病,其他的疾病可能导致FP结果。例如,良性(而不是恶性)的前列腺肿大患者比健康的志愿者更容易带来前列腺特异性抗原的FP提高(Meigs et al.,1996),前列腺特异性抗原是一种患有前列腺癌的人的血液浓度会提高的物质。前列腺特异性抗原的测量通常被用于检测前列腺癌。

代 $p[-D]$。回忆 3.3 节中，$p[+|D] = TPR$，$p[+|-D] = FPR$。替代得到了阳性检验的贝叶斯定理

$$p[D|+] = \frac{p[D] \times TPR}{p[D] \times TPR + (1-p[D]) \times FPR}$$

我们用相似的推导可得到阴性检验的贝叶斯定理：

$$p[D|-] = \frac{p[D] \times FNR}{p[D] \times FNR + (1-p[D]) \times TNR}$$

**例 8** 我们能够计算例 4 中临床上重要的概率，即在阳性运动检验之后心脏病的验后概率。在 3.2.2 节的最后，我们估计心脏病的验前概率是 0.95，根据有心脏病典型症状人的患病率和有心脏病家族病史的人的患病率，假设运动检验的 TPR 和 FPR 分别是 0.65 和 0.20。代入阳性检验的贝叶斯公式，我们得到阳性检验结果的心脏病的患病概率

$$p[D|+] = \frac{0.95 \times 0.65}{0.95 \times 0.65 + 0.05 \times 0.20} = 0.98$$

这样，阳性检验把验后概率从验前概率 0.95 提高至 0.98。概率的变化很微小，因为验前概率很高（0.95）且 FPR 也很高（0.20）。如果我们用验前概率 0.75 重复这一计算，验后概率则为 0.91。如果我们假设检验的 FPR 是 0.05 而不是 0.20，则验前概率 0.95 会变为 0.996。

### 3.4.2 贝叶斯定理的比值比形式和似然比

虽然贝叶斯定理的公式很简单，它却难于计算。我们可以通过把概率表达为比率并且使用检验分辨力的另一个度量，得到一个更为方便的贝叶斯定理公式。概率和比率的相互关系如下

$$\text{odds} = \frac{p}{1-p},$$
$$p = \frac{\text{odds}}{1+\text{odds}}$$

例如，如果今天下雨的概率是 0.75，则比率是 3:1。这样，在相似的日子中，我们应该期望 3 天下雨，1 天不下雨。

验前比率和验后比率存在相似的关系：

验后 odds = 验前 odds × 似然比

或

$$\frac{p[D|R]}{p[-D|R]} = \frac{p[D]}{p[-D]} \times \frac{p[R|D]}{p[R|-D]}$$

这个方程是贝叶斯定理的比值比公式[①]。它可以由我们前面介绍的贝叶斯定理和条件概率的定义简单地推导得到。这样，要得到验后比率，我们简单地用验前比率乘以问题中检验的似然比（LR）即可。

检验的 LR 结合前面所讨论的检验分辨力的度量来给出一个可以刻画检验的分辨能力的数字，定义为

$$LR = \frac{p[R|D]}{p[R|-D]}$$

或

$$LR = \frac{\text{在患病者中该结果的概率}}{\text{在未患病者中该结果的概率}}$$

LR 表示根据检验结果疾病的比率的改变量。我们可以用 LR 来表征临床现象（如腿肿）或检验结果。我们用两个 LR 来描述仅有两个可能结果的检验的性能（如阳性和阴性）：一个对应于阳性的检验结果，另外一个对应于阴性的检验结果。这两个比率被分别简称为 $LR^+$ 和 $LR^-$。

$$LR^+ = \frac{\text{在患病者中检验为阳性的概率}}{\text{在未患病者中检验为阳性的概率}} = \frac{TPR}{FPR}$$

在一个能够很好区分患者和未患者的检验中，TPR 会高，FPR 会低，这样 $LR^+$ 会远远大于 1。LR 等于 1 意味着检验结果的概率在患病者中和未患病者中是一样的，这样的检验没有价值。类似地

$$LR^- = \frac{\text{在患病者中检验为阴性的概率}}{\text{在未患病者中检验为阴性的概率}} = \frac{FNR}{TNR}$$

一个理想的检验会有低的 FNR 和高的 TNR，所以 $LR^-$ 会远远小于 1。

**例 9** 我们可以计算一位验前概率是 0.75 的 60 岁老年男性，运动检验呈阳性的验后概率。验前比率是

$$\text{odds} = \frac{p}{1-p} = \frac{0.75}{1-0.75} = \frac{0.75}{0.25} = 3, \quad \text{或 } 3:1$$

运动检验的 LR 为

$$LR^+ = \frac{TPR}{FPR} = \frac{0.65}{0.20} = 3.25$$

我们用贝叶斯定理的比值比公式来计算阳性检验结果的验后比率 odds

验后 odds $= 3 \times 3.25 = 9.75 : 1$

然后，我们可以把比率转化为一个概率

$$p = \frac{\text{odds}}{1+\text{odds}} = \frac{9.75}{1+9.75} = 0.91$$

如所期望，这个结果与我们前面的回答一致（见例 8 的讨论）。

贝叶斯定理的比值比公式允许快速计算，所以你可以快速确定患病概率（如当患者的面完成）。LR 是表征检验的工作特征的一个有力方法：如果你知道验前比率，你可以一步计算验后比率。LR 表明一个有用的检验是能够改变疾病的比率的检验，许多诊断检验的 LR 是可得的（Sox et al., 1988）。

### 3.4.3 检验的预测值

估计得到阳性或阴性检验结果患者的患病概率的另一种方法是计算检验的预测值。检验的阳性预测值（$PV^+$）是得到阳性检验结果的患者患病的似然估计。这样，$PV^+$ 可以直接从 2×2 的列联表计算得到

---

[①] 一些作者称该表达式为贝叶斯定理的比率-似然估计（odds-likelihood）公式。

$$PV^+ = \frac{\text{得到阳性结果的患病患者的数目}}{\text{得到阳性结果的患者的总数目}}$$

从表3.3中的2×2的列联表得

$$PV^+ = \frac{TP}{TP + FP}$$

阴性预测值($PV^-$)是得到阴性结果的患者未患病的似然估计

$$PV^- = \frac{\text{得到阴性结果的未患病患者的数目}}{\text{得到阴性结果的患者的总数目}}$$

从表3.3中的2×2的列联表得

$$PV^- = \frac{TN}{TN + FN}$$

**例10** 我们从例6中构建的2×2的表格(见表3.4)计算EIA检验的PV如下

$$PV^+ = \frac{98}{98 + 3} = 0.97$$

$$PV^- = \frac{297}{297 + 2} = 0.99$$

在本研究中得到阳性的指数试验(EIA)的患者体内出现抗体的概率是0.97,即100名得到阳性检验结果的患者中大约有97人有抗体;得到阴性检验结果的患者没有抗体的似然估计大约为0.99。

值得再次强调的是PV和敏感度和特异度之间的区别,它们都是从2×2的表格中计算得到并且很容易混淆。敏感度和特异度给出了患有特定疾病状态的患者中特定检验结果的概率。PV给出患者的检验结果已知的情况下,真实患病状态的概率。

从表3.4计算得到的$PV^+$是0.97,所以我们期望得到阳性指数试验的100名患者中有97名确实有抗体。但是,在例1中,我们发现10名得到阳性检验的患者中少于1人会被发现有抗体。如何解释这些例子中的差异?两例中的敏感度和特异度(因此,还有LR)是一致的。差异源于PV的一个极为重要并且常常被忽视的特点,就是检验的PV是依靠研究群体的患病率的(患病率可以用TP+FN除以2×2的列联表中患者的总数来计算得到),这个PV不能够被推广到一个新的群体,因为两个群体的患病率可能不同。

例1和例6中EIA检验的PV差异源于病例中患病率的差异。抗体的出现率在例1中被定为0.001,而在例6中被定为0.25。这些例子提醒我们$PV^+$不是检验的内在性质。相反,只有当患病率和用来计算$PV^+$所使用的2×2的列联表一致的时候,它才能代表疾病的验后概率。贝叶斯定理对于任何验前概率提供了一种计算疾病验后概率的方法。因此,我们优先选择用贝叶斯定理计算疾病的验后概率。

### 3.4.4 贝叶斯定理的含义

本节,我们研究贝叶斯定理的含义来做检验解释,这些观点非常重要,然而却常被误解。

图3.5说明本章一个最重要的概念,即疾病的验后概率随验前概率的增加而增加。我们通过对疾病所有可能的验前概率计算得到阳性检验结果后的验后概率生成图3.5(a)。类似地,我们得到阴性检验结果的图3.5(b)。

每幅图中的45°的直线代表验前概率和验后概率相等(LR=1)的检验——无用检验。图3.5(a)中的曲线把一个灵敏度和特异度为0.9的检验的验前概率和验后概率联系起来。注意在低验前概率处,得到阳性检验结果之后的验后概率要远高于该验前概率。在高验前概率处,验后概率仅略高于该验前概率。

图3.5(b)展示了得到阴性检验结果后的验前和验后概率之间的关系。验前概率高,得到阴性检验结果后的验后概率要远低于该验前概率;然而如果验前概率低,检验呈阴性对验前概率仅有微小的影响。

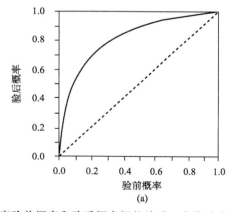
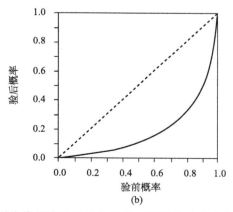

图3.5 疾病验前概率和验后概率间的关系。虚线对应于对疾病概率无影响的检验。两例的敏感度和特异度都假设为0.9。(a)对验前概率的所有取值用贝叶斯定理计算出的对应于阳性检验结果的疾病的验后概率(实线)。(b)对验前概率的所有取值用贝叶斯定理计算出的对应于阴性检验结果的疾病的验后概率(实线)[资料来源:Sox H C (1987). Probability theory in the use of diagnostic tests: Application to critical study of the literature. In Sox H. C. [Ed.], Common Diagnostic Tests: Use and Interpretation [pp. 1-17]. Philadelphia: American College of Physicians. Reproduced with permission from the American College of Physicians—American Society of Internal Medicine.]

本讨论强调了本章的一个关键观点,即对检验结果的解释依赖于疾病的验前概率。如果验前概率低,阳性的检验结果会有很大的影响,阴性的检验结果影响小。如果验前概率高,阳性的检验结果影响小,阴性的检验结果影响大。换句话说,如果医生在检验前对诊断已经近于确定了(验前概率接近0或1),验证性的检验对验后概率几乎没有影响(见例8)。如果验前概率取中间值或者结果与临床印象强烈矛盾,检验结果会对验后概率有很大的影响。

从图3.5(a)可以注意到,如果验前概率非常低,阳性的检验结果仅能把验后概率提升至中间范围。假设图3.5(a)代表运动强度检验的验前和验后概率间的关系。如果医生确信冠心病的验前概率是0.1,验后概率大约会是0.5。虽然验后概率有很大变化,但验后概率的取值在中间范围,这给诊断留下了相当大的不确定性。这样,如果验前概率低,阳性的检验结果不太可能充分地提高患病概率,以使医生可以做出自信的诊断。如果检验有很高的特异度(或者高的 $LR^+$)时例外就发生了。例如,HIV抗体检验特异度高于0.99,所以阳性检验结果很可信。类似的,如果验前概率非常高,阴性的检验结果也不太可能充分地降低验后概率,以致得出诊断。

图3.6说明了另外一个重要概念,即检验的特异度主要影响阳性检验的解释;检验的敏感度主要影响阴性检验的解释。在图3.6的(a)和(b)两部分,顶部的一族曲线对应于阳性检验结果,底部的一族曲线对应于阴性检验结果。图3.6(a)展示了检验的验后概率随特异度(TNR)的变化而变化的情况。注意特异度的变化在顶部曲线族(阳性检验结果)中产生了很大的变化,但是对底部曲线族(阴性检验结果)影响甚微。那就是说,如果检验呈阳性,检验特异度的提高会显著地改变验后概率,但是如果检验呈阴性,对验后概率有相对小的影响。这样,如果你想确诊①,就应该选择有高的特异度或者高 $LR^+$ 的检验。图3.6(b)展示了检验的验后概率随敏感度的变化而变化的情况。注意敏感度的变化在底部曲线族(阴性检验结果)中产生大的变化,但是在顶部曲线族中只有很小的影响。这样,如果你试图排除一种疾病,就需要选择有高敏感度或者高 $LR^-$ 的检验。

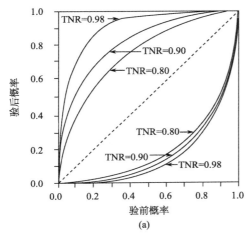 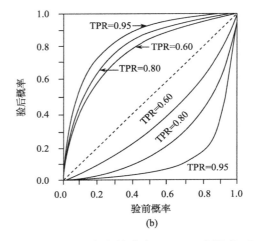

图3.6 检验的敏感度和特异度对验后概率的影响。除了对几个不同的检验敏感度(TPR=真阳率)和特异度(TNR=真阴率)重复该计算,与图3.5中所示的曲线相似。(a)检验的敏感度假设为0.90,对检验特异度的几个不同取值重复进行计算。(b)检验的特异度被假定为0.90,对检验敏感度的几个不同取值重复计算。在两幅图中,顶部曲线族对应于阳性检验结果,底部曲线族对应于阴性检验结果。[资料来源:Sox H C(1987). Probability theory in the use of diagnostic tests:Application to critical study of the literature. In:Sox H C Ed., Common Diagnostic Tests: Use and Interpretation (pp.1~17). Philadelphia:American College of Physicians. Reproduced with permission from the American College of Physicians—American Society of Internal Medicine.]

### 3.4.5 应用贝叶斯定理的注意事项

贝叶斯定理提供了计算验后概率的一个有力的方法,然而你应该清楚当你使用它时可能会犯的错误。普遍存在的问题是对验前概率的不精确的估计、错误地应用检验性能的度量,以及违反条件独立和互斥的假设。

贝叶斯定理提供了一个考虑新的信息调整对验前概率估计的方法。然而限于对验前概率估计的精度,验后

---

① 在医学中,确诊(rule in)指确定患者确实患有该种疾病;排除一种疾病(rule out a disease)指确定患者未患该种疾病。强烈怀疑他的患者有细菌感染的医生医嘱用培养液确诊他的诊断。另外一个几乎确信他的患者患有简单的咽喉痛的医生,却医嘱用培养液来排除链球菌感染(喉炎)。这个术语过分简单化了概率诊断过程。很少有那种仅做一项检验就可以确诊或排除某种疾病的情况,但是做检验可以提高或降低疾病的概率。

概率的计算精度是有限的。通过恰当地使用已发表的患病率、启发法和临床预测规则，可以提高对验前概率估计的精度。在决策分析中，正如我们将看到的，一定范围内的验前概率通常就足够了。不过，如果验前概率的估计是不可靠的，贝叶斯定理就没什么价值了。

在使用贝叶斯定理时，第二个可能会犯的错误是没有注意到度量检验性能的研究中存在的偏倚可能带来的影响，而直接应用检验的敏感度和特异度或者 LR 的发表值（见3.3.5节）。对于特定的检验，LR 部分依赖验前比率而不同，因为验前比率的差别可能反映群体中疾病谱差异。

使用贝叶斯定理解释序贯的检验时，可能出现第三个问题。如果患者前后经历两个检验，用贝叶斯定理计算时，你可以使用得到第一个检验结果之后的验后概率作为第二个检验的验前概率。然后，你第二次使用贝叶斯定理计算第二个检验之后的验后概率。然而只有在两个检验是条件独立的条件下，这个做法才是可靠的。给定（在某条件下）疾病状态，当第二个检验的某一特定结果的概率不依赖于第一个检验的结果时，对这种疾病的检验是条件独立的。在患病情况下，用条件概率符号表示，即

$p$[第二个检验呈阳性｜第一个检验呈阳性并且患病]
$= p$[第二个检验呈阳性｜第一个检验呈阴性并且患病]
$= p$[第二个检验呈阳性｜患病]

如果满足条件独立的假设，后验比率＝验前比率×$LR_1×LR_2$。如果在违背条件独立的情况下顺序应用贝叶斯定理，你会得到不准确的验后概率（Gould, 2003）。

当你假设所有的检验异常都是一个（并且仅此一个）疾病过程导致时，第4个普遍问题就出现了。贝叶斯过程，如我们所描述，通常假设所考虑的疾病是互斥的，如果不是，应用贝叶斯更新就必须十分谨慎。

我们展示了如何计算验后概率。在3.5节，我们转向医生行为（如治疗）的结果是不确定时的决策问题。

## 3.5 期望值决策

医疗决策问题通常不能够靠病理生理学推理来解决。例如，当治疗的结果不确定时，如手术的结果是不确定的，医生需要一种方法来选择治疗方案。你可以使用前面一节中建立的方法来解决如此困难的决策问题。这里我们讨论两种方法：决策树，是一种用来表示和比较每种可选决策的期望结果的方法；阈值概率，是一种决定新信息是否可以改变决策管理的方法。这些技术帮助你明确决策问题，这样可以选择最可能帮助患者的那种选择。

### 3.5.1 比较不确定的前景

如那些大多数生物学问题一样，一个人疾病的结果是不可预知的。医生如何决定哪种处理过程成功的机会最大？

**例11** 对一种致命的疾病有两种可行的治疗。任何一种治疗后患者的生命长度都是不可预知的，如图3.7中用频率分布所显示的和表3.5中总结数字所说明的那样。每一种治疗都涉及不确定性，不管患者接受哪种治疗，4年之后他都会死亡，但是无法知道哪年是患者的最后时间。图3.7显示使用治疗B更有可能生存到第4年，但是用治疗B患者有可能在第1年就死去，而用治疗A患者也有可能生存到第4年。

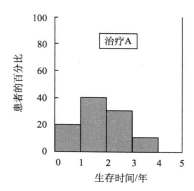
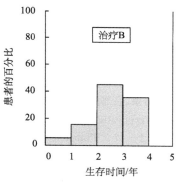

图3.7 致命疾病治疗后的生存率。两种治疗都可行；每一种的结果都不可预测

这两种治疗哪一个是优先选择的？这个例子演示了一个重要的事实——选择治疗是一种赌博（即在这种情况下机会决定结果）。通常赌博的时候我们是如何选择的呢？我们经常依赖于直觉，或者说第六感。在赌博中我们应该如何选择？我们提出一种被称为期望值决策的选择方法；我们用一个数字来表征每一个赌博，我们用那个数字来比较不同的赌博①。在例11中，就治疗后生命的长度而言，治疗 A 和治疗 B 都是赌博。我们想给每种治疗分配一个能概括结果的度量（或数字），这样我们就可以决定优先选择哪种治疗。

---

① 期望值决策在首次应用到医学领域之前已经被应用到很多领域。

表 3.5　图 3.7 中两种治疗的概率分布

| 治疗后的生存年限 | 死亡的概率 | |
| --- | --- | --- |
|  | 治疗 A | 治疗 B |
| 1 | 0.20 | 0.05 |
| 2 | 0.40 | 0.15 |
| 3 | 0.30 | 0.45 |
| 4 | 0.10 | 0.35 |

选择赌博的理想标准应该是一个能够反映赌博结果的优先选择(在医学中,通常是患者的优先选择)的数字。效用是给优先选择的度量取的名字,具备做决策所需的理想特性——应该优先选取具有最高效用的赌博。我们会简要地讨论效用(3.5.4 节),但是你可以从其他教科书中探求这个主题及决策分析的详细内容(见本章末尾的推荐读物)①。我们使用治疗后的平均生存时间(存活)作为选择治疗的标准,记住该模型过于简化,在此仅用于讨论。以后,我们考虑其他因素,如生活质量。

因为我们不能确定任何一位患者的生存时间,我们用平均存活时间(平均生命长度)表征一种治疗,平均存活时间可以在大量接受过治疗的患者中观测到。我们所采取的计算一疗法平均存活时间的第一步是把接受该种疗法的群体分成具有相似存活率的一些组。然后,我们把每组的存活时间②乘以每组中人数占群体人数的比例。最后,我们把所有可能的存活时间取值所对应的乘积加和。

我们可以对例 11 中的疗法执行这种计算。治疗 A 的平均存活时间 = (0.2×1.0)+(0.4×2.0)+(0.3×3.0)+(0.1×4.0)=2.3 年;治疗 B 的平均存活时间 = (0.05×1.0)+(0.15×2.0)+(0.45×3.0)+(0.35×4.0)=3.1 年。

治疗后的生存时间是受机会控制的。治疗 A 是由平均生存时间等于 2.3 年表征的赌博,治疗 B 是由平均生存时间 3.1 年表征的赌博。如果生命的长度是我们选择的标准,我们应该选择治疗 B。

### 3.5.2　决策树选择表示方法

治疗 A 与 B 之间的选择在图 3.8 中图解表示。受随机控制的事件可以由一个机会结表示。按照惯例,机会结用一个发出几条直线的圆圈来表示,每一条直线代表一种可能的结果,与每条线相关联的是该结果可能出现的概率。对于一个患者来说,只有一种结果可能发生。一些医生反对使用概率仅因为"每个患者是一个个体,你不能依靠群体的数据"。实际上,我们常常必须使用经历过同一事件的许多患者各种结果出现的频率,来得知个体可能会发生什么样的情况。从这些频率,我们可以作出患者特异性的判断,这样才能估计一个机会结每种结果的概率。

一个机会结表示的不仅仅是一个随机事件。一个机会结的结果,对于个体来说不可知,可以由机会结处的期望值代表。期望值的概念更重要且更容易理解。我们可以根据图 3.8 中由机会结所描述的概率来计算期望平均生存时间。平均生命长度称为期望存活时间,或者更一般地称为机会结的期望值。我们用刚刚描述的过程计算机会结的期望值:把与每种可能结果相关联的存活时间的值乘以这种结果出现的概率,然后我们把所有结果的生存时间和概率的乘积加和。这样,如果几百名患者被安排接受治疗 A 或者治疗 B,治疗 A 的期望生存时间会是 2.3 年,治疗 B 则为 3.1 年。

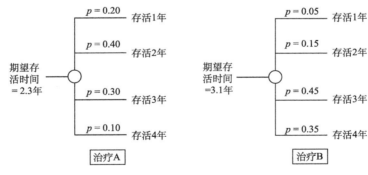

图 3.8　机会结表示的图 3.7 中两种疗法后的生存时间。概率与相应的生存年限的乘积被加和,以得到总的期望生存时间

我们刚刚描述了期望值决策的基础。期望值这一名词用来表征一个随机事件,如一个疗法的结果。如果一个疗法的结果以存活时长、幸福感或美元为单位来度量,那么该种疗法会分别以期望生存时间长度、期望幸福感,以及它会给患者带来的期望货币成本来表征。

使用期望值决策,当对有不确定结果的疗法进行选

---

① 期望值决策的一个更一般的名词是期望效用决策,因为对效用的全面理解超出了本章的范围,我们选用期望值这个词。
② 对于这个简单的例子,一段时间后的死亡假设发生在该年末。

择时,我们遵从这些步骤:①计算每种决策选项的期望值;②选择期望值最高的选项。

### 3.5.3 决策分析的性能

我们通过讨论一个例子来阐明期望值决策的概念。决策分析有4个步骤。

(1) 创建决策树,这是最难的一步,因为需要设计决策问题、分配概率、度量结果。

(2) 计算每种备选决策的期望值。

(3) 选择期望值最高的备选决策。

(4) 用敏感度分析检验分析的结论。

许多医务工作者第一次学到决策分析的技术时犹豫了,因为他们认识到在对决策树中的概率和效用分配数值的过程中都可能产生错误。他们认为该技术提倡根据最佳估计的期望值的微小差异制定决策。决策分析者也认识到这一问题,解决这一问题的方法是称作敏感度分析的技术。我们在3.5.5节中讨论决策分析中重要的第4步。

决策分析中的第1步是创建代表决策问题的决策树,现考虑下面的临床问题。

**例12** 患者Danby先生是一位66岁的老年男性,双膝患有严重的关节炎,以致他可以借助两根拐杖在房子里走动,否则他必须使用轮椅。他的另外一个主要的健康问题是肺气肿,这是一种肺失去了在血液及空气中交换氧气和二氧化碳功能的疾病,因此会导致气短(呼吸困难)。他坐在轮椅上的时候可以舒服地呼吸,但是拄拐杖行走所耗费的气力使他剧烈喘气并很不舒服。几年前,他认真地考虑了膝关节置换手术,但是决定不做,主要因为他的内科医生告诉他风险很大,因为他的肺病使他可能下了不手术台。然而,最近Danby先生的妻子中风而且部分瘫痪;她现在需要帮助的程度是Danby先生现在的运动状态所无法提供的,他告诉他的医生他重新考虑做手术。

Danby先生的内科医生很熟悉决策分析,她认识到这个问题充满了不确定性:Danby先生对手术的承受能力是值得怀疑的,并且手术有时候也不能够把运动能力恢复至这样一位患者所需要的程度。而且,还有较小的机会使该假体(人工膝关节)被感染,Danby先生会有经历第2次手术来摘除它的风险。假体摘除后,Danby先生即使用拐杖也将再无法走路。膝关节置换手术可能的结果包括第1次手术导致死亡,以及如果假体发生感染(我们假设这种感染如果发生则都会发生在术后早期)而不得不实施的第2次手术导致的死亡。可能的功能性结果包括完全恢复运动能力或者保持原有运动不便的状态。Danby先生应该选择接受膝盖置换手术,还是应该接受现状?

使用决策分析的惯例,内科医生画出图3.9所示的决策树。根据这些惯例,一个方框代表一个决策节点,从决策节点发出的每条线代表可能被执行的一个行动。

根据期望值决策的方法,内科医生首先必须给每个机会结的每个分枝分配一个概率。要完成这一任务,该内科医师会问几个骨外科医生,让他们估计手术后完全恢复功能的机会的大小($p$[完全恢复]=0.60)和人工关节发生感染的机会大小($p$[感染]=0.05)。她使用她对患者在膝盖手术中死亡和在手术后马上死亡的概率的主观估计($p$[手术死亡]=0.05)。

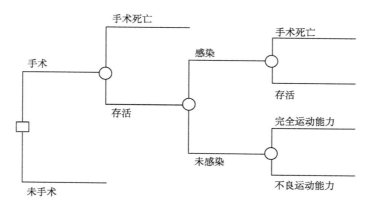

图3.9 膝关节置换手术的决策树。方框代表决策节点(是否进行手术);圆圈代表机会结

下面,她必须对每个结果分配一个数值。要完成这项任务,她首先列出结果。如你从表3.6中所看到的,结果在两方面不同:生命的长度(存活时间)和生活质量(功能状态)。要精确地表征每个结果,内科医生必须建立一个度量,同时考虑这两方面。简单地使用存活时间是不够的,因为Danby先生认为5年的健康生命比10年的不健康生命更有价值。内科医生可以通过把考虑两方面的结果转化为考虑单一方面的结果,来考虑这个折中因素:良好健康状态的存活时间得到的度量被称为质量修正生命年(QALY)①。

---

① QALY在医学决策分析和卫生政策制定中被普遍用作效用(价值)的度量(例如,见在第8章中对成本效益分析的讨论)。

**表 3.6　例 12 的结果**

| 存活时间/年 | 功能状态 | 等同于该结果的充分功能的时间 |
| --- | --- | --- |
| 10 | 充分运动能力(手术成功) | 10 |
| 10 | 不良运动能力(现状或手术失败) | 6 |
| 10 | 被禁锢于轮椅(需要第二次手术时的结果) | 3 |
| 0 | 死亡 | 0 |

她可以通过问 Danby 先生，让他表明他所能够接受的良好健康状态(足够的运动能力)的最短寿命，作为在不良健康状态(现状)下寿命的充分预期(10 年)的交换，以把不良健康状态的寿命转化为良好健康状态的寿命。这样，她问 Danby 先生:"许多人说他们宁愿在很好的健康状态下活短一点，而不愿意在严重残疾的状态下活得更长。就您的情况，你感觉多少年有正常运动能力的寿命可以和您现在残疾状态下 10 年的寿命等价?"对每一种结果她都问他这个问题。患者的回答列在表 3.6 的第 3 栏里。患者决定 10 年的运动受限的生命和 6 年的正常运动能力的生命等价，而 10 年的被禁锢在轮椅中的生命仅和 3 年的有充分能力的生命等价。图 3.10 显示了最终的决策树——完成了每个结果的概率估计和效用赋值。①

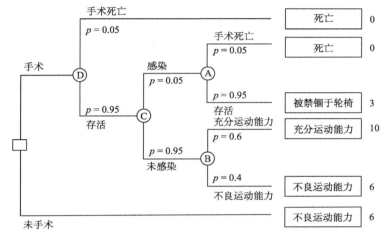

图 3.10　膝关节置换手术的决策树。每个机会结的每个分支都被分配了概率。患者对每个结果的评价(用良好运动能力的生存时间来衡量)被分配给该树的每个分支的末端

内科医生必须做的第二项任务是用健康状态的寿命计算手术和未手术的期望值，她计算了每个机会结的期望值，从右侧(树的末端)到左侧(树的根部)。例如，让我们考虑，代表移除感染的人工关节的手术的结果的机会结处的期望值(图 3.10 中节点 A)，计算需要三步。

(1) 计算进行移除感染的人工关节的手术后手术死亡的期望值。用该结果的 QALY——死亡(0 年)乘以手术死亡的概率(0.05):0.05×0=0 QALY。

(2) 计算移除感染的人工膝关节后存活的期望值。用和 10 年的禁锢于轮椅的寿命等价的健康寿命年数(3 年)乘以手术后生存的概率(0.95):0.95×3=2.85 QALY。

(3) 把第一步计算得到的期望值(0 QALY)和第二步的期望值(2.85 QALY)相加得到人工膝关节感染的期望值:0+2.85=2.85 QALY。

相似地，机会结 B 的期望值计算为:(0.6×10)+(0.4×6)=8.4 QALY。要得到膝关节置换手术后存活(节点 C)的期望值，我们继续进行如下步骤。

(1) 用人工膝关节发生感染的概率(0.05)乘以人工膝关节感染的期望值(已计算得到 2.85 QALY):2.85×0.05=0.143 QALY。

(2) 用人工膝关节未发生感染的概率(0.95)乘以人工膝关节未感染的期望值(已计算得到 8.4 QALY):8.4×0.95=7.98 QALY。

(3) 把第一步计算得到的期望值(0.143 QALY)和第二步的期望值(7.98 QALY)相加得到膝关节置换手术后存活的期望值:0.143+7.98=8.123 QALY。

医生执行的这一过程，被称为机会结平均，对于节点 D 也同样，回溯到树的根，直到手术的期望值被计算出来，这个分析的结果如下。对于手术，Danby 先生的期望寿命用正常运动能力的寿命年数来衡量是 7.7 年。这个值意味着什么？它并不意味着接受手术，Danby 先生保证能够获得 7.7 年有运动能力的寿命。看一眼决策树就能发现有些患者在手术中死去，有些发生感染，有些在手术后没有得到任何运动能力的改善，这样，对于一个患者来说没有任何保证。然而如果医生有 100 个相似的患者

---

①　在更复杂的决策分析中，医生也会调整需要手术的结果的效用值，来考虑与手术和康复相关的痛苦及不便。

经历了这一手术,平均的有运动能力的寿命会是 7.7 年。我们只有通过看另外一个选项——不进行手术,才能理解这个值对 Danby 先生来说意味着什么。

在对不进行手术的分析中,用正常运动能力寿命的年数来衡量的平均寿命长度是 6.0 年,Danby 先生认为它等同于 10 年的运动不便的寿命。不是所有的患者都会得到这一结果;行动不便的人寿命有些会长于、有些会短于 10 年。然而用行动正常的寿命长度表示的平均寿命是 6 年。因为 6.0 年比 7.7 年短,故平均来说,手术会给患者提供一个期望值更高的结果,因此内科医生建议进行手术。

在这个例子中,应该搞清楚期望值决策的关键:在个体结果不可预知的条件下,对个体来说最好的选择是在相似的患者当中平均来说给出最佳结果的那个选择。决策分析可以帮助医生识别在许多相似的患者的平均情况下,给出最佳结果的疗法。决策分析是在考虑了根据患者调整的功能效用和概率估计之后,对具体患者制定的。尽管如此,分析的结果代表在效用相似和对他们来说不确定事件的概率相似的患者群体中,平均发生的结果。

### 3.5.4 用效用表示患者选择偏好的方法

在 3.5.3 节中,我们介绍了 QALY 的概念,因为生命的长度不是患者所关心的唯一的结果。患者对健康结果的选择偏好可能依赖于该结果生命的长度、该结果生命的质量,以及要获得该结果需要冒的风险(例如,治疗癌症可能需要一个有风险的手术)。我们如何能够把这些因素合并到一个决策分析中?要做到这一点,我们可以用效用代表患者的选择偏好。健康状态的效用是从患者的角度看对理想健康状态的定量的度量。效用通常被表示在 0~1 的范围内,0 代表死亡,1 代表理想的健康状态。例如,对胸痛(心绞痛)患者用运动检验的研究规定轻度、中度和重度心绞痛的效用分别是 0.95、0.92 和 0.82(Nease et al.,1995)。有几个方法来评估效用。

标准博弈技术有很强的各种效用评估方法的理论基础,如 Von Neumann 和 Morgenstern,以及 Sox 等(1988)所描述的。为说明标准博弈的用法,假设我们寻求评价一个人对无症状 HIV 病毒感染的健康状态的效用。用标准博弈,我们要求我们的受试者把对无症状 HIV 病毒感染状态的意愿,与另外两个效用已知或者可以给定的健康状态的意愿相比较。通常,我们用理想健康状态(效用规定为 1)和濒死(效用规定为 0)作为用于比较的健康状态。我们要求我们的受试者选择无症状 HIV 病毒感染状态,还是选择以一定的概率在理想健康状态和濒死之间随机赌博。我们系统地改变理想健康状态和濒死的概率,直到受试者对选择无症状艾滋病毒感染还是选择这一赌博漠不关心为止。例如,当理想健康状态的概率是 0.8 而死亡的概率是 0.2 的时候,受试者可能会漠不关心。在漠不关心的时候,赌博的效用和无症状 HIV 感染的效用是相等的。我们以该赌博的每个结果效用的加权平均计算该赌博的效用 [(1×0.8)+(0×0.2)]=0.8。这样,在本例中,无症状 HIV 病毒感染的效用是 0.8。用标准博弈使分析者能够评估寿命长度和质量不同的结果的效用。因为标准博弈涉及随机事件,它也可以评估一个人承担风险的意愿,称为人的风险态度。

效用评估的第二个普遍方法是时间权衡技术(Sox et al.,1988;Torrance and Feeny,1989)。用时间权衡技术评估无症状 HIV 感染的效用,我们要求一个人确定他认为能够和无症状 HIV 感染下较长的寿命相当的、在较好的健康状态下(通常是理想健康状态或者可达到的最佳健康状态)寿命的长度。例如,如果我们的受试者说理想健康状态下 8 个月的生命与无症状 HIV 感染的 12 个月的生命相等,那么我们计算无症状 HIV 感染的效用为 8÷12=0.67。时间权衡技术提供了一个方便的方法,来评价考虑了生命的长度和质量的得(或失)的结果。然而,因为时间权衡不包含赌博,所以不能评估一个人的风险态度。也许把时间权衡用作效用度量的基础的最强假设是人们是风险中性的。一名风险中性的决策者对赌博的期望值和赌博本身漠不关心。例如,风险中性的决策者在选择生活 20 年(确定),还是选择在有 50% 的机会生活 40 年和有 50% 的机会立即死亡(其期望值为 20 年)中赌一把时,持无所谓的态度。当然,实际上很少有人风险中性。不过,时间权衡技术在评价健康结果时经常使用,因为相对易于理解。

有其他几种可行的评价健康结果的方法。使用视觉类比量表,一个人可以简单地对一个健康结果(如无症状 HIV 感染)的生活质量在 0~100 范围内进行评价。尽管视觉类比量表容易解释和使用,但它没有作为可靠的效用度量的理论依据。然而用视觉类比量表评价,与用标准博弈法和时间权衡评估的效用适度相关。要演示使用标准博弈、时间权衡和视觉类比量表来评价心绞痛患者的效用,见 Nease 等(1995)的文章。其他的评价健康结果的方法包括幸福程度质量(quality of well-being scale)、健康效用指数(health utilities index)和 EuroQoL(见 Gold et al.,1996,ch. 4)。每一种方法都是用来估计人们如何评价健康结果,因此可能适合用于决策分析或者成本效益分析。

总之,我们可以用效用代表患者如何评价生命的长度和质量,以及风险都不同的复杂的健康结果。基于计算机互动形式的工具可以用来评估效用,通常包括文字和多媒体演示,它们可以帮助患者理解评估任务和健康结果(Sumner et al.,1991;Nease and Owens,1994;Lenert et al.,1995)。

### 3.5.5 敏感度分析的性能

敏感度分析是在一个宽的、关于概率和价值或者效用的假设范围内,对结论的可靠性的检验。在一个机会结处,一个结果的概率也许是所有可能中最好的估计,但是通常有医生会以几乎相同的置信度使用一个广泛的合理范围内的概率值。我们使用敏感度分析来回答这个问题：当概率和结果估计被赋予合理范围内的其他值时，我们关于优先选择的结论会发生变化吗？

例12的膝关节置换决策说明了敏感度分析的有力作用。如果概率和结果度量的假设值在广泛范围内取值，分析的结论（手术优于不进行手术）保持不变，那么这个建议是值得信赖的。图3.11和图3.12在对手术死亡和得到完好的运动能力的概率做不同假设的条件下，分别显示了进行手术和不进行手术的用健康生命年表示的生存时间。线上的每个点代表用图3.9中的树计算的期望生存时间的一个计算值。图3.11显示在手术死亡率的一个广泛范围内，进行手术的期望存活时间更高。然而当手术死亡率超过25%，手术的期望存活时间就较低了。图3.12显示手术使恢复完好运动能力的概率发生变化的影响。如果得到完好运动能力的概率超过20%，那么用健康生命年表示的进行手术的期望存活时间比较高，一个与根据之前的手术经验期望相比低得多的数字（在例12中，骨外科咨询医师估计完全恢复的机会占60%）。这样，内科医生可以信心十足地建议手术了；Danby先生不能确定会有好的结果，但是他有可靠的理由认为进行手术比不进行手术会更好。

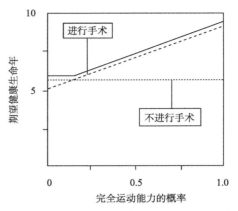

图3.12 手术成功对健康生命长度的影响的敏感度分析（例12）。随着手术成功概率的增加，进行手术与不进行手术的相对价值发生了变化。两条线相交的点代表由选择不进行手术改变为选择进行手术的手术成功概率。实线代表在给定概率处的优先选择

### 3.5.6 使用马尔可夫模型的长期结果表示法

在例12中，我们评估了Danby先生进行手术改善他的运动能力的决策是对关节炎的妥协。我们假设每一个结果（完全运动能力、运动不便、死亡等）会在Danby先生按决定行动后马上发生。但是如果我们想对可能在很远的未来发生的事情进行建模，该怎么办？例如，被HIV感染的患者，可能在感染后的10~15年发展成AIDS，这样，阻止或延缓发展成AIDS的治疗可能影响将来10~15年后发生的事情，或许更远的未来。在分析关于许多慢性疾病的问题时出现相似的问题，即我们必须对患者一生中发生的事情进行建模。决策树表示法对于那些结果在很短的时间水平出现的情况，可以很方便做出决策，但是对于那些包括可能在未来发生的事件的问题常常会考虑的不充分。我们如何能够把这些问题包括到决策分析中？答案是使用马尔可夫模型（Beck and Pauker，1983；Sonnenberg and Beck，1993）。

建立马尔可夫模型，我们首先要指定患者可能会经历的健康状态组（如图3.13中所示的健康、癌症和死亡）。然后我们指定转移概率，即一个人在一段特定的时间后从一种健康状态转移到另一种健康状态的概率。这段时间（通常是1个月或1年）是马尔可夫周期的长度。马尔可夫模型模拟了一个人（或者假设的一群人）在几个特定的周期后在健康状态之间的转移；通过使用马尔可夫模型，我们可以计算在未来的任何时间一个人处于每一种健康状态的概率。

作为一个说明，考虑一个简单的、有三个健康状态的马尔可夫模型：健康、癌症和死亡（图3.13）。我们对于

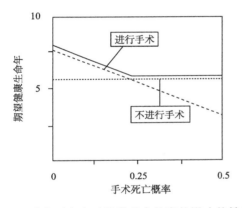

图3.11 手术死亡率对健康寿命长度的影响的敏感度分析（例12）。随着手术死亡率的增加，进行手术与不进行手术的相对价值发生了变化。两条线相交的点代表由选择进行手术改变为不进行手术的手术死亡概率。实线代表在给定概率处的优先选择

另外一种描述敏感度分析结论的方法是表明使该结论成立的概率范围。在图3.11中，两条线相交的点是使得两种疗法有相同期望存活时间的手术死亡概率。如果期望存活时间是选择治疗的基础，当手术的死亡概率是25%时[①]，内科医生和患者应该认为进行手术和不进行手术毫无差别；当概率低于25%，他们应该选择手术；当概率高25%，他们应该选择不进行手术。

---

① 25%的手术死亡率也许看起来很高，然而当我们用QALY作为选择治疗方案的基础时，这个值就是正确的。一个执行更复杂的分析的决策者可以使用效用函数反映患者对冒死亡风险的抵触。

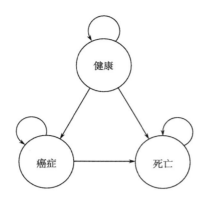

图 3.13 一个简单的马尔可夫模型。一个人可以经历的健康状态用圆圈来表示;箭头代表健康状态间允许的转移

周期长度 1 年,指定表 3.7 中的每一个转移概率。这样,我们从表 3.7 注意到,在健康状态下的一个人在 1 年中,仍保持健康状态的概率是 0.9,发展成癌症的概率是 0.06,死于非癌症原因的概率是 0.04。对马尔可夫模型的计算由计算机软件来完成。基于表 3.7 中的转移概率,随着时间的推移,一个人保持健康、患癌症,或者死于非癌症原因的概率列于表 3.8。我们也可以从马尔可夫模型得到一个人在每个健康状态的期望寿命。所以,对于马尔可夫模型表示的任何选项,我们可以确定期望寿命,或者期望质量修正生命年。

表 3.7　图 3.13 中马尔可夫模型的转移概率

| 健康状态转移 | 年概率 |
| --- | --- |
| 健康到健康 | 0.9 |
| 健康到癌症 | 0.06 |
| 健康到死亡 | 0.04 |
| 癌症到健康 | 0.0 |
| 癌症到癌症 | 0.4 |
| 癌症到死亡 | 0.6 |
| 死亡到健康 | 0.0 |
| 死亡到癌症 | 0.0 |
| 死亡到死亡 | 1.0 |

表 3.8　图 3.13 中马尔可夫模型的未来健康状态的概率

| 健康状态 | 年末该健康状态的概率 | | | | | | |
| --- | --- | --- | --- | --- | --- | --- | --- |
| | 1 年 | 2 年 | 3 年 | 4 年 | 5 年 | 6 年 | 7 年 |
| 健康 | 0.9000 | 0.8100 | 0.7290 | 0.6561 | 0.5905 | 0.5314 | 0.4783 |
| 癌症 | 0.0600 | 0.0780 | 0.0798 | 0.0757 | 0.0696 | 0.0633 | 0.0572 |
| 死亡 | 0.0400 | 0.1120 | 0.1912 | 0.2682 | 0.3399 | 0.4053 | 0.4645 |

在表示长期结果的决策分析中,分析者经常会联合使用马尔可夫模型和决策树来给决策建模(Owens et al.,1995,1997a;Salpeter et al.,1997)。分析者把一个干预的作用建模成从一个状态到另一个状态转移概率的改变。例如,我们可以把抑制癌症的干预(如利用乳房成像筛查乳腺癌)建模成图 3.13 中从健康到癌症转移概率的降低[更多马尔可夫模型使用的解释见文章 Beck and Pauker(1983)和 Sonnenberg and Beck(1993)]。

## 3.6　关于治疗、检验或不做处理的决策

评价患者的症状并且怀疑患者患有某种疾病的医生必须在如下行为中做出选择。

(1) 不做进一步处理(即不对患者进行进一步检验,也不治疗)。

(2) 在选择治疗还是不做处理之前,获得更进一步的诊断信息(检验)。

(3) 不再收集信息,治疗。

当医生知道患者的真实状态时,检验是不必的,医生只需要在各种治疗方案间折中评估(如在例 12 中)。然而探究患者的真实状态,可能需要昂贵、费时,并且常常是有风险的诊断检验程序,还有可能出现误导的 FP 和 FN 结果。所以,即使医生对患者的真实状态并不是绝对确定,他通常愿意选择对患者进行治疗。这个过程存在风险:医生可能没有给确实患病的患者治疗,或者也可能给没有患病的患者进行治疗,患者就有可能承受治疗的不良副作用。

在治疗、检验和不做处理间做出决定听起来很困难,但是你已经学习了解决这类问题所需的原理,包括如下三步。

(1) 确定患病概率的治疗阈值。

(2) 确定疾病的验前概率。

(3) 确定检验结果能否影响做出治疗的决定。

疾病的治疗概率阈值是使你感觉治疗还是不治疗毫无差别的患病概率(Pauker and Kassirer,1980)。在治疗阈值之下,你不应该采取治疗;在治疗阈值之上,你应该治疗(图 3.14)。当诊断结果不确定时是否应该治疗,是一个你可以用决策树解决的问题,如图 3.15 所示。你可以使用该树找到疾病的治疗概率阈值,通过把疾病的概率设为未知,设手术的期望值和药物(如非手术药物或物理治疗)的期望值相等,解出疾病的概率(在本例中,手术对应于图 3.15 中决策树的"治疗"一枝,非手术干预对应于"不治疗"一枝)。因为在这个概率处,你觉得药物治疗和手术毫无差别,这就是治疗概率阈值。使用决策树完成了第一步,实际上,人们经常凭直觉确定治疗阈值,而不是靠分析。

确定治疗阈值概率的另外一种方案是用这个方程

$$p^* = \frac{H}{H+B}$$

式中,$p^*$ 为治疗阈值概率;$H$ 为未患病的患者接受治疗的危害;$B$ 为患病患者获得治疗的收益(Pauker and Kassirer,1980;Sox et al.,1988)。我们定义 $B$ 为患病患者得到治疗的效用($U$)和没有得到治疗的患病患者的效用的

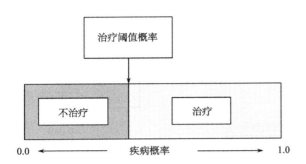

图 3.14 治疗阈值概率的描述。在疾病概率低于治疗阈值概率处,选择不治疗。在疾病概率高于治疗阈值概率处,选择治疗

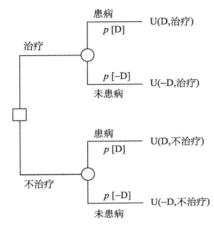

图 3.15 用来计算疾病治疗阈值概率的决策树。通过假设治疗和不治疗的效用相等,我们可以计算出使医生和患者感觉这两个选项毫无差别的概率。请回忆此式 $p[-D]=1-p[D]$

差异(U[D,治疗]−U[D,未治疗],如图 3.15 所示)。得到治疗的患病患者的效用会高于未得到治疗的患病患者的效用,所以 B 为正。我们定义 H 为未患病且未接受治疗的患者的效用与未患病的接受治疗的患者的效用的差异(U[−D,未治疗]−U[−D,治疗],如图 3.15 所示)。未得到治疗的未患病患者的效用会高于得到治疗的未患病患者的效用,所以 H 为正。治疗阈值概率的方程与我们的直觉相适应:如果治疗的益处小而害处大,治疗阈值概率应该高;相反,如果治疗的益处大而害处小,治疗阈值概率应该低。

一旦我们知道了验前概率,你就知道了如果缺少患者的进一步信息时该怎么做。如果验前概率低于治疗阈值,就不应该对患者进行治疗。如果验前概率高于这个阈值,就应该对患者进行治疗。这样你就完成了第二步。

医学决策的主导原理之一是不要要求检验,除非它有可能改变你对患者的管理。在我们做决策的架构中,这个原理意味着只有当检验的结果能够使患病概率越过治疗阈值的时候,你才应该要求检验。这样,如果验前概率高于治疗阈值,阴性的检验结果必须使验后概率低于这个阈值。反之,如果验前概率低于阈值概率,阳性的检验结果必须使验后概率高于这个阈值。两种情况中的任一种,检验结果会改变你是否对患者进行治疗的决定。这个分析就完成了第三步。

要决定一个检验是否可以改变管理,我们需要简单地使用贝叶斯定理,我们计算在得到一个会使患病概率朝向治疗阈值移动的检验结果后的验后概率。如果验前概率高于治疗阈值,且检验结果为阴性,我们就需计算患病概率;如果验前概率低于治疗阈值,检验结果为阳性时,我们就需计算疾病的概率。

**例 13** 你是一名肺科医生。你怀疑你的一名患者患有肺动脉栓塞(血栓位于肺部血管内)。一种方法是对肺做放射性扫描,在该检验中微小的放射性粒子被注入静脉。这些粒子流入肺部的小血管中。扫描设备可以检测到粒子发出的放射线,粒子不能够到达肺部被血栓阻塞了的血管供血的部分。不幸的是,有其他原因会导致扫描图中的空白区域,所以当出现空白区域时,你不能确定是出现了血栓。这样,如果扫描图异常(出现空白区域),你必须执行最终检验来确诊。这个检验是肺血管造影,不透 X 射线的染料被注入肺动脉,造成 X 射线损伤。这个程序给患者带来进一步的风险、不适和大量的成本。如果扫描是阴性的,你就不用进一步检验并且无需治疗患者。

要确定这个步骤是否正确,你采取下面的几步。

(1) 决定肺动脉栓塞的治疗阈值概率。
(2) 估计肺动脉栓塞的验前概率。
(3) 决定检验结果是否会影响你对栓塞治疗的决定。

首先,假设你确定了这个患者的治疗阈值概率是 0.10。治疗阈值概率等于 0.10 意味着什么?如果你不能得到进一步的信息,如果验前概率高于 0.10,你将会按肺动脉栓塞来治疗(如果你相信患者患有栓塞的机会高于 1∶10);如果验前概率低于 0.10,你将不会采取治疗;如果验前概率等于治疗阈值,你决定治疗,那就意味着你宁愿治疗 9 名不患肺动脉栓塞的患者来确保对那 1 名患有肺动脉栓塞的患者进行治疗。相对较低的治疗阈值是合理的,因为用血液稀释的药物治疗肺动脉栓塞大幅降低了肺动脉栓塞的高死亡率,而如果治疗了未患肺动脉栓塞的患者,只有相对很小的危害(死亡率不到 1%)。因为治疗的益处大、危害小,如前面所讨论的,治疗阈值概率会低。此时,你完成了第一步。

你估计肺动脉栓塞的验前概率是 0.05,等价于验前比率为 0.053,因为验前概率低于治疗阈值,你应该不进行治疗,除非阳性肺部扫描结果能够把患肺动脉栓塞的概率提高至超过 0.10。此时,你完成了第二步。

要决定检验的结果是否能够影响你进行治疗的决定,你必须决定阳性的肺部扫描结果是否可以提高患肺动脉栓塞的概率至超过治疗阈值 0.10。肺部扫描经常

被报告为阴性、低概率,或者高概率患肺动脉栓塞。你查了文献并且找到高概率扫描的 LR 为 7.0~8.0,此时可以选择用中间值 7.5。

阴性的肺部扫描结果会把疾病的概率从治疗阈值处移开,对决定如何做没有任何帮助。阳性的结果会把疾病的概率移向治疗阈值,如果验后概率高于治疗阈值,就会改变你管理决策。因此你使用贝叶斯定理的比值比公式来计算疾病的验后概率,如果肺部扫描结果报告为高概率。

$$验后\ odds = 验前\ odds \times LR$$
$$= 0.053 \times 7.5 = 0.40$$

后验比率为 0.4 等同于患病概率为 0.29。因为患肺动脉栓塞的验后概率高于治疗阈值,阳性的肺部扫描结果会改变你对患者的管理,你应该要求做肺部扫描。此时,你完成了第三步。

两个原因使这个例子特别有用:①它演示了一个作决策的方法;②它显示了在一个医学决策的临床实例中,本章所介绍的概念是怎样结合在一起的。

## 3.7 决策模型的图形表示方法:影响图和信念网络

在 3.5 节和 3.6 节中,我们用决策树来代表决策问题。尽管决策树是决策问题的最普遍的图形表示,影响图是这类问题的重要的表示方法(Neaseand Owens,1997;Owens et al.,1997b)。

如图 3.16 所示,影响图有确定的类似于决策树的特征,但是他们也有另外的图形元素。影响图把决策点表示为方框,机会结表示为圆圈。然而,和决策树相比,影响图还有节点之间的弧和钻石形的价值节点。两个机会结间的弧表示机会结间可能存在概率关系(Owens et al.,1997b)。当一个随机事件的出现影响另外一个随机事件出现的概率时,就会存在概率关系。例如,在图 3.16 中,一个阳性或阴性的 PCR 检验结果(PCR 结果)的概率依赖于这个人是否被 HIV 感染(HIV 状态),这样,这些节点有概率关系,用弧来表示。弧从条件事件指向结果事件(在图 3.16 中 PCR 检验结果是以 HIV 状态为条件的)。然而,两个机会结中没有弧,经常表明这两个节点是独立的或者是条件独立的。给定第三个事件,在第三个事件出现的条件下,如果其中一个事件的出现不影响另外一个事件的概率,两个事件是条件独立的。

与决策树不同,事件通常从左到右按照被观察的顺序表示,影响图用弧来表示事件的时序。一个从机会结到决策节点的弧,表示该随机事件在决策制订时已经被观察。这样,从 PCR 结果到治疗的弧表明什么?在图 3.16 中表明决策者在决定是否进行治疗时,已经知道 PCR 检验的结果(阳性、阴性或未得到)。两个决策节点间的弧表明决策的时序:弧从初始决策指向后续决策。这样,在图 3.16 中,决策者在决定是否进行治疗时,必须

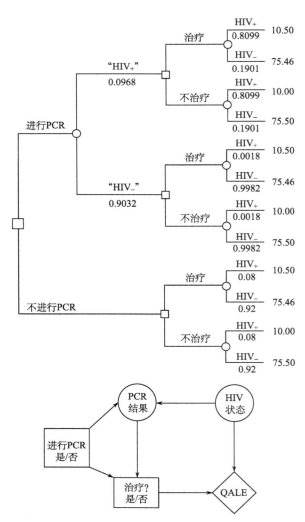

图 3.16 表示关于 HIV 感染检验或治疗决策的决策树(顶部)和影响图(底部)。各选择的结构系统在决策树中已说明。影响图强调概率关系。HIV 表示人类免疫缺陷病毒;HIV+ 表示 HIV 感染;HIV- 表示未感染 HIV;QALE 表示期望质量修正生命年;PCR 表示聚合酶链反应。检验结果加引号表示("HIV+"),而真实的疾病状态不用引号表示(HIV+)[资料来源:Owens D K,Shachter R D,Nease R F(1997). Representation and analysis of medical decision problems with influence diagrams. Medical Decision Making,17(3):241-262. Reproduced with permission.]

先决定是否得到 PCR 检验,如从得到 PCR 与否指向治疗与否的弧所示。

我们用来确定期望值最高的选项所需的概率值和效用值,是从与机会结和价值节点相关联的表中得到的(图 3.17),这些表包含我们在决策树中用到的相同的信息。用决策树我们可以确定每个选项的期望值,通过对机会结进行平均和回溯决策树(3.5.3 节)。对于影响图,期望值的计算更加复杂(Owens et al.,1997b),通常必须由

计算机软件来执行。用适当的软件,我们可以用影响图来执行用决策树所做的同样的分析。仅有机会结的图被称为信念网络,我们用它们来执行概率推理。

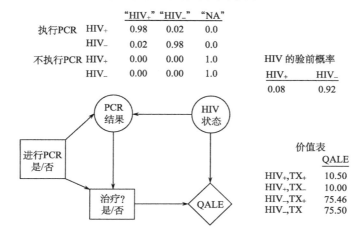

图 3.17 图 3.16 的影响图,以及与节点相关的概率和价值表格。表中的信息与图 3.16 中与决策树的枝和末端相关联的信息一致。HIV 表示人类免疫缺陷病毒;HIV+ 表示 HIV 感染;HIV− 表示未感染 HIV;QALE 表示期望质量修正生命年;PCR 表示聚合酶链反应;NA 表示不适用;TX+ 表示治疗;TX− 表示不治疗。检验结果加引号表示("HIV+"),而真实的疾病状态不用引号表示(HIV+)。(Source: Owens D. K., Shachter R. D., Nease R. F. [1997]. Representation and analysis of medical decision problems with influence diagrams. *Medical Decision Making*, 17:241-262. Reproduced with permission.)

我们为什么用影响图替代决策树?与决策树相比,影响图既有优点也有缺点。影响图图形化地表示了变量间的概率关系(Owens et al.,1997b),这种表示方法在处理条件概率关系复杂或者这种条件联系很重要(如可能在大模型中出现)的问题时很有优势。在影响图中,概率条件关系由弧来表示,这样条件关系一目了然。在决策树中,概率条件关系是由树枝的概率揭示的。在决策树中要确定事件是否条件独立,需要分析者比较树枝间事件的概率。影响图在和专家讨论的时候特别有用,具体专家可以帮你构建一个问题,但是他不熟悉决策分析。相比之下,对人们来说决策选项结构不同的问题用决策树表示可能更容易理解,因为树可以清楚地显示结构的不同,而影响图不能。用决策树还是用影响图依赖于所分析的问题、分析者的经验、软件的可用性和分析的目的。对于选定的问题,影响图给决策树提供了一个有力的图形化可能。

## 3.8 医学中概率和决策分析的作用

你可能会想知道概率和决策分析是如何顺利地整合到医学实践中的。理解概率和检验性能度量的概念会阻止许多灾难。在例 1 中,我们讨论了一个随机检查中的假设的检验,该检验用来筛查献血者是否接触过 AIDS 病毒,似乎是一种很精确的方法;然而我们的定量分析揭示这个检验结果误导大于作用,因为在临床相关群体中 HIV 的患病率低。①

解释检验结果所需的知识是很广泛的。和许多公司一样,联邦政府从公民雇员中筛查处于"敏感"位置的吸毒者。如果对雇员所用的毒品检验的敏感度和特异度为 0.95,若员工中吸毒者占 10%,1/3 的阳性检验是 FP。对公众来说对这些事情的理解有很大的益处,健康专业人员应该准备为他的患者解答这些问题。

尽管我们试图精确解释每种检验结果,但决策分析在医学中作用是有选择的。不是所有的临床决策都需要决策分析,有些决策依赖于生理学规律或者演绎推理,另外一些决策涉及很小的不确定性。虽然如此,许多决策基于不完善的数据,在决策制订的时候不能确定得知它们的结果,决策分析提供了管理这些状况的技术。

对于很多问题,仅仅清晰地画出代表可能结果的树就足够阐明问题,让你做出决策。当时间有限的时候,即使是"快而脏"的分析也是有帮助的。通过使用临床专家的主观概率估计和询问患者的效用的大概值,你可以快速地进行分析并且得知哪些概率和效用是决策的重要决定因素。你可以花时间到图书馆或者一旁得到这些重要概率和效用的精确估计。只要有需要你就可以使用决策树解决其他决策问题,只需要改变变量使其适应具体的患者。如期刊 *Medical Decision Making* 包括决策分

---

① 我们强调筛查献血者是用 EIA 而不是 PCR 筛查。EIA 的敏感度和特异度均高于 99%,阳性 EIA 检验被高特异检验证实。

析,你可以使其适应具体的患者。一旦你执行了第一次的定量分析,你经常会发现树中的一些变量对决策的影响不大。然后,在其他关于此问题的进一步分析中,你不需要给这些变量过多注意。

保健专业人员有些时候对决策分析持保留意见,因为分析可能要依靠必须要被估计出来的概率,如验前概率。一个思维缜密的决策者会考虑这个估计可能有误,特别地,因为估计所需的信息通常很难从医学文献中得到。然而,我们认为,临床数据的不确定性对任何决策方法来说都是个问题,而且这种不确定性对决策分析的影响是显而易见的。评估不确定性的方法是敏感度分析,我们可以检查任何变量来看它的取值对于最终建议的决定是否关键。这样,我们可以决定像验前概率从0.6变化到0.8是否会使最终决定改变这类问题。这样做,我们通常会发现,对于一个特定的变量仅有必要估计出一个概率取值范围而不是一个精确的值。这样,用敏感度分析我们可以决定一个特定量的不确定性是否关系到我们。

医学决策的不断复杂化,以及控制费用的需要,导致了建立临床实践指导原则的主要程序。决策模型有很多优点作为建立指导原则的辅助(Eddy,1992);它们搞清楚了可能的干预、相关的不确定性和可能结果的效用。决策模型可以帮助指南制订者构建指南制订问题(Owens and Nease,1993),综合患者的选择(Nease and Owens,1994;Owens,1998a),使指南适应具体的临床群体(Owens and Nease,1997a)。另外,决策模型的网络界面可以为指南制订者和用户提供分布式决策支持,通过使决策模型适合于登录网站的任何人(Sanders et al.,1999)。

本章中我们没有强调计算机,尽管它简化了决策分析中的很多方面(见第20章)。MEDLINE和其他参考文献检索系统(见第19章)使我们很容易获得发表的疾病患病率的估计和检验性能。执行统计学分析的计算机程序可以用于医院信息系统收集的数据。决策分析软件可以用于个人电脑(PC),可以帮助医生构建决策树、计算期望值、执行敏感度分析。研究者们继续探索从决策模型基于计算机自动制订实践原则的方法,以及用基于计算机系统来执行的原则(Musen et al.,1996)。

医学决策经常包含医生的不确定性和患者的风险。大多数保健专业人员当面临有不确定结果的复杂的临床问题时,会希望有能帮助他们做决策的工具。对于某些重要的医学问题来说,决策分析可以提供这样的帮助。

## 附录:贝叶斯定理的推导

贝叶斯定理的推导过程如下。对于给定的检验结果R,发生疾病D的条件概率为$p[D|R]$。D的验前概率为$p[D]$。条件概率的定义为

$$p[D|R] = \frac{p[R,D]}{p[R]} \quad (3.1)$$

检验结果的概率($p[R]$)是该结果在患病患者中的概率与在未患病患者中的概率之和。

$$p[R] = p[R,D] + p[R,-D]$$

代入式(3.1),得

$$p[D|R] = \frac{p[R,D]}{p[R,D] + p[R,-D]} \quad (3.2)$$

再一次,从条件概率的定义出发有

$$p[R|D] = \frac{p[R,D]}{p[D]} \text{ 和 } p[R|-D] = \frac{p[R,-D]}{p[-D]}$$

这些表达式可以被重写为

$$p[R,D] = p[D] \times p[R|D] \quad (3.3)$$
$$p[R,-D] = p[-D] \times p[R|-D] \quad (3.4)$$

把式(3.3)和式(3.4)代入式(3.2),我们得到贝叶斯定理

$$p[D|R] = \frac{p[D] \times p[R|D]}{p[D] \times p[R|D] + p[-D] \times p[R|-D]}$$

## 推荐读物

Gold M. R., Siegel J. E., Russell L. B., Weinstein M. C. (1996). Cost Effectiveness in Health and Medicine. New York:Oxford University Press.

这本书提供了执行成本效益分析的权威指导,第4章讨论了评估健康结果的方法。

Hunink M., Glasziou P., Siegel J., Weeks J., Pliskin J., Einstein A., Weinstein M. (2001). Decision Making in Health and Medicine. Cambridge:Cambridge University Press.

这本教科书详细讲述了本章所介绍的大部分内容。

Nease R. F. Jr., Owens D. K. (1997). Use of influence diagrams to structure medical decisions. Medical Decision Making,17(13):263-275.

Owens D. K., Schacter R. D., Nease R. F. Jr. (1997). Representation and analysis of medical decision problems with influence diagrams. Medical Decision Making,17(3):241-262.

这两篇文章提供了使用影响图的详尽的介绍。

Raiffa H. (1970). Decision Analysis: Introductory Lectures on Choices Under Uncertainty. Reading, MA:Addison-Wesley.

这本书提供了对决策分析、效用理论,以及决策树的高等的、非医学的介绍。

Sox H. C. (1986). Probability theory in the use of diagnostic tests. Annals of Internal Medicine,104(1):60-66.

这篇文章是写给医生的,它包含了对概率和检验解释的概念的总结。

Sox H. C., Blatt M. A., Higgins M. C., Marton K. I. (1988). Medical Decision Making. Boston, MA: Butterworths.

这本介绍性的教科书非常详尽地涵盖了本章的主题，还讨论了很多其他的主题，附录包含了似然比为100的一般的诊断检验。

Tversky A., Kahneman D. (1974). Judgment under uncertainty: Heuristics and biases. Science, 185: 1124.

这篇现在的经典文章提供了清晰而有趣的关于在不确定情况下正确使用和滥用启发法的实验例证的讨论。

## 问题讨论

1. 对于一个要进行 CABG 手术的患者计算如下概率（见例2）。

a. 手术仅有三种可能的互斥结果，分别为死亡、症状缓解（绞痛和呼吸困难）和继续原症状，其中，死亡的概率是 0.02，症状缓解的概率是 0.80，请问：患者继续保持原有症状的概率是多少？

b. 两个心脏手术并发症中风和心肌梗死的概率已知，分别是 0.02 和 0.05。患者问他同时出现两种并发症的概率，假设并发症的概率是条件独立的，给出你的答案。

c. 在患者已经有过一次手术并发症中风之后，患者想要知道他发生中风的概率。假设 500 名患者中有 1 人会发生两种并发症，发生心肌梗死的概率是 0.05，事件独立。给出你的答案。

2. 一个测量 HIV 的 PCR 检验（见例1）的性能的假设研究结果列于表 3.9 中的 2×2 列联表中。

a. 计算敏感度、特异度、患病率、PV+ 和 PV−。

b. 用（a）中计算的 TPR 和 TNR 填写表 3.10 中所列的 2×2 列联表。计算患病率、PV+ 和 PV−。

**表 3.9　问题 2 中假设研究的 2×2 列联表**

| PCR 检验结果 | 金标准检验阳性 | 金标准检验阴性 | 总数 |
|---|---|---|---|
| 阳性 PCR | 48 | 8 | 56 |
| 阴性 PCR | 2 | 47 | 49 |
| 总数 | 50 | 55 | 105 |

注：PCR，聚合酶链反应。

**表 3.10　完成问题 2b 所需的 2×2 列联表**

| PCR 检验结果 | 金标准检验阳性 | 金标准检验阴性 | 总数 |
|---|---|---|---|
| 阳性 PCR | × | × | × |
| 阴性 PCR | 100 | 99 900 | × |
| 总数 | × | × | × |

注：PCR，聚合酶链反应。

3. 请你解释当一个无症状的人志愿献血时，他的 PCR HIV 检验结果呈阳性的情况。了解了他的历史后，你发现他是一名静脉注射吸毒者。你知道在社会中 HIV 感染的群体概率是 1/500，而注射吸毒者中的概率要比社会群体的概率高 20 倍。

a. 估计这个人感染 HIV 的验前概率。

b. 这个人告诉你和他共用针头的两个人先后死于 AIDS。在对（a）中的验前概率进行主观调整的时候，哪种启发法是有用的？

c. 用你在 2(a) 中计算得到的敏感度和特异度计算得到阳性和阴性检验结果后，患者携带 HIV 的验后概率假设验前概率是 0.10。

d. 给定阳性检验结果的条件下，如果你想提高疾病的验后概率，你会改变检验的 TPR 或 TNR 吗？

4. 你有一个患癌症的患者可以选择手术或者化疗。如果患者选择手术，他有 2% 的机会死于手术（期望寿命＝0），有 50% 的机会治愈（期望寿命＝15 年），有 48% 的机会无法治愈（期望寿命＝1 年）。如果患者选择化疗，有 5% 的机会死亡（期望寿命＝0），有 65% 的机会治愈（期望寿命＝15 年），有 30% 的机会癌症进程会被延缓但是不能治愈（期望寿命＝2 年）。创建一个决策树，用期望寿命计算每个选项的期望值。

5. 你疑虑你的一个嗓子疼的患者是细菌感染，需要抗生素治疗（如果是病毒感染，没有可行的治疗）。如果治疗阈值是 0.4，根据检查你估计细菌感染的概率是 0.8，而且可以进行细菌感染的检验（TPR＝0.75，TNR＝0.85），你是否要做该项检验？解释你的原因。如果检验非常昂贵并且对患者有很大的风险，你的分析会如何改变？

6. 三种偏倚是如何影响检验性能度量的？解释每种分别是什么，并陈述你如何调整验后概率来对每种情况进行弥补。

7. 计算机系统如何简化执行复杂决策分析的任务？请看本书第 9~18 章的标题，每种系统在医学决策过程中起什么作用？

8. 当你查文献寻找和你的患者相似的患者的概率值时，需要考虑的最重要的问题是什么？根据对本问题的回答，你应该如何调整概率？

9. 为什么你认为医生有时会要求检验，即使结果不会影响他们对患者的管理？你认为你找到的原因是有根据的吗？是不是仅在特定的情况下才是如此？解释你的答案。请查找 *Medical Decision Making* 1998 年 1 月那一期，阅读讨论此问题的文章。

10. 解释估计患者对健康状态选择偏好的三个方法之间的差异：标准博弈法、时间权衡法和视觉类比量表。

# 第 4 章 认知科学和生物医学信息学

电话产生的未来只不过是社会的重组——一种事物状态。在这样的状态中,每一个人,无论他生活得多么闭塞,都可以使社区中的其他人随叫随到,以此来避免无尽的社会商业纠葛、无用的来往行为、失意、耽搁和目前仍在使生活艰难不尽如人意的数不尽的大大小小的烦恼和罪恶(Heath and Luff,2000;Scientific American,1880)。

**阅读本章后,您应对下列问题有所了解:**
- 认知科学理论如何对医疗保健信息系统的设计、开发和评价产生有意义的影响?
- 认知科学在哪些方面不同于行为科学?
- 我们可以从哪些方面刻画知识结构的特征?
- 认知体系的基本组成部分是什么?
- 专家和初学者有哪些方面的不同?
- 描述一些系统可用性的特征。
- 执行与评估间的差距是什么?这些要考虑的因素在系统设计中处于什么样的位置?
- 文本数据库和情景模型之间有什么不同?
- 我们如何利用认知的方法为不同类型的临床医生开发和实施临床实践指南?

## 4.1 引言

过去 20 年间,在保健信息技术方面,更加概括地说是计算机方面的巨大进步已经开始渗透到临床实践的方方面面。过去几年技术的迅速发展,包括互联网、无线技术、手持设备等,为支持、加强和扩展用户体验、互动和通信提供了重要的机会(Rogers,2004)。这些进步加上医疗保健专业人员不断增强的计算机素养,为医疗保健的显著改善提供了可能。然而,很多观察家注意到医疗保健系统在理解信息技术并将其纳入工作环境中进行得很缓慢。创新性技术往往产生深远的文化、社会和认知变革,它迫使从个人到大型机构的不同层次的集合体适应这些转变,这有时会引起工作流程的中断和使用者的不满。

类似于其他复杂的领域,医疗信息系统在设计中体现了理想模式,而往往没有提供实施过程中切实可行的解决方案。随着基于计算机的系统对临床实践和环境的渗透,其往往能通过各级组织被感知到。这种影响是有害的,会造成系统低效率,并导致次优的做法。这会使医疗保健师产生挫败感,并导致不必要的卫生服务供给延迟,甚至造成不良事件(Lin et al.,1998;Weinger and Slagle,2001)。在最好情况下,对系统的掌握需要个人和集体的共同学习,从而在医师表现和病者满意度上都可产生很大的改善。最坏的情况是医师会抵制这个信息系统,并促使医院被迫停止使用这种昂贵的新技术。我们如何应对改变呢?如何引进那些直观且与日常实践更加吻合的系统方案呢?

认知科学是一个跨学科的领域,致力于对认知及其在智能检索中作用的探索。基本的学科包括认知心理学、人工智能、神经科学、语言学、人类学和哲学。从信息学的角度看,认知科学可以为人类在科技背景下复杂行为的分析和建模提供框架。认知科学包括集中于认知基本层面(如注意力、记忆力、早期语言习得能力)的基本科学研究和应用研究。应用认知研究集中在对有用的和可用的认知人工制品的发展和评估上。认知制品是一些能够扩展人类感知对象、从记忆中编码和检索信息,以及解决问题的能力的人造材料、设备和系统。在这点上,应用认知研究是和人机交互(HCI)及人因学一致的,它和教育研究也有很密切的关系。

过去 20 年已经产生了大量关于设计和执行的经验及实用知识来引导未来的创新。这些实用知识包括简单实用且直观的界面、易于理解的工作流程,以及在实施系统前与医师进行必要的沟通。此外,经验知识在产生稳健的结论或合理的设计和实施原则方面存在局限性。同时,理论基础也是需要的。生物医学信息学不仅仅是医学和计算机科学的简单交叉(Patel and Kaufman,1998),这一点已经越来越明显。社会科学,包括认知和行为科学,在生物医学信息学领域的作用越来越大,尤其是它和人机交互及其他像信息检索和决策支持领域相关联。在这一章里,我们主要集中在认知科学在医学信息学研究和实践中的基本作用。认知科学中的理论和方法可以阐明信息和基于知识的系统的设计及实施的不同方面。它们还在刻画和加强人类行为方面起着更大的作用,这些行为表现所基于的任务涉及医师、患者和医学信息的健康用户。这些任务可能包括开发培训计划和制订标准来减少错误或提高效率。在这一点上,认知科学代表生物医学信息学基本构成学科之一(Shortliffe and Blois,2001)。

### 4.1.1 认知科学和生物医学信息学

认知科学理论如何对医疗保健信息系统的设计、开发和评价产生有意义的影响?我们认为,认知科学可以对系统可用性和可学习性的原则、医学判断和决策的过程,对医疗保健专业人员、患者和健康消费者的培训,以及在工作场所协作的研究提供敏锐的洞察力。

准确地说,认知科学的理论和方法是如何对这些重要目标做出如此重大的贡献呢?把一个学科的研究发现转变成可以应用于另一个学科的实践问题,这不是一个简单的过程(Rogers,2004)。而且,即使科学知识在原则上高度相关,要使这种知识在设计环境下有效仍然是个很大的挑战。在这一章,我们将讨论以下几个问题。

(1)基本的认知科学研究和理论,它们为理解引导人们表现行为的基础作用机制提供依据(如和人类记忆结构相关的发现)。

(2)医学认知领域的研究(如对医学文本理解的研究)。

(3)对生物医学信息学的应用认知研究(例如,基于计算机的临床指南对治疗决策制订的影响)。

其中的每一个方面都可以对应用医学信息学的进步产生不同的贡献。

如表4.1所示,基本的认知科学研究、医学认知和对医学信息学不同维度方面的认知研究之间都是相互对应的。例如,关于人类记忆和知识组织的理论可用于描述专业临床知识的特征,而这些知识就可以与它们在医疗系统中的表现做比较。类似的还有对文本理解的研究,它为医学文本理解的研究提供了理论框架,这反过来又对生物医学知识源的信息检索和健康素养的应用认知研究产生了影响。

表4.1 认知科学、医学认知和医学信息学中的应用认知研究间的对应关系

| 认知科学 | 医学认知 | 生物医学信息学 |
| --- | --- | --- |
| 知识组织和人类记忆 | 临床和基本科学知识的组织 | 医学知识数据库的开发和应用 |
| 问题解决、直观推断或推理策略 | 医学问题解决和决策制订 | 医学人工智能、决策支持系统和医学错误 |
| 感知或注意力 | 放射性和皮肤病诊断 | 医学影像系统 |
| 文本理解 | 医学文本学习 | 信息检索、数字图书馆或健康素养 |
| 会话分析 | 医学话语 | 医学自然语言处理 |
| 分布式认知 | 保健医疗中的协作式实践和研究 | 计算机辅助医嘱录入系统 |
| 理论与证据的协调 | 诊断和治疗推理 | 循证临床指南 |
| 图示推理 | 患者数据显示的感知处理 | 生物医学信息可视化 |

在这一章,我们认为认知研究、理论和方法在很多方面都有助于信息学的应用,包括以下几个方面。

(1)基本的研究发现可以阐释设计范围(如注意力和记忆力、视觉系统等方方面面)。

(2)为刻画个体如何处理、交流健康信息提供说明性词汇(例如,对和医生-患者间相互作用关联的医学认知的各种研究)。

(3)提供一个分析性框架来识别出问题,为某类用户交互建模。

(4)开发并提炼预测工具(GOMS分析方法,参见下文)。

(5)为有关临床医生在工作中利用的这些技术提供丰富的描述。

(6)为信息学中的新型设计和生产性应用研究项目提供一个生成性途径(例如,为支持在寻求健康信息方面能力低的人而采取的干预策略)。

社会科学是由多重框架和途径组成的。行为主义构成了一个分析和修正行为举止的框架。这个途径差不多对于整个20世纪来说在社会科学方面产生了巨大的影响。认知科学的出现部分地是作为对行为主义局限性的一种回应。4.2节包含了认知和行为科学的简史,这部分简史强调了二者的不同点,同时也有助于引进一些认知研究中的基本概念。

## 4.2 认知科学:解释性框架的产生

对思维的探究开始于哲学,而对哲学的探究开始于古希腊;人类在历史上初次认识到知识不是经验的简单产物,如果它是自然界其他的现象并且值得研究,那么就必须对之进行分析、具体化和检验(Robinson,1994)。

在这一部分,我们将勾勒出认知科学产生的简史,以此来区别在社会科学领域与之竞争的理论框架。这部分也介绍了一些构成认知科学解释性框架的核心概念。行为主义是特定行为科学的基本概念框架(Zuriff,1985),这个框架控制着几乎整个20世纪的实验和应用心理学及社会科学(Bechtel et al.,1998)。行为心理学作为一个学科的出现就是在逻辑实证主义控制了哲学思想界的时候,此时正是达尔文的进化论作为生物科学推动力的时候(Hilgard and Bower,1975)。逻辑实证主义的指导性原则就是所有陈述都是分析命题(逻辑推理为真的)、可通过观察进行证实的命题,否则就是毫无意义的命题(Smith,1986)。逻辑实证主义者试图从"科学世界观"的角度,不用求助于哲学就可以解释所有的知识。认识论只局限在处理一些正当性和有效性的问题(Smith,1986)。达尔文的自然选择论宣称物种演变、进化和生存可以通过动物对特定环境偶然事件的适应来解释。

行为主义反映了人们企图发展一门客观的、基于经验的行为,更具体来说是学习的科学。经验主义认为经验是知识的唯一来源(Hilgard and Bower,1975)。对于可观测行为的实验分析,行为主义致力于建立一个科学探索的综合性框架。行为主义者避免把思维作为一种不可接受的心理学方法来研究,因为这种方法有内在的主观性,易出错,而且没有得到经验的验证。类似地,假设构念(例如,理论中思维过程作为机体)是不被允许的。所有构念必须按可操作定义进行分类,这样在实证调查

中可对这些构念进行控制、测量和量化（Weinger and Slagle,2001）

行为主义学习理论强调环境刺激与所做出的反应之间的对应。在不同的强化和处罚偶发事件下,刺激与反应之间的关系是变化着的,这些研究大体上都是试图刻画出这些变化着的特征。例如,可产生令人满意的事件状态的行为更容易提高该行为的频率。根据行为理论,知识只不过是个体学习历史的积累,而心智状态的转变在学习过程中不起任何作用。

由于本章未曾提及的原因,经典行为理论作为一种全面统一的行为理论而遭到大量的质疑,但行为主义继续为众多社会科学学科提供理论和方法学基础。例如,行为主义者的宗旨仍然在公共健康研究中起到中流砥柱的作用,尤其是健康行为研究重点都放在那些维持像抽烟这样不健康行为的先行变量和环境偶发事件上（Sussman,2001）。应用行为主义在心智健康治疗领域仍然发挥着重要的影响。另外,行为研究已经贯穿在心理测定学和调查研究中。

由于行为主义大约从1915年到20世纪中期在北美心理学中的统治地位,对人类复杂的认知过程少有研究（Newell and Simon,1972）。1950年左右,对行为主义局限性和方法论上的限制的不满（例如,否定不可观察事物,如心智状态）不断增加。另外,逻辑学、信息理论、控制论方面的发展及最重要的数字计算机的到来,这一切都激起了人们对"信息处理"的实实在在的兴趣（Gardner,1985）。

Newell和Simon（1972）把"认知革命"的开端定在了1956年。在心理学领域,他们将Bruner及其同事的《思维的研究》（Study of Thinking）、George Miller著名的期刊出版物《神奇的数字7》（The magic number seven）、Noam Chomsky在语言学关于句法和语法的文章（见第8章）,以及他们自己在计算机科学方面的逻辑理论程序作为关键著作。摆脱了逻辑实证主义的限制,认知科学家们把"思想"和"心智程序"放在了他们的解释性框架的中心位置。

"计算机隐喻"（computer metaphor）像对"象征结构"（symbolic structures）的操控一样为人类认知的研究提供了一个框架,也为记忆模型提供了基础,这种模型是信息处理理论的先决条件（Atkinson and Shiffrin,1968）。人类行为表现的模型像计算机程序一样开始执行,这为客观性提供了一个测量尺度,也为一个理论提供了一个充分性测试,同时增加了心智程序研究的客观性（Estes,1975）。

一些有影响力的书籍文章奠定了认知研究作为心理学研究中心目标的地位,像Miller等的《计划与行为结构》（Plans, and the Structure of Behavior, 1986）、Neisser的《认知心理学》（Cognitive Psychology, 1967）,两部书试图对基本心智程序方面（如感知、注意力和记忆过程）做过的研究进行总结。但是在这个领域最重要、具有里程碑意义的或许应该是Newell和Simon的《人类问题解决》（Human Problem Solving, 1972）,它是对问题解决和人工智能超过15年的研究的最终成果,这是一篇成熟的论文,它描述了一个理论框架,为认知的研究拓展了语言,而且介绍了现在在高水平认知研究中普遍存在的口语报告分析方法。这篇论文为符号信息处理（更确切地说即问题解决）的正式研究打下了基础。人类信息处理模型的发展也为人机交互这一学科和首批正式分析方法奠定了基石（Card et al., 1983）。

问题解决的早期研究主要集中在实验性人为设置的或玩具世界的任务里,像初级的演绎逻辑、汉诺塔（TOH;图4.1）和数学文字问题（Greeno and Simon, 1988）。这些任务不需要太多的背景知识且结构完整,即解决问题时所有必需的变量在问题表达项中都已出现。这些任务允许对任务环境进行完整描述,对对象表现的序列行为分步描述,以计算机仿真的形式对对象的认知和显性行为建模。尤其是TOH,它为分析解决问题行为的解释性词汇和框架的发展提供了一个重要的测试平台。

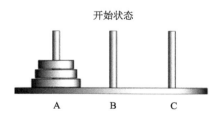
开始状态

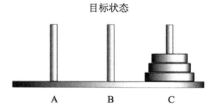
目标状态

图4.1 阐述起始状态和目标状态的汉诺塔任务

汉诺塔是一个相对简单的任务,包括三个支柱（A、B和C）和三个或更多的大小不一的圆盘。任务目标就是从支柱A一次一个地把三个圆盘移到支柱C,还有一个限制就是大盘不能放在小盘上。问题解决可以理解为在一个问题空间里的搜索。一个问题空间包括起始状态、目标状态和一组操作符。操作符是一些使原有状态转变为后继状态的移动。例如,第一步可以把小盘从支柱B移到支柱C。在一个有三个盘的汉诺塔里,一共有代表完整的问题空间的27种可能的状态。当有$n$个圆盘时汉诺塔就有$3^n$种状态,解决一个汉诺塔至少需要$2^n-1$个步骤。解决问题者通常在某一时刻只能维持一个小的状态集。

这种搜索过程包含找到一种需要步骤最少的解决方案策略。问题空间移动的隐喻性为理解个体如何应对他们在问题每个阶段所遇到的挑战及紧接着而采取的行动提供了一种途径。从局部我们可以按照状态转变来刻画研究者解决问题的行为，而从整体上我们可以以策略为准。例如，方式-结果分析就是被广泛用于减少起始状态和目标状态间差异的一种策略。再如，除最大的圆盘外，将所有圆盘从支柱 A 移到支柱 B 则是和这一策略关联的一个过渡目标。

最常见的数据分析方法是口语报告分析（Newell and Simon，1972）。口语报告分析是指用来阐释言语中有声思维法的一类技术（Greeno and Simon，1988）。有声思维法是问题解决研究中所应用的最常见的数据源。在这些研究中，当研究对象执行一项特定的实验任务时，要求他们用言语表达他们的想法。Ericsson 和 Simon（1993）详细说明了在哪些情况下言语报告可以被接受为有效的数据。例如，回顾性有声思维法在某种程度上是遭到质疑的，因为研究对象有机会重组记忆中的信息，因此言语报告难免会变形。与可观察数据（如研究对象）的动作一致的有声思维法为刻画认知过程提供了大量的根据。

认知心理学家和语言学家已经对成人和儿童的语言和记忆过程及特征进行了数十年的调查研究。早期的研究集中在对背单词或处理文字句子（如在完成句子的任务中）的基本实验室研究（Anderson，1983）。早在 20 世纪 70 年代初期，基于对文本可以在从表面代码（如单词和句法）到更深的语义层的多个实现水平上进行描述的认识，van Dijk 和 Kintsch（1983，概述）开发了一个分析文本理解过程的方法。理解指从文本、对话或其他的信息源中提取信息进行理解的认知过程。理解所涉及的过程是人们在努力弄明白一段文本，如一个句子、一本书或一段话时用到的。这种理解也涉及这些过程最终的产物，也就是人们对（他们已经理解的）文本的心智再现。

理解往往早于问题解决和决策制订，但也依赖于感知过程，这些过程集中了注意力、相关知识的可用性，以及在一个给定的语境中利用知识的能力。事实上，医学问题解决和决策制订中的一些更加重要的不同点便源于知识和理解中的不同之处。另外，许多决策制订方面的问题要么是由缺乏知识，要么是由没能恰当地理解信息造成的。

初期的调查研究为问题解决的基本方法和原则的发展提供了一个约束良好的人为设置的环境，同时也提供了丰富的解释性词汇（如问题空间），但是初期的研究并没有对更加复杂而且涉及不确定性的高知识领域的认知做出充分正确的解释。在 20 世纪 70 年代中后期，产生了一个向复杂"现实生活"知识领域探寻研究的转变（Greeno and Simon，1988）。问题解决研究的对象有物理学（Larkin et al.，1980）、医学诊断（Elstein et al.，1978）和体系结构（Akin，1982）等领域的行为表现。文本理解的研究也同样从简单题材转移到了包括医学在内的众多领域的科技文本的研究。与之类似的是在人工智能研究中从"玩具程序"向处理"现实世界"问题和开发专家系统的转变（Clancey and Shortliffe，1984）。认知科学中向现实世界问题的转变首先在对专长的本质探索研究中开始，大部分初期的关于专长的调查都是实验室实验。然而，向知识密集型领域的转变为在真实世界环境［如工厂（Vicente，1999）和教室（Bruer，1993）］中进行基础和应用研究提供了一个理论和方法论的基础。这些应用领域为评估和拓展认知科学框架提供了一个很好的测试平台。近些年来，传统信息处理方法因为其仅仅集中在单独个体的理性或认知过程而遭到批评。其中一个最令人信服的建议和一个转变有关，这个转变即认知不再被看作是单独个体的特性，而是跨越集体、文化和认知制品分布的，这个论断对协作努力和人机交互的研究有很重大的启示。我们将在下一节探索支撑分布式认知的概念，在我们考虑到医学认知领域时将会对此进行更深层次的讨论。

## 4.3 人类信息处理

对生理和感官残障者的漠视，对感知基本原则的漠视，对运动协调性基本模式的漠视，对人类整合复杂运动反应时局限性的漠视等，有时都会导致产生机械的畸形，这种畸形耗费人类操作者的能力，阻碍人机整合为高效完成指定任务而设计的系统（Fitts，1951 被 John，2003 引用）。

认知科学作为一门基础科学为复杂人类行为的分析和建模提供框架。思维计算理论为许多当代认知科学理论提供最基本的基础，基本的前提是人类认知的大部分可以被刻画为一系列关于心智表征的操作或计算，心智表征是和外部世界有一定对应的内部认知状态。例如，它们可以反映出医师通过观察患者进入诊所的异常步态对他的病情所做出的假设，这些表征可能引出对患者基本病情的进一步推断，引导医生的信息采集策略，并且有助于发展问题表征。

我们赖以刻画认知系统的两个相互依存的原则是：

（1）体系结构理论，致力于为认知的各个方面提供一个统一的理论；

（2）不同种类知识之间的差异，它是在某一特定领域获得能力所必需的。

个体在知识、经验和所赋予的能力方面都有着很大的不同。体系结构法利用了我们可以刻画人类信息处理系统的一些规律这一点，这些规律可能是结构规律（如感知、注意力和记忆系统，以及记忆能力局限的存在及其关系），也可能是处理规律（如处理速度、选择性注意或问题解决策略）。可以从认知系统所具有的能力（如集中在已选定的视觉特征上的注意力）、限制人类认知行为的途径（如记忆上的局限）和它们在人类寿命中的发展几方面从功能上刻画认知系统的特点。关于寿命这个问题,有越来越多的文献谈论认知老化,以及认知系统中的各个方面(如注意力、记忆力、视力和运动技能)是如何随着年龄的增加而改变的(Rogers,2002)。当我们试图为老年人研发电子健康服务应用程序的时候,这一基础的科学研究对信息学变得愈发重要,因为有很多的老年人遭受着像关节炎、糖尿病这样的慢性健康问题之苦。为年轻人设计的图形用户界面或者更为广泛的网站都可能不适合那些年长的人。

知识组织的不同是将来进行专门知识本质研究的一个中心点。不像体系结构理论,知识组织的研究包括对特定领域的关注。在医学方面,专家-初学者范式有助于我们理解医学专长和熟练的临床行为的本质。认知体系结构和知识组织理论在4.3.1节和4.3.2节将会介绍。

### 4.3.1 认知体系结构

过去50年间对感知、认知和心理运动技能的基础研究为人类因素和人机交互的设计原则奠定了基石。认知工程学先驱Fitts的引文强调了这样一种普遍存在的不满,即设计者一贯地违反对人类认知系统的一些基本设想。尽管认知指南已经在设计社区中取得了重大进展,但在应用基础型认知研究中还存在很大的空白(Gillan and Schvaneveldt,1999)。在应用基础型研究和应用理论中总是存在着各种各样的挑战。然而,似乎越来越多的人认为需要更多的以人为中心的设计,而且认知研究可以为这一努力做出有益的贡献(Zhang et al.,2002)。

在过去25年里,人们多次试图制订一个统一的认知理论,这一理论的目标是为所有的认知行为提供一套单一的机制,包括运动技能、语言、记忆、决策制订、问题解决和理解(Newell,1990)。这个理论还为把看似不同的大量的人类实验数据整合成一个连贯的模型提供了一个方法。认知体系结构阐述了在大规模计算机模拟程序中体现出来的统一认知理论。尽管在人类行为中体现出了大量的可塑性,认知程序还是受生物和物理限制束缚的。认知体系结构规定的是对人类行为的功能限制而不是生物学的限制(如工作记忆方面的限制)。这些限制反映了人类认知系统中信息处理的能力和局限性。认知体系结构系统体现了一个相对固定不变的结构,这(多少)是人类特有的,基本上在人的一生中是不变的,它代表了对人类认知这些方面的一种科学假想,即它们是随着时间相对不变的,而且是独立于任务的。

Anderson(1983)阐述的认知体系结构ACT-R代表了众多全面而又得到广泛研究的认知体系结构之一。它也代表了或许是关于完整的信息处理理论最成熟的论文。ACT-R被用来对与语言、学习和记忆,以及最近的感知和运动技能相关的大量认知现象建模。尽管ACT-R主要被用来为实验现象建模,但它也越来越多地被用作人机交互的研究工具。图4.2改自Byrne(2003)的图,阐述了ACT-R/PM体系结构的组成部分。这个范例被用作刻画人机交互过程中互动行为的工具。这个论述的目的不是要详细地描述这个结构,而仅仅是要强调这个系统中的组成部分。这个结构包括一个由两个长期记忆模块组成的认知层,一个是程序记忆(以一组运行规则为模型),与如何执行特定动作(如移动鼠标)和完成各种活动相关;另一个是陈述性记忆(概念知识),它包括一些概念(医学发现和紊乱)。感知-运动层包括效应器(运动和言语)和感受器(视觉和听觉),它们和外部世界及认知层以(相对)可预知的方式相互作用。

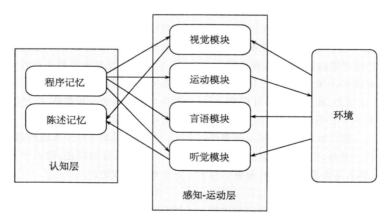

图 4.2 认知体系结构 ACT-R/PM 图解[资料来源:修改自 Byrne(2003)的图]

人类记忆一般至少可以分为两种结构:长期记忆和短期记忆或工作记忆。在这种体系结构模型中,工作记忆是与环境交互时的一种涌现性并且是一个不可分离的组成部分。长期记忆(LTM)可以看成是所有知识的储藏库,而工作记忆(WM)指的是在认知活动(如文本理解)中为保持信息有用而必需的资源。工作记忆中维持的信息包括来自外部环境(如显示器上的单词)的刺激和长期记忆中被激活的知识。理论上,长期记忆是无限的,而工作记忆则局限于5~10"块"(一次可以检索的信息单位)信息。问题给工作记忆加上了变化的认知负荷,这指的是参与争夺有限认知资源的过量信息给工作记忆带来了负担(Chandler and Sweller,1991)。例如,在工作记忆中维持住一个7位数的电话号码就不是很难,然而,在聊天中要维持住这样一个电话号码对大多数人来说就几乎是不可能的了。多任务是产生认知负荷很显著的一个因素。任务环境的结构,(如一个繁杂的计算机显示器)是另外一个因素。我们后面会讨论到,在有些学习环境中这些要求可能会相当地让人费神。

任务的模型是可执行的,而且会产生一个行为序列,它可定量地与人类执行该任务而产生的行为进行比较(Byrne,2003)。基于认知体系结构的模型可用来评估一系列如出错率、执行时间和学习曲线等行为标准(如为了获得稳定的行为表现所必需的尝试)。这些模型甚至可以被用来对比两种界面,从而决定哪一个对一特定任务可能更有效。

使用认知体系结构模型需要实实在在的专长和努力。目前,这些模型基本上还都存在于学术研究实验室中,并没有构成应用型研究的现实工具。然而,像SOAR(原来的人类处理器模型)这样的认知体系结构已经产生了像GOMS[目标、操作者、方法和选择规则(goals, Operators, methods and selection rules);John, 2003]这样正式的人机交互方法。GOMS是在非常精细的粒度水平上(如按键)来描述任务,以及执行该任务的用户知识的方法。大多数人机交互研究都不采用认知体系结构方法。这种研究是定位在描述型模型而不是定量预测模型。但是,认知体系结构理论为理解交互模式和详细说明设计原则提供了一个统一的基础。

### 4.3.2 知识结构

认知体系结构理论详细说明了记忆系统的结构和机理,而知识结构理论集中在内容上。刻画存在于长期记忆和维持决策及行为中的知识有多种方法。认知心理提供一系列领域内的一般性结构体,这些结构体用来表征约束外部世界所需心智的可变性。同样,在医学认知、医学人工智能(AI)和医学信息学方面的研究提出了描述医学知识分层特性的分类法。

认知科学的一个中心原则是人类可以主动地从环境中构建和解释信息。假设环境刺激有多种形式,那么认知系统也需要适应相应的表征形式来捕获这些信息的本质。认知的力量表现为形成抽象概念的能力,以及在除去了多余的不相关信息的介质中表示感知、经验和思想的能力(Norman,1993)表征能使我们记住、重建和改变从初始编码阶段就不在时空现场的事件、对象、意象和对话,它反映了知识的状态。

表征问题是所有认知研究的基本问题,对其进行正确的定义将会非常有用。Palmer(1978)利用"被表征的世界"和"表征的世界"的区别来阐释我们谈及表征问题的方法。在心理学研究中,"被表征的世界"指的是作为研究对象的个体的认知表征。"表征的世界"是我们试图捕获选来调查的表征范围的方法。"表征的世界"的作用是保存有关"被表征的世界"的信息。"被表征的世界"中的对象和"表征世界"中的对象之间存在着对应关系(从符号结构方面讲)。如果表征的关系R代表表征对象的有序对$<x,y>$,那么表征的映射就需要一个对应的关系$R'$来代表每个相应的对$<x',y'>$。因此,如果x的对象的某些关系是由y的相应对象的关系来保存的,那么x就是世界y的表征。例如,一张街道地图是一个城市地理的表征,因为这张地图(几乎)保存了不同位置之间的空间关系。说得简单些,认知表征即心智状态与物质世界中的物体的对应。在这一节,我们关心的是心智表征,但是类似的分析可以用在外部表征上,这将会在下一节进一步地讨论。

命题是一种捕捉想法或概念本质(如语义学)而未明确提及语言学内容的表征形式。例如,"你好"、"嘿"和"过得怎么样"都可以很典型地理解为一种包含相同命题内容的问候,尽管这些短语的表面语义可能不同。这些想法用语言表达出来,当我们说或写的时候又转换成了言语或文本,同样,我们在读或听文字信息的时候又恢复了这种命题结构。大量的心理学实验表明,人们重新获得的是文本或言语交流的主旨(如命题结构)而不是特定的单词(Anderson,1985)。研究也表明,拥有不同层次特长的个体对同一文本会做出不同表征(Patel and Kaufman,1998)。例如,专家可能更会有选择性地编码一些会影响决定的相关命题信息。另外一些稍逊的专家常常会记得更多的信息,但大多回忆起来的信息可能和决定无关。命题表征构成了本章后面将要讨论到的理解理论中的一个重要的结构。

命题知识可以利用谓词演算形式体系或者作为一个语义网络表达出来。下文将举例说明谓词演算表征,对象的反应被分成句子或片段,然后依次地对其进行分析。形式体系包含一个片段的主要元素和一系列的参数。例如,在命题1.1中,中心是一个43岁的白人女性。TEM:ORD或时间顺序关系表明事件1.3[肠胃(GI)不适]先于事件1.2(腹泻)。形式体系是通过详尽的命题语言提供资料的(Frederiksen,1975),并且由Patel等首次应用于医学领域(1986)。这个方法为我们阅读文本时刻画主体在摘要和解释的基础上所理解到的信息提供了十分详细的方法。

对一位初级护理医师有声思维法的命题分析如下。

1. 一位43岁的白人女性在短短2天肠胃不适后患了腹泻
 1.1 女性 ATT:年龄(老);DEG:43岁;ATT:白种人
 1.2 发展 PAT:[她];THM:腹泻;TNS:过去
 1.3 一段时间 ATT:短时间的; DUR:2天;THM:1.4
 1.4 不舒服 LOC:GI
 1.5 TEM:ORD [1.3],[1.2]

Kintsch的理论表明理解涉及文本所表达的意思与长期记忆中模式间的交互(Kintsch,1988)。理解就是读者用先验知识来处理文本中出现的信息,文本信息被称为文本库(文本的命题内容)。例如,医学领域中的文本库包含了写在病历卡中的患者问题表征。情景模型是由文本库表征加上读者用来获得更广泛文本意义的特定领域的和日常的知识。在医学界,情景模型可以使医师从患者病史中获得一些推断来做出诊断、治疗计划或预后(Patel and Groen,1991)。情景模型源自于从医学教学、读物(如生物医学研究中的理论和发现)、临床实践(如关于临床发现和特定疾病之间联系的知识、过去有效的药物和治疗程序的知识)和文本库表征中获得的一般和特定的知识。跟其他形式的知识表征一样,情景模型必须和新的信息(如文本、患者感觉)相适应。由于不同医生具有不同的长期记忆知识,所以任何两位医生所产生的情景模型就可能不同。文本理解的理论和方法已被广泛用于医学认知研究中,在描述指导发展过程和解释过程中也发挥着指导性作用,这种过程将在下一节中详细讨论。

图式代表了一种更高层次的知识结构,它们可以被解释为代表储存在记忆中的一般类型概念的数据结构(如水果、椅子、几何图形和甲状腺的状况)。有很多概念的图式,这些概念支撑着情况、事件、行为顺序等。

用图式来处理信息就是决定哪个模型最适合新的信息。图示有常量(所有的鸟都有翅膀)和变量(椅子可以有1~4条腿)。变量可能有关联的默认值(如鸟可以飞),它们反映原型情况。表 4.2 中的基于框架的表征可以用来塑造一个鸟的图示。

**表 4.2 用以说明属性-值符号的鸟的图示**

| 类型 | 动物 |
|---|---|
| 移动方式 | 飞、走ª、游 |
| 交流方式 | 唱、尖叫 |
| 大小 | 小、中ª、大 |
| 栖息地 | 树上、陆地ª、水里 |
| 食物 | 昆虫、种子、鱼 |

a. 默认值。

当一个人在理解信息的时候,图示就充当了区分相关信息和无关信息的"过滤器"。图示可以看成是一般性的知识结构,它包含了特定种类命题的属性。例如,心肌梗死的图示可能包括"胸痛"、"出汗"、"呼吸短促"这样的发现,但不会有"甲状腺肿大"这样的发现,因为它是甲状腺疾病图示的一个部分。

图示表征和命题表征反映的是抽象的概念,而且不一定保存外部世界的文字信息。想象你正在办公室聊着如何重新安置起居室的家具,处在这样一个对话中,你需要构造物体的意象和它们在房间里的空间安排。心智影像(mental images)是获得从环境中恢复的感知信息的内部表征形式。在心理学和神经学方面有令人信服的证据表明心智影像构成了一个独特的心智表征形式(Anderson,1998)。意象在像皮肤病学和放射学这样的视觉诊断领域中发挥着尤其重要的作用。

心智模型是一种基于模拟的构想,用来描述个体如何形成内部的系统模型。心智模型被设计来回答诸如"它如何运行?"或"如果我采取了下一步行动会有什么发生?"这样的问题。"类比"这个词明确地表示出它所指代的事物之间所共有的结构(如一组从你家到工作地点的部分地图的连贯的视觉意象)。这与基于抽象概念的形式(如命题或图示)相反,在这些命题或图示中,心智结构包括主旨、抽象概念或者是简要的表征。然而,像其他的心智表征形式一样,心智模型总是不完整的、不完美的,而且受制于认知系统的处理限制。心智模型可以从感觉、语言或者从一个人的想象中获得(Payne,2003)。模型的运行和心智刺激的程序相互照应,共同从观察到的或想象中的状态创造系统可能的未来状态。

例如,当一个人开始使用谷歌搜索时,理所当然地,他期望着系统会反馈和查询对应的相关(和不是那么相关的)网站列表。心智模型在理解人机交互时是一个特别有用的构想。

个体的心智模型为物理系统的运行提供预测和解释能力。这个构想越来越多地被用于描述有时空背景的模型,就像推理电路性能的例子一样(White and Frederiksen,1990)。这个模型可以用来模拟一个过程(如预测从自动取款机上取钱时网络中断的影响)。Kaufman 和他的同事(Kaufman et al.,1996;Patel et al.,1996)描绘了临床医生的心血管系统(尤其是心输出量)的心智模型,这项研究刻画了把系统理解成专长职责的过程,同时也证明了主体模型中的各种概念缺陷和这些缺陷如何影响主体对生理临床表现的预测及解释。图 4.3 阐明了心脏的四室和肺部及心血管系统中的血液流动。据称,临床医生和医学学生对该系统的结构和功能有不同的可靠表示方法。这个模型能够预测和解释系统中出现的波动对血液流动和各种临床指标(如左心室射血分数)的影响。

概念知识和程序知识提供了另外一种有用的区别不同形式表征功能的方式。概念知识指对特定领域的概念的理解,程序知识是一种关于如何行使各种活动的知识。在需要获得程序知识的医学背景下有大量的专业技能。概念知识和程序知识是通过不同的学习机制获得的,概念知识是通过有意地占据广泛的材料获得的(从阅读文本到与同事交谈),程序知识是作为一种刻意训练的功用发展起来的,这种功用产生了著名的知识编辑学习程序(Anderson,1983)。然而,技能的发展涉及从说明的或解释的阶段向不断程序化的阶段的转变。例如,在学习使用电子健康病历(EHR)的过程中,这个电子健康病历是用于会诊的,不太有经验的使用者需要更加注意每一步行为和输入,然而该系统更加有经验的使用者则可以与患者轻松交谈,同时还可以记录患者数据(Kushniruk et al.,1996;Patel et al.,2000)。程序知识支持更加有效和

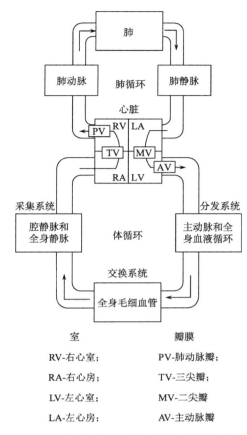

图 4.3 心血管循环的生理机能图式模型。该图说明了肺和全身的循环系统结构及血液流动的过程。该图是用来说明心智模型的概念,以及它是如何被用来解释和预测生理行为的

自动化的行为,但是常常被无意识地利用。

在认知科学中程序知识常被模型化,而在人工智能中则变为产生式规则,即条件-行为规则,表示"if 条件被满足,then 执行特定的行为"(或者是推断,或者是公开的行为)。下面的例子就说明了一个简单的产生式规则:

| IF 目标是驾驶一辆手动挡汽车,车是在一档,车正以时速超过 10mi 的速度行驶 | 条件 |
| --- | --- |
| THEN 车转到了二档 | 行为 |

产生式规则在医学专家系统中是一个表现知识的常见方法,下面是一个引自 MYCIN 的例子(Davis et al., 1977):

| IF 感染基本上都是菌血症、培植场所是一个无菌部位、可疑的微生物入口是胃肠道 | 条件 |
| --- | --- |
| THEN 有证据表明微生物的身份是类杆菌属 | 行为 |

这个规则说明了如果下面的感染条件满足了,那么就可以推断出微生物的身份。这种表征方法是获得特定知识形式并使之形式化的一个有效的工具。认知体系结构很有代表性地利用了产生式规则来作为一种知识表征方案。

程序知识的通用性相当有限。例如,某一类电子健康病历系统的熟练用户在使用不同的系统时会表现出使用技能有所下降,减少的程度在一定程度上随两个系统间的相同点和不同点,以及系统所使用的成分程序的类型及不同系统的用户体验的不同而变化。举个简单的例子,与基于键盘的系统或触摸屏系统相比,用笔的电子健康病历采用的是不同的运动和感知程序。

除了区分程序知识和概念知识,我们还可以从概念知识中区分出事实性知识。事实性知识仅仅涉及知道一个或一组事实(如心脏病的危险因素),而不需要深入的理解。事实一般都是通过一系列如小册子这样的资料散播的。仅有事实性知识的获取不会使理解增加或导致行为的改变(Bransford et al.,1999)。概念性知识的获得涉及新信息与先验知识的整合且需要更深层次的理解。例如,在医生眼中,危险因素可能会和生物化学机制及典型的患者临床表现相联系,这和拥有大量事实性知识的医学新生形成鲜明对比。

到目前为止,我们只考虑到了刻画知识组织的一般方法。鉴于要理解医学认知的特性,很有必要刻画出医学中知识组织的特有属性。考虑到医学领域的广袤性和复杂性,这可能是个让人却步的任务。很明显,没有一种单独的方法可以表现所有的医学(或者甚至是临床的)知识,但它在生物医学信息学研究中是个相当重要的议题。在医学人工智能里已经进行了很多的研究,旨在发展知识库系统中应用的医学本体论。利用医学专业知识的心理实验中的经验性实例来测试人工智能系统的有效性,在这样的背景下,Patel 和 Ramoni(1997)处理了这个问题。医学分类法、命名法和 UMLS 及 SNOMED(见第 7 章)这样的词汇系统都有类似的追求。在我们的研究中,我们已经利用了 Evans 和 Gadd 发展的认识论框架(1989)。他们提出了一个有助于刻画知识的框架,这些知识用于医学理解和问题解决,还被用来区分组织医学知识所处的水平。这个框架表现了已经出现在课本和期刊中的医学知识的形式化,它还用来为我们提供洞察力,以理解临床实习者的知识组织(图 4.4)。

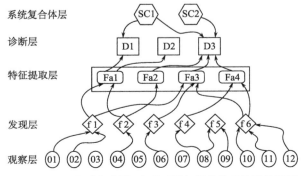

图 4.4 用于解决问题的、表现医学知识结构的认识论框架

该框架包括一个概念层次结构,最底层是临床观察,随后是发现、分割面和诊断。临床观察是一些被认为在问题解决环境中有潜在重大作用的信息单元,然而,它们构不成临床上有用的事实。发现包含那些有潜在临床作用的观察,建立一个发现反映出医生做出的一个决定,即一组数据中包含着一个或多个需要重视的线索。分割面是由表明一个基本医学问题或问题类型的发现集组成的,它们反映了一般的病理描述,如左心房衰竭或甲状腺的状况。分割面类似于医学人工智能研究者用的各种概念,以描述问题空间的划分。它们是暂时的假设,用于把问题中的信息分割成易于操控的子问题集,并提出一些可能的解决方案。分割面也按照它们的抽象层各不相同。诊断是包括和解释所有居于其下的层的一个分类层。最后,系统层是由有助于把诸如患者的种族背景这样的特别问题语境化的信息组成的。

## 4.4 医学认知

专业知识的研究是问题解决研究中最重要的范式之一。专家与初学者之间的比较给我们提供了探索表现行为方方面面的机会,这些行为表现的各方面都在经历着变化,而且促使了问题解决技能的提高(Lesgold,1984),它也允许研究者开发用于评估和训练目的的特定领域的能力模型。

这个方法的目标之一就是利用已经慎重开发了的实验室任务,根据用于理解、问题解决和决策制订的知识和认知程序来刻画出专家表现行为(Chi and Glaser,1981;Lesgold et al.,1988)。deGroot 对国际象棋的开拓性研究是对专家-初学者差异进行的最早的刻画之一。在他的一个实验里,允许被试者查看棋盘 5~10s,然后要求其凭借记忆复制出棋子的位置。国际象棋大师们可以以超过 90%的正确率再现比赛中的棋子位置,而初学者只能正确再现出差不多 20%的位置。当不按照正常的象棋比赛,把棋子随意地放在棋盘上,大师们的识别能力就赶不上初学者了。这个结果表明,优秀的识别能力不是出众的记忆力的作用,而是加强了的识别典型情境能力的结果(Chase and Simon,1973),这个现象可以通过一个叫做"组块"的程序得到解释。一个组块即指任意一个或一种熟悉了的反复出现的外在刺激,紧接着它会在记忆中被储存为一个小单元(Larkin et al.,1980)。知识结构的不同会造成主体对问题的理解不同,并决定了主体解决问题的策略。Simon(1978)在解决课本上的物理问题方面对初学者和专家进行了比较,结果显示,专家只用了初学者所需的 1/4 的时间就解决了问题,而且出现的错误更少。初学者解决大部分的问题是通过从未知问题解决方案向已知的问题陈述这样的反向过程,专家则是正向地从给出的材料来解决必要的方程式并判断出解决它们所需的量。不同层次专业知识的推理方向性的不同已经在从计算机编程(Perkins et al.,1990)到医疗诊断(Patel and Groen,1986)的各种领域中得到了证实。

专业知识范式贯穿了包括物理(Larkin et al.,1980)、运动(Allard and Starkes,1991)、音乐(Sloboda,1991)和医学(Patel et al.,1994)这些领域,大量编撰出的书籍提供了这些领域的广博的一般性综述。

专业知识研究集中在对象之间的差异,就记忆、推理策略,尤其是特定领域内的知识而言,他们的专业知识水平各不相同,该研究发现的有关专家的特征包括以下几点。

(1)专家能够理解而初学者不能理解的自己领域内各种大量的有意义的信息。

(2)他们能快速地处理问题,并具有发达的多种处理问题的技巧。

(3)他们对自己领域内的材料(如医学中的临床发现)有出色的短期和长期记忆,但不能超出自己的领域。

(4)他们通常都能够描述出自己领域内更深、更原则性的问题,而初学者只能表现出一种肤浅的表征。

(5)在解决问题前他们花更多的时间来评估,而初学者花更多的时间在解决方案上,在问题评估上花的时间却很少。研究发现,能够解释专家表现优势的关键因素是他们高度贯通的知识库。

(6)个别专家在表现这些特征时可能有实质上的不同(如对领域内材料的出色记忆)。

通常,一个人被定为专家是基于一定水平的表现的,就像国际象棋中的 Elo 评级;得到像在医学、法律或者工程领域一样要由专业特许机构出证,如在专业的学校的学位证书;或仅仅基于多年的经验或同行的估测(Hoffman et al.,1995)。然而,专家这个概念指的是在某一领域能力超群的个体(Sternberg and Horvarth,1999)。例如,有能力的表现者或许可以编码某一领域的相关信息,制订有效的行动计划,但他们往往缺乏我们在专家身上看到的速度和灵活性。一个领域的专家(如一个医学从业者)拥有一个广博的、随时可用的知识库,这个知识库按可实用的方式进行组织,并被调整到能够解决手头问题的方式。在医学专业知识的研究中,区别不同类型的知识是非常有用的。Patel 和 Groen(1991)区分了一般性的和特殊的专业知识,这个区别是由对显示推理策略和知识结构方面的准专家(即解决一个自己领域之外病例的专家医生)和专家(即领域内的专科医生)二者区别的研究支撑的。一般性专业知识是和贯穿于医学分支的专业知识(如一般性医学)相对应的。特殊的专业知识源于医学子域(如心脏病学或内分泌学)中的细节性的经验,一个人或许两个都能掌握,或许只有一般性专业知识。不同层次的专业知识在下面修订于 Patel 和 Groen(1991)的定义里将有所解释。

Layperson(门外汉):仅有某一领域的常识或日常知识,相当于一个纯真无知的人。

Beginner(新手):有一些领域所要求的先备知识。我们在这儿是依赖他们知识的等级和质量来区别新手的。例如,我们已经把他们分为初级的、中级的和高级的新手。

Novice(初学者):门外汉或新手,但是这个术语常用于指新手或刚刚进入某一领域或学科的个人。

Intermediate(中间者):比新手水平高,比准专家水平低。跟新手和门外汉一样,中间者也按照他们的训练水平反映为各种水平。

Subexpert(准专家):有该领域的一般性知识,但缺乏专业知识。

Expert(专家):有该领域的专业知识。根据他们的实践特性,我们也可以在医学专家中区分出医学从业者和医学研究者。

专业知识通常是按照一个不寻常的路线发展的。从初学者到专家的发展之路常被认为是一个不断积累知识和精确调整技术的稳定的过程。也就是说,当一个人越来越熟悉一个领域,他或她的行为层次(如准确率、质量)会逐渐地升高。然而,研究表明,这种假设通常是不正确的(Lesgold et al.,1988;Patel et al.,1994)。具有代表性的专家、中间者和初学者的研究已经表明,处于中间层次的人在一些任务上会比处于最低层次的人表现得还要差。另外,有大量存在已久的关于学习的研究表明,学习过程包括开始表现错误很多、随后表现稳定、最终到相对无错误的阶段。换句话说,人类学习不包括不断增长的知识积累和技术的精确调整。相反,它要求的是不断地学习、再学习和运用新知识的艰难过程,这个过程会被对知识掌握能力的不断下降和性能降低这一周期所打断。不过这可能是学习发生所必需的。图4.5展示了对这个被称为中间效应的学习和发展现象的说明。

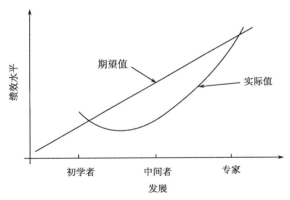

图4.5 中间效应的图示表征。直线表示的是通常假想的专业知识层次的绩效发展表征。曲线表示的是从初学者到专家的实际发展过程。y轴可以表示许多绩效变量中的任意一个,如犯的错误、回忆起的概念、概念阐述,或者各种任务产生的假设

中间效应已经在各种任务和大量的绩效指标中被发现。所用过的任务包括理解与解释临床问题、医生-患者间交流、回忆和解释实验室数据、产生诊断假设和问题解决。所用的绩效指标包括医学文本信息及诊断假设的回忆和推理、医生-患者互动中从患者身上得到的医疗发现的产生,以及对实验室数据的需求等。这个研究也已经确认了中间现象发生的发展层次,包括高年级医学生和住院医生。然而,需要注意的是,对于某些任务,这种发展是单调的,这很重要。例如,诊断准确率是逐级增加的,中间者比初学者高,专家又比中间者高。另外,当考虑到刺激和问题的相关性时,明显的无变化现象就会出现。例如,在回忆研究中,初学者、中间者和专家是按照他们回想起的命题总数来评估的,这一研究也显示了典型的无变化效应。然而,当命题按照它们和问题(如临床案例)的相关度被分开时,专家就比中间者和初学者回忆起了更多的相关命题,这就说明了对中间者来说区分相关和不相关是困难的。

在中间效应发生的阶段里,知识和技术的重组发生了,它以视角的转变或目标的重组或翻新为特征。中间效应部分也是由于意外的变化导致的,这种变化发生在个体重组预期的变化的时候。处于中间层次上的人们很典型地都可以形成大量的无关信息,好像不能识别哪些是相关的,哪些是不相关的。因此,中间效应可以解释为学习程序的一个机制,也许是学习的一个必经阶段。识别出中间效应涉及的因素可以帮助提高学习中的表现(如通过设计决策-支持系统或帮助使用者集中相关信息的智能辅导系统)。

然而在有些情境中中间效应消失了。Schmidt和Boshuizew(1993)报道说当文本阅读次数不够时中介回忆现象就会消失。如果只给很短的时间(大约30s)来看一个临床病例,初学者、中间者和专家回忆起这个病例的准确性逐级升高,这表明在有时间限制的条件下,中间者不能进行外部的探究。换句话说,没有时间压力的中间者会处理太多的无关信息,然而专家却没有。尽管中间者可能有很多合适的知识,但是这种知识没能得到很好的组织以达到有效的利用。直到这知识得到进一步的组织,中间者才更可能进行没必要的探究。

中间效应不是一次性的现象,相反,它反复地发生在学生或医生训练的战略点上,这些关键点之后是获得大量的新知识或复杂技术的阶段,这些阶段之后的间隔里表现会下降,直到达到新的掌握层次。

### 4.4.1 医学专业知识

医学专业知识的系统研究开始于40多年前Ledley和Lusted(1959)对临床问诊特性的研究。他们提出了一个两个阶段的临床推理模型:一个是假设-产生阶段,紧接着是假设-评估阶段,后一个阶段是最容易接受正式决定-分析技巧的。最初期的医学专业知识的经验研究可以追溯到Rimoldi(1961)和Kleinmuntz(1968)的著作,他们在模拟问题解决任务中通过对学生和医学专家的对比进行了诊断推理的实验研究。研究强调了专家医生有更大的能力来有选择性地处理相关信息,并缩小诊断的可能性(即考虑更少的假设)。

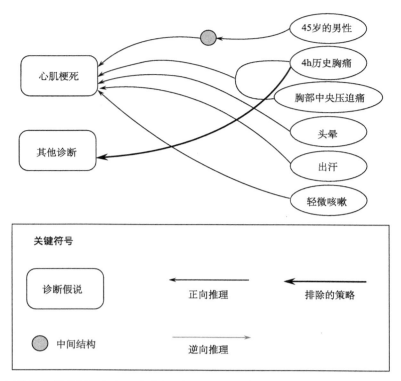

图4.6 一个医科新生做的问题阐释。患者问题的已知信息体现在图的右侧,新产生的信息在左侧;方框里的信息代表诊断假设。中间假设是用实心的黑色圆圈(填满的)表示。前进的或数据驱动的推理箭头是从左向右显示的(实心暗线)。后退的或设想驱动的推理箭头是从右向左显示的(实心明线)。实心黑色粗线代表排除的策略

医学思维现代研究的起源是与Elstein等(1978)的重要著作联系起来的,通过现代认知方法和理论,他研究了医生对于问题的解决程序,这个问题解决模型对医学认知和医学教育研究都有重大的影响。他们首次利用认知科学的实验方法和理论研究了临床能力。他们的研究发现引起了复杂的假说-演绎推理模型的发展,这个模型提出医生的推理是首先生成、然后测试一组假设来解释临床数据(即从假设到数据的推理)。第一,医生一旦获得第一批数据就产生了一小组假设;第二,在选择收集到的数据时他们仅集中在相关数据上;第三,他们利用诊断推理的假设-演绎方法。假设-演绎程序被认为有4个阶段:获得线索、产生假设、解释线索和评估假设。注意初始的线索可以引起一些精选假设的迅速生成。根据作者的说法,每一个线索对所生成的假设都可解释为积极的、消极的或无贡献的,他们不能发现优秀医生(按照他们同行的判断)和其他医生的差异(Elstein et al.,1978)。

以前的研究大都是在知识型任务里早期问题解决研究后定型的。医学很显然是一个拥有丰富知识的领域,而且需要一个不同的研究途径。利用医学人工智能里的知识表征模型,Feltovich等(1984)刻画出了儿科心脏病学领域拥有不同层次专业知识的受试者之间知识组织的详细区别。例如,初学者的知识被描述为"典型的集中",而且围绕着疾病类别的典型案例来构建。他们建立的疾病模型结构松垮、缺乏记忆中疾病类别共有特征的交叉引用。相反,在和有类似病征疾病的联系中,专家的疾病模型记忆储存出现了广泛的交叉引用,这些差别解释了被试者对诊断线索的推理和对相互矛盾的假设的评估。

以对复杂临床问题的病理生理解释为佐证,Patel等(1986)研究了心脏病专家的知识型问题解决策略。结果显示,正确诊断出问题的受试者采用了正向的(数据驱动的)推理策略——利用患者数据推向一个完整的诊断(即从数据向假想推理)。这和误诊或部分误诊患者问题的受试者恰恰相反。研究结果向Elstein等(1978)提出的假想-演绎推理模型提出了挑战,这个模型没有区别专家和非专家推理策略。

Patel和Groen(1991)在广泛的不同复杂度的背景中研究了临床推理的特性和方向性。研究项目的目的既是为了提升我们对医学专业知识的理解力,也是为了设计出更有效的方法来传授临床问题的解决方法。初学者和专家有区别地采用数据驱动和假想驱动的推理模式,这已确定。而且专家倾向于用数据驱动的推理,这种推理依赖于医生对关于患者疾病(包括一组一组的体征和症状)的高度组织的知识库的推理。由于初学者和中间者缺乏大量的知识或不能够区分相关和不相关知识,他们运用更多的是常导致非常复杂的推理模式的假想驱动推理(图4.7和图4.8)。专家和初学者推理方式不同的

现象表明他们解决医学问题时可能得出不同的结论（如决策和理解）。类似的推理模式已经在其他的领域发现（Larkin et al.，1980）。由于他们广博的知识库和高水平的推断，专家在推理时会很典型地跳过很多步。

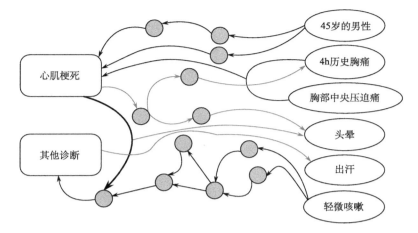

图 4.7　中间层次的医科学生的问题阐释

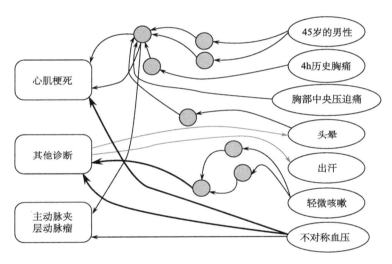

图 4.8　高等医科学生的问题阐释

虽然在临床行为中专家都很典型地运用了数据驱动推理，但这种推理方式有时也会行不通，因此专家必须求助于假想驱动式推理。虽然数据驱动推理非常有效，但若没有充足的专业知识，它则非常易于出错，因为对于个人的推理并没有内部校验来检验其合理性。纯粹的数据驱动推理只有在约束的条件下才能成功，如图4.9所示，个人对某一问题所具备的知识可以引起从起始问题陈述到问题解决这一个完整的链条。相反，假设驱动式推理慢一些，而且对工作记忆的要求很高，因为必须记录这些事情作为目标和假设，因此，当专业知识不充足或问题复杂时，常常用假设驱动式推理。假设驱动式推理常被用在缺少相关先验知识和对问题解决不确定的时候，就这方面而言，它是问题解决的"弱方法"的典型。在问题解决术语中，强方法和知识结合在一起，而弱方法指的是一般策略，在这种环境中，"弱"并不意味着无效。

研究表明，数据驱动式推理模式在病情复杂、对问题不熟悉和不确定性的情况下是行不通的（Patel et al.，1990）。数据驱动式推理行不通包括解释中出现"零散末端"，在这样的解释里某条信息仍然得不到解释和所有的解释分离。"零散末端"引发解释程序启动，比如，设想出一种疾病并用假想驱动式推理方法使"零散末端"适应它。"零散末端"的出现在人们为它们寻找解释的时候或许会促进学习。例如，一位医科学生或医生可能会在患者问题中碰到一种体征或症状，那么他就会通过搜索过去类似病例、阅读专门医学书籍或咨询领域内的专家来寻找可能解释这一发现的信息。

然而，在有些情况下，运用数据驱动式推理可能会导致沉重的认知负担。例如，当学生在训练如何运用问题解决策略时分给他们问题去解决，这种情况就会在认知资源上产生沉重的负担，缩减学生集中在这一任务上的能力，原因是学生必须在学习运用问题解决方法和学习材料内容之间分享认知资源（如注意力和记忆力）。现已

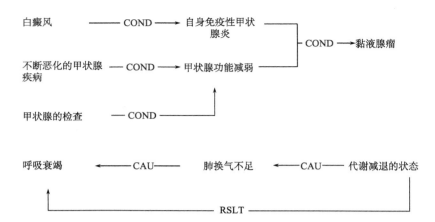

图 4.9 数据驱动式推理(由上而下)和假想驱动式推理(由下而上)的图示。从白癜风病的出现、不断恶化的甲状腺疾病的先在病史和对甲状腺的检查(图左侧的临床发现),医生向前推理得出黏液腺瘤的诊断结果(图右侧)。然而,呼吸衰竭这一与主要诊断不一致的异常发现,是在反向的过程中被解释为代谢减退的结果。COND 表示条件关系[canditional relation,CAU 表示因果关系(causal relation),RSLT 表示结果关系(resultive relation)]

发现,如果受试者运用了建立在应用数据驱动式推理基础上的策略时,他们就更能获得问题的概要。另外,还发现了一些与专家表现相关联的特征,如解决问题的步骤简化了。然而,如果被试者运用了假想驱动式推理策略,他们问题解决的表现就会很糟糕。

感知诊断在医学认知中也是一块很活跃的研究领域。许多的研究调查了不同层次专业知识上的医生对划伤上的皮肤的诊断。在一个分类任务中,初学者通过病灶部位的表面特征进行分类(如积垢型损伤),中间者是通过诊断,而皮肤科专家则是通过像反映潜在病理生理结构的病毒性感染这样的高级范畴来对其进行分类。提取问题潜在原则的能力被看成是否具有专业知识的重要标志之一,无论是医学问题解决还是在其他领域(Chi et al.,1981)。Lesgold 等(1988)调查了处于不同专业知识水平的放射科医师对胸部 X 光片的解释能力。结果显示,专家都可以很快地调出正确的概要并开始探查这种病的一般模式,得到大致的解剖病灶,缩小可能的解释。初学者要经历更大的困难来集中到重要结构上,而且尽管病史中出现互相矛盾的发现,他们更易于主张不正确的解释。

最近,Crowley 等(2003)采用了一个类似口语报告分析的方法来研究乳房病理学中专业知识的差别。结果显示,不同专业知识水平上的被试者之间的系统区别是和诊断的准确度及任务表现的各方面(包括显微镜检查、特征探测、特征识别和数据解释)相一致的。作者提出了一个视觉诊断能力模型,它包括有效搜索策略的发展、解剖定位的快速和准确识别、视觉数据解释技巧的获得和源于组织良好的知识库的明确的特征识别策略。

医学认知的研究在一系列的文章(Patel et al.,1994)和编撰的书籍(例如,Evans and Patel,1989)中都有概述。其他活跃的研究区域包括医学文本分析(已在指南的背景中讨论过)、治疗推理和生理系统的心智模型。

## 4.5 人机交互:认知工程法

计算的历史,说得更广泛些,人工器物设计的历史里充满了各种拥有超凡能力的强大器件的故事,这些东西对于设计者团队和他们之外的其他人都是完全不可用的。在《日常用品心理学》中,Norman(1988)描述了一连串设计不好的人工器物,从程控 VCR 到答录机和水龙头这些没有内在直观性且不容易使用的东西。与之类似,还有大量创新的和有前景的医学信息技术在实践贯彻当中毫无疑问地产生了次优的结果和用户深深的不满。至少,难懂的界面会导致陡的曲线和任务完成的低效率,最糟糕的是有问题的界面会对患者的安全产生很严重的后果(Lin et al.,1998;Zhang et al.,2002)(见第 9 章)。

十多年以前,Nielsen(1993)报道了大概 50% 的软件编码都是用在用户界面上的,而对研发者的调查研究表明,他们只有平均 6 个百分点的项目预算花在可用性评估上。考虑到图形用户界面(GUI)的无处不在,很可能现在一半以上的编码都用在了 GUI 上。换句话说,过去 10 年里可用性评估得到了很大提高。大量的文本都用来促进有效的用户界面设计(Schneiderman,1992),而且强调用户体验的重要性已经得到了消费者及信息科技生产者的广泛承认(见第 11 章),部分原因是,可用性已被证明是极具成本效益的。Karat(1994)报告说,公司在产品可用性上每一美元的投资都会收到 10~100 美元的收益。产品投放市场后再解决问题比在初期设计阶段解决要花费的多得多。在我们看来,医学信息技术的可用性评估在过去 10 年中的表现已经得到了相当程度的发展。可用性这个概念,以及衡量和提升它的方法工具现在已是"计算文化中的试金石"了(Carroll,2002)。可用性方法已被用来评估广泛的医学信息技术,包括输液泵(Dansky et al.,2001)、呼吸机管理系统、医嘱录入(Ash et al.,2003)、肺部图形显示(Wachter et al.,2003)、信息检索系统和医生的网络研究环境(Elkin et al.,2002)。另外,可用性技术还越来越多地被用来评估以患者为中心的环境(Cimino et al.,2000),方法包括观察、小组讨论、调查和实验。所有这些研究共同为这类研究中使用的工具在提高效率和用户接受度及推动与当前工作流程和实践相对无缝的集成方面的价值提供了令人信服的理由。

可用性意味着什么呢?Nielsen(1993)提出可用性包括下面的5个特征。

(1)易学性:系统应相对地容易学。

(2)有效性:经验丰富的用户可以实现高水平的生产力。

(3)可记忆性:一旦学习后,系统支持的特征应容易记住。

(4)错误:设计的系统应最大限度地减少错误并支持错误检测和恢复。

(5)满意:用户体验应是主观上令人满意的。

这些特征已经产生了各种可用性评估方法,如启发式评估(Nielsen,1994)。启发式评估是一种可用性检验方法,它在一套有效的设计原则基础上对系统进行评估,如系统状态可视性、用户控制和自由度、一致性和标准、灵活性和使用效率。这种方法体现了一种哲学,它强调设计和表现复杂性上的简化和功能性。Zhang等(2003)用修改后的启发式评估方法测试了两个输液泵的安全性;他们在安全度不同的两个泵中发现了大量的可用性评估结果,他们的结果显示其中一个比另一个可能产生更多的医疗错误。

尽管可用性研究不断增多,但对可用性系统的设计和发展仍存在着巨大的挑战。这在Cedar Sinai医学中心最近发生的事件中可以得到证实,该中心决定在仅仅实施几个月后暂停使用基于计算机的医嘱录入系统。医生抱怨说,这个本是设计用来减少医学错误的系统危害了患者安全,占用太多时间且不容易使用(Benko,2003)。另外一个例子,我们一直在研制一个基于计算机的心理健康病历系统(CPR),这个系统相当综合,而且支持一系列广泛的功能和用户群体(如医生、护士和行政人员),然而,临床医生发现这个系统用起来异常地困难和消耗时间。这个界面建立在一个形式隐喻(或模板)上,而不是以用户或任务为中心。该界面出于管理的目的强调的是数据录入的完整性而不是临床交流的简易性,而且并不是最优的用来支持患者护理的设计(如有效的信息检索和有用的汇总报表)。总之,这个系统的功能并没有容易、有用地被用于改善人类行为。我们会在下一节里进一步讨论电子健康病历这一话题。

技术创新保证可用性和界面设计将会是一个永恒的活动目标。另外,当健康信息技术跨越了数字鸿沟进入了人类(如老年人和文化水平低的患者群体),则需要考虑新的界面要求。尽管评估方法和设计指南做出了重要的贡献,但还是需要有一个科学的框架来理解用户交互的特性。人机交互是一个致力于可用性研究和实践的多方面学科。人机交互已经作为计算机科学研究和发展,以及应用行为和社会科学的一个中心区域涌现出来了(Carroll,2002)。

人机交互催生了一个专业方向,它关注对技术应用软件的整合和评估以支持人类活动的实际问题。还有一些活跃的人机交互学术团体为计算科学的进步作出了重要贡献。人机交互研究者已致力于发展创新性的设计概念,如虚拟现实、普适计算、多模式接口、协作工作空间和沉浸式环境。人机交互研究在转化软件工程程序朝着更加以用户为本的迭代系统(如快速原型设计)发展方面也有帮助作用。人机交互研究主要与计算体验的认知、社会和文化方面有关。在这一点上,它和发展分析框架是相关的,这个框架描述技术如何通过广泛的任务、背景和用户群体来得到更有成果的利用。

Carroll(1997)把人机交互的历史追溯到了20世纪70年代软件心理学的诞生,是一种理解和推动软件设计的行为研究。人为因素、人机工程学和工业工程学的研究沿着平行的轨道追求这些相同的目标。在20世纪80年代初期,Card等(1983)把人机交互想象成进行认知科学研究和深化认知科学理论发展的实验平台。GOMS建模方法是这一计划的直接产物,它是一个非常强大的预测工具,但它局限在对常规技能和专家表现的分析里。许多医学信息技术如医嘱录入系统,都使用了复杂的认知技能。

近些年,人机交互研究开始出现了大量新的理论框架、设计理念和分析焦点"爆满"的现象(Rogers,2004)。尽管我们认为这是一个令人兴奋的发展,但这也导致了一定的科学破碎化(Carroll,2003)。我们自己的研究是建立在认知工程框架下的,这个框架对于评估和指导用以支持人类行为的计算系统设计的原则、方法和工具发展来说是一个跨学科的方法(Roth et al.,2002)。在支持人类行为方面,焦点是在认知功能上的,如注意力、感知、记忆、理解、问题解决和决策制订。这个方法集中关注的是对认知任务的分析和人类认知系统强加的处理约束。

认知工程模型通常是建立在与系统交互的循环模式基础上的,这个模式包含在Norman 7个阶段的行为模型中(1986),如图4.10所示。行为周期以一个目标开始,如检索患者的健康记录,这个目标是抽象的而且独立于任何一个系统。在这样的背景下,让我们假定临床医生既可以利用纸质病例,也可以利用电子病例。第二个阶段涉及意图的形成,在这个例子中可能就是指在线检索病例,意图产生了行为顺序的详细说明,它可能包括登录到系统(它本身就可能需要几个行为)、利用搜索装置检索信息,输入患者的健康记录号或者一些其他标识信息。这些都会导致一个具体的行为产生,它可能由几个必需的行为构成。系统以某种方式做出反应(没有反应也是一种反应),用户可能会也可能不会感受到系统状态的改变(如系统不提供等待状态的指示器)。被感受到的系统反应必须得到解释和评估来判断目标是否已经实现,又将判断出用户是否成功或替代方案是否需要。

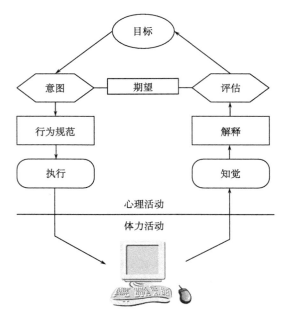

图4.10　Norman 7个阶段的行为模型

复杂任务会涉及大量子目标的嵌套,包括主要目标实现前必要的一系列行为。对一个有经验的用户来说,行为周期似乎是完全地无缝,然而,对新用户来说,该过程可能会在7个阶段的任意一个上崩溃。执行断层反映了用户目标和意图与系统支持的各种行为之间的不同。用户可能不知道正确的行为序列或界面没有提供必要的特征来使这些顺序透明易学。例如,很多系统在基本选择做出后要求目标完成行为,如按"Enter"键,这就是一个混乱的根源,尤其是对新用户来说。评估断层反映了用户能够解释系统状态和判断出他们的期望被实现到如何的程度。有时候很难解释状态转换并判断出是否到了正确的位置。需要多重状态或屏幕切换的目标更易于给用户带来困难,尤其是当他们在学习这个系统的时候。连接断层既涉及对系统设计进行修改,也涉及训练用户更好地提高利用系统资源的能力。

断层部分是由设计者的模型和用户的心智模型的差别引起的。设计者模型是系统的概念模型,部分是基于对用户群体和任务要求的估算(Norman,1986)。用户的心智模型是通过与相似系统的相互作用和理解行为(如点击一个链接)如何产出可预见的和期望的效果发展起来的,可对屏幕上的对象进行操控的用户图形界面,是为了缩小用户和设计者之间的差距。像大多数的医学信息技术一样,在包含大量功能的更加复杂的系统中,这种差距更难缩小。

Norman的行为理论导致了(或在某种情况下加强了)对健全的设计原则的需要。例如,系统状态对用户应是明晰可见的。在行为(如单击按钮)和作为系统状态反映出来的行为结果(如屏幕切换)之间需要提供良好的映射。设计精良的系统同样也会提供源源不断的、足够的反馈,这样用户就可以知道是否已经实现了期望。

这个模型还报告了一系列认知任务分析的可用性评估方法,如认知走查(Polson et al.,1992)。人类表现的研究是以对任务的信息处理要求和完成任务所需要的各种专业知识的分析为基础的,这种分析常被称为认知任务分析。其原则和方法可被用于一系列广泛的任务中,从书面指南的分析到电子健康病历系统的研究。一般的任务需要相似的认知要求,并有涉及类似推理方式和推论模式的通用基础结构。例如,医学中的临床任务包括诊断推理、治疗推理和患者监护与管理。住院患者医嘱录入任务可以利用书面医嘱或各种基于计算机的医嘱录入系统中的一个来完成,传输患者入院医嘱的基本任务也是一样的。然而,特定的执行会严重影响任务的执行。例如,一方面,系统会消除对多余条目的需要,大大加速过程的进行;另一方面,它会引入不必要的复杂性,导致执行结果不是最优的。

认知走查(cognitive walkthrough,CW)是一种已被用于一些独特的医学信息技术的可用性和易学性研究的认知任务分析方法(Kushniruk et al.,1996),目的是刻画用户完成任务的认知过程,涉及识别完成所给任务所需要的行为序列和目标。程序的特定目标是判断用户背景知识和界面所产生的线索是否足够生成完成任务所需要的正确的目标-行为序列。这个方法想要识别出潜在的可用性问题,因为这些问题可能阻碍任务的圆满完成,或者带来可能导致用户失败的复杂性。这种方法由分析师或分析师小组来完成,他们"走查"要实现某一目标所必须采取的行为序列,不管是行为的或物理的动作(如鼠标点击),还是认知行为(如完成物理行动所需要的推理),这些都是要编码的。支撑这一方法的基本设想是所给任务有个可指定的目标-行为结构(即用户的目标能被转换成指定行为的方法)。像在Norman的模型里,每一个行为都会产生一个会被充分注意的系统反应(或者是没有反应)。

认知走查方法假定循环交互模式是先前描述过的。分析的代码(包括目标)可以分解成一系列的子目标和行为。例如,打开Excel电子表格(目标)可能会涉及找到桌面上的图标或快捷方式(子目标),双击这个应用程序(行为),我们也可以刻画出系统反应(如屏幕的改变、值的更新),并尝试找出潜在的问题。下面用一个人从自动取款机里取钱的部分走查来说明。

目标:从账户里取80美元现金
(1) 行为:插卡(屏幕1)
　　⇒系统反应:输入个人识别号码(屏幕2)
(2) 子目标:理解提示并输入号码
(3) 和(4)行为:在数字键盘上输入个人识别号码并按Enter键(按屏幕旁靠下的白键)
　　⇒系统反应:需要打印交易记录吗?

2个选项:是或否(屏幕3)
(5) 子目标:决定是否需要打印记录
(6) 行为:按"无需打印"旁的键
⇒系统反应:选择交易-8(屏幕4)
(7) 子目标:从快汇和取现中选择一项
(8) 行为:按"取现"旁的键
⇒系统反应:选择账户(屏幕5)
(9) 行为:按"支票账户"旁的键
⇒系统反应:输入20倍数的金额(屏幕6)
(10) 和(11)行为:在数字小键盘上输入80,选择"确认"

自动取款机的走查表明了从自动取款机里取钱的程序需要至少8个行为,5个目标和子目标及6次屏幕转换。总之,减少完成任务所需要的行为是值得期待的。另外,多次屏幕转换更易迷惑用户。我们已经采用了一个类似的方法来分析一系列广泛的医学信息技术的复杂性,包括电子健康记录、家庭远程照护系统和重症监护中使用的输液泵。认知走查过程强调连续的过程,而不像问题解决,包含完成一个基于计算机的任务。认知走查的焦点更多的是放在程序上而不是显示的内容上。在4.5.1这一节里,我们解决外部表征问题并阐述它们是如何区别地塑造任务行为的。

### 4.5.1 外部表征

外部表征,如图像、图形、图标、可听音、带符号文本(如信和数字)、形状和纹理,都是重要的知识源泉和交流及文化传承的方式。信息处理认知的传统模型认为外部表征只是对大脑的输入(Zhang,1997a)。例如,视觉系统会在展示中处理信息,这种展示作为对认知系统的输入被用于进一步的处理(如皮肤病病变分类),其产生了从记忆中检索出来的知识,导致了决策或行为的产生,这些外部表征作为一种刺激被系统内化(如被记忆)。艰难的工作是由大脑这个器官做的,它开发了一个对外部世界信息的内在拷贝并将其储存在心智表征里。恰当的内在表征就可以在需要的时候检索到了。

这个观点在近几年已发生了相当大的变化。Norman(1993)争论道,外部表征在强化认知和智力行为当中发挥着决定性的作用。这些持久性的表征(至少是看得见的)存在于外部世界而且可以不断地用来扩大记忆、推理和计算。我们来看一个简单的涉及用纸和笔的多位数乘法的例子。首先,想象一下不依靠任何外部帮助计算37×93。除非你异常地擅长这种计算,否则这样的计算会立即对工作记忆产生极大的压力。你必须进行一系列的运算,还要在工作记忆中保留部分结果(如3×37=111)。现在想想如下图所示的利用笔和纸的情况:

```
      3 7
    × 9 3
    ─────
    1 1 1
    3 3 3
    ─────
    3 4 4 1
```

这个人把关于符号(即数字和它们的位值)、算术运算符和加法及乘法表(使从记忆中查表成为可能)意义的知识加进任务中。外部表征包括符号的位置、临时计算的部分结果和它们的空间关系(即行和列)。通过在脑外保存部分结果,视觉表征拓展了个人的工作记忆(Card et al.,1999)。不依赖认知援助,计算很快会被计算机阻止。计算卸载是支持分布式认知的中心论点,分布式认知是4.5.2节的主题。

大家都明白,并不是所有的表征对给定任务和个体都是平等的。表征效应是一个证据充分的现象,在它里面同一个抽象结构的不同表征对推理和决策制订都有一个重要的影响(Zhang and Norman,1994)。例如,不同形状的图形显示对一些特殊任务多少是有效的。一个简单的例子就是对于算术(如37×93)来说阿拉伯数字比罗马数字(XXXVII×XCIII)更有效,尽管它们的表征或符号是同构的。同样,数字钟可容易地读取以准确判断时间(Norman,1993),而模拟钟可以提供一个界面,使你更容易地判断时间间隔(如花费的时间和剩下的时间)而不用计算。Larkin和Simon(1987)论证道,有效的显示可以通过允许用户用感知运算(即认知程序)来代替费劲的符号运算(如记忆检索和计算密集型推理)这一方式来促进问题解决,而且这样的显示可以减少花在搜索关键信息上的时间。研究表明,不同形式的图形表征,如图形、表格和列表,可以显著地改变决策制订的策略(Kleinmuntz and Schkade,1993;Scaife and Rogers,1996)。

医药处方是这方面的一个让人感兴趣的例子。在美国,慢性疾病困扰了1亿多人,他们当中的许多人遭受多重的折磨而必须坚持复杂的医药治疗方案。各种各样的药丸形成体和助忆手段被设计出来促使患者服从。尽管这些有一定作用,但是患者仍很难遵照医生开的处方。下面的处方是给一个患轻微中风的患者的(Day,1988 cited in Norman,1993)。

Inderal——每日3次,1次1片

Lanoxin——每日上午1片

Carafate——饭前和睡前吃1片

Zantac——每12h吃1片(1天2次)

Quinaglute——1天4次,1次1片

Coumadin——1天1片

医生的处方简单明了,药剂师可以容易地凭此配药。然而,药物清单并没有帮助患者决定在一天的特定时间吃什么药。一些计算、记忆检索(如6h前我吃过了最后一剂Lanoxin)和推论(如果离家几个小时要带什么药),这些对做出决定都是很必要的。Day提出了一个可供选择的列表表示法(表4.3)。

在表4.3这个矩阵表示中,所有的项是通过时间(列)和药物(行)组织起来的。患者可以按时间或药物轻松浏览清单。一个表达的简单变化就可以把一个认知上繁重的任务转变成有助于搜索(如我什么时候吃Zantac)和计算(如晚饭时吃什么药)的更加简单的任务。

表 4.3　药物的列表表示

| | 早餐 | 午餐 | 晚餐 | 就寝时间 |
|---|---|---|---|---|
| Lanoxin | X | | | |
| Inderal | X | X | X | |
| Quinaglute | X | X | X | X |
| Carafate | X | X | X | X |
| Zantac | | X | | X |
| Coumadin | | | | X |

资料来源：Adapted from Norman(1988)

表格能支持快速简单的查找，体现了严谨、有效的表征设计，然而，特定的外部表征可能只对某些用户有效，对其他人则没有。例如，看图表需要一定的识数能力，它超出某些只接受过最基本教育的患者的能力。Kaufman等(2003)对 IDEATel 家庭远程医学系统(Shea et al.,2002;Starren et al.,2002)进行了认知评估，特别集中在系统可用性和可学习性，以及富有成果地使用系统所必需的核心竞争力、技巧和知识。介入的焦点是家庭远程医疗单元(HTU)，它提供下面这些功能：①与护理负责人之间同步的视频会议；②手指针刺葡萄糖和血压读数的电子传输；③给医生和护理负责人的电子邮件；④对临床数据的回顾；⑤获取基于网络的教育资料。可用性研究显示了阻碍最佳的获得系统资源的界面范围。另外，我们发现了对应于感知-运动技巧、系统心智模型和健康素养的重大障碍，其中一个最引人注目的发现就是一些患者在处理数字数据时遇到的困难，尤其是当这些数据通过表格形式表现出来的时候。一些患者缺乏对相关变异的抽象理解，以及它如何在表格形式（即单元格和行）中被表示成功能关系，如图 4.11 所示。还有其他的人很难把血压检测仪界面上显示的值和表格形式（收缩压/舒张压）中的精确显示对应起来。常见的监测设备可以提供很容易的读数，患者可以容易地做出正确的推论（如心脏舒张压比平时高）并采取正确的措施。然而，在解释表格里相同的值时，一些患者很难分辨出反常或异常结果，即使这些值通过标记为彩色的方式呈现出来。监测葡萄糖和血压值包括数日、数周甚至数月的识别模式。

| Date | Time | Glucose | Blood pressure |
|---|---|---|---|
| 7/23/02 | 7:20 AM | 135 | 144/82 |
| 7/23/02 | 6:52 PM | 163 | 154/100 |
| 7/24/02 | 6:30 AM | 145 | 161/134 |
| 7/24/02 | 7:08 PM | 166 | 152/88 |

图 4.11　血压检测器与 IDEATel 表格之间的映射值

结果表明，即使是更加有素养的患者在有限的时间里也是很难做出推论。在注意读数是不是在它们的正常范围或期望范围内时，他们更倾向于关注离散值（即单一读数）。但至少在一个例子中，表征的问题似乎是和表征的介质有关，而不是表征的形式，该例子为：一个患者经历了很大的困难来读计算机显示器上的表格，但他坚持每天用相似的表征方法来写日记。

指令可以体现在一系列的外部表征中，从文本到程序单到解释步骤的图解。每天，这些非专家都会被召集去在各种领域里服从指令（如完成收入所得税表、配置并使用 VCR、第一次做吃的东西或者解释医学指令），在这些领域当中正确地处理信息是合理的运行所必需的。对这些例子中的书面信息的理解涉及定量和定性推理，以及对应用程序领域最低限度的熟悉。就这一点，没有哪个地方会比在非处方药标签的情况中更加明显、关键，对它的正确理解需要用户把最小的数量公式转变成定性的而且常常是复杂的程序，与使用治疗药物有关的错误是医学错误中最常见的。

服药说明中的剂量计算是非常复杂的。看一下下面的非处方止咳糖浆的服用说明。

在一瓶黄色的柠檬味的好喝的糖浆中，每一茶匙(5ml)包含 15mg 的氢溴酸美沙芬 U.S.P.。

成人剂量：每日 3～4 次，每次 1～2 茶匙。

儿童剂量：按体重 1kg 用 1mg 药，并分成 3～4 次的剂量。

如果你想给一个 22 磅的孩子 1 天服 3 次药，并且想知道剂量（图 4.13），就应该像下面这样计算：

$22lbs \div 2.2lbs/kg \times 1mg/kg/day \div 15mg/tsp$
$\div 3does/day = 2 \div 9tsp/does$

Patel 等(2002)研究了 48 位普通受试者对这一问题的反应，大部分参与者(66.5%)都不能正确计算出适合剂量的止咳糖浆。即使计算正确了，受试者还是不能判断实际中要给的量，且是否拥有文化或教育背景没有显著性差异。一个中心的问题是设计者关于医药文本和要遵照的程序的概念模型与用户一定情景的心智模型之间存在着不容忽视的不协调。

图表是我们日常在交流、信息存储、计划和问题解决中使用的工具。图表表征不是交流观点的新手段了。很显然，它们和拓宽思维的科学工具和文化发明一样有很长的历史。例如，最早的地图、地理位置的图形表征都可以回溯至几千年前。"一幅画等值于十万字"被认为是中国古代的谚语(Larkin and Simon,1987)。外部表征一直是存储、聚合和交流患者数据的重要方式。对信息显示的心理学研究同样也有很长的历史，可以回溯到开始于 20 世纪之交的格式塔心理学家们。他们创造了一套描述我们如何在可视图像中看到模式的模式感知法则(Ware,2003)。例如，接近法则阐述了附近的可看见的物体都已在感知上被分了组。对称原则表明对称的物体更容易被感知。

图形用户界面的进步提供了一系列广泛的、新颖的外部表征。Card等(1999)把信息可视化定义为"对抽象数据的计算机支持的、交互式的、可视的表征的利用,以加强认知"。医学数据的信息可视化是一个活跃的研究和应用领域(Starren and Johnson,2000;Kosara and Miksch,2002)。医学数据包括简单的数据元素和更加复杂的数据结构。表征也可以被数字的(如实验室数据)或非数字的信息(如症状和疾病)表现出来。可视表征可以是静态的,也可以是动态的(随着附加的时间数据变得可用而改变)。电子健康病历需要包括一系列广泛的数据表征类型,包括数字的和非数字的(Tang and McDonald,2001)。电子健康病历数据表征被不同的用户广泛地用于临床、研究和管理任务中。医学成像系统被用于一系列的目的,包括视觉诊断(如放射学)、评估和计划、交流和教育及训练(Greenes and Brinkley,2001),这些表征的目的是以二维或三维的形式显示和操作数字图像,从而揭示解剖学结构的不同侧面。患者监控系统利用了静态的和动态的(如连续观察)表征来描述生理参数,如心跳、呼吸频率和血压(Gardner and Shabot,2001)(见第17章)。

最近,患者监控系统已经成了一些人类因素研究的主题(Lin et al.,1998,2001;Wachter et al.,2003)。Lin等(1998)评价了患者控制的镇痛泵的界面,它产生了一些用户使用的错误,结果导致一些患者的死亡。他们发现初始的显示给任务带来了大量的认知复杂性,而忠于人类因素原则的重新设计后的界面显著地产生了更快、更简单、更可靠的表现。

信息可视化是生物信息学研究,尤其是与基因序列和校准相关的研究中的一个重要区域。工具和应用程序正被高速地生产出来。虽然这样的模型系统很有前途,但是由什么可构成一个针对特定任务的可用界面,我们知之甚少。什么样的能力和必备的技巧是有效利用这些表征所必需的?认知方法和理论有一个重要的机会在这一领域可以发挥指导性作用。

总之,只需较少的认知学研究,就可以找到不同的、具有影响性能的医学数据。然而,已有一些努力来发展医学数据表征的类型学。Starren和Johnson(2000)提出了一个数据表征的分类法。他们描绘了5个主要级别的表征类型,有列表、表格、图形、图标和生成的文本。每一种数据类型都有特别的测度属性(如有序测度对分类数据很有用),而且不同程度地适合不同种类的数据、任务和用户。作者提出了一些标准来评估一个表征的效力,包括:①等待时间(用户在表征信息的基础上回答一个问题所花费的时间);②准确性;③紧密性(表征需要的相对的显示空间)。

人们需要进一步的研究来探索不同形式的外部医学数据表征的认知结果。例如,与线形图相比,从表格表征里更容易得到什么推论?表征中的对象配置如何影响反映时间?我们将在下面的章节里思考一些关于指南和电子健康病历界面的相关问题。

目前,信息可视化计算方面的进步已经超出了我们懂得如何就某些任务最有效地利用这些资源的范围,然而,我们要更好地理解外部表征增强认知的方式。Card等(1999)提出了六大方式。

(1) 通过增加记忆。

(2) 通过处理用户可以获得的资源(把认知任务卸载到显示器上)。

(3) 通过减少对信息的搜索(有策略地对数据分组)。

(4) 通过利用视觉表现来加强对模式的探测。

(5) 通过利用知觉注意力机制来监控(例如,往需要及时关注的事件上吸引注意力)。

(6) 通过在可操作的介质中给信息编码(例如,用户可以选择不同的可能的视角来强调利息的变量)。

### 4.5.2 分布式认知与电子健康病历

在这一章中,我们已经考虑到了信息处理认知的一个经典模式,在这个模式中,心智表征传递所有活动并构成分析的中心部分,该分析着重强调了一个人如何制订对外部世界的内部表示。为了说明这一点,想象一个文字处理软件专家用户,他可以毫不费力地通过键命令和菜单选项的组合完成任务。通过暗示该用户已形成了一个8个菜单中每个菜单的布局结构的图像或图式,每次执行一个命令时,这个用户都能凭记忆检索到该信息,传统的认知分析可以解释这一技术。例如,如果目标是"插入剪贴画图标",用户只会记得这归属图片名下,它是"插入"菜单的第9项,然后执行该操作,从而实现该目标。但是,在这种情况下还有一些问题。迈耶斯等(1988)的研究表明,即使是高度熟练的用户也可能记不得菜单头的名称,但他们仍可以照常做出快速而准确的菜单选择。结果表明,很多甚至是大多数用户,依靠显示中的线索可以触发其做出正确的菜单选择。这一结果表明,"显示"在图形用户界面中起控制交互的核心作用。

近年来,传统的信息处理方式,因其片面强调孤立的、个人的、理性的或认知的过程已受到批评。在4.5.1节中,我们考虑了外部表征与认知活动的关联。新兴的分布式认知(distributed cognition,DC)观点给我们提供了更深远的选择。分布式认知观点表现出认知学习中从个人的唯一财产到被"延伸"为跨群组、物质和文化的转变(Suchman,1987;Hutchins,1995),这一观点正日益获得认知科学和人机交互研究的认可。人机交互研究的分布式方法中,认知被认为是协调分布式内部(即知识)表征和外部(例如直观显示、手册)表征的过程。分布式认知有两个查询中心点;其一是强调认知固有的社会及协作本性(如新生儿监护病房中的医生、护士及技术支持人员共同促成了决策的过程);其二描绘了技术或其他器物在认知过程中的媒介作用的特征。

分布式认知观点反映了一类观点,这就是认知研究中分析单元是什么。让我们首先考虑一个与传统信息处理模式更加大相径庭的模式。Cole 和 Engestrom(1997)建议,分析人类行为研究的自然单位是活动系统,该系统包括个人之间的关系和他们与周围环境——"文化环境"的关系。包含个人、个人团体和技术的系统可以被视为单一的、不可分割的分析单位。Berg 是医疗信息学领域社会技术观点的主要倡导者,他(1999)认为,"工作实践可以概念化为人、工具、组织惯例、文件等组成的网络"。紧急病房、门诊、产科或妇科被视为是人类和事物相互关联的集合,其职能主要是向患者提供护理服务。Berg(1999,第89页)接着强调,"构成这些网络的元素不应视为是离散的、界限清晰的、具有预先设计特色的实体"。

Berg 认为,信息系统的研究必须拒绝那种割裂个人与集体、人与机器,以及信息技术的社会和技术层面的方法。在对分类系统、标准及它们的意外后果的社会结构的深层剖析中,Bowker 和 Starr(1999)采用了类似的理论概念。虽然有令人信服的理由使我们适应那种强大的社会分布式的办法,但是我们更加赞成一个较为温和的观点,即认为一个人的心智表征和外部表示都应给予认知过程中作为有利工具的认可(Patel et al.,2001,2002)。这与分布式认知框架一致,该框架包含了作为认知媒介的外部表示的向心性,而且考虑了个人内部表示的重要性(Perry,2003)。

技术起到的媒介作用可以从个人到组织的几个分析层面上进行评估。无论是基于计算机还是另一种媒介器物的技术,都转变着个人和群体的思考方式。它们不只是增大、提升或加速性能,尽管某一特定技术可做到所有这些事情。因此,它不仅仅是一种量变,而且也是一种质变。

在一个分布式世界中,个人会成为什么样的?如果我们适应一个有力的社会分布式框架,个人是一个更为庞大的集体实体的一部分。个人知识或能力的变化在很大程度上处于分析的次要的地位和边缘。不过,我们认为,重要的是要了解技术是如何促进个人持久地变化的。Salomon 等(1991)在考虑个人绩效中技术的媒介作用时引入了一个重要区别,那就是与技术有关的影响和技术的影响。前者关注的是用户通过技术装备展现的性能的变化。例如,当使用一个有效的医疗信息系统,医生应该能够更加系统地、有效地收集信息。有了这种能力,医疗信息技术可能减轻与给定任务有关的一些认知负荷,并允许它们专注于高层次的思考技能,如诊断假设的产生和评估。技术的影响是指一般认知能力(知识和技能)中的持久变化作为其与技术发生交互作用的结果。随后在电子病历系统(见第 12 章)的持久影响的背景下阐明了这一影响。《医学人工智能》特刊中关于分布式和协作式认知有对这一问题更为广泛的讨论(Patel,1998)。

在我们的几个研究中(Kushniruk et al.,1996),采用一个笔控型电子健康病历系统建立临床信息档案(DCI)。通过使用笔或计算机键盘,医生可以直接往电子病历中输入信息,如患者的主诉、既往病史、现病史、化验结果和鉴别诊断。鼓励医生使用该系统,同时收集患者数据(如在面诊中)。临床信息档案系统采用了一个国际疾病分类第 9 版词汇标准的扩展版本(见第 7 章)。该系统允许医生记录患者的鉴别诊断、化验顺序及药物处方等信息,它还以一个综合的电子版形式提供默克手册、药物治疗的专题论文和实验室化验信息等辅助型参考信息。该图形界面提供了一套高度结构化的表现临床问题的资源,如图 4.12 所示。

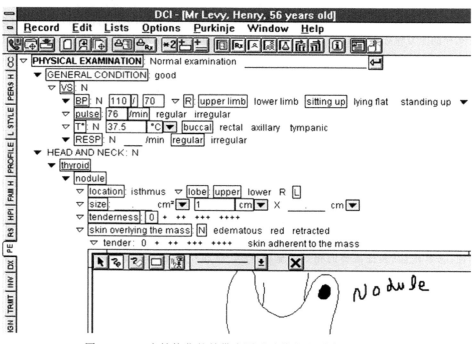

图 4.12 一个结构化的并带有图形功能的电子病历的展示

$$\frac{1\text{mg of medicine}}{1\text{kg of body weight}} \times 22\text{lb} \times \frac{1\text{kg}}{2.2\text{lb}} \times \frac{1}{\text{total daily dose in milligrams}} = \frac{10}{15}\text{tsp} = \frac{2}{3}\text{tsp}$$

$$\frac{2}{3n}\text{tsp n times daily(where n=3)} = \frac{2}{3\times 3}\text{tsp. 3 times daily} = \frac{10\text{kg}}{15\times 3 \text{ times daily}} = \frac{2}{9}\text{tsp. 3 time daily}$$

图 4.13 一个 22 磅孩子的非处方止咳糖浆单剂量的计算

我们已经在实验室为基础的研究（Kushniruk et al., 1996）和在实际临床环境（Patel et al.,2000）中对该电子病历的使用做了研究。该实验室的研究内容包括模拟医生与患者访谈。我们观察到互动状态下两种不同的电子病历使用模式：一种是主体以假设为前提从患者身上获取信息；另一种电子病历展示的应用为向患者的提问提供指导。在屏幕驱动的策略中，临床医生使用按检查结果依次出现在屏幕上的次序的结构化的清单来得出一些信息，这一系统的所有有经验的用户似乎在他们的实践中这两种战略都采用。

一般来说，一个屏幕驱动的策略可以通过减少因信息收集目标产生的认知负荷来增强其性能，并允许医师向检验假设及做出判断分配更多的认知资源，同时这种策略是对一定意义上自满的一种鼓励。我们认识到该屏幕驱动策略既行之有效又无效。一个相对有经验的用户会自觉地使用策略去构建信息采集的进程，而一个初学者用户很少会有区别地加以对待。这种屏幕驱动策略在使用过程中，初学者几乎会提取模拟患者环境中的所有相关的调查结果。不过，初学者也会提取到众多不相干的调查结果并做出不正确的假设。在这种特定情况下，这个主体变得更加依赖于技术，并且很难将主体自己的假设用于指导信息的收集或施加于诊断推理过程。

使用不同的策略是利用技术产生的媒介影响的证明。Patel 扩展了这类研究，他研究了在糖尿病临床中使用相同的 EHR 系统的认知学结果，这项研究考虑过下面一些问题（Patel et al.,2000）。

（1）医生使用电子病历时是如何管理信息流的？
（2）医生用纸质文件和电子病历系统组织及传达信息的方式有什么不同？
（3）使用电子病历系统是否对知识表征和临床推理有长期的、持久的影响？

其中一项研究的重点是对作为使用该系统的一个功能的单一主体中知识组织变化的彻底的描写。

这项研究首次比较了 10 对相匹配的（变量为年龄和疾病种类）患者病历的内容和结构，医生使用的分别是电子病历系统和纸质患者病历。使用过该系统 6 个月后，要求医生在接受下 5 位患者时只能手写纸质病历。

这一结果表明电子病历包含了与诊断假设相关的更多的信息。另外，发现信息的结构和内容与一些特殊媒介结构化表征是一致的。例如，发现电子病历包含更多有关患者既往病史的信息，表明了界面的查询结构。纸质记录似乎能更好地按时间顺序保留患者问题的演变过程的完整性，而这些恰是电子病历所没有的。也许，最引人注目的发现是，使用电子病历系统 6 个月后，医生纸质记录的结构和内容与此前没有见过电子病历的医生的纸质记录相比，与电子病历中的信息组织方式更加具有相似性，该发现与技术的持久影响，甚至在某些系统缺席的情况下，是一致的。

Patel 等（2000）和同一个糖尿病诊所的医生进行了一系列的相关研究。一项研究的成果重复并扩展了单一主体研究（前面报道）的成果，主要是关于电子病历及纸质病历在表现（记录）患者信息方面产生的不同影响。例如，医生可以利用电子病历系统有意义地输入患者主诉方面更为详细的信息。同样，医生使用纸质病历表达了有关现病史和系统回顾的更多信息，这些差异很可能影响着临床诊断，这一断言是合理的。作者还录制和分析了 2 位专业水平不同的医生的 20 个医生-患者计算机互动案例。其中一位医生是电子病历系统中级水平用户，另一位是专家用户。医生-患者互动的分析表明，医生的专业性越是不强，越容易受界面结构和内容的影响。尤其是，当他们询问患者问题并记录他们的回答时会受到计算机屏幕上信息顺序的牵制。这种屏幕驱动策略类似于我们之前研究中的记载（Kushniruk et al.,1996）。虽然专家用户同样使用了电子病历系统来组织他/她的问题，但是他/她很少会受到电子病历系统屏幕上展现的信息的顺序的影响。这一研究的主体记载了使用电子病历环境下技术带来的影响和技术本身的影响，包括对知识组织和信息收集策略的影响。作者得出的结论是，由于这些潜在的持久的作用，特别是电子病历的使用很可能会对医疗决策产生直接影响。

上述研究的讨论展现了信息技术是怎样充当认知的媒介，甚至在执行一项任务中如何产生持久变化。什么样的界面能促进这种变化？显示的哪些方面更容易促进工作效能的提高，哪些方面更有可能不利于其提高？Norman（1986）认为，设计精良的器物可以减少用户记住大量信息的需要，而设计不当的器物会增加对用户的知识要求和工作记忆的负担。分布式人机交互研究中，认知被视为协调分布式内部和外部的表征的过程，这实际上构成了一个不可分割的信息处理系统。

外部世界中的器物是如何"参与"到认知的过程中去呢？知觉心理学家吉布森的生态方法是基于有关知觉和行动的环境中的不变结构的分析。示能性概念在人机交互中获得实质性认可，它常常用来指使人们知道如何使用事物的属性（Rogers,2004）。当一个对象的示能性很直观明显时，人们与对象的互动则会毫不费力。比如，经常可以看到一个门把手的示能性（例如，旋转或向下按，就能打开门）或水龙头的示能性。同时，还有许多器物，它们的示能性是透明度较低（如有的门把手看起来是要拉一下才能开门,但实际上是推一下)。外部的表征构成了它们的示能性,并且它们可以被知觉系统单独地理解、分析和处理。根据分布式认知理论,大多数认知任务都有内外结构(Hutchins,1995),因而,解决问题的过程涉及从这些表征中协调信息,从而得出新的信息。

分布式认知范例的显著特点之一是它可以用来了解屏幕上对象(如链接、按钮)的属性是怎样用作外部表征和减少认知负荷的。Wright 等(2000)提出的分布式资源模型阐述了"执行一项任务时需要什么信息,并且应该怎样定位作为一个界面对象或展现给用户的某些精神方面的东西"。表征(内部和外部)分布相对的差异对确定旨在辅助处理复杂任务的系统效能至关重要。Wright 等(2000)最早开发了为环境中能获取的各种资源编码的具体模型,并改进了事物呈现在器物上的方法。

Horsky 等(2003)把分布式资源模型和分析应用到医嘱录入系统,其目标是分析具体的医嘱录入任务,如患者入院涉及的任务,确定可能阻碍最佳录入的复杂区域。这项研究包括两个组成部分的分析:基于分布式资源模型的修订后的认知走查和 7 名医师进行的模拟临床下的医嘱任务。认知走查分析表明,资源配置(如长长的菜单、配置复杂的显示)给用户造成不必要的认知重负,尤其是对那些不知道该系统的人来说,这些资源模型也被用来解释医生们造成的错误模式。作者得出的结论是资源的再分配和重新配置可能产生指导复杂的交互系统的原则和设计应对方案。

分布式认知框架在人机交互中仍然是一个新兴的话题,我们认为,它为揭示用户遇到的各种困难、为通过重新分配资源来寻找优化互动结构的方式提供了一个新奇而具有强大潜力的方法。这种分析也给有时为什么技术也不能够减少错误甚至帮助减少错误提供了视角。

## 4.6 临床实践指南

在本节中,我们说明了在核查临床实践指南(CPG,见第 20 章)语境下使用文本理解的分析方法。临床实践指南旨在帮助那些有着丰富知识和经验的医生。使用指南的一个可预期的结果是采用最佳做法,并降低变异性。然而,在过去对指南的研究中已经发现它们没有被广泛使用(Tunis et al.,1994;McAlister et al.,1997)。很多原因足以说明这一状况,其中包括指南缺乏融入工作流程的能力,以及它们所感知的与现实医疗实践没有关联。这种看法可能是由指南推荐采取的行动与医生-用户关于具体临床环境下对具体患者采取何种治疗方法之间的不匹配造成的。此外,临床实践指南可能语义上较为复杂,通常包含详细的带有逻辑缺陷或矛盾的规定性程序的集合,而这些使部分用户使用起来觉得模棱两可,从而产生挫败感。很多临床实践指南也涉及一些程序套程序或同一程序中不同步骤之间复杂的时间或因果联系。理解好临床实践指南的语义和医生对指南的诠释可能有助于提高此类匹配的吻合度,进而最终提高临床实践指南的可理解性及可用性。

临床指南研究兴趣近来转移到通过专业化的一致过程产生新的指南,而那些一致的过程通常受到临床文献中相关文章的指导。这些指南的成功传播受到了限制,因为它们大多依赖发表的专著或文章,并且假设医生们会阅读这样的信息并把它们应用到自己的实践中。我们要有能力辨别出指南中易出现歧义、造成不同阐释的部分。

认知研究中对阐释的过程做了广泛调查,该研究认为阐释的过程包含两个方面:①文本(如文献、指南)本身说些什么;②每个人对文本的阐释是什么。前者传达的是一个语句字面或表层的意义,而后者涉及个人根据自己现有知识得出的阐释。就文本字面意义而言,尽管会存在一致的看法,但是当文本最终促成行动时,得出的推断通常会有很大的差异,产生差异的原因之一就是每个人以不同的知识和目的对待文本。例如,医学专家的研究(Patel et al.,1994)表明面对同样的临床信息,医生会根据患者和疾病类型采取性质形式不同的模型。

指南表征提出的问题与软件设计过程中的问题类似,在这一过程中设计者的概念模型可能与用户的心智模型一致或不一致。但是,指南表征必须反映那些对文献进行总结和对问题进行概念化的领域专家的观点,从而使指南表征更为复杂。指南表征应该反映起草指南的那些人的用意。一方面,同一指南的任何两种阐释在获得信息或运用何种方式获得信息方面应该具有等值性(Zhang,1997b)。通过对指南发展过程的研究,人们试图在几个决策人的阐释中使那种等值性达到最大值,这些可以通过辨别产生歧义的过程和问题来实现(Patel et al.,1998)。另一方面,指南应考虑到医生阐释时的灵活性,如此一来,特定患者或语境的信息在不违背指南的情况下应包含在建议当中。通过调查指南发展的实际过程,我们能揭开那些指南中仍然隐含的面纱,这些是由指南设计者熟知指南的主题或他们运用的知识程序产生的。可通过认知方法使这些内隐的知识浮出水面,因为它可能不为指南终端用户(如临床医生)所知。这样,这些内隐的知识会越来越清晰,从而具体到指南的程序中。

尽管指南发展的长远目标是此类过程的自动化,但是临床医生使用计算机辅助的指南之前还有很多翻译的步骤要完成。图 4.14 和图 4.15 呈现出发展过程中的诸多步骤,可根据发生此类翻译的位置来分类。第一步就是在创作机构获得纸质指南,创作机构如美国内科医师学会(ACP),涉及基于证据的共识性发展,一般是通过科技文献中的审查报告来实现;第二步就是把纸质指南翻译成医生易于使用的算法形式;第三步就是把纸质指南翻译成计算机的表现形式;第四步是在临床机构中实现计算机的表现形式;最后一步则是当指南出现在具体临床环境中的指南应用程序中时,终端用户(如医生)对指南进行阐释。

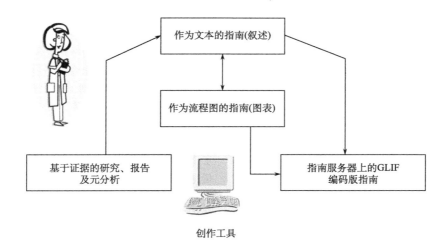

图 4.14　指南创作过程

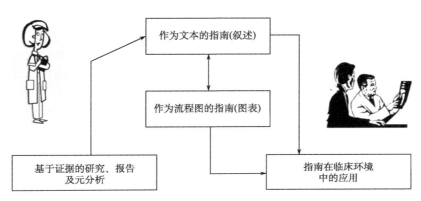

图 4.15　指南的编码过程

从方法论上讲，我们研究小组运用临床实践指南，着重发展和凝练指导运用认知分析方法的理论和方法论方面的理论框架，以此来辅助生物医学知识的表现及临床系统的设计，这一发展潜在的假设是命题和语义分析。用作系统发展过程的一部分，它可以提高生成的生物医学应用程序的有效性、实用性和理解力。这一框架是建立在对人们如何在心智上表现信息及用此信息在健康领域中解决问题和做出决策的大量研究的基础之上的（Patel et al.，2002）。该研究吸收了关于记忆和理解的研究成果，其中最相关的是对语言的理解和记忆（用口头或书面表达）的调查研究。此外，因为心理过程受情景变化的影响，所以情景变化怎样影响性能的研究是有益的。影响到临床实践指南广为接受和应用的一个重要因素是指南推荐的行动和医生用户在特定病例中合适的心智模型之间的不匹配。

图 4.16 展现的是我们本章本节中讨论的方法论步骤，由下往上展示了个人面对设计或解决问题型任务时产生的想法和主张，人们运用语言或文本来表现这些观念。就临床实践指南来说，书面的文档很容易被用作把逻辑编码成基于计算机表征的直接的手册基础。

理解是设计、解决问题、决策中至关重要的一步，因

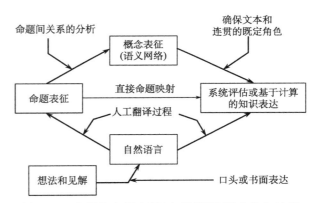

图 4.16　本图是内部表征（心智模型）到自然和计算机表现语言的翻译过程纲要。它所表现的是使用认知和语义分析方法（粗箭头）发展个人知识或理解的概念模式。细箭头表示的是发展计算机表征的典型路径，未经过认知分析。该模型可以用来指导解决问题时用户的心智模型中反映的知识的计算机表征或系统充分性的评估

为在做出有效的决定或成功地解决问题之前，人们对某一问题需要有个彻底的理解。尽管有些文本（如临床实践指南）设计来提供行动方案，但是任何不充分的理解在

特殊情况下都会导致错误的产生。理解涉及外部世界（也就是外部表征，如临床实践指南）某些方面的心智表征的构式，如前文所讨论的，可以用各种形式对心智表征进行象征性的表达，诸如命题、生成规则、图式和心智影像（Zhang and Norman,1994）。但是，在理解领域中发现，命题在研究文本理解方面是经验上能充分表现的形式。

在书面话语的认知过程中，读者通过把文本信息转化为某种语义形式或概念信息，从文本本身得出其意义，这种对意义的阐释就是"过滤"个人先前对文本信息的理解。理解，也许可以视为在他们现有知识基础上试图通过文本来推断作者知识结构的一个过程。读者自己的知识库用作获取推论的"数据结构"的来源（Frederiksen,1975）。因此，话语处理的最后产物包括文本本身"说些什么"及用户"附加"到文本上的先前知识和经验。从这个意义上讲，读者构建了文本中情景描述的认知模型。这是从文本基础和情景模型之间的相互作用衍生出来的概念表征（Patel and Arocha,1995）。由于读者先前知识和经验的不同，这种表征在不同读者之间的表现也大不相同。文本和先前知识之间的互动包括很多过程，诸如语言和认知策略、态度、兴趣、计划和目标。由于阐释依赖知识，指南的目标在于减少临床实践中的变异性（不管用户临床背景知识），所以对临床实践指南的分析及用何种方式阐释指南都是对指南发展过程的重要补充（Patel et al.,2001），这有利于辨别错误推论的源头（例如，在歧义的文本基础上得出的推论或反过来受先验知识不充分的影响而得出的推论）。

能捕捉到语言语义的命题和语义分析技术可以用来辨别文本中可能导致误解的歧义区域（Patel and Groen,1986）。命题分析是认知科学中为语言信息表征而发展起来的一种语义分析方法（Kintsch,1988），语言信息表征是我们在生物医学领域内广泛应用的（Patel et al.,1994）。特别地，命题分析是研究记忆中意义表现形式的正式方法。人们假设命题反映思维的单位，命题的分析可以辨别这些思维单位并为之分类提供一种方法。命题观念的有用性在于命题表征为明确地表现观点及它们之间相互关系提供了方法。命题即文本潜在的观点（无论文本是个短语、句子或段落），与人类记忆中象征性信息的心智表征单位相对应。

命题及语义分析为文本的连贯性和可理解性提供了信息。通过这些分析，口头协议可以用来研讨推论的产生并给推理确定方向性（也就是说，无论是从数据收集到假设产生，还是从假设产生到数据收集）。话语理解中得出精确的推论是非常重要的。当要求这些实验主体阅读文本并回想他们所读内容时，他们抄写的协议可以用来分析那些推论。通过指定文本和实验主体"回想"的命题结构，人们能确定实验主体回忆的哪部分是文本（回想）直接的再现，哪部分是经过改动的（推论）。由于命题表征是一个清单，所以要把一个人对文本理解的整个结构

形象化是很难的。于是，分析过程中的下一步就是创造语义网络，其能够提供如你所愿的尽可能详细的整个概念表征的图像。语义网络是包含若干节点的非空集合和连接这些节点的链接集合的图形（Sowa,1983,2000）。节点可能代表临床发现、假设或程序中的步骤，而链接可能代表节点之间的直接联系。可以把语言网络想象为命题表征的补充，从而使命题的关系结构可视化总体上成为可能。在这一结构中，那些描述属性信息的命题构成了该网络的节点（这些就是语义结构），而那些描述关系信息的命题则构成了链接（逻辑结构）。因此，节点定义了网络的内容，链接定义了网络的结构。于是，语义网络传达了两种信息：概念的（即用到的概念）和结构的（即概念彼此间是如何联系的）。

### 4.6.1 临床实践指南作为图解的认知分析方法

为了阐释认知理论及其方法在临床实践指南分析中的应用，我们采用了一系列的例证。尤其是我们把研究临床决策视为专业知识的功能时，不管有没有使用临床实践指南，都可以采用图解（算法）和文本格式（书面指南）加以表现。有关临床实践指南使用的文献中没有提到专业知识是影响指南在临床实践中应用的因素。认知研究表明，医学专家解决诊断中的问题和管理都是基于他们对疾病和患者的实际情况的了解，很少利用从纯粹的科学研究中找到的证据来支撑他们的判断。促进临床实践指南的一个方式就是加深对循证医学的信任。这里假设实践者会整合能得到的最新证据，而且这些信息对于提高实践来说是充足的。但是，证据的有用性可能还不够。的确，很少提及的影响临床实践指南使用的另一个因素是指南的陈述格式，典型的指南都是用文本和图解（算法）的形式进行表述的。文本指南包括对程序的描述及程序的支持信息，通常是以来自临床研究的科学证据的形式出现。图解式指南表示为描述程序要遵循的算法和每个程序的适用条件。

正如我们在本章所讨论的那样，认知研究表明，信息表征的不同形式对认知产生了不同的影响，这里它们用于辅助管理解决问题型行为（Koedinger and Anderson,1992）和辅助推论的产生（Larkin and Simon,1987）。如先前讨论的那样，在某些医学领域内，表征效果对决策会产生深远的影响，同样的数据以不同的格式（如不同的图解表征）出现可能导致不同的决策的产生（Cole and Stewart,1994;Elting,Martin,Cantor and Rubenstein,1999）。这突出强调了研究不同形式的信息表征怎样影响临床实践指南的阐释和使用的必要性。大多数指南都是为初级保健医生（PCP）服务的，通常来说他们都是患者首先接触到的医护人员。从理论上来讲，临床实践指南的图解表征可以把所有相关信息组织成一个易管理的形式，因而能够起到辅助决策的作用。我们调查了临床决策时基于文本的和基于算法的实践指南对专家及初级

保健医生诊疗的影响。通过使用临床情景和出声思维范式收集数据,使用(有准备的)或不使用(自发的)指导方针。用于该研究的两条指导方针分别是糖尿病治疗和甲状腺疾病的筛查。研究表明,专家医生和普通医生在解决问题的过程中都把指南作为备忘录来参考,普通医生在学习过程中把指南当作辅助其知识重构的工具,这些研究结果没有考虑那个指导方针究竟是基于算法的还是文本的。参与研究的医生表达了他们运用指南的愿望,希望通过使用指南能够快速捕捉到相关信息。而算法(流程图)可用较快的速度阅读完毕,但它们通常过于死板,不如文本指南那样全面。图4.17表示的是,根据带有临床实践指南的自发的和待发的解决问题情景进行的测试的总数。没有临床实践指南的情况下,初级保健医生向患者询问的信息比专家们多,初级保健医生的很多问题与甲状腺功能紊乱不直接相关(如关于情绪低落或离婚的问题)。此外,与内分泌专家相比,初级保健医生要求更多的测试,这些测试中,仅有45%与甲状腺功能紊乱相关。专家们则要求很少的测试,这些测试大多都与甲状腺功能紊乱直接相关。临床实践指南帮助初级保健医生区别相关信息和非相关信息,从而缩小他们的研究范围。面向过程的分析在解释专家医生与普通医生使用指南时表现不同上有很大帮助。这些研究结果对指南该为不同用户和不同目的做出调整提出了独到的见解。这些经验式研究结果,加上认知科学里的设计原则,形成了交互格式指南渐近的发展过程的重要组成部分,并提高了生成知识表征的有效性、可用性和理解力。

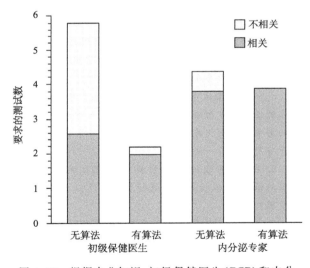

图4.17 根据专业知识,初级保健医生(PCP)和内分泌专家(ENDO)在自发性问题解决(没有任何图解式指南的帮助)和待发性问题解决(有图解式指南的帮助)的情形下要求的与甲状腺疾病相关和不相关的测试的总数

有关交互格式指南的最新研究是内科诊所协同实验室(Ohno-Machado et al.,1998)发展的表征语言。内科诊所协同实验室最初的使命是研制可分享的计算机可解释的交互格式指南,并共享基础软件、工具和系统单元,它们将会有助于多样化的、具体到科室的应用程序的开发(Friedman and Wyatt, 1997b; Ohno-Machado et al., 1998)。具体来说,交互格式指南涉及了一些医学概念及数据、决策及资格标准和医疗行为的正式规范,这将使指南中使用的术语的映射结构化并编码各种常规电子病历使用的代码,从而提供经编码的指南的可分享性。

为了经交互格式指南编码的指南在不同科室成功实施,指南中包含的信息必须以确保其表征灵活性和阐释与原意一致性的方式进行编码。如果说编码在指南中的共享信息过于泛泛而论或太过具体,那样的话在具体情境下指南的用处就不会太大。此外,用户解读指南时可能会有不同程度的抽象,这会导致其不同的表征。交互格式指南-编码指南根据用户专业知识的不同阐释起来也会有所不同,所以指南必须具有高度的灵活性以适应这些理解上的差异。因此,交互格式指南的编码过程涉及指南灵活性,以期能为诸多情形下的诸多目的服务,以及达到信息与计算等值的详细度之间精巧的平衡。在我们的其中一项研究中,将原始的交互格式指南2与升级版的交互格式指南3相比较,研究发现,它们在内容和结构上都不同,交互格式指南3中的表征比起交互格式指南2来讲更加详细,且存在歧义的地方更少。交互格式指南3在表现研究中的临床指南的内容和逻辑结构上比交互格式指南2更加有力。研究发现两个指南中所识别问题的性质不同:一个是为抑郁药理学疗法而设计的(Snow et al.,2000),另一个则是用于甲状腺疾病筛查(Helfand and Redfern,1998)。在糖尿病指南编码过程中,由于信息匮乏,以及原指南中用语模糊或产生歧义而缺乏透明性,实验主体遭遇了许多困难;在抑郁指南编码中,由于缺乏透明性使实验主体遭遇困难。实验主体遇到的与原指南相关的问题多是因为指南中信息的匮乏,且没有实际需要的信息那么详细具体。例如,在甲状腺疾病指南中,为了对FT4化验的正常范围进行编码,必须知道材料的精确值。

当医生不能有效地使用指南时,人们不能排除产生这一问题的几个源头。一般来说,我们通常使用事后比较的"疑难困难解答"方法来查找出错或不被接受的原因,这对深入了解这一问题有一定的好处。但是,如果牵涉复杂的过程,在"事后"分析过程中很难给问题定性。此外,这样的分析容易受到事后偏见的影响。我们建议在指南发展和使用过程中采取格式化的、主动性的分析方法,该方法是基于认知和理解理论的。对临床实践指南发展过程的详细分析同样也有助于我们把使用中产生的错误带到具体环境中进行研究和解释。对错误的辨别和分类可以用来影响指南研发的周期。这样,信息的反馈允许设计师既可以提高传达信息的清晰性和精确性,也可以针对特定用户的特点进行定制。这一认知方法给我们提供了一个方法论工具,允许我们比较指南设计者要传达的意义怎样被用户解释和理解。此外,我们可以识别那些易产生误解和出错的地方,这对临床实践指南的合理实施具有重要影响。

## 4.7 结论

认知科学的理论和方法能够阐明与健康信息技术设计和实施有关的一系列问题。同时,当医生和患者遇到有关健康问题的一系列认知任务时,它也有助于理解和提高医生和患者的绩效。我们认为,生物医学信息学中应用认知研究的潜在范围十分宽广,在诸如电子病历和临床实践指南的研究领域已取得重要进展。但是,未来认知研究的一些充满希望的领域至今还属于未知世界。这包括理解各种直观表征或图形形式是怎样协调生物信息学推理,以及怎样在弱势患者人群中寻找缩小数字鸿沟、促进健康信息搜寻的。目前,有关利用潜在的尖端科技的具有挑战性的认知学研究还为数不多。

## 推荐读物

Bechtel W., Graham G., Balota D. A. (1998). A companion to cognitive science. Malden, MA: Blackwell.

该修订版对认知科学进行了综合的介绍。本书章节短小,易于理解。

Carroll J. M. (2003). HCI Models, Theories, and Frameworks: Toward a Multidisciplinary Science. San Francisco, CA: Morgan Kaufmann.

该书是最新修订的关于人机交互的认知研究的最新版本。

Evans D. A., Patel V. L. (1989). Cognitive Science in Medicine. Cambridge, MA: MIT Press.

医学上第一本(也是唯一的)致力于认知研究的书。这部跨学科著作涵盖了该领域众多领军人物撰写的章节。

Gardner H. (1985). The Mind's New Science: A History of the Cognitive Revolution. New York: Basic Books.

该书从历史的角度介绍了认知科学,文笔优美、流畅。该书涵盖了这一领域的出现和发展及其分支学科的发展,如心理学、语言学和神经学。

Norman D. A. (1993). Things That Make Us Smart: Defending Human Attributes in the Age of the Machine. Reading, MA: Addison-Wesley.

该书以易读、风趣的方式解决了人机交互研究中的重要问题。

Patel V. L., Kaufman D. R., Arocha J. F. (2000). Conceptual change in the biomedical and health sciences domain. In R. Glaser (Ed.), Advances in Instructional Psychology: Educational Design and Cognitive Science (5th ed., Vol. 5, pp. 329-392, xvi + 404pp.). Mahwah, NJ, US: Lawrence Erlbaum.

该章对有关生物医学和健康科学中的概念知识的理论、方法和研究发现进行了详细的讨论。

Patel V. L., Kaufman D. R., Arocha J. F. (2002). Emerging paradigms of cognition in medical decision-making. Journal of Biomedical Informatics, 35, 52-75.

本篇文章概括了决策研究中的新动向。作者还表达了对医学决策研究的多种范式的需要。

## 问题讨论

1. 分布式认知框架的假设有哪些?这种方法对电子病历系统的评估有什么启示?

2. 解释技术的长期影响和技术近期效果之间的不同。每种影响是怎样帮助医生维护患者安全、减少医疗错误的?

3. 解释表征效应的重要性。发展不同种类用户及任务表征的过程中需要考虑哪些因素?

4. 相对于纸质病历,电子病历显示了其对临床推理的不同影响。简要地描述它们对临床推理的影响,包括医生停止使用该系统后仍会有的影响。推测一下电子病历对患者护理的潜在影响。

5. 一家大型城市医院计划使用医嘱录入系统,请你在系统适用性方面给些建议,并研究认知对系统性能方面的影响。讨论相关问题,并给出你进行系统可用性研究中可能采取的一些步骤。

6. 在把内部表征(心智模型)翻译成自然的、计算机表征的语言,并以指南格式进行表达的过程中要采取哪些步骤?

7. 专业知识的发展被刻画为"非单调"过程。用与诊断推理和临床信息记忆有关的研究发现解释这一发展过程的性质。

# 第 5 章 生物医学计算的基本概念

**阅读本章后,您应对下列问题有所了解:**
- 在计算机中如何存储和处理医学数据?
- 为什么计算机系统既要有内存又要有存储设备?
- 如何才能准确、高效地将数据输入到计算机中?
- 如何将信息清晰地显示出来?
- 计算机操作系统有哪些功能?
- 使用数据库管理系统比直接对自己的数据进行存储和操纵有什么优越性?
- 局域网是如何促进医疗机构内数据共享和通信的?
- 在分布式计算机系统中所存储数据的机密性是如何得到保护的?
- 互联网是如何在医学中应用的?

## 5.1 计算机体系结构

医疗保健专业人员在很多场合都会遇到计算机。在越来越多的医院里,医生和护士可以利用医院信息系统在医嘱中开药和安排化验、查看化验结果,并对医学观察进行记录。大多数医院和诊所都用计算机来帮助他们管理财务和行政信息。很多私人诊所的医生购买了个人计算机,这样他们就能够访问和搜索医学文献、与同事沟通,帮助工作人员完成诸如计费和文字处理之类的任务。几乎每个人都读写电子邮件、上网搜索信息或购物。

计算机在速度、存储能力及成本、所支持的用户数量、互连的方式及可运行应用程序的类型等方面有所不同。从表面上看,计算机之间的差异可能令人眼花缭乱,而且正如第 6 章讨论的那样,选择适当的软件和硬件对计算机系统的成功至关重要。但是,除了这些差异,大多数计算机都使用相同的基本机制来存储和处理信息并与外界联系。在概念层上,机器之间的相似性大大超过它们之间的差异。本章我们讨论与计算机软件和硬件有关的基本概念,包括与医学计算有关的数据采集、安全性及通信。本章假设你已经使用过某种类型的个人计算机(PC),但并没有关注过其内部的运行方式。本章的目的就是向你提供一些必需的背景知识,以便理解后面章节中讨论应用时涉及的技术问题。如果你已经了解计算机的工作方式,则可以跳过本章。

### 5.1.1 硬件

购买和操作早期的计算机十分昂贵,只有大型机构才能负担得起购买一台计算机并开发相应软件的费用。20 世纪 60 年代,硅芯片集成电路(IC)的发展使得一美元所能带来的计算能力急剧增加。从那时起,计算机硬件变得更小、更快、更可靠。每年功能更强的计算机的成本都比上一年功能稍逊的计算机的成本还要低。与此同时,还开发出了标准软件包,它消除了大部分例行操作和编写应用程序基础结构的负担,其结果就是计算机已无处不在。

通用计算机分成三类:服务器、工作站和个人计算机(PC)。这种区分反映了一些参数的不同,但主要与使用方式有关,如下所述。

(1)服务器是与其他计算机共享其资源并支持企业内部多个用户(如入院处工作人员、药房和计费处)同时活动的计算机。多数服务器都是由专业计算机人员操作和维护的中型或大型主机计算机。单独一台主机就可以应对大型医院进行信息处理的需求,或至少可以针对诸如计费和报表生成等活动处理大型共享数据库并完成数据处理的任务。小型服务器可以用在实验室或联合诊所中,用来执行与在主机上运行的任务类似的信息处理任务。这类服务器可以由部门内部工作人员来维护。

(2)个人计算机则相反,它们是相对便宜的单用户计算机。它们帮助用户完成诸如准备信件和文档、创建口头演讲的图表、跟踪支出和收入之类的任务,它们还提供了使用互联网服务(如收发电子邮件、搜索和显示信息、与同事协作)的途径。通常认为存储在 PC 机上的信息是个人信息,而且一般不由多个用户来访问。PC 机的形式包括台式机、便携式笔记本电脑、平板电脑或手持电脑。

(3)工作站是一种大小和成本均适中的计算机。多数工作站都比 PC 机拥有更强的处理性能,因此它们可以执行要求更高的计算任务,如图像处理或系统建模与仿真。它们的特点包括在任意给定的时间点上只有少量用户(典型的是只有一个用户),可以与服务器进行有效的交互,可以集成不同来源的信息,可以响应其他工作站的请求。企业内的多个工作站可以联网,从而实现集成式服务。

这几类计算机之间的界限并不是十分严格的。个人计算机经常具有足够强大的功能而起工作站的作用,而大型工作站则可以进行配置后作为服务器。所有类型的计算机都还可以针对特殊任务(如第 17 章讨论的患者监测任务和第 18 章讨论的解剖区域三维建模任务)进行装备。在这些任务中,计算机可以是专家工作站,也可以是较大社区的服务器。不用于信息处理而用于访问服务器和工作站的计算机(如手持设备或 PC 机)被称为终端。

大多数现代计算机都有相似的组织结构和基本硬件(物理设备)结构,最常见的计算机体系结构遵从 1945 年由约翰·冯·诺依曼提出的基本原则。图 5.1 说明了一个简单的冯·诺依曼机的构造,其中的计算机由一个或多个以下所述的部件组成。

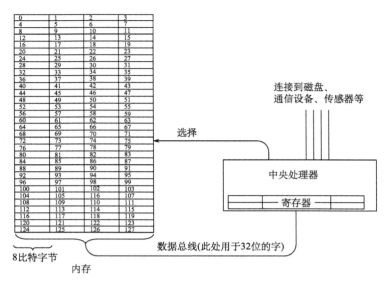

图 5.1 冯·诺依曼模型:大多数现代计算机的基本体系结构。计算机包括一个中央处理单元(CPU)、一个内存区域,以及在这二者之间传输数据的数据总线

- 执行计算任务的中央处理单元(CPU)。
- 存储 CPU 当前正在使用的程序和数据的计算机内存。
- 提供程序和数据长期存储的存储设备,如磁盘、磁带及光盘。
- 方便用户交互的输入和输出设备,如键盘、指向设备、视频显示器和激光打印机。
- 使计算机彼此连接并连接到更大计算机网络的通信设备,如调制解调器和网络接口。
- 作为在这些子系统之间传递已编码信息电路的数据总线。

采用非冯·诺依曼体系结构来设计计算机也是可能的,但目前还相对少见。典型的 PC 机和工作站都只有一个 CPU。在更复杂的计算机中,当需要更强大的处理能力来解决复杂问题时,则可以将多个 CPU 和内存互连,以支持并行处理。接下来的挑战就留给了软件,它要在这些单元之间分配计算,从而获得均衡的收益。

**1. 中央处理单元**

虽然完整的计算机系统似乎很复杂,但是基本原则却很简单。处理单元本身就是一个很好的例子。简单的部件经过精心组合就可以构造出拥有强大功能的系统,构造的原则就是分层机构的构造原则:原始单元(电子开关)被组合在一起构成基本单元,它们可以存储字母和数字、进行数字加法并进行数值比较。这些基本单元被组装到能够存储和操纵文本及大型数值的寄存器中。这些寄存器被依次组装到构成计算机核心部件 CPU 的更大的功能单元中。实际上,一个 CPU 可以是单独一个芯片,也可以由放在一个电路板上的多个芯片组成。一些高性能计算机使用包含多个 CPU 的芯片。

所有数字计算机的电子逻辑元件都是二进制数字或比特。每个比特可以取两个值之一:0 或 1。由于电子开关都可以设为两个状态之一,因此可以用它来存储一个比特的值(想象既可以设为"开"状态也可以设为"关"状态的电灯开关)。这些原始单元是计算机系统的构成要素。比特序列(通过开关序列来实现)用于表示更大的数值和其他类型的信息。例如,4 个开关可以存储 $2^4$ 即 16 个值。由于每个单元可以取值 0 或 1,因此 4 个比特可以有 16 种组合:0000、0001、0010、0011、0100、0101、0110 等,直到 1111。于是 4 个比特可以表示从 0~15 的任意十进制数值,例如,0101 序列就是十进制数 5 的二进制(基 2)表示,也就是 $0×2^3+1×2^2+0×2^1+1×2^0=5$。1 个字节是 1 个 8 个比特序列,它可以表示 $2^8$ 即 256 个值。

比特和字节组不仅可以表示十进制整数,还可以表示小数、普通字符(大写和小写字母、数字及标点符号)、发给 CPU 的指令及更复杂的数据类型,如图片、语音信号、病历内容。图 5.2 为美国信息交换标准代码(ASCII),它约定用 7 个比特表示 95 个普通字符。这些 7 个比特一般放在一个 8 比特单元即一个字节里,这是传输和存储这些字符的常用方法。8 个比特可用作格式信息(如在字处理程序中),或用作额外的特殊字符(如货币和数学符号,或带有读音记号的字符),但是 ASCII 码基本字符集并不能全部包含它们。并不是键盘上所有可以看到的字符都能够编码和存储为 ASCII 码。经常会为 Delete 键和箭头键分配编辑功能,而 Ctrl 键、Esc 键、

Fn键和Alt键则用于修饰其他键或直接与程序进行交互。对于外文,称为Unicode字符编码的标准使用16个比特表示其他语言所需要的字符;ASCII码只是Unicode的一个小子集。

| Character | Binary code | Character | Binary code | Character | Binary code |
|---|---|---|---|---|---|
| blank | 010 0000 | @ | 100 0000 | ` | 110 0000 |
| ! | 010 0001 | A | 100 0001 | a | 110 0001 |
| " | 010 0010 | B | 100 0010 | b | 110 0010 |
| # | 010 0011 | C | 100 0011 | c | 110 0011 |
| $ | 010 0100 | D | 100 0100 | d | 110 0100 |
| % | 010 0101 | E | 100 0101 | e | 110 0101 |
| & | 010 0110 | F | 100 0110 | f | 110 0110 |
| ' | 010 0111 | G | 100 0111 | g | 110 0111 |
| ( | 010 1000 | H | 100 1000 | h | 110 1000 |
| ) | 010 1001 | I | 100 1001 | i | 110 1001 |
| * | 010 1010 | J | 100 1010 | j | 110 1010 |
| + | 010 1011 | K | 100 1011 | k | 110 1011 |
| , | 010 1100 | L | 100 1100 | l | 110 1100 |
| - | 010 1101 | M | 100 1101 | m | 110 1101 |
| . | 010 1110 | N | 100 1110 | n | 110 1110 |
| / | 010 1111 | O | 100 1111 | o | 110 1111 |
| 0 | 011 0000 | P | 101 0000 | p | 111 0000 |
| 1 | 011 0001 | Q | 101 0001 | q | 111 0001 |
| 2 | 011 0010 | R | 101 0010 | r | 111 0010 |
| 3 | 011 0011 | S | 101 0011 | s | 111 0011 |
| 4 | 011 0100 | T | 101 0100 | t | 111 0100 |
| 5 | 011 0101 | U | 101 0101 | u | 111 0101 |
| 6 | 011 0110 | V | 101 0110 | v | 111 0110 |
| 7 | 011 0111 | W | 101 0111 | w | 111 0111 |
| 8 | 011 1000 | X | 101 1000 | x | 111 1000 |
| 9 | 011 1001 | Y | 101 1001 | y | 111 1001 |
| : | 011 1010 | Z | 101 1010 | z | 111 1010 |
| ; | 011 1011 | [ | 101 1011 | { | 111 1011 |
| < | 011 1100 | \ | 101 1100 | \| | 111 1100 |
| = | 011 1101 | ] | 101 1101 | } | 111 1101 |
| > | 011 1110 | ^ | 101 1110 | ~ | 111 1110 |
| ? | 011 1111 | _ | 101 1111 | null | 111 1111 |

图5.2 美国信息交换标准代码(ASCII)是使用7个比特表示字母数字字符的标准方案。图中显示了大写和小写字母、十进制数字和普通标点符号,以及它们的ASCII码表示

CPU处理从内存中取来的数据,将它们放在工作寄存器中。通过操纵寄存器的内容,CPU执行信息处理中最基本的算术和逻辑功能:加法、减法和比较("大于"、"等于"、"小于")。除了执行计算任务的寄存器,CPU还有用于存储指令(一个计算机程序就是一组这样的指令)和控制流程的寄存器。实际上,计算机就是一个指令跟踪器,它从内存中读取一条指令,然后执行该指令,通常就是请求取回、处理数据并将数据存储到内存或寄存器中的操作。处理器执行一个简单的循环,按顺序读取和执行程序的每条指令,有些指令可以控制处理器从不同的内存位置或程序指针处读取指令。这种控制转移功能提供了程序执行过程中的灵活性。

**2. 内存**

计算机的工作内存存放CPU当前正在使用的程序和数据。工作内存有两部分:只读存储器(ROM)和随机存取存储器(RAM)。

ROM也称固定内存,是固定不变的,它可以被读取,但是不能被修改或删除,可用于存储少量固定不变及必须随时可用的关键程序。引导序列就是这样一种预定义程序,它是每次计算机启动时都要执行的一组起始指令。ROM也可用于存储那些必须快速执行的程序,如运行Macintosh界面的图形程序。

计算机用户更为熟悉的是RAM,通常就称为内存。RAM既可读也可写,它用于存储当前使用的程序、控制值和数据,还保存计算的中间结果及要在屏幕上显示的图像。RAM比ROM大得多,它的大小是描述一台计算机的主要参数之一。例如,我们可以说一台256M字节的PC机,1M字节等于$2^{20}$即1 048 576个字节(1K字节等于$2^{10}$即1024个字节,1G字节等于$2^{30}$即1 073 741 824个字节)。256M字节的内存可以存储268 445 456字节的信息,当然在实际中将"兆"认为是"百万"(十进制的)也是可以的。

可以被CPU作为一个单位访问的比特序列称为一个字。字长是计算机的一个设计功能,通常是偶数个字节。早期PC机的字长是8位(比特)或16位;更新、更快的计算机有32位或64位字长,这使得计算机每次能够处理更大的信息块。内存的字节按顺序编号,例如,对

一个256M字节的内存,可以从0编到268 445 455。CPU通过指定起始字节的顺序号或地址来访问内存中的每个字。

计算机的内存相对比较贵,它专门用于进行快速读写,因此在大小上有一定限制。它还具有易失性,当运行下一个程序时它的内容就会改变,电源掉电时内存的内容也不会保留。对于许多医学应用,我们必须存储比内存可存储信息更多的信息,而且我们希望长期保存所有信息。为了保存有价值的程序、数据或结果,我们就要把它们放到长期存储设备中。

### 3. 长期存储设备

必须长期保存的程序和数据要存放在存储设备(通常是磁盘)中,它能以比内存更低的单位存储成本提供持续存储。无论何时使用,所需要的信息都可以从这样的存储设备中加载到工作内存中。从概念上讲,存储设备分为两种类型:①主动存储设备,用于存储具有长期有效性及可能需要以较小延迟(几秒内或更快)进行检索的数据,如当前正在医院接受治疗的患者的病历;②归档存储设备,用于存储出于保存资料或法律目的的数据,如已出院患者的病历。

计算机存储设备还提供了共享信息的基础。与内存主要用于执行程序不同,以文件系统或数据库的形式保存在存储设备中的数据对其他可访问该计算机存储设备的用户是可用的。文件和数据库增强了计算机用户之间的直接通讯能力,它的优点是读数据和写数据的用户不必为了共享信息而必须同时出现。

磁盘是最常见的主动存储介质。一个磁盘存储单元由一个或多个盘片(固定的或可移动的)、旋转盘片的驱动系统、访问数据的可移动读写头、在盘片表面放置读写头的装置及有关的电子设备组成,如图5.3所示。多个盘片可以堆放在一个磁盘驱动器中,而且通常可以进行双面写。读写头安装在支架上以便它们能够访问到大部分盘片表面。每个磁盘是一个可磁化材料的圆形平板。盘片在它的读写头下方旋转,随着盘片的旋转,通过读写头可以从磁盘表面复制数据或将数据复制到磁盘表面上。写操作将一系列磁畴沿圆形磁道放到磁盘表面上,读操作则是沿着磁道检测是否存在磁化。

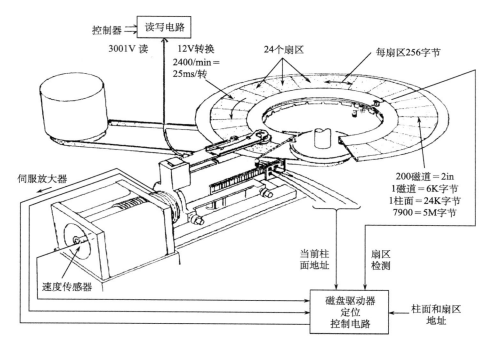

图5.3 典型的磁盘驱动器。驱动器的参数(如磁道数、磁道上的数据密度、旋转速度及跨磁道搜索时间)随着技术的发展不断提高(资料来源:承蒙惠普公司绘图提供)

从磁盘上检索数据相对比较慢,而且存储设备的其他方面(如成本和容量)也没有得到太多的改进。虽然CPU可以通过直接内存寻址快速访问RAM中的任何数据元素,但它必须经过两个费时的步骤才能访问到存储在外部的数据。首先,它必须以机械的方式将读写头放置在存储数据的磁道上;其次,它必须按顺序搜索该磁道,随着盘片的旋转跟踪磁道。一旦读写头得到正确放置,就可以快速传输数据块。内存中的数据可以在几微秒甚至更短的时间内被访问,而访问存储在磁盘上的数据所需要的时间通常大约为0.1s。

磁盘本身可以是硬盘或软盘。软盘可以从它们的驱动器中取出来,而且相对于硬盘来说要便宜,它们在本地数据归档及通过邮寄方式传递数据时很有用。软盘可以保存1MB以上的数据。硬盘通常固定在驱动器中,它能保存1GB以上的数据。

当数据或程序必须从一台计算机移到另一台计算机上时,使用新型便携式存储设备或可移动存储设备会更方便一些。常见的类型有记忆棒或闪存卡。由于这项技术可以用在数码相机中,因此它很受欢迎,而且还被用在许多其他应用中,如蜂窝式电话、电子投票机和外层空间成像任务。目前正在使用的不同标准至少有4个：闪存卡（大约8cm×5cm）、CF卡（大约3.5cm×4cm）、SD卡（大约2.25cm×4cm）和存储棒（大约2cm×5cm）。将用于这类存储设备的经济型读卡器和适配器连接到台式机或便携机的通用串行总线（USB）端口上,这样不用太费力气就可以适应各种格式。闪存设备可以很便宜买到,它能保存1GB以上的数据。

常见的归档存储介质是磁带,它是带有可磁化覆料的塑料带状物。与磁盘驱动器类似,磁带驱动器也有沿磁带轨道放置或检测磁畴的读写头。磁带仍是存储信息最便宜的介质,但是取回在磁带上归档的数据却很慢。操作员（人或机器人）必须定位磁带,并亲自安装到磁带驱动器上——这个过程可能要花费几分钟或几小时,然后必须从磁带的最开始处进行线性扫描,直到定位到感兴趣的信息。

磁带的格式多种多样,早期的磁带安装在卷轴上。可以保存几十GB节数据的磁带盒正好和手掌一样大。在磁带上归档数据是有风险的,即几年后其中的内容可能受损,除非进行定期刷新。此外,老的磁带格式可能已过时,需要从这些格式的磁带中检索数据的设备可能已经不存在了。将大型归档数据转换成新格式是一项最主要的任务。

光盘存储设备[以光盘（CD）或数字通用光盘或数字视频光盘（DVD）的形式出现]是长期存储设备中使用最方便的设备之一。大量的数据可以存储在各种光盘上,目前每张CD的容量略低于1GB,双面DVD的容量最高可达17GB。与磁技术相比,较短波长的光能支持更高的盘面数据承载密度。半导体激光器通过检测盘片的光反射来读取数据；数据也由激光器来写,方法就是将光强度设的更高,从而改变盘面的反射率。只读光盘存储器（CD-ROM）用来存储事先记录下来的信息,如要分发的大型程序,也用来分发全文文献、存储固定的病历及对数字化X光片图像进行归档（见第18章）。DVD技术与CD技术类似,但是其密度更高,每张DVD所提供的容量大约是CD的25倍,可在数据需求量巨大的场合用它代替CD,如存储图像、语音和视频时。

现在向CD和DVD中写入数据的硬件可以作为普通商品购得。通常新的PC机已经提供了CD写入能力,这些系统只能记录数据一次,但允许根据需要随时读取这些数据,这种盘称为CD-R。现在还出现了可擦写光盘（CD-RW）,它们的访问速度和写入速度都很慢,因而多数情况下限制了它们在归档中的应用。需要克服的主要障碍就是缺少对所能存储的海量信息的快速而便宜的索引和搜索手段。类似的问题DVD也存在,但是业内仍在努力解决记录数据及数据组织标准中存在的差异。存储设备和介质的选择对计算机系统的性能和成本影响重大。要求迅速存取的数据必须保存在更贵的主动存储设备上,典型的是硬盘。对实时性要求不高的数据可以归档到便宜的介质上,它们的访问时间会比较长。由于数据要经常共享,设计者还必须考虑谁希望读数据及希望如何读数据。人们可以通过复制数据,然后使用兼容的驱动设备将副本以物理方式送达到目的地的方法来共享数据。软盘、闪存卡、CD或DVD都很便于运输。物理运输的另一个选择就是通过通信网络远程访问持久性存储设备；使用文件传输程序或作为电子邮件附件发送文件的做法比物理交换文件更便捷,此种方法使存储设备的兼容性变得不那么重要,但是通信网络的能力及其协议则至关重要（参见后文有关互联网通信的讨论）。

**4. 输入设备**

输入数据和用户命令一直是医学数据处理中成本最高和最棘手的问题。某些数据可以自动获得,例如,很多实验室设备提供可以直接传给计算机的电子信号,许多诊断放射学设备可以产生数字格式的输出结果。此外,如果数据是通过网络或直接接口在计算机间共享的,那么也可以将冗余数据录入减到最少。例如,如果门诊的计算机可以直接从实验室计算机中获取数据,那么门诊工作人员就不必将实验室化验结果打印报告上显示的信息重新录入到电子病历系统中。但是,很多类型的数据仍要通过数据录入员或其他医护人员手工录入到病历系统中。最常见的数据录入设备是打字机式键盘及相关的视频显示终端（VDT）。当操作员按下键盘上的字符键时,这些字符被发送给计算机,并在显示器上回显出来,光标指示屏幕的当前位置。大多数程序允许利用指向设备（通常是鼠标）移动光标,这样使得插入和修改操作变得十分方便。虽然大多数办公人员很适应这种录入模式,但一些医疗保健专业人员缺乏打字技巧,而且也没有动力去学习。因此,系统开发人员试验了多种替代输入设备,最大限度地减少或消除打字的需要。

借助指向设备,用户可以通过移动屏幕上的光标、然后单击按钮来选择屏幕上显示的项目。利用触摸屏,用户可以简单地通过触摸屏幕选择项目——当用户手指或指示笔接触到屏幕时,触摸屏能识别出在整个屏幕网格中的位置,从而指向感兴趣的项目。或者,还可以用光笔、轨迹球或操纵杆指向屏幕,但是这些设备主要用在特殊设置中。还有一些三维指向设备,指示器位于屏幕的前方,三维显示器向用户提供反馈信息。在医疗培训虚拟现实环境中使用的一些三维指示设备还提供受计算机控制的压力或触觉反馈,这样用户就可以感受到插入模拟静脉穿刺针或模拟手术刀进行手术切口的阻力。

通常指示器都与菜单联合使用,菜单列出用户可以在其中进行选择的项目（图5.4）。这样,用户可以通过

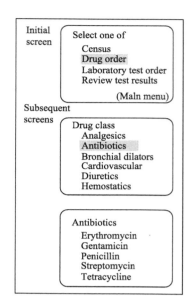

图 5.4 菜单驱动的医嘱录入系统的初始及后续屏幕。高亮显示的条目指明（用鼠标、光笔或手指）所选择的项目，以便显示下一屏

然后从子菜单中选择适当的 Drug class，最后从下一级子菜单中选择某人的药。如果仍有许多可选项，则应该将药品清单进一步划分，如药品可以按照名称的字母顺序分组。菜单选择这种方法效率很高，一名经验丰富的用户可以每秒选择几屏。键入药品名称更费时间，并且带来了拼写错误的风险。同时，菜单设计还是一门艺术，显示的选项过多会减慢用户的速度——显示超过 7 项就需要仔细阅读了。此外，如果系统设计者的概念不能跟用户的概念匹配上，那么用户就会迷失在层次结构的菜单中，并感到苦恼。最后，有证据显示，长时间使用鼠标的用户可能会使腕部受到重复性压力损伤，特别是当键盘和鼠标放在传统的书桌或桌子上而不是与肘部同高的书桌或桌子上时。

图形化输出可用于创建令人感兴趣且吸引人的程序界面。例如，ONCOCIN 系统的输入屏幕用于向医生提供癌症治疗方案的建议，看起来就像医生已经习惯使用多年的纸质流程图。通过用鼠标从菜单中选择值，医生可以直接向数据库中输入患者数据（图 5.5）。此外，图形还有利于直观的录入数据，如使用图像记录信息及使用图标指定命令。医生可以使用图像指明损伤的位置、肿瘤的大小、放射治疗覆盖的区域等（图 5.6）。由于医学语言的不精确性，身体患部的图形化表示可以成为编码或文字描述的有益补充。在商品化临床信息系统中，图形化界面和流程图现在已司空见惯，并且还正在将图像库并入其中，以支持文档处理。

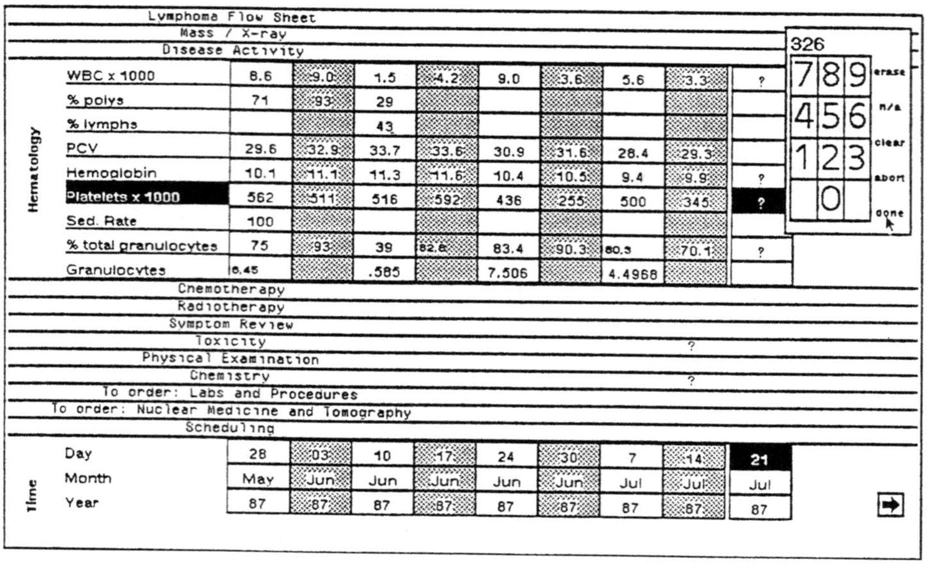

单击相关项目轻松地选择数据，而不是通过键入字符。通过只列出或高亮显示菜单中的可用选项，菜单还有助于编码，并能够强制使用标准化词汇表。为了处理很多选项，菜单都是按照层次进行安排的；如要想安排一次治疗，医生应该首先从备选活动菜单中选择 Drug order，

图 5.5 ONCOCIN 会诊系统的数据录入屏幕。通常医生在非正式的纸质流程图上记录癌症患者的信息，该屏内容就是它的计算机表示。通过从图中右上角显示的数字菜单上选择数字，医生可以将血小板计数录入到数据库中。当前只有流程图的血液学部分是可见的。通过选择可选部分的标题，医生可以查看疾病活动性、化疗等方面的数据（资料来源：承蒙斯坦福大学斯坦福医学信息中心提供）

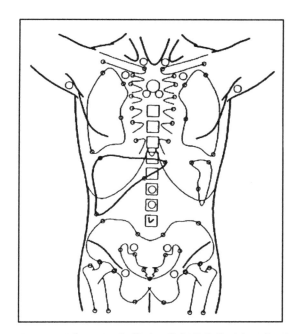

图 5.6 图像可用于提供录入数据的替代手段。与用文字描述肿瘤的位置不同，医生可以使用 ONCOCIN 会诊系统通过选择躯干上的区域来指定病变的位置。本图中医生指出了患者肝脏的累及部位（资料来源：承蒙斯坦福大学斯坦福医学信息中心提供）

使用图标进行选择也需要认真设计界面。图标必须是独特而且直观的，在屏幕上显示几百个图标并非有益，而有很多相似的图标则更糟糕。图标往往标有简短的文字，而且当光标移到上面时可能还在屏幕上显示更长的解释。那些适合于临时用户的技术对于经常性用户来说通常效率很低，但是用户经常要从熟悉的任务转移到不熟悉的任务（反之亦然），而切换方式很显然不够灵活。

许多医学信息是叙述性文本，如医生抄写的查房记录、出院小结及医学文献。文本扫描设备可以扫描几行或者整页的排版文字，并利用光学字符识别（OCR）过程将每个字符转换成它的 ASCII 码。这些设备减少了再次录入以前已经录入的信息的需要，但是它们捕获手写信息的可靠性不高。即便是打字材料，扫描仪往往也有几个百分点的错误率，因此如果是很重要的资料，扫描后必须经过仔细审查。由于必须进行校正，自动扫描的好处被大大削弱。

大多数医生习惯于口述，因此研究人员研究了使用语音输入设备进行数据输入的可能性。捕获语言数据最简单的方法就是直接从麦克风中录制信息，然后将语音信号编码为数字格式（见 5.2 节），标识为语音消息，然后与其他计算机数据一起存储和传输。检索数据时，通过扬声器就可以简单地把消息回播。但是，在这种情况下不能进行搜索和索引。借助自动语音识别技术，将数字化语音信号与已知单词词汇表中的模式进行匹配，在某些情况下还可以利用语法规则来识别更一般的合法句子结构，然后将语音输入存储为 ASCII 码文本。目前，已经出现了可以解释离散单词序列的系统，还有可以成功识别连续语音的系统。这项技术的灵活性和可靠性正在提高，但是错误率也很高，建议对识别出的文本进行检查。如果不进行检查，这些文本在创建搜索索引时仍然有用，但是必须引用原始资料而且需要一直保证可用。

不论哪种情况，以现有的计算机技术，计算机都不能真正理解消息的内容，这种理解的缺乏性同样也适用于大多数文字数据的处理过程，在录入、存储、检索和打印这些数据时都不包含任何对含义的分析。

**5. 输出设备**

显示结果或输出是医学数据处理过程中的补充部分，许多系统计算的信息都传递给医疗保健提供者并立即在本地 PC 机上显示出来，以便他们采取行动。另一大类输出由报表组成，可以是打印出来的，也可以仅仅是保存它们以便随时记录所采取的行动。第 12 章介绍通常用于显示患者信息的各种报表和消息，这里我们介绍用于传输这些输出结果的设备。

大多数即时输出结果都出现在显示屏的目标位置上，如 PC 机的阴极射线显示器（CRT）或平板液晶显示器（LCD），它们通常是彩色的。重要结果可以用粗体字、深颜色或特殊图标在屏幕上突出显示。PC 机至少会包括基本的语音功能，因此，如果结果需要引起紧急关注，则声音（如响铃）就可以提醒相关人员注意有数据达到。更常规的做法是将结果放在存储设备中，当经授权的医疗保健提供者访问患者记录时可以自动检索结果。

当录入或检查数据时，用户可以编辑显示在屏幕上的数据，然后才发布这些数据，以便进行持久存储。在汇总和显示从大量数据中获取的信息时，图形输出是必不可少的。大多数计算机都具有产生图形输出的能力，但是特定的医疗保健信息系统在显示趋势线、图像及其他图形的能力方面有着巨大差异。

图形屏幕被划分成一个称为像素的图片元素网格，用内存中的一个或多个比特表示每个像素的输出。在黑白显示器上，屏幕上每个像素的值与亮度水平或称灰阶有关。例如，2 个比特可以区分每个像素的 $2^2$ 即 4 种显示值：黑色、白色和两种中间灰色。对于彩色显示器，每个像素的比特数决定了图像的对比度和色彩分辨率。需要用 3 个多比特组来指定彩色图形显示器上像素的颜色，它们分别给出每个像素颜色的红、绿、蓝三基色的亮度。例如，每个像素采用 3 个 2 比特组来表示颜色，则共提供了 $2^6$ 即 64 种混合色。每平方英寸的像素数决定了图像的空间分辨率（图 5.7）。正如我们在第 18 章中讨论的，这两个参数确定了存储图像的要求。具有良好空间分辨率的显示器大约需要 1600×1200 个像素。LCD 彩色投影机现在已经出现，这样在进行小组演示时就可以将工作站的输出投影到屏幕上。

产生的许多诊断信息都是能显示在图形终端上的图

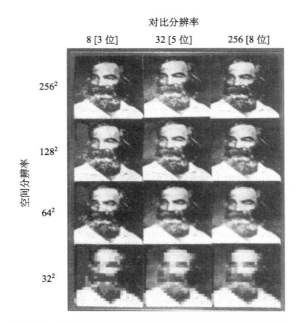

图5.7 改变像素数和每像素比特数对数字图像的空间分辨率及对比分辨率的影响示意图。右上角的图像使用256×256像素数组显示,每像素8比特,目标(Walt Whitman)清晰可辨。[资料来源:经Price R R, James A. E. 许可转载(1982)。Basic principles and instrumentation of digital radiography。In: Price R R et al. (ed.), Digital Radiography: A Focus on Clinical Utility。佛罗里达州奥兰多WB Saunders出版公司]

像格式,如超声观察、磁共振成像(MRI)、计算机断层摄影(CT)扫描等。高分辨率显示器可以显示经数字编码的X光片图像,计算机处理可以为这类图像输出增值,见第18章。

出于便携性和传统文件归档的考虑,输出结果都是打印在纸上的。打印信息比在屏幕上显示信息要慢,因此最好在需要这些信息之前完成打印任务。在门诊中,不同患者病历的相关部分可能要在随访的前一天晚上用大容量打印机打印出来。用于演示任务时,高质量LCD投影仪的可用性几乎完全取代了幻灯片和胶片,以支持快速生成动态演示。

激光打印机使用受机电控制的激光束在静电表面生成图像,然后用它产生纸质复印结果,做法类似于复印机。激光打印机允许用户从各种字体中进行选择,并产生与视觉显示效果最匹配的图形,它们的分辨率通常高于显示器的分辨率,可以达到600点(像素)每英寸(商业排版设备可能达到每英寸上千点的分辨率)。只要打印机和可视终端的分辨率不同,就应该精心设计输出显示器,使这两种形式的输出结果同样可接受。

随着价格的下降,采用激光技术的彩色打印正变得越来越普遍。彩色喷墨打印机价格低廉,在市场上仍然占据支配地位,但是在大量使用的情况下,墨盒成本提高了打印机的使用成本。通过在每行像素上来回移动的喷头,液体墨汁就可以喷洒在纸上。喷墨打印机的分辨率低于激光打印机,而且相对比较慢,特别是在高分辨率的情况下。为了避免墨滴印迹,对于超过每英寸200像素的输出结果要使用铜版纸打印。因为价格便宜,彩色喷墨打印机可以和计算机放在一起,颜色可以增强读者对临床结果的理解。可生成具有照片质量的图像的喷墨打印机也已经出现,它在喷墨的同时对基色进行混合,这样就可以在纸张上显示真彩色的混合结果了。

## 6. 本地数据通信

对于所有授权的参与者,无论他们何时何地需要信息,都允许他们访问这些信息,这样信息就可以得到最有效的共享。通过最大限度地减少延迟,以及支持交互式协作,应用程序和计算机系统之间的电子数据传输推动了这种信息共享。现在PC机也支持视频会议,传递纸张结果是更加被动的一类信息共享方式。正如我们将要在第13章中介绍的,数据通信和集成化是医疗保健信息系统的关键功能,现代计算和通信技术已经深深地交织在一起。

医疗保健领域使用的计算机系统是专门用于满足不同部门医疗专业人员不同需求的,如医生办公室、实验室、药房、重症监护病房及业务办公室。即使他们的硬件是相同的,它们的内容也会有所不同,而且有些内容必须与医疗保健机构中的其他应用程序共享。随着时间的推移,不同部门的硬件也将变得不同。例如,影像部门会需要更强的显示能力和更大的存储容量,其他部门会使用更强的处理器能力,还有一些部门要为更多的用户服务。为适应变化而提出的对发展和资金的需求会出现在不同的时期。不同系统之间的通信消除了计算环境的差异。

可以通过电话线、专用或共享电线、光纤电缆、红外线或无线电波进行通信。在每种情况下,计算机必须配上不同的通信接口,必须遵守不同的约定或通信协议,并且可能希望得到不同性能与可靠性之间的平衡。

实现计算机信息间通信的传统方法是使用现有的电话拨号系统。发送计算机拨叫接收计算机的号码,当连接建立好以后,调制解调器(调制器-解调器)将一台计算机的数字数据转换为语音范围内的模拟信号,声音通过电话线进行传输。在接收端,另一台调制解调器将声音重新转换回原来的数字形式,并输入到计算机内存中,接收端可以向发送端返回响应信号,发送结果或请求更多的数据。因此,需要在计算机之间进行对话,当对话结束后断开调制解调器,电话线被释放。

随着技术的提高,调制解调器支持越来越高的传输速度,即比特率。通信链路的总比特率是信号(或符号)传输速率与在符号中(以比特的形式)编码数字信息的效率的组合。波特这个词经常用来表示信号的传输速度——1波特相当于每秒传输1个信号。当速度较低时,在每个信号中编码1比特信息,因此波特率和比特率相等。当速度较快时,则使用更复杂的方法在通道信号中编码比特信息。因此,速度为每秒 56 000 比特的调制解调器的信号速率仅能达到 8000 波特,每个信号的 1 个编码最多传输 8 比特。对于图形信息,希望达到 500 000bps(每秒比特数)以上的速度。

数字电话服务现在已得到广泛应用,数字用户线路(DSL)和早期的综合业务数字网(ISDN)允许采用传统的电话线路(双绞线)进行相对高速的网络通信。目前,根据离当地电话局的远近,它们支持的数据共享和语音传输总速率可达每秒 1.5~9Mb。由于使用了先进的数字编码方法,它们的错误率及处理错误的成本都很低。需要一个专门的调制解调器和接口单元,其成本与相应的拨号调制解调器类似。电话公司对 DSL/ISDN 线路收取的费用也与拨号线路不同,在偏远地区可能不能使用数字服务,但是电话公司正在扩大数字服务的接入范围,包括通过无线电话渠道。使用电视电缆或直接卫星广播,通过电缆调制解调器也可以传输快速传播的信息。这些可选方案都具有很高的性能,但是所有用户要共享这个性能。对于 DSL 和数字有线服务,传输速度往往是不对称的,速度相对低的服务(通常大约每秒 100Kb)用于向数据源方向通信。如果假设大多数用户接收的数据要比发送的数据多,如在下载和显示图形、图像和视频时,而上行时只输入相对紧凑的命令,那么这种设计选择就是合理的。如果用户在他们的个人计算机上产生了大的数据对象,然后必须要上传给其他用户,那么这个假设就不成立了,在这种情况下,从用户时间上考虑购买对称通信服务可能会更经济实惠。

帧中继是一种设计用于通过共享的广域网(WAN)发送数字信息的网络协议,它通过可处理合计速度达 45Mb 的专用线路高效、廉价地传输可变长消息或信息包。异步传输模式(ATM)是设计用于在极高速专用连接(通常为数字光路)上发送小的、固定长度的信元(每个 53 个字节长)流的协议。底层光纤传输电路同步发送信元,并支持多个 ATM 电路。在得以使用复用(光)传输媒介的过程中,与给定 ATM 电路相关联的信元之间进行异步排队和处理。由于是将 ATM 设计为由硬件开关实现,因此信息比特率超过每秒 10Gb 在今天是有可能的,甚至可以期待今后的速度更高。

对于在一个办公室、一幢大楼或一个校园内的通信需求,安装局域网(LAN)就能够进行本地数据通信,无需涉及电话公司或网络访问提供商。这种网络专门用于高速连接多个计算机节点,以便在多个用户之间共享资源——数据、软件和设备。使用个人工作站的用户可以从网络的文件服务器(专门用于在本地存储共享和私有的文件的计算机)检索数据和程序。用户可以在本地处理信息,然后通过网络将结果保存到文件服务器中,或将输出结果发送到一个快速的共享打印机上。

实施 LAN 的协议和技术有很多种,尽管它们之间的差异对用户来说应该是不明显的。通常情况下,数据以消息或数据包的形式传输,每个包包含要发送的数据、发送和接收节点的网络地址及其他控制信息。LAN 被限制在最多几英里[①]的地理区域内运行,而且通常限制在某个具体大楼或单独一个部门内。单独的远程 LAN 可以通过网桥、路由器或交换机(见下文)进行连接,它们支持在不同网络中的计算机之间进行便捷的通信。医疗保健机构的通信部门通常要负责实施和连接多个 LAN,从而形成一个企业网。由这些网络管理员提供的重要服务包括 WAN、特别是互联网(见下文对互联网通信的讨论)的综合接入、服务可靠性和服务安全性。

早期的 LAN 使用同轴电缆作为通信介质,因为它们可以提供可靠且高速的通信,但是,随着通信信号处理技术的不断提高,双绞线(5 类线及更高质量的)已经成为标准。双绞线价格低廉,而且至少具有 100Mbps 的高带宽(信息传输的能力)。虽然比拨号电话连接受到的电子干扰少一些,但双绞线也易受电子干扰。替代的传输介质光纤电缆提供的带宽最高[超过 10 亿 bps(1Gbps)],并由于使用光波传递信息信号且不易受电子干扰,因而提供了可靠性。光纤电缆用在 LAN 中,比双绞线至少增加了一个数量级以上的传输速度和距离。此外,光缆质量轻,易于安装。但是,拼接和连接成光缆比连接成双绞线要困难,因此,在企业内向桌面提供网络服务时使用双绞线更简单。通常以互补的方式使用光缆和双绞线(光纤用作企业网络或 LAN 的高速共享骨干)连接,双绞线则用于将分支集线器向外扩展,为工作场所提供服务。

当在某处(如在闭路电视或有线电视服务中)安装了同轴电缆后,使用同轴电缆的 LAN 还可以采用基带技术或宽带技术传输信号。宽带来源于有线电视传输技术,宽带 LAN 可以同时传输多个信号,为发送计算机数据、语音消息和图像提供了一个统一环境。电缆调制解调器提供了对数据进行编码和解码的手段,每个信号都是在一个指定的频率范围(通道)内发送的。基带要简单一些,在大多数 LAN 安装中都使用它。它通过单独一组线传输数字信号,每次传输一个包,无需专门编码为电视信号。

还可以通过无线电、微波、红外线、卫星信号或视线激光光束传输线路在空中传输消息,但是这些方法应用起来有一些限制。医院或诊所的用户可以使用便携设备发射的无线电信号与包含了临床数据的工作站或服务器通信,从而进入 LAN 并获得相关服务。医院有许多仪器会产生电子干扰,而且还有钢筋混凝土墙,导致长距离的无线电传输可能不可靠。现在蜂窝式电话服务很普遍,特别是在城市地区,而且还可用于数据通信,不过这

---

① mile,1mile=1609.344m

些服务通常只提供低带宽,而且扩大应用范围的话价格不菲。在许多医院禁止使用手机或类似的无线技术,以免干扰患者的心脏起搏器或精密仪器。

LAN支持快速数据传输。虽然许多LAN仍然是10Mb的,但随着技术的商业化,100Mb的网络正变得更经济有效。即便是按10Mbps的速度,也可以在几秒钟之内传输本书的全部内容。但是,多用户及大数据量数据(如视频)的传输将阻塞LAN及其服务器,因此每个用户感觉到的有效传输速度可能要低得多,当需求量很大时可以安装多个LAN。网关、路由器和交换机在这些网络中来回传输数据包,使得计算机之间的数据可以共享,就好像这些计算机都在同一个LAN中。路由器或交换机是一种连接到多个网络的专门设备,用于将一个网段上的源数据包转发给另一个网络地址上的计算机。网关进行路由选择,如果两个相连网络运行的通信协议不同,它还可以转换数据包的格式。

### 7. 互联网通信

外部路由器还可以将局域网用户连接到一个区域网络,然后再连接到互联网。互联网是一个由许多区域网络和本地网络通过远程骨干链路(包括国际链路)连接而成的广域网。20世纪80年代中期,国家科学基金会开始建设互联网及区域网络,它只包含少数几个区域网络,覆盖大城市或较大的地区(Quarterman,1990)。现在许多商业通信公司都提供区域网络和国家网络的联网服务,用户可以通过这些机构或向互联网服务提供商(ISP)支付费用后连入区域网络,这些互联网服务提供商再通过网络访问提供商(NAP)访问广域网。目前除了互联网还有其他一些广域网,其中一些由要求较高的商业用户运营;另一些由联邦政府部门运营,如国防部、国家航空航天局和能源部。几乎所有国家都有自己的网络,这样就可以将信息传输给世界上大多数的计算机。各类网关将所有这些网络连接起来,但这些网络的功能可能不一样。在一张图上显示一个互联网地图已经不可能了,但是为了说明至今仍在使用的分层地理互联原理,我们给出一张大约1995年的互联网简图(图5.8)。

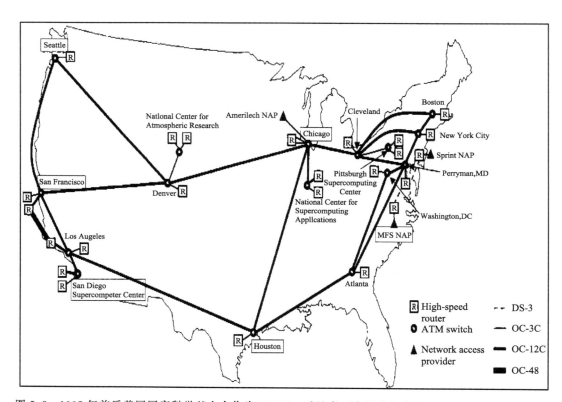

图5.8 1995年前后美国国家科学基金会作为NSFNet后继者而发展的超高速骨干网络服务(vBNS)就是当今普遍使用的分层互联网架构的例子——通过网关将跨地区骨干网连接到区域网络供应商。vBNS本身是一个过渡试验网,它为实用超高速通信服务建立工程学和应用原则,以支持全美国的研究和教育机构。跨地区线路交叉处的圆圈表示高速异步传输模式(ATM)交换机。路由器就是网络访问提供商(NAP),它们为区域互联网服务提供商(ISP)提供网络连接,并将它们连接到其他网络上。DS-3为44.736Mbps的3级数字信号(T3)线;OC-3C为155.52Mbps的光载波3同步光学传输线;OC-12C为622.08Mbps的光载波12同步光学传输线;OC-48为2.488Gbps的光载波48同步光学传输线(资料来源:MCI-Worldcom公司)

所有互联网参与者都要同意被称为互联网标准的诸多约定,最基本的约定就是被称为传输控制协议/互联网协议(TCP/IP)的协议组。数据总是以结构化数据包的形式传输,所有机器目前都由一个标准的32位IP地址标识。IP地址由4个8位数字的序列组成,每个数字从0~255——通常写成一个由圆点分隔的数字序列:a.b.c.d。虽然IP地址不是按照地理位置分配的(邮政编码是按地理位置分配的),但是第1个数字标识地区,第2个标识本地区域,第3个标识本地网络,第4个标识特定的计算机。可以给永久连接到互联网的计算机分配一个固定的IP地址,而对于通过拨号给ISP或只在需要时使用无线连接访问互联网的用户计算机,可以得到一个仅在会话内持续有效的临时地址。互联网正在逐步转变到支持64位IP地址的IPv6协议,因为互联网及联网的个人计算机设备的全球扩张很快就要用完原有的32位地址空间。虽然转换过程很复杂,但是已经开展了许多工作使这个转变过程对用户透明。

由于32位(或64位)数字很难记住,因此还为互联网上的计算机分配了域名。执行不同服务的一台特定计算机可以使用多个域名。当用于指定一台远程计算机时,通过一个称为域名系统(DNS)的分层名称管理系统,可以将域名翻译成IP地址。称为名称服务器的特定计算机将域名转换成IP地址,然后才将消息放在网络上,仅根据数字IP地址进行路由。域名通常也表示为以圆点分隔的名称片段序列,但是IP地址的4个数字与域名的各部分没有对应关系。互联网正在迅速增长,因此经常要对网络的某些部分定期进行重新组织。可能必须改变数字IP地址,但是资源的逻辑名称可以保持不变(更新后的),DNS能够使翻译结果保持最新。目前整个域名翻译过程由互联网名称与数字地址分配机构(ICANN)管理。正在使用的按段构成互联网名称的约定有三个,如下所述。

(1)功能约定。根据美国最通用的约定,名称从右到左由特征递增的层次片段组成,最开始是顶级域类标识符,如计算机.机构.类(smi.stanford.edu)或机构.类(whitehouse.gov)。最初定义的顶级域类包括.com、.edu、.gov、.int、.mil、.org和.net(分别用于表示商业、教育、政府、国际组织、军事、非营利机构和ISP机构)。随着互联网使用的增长,更多的域类被不断加进来——2002年已另有7个域类可供使用(.aero、.biz、.coop、.info、.museum、.name和.pro),今后这份清单还会进一步壮大。请注意,这些功能顶级域名(或类)要有3个或3个以上字符。名称层次的深度可以是任意的,但简洁性有助于用户记住这些名字。此外,还发展了其他一些约定:www通常用作计算机上万维网(WWW)服务的前缀(如www.nlm.nih.gov)(见5.1.2节的网络通信)。

(2)地理位置约定。名称从右到左由特征递增的层次片段组成,开始为两个字符的顶级国家域标识符,如机构.城市.州.国家(cnri.reston.va.us或city.paloalto.ca.us)。美国之外的许多国家使用这些约定的组合,如csd.abdn.ac.uk表示阿伯丁大学(英国的一个学术机构)计算机科学系。请注意,虽然额外的字段(如用于定位Web内容资源的文件名)区分大小写,但IP地址的大小写可以忽略。

(3)属性列表地址(X.400)约定。名称由一个属性-值对序列组成,它们指定需要解析的地址部分,如/C=GB/ADMD=BT/PRMD=AC/O=Abdn/OU=csd/相当于地址csd.abdn.ac.uk。该约定源自主要在欧共体国家使用的X.400地址标准,它的好处是明确标示了地址元素(如/C表示国家名称,/ADMD表示行政管理域的名称,/PRMD表示私有管理域的名称),而且顺序任意。国家名称也有所不同。然而,这类地址通常较难理解,至今尚未被互联网社区广泛接受。

如果机构拥有多台计算机则可以提供一种借助它所有通信活动(如接收电子邮件)都指向单一地址(如stanford.edu或aol.com)的服务,然后使用本地表将每条消息定向到适当的计算机或个人。这种方案使用户与内部命名的约定和变化隔绝开,并允许针对服务动态地选择计算机,以便分配负载。这样的中心站点还可以提供防火墙——一种旨在阻挡病毒和未经许可的主动连接或消息(垃圾邮件)的手段。对网络及其用户的攻击的特点要求这些服务站点必须始终保持警惕,以防系统和个人受到侵扰。

互联网上计算机之间的信息包路由是各种信息服务的基础。每个这样的服务,无论是资源命名、电子邮件、文件传输、远程计算机登录、万维网还是其他服务,都是用一组控制计算机间彼此通话方式的协议来定义的。这些世界范围内的计算机间的连接约定使信息资源得以全球共享,并支持个人及小组通信。网络的普及和服务的发展不断改变着我们与人相处、组成社团、购物、自我娱乐及从事研究的方式,所有这些活动的范围远远超出了本书覆盖的范围,所以本书将限制在医疗保健方面的重要主题上,然而,即使有这种限制,我们也只能对许多主题浅尝辄止。

### 5.1.2 软件

所有由计算机系统硬件执行的功能(从输入设备获取数据、将数据和程序传送给工作内存及从工作内存传回、CPU进行计算和处理信息、结果的格式化及表示)都是由计算机程序或称软件来指挥完成的。

**1. 编程语言**

在5.1节对CPU的讨论中,我们已经说明了计算机是通过操纵寄存器中的信息字来处理信息的。指示处理器执行哪些操作的指令也是0和1的序列,即由称为机器语言或机器代码的二进制表示。机器代码指令是计算机唯一能够直接处理的指令,但是,人们很难理解和操作这些二进制模式。人们认为最好是用符号表示。因此,使编程更容易、更不易出错的第一步就是创建汇编语言。汇编语言用有意义的单词或缩写词代替机器语言程序的位序列;程序员指挥计算机从内存中加载(LOAD)一个字、给寄存器的内容加(ADD)一个数或把它存(STORE)回内存等。在执行这些代码之前称为汇编程序的程序将这些指令转换为二进制的机器语言表示。汇编指令与机器语言之间存在一一对应的关系。为了提高效率,我们可以将汇编指令集组合成宏,以便重用它们。汇编语言程序员必须考虑具体硬件水平的问题,指挥计算机在寄存器和内存之间传输数据并执行基本操作,如寄存器加1、比较字符并处理所有的处理器异常(图5.9)。

另外,计算机用户希望解决的问题是在更高概念层次上显示社会中的问题。他们希望能够指挥计算机执行任务,如检索最新的血清肌酐检测结果、监测高血压患者的状态或计算患者的现金账户余额。为了使与计算机的沟通更易于理解、不再那么乏味,计算机科学家开发了更高级的、面向用户的符号编程语言。

使用一种高级语言,如表5.1中列举的某一个,程序员可以定义变量来表示更高级的实体,并指定算术和符号运算,而不必考虑硬件如何执行这些运算的细节。程序员并不知道管理硬件的细节,他用单条语句就可以指定一个可能被翻译成几十或几百条机器指令的操作。编译程序用于将高级语言程序自动翻译成机器代码。有些语言是经过解释而不是编译,解释程序是对每一条语句进行转换并执行,然后再转到下一条语句;而编译程序则一次性地将所有语句进行翻译,生成一个二进制程序,以后可以多次执行这个二进制程序。MUMPS(M)是一种解释语言,LISP则既可以解释也可以编译,而FORTRAN一般在执行前要先编译。目前已经开发了上百种语言,我们在这里仅仅讨论从实用或概念上讲非常重要的一小部分。

句法和语义是每条语句的特点。语法规则描述如何书写语句、声明和其他语言结构,它们定义语言的语法结构。语义是赋予各种语法结构的含义。下面的语句集(用Pascal、FORTRAN、COBOL和LISP编写)具有相同的语义。

```
汇编语言程序:

        ORG 0       /Origin of program is location 0
        LDA A       /Load operand grom location A
        ADD B       /Add operand from location B
        STA C       /Store sum in location C
        HLT         /Halt
    A,  DEC 3       /Location A contains decimal 3
    B,  DEC 15      /Location B contains decimal 15
    C,  DEC 0       /Location C contains decimal 0
        END         /End of program

机器语言程序:

    Location    Instruction code
    0           0010 0000 0000 0100
    1           0001 0000 0000 0101
    10          0011 0000 0000 0110
    11          0111 0000 0000 0001
    100         0000 0000 0000 0011
    101         0000 0000 0000 1111
    110         0000 0000 0000 0000
```

图5.9 两个数字相加并存储结果的汇编语言程序及其对应的机器语言程序

| | | | |
|---|---|---|---|
| C:=A+B<br>PRINTF (c)<br>no layout<br>choice | C:=A+B<br>WRITE 10,<br>6 c 10<br>FORMAT<br>("The value is" F5.2") | LN IS "The value is NNN. FFF"<br>ADD A TO B, GIVING C<br>MOVE C TO LN<br>WRITE LN | (SETQ C<br>PLUS A B))<br>(format file 6 "The value is<br>～5,2F C) |

表5.1 12种常见编程语言的显著特征

| 编程语言 | 创建时间 | 最初应用领域 | 类型 | 运算 | 类型检查 | 过程调用方法 | 数据管理方法 |
|---|---|---|---|---|---|---|---|
| FORTRAN | 1957 | 数学 | 过程的 | 编译 | 很少 | 引用调用 | 简单文件 |
| COBOL | 1962 | 商业 | 过程的 | 编译 | 是 | 传名调用 | 带格式文件 |
| Pascal | 1978 | 教育 | 过程的 | 编译 | 强 | 传名调用 | 记录文件 |
| Smalltalk | 1976 | 教育 | 对象的 | 解释 | 是 | 定义方法调用 | 对象持久化 |
| PL/1 | 1965 | 数学,商业 | 过程的 | 编译 | 强制 | 引用调用 | 带格式文件 |
| Ada | 1980 | 数学,商业 | 过程的 | 编译 | 强 | 传名调用 | 带格式文件 |
| Standard ML | 1989 | 逻辑,数学 | 功能的 | 编译 | 是 | 值调用 | 流文件 |
| MUMPS(M) | 1962 | 数据处理 | 过程的 | 解释 | 否 | 引用调用 | 分层文件 |
| LISP | 1964 | 逻辑 | 功能的 | 均可 | 否 | 值调用 | 数据持久化 |
| C | 1976 | 数据处理 | 过程的 | 编译 | 很少 | 引用调用 | 流文件 |
| C++ | 1986 | 数据处理 | 混合的 | 编译 | 是 | 引用调用 | 对象文件 |
| JAVA | 1995 | 数据显示 | 对象 | 均可 | 强 | 值调用 | 对象类 |

它们指挥计算机对变量 A 和 B 的值进行相加，将结果赋值给变量 C，并将结果写到一个文件中。每种语言都有指明所要执行运算的不同语法，无论编写程序的特定语言是什么，计算机最后都是操作寄存器内 0 和 1 的序列。

计算机语言是根据要处理的特定类型的计算问题而定制的，如表 5.1 所示，尽管所有这些语言都具有足够的灵活性来处理几乎所有类型的问题。针对简单、常规计算基础设施的语言，如 C 语言或 JAVA 语言，不得不增加大量过程库集合，而学习特定的过程库比学习语言本身所花费的时间更多。语言的易用性也各不相同，为教学和高可靠程序而设计的语言要包括多种特性使其万无一失，方法就是检查值的类型（如整数、小数和字符串）在整个使用过程中是否匹配，这称为类型检查。这些特性可能导致程序执行更慢，但却更可靠。如果没有类型检查，相比约束较多的语言，聪明的程序员就可以指挥计算机更有效地执行某些操作。

将语句序列组成过程，过程提高了大型程序的清晰性，并提供了其他程序员重用这一工作的基础。大型程序就是调用这些过程的序列，一些过程来自库（如 LISP 中的格式），另一些过程针对特定应用而编写。用实参（如患者的病历号）调用这些过程，这样某个过程就可以用该实参检索一个值，如通过 age(number) 获得患者的年龄。各种语言之间的一个重要区别就在于如何传递这些参数。响应请求时只提供值是最安全的方法。给出名称可以为过程提供最多的信息，而提供引用（指向值的存储位置的指针）则允许过程回到源，这种方法可能效率很高，但也可能引起不希望的改变。虽然有关语言的讨论经常强调这些各种各样的特性，但人们主要关心的几乎总是保护与能力之间的平衡。

通过编写及随后调用以函数和子程序形式出现的标准过程，程序员就可以在更高的抽象层上工作。内置函数和子程序创造了一个工作环境，在这个环境中用户可以通过指定单一一条命令来执行复杂的运算。针对具体任务，可以用工具将相关函数联合起来，如建立一个以某种表现形式显示所检索数据的表单界面。

对于很容易理解的任务，非程序员可以直接使用专门的语言，因为这类语言针对特定的任务定义了额外的过程，并隐藏了更多的细节。例如，用户可以使用数据库管理系统（本节中稍后讨论）的结构化查询语言（SQL）在大型数据库中搜索和检索数据。借助统计语言（如 SAS 或 SPSS）的帮助，用户可以执行大量统计计算任务，如回归分析和相关分析。其他用户可以使用诸如 Lotus 1-2-3 或 Excel 电子表格程序，利用公式来记录和处理电子表格单元格中的数据。无论哪种情况，数据存储结构的物理细节及访问机制对用户都是隐蔽的。这些程序各自都提供了专门的语言，用于指挥计算机执行所希望的高级功能。

如果编程语言非常自然以至于它可以以直观方式与用户需求相匹配，那么计算机的最终用户甚至可能并不知道他们正在编程。移动屏幕上的图标并将它们拖放到框内或其他图标上就是一种形式的编程，它由多层解释程序和编译程序生成的代码来支持。如果用户为随后重用保存了一个执行动作的脚本（击键记录），那么他或她就是生成了一个程序。有些系统允许查看和编辑这些脚本供以后更新和修改，如在 Microsoft Excel 电子表格和 Microsoft Word 文本编辑器中可以使用的宏功能。

尽管有许多功能强大的语言和软件包处理这些不同的任务，我们仍然面临着将多个功能整合到一个更大系统中的挑战。很容易设想这样一个系统，通过 Web 浏览器可以访问对从两个相关数据库中收集的数据进行统计分析的结果。但是，这种互操作性并不简单，用户还必须拥有专业的编程知识来解决专门工具之间的不兼容性。

## 2. 数据管理

数据提供了记录和共享信息的基础设施。当数据经过组织来影响决策、行动和学习时（见第 2 章），数据就变成了信息。访问数据及将数据从收集端移到使用端是医学计算的基本功能。这些应用程序必须处理大量各种各样的数据，并在外部存储设备上对它们进行管理以保证持久性。计算机语言的数学能力都是基于通用原则的，严格来说也是相同的。对于数据管理能力来说，同样的概念基础并不适用。有些语言只支持保持内部结构的持久性，在这种情况下，就要使用外部库程序来处理存储问题。

如果语言支持将结构化数据从内部存储设备移动到外部持久存储设备上，那么处理数据就比较容易。例如，数据可以被看做流———一种可以与由某些仪器、互联网 TCP 连接或纸带生成的数据进行良好匹配的模式。数据也可以被看做是记录，与表的行相匹配（图 5.10）；数据还可被视为一个层次，与病历的结构进行匹配，包括患者、患者随访及随访时的检查结果。

| Record Number | Name | Sex | Date of Birth |
|---|---|---|---|
| 22-546-998 | Adams,Clare | F | 11Nov1998 |
| 62-847-991 | Barnes,Tanner | F | 07Dec1997 |
| 47-882-365 | Clark,Laurel | F | 10May1998 |
| 55-202-187 | Davidson,Travis | M | 10Apr2000 |

图 5.10 一个包含 4 名儿科患者记录的简单的患者数据文件。每条记录的关键字段包括唯一标识患者的病历号。记录的其他字段包括人口学信息

如果语言不直接支持最佳的数据结构来应对应用程序,那么就必须额外编程,在可用的设施上构建所需的结构。但是,由此产生的额外层通常都需要花钱,并且在试图共享信息时会带来应用程序之间的不一致性。

### 3. 操作系统

用户通过操作系统(OS)与计算机交互,它是监督和控制所有其他程序执行及直接操作硬件的程序。OS是包含在计算机系统内的软件,它为用户管理各种资源,如内存、存储设备及外设。一旦启动计算机,OS的内核就一直驻留在内存中并在后台运行。它将CPU分配给特定的任务,监督计算机中其他程序的运行,控制硬件部件之间的通信,管理数据从输入设备到输出设备的传输,处理文件管理的细节,如创建、打开、读、写及关闭数据文件。在共享系统中,它在竞争用户之间分配系统资源。操作系统使用户不受这些相当复杂的处理过程的影响,因此,用户能够将精力集中到信息管理的更高级问题上。他们只负责指定运行哪些程序,指定永久保存的目录结构和文件的名称,这些名称提供了从一个会话到另一个会话的用户工作链接。用户与操作系统进行的其他交互还包括删除不再需要的文件及对那些应保持安全的文件进行归档。

程序员可以编写应用程序来自动执行存储和组织数据的常规操作、执行分析任务、促进信息的集成和通信、执行记录功能、监控患者状态、辅助教学,总之,它们可以执行医学计算系统提供的所有功能(见第6章),然后这些程序由操作系统存档,并在用户需要时提供给用户。

PC机通常作为单用户系统来运行,而服务器则是多用户系统。工作站两种情况都可以,但通常首选单用户。在多用户系统中,所有用户同时访问他们的作业,用户通过操作系统进行交互,操作系统在正在运行的作业之间快速切换资源。由于与计算机的CPU相比,人的操作要慢一些,因此计算机似乎可以在同一时间响应多个用户,这样,所有用户都会有一种他们完全占有计算机的错觉,只要他们不提出非常苛刻的需求。在必须共享数据库的场合,这种共享的资源访问是非常重要的,正如我们在下面讨论的数据库管理系统。当操作系统管理共享时,它利用各种资源对作业进行排队、切换及再排队。如果总需求过高,则系统开销会出现不均衡的增加,从而降低了为每个用户服务的速度。要求高的作业被最大限度地分配了工作站,它几乎可以像服务器一样功能强大,并将所有资源指派给最初的用户。

由于计算机需要执行各种服务,因此在主内存中会同时驻留多个应用程序。多道程序设计允许有效地使用多个设备,而当CPU执行一个程序时,另一个程序可能会接收来自外部存储的输入,还有一个程序可能在激光打印机上生成结果。在多处理系统中,操作系统在一个计算机系统内使用多个处理器(CPU),从而提高整体处理能力。但是,请注意,多道程序设计并不一定意味着有多个处理器。

内存可能仍是一种稀缺资源,尤其是在多道程序设计的情况下。当有多个程序及其数据同时活动时,它们可能不会同时放在机器的物理内存中。为了解决这一问题,操作系统将用户的程序和数据划分成页,这些页被保存在磁盘上的临时储存区,并根据需要调入主存储器中,这样的存储单元被称为虚拟内存。虚拟内存的大小可以是实际内存的好几倍,这样用户就可以分配比主存储器可以保存的内容多得多的页。此外,某些程序及其数据可以使用比特定计算机上可用的内存更多的内存。根据虚拟内存管理策略,CPU引用的每个地址都经过地址映射从程序的虚拟地址映射到主存的物理地址(图5.11)。

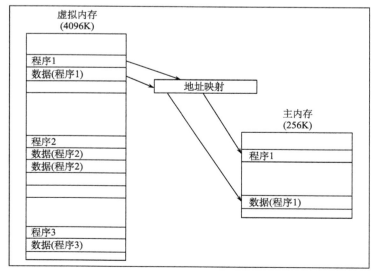

图5.11 虚拟内存系统。虚拟内存给用户提供了一种错觉,以为他们拥有了比实际内存要多的可寻址内存单元——在这种情况下,要多出5倍多。当需要引用存储在外周磁盘上的程序和数据时,就把它们交换到主内存中,硬件自动将逻辑地址翻译成物理地址。

当需要引用不在物理存储中的内存页面时,通过将很少使用的页面交换到二级存储中并从存储设备中调入所需的页面,CPU 就可以为该页面留出空间。在大多数机器上,这个映射过程是由硬件自动处理的,但仍会造成重大延迟,因此虚拟内存的总用量必须限制在一个可使系统高效运行的水平上。

操作系统内核通常还关联了大量系统程序,这些程序包括实用程序[如图形用户界面(GUI)例程、文本编辑器和图形编辑器],处理高级语言编写程序的编译程序,用于新建程序的调试程序、通信软件、帮助维护计算机系统的诊断程序,以及大量的标准例程库(如用于显示和查看文件、启动和终止程序、查看系统状态的例程)。最新的库还包括一些工具,如排序程序和执行复杂数学函数的程序,并包含显示和操纵访问各种应用程序的窗口、处理窗口的点击操作、支持多种字体等的例程。这些库的存储需求也不断增加——几百兆的系统程序在个人计算机中并不罕见,服务器和工作站的需求可能是 PC 机需求的几倍。并非所有的系统程序用户都总要用到,但决定需要哪些系统程序并删除其余的系统程序是大多数用户要额外完成的工作。

**4. 数据库管理系统**

在本书中,我们强调及时地访问不同来源的、相关且完整的数据对做出正确的医疗决策的重要性。计算机提供了组织和访问这些数据的基本手段,但是管理数据的程序很复杂并且很难编写。数据库技术支持数据的集成和组织,帮助用户进行数据录入、长期存储和检索。当多个用户共享数据(从而可能会试图同时访问数据)时,当他们必须在不可预知的时间里快速搜索大量数据时,当数据元素之间的关系很复杂时,编写数据管理软件是特别困难的。对于医疗保健应用程序,数据完整且几乎无差错是十分重要的。此外,对长期可靠性的需求使得将医疗数据库交付给在本地编写的程序风险很大,因为程序员要在项目之间来回跑,计算机需要替换,维护数据的机构单位可能还要重新组织。

不仅要保存数据值,还要保存它们的含义及与其他数据之间的关系。例如,一个孤立的数据元素(如数字99.7)是没用的,除非我们知道这个数字表示人的体温(华氏温度),并连接到用于解释该值的其他必要数据——该值属于由唯一病历号标识的特定患者,是在某一时间(2000 年 2 月 7 日,2 点 35 分)、以某种方式(口含)观察到的,等等。为了避免损失描述性信息,我们必须在整个处理过程中将相关数据簇保存在一起,这些关系可能会很复杂。例如,一个观察可能不仅与患者相关,而且还与记录观察结果的人、用于获得该值的仪器,以及患者的身体状况有关(见第 2 章)。

数据元素的含义及这些元素之间的关系记录在数据库的结构中。数据库是数据的集合,通常组织成字段、记录和文件(见图 5.10),以及描述性元数据。字段是最基本的组成部分,每个字段代表一个数据元素。例如,医院登记系统数据库包含的字段通常有患者的身份号码、姓名、出生日期、性别、入院日期及入院诊断,字段通常组合在一起形成记录。记录是由一个或多个关键字段唯一标识的,如患者的身份证号和观察时间。包含相似信息的记录被组合成文件。除了有关患者及其诊断、治疗和药物治疗的文件外,医疗信息系统数据库还有单独的文件,它们包含有关费用及付款、人事和工资、库存信息及许多其他主题的信息。所有这些文件彼此相关,它们可能指向相同的患者、相同的员工、相同的服务、相同的账户设置等。

元数据描述特定数据在记录中的存储位置以及如何定位正确的记录。例如,可以通过在记录中搜索和匹配患者 ID 定位一条记录。元数据还指定代表生日的数字在记录中的位置,以及如何将数据转换成当前年龄。如果数据库结构发生变化,如由于给记录添加了新字段,元数据也必须改变。当数据被共享时,就会不断要求对文件及元数据进行补充和重新组织。对数据独立性的期望(即使一组用户的应用程序独立于另一组用户对应用程序所做的修改)是使用针对共享数据的数据库管理系统的关键原因。

数据库管理系统(DBMS)是一个综合程序集,它帮助用户轻松、高效地存储和处理数据。DBMS 提供的数据库概念(逻辑)视图允许用户指定应该是什么样的结果,不必过多关心如何获得它们,DBMS 处理管理和访问数据的细节。模式是保存在 DBMS 中数据库的一个关键部分,它包含所需的元数据。模式就是对所有数据文件中记录的内容和组织所做的机器可读的定义。DBMS 将程序与数据存储方式的变化隔离开,因为程序是根据字段名而不是根据地址来访问数据。DBMS 的模式文件必须进行修改以反映记录格式的变化,但是使用数据的应用程序并不需要修改。DBMS 也为录入、编辑和检索数据提供了便利。通常情况下,字段都有与之关联的有效值列表或范围,因此,DBMS 可以检测并要求改正一些数据输入的错误,从而提高数据库的完整性。

用户在数据库中检索数据时通常采用以下两种方式之一。用户可以使用查询语言以特定的方式直接查询数据库来提取信息,如在回顾性研究中检索所有 45~64 岁的男性高血压患者的记录。图 5.12 显示了使用 SQL 进行这种查询的语法。但是,用公式表达查询可能很困难,用户必须了解数据库的内容和基础结构才能正确构造一个查询。数据库程序员通常为医疗专业人员设计好了各种请求。

为了支持特殊场合下使用数据库系统,数据库系统的前端应用程序可以帮助用户使用基于模式的菜单来检索信息。某些应用程序,如医嘱用药录入系统,要用到数据库系统,而药剂师或下医嘱的医生不必知道数据库系统是否存在。医生放在数据库中的药物治疗记录可以建立与药房的通信事务,然后药房应用程序为患者护理病

```
SELECT   Patient ID, Name, Age, Systolic
FROM     Patients
WHERE    Sex = M and
         Age>=45 and
         Age<=64 and
         Systolic > 140
```

图 5.12 使用结构化查询语言（SQL）编写的一个简单的数据库查询的例子。该程序检索年龄为 45～64 岁、收缩压大于 140mmHg 的男性患者的记录

房创建每日药品清单。

有些数据库查询是日常性请求，如医疗保健管理人员使用的资源利用情况报表和为业务部门生成的月末财务报表。因此，DBMS 通常还提供另一种更简单的方式来表述这种查询，该方式称为报表生成。用户在报表生成器程序的输入屏幕上指定他们的数据请求，然后报表生成器利用存储在模式中的信息生成实际的查询程序，这种操作通常是以预定义的时间间隔执行的。对这些报表进行格式化，这样无需修改就可以分发这些报表了。报表生成程序可以从模式中提取头信息，但是应该定期从成本和收益方面对常规的报表生成工作进行检查。生成的报表不被阅读是对计算机、物力和人力资源的浪费，可靠的数据库能够在需要信息时提供必要的、最新的信息。

许多 DBMS 支持数据的多个视图或称模型。存储在数据库中的数据有一个单一的物理组织，但不同的用户群可以对数据库的内容和结构有不同的视角。例如，临床实验室和财务部可能使用同一个基础数据库，但只有与某个应用领域相关的数据才对该组可用。患者的基本信息可以共享，但其他数据的存在对并不需要它们的用户群是隐蔽的。应用程序特定的数据库描述存储在视图模式中。通过视图，DBMS 控制对数据的访问，如 5.3 节中讨论的。因此，DBMS 促进了对来自多个源的数据进行集成，避免了创建和维护包含冗余信息的多个文件的开支，与此同时，它还可以适应多个用户的不同需要。数据库技术与通信技术（见随后对网络通信软件的讨论）的联合应用，使医疗保健机构能够获得独立的专门应用程序及大型的综合数据库所带来的好处。

数据库的设计与实施已成为一个高度专业化的领域。大多数医疗应用程序使用老牌厂商的标准产品，Garcia-Molina 等（2002）的著作在这方面做了介绍。Wiederhold（1981）的著作讨论了医疗保健机构的数据库组织和使用。

**5. 网络通信软件**

计算机可以通过本地和远程网络彼此通信的能力为计算机用户带来了巨大的力量。互联网通信使人们有可能和世界各地的不同用户、机构之间共享数据和资源。网络用户可以访问共享的患者数据（如医院的医疗记录）或全国性的数据库（如科学文献书目数据库或描述已知的生命和疾病的生物分子基础的基因组学数据库）。网络使远程用户互相交流和合作成为可能，在本节中我们介绍有助于您了解网络技术的一些重要概念。

通过大量通信软件实现网络的功能，这些软件处理每台计算机与网络的物理连接，在网络内准备要通过网络发送或接收的数据，以及网络数据流与应用程序之间的接口。现在有几千万台不同类型的计算机位于互联网上，每台计算机都有数百个提供网络通信服务的程序。有两个关键概念使管理网络软件的复杂性成为可能：网络服务堆栈和网络协议。这些策略支持互联网上的任何两台计算机进行通信，以确保应用程序独立于网络基础设施的改变，并使用户有可能方便地利用迅速增加的信息资源和服务。网络堆栈用于在一台计算机内组织通信软件。由于网络通信的职责被分成了不同的层次，且层次之间有明确的接口，因此网络软件变得更加模块化。TCP/IP 的 4 层网络堆栈如图 5.13 所示，并与国际标准化组织定义的 7 层堆栈做了比较。

| ISO层 | TCP/IP服务层 |
| --- | --- |
| 5-7 | 应用层：SMTP、FTP、TELNET、DNS、…… |
| 4 | 传输层：TCP和UDP |
| 3 | 网络层：IP(包括ICMP、ARP和RARP) |
| 1-2 | 数据链路和物理传输层：（以太网、令牌环、无线、……） |

图 5.13 TCP/IP 网络服务层堆栈及国际标准化组织（ISO）开发的开放系统互连（OSI）参考模型的相应层。堆栈的每一层代表一个抽象层，并且是逐级升高的。每一层为上一层服务，并从下一层获得特定的功能或服务。SMTP 为简单邮件传输协议；FTP 为文件传输协议；DNS 为域名系统；TCP 为传输控制协议；UDP 为用户数据报协议；IP 为互联网协议；ICMP 为网际控制消息协议；ARP 为地址解析协议；RARP 为反向地址解析协议

在最底层——数据链路和物理传输层,程序管理计算机到网络的物理连接、物理介质包格式,以及检测和纠错的方法。网络层实现数据包寻址、数据包路由、计时控制及传输排序的 IP 方法。传输层将数据包级通信转换成应用层的几个服务,包括建立可靠的串行字节流(TCP)、面向事务的用户数据报协议(UDP)及新出现的服务(如实时视频)。

应用层是运行支持电子邮件、文件共享与传输、网络发布、下载、浏览及许多其他服务程序的地方。每一层只与它的上一层和下一层直接通信,并通过特定的接口协议实现通信。网络堆栈是依赖于计算机和操作系统的,因为它必须在特定的硬件上运行,并与该计算机的操作系统打交道(存档、输入输出、访问内存等)。但是分层设计起到了模块化的作用。应用程序看到的只是一套标准的数据通信服务,每个应用程序都不必担心细节。例如,如何形成一个网络可接受的大小适当的数据包,数据包如何路由到所需的计算机,如何检测和纠错,如何管理计算机上的特定网络硬件。如果一台计算机的网络连接从令牌环网改成以太网,或者如果网络的拓扑结构发生变化,应用程序是不受影响的,此时只有更底层的数据链路层和网络层需要更新。

网际协议是用于标准化计算机之间通信过程的共享协议——就像两个人要进行有效的沟通,就必须使他们所用语言的语法和含义,以及交互(发言与交谈)的方式(处理中断的程序)等达成一致。为每个互联网服务(如路由选择、电子邮件和 Web 访问)定义协议,并针对表示数据、请求一个操作及回复所请求操作建立约定。例如,协议定义了电子邮件地址和文本消息的格式约定(RFC822)、多媒体内容附件[多用途互联网邮件扩展(MIME)]、送交电子邮件消息[简单邮件传输协议(SMTP)]、传输文件[文件传输协议(FTP)]、连接到远程计算机(Telnet)、网页格式化[超文本标记语言(HTML)]、交换路由信息等。通过遵守这些协议,不同类型的计算机可以进行开放的通信,并可彼此进行互操作。当使用超文本传输协议(HTTP)请求服务器页面时,客户端不必知道服务器是运行 UNIX 的计算机、运行 Windows 的计算机还是运行 VMS 的主机,如果这些计算机坚持遵守 HTTP 协议,那么在网络中它们看上去都是相同的。协议还支持网络堆栈的分层结构。正如我们所说的,在一台计算机内,每一层只与它的直接上层或下层通信。在计算机之间,每一层都使用所定义协议只与另一台计算机上与其对等的层进行通信。例如,一台计算机上的 SMTP 应用程序只与远程计算机上的 SMTP 应用程序通信。类似的,网络层只与对等的网络层通信,如使用互联网控制消息协议(ICMP)交换路由信息或控制信息。

我们简要地描述一下互联网上的 4 个基本可用服务:电子邮件、FTP、Telnet 和访问万维网。

(1) 电子邮件。用户通过电子邮件发送和接收来自其他用户的消息,类似于使用邮政服务。这些消息迅速传播,除了在网关和接收计算机端会有排队延迟外,电子邮件的传输几乎是瞬时的。电子邮件是为互联网制定的首批协议之一(大约在 1970 年,现在已变成互联网的网络当时还被称为 ARPANET)。一个简单的电子邮件包括一个邮件头和一个邮件正文。头包含按照 RFC822 协议格式化后的信息,它控制消息产生的日期和时间、发送人的地址、收件人的地址、主题行和其他可选的头信息行。消息的正文包含任意文本。用户提供发信人的账户名或个人别名及读信人接收邮件的计算机的 IP 地址(如 JohnSmith@IP.address),就可以直接给预期读件人邮寄电子邮件。如果电子邮件的正文是根据 MIME 标准编码的,那么它还可以包含任意的多媒体信息,如图画、图片、声音或视频。使用 SMTP 标准将邮件发送给收件人,既可以在持有收件人账户的计算机上阅读邮件,也可以使用邮局协议(POP)或互联网邮件访问协议(IMAP)将邮件下载到收件人的计算机上阅读。一些邮件协议还允许发件人指定邮件已被保存或阅读时返回一个收到通知。电子邮件已成为医疗保健机构中的一个重要通信途径,支持参与者进行异步的单向通信。请求服务、文件、会议和协作交换现在都主要由电子邮件来处理(Lederberg,1978)。

通过将电子邮件发送到邮件列表或特定的邮件列表服务器,就可以很容易地传播电子邮件,但是电子邮件礼节公约要求这样的通信应该是有重点并且相关的。垃圾邮件向大量列表中的收件人发送电子邮件征集信或公告,很令收件人烦恼,但又很难预防。传统的电子邮件通过网络以明文的形式发送,这样任何观测网络流量的人都可以阅读其内容。现在也有了电子邮件加密协议,如隐私增强邮件(PEM)或加密附件,但尚未得到广泛应用,它们确保只有预期收件人才能阅读邮件内容。

(2) 文件传输协议(FTP)。FTP 使发送和检索大量信息变得更容易,因为这些信息太大,用电子邮件传输很困难。例如,程序及程序的更新、完整的医疗记录、包含许多待检查的图表或图像的文件等通过 FTP 传输是最方便的。进行 FTP 访问需要几个步骤:① 使用 IP 地址访问远程计算机;② 提供用户标识以便进行授权访问;③ 使用文件命名约定指定要发送或提取的目标站点的文件的文件名;④ 传输数据。对于通过 FTP 站点开放的共享信息,按照惯例用户标识为"anonymous",请求者的电子邮件地址是密码。

(3) Telnet。Telnet 允许用户登录到一台远程计算机,如果登录成功,则该用户即成为远程系统的完全限定用户,而用户自己的计算机则变成了一个相对被动的终端。这种终端仿真技术的流畅性因本地和远程计算机之间的差异而有所不同。许多 Telnet 程序都模仿著名的终端类型(如 VT100),它们都已获得广泛的支持,并能最大限度地减少使用字符所带来的显示结果不匹配。通过将显示在终端窗口中的数据复制到本地文本编辑器或其他程序中(即通过复制和粘贴),可以将适量的信息保存到用户计算机上。

(4)万维网(WWW)。浏览Web使用户可以方便地访问Web服务器提供的远程信息资源。用户界面通常是一个遵守基本万维网协议的Web浏览器。统一资源定位器(URL)用于指定资源的位置,包括所使用的协议、资源所在计算机的域名及远程计算机上信息资源的名称。超文本标记语言(HTML)描述信息显示的外观。这些格式是面向图形显示器的,其能力大大超过了Telnet所提供的面向字符的显示能力。HTML支持传统的文本、字体设置、标题、列表、表格和其他显示规范。在HTML文档内,可以定义突出显示的按钮指向其他HTML文档或服务,这种超文本功能使创建一个可由用户导航的交叉引用网成为可能。HTML还可以指向包含其他类型信息的附加文档,(如图形、公式、图像、视频、语音),如果浏览器针对所使用的特定格式增加了帮助器或插件,那么就可以看到或听到这些信息。浏览器如Netscape Navigator或Internet Explorer还提供对所显示信息的下载选择,这样就不必单独启动FTP任务了。超文本传输协议(HTTP)用于浏览器客户端和服务器之间的通信并检索HTML文档。可以对这种通信过程采用如安全套接字层(SSL)协议的方式进行加密,以保护外部视图中敏感的交互内容(如信用卡信息或患者信息)。

HTML文档还可以包含用Java语言编写的小程序,该程序称为Applet,这些小程序会在引用时在用户的计算机上执行。Applet可以提供动画,也可以计算汇总、合并信息,以及与用户计算机上选定的文件进行交互。Java语言旨在锁定可能破坏用户计算机环境的操作,但下载远程和未经测试的软件仍然存在很大的安全风险(见5.3节)。

从与显示器上文档外观有关的预定义标记到与内部链接、脚本及其他语义要素有关的标记,HTML可以从中捕获文档描述的很多细节。为了将与外观有关的问题与其他类型的标记分开、提供标记类型的更大灵活性,以及获得更开放的自定义文档描述,现在又出现了一个功能更强大的标记框架,称为可扩展标记语言(XML)。XML(及其相关标记协议)将在第19章进行更详细的讨论。

客户端-服务器交互是我们刚才讨论过的4种交互形式的一般化,涉及客户端(请求)计算机和服务器(响应)计算机之间的交互。一般来说,客户端-服务器交互支持本地计算机和远程计算机用户的协作。服务器根据协议提供信息和计算服务,用户计算机(即客户端)生成请求并完成剩余的处理任务(如显示HTML文档和图像)。数据库访问是服务器提供的一个常见功能。检索到的信息传递给客户端作为对请求的响应,然后客户端可以对数据进行特定的分析。最终结果可以在本地存储,也可以打印或用邮件发送给其他用户。

## 5.2 数据获取与信号处理

手动捕获数据并将它们输入到计算机中是十分困难的,其耗时、易出错且费用昂贵,这是本书的一个突出问题。通过直接与仪器进行电子连接,从实际的源实时捕获数据就可以克服这些问题。数据的直接获取不再需要人来手工地测量、编码和录入数据,连在患者身上的传感器可以将生物信号[如血压、脉搏、机械运动和心电图(ECG)]转换成电信号,并传送到计算机中,通过扫描X射线的传播可以获得组织的密度。信号经过周期性采样后进行转换,表示为数字形式以便存储和处理。数据的自动获取和信号处理技术在患者监控设备中尤为重要(见第17章)。类似的技术也适用于获取和处理人类的语音输入。

大多数自然产生的信号都是模拟信号,即连续变化的信号。例如,第一台床边监测器全部是模拟设备。通常,它们获得模拟信号(如心电图测到的信号),并在仪表盘或其他连续显示器设备上显示信号的水平(如在心电图纸上记录的连续信号,见图17.4)。

我们使用的计算机是数字计算机,数字计算机存储和处理在离散点和离散时间上获取的离散值。在计算机可以处理之前,模拟信号必须转换为数字单位,这一转换过程称为模数转换(ADC)。可以把ADC想象成采样并舍入——瞬时观察(采样)连续值,并四舍五入到最近的离散单位(图5.14)。需要1个比特来区分2个水平(如开或关);如果想区分4个水平,则需要2个比特(因为$2^2 = 4$),以此类推。

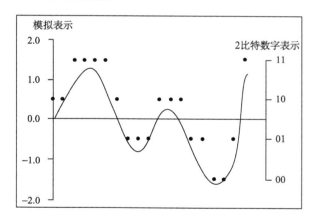

图5.14 模数转换(ADC)。ADC是一项将连续信号转化为离散值的技术。本例中每个采样值转换为4个离散水平之一(用2个比特表示)

有两个参数用于决定数字数据表示原始模拟信号的接近程度:信号记录的精度和信号采样的频率。精度是信号的数字估计值与实际模拟值的匹配程度,用于对数字估计值进行编码的比特数及正确性决定了精度,比特数越多,可以区分的水平数越多;精度还受转换及传输信号的设备的准确性的限制。要尽可能准确地表示信号,手动或自动地调整范围并校准仪器十分必要。范围调整不当将导致信息丢失。例如,如果仪器被设置为按 0.5V 增量来记录 −2.0~2.0V 之间的变化,那么就会检测不到 0.1~0.2V 之间的信号变化(图 5.15 给出了范围调整不当的另一个例子)。

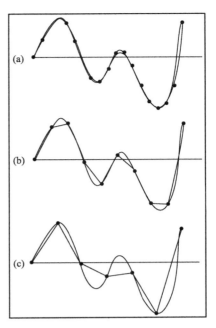

图 5.16 采样率越高,采样观测值与原本的模拟信号对应得越接近。(a)的采样率最高,(b)的采样率低一些,(c)的最低。当采样率很低时[如(c)],模数转换(ADC)的结果可能会有误。注意:从(a)到(c)信号的质量逐渐降低[图 17.5 说明不同采样率对心电图(ECG)信号质量的影响]

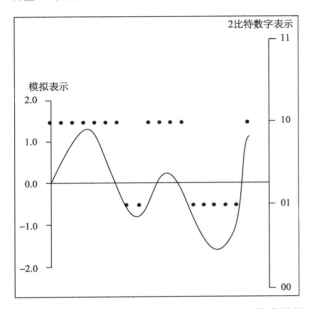

图 5.15 调整范围对精度的影响。例如,来自传感器的信号振幅必须进行范围调整才能用于表示某个患者的变化。如果不对信号进行充分放大,那么信号的细节就可能会丢失,然而过度放大将产生削峰和削谷

采样率是影响模拟信号与其数字表示的一致性的第二个参数。相对于信号的变化率来说,采样率过低会导致表示能力很差(图 5.16)。然而,过采样会增加处理和存储数据的费用。一般的规则是,采样率至少是需要采样信号的最高频率的 2 倍。例如,在心电图中,我们发现基本的收缩重复频率每秒最多只有几个,但每个心动周期内 QRS 波包含的有用频率成分大约为每秒 150 个周期(见 17.5 节),即 QRS 信号在比基本心跳间隔更短的间隔内完成升降。因此,心电图数据采样率至少应为每秒 300 次,将最高频率乘以 2 计算出的频率称为 Nyquist 频率。采样和信号估计的思想也适用于空间变化信号(如图像),其中时间维度由一个或多个空间维度代替。

信号质量的另一方面是信号中的噪声量,即所获得数据中不是由被测的特定现象产生的部分。噪声的主要来源包括信号检测器或附近设备和电源线带来的电子或磁信号中的随机波动。一旦从传感器获得了信号,这个信号必须传送给计算机。通常,信号是通过经过附近其他设备的线路来发送的。途中模拟信号容易受到电磁的干扰。传感器的不准确、传感器和信号源(如患者)之间的接触不良,以及过程中所产生的非所研究信号的干扰(如心电图中的呼吸干扰)是常见的噪声源。

通常将以下三项技术结合使用,以最大限度地减少信号在到达计算机前的噪声量。

(1) 对承载模拟信号的电缆和仪器进行屏蔽、隔离及接地都可以减少电子干扰。通常用两条绞合线来传输信号,其中一条加载实际信号,另一条传输传感器的接地电压。差分放大器在目的端测量差异。多数类型的干扰对二者的影响是一样的,因此该差异应该反映真实的信号。在信号传输时使用玻璃纤维光缆代替铜线可以消除电机的干扰,因为光信号不受相对慢的电波或磁场的影响。

(2) 为了进行可靠的长距离传输,可以将模拟信号转换为调频信号。调频信号表示信号频率的变化,而不是幅度的变化。调频(FM)大大减少了噪声,因为干扰只是直接扰乱信号的幅度。只要干扰不产生接近高载波频率的幅度变化,在传输过程中就不会出现数据的丢失。

模拟信号到数字形式的转换提供了最可靠的传输方式。转换越接近信号源,转换的数据越可靠。信号的数字转换原本就没有模拟转换对噪声的感应强,干扰很少强大到足以将值 1 变为值 0,反之亦然。此外,可以对数字信号进行编码,允许检测和纠正传输错误。在信号源附近放置一个微处理器是目前实现这种转换最常用的方法。数字信号处理(DSP)芯片的开发促进了这类应用,该芯片也用于计算机语音邮件和其他应用程序。

(3)滤波算法可用于减小噪声的影响。通常,数据一旦存储到内存中就可以将这些算法应用到这些数据上。噪声的特点是其相对随机的模式。重复性信号(如心电图)可通过几个周期来集成,从而减小随机噪声的影响。当噪声的模式与信号的模式不同时,可以用傅里叶分析对信号滤波,一个信号被分解成多个组成部分,每个部分都有完全不同的周期和振幅[推荐读物中 Wiederhold 和 Clayton(1985)的论文详细解释了傅里叶分析]。假定信号中不需要的部分就是噪声,然后将它们消除。有些噪声(如由建筑物的电气线路引起的 60Hz 干扰)的模式是有规律的,在这种情况下,已知由干扰引起的那部分信号可以被过滤掉。

一旦获取并清理过数据后,通常要对这些数据进行处理,以减小数据量,提取由解释程序使用的信息。一般情况下要分析数据,提取信号的重要参数或特征,如心电图 ST 段的持续时间或强度。通过比较重复信号的不同部分,或将一个波形与已知模式的模型或模板进行比较,计算机还可以分析波形的形状,如检测心电图中心跳的不规则性。在语音识别任务中,可以将语音信号与存储的语音单词配置文件进行比较。还需要进行进一步的分析以确定信号的含义或重要性,如允许进行基于心电图的自动心脏诊断或对在语音输入中识别出来的单词做出适当的反应。

## 5.3 数据和系统安全性

医疗记录中包含了许多信息。这些文档和数据库包含的数据从身高和体重测量值、血压及有关流感暴发、割伤或骨折的注释,到有关诸如生育率和堕胎、情绪问题与心理护理、性行为、性传播疾病、人类免疫缺陷病毒(HIV)现状、药物滥用、身体虐待和遗传易感性疾病等主题的信息。某些数据通常会被认为是很乏味的,而有些则是高度敏感的。在医疗记录中,有很多某些特定人可能会很敏感的信息。正如第 10 章所讨论的,健康信息被认为是保密的,对这类信息的访问必须进行控制,因为披露这些信息可能会通过引起社会尴尬或偏见,通过影响可保险性,或者通过限制我们得到和保留一份工作的能力而使我们受到伤害。医疗数据必须被保护,以至不会丢失。如果我们要根据电子病历进行护理,则无论何时何地进行护理,这些病历都必须是可用的,而且所包含的信息必须是准确的和最新的。安排的化验和治疗必须经过验证,确保它们均由授权提供者签发。这些记录还必须支持行政复议,并为法律责任提供基础。这些要求涉及医疗保健信息保护中的三个独立的概念。

隐私是指控制个人健康及其他信息披露的个人要求。机密性适用于信息,就此而论,是指根据限制信息进一步发布或使用的协议,一个人将他或她的个人健康信息发布给护理提供者或信息托管人的控制能力。安全是通过一系列政策、规程和安全保护措施来保护隐私和机密性。安全措施使机构能够保持信息系统的完整性和可用性,并能控制对这些系统内容的访问。健康隐私和机密性在第 10 章中会进行进一步讨论。

考虑安全性及提供安全性的方法是大多数计算机系统的一部分,但是由于医疗保健系统具有信息使用和发布的特殊复杂性而与众不同。一般来说,医疗信息系统采取的安全措施有以下 5 个重要功能(国家研究委员会,1997)。

(1)可用性确保可在适当的场合、必要的时候获得准确且最新的信息。

(2)可信任性有助于确保用户根据书面须知和知情权使其对访问和使用的信息负责。

(3)边界定义使系统能够控制对信息系统进行物理和逻辑的受信访问的界线。

(4)角色受限的访问支持员工只能访问对其工作来说必不可少的信息,并限制超出合法需求而对信息进行的实际或可能的访问。

(5)可理解性和控制权确保记录的所有者、数据管理员和患者可以理解并能对适当的信息机密性与访问权进行有效的控制。

确保可用性的主要方法是通过冗余保护数据不会丢失,即定期执行系统备份。由于硬件和软件系统不会完全可靠,因此拥有长期价值的信息要复制到归档存储设备中,副本存放在远程站点,以便万一发生灾害时可以保护数据。对于数据的短期保护,数据可以写入重复存储设备中。如果其中一个存储设备连接到一个远程处理器上,则可以提供更多的数据保护。重要的医疗系统必须做好甚至可以在环境灾害期间仍能运行的准备。因此,为 CPU、存储设备、网络设备等提供安全的房屋和备份电源也很重要。维护信息系统软件的完整性以确保其可用性也很必要。备份副本提供了对软件故障一定程度的保护,如果一个程序的新版本破坏了系统的数据库,那么备份使操作人员能够回滚到软件和数据库内容的早期版本。

未经授权的软件修改(如以病毒或蠕虫的形式)也是一个威胁。病毒可能会附着在无害的程序或数据文件上,当执行该程序或打开数据文件时,它会采取以下几项行动。

(1)病毒代码将自身复制给存储在计算机上的其他文件。

(2)它将这些文件附加到传出消息上,从而将其传播给其他计算机。

(3)该病毒可能收集电子邮件地址以便进一步分发其副本。

(4)该病毒可能安装其他程序来破坏或修改其他文件,以逃避检测。

(5)由病毒安装的程序可能会记录密码或其他敏感信息的击键操作,或执行其他有害操作。

通过干扰操作和系统访问,以及不断的自我传播而生产巨大的互联网流量,软件病毒会对计算机操作造成严重破坏,即使它没有进行失效性破坏。为了预防病毒,所有加载到系统中的程序都应针对已知的病毒代码及大小或配置方面的意外改变进行检查。导入了病毒程序并不总是很明显。例如,字处理文档可能包括有助于格式化文档的宏,但是这种宏也可能包含病毒代码,所以文档可能被感染。电子表格、图形演示文稿等也可能受到病毒的感染。

通过监测和技术控制有助于提高医疗数据的可确认性。在医疗环境中工作的大多数人都是有职业道德的。此外,通过扫描访问审计追踪获得的监视数据记录访问和使用情况的信息可以极大地阻碍数据滥用。

确保可信任性的技术手段还包括另外两个作用——鉴别和授权。

(1) 通过主动和唯一的身份验证流程(如组合使用用户名和密码)进行用户鉴别。

(2) 经过鉴别的用户被授权可在系统内执行某些只适合其角色的操作,如只搜索由其护理的患者的医疗记录。

在个人计算机系统内进行鉴别和授权是最简单的,但是由于大多数机构运行多台计算机,因此有必要跨所有系统协调这些访问控制的一致性。目前已经有了企业级的访问控制标准和系统,并比几年前得到了更加广泛的部署。

边缘定义要求你知道谁是你的用户及他们是如何访问信息系统的。对于小型医生诊所中的医疗保健提供者,使用简单的用户名和密码组合就可以进行麻烦最少的物理访问。但是,如果临床医生外出或在家里需要远程访问医疗记录,则必须更加谨慎,以确保这个用户就是他或她所声称的,并确保包含敏感信息的通信过程没有受到不适当的监视。但是,被认为是受信的内部人员边界在哪里?对网络的运行位置及用户如何获得外部访问权进行认真控制是必要的。大多数机构安装了防火墙来定义边界:该机构的所有可共享计算机都位于防火墙内。任何试图从外部访问共享系统的人都必须先通过防火墙,其中设置了功能强大的鉴别和协议访问控制。通过鉴别这一步后,用户就可以访问防火墙内的可用服务了(仍然受到适用的授权控制的限制)。即便是有防火墙,对于企业系统管理员来说,监控并确保防火墙不被绕过也是十分重要的。例如,恶意黑客可以在内部电话线上安装一个调制解调器,安装或使用秘密无线基站,或加载未经授权的软件。虚拟专用网(VPN)技术提供了一种让真正的用户远程访问信息资源的有力手段。使用客户端-服务器方式,在用户客户机与企业服务器之间协商建立加密的通信链路,这种方法保护了所有通信过程,并使用了强大的鉴别功能以识别用户。但是,无论连接是如何安全,完全的安全最终有赖于用户尽职尽责并认真看管应用日益广泛的便携式计算机(笔记本电脑、平板电脑或手持设备)以防丢失或被盗,以免它们的内容被未经授权的人访问。

实现强大的鉴别和授权控制有赖于加密技术。加密编码是保护所存储及通过通信线路传输的数据的主要工具。常用的加密方法有两种——私钥密钥加密和公钥密钥加密。在私钥密钥加密方法中,对信息加密和解密都使用相同的密钥,因此必须对密钥保密,只有信息的发送者和接收者才能知道。在公钥密钥加密方法中,使用两个密钥,一个用于对信息加密,一个用于解密。由于涉及两个密钥,因此只需要对一个进行保密,另一个可以公开。这种方法除了可以实现敏感信息的交换外,还支持很多重要的服务,如数字签名(证明作者身份)、内容验证(证明消息的内容没有被修改过)及不可否认性(确保收到的订单或货款不能被否认)。不管是用哪种加密方法,一旦数据被加密,都需要是用密钥来解码,从而使信息清晰易读且适于处理。

密钥越长,安全性越高,因为很难猜测它们。由于功能强大的计算机可以帮助入侵者迅速测试几百万个候选密钥,因此采用 56 位密钥[1975 年的数据加密标准(DES)规定的长度]的单层加密方法已经不再被认为是安全的,现在常规的是 128 位密钥。如果密钥丢失,那么采用该密钥加密的信息实际上也就丢失了。如果密钥被盗,或者如果要跟踪的密钥的副本太多,那么未经授权的人就可能访问信息。通过受信方在第三方保管密钥可以为密钥提供保护,使之不会丢失。

加密工具还可用于控制授权。可以将授权信息编码为数字证书,然后由认证机构对这些数字证书进行验证并由服务来检查,这样服务就不需要自己检查授权了。集中化鉴别和授权功能简化了访问控制的协调过程,允许根据需要快速收回权限,降低入侵者找到系统漏洞的可能性。但是,必须对鉴别或授权中央服务器本身进行极为小心的保护和管理,从而使整个企业的访问控制信息不被窃取。

角色受限的访问控制基于扩展的授权方案。即便整个系统的访问已被授权并得到保护,也必须进行进一步的检查以控制对记录内特定数据的访问。医疗记录几乎都没有根据外部访问标准进行分离,而许多不同的医疗保健合作者对医疗记录中收集的信息又有不同的需求和权利。下面是一些有效的访问权限。

- 患者:自己的医疗记录的内容。
- 社区医生:他们的患者的记录。
- 专业医生:所会诊患者的记录。
- 公共健康机构:传染病的发生率。
- 医学研究人员:匿名记录或由某个机构审查委员会(IRB)批准的患者群体的数据汇总。
- 票据文员:服务记录,保险公司需要时可提供临床证明单据。
- 保险交款人:收费的理由。

保存在医疗记录中不同类型的信息发布规则不同,它由州和联邦法律[如新的健康保险携带和责任法案

(HIPAA)的规定;见第7章]来决定,以及出于法律和伦理考虑由机构政策来设定。例如,有心脏问题的患者的医疗记录中可能包含了患者HIV检测结果阳性的注释信息,而这些信息不应该透露给进行无关研究的健康服务研究人员。根据机构政策,在发布这些记录用于研究之前要将这类注释信息隐藏起来。根据研究设计的不同,患者的姓名及其他身份信息也可能需要隐藏起来。

为了保护医疗记录的机密性不被不适当地发布给合作者,应在发布这些记录前对它们进行检查,但是这种检查工作需要的资源比大多数医疗保健机构能够投入的资源要多。根据HIPAA的要求,越来越多的资源被用于系统的安全性,并确保医疗保健数据的机密性;但是,经常是在报告了违规之后才用这样的资源来解决问题的(国家研究委员会,1997)。由于当前处理密钥和访问数据的工具使用不便,因此即使最低限度的加密方法也很少使用。为了应对这些新的要求,我们需要更好的、更易用的、更透明的工具来保护隐私和健康信息的机密性(Sweeney,1996;Wiederhold et al.,1996)。

## 5.4 总结

正如我们在本章中所讨论的,大规模的综合信息系统是通过对硬件和软件层次结构的精心构造而实现的。后面的每个层比前一层更抽象,并隐藏了前一层中的许多细节。存储和处理数据的简单方法最终产生了拥有强大功能的复杂的信息系统。可以连接任意配置的本地和远程计算机的通信链路及覆盖这些系统的安全机制,超越了基本的硬件和软件层次结构。因此,用户可以不必担心技术细节,就可以访问丰富的计算资源,并能执行复杂的信息管理任务,如信息的存储、检索、通信和处理。

## 推荐读物

Garcia-Molina H., Ullman J. D., Widom J. D. (2002). Database Systems: The Complete Book. Englewood Cliffs, NJ: Prentice-Hall.

该书的前半部分从数据库设计者、用户和应用程序员的角度深入介绍了数据库涉及的内容。它包括最新的数据库标准 SQL:1999、SQL/PSM、SQL/CLI、JDBC、ODL和XML,其中涉及的SQL内容比大多数其他教科书要广泛。该书的后半部分从DBMS实施人员的角度深入介绍了数据库涉及的内容,重点是存储结构、查询处理和事务管理。该书包括这些领域的主要技术,其中涉及的查询优化内容比大多数其他教科书要广泛,以及一些高级主题,包括多维和位图索引、分布式事务及信息集成技术。

Hennessy J. L., Patterson D. A. (1996). Computer Architecture: A Quantitative Approach (2nd ed.). San Francisco: Morgan Kaufmann.

该技术专著提供了对计算机硬件及其操作的物理和概念基础的深入讲解,它适合于希望理解计算机体系结构详细内容的技术读者。

McDonald C. J. (Ed.). (1987). Images, Signals, and Devices (M. D. Computing: Benchmark Papers). New York: Springer-Verlag.

该书是Benchmark Papers from M. D. Computing系列丛书的第二本,该卷介绍了计算机在生物工程中的应用。它包括成像和监测方面的文章,以及一些技术的概述,如计算机断层摄影。

McDonald C. J. (Ed.). (1987). Tutorials (M. D. Computing: Benchmark Papers). New York: Springer-Verlag.

该书是Benchmark Papers系列丛书的第三本,该卷包括最初在M. D. Computing上发表的17篇学习指南,包括计算机硬件、局域网、操作系统和程序设计语言方面的文章。希望了解计算机如何工作或者希望学习基本编程技巧的计算机初学者将会对这些文章感兴趣。

National Research Council. (1997). For the Record: Protecting Electronic Health Information. Washington, DC: National Academy Press.

该报告记录了美国医疗保健机构当前安全性实践的广泛研究,并介绍了取得的重大变化。它提供了制定政策、技术保护和可接受的医疗保健信息访问与使用法律标准的指南。它非常适合于对以上复杂主题感兴趣的法律(注:原文为lay,疑为law)、医学和技术读者。

Tanenbaum A. (1996). Computer Networks (3rd ed.). Englewood Cliffs, NJ: Prentice-Hall.

这是一本经过重大修订的经典计算机通信教科书,该书组织严密、书写清晰且易于理解。引言部分介绍了网络体系结构和国际标准化组织的开放系统互连(OSI)参考模型,其余的每一章详细讨论OSI模型的一层。

Wiederhold G. (1981). Databases for Health Care. New York: Springer-Verlag.

该书从医疗保健的视角介绍了数据库技术的概念。尽管在某些方面过时了,但是该书介绍了数据库的结构和功能,讨论了与使用数据库有关的学术上的及操作方面的问题,包括缺失数据、数据共享之间的冲突及数据机密性。

Wiederhold G., Clayton P. D. (1985). Processing biological data in real time. M. D. Computing, 2(6): 16-25.

这篇文章讨论了实时获取和处理生物数据的原则及一些问题。它涉及本章信号处理一节中讨论的大部分内容,并对模数转换和傅里叶分析提供了更为详细的解释。

## 问题讨论

1. 为什么计算机系统使用磁盘存储数据和程序,而不是把后者保存在可以更快得到访问的主存中？

2. 在决定是否在主动或归档存储设备中保存数据时,需要考虑哪4个因素？

3. 解释操作系统是如何使用户与硬件变化隔离开的。

4. 讨论连接到LAN的个人工作站与共享访问主机计算机的优缺点。

5. 给出术语数据独立性和数据库模式的定义。数据库管理系统是如何提高数据独立性的？

6. 为什么会开发出众多不同的计算机语言？

7. 如何防止电子病历信息不被不适当地访问？如何检测可能发生的这种不适当访问？

# 第 6 章 医疗保健中的系统设计与工程

**阅读本章后,您应对下列问题有所了解:**
- 医用计算机系统执行了哪些关键功能?
- 为何医务人员与计算机工作人员之间的沟通对健康信息系统的成功设计和实施起着决定性的作用?
- 购买一步到位式系统与开发定制设计的系统相比有何利弊?
- 医用计算机系统可远程访问哪些资源?
- 有哪些设计特征最能影响医务人员对系统的认可?
- 为何医疗保健系统一旦成功实施和安装,就有很长的使用周期?

## 6.1 计算机系统如何为医疗保健提供帮助?

在第 5 章中,我们介绍了与计算机和通信软、硬件有关的基本概念。本章中,我们将证明医务人员可用这些组件构建的信息系统为其医疗保健服务提供支持。我们介绍了健康信息系统执行的基本功能,并讨论了在系统设计、实施和评估中需要考虑的重要问题。阅读后续有关各种医学计算机应用的章节时,应牢记这些概念。请读者思考一下,系统如何能满足(或为何不满足)用户的需求?有哪些实际的因素导致某些系统能获得日常使用的认可,而有些系统则无法完成从研究环境到现实世界的过渡?

系统的成功至少依赖于合适硬件的选择和足够数据存储与数据传输能力的选择。软件往往更为关键,它定义了如何获取、组织和处理数据以获得信息。与特定软硬件选择有关的技术问题超出了本书的范围,我们只介绍与系统设计和实施有关的实际问题。具体而言,我们既强调设计系统符合用户的信息需求,又强调设计系统适应用户日常工作的重要性。医疗保健信息系统有多种用户,通常每次必须考虑一种用户。

对医务工作者而言,结果的质量非常重要,但他们的时间往往很紧。对管理人员而言,他们要做人事和财务决策,这些决策对单位的福祉非常关键。文秘人员则负责输入和检索大量数据。某些系统还可提供直接的患者交互功能。此外,还有维护系统并确保其工作稳定的操作人员。最初,有专业的系统设计人员、实施人员和集成人员,但当系统进入日常运行时,这些人的数量就要减少,因而也更难找到他们了。在系统移交给用户前,必须为他们准备足够的文档,给他们提供充分的培训。例如,文秘人员需要明确了解他们与系统的交互内容,以减少错误。本章的核心主题是强调医务人员和计算机专业人员之间的沟通对明确问题的重要性,以及对提出在医院范围内可行的解决方案的重要性。根据这一点,我们探讨了产生自动化需求的一些因素,还讨论了健康信息系统的设计、开发和评价的一些重要方面。

将系统从开发者和计算机专家移交给医务人员时的一个问题是,他们的教育和经历强调的是不同的科学原则。计算机学科的形式化体现在一些规则中,这些规则在许多场合都适用,它们能保证一致性和效率。而医疗保健的实践则强调个体情况,其中有些需要深入和独特的考虑。医疗保健中的许多知识都来源于实例,当一个新病号在某些关键方面与以往有所不同时,期望能有一种灵活性。对于计算机专家,要适应这种灵活性的话,将导致各种规则的激增,需要编写复杂得难以想象的软件。本书的任务之一是帮助双方对这些问题加深理解,从而能认识到培训的价值,并认识到生物医学和计算机科学交叉的专业性。

### 6.1.1 什么是系统?

迄今我们还是非正式地称系统为健康信息系统和计算机系统。说到系统时我们到底指的是什么呢?系统最广泛的意义是指为完成一种任务而组织起来的一组过程。它是通过:①要解决的问题;②解决该问题所需的数据和知识;③将可用的输入转换为期望输出的内部过程(图 6.1)三方面来描述。我们在书中谈论系统时,通常都指基于计算机的(或计算机的)系统。计算机系统结合了人工和自动处理,通过人机协同工作来管理和使用信息。计算机系统有如下组成。

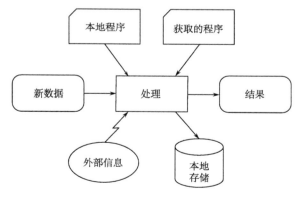

图 6.1 计算机系统组成。计算机系统用本地定义的普通例程处理新输入的、存储的和从远程外部资源获得的信息,之后输出结果

- 硬件:即物理设备,包括处理器[如中央处理器(CPU)]、存储设备、通信设备、终端和打印机。

• 软件：指挥硬件执行自动化过程，即对用户请求和安排做出响应、处理输入数据、长期存储数据、将资料性结果交与用户的计算机程序过程，有时软件还提示用户执行手工操作。

• 用户：用户与系统的软硬件交互，提出请求，使用结果或将结果发送给他人，还包括其他负责数据输入、系统运行、备份和维护的用户。

计算机的作用泛泛地说是将数据转换为信息。每个数据都必须由一个人、另一台计算机或由数据采集设备提供，如对患者的监测（见第 17 章）。输出的信息递交给医务工作者，或成为另一台计算机的输入。换言之，医用计算机系统是整个医疗保健服务系统中的一个模块。

整个医疗保健系统不仅要确定对计算机的需求（如需要处理哪些数据，要生成哪些报告），还要确定系统的运行要求（如可靠性的程度和对信息请求的响应性）。计算机系统的获得和操作能影响一个机构的组织。例如，谁控制着信息？谁对数据的准确性负责？怎样为系统提供经费？

计算机系统的安装也有社会性后果。新系统的引进能改变医务人员的日常工作；而且，它可能影响医务人员的传统职责及不同人群的现有关系，如医生和护士的关系、医生和患者的关系；会出现重要的伦理和法律问题，包括患者信息的保密、计算机在患者治疗中的合适地位（尤其在医学决策的制定中），以及开发人员和用户在确保系统正确运行方面的责任（见第 10 章）。尽管系统开发中的技术难题都必须一一解决，但在单位内部，组织方面的因素会对计算机系统的成功与否起决定性作用。对不同的医疗机构来说，这些因素会有很大差异，因此要使一个运行良好的系统转移到另一个地方会很困难。

### 6.1.2 计算机系统的功能

计算机现已应用于医疗保健服务的各个方面，从简单的业务数据处理，到生理学数据的收集和解释，再到医生和护士的教育。本书第二单元的每章都描述了计算机在生物医学中的一个重要应用领域，每个领域问题的独有特征都会对系统的生产者提出特殊的要求。但投资这些应用的动机，则源于计算机能在信息管理的某些方面为医务工作者提供帮助。我们确定了 8 个问题，它们明确了医用计算机系统能提供的基本功能。

(1) 数据的获取和表示
(2) 记录的保存和访问
(3) 信息的交流和综合
(4) 监测
(5) 信息存储和检索
(6) 数据分析
(7) 决策支持
(8) 教育

第 12 章至第 22 章对各种医疗保健和生物医学应用的讨论中详细介绍了这些功能，任何系统都通过这些功能为其用户提供帮助。在医院信息系统（第 13 章）中，这些功能多数都会有，但一般是在多个科室中通过各种计算机系统来实现的。这些系统必须彼此沟通（Webster，1988）。在医疗中，计算机的所有应用基本上都会通过其各种各样的用户来为决策的制定提供支持，尽管只在两类应用中决策支持属于主要功能。

**1. 数据获取**

描述一个人的状态所需的数据量非常之大。医务工作者需要数据获取方面的帮助，以对必需数据的收集和处理进行管理。医学中计算机的早期应用之一是仪器对血液和其他体液样本的自动分析，该仪器能测量化学浓度或对细胞或生物进行计数，然后以表格的形式给出分析的结果。如果结果在预期范围之外，还需给出标记，以提醒医务人员。基于计算机的患者监测系统是计算机技术的另一早期应用，它们能直接收集患者的生理数据（见第 17 章）。这种系统可确保对生命体征、心电图（ECG）和其他患者状态指标进行频繁和一致的测量。最近，研究人员开发出了多种医学影像应用程序，如第 9 章和第 18 章所介绍的计算机断层成像（CT）、磁共振成像（MRI）和数字减影血管成像。这些应用运算量很大，无法人工完成，计算机可收集及操作上百万的观测值。

早期执行数据获取的计算机医学仪器和测量设备只将其结果交给人。现在，多数仪器都能将数据直接写入患者的病历，尽管界面仍然不美观，也不够标准化（见第 7 章）。基于计算机的信息获取系统（如收集患者病史的系统），也属数据获取系统，它们让医务人员从患者统计数据和病史信息的日常收集及输入中解放出来。

**2. 记录的保存**

了解了医疗保健服务的高数据量特点，就能理解收集和保存记录是许多医用计算机系统的主要功能。计算机很适合进行单调和重复性的数据处理工作，如收集数据并制成表格、组合相关的数据，以及生成并格式化报告，它们对处理大量数据特别有用。自动化计费是计算机在医疗保健中很自然的应用，一般都是当医院、诊所或私营医生决定使用计算机时最先安装的组件。不幸的是，执行计费所需的文档水平对治疗患者而言是不够的。

医院范围内每个科室均有自己的计算机系统保存他们自己的记录。例如，临床检验室用基于计算机的信息系统来保存医嘱和样本，并报告检验结果；多数药剂科和放射科都用计算机来执行类似的功能，他们的系统可连接外部的服务（如药剂系统一般与一家或多家药品供应商相连），从而能实现快速订购和交货，且能降低本地库存量。通过将这些领域的处理自动化，医疗保健设备就能提高服务的速度，降低直接的人力成本，并减少错误。

医院科室应用的计算机系统通常都来自专业的厂商，这些厂商在为临床检验室、药剂操作或其他领域提供服务时加入了自己的经验。当性能有提高或规则发生改变时，他们能为客户提供更新。有时还能从厂商所在的地点实现远程服务。不幸的是，这种多样性使我们难以将异类系统的信息集成到一个有机的整体中。第13章将讨论这个问题。

### 3. 通信与集成

在医院和其他大型医疗保健机构中，不同工作背景的医务工作者会收集到各式各样的数据。每个患者都接受多个医务人员的服务，如护士、医生、技术员和药剂师等。治疗小组不同成员之间的沟通对高效的医疗保健服务很关键。只要需要，决策者任何时候、任何地点都应该能获得相关数据，与数据在何时何地取得无关。计算机能提供数据的存储、传输、共享和显示方面的服务。正如第2章和第3章所描述的，病历是临床信息交流的主要载体。传统纸质病历的局限性在于信息只集中在一个地方，这会阻止多人同时输入和访问。医院信息系统（HIS）（见第13章）和HER系统（第12章）都允许多种活动的分配，如入院、预约和资源日程安排、检验结果的查阅，以及将病历送至合适的地方接受检查。

人们几乎无法从单一的计算机系统中找到具体决策任务所需的信息，在有必要、有货及有资金时，就会安装和更新临床系统。而且，在许多医疗机构中，住院患者和门诊患者及财务工作是由不同的部门支持的。患者的治疗决策需要住院和门诊信息。医院的管理者必须综合临床和财务信息，以便分析成本并评价医疗保健服务的效率。类似地，临床医生可能需要查阅其他医疗保健机构收集的数据，或者他们可能想要咨询已发表的生物医学信息。现在到处都有能实现独立计算机间及位置不同的地点之间共享信息的通信网络。随着技术和系统的发展，对计算机所含信息的实际集成需要更多的软件及维持其运行的操作人员，还需要符合标准。

### 4. 监测

对数据做出及时的反应对医疗保健的质量非常关键，特别是当患者出现了意料之外的状况。由于信息技术的普遍性所导致的数据过量，与数据缺乏一样，均不利于正确的决策，表明需要采取某种行动的数据可能已经存在，但对于负荷过重的医务工作者来说，它们很可能被忽视。监测和监视系统通过唤起他们对显著事件或情形的注意，能帮助处理所有与患者管理有关的数据。例如，提示医生安排筛查检验或采取其他预防性措施（见第12章和第20章），或在发生危险事件或群集事件时警告医生。

检验室系统能日常地识别并标出异常的检验结果。类似地，如果重症监护室的患者监测系统检测到患者状态的异常，会向护士和医生发出声音报警，提示他们出现了潜在的危险变化。保留着患者计算机药方开具记录的药剂系统能对输入的药方进行筛查，并警告开具药方的医生，药品可能会与患者正接受的另一种药物发生作用，或已知患者对该药物会过敏或敏感。通过关联多个来源的数据，综合的临床信息系统能监测复杂的事件，如患者诊断、用药法和生理状态（表现为检验室的检验结果）之间的相互作用。例如，胆固醇水平的改变可能是由于给一名关节炎患者用了强的松，并不一定证明饮食有问题。

监测还能扩展到医疗保健场所以外。例如，可监视新感染疾病的表象、对新药物的意外反应及环境的影响。因此，数据综合是一个国家乃至全球范围内的课题（参见第1章和第15章中的国家信息系统基础设施，其中讨论了公共健康信息学）。

### 5. 信息存储与检索

信息的存储与检索对所有计算机系统而言都是基本的功能。存储实现了不同时间人们对数据的共享。存储必须组织有序，并加以索引，从而使我们能轻松检索出记录在HER系统中的信息，在此必须考虑到用户的多样性。获得一位刚进入诊室的患者的最近相关信息不同于研究人员在访问相同数据时的需求。HER和临床研究系统的查询界面能帮助研究人员从大量的患者信息中检索到相关的记录。如我们在第19章所讨论的，文献检索系统是健康信息服务的一个基本组成部分。

### 6. 数据分析

计算机系统获取的原始数据很详尽，但数量庞大。数据分析系统必须通过简化内在信息，并以明确和易理解的形式呈现出来，才能为决策者提供帮助。呈现数据时应使用图形来辅助趋势分析和计算次级参数（均值、标准差、变化率等），以帮助决策者发现异常。临床研究系统有执行各种统计分析的模块，可分析很大的患者数据集，但研究人员应该理解所用的方法。对临床医生而言，图形对数据和结果的解释非常重要。

### 7. 决策支持

最后，这里描述的所有功能都支持医务工作者的决策。决策支持系统与事件监测和问题警告系统之间的区别不太明显，这两者的区别主要在于他们解释数据的深度及针对患者的行动的推荐程度。临床咨询系统或事件监测系统可能是决策系统最著名的例子，它们利用人群的统计数据或编码专家的知识辅助医生的诊断和治疗计划（见第20章）。某些护理信息系统也能用类似的方式帮助护士评价单个患者的需求，从而辅助分配护理资源。我们在第20章中讨论了采用算法或人工智能（AI）技术提供有关患者治疗的建议的计算机系统。

### 8. 教育

生物医学知识的快速增长和治疗管理的复杂化造成这样一种环境：学生在培训期间无法学到他们所需的所有知识，他们必须懂得如何不断学习，必须承诺终身接受教育。如今，医生和护士在计算机程序上有很大的选择余地,这些程序旨在帮助他们获取和提升治疗患者所需的知识和技能。最简单的程序是训练—实践型程序,更复杂的程序能帮助学生学习复杂的问题解决方法,如诊断和治疗的运用(见第21章)。计算机辅助教学提供了一种有用的手段,医务工作者可通过该手段获得经验,并从错误中学习,不会对实际患者造成危害。临床决策支持系统和其他能解释其建议的系统也能执行教学功能。在真实患者案例的语境下,它们能建议采取一定的行动,并解释采取这些行动的原因。

### 6.1.3 明确并分析对计算机系统的需求

将计算机引入医疗保健环境中的第一步是明确临床的、行政的或研究的需求,即医疗保健服务中的不足或低效率。取得或更换一个计算机系统的决策可能受以下愿望的驱动:提高服务质量、降低服务成本、推广医疗服务或收集评价医疗保健服务过程本身所需的信息。基于计算机的新系统可校正旧系统的缺陷,如通过扫读容器上的条形码来减少药品管理的错误。有些计算机系统能提供人工系统无法实现的功能,如允许对患者病历的复式访问。在某些案例中,计算机系统可复制先前系统的功能,但维护成本更低。

从诞生之日起,医用计算机系统的复杂性已有了显著增加,那时计算机首先用于解决医疗保健服务的问题。新系统的开发人员对系统进行改良的方式有:从以前的工作中汲取教训、仿效成功案例、避免早期系统的失误。随着学科的成熟,研究人员和用户对计算机系统能解决的问题类型及系统成功的要求均有了更好的理解。

显然,计算机在许多方面都能辅助医疗保健服务,然而计算机系统不是万能的,比如,在关键信息缺乏的情况下或医务工作者不知道如何应用关键信息时,信息系统就无法辅助决策的制订。同样,计算机不会将一个条理很差的流程转变成一个运转平稳的流程,因为将一个有缺陷的方法自动化只能把事情弄得更糟。

现今人们认识到计算机系统与其他组件的交流极其重要。如果只在医院的一个部门执行局部的任务,无法与其他部门交流,就会产生更多的工作和延误。在尝试基于计算机的改进之前,进行细致的工作流程分析能让系统开发人员和医务人员明确更改的需求,并找到当前系统中可校正的缺陷(Leymann and Roller,2000)。

理想情况下,我们首先认识到需求,然后寻找技术来解决它,有时该逻辑顺序会反过来,新硬件或计算方法的开发可能促进开发人员和厂商将创新的技术应用于医学语境中。技术推动的开发通常都无法处理临床的实际情况。任何新系统的采用都需要用户学习并调整到新的工作程序中,并且,考虑到医务人员工作的时间限制,用户可能不愿意抛弃当前运转的系统,除非他们有明确的更换理由。

一旦医务工作者认识到需要一个计算机系统,下一步就是找到能满足该需求的功能或功能组合。对于泛泛而定的问题,通常有多个可能的解决方案,精确定义的问题可缩小备选方案的范围。例如,问题是否属于数据的访问?医务工作者是否掌握他们进行知情决策所需的数据?问题是数据无法分析和解释吗?正如我们在前面章节所解释的,计算机系统执行多种多样的功能,从简单的相关信息显示到主动辅助复杂的决策。

人们有时想要精简或忽略问题定义这一重要步骤,而直接进入解决方案阶段,这是很自然的,但这种做法很危险,可能导致开发出来的是一套医生无法接受的系统。例如,想象一下医生想改进患者数据的情形。医务人员可能从技术专家那里寻求帮助,以实施一种针对所发现的问题的具体技术方案。他们可能要求每个患者的完整病历都保存在计算机中,但如果这一步已经实现,他们则可能发现相关的信息被隐藏在许多无关的数据中,访问起来甚至比以前还要繁琐。如果系统的开发人员已经对问题进行过细致的分析,他们就可能意识到原始的医学数据太多,难以给人有用的信息。更恰当的方案是将综合、过滤和归类等处理包括进来,使系统只显示含有基本信息的易读的摘要。

信息系统的开发需要劳力、资金和时间方面的巨大投入。一旦医务工作者明确了对系统的需求,自然能提出有价值的问题。这样,其他潜在的项目就无法再占用投入到该项目的稀缺资源。医疗保健机构的管理者只有有限的预算,必须决定是否投资计算机系统,或以其他方式投资。例如,单位的决策者可能更愿意购买新的检验室设备,或扩大新生儿重症监护室。

为了评价健康信息系统相对于其竞争性需求的价值,管理者必须估算该系统的成本和收益。有些收益是比较容易量化的,如果负责住院的职员用新系统能以2倍于旧系统的速度办理入院手续,这家单位就会用更少的职员来完成同样的工作,省下来的是可度量的劳动力成本。但也有许多收益是不容易量化的。例如,对于由于患者死亡率和发病率的降低、患者满意度的增加或工作人员压力的降低和疲劳的减少带来的收益,我们又如何对其进行量化呢?我们在第11章将引入成本收益和成本效益分析——这是两种能帮助决策者评估计算机系统相对于其他投资的优势。

## 6.2 理解健康信息系统

不管开发的目标是一个服务于500个床位的医院的综合信息系统、一个小诊所的病历系统,还是一个私营医生的简易计费系统,系统开发人员都必须遵循同样的基本流程。在系统开发初期,主要的任务是明确问题,其目标是给出系统明确的目标并进行详细的陈述,即系统要做什么,以及如果要让用户接受它的话,它必须符合什么条件。系统的分析还必须确立多个、有时甚至相互矛盾的目标的优先级,如低成本、高效率、易维护和高可靠性。

我们将本节的讨论局限于机构级的系统规划和开

发,但许多同样的问题也适用于小系统的开发,虽然其复杂程度相应更低。目前存在着多种系统类型,第一步是评估计算机在相似背景中的用途。第一个任务是建立一个备选功能的详细列表(Webster,1988),然后根据这些功能在本单位中的重要性进行排序。

理想情况下会有一种能提供所有基本功能的商用系统。如果没有,那么可以审视优先级,然后调整或升级系统。过度的调整会降低市售系统的优点,因为这样一来维护的责任将转嫁到医院或诊所上。有时有必要设计应付新需求和新功能的系统。获得或开发系统之后,下一步是在机构内部安置该系统,此阶段的主要工作包括培训用户、安装和测试系统,以及最后逐步评价并维护运行的系统。

维护是一项高要求的任务,它涉及纠正错误和不断调整,以适应扩展、新硬件、新通信功能、新标准和新职业法规。长寿命的系统还要求不断完善界面、性能及与其他数据来源的链接(Pigoski,1997)。在计算机系统的整个期限内,这些任务的成本将是原始购买成本的2~5倍。许多软件供应商每年都以购买价的15%~30%提供大部分维护服务,如果那些服务完成得很好,那么这个价格绝对不算贵。

### 6.2.1 示范性案例研究

除了要明确功能要求外,需求分析还必须察觉到变化的需求及系统的预期用户可能关心的问题。计算机系统设计中与人有关的这些方面通常会被忽略,其结果可能是破坏性的。例如,考虑如下假想的案例,它概括了本章讨论的许多问题[①]。

一家大型教学医院购买并安装了一个大型的计算机系统,用于辅助医生开具处方和检验项目,辅助临床检验室报告检验结果,辅助护士长安排护理日程表,以及辅助住院工作人员监控医院的病床使用情况。工作人员用位于护理室的工作站访问该系统。护理室还有相应的打印机,让计算机能给出病历表报告(纸质的)和医院工作人员使用的工作表。本信息系统依赖于大型的专用计算机,该计算机安装在医院的综合建筑内,由数个专职人员提供支持,它包括辅助医院工作人员完成行政事务和临床职责的模块。如下4个模块是患者治疗中用到的主要子系统。

(1)药剂系统:医生使用信息系统的这一组件为其患者开出处方,处方请求能立即显示在医院的药房。然后药剂师填写药方,并将计算机打印的标签贴到每个药瓶上。药品通过气动导管系统递送至病房。计算机保存每个患者使用过的所有药物的记录,并在医生开出新处方时警告可能发生的药物相互作用。

(2)检验室系统:医生用该组件为其患者开具检验室的检验项目,该请求能在临床检验室显示出来,然后生成工作表,以辅助检验室人员安排抽血日程,并进行检验。一旦有了检验结果,医务工作者就能将其显示在任意工作站的屏幕上,然后在病房就可打印纸质的摘要,以附在患者的病历表中。

(3)床位管理系统:医院的住院办公室与各科的病房管理者一起使用该组件跟踪患者在医院中的床位位置。当患者被转移至另一病房时,该信息会写入计算机,从而使医生、话务员和其他工作人员很容易就能找到他们。系统还用于识别那些已安排出院的患者,因此系统能辅助住院办公室为新患者规划床位安排。

(4)诊断系统:为了帮助医生做出正确诊断,该组件提供了临床咨询程序。医生输入患者的征象和症状,并与检验结果和X射线的检查结果结合起来,然后该系统会提示一些可能的诊断。

系统使用3个月后须接受关于其有效性的综合评审,不论其提供的新功能是什么,关注此事的多数人都与患者的治疗有关。需要请来一位咨询专家,以评估计算机系统的优缺点,她与医院的工作人员进行面谈,并记录下他们反映的问题。

一位护士说:我很喜欢这个系统。开始时我觉得不习惯(我向来不善于打字),不过一旦我熟悉了它,就发现它能简化我的工作。最糟的问题是与那些不喜欢该系统的医生打交道,当他们很烦时,就容易向我们出气,尽管我们是严格按照培训的方法去做的。例如,我不能以医生的身份登录计算机,不能以他人的姓名来记录口头医嘱,这让某些医生很生气。我个人被计算机惹烦的唯一一次是我需要完成工作时,别的护士占用了所有的病房工作站,因此,他们应该多买些机器。

有个住院医生对新临床系统表现得很冷淡:我希望他们把那些破玩意儿扔了!就系统让我们做的事情,或不让我们做的事情而言,那都是完全不现实的。那些开发系统的人有没有想过,像这样一家医院医生是如何行医的?例如,我们过去保证早上高效率查房的唯一方法是带着病史架,并在床边写医嘱,有了新系统,我们不得不派一个人回到病房工作站去录入患者的医嘱。更糟的是,他们不能让学生开药,因此我们还必须派一个实习医生去。即使护士也都不能用我们的名字来录入医嘱,这与"合法性"有关,系统规定必须由一个有行医资格的医生来录入所有的医嘱,但对于纸质的医嘱单,那从来就不是个问题,只需我们最终在医嘱上确认签字。某些护理人员现在每件事都按规定做,有时她们似乎降低了效率,而不是在提高效率。设计者太注重患者的隐私,这使我们在夜班负责不同医师的患者时遇到麻烦。计算机不允

---

[①] 本案例研究改编自 Shortliffe E. H. (1984)的"Coming to terms with the computer",发表在 Reiser S. J., Anbar M.(主编)的 The Machine at the Bedside: Strategies for Using Technology in Patient Care (pp. 235-239), Cambridge, UK: Cambridge University Press。该案例在本书中的使用征得了剑桥大学出版社的同意。

许我给任何不在我名下的患者写医嘱,因此在夜间还必须等到其他医生登出后,才能使用他们的口令。而机器意外停止不运转时,工作就真的算是瘫痪了,所有工作都慢慢停下来,我们不得不将处理计划保存在纸上,当系统最终恢复时再录入。我还想说的是,系统在患者转移的判断方面总是要晚大约3h。我发现当患者已转移到重症监护室时,计算机还一直认为患者在一楼。

此外,"诊断系统"就是一个笑话,它确实能生成一个疾病的列表,但它并不真正理解疾病发生的过程,不能解释为何认为一种疾病比另一种更有可能,也完全不能处理同时患有两种以上疾病的患者。我觉得这些列表尚可作为记忆的提示之用,但我再也不想用这个系统自找麻烦。

而且,我仍然不能真正理解屏幕上所有那些选项的含义。他们第一次来安装系统时,我们有过一次简短的培训,但之后我们就只能靠自己摸索。似乎只有几个住院医生知道让系统实实在在地做他们想要的事。系统最大的优点是什么呢?我想是药方和检验单错误率的降低,以及这些医嘱周转时间的改进,但我不确信这些改进是否比带来的麻烦更强。我一天用几次系统?尽可能不用!

一个医院的药剂师说:这个系统对我们药房的工作真是帮助很大。由于通信的改进,我们不仅能迅速为新的药方取药,而且系统还能打印药瓶的标签,省却了我们自己打字的步骤。我们的库存控制也大有改善,系统可生成若干实用的报告,能帮助我们预计短缺药品,并能跟踪快过期的药品。在我看来,系统最糟的是它给我们与医务人员之间的共事带来的影响。例如,我们以前会花点时间咨询病房组的医生有关药物相互作用的知识,您知道,我们会查阅相关的论文,并在第2天查房时再传达报告。但现在由于系统有关药物的知识,我们作为病房组成员的角色被弱化了。目前,有位住院部的官员发现,她在指定一项治疗时如有潜在的药物相互作用,机器甚至能给出参考文献,以支持所报告的不相容性。

一个医院计算机工作人员表达了他所遇到的挫折:坦白说,我认为医生对此系统抱怨得太早了。系统只用了3个月,我们仍在发现问题,还需要一些时间来解决。令我不安的是他们似乎有发自内心的反感,他们甚至不想给这个系统任何机会。每家医院都有所不同,期望任何临床系统在新单位的第1天就非常合适是不现实的,必须有个试运行期。我们努力解决通过小道消息得知的抱怨、反映的问题,我们希望当医生们看到他们的抱怨被关注且引入了新功能时,他们能高兴起来。

尽管这个例子是假想的,但对在临床中计算机系统有时引发的各种反应,它却没有夸张。真实世界系统的开发人员在他们的系统引入到真实的临床中后也遇到过类似的问题。这个例子就是作者之一(E. H. Shortliffe)根据药剂系统的经验所想出来的,在他作为实习医生服务的那家医院有多个教学病房实施了该系统,其最初的版本没有考虑到医务工作者行医的几个重要方面,所有药方都输入到计算机中,而且由于终端位于护士站,医生无法在床边完成他们的医嘱。他们要么不得不看完每个患者后返回到护士站,要么不得不在完成查房后输入所有的医嘱,而且,医生必须亲自录入这些医嘱,系统不允许他们对护士或医学学生输入的医嘱进行签字确认,这种僵化的系统强迫医生改变他们的行医方式。医生们强烈反对,后来系统就被淘汰了,尽管后来系统又被重新设计,对早期的问题做了补救,但它再也没有被完整地实施,因为早期版本的失败引起了持久的和负面的偏见。

在另一个实例中,一家大医院引入的新血库系统在医生和护士中激起了一场有关血液医嘱录入责任的争论。在该案例中,系统鼓励医生直接录入医嘱,但也允许护士录入医嘱。有这样的选择余地,医生还是按常规将医嘱写在纸上,依赖护士将其录入到计算机中,然而护士却拒绝执行这一任务,她们认为这是医生的责任。即使看来是琐碎的小事也能造成问题。例如,在同一家医院,在确定用口令而不用机读识别卡来控制系统访问的过程中,外科医生们的反对就是决定因素之一,外科医生在穿外科手术服时一般不携带个人物品,因此可能无法登录到系统中(Gardner, 1989)。

这些案例有助于提醒系统开发人员对预期用户的详细需求做出回应的重要性,以及在系统需要达到临床和行政双重目标时,意识到不同用户的不同约束和动机的重要性。这种情景提示我们应考虑到以下几个关键点。

(1) 分析系统应放在现有工作流程的什么位置。
(2) 确定哪些功能从商用系统的厂商处购买,哪些功能由内部开发。
(3) 为实际用户进行设计。
(4) 让用户参与开发过程。
(5) 对后续的变化做出计划,我们将在6.3节详细讨论这些内容。

### 6.2.2 用户参与研发

尽管本章的重点是基于计算机的信息系统,但重要的是,应知道这些系统的关键组成部分(见第4章)还是人,是人来明确系统的需求;是人来选择、开发、实施和评估系统;最终,还是由人来操作和维护系统。成功的系统必须考虑到预期用户的需求及这些用户工作时受到的约束。

即使是最敏锐和最能为用户设身处地着想的开发者也不能预计所有类型用户的所有需求。因此,系统的成功依赖于医务人员和技术人员的沟通,以及医务人员内部的沟通。然而,在设计系统时参与者之间的有效沟通却可能很困难,原因在于人们有迥异的背景、教育、经验和沟通方式。指派各种工作人员成立一个大型的设计委员会也可能不管用,因为委员会最适合达成折中的解决方案,而计算机系统能够也应该实现一组精确的目标。

沟通的一个主要障碍源于医疗保健及更正规的科学范式之间的差异。在第1章中,我们讨论了临床信息不同于基础科学所用信息的几个方面（请回顾一下 1.3 节讨论的低等科学与高等科学的区别），还审视了生物医学信息学不同于基础计算机科学的原因。在医学实践中，如同人类的其他工作，我们会预期能够解决某一类型问题的人，稍加努力，也能解决类似和相关的问题，但在正规数学化的科学中，解决问题的能力严重依赖于基本假设看似微小但却根本的差异。

数学方法的严格也反映在计算机系统中，使计算机系统永远不会像人那么灵活。尽管容易想象得到，处理一类问题的计算机能汇聚足够多的概念来解决其他（看似）类似的问题，但要调整或扩展该程序所需的投入通常与最初的开发成本一样高，有时还更高，且有时调整并不可行。医务工作者很难认识到对软件的某些方面进行修改的困难，因为他们主要与人打交道，而不是看似聪明的机器。

用心去体验这两种解决问题方法的差异能减少某些问题。健康信息专家，即在计算机科学和健康科学均受过训练的人，能帮助沟通和协调双方的分歧。他们能让准确且逼真的细化系统需求的过程变得简单，也能让满足这些需求的可行方案的设计过程变得简单。本书的一个目的是为那些作为调解方的人提供基本的素材。

## 6.3 开发与实施医疗保健系统

界定医疗保健环境下一个新系统中应包含的内容是首要任务。新系统是否能替代现有的全部计算功能，是否能提供新功能，或者它是否只替换现有的某些系统？如果它替换已有的系统，可罗列出当前的功能，并规定数据的要求。对新功能，还需要补充数据，如果某些较老的功能可不要，实际的输入要求可能反而更低。有时新功能可能替换多个现有流程的几部分，使其功能和数据的要求确定起来更难。调研一下其他医院的有关服务可能会有帮助，仅依赖于厂商的演示是有风险的，6.3.2 节给出了将这些因素制成图表的方法。

### 6.3.1 获取系统的备选方案

有些厂商愿意销售任何针对医疗保健机构工作需要的系统。对多数任务，某些厂商都有已设计好的系统，随时能根据您的规定进行调整，然而从厂商买来的系统的实际功能和数据要求可能与设想的有差距。不同厂商提供预期功能的方式也不同。厂商给用户做的演示能增加了解，得到的反馈很可能改变最初的预期。后来还可能会发现某些期望的功能实施和维护起来成本很高，可能要做出妥协。

某些必要的服务可通过合同远程地获得。公共信息的搜索最好通过互联网来完成（第 19 章）。某些服务，如供应库存的管理，可以由内部职员和外部的合同方共同提供支持，我们将在 6.3.4 节讨论远程的操作。

医疗保健机构必须控制其自己系统的基本操作。我们强调软件的要求，是因为硬件的选择主要是由软件提出的要求来决定的。

**1. 现成商业软件**

许多软件都可直接从贸易公司买到。对于更一般性的需求，选择余地很大，如财务管理——底账、应付账款和一般的应收账款。对于医疗保健机构，选择较为受限，可能需要对软件进行修改。例如，医疗保健财务上的应收账款基本上有保险、政府和自费三个来源，要比常规的商业系统所允许的更复杂。服务于医疗保健行业的多家软件公司提供了合适的软件，确保来自不同厂商的软件包之间能很好地兼容是个需要注意的问题。遵循新的远程服务标准会有帮助。

一旦某个机构决定采购一个新的计算机系统，它就会面临是购买商用系统还是构建内部系统的选择。购买一步到位式系统，即由厂商提供后只需安装，并"按键"即可使其运行的系统，与开发定制设计系统之间进行权衡主要是遵循医院惯例与开销、延误和持久维护之间的权衡。实际的新系统需要数年时间来设计和开发。厂商提供的系统通常比定制设计的系统更廉价，因为厂商能将开发和后续的维护成本分散到多个客户。一个折中的方案是定制厂商的系统，使其符合医院的特定要求，但是厂商未预见的修改成本可能会不成比例得高。计算机每年的维护成本是购置成本的 15%～30%，而定制将大大增加这一成本。如果医院能找到一个大致符合其需求的商用系统，那么可购买该系统，即使必须或多或少地更改一下自己的方法。

如果当前没有商用系统能胜任某个功能，那么医院可选择开发自己的系统，或凑合使用当前的系统，保留当前系统也应看做一种备选方案。目前要建立一个能满足医疗保健机构所有功能要求的完整系统是不现实的。在开始任何软件系统的内部开发之前，管理人员都必须评估该医院是否拥有长期成功经营新系统所需的资源和专长。例如，内部工作人员是否有管理新系统的开发与实施的知识和经验？是否能获得现成的子系统和组件，以尽可能减少自己的工作量？是否能聘请到顾问和技术人员来辅助开发？系统成功安装后由谁来维护？我们将在 6.3.3 节描述系统开发流程，主要是为了展示其复杂性。

一步到位式系统包括了运行系统所需的全部软硬件和技术支持。它们应该很快就能运行，大多数延误是因为系统要与现有服务进行集成。不幸的是，一步到位式系统提供的功能几乎总是与医院的信息管理需要不匹配。系统可能无法执行全部的预期功能，可能会有多余的功能，或可能需要对医院内部的责任和既定工作流程进行重新组织和修改。要谨慎考虑厂商的声誉和合同的条款，并回答如"支持和维护的范围有多广？"和"系统能为医院做何种层次的参数化（选择与医院其他系统的交换标准、落实当地的计费政策、管理多个药房）？"等问题，这也很重要。

## 2. 技术转让

在医疗保健服务行业有吸引力的创新往往都是在研究中得到证明的。应用这些创新技术的机构不能低估将新技术过渡到具体实施环境时的困难。我们认可的一条经验规律是，开发一项学术意义上成功的计算机新技术的演示版所需的工作量，是将演示版转换为实用系统所需工作量的1/7。需要专业经验来验证新系统在临床实践中遇到的各种情况下均能正常工作，并验证系统能从机械故障中恢复。如果需要与其他系统建立新的连接，则需要更多的工作，而且如果不得不对那些系统进行调整，即使是微小的调整，也应与它们的所有人或厂商进行协商。尽管集成所需进行的修改可能不大，但要了解和验证其他系统的修改还是需要一笔很高的费用。在集成过程中，计算机的工作人员必须修改现有的系统，开发、验证接口，并重新培训各类用户。结果是，原先估计的时间和成本都必须乘以3或4。软件技术转让的困难对于医学计算机的发展是一个很大的障碍。

### 6.3.2 规范信息处理

在医疗保健环境下，计算的主要内容是管理数据，而非处理复杂的算法。多数数据来自患者、检验室、医务工作者和保险提供商。需要对数据进行传输、存储、转换、总结和分析，以帮助医务工作者、管理者和患者对他们的行为和干预进行计划。由于法律的原因，某些数据必须归档。为了理解系统或子系统执行的任务，最好考虑数据流。

## 1. 数据流

一种称为数据流程图（DFD）的图形表示为理解系统的各种目的提供了一种简洁的方式，它显示了数据来源、数据转换的流程、系统中需要长期或短期存储数据的位置，以及生成报告的目的地或查询结果的位置。图6.2（a）中的DFD是一个简单的检验室信息系统的模型，它描述了检验单和检验结果的流程，以及推荐的系统基本功能：①样本收集日程安排的制订；②检验结果的分析；③检验结果的报告；④质量保证工作的执行。

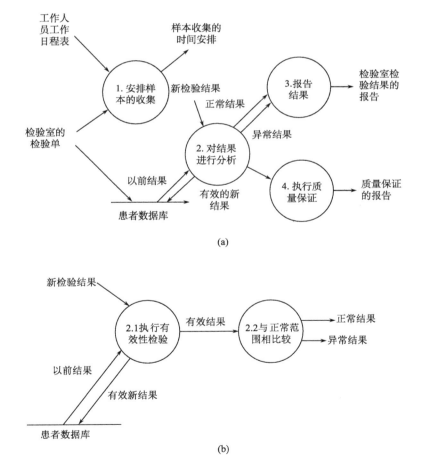

图6.2 表示检验室信息系统内部流程和数据流的数据流程图（DFD）。（a）圆形表示流程（或功能），箭头表示数据流，直线表示数据库。（b）通常DFD有多层，可显示更高层次流程内的更多细节。第二层DFD将检验结果的分析流程分解为两个更低层次的流程。注意此DFD的净输入和输出与（a）中所示更高层次流程的输入和输出匹配

设计者可通过制订一个更详细的DFD来描述每个高层次的流程（图6.2(b)）。

最初的DFD通常基于对当前工作流程中任务和流程的分析。此方法有助于人们找到那些不明显的输出或那些只在极少情况下才需要的输出，如罕见感染的调查。那些非正式的信息需求往往都容易被忽略。用计算机收集和存储数据时，原先许多非正式的通信和存储机制都不再起作用。医务工作者常常在走廊和护士站交换许多有价值的信息。例如，讨论疑难案例，以帮助加深理解和提出新方法。某些关键的信息可能只记录在小纸片上或留在人们的记忆中，永远都不会被正式地记录下来。为了支持这种机制，系统设计者必须细心，可以留一些不加限制的记录字段。一旦DFD显示了全部必需的输出，分析师就可回溯，以确保流程中有所有必需的输入。在医疗保健服务中，缺乏某个细微的功能就可能导致错误，并被认为是系统的故障，从而使用户产生抵抗情绪。例如，回忆一下前面那个假想的案例，当新系统不能实现口头的医嘱录入时，医生和护士之间就出现了摩擦。技术人员常常将用户的抵抗情绪归结为不愿与时俱进，然而他们自己应将此理解为新系统有问题的信号。如果在晚一些时候出现此类要求，那么应当将这些要求看成是日常维护的一部分，因为不是所有的要求都能预见。

用明确的DFD图形表示有助于预期用户认识到它的偏差，并向系统设计者提供反馈意见。如果DFD中每件事似乎都与其他事相联系，那么它对于分析或实施并没有帮助。应先将复杂的数据流简单化，这样实施起来才能变得简单。如果结果仍然很复杂，那么一个良好的布局也许有帮助，主要的数据流应当从左至右，次要的数据流要用色调更浅的颜色表示，在特殊的情况下可用重叠。这样，最终的DFD可以和最初的大相径庭。

**2. 数据存储**

DFD中提及的多数数据和信息都存储在数据库中，数据库软件很庞大，对于系统可靠的运行非常关键。备选数据库管理系统在规模和成本上均有差异，许多厂商都支持若干种选择。医院可能已经与某个数据库系统的厂商有了约定，最好能限制此类复杂软件的样式，以共担维护成本。因此，应确保商用软件所带数据库是开放的，即保存、设置和维护的方式都能允许外部应用程序获取其中的数据并可向其导入数据。

目前多数商业软件都依赖于关系数据库，此类数据库为软件不同组件之间交换信息提供了工具，使得这些组件不再独立。厂商的方案必须是可调整的，这样它才能指定软件交换的所有数据。一旦能大范围地访问医疗保健数据库，有关专用医学数据的访问和传输方面的严重问题就会显现出来，第10章将讨论这一点。

可能需要编写更多的软件组件，以便与可访问的数据库进行交流，但在简化实施选项时，数据库的方案会对程序的设计构成限制。与关系方法有关的标准也能简化在通信链接中的数据交换，从而能避免多余的数据录入和结果报告。

对于病历系统，很难对现成的软件进行改编。临床患者信息非常复杂，难以轻易和高效地匹配到关系数据库中去，因此在医学应用的核心，开放数据库和基于组件的交易服务的优点刚刚显现，这意味着许多医疗保健机构为了医疗方面的功能将不得不采用那些不易访问的数据库。对于现成的系统，即使很小的修改也需要与厂商进行协商，写到合同中。

**6.3.3 建立新软件系统**

如果医院准备建立一个计算机系统，以满足某些特定的需要，那么系统开发人员可采用各种软件工程的工具来组织和管理开发流程。尽管在目前医疗保健环境中，几乎不用太多的工作，但还是需要理解与厂商或热情满满的开发人员的沟通这一流程。软件系统的开发工具包括系统分析技术、结构化程序设计方法和测试方法。它们还有工程管理方法和产品性能，以及软件开发流程本身的评估制度作为补充。软件工程领域始于20世纪60年代末至70年代初。当开发的系统变得越来越复杂，程序员小组、分析师和经理就替代了一个个独立工作的程序员，此时，现有模块的再利用变得很重要(Boehm，1999)。许多软件的原型仍处在孤立的开发阶段，但在上市销售前必须转移到一个全面的背景中去。

20世纪80年代，硬件的成本（以前是系统总成本的主要部分）迅速下降。如今最大的系统成本是软件的维护，在建立原型时几乎会忽略这个方面。近年来，标准的软件组件已可轻易购得，因此构建系统的新方法是开放的。在医疗保健中实施计算机系统没有捷径。

**1. 软件的生命周期**

图6.3描述了从需求分析到规范、设计、实施、测试和维护的全部工程开发流程的经典瀑布模型，每个阶段都需要雇用专业人员。一个阶段的任务应该在处理下一个阶段之前完成并记录在案，这样下一阶段的专业人员才有一个完整的规范。正如图6.3所示，在后一阶段发现的问题需要反馈回更早的阶段，有可能导致昂贵的返工费用。如果能很好地理解未来的工作，那么瀑布模型就很实用。如果细化给后面的阶段造成困难，那么成本溢出甚至设计失败的风险会很大。例如，要求每个终端都得在0.1s显示出一幅X射线图像就需要广泛的资源，并且如果其成本无法承受，整个设计就不得不要修改。

尽管瀑布模型为软件生命周期提供了一幅清晰视图，这种分阶段的开发流程内在的延迟使得该方法不适于创新的应用。当你给无经验的用户开发一项应用时，很难获得足够的细化。他们在测试阶段前不会看到产品，因此之前连反馈信息也无法给出。如果该流程的前4个阶段需要数年时间来完成，那么即使是好的细化也有可能变得过时，如该机构及其信息来源和需求都可能

第6章 医疗保健中的系统设计与工程

设计中必须包含冗余的存储和处理。开发单个用户的单个程序时,可以不明确地关注第二和第三阶段,但大型的项目需要一套细致的方法。

在细化阶段,会分析一般的系统要求,并将其形式化。系统分析师会精确和简要地规定预期的行为,如系统必须完成的具体功能、必需的数据、将产生的结果、速度和可靠性的性能要求等。它们要回答如"必需信息的来源是什么?"、"当前系统中通信的可行机制是什么?"等问题,在此 DFD 就成为一个重要的工具。

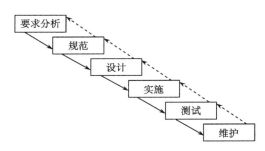

图 6.3 瀑布模型代表了传统的系统开发流程。它将开发流程分为 6 个连续的阶段,每个阶段对其前面的阶段都有反馈

一旦对功能进行了细化,并参照预期用户规定的要求对其进行了确认,它就可扩展为一个可实施的设计,最初的任务是将系统分割成几个可管理的模块。除了最小系统外的所有系统都被分割为子系统,然后子系统又分割为更小的组件,依此类推,直到整体被分解成可管理的组件(图 6.4)。单个模块不应需要太多实施者,也不能要求花好几个月时间来编写和测试。DFD 还应规定,任何子系统也都只能有少许数据的流入和流出。子系统的这种简单性可允许后续的测试覆盖所有情况。例如,我们注意到,图 6.4 中 HIS 可视为一个由相互关联的嵌套子系统构成的体系。通常,子系统相对于它与外部世界的链接来说,都有很强的内部链接。

已发生了变化。一般需要二次实施才能得到一个顺畅的工作系统。

6.1.2 节中给出了某些医疗保健系统的要求,但仅列出这些要求对第二阶段是不够的。需要对它们进行量化:哪些地方需要信息,谁在什么语境中需要什么形式的信息,信息需要多快、多频繁和多可靠?高可靠性意味着

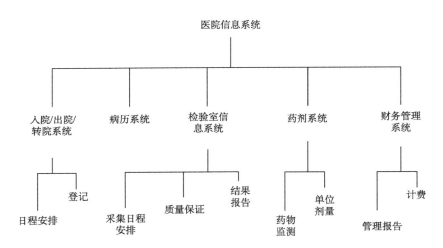

图 6.4 医院信息系统。包含相互关联的、服务于各科室的子系统。每个子系统又包含多个功能组件

作为设计的一部分,现在和将来所需的硬件是确定的,通常,更多的硬件能简化设计及其实施。例如,将数据复制到与关键用户接近的位置能缩短响应时间,并在出现通信问题时能提高数据的可用性。

在实施阶段,子系统是在内部构建的,或来自公共或商业来源。即使是良好的设计规范也无法包含模块层次上的所有细节。为了实施顺利,模块的程序员必须了解医疗保健的环境。如果系统对终端用户运行不适当,换言之,如果他们发现输出有误或帮助不大,那么在技术测试阶段之后还需要代价颇高的返工。这类问题可能由实施错误所致,也可能由设计时未能预见到性能的问题、规定不严密,或要求不完整或过时所致。如果错误是由于前面阶段的失误引起的,那么校正起来成本会更高。

实际上,实施阶段将获取尽可能多的现成组件,然后将它们一起放到系统中。为符合规定,需要对组件进行筛选,得到细节更少的设计。分析师可访问组件使用的站点,用户很早就可看到试用结果,得到设计阶段的早期反馈。由于现有组件基本上难以和要求精确匹配,所以需要使细化内容做一定的妥协,尽管许多厂商都会试图推出能符合许多医院需要的可调整的组件。如果某些组件无法满足用户的需要,厂商可能会对其进行改进,或者医院工作人员可决定自行构建某些组件,但这样会增加

后续维护的成本。

当所有组件都已准备好时,就可进行系统集成。硬盘分区方面的失误、数据流丢失和接口规定不完整等问题就会显现。对由多人构建的大型系统,这是风险最大的阶段。即使是很有能力的人也可能对规定和设计文件有不同的解释,一些接口和数据组织的差异要求人们必须重新设计才能完成集成。

必须仔细规划系统的测试。子系统由其开发人员来测试,因为用户可能无法测试不完整的功能。因为测试意味着发现故障点,考虑到要修复错误,以避免测试人员的挫折感,此阶段的工作不得仓促,尤其是当真实用户开始测试时。我们是在这个阶段发现先前陈述的假想要求是否合适,如果不合适,可能需要较大规模的返工,测试一直伴随着实施过程,许多新系统都是在这一点上被放弃的。

如果系统在开发人员和用户测试后通过了日常使用的验收,接下来就是维护阶段。要求的不断更改也使系统不得不做相应的修改。理论上,任何实质性的修改均应遵循相同的循环,但由于几乎不可能找到最初那些工作人员,因此可随意进行调整。由于软件系统 10~20 年后仍然还在,每年开销为 25% 的维护阶段,长期看来比最初的开发阶段所需的资金投入要更大。

## 2. 替代的方法学

为了获得早期结果,降低失败的风险,软件开发小组可遵循替代的方法学。在螺旋模型中,开发小组通过 4 个初步的阶段快速建立 1 个简单的原型系统(Boehm, 1998)。然后将结果呈现给用户,用户对其进行评估,然后扩展并修改要求,进入第 2 个周期(图 6.5)。在几个周期后,原型就可以使用了,可使用的原型需要维护,但任何重大改变都必须等到螺旋的下一个循环。在理想情况下,每个周期需要 3~6 个月,这样用户才不会失去耐心。在螺旋模型中,在许多周期都不改变工作人员,以使基本知识不会缺失,但几乎没有时间来保存记录。

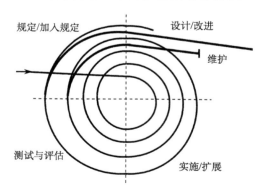

图 6.5 实施的螺旋模型。快速的反复导致可接受用户渐进评估的系统周期

螺旋模型方法学也伴随着很大的风险如下所述。

(1)最初的原型很小,用户对其结果无足够的兴趣,因而不会给出很有价值的反馈意见,如系统可能不允许访问真实患者的数据。

(2)在几个周期之后系统尚未实现足够的功能,因此它不能使用,如检验室的结果还不能自动纳入到患者的病历中。

(3)一个已认可的小系统会由于最初设计决策过于简单,而无法在一个标准的周期内升级到下一层次,因而需要大量的返工。例如,没有队列外的处理办法,统计(急诊)的检验就无法取得优先权。

开发人员还试验过其他软件工程方法学,但均要求开发人员和用户执行类似的任务。例如,通过评估哪些组件比较难构建或构建起来风险较大,对它们多加关注,这样,就能降低实施风险,同时还能加快进程。这种水闸(water sluice)方法学避免了螺旋模型的一个问题,即为了满足周期的时间限制,先进行容易的流程。正确的评估需要丰富的经验,参见"http://www.db.stanford.edu/~burback/watersluice/node34.html"。

## 3. 业务目标

面向对象的程序设计侧重较小、可重复使用的数据结构和相关方法,这些数据结构和方法称为对象。例如,访问对象可定义为患者病历的一个组件,含有日程表、入院、病历所见、医嘱等方法。对于与系统有关的其他对象,如患者、医生、护士、诊所或药房,访问对象必须有定义良好的数据交换方法。有了一组适合的对象,该方法就能快速组合出软件模块,现在此类业务对象的库已有现成的。程序员必须有足够的经验来定义出具有充分功能性和广泛性的对象,同时需考虑这些对象的许多数据交换,因为医疗保健系统要求有这种数据交换。

对于复杂数据,面向对象的方法可能是最好的,它能把与信息系统中主要概念相关的所有数据集中起来,通过将数据结构的复杂性与使用数据的程序隔离开的方法来访问。表 5.1 列出了实现面向对象的程序设计的编程语言。为支持具体业务领域而设计对象类是一项复杂的任务,但也可用已定义对象的标准库。如果采用这些库,那么程序设计的任务就简化为规定这些对象(如患者及其疾病和就诊)相互作用的顺序和内容。

某些领域有现成的标准对象库,如图形显示、远程通信和企业财务。许多机构都在定义并实现其他各种领域的业务对象集,但如果有很多小组进入到一个无公共标准的主题领域(见第 7 章),他们的产品将不能互操作,而权威库产品的出现尚需时日。如果一个项目需要多个库,那么还需要数据相互交换的格式。有了标准库就能提供所需的存储,但这样的数据库必须能以对象格式的结构来保存数据。

## 4. 小结

正如 6.3.1 节所指出的,医疗保健机构很少有资源能实现软件系统的成功开发。但如果只需不太大的计算机系统开发工作量就能解决与医疗保健背景相关的某些问题,那么自己做些开发工作可能也值得。目前仍然存在需要新方法和技术来解决的问题,这些方法和技术均无法从多数医疗保健系统厂商处获得。医疗保健中的许多问题结构化都较差,可能需要基于人工智能的方法。这种工作一般是建立一个医院网络的子系统,最初不参与日常的工作职责。子系统将依赖于现有的互补系统资源,如现有的住院系统。用螺旋方法可从当地的用户那里获得经验,而外人是无法提供这些经验的。确保可靠性、安全性和数据的保密性仍然很重要,这将在第10章中介绍。新的子系统,不管能带来多大好处,如果最终给日常医疗保健服务、患者的信息或成本计算带来风险,那么也可能被否决。

### 6.3.4 合并远程服务

医疗保健系统的运行不是孤立的。在大医院中一般有几个迥异的计算机系统,如检验室、医生办公室和收费处的计算机系统。除了医院,还有别的单位使用计算机系统,如药品和纱布的供应商、执行外包供应工作的检验室、保险公司、公共健康服务机构和NIH,还包括国立医学图书馆(NLM)。正如第5章所介绍的,现代网络的容量能实现与所有这些系统的直接链接,从而大大减少纸的用量和信息的手工转录。然而接口是多样化的,除非采用标准,第7章将讨论这一问题。即使在某个时间点上就标准接口达成了一致,技术的进步仍有可能最终使之过时。但是,系统与远程服务的交互能力是必须的,而且接口维护的成本比通过手工转录信息或人工输入到本地系统的成本更低(见第6.3.5节)。根据是信息性服务(非正式的,允许广泛的公众访问)或是商业服务(合同式的,只有用户能访问),外部服务需要不同的业务安排。

**万维网上的信息**

对于通过万维网访问的信息性系统,超文本标注语言(HTML)是网络服务的主流语言,标注语言标识不同的内容项。"超"一词指的是HTML文档中引用链接的能力,能通过全球资源定位器(URL)链接到其他文档,该定位器能找到远程网址(如 http://www.dlib.org)的文件。HTML强调信息的显示,允许定义文本、标题、表格,甚至能提供Java编写的实现动态显示的程序段(见第5章)。此信息由浏览器来解释,它提供了最合适的信息显示方式。浏览器能很好地处理不一致性、错误或新规范,提供最合理的显示。第19章提供了这些工具对医疗保健信息的实用性。

对于商业服务,万维网和HTML内在的灵活性也可能不利,无法保证信息的完整性和内容的一致性。数据交换开发了许多标准,每个标准一般都为一个特定领域而提出,第7章对此进行了讨论。为了在万维网上实现高质量的数据交换,人们广泛采用了可扩展标记语言(XML),它通过广泛地使用标签来规定内容,而不强调显示格式,特定域标签的意义也将有规定(Connolly,1997)。XML格式提供了一种语法和技术方面的公共基础设施,实现了软件工具的共享。各种各样围绕医疗保健的工作正在进行中,目的是使远程的服务集成起来更简便,我们将在第7章介绍这部分内容。

### 6.3.5 有效性设计

一个系统的成功不仅看它是否满足用户的信息需求,还看它如何与用户进行交互。用户的类型有很多,包括从技术专家到只需要易用的信息服务的人。前文假想例子中住院医生的抱怨说明了重要的一点:对成熟且高效的常规做法的破坏及计算机信息系统带来的不便能使用户远离该系统,因而无法分享其功能。医务人员对计算机临床咨询系统的态度表明,成功的程序不仅必须给出专家级的建议,而且还必须融入医生和其他用户的日常工作惯例中(Friedman, Gustafson, 1977; Teach, Shortliffe, 1981; Detmer, Friedman, 1994)。基于计算机的信息系统应认识到医务工作者繁忙的工作日程,应该清楚地解释并简化人机接口(HCI)的技巧。通过让用户参与系统设计,开发人员可以避免成功路上的许多障碍。

系统设计时需考虑的最重要的计算机系统参数有以下几个。

- **界面的质量与风格**:在用户看来,系统的界面就是系统。要高效,界面就必须有清楚的显示,能避免不必要的细节,并提供统一的交互功能。用户与计算机有许多交互点,因此一致性是个全局的问题。菜单、图形和彩色的统一都有助于使系统更具吸引力,学习和使用起来更简单。如今,点击鼠标无处不在,但需要用户坐在屏幕前。从传统上来说,医生不太愿意使用键盘,而且,在许多医疗保健场合下坐下来交互并不自然,因此,系统开发人员试验了交互的多种替代方法,包括用激光笔和触摸屏。研究人员正研究语音识别和自然语言的理解,这些技术只对有限的词汇有用,还不能像人谈话那样自然和容易实现。像掌上电脑(PDA)和笔记本电脑这样的移动设备为临床系统与其用户之间的交互提供了新的途径。在执行决策支持并提供治疗建议的系统中,交流的方式特别重要。系统的措词是否太简洁或是太啰嗦?它是否映射出一种帮助的态度,换言之,它是否措词迂腐或像裁判一样总带着审判的语气?它是否能为其建议给出理由?
- **便利**:用户必须能方便地访问系统。如果系统要融入用户的日常工作中,那么工作站和打印机的数量和摆放是重要因素。例如,如果想要让HER系统替代传统的病历,那么不论医务工作者在何时何地(医生办公室、护士站或床边等)需要寻找患者数据,它必须能够被访问到。应配备足够的工作站,这样用户就不必等着用系统,即使是在使用的高峰期。登录必须快捷。便利是人们对移动设备兴趣日增的一个主要原因,特别是在临床环境中,医务人员都有高度的流动性。

• 速度和响应:系统开发人员必须选择具有满足高峰期用户信息需求能力的硬件和通信方法,不管是通过有线的或是无线的连接。软件必须能让用户及时访问到他们所需格式的数据,应该能轻易解决信息请求形式上的微小错误。医务工作者不愿意使用不友好、措词冗长或特别耗时的系统,这是可以理解的。

• 可靠性:如出现硬件或软件故障,医务工作者必须求助于人工操作,备用的硬件和频繁的数据备份可使时间和数据的损失降至最低。

• 安全性:在健康信息系统的设计中医学数据的机密性是一个重要的问题(见第10章)。已授权的人应很容易进入系统,而未授权的人则应无法从系统中获得信息,这种相互冲突的目标实现起来有困难。最常用的折衷方案是为每个用户指定1个带口令的账户,有时是物理的令牌(含有随时间变化的第2个口令的密码卡)或生物统计标识(biometric identifier)(如用户的指纹)。只有这样,单个的用户或用户类别的不同数据访问才能得到控制。某些操作可限定在特定的工作站上。例如,修改患者收费的功能最好局限于在会计办公室工作站上的财务工作者。医学记录难以分类,在外人查阅之前可能需要筛选(Wiederhold et al.,1996)。

• 集成:来自不同独立系统的信息集成可排除某些困难,增加使用计算机系统的优势。例如,如果检验室系统和药剂系统是独立且不兼容的,那么医务人员要看一个患者的数据就必须访问两个独立的系统(可能要从不同的工作站)。如果两个系统需要共享数据,人们就不得不收集第一个系统的输出,将其重新输入到第二个系统中。局域网(LAN)的建设为不同系统的信息交换提供了基础设施,减少了关键信息重复输入和存储(这浪费了时间而且还是个错误源)的必要性。有些标准(如基于XML的标准)可降低获取和维护集成软件的成本。接下来的协作将有助于提出共同的术语,减少误解。

技术进展使人们在医疗保健中可引入有效的系统。尽管前面的路很困难,处处有挫折,但毫无疑问,医疗保健已开始依赖于计算和数据处理,并将其作为现代医疗服务环境中的核心功能。

### 6.3.6 为变化所做的规划

许多健康信息系统,特别是定制设计的系统,要花很长时间开发。这种时间的延迟有风险,医疗机构很难知道系统开发人员正在做什么,开发人员也得不到有关其设计所依据假设的正确性反馈。用户通过演示、培训和逐步安装系统等方式进行参与,能激发用户的热情,使其支持系统的开发,还能给计算机人员一个难得的途径来评价其进展。

造访情况类似的医疗单位能加深理解,这对形成自己关于新系统或系统改进的判断力是必要的。原型指能显示出正开发系统的基本特征的工作模型,它能帮助计算机人员和用户之间相互沟通。用户能形成一幅关于系统未来外形、工作方式及工作内容的比较现实的构想图。开发人员则能得到反馈,根据用户的意见修改系统,从而提高最终的系统能被认可的可能性。良好的原型能给出与系统交互的方法的现实展示,应能处理多数常见的数据输入类型。如果忽略可靠性和数据的持久性,可做很大的简化,只用于展示和讨论的原型系统即可进行这类简化。

正规的培训课程也有助于打消人们对新系统的神秘感,但如果强化不够,人们容易忘记学到的知识。新系统的培训计划应渐进地开展,并扩展到整个实施期间,这样可减少神秘感。如要着急安装某些子系统,医务人员应接受专门的和强化的使用培训。人们对视窗和鼠标界面的经验表明,直观的类比能让用户试验并探索系统的功能,从而减少对正规培训的依赖。在几个连续阶段中给开发人员反馈,有助于确保系统接近完成时问题不会重复出现或大量增加。

如果部分系统能工作了,则可简化培训。用户能看到系统真实运行的例子,因此出现过高期待的可能性会小一些。因为系统那些先安装的部分通常问题较少,初步阶段容易成功。初步成功让用户产生的态度能提高该系统在其他领域的认可程度,包括那些本质上更难应用计算机技术的领域。例如,在医院,计算机系统通常首先用于住院办公室,这里的应用相对简单,随后扩展到病房,这里的用户群特别多样,而且要求很严格。

### 6.4 总结

系统在医疗保健方面的应用已有各种各样的软件和信息服务,从能满足一家单位多种需求的一步到位式系统,到医院科室的大型子系统和基于网页只需远程访问的大型服务,再到数据库和有助于构建本地应用的对象库。不幸的是,建立一个完全能应付财务、临床和医疗保健辅助需求的高效和经济的系统几乎是不可能的。当今多数医疗保健机构都面临这样的选择:要么委托一家大型厂商,接受该商家的完整系统或其中的子系统;要么采用各种购买的、改编的及内部开发的子系统,这些子系统往往有重叠,也无法覆盖所有需求。子系统之间的空档就需要人工的转录和重复的数据输入,这些系统的维护需要随时对它们进行更新,使其能满足工作和临床要求及流程的改变。

信息系统的开发是一个技术程序,也是一个行政程序。医疗保健机构,与其他机构一样,都是由不同人群构成的,而这些人群通常都有相互冲突的考虑重点、目标和价值观。技术问题一般都很复杂和困难,细致的实施流程有可能与紧迫的需要发生冲突。软件内部开发、从厂商购置的软件及软件的集成,普遍都有风险。

健康管理员、医生、护士、辅助人员和患者有各种各样的需求,计算机系统必须照顾到。信息系统能改变人们之间的关系,它们影响沟通的方式、直观影响力、权力和管理。实施的策略应认识到并考虑这些政治力量。新的系统应尽可能少地破坏组织的基础设施。Keen 的文章(1981)(可在推荐读物中找到)更详细地讨论了系统开发和实施方面的政治因素。

## 推荐读物

Anderson J. G., Jay S. J. (Eds.). (1987). *Use and Impact of Computers in Clinical Medicine*. New York: Springer-Verlag.

该论文集研究了医院临床信息系统的选用、渗透和利用的影响因素。章节覆盖了医务人员对计算机的态度和临床系统对医学实践各方面的潜在影响,如医生的角色,医生和患者的关系,以及医疗保健服务体系的结构。

Blum B. (1992). *Software Engineering: A Holistic Approach*. New York: Oxford University Press.

这本富于哲理而又无偏见的软件工程教材是由一个有着丰富临床应用开发经验的行业人士所写。它包含系统开发流程、数据流程图和结构化的编程技术。

Boehm B. (1999). Managing Software Productivity and Reuse. *IEEE Computer*, 31(9):111-113.

增加一些成本即可再次利用模块,减少了后续的开发成本。

Boehm B., Egyed A., Kwan J., Port D., Shah A., Madachy, R. (1998). Using the WinWin Spiral Model: A case study. *IEEE Computer*, 31(7):33-44.

这本简要的笔记介绍了 WinWin 螺旋模型,主要是它与学生项目的关系。WinWin 螺旋模型在经典螺旋模型上加了 2 个附件:①每个螺旋周期开始时的分析;②流程锚定点。采用螺旋模型的风险在于最初使用的方法可能无法调整到符合最终要求的状态。

Booch G. (1994). *Object-Oriented Design with Applications* (2nd ed.). Redwood City, CA: Benjamin-Cummings.

该书为面向对象程序设计的导论,由该方法的主要支持者和工具开发人员编写。

Keen P. G. W. (1981). Information systems and organizational change. *Communications of the ACM*, 24:24.

该论文强调机构的多元性。它讨论了交流、影响和控制方式的改变,这是实施新信息系统时经常发生的情况,它给出了减少社会惰性和抵抗情绪的策略。

Leymann, F. and Roller D. (2000). *Production Workflow: Concepts and Techniques*. Englewood Cliffs, NJ: Prentice-Hall.

该书阐释了链接计算的原理及为进行顺畅交互所需的手工工作。

Monson-Haefel, R. (1999). *Enterprise JavaBeans*. Cambridge, MA: O'Reilly & Associates.

JavaBeans 是一种定义业务对象的技术,这些业务对象能组合起来,迅速汇集成一个可分析和可维护的数据处理系统。

Pigoski, T. M. (1997). *Practical Software Maintenance: Best Practices for Managing Your Software Investment*. Los Alamitos, CA: IEEE Computer Society Press.

一本计算机软件维护的基本参考书,其中提到校正工作占 20%~25%,改编工作占 40%~60%,剩下的工作为完善程序。

Reiser S. J., Anbar M. (Eds.). (1984). *The Machine at the Bedside: Strategies for Using Technology in Patient Care*. Cambridge, UK: Cambridge University Press.

该书在法律、伦理、经济和社会关切的语境下讨论了医疗保健技术的理论和用途,如重症监护、影像诊断和电子胎儿监护,它包含了 23 个案例研究,其中描述了采用这些技术的益处和局限性。

Shlaer S., Mellor S. J. (1992). *Object Life Cycles, Modeling the World in States*. Englewood Cliffs, NJ: Prentice-Hall.

该书很有影响,是由面向对象软件开发的领军人物所编写的。

Webster, J. G. (1988) (Ed.). *Encyclopedia of Medical Devices and Instrumentation*. New York: Wiley.

该参考书包含了许多技术定义,其中有医院信息系统的详尽描述,列举了此类系统可能提供的 200 多种功能。

## 问题讨论

1. 重读第 6.2.1 节的假想案例。

a. 临床系统的三个主要优点是什么?三个主要缺点是什么?

b. 你是否认为该系统的优点胜过其缺点?对于该系统旨在帮助解决的问题,是否有合适的、不基于计算机的解决办法?如果有,是什么办法?

c. 对于你所在单位的系统或你所知道的系统,你会如何改变它?你可讨论的问题包括:系统对医院日常工作的影响、计算机的可靠性、终端的可用性和用户培训计划的合适性。

2. 请用输入、输出和流程来描述门诊诊所的计费系统,请简要画出能表示该系统模型的简单数据流程图。

3. 请讨论保护患者病历的私密性与让医务人员便捷地访问临床信息之间内在的平衡问题。你认为是哪个系统安全层次保证了这 2 个相互冲突的目标的适当平衡?

4. 请讨论在医疗保健机构之间技术转让的三大障碍。

5. 请解释系统性能结果与流程度量之间的区别。请给出你用来评价临床咨询系统（可辅助医生诊断疾病）性能的两个结果和两个流程参数。请描述为了评价系统对这些参数中某一参数的影响，你可能要开展的实验。对这些实验的开展，你能预见到哪些潜在的困难？你能采取何种措施来消除这些困难？

6. 临床咨询系统的使用在哪三方面与雇用人类专家或采用静态的健康信息来源（如教材）相似？在哪三方面不同？

# 第 7 章 生物医学信息学标准

**阅读本章后,您应对下列问题有所了解:**
- 在生物医学信息中,为什么标准是重要的?
- 在确保准确无误地完成系统间的数据交换时,什么样的数据标准是必要的?
- 在标准的制定中,有哪些组织比较活跃?
- 今天的标准支持生物医学信息管理的哪些方面?
- 建立共识标准的过程是什么?
- 哪些因素和组织影响着标准的建立?

## 7.1 标准的理念

自从伊莱·惠特尼发明了用可互换零件组装步枪,标准已被制定并应用,使事物或流程运行得更加轻松和经济有效,甚至有时对全部工作都起到了这样的作用。标准可以由很多种物理形式来定义,但从本质上说,它包括了一套规则和定义,这些规则和定义详述了如何执行一个过程或制作一个产品。有时候,标准是有用的,因为它提供了一种解决问题的方法,其他人可以用它而不必从头开始。但一般来说,一个标准是有用的是因为它允许两个或更多的人不必在一起也能合作。每次当你拧灯泡或播放音乐磁带时,你就在利用标准。一些标准让事情做起来更容易,一些标准随着时间的推移在不断的演变[①],另外一些标准则是有意制定的。

第一台计算机在制造时并没有标准,但很快,硬件和软件的标准化就成为必然。虽然计算机的工作仅仅与 0 和 1,以及诸如"10101100"的字符串有关,但人类需要更易读的语言(参见第 5 章)。因此,标准字符集,如 ASCII 码和 EBCDIC 码被开发出来。第一个标准化计算机语言,COBOL 语言,最初是为简化程序开发而编写的,但很快被作为一种允许共享代码和软件开发部件的方法,用于集成软件部件。正因如此,COBOL 被美国国家标准协会(ANSI)接受为官方标准[②]。同样地,硬件部件也需要依赖标准去进行信息交换,就像伊莱·惠特尼的步枪那样可互换零件。

一份 1987 年的国际标准化组织(ISO)的技术报告指出"任何有意义的话语交流取决于事先存在的一套商定好的语义和语法规则搜索"(国际标准化组织,1987)。生物医学信息学的重点是收集、处理和传递信息,标准是非常必要的,但直到最近才开始使用。目前,标准化工作正在迅猛地发展着,以至于任何一种标准都有可能在几个月之内不可避免的过时。本章重点从一般意义上阐述标准的必要性,标准发展的过程,目前比较活跃的标准发展领域,以及在制定可用标准的发展过程中取得进步的关键组织。

## 7.2 健康信息学标准需求

当过度的多样性造成了效率低下或阻碍了效率时,标准就会产生。医疗保健环境历来包括一套松散联系的、组织上相互独立的单位。患者接受初级、中级及三级保健机构的护理,但这些机构之间很少有双向沟通和协作。患者被一个或多个初级医生及专家治疗。在住院治疗和门诊治疗之间几乎没有相互的协调和数据共享。体制和患者都很愿意去丰富治疗上的多样性。在住院部门,患者的诊疗被分为不同的临床专业,每个专业都是独立的而常常不考虑其他专业的治疗方案。辅助部门就像一个独立的功能单位去完成他们的服务任务,他们仅仅提供检查报告,而不提供进一步的关于如何使用这些结论的建议,甚至不知道它们是否被送检医生看到。住院费用所需的信息常常来自于一个完全独立的进程,需要从病历档案上收集散乱的数据并专门抽取出来以用于结算。诊断和治疗结果通常与患者的原始信息没有什么关联(Jollis et al., 1993)。

早期的医院信息系统(HIS)的结算和会计模块的设计是基于大型单片机开发的(见第 13 章),它们在多样性等方面沿袭了医疗保健系统的模式。20 世纪 70 年代,随着一些新的功能的增加,该系统可以在大型机上运行,并且由和医疗人员不相关的甚至非行政管理人员的数据处理人员负责管理。小型机的出现促使了部门系统的开发,如检验科、放射科和药房系统。这种以大型机为主,辅以独立的基于小型机的部门系统的模式还是当前普遍应用的安装版本。正如临床系统取得的发展一样,它将继续把重点放在专用部门的运作和临床专业系统上,而不允许实习医生仅看到患者的单一视图。

医疗保健信息系统的许多压力都改变了现状,以至于为最初的目的而收集的数据可以以各种方式被重复利用。医疗保健中的许多新的模型,如整合医疗服务网络,

---

[①] 现代铁道轨距的标准源自古罗马敞篷双轮马车的建造者,他们依据两匹马之间的宽度设定了车轴的长度。随着道路车辙的出现,这一距离成为一种标准,所有马车的车轮(以及以后出现的其他车辆)都具有恰当的距离以能够在这样的车辙上运行。当这些马车的建造者们再去建造火车时,他们继续沿用了这一标准。

[②] 有趣的是,正是由于医学信息学才有了第二个 ANSI 标准语言:MUMPS(现称之为 M 语言)。

健康维护组织(HMO),优先提供者组织(PPO),都增加了对协调、集成和合并信息(见第13章和第23章)的需求,哪怕是信息来自不同的部门和机构。各种各样的管理技术,如持续改进质量和病例管理,都需要及时、准确的患者数据摘要。因此临床分析和结果研究都需要对整个病例群体做出全面的概括。先进的工具,如临床工作站(见第12章)和决策支持系统(见第20章),要求根据任务将患者的原始数据整理成一般形式的方法既像总结报告一样简单,又像自动医疗诊断一样复杂。所有这些需求必须在当前这样一个形式多样、相互联络的信息系统——一个迫切需要标准实施的环境中得到满足。

一个明显的需求是为个人、医疗保健提供者、健康计划和雇主提供标准化标识符,以便跨系统识别参与者。选择这样一个标识符远比决定这个标识符应该用几位数字表示复杂得多。这些标识符集的理想属性在美国测试与材料协会(ASTM)的出版物中有过描述(美国测试与材料协会,1999)。当标识符由人输入系统时,必须包括一个校验位以确保标识符的准确性。一个标准化的解决方案还必须确定给个人、设备和组织分配标识符的机制;维护标识信息数据库的机制;以及授权访问这些信息的机制(见第13章)。

医疗保险与医疗补助服务中心(CMS),其前身是医疗保健财务管理局(HCFA),定义了一个全国供应商标识符(NPI),已被提议作为国家标准。这个号码由7位字母数字型的基本标识符和1位校验位组成。号码本身没有任何意义,每个号码都是唯一的而且是不可重新印发的,并且排除了所有可能与数字字符混淆的字母字符(如0、1、2、4和5可能与O、I或者L、Z、Y和S混淆)。CMS也为识别医疗保健计划定义了一个付款人编号,国内税收服务的雇主身份证号码已被采纳为雇主标识符。

最有争议的问题是如何识别每个个体或患者。许多人认为给每人分配一个这样的号码是对隐私的侵犯,而且担心这样会很容易和其他数据库关联。1996年8月(见7.3.3节)通过的公法104-191规定国会正式定义一种适当的标识符。隐私主张者和媒体的负面宣传导致国会宣布,这个问题今后将不会向前发展,直到保密法的出现和实施(见第10章)。除了个人标识符,卫生和人类服务部已经推荐了上面讨论到的标识符。

入院系统记录患者有糖尿病的诊断;药房系统记录曾发给患者庆大霉素;实验室系统记录患者在肾脏功能检查中有某些结果;放射系统记录医生为需要静脉注射碘染料的患者安排了X射线检查。其他系统需要用不同的方式存放这些数据,提供给临床用户,报告疾病和警告药物间可能的交互作用,提供给药剂量变化的建议,以及密切关注患者的结果。当考虑为议定的定义需要、合格者使用的需要、不同的(专用)粒度级别的数据和同义的需要时,有关编码患者数据的标准就非同寻常了,更不用提这样的标准所拥有的广度和深度了。

在临床系统中医学知识的融入变得越来越重要和普遍了。有时,知识就是一些简单事实,比如一种药物的最大安全剂量或实验室化验结果的正常范围。然而很多医学知识都更加复杂。以一种计算机系统可用的方式对其编码是一个挑战(见第2章),特别是如果我们要避免歧义和表达逻辑关系一致性时。因而使用公认的标准对临床知识进行编码将使很多人和机构可以共享别人的成果。一个为这一目标而制定的标准就是Arden语法,将在第20章讨论。

由于上述描述的任务需要系统间的合作,所以需要一种系统间传递信息的方法。传统上这种传递是通过自定义点对点接口实现的,但随着系统数目的增加这种技术已变得无能为力,而且有必然联系的结果的排列也越来越多。目前解决这一多接口问题的方法就是发展消息传递标准。这些消息必须依赖于已经存在的为患者识别和数据编码而制定的标准。

虽然技术上的挑战是严峻的,然而为了开发实用系统,仅仅编码患者数据和完成在系统间传递数据是不够的。在允许这种信息交换之前还必须保证安全。在系统披露患者信息之前,必须保证请求信息者自称或有权访问所请求的信息(见第5章)。尽管每个临床系统都有其自身的安全特征,系统设计者们还是喜欢使用现有的标准并避免从头开始。此外,安全的信息交换需要交互系统使用标准的技术。幸运的是,许多研究人员正在忙于开发这样的标准。

## 7.3 标准事业和组织

将我们关于创建标准的一般进程的讨论从关于具体的组织和他们创建标准的讨论中分离出来是十分有用的。这个进程相对来说是恒久不变的,而组织的形式却经过演变、合并和解体。为了说明起见,我们来考虑一下,一个将电子形式的实验数据以一条消息的形式从一个计算机系统传递到另一个计算机的标准是怎样发展起来的。

### 7.3.1 标准制定过程

一个标准被制定出来有4种方法。

(1) 特设方法:一群感兴趣的人和组织(例如,实验室系统和医院系统供应商)就一份标准规范达成一致。这些规范是非正式的并且通过参加团体的相互协定被作为标准而接受。通过这种方法制定标准的一个例子就是美国放射学会/全国电器制造商协会(ACR/NEMA)为医学成像制定的DICOM标准。

(2) 事实上的方法:一个单独的厂商控制着足够大的市场份额以使其产品成为市场标准。微软的Windows系统就是一个例子。

(3) 政府授权的方法:一个政府机构,例如,CMS或国家标准与技术研究所(NIST)创建一个标准并使它的使用合法化。CMS的保险索赔表UB92就是一个例子。

（4）共识的方法：一群代表感兴趣各方的志愿者在一个公开的进程中合作建立一个标准。大部分的医疗保健标准是通过这个方法产生的。其中的一个例子就是临床数据交换的HL7标准（图7.1）。

图7.1 标准制定会议。有效的标准的制定通常需要热心志愿者的努力和多年的工作研究。这些工作经常在小型的委员会会议上进行，然后向大批的人介绍以达成共识。这里，上图为HL7词汇技术委员会会议；下图为HL7全体会议。HL7的讨论见7.5.2节

创建一个标准的进程要经过几个阶段（Libicki 1995）。它开始于认同阶段，在这个阶段一些人开始意识到在一些领域需要一定的标准的存在，并且技术已经到达了可以支持这样的标准的水平。例如，假定有几个实验室系统向几个中央医院系统发送数据——一个标准化的信息格式可以使每个实验室系统向所有的医院系统对话而不需要特定的点对点的，为每一个可能的实验室至实验室或者实验室至医院的连接而开发的接口程序。如果一个标准的时机成熟了，那么几个单独的个人可以被认同并且组织起来进入概念阶段，在这个阶段标准的规格参数被制定出来。这个标准必须做什么？这个标准的范围是什么？它的格式将是怎样的？

在上述实验室系统的例子中，一个关键的讨论是标准的范围。这个标准应该是仅仅处理实验室数据的交换，还是这个范围要扩展到包括其他类型数据的交换？这些被交换的数据元素应该是带着标识数据元素的标签发送，还是这些数据要按位置定义？在接下来的讨论阶段，参与者将开始建立一个定义内容的轮廓，以便找出关键问题并且产生一个时间线。在讨论阶段中，讨论赞成和反对不同概念的理由。这个标准的具体形式是怎样的？例如，它是基于消息的么？数据的交换是基于一个查询事件还是触发事件？这个标准将定义消息的内容、消息的语法、专用术语和网络协议，还是这个标准只是处理这些问题的一个子集？

通常这些参与者在标准领域内的消息都很灵通，所以他们重视标准必须满足的一些需要和问题。基本概念通常是热议的话题，随后的细节可能在很快的速度下进行。通过解决标准所带来的问题，许多参与者会从中获得相应的经验，并能保护自己的方法。词语的含义经常被讨论。折中的和松散定义的术语经常被接受以推动进程。例如，参与者可能是相互竞争的实验室系统厂商和HIS厂商。所有的参与者都很熟悉常规的问题，但是可能有其各自解决问题的方法。基本概念的定义通常被认为是理所当然的，例如，一个测试或者结果由什么组成，往往需要明确的阐述和商定。

标准草案的撰写一般是一些富有献身精神的人的工作——典型的一群人就是这些领域的厂商代表。然后其他的人检查这份草案；争议点被详细地讨论，并且提出解决的办法；最后这份草案被大家接受。介绍进程给那些不了解的人使得撰写和完善标准的过程进一步复杂化，这些人或者是没有参与原来的讨论或者想要重新解决之前已经解决的问题。继续前进和公开进行之间的平衡关系是很微妙的。大多数的标准撰写小组采用了一个公开的政策：任何人都可以参与到进程中且其意见可被倾听。大多数制定标准的组织——当然是那些被认可的团体——赞成一种公开的投票过程。标准草案是提供给所有

感兴趣的组织的,征求他们的意见和建议。所有的意见都将被考虑。反对选票必须被明确地处理。如果反对意见是有说服力的,则标准就被修改。否则,问题的讨论将是试图说服那些人放弃反对票。如果这两种努力都不成功,这些意见将被送至所有的选票组,看看这个选票组是否会被说服而改变它的选票。然后投票的结果决定标准的内容。问题可能是很普遍的,例如,决定实验室数据包括什么类型(病理学？血库？);或者具体的[如决定具体领域的具体含义(是否包含了安排化验的时间？标本绘制？测试执行?)]。

一个标准走向成熟一般要经过几个版本。第一次试行经常遭遇挫折,因为参与的卖方对标准有不同的解释并且遇到了没有被标准涉及的领域。这些问题可能在标准随后的版本中被处理解决。在标准的进化演变中,向后兼容性是一个主要的关切问题。标准怎样才能随着时间的推移而进化,并且一直对卖方和用户在经济上负责？通常一个实施向导被生产出来以便帮助新的卖家从早期的实施者的经验中获益。

在标准的生命中一个关键的阶段是早期实施,其接受度和实施率对于成功很重要。这个进程受标准认可机构、联邦政府、主要卖家和市场的影响。标准的维护和颁发对于确保普及应用和标准的持续价值具有很重要的作用。某些形式的一致性测试在确保卖家遵循标准并且保护它的完整性方面终究是有必要的。

从时间和金钱方面来讲,制定一套标准是一个昂贵的过程。卖家和用户必须愿意支持长时间的工作,通常包括公司上班时间、差旅费、存档与分发的成本。在美国,制定一个共识标准是自愿的;而在欧洲,大多数标准的制定是由政府提供经费的。

标准的一个重要方面是一致,这个概念包括标准的遵从,并且通常包括用户之间关于标准的具体协议,这些用户确定将遵循该具体规则。一份一致性文件具体确定哪些数据元将在何时、以怎样的形式被发送。即使对于一个完美的标准来说,一致性文件在确定两个或者更多合作伙伴的商业关系上也是必要的。

另一个重要的概念是认证。认证过程加强了大多数标准的使用,事实上是一个中立机构证明了一个卖家的产品是遵守和符合该标准的。

### 7.3.2 信息标准组织

有时候,标准是由一些需要通过标准来执行其主要职能的组织制定的;在其他情况下,出于制定特定标准这一明确目的而形成一些联盟。当我们对以这种方式产生的标准进行考察的时候,后一种组织稍后被讨论。还有一些标准组织的存在是以促进和颁布标准为唯一目的的。在一些情况下,它们包括一些在标准所需领域里具有专门知识的成员。在其他情况下,这些组织提供制定标准的规则和框架,但是不提供所需要的、为具体标准进行具体决策的具有专门技能的人员,而是当一个新的标准正在研究的时候依赖于知识渊博的专家的参与。

本节详细介绍一些最知名的标准制定组织(SDO)。我们的目标一直是使您熟悉最有影响力的、和健康有关的标准组织的名称、管理和历史问题。为了对一个组织或者标准的制定有一个详细的了解,您将需要参考当前的主要资源。许多组织用他们当前的卓越信息来维护他们的网站。

**1. 美国国家标准化组织**

美国国家标准化组织(ANSI)是一个成立于1918年的私营的、非营利性的会员组织。它最初是为协调美国义务人口普查标准体系服务的。现在它负责批准官方的美国国家标准。ANSI 的会员包括超过1100家公司、30个政府机构和 250 个专业、技术、贸易、劳动和消费者组织。

ANSI 并不撰写标准,相反,它帮助标准的制定者和来自私营部门、政府的用户根据对标准的需要达成共识。这使他们避免了重复工作,并且它提供了一个解决分歧的论坛。ANSI 负责管理建立美国国家标准的唯一政府认可的系统。在国际标准化中,ANSI 也代表美国国家的利益。ANSI 是 ISO 和国际电子技术委员会(IEC)在美国的投票代表。对一个标准制定机构来说,存在三条途径让 ANSI 批准以产生美国国家标准:经认可的组织、经认可的标准委员会(ASC)和经认可的招商。

具有制定标准的组织结构和规程的组织都可能直接被 ANSI 认可发布美国国家标准,只要其能够满足所需要的程序、公开性和一致性。HL7(7.5.2 节中讨论)就是一个经 ANSI 认可的组织。

ANSI 也可以产生内部 ASC,从而可以达到现有认可组织所不能满足的要求。ASC X12(见 7.5.2 节)就是一个这样的委员会的例子。

最后一条途径,即经认可的招商,在当一个组织没有ANSI 要求的正式的结构的时候是可行的。通过在所有感兴趣组织之间找到平衡准则的招商办法,一个标准也可能被批准为美国国家标准。ASTM(下面将提到)用这个方法创建了它的 ANSI 标准。

**2. 欧洲标准化委员会技术委员会 251**

欧洲标准化委员会(CEN)于 1991 年成立了技术委员会 251(TC 251——不要与下面提到的 ISOTC 215 混淆),建立的目的是为了制定医疗保健信息学标准。TC 251 的主要目的是制定独立医学信息系统之间的通讯标准,使一个系统产生的临床和管理数据能发送到另一个系统。技术委员会 251 的组织方式与美国各种不同的工作组的组织方式相似。这些工作组也类似地处理数据交换标准、病历档案标准、编码和术语标准、成像标准,以及安全、隐私和保密性。欧洲和美国都致力于协调各个标准化领域。草案标准是共用的。共同的解决方案是可取的。各种工作组为了共同的目标在不同层次上一起工作。CEN 技术委员会 251 分为 4 个工作组：

(1) 信息模型；
(2) 术语学；
(3) 安全性，安全与质量；
(4) 互操作技术。

每一个工作组管理多个项目组，每个项目组负责专门的项目。项目组的成员多数为"顾问"，他们是由欧盟支付工资的。目前已很少有供应商参与标准的制定，这方面的疏忽造成了某些供应商不愿接受这些标准。欧洲标准化委员会（CEN）还开发针对特定应用的标准。例如，药物处方传输标准。

欧洲标准化委员会（CEN）在医疗保健数据标准方面作出了重要贡献。一个重要的、有关电子健康记录（EHR）的欧洲标准化委员会（CEN）先前的标准 ENV 13606 正在被 CEN 改进，并且澳大利亚和 OpenEHR 基金会都对此给予了重大投入。欧洲标准化委员会（CEN）和一些美国标准化机构之间正在加强合作。欧洲标准化委员会（CEN）的标准也可通过 ISO 的维也纳协议的一部分来公布。

## 3. 国际标准化组织技术委员会 215——健康信息学

1989年，欧洲标准化委员会（CEN）和美国的利益导致了在 ISO 标准化组织内的健康信息技术委员会（TC）215 的产生。技术委员会于 1989 年 8 月在奥兰多举行首次会议，它创立了 4 个（后来为 6 个）工作组：

(1) 工作组 1：健康记录与模型协调；
(2) 工作组 2：消息与通讯；
(3) 工作组 3：健康概念表达；
(4) 工作组 4：安全；
(5) 工作组 5：智能卡（成立于 1999 年）；
(6) 工作组 6：电子药剂学与药物经济（成立于 2003年）。

技术委员会 215 现在每年会晤一次，按照相当严格的程序制定 ISO 标准。24 个国家是技术委员会的积极参与者，其他 20 个国家作为观察员。但实际工作是在工作组进行的，投票的过程是非常正式的——每人为每个参与国投票。大多数的工作有一系列固定步骤：首先提交一份新工作项目提案并有 5 个国家参与；接着形成一份工作文件、一份委员会文件；然后拟定一份国际标准草案，并形成一份最终的国际标准草案（FDIS）；最后制定为一个国际标准。如果完全遵守这个过程，需要数年才能制定出一个国际标准。在一定条件下，以快速的方式制定最终的国际标准草案也是允许的。技术报告和技术规范的制定也允许用这样的方式。

美国被指派了秘书处的职责，这些职责最初是指派给美国试验和材料协会（ASTM）的。2003 年，卫生保健信息和管理协会（HIMSS）承担了秘书处的职责。HIMSS 还担任美国技术咨询管理员，代表美国在国际标准化组织中的立场。

国际标准化组织政策的最新变化是允许其他机构制定的标准直接成为 ISO 标准。最初，CEN 和 ISO 制定了一个协议，称为维也纳协议，将允许 CEN 标准迁入 ISO 标准中进行并开发，在每个组织中投票表决。2000 年，电气和电子工程师协会（IEEE，见 7.5.2 节）增加了一个新的进程，称作 ISO/IEEE 试点项目，在此项目中，IEEE 标准可以直接转移到 ISO（这种情况下到 TC 215，第 2 工作组）中作为 ISO 标准进行审批。虽然制定实际的工作程序是痛苦的，但是这个过程有用的。由 ISO 审批标准是非常重要的，因为一些国家的法律要求，如果存在相应的 ISO 标准就必须采用这一国际标准（包括美国）。

## 4. 美国试验和材料协会

美国试验和材料协会（ASTM）成立于 1898 年，1902 年被批准为制定材料特点及性能方面标准的科学技术组织。美国试验和材料协会最初将重点放在标准测试方法上。1961 年，ASTM 的章程不断扩大到包括产品、系统、服务及材料上。ASTM 是美国最大的非政府标准来源组织。它拥有超过 3 万个会员，分布在 90 多个不同的国家。ASTM 是 ANSI 的创始成员之一。ASTM 技术委员会被分配给 12 个国际标准化组织委员会和分委员会秘书处，有超过 50 个的任务，作为技术咨询组来代表美国制定国际标准。ASTM 的计算系统委员会 E31 负责医学信息标准的制定。表 7.1 显示了其各分委员会的领域。

**表 7.1 ASTM E31 分委员会**

| 分委员会 | 医学信息标准 |
| --- | --- |
| E31.01 | 保健信息学控制的词汇表 |
| E31.10 | 药学-信息学标准 |
| E31.11 | 电子健康记录可移植性 |
| E31.13 | 临床实验室信息管理系统 |
| E31.14 | 临床实验室仪器接口 |
| E31.16 | 电生理波形及信号交换 |
| E31.17 | 病例的访问、隐私和机密性 |
| E31.19 | 电子健康记录内容和结构 |
| E31.20 | 健康信息的数据和系统安全性 |
| E31.21 | 健康信息网络 |
| E31.22 | 健康信息转载和文件 |
| E31.23 | 健康信息建模 |
| E31.24 | 电子健康记录系统功能 |
| E31.25 | 医疗保健中的 XML 文档类型定义 |
| E31.26 | 个人（消费者）健康记录 |
| E31.28 | 电子健康记录 |

## 5. 医疗保健信息学标准管理委员会

为了回应 CEN TC 251 提出的关于指定一个独立的美国组织来代表美国的标准化工作的要求，ANSI 在

1992年1月成立了医疗保健信息标准学规划专门小组（HISPP）。这个专门小组是一个使标准开发组、医疗保健供应商、政府机构和医疗保健提供者保健提供者之间均衡发展的团体。

HISPP章程的目标之一是协调标准工作小组的医疗保健数据交换和医疗保健信息学的工作，以实现一套统一的、不矛盾的非冗余标准，并能够和ISO或非ISO通讯环境兼容。此外，均衡的规划分委会已经成立，目的是与CEN TC 251进行交互以及为其提供协调后的输入，并探索制定国际标准的途径。另一个分委员会于1992年11月成立，负责协调HISPP与TC 251之间的活动，同意将工作文件（一旦经HISPP批准）分发到TC 251的基本规则。

随着工作的进展和更多的组织开始积极对卫生保健标准建立兴趣，ANSI和HISPP的成员意识到需要设置一个常设机构，来协调卫生保健标准的活动。ANSI委员会请求成立了医学信息委员会。1995年12月，HISPP解散，卫生保健信息标准委员会（HISB）成立。

HISB的范围包括以下标准：

（1）卫生保健模式和电子医疗保健记录；

（2）组织和诊疗机构内部及其之间的卫生保健数据、图像、声音和信号的交换；

（3）卫生保健代码和专业术语；

（4）诊断仪器和卫生保健设备之间的通讯；

（5）卫生保健协议、知识和统计数据库的描述和通讯；

（6）医学信息的隐私、机密和安全性；

（7）其他与医疗保健信息相关的关注或感兴趣领域。

HISB的一个主要贡献是创建和维护了一个适合1996年的健康保险携带和责任法案的卫生保健信息标准清单（7.3.3节做了讨论；另见第10章）。

## 6. 医疗保健信息和管理系统协会

医疗保健信息和管理系统协会（HIMSS）是医疗保健行业的会员组织，致力于提供医疗保健信息技术和管理系统的最佳使用方法，使人类健康得到改善。医疗保健信息和管理系统协会成立于1961年，在华盛顿特区芝加哥办公，全国其他地区都设有办事处。医疗保健信息和管理系统协会代表着13 000多名个人会员和大约150名企业会员，其雇员超过100万人。医疗保健信息和管理系统协会进行了旨在提高信息和管理系统为患者提供优质护理的宣传，教育和专业发展计划决定和指导公共政策和行业实践。

## 7. 基于计算机的病历研究机构

基于计算机的病历研究机构（CPRI）成立于1992年，是一个积极推动标准活动的支持者。虽然不是标准的开发者，但是CPRI在基于计算机的病历内容方面、在安全、隐私和保密性方面、在全民健康标识及专业术语方面做出了重大的贡献。2002年，CPRI并入HIMSS。

## 8. 整合医疗保健企业

整合医疗保健企业（IHE）计划的目的是刺激医疗保健信息资源的整合。虽然信息系统对于现代医疗保健企业是必不可少的，但如果企业都遵循各自的协议或是使用一种不兼容的标准的话，他们就不能获得完全的好处。决策者们需要鼓励整个成像和信息系统的全套综合集成。

整合的医疗企业是由北美放射学学会（RSNA）和HIMSS共同发起的。使用已有的标准，朝着医疗和信息技术专业人员制定的方向，卫生保健信息行业和成像系统的领导者在IHE下合作，就用于企业内部沟通的图像和病人数据的通信实施概况达成共识。他们对参与者的激励是让他们有机会展示他们的系统可以在基于标准的、多厂商的环境下高效运行，并具备真正的医院信息系统（HIS）的功能。IHE使供应商能够将产品开发资源用于创建不断增加的功能而不是制造多余的接口。

## 9. 国家质量论坛

国家质量论坛（NQF）是一个私营的非营利会员组织，其创建是用来发展和推行医疗质量测量和报告的国家战略。NQF的使命是通过提高对于公共报道医疗性能数据和措施的一致性共识，促进美国的医疗发展。这些数据提供了医疗是否安全、及时、有益、以患者为中心、公平和有效的、意义非凡的信息。

## 10. 国家标准与技术研究所

国家标准与技术研究所（NIST）是美国商务部内的一个非制定规章的地方联邦机构。它的任务是开发和推广计量、标准和技术，以提高生产力、促进贸易和提高生活质量。卫生保健方面，NIST提供测量工具、协助生产、研究和发展支持及质量指导等方式，在不影响质量的情况下，努力控制医疗成本。具体来说，NIST已经提出了临床实验室的测量参考标准（例如，测量胆固醇的计量标准）、钼靶校准、微量元素测量质量保证标准等。

## 11. 电子数据交换工作组

电子数据交换工作组（WEDI）是作为一个广泛的卫生保健联盟于1991年成立的，其目的是促进卫生保健电子商务化，以回应当时的卫生和人类服务部部长路易斯·沙利文面临的挑战。这些挑战将业界的领导者联合在一起，通过电子数据交换的缜密实施来鉴别出能够减少费用的方法。

具体而言，WEDI的目标有：

• 对影响卫生保健社团接受电子商务中的重要问

题进行定义,确定其优先级,并达成一致;
- 作为识别和排除阻碍电子商务实施障碍的主要资源;
- 通过在保险金、电子商务中的有效使用、实施产品和可提供的服务等方面的信息资源达到教育和推广的目的。

WEDI 于 1995 年注册成为一个正式的组织。它制定了行动计划以推广电子数据交换的标准、架构、保密性、标识符、健康卡、立法和宣传。WEDI 是 1996 年立法的健康保险携带和责任法案(HIPAA)中特别命名的、在卫生保健标准的开发中需要协商的 4 个组织之一,这些标准必须满足 HIPAA 的要求。

### 7.3.3 1996 年颁布的健康保险携带和责任法案

1996 年 8 月 21 日,健康保险流通与责任法案(HIPAA)被签署成为法律。HIPAA 的行政简化部分要求卫生和公众服务部部长(HHS)对具体电子行政传输交易采取一定的标准。该标准将应用于医疗计划、医疗保健信息交换中心以及用电子表单形式传播医疗信息的医疗保健提供者。图 7.2 指出各种形式的交易。迄今提出的建议包括:健康索赔使用 X12N 标准、处方类药品全国委员会程序(NCPDP)报销方案、卫生信息交换标准(HL7)的索赔文件。

---

1. 部长必须为事物处理采取一定的标准,并为上述事物采用适当的数据元,以使得健康信息可以以电子方式进行交换,这对财政和管理事务而言是合适的,符合提高卫生保健系统的操作性能和降低成本的目标,包括:
   a. 医疗索赔或同等的突发信息
   b. 医疗索赔附件
   c. 健康计划中的信息登记和注销
   d. 健康计划的适用性
   e. 卫生保健付款方式和付款建议
   f. 健康计划保险支付
   g. 伤害的第一时间报告
   h. 医疗索赔状态
   i. 相关证明和授权
   j. 保险金的协调
2. 部长应负责为每一个使用卫生保健系统的个人、雇主、健康计划和卫生保健的提供者选择一个能够提供唯一标识符的标准。
3. 部长负责为财政和管理事务所需的恰当数据元素采纳编码标准。
4. 部长负责安全标准的制订,如为电子传送及签名鉴定指定程序。

图 7.2 1996 年颁布的健康保险携带和责任法案 HIPAA 的规定。这些规定确定了第一轮的标准,以满足眼前社区卫生服务的需要

---

## 7.4 编码术语、术语和命名方案

正如在第 2 章讨论的那样,由于缺乏术语和含义的标准,使得在计算机中对临床数据的捕捉、存储和使用变得很复杂。本节所讨论的许多术语已发展到可以简化编码医学信息的通信。

### 7.4.1 受控术语的动机

医学信息的编码是大多数临床系统的一项基本的功能。这种编码的标准可以达到两个目的。第一,他们能为系统开发商减少徒劳。例如,如果一个应用程序允许护理人员编辑患者的问题清单,使用标准术语将使得开发人员不必自己重新创建这些数据。第二,使用被普遍接受的标准能便于系统之间的信息交换。例如,如果一个中心数据库从很多资源中接受临床数据,且每个资源使用相同的编码方案,那么任务就会大大的简化了。系统开发者经常忽略现有的标准,继续开发他们自己的解决方案。人们很容易相信,开发商会抵制标准,因为要做很多的工作去了解和适应一个"不是自己开发的系统"。然而,事实是现有的很多标准不能很好地满足用户(这里指系统开发者)的需要。因此,没有标准术语拥有足够广泛的接受程度,从而推动第二个功能——编码临床信息的交换。

在讨论编码系统时,第一步是要分清术语、词汇、命名的区别。这些术语经常被编码系统的创造者和讨论这个问题的作者交替使用。幸运的是,虽然只有很少公认的标准用语,但还是有一个被普遍接受的术语标准:ISO 标准 1087(术语-词汇)。图 7.3 列出了这些术语的各种定义。就我们而言,从术语的正确使用角度而言,我们考虑当前可用的标准。

下一步要讨论的是确定术语的基本使用。一般来说,有两种关于医疗数据编码的不同层次:抽象层和代表层。抽象层需要对记录的数据进行检查,然后从标准术语中选择一个术语用来标识数据项。例如,一个患者可能住进了医院,并有一个长期而复杂的治疗过程,然而,出于计费的目的,它可能与患者仅被诊断曾经有过心肌

梗死相关。收费者将记录抽象成为账单,这样可将整个信息集合简化为一个代码,然后把整个信息缩减成一个单一的代码。另外,代表层是尽可能详细编码的过程。以医疗记录为例,代表层可能包括每次记录的体检结果、执行的实验室化验及需服药物的编码。

---

- 对象：任何可感知或可想象世界的部分
- 名称：用语言表达的方法命名的一个对象的称号
- 概念：通过抽象一类共性对象的属性而构建的一个思想或观点
- 术语：以特有语言的语言表达方式命名的一个定义好的概念的名称
- 专业术语：描述一个特殊学科领域的系统概念的术语的集合
- 系统命名法：通过预设的命名规则制定的术语系统
- 词典：词汇单元的构造集合,每一个词汇都有其语义信息
- 词汇表：涵盖某学科领域专业术语的词典

图 7.3　专业术语。改编于 ISO 国际标准 1087。此处未定义的术语—如定义、单位词汇、语言表达—标准默认使用最常见的含义

---

当我们讨论一个受控的术语时,我们应该考虑它所在的领域。事实上,任何主题都能被编码,但必须与特意选择的标准很好的匹配。例如,一个用于编码疾病信息的术语对问题列表中的编码条目来说可能是一个错误的选择,因为它可能缺乏"腹痛","抽烟者",或"健康保健"等术语。

接下来要考虑的是标准本身的内容。有许多问题,包括在期望的领域中标准所涵盖术语的程度；在何种程度上应该通过把术语组装成描述性短语的方式进行数据编码（后组式语言）而不是采用单一的、先组式的术语；以及术语的整体结构（列表、精确的层次、多层次、语义网络等）。也有许多定性的问题需要考虑,包括同义词可用性和冗余术语的可能性（即не不止一种方法来编码相同的信息）。

最后,我们应考虑术语的维护方法。每一个标准的术语必须有一个持续的维护过程,否则它将很快成为过去时。这一进程必须是及时的,不得扰乱人们使用较早版本的术语。例如,如果术语的创造者选择重命名一个代码,那么之前用原先代码编码的数据将会怎样呢？

### 7.4.2　具体术语介绍

考虑到这些因素,让我们来调查一下某些可用的受控术语。人们经常半开玩笑地说,有关标准的最好的事情是有那么多的选择。我们对当前几个常见的术语用法做个介绍说明。每年都有新的术语出现,而且还有一些现有的私有专用术语也会成为公共术语。当在审查下列描述时,请记住开发工作的背景动机。所有这些标准都在迅速发展,所以应该咨询网站或其他原始来源以便掌握最新信息。

**1. 国际疾病分类及其临床修正**

最著名的术语之一是国际疾病分类（ICD）。它首次出版于 1893 年,大约每隔 10 年进行一次修订,开始由国际统计学会修订,后来由世界卫生组织修改（WHO）。1977 年发表了第 9 版（ICD-9）（世界卫生组织,1977 年）,1992 年发表了第 10 版（ICD-10）（世界卫生组织,1992）。该编码系统由一个 3 位数的核心分类数字代码构成,它是世界卫生组织对死亡率统计报告所需的最低限度。第 4 位（小数点后第一位）提供了额外的详细程度,通常 .0 到 .7 为核心术语提供更具体的形式, .8 通常是"其他", .9 是"未指定的"。根据编码中的数字,术语被编排在一个严格的层次结构上。例如,细菌性肺炎的分类,如图 7.4 和 7.5 所示。除了疾病,ICD 还包括一些用于医疗专业诊断、健康状况、残疾、手术,以及与医疗保健提供者进行沟通所需术语的集合。

在美国,一般认为 ICD-9 对统计报告所要求的详尽程度而言是不够的（Kurtzke,1979）。作为回应,美国国家卫生统计中心公布了一份临床修正版（CM）（专业和医院活动委员会,1978）。众所周知,ICD-9-CM 与 ICD-9 是兼容的,并通过加入第 4 位和第 5 位代码在很多地方提供了额外的详细程度。图 7.4 显示了一个附加资料的样本。在美国,大部分的诊断用 ICD-9-CM 标准编码,但要遵守国际条约（通过转变为 ICD-9）并支持计费要求（通过转换为诊断相关组或 DRG）。对 ICD-10 的临床修改目前正在审查当中。示例如图 7.5 所示。

**2. 诊断相关组**

美国的另一个旨在提取医疗记录的创造是疾病诊断相关分类系统（DRG）,它最初是由耶鲁大学开发的用于未来计划的医疗保险金程序中的（3M 卫生信息系统,每年更新）。在这种情况下,编码系统是一个抽象的抽象,它应用于 ICD-9-CM 的编码条目,这些代码源自其医疗记录。DRG 编码的目的是提供相对较少的代码来对患者的住院治疗进行分类,同时也提供基于病情严重程度的病例隔离。分组的基本原则是成本和住院时间的影响因素。因此,包含 ICD-9-CM 中肺炎球菌肺炎（481）的医疗记录可能被编码为 18 种代码之一（图 7.6）,这取决于相关病情和外科手术；如果肺炎诊断结果是继发性的话,则可能附加其他代码。

**3. 国际初级医疗分类法**

世界全科医学/家庭医生国立学院、大学和学会组织

```
003  其他沙门氏菌感染
   003.2  局限性沙门氏菌感染
      003.22 沙门氏杆菌肺炎*
020  鼠疫
   020.3  原发性肺鼠疫
   020.4  继发性肺鼠疫
   020.5  肺鼠疫，不明
021  土拉菌病
   021.2  肺土拉菌病*
022  炭疽病
   022.1  肺炭疽
481  肺炎双球菌性肺炎
482  其他细菌性肺炎
   482.0  克雷伯氏菌肺炎
   482.1  假单胞菌肺炎
   482.2  流感嗜血杆菌肺炎
   482.3  链球菌肺炎
      482.30  链球菌肺炎，不详*
      482.31  A组链球菌肺炎*
      482.32  B组链球菌肺炎*
      482.39  其他链球菌肺炎*
   482.4  葡萄球菌肺炎
      482.40  葡萄球菌肺炎，不详*
      482.41  金黄色葡萄球菌肺炎*
      482.49  其他葡萄球菌肺炎*
   482.8  其他特定的细菌肺炎
      482.81  厌氧菌肺炎*
      482.82  大肠杆菌肺炎*
      482.83  其他革兰氏阴性细菌性肺炎*
      482.84  军团病*
      482.89  其他特定细菌肺炎*
   482.9  细菌性肺炎，不详
483  病源菌性肺炎
   483.0  支原体肺炎*
484  传染性疾病合并肺炎(他处已归类)*
      484.3  百日咳肺炎*
      484.5  炭疽病肺炎*
```

图 7.4  ICD-9 和 ICD-9-CM(*)中的代码示例，显示了细菌性肺炎的编码。没有显示结核病术语，病理原因不明的肺炎及其他介入术语。注意到一些术语，如"沙门氏菌肺炎"，在 ICD-9-CM 中是作为病源菌性肺炎的子集被编码的，而不是 482 的子集（其他细菌性肺炎）

```
A01伤寒和副伤寒发热
   A01.0  伤寒
      A01.03  伤寒型肺炎*
A02其他沙门氏菌感染
   A02.2  局限性沙门氏菌感染
      A02.22 沙门氏菌肺炎*
A20鼠疫
   A20.2  肺鼠疫
A22炭疽病
   A22.1  肺炭疽
A37百日咳
   A37.0  百日咳博德特氏菌百日咳
      A37.01  由百日咳博德特氏菌肺炎引起的百日咳*
   A37.1  副百日咳博德特氏菌百日咳
      A37.11  由副百日咳博德特氏菌肺炎引起百日咳*
   A37.8  由其他杆菌引起的百日咳
      A37.81 其他杆菌肺炎引起的百日咳*
   A37.9  百日咳，不详
      A37.91 百日咳，由不明的肺炎引起*
A50先天性梅毒
   A50.0  早期先天性梅毒症状
      A50.04  早期先天性梅毒肺炎*
A54淋球菌感染
   A54.8 其他淋球菌感染
      A54.84 淋菌性肺炎*
J13 肺炎链球菌肺炎
J14 流感嗜血杆菌肺炎
J15 细菌性肺炎，他处未分类
   J15.0  克雷伯菌肺炎
   J15.1  假单胞菌肺炎
   J15.2  葡萄球菌肺炎
      J15.20  葡萄球菌肺炎，不明*
      J15.21  金黄色葡萄球菌肺炎*
      J15.29  其他葡萄球菌肺炎*
   J15.3  链球菌肺炎，B组
   J15.4  其他链球菌肺炎
   J15.5  大肠杆菌肺炎
   J15.6  其他需氧革兰氏阴性菌肺炎
   J15.7  支原体肺炎
   J15.8  其他细菌性肺炎
   J15.9  细菌性肺炎，不明
P23 先天性肺炎
   P23.2  由葡萄球菌引起的先天性肺炎
   P23.3  由链球菌 B 组引起的先天性肺炎
   P23.4  由大肠杆菌引起的先天性肺炎
   P23.5  由假单胞菌引起的先天性肺炎
   P23.6  由其他细菌制剂引起的先天性肺炎
```

图 7.5  ICD-10 和 ICD-10-CM(*)中的代码示例，显示了细菌性肺炎的编码。结核病术语，肺炎的病因不明确，也未显示其他相关术语。（图7.4）注意到 ICD-10 把支原体肺炎分类为一种细菌性的，而 ICD-9 则不是。而且，无论是 ICD-10 还是 ICD-10-CM 都没有"类鼻疽肺炎"的代码，但 ICD-10-CM 指出代码 A24.1-急性和暴发性类鼻疽（未显示）应该被使用

(WONCA)与世界卫生组织联合发布了国际初级医疗分类法（ICPC），其最新版本 ICPC-2 发布于 1988 年。ICPC-2 包括大约 1400 个诊断概念的分类，它们部分的与 ICD-9 相匹配。ICPC-2 包含了基层医疗卫生问题的国际分类（ICHPPC）的所有 380 个概念，它的第三个版本给出了产生问题的原因。ICPC 提供 7 维的术语及结合它们去代表临床接触的结构。虽然术语的细粒度一般比其他分类方案大（例如，所有肺炎被编码为 R81），但通过原子术语间的后组式语言，表达病历中出现的概念间相互作用的能力却大大提升了。在后组式语言中，编码是通过使用多个用于描述数据的代码实现的。因而，例如，细菌性肺炎，在 ICPC 中被编码为 R81 码和用于识别病原体的特定测试结果的编码的组合。这种方法相对于先组式语言方法而言，后者将给每个类型的肺炎分配自己的代码。

### 4. 当前诊治术语

1996 年美国医学协会开发了流通的程序术语(CPT)（美国医学协会，每年更新一次），为诊断和治疗过程提供编码方案，而且此后一直应用于美国的计费和报销的编码系统。正如 DRG 代码一样，CPT 代码指定根

| | |
|---|---|
| 呼吸系统疾病 w/ 主要胸部手术室手术，没有重大并发症或合并症 | 75 |
| 呼吸系统疾病 w/ 主要胸部手术室手术，轻微并发症或合并症 | 76 |
| 呼吸系统疾病 w/ 其他呼吸道系统手术，无并发症或合并症 | 77 |
| 呼吸道感染 w/ 轻微并发症，年龄大于17岁 | 79 |
| 呼吸道感染 w/ 无轻微并发症，年龄大于17岁 | 80 |
| 简单性肺炎 w/ 轻微并发症，年龄大于17岁 | 89 |
| 简单性肺炎 w/ 无轻微并发症，年龄大于17岁 | 90 |
| 呼吸系统疾病 w/ 呼吸机支持 | 475 |
| 呼吸系统疾病 w/ 主要胸部手术室程序和主要并发症或合并症 | 538 |
| 呼吸系统疾病，其他呼吸系统操作程序和主要并发症或合并症 | 539 |
| 呼吸道感染w/ 轻微并发症或合并症 | 540 |
| 呼吸道感染 w/ 支气管肺发育不良的继发诊断 | 631 |
| 呼吸道感染 w/ 囊性纤维化病的继发诊断 | 740 |
| 呼吸道感染 w/ 轻微并发症，年龄不超过17岁 | 770 |
| 呼吸道感染 w/ 无轻微并发症，年龄不超过17岁 | 771 |
| 简单性肺炎 w/ 轻微并发症，年龄不超过17岁 | 772 |
| 简单性肺炎 w/ 无轻微并发症，年龄不超过17岁 | 773 |
| 呼吸道感染 w/ 结核病的主要诊断 | 798 |

图 7.6　依据并发的条件或手术给细菌性肺炎病例分配的诊断相关组代码（除了作为一个并发条件，分枝杆菌病并未在此出现）。当基本细菌性肺炎对应于 ICD-9 中 481、482.2、482.3、482.9 码时，或者当伴有轻微或无并发症时，我们使用"简单性肺炎"码。其他 ICD-9 细菌性肺炎（482.0、482.1、482.2、482.4、482.8、484 和其他各种诸如 003.22 码等）都被编码为"呼吸系统疾病"或"呼吸道感染"。如果肺炎的诊断是一种继发性的，则可能指派其他代码（如 798），这取决于基本条件

据成本区分编码的信息。例如，心脏起搏器插入有不同的编码，这取决于引线（leads）是"心外膜的，经开胸术"（33200）、"心外膜的，用剑突方法"（33201）、"经静脉的，心房的"（33206）、"经静脉的，心室的"（33207）、"经静脉的，心房与心室的"（33208）。CPT 还为程序提供了有关原因的信息。例如，有关动脉穿刺的"诊断抽血"码（36600）、"监测"码（36620）、"输液治疗"码（36640）和"闭塞治疗"码（75894）。虽然在广度和深度上还存在局限性（尽管包含了 8000 多条术语），但是 CPT-4 仍是美国联邦和私营保险第三方退赔中报告医学程序和服务使用最广泛的医学术语。

### 5. 精神疾病诊断与统计手册

1994 年，美国精神医学会出版了第 4 版（DSM-IV）精神疾病诊断与统计手册（美国精神医学会，1994），修订于 1996 年（DSM-IV-R）。DSM 的命名法给出了精神疾病的定义，并包括具体的诊断标准。因此，它不仅用于编码患者的数据，而且作为一种诊断工具。DSM 每个版本都与 ICD 的相应版本进行了兼容，DSM-IV 和 ICD-10 兼容并包含了 450 多个术语。

### 6. Read 临床码

Read 临床码包含了一套专门用于编码电子病历的术语集，是 1980 年代由 James Read 开发的（Read and Benson,1986;Read,1990），其 1.0 版本于 1990 年被英国国民医疗服务制度（NHS）采用。2.0 版本是为了满足医院把它们的信息映射到 ICD-9 的需要。3.0 版本（NHS Centre for Coding and Classification,1994a）的开发不仅是为了支持病历的汇总，还支持为患者直接提供服务的应用程序。而以前版本的 Read 码组织在一个严格的层次结构中，3.0 版本有了重大的突破，它允许术语在层次结构中有多个父节点，即该层次结构成为一个有向无环图。在 3.1 版本中，设计者通过一组用特殊的受控方法组合术语的模板增加了使用术语修饰符的功能，因此可同时使用预编码和后编码的方法。最后，英国 NHS 承担了一系列"临床术语"的项目来扩大 Read 临床码的内容，以确保其包含所有的医师所需的代码（NHS 编码和分类中心,1994 b）。

### 7. SNOMED 临床术语及其前身

根据纽约医学研究院的疾病和业务标准术语集（New York Academy of Medicine 纽约医学研究院,1962 年），美国病理学家协会（College of American Pathologists, CAP）通过对地形学（解剖学上的）、形态学、病原学和功能性术语的后组式语言，开发了病理学标准术语（SNOP），作为描述病理学发现的多轴诊断系统（美国病理学家协会，1971）。在美国 SNOP 已被广泛应用于病理学系统；它的继承者，医学系统命名法（SNOMED）已经超越了抽象计划的程度而演变成为一个综合编码系统。

在罗杰和大卫罗斯韦尔的努力下，医学系统命名法（SNOMED）于 1975 年首次出版，并于 1979 年修订完成

SNOMED II,又在 1993 年扩展为新一代医学参考术语集标准——SNOMED 国际(Côté et al.,1993)。这些版本的都是多轴向的;患者信息编码是通过来自多个轴向的后组式语言术语实现的,从而可以表示那些在医学系统命名法中单一编码所不存在的复杂术语。1996 年,SNOMED 由多轴结构向更以逻辑为基础的被称为参考术语(Spackman et al.,1997;Campbell et al.,1998)的结构转变,旨在支持更先进的数据编码过程并解决一些 SNOMED 早期版本的问题(图 7.7)。1999 年,CAP 和 NHS(国民保健)宣布了一项协议,它们一起合并为一个单一的临床术语即 SNOMED Clinical Terms(简称 SNOMED-CT)(Spackman,2000),涵盖了大约 344 000 个术语概念(图 7.8)。

```
Concept: Bacterial pneumonia
    Concept Status Current
    Fully defined by ...
        Is a
            Infectious disease of lung
            Inflammatory disorder of lower respiratory tract
            Infective pneumonia
            Inflammation of specific body organs
            Inflammation of specific body systems
            Bacterial infectious disease
        Causative agent:
            Bacterium
        Pathological process:
            Infectious disease
        Associated morphology:
            Inflammation
        Finding site:
            Lung structure
        Onset:
            Subacute onset
            Acute onset
            Insidious onset
            Sudden onset
        Severity:
            Severities
        Episodicity:
            Episodicities
        Course:
            Courses
    Descriptions:
        Bacterial pneumonia (disorder)
        Bacterial pneumonia
    Legacy codes:
        SNOMED: DE-10100
        CTV3ID: X100H
```

图 7.7 SNOMED-CT 术语"细菌性肺炎"的逻辑推理性描述。"Is a"属性定义细菌性肺炎在 SNOMED-CT 的多层次中的位置,而诸如"Causative Agent"和"Finding Site"等属性提供定义信息。其他属性,例如,"Onset"和"Severities"表示了细菌性肺炎可以何种方式被后组式语言用其他术语表示,例如,"Acute Onset"或"Severities"术语的任何延伸。"Descriptions"指的是为术语名称服务的各种文本字符串,而"Legacy Codes"提供了后向兼容 SNOMED 和 Read 临床术语的能力

```
Pneumonia
    Bacterial pneumonia
        Proteus pneumonia
        Legionella pneumonia
        Anthrax pneumonia
        Actinomycotic pneumonia
        Nocardial pneumonia
        Meningococcal pneumonia
        Chlamydial pneumonia
            Neonatal chlamydial pneumonia
            Ornithosis
                Ornithosis with complication
                Ornithosis with pneumonia
        Congenital bacterial pneumonia
            Congenital staphylococcal pneumonia
            Congenital group A hemolytic streptococcal pneumonia
            Congenital group B hemolytic streptococcal pneumonia
            Congenital Escherichia coli pneumonia
            Congenital pseudomonal pneumonia
        Chlamydial pneumonitis in all species except pig
            Feline pneumonitis
        Staphylococcal pneumonia
        Pulmonary actinobacillosis
        Pneumonia in Q fever
        Pneumonia due to Streptococcus
            Group B streptococcal pneumonia
            Congenital group A hemolytic streptococcal pneumonia
            Congenital group B hemolytic streptococcal pneumonia
            Pneumococcal pneumonia
                Pneumococcal lobar pneumonia
                AIDS with pneumococcal pneumonia
        Pneumonia due to Pseudomonas
            Congenital pseudomonal pneumonia
        Pulmonary tularemia
        Enzootic pneumonia of calves
        Pneumonia in pertussis
        AIDS with bacterial pneumonia
        Enzootic pneumonia of sheep
        Pneumonia due to Klebsiella pneumoniae
        Hemophilus influenzae pneumonia
        Porcine contagious pleuropneumonia
        Pneumonia due to pleuropneumonia-like organism
        Secondary bacterial pneumonia
    Pneumonic plague
        Primary pneumonic plague
        Secondary pneumonic plague
    Salmonella pneumonia
        Pneumonia in typhoid fever
    Infective pneumonia
        Mycoplasma pneumonia
            Enzootic mycoplasmal pneumonia of swine
        Achromobacter pneumonia
        Bovine pneumonic pasteurellosis
        Corynebacterial pneumonia of foals
        Pneumonia due to Escherichia coli
        Pneumonia due to Proteus mirabilis
```

图 7.8 SBINOMED-CT 有代码示例,显示了细菌肺炎术语的一些层次关系。在 SNOMED-CT 中不显示其所包含的为了与其他术语相兼容的肺结核术语和某种术语。请注意,一些诸如"先天性 A 组溶血性链球菌肺炎"的术语在多个父级术语下出现,而其术语,如"先天性金黄色葡萄球菌肺炎"则没有在其所有可能的父级术语中被列出(例如,它在"先天性肺炎"术语下,而不是在"金黄色葡萄球菌肺炎"术语下)。某些术语,例如"肺鼠疫"和"支原体肺炎"是不能归属于细菌性肺炎的,尽管描述它们的病原体(分别为"鼠疫耶尔森氏菌"和"肺炎支原体")是根据"菌"分类,而是归属于细菌性肺炎的病原体。

尽管 SNOMED-CT 覆盖面广,但它仍然允许用户创建新的、通过现有术语的后组式语言的特定术语。虽然这增加了表现力,但用户必须小心,不能过多的表达,因

为很少有关于如何进行后组式语言编码的规则,同样的表达最终可能会用不同编码方式表示出不同。例如,"急性阑尾炎"可以被编码为一个单一的疾病术语;可以作为一个修饰性("急性")和一个疾病("阑尾炎")的术语组合;也可以作为一个修饰性("急性")和一个形态学术语("炎症")及解剖学术语("阑尾")的术语组合。因此,当用后组式语言时,用户必须非常小心,它不是重新创建一个和单一代码的意思相同的术语。正如图 7.7 所示的例子,描述逻辑,可以在选择修饰符时帮助指导用户。

## 8. GALEN

在欧洲,由一个众多大学、机构和厂商组成的团体构成 GALEN 项目,他们由高级医学信息学(AIM)计划资助来制定、阐述编码过的患者信息的标准(Rector et al., 1995)。GALEN 正在利用被称作结构无知识(SMK)形式主义来为医学概念研制一个参考模型。在 SMK 中,术语是通过与其他术语的关系来定义的,而提供的语法允许将多个术语组合为合理的短语。关联模型是用来允许以一种特定的方式对患者个人信息进行的表达,这种方式独立于被记录的语言和电子病历系统使用的数据模型。为了用实际的术语来开发关联模型的内容,GALEN 开发者们与 CEN TC251(参见 7.3.2 节)紧密合作。在 2000 年,他们开发了一个叫做 Open GALEN(www.opengalen.org)的开放源码基础,它可以免费地分发他们的关联模型和软件厂商,以及术语学研究者一起致力于支持 Open GALEN 的拓展和应用。

## 9. 逻辑观察、识别符、名称和代码

一个由 Clement J. McDonald 和 Stanley M. Huff 领导的独立团队已为化验和观察制定了一个命名系统。这个系统起初被称为实验室观察、识别符、名称和代码(LOINC),现在已扩展到包括非实验室观察(生命体征、心电图,等等),因此,"逻辑"已经取代了"实验室"来体现这个变化(Huff,1998)。图 7.9 展示了一般实验室检验中的一些典型的经过充分说明的名称。这个标准说明了关于每个测试的结构化编码语义信息。例如,被测定的物质和所使用的分析方法。利用这个系统,你可以为新测试编码出新的名称,这会被编码信息的其他使用者识别出来。然而,官方识别名称(图 7.9)会被赋予更加严密的 LOINC 代码。LOINC 委员会正与 CEN 合作,调整他们在欧洲相似的 EUCLIDES 工作(EUCLIDES 国际基金组织,1994)。

| | |
|---|---|
| Blood glucose | GLUCOSE:MCNC:PT:BLD:QN: |
| Plasma glucose | GLUCOSE:MCNC:PT:PLAS:QN: |
| Serum glucose | GLUCOSE:MCNC:PT:SER:QN: |
| Urine glucose concentration | GLUCOSE:MCNC:PT:UR:QN: |
| Urine glucose by dip stick | GLUCOSE:MCNC:PT:UR:SQ:TEST STRIP |
| Glucose tolerance test at 2 hours | GLUCOSE^2H POST 100 G GLUCOSE PO: MCNC:PT:PLAS:QN: |
| Ionized whole blood calcium | CALCIUM.FREE:SCNC:PT:BLD:QN: |
| Serum or plasma ionized calcium | CALCIUM.FREE:SCNC:PT:SER/PLAS:QN: |
| 24-hour calcium excretion | CALCIUM.TOTAL:MRAT:24H:UR:QN: |
| Whole blood total calcium | CALCIUM.TOTAL:SCNC:PT:BLD:QN: |
| Serum or plasma total calcium | CALCIUM.TOTAL:SCNC:PT:SER/PLAS:QN: |
| Automated hematocrit | HEMATOCRIT:NFR:PT:BLD:QN: AUTOMATED COUNT |
| Manual spun hematocrit | HEMATOCRIT:NFR:PT:BLD:QN:SPUN |
| Urine erythrocyte casts | ERYTHROCYTE CASTS:ACNC:PT:URNS:SQ: MICROSCOPY.LIGHT |
| Erythrocyte MCHC | ERYTHROCYTE MEAN CORPUSCULAR HEMOGLOBIN CONCENTRATION:MCNC:PT:RBC:QN:AUTOMATED COUNT |
| Erythrocyte MCH | ERYTHROCYTE MEAN CORPUSCULAR HEMOGLOBIN:MCNC:PT:RBC:QN: AUTOMATED COUNT |
| Erythrocyte MCV | ERYTHROCYTE MEAN CORPUSCULAR VOLUME:ENTVOL:PT:RBC:QN:AUTOMATED COUNT |
| Automated Blood RBC | ERYTHROCYTES:NCNC:PT:BLD:QN: AUTOMATED COUNT |
| Manual blood RBC | ERYTHROCYTES:NCNC:PT:BLD:QN: MANUAL COUNT |
| ESR by Westergren method | ERYTHROCYTE SEDIMENTATION RATE:VEL:PT:BLD:QN:WESTERGREN |
| ESR by Wintrobe method | ERYTHROCYTE SEDIMENTATION RATE:VEL:PT:BLD:QN:WINTROBE |

图 7.9 普通实验室测试术语在 LOINC 中编码的例子。充分说明的名称的主要成分在表中是用":"分开的,它们包括量化的物质、特性(例如,MCNC 表示块状浓缩物;SCNC 表示浓缩物质;NFR 表示数值分割;NCNC 表示数字集中)、时间(PT 表示时间点)、样本和方法(SQ 表示半定量的;QN 表示定量的;QL 表示定性的)

## 10. 护理术语

护理组织和研究团队在用于描述和评价护理的标准编码系统的发展中一直相当积极。有一篇评论清算了一共12个在世界范围内活跃的独立项目(Coenen et al.,2001),包括与SNOMED和LOINC的合作。这些项目之所以能够产生是因为一般的医学术语不能表现护理中所需要的临床概念。例如,医生的问题单上出现的各种问题(如心肌梗塞和糖尿病),在我们描述过的许多术语中,都可以得到相对很好地体现,但是,在护士评价表中出现的各种问题(如"活动无耐性"和"与心肌梗死相关的知识缺陷")则得不到体现。优秀的护理术语包括北美护理诊断协会(NANDA)代码、护理干预级别(NIC)、护理成果级别(NOC)、乔治敦家庭健康保健级别(HHCC)和奥马哈系统(包括问题、干预和成果)。

尽管护理术语标准激增,但仍存在空白,不足以完全覆盖这一领域(Henry and Mead,1997)。最近,国际护士理事会和国际医学信息学协会护理信息学特别利益集团已共同致力于研制一套参考术语模型的ISO标准,试图识别和正式地阐述护理诊断和行为中的突出特征(国际标准机构,2003)。

## 11. 药物代码

各种公众的和商业性的术语都已被制定出来,用于阐释开药、配药和用药的专有名词。WHO Drug Dictionary是一个国际性的药物分类,它提供了一些用于不同国家的专卖药品名称,以及所有的有效成分和化学物质的化学文摘号。药物是根据解剖学-治疗学-化学(ATC)这样的分类法,按照与制造商和参照源的相互参照进行分类的。现行的词典包括25 000个专卖药物名称、15 000种单元素药物、10 000种多元素药物和7000种化学物质。词典现在已经涵盖了34个国家的药物,并以每年大约2000个新条目的速度增长。

由美国食品和药品监督管理局(FDA)提出的《国际药物代码》(NDC)应用于所有的药物包装。它在美国被广泛应用,但并不像WHO代码那样全面。FDA根据药品制造商来标识部分代码,每一个制造商为他们自己的产品规定特定的代码。因此,代码就没有一个统一的类层次结构,制造商就可能重复使用代码。部分由于NDC代码的缺陷,药物信息系统通常从基于销售商的知识中获得专用术语。这些术语既涵盖了NDC,也提供了一些关于治疗等级、过敏性、成分和剂型的附加信息。

对药物术语标准的需要促进了FDA、美国国家医学图书馆(NLM)、退伍军人管理局(VA)和药物知识库生产厂商(形成一个称为RxNorm的药物术语表达模型)之间的协作。NLM把RxNorm作为一体化医学语言系统(UMLS)(见下文)的一部分提供给公众,以此来支持NDC代码、退伍军人管理局的国家药物文件(VANDF)和各种专卖药物命名之间的映射(Nelson,2002)。RxNorm现在包括14 000个术语。

## 12. 医学主题词表

医学主题词表(MeSH)由NLM(美国国家医学图书馆,每年更新)支持,世界医学文献正是通过它来编索引的。MeSH在一个脱离大多数其他编码图式所采用的严格等级的结构中安排词语。术语被组织成层次结构,可能在层次结构中的多个位置出现(图7.10)。尽管医学主题词表没有被广泛地用于患者信息的直接编码图式,但它在UMLS中发挥着中心作用。

```
Respiratory Tract Diseases
    Lung Diseases
        Pneumonia
            Bronchopneumonia
            Pneumonia, Aspiration
                Pneumonia, Lipid
            Pneumonia, Lobar
            Pneumonia, Mycoplasma
            Pneumonia, Pneumocystis carinii
            Pneumonia, Rickettsial
            Pneumonia, Staphylococcal
            Pneumonia, Viral
    Lung Diseases, Fungal
        Pneumonia, Pneumocystis carinii
Respiratory Tract Infections
    Pneumonia
        Pneumonia, Lobar
        Pneumonia, Mycoplasma
        Pneumonia, Pneumocystis carinii
        Pneumonia, Rickettsial
        Pneumonia, Staphylococcal
        Pneumonia, Viral
    Lung Diseases, Fungal
        Pneumonia, Pneumocystis carinii
```

图7.10 表示肺炎术语的部分医学主题词表树形结构。注意有些术语可以在多个位置出现,尽管它们可能不会总有相同的子名称,这表明在不同的环境下,它们会多少有些不同的意思。例如,在一种环境下,肺炎意思是"肺部炎症"(第3行),而在另一种情况下就变成了"肺部感染"(第16行)

## 13. 生物信息学术语

以上所讨论的术语,大部分都不能表现生物分子研究者所需要的细节层次。随着生物信息学的诞生和生物基因组的排序,这变成了一个越来越严重的问题(参见第22章)。像在其他领域一样,研究者们被迫研发他们自己的术语。当这些研究者已经开始交换信息时,他们就意识到需要标准的命名规范和用术语阐释数据的标准方法。统一命名系统的杰出工作包括基因本体论(GO)(Harris et al.,2004)和国家癌症协会的caCORE框架(Covitz. et al.,2003)。然而,单靠术语标准还不足以分享信息。此外,开发利用术语来给数据编码的标准方法的工作正在进行中。两个初期的努力是用于体现基因组顺序的分布式注释系统（DAS）（Dowell et al.，2001）和体现微阵列实验的关于微阵列实验的最小信息（MIAME）（Brazma et al.，2001）（参见第 22 章）。

### 14. 一体化医学语言系统

1986 年，Donald Lindberg 和 Betsy Humphrey 在 NLM 开始咨询相关负责人来确定组建资源的方法，聚合并传播已掌握的医学术语。1989 年，UMLS 的试验版首次出版（Humphreys,1990）。自此之后，UMLS 每年更新一次。其基本部分是元主题词表，它包括 100 多万个从 100 多个不同来源搜集来的术语（包括很多我们已经讨论过的），并试图从不同的出处把同义的或相似的术语联系起来（图 7.11）。图 7.12 列出了元主题词表中所有首选的肺炎概念名称；图 7.13 说明了术语是如何聚集成概念，以及如何通过语义关系与其他概念关联的。

图 7.11　UMLS 原始资料。一体化医学语言系统包含很多做出重大贡献的术语，它们来自于大量的原始资料，包括这里展示的所有文本目录（出处：Courtesy National Library of Medicine and Lexical Technology, Inc.）

```
C0004626: Pneumonia, Bacterial
C0023241: Legionnaires' Disease
C0032286: Pneumonia due to other specified bacteria
C0032308: Pneumonia, Staphylococcal
C0152489: Salmonella pneumonia
C0155858: Other bacterial pneumonia
C0155859: Pneumonia due to Klebsiella pneumoniae
C0155860: Pneumonia due to Pseudomonas
C0155862: Pneumonia due to Streptococcus
C0155865: Pneumonia in pertussis
C0155866: Pneumonia in anthrax
C0238380: PNEUMONIA, KLEBSIELLA AND OTHER GRAM NEGATIVE BACILLI
C0238381: PNEUMONIA, TULAREMIC
C0242056: PNEUMONIA, CLASSIC PNEUMOCOCCAL LOBAR
C0242057: PNEUMONIA, FRIEDLAENDER BACILLUS
C0275977: Pneumonia in typhoid fever
C0276026: Hemophilus influenzae pneumonia
C0276039: Pittsburgh pneumonia
C0276071: Achromobacter pneumonia
C0276080: Pneumonia due to Proteus mirabilis
C0276089: Pneumonia due to Escherichia coli
C0276523: AIDS with bacterial pneumonia
C0276524: AIDS with pneumococcal pneumonia
C0339946: Pneumonia with tularemia
C0339947: Pneumonia with anthrax
C0339952: Secondary bacterial pneumonia
C0339953: Pneumonia due to Escherichia coli
C0339954: Pneumonia due to proteus
C0339956: Typhoid pneumonia
C0339957: Meningococcal pneumonia
C0343320: Congenital pneumonia due to staphylococcus
C0343321: Congenital pneumonia due to group A hemolytic streptococcus
C0343322: Congenital pneumonia due to group B hemolytic streptococcus
C0343323: Congenital pneumonia due to Escherichia coli
C0343324: Congenital pneumonia due to pseudomonas
C0348678: Pneumonia due to other aerobic Gram-negative bacteria
C0348680: Pneumonia in bacterial diseases classified elsewhere
C0348801: Pneumonia due to streptococcus, group B
C0349495: Congenital bacterial pneumonia
C0349692: Lobar (pneumococcal) pneumonia
C0375322: Pneumococcal pneumonia (Streptococcus pneumoniae pneumonia)
C0375323: Pneumonia due to Streptococcus, unspecified
C0375324: Pneumonia due to Streptococcus Group A
C0375326: Pneumonia due to other Streptococcus
C0375327: Pneumonia due to anaerobes
C0375328: Pneumonia due to Escherichia coli
C0375329: Pneumonia due to other Gram-negative bacteria
C0375330: Bacterial pneumonia, unspecified
```

图 7.12　一体化医学语言系统元主题词表中的一些细菌性肺炎概念

```
Bacterial pneumonia
    Source:    CSP93/PT/2596-5280; DOR27/DT/U000523;
               ICD91/PT/482.9; ICD91/IT/482.9
    Parent:    Bacterial Infections; Pneumonia; Influenza with Pneumonia
    Child:     Pneumonia, Mycoplasma
    Narrower:  Pneumonia, Lobar; Pneumonia, Rickettsial; Pneumonia,
               Staphylococcal; Pneumonia due to Klebsiella pneumoniae;
               Pneumonia due to Pseudomonas; Pneumonia due to Hemophilus
               influenzae
    Other:     Klebsiella pneumoniae, Streptococcus pneumoniae
Pneumonia, Lobar
    Source:    ICD91/IT/481; MSH94/PM/D011018; MSH94/MH/D011018;
               SNM2/RT/M-40000; ICD91/PT/481; SNM2/PT/D-0164;
               DXP92/PT/U000473; MSH94/EP/D011018;
               INS94/MH/D011018;INS94/SY/D011018
    Synonym:   Pneumonia, diplococcal
    Parent:    Bacterial Infections; Influenza with Pneumonia
    Broader:   Bacterial Pneumonia; Inflammation
    Other:     Streptococcus pneumoniae
    Semantic:  inverse-is-a: Pneumonia
               has-result: Pneumococcal Infections
Pneumonia, Staphylococcal
    Source:    ICD91/PT/482.4; ICD91/IT/482.4; MSH94/MH/D011023;
               MSH94/PM/D011023; MSH94/EP/D011023; SNM2/PT/D-017X;
               INS94/MH/D011023; INS94/SY/D011023
    Parent:    Bacterial Infections; Influenza with Pneumonia
    Broader:   Bacterial Pneumonia
    Semantic   inverse-is-a: Pneumonia; Staphylococcal Infections
Pneumonia, Streptococcal
    Source:    ICD91/IT/482.3
    Other:     Streptococcus pneumoniae
Pneumonia due to Streptococcus
    Source:    ICD91/PT/482.3
    ATX:       Pneumonia AND Streptococcal Infections AND NOT Pneumonia, Lobar
    Parent:    Influenza with Pneumonia
Pneumonia in Anthrax
    Source:    ICD91/PT/484.5; ICD91/IT/022.1; ICD91/IT/484.5
    Parent:    Influenza with Pneumonia
    Broader:   Pneumonia in other infectious diseases classified elsewhere
    Other:     Pneumonia, Anthrax
Pneumonia, Anthrax
    Source:    ICD91/IT/022.1; ICD91/IT/484.5
    Other:     Pneumonia in Anthrax
```

图 7.13 一体化医学语言系统中关于所选肺炎概念的一些可用信息。概念的首选名称是以斜体显示的。原始资料是这一概念在其他术语中的识别符。同义词是名称但绝不是优先使用的名称。ATX 是一个可以用于 Medline 搜索的相关医学主题标题的表达。剩下的字段(上一级、下一级、更宽的、更窄的、其他的和语义)显示了元主题词表中概念之间的关系。注意,概念之间通过母体-子体,更宽的-更窄的和语义的(is-a 和 inverse-is-a)关系可能有也可能没有层次关系。同时注意,肺炎、链球菌和链球菌导致的肺炎被看成独立的概念,就像炭疽杆菌肺炎和肺炎、炭疽三者一样

### 15. 交换注册编码方案

为了调整现在医疗保健应用程序中使用(而且可能继续存在)的众多编码方案,CEN 项目组 PT005 已经草拟了一个标准,它描述了在医疗保健(健康护理金融管理协会,1992)中使用的编码图式的国际性注册程序。这份草案指定一个唯一的 6 个字符的健康护理编码图式标示(HCD)分配给每一个注册过的编码图式。代码值就会在与 HCD 的联合中分配到一个明确的意义。

## 7.5 数据交换标准

需要相互连接健康护理应用程序的认识推动了数据交换标准的发展和加强。概念化阶段开始于 1980 年一个叫做美国医学系统与信息学协会(AAMSI)的成员讨论。1983 年,一个 AAMSI 任务小组建立起来,在研制标准中追随着他们的兴趣。讨论的主题和中心范围甚广。有些成员想为所有的事情制定标准,包括标准医学术语、

HIS的标准、基于计算机的病历的标准和数据交换的标准。以商业实验室和医疗保健提供者之间数据交换的需要为例,任务小组同意集中在临床实验数据的数据交换标准上。早期的活动主要是在致力于健康护理标准中增加AAMSI成员的兴趣。

发展阶段是多方面的。AAMSI任务小组变成了ASTM的分委员会E31.11,并且研制和发布了用于临床实验数据交换的ASTM 1238标准。另外两个小组,他们的很多成员都参加过早期的AAMSI任务小组,被组建起来研制标准,每一个组都有一个稍有不同的侧重点:HL7和电气与电子工程师协会(IEEE)医学数据交换标准。美国放射学会(ACR)加入了全国电子制造商协会(NEMA),为影像数据的传输建立标准。另外两个小组建立了独立于生物医学信息学领域的相关标准:

(1) 传送普通商业交易的ANSI X12,包括健康护理索赔和医疗保险数据;

(2) 传送处方药项目全国委员会(National Council for Prescription Drug Programs, NCPDP)关于第三方药物索赔的标准。由于欧洲一些组织,包括EDIFACT,独立创造标准的发展正变得越来越复杂。

### 7.5.1 一般概念和要求

数据交换标准的目的是允许一个系统(发送者)向另一个系统(接收者)传送数据,所有数据都是用明确清晰的方式完成一个特定通信或业务集所需要的。为了成功地完成这个任务,两个系统都必须知道将要发送的格式和内容,而且必须理解词语或术语的意思及传送方式。在你订货的时候,你填写一张表格,里面包括你的名字和地址、想买的东西、数量、颜色、尺寸,等等。你会把订单表格放进一个信封里,然后把它邮给指定地址的供货商。这里面有一些标准要求。例如,如何写以及在哪儿写接收者(供货商)地址、你的(发送者的)地址和运费(邮票)。接收者必须有一个邮件收发室、邮政信箱或者信箱来接收邮件。

ISO已经规定了一个叫做开放系统互联(OSI)参考模型(ISO 7498-1)的通信模型(参见第5章对用于网络通信的软件的讨论)。它描述通信转换的7层需求或说明,即物理层、数据链路层、网络层、传输层、会话层、表示层和应用层(Stallings, 1987a; Tanenbaum, 1987; Rose, 1989)。第7层为应用层,主要是对事物集或信息的语义学或数据内容的说明。关于数据交换标准,HL7需要对应某一具体任务的所有数据要素的定义,如患者入院。在很多情况下,数据内容需要是发送者和接收者双方都可以理解的特定术语。例如,如果一个医生安排一个将由一个商业实验室进行的实验室检验,那么医嘱系统必须保证医嘱中化验的名称和该实验室所用的名称一样。如果安排一组试验,两个系统对这组构成必须有相同的

理解。术语理解通过使用包含试验名称和唯一代码的术语表得到最好的保证。然而不幸的是,一些代码集只为各自的数据组存在,没有哪一个是完整的。对医学信息学一个迫在眉睫的挑战就是做出一个完整的代码集。在其他情况下,术语需要对集的范围进行限定。例如,对数据参数"种族起源"的可能的答案会是什么。

第6层,表示层,论述信息的句法是什么样的或数据是如何根据版式安排的。这一层上各种标准主体都既有相同点又有不同点。有两个原理被用来解释句法:一个提出位置依赖模式;另一个采用标记域模式。在位置依赖模式中,数据内容通过位置来得以说明和解释。例如,被"m"限定的第6字段,是患者的性别,它包括一个M、F或U或空白。标记域表征则是"SEX=M"。

其余的OSI层——会话层、传输层、网络层、数据链路层和物理层,控制通信和联网的协议和与系统间的物理连接。很显然,在系统间连接成功前,对这些较低层的理解是必需的。渐渐地,标准正在限定纲要和规则来利用这些较低层上的各种协议,如TCP/IPC(参见第5章)。目前制定这些标准的工作的大部分努力都花在了这些较低层上。

事务集或消息通常是为一个被称作触发事件的特定事件而定义的。这个消息由一些数据块组成,每一个数据片段由一个或多个数据字段组成。数据字段依次地又是由数据元组成的,这些数据元可能是一些数据类型中的一种。消息必须确定发送者和接收者、下一次引用的消息数、消息类型、专门的规则或标志和一些安全要求。如果涉及患者,数据块必须确定患者、遇到的情况和需要的附加信息。接收系统给发送系统的回复在大部分情况下是强制性的,而且完成通信集。

明白数据交换标准的唯一目的是使数据可以从发送系统发送到接收系统这一点很重要,标准不以任何方式制约使用这些数据的应用系统。应用独立性使数据交换标准可以被广泛地利用。然而,标准必须保证它可以容纳完整的应用集所需要的所有数据要素。

### 7.5.2 具体的数据交换标准

随着健康护理越来越依赖机构、企业、整合医疗服务系统、地理系统,甚于是国家综合系统内部的连接性,以无缝方式交换信息的能力变得异常重要。数据交换的经济利益是直接的、明显的。结果,正是在健康护理标准这一块,大部分的努力都已被耗光。健康护理中所有的SDO在数据交换标准方面都有一定的发展。

在下面的章节里,我们总结了许多当前的数据交换标准。所提供的例子是要给你产生一种在规定数据交换标准中的技术问题的感觉,但细节是这本书所无法顾及的。若需要更多的信息,可以查询相关机构基本资源或网站。

## 1. 数字医学成像和通信标准(DICOM)[①]

随着计算机X射线体层照相术和其他数字诊断成像方式的引进,人们需要一个标准方法来变换不同装置间的图像和相关信息,这些由厂商制造的装置展示了各种各样的数字图像形式。ACR在1983年与NEMA建立关系,研发用于交换放射图像的标准,这产生了一个唯一的职业的销售商群体。ACR/NEMA的目的是创建一种基因数字图像通信形式,促进图像存档和通讯系统(PACS;参见第18章)的发展和拓展,使用于远程登录的诊断数据库的创建成为可能,以及加强新设备与现存系统间的整合能力。后来,这个群体成为一个国际性的组织,ACR仅是它的一个成员组织,美国NEMA仍然管理着这个组织。

DICOM标准的1.0版,公布于1985年,详细说明了一个硬件接口、一个数据词典和一组指令。这版标准只支持点对点的通信。2.0版,公布于1988年,介绍了一个信息结构,包括一个用于展示装置的指令节、一个识别图像的新等级图示和一个适应图像描述中高度专一性的数据段(例如,图像如何产生的背景和细节)。

在DICOM标准中,单个的信息单元,被称作数据元素,是在数据词典内部被组织成相关的组。各组和各元素都被编了号。每一个独立的数据元素,像被信息包含一样,包含它自己的组-元素标记、长度和值。组包括指令、识别性、患者、数据采集、关系、图像显示、文本、重叠和像素数据。

DICOM的最新版本是3.0版。它包括一个面向对象的数据模型,而且增加了对ISO标准通信的支持。DICOM提供了全面的联网能力;指定一致性水平;被构造成一个包括9部分的文件以适应该标准的发展;为图像图示和文本报告提供信息目标;介绍了通过网络具体指定解释充分的操作的服务级别;并且已经指明了一种已有的技术,该技术用来识别任一信息对象的独特性。DICOM同时利用对HIS和放射信息系统可能的接口说明了和图像相关的处理信息的交换。3.0更新版每年都会公布一次。

DICOM描述数据要素采用的一般句法包括数据标记、数据长度说明和数据值。它被保存在项、要素和组的有层次的嵌套数据结构之上。一个数据集包括组织后的特性或数据要素集和跟信息对象相关的值。数据集类型包括图像、图形和文本。DICOM3.0版的多销售商演示是于1992年11月在芝加哥举行的RSNA会议上首次进行的。

3.0版DICOM的协议结构在图7.14中有所体现,它说明了点对点环境和网络环境中的通信服务,识别通信服务和支持DICOM应用程序实体间通信所必需的较高层次协议。较高层次的服务支持利用大量完全一致的OSI协议栈来实现有效的通信。它支持大量广泛的基于国际标准的网络技术,可以选择物理网络,如以太网、FDDI、ISDN、X.25、专用数字线路和其他的局域网(LAN)及广域网(WAN)技术。另外,同样的较高层次的服务可用于与TCP/IP传输协议的结合中。DICOM现在正产生出大量的标准,包括结构化报告和DICOM持久目标的Web访问和表达。

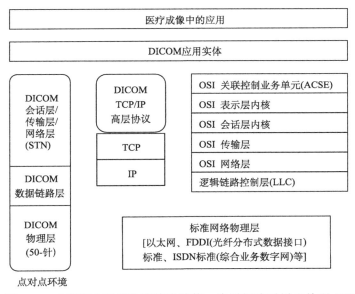

图7.14 DICOM通信协议体系结构。该图阐述了用于处理OSI(开放式系统互连参考模型)参考模型的通信层的不同方法

---

[①] DICOM开始只是美国放射学会/全国电子制造商协会(ACR/NEMA)的一个标准研发成果,因此,起初被称作ACR/NEMA标准。

## 2. 美国材料试验协会(ASTM)

ASTM 成立于 1898 年,并在 1902 年被特许为制定材料性能和特点的标准的科学技术组织。该组织最初研究标准试验方法。1961 年,该组织的研究范围扩展到产品、系统、服务还有原料。ASTM 是美国最大的非政府的标准来源。该组织包括来自 90 多个不同国家的 30 000 多名会员。ASTM 是美国国家标准学会的发起者。为了发展美国在国际标准制定领域的地位,ASTM 技术委员会已被分派给 12 个国际标准化委员会和分委员会秘书处,并有超过 55 人被任命参加顾问组,以提高美国在国际标准中的地位。ASTM E31 卫生保健信息委员会成立于 1970 年,它负责涉及计算机架构、内容、可移植性、格式、安全性和通信方面的标准制定。

1984 年,第一个 ASTM 卫生保健数据交换标准被公布:E1238,在独立计算机系统之间传递临床观察的标准规范。该标准在美国被用于大型商业实验室和临床检验科,并且被为法国 95% 的实验室提供系统的供应商所采用。ASTME1283 标准是基于消息的:它使用位置定义的文法并且和 HL7 标准(见下一节)类似。图 7.15 描述了 ASTM 标准的一个例子,即消息在诊所和商业检验科之间的传递。相关数据交换标准包括 E1467(来自分委员会 E31.16),即独立的计算机系统间数字神经生理数据的传送。另一个重要的 ASTM 标准是 E1460,即定义和共享模块化知识库(医学逻辑系统用 Arden 语法;见第 20 章)。1998 年 Arden 语法的所有权转移到 HL7 标准并被 Arden 语法和临床决策支持技术委员会完善。ASTM 的最新工作是连续照护记录标准的制定,该标准可以使医疗保健提供者及时地关注患者信息。

```
H|~^\&|95243|HAMMO001|COMMUNITY AND FAMILY MEDICINE|BOX 2914^DUKE
UNIVERSITY MEDICAL CENTER^DURHAM^NC|919-684-6721||SMITHKLINE
CLINICAL LABS|TEST MESSAGE|D|2|199401170932<cr>

P|1|999-99-9999|||GUNCH^MODINE^SUE|19430704|F|
RT 1, BOX 97^ZIRCONIA^NC^27401|704-982-
1234||DOCTOR^PRIMARY^A^^DR.<cr>

OBR|1|101||80018^CHEM 18|R|||N|||||M D&PRIMARY&A&DR.<cr>

OBR|2|102||85025^AUTO CBC|R|||N|||||MD&PRIMARY&A&DR.
```

图 7.15 ASTM1238 格式的一个消息例子。该消息包含标题段 H,患者段 P 和一般医嘱段 OBR,主要的分隔符是竖线(|);其次的分隔符是补字号(^);注意这个消息类似于图 7.4 中的 HL7 消息

## 3. 医疗健康信息传输与交换标准(HL7)

1987 年 3 月一个专门的特定标准制定小组成立,其主要工作是通过互联特定功能系统制定一个完整的医院信息系统。随后该组织被命名为 HL7,即开放系统互联参考模型[①]的应用层(第 7 层)。HL7 的起初目标是建立一个医院计算机应用软件之间数据交换的标准,以消除或显著减少特定医院的接口编程以及当时要求的程序维护。该标准旨在支持运行在不同环境下的系统之间进行单一的和成批的事物交换。

现今 HL7 已经有超过 500 个组织成员和 2200 多个个人成员;HL7 是最广泛实施的卫生保健数据-消息传递标准,并且有超过 1500 多种医疗保健设施使用它。

该标准是建立在现存的生产协议——ASTM1238 之上的。HL7 标准是基于消息的,其采用事件触发模式,即将指定的消息由发送系统发送到接收单位,并由接收单位发送反馈消息。为各种触发事件定义了消息。Version 1.0 在 1987 年 9 月公布,其主要负责定义标准的范围和格式。Version 2.0 在 1988 年 9 月公布,它是有超过 10 个厂商参与的多个数据交换的基础。Version 2.1 于 1990 年 6 月公布,在美国和海外得到广泛地应用。1991 年,HL7 成为美国国家标准学会的创始成员之一;1994 年 6 月 12 日,HL7 成为美国国家标准学会(ANSI)认可的标准开发组织(SDO)。Version 2.2 于 1994 年 12 月被公布,并于 1996 年 2 月 8 号被 ANSI 批准为第一个医疗保健数据交换国家标准。Version 2.3 于 1997 年 3 月公布,它大大地扩展了涉及有关患者管理(入院、出院、转院和门诊挂号)、患者账单(计费)、医嘱输入、临床观测数据、医学信息管理、患者和资源调度、为患者提供的诊断信息、为患者提供的服务信息的数据交换标准的范围。这些信息都支持面向问题的记录、不良事件报告、免疫报告和临床试验以及更加广泛的同步参考文件的接口。Version 2.4 于 2000 年 10 月被创立。它引进了一致性问题并且添加了实验室自动化、应用管理和人事管理等消息。ANSI 最近公布了 HL7 的 Version 2.0 的可扩充标记语言(XML)的编码语法。HL7 v2.

---

① 关于 HL7 标准和其发展的最新信息参见 http://www.hl7.org

Xml 的 XML 功能使信息支持网络功能。更具一致性并且支持比任何其他先前版本更多功能的 Version 2.5 于 2003 年成为 ANSI 标准。

图 7.16 中阐述了一个患者从手术室（使用称为 DHIS 的系统）被送到外科重症护理室（使用称为 TMR 的系统 R）的交换过程。请注意这些消息和 ASTM 例子的相似性。

Version 3.0（目前正在议定中）是一个基于 HL7 的面向对象和参考消息模型（RIM）的标准。RIM 是从商业和学术的卫生保健信息模型发展而来的，并且其容纳了在 Version 2.x HL7 标准中定义的数据元素。

RIM（reference information model，参考信息模型）是一个包含主题范围、情景、类别、属性、使用案例、执行者、触发事件、相互作用等的集合，这些信息用来描绘特定 HL7 消息。从这个意义上讲，它不只是一种试图用来合并包括术语和描述方式等标准概念的数据交换标准，也是一种数据交换。RIM 通常目标是提供一种创建通用的信息规范和 HL7 标准信息的模型。2003 年，RIM 被批准为一种 ANSI 标准，并且已经被认定为一种 ISO 标准。HL7 标准还推出了 V3 标准套件：包括 V3 的抽象数据类型；临床数据体系结构，第 2 版和上下文管理标准（CCOW）。

```
MSH|^~\&|DHIS|OR|TMR|SICU|199212071425|password|ADT|16603529|P|2.1<cr>

EVN|A02|199212071425||<cr>

PID|||Z99999^5^M11|GUNCH^MODINE^SUE|RILEY|19430704|F||C|RT. 1, BOX
97^ZIRCONIA^NC^27401|HEND|(704)982-1234|(704)983-1822||S|C||245-33-
9999<cr>

PV1|1|I|N22^2204|||OR^03|0940|DOCTOR^HOSPITAL^A|| SUR||||A3<cr>

OBR|7|||93000^EKG REPORT|R|199401111000|199401111330||RMT||||199401111
11330|?|P030|||||199401120930|||||88-126666|A111|VIRANYI^ANDREW<cr>

OBX|1|ST|93000.1^VENTRICULAR RATE(EKG)||91|/MIN|60-100<cr>

OBX|2|ST|93000.2^ATRIAL RATE(EKG)||150|/MIN|60-100<cr>

...

OBX|8|ST|93000&IMP^EKG DIAGNOSIS|1|^ATRIAL FIBRILATION<cr>
```

图 7.16 一个 HL7 ADT 交易信息的例子。此消息包括消息的标题部分、EVN 电力触发器定义部分、PID 患者识别部分、PV1 患者探视部分、OBR 一般阶段和几个 OBX 结果部分

### 4. 美国电气和电子工程师协会（IEEE）

IEEE 是一个同时是 ANSI 和 ISO 会员的国际组织。许多电信、电子、电器应用及计算机领域的世界标准，已经通过 IEEE 制订出来。关于卫生保健项目，有两个主要的 IEEE 标准。IEEE P1157 和 MEDIX 在 1987 年 11 月建立，起草了医院计算机系统之间的数据交换标准。以全 7 层 OSI 参考模型的 ISO 标准为基础，MEDIX 信息委员会致力于发展医院系统接口交换的标准设置。它的工作已经制订了一组文件，定义了不同系统间进行医疗数据交换的通信模式。随着事态的发展，MEDIX 委员会的工作非正式地并入 HL7 标准的活动中。

IEEE 1073，即医疗设备通信标准，已经制订了一组文件，定义了医学信息总线（MIB）的整个 7 层通信需求。医学信息总线 MIB 提供强大的、可靠通信服务，用于重症监护室的床边设备、手术室和急救室中（关于患者监测设置 MIB 的进一步讨论参见第 20 章）。这些标准已融入到 CEN 的工作中，其结果将会作为 ISO 标准发布。

### 5. 处方药品计划全国委员会（NCPDP）

NCPDP 是 ANSI 认可的一个 SDO，它是一个商业组织。它的使命是创造和提升医疗保健行业中药物服务部门的数据交换标准。现在，NCPDP 已经开发了三个 ANSI 通过的标准：电信标准（3.2 版和 7.0 版）、SCRIPT 标准（5.0 版）和制造商折扣标准（3.01 版）。远距离电子通信标准为电子提交第三方药物要求提供了一个标准形式。这个标准的研发是来适应销售点（POS）可适性检验程序，并为电子安全处理提供连贯的形式。基本上，药物提供者、承保公司、第三方管理者和其他责任方都用这个标准。该标准处理数据形式和内容、传输协议和其他合理的远距离通信要求。该标准的 5.1 版（1999 年 9 月）是 HIPAA 所采用的一个交易标准。

1988 年发布的 1.0 版只使用有固定字段的形式。2.0 版只对 1.0 版标准的排字印刷上增加了些纠正。1989 年，3.0 和 3.1 版改变了主要动向，是从固定字段事务转向混合的或可变格式。在这样的形式里，字段可以按照信息内容需要进行定制。现在发布的是 3.2 版

(1992年2月)。它介绍了定长的推荐交易数据集(RTDS),这个数据集规定了三种不同的信息类型和一个独立的数据词典形式。数据词典规定了说明所包含字段的准许值和默认值。1996年,一个在线实时的版本又被研发出来了。

这个标准在一定的组和字段层上使用规定的分离符号。发送两份处方的远距离通讯说明包括三个要求的部分{transaction 数据头,group separator and first-claim information,group separator,second-claim information [r]}和三个任选的部分{Header Information,First-Claim Information,and Second-Claim Information [O]}。NCPDP通信标准被用于全国60%多的处方中。

SCRIPT标准和执行指南是研发用于开处方者和提供者之间电子传输信息的。这个遵守EDIFACT句法要求并在任何可能的情况下采用ASC X12数据类型的标准,处理新处方、处方回填请求、处方填写状态通知和取消通知的电子传输。

## 6. ANSI X12

ASC X12,一个由ANSI认可的独立组织,已经为订货单数据、发票数据和其他常用的商业文件制定了信息标准。专门小组X12 N已经研制了一组关于提供索赔、救济金和索赔支付或建议的标准。和医疗保健业紧密相关的专门标准显示在表格7.2中。

表7.2 ANSI X12标准

| 代码 | 标题 | 目的 |
| --- | --- | --- |
| 148 | 第一份伤害、疾病或事故报告 | 促进成第一份伤害、疾病或事故报告 |
| 270 | 医疗保健合格性/保险赔偿金调查 | 为交换合格性信息和回应医疗保健计划中的个体做准备 |
| 271 | 医疗保健合格性/保险赔偿金信息 | |
| 275 | 患者信息 | 支持交换人口的、临床的和其他的患者信息,以此来支持管理赔偿程序,当涉及因医疗保健产品和服务而提交医疗保健索赔申请时 |
| 276 | 医疗保健索赔状态请求 | 查询提交索赔者状态并汇报提交索赔的状态 |
| 277 | 医疗保健索赔状态通告 | |
| 278 | 健康服务检查信息 | 提供可查询证明和授权 |
| 811 | 统一服务业发票/结算单 | 促进健康计划的收费和支付 |
| 820 | 付款通知/汇款通知 | |
| IHCLME | 交互式医疗保健索赔/Encounter | 在交互式环境下,涉及因医疗保健产品和服务而提交医疗保健索赔申请时,支持管理赔偿程序 |
| IHCE/BI | 交互式医疗保健合格性/保险赔偿金调查 | 为交换合格性信息和回应健康计划中的个体做准备 |
| IHCI/BR | 交互式医疗保健合格性/保险赔偿金回复 | |

X12标准以一种称作事物集的形式结构方式规定一些常用的商业交易。事物集由一个事物集数据头控制段、一个或多个数据段和一个事物集追踪控制段组成。每一段都包含一个唯一的段ID;一个或多个逻辑上关联的简单数据要素或复合的数据结构;每一个前面都有一个数据要素分隔符和一个段结束符。数据段由数据段字典规定;数据要素由数据要素字典规定;复合数据结构由复合数据结构字段规定。控制段和二元段由数据段字典规定。

图7.17展示了835标准的交换记录。这个标准使用位置上明确规定了成分的标记段,这一点和ASTM及HL7很相似。

还有一些其他的组织,要么创造与医疗保健相关的标准,要么对创造标准产生了影响。

## 7. 美国牙科协会

1983年,美国牙科协会(ADA)委员会MD156成为一个ANSI授权的委员会,负责牙科原料、仪器和设备的所有说明书。1992年,ASC MD156的一个任务小组被组建,启动在牙科实践中使用的电子技术方面的技术报告、指南和标准的发展。五个工作组改进了牙科基于计算机的临床智能终端的想法,允许把不同的软硬件组件整合成一个系统。兴趣的范围包括数字放射学、数字口内摄像机、数字声音-文本-图像转换、牙周探测装置和CAD/CAM。推荐的标准包括牙科学上的数字图像捕获、牙科信息学中的感染控制、牙科学的数字数据形式、牙科信息学的构建和安全、牙周探测标准界面、计算机口述健康记录和对基于计算机的患者病例的结构及内容的详细说明。

## 8. 统一代码委员会

统一代码委员会(UCC)是一个ANSI认可、规定统一的产品代码的组织。标准包括对打印机读表征(条形码)的详细说明。

```
ST*835*0001<n/l>
BPR*X*3685*C*ACH*CTX*01*122000065*DA*296006596*IDNUMBER*
SUPPLECODE*01*134999883*DA*867869899*940116<n/l>
TRN*1*45166*IDNUMBER<n/l>
DTM*009*940104<n/l>
N1*PR*HEALTHY INSURANCE COMPANY<n/l>
N3*1002 WEST MAIN STREET<n/l>
N4*DURHAM*NC*27001<n/l>
N1*PE*DUKE MEDICAL CENTER<n/l>
N3*2001 ERWIN ROAD<n/l>
N4*DURHAM*NC*27710<n/l>
CLP*078189203*1*6530*4895*CIN<n/l>
CAS*PR*1*150<n/l>
CAS*PR*2*550<n/l>
NM1*15*IAM*A*PATIENT<n/l>
REF*1K*942238493<n/l>
DTM*232*940101<n/l>
DTM*233*940131<n/l>
SE*22*0001<n/l>
```

图 7.17 一个 ANSI X12 交换记录（835 标准）的例子。这条信息是从批处理、商业文件定位到数据交换模型衍生出来的。这个例子不包括控制数据头或作用组数据头。第一行把这段定义为事物集数据头（ST）。最后一行是事物集追踪段（SE）。前导字母数字符是识别数据内容的标签。例如，DTM 指日期/时间；N3 是个地址信息；而 BPR 是付款委托书/汇票通知的起始段

### 9. 保健业商务通信委员会

保健业商务通信委员会（HIBCC）研制了保健产业条形码（HIBC）标准，它包括两个部分。HIBC 供应商标记标准描述保健产品条形码的数据结构和条形码符号。HIBCC 提供者应用程序标准描述保健提供者背景下识别数据条形码的数据结构和条形码符号。HIBCC 还发布和维持标记识别码，它可以识别单个的制造商。HIBCC 管理着保健产业数据系统，这个系统为美国的每家医疗保健机构和提供者提供识别数字和定位信息。HIBCC 还管理着统一产品数据库，它识别特殊产品并得到国际的认可。

### 10. 行政、商业和运输中的电子数据交换

行政、商业和运输中的电子数据交换（EDIFACT）是一组电子交换结构化数据的国际性标准、项目和指南，这些数据是和独立的基于电脑的信息系统间的货物和服务贸易相关的（全国处方药编码数据词典委员会，1994）。该标准包括应用层句法规则、信息设计指南、句法执行指南、数据要素词典、代码表、成分数据要素词典、标准信息词典、传输中交换贸易数据行为的统一规则和解释性行为。

基本的 EDIFACT（ISO9735）句法标准在 1987 年 9 月被正式采用，现已经过几次更新。除了常用的句法，EDIFACT 还详细说明了标准信息（囊括特殊交易要求的可识别和结构化的语言集）、段（功能上相互关联的数据要素的组合）、数据要素（信息中可以表达数据的最小项目）和代码集（数据要素的代码清单）。ANSI ASC X12 标准和 EDIFACT 有着相似的目的，调整并合并这两个标准的工作正在进行中。

EDIFACT 涉及的不是实际的通信协议，而是将要发送数据的构造。EDIFACT 独立于机器、媒介、系统和应用程序，它可以与任何一个通信协议或物理磁带一起使用。

### 11. 生物信息学中的数据交换标准（XML）

正如第 22 章所述，编撰基因组和蛋白质组信息的大型数据库的重大工作正在进行中。作为一个阐释支持数据库之间转换的信息的方法，XML 已表现得非常令人瞩目，这些数据库包括系统生物学标记语言（SBML）（Hucka et al.，2003）、组织微阵列数据交换（TMA-DE）（Berman et al.，2003）和微阵列与基因表达标记语言（MAGE-ML）（Spellman et al.，2002）。

## 7.6 当今现状和未来趋向

### 7.6.1 界面：标准和工作站

大量创造数据交换标准的早期工作都是在分布式系统间的交换数据领域，更多的是在背景或未经请求的情况中。随着专业用户在线使用信息系统的增加和从分布式系统中提取数据的需要陡增，数据交换标准要求会扩展到支持请求模式，这可以使来自不同出处的数据要素在桌面上整合起来。

迄今为止，在数据标准上所做的大量工作对连接专业健康人员的智能终端和其他世界是很有用的。然而，我们必须意识到，数据传送标准一直以来基本上都集中

于按照大体上被期望的功能驱使的方式交换医学数据,这个功能支持住院、测试安排或结果报告。只有那些不定期的工作来为从用户到这些数据源的问题研制标准。除非研制出新的标准,否则查询和反馈比智能终端所需要的数据量还多很多。对智能终端的查询应建立在实际数据库查询标准 SQL(见第 5 章)上吗?如果是这样,当依赖其他想法进行数据交换时,为了支持智能终端的查询需要做哪些修改呢?

用户查询需要确定患者并请求或传送数据要素给分布式环境的其他部分。各种各样的方案都需要查询方法来支持:一个有日期、时间的简单化验值、一组生命体征、一份问题单、一张过敏性清单、门诊患者的一个完整数据集及住院治疗、当前的药物或完整病例的一个完整数据集。不变的是,每一个这样的数据交换都必须控制和按照患者关于访问和使用数据的权利和愿望进行(见第 10 章)。

标准化的知识系统和目录系统访问必须支持脚本和数据录入机制,以保证数据系统可以正确地做出回应。智能终端很典型地允许剪贴和粘贴一个模块到另一个模块;因此数据表征必须容纳一个标准链接来促使系统间用户指向的转换。对决策支持系统全球范围的使用需要高速的查询和回应来处理执行决策所需要的大量数据要素,还要高速的计算速度来处理信息以及提供智能终端上可接受的实时回应。

患者信息不仅可以通过患者姓名或身份证号检索,还可以通过患者特征来检索。例如,工作区的医生可以查找所有的累积超过 3 例血管的冠状动脉疾病、患心肌梗塞、患糖尿病、经过手术治疗,以及所有又活了 5 年的患者的数据。基础系统必须使用各种标准,把这样的查询转变成可操作的业务,反馈正确的数据,保留访问限制。

目前可用的标准有多好呢?把现在使用的标准编入用户正在贯彻的系统中,他们需要做什么?首先,在连接两个系统的销售商之间需要大量的协商。这一需要有两个原因。不同部分标准的成熟程度不同。正如在 HL7 中,如果观察一报告区域来传输全面的临床数据,那么这个标准的 ADT 版就规定得更加全面。除了那些支持定义完整的文件的标准,如保险申请表等,大部分标准都是不完整的。这些标准现在才刚开始利用,面向对象数据模型来减小模糊性、保证全面性。销售商对应用数据领域的诠释可能不同,这取决于他们的角度和定位。一个广告销售商对一些专业的意义的理解可能与一个临床系统销售商完全不同。系统的不完整性,例如,在处理一组复杂的触发事件时,可能会导致一个销售商做出对另一个销售商来说并不那么明显的假设。可选性问题产生了混乱,因此要求销售商之间协商出一个结构完好的界面。术语标准对于无缝界面也不是完全正确的。销售商面对

的第二个问题存在于 OSI 参考模型的较低层面。大部分的标准主体都正在通过给较低层面协议规定策略和规则来对其进行处理,最常用的是 TCP/IP 而不是纯粹的 OSI 协议。

从用户的角度来说,问题出在销售商不能够多严密地遵照标准执行。在许多情况下,销售商对达标的规定都很松散,用户购买的系统都不能容易地连接。这个问题唯一的解决方法就是由某一机构来证明——这至多是一个不受欢迎的任务而已。法律上的顾虑和证明达标的困难是必须要克服的障碍。

当前标准降低成本了吗?这个答案取决于销售商。一些销售商对标准界面要价很低或没有要钱,而其他的则要了和定做的界面一样的价格。然而,随着时间的推移,界面的成本会被用户大幅降低的。在成像标准的例子中,标准对于发展在各种背景下显像的市场是必需的。

### 7.6.2 未来趋向

医学学会(IOM)2000 年出版的《犯错是人性》(Institute of Medicine,2000)中指出,美国或许该为每年因医疗错误而导致的高达 98 000 的死者负责。IOM 又在 2001 年出版了《跨越质量裂口》(Institute of Medicine,2001),指出美国低劣的保健护理水平。IOM 紧接着成立了一个患者安全任务小组,这个小组公布了一个报告《病人安全:达到护理新标准》(Institute of Medicine,2003),这个报告确认了健康要求的数据标准并讨论了健康数据标准的状况。eHealth Initiative 电子健康计划和 Markle Foundation 展开了政府-私人合作,发布健康数据标准的要求、差距和状态。他们在 2003 年 6 月 5 日最终的报告《数据标准工作小组:汇报与推荐》[①],对采用特殊标准和需要创造的附加标准方面提出了些建议。作为 eGov initiative 电子政府计划的一部分,联邦政府建立了统一健康信息学(CHI)计划来建立现有临床术语和信息标准的汇总,以使联邦机构建立可互操作的联邦健康数据系统。超过 20 多家部门和机构参与了 CHI,包括 HHS、VA、DOD、SSA、GSA 和 NIST。迄今为止,CHI 已经采用了许多来自本章已讨论的一些标准研发组织的标准。2003 年 6 月,HHS 授权 IOM 和 HL7 为 EHR 创建了功能标准。在国家生命健康统计委员会的推荐下,HHS 建立了一个计划来建造全国保健护理信息学基础设施,这个基础设施有着同样的目的——提高患者安全度和质量,迅速探查生物恐怖主义和其他健康威胁以及加强健康护理系统的有效性(见第 1 章)。

统一会计局在一份 20 世纪 90 年代早期的报告中说保健产业可能需要几百条标准(美国统一会计局,1993)。其他的学者估计这些数字将以千计。我们认为最可能需要的将是 20～30 条标准。在试图给所有东西制定标准

---

① 在网址 http://www.markle.org/downloadable_assets/dswg_report.pdf 上得到。

中的一个问题就是标准和销售商在使用该产品过程中发挥创造力来提高销售业绩间的冲突。标准不应该扼杀创造性而应鼓励它。例如,EHR系统的屏幕显示不可能标准化,因为不同的销售商对最好的设计有着不同的观点。另外,显示的组件可能标准化;鼠标的使用(如单击和双击、右击和左击)在功能上需要标准化;可视对象的使用也需要(能够)标准化;代表功能的图标可能也将标准化。

目前,现有标准不能完全达到健康专业智能终端的要求。无论什么时候,只要除了数据源发站的一个人必须理解并使用电子接收的数据,标准都是必须的。对于临床数据无缝电子交换,标准形式需要被规定,包括所有类型的数据形式——图像、信号及波形、声音和视频,包含动画。其他规定标准可能会有用的问题包括说明数据定位(按照物理定位和数据库特征)、规定数据保留和更紧密的数据连接的规则。

保健护理专业小组的核心数据集和清晰界定的保健方案可能是标准化的候选。例如,疾病预防控制中心已经为急救部门规定了一套标准代码。如果以标准的形式定义表格,表格可在机构间进行有意义的交互。如果他们能够通过一致标准化过程,决策支持运算法则和临床指南将会被更广泛地接受和运用。

消息传递标准的未来似乎一片光明。在欧洲和美国,所有现有标准组织的普遍态度,都有利于发展可行的标准,使我们能够解决新问题。与会者赞成共同努力,对专利和"非我发明"的关注是微乎其微的。将数据内容与语法分离的意愿非常重要。一个全球共同数据模型的发展是至关重要的。术语定义、编码、标准数据结构正在接近现实。显然,"即插即用"的目标目前尚未实现,但可能会在未来几年中达到。

## 推荐读物

Abbey L. M., Zimmerman J. (Eds.) (1991). Dental Informatics: Integrating Technology into the Dental Environment. New York: Springer-Verlag.

该文指出了将标准扩展到整个生物医学信息学应用领域的争论点。本章针对临床医学讨论的标准问题对牙科同样相关。

Chute C. G. (2000). Clinical classification and terminology: some history and current observations. Journal of the American Medical Informatics Association, 7(3): 298~303.

该文回顾了卫生保健控制术语的历史和现状。

Cimino J. J. (1998). Desiderata for controlled medical vocabularies in the twenty-first century. Methods of Information in Medicine, 37(4~5): 394~403.

该文列举了一套卫生保健控制术语的理想特征。

Henchley, A. (2003). Understanding Version 3. A primer on the HL7 Versison 3 Communication Standard. Munich, Germany: Alexander Moench Publishing Co.

易读地综述了HL7第3版信息标准。

Henderson, M. (2003). HL7 Messaging. Silver Spring, MD: OTech Inc.

对HL6 V2的说明与范例。可从HL7标准得到。

Institute of Medicine (2003). Patient Safety: Achieving a New Standard for Care. Washington, D. C.: National Academy Press.

讨论了关于患者数据收集和报告标准化的方法。

Stallings W. (1987b). Handbook of Computer-Communications Standards. New York: Macmillan.

该文提供了关于国际标准组织的开放系统互联模型的丰富详细资料。

Stallings W. (1997). Data and Computer Communications. Englewood Cliffs, NJ: Prentice-Hall.

该文提供了通信架构和协议,以及局域网和广域网的细节。

## 问题讨论

1. 哪些是加快标准创建的5个可能的办法?

2. 请定义5个本章没有提及的,可能需要的医疗保健标准。

3. 政府应在制订标准过程中发挥什么样的作用?

4. 在什么层次上,标准可能干预供应商生产出独特产品的能力?

5. 在本文提到的、还没有现行标准存在的领域之中,定义一个假设的标准。包括构思和讨论要点,并具体说明标准的范围。

# 第 8 章 生物医学中的自然语言和文本处理

**阅读本章后,您应对下列问题有所了解:**
- 为什么自然语言处理(NLP)很重要?
- 什么是在生物医学领域 NLP 的可能应用?
- 什么形式的知识被用于 NLP?
- 什么是 NLP 首要技术?
- 什么是 NLP 在临床领域的挑战?
- 什么是 NLP 在生物领域的挑战?

## 8.1 NLP 动机

自然语言是人类沟通的基本方法。在生物医学领域,知识和数据通过科学文献、技术和管理报告及使用在健康保健中的患者图表以书面形式传播(Johnson, 2000)。信息也可以通过会议科学交流、演讲和磋商以口头形式传播。在这一章中,我们集中在书面形式。计算机与日俱增地被用在推动收集、存储和发布生物信息的过程中。通过使用转录服务、文字处理,和语音识别技术(见第 5 章),文本数据现在广泛地用于电子模式。重要的例子包括在生物医学文献发表的文章(见第 19 章)和描述患者护理特殊过程的报告(例如,X 射线报告和摘要;见第 12 章)。

存取和复审叙述性数据的能力对研究者、临床医生和管理员是非常有益的,信息不是在一种服从进一步的计算机处理的形式,例如,存储在结构数据库中使其能支持随后的数据检索。叙述文本非常难于稳定地存取,因为表达的变化广泛;很多不同词汇可以被用于表示一个单一概念,多种不同的语法结构可以被用于传递相同的信息。目前,在医药上,计算机最大的影响被视作处理结构化数据,信息以一个规则的可预见的形式表示。这些信息经常是自然数字(例如,科学研究中的测量记录)或离散数据元素的组合(例如,从一个预定义的生物医学词汇中选取的元素,诸如疾病或基因的名字)。NLP 技术提供一个方法来沟通文本和结构数据的间隙,允许人类使用熟悉的自然语言交互,同时使计算机能有效地处理数据。

## 8.2 NLP 的应用

在生物医学领域,NLP 有一个广泛的应用前景。NLP 能够使卫生保健和基于研究的可能的应用功能达到一个新的水平。NLP 方法可以通过实时的提取相关信息帮助管理大量的文本(如病例报告或杂志文章)。一些文本处理任务当前由人来完成。例如,人编码识别诊断和患者账单目的文档的进程和数据管理员从文献中提取组织的染色体信息。然而,手工完成这些任务一般不是很容易,因为,他们的成本消耗太大并且太消耗时间。例如,一个自动的系统能够处理大量患者报告来发现医学错误,然而,专家检查如此大量的文件恐怕是不可能的。因为自动系统是基于专家决定的规则,可以把最好的和最新的知识结合进规则中。这样的系统一般比人更一致和客观。NLP 的另一个重要优势是能够标准化来自于多种应用和多个机构的文档信息,以公共的输出结构和词汇统一地表达信息。

下面是 NLP 技术在生物医学方面重要的应用。

- **信息提取** 常常是在没有执行完整的分析时定位和构建文本重要的信息。这是最一般的生物医学的应用,也是本章的主要关注点。这个技术可以被限制在文本孤立词汇的识别(如药物处理或蛋白质),然后能够被映射到规范的或标准的形式。一个稍复杂的应用是寻找原文中可识别的模式,诸如,人或地点的名字、日期和数值表达式。更复杂的技术可以识别和表示一个句子中词汇之间的关系。这种高级方法对于在患者文档和生物医学文献中进行可靠的检索是必要的,因为生物医学词汇的正确解释通常依赖于与其他词汇之间的关系。例如,fever 在以下词组中有不同的解释:no fever、high fever、fever lasted 2 days 和 check for fever[①]。在生物分子领域,这个技术的一个重要应用包括从单独的刊物文章中提取相互作用信息,随后将它们组合在一起从而自动生成路径。图 8.1 是一个图形形式的路径,它是从 *Cell* 期刊的一篇文章(Maroto et al., 1997)中提取某些相互作用信息而产生的。

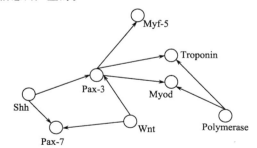

图 8.1 从一篇文章中提取相互关系信息的图形表示。顶点代表基因或蛋白质,边代表相互关系。箭头代表相互关系的方向,箭头的出端表示原,入端表示目标

---

① 自然语言处理文献中通常用斜体字表示叙述性文本,本章我们将使用 Courier 字体表示叙述性报告中的文本,以便将它们与整本书中用斜体表示的重要信息学术语区分开。

- **信息检索** 帮助用户在非常大的收集品中访问文档，如科学文献。由于电子形式的可用信息爆炸，这是生物医学中的一个重要应用。信息检索的基本目标是在收集品中匹配用户的查询，并返回最相似的文章。匹配是近似的，因此该过程经常是迭代的，需要几次循环迭代来求精。索引的最基本形式是将词和术语分离开。更先进的方法使用类似于信息提取中采用的方法，识别复杂的名词短语并确定它们关系，从而提高检索的准确性。例如，区分讨论处理一个医学状况的药物使用的期刊文献和讨论作为药物副作用的医学状况的文献是重要的。

- **文本生成** 从一个给定的信息源，通常是结构化的数据，制订自然语言的句子。这些技术可用于从结构化的数据库中生成文本，如总结实验室数据的趋势和模式。另外一个重要应用是从大文本中生成小的摘要。这可能涉及总结单个文档（如单个临床报告诸如出院总结），或多个文档（如多个期刊文章）。

- **用户界面**（见第 12 章） 能够使人更有效地与计算机系统交流。有助于数据录入的工具是生物医学方面的一个重要应用。数据可以通过键盘捕获（如使用模板或宏）或通过语音识别技术，能够使用户直接通过讲话将词录入到计算机系统中。其他的例子（不太普遍）包括使用自然语言发出命令或检索数据库。

- **机器翻译** 可以将一种语言（如英语）的文本翻译成另一种语言（如西班牙语）。在多语言环境中这些应用是重要的，因为人工翻译是非常昂贵或耗时的。例如，翻译药物说明来帮助患者；翻译知情同意书以便在一项研究中纳入不同的对象；以及翻译期刊文章来使一个国际听众能够听懂。

## 8.3 在 NLP 所用到的知识

尽管当前的语言学理论在某些细节上是不同的，但有一个广泛的共识是语言学包含多个层次：词法（部分词汇）、词典学（词和术语）、句法（短语和句子）、语义（词，短语和句子）以及语用学（段落和文档）。人类的语言处理过程看起来简单，因为，我们没有意识到学习和使用语言的努力。然而，对于熟练地说、读和写，一个长时间的文化适应过程是必要的，同时，需要进一步的集中学习来掌握生物科学或医学的语言。下面将简要描述每一个层次的知识的本质。

词法关注的是语素的合并（词根、前缀、后缀）以产生词。自由语素能够作为单独词汇，而黏着语素不能。例如，在英文中，"detoxify" 中的 "de-"、"creation" 中的 "-tion"、"dogs" 中的 "-s"。屈折语素从文法上表达需要的特性或说明在句子中不同词之间的关系，但是，不能改变基本的句法类别，因此，big、bigg-er、bigg-est 都是形容词。派生语素改变了词性或一个词的基本含义，因此，-ment 被加在动词上形成一个名词（judg-ment）；re-acti-vate 的意思是再次刺激。与其他语言比较，通用英语并没有展示复杂的词法，因而许多针对通用英语的 NLP 系统没有合并词法学知识。然而，生物医学语言有非常丰富的词法结构，尤其是化学（如 Hydroxy-nitro-di-hydro-thym-ine）和手术（hepatico-cholangio-jejuno-stom-y）。识别词素能够使 NLP 系统更加灵活地掌握词汇，尤其是处理新词时。然而，决定正确的拆分可能是困难的。在前面的化学例子中，第 1 个拆分必须在 hydr-之后（因为 -o-是-oxy 的一部分），而第 5 个拆分在 hydro-之后。在程序例子中，系统必须把-stom 中的 stom（口）与 tom（切割）区分开。

词典学关注的是词位的分类、语言的词和原子项。每一个词位属于一个或多个词性，如名词（如 chest）形容词（如 mild）或时态动词（如 improves），这些是英语语法的基本部分。词位也可以有亚类，取决于基本词性，这些经常由屈折语素表达。例如，名词有数（如复数或单数，如 legs、leg），人称（如第一、第二、第三人称分别是 I，you，he），格（如主格、宾格、所有格，如 I、me、my）。词位可以由超过一个词组成，如在外来短语（ad hoc）、介词（a-long with）和成语（follow up、on and off）中。生物医学词位倾向于包含许多复合词位，如在临床领域的词位包括 congestive、heart failure 和 diabetes mellitus 和在生物分子领域包括名为 ALL1-fused gene from chromosome 1q 的基因。

句法关注的是短语和句子的结构。词位（根据其词性）以明确定义的方式形成短语，如名词短语（如 severe chest pain）、形容词短语（如 painful to touch）或动词短语（如 has increased）。每一个短语一般包括一个主词性和若干修饰词，例如，名词经常由形容词修饰而动词经常被副词修饰。然后短语以明确的方式组合成句子（he complained of severe chest pain）。通用英语在句子的形式上加了许多限制，例如，每一个句子需要有主语；可数名词（像 cough）需要一个冠词（如 a 或 the）。临床语言经常是电码形式的，从而放松了这些限制获得了高度简洁的形式。例如，临床语言允许所有的下列说法作为句子：the cough worsened；cough worsened；cough 。因为社会广泛使用和接受了这些代替形式，因此并不认为它们是不合文法的，而是建立了一个次语言（Kittredge and Lehrberger, 1982; Grishman and Kittredge, 1986; Friedman, 2002）。在生物医学领域有各种各样的次语言，每一个都展现了专门的内容和语言形式。

语义学关注词、短语和句子的意思或解释，每一个词有一个或多个意思或词义（例如，capsule 在 renal capsule 或在 vitamin B12 capsule 的意思），词的含义组合在一起形成一个有意义的句子，就像 there was thickening in the renal capsule。表达一般语言的语义是一个极为困难的事情，也是研究的一个热点。生物医学次语言比一般语言更容易解释，因为他们使用更容易表达的高度限制的语义模式（Harris et al., 1989, 1991; Sager et al., 1987）。次语言倾向于有一个相当较小数量的语义类型

(如药物、基因、疾病、身体部位或器官)及较小数量的语义模式:药物-治疗-疾病、基因与基因的相互作用。

语用学关注如何使句子合并形成话语(段落、文章、对话等),并且研究这种上下文关系怎么影响单独句子含义的解释。例如,在乳腺 X 射线检查报告中,mass 一般表示 breast mass,在胸部放射线报告中它表示 mass in lung,而在宗教期刊中它很可能表示一个典礼。同样的,在健康保健环境中,he drinks heavily 是指酒精而不是水。另外的语用学考虑是代名词和其他指示代词(there, tomorrow)表达的解释。例如,在 An infiltrate was noted in right upper lobe; it was patchy(一个浸润是在右上肺叶;它是片状的)中,这里"it"是指"infiltrate"而不是指"lobe"。其他语言设备用来把句子连接在一起,例如,表达事件的一个复杂的时间序列。

## 8.4 NLP 技术

NLP 包括三种主要的任务:①表示在 8.3 节讨论的各种语言知识;②使用知识实现在 8.2 节描述的应用;③获得计算形式的必需的知识。计算机科学领域提供多种被用于表达知识的形式体系。它们包括符号或逻辑形式主义(例如,有限状态机和上下文无关文法)和静态形式主义(例如,马尔科夫模式和概率上下文无关文法)。使用这些表示法来分析语言一般被称作文本分解,而使用它们来创造语言被称作文本产生。语言知识的获得(任务 3)通常由训练有素的语言学家完成,他们手工创立基于语言学的规则系统或语法。这个过程是非常费时的。人们越来越对使用机器学习的方法获得知识产生兴趣,而减少从语言学家那里获取知识的努力。然而,机器学习一般需要产生训练数据,这仍然需要大量的手工注释。

大多数 NLP 系统使用独立的模块设计来处理不同的功能。这些模块通常与 8.3 节描述的语言水平相一致。一般来说,低一级模块的输出被用作高一级模块的输入。例如,词位分析的结果是句法分析的输入,后者又是语义分析的输入。不同系统打包这些处理步骤有一些不同。在处理的每一步,该步骤的模块在某些方面将数据正规化,同时尽可能多地保存信息内容。

### 8.4.1 词法

通常,处理的第一步包括读电子格式的文本(通常它最初是一个长字符串)和拆分成称作语言标记符的独立单元(这个过程被称作标记化),包括语素、词(真语素序列)、数字、符号(如数学运算符)和标点。组成一个词的概念是非常有价值的。在通用英语中一个词基本的标志是在一个词的前后有空格。然而,有许多例外情况。一个词可能后面跟着某个标点符号却没有空格,如句号、逗号、分号或问号,也可能有"—"在中间。在生物医学中,句号和其他标点符号可以是词的一部分(例如,在临床

领域 q. i. d. 的意思是一天 4 次,M03F4.2A 表示一个包含句号的基因名),并且被不一致地使用,因此使标记化过程变得复杂。化学和生物名字经常包括圆括号、逗号和连字符,如(w)adh-2。

符号方法标记化是基于模式匹配的。模式通过被形式主义认为是正则表达式或等价的通过有限状态自动机来方便地表示(Jurafsky and Martin, 2000, pp. 21~52)。例如,下面的正则表达式将识别包括在句子 patient's wbc dropped to 12 中的标记符:[a-z]+('s)? | [0-9]+ | [.]。

垂直的符号(|)分割了可选的表达式,在这种情况下指定了三种不同类型的标记符(字母、数字和标点)。在方扩号中的表达式表示字符的一个范围或选择。表达式[a-z]表示小写字母,而[0-9]表示一个数字。加号指示一个表达式的一次或多次发生。问号表明一个可选的表达式(撇号-s)。最后[.]表示一个句号。这种正则表达式是非常有限的,因为它没有处理大写字母(如 Patient)、带有小数点的数字(3.4)或以句号结尾的缩写词(mg.)。

更复杂的正则表达式能处理许多上面描述的词法现象。然而,局部模糊的情况更加困难。例如,在句子"5 mg. given."中,用两个不同的方式将句号用于:①表示一个缩写词;②终止句子。也还有重要的问题,就是我们不可能预测所有可能的模式。概率论的方法,诸如,马尔科夫模型提供了一个更稳健的解决方案。马尔科夫模型能够被表示成一个表格(转移矩阵)。对这个简单的例子,表格可以如表 8.1 所示。行表示句子中的当前符号,而列表示后面可以跟的词。每一个单元格表示一个给定的词能够跟在另一个后面的概率。

**表 8.1 语素的转移概率**

|  | 5 | mg | mg. | given | . |
|---|---|---|---|---|---|
| 5 | 0.1 | 0.8 | 0.9 | 0.4 | 0.6 |
| mg | 0.3 | 0.1 | 0.1 | 0.9 | 0.4 |
| mg. | 0.3 | 0.1 | 0.1 | 0.9 | 0.2 |
| given | 0.7 | 0.6 | 0.6 | 0.2 | 0.7 |
| . | 0.6 | 0.4 | 0.4 | 0.8 | 0.1 |

在数学表示法中,可以将它写成 P(随后|当前)。标记符的一个给定序列的概率可以近似为每个转换概率的乘积。因此,如下:

P(5 mg. given) = P(mg.|5)P(given|mg.)P(given? |.) = 0.9×? 0.9×? 0.7 = 0.567

P(5 mg. given) = P(mg|5)P(.|mg)P(given|mg) P(.|given) = 0.8×0.4×0.8×0.7 = 0.1792

为了找到最好的给定字符序列的符号表达,有必要决定分割标记符的所有可能方式,并且选择可以产生最大概率的那一个。对于长序列,使用了一个更有效的被称为 Viterbi 算法的方法,Viterbi 算法只考虑可能序列

的一小部分(Jurafsky and Martin 2000, pp. 177-180)。在实际中,为了容纳在生物医学文本中发现的各种可能的符号,转移矩阵将会非常大。转移概率通常从语言学家已经验证了正确标记法的训练集中估计。然而,对于准确性,固定文本的训练集要典型并且足够大是很重要的。

### 8.4.2 词典学

一旦文本被标记化,NLP 系统需要执行词典查询来识别系统已知的词或多词短语,并且决定它们的分类和规范形式。许多系统对完整的词进行标记化并且立即执行字典查询。这需要字典包括所有可能的语素组合。每个词条将一个词指定给一个或多个词性标注,并指定一种规范形式。例如,abdominal 是一个形容词,其规范形式是 abdomen;activation 是一个名词,它是动词 activate 的名词形式。少数系统在断句期间进行词法分析。在上面的例子中,字典仅仅需要词根、前缀和后缀的条目,以及不非规则形式的附加条目。例如,字典可以包括 abdomen 词根条目(和变体 abdomin-)和形容词后缀-al,以及 activat-、动词后缀-e 和名词后缀-ion。

字典查询不是直接的,因为一个词可以与多个词性相关联。例如,stay 可以是一个名词(如在 her hospital stay 中)或一个动词(如在 refused to stay 中)。如果没有分解,这些模糊不清很可能导致解析和解释的不准确,必须在随后的处理阶段用句法和语义的信息来解释。另外一种选择,各种词性标注方法可以通过考虑词的语境来解决模糊。例如,当 stay 在 the 或 her 后面时它通常被标记为名词,但是在 to 后面时则通常标记为动词。解决这个问题的符号方法是使用变换规则,它根据前面或后面的标注改变分配给一个词的词性标注。表 8.2 提供了一些词性标注的含义。

**表 8.2 词性标注的含义**

| 标注 | 含义 |
|---|---|
| NN | 单数名词 |
| NNS | 复数名词 |
| NNP | 专有单数名词 |
| IN | 介词 |
| VB | 不定式动词 |
| VBD | 过去式动词 |
| VBG | 进行时动词形式 |
| VBN | 过去分词 |
| VBZ | 现在时动词 |
| JJ | 形容词 |
| DT | 冠词 |
| PP$ | 所有格代词 |

以下是可能被运用到临床文本的规则。
如果前面的标记是 TO,则将 NN 改为 VB。
如果前面的标记是 NN,则将 NN 改为 JJ。
如果前面的标记是 VB,则将 IN 改为 TO。
表 8.3 给出了应用这些规则的一些例子。

**表 8.3 词性标注变换规则的应用**

| 应用规则之前 | 应用规则之后 |
|---|---|
| total/NN hip/NN replacement/NN | total/JJ hip/NN replacement/NN |
| a/DT total/NN of/IN four/NN units/NNS | (不变) |
| refused/VBD to/TO stay/NN her/PP$ hospital/NN stay/NN | refused/VBD to/TO stay/VB (不变) |
| unable/JJ to/IN assess/VB | unable/JJ to/TO assess/VB |
| allergy/NN to/IN penicillin/NN | (不变) |

词性标注规则可以手工创建,也可以根据已对正确词性做了手工注释的样本语料库使用基于变换的学习自动构建(Jurafsky and Martin 2000, pp. 307-312)。词性标注的统计方法基于马尔科夫模型(如前面针对词法的描述)。转移矩阵指定一个词性跟在另一个词性后面的概率(表 8.4)。

**表 8.4 词性标注的转移概率**

|  | NN | VB | VBD | VBN | TO | IN |
|---|---|---|---|---|---|---|
| NN | 0.34 | 0.00 | 0.22 | 0.02 | 0.01 | 0.40 |
| VB | 0.28 | 0.01 | 0.02 | 0.27 | 0.04 | 0.39 |
| VBD | 0.12 | 0.01 | 0.01 | 0.62 | 0.05 | 0.19 |
| VBN | 0.21 | 0.00 | 0.00 | 0.03 | 0.11 | 0.65 |
| TO | 0.02 | 0.98 | 0.00 | 0.00 | 0.00 | 0.00 |
| IN | 0.85 | 0.00 | 0.02 | 0.05 | 0.00 | 0.08 |

下面的句子显示了正确分配的词性标注:Rheumatology/NN consult/NN continued/VBD to/TO follow/VB patient/NN。

这种分配对计算机来说是很困难的,因为 consult 可以被标记为 VB(Orthopedics asked to consult);continued 可以被标记为 VBN(penicillin was continued);to 可以被标记为 IN。然而,使用表 8.4 中的矩阵(该矩阵是从大型临床文本语料库中估计的)可以计算这些序列的概率。通过将转移概率相乘就可以得到每个序列的概率(如前面对词法的描述),如表 8.5 所示。请注意正确分配的概率最大。

表 8.5 供选择的词性标注序列的概率

| 词性标注序列 | 概率 |
| --- | --- |
| NN NN VBD TO VB NN | 0.001 149 434 |
| NN NN VBN TO VB NN | 0.000 187 779 |
| NN VB VBN TO VB NN | 0.000 014 194 |
| NN NN VBD IN VB NN | 0.000 005 510 |
| NN NN VBN IN VB NN | 0.000 001 619 |
| NN VB VBD TO VB NN | 0.000 000 453 |
| NN VB VBN IN VB NN | 0.000 000 122 |
| NN VB VBD IN VB NN | 0.000 000 002 |

### 8.4.3 句法

许多 NLP 系统都执行某一类句法分析。语法指定如何将词组合成合法的结构,它由某些类别与其他类别或结构进行组合来产生一个具有指定关系的合法结构的规则组成。一般来说,词组合在一起形成包含中心词和修饰语的短语,短语形成句子或从句。例如,在英语中,名词短语(NP)包含一个名词和可选的左修饰语和右修饰语,如定冠词、形容词或介词短语(即 the patient、lower extremities、pain in lower extremities、chest pain)及动词短语(VP),如 had pain、will be discharged 和 denies smoking。

简单短语可以使用正则表达式来表达(如前面对标记化的描述)。在这种情况下,句法类别被用来匹配文本而不是字符。一个简单名词短语(即右侧没有修饰语的名词短语)的正则表达式(使用表 8.2 定义的标记)是:

DT? JJ * NN * (NN|NNS)

这个结构将一个简单名词短语指定为包含一个可选的限定词(即 a、the、some、no),后接零个或多个形容词,后接零个或多个单数名词,最后以一个单数或复数名词结尾。例如,上面正则表达式可以匹配名词短语 no/AT usual/JJ congestive/JJ heart/NN failure/NN symptoms/NNS,但不能匹配 heart/NN the/AT unusual/JJ,因为在上面的正则表达式中 the 不能出现在名词短语的中间。

一些系统使用正则表达式进行部分分解。这些系统确定局部短语,例如,简单的名词短语(即没有右侧修饰语的名词短语)和简单的形容词短语,但是不能确定短语之间的关系。这些系统是稳健的,因为识别独立的短语比识别完整的句子更容易,但它们通常会丢失信息。例如,在 amputation below knee 中,可以提取两个名词短语 amputation 和 knee,但可能无法提取关系 below。

更复杂的结构能够用上下文无关语法来表示(Jurafsky and Martin 2000, pp. 325-344)。不能使用正则表达式来处理一个完整的名词短语,因为它包含嵌套结构,如嵌套的介词短语或嵌套的关系从句。一个非常简单的英语语法如图 8.2 所示。

上下文无关规则使用了词性标注(见表 8.2)和正则表达式中的运算符来表示可选(?)、重复(*)和二选一

S→NP VP .

NP→DT? JJ* (NN|NNS) CONJN* PP* | NP and NP

VP→(VBZ |VBP) NP? PP*

PP→ IN NP

CONJN→and (NN|NNS)

图 8.2 一个简单的英语句法的上下文无关语法。句子用规则 S 表示,名词短语用规则 NP 表示,动词短语用规则 PP 表示。语法中的终止符对应于句法的词注,在图中用下划线表示

(|)。不同的是每条规则在左侧有一个非终止符(S、NP、VP、PP),它由在右侧指定一个语法符号序列(非终止符和终止符)的规则构成。因此,S(句子)规则包括一个 NP 及后面的 VP。此外,其他规则可以参考这些符号或原子词性。因此,NP 规则包含 PP,反过来 PP 也包含 NP。

将语法规则运用到一个给定的句子的过程被称为分解,如果满足语法规则,那么语法就可以产生一个能够以分解树进行图形表示的嵌套结构。例如,可以为句子 "the patient had pain in lower extremities" 分配一个分解树,如图 8.3 所示。

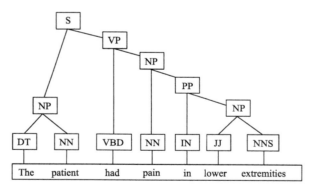

图 8.3 根据图 8.2 所示上下文无关语法得到的句子 "the patient had pain in lower extremities" 的分解树。请注意,树中的终止节点对应于句子中词的句法类别

还可以使用方括号代替分解树来表示短语的嵌套。方括号中的下标指定短语或标记的类型:

[S [NP [DT the] [NN patient]] [VP [VBD had]

[NP [NN pain] [PP [IN in] [NP [JJ lower] [NNS extremities]]]]]]

下面的例子是对生物分子领域的句子 Activation of Pax-3 blocks Myod phosphorylation 的分解:

[S [NP [NN Activation] [PP [IN of] [NP [NN Pax-3]]]]

[VP [VBZ blocks] [NP [NNP Myod] [NN phosphorylation]]]]

语法规则通常会使一个分解树产生许多可能的结构（结构模糊）。如果一个词有多个词性，那么选择该词的不同词性就可能得到不同的句子结构。例如，当 swallowing 出现在一个名词前时，它可以是修饰名词的形容词（JJ），也可以是把名词作为宾语的动词（VBG）：

Swallowing/JJ evaluation/NN showed/VBD no/DT dysphagia/NN

Swallowing/VBG food/NN showed/VBD no/DT dysphagia/NN

此外，语法中可选择的规则序列可以产生不同的短语组。例如，下面的句子 1a 对应于一个基于图 8.2 所示语法规则的分解，其中 VP 规则包含 PP（如 denied in the ER），而 NP 规则仅包含一个名词（如 pain）。句子 1b 对应同样的原子句法类别序列，但是分解结果是不同的，因为 VP 规则只包含一个动词（如 denied），而 NP 包含一个名词及随后的 PP（如 pain in the abdomen）。介词和连词也是引起模糊的常见原因。在 2a 中，NP 包含一个中心名词的连词，因此左侧的修饰语（如 pulmonary）跨了两个名词（即等同于解释为 pulmonary edema 和 pulmonary effusion），而在 2b 中，左侧的修饰语 pulmonary 只与 edema 有关，而与 effusion 没有关系。在 3a 中，介词短语 PP 中的 NP 包含一个连词（即等同于 pain in hands 和 pain in feet），而在 3b 中，也连接了两个 NP，但是第一个 NP 包括 pain in hands，第二个 NP 包括 fever。

1a. Denied [pain] [in the ER]
1b. Denied [pain [in the abdomen]]
2a. Pulmonary [edema and effusion]
2b. [Pulmonary edema] and anemia
3a. Pain in [hands and feet]
3b. [Pain in hands] and fever

更复杂的模糊形式没有展示词性或短语组的不同，但是需要决定更深层的句法关系。例如，当一个以 ing 结尾的动词后面跟着 of 时，随后的名词可以是主语或动词的宾语。

Feeling of lightheadedness improved.
Feeling of patient improved.

统计学方法提供一个解决模糊问题的方法。其基本思想是利用语法中的某些选择比其他选择更有可能的事实。可以使用概率上下文无关语法来表示它，它将概率与规则中的每个选择联系起来（Jurafsky and Martin, 2000）。通过在每个符号后面放一个数字上标，就可以用每个选择的概率对上面的语法进行注释。这个数表示在分解树中包含给定类别的概率。例如，有限定词（DT）的概率是 0.9，而没有限定词的概率是 0.1。现在时动词（VBZ）的概率是 0.4，而过去时动词（VBD）的概率是 0.6。

S→NP VP.
NP →DT?.$^{.9}$ JJ *.$^{.8}$ (NN|.$^{.6}$ NNS) PP *.$^{.8}$
VP →(VBZ|.$^{.4}$ VBD) NP?.$^{.9}$ PP *.$^{.7}$

PP →IN NP

一个给定分解树的概率是用于生成分解树的每条语法规则的概率乘积。例如，使用该语法可以有两种方式分解 X-ray shows patches in lung（如下所示）。第一种解释中 lung 修饰 show，其概率为 $3.48 \times 10^{-8}$，而第二种解释中 lung 修饰 patches，其概率为 $5.97 \times 10^{-8}$。

[S [NP NN 0.1×0.2× 0.6 ×0.2] [VP VBZ [NP NN 0.1 ×0.2× 0.6 ×0.2] [PP IN [NP NN 0.1× .0.2×.0.6 ×.0.2]] 0.4 ×.0.9 × .0.7]]

[S [NP NN 0.1× .0.2 ×.0.6 ×.0.2] [VP VBZ [NP [PP IN [NP NN 0.1 ×.0.2 ×.0.6 ×0.2] NN 0.1×.0.2× .0.6× 0.8] 0.4×.0.9×.0.3]]

### 8.4.4 语义学

语义分析涉及的步骤类似于上面所描述的语法分析。首先，必须为单个词分配语义解释。然后，将它们组合成更大的语义结构（Jurafsky and Martin, 2000）。词的语义信息一般保留在词典中。语义类型通常是一个广泛的、包含许多实例的类，而语义意义则是区分具体的词的含义（Jurafsky and Martin, 2000）。例如，aspirin、ibuprofen 和 Motrin 具有相同的语义类型（药物），ibuprofen 和 Motrin 具有相同的语义意义（它们是同义词），与 aspirin（另一种药物）的意义截然不同。

词典可以由语言学家手动创建，或者从外部知识源获得，如统一医学语言系统（UMLS）（Lindberg et al., 1993；见第 7 章）或 GenBank（Benson et al., 2003）。虽然外部源可以节省大量工作，但是它所提供的类型和意义可能不适合要分析的文本。类别有限可能限制太严，而类别广泛则可能导致歧义。在缺乏词典信息的情况下，确定语义类型时词法知识可能会有帮助。例如，在临床领域，后缀 -itis 和 -osis 表示疾病，而 -otomy 和 ectomy 表示手术。然而，这种技术不能确定一个词的具体意义。

与词性类似，许多词有一个以上的语义类型，NLP 系统必须确定在给定的上下文中哪个是所指的。例如，growth 既可以是一个异常生理过程（如对于肿瘤），也可以是一个正常的过程（如对于儿童）；left 这个词可以表示一侧（pain in left leg）或一个动作（patient left hospital）。这个问题比消除句法歧义更困难，因为没有词义既定的概念，不同的词典识别不同的差别，而且词义的空间远远大于句法类别的空间。在一个特定领域内、跨领域或和一般英文单词在一起的词都可能是模糊的。缩写词的歧义性是众所周知的。例如，缩写词 MS 可以表示 multiple sclerosis 或 mitral stenosis，或者还可能是通用英语的用法（即 Ms White 中的）。歧义性问题在生物分子领域特别麻烦，因为在许多模式生物数据库中基因符号都包含三个字母，它们与其他英语单词有歧义，并且与不同模式生物的不同基因符号有歧义。例如，nervous 和 to 是英语单词，同时也是基因的名称。当撰写有关特定生物体的文章时，作者可以使用别名，它们对应于不同的基因。例如,在与小鼠有关的文章中,根据小鼠基因组数据库(MGD)(Blake et al.,2003),作者可以用 $fbp1$ 这个词来表示三个不同的基因。

可以使用上面针对语法所描述的相同方法来消除词汇的语义歧义。规则可以使用附近的单词及其类型的上下文知识来分配语义类型。例如,可以根据 discharge 后面的名词是一个机构还是一个身体部位来消除 discharge from hospital 和 discharge from eye 的歧义。如表 8.6 所示,如果随后的语义类别是一个身体部位(如 PART),那么规则就可能将表示 discharge 的住院动作意义(如 HACT)改变成身体物质意义 discharge(如 BSUB)。

**表 8.6** 语义标记应用变换规则。HACT 表示一个动作(如入院、出院),PART 表示一个身体部位(如眼睛、腹部),BSUB 表示一个身体物质(如痰)

| 应用规则前 | 应用规则后 |
| --- | --- |
| Discharge/HACT from hospital/HORG | (不变) |
| Discharge/HACT from eye/PART | Discharge/BSUB from eye/PART |

统计学方法,如马尔可夫模型,可用于确定最有可能的语义类型分配(Jurafsky and Martin,2000)。至于用于词法和语法的方法,需要大量的训练数据来提供每个歧义单词不同含义的足够多实例。它的劳动强度是极大的,因为语言学家必须手动标注语料库,尽管在某些情况下自动标注是可能的。

包含语义关系的更大的语义结构可以使用正则表达式来确定,它们识别语义类型的模式。表达式可以是语义的,而且只接受句子中词语的语义类别。这种方法可以在生物分子领域应用,用于识别基因或蛋白质之间的相互作用。例如,正则表达式

[GENE|PROT] MFUN [GENE|PROT]

将匹配包含非常简单的基因或蛋白质相互作用的句子(如 Pax-3/GENE activated/MFUN Myod/GENE)。在这种情况下,模式的元素包括语义类:基因(GENE)、分子功能(MFUN)和蛋白质(PROT)。这种模式是非常严格的,因为任何模式偏差都会导致匹配失败。当试图找到一个匹配时,跳过句子部分的正则表达式更为稳健,而且可以用于检测各种文本的相关模式,因此在提高敏感性的同时会损失一些特异性和精度。例如,正则表达式

[GENE|PROT] . * MFUN . * [GENE|PROT]

跳过文本中间的标记可以 can be satisfied by skipping over intermediate tags in the text. 圆点(.)匹配任意标记,星号(*)允许任意数量的出现。例如,使用上面的表示式,可以从句子 Pax-3/GENE, only when activated/MFUN by Myod/GENE, inhibited/MFUN phosphorylation/MFUN 中获得相互作用 Pax-3 activated Myod,在这个例子中,匹配没有正确捕获到信息,因为这时关系被跳过了。这个句子中具体相互作用的正确解释应该是 Myod activated Pax-3 和 Pax-3 inhibited phosphorylation。请注意,上面显示的这个简单正则表达式并没有规定后面的模式(如 GENE-MFUN-MFUN)、连接关系或被动结构。

利用正则表达式处理句子的另一种方法使用了级联有限状态自动机(FSA)(Hobbs et al.,1996),由于它非常稳健,因此目前是通用英语中使用最广泛的。在这项技术中,使用一系列不同的 FSA,每个 FSA 执行一个特定的标记功能。一个 FSA 的标记输出是其后 FSA 的输入。例如,一个 FSA 可能执行标记化和词汇查表,另一个 FSA 可能执行部分分解来识别句法短语如名词短语和动词短语,再下一个可能确定语义关系。在这种情况下,语义关系模式将基于语法短语及其相应语义类别的组合,如下所示。然后可以用标记组合来表示生物分子相互关系的模式:

NP[GENE|PROT] . * VP MFUN . * NP[GENE|PROT]

级联 FSA 系统的优点是它们相对容易适应不同的信息提取任务,因为领域无关 FSA(标记和短语 FSA)保持不变,而领域特定 FSA(语义模式)随着领域或提取任务的改变而改变。这些类系统已用于提取非常特殊的信息,如检测恐怖袭击、识别企业管理中的联合并购和变更(Sundheim,1991,1992,1994,1996;Chinchor,1998)。但是,对于临床应用来说它们可能不够准确。

更复杂的语义结构可以使用语义语法来识别,它是基于语义类别的上下文无关语法。如图 8.4 所示,一个简单的临床文本语法可以把一个临床句子定义为 Finding,它包括可选的程度信息和可选的后跟症状的临床改变信息。

S → Finding .
Finding . → DegreePhrase? ChangePhrase? SYMP
ChangePhrase → NEG? CHNG
DegreePhrase → DEGR | NEG

图 8.4 临床领域中一个简单的语义上下文无关英文语法。句子 S 包括 FINDING,它又由可选的 DEGREEPHRASE、可选的 CHANGEPHRASE 和一个症状组成。DEGREEPHRASE 包括一个程度类型单词或一个否定词;CHANGEPHRASE 包括一个可选的否定词,后面紧跟一个改变类型单词。该语法中的终止符对应于语义词性,并用下划线表示

对于文本非常紧凑,以及典型句子由于主语(即 patient)和动词都被省略而主要由名词短语组成的领域,这种方法尤为有效。例如,increased/CHNG tenderness/SYMP 是临床领域中一个典型的句子,其中的主语和动

词都省略了。对于图8.4所示的简单语法,分解后的句子可以是一个由CHANGEPHRASE(如increased)及其随后的SYMPTOM(如tenderness)组成的FINDING。注意,在这个语法中可能存在歧义,因为可能有两种方式来分解句子,如No/NEG increased/CHNG tenderness/SYMP。错误的方法如图8.5所示,DEGREEPHRASE(如no)和CHANGEPHRASE(如increased)都修饰tenderness,而正确的分解(图8.6)中只有CHANGEPHRASE(如no increased)修饰tenderness,在CHANGEPHRASE中no修饰CHANGE(如increased),在这种情况下,只有改变信息有否定词,症状没有否定词。

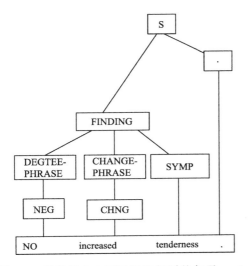

图8.5 根据图8.4所示语法得到的句子no increased tenderness的分解树。这种解释方式是错误的,no和increased都修饰了tenderness

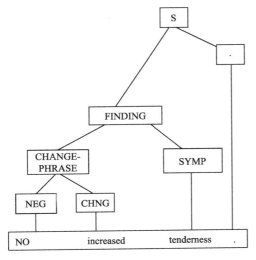

图8.6 根据图8.4所示语法得到的句子no increased tenderness的另一个分解树。这是正确的解释方式,因为no修饰increased,increased修饰tenderness

通过将句法和语义结构集成到语法中,NLP系统可以处理更复杂的语言结构(Friedman et al., 1994)。在这种情况下,语法类似于图8.4所示结构,但是规则还应包括句法结构。此外,语法规则还可以指定表达的输出形式,它表示对关系的基本解释。例如,在图8.4中,FINDING规则指定的输出形式表示SYMP是主要的临床表现,而其他元素都是修饰语。

更综合的句法结构可以使用英语中覆盖面非常广的上下文无关语法来识别,然后将它们与语义元件组合在一起(Sager et al., 1987)。识别完句法结构后,应用句法规则来对这些结构进行正则化。例如,被动句,如"the chest X-ray was interpreted by a radiologist",可以转变为主动形式,如"a radiologist interpreted the chest X-ray"。然后将另一组语义规则应用于正则化句法结构,来解释它们的语义关系。

### 8.4.5 语用学

NLP系统中的句法和语义的组成部分是对孤立的句子进行判断的。完整的分析一篇文章(如临床记录或期刊文章)需要分析句子之间的关系以及论述中大量的单元,如段落和章节(Jurafsky and Martin, 2000)。语言中在句子间生成连接的一条最重要的机制就是应用指示词语,它们包含代词(如他、她、她的、他自己等)、专有名词(如史密斯大夫、大西洋医院等),以及定冠词修饰的名词词组或指示性词组(如左胸、这个药物治疗、那天、这些调查研究等)。

为了能够理解整篇文章,每个指示词语都必须确认为有唯一的指示物。接下来的文章中包含了几个例子。专有名词史密斯大夫指的是给患者治病的医师。在关于临床的文章里,专有名词也可以指患者、家庭成员、部门和患者护理机关。在科学论文里,专有名词通常指科学家和研究机构。在前两个句子里,"他的"和"他"指的是患者,然而在第四个句子里"他"指的是患者。有几个明确的名词短语(如上皮细胞、气管、管腔)必须加以解决。在本例中,指示物是患者身体的部分器官。

入院时,他的胸部X射线片显示了右上部肺炎,实验室价值很显著。他接受了上部扩张内镜检查术。结果发现每次球囊膨胀的时候,他的呼吸功能就变得缺乏抵抗力。随后,史密斯大夫在会诊中遇到了他。他进行了一个支气管镜检查法,证实了有个肿瘤区。肿瘤还没有入侵上皮细胞或者气管。但是它的确堵塞了管腔。

对指示词语进行自动解析需要同时用到文章中句法和语义的信息。解析指示词语的句法信息包含以下内容。

- 指示词组和可能的指示物之间的句法特征的一致性。
- 最近的可能的指示物(接近于指示词语)。
- 可能的指示物的句法位置(如主语、直接宾语、介词对象)。

• 句子之间的话题转变方式。

句法特征有助于解析包含类似单/复数、有生命/无生命以及主格/宾格/所有格形容词之间的差别。例如，上面文章中的代词传达了以下的角色特征：他（单数，有生命，主格），他的（单数，有生命的，所有格），它（单数，无生命的，主格/宾格）。有生命的代词（他、她、她的）基本上都是指代人类。无生命的代词"它"通常指事情（如它还没有入侵），但是也有出现困境的时候，它不指代任何东西；it was noted 注意到；it was decided 决定；it seems like that 看上去。

文章中的指示词组通常离它们的指示物很近。在"它还没入侵"（it had not invaded）中，代词指的是紧跟其后出现的名词短语"肿瘤区"（area of tumor）。"它的确部分堵塞"（在 it did partially occlude）中的代词具有同样的指示物，但是在这句中有两个发生期间的名词：上皮细胞和气管。因此，确定代词指的是最近的名词这一规则就更可能是候选者用于第一个例子，而不适合第二个。

可能的指示物的句法位置是个很重要的因素。例如，指示物在主语的位置要比在宾语的位置更可能是候选者，依次宾语的位置要比介词对象的位置更可能是候选者。在上述文章中的第5个句子中，代词"他"可以指患者或医师。专有名词"史密斯大夫"更可能是候选者，因为它是前面一句的主语。

中心理论通过计算每个句子的中心（关注的焦点）在会话中是如何转变的来证明指示物（Grosz et al.，1995）。在上述文章中，患者是前三句的中心，医师是第四句和第五句的中心，肿瘤区是最后一句的中心。在这个方法中，解答规则试图将中心的转变数最少化。因此，上述的文章中更适合与将第5句中的"他"解释为医师而不是患者，缘于它可使得中心平稳过渡。

解析指示词组的语义信息需要考虑词组的语义类型，以及它是如何与可能的指示物相关联的（Hahn et al.，1999）。

• 语义类型与可能的指示物相同。
• 语义类型是可能的指示物的图表类型。
• 语义类型与可能的指示物的具有相近的语义关联。

例如，在下面的文章中，确定的名词短语"密度"（the density）必须解析。如果短语"密度"先前出现过，这就是最可能的指示物。相反，短语 spiculated nodule "刺状结节"可挑出来，因为"结节"和"密度"具有相近关联的语义类型。在前面文章里，名词短语"球囊"也是明确的，需要解析。既然前面没有类似的名词出现，就需要建立一个与先前名词的语义关联。单词"膨胀"就是最合适的候选者，因为球囊是那种手术中用到的医疗器械。

1995年9月10日，妇科医生在患者的左乳房里摸到了块状物体。患者做了乳房X射线片，结果显示在她左乳房2:00~3:00的位置有一刺状结节，这在1994年时还没出现。中间还有微量钙化及低劣质密度。

时态表达是联系会话中各种事件的另外一个重要的语言机制（Sager et al.，1987）。例如，在上面文章中，乳房X射线片发生在医生触诊后，这就告诉我们触诊前结节不存在。时态表达有很多不同的方式。上面例子中的日期就在时间点上或时间间隔上指出了事件的发生。其他例子包含：在上午7点、星期二、8月1日、2003年、1998年的秋天等。可以应用另外的表达来安置与时间相关的一个事件，如昨天、今天早上、去年夏天、两年前、招供前的几天、几周后及自从12岁后等。

如果缺少时态表达，叙述中的时间趋向于出现唐突。这个规则使得别人能够确定上篇文章中的乳房X线照片发生在触诊之时或之后。用时态连词（如之前、之后、在什么期间、在什么时候等）可以将两个事件在时间上直接联系起来。应用时态修饰语可以详细说明事件连续的时间（如4h、1周、半年等）及发生的频率（如两次、每小时、每天一组等）。

## 8.5 临床语言的挑战

NLP 对常规语言具有挑战性，但在临床领域里有特别相关的争议，下面将进行讨论。

良好的性能：如果应用 NLP 系统的输出结果是为了帮助管理和提高临床护理的质量及推进研究，它必须具有足够高的敏感度、准确度，并且专门针对临床应用。不同的应用需要不同的性能水平；然而，总体而言，NLP 的表现不能明显的次于医学专家或模型有机体的数据库管理者。这一要求意味着在涉及 NLP 的应用程序的实际运用之前，必须对应用程序加以评估以保证能够衡量其表现的适当性。另外，因为在灵敏度和特异性之间有一个典型的折中，所以就需要一个具有灵活性的系统，它能够最大限度地利用所需的恰当的估量方法。

隐式信息恢复：许多卫生保健报告非常紧凑，经常会省略其他专家可能假设的信息。一个自动化系统可能需要捕获隐含的信息来执行特定的任务，因此 NLP 系统本身或应用 NLP 系统产物的应用程序需要包含足够的医学知识来做出合理的推论，这些推论在捕获隐含的信息方面是必要的。例如，在我们实施的一个诊断研究中，当医学专家在产科报告中读到这句"她的破裂时间 25 1/2h"就可推断出"破裂"意味着"胎膜早破"，因为根据上下文他们能够联系到自己的知识领域。

内部可操作性：为了在临床环境里正常运转，一个 NLP 系统必需无缝集成到一个临床信息系统，并且输出的结果具有能够便于被系统其他组成部分使用的形式。这通常包含以下含义。

• 该系统必须能处理许多不同的交换格式（即可扩展标示语言（XML）、HL7）。
• 该系统必须能处理与不同类型报告有关联的不同格式。一些报告经常包含一些具有不同类型配置的表。例如，图8.7显示了一个心脏导管术报告的部分内容。

一些章节包含文本（即手术执行、意见、一般性结论），一些内容由被空白区相互隔离开的结构性字段（即身高、体重）组成，还有一些内容由表格数据构成（即血压）。结构性字段很容易由人来解释，但是对普通 NLP 程序来说却成问题，因为空白和空格确定表格的格式而不是语言结构。

```
手术执行：右心导管
心包穿刺术

并发症：无
手术中所给药物：无
血液动力学数据
身高(cm)：180    体重(kg)：74.0
体表面积(m²)：93 血红蛋白(gm/dl)：11
心律：102

血压(mmHg)
     Sys   Dias  Mean  Sat
RA   14    13    8
RV   36    9     12
PA   44    23    33    62%
PCW  25    30    21

结论：心脏移植手术后
血流动力学异常
心包积液
心包穿刺成功
一般意见：
1600cc 的血浆液从心包囊中排出，血流动力学得到改善。
```

图 8.7　一份真实的心脏导管术报告的部分内容

- 该 NLP 系统必须产生输出，这个输出结果能够存储在已有的临床数据库里。然而，输出结果往往具有复杂性和嵌套的联系，它可能是错综复杂的或根本无法做到映射输出结果到数据库模式而没有重大的信息损失。依赖于数据库模式的信息损失是不可避免的。另一种方法涉及设计一个随同 NLP 系统的复杂的数据库，可以用来存储嵌套数据及带有广泛修饰符的数据。20 世纪 90 年代初，这样的数据库已经在哥伦比亚长老会医疗中心（CPMC）使用（Friedman et al.，1990；Johnson et al.，1991），并且使得 NLP 技术在 CPMC 中的有效利用起到了至关重要的地位。

- 底层的临床信息系统可能需要一个在后续的自动化应用中所使用数据的受控词汇。这就需要该 NLP 系统的输出结果能被映射到一个合适的受控词汇。有时词汇是土生土长的，有时又是标准的。例如，UMLS（Lindberg et al.，1993），医药系统化命名（SNOMED）（Côté et al.，1993），或疾病国际化分类（ICD-9）第 9 版（World Health Organization，1990）。由于自然语言表意的灵活性和复杂性，很可能会有重要的词条，将没有相应的受控词汇的概念，所以必须设计一种方法来处理这种情况。此外，NLP 系统必须能够依靠这种应用方法映射到不同的受控词汇。

互操作性：NLP 系统费时且难以开发，为了对多个机构和多样化应用起作用，它们最少产生包含一个受控词汇的输出结果。受控词汇是"标准"词汇将是理想的结果。否则，每个机构或应用程序都需要明确定义的受控词汇术语。除了受控词汇，有必要用标准的具有代表性的医学语言模型来表示重要的相互关系，比如否定、确定性、严重性、变化和时态等一些与临床术语相关的信息。目前由于没有规范的语言模型，为了能够使自动化应用程序恰当地应用 NLP 输出，有必要理解每个 NLP 生成的模型。拥有大量研究人员的 Canon 集团为创造一个广泛使用的医学语言模型，在合并不同代表性的医学语言模型方面进行了不懈的努力（Evans，1994）。这一努力的结果是取得了胸部放射性报告的通用模型（Friedman et al.，1995），但实际上该模型并没有被不同的研究人员所利用。

用于开发的训练集：NLP 系统的开发是基于对进行处理的文本样本的分析（手动或自动）。在临床领域，这意味着必须获得大量的文字形式的在线病例以用于训练 NLP 系统。不过这很成问题，因为许多 NLP 研究者与临床信息系统并没有直接的联系。访问在线病例属于机密行为，需要得到制度检查委员会（IRB）的批准，而且一般需要去除识别信息。结构字段的识别信息是直接移除的，但文本自身发生的信息如姓名、地址、电话号码、唯一性（如纽约市长）使得移除这项任务非常困难。理想情况是不同的医疗保健机构之间可以互相转让，想要的数据可以从大量不同的机构获取，那 NLP 系统就不必为特定的机构进行训练，但由于患者保密，想获取数据非常的困难。在处理文献时问题稍有不同。例如，摘要可通过 Medline 数据库获取，并提供给公众。此外，PubMed 中心（Wheeler et al.，2002）和其他电子期刊提供全文。

评价：评价一个 NLP 系统是至关重要的，但在健康保健领域却很困难，缘于黄金标准的难以获得及机构之间的数据难以做到共享。关于评价 NLP 系统的更全面的讨论可以参考（Friedman et al.，1997；Hripcsak and Wilcox，2002）。一般来说，没有可用的黄金标准可用来评估 NLP 系统的性能。因此，对于每个评价，招聘医学专家对象通常是必要的以便为测试集获得一个黄金标准。有几种方法可执行评估。有一种方法需要专家确定是否所有的基于测试集的文本报告提取以及编码的信息和关系是正确的。为这种类型的评价获取黄金标准是非常耗时和昂贵的，因为医学专家必须手工构造和编码报告中的信息。例如，进行一个与 SNOMED 相关联的编码研究时，为了对一个简短的急诊报告中所有的临床信息进行编码，花费了一个编码经验丰富的医生 60h（Lussier et al.，2001）。

另一种执行评价的方法是评价使用 NLP 系统生成的输出的临床应用程序的性能。这种类型的评价，不仅评价系统捕获的信息和相互关系，而且也评价使用其他临床应用程序的结构化信息的可及性和实际有效性。这种类型的评价有个优点就是它一般更容易为专家提供一个评估的黄金标准，因为他们不用对报告中所有的信息进行编码，而只需要在报告中检测特定的临床情况。与对所有数据进行编码的任务相比，这是一个耗时非常短的工作，一般并不一定经过专门训练，因为阅读病例报告和解释其中的信息是医学专家的日常工作。若要执行此类型的评价，需要了解工程技能及临床经验以制订查询系统，该查询系统将用来检索 NLP 系统所产生的适当的信息，并做出适当的推论。处方的查询可根据特定的任务相对简单或复杂。例如，基于出院小结的信息要确定一个患者是否经历过精神状态的变化，许多与这一概念相关联的不同的词条必须进行检索，如幻觉、精神错乱、阿尔茨海默氏症、心理状态每况愈下。此外，超过 24 种不同的修饰概念，如排除、危险中、家族病史、消极的、入院前、诊断检查等可能会修改相关的词条，这意味着心理状态的变化可以忽略不计，因为修饰语表示该患者目前并没有遇到精神状态的改变，但可能在过去，一个家庭成员可能经历过它，或正在进行诊断检查。

当使用 NLP 的输出来评估一个特定的应用程序时，性能测试将与特定的应用程序相关联，性能包括 NLP 系统和自动化查询双方的性能。例如，如果 NLP 系统在报告中正确地提取了结果"精神错乱"，但若查询中不包含这种疾病，就有可能损失敏感度；同样，如果查询没有过滤掉修饰性的状态，如"阴性"，就有可能损失精确度。为这种类型的评价研究分析结果时，确定是否在 NLP 系统中或在查询检索报告中发生过错误至关重要。此外，弄清如何修正错误及将要付出多少努力也很重要。在上面的例子中，简单的修正涉及：对查询来说要做一个增加新词条"精神错乱"的修正，再一个修正就是增加一个修饰词的过滤器。修正 NLP 系统可能会涉及对词典添加条目，这也非常简单。然而，一个更复杂的变化会涉及修改语法规则。

为了更好地了解由不同的 NLP 系统所使用的底层方法，由 NLP 系统可以参与其中的第三方执行评价的努力是需要的，以使不同系统的性能得到对照。在一般英文领域里，该工作由信息理解协会在 DARPA 的资助下历经数年得以完成（Sundheim，1991，1992，1994，1996；Chinchor，1998）。这些系统间的评价，不仅可以为不同的系统做比较，而且也大大促进了 NLP 系统在一般英文领域里的成长、改进及理解。目前，在有关生物学的团体中，正在为 NLP 系统做类似的努力。这些努力通过 KDD 的挑战、基因组学的 TREC 轨道、对生物学信息提取系统的 BioCreAtIvE 评估得到了证明（例如，以下就是在生物信息学社区里与 NLP 评价相关的网址：
http://www.biostat.wisc.edu/~craven/kddcup/，http://ir.ohsu.edu/genomics/ 和 http://www.pdg.cnb.uam.es/BioLINK/BioCreative.eval.html）。

确定信息类型加以捕获：确定 NLP 系统应捕获哪些信息是一个重要的决定。一些 NLP 系统可处理报告中的部分信息如入院诊断或主诉，而不是完整的报告。其他 NLP 系统可能具有高度的专业化性能，也可能具有专家的医学知识（即确定患者是否有社区获得性肺炎的知识）。

信息粒度划分：NLP 系统可以捕捉到许多不同层次粒度的临床信息。大粒度的等级构成报告的分类。例如，几个系统（Aronow et al.，1999）将特定临床状况的诊断报告分为阳性的或阴性的，如乳腺癌。另一个对信息的检索和索引用处很大的粒度级别，它通过映射信息到一个受控词汇捕捉相关的词条，如 UMLS（Aronson et al.，2001；纳德卡尔尼 et al.，2001），但修饰关系捕获不到。更具体的粒级还可以捕获到阳性和阴性的修正（Mutalik et al.，2001；查普曼 et al.，2001），而不是其他类型的修正（如严重程度、事件持续的时间和频率）。更加具体的粒级可以捕获所有与词条相关的修饰语，检索方便、可靠。

表达力相对于存取方便：自然语言非常传神。经常有几种方法来表达一个特定的医疗概念，还有很多的方式来表达概念的修饰语。例如，严重性这一信息可能会用 200 多个不同的措辞来表达，如微弱的、轻微的、不明确的、1＋、3 度、严重、广泛的和轻度至中度等。因为要对这些各种各样的修饰语表达进行解释，所以基于 NLP 结构输出的报告检索则因这些修饰符变得更复杂。此外，信息嵌套也增加了复杂性。例如，变化型的修饰语，像"改善"（在句子"肺炎没有改善"中），将使用嵌套来表示：变化型修饰语"改善"修饰"肺炎"，否定修饰语"没有"修饰"改善"。在这种情况下，有关检测肺炎变化的查询必须寻找与肺炎有关的原始发现，过滤掉与目前事件无关的病症，寻找发现的变化修饰语，并且如果已有变化修饰语，要确定在它之前没有否定修饰语。另一种表现形式通过摧毁嵌套的方式利于检索。该种情况可能会丢失一些信息，理想化的情况是这些信息并不重要。例如，"稍有改善"与"改善"在临床上可能没有不同，这取决于不同的应用。由于此类型的信息模糊且不精确，信息损失可能不会很大。然而，修饰语"没有"损失后影响将是巨大的，这种事件应该特殊处理。

异构格式：临床报告或报告内的文本并没有标准化结构。通常情况下，没有句号（即"。"）来区分句末，而是用新行或表格的形式来代替。这对人工解释来说很容易，但电脑却很难做到。此外，报告的章节和小节也不规范。例如，在 CPMC 中，诊断结果报告有许多不同的章节标题（如诊断、入院诊断、最终诊断、术前诊断及医疗诊断）。此外，经常省略部分章节标题或几个章节合并成一个。例如，既往病史及家族病史可能会报告在当前疾病历史的章节里。另外，还有一些指定的分段缺乏统一的规定。例如，手术病理报告往往是不同标本的发现，这在整个报告中都会提到，但却不是统一确定的（例如，相同的标本可能会称为标本 A、切片 A，或在同一报告中都称为 A)。

**缺乏一套标准化的域**：现正处理的域的知识对 NLP 系统来说很重要，因为 NLP 系统往往需要域提供的语境。举例来说，域的知识将促进隐含信息的恢复（例如，胸部 X 线照片中显示团块就表示乳腺肿块），或解析一个模糊的单词或缩写（例如，PVC 存在胸部 X 光中则表示肺血管阻塞，而它如果出现在心电图中就表示室性早搏复合物）。目前，没有标准的域来命名临床不同类型的文件。例如，在 CPMC 中，有一个域叫做心脏病学的报告，它可以对应到一个超声心动图、心导管诊断报告、心电图报告或压力测试。此外，虽然个别放射报告进行了编码，在放射学内不同区域（例如，腹部、肌肉骨骼系统等）并没有进行分类。

**大量不同的临床域**：因为有大量不同的临床域，所以每个域必须开发一个专门词汇。因为词条之间存在大量的重叠现象，虽然每个域可能与其自己的词汇相关，但是维持不同的词汇将使得效率低下，容易出错。然而，如果所有的域使用一个词汇，更多的词条就变得与越来越多的理解认识相关，导致模糊性的增加。例如，词条"释放"（discharge）可能是指离开机构（discharge from institution）、眼屎（discharge from eye）或导联引线的放电（discharge from lead）（在少数心电图报告中见到）。

**解读临床信息**：根据报告类型的不同所诠释的发现可能会有所不同。例如，从出院总结中的诊断部分检索信息与从放射学报告中提取信息相比，前者的信息更容易解读。放射学报告一般不包含明确的诊断，而是根据光类型的变化得到的连续光谱结果（如不透光斑块），到描述性的发现（如病灶浸润）用来解释和诊断（如肺炎）。在某些类型的临床报告中，会陈述一些描述性发现但不会做进一步的解释（例如，一个肺炎的发现不可能存在于一个放射性的报告中，而是一些与肺炎一致的发现，如可能会出现变硬或浸润），或解释与描述性的发现一起包含在内。因此，为了使 NLP 系统能够基于胸部 X 射线的结果来检测肺炎，NLP 系统或使用该系统的应用程序必须包含医疗知识。检测一个特定的疾病需要的知识可能相当复杂。为了开发这样的组件，可通过机器学习技术收集训练实例以用来自动制订规则（Wilcox and Hripcsak,1999）或培养贝叶斯网络（Christensen et al.，2002），但是这可能代价较高，因为样本的大小影响结果（McKnight et al.，2002），而且很多状况下，大量的实例都必须获得令人满意的结果。另一种方法是通过观察 NLP 系统可以产生的目标词条，与样本输出一起进行手工书写规则。对于这种情况，规则一般由布尔操作符组合（如与、或、非）和发现构成。例如，一个规则基于出院总结中的信息检测到一个肿瘤性疾病的合并症，可由超过 200 个词条的布尔组合构成（Chuang et al.，2002）。

**文本紧凑**：一般来说，临床报告非常紧凑，包含缩略语且往往省略标点符号。有些缩略语众所周知，但其他的可能定义独特。一个典型的住院医生签字记录的例子中充满缩略语并且无标点符号，如图 8.8。缺乏标点符号意味着不好划定句子边界，从而给 NLP 系统带来更多的困难，因为他们通常依赖于对定义良好的句子的识别。由于缩略语非常含糊且不明确从而导致很多问题。

---
Admit 10/23
71 yo woman h/o DM, HTN, Dilated CM/CHF, Afib s/p embolic event, chronic diarrhea, admitted with SOB. CXR pulm edema. Rx'd Lasix.
All: none
Meds Lasix 40mg IVP bid, ASA, Coumadin 5, Prinivil 10, glucophage 850 bid, glipizide 10 bid, immodium prn
Hospitalist = Smith PMD = Jones Full Code, Cx >101

---

图 8.8　住院医生签字记录的例子

**释义取决于上下文**：因为语境信息常常影响释义所以必须包括在发现中。报告分段和报告类型对释义来说很重要。例如，肺炎出现在胸部 X 光报告的临床信息分段里，可能意味着排除肺炎或患者有肺炎，而肺炎出现在诊断分段里则没有歧义。同样，家族史的一段哮喘史并不意味着患者患有哮喘。

**罕见事件**：自然语言系统需要足够数量的训练例子，用来改进或测试系统。引起注意的某些事件，如医疗失误和不利事件，并非总是报道。因此，它可能很难找到大量所必需的报告来训练和测试为特定应用程序服务的 NLP 系统。在这些事例中，用语的知识来源可能有助于提供与罕见词条有关的词汇知识，这些罕见词条可能出现在与引起注意的事件相关的文本中。

**印刷和拼写错误**：临床报告有时会包含印刷错误，这可能会导致系统丢失信息或使人误解信息。拼写错误的自动更正是困难的，且又会带来更多的错误。例如，印刷错误的单词 hyprtension 会造成临床信息丢失；无需额外的知识来自动纠正这个错误不太可能，因为它可能会自动指为"高血压"（hypertension）或"低血压"（hypotension）。一个特别严重的错误可能涉及类似的读音的医学词条替代。例如，药物 Evista 可能错拼写成 E-Vista，这是两个不同的药物。此错误类型不仅给自动化系统带来了麻烦，也给手工阅读信息的医疗专家带来了麻烦。

**电子记录的有限可用性**：不是所有的临床文件都是电子版形式。在许多医院，每天的临床记录（如护理笔记和病程记录）都记录在文件图表里但不上网，它们所包含的信息对照顾患者至关重要。NLP 系统必须能得到电子文本形式的文件以进行处理。扫描仪可以用来获取电子版格式的图像文件，随后光学字符识别（OCR）技术就可以获取文件的文本。然而，OCR 技术在获取文件方面通常不够准确，尤其是人类专家常常发现有些文件难以阅读。

## 8.6 挑战生物语言处理

**域的动态性**：生物分子学的域的动态性很强，不断为生物分子个体创造新的名字同时撤回旧名字。例如，在2003年7月20日，老鼠基因组信息学网站（Blake et al.，2003）报道说有104个名称发生更改，还仅仅是涉及老鼠机体方面名称的变化。如果考虑到其他生物也正积极地进行基因测序的话，该周改变名称的数目将大得多。

**生物分子名称的模糊性**：经常用两、三个字母组成的短符号来对应生物分子个体的名称。仅用几个字母组成不同组合的名称的数量相对较小，它极有可能导致名称对应不同的含义。例如，to是一个非常频繁的英语单词，对应两个不同的果蝇基因和小鼠基因色氨酸2,3-双加氧酶。另一种情况可造成基因名称含糊不清的数量增多，即不同模式的生物组相互独立的对基因和其他个体命名，导致相同的名称代表不同的个体。从整个生物医学领域来看，这种含糊不清的问题实际上更严重。例如，cad可代表超过11种不同的存在于果蝇和老鼠的不同生物分子个体，但它同时也代表了冠状动脉疾病的临床概念。造成模糊性问题的另一个因素是生物体具有不同的命名公约。开发这些公约不是为了NLP，而是为了在个体的数据库中保持一致性。例如，Flybase指出"基因名称必须精简。名称应该暗示出该基因的功能、突变显型或其他有关的特点。该名称必须是唯一的，而不是先前已被用于果蝇的基因"。这个规则相当松散，导致名称含糊不清。

**生物分子个体数目巨大**：生物分子领域中的个体数量非常大。举例来说，仅考虑人类、苍蝇、老鼠和蠕虫的基因大约有70 000，而相应的蛋白质数量则超过了10万。此外，有超过100万的物种及大量的小分子和细胞系。存在如此之多的名称意味着NLP系统必须拥有大型的包含不同的名称的知识库，或它通过参考语境能够动态识别类型。当不使用知识源来动态识别个体时，在已建立的术语系统里将非常难以确定它们。

**异名**：名称是在模型生物数据库的群落内创建的，但它们与作者写文章时使用的名称并非总是一致的。作者有很多方法可以使名称发生更改（特别是长名称），从而导致名称识别困难。在医学领域也存在这种情况，因为频繁的使用标点符号及其他特殊类型的符号使生物分子领域里的问题加剧。一些较常见变异的出现是由于使用标点符号和空格（bmp-4, bmp 4, bmp4）、数值变化（syt4, syt Ⅳ）、包含希腊字母的变更（iga, igalpha）及语序差异（3激酶-磷酸肌醇，催化, α多肽，催化 α多肽 3-激酶磷酸肌醇）。

**嵌套名称**：很多生物分子个体的名称很长，也包含子串的名称。例如，caspase recruitment domain 4（募集域4胱冬酶）和caspase（胱冬酶）都对应基因的名称，如果caspase recruitment domain 4在文章中发生变体，NLP系统不能识别整个名称的话，字串caspase就会被错误识别。

**缺乏一个标准的系统命名法**：不同模型生物群落具有不同的系统命名法，且都是某一特定生物体的标准。每个群落支持一个命名个体的数据库，提供唯一的标识符，并列出同义词和首选形式。然而，每个群落支持的不同的数据库具有不同的架构和分类法。因此，NLP系统必须从多样化的资源中获取所需的知识。虽然基因本体论者（GO）（Gene Ontology Consortium, 2003）是一个财团，目的是要产生一个统一的受控词汇，以适用于所有的生物体（甚至基因和蛋白质在细胞积累和变化中的作用），但它仅能应用到生物功能、进程和结构中。

**文本的异质性**：许多摘要可从Medline上获得。因为它们可以以纯文本的形式取得，所以很容易审阅。然而，大部分的生物分子信息只出现在完整的期刊文章中，这些文章具有不同的文件格式。它们可能是便携式文档格式（PDF）、超文本标记语言（HTML）或XML文件，这样它必须首先得转换为纯文本。PDF文件格式不容易转换为文本，虽然有商业软件可用于执行转换，但目前还是容易出错。此外，HTML文件适合在浏览器里显示，但不能依赖它详细说明信息的语义。例如，它可能会识别如"导言"这样的章节，因为它用粗黑体表示出来了。另一个问题是，一些重要的信息可能会在图表里作为图形格式，因此不能作为文本来访问。例如，在化学期刊里，化合物的名称经常是以一个字母跟着全称和示意图出现的。在文章正文里，单一字母代替名称会造成信息损失。此外，期刊往往需要订阅，花费巨大。

**语言的复杂性**：生物语言的结构非常具有挑战性。在临床文本中，重要的信息通常用名词短语表示，由包括描述性信息如调查结果和修饰语构成。在生物分子学的文本中，很重要的信息通常包含相互作用和关系，用动词或名词短语表示，往往带来极大的嵌套结果。动词短语通常具有比名词短语更复杂的结构。捕捉到动词的参数及词序的参数都很重要（例如，Raf-1激活Mek-1与Mek-1激活Raf-1的意义截然不同）。一个典型的句子通常包含几个嵌套的相互作用。例如，句子"由白细胞介素-3（IL-3）诱导的严重的磷酸化作用通过特效抑制剂3-激酶磷酸肌醇（PI3-kinase）得以抑制"包括4个相互作用（也有2个指定的缩写形式加括号里表达的）。这种相互作用和参数如表8.7所示。嵌套的关系可以用树状图更清楚地说明（图8.9）。请注意，一些相互作用的参数也是互相影响的（即诱导的第二个参数是磷酸化）。另外还请注意，句子中没有明确指出的参数用一个"?"表示。

表 8.7　嵌套互动,摘自句子"由白细胞介素-3(IL-3)诱导的严重的磷酸化作用通过特效抑制剂 3-激酶磷酸肌醇(PI3-kinase)得以抑制"。"?"表示该参数不存在于句子中

| 相互作用 | 参数 1(介质) | 参数 2(目标) | 相互作用 标识符 |
| --- | --- | --- | --- |
| 磷酸化作用 | ? | 严重的 | 1 |
| 诱导 | 白细胞介素-3 | 1 | 2 |
| 抑制 | ? | 3-激酶磷酸肌醇 | 3 |
| 抑制 | 3 | 1 | |

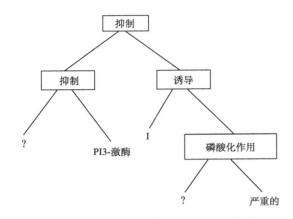

图 8.9　句子"由白细胞介素-3(IL-3)诱导的严重的磷酸化作用通过特效抑制剂 3-激酶磷酸肌醇(PI3-kinase)得以抑制"中生物分子的嵌套相互作用树

多学科性:为了能让 NLP 研究人员有成效的在生物的文本中提取适当的信息,他们需要了解该领域的一些知识。这是一个很大的挑战,因为这需要了解生物学、化学、物理、数学和计算机科学的相关知识。

## 8.7　NLP 的生物医学资源

生物医学领域中有大量的受控词汇为 NLP 系统提供术语学知识。

- UMLS(包括元词表、语义网络、专科词典;参见第 7 章),可作为医学词典的知识基础和来源。专科词典为单词和短语提供详细的语法知识,涵盖全面的医学词汇。它还提供了一套工具作为 NLP 的助手,如词汇变体发生器、对应 UMLS 词条的索引单词、一个文件有关派生变体[如"腹部"(abdominal)、"腹部"(abdomen)]、拼写变体[如"胎儿的"(fetal)、"胎儿的"(foetal)],和一组新古典主义形式[如"心脏"(heart)、"心脏"(cardio)]。UMLS 的元词表提供标识符的概念,语义网络为这些概念指定不同的语义范畴。该 UMLS 中还包含不同语言的术语(如法语、德语、俄语)。
- 其他受控词汇(如医学分类命名法(SNOMED)、ICD9、实验室观察、标识符、名称和代码(LOINC)也可以作为 NLP 的词汇知识来源。这些词汇也认为是多语种的宝贵资源。例如,SNOMED 可用作法国词汇资源(Zweigenbaum and Courtois,1998),ICD 可作为开发国际语的资源(Baud et al.,1998)。
- 生物数据库。它包括如老鼠基因组信息学(Blake et al.,2003)的模式生物数据库、Flybase 数据库(Flybase Consortium,2003)、WormBase 数据库(Todd et al.,2003)、酵母属数据库(Issel-Tarver et al.,2001)、更全面的数据库 GenBank(Benson et al.,2003)、Swiss-Prot(Boeckmann et al.,2003)、LocusLink(Pruitt et al.,2001)。
- GENIA 汇编(Ohta et al.,2002)。目前这个汇编从 Medline 收录了超过 2500 条的摘要,这些摘要都与人体血细胞中的转录因子有关。它拥有超过 10 万条的手写注释词条,这些词条都用生物学领域里合适的句法和语义信息进行了标记,为机器学习技术提供了宝贵的黄金标准评价并为之训练数据。它还有一个附带的本体论。

## 致谢

本章材料来自由美国政府赞助的国家科学院的部分工作中的内容。材料中表达的任何意见、研究成果、结论或建议仅代表作者的观点,并不一定反映美国政府或国家科学院的意见。

## 推荐读物

*Allen J.* (1995). *Natural Language Understanding* (2nd ed.). Redwood City, CA: Benjamin Cummings.

这本教科书供计算机科学家和计算语言学家使用,对在自然语言理解方面使用的理论和技术进行了说明。其重点是使用象征性的以规则为基础的方法,以及句法、语义、话语加工水平。

*Charniak E.* (1993). *Statistical Language Learning*. Cambridge: MIT Press.

这是第一本覆盖统计语言处理的教科书,供计算机科学家使用,言简意赅。

*Friedman C.* (Ed.) (2002). *Special issue: Sublanguage. Journal of Biomedical Informatics*, 35(4).

这种针对子语言的特刊包括 6 篇文章,是由目前正

在生物医学领域里从事处理子语言的主要研究人员写的。

*Harris Z., Gottfried M., Ryckmann T., Mattick Jr. P., Daladier A., Harris T. N., Harris S. (1989).*

*The Form of Information in Science: Analysis of an Immunology Sublanguage. Reidel,*

Dordrecht: Boston Studies in the Philosophy of Science.

这本书对分析生物医学科学语言的方法进行了深入的描述。它为科学著作中发现的语言结构及信息到简洁形式表达法上的映射提供了详细的说明。书中含有用英语和法语两种语言对免疫学领域里14篇未删节研究论文进行大量分析的内容。

*Jurafsky D., Martin J. H. (2000). Speech and Language Processing: An Introduction to Natural Language Processing, Computational Linguistics and Speech Recognition. New York: Prentice-Hall.*

这是一本很好的教材,全面覆盖自然语言处理、计算语言学和语音识别方面的深入方法。自然语言处理方法包括象征性的和统计学的两种模型,并涵盖了广泛的实际应用。

*Manning C. D., Schütze H. (1999). Foundations of Statistical Natural Language Processing. Cambridge: MIT Press.*

这本教科书包含统计自然语言处理的全面介绍,以及建立统计 NLP 系统需要的理论和算法。

*Sager N., Friedman C., Lyman M. S. (1987). Medical Language Processing: Computer*

*Management of Narrative Data. New York: Addison-Wesley.*

这本书描述了语言字符串项目早期使用的技术及其在生物医学领域开拓语言处理方面所做的努力,并说明生物医学文本如何被自动分析并对相关的内容进行总结。

## 问题讨论

1. 为心脏导管术报告(图 8.7)开发一个适当的表达式来规范 4~9 行的标记(从并发症到心率)。

2. 为心脏导管术报告(图 8.7)的最后 7 行创建专有词汇(从结论到最后)。使用表 8.2 中的标记,确定语言部分每个单词的词类。哪些词有多个词性?在该报告部分选择 8 个与临床相关的单词,并为它们提出适当的语义类别,并与 SNOMED 轴和 UMLS 语义网络的相一致。

3. 使用图 8.3 中的语法,画出 8.4.3 节讨论的例句 1a、2a 和 3a 所有可能的解析树。对于每个句子,表明它代表了正确的结构解析。

4. 使用图 8.3 中的语法,画出心脏导管术报告(图 8.7.)最后一句的解析树。

5. 使用图 8.4 中的语法,画出以下句子的解析树:体温没有升高;发低烧;疼痛明显好转;没有呼吸(提示:一些词位有多个单词)。

6. 在下面的文字中找出所有用作参考的表达,确定每个表达正确的指示物。假设该计算机试图通过寻找最新名词短语来识别指示物。这个解决规则会在多大程度上起作用?推荐一个更有效的规则。

患者去做 12 月 4 日的 AV 瘘手术。然而,他拒绝输血。在手术室,根据开始的切口确定,有太多水肿无法成功地完成手术,然后用空气钉关闭了切口。患者容忍了这一情况。

# 第 9 章　影像和结构信息学

## 9.1　引言

正如做过 X 射线、磁共振成像（MRI）检查或活检的人所有目共睹，影像已经在医疗保健过程中发挥核心作用。此外，影像在医学通信、教育及研究中扮演重要角色。事实上，我们最近取得的大部分进展，特别是在诊断方面，都可追溯到日益复杂的影像。这些影像不仅显示了令人难以置信的人体结构细节，也显示功能信息。

虽然有多种成像模态，但所有模态越来越多地被转换成数字图像或直接以数字形式获得。这种形式或多或少在所有成像模态中存在。因此，这有利于得到适应于普通图像的处理方法，如增强、分析、显示和存储。

由于生物医学图像的普及，越来越多的图像以数字形式表示，高效计算机硬件和网络的兴起，以及通用的图像处理解决方案，使得数字图像已经成为一个核心的数据类型，必须在许多生物信息学应用中给予关注。因此，本章专门讨论这一核心数据类型的基本认识和可以应用于它的许多图像处理操作。另一方面，第 18 章将阐述在不同应用中的图像处理和图像融合，特别是在放射学方面，因为放射影像的需求量最大。

本章和第 18 章所涉及的内容是生物医学影像信息学的通用部分（Kulikowski，1997），一个源于认识当图像被转换为数字形式、适用于所有图像模态和应用的共同问题的生物医学信息学分支。通过努力理解这些共同的问题，我们可以得到能够适用于所有图像的解决方案，而不论其来源。

影像信息学的任务可以大致分为图像生成、图像处理、图像管理和图像整合。图像生成是生成图像的过程，如果它们本来不是数字的，将它们转换为数字形式。图像处理采用预处理和后处理的方法来增强、可视化、或分析图像。图像管理包括用于存储、传输、显示、检索和组织图像的方法。图像整合是为理解、管理和其他任务将图像与其他所需的资料相结合。因为放射影像的管理需求量最大，也因为其代表了影像学的主要应用，第 18 章主要涉及后两者，而本章集中于前两者。

图像处理的主要目的是提取人体结构的信息。因此，影像信息学涵盖结构信息学，这是涉及表示、组织和管理不同来源的人体组织结构和其他机体结构信息的方法研究，既为自身目的也作为组织其他信息的手段（Brinkley，1991）。因此，本章许多的主题都与如何表示、提取和特征化图像中的最基本信息有关。

本章的例子，特别是三维成像与功能成像，主要来源于大脑成像，这是不断发展的神经信息学领域的一部分（Koslow and Huerta，1997）。我们选择脑成像，原因有以下几个方面。

（1）作者之一（JB）对脑成像技术有强烈兴趣。

（2）美国人脑计划（HBP）（Human Brain Project，2003）在脑成像方面取得了实质性的结果。

（3）现行的医疗成像工作有很大一部分涉及脑成像。

（4）目前正在做的与最先进的影像信息学相关的工作集中于这一方面。

因此，除了介绍数字图像和图像处理的概念，本章阐述了许多影像信息学、结构信息和神经信息学中的概念。

我们首先介绍数字图像的基本概念，然后介绍二维和三维的人体结构的成像方法。之后，我们介绍了二维和三维结构图像的处理方法，主要将其作为一个可视化、提取、表征解剖的手段。本章结束时，将讨论人体功能成像方法，几乎所有的方法都涉及将功能数据映射或配准到结构的表示上，该结构表示是用前几章所述的技术提取的。

## 9.2　基本概念

### 9.2.1　数字图像

数字图像通常由计算机中一个二维数组表示（位图）。数组的每个元素代表了图像中一个小方形区域的强度，称为像素。如果我们考虑一个立体图，那么一个三维的数组是必需的；在这种情况下每一个数组元素代表一个体积元，称为体素。

我们可以以这种方式在计算机上存储任何图像，无论它是从模拟转换为数字形式或直接产生于数字形式。一旦图像为数字形式，它可以同所有其他数据一样进行处理。它可以在通信网络中传输；以磁或光介质在数据库中高密度存储；显示在图形显示器上。此外，计算机的使用创造了一个全新的生成和分析图像的功能；图像可直接计算，而不用测量。此外，数字图像可以以一种对于胶片的图像来讲不可能的方式进行显示或分析。

### 9.2.2　成像参数

所有图像都可以由几个图像质量参数来表征。这些参数中最有用的是空间分辨率、对比度分辨率和时间分辨率。这些参数已被广泛用于描述传统的 X 射线图像，它们还提供了比较多种模态数字图像的客观手段。

- **空间分辨率**与图像的清晰度有关，它是成像模式区分目标上彼此靠近点的能力的度量。对于数字图像，空间分辨率通常与单位区域内的像素数目有关。

- **对比度分辨率**是指区分微小强度差异能力的度量,它与可测参数的差异有关,如 X 射线衰减。对于数字图像,图像对比度分辨率与每个像素的位数有关。
- **时间分辨率**是创建一幅图像所需时间的度量。如果成像过程能够和其物理过程同步发生,我们就认为该成像过程是实时的。每秒至少 30 幅图的速率就可以产生跳动心脏的清晰图像。

其他与医学成像特别相关的参数是侵入程度、电离辐射剂量、患者的不适程度、仪器尺寸(便携性)、能够描绘生理功能及解剖结构,以及可用性和安装在特定位置的成本。

一个完美的成像模式包括良好的空间分辨率、对比度分辨率和时间分辨率、低成本、方便携带、无风险、无痛、非侵入性,它用非电离辐射,它能够描绘生理功能及解剖结构。

## 9.3 结构成像

如 9.6 节中所述,虽然功能成像是一个非常活跃的研究领域,但人体结构成像已经并将继续是主要的医疗成像领域。各种结构成像方式的发展可以部分看成是追求完美的成像方式。出现各种成像方式的主要原因是没有单一的方式能够满足所有的需求。另一种成像方式多元化的原因是在 4 个主要领域同时取得了进步,并且研究人员已经迅速开发出了结合每个领域新元素的方法。这 4 个领域是能源、重建方法、更高维度和造影剂。

### 9.3.1 能源

#### 1. 光

最早的医学图像用光创建照片,包括大解剖结构,或者用显微镜时的病理标本。光仍是生成图像的重要来源,而且事实上光学成像已经复苏,如分子成像(Weissleder and Mahmood, 2001)和关于大脑皮质外露面的大脑活动成像等领域(Pouratian, 2003)。但可见光并不能使我们看到身体表面以下很浅的东西。

#### 2. X 射线

X 射线在 1895 年由伦琴首次发现,他因此获得 1901 年诺贝尔物理学奖。这一发现引起全世界的兴奋,尤其是在医学领域;到 1900 年,已经有一些辐射医学学会。成立了基金会支持专门研究结构成像和功能成像的这一医学新分支(Kevles, 1997)。

现在胶片的成像方式仍然是放射科使用的主要方式,虽然随着数字式或计算机放射成像(CR)设备的安装,这种状态正在迅速改变。我们通过将 X 射线束(一种电离辐射形式)从 X 射线源开始,通过患者的身体(或其他对象)投影到 X 射线感光胶片从而形成典型的 X 射线图像。因为 X 射线束对于各种身体组织的吸收有差异,X 射线在感光胶片上产生阴影。所产生的阴影是所有通过 X 射线的结构的叠加。数字化放射成像(DR)采用了相同的技术,但采用了非胶片探测器。其中一种 CR 技术采用了特殊涂层磁带记录、由计算机扫描以数字形式生成图像。在另一种技术中,检测器直接以数字形式采集数据。虽然这些技术获得的图像后来可能会印刷在胶片上,但其实并不需要这样做。

胶片和荧光屏幕均被用来记录原始的 X 射线图像,但荧光图像过于微弱不用于临床。到了 20 世纪 40 年代,电视和图像增强器技术被用来制作清晰的实时荧光图像。今天,许多检查的标准过程是将 X 射线实时电视监控图像和选定的分辨率更高的图像相结合。直到 20 世纪 70 年代初,胶片和荧光检查屏是 X 射线唯一可用的方式。

传统的 X 射线图像具有很高的空间分辨率和不高的花费。此外,它们可以实时生成(透视),可通过便携式仪器得到。其局限性在于相对低的对比度分辨率,其使用的电离辐射无法描述生理功能。另外的成像原理已经被应用以提高对比度分辨率、消除 X 射线辐射等。例如,在核医学成像中,放射性同位素被附着在生物活性化合物(如碘)中,然后将其注射到患者的外周循环。该化合物聚集在特定的身体组织或器官(如甲状腺),它在此由人体储存或处理。同位素发射局部辐射,使用特殊的探测器测量该辐射。由此产生的核医学图像描述了每个测量点的辐射水平。由于原始计数的数字化,电脑被用来记录该辐射。多图像还可以进行处理以获得动态信息,如在特定部位同位素的到达率或消失率。

#### 3. 超声

另一种常见的能量源是超声(超声回波扫描),它是由美国海军在第二次世界大战期间进行研究发展得到的。超声检查使用高频声波脉冲而不是电离辐射来得到人体结构图像。当声波遇到患者的身体组织,一部分反射,一部分仍在继续传播。当它反射时,回波返回所需的时间与进入人体内的距离成正比;回波的幅度(强度)取决于遇到的组织的声学特性,在图像中以亮度表示。该系统通过显示多个相邻的一维路径脉冲回波构造二维图像。这样的图像可以存储在数字存储器或由录像带记录,然后显示为电视图像(光栅显示器)。

#### 4. 磁共振

从磁生成图像源于磁共振(nuclear magnetic resonance,NMR)成像技术,它是一种一直在化学中用于表征化合物特性的技术。人体内许多基本核有净磁矩,所以它们的行为像小磁铁。当一个小化学样本放置在一个高强度、均匀磁场中,这些基本核按该区域磁场方向排列,按照一个与基本核类型、周边环境和磁场强度有关的频率绕磁场轴旋转。

如果某一个特定频率的电脉冲以适当方向作用于恒定磁场,那些旋转频率等于脉冲频率的原子核将产生共振和吸收能量。较高的能量状态导致原子核依据恒定磁场改变方向。当射频脉冲被取消,原子核返回到原来的排列状态,同时发出可检测的射频信号。这个信号的特征参数,如强度、持续时间和来自原脉冲的频率变化,与原子核的密度和环境有关。

在传统的磁共振成像技术下,不同的分子环境产生不同频率的变化(称为化学位移),我们可以以此确定样品中的特定化合物。然而,在原始的磁共振方法中,信号不局限于一个特定区域的样品,所以不可能成像。磁共振成像称为 MRI 成像,直到以计算机为基础的重建技术出现时才出现,它代表了计算机在医学应用上最辉煌的一个发展。

## 9.3.2 重建方法

重建技术首次应用于 X 射线图像旨在解决典型投影成像的结构的叠加问题。图像中给定点的 X 射线代表了光束通过人体结构产生的所有衰减的总和;结构阴影可能会掩盖了临床医师希望可视化的对象。对比造影,使用不透 X 线的对比剂来突出感兴趣的领域(如胃、结肠、泌尿道),早在 1902 年就用于解决这个问题。第一次临床血管造影试验是在 1923 年进行的,其通过注射乳浊剂进入血液进行血管成像。

分离叠加结构的愿望也促进了一系列模拟层析技术的发展。在这些方法中,X 射线源和探测器分别在弧的对面移动,从而造成薄层(平面)部分保持良好聚焦,而其他平面很模糊。然而,因为模糊区域也一直暴露在 X 射线下,这种方法将患者暴露于较高剂量的 X 射线。

Radon 在 1917 年首次研究从投影重建图像的数学方法,后来被其他研究人员改进。这些方法在 20 世纪 50 年代和 60 年代用以解决许多领域的科学问题,包括射电天文学和电子显微镜学。在 20 世纪 60 年代后期,CorMack 用此技术重建了 X 射线仿真模型(已知形状的物体)。在 20 世纪 70 年代初,Hounsfield 领导了伦敦的 EMI 公司的一个团队,该公司开发了第一个商业上可行的计算机断层扫描(CT)扫描仪。

CT 根据 X 射线的多个角度衰减值从数学上重构图像,而不直接描绘一个测量的参数(当通过人体时 X 射线的吸收)。从而,它可以显示横截面切片,而不是结构叠加的二维投影。因此,CT 图像提供了精确的三维空间人体内部结构,这是一种 X 射线图像不能提供的功能。他们还大大提高了对比度分辨率。

在基本的 CT 成像技术中,患者被置于一个 X 射线源和探测器之间,X 射线源产生了一种平行(铅笔状)光束。X 射线源和探测器之间的 X 射线强度之差代表了通过组织的 X 射线衰减量。这是一个投影或射线所通过人体组织所有衰减量的叠加。最简单的重建方法,称为反投影法,测得强度被均匀分布在所有通过的像素。

例如,如果测量衰减值为 20,并通过了 10 个像素,那么,10 个像素中每个像素的 CT 数是以 2 为单位递增。

单个投影的衰减量不足以重建一幅图像。但是,同样的反投影计算可用于多个投影衰减量。源和探测器绕患者旋转,可以沿每个路径测量 X 射线衰减。由于每个像素都有多个投影路径通过,其合计衰减量是每个路径衰减量的总和。该总和提供了每个像素 X 射线衰减的合理的一阶逼近。该图像进一步利用数学边缘增强技术(称为卷积)来改善。实际上,卷积去除了从反投影带来的阴影,从而锐化了模糊的图像。

CT 扫描仪的发展极大地提高我们可视化相邻结构的能力,医生第一次能够无创、清楚地看到一个活生生人的内部。这种能力导致医学的一次革命,几乎和 X 射线成像一样伟大。因此,Cormack 和 Hounsfield 被授予 1979 年的诺贝尔医学奖。

CT 扫描仪发明后,该投影重建的基本方法被应用于其他能源成像,包括磁(磁共振)、超声波(超声波传输断层扫描),以及核医学成像的变形称为正电子发射断层扫描(PET)和单光子发射计算机断层显像(SPECT)。

最引人注目的投影重建例子是 MRI 而非 CT,该重建是基于磁共振(Oldendorf,1991)。正如上一节所述,磁共振利用到原子核的磁性能特点来表征样品的核的分布和化学环境。要使用这些参数构造一幅图像,我们需要一种在较大的组织内限制样本量的方法。有了这个限制,每个小量的组织的磁共振信号参数可以映射到体素强度来描述不同组织特征。

小样本量的限制利用一个事实,即原子核的共振频率随着磁场变化。如果可以为每个小量组织产生不同的磁场,那么特定频率的射频脉冲将只激励该小量组织内那些与该脉冲频率的共振的原子核。基本方法使用电磁线圈将一个交变磁场加到一个大型固定磁场上,从而建立一个磁场梯度。

这个梯度是根据样品量的位置并通过电子改变的。例如,我们使用一个梯度设置截面($z$ 轴方向,虽然该截面的方向可根据患者任意选定),第二个梯度设置在一个单一截面内的一条线(在 $x$、$y$ 平面)。正如 CT,沿着这条线的检测信号是沿该线所有体素的信号总和。因此,$x$、$y$ 方向的梯度根据电子旋转,旋转截面并在给定的平面内产生额外线。同样的 CT 重建技术可重建给定平面内的单个体素值。由于每个体素有许多不同参数可以测量,可以构造许多不同类型的图像,其中许多仍在发展中。

## 9.3.3 高维度

大多数常规放射影像仍然是二维的。但是,因为人体是一个三维对象并随着时间变化,总是存在创建三维时变图像的动力。近年来,数字硬件的进步提供了足够的存储和吞吐量来处理大型时变体素的数据库。重建模式,如 CT、PET 和 MRI,所有这些或者本来就是三维,或者可通过一系列紧密排列的平行切面构造成三维图像

(见 9.5 节)。因此,这些技术的唯一缺点是需要时间和费用来获得一系列平行切片,而所需要的时间和费用正变得越来越少。

另一方面,不能从平行切片得到超声图像,因为声音不能通过骨或空气。基于这个原因,我们通常通过附加一个三维定位设备到传感器来获得三维超声信息。定位器给出了切片平面在空间的位置和方向。在硬件可以存储大量数据之前,大量的超声图像首先被二维处理以提取二维解剖的轮廓或区域;二维的轮廓根据位置信息转化为三维轮廓,然后分别用矢量图形显示(Brinkley et al.,1978)。这种做法对定量有用,但没有提供一个真实的三维对象的视觉。

### 9.3.4 造影剂

如上所述,新成像模式发展的主要动力之一是希望增加对比分辨率。我们已经阐明使用放射造影剂和重建技术是增加不同能源之间的对比度、分辨率非常成功的示例。此外,组织学染色,如苏木精和伊红剂(H&E)已使用多年用以加强组织切片的对比度,引入磁性造影剂如钆,以提高 MR 图像对比度。

虽然这些方法都非常成功,但是它们通常有些非特异性。近年来,分子生物学的进步带来了设计针对单个分子有非常强针对性的造影剂的能力。除了在核医学中用的放射性标记的分子,分子标记也在磁共振成像和光能量成像中应用。标记分子在二维或三维中成像,通常在临床中应用重建成像技术。分子标记已使用了数年,在体外,如免疫细胞化学技术(结合标记的抗体与抗原)(Van Moorden,2002);在体内,如杂交(结合标记的核苷酸序列和 DNA 或 RNA)(King et al.,2000)。最近,已发展多种方法在活的有机体中对这些分子进行成像,从而开创了在分子水平上了解人体功能的全新时代。

### 9.3.5 新的和正在兴起的结构成像方法

最近几年已开发多种新成像技术。这些技术大部分可以看作一种能源、基于计算机的处理或重建技术、由于数字硬件进步增加的维数,以及越来越多的分子造影剂结合的产物。本节的其余部分描述了这些技术的几个例子。

在人体解剖层次,电荷耦合器件(charge-coupled device,CCD)相机可以用来将现有的基于胶片的设备转换为可生成数字形式图像的设备。存储荧光物质的系统或 CR 系统在标准胶片录像带中用可反复用荧光盘来替代胶片。一个阅读系统扫描曝光板将图像转换为数字形式,然后清除板、包装卡盒以备重用。CR 系统一个重要的优点是其尺寸是标准的,这样它们可以用在任何用胶片卡盒的设备上(Horii,1996)。最近,CR 系统利用 CCD 阵列来直接捕捉图像。许多新的基于磁共振的模式正在开发。例如,用于血流成像的磁共振造影(MRA)和磁共振静脉造影术(MRV)(Lee,2003),以及越来越多地用于大脑白质纤维束成像的扩散张量成像(DTI)

(图 9.1)(Le Bihan et al.,2001)。

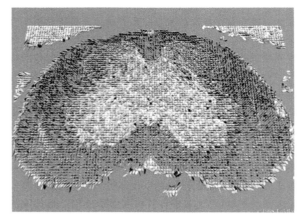

图 9.1 老鼠的脊髓扩散张量影像(DTI)。DTI 技术在每一个像素上输出一个 3×3 扩散张量,其描述测量到的三维空间中 6 个基本方向上水的扩散。对于灰质,扩散一般在所有方向是均匀的(各向同性),但白质的扩散垂直于纤维方向是减少的。因此,DTI 用于可视化白质纤维束。由于每个像素(或三维空间的体素)是由一个 3×3 矩阵描述的、代表每个像素的信息,计算机图形可视化技术是必要的。本图中,一个轴沿着扩散张量基本方向的椭球代表了扩散张量。

照片提供者:David Laidlaw(Ahrens et al.,1998)

超声波机器基本上已经成为连接着外围设备的专用计算机,具有活跃的三维成像能力。现在超声换能器经常能扫描出三维的体积,而不是一个二维的平面,将数据直接写入到一个三维排列的内存,利用体绘制或表面绘制技术显示(图 9.2)(Ritchie et al.,1996)。

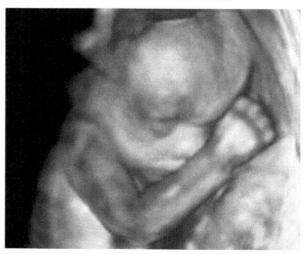

图 9.2 子宫内一个胎儿的三维超声图像。超声探头扫出三维体积而不是传统的二维平面。可对该体积直接使用体绘制技术进行显示,或如此图,用表面绘制技术提取胎儿体表面进行显示。照片由"GE 医疗"Per Perm 提供。http://www.gemedicalsystems.com/rad/us/education/msucme3d.html.

在微观层面上,共聚焦显微镜使用电子聚焦在显微镜上移动一个三维组织的二维切片平面。其结果是一个三维微观甚至亚微观、标本的像素阵列(Wilson, 1990; Paddock, 1994)。在电子显微镜水平上,电子断层扫描使用类似 CT 的技术由厚电镜截面产生三维图像(Perkins et al., 1997)。

分子水平的标记分子越来越多地应用到活的生物体,并用光、放射性或磁性能源成像,而且通常使用三维和重建技术。这些不同的高特异性分子的标记方法相结合,促进了分子成像(Weissleder and Mahmood, 2001; Massoud and Gambhir, 2003),其中脑功能成像(参见 9.6 节)代表了生物医学成像最令人兴奋的一些新发展。它正可能使基因序列信息、基因表达序列数据和分子成像技术相结合,不仅确定哪些基因被表达,而且确定它们在器官的什么地方被表达。在后基因时代精确确定基因是如何产生器官的结构和功能等方面,这些功能将变得越来越重要。

## 9.4 二维图像处理

由于数字图像的巨大优势之一是它们可以像任何其他类型的数据一样被处理,数字图像迅速增加的数量和类型制造了很多图像处理任务。在计算机发展的早期,这种优势是显而易见的,其在处理卫星和航天图像的成功使人们对其在生物医学图像处理方面产生很大的兴趣,包括用于解释的自动图像分析。自 20 世纪 60 年代开始,研究人员为此投入了大量的工作,最终希望大多数放射图像分析可以自动进行。

首批引起关注的领域之一是 X 射线胸片的自动解释,因为先前大多数患者入院前须接受例行的 X 射线胸部检查(现已不再认为这种做法在成本上是合理的,除了对于特定的患者群)。然而,随后研究证实完全自动解读 X 射线图像存在很大困难,最初的热情大都早已不复存在。目前,很少强调完全自动化的系统解读,而更多的是用户辅助系统,除了在专门的领域如脑成像。

### 9.4.1 二维图像处理的基本概念

数字图像操作或图像处理,一般涉及将一个或多个输入图像转换成一个或多个输出图像,或输入图像内容的抽象表示。例如,可以改变强度值以提高对比度分辨率,或一组术语集(胸腔积液,肺结节)可以被联系到特定的感兴趣区域。

增强图像可以便于人们观察;表示原图像中没有的形象;标记可疑区域以备更进一步的临床检查;量化器官的形状和大小;并为图像和其他信息融合做准备。这些应用大多需要图像处理 4 个基本步骤中的一个或多个:全局处理、分割、特征检测和分类。这些步骤通常是按顺序执行,尽管后面的步骤可能会反馈到前面,并且并非所有的步骤为每个应用程序所必须。大多数步骤可以从二

维泛化到三维图像,但三维图像会带来额外的图像处理机会和挑战,这些将在 9.5 节讨论。

全局处理涉及整个图像计算,不考虑局部的具体内容。其目的是为增强图像以便于人观察或计算机做进一步分析。一个简单但重要的例子是 CT 图像的灰阶加窗。CT 扫描仪生成的像素值(Hounsfield 数,或 CT 数)在-1,000 至+3000 之间。但人不能区分超过 100 阶的灰度。为 CT 图像全精度可用,操作者可以调整中点和所显示 CT 值的范围。通过改变显示的灰度水平和宽度(即像素值和显示灰度值之间映射的截距和斜率,或粗略地讲,亮度和对比度),放射科医师提高了在一个感兴趣的小区域观察对比度微小变化的能力。

分割涉及从整体图像提取感兴趣区域(regions of interest,ROI)。ROI 通常对应有意义的结构,如器官或部分器官。该结构可以通过其边界划定,其中可以使用边缘检测技术(如边缘跟踪算法),或该结构可以由图像组成确定,其中可用区域检测技术(如纹理分析)(Haralick and Shapiro, 1992)。这些技术都未完全成功,边界区域经常有间断或无法区分的内部组成。此外,毗邻区域经常重叠。这些及其他复杂性使得分割成为医学图像分析问题中最困难的子任务。由于计算机难以完成分割,它通常是由手动操作员完成,或通过自动化和交互式操作结合的方法完成。因此,它仍然是阻碍图像处理技术广泛应用的一个主要瓶颈。

特征检测是从分割后的区域提取有用参数的过程。这些参数本身可能是有用的信息,例如,心脏体积或胎儿的大小。它们还可以输入到自动分类程序,它决定了能找到对象的类型。例如,X 射线胸部图像上的圆形小区域根据其强度、周界和所处区域等特点可能被列为肿瘤。

数学模型经常被用来辅助图像分析子任务的实现。在传统的模式识别应用中,全局处理、分割,特征检测和分类等子任务通常是按顺序进行。人不过反复执行模式识别。例如,放射科医师可以认知微弱的图像,可以跟踪不连续边界,部分原因是他们知道在寻找哪些特征。许多研究者已经应用人工智能技术来模仿这些子任务之间的相互作用。计算机编程利用了一些放射科医生的高层次解剖知识来解读图像。因此,高层次的器官模型为指导较低水平的分割过程提供了反馈。

应用程序的性质决定了执行哪些子任务、选择每个子任务所用的技术和子任务的相对顺序。因为图像的理解是一个尚未解决的问题,也因为许多应用是可能的,可用于数字图像的图像处理技术是有价值的。

### 9.4.2 二维图像处理实例

虽然完全自动的图像分析系统在将来方可能实现,但是广泛应用的数字图像和与之相结合的图像管理系统,例如图像存档和通信系统(PACS;见第 18 章),及强大的工作站,已促使许多图像处理技术的应用。一般来说,常规技术都在制造商的工作站(如磁共振操纵台或超

声波机),而更先进的图像处理算法以软件包形式运行在独立的工作站。临床环境中的二维图像处理主要用于图像增强、筛查和量化。这种图像处理软件主要由位于独立使用的工作站开发。几个期刊集中于医学图像处理(如 IEEE、Transactions on Medical Imaging、Journal of Digital Imaging、Neuroimage),当数字图像变得更为普及时,期刊论文数量迅速增加。我们在本节的剩余部分只描述图像处理技术的几个例子。

**图像增强**　采用全局处理以改善图像的外观,无论是为人使用或计算机后续处理。所有主机制造商和独立的图像处理工作站提供一些形式的图像增强。我们已经提到加窗 CT。另一种方法是反锐化掩模,其从原始图像中减去一个模糊图像以增加局部对比度和提高细节(高频)结构的可见度。

直方图均衡在整个可见光范围内扩展图像灰度以最大化该灰色水平的可视性,这是经常使用的方法。时空减影法从后者减去参考图像,参考图像和前者配准。时间减影法的常见用途是数字减影法血管造影(DSA),其中注射对比剂后,背景图像被从原图像中减去。

**筛查**　使用全局处理、分割、特征提取和分类,以确定是否应该由放射科医师或病理学医师为一幅图像做标记以仔细审查。这种方法允许计算机标记相当多的正常图像(假阳性),要求它极少漏报异常图像(假阴性)。如果标记的图像数量相对图片总数比较小,那么自动筛查过程在经济上是可行的。筛查技术已被成功地应用于 X 射线乳腺肿块及钙化图像识别、X 射线胸部肿瘤结节、帕氏(Pap)癌或癌病变前细胞涂片(Giger and MacMahon, 1996),以及其他许多图像(图 9.3)。

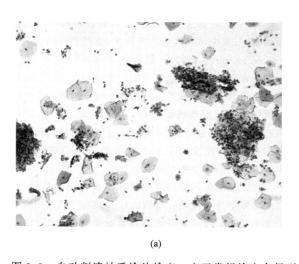 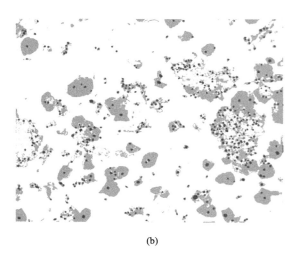

(a) (b)

图 9.3　自动判读帕氏涂片检查。由于常规检查会得到大量的帕氏涂片,我们需要减少由于纯人工读片带来的花费和潜在的错误。(a)宫颈细胞的原始显微图像;(b)分割后的图像。在特征检测和机遇特征的分类之前,程序把细胞和细胞核分割开来。异常分类的细胞会被标注出来,再进行人工操作。照片来源于 Peter Locht,可视化诊断,http://www.imm.dtu.dk/visiondag/VD03/medicinsk/pl.pdf。

**量化**　使用全局处理和分割来表征的有意义的感兴趣区域。例如,心脏大小、形状和运动是心脏功能和治疗结果的重要指标(Clarysse et al., 1997)。同样,超声图像测量的胎儿头部大小和股骨长度是胎儿的健康的重要指标(Brinkley, 1993b)。虽然文献中描述了心脏或胎儿图像自动或半自动分割技术的价值,临床上最常见的仍然是由受过训练的医师手工描绘。不过这种状况应该改变,如半自动技术(让用户校正计算机分割错误的情况)在特别定制的独立工作站被广泛应用。

## 9.5　三维图像处理

随着三维和更高维度的结构功能图像(见 9.3.3 节)的应用日益增多,我们可以更真实地观察人体各部位的结构和功能。这种技术在脑成像中被广泛地使用。因此,本节着重讨论三维的脑成像,并且大家应该意识到这些用于脑成像的方法同样可以应用于其他的领域。

像全局处理、图像分割、特征提取和分类这些最基础的二维图像处理操作可以被推广到三维并且通常是图像处理应用的一部分。然而,三维或更高维度图像会产生额外的信息,这包括图像配准(这在二维时也会偶尔发生)、解剖结构的空间表达、解剖结构的符号表达、解剖图谱中空间表达和符号表达的整合、解剖的变化和解剖结构的描绘。这些问题的前提都是解剖结构,因此可以被认为是结构信息领域的一部分,也可以被理解为成像信息学和神经信息学的一部分。

接下来的章节将会讨论这些附加的信息问题。

## 9.5.1 图像配准

前面提到过,三维体数据在计算机中是以三维体阵列存储的。每一个体素代表一个小空间体积的图像强度。为了精确地描述解剖结构,每个体素必须在三维体积内精确地配准(体素配准),同一个物体各个体积之间也要相互配准(体积配准)。

**1. 体素配准**

像 CT、MRI、MRV、MRA 和共聚焦显微镜(见 9.3 节)等技术都是三维的,扫描仪输出的是一系列断层图像,这些图像很容易被格式化为一个三维体阵列,并且配有误差校正的算法用来补偿由于患者在扫描中运动造成的误差。因此,基本上所有 CT 和 MR 制造商的操控平台都包括一些三维重建和可视化功能。

正如在 9.3.3 节中所述,可以通过获得组织或整个样品的相近空间的一系列平行断层将二维图像转化为三维。这样,问题在于怎样排列这些断层。对于整个部分(冰冻或者固定的),标准的方法是在切片前嵌入细棒或线,在每一层上作为人工标准点,使相应的基准点在三维空间中成为一条线(Prothero and Prothero, 1986)。目前最流行的例子就是可视化人体。它通过获得一系列断层图像来重建完整的三维物体(Spitzer and Whitlock, 1998)。

在显微水平很难引入基准标记,所以固有的组织标记经常被用作为基准点。但是这样的话组织的形变又成为一个难题,所以需要非线性的图像变换。例如,Fiala 和 Harris(2001)开发了一个界面,允许用户在电子显微切片上显示小的细胞核的中心,如线粒体。实施一个非线性的变换(扭曲)使特征点配准。

国家显微镜和成像研究中心(http://ncmir.ucsd.edu/)正在研究一种方法(不同于其他方法),它把厚连续切片重建和电子断层扫描相结合(Soto et al., 1994)。这种情况下,层析技术被用到每个厚切片,以产生一个三维数字化厚板,最后,排列厚板从而产生了三维体积。相对于比标准的连续切片法,这种方法的优点是切片不要很薄,需要的切片也少。

另一种从二维图像到三维体素的配准方法是立体匹配,这是一种在计算机视觉中开发的技术,它从已知角度获取多个二维图像,并在图像上找到对应点,用相对的已知相机角度计算匹配像素的三维坐标。该技术在马里兰大学被人类脑计划(HBP)合作的计算机科学家和生物学家应用到从电子显微镜图片重建突触。

**2. 体配准**

一个与对齐单独切片相关的问题是对齐同一个物体的不同图像,即体内部配准。由于不同模态图像提供了互补的信息,常常可获得同一个人的多模态图像。因为每个脑成像模态提供了不同的信息,这种对脑成像特别有用。

例如,PET(参见 9.3.2 节)能提供功能的有用信息,但不能提供良好的解剖局部化信息。同样,MRV 和 MRA(参见 9.3.5 节)显示了血液流动,但没有提供同标准 MRI 一样可见的解剖图。将这些模态与 MRI 相结合,我们可以在解剖图像上显示功能图像,从而提供了一个共同的神经解剖学框架。

在我们自己(JB)的人类脑计划的工作中,我们获得了一个描绘皮质解剖的磁共振数据集,一个描绘静脉的 MRV 集及描绘动脉的 MRA 集(Modayur et al., 1997; Hinshaw et al., 2002)。通过将这些模态图像"融合"成一个单一的共同参考框架(解剖图由 MRI 数据提供),可以获取单一模态不明显的信息。在此情况下,融合数据集被用来生成一个可视化的大脑表面,如同神经外科一样,其中静脉和动脉提供了醒目标志(图 9.9)。

要解决的多模态图像融合的主要问题是体配准,也就是说,对齐独立获得的多个图像。在最简单的情况下,独立图像是在同一环境下得到的。患者的头部可能被固定,并且图像的头信息可能被用来进行旋转和重采样图像,直到所有的体素对应。

但是,如果患者移动,或者检查是在不同时间进行的,则其配准方法是必要的。当各模态图像的亮度值相似时,配准可以通过以亮度为基础的优化方法自动完成(Woods et al., 1992; Collins et al., 1994)。当亮度值不相似时(像 MRA、MRV 和 MRI 的情况),图像可以对齐到同一模态的已经对齐的模型(Woods et al., 1993; Ashburner and Friston, 1997)。另外,基于标记的方法也都可以使用。基于标记的方法类似于对齐系列切片的方法,但在这种情况下,标记是三维点。Montreal 配准方法(MacDonald, 1993)(可做非线性配准,如 9.5.5 节讨论)就是一个程序例子。

## 9.5.2 解剖空间表示

重建和配准后的三维图像可使用体绘制技术直接可视化(Foley et al., 1990; Lichtenbelt et al., 1998)(图 9.2),它通过从观察者眼睛方向通过体素阵列投影光线将三维体素投影到图像平面得到二维图像。因为每个射线穿过许多体素,一些形式的分割(通常是简单地取阈值)通常是用来消除模糊的结构。当提高了工作站的内存和处理能力,体绘制已被广泛用于显示各种类型的三维体素数据,包括由共焦显微镜制作的细胞图像到三维超声图像,以及磁共振创建的脑图像或 PET。

批量图像也可以输入到基于图像的技术以便将图像体从一个结构变形到其他结构,如 9.5.5 节所述。然而,更常见的图像体处理是提取一个明确的空间(或定量)解剖学表示。这些明确的表示可以提高可视化、结构的定量分析、人群的比较解剖学和功能数据映射。因此,这是一个大部分涉及三维图像处理的研究。

提取解剖的三维曲面或体积区域形式的空间表示,

是通过一个 9.4.1 节中所讨论的推广了的三维分割技术。正如在二维的情况下，完全自动化的分割是一个尚未解决的问题，如 IEEE Transactions on Medical Imaging 中一些文章所述。然而，因为高品质的脑部 MRI 图像，近几年脑成像取得了很大的进展。事实上，一些软件包能够可靠地完成自动分割的工作，特别是对皮质和皮质下区域宏观正常的脑解剖图（Collins et al., 1995；Friston et al., 1995；Subramaniam et al., 1997；Dale et al., 1999；MacDonald et al., 2000；Brain Innovation B. V., 2001；FMRIDB Image Analysis Group, 2001；Van Essen et al., 2001；Hinshaw et al., 2002）。HBP 资助的互联网脑图像分割库（Kennedy, 2001）是一个正在开发的脑图像分割库，用于比较不同分割的方法。热门的分割和重建技术包括系列切片重建、基于区域的方法、基于边缘的方法、基于模板和知识的方法及综合的方法。

**1. 系列切片重构**

提取解剖图的经典方法是手动或半自动跟踪对齐好的系列图像切片中每个感兴趣区域的结构轮廓，然后在轮廓上平铺一个面（Prothero and Prothero, 1982）。这些平铺的面通常由边缘彼此连接的三维点阵列组成，从而形成三角形面。由此产生的三维表面网格使用标准的三维表面渲染技术可以进一步分析或显示，如同在电影工业中应用的计算机生成技术（Foley, 2001）。

无论是全自动轮廓跟踪还是全自动平铺切片，在一般情况下已得到满意的证实。因此，半自动轮廓跟踪和半自动平铺切片仍然是由系列切片重建的最常用方法，系列切片重建本身仍然是提取微观三维大脑解剖的首选方法（Fiala and Harris, 2001）。

**2. 基于区域和边缘的分割**

此节和下面章节主要集中于宏观水平的分割。对于基于区域的分割，体素根据特征如与相邻像素的强度和相似性分为邻近区域（Shapiro and Stockman, 2001）。一个基于区域分割的共同初始化方法是先将体素分为少数几类组织类如灰质、白质、脑脊髓液体和背景，然后使用这些分类法作为进一步细分的基础（Choi et al., 1991；Zijdenbos et al., 1996）。另一个基于区域的方法称为区域增长法，它从种子体素开始在候选区域内手动或自动增加区域（Davatzikos and Bryan, 1996；Modayur et al., 1997）。由这些方法确定的区域往往进一步通过数学形态学算子处理（Haralick, 1988），以消除不必要的连接和漏洞（Sandor and Leahy, 1997）。

边缘分割是基于区域的分割的补充；强度梯度用于搜索和链接器官的边界。在二维情况下，轮廓跟踪方法连接相邻的边界点。在三维情况下，等值面跟踪或 marching-cubes (Lorensen and Cline, 1987）方法在一个区域连接边界体素变成一个三维表面网格。基于区域和边缘的分割方法都是低层次的技术，只看局部区域的图像数据。

**3. 基于模型和知识的分割**

现行最流行的医学图像分割方法是使用可变型模型，包括对人脑及其他生物的结构的分割。基于开创性的称为"Snakes"的 Kass 等的工作（Kass et al. 1987），可变型模型已经为二维和三维图像处理而开发。在二维情况下，可变型模型是轮廓，往往由直线或一个样条的简单集合表示，它被初始化为图像的近似轮廓。然后，根据既包括限制轮廓变形程度的内在项又包括奖励趋近图像边界的内部项代价函数，使轮廓变形。在三维情况下，一个三维表面（通常是三角网格）以类似方式变形。有几个 HBP 资助下使用可变型模型进行脑分割的例子（Davatzikos and Bryan, 1996；Dale et al., 1999；MacDonald et al., 2000；Van Essen et al., 2001）。

可变型模型的一个优点是代价函数可以包括预期的大脑解剖知识。例如，用于 MacDonald 开发的方法的代价函数（MacDonald et al., 2000）包括了大脑皮层厚度的预期项。因此，在某种程度上这些方法变得基于知识的，解剖学知识被变换用到代价函数中。另一种基于知识的方法明确记录了一个几何约束网络的形状信息（GCN）（Brinkley, 1992），变换了基于训练集的局部形状变化量。形状约束在要寻找边缘的图像上定义搜索区域。发现边缘，然后结合形状约束以改变模型，为额外边缘减少搜索区域大小（Brinkley, 1985, 1993a）。这种模型较纯可变型模型的潜在优势是模型的知识被明确表示，而不是隐含在代价函数中。

**4. 组合方法**

大多数脑分割程序包使用按顺序的组合方法。例如，在我们自己（JB）最近的工作中，我们首先使用一个 GCN 模型来代表整体皮质"外壳"，不包括详细的脑回和脑沟（Hinshaw et al., 2002）。该模型是半自动可变的，以适应皮层，然后作一个蒙片用于删除假皮质，如头骨。随后，等值面被应用到蒙掉区域以生成详细的皮质表面。该模型还用于对齐的 MRA 和 MRV 图像以蒙掉等值面前的假皮质的静脉和动脉。最后，提取的皮质、静脉、动脉面被用于生成一个复合可视的大脑如神经外科所见（图 9.9）。

MacDonald 等（MacDonald et al., 2000）描述的自动多分辨率表面变形技术称为自动邻近分割（anatomic segmentation using proximities, ASP），其中一个内、外表面逐步变形以适应图像，代价函数包括图像项、基于模型的项和邻域项。Dale 等（Dale et al. 1999）描述了一个在 FreeSurfer 方案中实现的自动化方法（Fischl et al., 1999）。这种方法先找到灰-白质的边界，然后采用变形模型拟合平滑的灰-白质（内部）和白色脑脊液（外部）表面。Van Essen 等（Van Essen et al., 2001）描述了 Sure-

Fit方案,其找到皮质灰-白质边界的中间地带,及灰色脑脊液的边界。中值表面是根据由图像亮度、亮度梯度及皮质拓扑知识所确定的内部和外部的边界的概率表示生成。其他软件还结合了不同的分割方法(Davatzikos and Bryan,1996;Brain Innovation B. V.,2001;FMRIDB Image Analysis Group,2001;Sensor Systems Inc.,2001;Wellcome Department of Cognitive Neurology,2001)。

### 9.5.3 解剖的符号表示

给定分割的解剖结构,无论是宏观还是微观层面,无论是表示为三维表面网格或提取的三维区域,通常为其结构附加标签(名称)来描述。如果名称取自可控制的术语,它就可以作为一个索引引入结构的数据库,从而为比较多个实体的结构提供了量化的手段。

如果词汇的条目被组织成解剖概念和关系的符号定量模型(本体模型),它们可以支持以"智能化"的方式完成操作和检索分割结构的系统。如果解剖本体和其他的生理和病理本体连在一起,它们可以提供日益复杂的各种图像和数据含义的知识,它们正日益成为在线数据库。我们的信念是这种类型的知识(对于计算人员的,而不是对于科学家的)是必要的,可用于实现对所有形式的图像和非图像数据的无缝集成。

在最基本的水平,解剖学名词Nomina Anatomica (International Anatomical Nomenclature Committee,国际解剖命名委员会,1989)及其后的解剖学术语Terminologia Anatomica(Federative Committee on Anatomical Terminology,联邦解剖术语委员会,1998)提出了正式批准的与宏观和微观的解剖结构相关的术语分类。但是,此规范的术语列表已经被目前在各个领域的同义词大大扩大了,同时也扩充了大量被Terminologia Anatomica忽略的结构新词。很多这样增加的词出现在各种控制的术语中(例如,MeSH(National Library of Medicine,1999),SNOMED(Spackman et al.,1997),Read Codes(Schultz et al.,1997),GALEN(Rector et al.,1993)。不像Terminologia,这些词汇是完全基于计算机的,因此将自己纳入与计算机的合作的基于计算机的应用。

最完全首创的神经解剖术语是NeuroNames,由Bowden和Martin在华盛顿大学开发(Bowden and Martin,1995)。NeuroNames,这个在美国医学图书馆的统一医学语言系统(Unified Medical Language System,UMLS,参见第7章)中包括的知识源(Lindberg et al.,1993),被大部分组织嵌套成层次结构的一部分,连接着一个大的不符合严格层次关系的附属条目集。其他神经解剖术语也被开发(Paxinos and Watson,1986;Swanson,1992;Bloom and Young,1993;Franklin and Paxinos,1997)。生物信息学的一个挑战是提出一个共识术语或开发互联网工具通过局部修改使其分散但共同认可的术语得到意义明确的整合。

分类和本体项目迄今为止主要集中于安排在一个特定域层次的条目。正如我们注意到有关的术语解剖(Terminologia Anatomica)的演变(Rosse,2000),未对这些条目之间的关系给予足够重视。Terminologia和受控的医学术语的解剖学部分中,在它们细分层次结构的解剖学部分中,混合了"是一个"和"是一部分"的关系。虽然这种不一致性不会干扰使用基于关键字的方法检索这些术语表,但这些项目将无法支持高水平的知识(推理),它是以知识为基础的应用所需的。

在我们自己的美国华盛顿大学的结构信息学组,我们(JB和同事)正通过开发基础解剖模型(Foundational Model of Anatomy,FMA)来解决这方面的不足(图9.4),我们定义一个综合的身体组织结构的符号描述,包括解剖概念、他们欣赏的名称和同义词、定义、属性和关系(Rosse et al.,1998;Rosse and Mejino,2003)。

FMA正在Protégé-2000中实施。Protégé-2000是在斯坦福大学开发的一个基于框架的知识获取系统(Musen,1998;Mejino et al.,2001)。在Protégé中,解剖概念都被排列在类-子类形式的层次结构,继承了"是一个"的属性定义环节,和表示为框架中附加空位的其他关系(如部件、类、空间相邻)。FMA目前有超过70 000个概念,代表了大约10万条目,并用110种关系安排在120多万个链接中。这些概念表示了各级别结构:宏观(1毫米分辨率)细胞和大分子。大脑结构增加为神经解剖学基础模型(foundational model of neuroanatomy,FMNA),它是NeuroNames与FMA的整合(Martin et al.,2001)。

我们相信FMA将被证明对符号化组织和整合生物医学信息特别是从图像获得的生物医学信息是有用的。但是,为了解决神经科学和基础科学等领域的实质性查询,并开发深深依赖知识的"智能工具",附加的本体在其他事项中还必须开发,包括神经传递素调节的生理功能、病理过程和其临床表现,以及与它们相关的应用辐射学的表现。这些概念和人体解剖部分之间的关系也必须明确地建模。为了实现该类型的融合,新一代信息学的链接FMA及其他分别开发的功能性本体的努力将是需要的。

### 9.5.4 图谱

以二维或三维图像的分割区域的形式,或从图像集中提取的三维曲面的形式表示的解剖空间表征,往往是符号表示的结合,形成数字图谱。数字图谱(本章是指从真实物体提取的三维图像数据所生成的图谱,而不是美术家的插图)一般从单一个体所生成,因此这是一个"典型"的类型实例。传统上,图谱主要用于教育,大多数数字图谱以相同方式使用。

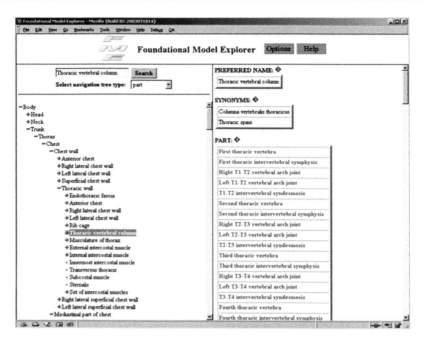

图 9.4 基础模型浏览器,华盛顿大学以框架为基础的解剖学基础模型(FMA)的网络浏览器。左边窗口显示了链接部分的层次视图。层次结构沿其他链接,如"是一个"、"分科"、"分支",也可以在这个窗口显示出来。右边窗口表示了与选定结构有关的详细的局部和继承的属性(条目),在这种情况下,胸椎列。亦见图 9.5。照片由美国华盛顿大学结构信息组提供

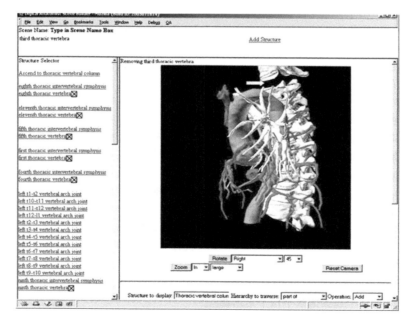

图 9.5 数字解剖学动态场景生成器(见正文)。该场景是向场景生成服务器请求以下结构生成的:主动脉部件、升主动脉分支、右心房的支流、气管支气管分支以及胸椎列的部件。然后该服务器要求旋转相机 45°,并用鼠标提供选定的结构名称。在这种情况下是第三胸椎。然后选定的结构被隐藏(注意箭头表示间隙)。左边的框架显示了胸椎柱的 FMA 层次结构的部分视图。检查结构与被加载到场景的三维"基本图"网格关联。照片提供者华盛顿大学结构信息组

作为一个二维的例子,数字解剖学互动图谱(Sundsten et al.,2000)是在二维图像上勾画感兴趣区域(ROI)(其中许多是由切片重建的三维场景的快照),并且用FMA的术语标记这些区域。该图谱在网络上可得到,允许互动浏览,用鼠标点击就给出结构名称;允许动态创建的"针图",选定的标签被附到图像上的区域,并动态生成的测验要求用户指出图像上结构(Brinkley et al.,1997)。

作为一个三维的例子,数字解剖学动态场景发生器(DSG,图 9.5)创建的交互式三维图册可通过网络"及时"查看和操作(Brinkley et al.,1999;Wong et al.,1999)。由切片重建的三维场景被分解成三维的"原始的"网格,每个网格对应单独部分的 FMA。在回答诸如"显示冠状动脉分支"的命令时,DSG 在 FMA 查找该分支,检索与此分支相关的三维模型,根据其在 FMA 类型中的层次为每个词根决定其颜色,呈现为一个二维快照的集成场景,然后将其发送到网络浏览器,在此用户可以更改摄像机参数,添加新的结构,或选择并突出结构。完整的场景也可以下载一个 VRML 浏览器观看。

一个从可视化人创建的三维人脑图谱的例子是 Voxelman(Hohne et al.,1995),其中可视化人头的每个体素以解剖结构的"广义体素模型"的名称做了标记(Hohne et al.,1990),动态生成了非常详细的三维场景。还制定了其他几个大脑图谱,主要用于教育(Johnson and Becker,2001;Stensaas and Millhouse,2001)。

解剖学作为一个组织框架主题,根据多方研究,图谱也整合了功能数据(Bloom and Young,1993;Toga et al.,1994,1995;Swanson,1999;Fougerousse et al.,2000;Rosen et al.,2000;Martin and Bowden,2001)。在他们早期发表的结果中,这些图谱允许手工绘制功能数据,如在硬拷贝打印输出的脑图片上手工绘制神经递质的分布。这些图谱许多已经或正在转化为数字形式。加州大学洛杉矶分校神经影像实验室(Laboratory of Neuroimaging,LONI)在发展和分析数字图谱方面特别活跃(Toga,2001b),加州理工学院 HBP 已经发布了网络可访问的微型磁共振成像的三维鼠图谱(Dhenain et al.,2001)。

使用最广泛的人脑图谱是 Talairach 图谱,它源于一名 60 岁妇女的尸体切片(Talairach and Tournoux,1988)。该图谱引入了比例坐标系统(通常称为"Talairach 空间"),它由 12 个矩形大脑目标区组成,这些区域被分段仿射变换到相应的图谱区域。利用这些转换(或简化的基于前、后连合处的单仿射变换),一个大脑中的目标点可以由 Talairach 坐标表示,从而与其他脑的类似变换点连接。其他人脑图谱也已开发(Hohne et al.,1992;Caviness et al.,1996;Drury and Van Essen,1997;Schaltenbrand and Warren,1977;Van Essen and Drury,1997)。

### 9.5.5 解剖差异性

大脑信息系统经常使用图谱为基础将功能数据映射到一个共同的框架,就像地理信息系统(geographic information system,GIS)使用地球作为基础合并数据。然而,不像 GIS,大脑信息处理系统必须面对一个事实是没有两个大脑是完全相同的,特别是人脑中高度折叠的皮质。因此,做脑成像的研究人员不仅必须开发表示个人的大脑解剖的方法,还必须开发联系多个大脑解剖图的方法。只有通过开发连接多种大脑的方法,才可能产生一个为组织神经科学数据的共同解剖参考框架。解决这个问题目前是 HBP 和一般的成像信息学的工作重点。

两种定量解决解剖差异性的一般方法可以定义为:①变形到模型图谱;②基于公众的图谱。

变形也可以用一个定量方式表示,如在定量分类一节中描述的。

**1. 变形到模型图谱**

目前最流行的解剖差异的处理方法是将目标大脑变形或变换到一个选择为模型的脑。如果模型脑已被分割并标记为一个图谱(见 9.5.4 节),并且目标大脑和模型脑的配准是准确的,那么目标大脑会被自动分割,并且其他任何用模型脑研究得到的数据可以通过逆变形自动地和目标脑对应(Christensen et al.,1996;Toga and Thompson,2001)。这种程序对于制定外科手术治疗计划非常有用,例如,统计的患者功能区匹配于手术患者的功能区时,它可以叠加在患者的解剖图上(Kikinis et al.,1996)。

问题当然源自词语"精确"。由于没有两个大脑甚至是拓扑相似的(脑沟和回出现在一个大脑中而不出现于另一个),它不可能完全将一个大脑配准到另一个。因此,非常活跃的研究问题是如何尽可能配准两个大脑,这是许多 HBP 研究者所追求的(Toga and Thompson,2001)。完成此功能的方法可以分为基于体积的变形和基于表面的变形。

**基于体积的变形** 单纯的基于体积的配准直接配准两图谱,不经预处理分割步骤。内部(单)患者的配准(参见 9.5.1 节)在两个数据集之间建立了线性变换,(多个)患者相互之间的配准建立了非线性变换(变形)在图谱的体素之间形成了联系。由于大脑皮质差异大,单纯基于体积的配准是最适合皮质结构的,而不是皮层。如线性情况,有两个基本非线性的量的配准方法:基于强度和基于标志的方法,一般都使用物理基础的办法或最小化的代价函数,以达到最佳变形。

基于强度的方法利用了体素本身的特点,一般没有分割的步骤,以非线性方式对齐两个图像集(Gee et al.,1993;Collins et al.,1995;Christensen et al.,1996;Kjems et al.,1999)。从去除头骨开始,这往往须手工完成。

基于标记的方法类似于二维情况;用户手动标明这两个数据集(通常借助于图谱的三个正交视点)的对应点。程序然后配准对应点,同时连带着干预的体素数据。

蒙特利尔配准程序(MacDonald,1993)可以做非线性三维形变,如 3-D 边变形程序(Bookstein and Green,2001),这是由 Bookstein 开发的二维边变形程序的推广(Bookstein,1989)。

一个基于标志的形变法的变种是匹配曲线或曲面而不是点,然后用表面形变作为基础对相关体素进行插值形变(Thompson and Toga,1996;Davatzikos,1997)。

**基于表面的变形** 基于表面的配准主要用于配准两个皮质表面。首先使用 9.5.2 节介绍的技术提取表面,然后基于图像或其他功能的数据被"印"在提取的表面上,它具有应用于表面的任何变形。由于皮层表面是大脑最易变的部分,也是最有趣的功能研究区域,目前正在做的大量的研究是该区域的基于表面的配准(Van Essen et al.,1998)。如果不是不可能的,去匹配两个处于折叠状态的表面,或想象它们所有的活动,将是非常困难的。(脑皮质的灰质基本上可以看作一个二维表面被弄皱了以适合头骨内部。)因此,很多努力一直致力于"重新确认"(Van Essen et al.,2001)皮质,使它更容易观察和记录(图 9.6)。这些技术的一个先决条件是分割皮层必须是拓扑正确的。这些方案,FreeSurfer(Dale et al.,1999)、Surefit(Van Essen et al.,2001)、ASP(MacDonald et al.,2000)及其他一些,均产生了合适重新配置的表面。

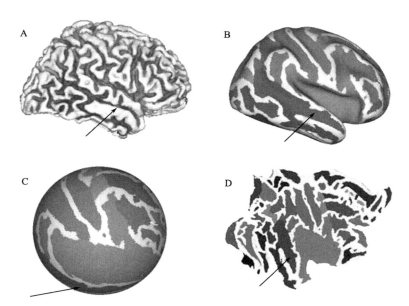

图 9.6 使用华盛顿大学 David Van Essen laboratory 实验室开发的 Caret 软件套件重新配置脑表面(Van Essen et al.,2001)。大脑表面首先被分割(A),然后膨胀(B),扩展到球面(C)和平坦化(D)。在所有阶段中,任何结构或功能的数据随着重新配置在表面上进行绘制。在这种情况下,大脑沟被画在表面上。箭头指向每个配置上的临时主要的回间沟。照片提供者:华盛顿大学 SUMS 数据库(Van Essen,2002),http://brainmap.wustl.edu:8081/sums/directory.do? dir_id=636032

常见的重新配置方法包括膨胀、扩展到区域和平坦化。膨胀通过有点像吹气球一样去掉脑沟回折叠面的皱纹(Fischl et al.,1999;Brain Innovation B.V.,2001;Van Essen et al.,2001)。由此产生的表面看起来像一个缺脑回(光滑)的大脑,其中只有大叶是看得见的,原始沟以更深色的曲线印在表面上。这些标记及任何功能数据,以其他重新配置方法进行了处理。"扩张到球"进一步扩大了膨胀脑到球形,画线仍然代表原来的脑回沟。在这一点上,定义一个基于表面的坐标系统作为纬经度线系列是简单的,该纬经度线对应于一个共同原点。该球坐标系统允许比三维 Talairach 坐标更精确地定量比较不同的大脑,因为它与皮质表面拓扑对应。表面也应该是这样的形式,也要应用必要的二维变形技术使标明在球形大脑上的沟回变形到模型脑球面上。

第三种方法是通过人工切割膨胀的脑表面使表面平坦化,然后在二维平面上平铺切割的表面同时尽量减少失真(Fischl et al.,1999;Hurdal et al.,2000;Van Essen et al.,2001)。既然当一个球体投射到面时是不可能消除失真,多种方法投影被设计出来,就像是有多种方法投影地球表面(Toga and Thompson,2001)。所有情况下,所产生的平面地图像地球的二维图谱,比三维表示更容易想象,因为整个皮层立刻可见。变换一个皮质到另一个的技术像球状地图一样适用于平面图,变换也可逆,将库中数据映射到个体抽取的表面。

变换这些重新配置的表面到任何一个模型表面的问题仍然是一个活跃的研究领域,因为它不可能完全匹配两个皮质表面。因此,大多数的方法是分层,其中大沟,如侧沟和中心回间沟被首先匹配,其次是小沟。

## 2. 基于人群的图谱

与变换到模型图谱有关的主要问题是确定哪些图谱被选做模型。哪个大脑应该被认为是"典型的"的大脑代表人群?如前所述,广泛使用的Talairach图谱是基于一名60岁的妇女。可视化人体的男性是名38岁的罪犯,女性是老妇人。对不同种族群体又会怎么样?这些因素促使几个工作组研究对人群中脑图谱的差异进行编码的方法,无论是整个人群或选定的子群。脑图国际联合会(International Consortium for Brain Mapping,ICBM)、几个大脑绘图机构在加州大学洛杉矶分校的协作的牵头机构(http://www.loni.ucla.edu/ICBM),正收集国际合作者提供的大量正常脑图谱(Mazziotta et al.,2001)。迄今为止数千图谱册,很多附有DNA样本为以后将解剖与遗传联系,均被存储在一个庞大的文件服务器上。随着数据收集,正在继续开发方法将这些数据纳入以人群为基础的图谱。

对这些方法一个很好的高水平的描述可以在Toga和Thompson的综述文章中找到(Toga and Thompson,2001)。该篇文章描述了三个开发基于人群的图谱的主要方法:基于密度的方法、基于标签的方法和基于变形的办法。在基于密度的方法中,一个大脑集先用线性配准转化到Talairach空间。相应体素接着被平均,产生一个"平均"大脑,保存了脑的主要特征,但平滑掉了详细的脑沟回(图9.7)。蒙特利尔平均脑是以这种方法平均了305正常大脑而建立的(Evans et al.,1994)。虽然不够详细到允许精确比较解剖面,但它作为粗糙的方法联系多个功能位点是有用的。例如,在我们自己的工作(JB)中,我们已经将多个患者的大脑皮质的语言点映射到平均脑,允许对不同子类患者的分布进行粗糙比较(Martin et al.,2000)。

在基于标签的方法中,一系列大脑被分割,然后线性变换到Talairach空间。构造每个分割结构的概率地图,使得对于每个体素,一个给定的结构是在该体素位置的概率可以被找到。该方法已在Talairach域实施了,Fox等开发了一个互联网服务器和Java客户端,作为ICBM项目的一部分(Lancaster et al.,2000)。一个Web用户输入一组或多组Talairach坐标,服务器返回那些坐标的一个结构概率表。

在基于形变的方法中,分析了通过非线性变形技术产生变形场的统计特性(见9.5.5节),便于对分组人群的解剖变异进行编码(Christensen et al.,1996;Thompson and Toga,1997)。这些图谱可以用来检测各种疾病的异常解剖。

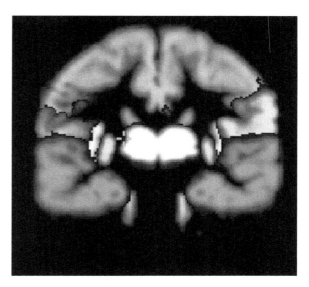

图9.7 概率脑地图,冠状部分。来自53个测试目标的个体MRI图像集被线性排列,每个目标的叶和深核被手动划定。这些划定平均了多个测试目标,用于创建似然度的概率地图以在某一指定的体素位置寻找叶或核。每个结构在这个彩色版的图像被描述成不同颜色。颜色的强度正比于在指定位置找到该结构的概率。照片提供者:加州大学洛杉矶分校神经影像实验室。http://www.loni.ucla.edu/NCRR/NCRR.Probabilistic.html

### 9.5.6 解剖的特征

寻找表示解剖的办法的主要原因是研究健康和疾病的结构和功能之间的关系。例如,树突分枝类型如何影响树突的功能?皮质褶皱模式是否影响大脑中的语言区域分布?胼胝体的形状是否涉及精神分裂症的易感性?可以将大脑结构的微妙变化看做是Alzheimer症发病的先兆吗?前面章节所述方法的可用性正使这类问题变得越来越有可能回答了。然而,为了研究这些问题,必须找到方法对提取解剖进行性质描述和分类。目前,正在开发定性和定量的方法。

## 1. 定性分类

描述解剖特征的经典方法是由生物学家将个体结构分到已经认可的各个不同组。这种方法在整个科学界仍然被广泛使用,因为计算机尚未达到人类大脑的模式分类能力。

细胞水平上的一个分类例子是60~80个形态类型细胞,它构成了理解视网膜神经回路的基础(它是大脑的产物)(Dacey,1999)。在宏观层面,Ono已开发出人脑沟图谱,它可用人脑沟模型表征个体人脑沟(Ono et al.,1990)。

如果这些和其他分类给出系统的名称被添加到在9.5.3节中描述的符号本体中,它们可用于智能加索引和检索,然后定量方法可用于更精确地描述结构-功能关系的特征。

## 2. 定量分类

定量描述解剖结构通常称为形态测定（Bookstein，1997）或计算神经解剖学（Ascioli，1999）。定量描述允许比定性方法更准确的分类方法，推动了进一步了解结构和功能之间的关系，以及结构与疾病之间的关系（Toga，2001a；Toga and Thompson，2001）。

例如，在超微结构水平上，立体测量学是从一个物体的采样数据估计结构组件分布的统计方法（Weibel，1979），它被用于估计目标的密度，如图谱中从系列电子微观图中重建的突触（Fiala and Harris，2001）。

在细胞水平上，Ascoli 等致力于 L-神经元项目，试图通过一个参数化的生成规则模拟树突状形态模型，其中参数是从实验数据确定分布中采样生成的（图 9.8）（Ascioli，1999）。由此生成的树突状模型只用小变量集包含了一个大的树突状形态类集。最后，希望能够产生可模拟大脑功能的虚拟神经回路。

在宏观水平上，基于标记的方法已经显示出与精神分裂症相关的胼胝体形状变化，它从视觉检查上是不明显的（DeQuardo et al.，1999）。基于图谱概率的方法正被用来描述疾病的增长模式和特定疾病的结构异常，诸如老年痴呆症和精神分裂症（Thompson et al.，2001）。由于这些技术更加广泛地提供给临床医生，早期诊断应该成为可能，从而可能治疗这些使人衰弱的疾病。

## 9.6 功能成像

许多成像技术不仅显示了人体的结构，也表示了功能。对于成像而言，功能可以通过观察随着时间推移结构的变化推断出来。近年来，显示功能图像的能力已大大加快。例如，超声波和血管造影被广泛用于通过描述室壁运动显示心脏的功能，超声多普勒可以对正常和紊乱的血流成像（Mehta et al.，2000）。分子成像（9.3.5 节）越来越能描绘叠加在结构图像上的特定基因表达，因此也可视为功能成像的一种形式。

功能成像一个特别巨大的应用是了解大脑的认知活动。现在常常可以把正常目标放在扫描仪中，给予人一个认知任务，如计算或识别物体，并观察大脑的哪些部分活跃起来。这个前所未有的观察活人脑功能的能力，开辟了探索大脑如何运转的全新途径。

脑功能成像方法可分为基于图像或非基于图像的。两种情况下，功能数据必须被定位到个体目标的解剖结构，其中的解剖结构毫无疑问是用前面章节介绍的技术从图像中提取的。一旦定位到解剖结构，功能数据可以与同一目标的其他功能数据整合，与其他目标的、解剖结构已联系到一个模型或概率图谱的功能数据整合。生成、定位和集成功能数据的技术是脑功能定位（functional brain mapping）领域的部分技术，它在过去几年里非常活跃，有几次会议（Organization for Human Brain Mapping，2001）和期刊（Fox，2001；Toga et al.，2001）专门讨论这一问题。

### 9.6.1 基于图像的脑功能映射

基于图像的功能数据一般来自扫描器，它生成相对低分辨率的体阵列描绘空间局部化兴奋。例如，PET（Heiss and Phelps，1983；Aine，1995）和磁共振波谱（MRS）（Ross and Bluml，2001）揭示了大脑功能的各种代谢产物的情况，和功能磁共振成像（functional magnetic resonance imaging，fMRI）显示在神经活动下发生的血氧变化（Aine，1995）。由这些技术产生的原始强度值必须采用先进的统计算法来处理，以分出观察到的强度值多少是由于认知活动产生的，又有多少是背景噪声产生的。

一个例子，功能磁共振成像的一个方法是应用于语言定位的车厢掠影模式（Corina et al.，2000）。该测试者被放在磁共振扫描仪中，并让他默念以 3s 为时间间隔显示在头盔的对象的名字。有实物体（"开"状态）和无实物体（"关"状态）交替显示，功能磁共振信号在开和关状态都被测量。关（或控制）状态的体素值减去开状态的体素

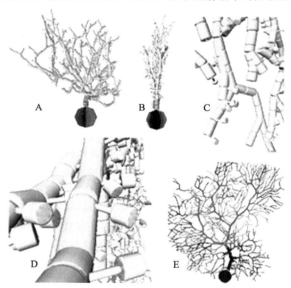

图 9.8 L-神经元的项目。特定人群神经元的分支模式是由从一个小的实验数据测量出的参数集合模拟的。这些参数用于生成合成神经元（A～D），它看起来非常象实验重建的神经元（E）。这些表示在 A～D 板的虚拟细胞是仅仅由 11 行随机规则创建的，它刻意模拟板 E 显示的、真实的含 2107 个格的浦肯野细胞。（A）前视图；（B）侧视；（C）树突状分枝的细节；（D）树突棘的细节。照片提供者：Georgio Ascioli，乔治梅森大学，http://www.krasnow.gmu.edu/ascoli/CNG/index.htm.（转载自 Ascoli, GA. Progress and Perspectives in Computational Neuroanatomy. Anat Rec. 257(6)：195-207。版权，1999，Wiley. Wiley-Liss Inc.，A Subsidiary of John Wiley & Sons, Inc. 许可转载）

值。不同值被测试,以便在非激活区域显示显著的差异,然后被表示为 t 值。t 值的体素阵列可以显示为一个图像。

一大批替代方法已经或正在被开发出来以获取和分析功能数据(Frackowiak et al.,1997)。对这些技术大部分的输出是一个低分辨率的三维图像体,每个体素值是一个给定任务的激活程度的测度。然后,低分辨率体通过线性配准映射到高分辨率结构 MR 数据库的解剖结构,利用 9.5.1 节中介绍的线性配准技术之一。

这些和其他许多技术采用 SPM 方案实施(Friston et al.,1995),还有 AFNI 方案(Cox,1996)、Lyngby toolkit(Hansen et al.,1999)及几个商业方案,诸如 Medex 公司(Sensor Systems Inc.,2001)和 BrainVoyager(Brain Innovation B. V.,2001)。匹兹堡大学的 FisWidgets 项目正为许多方案开发 Java 套装集使创建图形用户界面在一个集成桌面环境中完成(Cohen,2001)。类似的努力(VoxBox)正在宾夕法尼亚大学进行(Kimborg and Aguirre,2002)。

### 9.6.2 基于非图像的功能映射

除了基于图像的功能映射方法,还有越来越多的不直接产生图像的技术。这些技术的数据通常映射到解剖结构,然后作为功能重叠显示在解剖图像上。

例如,皮质刺激映射(cortical stimulation mapping,CSM)是一种在神经外科手术时映射暴露皮质功能区的技术(图 9.9)。在我们自己的工作(JB)中,该技术被用来映射皮质语言区,使其在一个切除肿瘤或癫痫病灶时能避免误切(Ojemann et al.,1989)。通过切除头骨部分(开颅术),患者被唤醒并要求其给幻灯片上的普通图像命名。在此期间,外科医生给皮质表面上放置的每个编号的标签加一个小电流。如果电流作用于一个区域,患者就无法给对象命名,则该区域可解释为对语言至关重要,并应在手术中避免触及和伤害。在这种情况下,功能映射问题是如何把这些刺激点和解剖结构如磁共振成像联系起来。

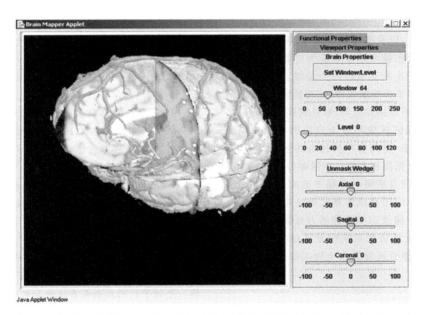

图 9.9 集成的脑结构和功能数据映射到单个患者脑的远程视图。MRI 和 MRV(静脉)及 MRA(动脉)脑图谱被获取和配准,然后分割产生的皮质表面、动脉和大脑。语言处理的 fMRI 数据表示区域被配准到结构图谱,然后投影到该表面为浅色区域。神经外科手术时获得的皮质刺激映射(CSM)数据(小球)也配准到患者的解剖结构。集成的数据绘制在一个可视化的服务器上,它可以从一个网页浏览器使用一个简单的 Java 小程序访问。照片提供:美国华盛顿大学结构信息组

我们的方法,我们称之为可视化映射(Modayur et al.,1997;Hinshaw et al.,2002),是手术前获得脑解剖结构(MRI 图谱)、脑静脉(MRV)和脑动脉(MRA);是分割从这些图像得到的解剖结构、静脉和动脉,并生成一个表面绘制的脑和其尽可能密切匹配皮层表面的血管,就像神经外科手术中看到的一样。可视化映射程序然后允许用户将编号标签拖放到绘制的表面,就像他们在手术中看到照片。该程序将拖放的标签投影到重建的表面上,并记录投影图像空间坐标 $x$-$y$-$z$,从而完成映射。

功能神经影像的真正目标是要观察其执行各种认知

任务时神经元的实际电活动。fMRI、MRS 和 PET 不直接记录电活动。相反,它们纪录电活动的结果,如(在 fMRI 情况下)血氧供应活跃的神经元。因此,有一个从电活动到测量响应之间的延迟。换句话说,这些技术都有相对较差的时间分辨率(见 9.2.2 节)。

另一方面,脑电图(EEG)或脑磁图(MEG)是更直接测量电活动的措施,因为它们测量神经元电活动产生的电磁场。当前脑电图和 MEG 方法涉及使用大阵列的头皮传感器时,其输出处理方式类似 CT,用于映射大脑内电活动的源头。一般而言,"源映射"是欠约束问题,所以从 MRI 得到的信息用来进一步提供约束(George et al.,1995)。

## 9.7 结论

本章主要讨论了生物医学图像处理方法,重点在于脑成像、提取解剖结构及提取特征,这既是解剖结构之所需,又是映射功能的基础。除了作者兴趣和专业,集中于脑成像的一个重要原因在于很大部分最先进的图像处理工作目前在这一领域。

这些技术的发展,以及能够提供其他部分的和更多人体细节的新成像模态越来越多地成为可能,这些技术将越来越多地应用于生物医学的各个领域。例如,分子成像方法的发展类似于功能脑成像,该功能数据,在此情况下,是基因表达而不是认知活动,被映射到一个解剖基片。由于应用于功能脑成像和分子成像的基本原则相同,相同的技术应用于:空间和符号代表的解剖结构、解剖变异、解剖特征、可视化和多模态图像融合。

因此,这些通用的方法将越来越多地应用于生物医学的不同领域。由于应用及成像方式继续增加,有越来越多的管理图像和存储及访问图像的方法需求。同时,成像将在综合生物医学信息系统中发挥越来越大的作用。这两个主题,图像管理及其在生物医学应用的集成是第 18 章的主题。

## 推荐读物

Brinkley J. F. (1991). Structural informatics and its applications in medicine and biology. Academic Medicine,66(10):589~591.

该领域的简短介绍。

Brinkley J. F., Rosse C. (2002). Imaging and the Human Brain Project: A review. Methods of Information in Medicine,41:245~260.

与脑有关的图像处理工作的综述,本章中与脑有关的材料大部分摘自该篇文章。

Potchen E. J. (2000). Prospects for progress in diagnostic imaging. Journal of Internal Medicine,247(4):411~424.

新成像方法的非技术性描述,如心脏磁共振成像、扩散张量成像、功能磁共振成像和分子成像。现有的和潜在的诊断使用这些方法。

Robb R. A. (2000). Biomedical Imaging, Visualization, and Analysis. New York: Wiley-Liss. Overview of biomedical imaging modalities and processing techniques.

Rosse C., Mejino J. L. V. (2003). A reference ontology for bioinformatics: The Foundational Model of Anatomy. Journal of Bioinformatics,36(6):478~500.

大解剖结构符号本体论的描述和原则。

Shapiro L. G., Stockman G. C. (2001). Computer Vision. Upper Saddle River, NJ: Prentice-Hall.

详细描述了很多图像处理中使用的表示和方法。不是针对医学,但大多数方法均适用于医学成像。

## 问题讨论

1. 轴向计算机断层扫描(CT)的一般原理是什么?较传统的 X 射线图像,CT 图像的优势是什么?

2. 解释磁共振成像(MRI)的一般原理。此成像方法较其他老方法的优点是什么?

3. 解释对比度、空间和时间分辨率的区别。

4. 描述 4 个标准图像处理步骤,并给出这些步骤在子宫颈抹片检查中如何在图像分析程序中应用来找到不正常的细胞。

5. 图像分析中的分割过程是什么?为什么它如此难以实现?举两个现有系统避免自动分割方法的例子。举一个例子说明在未来系统中如何将有关待解决问题的知识(如局部解剖)应用于辅助自动分割。

6. 从二维到三维图像处理时,出现了什么附加信息学问题?什么是二维图像处理操作的三维版本,如区域增长和边缘发现?

7. 三维脑图谱是什么?配准单个患者图积到脑图谱的方法是什么?脑图谱的作用是什么?

8. 给出大脑功能成像技术的一些例子。

# 第10章 伦理学与健康信息学：用户、标准及结果

**阅读本章后，您应对下列问题有所了解：**
- 为什么伦理学对于信息学很重要？
- 在医疗保健信息学中出现的主要伦理学问题有哪些？
- 健康相关软件的合理与不合理应用及用户的例子有哪些？
- 为什么建立标准会涉及伦理学问题？
- 为什么系统评估会涉及伦理学问题？
- 信息学对患者和提供者的机密性提出了哪些挑战？
- 如何最大限度地缓解保护机密性与共享数据的义务之间的紧张关系？
- 计算医疗保健如何改变传统的医患关系？
- 信息学与管理式医疗保健的交叉会产生哪些伦理学问题？
- 有关医疗保健计算工具政府监管讨论的主要问题有哪些？

## 10.1 健康信息学中的伦理问题

越来越多地使用机器来辅助诊断现在已成为一种趋势。尽管如此，在检查患者的过程中，医生的五官感觉仍然、也必须永远发挥主要作用。仔细观察永远不可能被实验室或化验所取代。好的医生现在或者将来都绝不会是一个诊断机器人（外科医生 William Arbuthnot Lane 发表在 1936 年 11 月的 *New Health* 上）。

人的价值应该支配健康专业的研究和实践。医疗保健信息学与其他健康专业一样，也包括适当和不适当行为、高尚和品行不端行为及正确和错误的问题。健康科学（包括信息学）的学生及从业人员都对探索道德基础及与他们的研究和实践内容相关的伦理学难题负有重大责任。

虽然在医学、护理、人类对象研究、心理学、社会工作及相关领域的伦理学问题不断发展，但主要问题一般都是众所周知的。生命伦理学中的主要问题已经在很多专业、学术及教育环境下得到解决。一般来说，人们对健康信息学中的伦理学问题还不太熟悉，尽管它们中的某些问题已经被关注了几十年（Szolovits and Pauker, 1979; Miller et al., 1985; de Dombal, 1987）。事实上，信息学现在已经成了所有健康专业中最重要和最有趣的一些伦理学辩论的来源。

人们通常认为以电子方式存储的患者信息的机密性是信息学中主要关注的伦理学问题。虽然机密性和隐私权确实非常重要且意义重大，但是涉及其他伦理学问题的领域还很广泛，包括在临床环境中适当地选择和使用信息学工具；决定应由谁使用这些工具；系统评估的作用；系统开发人员、维护人员及供应商的义务；使用计算机跟踪临床结果从而指导今后的实践。此外，信息学还产生了许多重要的法律和监管问题。

要考虑医疗保健信息学中的伦理学问题，就要在几个专业中寻找有意义的交叉点——医疗保健的提供与管理、应用计算及伦理学——其中每个专业都是一个广阔的研究领域。幸运的是，人们对生命伦理学及与计算机相关的伦理学越来越感兴趣，这已成为这项研究的起点。现在已经出现了面向医疗保健信息学决策的指导原则或伦理学标准的初步体系。这些标准对于健康信息学具有实用价值。

## 10.2 健康信息学应用：合理的使用、用户及环境

健康专业领域中的计算机技术应用程序可以在先前采用其他设备、工具和方法的经验的基础上来建立。在它们执行大多数与健康有关的干预（如基因检测、开药物处方、外科手术及其他治疗过程）之前，临床医生通常要对适当的证据、标准、前提和价值进行评估。事实上，健康专业的每一步发展都需要证据、标准、前提和价值的发展。

为了回答"这种情况下该做什么？"的临床问题，我们必须注意许多附带的问题，举例如下。
(1) 问题是什么？
(2) 我能做什么？
(3) 哪些会产生最理想的结果？
(4) 哪些将维持或改善患者护理？
(5) 在准确回答问题(1)~(4)时，我的信念有多强？
类似的考虑决定了信息学工具的合理使用。

### 10.2.1 合理使用的标准观点

在临床环境中最初使用基于计算机的工具时往往令人兴奋。但是，基于任何新技术都会出现不确定性，科学证据建议我们要谨慎和慎重。正如在其他临床领域中，证据和理由决定了适当的谨慎程度。例如，有大量的证据表明，与纸质化验结果的手工发放方法相比，电子实验室信息系统提高了临床数据的访问能力。就该系统以可接受的时间和费用成本提高护理质量而言，有义务使用计算机来存储和检索临床实验室结果。但是，没有足够的证据表明在传统的临床环境中，以可接受的时间和费用成本，现有（大约 2006 年）的临床专家系统能够改善患

者护理。

临床专家系统(见第20章)的目的是以比简单提醒系统更详细和综合的方式为诊断和治疗提供决策支持(Duda and Shortliffe,1983)。建立专家系统和维护相关知识库仍然涉及最先进的研究和开发。还有一点也很重要,那就是认识到在理解患者及其问题、跨临床实践领域有效收集相关数据、解释和表达数据及临床合成方面,人仍然优于电子系统。在完成这些任务时,人总是可以占据优势的,尽管这一断言必须不时地受到经验的检验。

计算机辅助临床诊断(Miller,1990)的标准观点认为,人类的认知过程比机器智能更适合于完成诊断这样的复杂任务,不应被计算机否决或胜过。这一标准观点认为,开发出适当的(甚至是杰出的)决策支持工具后,应将它们看作并用作人们进行临床判断的补充和辅助。它们应该发挥这样的作用,因为只有护理患者的临床医生才知道和了解患者的情况,并能做出比计算机程序更富有同情心的判断;他们才是国家颁发了执照并得到专科委员会认可的个体,可以从事内科、外科、护理、配药或其他与健康有关的活动。该标准观点的必然结果是:①经过充分的用户培训及对系统能力和局限性的认识,从业医师有义务负责任地使用任何计算机工具;②在使用基于计算机的决策辅助手段时,从业医师不得取消自己的临床判断。由于诊断所需技能在许多方面都与获取、存储及检索实验室数据所需技能不一样,因此,并不否认主张广泛应用电子实验室信息系统,但应该谨慎或有限制地使用(暂且)专家诊断决策支持工具。

通过获得有关避免错误和发展标准的重要的道德直觉,该标准观点解决了"在临床实践中应该如何及何时使用计算机"这个问题的某一方面。避免错误及遵循这一标准获得的好处决定了从业医师的义务。使用计算机软件时,与临床实践的其他领域一样,单靠善意可能不足以消除由粗心大意带来的过失。因此,可以将该标准观点视为避免错误及从伦理学上优化行动的一种工具。

应根据已产生良好结果的行动的大量证据对合乎道德的软件应用进行评估。由于信息学是一门狂热的科学,因此系统改进及系统改进的证据不断涌现。临床医生在以最低可接受的标准大体上熟悉了信息学,尤其熟悉了所使用的临床系统之后,有义务熟悉这些证据。

### 10.2.2 适当的用户和教育标准

有效和高效地使用医疗保健信息系统需要培训、经验和教育。事实上,在医疗保健及其他领域中使用其他工具也有类似的要求。如果使用工具时准备不充分,那么灾难将不约而至。当风险高而且应用范围大且复杂时,如在健康专业中,教育和培训具有道德上的意义。

谁应该使用医疗保健相关的计算机应用程序?以专家决策支持系统为例。关于信息学中伦理学问题的早期文件指出,这种系统的潜在用户包括医生、护士、医师助理、辅助人员、健康科学学生、患者及保险和政府评估人员(Miller et al.,1985)。所有这些群体的成员都是适当的用户吗?我们只有清楚了使用该系统的预期用途(即系统将要解决的确切的临床问题)后才能回答这个问题。适当的训练级别必须与自己的问题联系起来。在合理使用范围之内,我们可以假定出于教学目的,医学学生和护理学生应该使用决策支持系统,一旦证实这种工具准确提供了足够数量和质量的教学内容,相对来说这种说法是无需争论的。但是并不清楚患者、管理人员或者管理式医疗保健的把关者在做出诊断、选择治疗方法、评价健康专业人员所采取行动的适用性时,是否应该将专家决策支持系统用作辅助工具。至于某些系统以超媒体格式提供一般的医学建议,如在Spock博士的儿童保健初级印刷读物中出现的,外行人使用它们是可以被原谅的。但是,当健康相关产品直接销售给患者而不是执业医师以及这种产品提供了患者特定的建议而不是一般性临床建议时,则会出现另外与疏忽和产品责任有关的法律问题。

对于帮助用户提出诊断建议、选择治疗方法或提供预后的软件程序,必须针对一系列目标及实现这些目标的最佳实践对它们的合理应用进行策划,包括考虑每个患者的特点和要求。例如,进行准确诊断所必需的多个互联推理策略依赖于事实知识、手术经验及对人类行为、动机和价值观的熟悉。诊断是一个过程而不是一个事件(Miller,1990),因此即使是经过充分验证的诊断系统,也必须在患者护理的整体背景下加以适当的应用。

要使用诊断决策支持系统,临床医师必须能够识别计算机程序何时出错、计算机程序正确时其输出的含义及如何进行解释。这种能力要求医生具有对诊断科学和软件应用程序及其局限性的知识。做出诊断后,临床医师必须就诊断、预后及可能的后果与患者沟通,而且必须以既适合患者的教育背景又有助于今后治疗目标的方式来完成这件事。如果只是告诉患者他们患有癌症、人类免疫缺陷病毒(HIV)、糖尿病或心脏病,然后简单地递给他们很多处方,这是不够的。保健提供者还必须在可行的时候告知疾病的来龙去脉;在需要的时候提供安慰;在适当的时候给患者以希望。例如,很多司法管辖区之所以要求提供艾滋病检测前与检测后咨询,并不是要烦扰忙碌的医疗专业人员,而是为了确保提供全面、高质量的护理,而不仅仅是给一个诊断标签。

这些讨论指出了正确使用决策支持系统的以下伦理学准则。

(1)计算机程序只有在进行了对已可接受的时间和费用成本执行预期任务的有效性和证明文档的适当评估之后,才能在临床实践中加以应用。

(2)大多数临床系统的用户应该是健康专业人员,他们能够根据他们的执业许可、临床训练和经验解决自己的问题。软件系统应该用于提高或补充、而不是取代这种个人决策。

(3)在使用所有信息学工具,特别是在患者护理的过程中,都应先通过适当的培训和指导,其中应包括对所有先前产品各种形式的评估的回顾。

应将这些原则和要求视为与临床医学和护理中的其他标准或规则相类似。

### 10.2.3 系统开发与维护人员的义务和标准

临床程序的用户必须信赖那些通常远离软件使用环境的其他人的工作。用户信赖系统的开发和维护人员,还必须信任验证系统的临床应用的评估人员。医疗保健软件应用程序是技术资源中最复杂的工具。虽然这种复杂性要求最终用户履行某些义务,但它也要求系统的开发、设计和维护人员坚持合理的标准,并且确实承认他们有这样做的道德责任。

**1. 伦理学、标准和科学进步**

护理标准的真正思想包括很多复杂的假设,它们将伦理学、证据、结果和专业培训联系起来。认为护士或医生必须坚持标准也就是认为在某种程度上他们不应该偏离已被证实或普遍认为比其他程序工作更好的程序。一个程序或设备是否比另一个"工作更好"可能难以确定。在健康科学中,做出这种决定代表了进步,而且表明我们现在知道的比我们过去知道的要多。要应用证据和证明的标准。从随机对照试验获得的证据比从非对照的回顾性研究中获得的证据更好,而且在将最新报告用于常规实践前还要求独立调查机构进行验证。

开发、维护和销售医疗保健计算系统和组件的人拥有与系统用户相当的义务。这些义务包括将患者护理放在第一位。希波克拉底禁制令"primum non nocere"(首先不要造成伤害)适用于开发人员及从业医师。尽管这样的原则很容易提出,一般也很容易保护,但是它可能招致来自将收益或名利视作主要动机的某些人巧妙、有时是公开的抵制。无可否认,追求名誉和财富往往产生良好的结果并改善了护理,至少最终结果是这样。即便如此,这种做法却没有考虑到作为道德准则的意图的作用。

在医学、护理和心理学中,许多医患关系模型将信任和支持放在价值体系的最高层。如果把目标和意图而不是患者的健康放在首位,就不能坚持这种观点。同样的原则适用于生产和处理医疗保健信息系统的人。由于这些系统是医疗保健系统,不是用于会计、娱乐、房地产等的设备,而且因为疼痛、脆弱、疾病和死亡决定了该领域的性质,因此在临床系统的设计和维护过程中贯穿这种信任至关重要。

系统的购买者、用户和患者必须相信系统的开发和维护人员会认识到错误或疏忽可能产生的严重后果;相信他们会关心把这个系统给谁用;相信他们会重视为其他人减轻痛苦,至少和他们重视自己的个人利益一样。如果系统的设计和维护人员希望并力求通过他们的勤奋、创造和努力获得利益,我们绝不会认为他们应该受到责备或者说他们缺乏职业道德。相反,我们认为对于设计师来说,即使再多的经济收益也不能弥补由鲁莽、贪婪或对医生及其患者漫不经心所导致的不良后果。

质量标准应该激励科技进步和创新,同时保护系统不会出错及被滥用。这些目标似乎互不相容,但实际上不是。假设有一个要求对决策支持系统所使用的知识库进行及时更新和测试的标准,就要求数据库的准确性以最大限度地提高推理引擎的准确性而言,很容易搞清楚这样的标准是如何帮助防止决策支持出现失误的。此外,坚持最高准确性有助于防止科学家和临床医生继续调查虚假线索,或把时间浪费在对设计糟糕的假设进行测试上,该标准同样应该能够推动进步和创新。对于数据库维护人员来说,坚持让他们忙于完成更富有生产力或者更具科学意义的改进知识表示或者说数据库设计的任务并不适合。虽然这些任务很重要,但它们不能取代在当前的配置或结构中对工具进行更新和测试的任务。相反的观点是,科学和技术标准完全能够刺激进步,同时在患者护理中对允许的风险应采取谨慎甚至保守的态度。

这种处理问题的方式被称为"前进的谨慎"。"普遍认为医学信息学是令人愉快的,但是用户和社会要肩负大量责任,以确保我们适当地使用我们的工具。这可能使我们行动起来比某些人希望的更加小心谨慎或更缓慢。从伦理学上讲,这个太糟糕了"(Goodman,1998b)。

**2. 系统评估是一项伦理责任**

如果不包括衡量系统是否按预期执行的方法进行,那么向健康信息学"最佳实践"迈出的任何一步都是肤浅和没有价值的。这一点及相关的度量结果为质量控制提供了依据,因此,从严格意义上讲,这是系统开发人员、维护人员、用户、管理员也许还有其他参与者的义务(见第11章)。

医学计算不仅仅有关医学或计算。它是将新的工具引入到已确立社会规范与实践的环境中。医疗保健中计算系统的作用不仅要接受准确性和性能的分析,还要接受用户接受度分析、社会及专业人士互动结果分析及使用背景的分析。我们认为系统评估可以说明医学计算中的社会和伦理学问题,从而改善患者护理。如果这样的话,进行这种评估在伦理学上是十分必要的(Anderson and Aydin,1998)。

为了形象地说明综合评估程序如何从伦理学的角度优化信息系统的实施和使用,可以考虑系统审查的以下10条准则(Anderson and Aydin,1994)。

(1) 系统是否按设计运行?
(2) 系统是否按预期使用?
(3) 系统是否产生了预期的结果?
(4) 系统是否比它所取代的程序运行得更好?
(5) 系统是否具有成本效益?
(6) 对个人进行了怎样的使用培训?

(7) 系统对部门互动的方式所产生的预期长远效果有哪些？

(8) 系统对提供医疗护理产生的长远影响有哪些？

(9) 该系统是否会对机构中的控制产生影响？

(10) 效果取决于实际环境的程度如何？

考虑这些重要问题的另外一个角度是人在使用计算机系统。即使是最优秀的系统也可能被滥用、误解，或允许被错误地变更，或削弱以前卓有成效的人际关系。在使用健康信息系统的环境中对它们进行评估应当是伦理学的当务之急。这种评估要求考虑"谁运行的效果最佳"这样更广泛的概念，而且必须力图改善整体医疗保健服务系统，而不仅仅是该系统所基于的技术组成部分。这些更高的目标需要建立相应的机制，以确保机构的监督和责任(Miller and Gardner,1997a,1997b)。

## 10.3 隐私权、机密性与数据共享

信息时代的最大挑战来自于医疗保健机构使用计算机应用程序的同时还坚持传统的原则。挑战之一就是要在互相竞争的两个方面进行平衡：①信息的自由访问；②保护患者的隐私权和机密。

只有计算机才能管理在临床接触和其他医疗保健事务中产生的大量信息；至少从原则上讲，健康专业人士应该很容易获得这类信息，使他们能有效地为患者服务。然而，这种信息的随时可用性也为外来人员的访问创造了机会。那些不需要这些信息来履行与其工作相关的职责、而又好奇的医疗保健机构工作人员，也有可能访问这些信息，而且，更令人担忧的是那些可能使用这些信息从身体上、感情上或经济上损害患者的人也可能访问这些信息。从表面上看，临床系统管理员必须在通过使用计算机系统来改进护理和通过限制计算机系统的使用来保护机密之间做出选择。幸运的是，将这二者视为不可兼具是不正确的。

### 10.3.1 健康隐私权和机密性的基础

隐私权和机密性对于人们作为个体成熟起来、形成关系及履行社会成员功能十分必要。设想一下，如果当地报纸制作了一个日记表，详细记载了每个人的行动、会见和谈话，那会发生什么情况。这并不是说大部分人都有可怕的秘密要隐藏起来，而是说，如果不能期望我们的言行得到保密，那么单独、亲密和希望独处的想法就毫无意义。

隐私权和机密性这两个术语不是同义词。隐私权一般适用于人，包括不希望受到窃听，而机密性则最适用于信息。可以这样考虑二者的差异。如果有人跟着你，暗中监视你进入一家获得性免疫缺损综合征(艾滋病)诊所，那么你的隐私权就受到了侵犯；如果有人偷偷走入诊所查看你的医疗保健记录，那么你的记录的机密性就遭到了侵犯。在讨论电子医疗保健记录时，隐私权这个术语也可以指某人希望限制个人数据的披露(国家研究委员会,1997)。

保护隐私权和机密性的重要原因有以下两点。一是隐私权和机密性被广泛认为是所有人的权利，这样的保护有助于赋予他们以尊重。出于这个原因，人们并不需要就保守其健康数据的秘密做出解释；隐私权和机密性是人们无需赢取、据理力争或保卫的权利。另一个原因更切实际：保护隐私权和机密性使个人和社会都受益。患者知道其医疗保健数据不会被不适当地共享，则会更愿意向医生说出这些数据。这种信任对成功的医生-患者关系或护士-患者关系至关重要，它可以帮助医生完成他们的工作。

保护隐私权和机密性也有利于公共健康。害怕个人信息被披露的人不太可能寻求专业援助，从而增加了传染病被传播和疾病得不到治疗的风险。此外，不幸的是，如果某些健康数据落到不合适的人手中，患者还要遭受歧视、偏见和耻辱。如果保险公司能够无限制地访问家庭成员记录或患者基因测试结果，那么人们就可能发生财务损失，因为一些保险公司可能受到诱惑而抬高患病风险较高的人的保险价格。

因此，医生应该秘密地持有医疗保健信息这一古老的思想是适用的，无论数据是写在纸上，刻在石头上，还是嵌入在芯片中。保护隐私权和保证机密性的义务落在了系统设计和维护人员、管理员及最终的医生、护士及其他首次引用信息的人的身上。以上所有这些的结论是：保护隐私权和机密性不是向有着令人尴尬的医疗保健问题的患者提供的一种选择、一种恩惠或一双援助之手；它是一种责任，不随疾病或数据存储介质而改变。

一些正确的临床实践和公共健康传统与绝对保密的想法背道而驰。当患者住院时，希望机构中所有适当的(且无不适当的)人，如初级保健医生、顾问、护士、治疗师和技术人员，为了进行患者护理，在需要的时候能够访问患者的医疗记录。在美国的大多数社区里，活动性肺结核或某些性传播疾病患者的接触者会定期得到检查，以便他们得到适当的医疗照顾；由于他们将传染病无意识地传播给他人的可能性降低了，因此公众利益得到了保护。此外，对于医疗保健研究人员来说，能够从满足特定条件的患者病例中获得数据，从而确定该疾病的自然史和各种治疗方法的效果，也是必不可少的。从这种混合数据分析中获益的例子包括区域协作化疗试验产生的持续结果到20多年前发现心肌梗死患者生存期更短的适用性(McNeer et al.,1975)。最近，有人声称为了充分防范生物恐怖主义，功能强大的症状监测是必要的。

### 10.3.2 电子的临床和研究数据

对患者电子病例的访问要求医生和其他需要及时准确的患者数据的人严格遵守承诺。一方面，如果机构不使用患者电子病历就可能会落后，最终落到受指责的地步；另一方面，医生可以轻松访问其中数据的系统，其他

人也可以轻松访问。未能防止不适当的访问和未能提供足够和适当的访问至少是一样错误的。因此,似乎患者电子病历将对立的任务强加给了系统监督员和用户。

事实上,维护一定护理标准的责任(假如这样的话,就最低限度地使用计算机而言)与确保这样的技术标准不危及患者的权利之间并不存在矛盾。对机密性和隐私权的威胁众所周知。这些威胁包括第三方付款人、雇主及其他利用了迅速发展的健康数据市场的人们所带来的经济滥用或歧视;医院或诊所中不直接参与患者护理的员工出于好奇、敲诈等原因查看记录所导致内部滥用或记录监听;恶意黑客通过网络或其他手段复制、删除或修改保密信息的人(国家研究委员会,1997)。事实上,国家研究委员会已经注意到在整个医疗保健系统内信息广泛传播过程中出现的问题——信息传播往往没有得到患者的明确同意。医疗保健提供者、第三方付款人、药物福利计划经理、设备供应商和监督机构收集了大量可由患者确认的健康信息,用于管理护理、进行质量和利用情况审查、处理索赔、打击欺诈和分析健康产品和服务市场(国家研究委员会,1997)。

应对这些挑战的正确方法是确保适当的医生和其他人能够快速、方便地访问患者记录,而其他人无权访问。这是否又是一个矛盾的任务呢?不。有几种方法可以限制对电子记录的不适当访问。它们一般分为技术方法和机构或政策方法(Alpert,1998)。

• 技术方法:计算机可以提供最大限度保证自身安全性的手段,包括验证用户身份,确保用户就是他们自称的人;禁止没有专业要求的人访问健康信息;对查看了保密记录的人使用审计追踪或日志,这样患者和其他人就可以审查这些日志。

• 政策方法:国家研究委员会建议,医院和其他医疗保健机构建立安全性和机密性委员会,并设立教育和培训计划。这些建议与医院其他地方处理从感染控制到生命伦理学的有效办法类似。

当可以通过网络访问健康数据时,这些建议更为重要。例如,整合医疗服务网络(IDN)(见第13章)和国家卫生信息基础设施(NHII)的快速增长,说明了不要把健康数据看作一口人们向下扔水桶的井,而是看作一个向广阔的、有时甚至是极广阔的范围提供内容的灌溉系统的需要。目前尚不清楚在医院中适当的隐私权和机密性保护在网络环境中是否有效。系统开发人员、用户和管理员都必须制定适当的措施。没有任何借口可以在整个数据存储和共享环境中不将伦理学作为最应优先考虑的问题。

## 1. 电子数据和人类研究对象

临床研究和质量评估中对患者信息的使用提出了令人瞩目的伦理学挑战。假设有权保护机密性,似乎就包含了患者记录与患者姓名或其他标识数据密不可分的想法。那么,在最佳环境下,患者可以监视谁在查看他们的记录。但是,如果所有的唯一标识符都从记录中去除,那么谈论机密性还有意义吗?

在基于病例的研究中,公共健康获得的好处尤为突出。电子医疗保健记录的重要好处就是能够访问大量的患者记录,从而确定各种疾病的发生和流行,跟踪临床干预的疗效,规划有效的资源分配(见第14章)。但是,如果必须从样本中出现记录的每一名患者那里获得知情或充分同意,那么这样的研究和规划就会被强加繁重或者难以承受的负担。使机密性成为所有这种研究的阻碍,客气地说就是不仅没有保护患者,反而阻碍了潜在的有意义的科学研究。

更实际的做法是建立保障措施,从伦理学的角度优化研究。可以通过多条途径实现这一目标。首先要建立机制,隐去个人记录中的信息,或者从任意的患者唯一标识符中分离出包含在记录中的数据。这个任务并不总是那么简单。具体的职业描述("Wildcat职业足球队杰出的30岁四分卫被承认锁骨粉碎")或一种罕见疾病的诊断外加人口学数据或九位邮政编码,就可能替代成为唯一标识符;也就是说,即使患者姓名、社会安全号码或其他(官方)唯一标识符已经从记录中删除,详细信息也可以作为数据指纹来挑选出某个患者。

这些挑战指向从伦理学角度优化数据库研究的第二个手段,即使用机构专家小组,如医疗记录委员会或机构审查委员会。将数据库研究提交给适当的机构进行仔细审查是充分利用或多或少的患者匿名电子数据的一种方式。称职的专家小组成员应该在电子医疗保健记录的研究潜能方面及流行病学和公共健康中的伦理学问题方面经过训练。由这些委员会进行详细审查还能从伦理学的角度优化质量控制、结果监测等内部研究(Goodman,1998b;Miller and Gardner,1997a,1997b)。

## 2. 生物信息学中的挑战

由于基因信息正进入医疗保健记录中,安全防卫面临越来越多的挑战(见第22章)。由于医生和研究人员可以获得基因数据,因此偏见、歧视和社会耻辱的风险急剧增加。实际上,基因信息"就其预测价值已经超出了医学信息的一般范畴"(Macklin,1992)。基因数据可能对于人们预测结果、分配资源及类似的任务有价值(表10.1)。此外,基因数据很少只与一个人关联,它们可能会提供有关亲属的信息,包括不想知道其基因构成或疾病的亲属和非常想知道其亲属基因组的亲属。在整理和处理与电子存储、共享和基因数据检索有关的伦理学问题方面,仍然有许多工作要做(Goodman,1996)。

生物信息学为我们增加遗传学、遗传性疾病及公共健康方面的知识提供了极好的机会。但是,这些机会也伴随着要处理由各种方法、应用和结果所带来的伦理学问题的责任。

表 10.1 临床特点与基因数据之间的关系[a]

| 症候群 | 征象数量 | 临床特点 |
| --- | --- | --- |
| Atkin-Flaitz 综合征 | 3 | 身材矮小、肥胖、器官距离过远 |
| Young-Hughes 综合征 | 2 | 身材矮小、肥胖 |
| Vasquez 综合征 | 2 | 身材矮小、肥胖 |
| Stoll 综合征 | 2 | 身材矮小、肥胖 |
| Simpson-Golàbi-Behemel 综合征 | 2 | 肥胖、器官距离过远 |
| Otopalato-Digital 耳口蓋指趾症 | 2 | 身材矮小、器官距离过远 |
| FG 综合征 | 2 | 身材矮小、器官距离过远 |
| Chudley 综合征 | 2 | 身材矮小、肥胖 |
| Borjeson 综合征 | 2 | 身材矮小、肥胖 |
| 澳氏遗传性骨营养不良症 | 2 | 身材矮小、肥胖 |
| Aarskog 综合征 | 2 | 身材矮小、器官距离过远 |

a. 带有基因信息的数据库可用于帮助将临床特点与遗传疾病的诊断联系起来。下面是在迈阿密大学 X-连锁隐性智力迟缓数据库上完成的，根据身材矮小、肥胖、器官距离过远（成对器官，特别是眼睛之间距离异常增长）进行"做出诊断"查询的结果。（资料来源：迈阿密大学医学院儿科系遗传科）

## 10.4 社会挑战和伦理学义务

在美国，循证医学和管理式医疗保健的发展高度重视健康信息学工具。对临床结果数据的需求受到诸多重要的社会和科学因素的推动。也许这些因素中最重要的是政府和保险公司越来越不愿意支付不起作用或作用不足以有理由调整价格的干预和治疗。

健康信息学帮助临床医生、行政人员、第三方付款人、政府、研究人员和其他各方收集、存储、检索、分析和仔细审核大量数据。完成这些任务可能不是为了任何某个患者，而是为了进行成本分析和审查、质量评估、科学研究等。这些功能是重要的，如果计算机能够提高其质量或准确性，当然更好。当误认为智能机器可以作为决策代理人，或者当机构或公共政策建议或要求计算机输出结果代替人的认知时，就会出现问题。

### 10.4.1 信息学与管理式医疗保健

预后评分系统或机器能够使用生理和死亡率数据，将新的重症护理患者与之前数以千计的患者进行比较，这是极为实用的(Knaus et al., 1991)。通过比较前一年与本年的结果，或通过比较这家医院与另一家医院，医院能够跟踪重症护理病房的绩效。例如，如果具有某一特殊指标的患者趋向于比他们的前辈存活时间更长，那么就可能推断重症监护延长了生存时间。这种评分系统在内部研究和质量管理时很有用（图 10.1）。

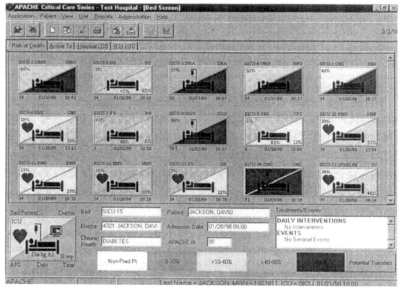

图 10.1 从 APACHE III 重症护理系列中截取的"死亡风险"屏幕图像。通过使用 APACHE，重症监护病房的医生能够监控重要事件和需要的干预，管理员能够根据病房中患者的紧急情况管理病房的工作人员
（资料来源：承蒙 APACHE 医疗系统公司提供）

现在假设大多数先前具有特殊生理指标的患者在重症护理病房死亡。这条信息可能被用来研究如何改善对这类患者的护理，或者可能会通过拒绝给符合这些指标的后续患者以护理，来支持控制成本的论点。

支持这种非研究应用的论据可能是做出撤回或停止护理的决定通常是基于主观和零散的证据的；所以最好是根据构成正确临床实践基础的客观数据进行决策。这种结果数据正好推动了管理式医疗保健，其中健康专业人士和机构根据成本和结果参与竞争（见第 23 章）。为什么当有客观证据证明这种护理不会有效时，有人会认为社会或者管理式医疗保健机构或者保险公司应该为重症护理埋单呢？相反，考虑根据今后的科学知识拒绝对这样的患者进行护理的结果。科学进步往往是通过注意到某些患者在某些情况下进展更好而取得的，对这种现象的研究带来了更好的治疗方法。如果根据预测工具拒绝对所有符合某些条件的患者进行治疗，那么在更长的一段时间里，它本身会成为事实的预言，即所有这类患者进展都不会好。

现在考虑使用决策支持系统由医生来评估、审查或对决定提出质疑。事实上，设想一家保险公司使用诊断专家系统来确定是否要为医生报销某一特殊手术。如果专家系统有一个准确、可靠的跟踪记录，而且系统"不同意"医生的诊断或治疗方案，那么保险公司是否可以争辩说，报销这个手术是错误的。毕竟，至少根据计算机的结果，为什么要为提供商支付没有必要的手术？

在刚刚提到的这两个例子中（预后评分系统用于证明终止治疗以保护资源是合理的；诊断专家系统用于拒绝为认为不合适的手术支付费用），似乎有理由坚持使用计算机的输出。但是，有三个原因说明以下面的方式使用临床计算机程序来指导政策或实践是有问题的。

（1）正如我们前面看到的计算诊断（并可简单扩展到预后）的标准观点，人类的认知仍然优于机器智能。提出诊断或预后的行为不仅仅是对未解释的数据执行统计操作。相反，确定一种疾病并预测它的过程需要理解复杂的整体因果关系、众多变量之间的交互作用，并具备主要的背景知识。

（2）做出是否对某一特定患者进行治疗的决定往往是价值负载的，必须根据治疗目标做出相应决定。换句话说，治疗可能会提高生活质量，但不能延长生命，反之亦然（Youngner，1988）。这种治疗是否合适不能从科学或统计学的角度来制定（Brody，1989）。

（3）对个别患者的汇总数据应用计算操作会有风险，包括将个体归入他们看似属于实则不属于的人群。当然，医生在任何时候都有这种风险——正确推断某个人属于某组、某群或某类人的挑战是逻辑和科学哲学中最古老的问题之一。问题是，计算机还没有解决这个问题，因而允许由简单或未经分析的相关性来改变政策是一个概念性的错误。

这种思想并不是说用于诊断或预后的计算机永远是错的——我们知道它们不是的——而是在很多实际情况中我们不知道它们是否正确。允许汇总数据来影响政策，这是一回事儿；这样做仅仅是使用科学的证据最大限度地获得好结果。但要求政策不接受个人的临床判断和专门知识则完全是另一回事。

信息学可以通过很多方式对医疗保健改革作出贡献。事实上，基于计算机的工具可以帮助阐明如何降低成本、优化临床结果及改进护理。在大多数情况下，没有计算机已不再可能进行科学研究、质量评估等。但这并不是说，通过这种研究获得的洞察力可以在所有情况下应用于各种各样的实际临床病例中，而有能力的医生擅长处理这些病例。

### 10.4.2 信息学对传统关系的影响

患者往往感到不适、惊恐和脆弱。医生和护士的核心义务就是治疗疾病、减轻恐惧、尊重弱点。应该将健康信息学的发展视为向补充这些传统的义务及这些义务所支配的关系提出了令人兴奋的挑战。我们已经指出，医学决策是根据非科学因素做出的。当我们评估信息学对人类关系的影响时，这一点很重要。因此：医学或护理实践不是排他且明确无误的科学、统计学或程序，到目前为止，从计算的角度对它进行处理并不容易。这并不是呼吁古老医学的"艺术与科学"，而是说，在很多情况下科学是不充分或不适用的。许多临床决定都不是纯粹医学的——它们包括社会的、个人的、伦理的、心理的、经济的、家庭的、法律的及其他组成部分，艺术甚至都可能发挥作用（Miller and Goodman，1998）。

**1. 医患关系**

如果计算机、数据库和网络可以改善医患或护患关系，那么通过改善沟通，我们也许会获得一个愉快的结果。但是，如果对计算机的依赖阻碍了健康专业人员与患者建立信任和充满同情心地进行沟通的能力，或进一步导致了与患者的情感疏远（Shortliffe，1994），那么我们可能要付出比使用这些机器高得多的代价。

假设医生使用决策支持系统来验证诊断假说或生成鉴别诊断结果，进一步假设医生根据该系统的输出安排了具体的化验或治疗。医生如果不能清楚地表达计算支持系统在他决定治疗或化验的过程中所起到的作用，那么出于某种原因，他将承受疏远了那些由于在护理过程中使用计算机给他们带来失望、愤怒或迷惑的患者的风险。可以肯定的是，医生可以向患者隐瞒这些信息，但是这种欺骗手段会对医患关系中的信任产生威胁。

患者对于医生的决策过程并非完全一无所知。但是，如果他们的医生和护士使用计算机来辅助完成微妙的认知功能，那么他们所理解的可能是已被破坏的。当他们还没有得到医生给出的可比数据时，我们必须询问是否应该告知患者决策机器的准确率。这些知识将改进知情同意程序，还是将"构成鼓励质疑多于告知合理性的

又一个令人不解的比例？"(Miller and Goodman，1998)

提出这样的问题与推动计算机在临床实践中的可靠应用是一致的。使用计算机是否会疏远患者的问题是个凭经验的问题；它是一个我们没有足够数据来回答的问题(患者对医生发送电子邮件消息感觉良好还是不好？)。现在解决这个问题可以为今后的潜在问题早做准备。我们必须确保没有因为我们忘记了医疗、护理及相关专业的实践是极富同情心的、从本质上讲是亲密的和私人的，而使健康信息学激动人心的潜力遭到破坏。

**2. 消费者健康信息学**

万维网的发展及互联网上临床和健康资源的成比例发展也提出了医患关系这一问题。消费者健康信息学——将患者作为主要用户的技术——为患者提供了大量信息。但是，一些网站也发布错误的消息，甚至是公然的谎言和骗术(见第14章)。如果医生和护士没有将关系建立在信任的基础上，那么貌似权威的互联网资源就会有很大的腐蚀潜力。一些医生习惯于根据受报纸影响的患者的要求开出药品和治疗方法，可以预料他们通过浏览网页获知的要求会越来越多。在今后10年里，以下问题的伦理学重要性将会增加。

• 同行评议：如何以及由谁进行网站质量的评估？谁来负责传达给患者的信息的准确性？

• 网上咨询：目前还没有网上医疗咨询的护理标准。医生和护士向他们没有见面或检查过的患者提供建议有哪些风险？在远程医疗或远程呈现医疗保健的环境中，可以使用视频电话会议、图像传输及其他允许医生不在面对面的情况下评估和治疗患者，这个问题则尤为重要(见第24章)。

• 支持小组：互联网支持小组可以为患者提供援助和建议，但也有这种可能，就是可从拜访医生获益的患者不会接受这些援助和建议，因为拜访医生可以获得安慰及其他信息。还有一种可能是患者没有这样做会导致严重后果。这个问题应如何解决？

资源被吹嘘为很有价值，并不意味着它就是。我们缺乏证据来说明消费者健康信息学的实用性及其对医患关系的影响。这种资源不应该被忽视，而且它们往往对提高健康水平是有益的。但是，我们坚持认为——就决策支持、适当地使用和用户、评估及隐私权和机密性而言——谨慎行事在伦理学上十分必要。如果我们热情欢迎更多的证据，并与对人类价值观的深刻反思相结合，就像其他健康技术一样，健康信息学将蓬勃发展。

## 10.5 法律和监管问题

在医疗保健中使用临床计算系统引发了许多法律和监管问题。

### 10.5.1 法律与伦理学的区别

正如所预期的那样，伦理学问题和法律问题经常是重叠的。伦理学的考虑适用于试图按照更高准则确定什么是好的或值得称赞的，哪些行为是可取的或正确的。法律准则通常来源于道德准则，但它负责对道德或行为和行动的实际监管。许多法律准则都处理人性中的缺点或不足及个人或团体不够完美的行为。伦理学提供概念性的工具来评估和指导道德决策。法律直接告诉我们在各种特定情况下如何行为(或不行为)，并规定了对不遵守法律的人的补救或惩罚方法。历史先例、定义的事情、与可察觉性和可执行性有关的问题及新情况的发展除了影响伦理要求外，还影响法律实践。

### 10.5.2 医疗保健信息学中的法律问题

与在临床实践和生物医学研究中使用软件应用程序有关的主要法律问题包括：侵权法责任；在法庭上将计算机应用程序作为潜在的专家证人；立法保护隐私权和机密性；版权、专利和知识产权问题。

**1. 侵权法责任**

在美国和许多其他国家，侵权法原则管辖由生产和销售商品和服务导致损害或伤害的情况(Miller et al.，1985)。在美国，由于很少有(如果有的话)直接涉及使用临床应用软件对患者造成损害或伤害的判例(与之相反，有少量有文字记载的与医疗器械有关的软件引起损害的事例)，因此以下讨论都是假设的。但是，所涉及的原则是在大量临床软件范围以外的判例基础上建立的。

法律上的一个关键区别是产品和服务之间的区别。产品是实物，如听诊器，它要经过设计、制造、配送、销售及由购买者使用的过程。服务是提供给消费者的无形的活动，价格由(可能)符合条件的个人来定。

临床医学实践被认为是一种建立了完善判例的服务。临床软件应用程序可以被看做是任何一种商品(经过设计、测试、调试、置于磁盘或其他媒介上，并实际分销给购买者的软件程序)或服务(向从事提供医疗保健服务的从业人员提供建议的应用程序)。很少有判例明确定在法庭上如何看待软件，很有可能在某些情况下将临床软件程序视为商品，而在另外一些情况下则视为服务。

侵权法中有两个思想可能适用于软件系统的临床应用：①过失理论；②严格产品责任。希望商品和服务的供应商遵守生产商品和提供服务的社区标准。当个人受到不合格的商品或服务的伤害时，他们可以起诉服务供应商或产品制造商追讨赔偿。医疗保健中的渎职诉讼是基于过失理论。

由于法律观点认为提供医疗保健是一种服务(由医生提供)，因此很显然，过失理论为在提供护理的过程中使用软件的医生提供了最低的法律标准。患者在就诊时由于软件应用程序有缺陷而受到伤害，可以起诉医疗保健提供商过失或渎职，就像患者可以起诉主治医师依赖了顾问的不恰当建议一样(Miller et al.，1985)。类似的，如果可以证明使用决策支持系统是目前护理标准的一部分,而且使用该程序可以防止出现临床错误,那么患者就可以起诉没有使用决策支持系统的医生(Miller,1989)。目前还不清楚在这种情况下,患者是否也可以起诉软件制造商,因为通过运用正确的临床判断来坚持社区护理标准是执业医生的责任,而不是软件厂商的责任。根据针对使用临床软件系统的医生的一起成功的渎职案件,医生有可能起诉制造商或厂商在制造有缺陷的临床软件产品时存在疏忽,但这类案件尚无记载。如果有这样的诉讼,法院可能很难将不恰当地使用了无过失系统和正确地使用了不完全正确的系统区分开来。

与过失相反,严格产品责任只适用于由缺陷产品造成损害,并不适用于服务。严格产品责任的主要目的是补偿受害方,而不是阻止或惩罚疏忽方(Miller et al.,1985)。要应用严格产品责任必须满足三个条件。

(1) 该产品必须由个人购买和使用。

(2) 购买者必须受到由于产品的设计或制造缺陷造成的人身伤害。

(3) 该产品必须在法庭上证明"具有不当危险性",可以证明造成购买者受到伤害。

请注意,过失理论考虑到了不良后果。即使出色的、关心人的、富有同情心的医生提供保健服务,某些疾病的某些患者也不会进展很好。过失理论保护医疗保健提供商免于对那些得到了不良后果的人负责。只要护理质量符合标准,不应认为医生在医疗事故案件中负有责任(Miller et al.,1985)。此外,严格产品责任不能作为原谅或理解的理由。无论制造商的设计和生产流程多好或多完善,如果1000万个产品中只有一个是有缺陷的,而该产品的缺陷是购买者受伤的原因,那么购买者也可以收取赔偿(Miller et al.,1985)。原告只需要展示该产品具有不当危险性,其缺陷导致伤害。从这个意义上说,严格产品责任的护理标准是百分之百完美的。从某种程度上讲,给产品贴上适当的标签(例如,"不要在电线附近使用这种金属梯子")在某些严格产品责任的诉讼案件中可以保护制造商,因为清晰明显的标签可以教育购买者避开"具有不当危险性"的情况。适当的标签标准可以惠及临床专家系统的用户和制造商(Geissbuhler and Miller,1997)。

出售给临床医生在其行医时用作决策支持工具的医疗保健程序,在过失理论下被当作服务来对待。但是,如果提供临床建议的程序直接销售给患者,而且执业医师很少有机会介入,那么法院更可能将它们按产品对待从而采用严格产品责任,因为如果该产品存在缺陷,该程序的购买者很可能就是受伤害的个人。

## 2. 隐私权和机密性

医疗保健中隐私权和机密性的伦理学基础在10.3.1节中讨论。遗憾的是,有关电子健康记录的隐私权和机密性的法律事态目前是混乱的(书面记录在一定程度上也是如此)。自从《新英格兰医学杂志》中的一篇优秀文章对此进行了描述,这种事态30年来并没有显著改变(Curran et al.,1969)。

然而,2002年生效的一部重要的美国法律——健康保险携带和责任法案(HIPAA)带来了重大变革,特别是借助2003年4月实施的该法案隐私权标准。该法律主要推动了"管理简化"的进程,该流程因其具有提高效率、降低成本的潜能而受到喜爱,但也对患者的隐私权和机密性产生了威胁。与不适当且往令人尴尬地披露了患者数据的各种各样重要案例的背景不同,该法还被认为是用于恢复健康专业人员保护机密性的信心的急需工具。尽管该法一直伴随着其措施是否足够及遵守法规是否造成了不必要负担的争论,但它仍旧建立了第一个全国性隐私权保护。在其核心思想中包括了个人应该控制自己健康数据的披露。在其条款中,该法要求告知患者自己拥有的隐私权;非治疗、支付或手术所必需的"受保护健康信息"的使用仅限于交换"最小必需"数量的信息;"所涉及实体"中的所有员工都应接受有关隐私权的教育(浏览美国政府的网站 http://aspe.hhs.gov/admnsimp;乔治敦大学网站 http://www.healthprivacy.org;迈阿密大学网站 http://privacy.med.miami.edu 了解概述)。

## 3. 版权、专利和知识产权

为软件程序、生物医学知识库和万维网网页的开发人员提供知识产权保护仍然是法律的一个未开发领域。虽然非电子媒介的版权和专利保护传统悠久,但是尚不清楚它们对基于计算机的资源的适用性。版权法保护知识产权不被原样复制,而专利则是保护在对想法进行实施或转化的过程中所采用方法。有关一家公司声称另一家公司复制了其已获得版权的程序(即它的"外观与感觉")的功能的诉讼案件数量已有增长,但是显然版权法并不保护超过某一限度的程序的"外观和感觉"。例如,20世纪80年代,就Microsoft Windows的"外观和感觉"与Apple Macintosh界面(其本身就与早期施乐公司的Alto界面类似)进行比较,苹果计算机公司起诉微软公司的一起失败诉讼案件。

获得对现有名称、数据、事实或对象(如城市的电话簿)的汇编清单的版权保护并不简单,除非你可以证明编纂数据简编的结果是创建了一个唯一的对象(如新的机构信息方案)(Tysyer,1997)。即使编辑物是独一无二的,而且获得了版权,个别组成部分如数据库中的事实也可能不会获得版权。它们不能获得版权的现状对生物医学数据库的创作者将数据库内容作为知识产权来保护的能力产生了影响。在法律保护阻止了额外复制之前,可以从受到版权保护的数据库中复制多少单独的、未受保护的事实?

一个相关的问题是通过万维网发布资料的开发者的知识产权。通常认为可供公众访问、不包含版权注释的信息是公有领域信息。利用其他人的工作在网上发布资料的做法很有诱惑力,但版权保护必须得到尊重。同样,如果开发有可能获得版权的资料,而将它放到网上公有领域的行为将允许其他人将其视为不受版权保护的资料。解决这个问题及其相关问题可能要等待针对万维网上电子出版物的可操作商业模式,由此作者可以在他人使用或访问他们的资料时获得公平的补偿。电子商务最终应该提供版权保护和收入,类似于现在适用于纸质印刷介质的古老模式。例如,为了使用印刷的图书和期刊,通常必须从图书馆借阅或购买。

### 10.5.3 医疗保健中计算机应用的监管和控制

1996 年,美国食品和药品监督管理局(FDA)宣布将举行公开会议,讨论将临床软件系统作为医疗器械来监管的新方法和办法。作为回应,医疗保健信息的相关专业机构联盟(美国医学信息学协会、医疗保健信息管理中心、电子病历机构、美国卫生信息管理协会、医学图书馆协会、学术医学院图书馆协会及美国护士协会)起草了一份意见书,并以摘要格式和带有详细背景及解释的更长讨论稿形式发表(Miller and Gardner,1997a,1997b)。随后该意见书得到了所有这些机构(除了医疗保健信息管理中心)董事会的支持,并得到了美国医师协会监事会的支持。

该联盟的建议包括以下 5 点。

- 识别 4 类临床系统风险和 4 类可根据给定设置的风险水平采取的监控和监管行动。
- 通过建立自主软件监督委员会,可能的时候在本地监督临床软件系统,它的形式与受联邦政府委托的机构审查委员会监督生物医学研究中受试者保护的形式是部分类似的。在进行全国推广前,应该在试点的软件监督委员会获得经验。
- 医疗保健信息系统开发人员采纳适当的业务实践法规。
- 识别限制了 FDA 可以有效监管的系统类型和数量的预算、物流及其他制约因素。
- FDA 监管要专注于可带来最高临床风险、有效人为干预的机会非常有限的那些系统,并豁免大多数其他临床软件系统。

本地监控及 FDA 监控的联合建议总结在表 10.2 中。

**表 10.2 监控和监管临床软件系统的联合建议[a]**

| 各种情况 | 监管类别 | | | |
|---|---|---|---|---|
| | A | B | C | D |
| 由 FDA 监督 | 免受监管 | 免受监管 | 简单注册,上市后要求监测 | 上市前审批及上市后要求监测 |
| 软件监督委员会的角色 | 可选的本地监控 | 强制的本地监控而不是由 FDA 监控 | 强制的本地监控并在适当时向 FDA 报告问题 | 强制的不重复 FDA 监控活动情况下进行适当的本地监控 |
| 软件风险分类 | | | | |
| 1. 信息的或通用的系统[b] | 分类中的所有软件 | — | | |
| 2. 特定患者的系统,提供临床问题的低风险援助[c] | — | 分类中的所有软件 | — | |
| 3. 特定患者的系统,提供临床问题的中等风险支持[d] | | 本地开发或本地修改的系统 | 未在本地修改的商业系统 | |
| 4. 高风险、特定患者的系统[e] | — | 本地开发的非商业系统 | — | 商业系统 |

a. FDA,美国食品和药品监督管理局。
b. 包括提供事实内容或简单的一般性建议(如"在中秋时节给适当的患者注射流感疫苗")和一般性程序(如电子表格和数据库)的系统。
c. 系统提供简单建议(如没有偏好地建议替代诊断或治疗方法)并为用户提供充分的机会来忽视或不理这些建议。
d. 系统具有较高的临床风险(如生成按评分排序的诊断或治疗方法),但允许用户轻易容易忽视或不理这些建议的,因此系统的净风险是中等的。
e. 系统具有很大的临床风险,使用户很少或没有机会介入(如自动调节呼吸机设置的闭环系统)。

[资料来源:Miller R A, Gardner R M (1997). Summary recommendations for responsible monitoring and regulation of clinical software systems. Annals of Internal Medicine, 127(9):842.]

## 10.6 总结和结论

伦理学问题对健康信息学十分重要,已经出现了面向决策的指导原则或伦理学标准的初步体系。

(1) 到目前为止,受过专门训练的人仍然能最大限度地为他人提供医疗保健。因此,不应该允许计算机软件推翻人的决定。

(2) 使用信息学工具的医生应该获得临床资格,并在使用软件产品方面经过充分的培训。

(3) 工具本身应该经过仔细评估和验证。

(4) 应该对健康信息学工具和应用程序进行评估,不仅从性能方面(包括效率),还要从它们对机构、机构文化和工作场所社会力量所产生的影响方面。

(5) 应该将伦理学义务扩大到系统开发人员、维护人员和监督人员及临床用户。

(6) 对于保护机密性和隐私权、同时改进对患者个人信息的适当访问,应该认为教育计划和安全措施是必要的。

(7) 应该保持充分的监督,从而从伦理学的角度为科学和机构研究、优化对患者电子信息的使用。

新的科学和技术总是提出令人感兴趣且重要的伦理学问题。法律问题也是这样,尽管没有判例或立法,任何法律分析仍将模糊不清。那些正设法确定政府在监管医疗保健软件的适当作用的人们也面临着类似重要的挑战。随着健康信息学这一令人激动的新工具变得越来越普遍,适用于这类软件的、清晰的公共政策的缺失强调了伦理洞察力和教育的重要性。

## 推荐读物

Goodman K. W. (Ed.) (1998). Ethics, Computing, and Medicine: Informatics and the Transformation of Health Care. Cambridge: Cambridge University Press.

该书是第一部致力于伦理学与信息学交叉学科的著作,章节内容包括信息学与人的价值、计算机决策的责任、医疗信息系统的评估、机密性和隐私权、决策支持、结果研究与预后评分系统及元分析。

Miller R. A. (1990). Why the standard view is standard: People, not machines, understand patients' problems. Journal of Medicine and Philosophy, 15: 581~591.

该篇文章奠定了健康信息学的标准观点。在某种程度上该观点认为,由于只有人才拥有行医或护理的各种必要技能,因此机器智能不应凌驾于临床医生之上。

Miller R. A., Schaffner K. F., Meisel, A. (1985). Ethical and legal issues related to the use of computer programs in clinical medicine. Annals of Internal Medicine, 102: 529~536.

该篇文章是识别和解决信息学中伦理学问题的主要早期工作,通过强调适当使用、机密性和验证这些问题,为所有后续工作打下了基础。

National Research Council (1997). For the Record: Protecting Electronic Health Information. Washington, D. C.: National Academy Press.

该文件是一份重要的政策报告,概述了医疗信息系统中隐私权和机密性面临的主要挑战,并为机构和决策者提出了一些重要的建议。

## 问题讨论

1. 适当使用医疗信息系统的标准观点是什么意思?请给出判定某个特定使用或用户是否适当的三个关键标准。

2. 系统开发和维护人员的质量标准能否同时防止出错和滥用,并激励科学的进步?解释你的答案。为什么坚持护理标准具有伦理学义务?

3. 指出对患者机密性构成的两个主要威胁,提出保护机密性免受这些威胁的政策或策略。

4. 人类做出的许多预后都是主观的,而且都是基于对以前病例不完善的记忆或不完整的知识。使用客观的预后评分系统来决定是否对某个患者进行护理有哪两个缺点?

5. 如果人们接受过有关自身疾病的教育,则往往会理解并听从指示,提出有见地的问题等。一方面,万维网如何能够加强对患者的教育?另一方面,访问网站如何对传统的医患和护患关系产生不良影响?

# 第 11 章 评价与技术评估

**阅读本章后,您应对下列问题有所了解:**

- 对于运用信息资源提高医疗保健水平,遵循评价与技术评估方法进行实验研究为何很重要?
- 有哪些挑战使得信息学的研究难以开展?实践中如何面对这些挑战?
- 为何所有评价均可归为实验研究?
- 评价的客观性和主观性方法主要有哪些基本假设?各种方法都有哪些优缺点?
- 技术评估三个阶段的区分因素有哪些?
- 如何区分客观性研究的测量和演示属性?为何这两个属性均有必要?
- 测量研究一般有哪些环节?演示研究中会用到哪些典型的设计?
- 成本—有效性分析与成本—收益分析的区别是什么?研究人员如何解决医学信息资源的成本—有效性和成本—收益问题?
- 在主观性研究中应遵循哪些步骤?主观性研究人员采用哪些技术来确保他们的实验结果是严格和可信的?
- 为何研究人员与客户之间的沟通对于任何一个成功的评价都是至关重要的?

## 11.1 术语介绍与定义

本章针对开发人员、用户及相关人员具有重要意义的问题,讨论有关医学信息资源的正式研究,在此医学信息资源包括为医疗保健、教育、科研和生物医学研究提供支撑的计算机系统。我们探讨开展这类研究的方法。这类研究对于信息学领域是基本的,但要成功开展则通常具有挑战性。幸运的是,不是所有研究的设计起点都是零。有两个密切联系并高度重叠的方法学可给我们以指导:评价和技术评估。本章的主题就是这两种方法学,它们在过去的四十多年里有很大发展①。

### 11.1.1 评价和技术评估

多数人都把"评价"一词理解成测量或对一次有组织、有目的的活动的描述。评价通常都是为回答某些问题或帮助做出某些决策而进行的。不管我们是选择一个度假胜地或是一种字处理器,我们都会对各种选项进行评价,看它们是否符合主要的目的或个人的偏好。根据评价对象和决策重要程度的不同,评价的形式千差万别。因此,在选择度假胜地时,我们可能会问朋友偏爱夏威夷的哪个岛,并查阅旅行社带大量图片的小册子;在选择字处理器时,我们可能会收集一些技术细节,如一个 1000 字的文档的打开和拼写检查时间,或与我们打印机的兼容性。所以"评价"一词描述了很宽泛的多种数据收集活动,这些活动可以是旨在回答诸如"我朋友对 Maui 的看法如何?"这样比较随便的问题,也可以是旨在回答如"字处理器 A 在我的 PC 机上是否比字处理器 B 运行更快?"这样的焦点问题。

医学信息学研究的是医疗保健信息的收集、处理和通信,为完成这些工作,需要构建信息资源—通常包括计算机的软硬件。此信息资源含有数据的采集、存储和检索系统(如临床工作站和数据库),能检索特定患者的数据,还含有医学知识的汇总、存储和推理系统(如医学知识收集工具、知识库、决策支持系统和智能教学系统)。因此,可评价的医学信息资源范围很广。

每个信息资源均有多个不同的方面可评价,这使得情况更加复杂。关注技术的人可能侧重于内在的一些特性,会提出诸如"程序代码是否符合当前的软件工程标准和规范?"或者"该数据结构是否为此类应用的最佳选择?"这样的问题,临床医生则可能问一些更实用的问题,比如"该系统的知识是否为全新的?"或者"决策支持系统给出意见需要等多长时间?";看法更多一些的人可能还想了解这些资源对用户或患者的影响,问比如"该数据库对临床审查的支持如何?"或"该决策支持系统对临床实践、工作关系和患者的影响是什么?"这样的问题。因此,医学信息学中的评价方法必须面对各式各样的问题,从特定系统的技术特性到系统对人与机构的影响等。

技术评估是一个与评价并列且密切相关的研究领域(Garber and Owens, 1994)。医学会(Institute of Medicine, 1985)对技术评估的定义为"对用于医疗保健的医学技术的各种属性—如安全、功效、可行性、使用说明、成本和成本效益以及有意或无意的社会、经济和伦理后果—的任何审查和报告程序"。

但医学技术又是什么呢?医学技术的定义通常很宽泛,包含"医疗保健专业人员在向个人提供医疗服务过程中所使用的技术、药物、设备和程序,以及提供此服务的体制"(Institute of Medicine, 1985)。医学信息资源显然符合这个定义。技术评估与信息学相关是因为该领域的许多技术均适用于信息资源的研究。

在此我们不对评价与技术评估的区别进行讨论。其间的区别无关大碍。进行评价和技术评估的人的兴趣往

---

① 本章有很多内容摘自 Friedman 与 Wyatt 合作的教科书(2006);详情请参考此书。

往都集中在相同的问题上,并采用类似的方法。

### 11.1.2 开展研究的动因

评价和技术评估与所有复杂而耗时的活动一样,都可具有多重目的。我们研究临床信息资源有五大动因(Wyatt and Spiegelhalter,1990)。

- 促进性动因:要鼓励医学信息资源的利用,我们就必须让医生对这些系统的安全有信心,并保证这些系统能提高成本效益,从而让患者和医疗机构都受益。
- 学术性动因:医学信息学的主要工作之一就是用计算机工具开发临床信息资源。为了更深入了解这些信息资源的结构、功能及其对临床决策和行为的影响之间的联系,要求我们做出细致的评价。我们从这些研究所获得的知识有助于将医学信息学的基础建成为一门学科(Heathfield and Wyatt,1995)。
- 实用性动因:如不对其系统进行评价,开发人员永远不会知道哪些技术或方法更有效,或为何某些方法会失效。同样,后来的开发人员将无法从以前的错误中吸取教训,从而可能重复别人的错误。
- 伦理性动因:临床专业工作者有义务在某个伦理框架下行医。例如,在采用一个信息资源之前,医疗保健服务的提供者须确保它是安全的。同样,面对费用达数百万美元的医院内部临床信息系统,那些采购的负责人必须能够提供充分的理由,解释他们在多个参与竞标的信息资源或医疗保健创新产品中如何择优选购的。
- 法医学动因:为降低责任风险,信息资源的开发人员应取得准确的信息来向用户保证该资源是安全和有效的。用户需要评价结果来帮助他们在使用系统之前从专业上做出判断,这样法律就能将这些用户认可为"知情的中间人"。一个不允许用户发挥其技巧、不允许其做出自己判断的信息资源,其实是把用户看成自动装置,它的风险在于会受到严格的产品责任法律的裁决,而不是受更为宽容的、适用于专业服务的规则的裁决(Brahams and Wyatt,1989)(见第10章)。

每个研究的动因均来源于这些因素中的一个或多个。了解评价的主要原因有助于研究人员设计问题,避免最后出现令人失望的结果。

### 11.1.3 评价研究的利益相关方及其职责

图 11.1 显示了支付医疗保健服务费用(实箭头)和管理医疗保健过程(阴影箭头)的各个参与者。他们中的每个人都可能受医学信息资源的影响,而且对收益的构成都可能有自己的看法。具体而言,在一个典型的临床信息资源项目中,开发人员、用户、治疗可能受影响的患者及购买和维护该系统的负责人即为关键的利益相关方。他们中每个人都可能有不同的问题需要解答(图 11.2)。

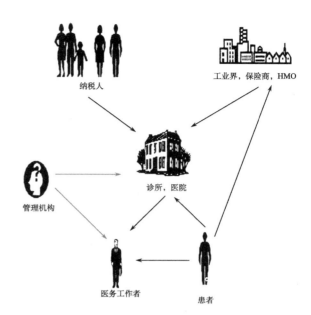

图 11.1 利益相关方

参与医疗保健服务、行政、政策制定和管理的各方,他们中的每一个在评价研究中均有自己的利益(资料来源:Friedman and Wyatt,1997a)

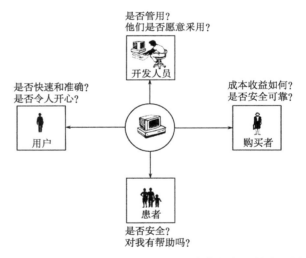

图 11.2 不同的利益相关方对于临床信息资源持有不同的观点。他们对于评价研究也有各自不同的问题想要得到解答(资料来源:Friedman and Wyatt,1997a)

不管我们何时对评价或技术评估研究进行设计,考虑在信息资源中各利益相关方的观点都很重要。由于通常任何研究都旨在解决特定的问题,因此都不大可能回答各利益相关方关心的所有问题。有时,由于医疗保健系统和程序的复杂性,让评估者确定出所有利益相关方并区别哪些问题必须解决,哪些问题可选解决是很困难的。

## 11.2 研究设计和开展面临的挑战

信息学的评价和技术评估工作存在于三个领域的交叉区域,每个交叉区域的复杂性都尽人皆知。
（1）医疗保健服务。
（2）计算机信息系统。
（3）开展研究本身的总体方法学。

由于每一领域的复杂性,任何将它们结合起来的工作都会有巨大的挑战性。

### 11.2.1 医学及健康保健服务的复杂性

Donabedian(1966)告诉我们,任何医疗保健的创新都有可能影响医疗保健系统的三个方面。第一个方面是医疗保健系统的结构,包括其所占有的空间、设备,所需的财政资源,工作人员的数量、技能和相互关系；第二个方面是医疗保健服务的程序,如诊断的数量和适当性、提供的调查和治疗等；第三个方面是单个患者及患者群体的医疗保健结果,如生活质量、操作的并发症和存活时间的长短。因此,当我们研究信息资源对医疗保健系统的影响时,我们会看到对这三方面的影响。信息资源可能导致在一方面（如患者的结果）得到改善,而在另一方面（如该服务运转的费用）情况却变得更糟。

另外,众所周知,与别的职业相比,护士及临床工作人员的分工很明确,并且有等级性。因此,为特定职业人群设计的信息资源,如某家医院设计的住院医生信息系统（Young,1980）,对于别的人群可能不怎么有用。

因为医疗保健是一个安全上的领域,在预算和有形资产比零售业或制造业更少的情况下,临床信息资源的评价研究就需要有严格的安全性和有效性证明。复杂的规则适用于对临床疗法或研究性技术进行开发或销售的人。目前尚不清楚这些规则是否适合于所有基于计算机的信息资源,或仅适合于那些不通过中介而直接管理患者的人（Brannigan,1991）。

众所周知,医学是一个复杂的领域。一个医学生至少需要花 7 年的时间才能取得行医资格。仅一本内科学教科书就包含了约 600 000 件事实（Wyatt,1991b）；行医的专业人士对 2 000 000～5 000 000 件事实耳熟能详（Pauker,1976）。此外,医学知识本身（Wyatt,1991b）及医疗保健服务的方式革新都很快,这使得医学信息资源的目标可能随着评价研究的进程而发生改变。

患者通常都患有多种疾病,各种疾病发展速度不同,在研究期间患者可能接受多种干预,并受到其他影响,这让信息管理改变所产生的影响更为复杂化。即使是医生对患者数据的解释在不同医院之间也是不同的（如前列腺特异的抗原结果）。因此,仅仅因为信息资源对一家医院的患者使用起来安全和有效,并不能让我们先验地判断它在另一家医院或对另一种疾病的患者的使用结果。

引入信息资源与获得患者疗效的改善之间的因果链与像药物治疗这样的直接医疗干预相比很长很复杂。此外,信息资源的运行和影响可能严重依赖于医疗工作人员或患者的输入。因此,引进多个信息资源后,在我们记录下医疗保健服务的结构或过程之前,要寻找患者医疗结果中可量化的改变是不现实的。

医学决策的过程很复杂,人们对此做了广泛的研究（Elstein,1978；Patel,2001）。临床医生要做多种决策（包括诊断、监测和预后）,用的是不完整和模糊的数据,其中有些还是靠直觉来认识的,也未记录在临床笔记中。如果信息资源能实现患者数据和医学知识的更有效的管理,那么它有可能以多种方式干预医学决策过程,这使得要确定资源的哪部分对所观察到的变化负责变得很困难。

医学中普遍缺乏金标准。因此,比如对诊断而言,几乎没有 100% 的确定度,原因在于让每个患者接受所有可能的检验是不符合伦理的（没有很好的理由,对患者进行随访也是不道德的）,其他的原因包括检验和对检验结果的解释都不完美,而且人体也极其复杂。当临床医生试图确定一项诊断或死亡原因时,即使有可能进行尸体剖检,要将患者在死前的症状和临床观察结果与尸检所看到的变化联系起来有时也是不可行的。要确定对患者的正确治疗则更为复杂,因为多数意见中还有很大差异（Leitch,1989）,正如临床实践存在很大差异一样,即使是在相距不远的地区。

医生按照严格的法律和道德约束来行医,给患者以可能的最佳治疗、不伤害患者、让患者了解各种医疗操作和疗法的风险并保护患者的隐私。这些约束很可能与评价研究的设计相冲突。例如,由于医疗工作人员记忆力有限,同时患者度假并参加现实生活中一些不可预知的活动,那么要使数据的记录符合严格的规定是不可能的,而且研究数据通常也不完整。与此类似,在随机对照试验进行之前,医疗工作人员和患者有权充分了解分配到对照组和干预组的可能益处和缺点,之后才决定是否同意进行该试验。

### 11.2.2 基于计算机的信息资源的复杂性

从计算机学家的角度来看,基于计算机的信息资源的评价目标可能是从对其结构的了解来预测该资源的功能和作用。尽管软件工程及指定、编码和评价计算机程序的正规方法均已日益完善,但即使是不算复杂的系统也能对这些技术构成挑战。为了正式并严格验证程序（以获得它能完成所有指定功能且仅仅是指定功能的证据）,随着程序长度的增加,我们必须以指数形式增加投入——这种问题属于"NP 难题"。简而言之,要严格测试一个程序需要以各种可能的顺序输入数据,并应用各种可能的数据组合,它要求至少进行 $n!$ 个试验,其中 $n$ 为输入数据项的数目。$n!$ 的大小随着 $n$ 的微小增加而呈指数增加,这使得任务很快就变得不可行。在某些技术主导的项目中,未精确定义出新信息资源的目标。开发人员可能受到技术的吸引,在不事先演示程序所需解决的临床问题之前就设计出这些应用程序。题为"医学遇到虚拟现实:发现三维多媒体的应用"的会议就是个例证。信息资源缺乏明确的需求使评价其缓解临床问题的能力有困难。尽管我们仍能孤立地评价该系统的结构和功能,但要从临床的角度来诠释这种评价的结果是很困难的。

一些基于计算机的系统能根据其用户或获取的数据进行自我调整,或者也可为指定单位进行定制;这样要将一项评价的结果与在不同时间或另一地点所做的相同信息资源的研究结果进行对比就很困难。此外,计算机硬件和软件的更新速度之快也使得评价研究的持续时间长于信息资源本身的期限。

医学信息资源通常含有数个迥异的部分,包括界面、数据库、推理和维护程序、患者数据、静态医学知识和关于患者、用户及用户当前活动的动态推断。这样的信息资源可为用户执行多种功能。因此,如果要评价者回答"信息资源的哪部分对观察到的效应负责?"或"信息资源为何瘫痪?"这样的问题,他们必须熟悉信息资源的每一部分,了解其功能和潜在的相互作用(Wyatt, 1989, 1991a)。

### 11.2.3 研究方法的复杂性

研究不仅强调信息资源的结构和功能,它们还针对资源对其常规用户即医疗服务提供者的作用,以及对患者治疗成果的影响。为理解用户的行动,研究人员必须面对人们私下观点、公共言论和实际行为之间的鸿沟。对于刺激,人们会有迥异的反应,不同人和不同时刻反应都不同,这使得测量的结果有很大的随机性和系统误差。因此,研究医学信息资源需要行为与社会科学、统计学及其他领域的分析工具。

研究需要试验材料,如临床病例以及信息资源用户,例如医生或护士。这两者通常都比研究设计所要求的更短缺;可用的病例数通常也被高估,有时甚至被高估数倍。此外,研究要招募什么样的病例或用户可能也不明确。通常,研究的设计者们要在选择接近现实的病例、用户和研究设置与选择有助于获得足够试验对照的病例、用户和研究设置之间做出折中。最后,决定评价研究结果更重要的因素之一还在于病例数据的提取及呈现给用户的方式。例如,我们可预期,信息资源的准确性研究会因试验数据由开发人员提取还是由预期用户提取而出现不同的结果。

研究的原因有很多方面,包括评估学生的工作、制定健康政策及理解具体的技术进步。这些原因将反过来决定对信息资源所能提出的问题。为了帮助那些试图确定评价研究众多目标的人,我们在表11.1中罗列了伴随信息资源的一些问题及它们对用户、患者和医疗保健系统影响的一些问题。

表11.1 在医学信息资源的研究中可能产生的问题

| 关于资源本身 | 关于资源的影响 |
| --- | --- |
| 是否有其临床需求? | 人们是否用它? |
| 它是否有作用? | 人们是否喜欢它? |
| 它是否可靠? | 它是否提高用户的效率? |
| 它是否准确? | 它是否影响数据的收集? |
| 它是否足够快? | 它是否影响用户的决策? |
| 数据的录入是否可靠? | 所观察影响可持续多久? |
| 人们是否乐意用它? | 它是否影响用户的知识或技能? |
| 哪些部分产生了影响? | 它是否对患者有帮助? |
| 它如何维护? | 它是否能改变资源的消耗? |
| 它如何改善? | 广泛使用后可能发生什么事情? |

资料来源:Friedman and Wyatt, 1997a。

## 11.3 所能研究的总范围

评价医学信息资源时,有5个主要的感兴趣点。
(1)资源拟满足的临床需要。
(2)资源开发所采用的流程。
(3)资源的内在结构。
(4)资源执行的功能。
(5)资源对用户、患者和临床环境其他方面的影响。

在一项理论上完整的评价中,特定资源的单项研究可能针对某一点。但在现实中,要面面俱到有困难。在资源的开发和部署过程中,它可能会被多次研究,这些研究作为整体涉及这些感兴趣点的几个或大多数,但只有少数资源能得到完整的研究,许多资源不可避免地只得到尽可能少的研究。

当我们研究不同的感兴趣点时评价的重心也不同。
(1)对资源的需求:评价人员对当前无资源的临床情况进行研究。他们确定出资源拟解决问题的性质及这些问题出现的频度。
(2)开发流程:评价人员研究开发小组的技能和所用的方法学,以了解其设计是否可靠。
(3)资源的内在结构:评价人员研究资源无需运行程序即可检验的规格、流程图、程序代码和其他表现。
(4)资源的功能:评价人员研究资源使用时的性能。
(5)资源的影响:评价人员不研究资源本身,而是它对用户、患者及医疗保健机构的影响。

描述评价研究的几个要点。
- 研究的重点:重点可以是引进信息资源之前的现状、所用的设计流程、资源的结构或功能、资源用户启示的决策或真实的决策,或当资源启用后的临床行动和患者的治疗成果。
- 研究场所:设计流程、资源结构和资源功能的研究可在当前临床环境之外的实验室中进行,这种研究场所从材料准备的角度讲更易实现,对评价过程也能有较好的控制。阐明对资源需求的研究及资源对用户影响的研究,这两者通常都在临床的背景下开展。资源只有在真实的临床背景下才会对患者和医疗保健机构产生影响,此时资源已启用,而且对患者治疗方案的决策也是在这种场合下制定的。

- 所用的临床数据:对许多研究而言,会实际地运行资源。这要求有临床数据,可以是仿真数据、从真实的病历中提取的数据或患者的实际数据。显然,研究中所用数据的类型对研究结果和所能得出的结论有重要的意义。

- 资源用户:多数信息资源运行时都与一个或多个用户实现交互。在任何特定的研究中,资源的用户可以是开发小组的成员,或是评价小组的成员,或是那些不代表资源部署之后与之交互的个人;一项研究的用户可以是资源最后设计的最终用户的代表。同样,资源用户的选择能对研究结果产生深刻的影响。

- 受资源的使用影响的决策:许多信息资源通过向临床医生提供信息或建议来设法对这些医生的决策产生影响。当研究从实验室转向临床时,资源所提供的信息就潜在地对制定的决策有更重要的意义。只有模拟的决策才可能受影响,具体依赖于研究的设计和目的(会问临床医生他们会怎么做,但不付诸实际行动),实际患者治疗的真实决策也可能受影响。

表 11.2 列出了临床信息资源可开展的九大类研究:每类的重点、发生的背景、作为资源输入的临床数据类型、研究时使用资源的人、研究时受资源影响的临床决策类型。例如,对实验室用户影响的研究可根据仿真的或提取的临床数据在现实的临床环境之外开展。尽管此研究要有代表最终用户人群的个人参加,但它只从模拟的临床决策中得到初步结果,因此患者的临床治疗不受影响。要了解这些研究类型的差别,请按行浏览这个表。

表 11.2 临床信息资源评价研究的常用类型

| 研究类型 | 研究场所 | 资源的版本 | 抽样用户 | 抽样任务 | 观察结果 |
| --- | --- | --- | --- | --- | --- |
| 1. 需求评估 | 现场 | 无,或需更换现有资源 | 预期的资源用户 | 实际任务 | 用户的技巧、知识、决策或行动;医疗过程,成本,小组职能或组织;患者,治疗成果 |
| 2. 设计的确证 | 研发实验室 | 无 | 无 | 无 | 设计方法的质量或小组的资质 |
| 3. 结构的确证 | 实验室 | 原型版本或发布版本 | 无 | 无 | 资源结构、组件和构架的质量 |
| 4. 可用性测试 | 实验室 | 原型版本或发布版本 | 代理,实际用户 | 模拟的,抽取的 | 使用速度、用户评价、抽样任务的完成情况 |
| 5. 实验室功能研究 | 实验室 | 原型版本或发布版本 | 代理,实际用户 | 模拟的,抽取的 | 数据采集或显示的速度和质量;所给建议的准确性 |
| 6. 现场功能研究 | 现场 | 原型版本或发布版本 | 代理,实际用户 | 实际的 | 数据采集或显示的速度和质量;所给建议的准确性 |
| 7. 实验室用户效果研究 | 实验室 | 原型版本或发布版本 | 实际用户 | 抽取的,实际的 | 对用户知识、模拟/假定决策或行动的影响 |
| 8. 现场用户效果研究 | 现场 | 发布版本 | 实际用户 | 实际的 | 资源使用的范围和性质。对用户知识、实际决策和实际行动的影响 |
| 9. 问题影响研究 | 现场 | 发布版本 |  | 实际的 | 医疗过程、成本、小组职能、成本效益 |

## 11.4 研究设计的方法

确定出导致医学临床资源困难的众多原因后,我们现在就引入一些针对这些困难而提出的方法。我们先来描述所有研究所共有的普遍结构。然后我们介绍更多具体的评价方法及与技术评估密切相关的方法。

### 11.4.1 对所有研究的剖析

图 11.3 显示了所有研究共有的结构性要素。由某个人或某群人的认识需要来指引评价。不管这个人是谁,是开发小组、资助机构或别的个体或群体,评价都必须以明确问题的磋商过程作为开始,这是研究的起始点。这些磋商的结果是对评价如何进行的一种认识,通常表述为一种书面的合同或协议;另一个磋商结果是对评价所寻求回答的各种问题的一个初步表述。研究的下一个要素是调查:针对这些问题收集数据,并根据所选方法还

可能针对研究过程中出现的问题收集数据。方法有很多,从资源执行一系列基准任务的性能到对资源用户的观察。

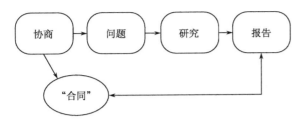

图 11.3　所有评价研究的剖析(资料来源:Friedman and Wyatt,1997a)

下一个要素是将信息向那些需要了解的人进行报告的途径。报告的格式必须与合同的规定一致;报告的内容必须源自所问的问题和收集的数据。最常见的报告是书面文件,但也不是必须的,某些评价的目的通过口头报告或现场演示就能达到。我们强调,评价人员有责任制定一个流程,使其研究结果能得到交流,从而创造机会让研究的发现能有建设性的用途。没有研究人员能保证研究会有建设性的成果,为了增加有益结果的可能性,他们有很多事可做。此外,还应注意到研究的有益结果并不必然就是对所研究资源做出正面评价的结果。有益的结果可以是指利益相关方能从研究的结果中了解到重要的信息。

### 11.4.2　评价方法的哲学基础

有几个作者都提出了自己的评估方法的分类法或类型学。Ernest House 在 1980 年提出的分类法就是最好的方法之一。House 分类法的一个主要优点是每种方法都与其内在的哲学模型很精巧地联系在一起。他的书对此有详细的介绍。这种分类法把当前的做法分成了 8 种独立的方法,其中 4 种方法可视为客观主义方法,另外 4 种可视为主观主义方法。这个区别很重要。注意,这些方法并不称为客观方法和主观方法,因为这种措辞有着很强的根本性的误导含义:前者具有科学的精确性,后者代表一种不明确但理性的贬低心理。

客观主义方法源自逻辑实证主义的哲学倾向,这种倾向与经典实验科学背后的倾向是相同的。客观主义方法背后的主要前提有以下几点。

- 一般而言,感兴趣的属性是所研究资源的特性。说得更具体一些,即这种定位认为信息资源的优点和价值(评价中最感兴趣的属性)原则上可以用获得同样结果的所有观察来测定。它还假定研究人员能测量这些属性,同时不影响所研究资源的功能和用法。
- 理性的人能够而且也应该对资源的哪些对测量很重要表示一致,并同意这些测量的哪些结果可标定为最可取的、正确的或肯定的结果。在医学信息学中,要做出这样的断言等于是说我们总能找到资源性能的金标准,而且所有理性的个人都能对何为金标准达成一致。

- 由于数值的测量能让我们对长时间的性能或与某些替代的方法对比的性能做出精确的统计分析,数值的测量初看起来比语言的表述更优越。语言,即描述性的数据(一般称为定性数据)只在初步研究中确定后续的假设时有用,精确的分析采用定量方法。
- 反证:虽然我们能够证明一个形式完备的科学假说为误,但却永远无法完全地证明它的正确性,因此科学是靠不断反证先前看似合理的假说来推进的。
- 通过这些比较,有可能在一个合理的程度上证明一个资源与它所替换的或竞争的资源相比之下的优劣。

用从直觉主义——一元论的哲学定位(由此得出一组主观主义评价方法)导出的一套假设与这些假设对照。

- 对资源的观察内容本质上依赖于观察者。同一现象不同的观察者得到不同的结论是合理的。它们在鉴定中即使不一致,均可以是客观的;没必要认为一种正确,另一种错误。
- 必须在具体语境中寻找优点和价值。研究在具体的患者治疗或教育环境中应用的资源,其价值就能显现出来。
- 对于将资源引入环境后是什么构成了最可取结果,不同个体和群体可合乎逻辑地持有不同的看法。没理由期望他们取得一致,而且要引导他们取得一致可能会有反作用。评价的一个重要方面是对他们不一致的方面做出评述。
- 语言描述可以很有启发性。如果不考虑别的情况,定性数据是有价值的,而且能引出与定量数据一样有说服力的结论。因此,定性数据的价值远远超出了用定量方法为后续"精确"探索寻找问题的价值。
- 评价应视为一场辩论的练习,而不是一场展示,因为任何研究在受到严格审查影响时看起来都是可疑的。

初次考虑主观主义哲学观点得到的评价方法时,它们可能看上去很奇怪、不精确且不科学。这种认识很大程度上是因为客观主义的世界观在生物医学中已获得广泛的认可。但评价的主观主义方法的重要性和实用性也正突显出来。在医学信息学中,这种方法正得到越来越多的支持(Rothschild,1990;Forsythe and Buchanan,1992;Ash,2003;Anderson,1995)。正如前文所说的,评价的思想倾向包括方法学的折中主义。如果要那些接受经典实验方法训练的人全面开展资料性(informative)评价研究,那么让他们理解、可能的话甚至支持主观主义的世界观是很重要的。

### 11.4.3　多种评价方法

House(1980)把评价方法分为 8 种。尽管在真实世界中开展的多数评价研究都可明确地划归到这些方法中,这些类别却不相互排斥。某些研究能显示出几种方法的特性,因而不能明确归类。前 4 种方法源自客观主义的定位;后 4 种方法为主观主义的定位。

## 1. 基于比较的方法

基于比较的方法采用实验和准实验。所研究的信息资源与对照条件("安慰剂",即对照资源)相比。该比较基于数目较少的成果变量,在所有组中都会对它们进行评估;用随机化、对照和统计推论来证明信息资源是所观察到差异的根源。基于比较的研究实例有 McDonald 关于医生提示的工作(McDonald et al.,1984a)和在斯坦福有关基于规则的系统(Yu et al.;1979a;Hickam et al.,1985a);Hunt 及其合作者(1998)评述的医学决策支持系统的 98 项对照实验就属于基于比较的方法;Turing 试验(Turing,1950)可视为基于比较评估的一个具体模型。

## 2. 基于目标的方法

基于目标的方法寻求确定资源是否符合其设计者的目标。在理想情况下,这种目标有详细的陈述,因此制定测量它们的实现程度的程序时几乎没有含糊之处。这些研究只在某种意义上是可比拟的,即通过与所述目标的关系来审视所观察的资源性能。人们关心的是资源的性能是否如预期的那样,而不是资源是否在性能上超过它所替换的东西。作为这些研究的基准的目标一般在资源开发的早期就已有表述。这种方法确实很适合新资源的实验室测试,但它还可用于测试已安装的资源。考虑一个给急诊室医生提供建议的资源实例(Wyatt,1989)。设计者可能会将系统能在患者第一次出现的 15min 内给出建议作为目标。测量给出建议的时间,并与这个目标进行比较,这样的评价研究就属于基于目标的方法。

## 3. 决策辅助的方法

在决策辅助的方法中,评价寻求解决那些对开发和管理人员很重要的问题,让他们能做出有关资源未来的决策。提出的问题是这些决策者们所陈述的,尽管进行评价的人可能会帮助决策者们拟定这些通过研究能回答的问题。数据采集的方法基于所提出的问题。这些研究一般在进行过程中才确定其重点。在资源开发早期进行的研究的结果会用于制定进一步开发的线路,进而又产生出新的问题需要进一步研究。这种方法有个很好的例子,即对计算机所给忠告的备选格式的系统研究,就是在给出忠告的资源尚处于开发阶段就开展的(de Bliek et al.,1988)。

## 4. 无目标的方法

在前述的三种方法中,都是由信息资源的一组目标或具体的问题(开发人员陈述的问题或对资源成型有重要作用的问题)来引导评价的。任何此类研究都会被这些显而易见的目标所分化,从而可能对预期的效果比非预期的效果要更敏感。在无目标的方法中,刻意地对进行评价的人隐瞒信息资源的预期效果,追寻他们收集到的能让他们确定资源所有效果的任何证据,不管是预期的或是非预期的(Scriven,1973)。这种方法很少在实践中使用,但对于设计评价的人很有用,可提醒他们信息资源能产生多种影响。

## 5. 准法定方法

准法定方法是通过建立虚假的试验或其他正式的对抗程序来评判一个资源的评价方法。资源的拥护者和反对者提供证词,并以类似标准法庭程序的方式接受审问和相互审问。然后见证这一程序的陪审团根据这种陈述决定资源的价值。如同辩论一样,问题可由雄辩的说服力定夺,也能由扮演事实的说辞的说服力定夺。这种技术很少有正式应用于医学信息学的,但它在其他医学领域用于辅助困难的决策,如镰状细胞病的治疗(Smith,1992)。

## 6. 艺术批评法

艺术批评法依赖于艺术批评的方法和鉴赏原则(Eisner,1991)。在此方法中,由经验丰富且备受尊敬的批评家来研究资源,他们可以在资源所涉及的领域中受过训练,也可以未受过训练,但他们对属于这一普通类型的资源有丰富的经验,然后批评家写一份强调该资源优缺点的综述。显然,如果批评家不是医学信息学资源学科领域的专家,艺术批评法不可能是权威性的,因为批评家不能判断资源知识库或它所给建议的临床或科学准确性。然而,经验丰富的评论家富有思想性和明确的评论也确实能帮他人认识到资源的一些重要特征。软件的评论就是应用这种方法的常见例子。

## 7. 专业评审法

专业评审法众所周知的形式是现场访问。这种方法采用由经验丰富的同行组成一个小组,花几天时间在资源安装的环境中进行。通常由一组与项目类型相关的指导原则来指导现场访问,这组指导原则能给评审员对任何特定访问的实施进行多种控制,是足够通用的。评审员通常可随意与他们想交谈的人说话,并可随意问一些他们认为很重要的事情。他们还可要求看一些文件。在现场访问期间,可能出现出乎预料的问题。现场的访问者一般会探讨预期的问题和指导原则中明确陈述的问题,以及在访问中出现的问题。通常在现场或在访问结束后很快会草拟一份报告作为结论。

## 8. 应答-阐释性方法

应答-阐释性方法找寻资源用户以及资源运行的临床环境中其他重要人员的观点(Hamilton et al.,1977)。其目标是理解或阐明,而非判断。采用的方法基本上来源于人种学。研究人员让自己沉浸在资源运行的环境中。这类研究的设计不是严格预定好的。随着研究人员积累更多的经验,它们会动态地改进。研究小组开始设计了最小的定向研究问题集;随着时间的推进,接受更深人研究的深层次问题会不断发展。医学信息学的文学中有许多研究实例均采用此方法(Fafchamps et al.,1991;Forsythe,1992;Ash et al.,2003)。

注意,在表11.2中描述的研究类型与评价研究的目的、焦点、背景和后勤有关。本节介绍的评价方法针对的是一个补充的问题。用什么方法来确定具体的问题?作为这些研究实际工作的一部分用什么方法来采集数据?尽管说每种评价方法可适用于所有研究类型可能有些极端,但表11.2的客观主义和主观主义方法都被采用肯定还是可能的。例如,在两种极端情况下,需求验证型研究和临床效果研究就既能为主观主义方法又能为客观主义方法提供机会。

### 11.4.4 技术评估的阶段

对研究分类的另一种方法以技术评估的三个阶段(Fuchs and Garber,1990;Garber and Owens,1994)为依据。第一阶段强调技术特性,如信息系统对查询请求的响应时间或成像系统的分辨率。第二个阶段强调器械、信息系统、诊断或治疗方法的功效或有效性(Fuchs and Garber,1990)。信息系统的临床试验通常都归为这一类,正如临床干预的随机试验一样。试验通常使用过程度量。例如,医生对计算机生成的提示的遵守程度,或对治疗做出反应的检验参数变化,而不是对患者有重要意义的终点:死亡率、发病率和开销。第二阶段评估的另一个例子是确定诊断性检验的灵敏度和特异性的研究(见第3章)。第三阶段的评价直接通过健康和经济方面的成果来评价有效性,因此这些评价是最全面的技术评估(Fuchs and Garber,1990)。基于计算机的乳腺癌筛查提示系统的第三阶段评价将分析乳腺癌的死亡率或发病率而非医生对指导原则的遵守程度。一般而言,第三阶段的评价还会对此系统的成本进行评价。当成果很罕见或要延迟很久才可见(如乳腺癌的发生率)时,那么第三阶段的评价执行起来就可能比第二阶段的评价难得多,因此在医学信息学中,第三阶段的评估不常见(Garg et al.,1998)。第三阶段的评价在评估干预的成果时还可以考虑患者偏好的重要性(Nease and Owens,1994;Owens,1998a)。

我们现在来分析研究的类型,研究人员在技术评估的每个阶段都可能启动这些研究。

**1. 第一阶段的评估:技术特征**

在第一阶段技术评估中,对所要评价内容的选择依赖于评价的目的(Friedman and Wyatt,1997b)。可能的选择包括临床信息资源的设计和开发流程的评价,或资源结构(硬件、输入和输出设备、用户界面、内部数据、知识结构、处理器、算法或推理方法)的评价。设计和开发流程的评估可评价资源的软件工程。这种评价对评估资源如何与其他系统或平台集成可能很重要。研究资源结构的理由在于一个假设,即如果资源包含了设计合理的组件,并以合适的构架链接在一起,那么系统就更可能以正确的方式运行。

**2. 第二阶段的评估:临床功效**

第二阶段的评估从操作参数的评价转移到信息资源功能的评价。这些评价变得日益常见。最近有系统的综述报告了100多个信息资源的临床试验(Balas et al.,1996;Shea et al.,1996;Hunt et al.,1998)。第二阶段评价的例子有:计算机辅助的给药定量研究;预防性医疗提示系统;计算机辅助的常见医学问题的质量保证计划。这些第二阶段评价大部分评估的都是信息资源对医疗过程的影响。临床医生是否开出了正确的药量?患者是否接种了流感疫苗?在过程度量与健康成果有密切关联的情形中(例如,给心脏病发作的患者应用的血栓溶解疗法就与死亡率的下降有密切关联),过程度量的使用不会对有效性造成不利影响,而且能增进研究的可行性(Mant and Hicks,1995)。但是,多种干预与预期的健康和经济成果的联系都不明确;在这些场合下,要为系统的实施提供足够的论证,第二阶段的技术评估可能就不够,特别是如果系统很昂贵。

**3. 第三阶段的评估:综合的临床有效性、经济和社会效益**

医疗保健成本的提高迫使政策制定者、临床医生和开发人员对健康干预是否对所需的经济投资有足够价值进行评估。因此,仅证明功效通常是不够的。技术的支持者还必须确立其成本效益(成本效益研究的详细解释见11.5.5节)。技术评估的第三阶段包含了这些更为复杂的评价。这些评价的特点是对健康和经济成果的全面评价。评价综合成果的研究将比只评价确定成果的研究更有用。因此,以每个质量修正年(QALY)节省的美元数值(见第3章)来评价信息资源的成本效益的研究能让临床医生和政策制定者对信息资源的成本效益与各种各样的其他干预进行比较。相反,用每例癌症的美元数量来评价信息资源的研究,只对预防癌症的其他干预提供有用的比较。

第三阶段评估成果度量的选择依赖于研究的目的及度量成果的成本和可行性。常用的选择有:挽救的生命数、挽救的生命年、挽救的质量修正年、预防的癌症数、预防的病例数。例如,计算机对高血压治疗所生成的方案的第三阶段评价可测量患者血压的变化,他们的治疗由该方案决定。评价还能评估实施方案的成本及计算机生成的后续方案的实施成本效益。对于感染了人类免疫缺陷病毒(HIV)的患者的计算机治疗,对其指导原则的评价是指评价该指导原则对机会主义感染的住院率所产生的影响(Safran et al.,1995)。研究发现,在这些原则的指导下,医疗服务提供者能对患者的状况(如异常的检验结果)做出更快速的反应,但这种快速的反应却并不能改变住院率。这个研究凸显了要证明医疗流程中有益的改变能改善健康效果是很困难的。其实,几乎没有研究能证明信息资源能改善健康效果(Garg et al.,1998)。这些研究可能无法证明其优点,因为样本量不足、难以评估成果度量的用途、随访量不足、研究设计的其他缺陷或干预无效(Rotman et al.,1996)。

总之,已将技术评估的要求进行了扩展,使之包含了健康、经济和社会的综合效益。第三阶段的技术评估在医学信息学中是一个特别的挑战。尽管来自系统评述的证据表明,当过程度量与患者的治疗成果良好相关时,过程度量的使用对于第三阶段评估可能合适,但此时研究人员需要规划能将全面的健康和经济的综合效益明确包含进来的研究。

## 11.5 客观主义研究的开展

在本节中,我们重点讨论基于比较的方法,这是最广为使用的客观主义方法,而且也是大多数技术评估工作的基础。

### 11.5.1 比较研究的结构和术语

在比较研究中,研究人员一般会制定一组对照条件,以便比较不同对象的效果。通常,其目标是寻找因果关系或回答其他研究类型提出的科学问题。研究人员在定出研究的参与者样本后,就将每个参与者分配到一个或一组条件中。分配通常都是随机的。然后测量每个参与者的一些感兴趣变量,并对各条件比较这个变量的汇总数值。为了理解影响比较研究设计的许多问题,我们必须给出精确的术语。

研究的参与者是指收集数据的对象。特定的研究将雇用一个参与者样本,尽管该样本可能要分组。例如,如果参与者在比较设计中被划归到不同的条件。需强调的是参与者通常都是人(既可以是医疗服务的提供者,也可以是接受者),还可能是信息资源、人群或机构。在信息学中,医疗处理是在分等级的背景下进行的,有自然存在的人群("医生的患者"、"病房组的医疗服务人员"),因此我们经常面临"谁是受试者"这样的难题。

变量是参与者的具体特征,要么由研究者有目的地测量出来,要么是对参与者显而易见的因而无需测量。在最简单的研究中,可能只有一个变量。例如,信息系统的用户完成一件特定任务所需的时间。

某些变量可在一个连续范围内取值。某些变量是一组离散值,对应变量可能具有的每个测量值。例如,在医院里,病房组的医生成员可分为住院医生、同行医生或主治医生。在这种情况下,变量"医生的资格水平"就有三个等级。

因变量构成研究中变量的一个子集,可为研究人员捕获感兴趣的成果。因此,因变量也称为成果变量。一项研究可以有一个或多个因变量。在一项典型的研究中,会计算每个受试者多个任务的平均值作为因变量。例如,临床医生的诊断能力可通过一组病例或"任务"来衡量,它们提供了一定范围的诊断难题。(在有计算机或人解决问题或处理临床病例的研究中,我们用"任务"一词通指那些问题或病例。设计或选择任务可能是评价中最具有挑战性的一个方面。)

研究还包括自变量,以解释因变量的测量值。例如,是否有计算机系统支持特定的临床任务,就可以是用于评价该系统的研究中的一个主要自变量。纯粹描述性的研究无自变量;比较研究有一个或多个自变量。

测量的困难几乎总是出现在研究的成果或因变量的评估中。例如,通常因变量是某种类型的性能度量,它让人们关注测量可靠性(精度)和有效性(准确度)。自变量也可能带来测量困难,这与研究有关。例如,当自变量为性别时,测量问题相对简单;而当自变量为态度、经验水平或资源使用程度时,就会出现严重的测量问题。

### 11.5.2 测量问题

测量是给一个特定对象的一个特定属性的存在与否或程度进行赋值的过程,如图11.4所示。测量的结果通常都是①表达对象中感兴趣属性的程度的分数赋值,②对象被划分到一个特定的类。给患者(对象)测量体温(属性)就是测量过程的一个实例①。

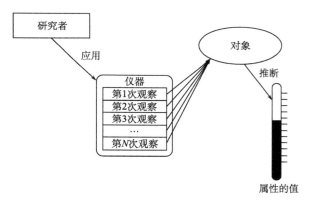

图11.4 测量的过程
(资料来源:Friedman and wyatt,1997a)

从客观主义研究的基本前提(见11.4.2节)不难发现,这些研究的正确开展需要特别注意测量方法。我们永远不能认为感兴趣属性的测量是没有误差的,特别是

---

① 当我们特指测量时,习惯使用"对象"一词来指被测量事物。

在信息学中,不能事后才想到准确和精确的测量。测量对医学信息学而言尤其重要,因为信息学作为一门相对年轻的学科,并没有沿用已久的"测量变量"惯例或对它们进行测量的成熟仪器。制定研究规划的人们基本上首先面临的是决定测量哪些量的任务,然后才面临研究他们自己的测量方法。对于多数研究者而言,这些任务被证明比起初预计的要更难、更耗时。在某些情况下,信息学的研究人员能根据其他研究人员所用的方法做些调整,但通常他们需要将他们的方法应用在不同的场合中,而其中又没有先验的经验可用。

确定出设计测量方法的研究(我们称之为测量研究)与这些解决信息学中绝对重要问题的方法的后续用途(我们称之为演示研究)之间的形式差异,我们就能对测量的重要性做出注解。测量研究寻求确定在一群对象中能以多高准确度测得感兴趣的属性。在理想的客观主义测量中,所有观察者均会对测量结果取得一致。因此任何的不一致都是由于误差造成的,应该将其降至最低。不同观察者或不同观察越一致,测量结果就越好。通过测量研究制定并验证的测量步骤为研究人员提供了他们开展演示研究所需要的东西,演示研究直接针对那些引起重要和现实关注的问题。一旦了解了用特定步骤测量一种属性的准确度,我们就能用该属性的测量值作为演示研究中的变量,以做出关于信息资源的性能和作用及人们对其看法的推断。例如,一旦测量研究理清资源的速度能以何种准确度测量出,相关的研究就会探查到特定的资源是否具有足够的速度(速度是用测量研究制订的方法来测量的)以满足忙碌的临床医生的需要。

测量问题的详细讨论超出了本章的范围。关键在于研究人员在为其研究收集数据之前,应当知道他们的测量方法是否合适。如果所用测量方法没有良好的历史记录,那么要确定所有测量步骤是否合适必须进行测量研究,包括小规模的数据采集。即使感兴趣的测量步骤有特定医疗保健环境的历史记录,并且该记录包含了病例和医护人员的特定组合,它们也有可能在不同的环境中表现不同,因此测量研究仍可能是必要的。不管研究人员何时规划一项研究,在他们进入到演示阶段前,都始终应问这个问题:"在这种特定的场合下我的测量有多好?"Michaelis 及其同事在 1990 年解释了测量研究对信息学的重要性。一项更近期的研究(Friedman et al.,2003)表明,临床信息系统的研究尚未系统解决测量这些研究的具体结果所用方法的合适性。

只要有可能,制定研究计划的研究人员就应该采用成熟、具有"历史记录"的测量方法,而非提出他们自己的方法。虽然对于信息学,目前的纲要和测量仪器都相对较少,但 http://www.isworld.org/surveyinstruments/surveyinstruments.htm 的网络资源列出了与信息系统的开发、可用性和影响相关的 50 多种仪器。

### 11.5.3 比较研究的对照策略

比较研究设计中最具挑战的问题是如何获得对照。我们需要一种方法来监测那些所有不能归因于信息资源的变化。在临床医学中,偶尔有可能根据初始的一小部分临床发现来准确预测患者的治疗成果。例如,在重症监护中活下来的患者(Knaus et al.,1991)。在这些不常见的情况下(这时我们有办法告诉自己,如果我们未加干预患者会发生什么事),我们可将实际发生的事与预计发生的事相比较,以得出有关信息资源益处的临时结论。但这种准确的预测模型在医学中极其罕见(Wyatt and Altman,1995)。相反,我们可采用各种类型的对照:完成任务而不受感兴趣干预影响的受试者。

在接下来的几节中,我们回顾了一系列的对照策略。我们用一个提示系统作为运行实例,该系统提示医生为骨科患者开出预防性抗生素,以防止术后感染。在这个例子中,干预即为提示系统的安装和启用;受试者为医生;而任务则是医生治疗的患者。因变量派生自成果测量,包括医生有关抗生素的医嘱及每个医生治疗的患者的平均术后感染率。

#### 1. 描述性(非对照的)研究

在最简单的设计即非对照的或描述性研究中,我们安装了提示系统,并匀出一段时间进行培训,然后进行测量。没有自变量。假设我们发现,总的术后感染率为 5%,而且医生在 69% 的骨科病例中均开出了预防性抗生素。尽管我们有两个测量的因变量,不做任何对比要解释这些数字是有困难的——有可能系统没带来任何变化。

#### 2. 历史对照实验

作为对描述性研究的第一步改进,我们考虑一个历史对照实验,有时称为前-后研究。研究人员在安装信息资源之前进行抗生素医嘱和术后感染率的基线测量,然后在信息资源投入日常使用后进行相同的测量。自变量为时间,有两个水平:资源安装前和安装后。例如,在基线水平,术后感染率为 10%,医生只给 40% 的患者开了预防性抗生素;干预后的数字与之前的数字相同(表 11.3)。

表 11.3 抗生素提示系统的历史对照研究的假设结果

|  | 抗生素处方率/% | 术后感染率/% |
| --- | --- | --- |
| 基线结果(安装前) | 40 | 10 |
| 安装后结果 | 60 | 5 |

资料来源:Friedman and Wyatt,1997a。

评价人员可能会说,感染率的减半可确切地归因于信息资源,特别是由于它伴随着医生抗生素药方 20% 的增加。但在这期间可能许多别的因素会发生改变从而产生这些结果,特别是如果在基线与干预后的测量之间有很长的时间间隔。可能有新职员上任;患者的成员分布可能发生变化;可能使用新的预防性抗生素;或临床审查会议可能已强调过感染问题,因而更加引起了临床医生的注意。简单地认为仅仅是提示系统导致了感染率的下降是天真的。已知的或未知的其他因素都可能在其间发生改变,使我们的干预对所有观察效应负责这一简单假设站不住脚。

可通过加入内部对照或外部对照来改进这一设计,最好两种对照都加入。内部对照应该是一种有可能受本地环境的任何非特定变化影响的度量,但它不受干预的影响。外部对照可与目标环境具有完全相同的度量,但在一个类似的外部环境中,如另一家医院。如果内部或外部的对照无变化,而感兴趣的标准发生变化,那么怀疑者需要足够机智才能说该系统不是改变的原因(Wyatt,2003)。

### 3. 同时非随机对照

为了规避历史对照中的一些问题,我们可以采用同时对照,这要求我们在医生和患者身上进行成果测量,他们不受预防性抗生素提示系统的影响但受环境中其他变化的影响。进行干预前和干预中的测量能强化设计,因为它能给出由于研究期间产生的非特定因素导致的变化的一个估计。

这种研究设计将是一种具有同时对照的平行组比较研究。表11.4给出了一种研究的假设结果,聚焦作为单一成果度量或因变量的术后感染率。自变量为时间和组别,这两者均有干预和对照两个水平。在有提示的组中改善是相同的,但在无提示的组中则没有改善—实际上还稍微变糟了。此设计提供了最可能由于提示系统导致的改善的提示性证据。如果在引进系统期间相同的医生在相同的病房中工作,而且如果受相同的非特定影响的类似患者在整个时间接受治疗,那么这个推论会更强。

**表11.4  抗生素提示系统的同时对照研究的假设结果**

| | 术后感染率/% | |
|---|---|---|
| | 提示组 | 对照组 |
| 基线结果 | 10 | 10 |
| 干预后结果 | 5 | 11 |

资料来源:Friedman and Wyatt,1997a。

即使在本例中对照是同时的,怀疑者仍可能反驳我们的论据,他们要说,在这两个组之间医生或患者均有某种系统但未知的差异。例如,如果这两个组恰好包含的是相邻病房的患者和临床医生,那么感染率的差异就可归因于两个病房之间的系统或机会差异。也许在某些病房医院配备的人员水平提高了,而另一些却没有,或者多重耐药的微生物只在对照病房的患者中有交叉感染。为了排除这些批评,我们可以将研究扩展,把医院的所有病房包括进来(甚至把其他医院的也包括进来),但这显然要消耗很多资源。我们试图测量两个病房中每位患者身上发生的每一件事,并建立所有职员的完整心理学简评以排除系统差异。但要有人指责我们没有测量或不知道的一些变量可解释两个病房间的差异,我们仍是无力反驳。较好的办法是将对照随机化,使它们真正可比。

### 4. 同时随机对照

上例中的关键问题是,尽管对照是同时的,在对照和接受干预的受试者之间有可能存在系统的而又未被测量的差异。去除系统差异(不管是已知还是未知因素造成的)的一种简单又有效的方法是将受试者随机地划分到对照组或干预组。因此,我们可随机地将一半医生划分到两个接受抗生素提示的病房,另一半医生正常工作。然后我们测量并比较由提示组医生和对照组医生治疗的患者的术后感染率。只要医生不管其他医生的患者,那么任何统计上"显著"(习惯上指 $p$ 值小于0.05)的差异均能可靠地归结为提示的作用。如出现其他差异,那纯属偶然。

表11.5显示了这种研究的假设结果。我们可以预料,这两组医生治疗的患者的基线感染率类似,因为患者是随机分配到这两个组的。与对照医生相比,受提示的医生其患者的感染率大大降低。因为随机分配意味着在不同组之间的患者的特性无系统差异,两组患者间的唯一系统差异在于他们的医生是否接受提示。

**表11.5  抗生素提示系统的同时随机对照研究的假设结果**

| | 术后感染率/% | |
|---|---|---|
| | 受提示医生 | 对照医生 |
| 基线结果 | 11 | 10 |
| 安装后结果 | 6 | 8 |

资料来源:Friedman and Wyatt,1997a。

只要样本量足够大,使这些结果具有统计显著性,我们就可得出有信心的结论:给医生提示能降低感染率。剩下的一个问题是,为何在对照的病例中,从基线到安装后感染率也有微小的降低,即使对照组并未接受提示?

#### 11.5.4  推断和有效性面临的威胁

我们都想让自己的研究逻辑上有效。对此有两个方面:内部有效性和外部有效性。如果一项研究有内部有效性,我们就有信心从该实验的具体条件(所研究的受试者人群、所做的测量和提供的干预)下得出结论。那我们是否有理由就将所观察到的差异归结为所附加的原因呢?即使内部有效性的所有威胁都已排除到令我们满意的程度,我们也还想让此研究具有外部有效性,使结论能从具体的场合、受试者和研究的干预推广到他人可能遇到的更多场合。因此,即使我们能令人信服地证明抗生素提示系统在我们自己的医院能降低术后的感染率,其他临床医生对这个结果也难有多少兴趣,除非我们能说服他们这个结果能可靠地推广到别的提示系统,或推广到其他医院的相同系统。

当我们进行比较研究时,有4种可能的结果。我们在一个研究语境中对其进行阐述,该研究探寻一个信息资源的有效性,并采用如下比较设计。

(1) 该信息资源为真实有效的,而且我们的研究也显示它的有效性。

(2) 该信息资源为真实无效的,而且我们的研究也显示它的无效性。

(3) 该信息资源是真实有效的,但由于某种原因,我们的研究不能显示其有效性。

(4) 该信息资源是真实无效的,但由于某种原因,我们的研究错误地显示它是有效的。

从方法学的角度而言,结果(1)和结果(2)是有利的,研究的结果反应了现实情况。结果(3)是一种假阴性结果,或II型错误。用推论统计的语言说,我们错误地接受了零假设。II型错误可因信息资源对感兴趣变量的影响太小,或由于探查该影响的研究所含受试者太少而出现(Freiman et al.,1978)。或者,我们可能已无法测量示例资源能对其产生影响的成果变量。在结果(4)中,当资源无价值时,我们推断它有价值,我们得到了一个假阳性的结果,或犯了I型错误。我们错误地拒绝了零假设。I型错误的风险在每个研究中都有。例如,当我们接受常规的 $p<0.05$ 作为统计显著性标准时,我们就有意识地接受了5%犯I型错误的风险,这是使用随机化作为我们实验对照机制的必然结果。如果觉得5%的假阳性率或I型错误概率不舒服,我们可把统计显著性的阈值降低至0.01,这样就只有1%的概率犯I型错误。

对内部有效性更重要的威胁有以下几种。

• **评估偏倚**:要确保进行测量的所有人都不掺杂他们自己对信息资源的感觉和意见(不管是肯定的或否定的)以免对结果造成偏倚。考虑在一项研究中使用抗生素提示系统的临床医生同时也收集临床数据,这些数据是确定系统所给建议的正确性所需的,如重大伤口和胸部感染的发生率。如果他们对提示系统有偏见,想要贬低它,他们就可能篡改临床感染数据,以证明他们自己是正确的,而提示系统对某些患者是错误的。因此,他们可能记录患者患有根本不存在的术后有痰咳嗽,以便为抗生素的处方提供理由,而提示系统则没有给这种建议。

• **分配偏倚**:信息资源的早期研究通常都在资源开发的环境中进行,研究受试者经常对资源有强烈的感受(正面的或负面的)。在一项患者被随机化而且受试者对信息资源有强烈信心的研究中,可能出现两种偏倚。研究人员可能会在随机方法中作弊,将更容易(或更难)的病例系统地分配给信息资源组(分配偏倚),或者如果他们事先知道下一个患者将被分配到对照组,就可能避免将特别容易(或困难)的病例招募到研究中来(Schulz et al.,1995)。

• **霍桑效应(Hawthorne effect)**:霍桑效应是人在知道自己被研究时能表现更好的倾向。心理学家测量了芝加哥霍桑工厂环境照明对工人生产力的影响(Roethligsburger and Dickson,1939)。随着车间照明度的提高,生产力也有提高,但当照明度偶尔降低时,生产力能再次提高。研究本身,而非照明的改变,导致了这种提高。在医学信息资源的研究中,由于霍桑效应,研究人员的注意力能导致所有研究组(干预组和对照组)所有受试者表现的改善。

• **检查表效应**:检查表效应是指当用(基于)纸质或计算机(的)表格来收集患者数据时,更完整及结构化更强的数据收集对决策制定有改善的一种现象。表格对于决策制定的影响可等同于计算机生成的建议(Adams et al.,1986),因此必须对其进行对照研究或量化。为了给检查表效应引入对照,研究人员应在对照和信息资源组中以相同的方式收集相同的数据,即使只有后者能得到信息资源的输出(Wyatt,1989)。

• **安慰剂效应**:在某些药物试验中,只向患者提供无药效药品或其他安慰剂也能导致某些临床变量(如健康、睡眠模式和运动耐力)有可测量的提高,原因是患者对受到关注并接受可能有用的药物治疗感觉良好。这种安慰剂效应甚至可能比药物本身的作用更强,从而可能使完全无药效的情形变得不明确。在医学信息资源的研究中,如果一些患者看到医生咨询一台工作站,而另一些人则无此经历,那么这种经历将使不同的组失衡,从而会高估信息资源的价值。或者,有些患者可能相信,需要计算机工作站的医护人员能力不如不需要的强。但有几项研究已表明,对于使用技术的临床医生,患者表现出的信心要比对不用技术的更强。

Friedman 和 Wyatt(2006)的书中第7章更全面地讨论了这些及其他许多在某些类型研究中适用的偏倚。

## 11.5.5 成本效益和成本收益研究

成本效益和成本收益分析的目的是定量评估健康干预相对于干预成本所带来的收益。简言之,成本效益和成本收益分析提供了一种评估不同干预在产生健康收益(如更长的寿命和更高的生命质量)方面的相对价值的机制。我们对这些分析的描述很简要;详情可参见 Gold (1996)、Weinstein 和 Fineberg(1980)及 Sox 等(1988)的文章。在成本效益分析中,分析员以健康成果(如挽救的生命数)为单位来表示健康收益,用美元数来表示成本。分析员可选择他们认为适合作分析目的的健康成果,如挽救的生命年数、挽救的质量修正生命年数或预防的疾病病例数。通常分析员会将一种治疗与另一种治疗的成本和健康效果进行对比。在这种情形中,增量成本效益比是干预的相对价值的合适估计。为了计算干预"b"相对于干预"a"的增量成本效益比,我们用二者的成本之差除以健康收益之差。例如,对于以预期寿命(LE)的增加作为收益衡量的干预,我们按如下公式计算干预"b"相对于干预"a"的增量成本效益比:

$$(C_b - C_a)/(LE_b - LE_a) \qquad (11-1)$$

式中，$C_b$为干预"b"的成本；$C_a$为干预"a"的成本；$LE_b$为用"b"干预的预期寿命；$LE_a$为用"a"干预的预期寿命。

与成本效益分析不同，成本收益分析以美元评价所有的收益和成本。因此，如果健康干预能避免死亡，那么分析员必须用美元将避免的死亡的价值表示出来。此类分析的目的是确定收益（以美元计）是否大于成本（以美元计）。

为了进行成本效益分析，分析员必须执行如下步骤（技术评估办公室，1980；Gold et al.，1996）。

（1）明确问题，包括分析的目标和角度的明确，以及考虑的备选干预。

（2）明确并分析收益。

（3）明确并分析成本。

（4）贴现计算。

（5）分析不确定度。

（6）讨论伦理问题。

（7）对结果做出解释。

我们将用实例来阐述这些概念，这个实例在11.5.3节计算机提示系统的介绍中用过，该系统提示医生在给患者进行骨骼手术前开一些预防性抗生素。

成本效益分析的第一步是明确问题。如不仔细定义好问题将导致许多困难。明确问题的方法是确定决策的语境。分析员需要作何决策，或该分析的消费者需要作何决策？是否为实行计算机抗生素提示系统或人工系统的决策？或是否为实行何种计算机抗生素提示系统的决策？或者，决策者是否寻求了解实行基于计算机的系统，还是雇用一个从业护士来检验抗生素的医嘱？这些问题的答案将可使分析员对分析做出正确的设计。

为了确保分析员算出的成本效益比对决策者有用，分析员还应明确研究的目的。目的是降低医院的成本还是所有成本？降低医院成本的计划有可能是通过将某些成本转移给门诊患者来实现的。这是否有利害关系？分析员还应确定分析的角度，因为这种角度决定了分析中成本属于谁、收益属于谁。例如，如果是从医院的角度来看，那么门诊患者的成本可能无关紧要。但如果分析的角度是社会（通常都是这样），那么分析员应将门诊患者的成本考虑进来。最后，分析员应明确决策者将（或应该）考虑的备选方案。医院也许不该安装昂贵的医院信息系统，而应与另一家医院签个合同进行所有的骨科手术。如果分析员已仔细评估了决策的语境，那么重要的备选方案应该很明确。

成本效益分析的下一步是明确并分析健康成果以及备选干预的成本。分析员该如何评价抗生素提示系统的成本效益呢？首先，分析员应确定如何测量系统的健康收益，然后通过评估基于计算机的系统实施前后的术后感染数来对健康收益进行定量。因此成本效益比的单位是每个预防的术后感染所花的美元数。这种比例对于决策者可能是有用的，但决策者可能只会将该系统与其他预防术后感染的干预相比较。例如，他们可能不会比较该系统与乳腺癌筛查的计算机提示系统的成本效益。为了弥补这一缺陷，分析师可以选择一个更全面的健康成果度量，如质量修正寿命年（参见第3章）。然后估计每个预防的术后感染所省下的质量修正生命年数。决策建模提供了进行此类估计的方法（参见第3章）。因此，质量修正生命年的应用可让政策制定者评价抗生素提示系统相对于其他干预的成本效益，但会给分析员带来额外的负担。

为了评价提示系统成本效益的提高，分析师还必须估算旧系统带来的成本及基于计算机的系统带来的成本。文献中通常称之为直接成本和间接成本，但这些术语的使用有矛盾。我们将沿用Gold及其合作者（1996）给出的定义，将这些成本称为直接成本或生产力成本。采用这种方法之后，我们划归为直接成本的某些成本以前被认为是间接成本。直接成本包括产生干预的所有必需物品、服务和其他资源的价值，其中包括由于干预的未来结果（有意或无意的）所消耗的资源（Gold et al.，1996）。直接成本包括医疗保健资源、非医疗保健资源、非正式护理人员时间和患者时间使用的改变。直接医疗保健成本包括药费、检验费、操作费、耗材费、医疗人员费和设施使用费。对于抗生素提示系统，直接医疗保健成本包括安装、维护、人员、消耗品、药品（抗生素）和未来可能由于术后感染的降低等因素导致的节省费用。直接的非医疗成本包括提供干预所需的其他服务，如与医疗处理有关的患者转运费。如果患者家属提供了辅助性护理，他们的时间价值也属于干预成本之一。患者接受干预所需的时间也是成本之一。由于抗生素提示系统的实现不会改变其成本，分析师无需将其纳入分析中。生产力成本是指那些由于疾病或死亡引起的生产力变化导致的自然增加的费用；如果术后感染的干预能实质性地改变那些已预防感染的患者的误工时间，那么这种成本在抗生素提示系统的分析中就可能是相关的（详细讨论请参阅Gold et al.，1996）。

为了完成该分析，分析师应对健康和经济方面的成果进行贴现，从不确定性和伦理方面进行考虑，并诠释这些（贴现的）结果。贴现能让分析师在其分析中解释时间偏好：未来的花费和健康收益立即将发生的花费或收益价值更低。分析师通过计算当前健康成果和成本的净值来进行贴现；此计算降低了未来的健康和经济成果与当前的健康和经济成果相比的影响（详细解释参阅Gold et al.，1996）。健康和经济成果均应进行贴现（Gold et al.，1996）。敏感度分析（见第3章）提供了一种对不确定性、重要性的评估机制。伦理问题包括如何确保政策方案的公平性、如何评价成果及如何选择成本效益阈值（参见第10章）。成本收益阈值（例如，每一质量修正生命年节省$50 000）反映了决策制定者对一年生命所节省最大价值的判断。尽管目前对于合适的阈值尚无统一的意见，许多广泛采用的干预对赢得的每个质量修正生命年的花费①均低于 $50 000 至 $60 000(Owens,1998b)。对结果的诠释应加入关于不确定性对所估算成本效益比的影响的声明及关于伦理问题的声明。

成本效益和成本收益分析提供了帮助政策制定者和临床医生了解健康成果与备选健康干预（包括信息资源）的成本之间关系的工具。在此我们强调，虽然它们提供了有关干预或信息系统某个重要方面的信息，但对于决策的制定单有它们是不够的。对于多数决策，社会、伦理和政治等其他方面的因素也都很重要。对综合信息系统的评价是个艰难的挑战，原因在于此类系统的收益很分散、形式多样，因而难以量化。但是，和其他医疗保健干预和创新一样，信息资源必须能有足够的收益为其开销提供正当理由。

## 11.6 主观主义研究的开展

在前一节介绍的客观主义评价方法对于解决某些问题有用，但不能解决在医学信息学中挑战研究者们的所有重要和感兴趣的问题。本节介绍的主观主义方法就是根据一组不同的前提条件解决评价问题。它们采用不同的方法，但这些方法均是严格的。

### 11.6.1 主观主义研究的选用理由

主观主义方法能让我们解决信息学中的深层次问题：除了常见的"是否"及"什么"之外的"为什么"和"根据谁"的问题。正如前面所定义的，在主观主义的系列方法中，应答-阐释性方法寻求的是那些能代表资源用户或资源运行的临床环境下其他重要参与者的观点。其目标是阐明，而非判断。研究人员要寻找一个论证，以增加对信息资源及其构成环境的了解。采用的方法基本上来源于人种学。研究人员埋头于信息资源所在（将要运行）的环境中，通过观察、面谈和查阅文档来收集初步的数据。这些研究的设计（数据收集方案）并不是严格预先定好的，也不是按固定的顺序开展的。随着研究人员积累更多的经验，它们会作动态的和非线性的改进。

尽管客观主义方法可能有悖于关于应如何开展经验主义研究的一些常见看法，但对于信息和计算机科学领域而言，这些方法及其概念基础却是很适合的。客观主义研究背后的多元论和非线性思维与当代信息资源设计流程的概念化有很多共同点。例如，Winograd and Flores (1987)就提出：在设计基于计算机的技术时，我们不是在构建一个能覆盖机构及其人员职能的形式"系统"。如果这样做的话，构建的系统（及人们在其间的可能行动范围）就会很僵化，不能处理新的故障或适应新的能力。相反，我们将对人们工作设备（有些是基于计算机的）的网络设计进行增加和修改。计算机就像是一件工具，它是给那些某种行为领域的人使用的。工具的使用就改变了这些行为及其执行方式的潜在可能。它的能力不在于实现单个的目标，而在于它能与更大的医疗机构通信网络（电子的、电话的或纸质的）进行连接。

另一个是与形式系统分析方法学的连接，这是信息资源开发的一个普遍认可的基本组成部分。系统分析采用了许多与我们介绍的主观主义评价方法非常类似的方法。人们认识到，系统分析需要有一个信息收集的流程，严重依赖于与现有系统各种用户的面谈。系统分析的信息收集一般是循环的和反复的流程，而不是一个简单的线性过程(Davis,1994)。在系统分析的文献中，有人提出与主观主义评价支持者所给的类似的忠告，即过分结构化的方法可能会错误地描述系统环境中工作人员的能力，并错误地描述信息交流在所完成工作中的作用。我们发现这种忠告低估了例外情况的普遍性，不能解释每个机构内部能对实际发生的情况产生诸多影响的政治力量(Bansler and Bodker,1993)。在系统分析领域，已有人认识到了客观主义方法的缺点及主观主义方法的潜在价值(Zachary et al.,1984)。

### 11.6.2 一种严格但又不同的方法学

评价的主观主义方法属经验方法，这与客观主义方法类似。要强调它们的差异很容易，但这两大类评价方法也有许多共同的特征。例如，在所有经验研究中，都会非常仔细地收集证据；研究人员总能意识到自己在做什么、为什么要做，然后将这些证据汇编、并对其进行解释，最终做出报告。研究人员保留有研究步骤的记录，这些记录可对研究人员自己或研究小组外的个人开放，以作审查之用。研究主任或评价小组的负责人担负着几乎可说是神圣的责任——对外报告他们的方法。如果无法做到这一点将使研究失效。这两种方法还都依赖于引导研究人员解释观察到的现象的理论，以及相关的实验研究文献，如已发表的针对类似现象或类似背景的研究。在这两类方法中，都有公认的良好管理规范，因此能够区分研究的良莠。

但客观主义方法和主观主义方法也确实有根本的区别。首先，主观主义研究在设计上是紧迫的；客观主义研究则一般始于一套假设或具体问题，并有逐个针对这些假设或解决这些问题的方案。研究人员设想，除非出现重大的不可预见的进展，该方案将得到严格的执行。其实，有偏差就会有偏倚。如果研究人员发现在对特定问题的探索或特定测量仪器的使用中出现了负面的结果，他可能会修改策略，以期获得更为正面的结果。相比之下，主观主义研究一般始于促进早期研究的较为宽泛的定向研究论题。通过这些初步研究，需要进一步研究的重要问题就能显现。主观主义的研究人员几乎在任何时候都愿意根据最近获得的信息来调整未来的研究角度。

---
① 参见 http://www.nice.org.uk

主观主义的研究人员有渐进主义的倾向,他们每天都在修改计划,非常能容忍模糊和不确定性。他们在这方面很像优秀的软件开发人员。主观主义研究人员必须培养出这种能力,即能意识到项目何时结束,这时只有在时间、金钱或精力方面付出高成本才会有进一步的收益,在这一点上他们也与程序开发人员相似。

主观主义研究的第二个特征是有自然主义倾向,从事这种研究的人不太愿意对研究的背景进行操纵,多数情况下,研究是在引入信息资源的环境中进行的。研究时他们不改变这种环境。客观主义研究结构中的一些核心构成,如对照组、安慰剂或对信息资源的刻意修改以构建对照干预及其他技术,一般都不使用。但主观主义研究在描述时也会用定量数据,并在研究背景给出一个"自然实验"时提供定量的对比,这时进行这种对比时无需刻意地干预。例如,当医生和护士都用临床系统来输入医嘱时,他们对于系统的经验就提供了一个自然的对比基础。主观主义研究人员是机会主义者,只关注相关的信息,他们会用他们认为可得的最好信息来阐释研究中的问题。

主观主义研究的第三个重要显著特征是他们的最终成果是一篇叙述性的、散文形式的报告。这些报告可能很冗长,对于读者而言阅读要花很长时间;但不需要有定量研究方法或统计学方面的技术知识也能理解。因此,主观主义研究的结果容易被大众所理解,甚至会被他们认为很有趣,这是客观主义研究结果所不具备的。客观主义研究的报告通常是推断性统计分析的结果,多数读者读起来都不会觉得轻松,而且一般都不能理解其中的内容。主观主义研究的报告会努力吸引其听众。

### 11.6.3 主观主义研究的自然史

作为描述主观主义评价方法学的第一步,图11.5解释了研究的阶段和自然史。这些阶段构成一个普通的序列,但正如我们所提到的,主观主义研究人员必须始终准备修改自己的想法,而且还可能因新证据的出现而返回到以前的阶段。在这种模型中,原路返回是合理的步骤。

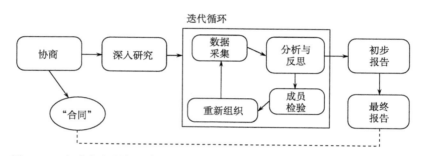

图11.5　主观主义研究的自然史(资料来源:Friedman and Wyatt,1997a)

(1) 研究基本规则的协商:在任何经验研究,特别是在评价研究中,研究小组应与研究委托人协商达成协定,这很重要。该协定应包含研究的总目标;所用的方法;对各种信息来源的接触,包括医疗保健服务提供者、患者和各类文件;中期与最终报告的格式。研究的目标可以编制为一组初步的定向研究问题。理想情况下,这种协定可以表述为谅解备忘,类似于合同。

(2) 在环境中深入研究:在这一阶段,研究人员开始花时间在工作环境中。他们的工作内容包括正式的介绍、非正式的谈话或作为旁听者参加一些会议或别的活动。研究人员将背景通指为"现场",它可以指多个研究开展的实际地点。研究人员与现场人员之间的信任和公开是主观主义研究的基本要素,为的是确保信息交换完整且无偏倚。

即使在深入研究阶段,研究人员就已开始收集数据来优化引导研究的初始问题。与现场人员的早期讨论及以深入研究为主要目标开展的其他活动,必然会开始改变研究人员的观点。一般来说,研究人员几乎在一开始就会同时面对该研究的多个方方面面。

(3) 迭代循环:此时研究的程序结构变得类似于迭代循环,研究人员进入到了数据收集、分析和思考、成员验证和重新组织的循环。数据收集涉及面谈、观察、文档分析和其他方法。可按计划收集数据,但有好的机会也可随时收集。仔细记录数据,并在已了解情况的语境下对其进行诠释。在每个循环中,分析和思考过程要求对新的结果进行细致的研究。成员验证是指研究人员与参与者本人分享新想法和意见。重新组织的结果是改变下一步循环的数据收集安排。

尽管迭代循环内的每个周期被描述为线性,这种表述容易让人误解。图11.5所示的循环前进方向为顺时针方向,但后退步骤也是自然和不可避免的。它们不表示失误或错误。研究人员在开展一系列面谈并研究参与者的言论后,可能会决定再次与一两个参与者谈话,澄清他们对特定问题的立场。

(4) 初步报告:最终报告的第一稿本身应视为一个研究文件。研究人员让多个人分享这个报告,就能对结果的有效性进行一次大检验。一般而言,人们对初步报告的反应有助于澄清其中的问题,使研究结果能有个整体的优化。由于报告通常都是叙述性的,其语言应让所有预期的听众都能理解,这极为重要。报告草案的传阅可确保最终文件得到预期的交流。采用匿名的形式引述面谈和文件内容,可以让读者得到一份鲜活和有意义的报告。

（5）最终报告：最终报告一旦完成，应按原始谅解备忘录中商定的那样发布。通常发布时还会举行一次"研究人员见面会"，让感兴趣的人询问报告的作者，以扩展或解释书面的内容。

### 11.6.4 数据收集和数据分析的方法

主观主义研究人员的"百宝箱"中有哪些数据收集的方法呢？方法有多个，一般都结合使用。我们将逐个讨论，假定研究背景为典型的医学信息学主观主义研究，即将信息资源引入到医院患者的医疗工作中。

**1. 观察**

研究人员一般以两种方式之一深入到研究的环境中。研究人员可能纯粹作为一个不掺杂个人偏见的观察者；是一个在环境中受信任且不突兀的人；不参与日常工作；依赖多个"被调查人员"作为其信息的来源。为了保持此类研究真实的自然主义特征，应谨慎地降低由于观察者的存在使工作活动受影响的可能性，以及病房组直接拒绝观察者的可能性。另一种方法是参与者观察，这时研究人员成为工作小组的成员。参与者的观察更难设计；它可能要求研究人员在该研究领域受过专业的训练。它也很耗时，但能给研究人员一种工作环境中生活的深刻体验。在这两种观察过程中，数据都是自然连续积累的。这些数据是定性的，可有好几类：医疗保健服务提供者和患者的陈述、手势和其他非语言的表情，看似能影响医疗保健服务的硬件背景的特征。

**2. 面谈**

主观主义研究严重依赖面谈。正式面谈是这种场合，即研究人员和被研究人员都知道对问题的回答会被记录下来（在纸上或录下来），并在评价研究中会直接用到。正式面谈有多个结构化程度。一个极端是非结构化的面谈，其中无预先设定的问题。在两个极端之间的面谈称为准结构化面谈，其中研究者事先规定了一组他想要讨论的话题，但就讨论顺序而言这组话题是灵活的，而且对于未列入的话题的讨论也是开放的。另一个极端是结构化面谈，问题的安排始终不变，包括用词和顺序都相同。主观主义研究一般倾向于采用非结构化和准结构化面谈。非正式的面谈（在日常观察中，研究人员与病房组成员之间自发的谈论）也是数据收集过程的一部分。非正式的面谈始终都被认为是一个重要数据的来源。

**3. 文档和人工制作的分析**

每个项目都会出现少许文件和人工制作。其中包括患者图表、各式版本的计算机程序及其文档的、项目小组制订的备忘录，甚至也包括由病房职员制作的挂在办公室门上的卡通画。与患者治疗的日常事件不同，这些人工的制作一旦产生就不会改变。在整个研究阶段，可对它们进行回顾性地审查，并在必要的时候反复引用。无干扰式测量也可纳入该标题，它是指作为信息资源的日常使用所积累的记录。例如，它们可包括信息资源的用户跟踪文件。这些测量的数据通常是可定量的。

**4. 其他看似有用的任何事物**

主观主义研究人员是机会主义者的极致。当对研究很重要的问题出现时，研究人员会收集他们认为与这些问题有关的任何信息。这种数据的收集可包括临床图表的综述、调查问卷、检验、模拟患者及通常与客观主义方法相关的其他方法。

**5. 主观主义数据的分析**

对于定性数据的分析，有许多方法。重要的是这些分析要有计划地进行。一般而言，研究人员从几个不同的来源寻找主题或趋势。他按主题和来源来整理单个的陈述和观察结果。有些研究人员将这些观察结果转换到文件卡上，方便以各种方式整理或重复整理。有些则采用专门为辅助定性数据的分析而设计的软件（Fielding and Lee, 1991）。研究人员在现场时，掌上装置和其他手持装置可实现数据的电子记录，它们正改变着主观主义研究的开展方式。

主观主义分析的流程不是固定的，随着研究的成熟，其分析的目标也在变。在早期，目标主要集中在本身就是为了引出进一步数据的那些问题。在研究的后期，主要目标是整理针对这些问题的数据。结论的可信度主要来源于一个称为"三角测量"的过程，它是指不同独立来源的信息以多大的程度引出相同主题或指向同一结论。主观主义分析还采用一种称为"成员验证"的方法，研究人员通过该方法将初步结论返回给研究环境中的人，询问他们这些结论是否有意义，如果无意义，原因是什么。在主观主义研究中，议事日程永远都不会完全结束，这与客观主义研究不同。研究人员会随时留意新的信息，这些新信息可能要求他们重新整理结果及当前得出的结论。

## 11.7 结论：评价和技术评估的思维模式

前面几节可能让读者觉得评价和技术评估很困难。如果此领域的学者在有关该如何进行此类研究方面有着根本的分歧，那么对较新入门的新手而言，又该如何开展呢？又如何奢谈信心？为了解决这一难题，在本章的结尾我们提出了关于评价的思想模式，任何人在评价时都可以建设性将这种一般倾向融入他们的工作中。这种思想模式的不同要素在不同程度上适用于各种研究类型和方法。

• 为问题和利益相关方的关键疑问而设计研究：每个研究都是定制的。评价和技术评估不同于主流观点中的研究，因为这种研究的意义源于客户的需要，而非学科的未解决问题。如果评价能给一门学科带来具有普遍价值的新知识,那也只是偶得的副产品。

- 收集对决策有用的数据:理论上能提的问题没有终极,因此研究中可收集的数据也不能穷尽。该做什么是由最终需要做出的决策来决定的,还由被认为对这些决策参考价值的信息决定。
- 寻找预期和未预期的效果:不论何时将新的信息资源引入某个环境中,都可能有许多后果,其中只有一些与资源所声明的目的有关。在一项完整的评价中,预期和未预期的效果都要寻找并记录,应将研究进行得足够长以使这些效果都能显现出来。
- 在资源开发时、安装后都应研究它:一般而言,评价能辅助的决策有两类。当资源处于开发阶段时,进行的研究所得到的决策就是成型式决策。它们在资源实施前就能对其产生影响。终结性决策是在其预期的环境中、资源安装之后所做的决策,它明确此环境下资源性能的好坏。安装的资源在其环境中经常要许多年才能稳定下来。在做出终结性决策之前,可能需要经过相当长的时间。
- 在实验室和现场研究资源:信息资源在实验室和在现场出现的问题是完全不同的。在开发人员的实验室中进行的"体外"研究,以及在真实的临床或教育环境中进行的"体内"研究,是评价的两个重要方面。
- 超越开发人员的观察点:信息资源的开发人员往往难以设身处地地想问题,对于资源的性能和实用性,他们通常没有超然和客观的倾向。进行评价的人通常将接近终端用户看做是自己工作的一部分,也会将描绘用户感受到的资源印象作为工作的一部分。
- 将环境考虑进去:任何进行评价研究的人在某种程度上都必须是个生态学家。信息资源的功能必须看做是资源本身、资源的一组用户及社会的、机构的和文化的语境之间的一种相互作用,它很大程度上决定了在此环境中如何开展工作。一个新的资源是否能有效运行,取决于它与资源设计者描述的操作功能的符合程度(在实验室中测得),同样还取决于它与其环境的适合程度。
- 让关键问题随时间而显现:评价研究是动态的。研究设计可能在项目计划中会有陈述,但它通常只是一个起点。在研究开始时,重要且精准的问题几乎都是未知的。在现实世界中,评价设计即使采用了客观主义方法,当重要的问题进入焦点时也应留有改进的余地。
- 方法上要有包容性和选择性:最好能从要探讨的问题中派生出全部的方法、研究设计和数据收集方法,而不给研究预先设定方法或手段。某些问题最好用无约束的面谈和观察中获得的定性数据来回答;而某些问题则最好用从结构化的调查问卷、患者图表审查和用户行为日志中收集的定量数据来回答。

最后,记住完美的研究实际上是无法完成的,而且可能永远也不会有完美的研究。本章介绍了研究设计和执行的各种方法,这些方法能减少偏倚、增加可信度,但每个研究的结果可能仍然会受到质疑。不过一项研究要能做到有引导性、能明确问题或阐明事实就够了。

## 推荐读物

Anderson J. G., Aydin C. E., Jay S. J. (Eds.) (1994). Evaluating Health Care Information Systems: Methods and Applications. Thousand Oak. s, CA: Sage Publications.

这是一本编撰精良、覆盖评价中多种方法学和多个真实问题的书,既包括了客观主义方法也包括了主观主义方法。尽管在结构上它不是一本正式的教科书,但其内容很基本,面向的读者是想了解医学信息学的人,而非为研究方法学的人。

Ash, IS., Gorman, PN.. Lavelle. M., Payne, T. H., Massaro, T. A., Frantz, G. L,, Lyman JA. (2003). A cross-site qualitative study of physician order entry. Journal of the American Medical Informatics Association. 10(2), 188 200.

Cohen P. R. (1995). Empirical Methods for Artificial Intelligence. Cambridge, MA: MIT Press.

该书文笔极佳,内容翔实,侧重人工智能应用的评价,不限于医学领域。它强调客观主义方法,可作为计算机系学生的基本统计教程。

Friedman CP, Wyatt J. C. (2006). Evaluation Methods in Biomedical Informatics. New York: Springer-Verlag.

该书是本章内容的基础。对于本章提到的几乎所有问题和概念,它都给出了更广泛的讨论。

Jain R. (1991). The Art of Computer Systems Performance Analysis: Techniques for Experimented Design, Measurement, Simulation, and Modeling. New York: John Wiley & Sons.

该书从技术上讨论了一些用于研究计算机系统的客观主义方法。它比前面介绍的 Cohen 的书(1995)范围更广。它包含了许多案例研究和实例,需要有基本的统计学知识。

Lincoln Y. S., Cuba E. G. (1985). Naturalistic Inquiry. Beverly Hills, CA: Sage Publications.

该书是主观主义方法的经典。写得很严格但可读性强。它不侧重医学领域或信息系统,因此读者需要自己归纳。

Rossi PH., Freeman H. E. (1989). Evaluation: A Systematic Approach (4th ed.). Newbury Park, CA: Sage Publications.

这是一本在评价方面很有价值的书,侧重客观主义方法,写得很好。与前文所述的 Lincoln 和 Guba(1985)的书相似,它在范围上很广,读者需要将其内容与医学信息学结合。其中有几章对评价的实用性问题写得很精彩。它们很好地补充了统计学和形式研究设计几章的内容。

## 问题讨论

1. 随意举出生物医学的一个领域（如药物试验）作为比较，并列出至少 4 个因素，使得医学信息学的研究比在该领域更难以开展成功。考虑到这些困难，讨论在医学信息学中开展经验研究是否值得，或者我们是否该以直觉或市场作为信息资源的主要指标。

2. 假设你管理着一家支持医学信息学的慈善机构。在用你的机构的稀缺资源进行投资时，你必须在两者之间进行选择：资助一个新系统或资源的开发，或资助已开发资源的经验研究。你会作何选择？你如何证明这个决策是合理的？

3. 能在多大程度上肯定医学信息资源的实际有效性？有效性的最重要依据是什么？

4. 你是否认为，对相同行为或成果的独立且无偏倚的多个观察者应对该成果的品质意见一致？

5. 许多评价方法都断言单个的无偏倚观察者是评价的一个合理的信息来源，即使观察者的数据或判断未经他人的证实。从我们的社会中举出一些实例，我们将重要的决策权授予富有经验且设定为公平的个人。

6. 你是否同意这种说法：在严格的审查下，所有的评价看起来都是模棱两可的？请解释你的答案。

7. 给下列假想的研究联系一种特定的评价方法①。

    a. 在系统尚处于开发时比较计算机病历系统的不同的用户界面。

    b. 美国国家医学图书馆的生物医学图书馆评审委员会现场访问一家单位，该单位递交申请一项研究基金有竞争性的再资助。

    c. 一个用户界面设计方面的知名专家被邀请到某学术部门访问 1d，提一些有关新系统原型的建议。

    d. 引进信息资源前后进行的病例表评审，未告知评审员有关信息资源性质的任何信息，甚至未告知干预就是信息资源。

    e. 在一家已实施知识资源的医院，主治医生的查房录像，以及与病房组成员的定期访谈录像。

    f. 确定新版资源是否以设计者规划的速度执行了一套标准的性能测试。

    g. 随机分配患者，使得其病历要么由新计算机系统维护，要么用标准程序保存，然后研究人员设法确定新系统是否会影响临床协议的补充和执行。

    h. 在研究小组退出时的虚拟辩论。

8. 对如下每种假想的评价情景，列出它们包含了表 11.2 的 9 种研究类型中的哪些类型。某些情景可能包含超过一种研究类型②。

    a. 小医院实施的医嘱传递系统。评估检验室工作负荷的变化。

    b. 研究小组对精神病学家所需信息进行的全面分析，社区的社会工作者给患者指定这些精神病学家。

    c. 向医学信息学专家询问对一个博士生项目的意见。专家要求取得该学生程序设计的源代码和文档的副本，以便进行审阅。

    d. 花一个月时间依据手工制作的图纸实施新的重症监护病房系统。然后，基于计算机的数据及在图纸上记录的数据进行质量比较。请重症监护的医生小组从每个数据集中独立地识别出低血压发作。

    e. 邀请一个医学信息学教授加入到当地医院临床工作站的指导组。第一次开会时给该教授批评的仅有文件是项目目标的陈述、对计划的开发方法的说明、广告宣传及小组成员的任务描述。

    f. 开发人员邀请临床医生测试基于计算机的学习系统的原型，将其作为工作室（基于以用户为中心的设计）的一部分来测试。

    g. 建立一个程序，可根据 7 个临床参数生成 24h 的血糖浓度预测线。另一程序使用该曲线和其他患者参数来建议胰岛素的剂量。只给出这个 24h 的曲线图，请糖尿病医生为患者开出胰岛素的处方，然后看计算机生成的建议。还请他们给出对计算机建议的看法。

    h. 在一个已有计算机病历系统的老年病诊所中安装一个能生成药物相互作用警告的程序。比较在安装该警告资源之前和之后临床显著的药物相互作用的发生率。

---

① 答案：(a)决策辅助法；(b)专业评审法；(c)艺术批评法；(d)无目标法；(e)应答—阐释性方法；(f)基于目标的方法；(g)比较法；(h)准法定方法。

② 答案：(a)现场用户效果；(b)需求评估；(c)结构的确证；(d)现场功能；(e)需求评估和设计验证；(f)检验室功能；(g)检验室用户效果和检验室功能；(h)问题影响。

# 第二部分

# 生物医学信息学应用

# 第 12 章 电子健康记录系统

**阅读本章后,您应对下列问题有所了解:**
- 电子健康记录的定义是什么?
- 电子健康记录与纸质记录的区别是什么?
- 电子健康记录包括哪些功能模块?
- 电子健康记录有何益处?
- 电子健康记录应用和发展的障碍是什么?

## 12.1 什么是电子健康记录?

前述几章介绍了生物医学信息学的基础知识,包括临床实验和研究中患者数据的使用情况。本章我们要讲述患者记录(patient record),即通常所说的病历表(patient's chart)或病历(medical record)。患者记录是患者经由医疗保健系统所获得和产生的全部数据信息。第二章中我们已广泛地讲述了医学数据的使用过程,同时也论述了在处理众多患者信息时纸质病历的局限性。本章我们将介绍基于计算机的电子健康记录的定义和应用,论述电子健康记录的潜在优势和价值,同时指出电子健康记录发展过程中面临的挑战。

### 12.1.1 患者记录的作用和目的

Stanley Reiser 在 1991 年曾写到患者记录的作用是"记录诊治结果,共享再就诊参考资料,指导临床教学,获取科研信息,说明诊治疗效,提供医疗工作评价和法律依据"。这句话所说明的患者记录的许多作用虽然各不相同,却指明了患者记录的唯一目的,即采用改善患者健康状况、改进研究行为和公共健康活动的方式提高医疗科学的应用水平。然而,通过对医生使用纸质记录状况的研究发现:纸质记录在逻辑性、管理和实践应用上存在众多局限性。这些局限降低了传统记录方式对日益增长的多种医学信息的存储和处理效率。电子健康记录不但克服了这些局限,而且额外还具有静态的纸质记录所不具备的优势。

电子健康记录(electronic health record,EHR)是指以电子形式保存和维护的、可供多个合法用户同时使用的个人一生的健康状况和医疗保健信息的集合。传统意义上来说,患者记录是在人患病时的医疗记录。管理式医疗保健(详见第 23 章)鼓励医疗保健服务提供者关注从健康到患病及康复过程的健康和医疗保健的整体状况。因此,患者记录必须集成患者的健康状况信息和患病信息,各种医疗服务提供者可通过不同的设置方式获取这些信息。除此之外,这些信息应存储成不同的形式,应用于第 2 章所讲述的多种用途。

基于计算机的患者记录系统(computer-based patient-record system)加入了信息管理工具,这些工具可提供临床通知单、临床警报、医疗保健决策相关知识、用于医疗管理和研究的总体数据分析等。要使用纸质患者记录,读者必须采用心记或纸本记录的数据方式收集重要的临床信息。与此相比,电子健康记录提供了计算机辅助工具来协助读者组织、说明和处理数据。当今电子健康记录系统所提供的工具实例将在 12.3 节中论述。

有一些大型研究所已经安装了 EHR 系统并且公布了他们各自不同的实现方法和总结经验(Pryor et al.,1983;Guse and Mickish,1996;Halamka et al.,1998;Hripcsak et al.,1999;McDonald et al.,1999;Slack and Bleich,1999;Teich et al.,1999;Yamazaki and Satomura,2000;Cheung et al.,2001;Duncan et al.,2001;Brown et al.,2003)。

### 12.1.2 电子健康记录与纸质记录的区别

纸张的无变化性限制了传统病历的功能,即只有一份用单一格式输入和检索数据的资料。与传统病历相比,电子健康记录的形式灵活并且适应性强。数据采用一种将输入过程(包括与其他存有患者资料的电子计算机的接口)简化的格式进行输入,并可采用适于理解的不同格式进行显示。此外,电子健康记录能集成多媒体信息,如放射学图像和超声回波视频资料,而传统病历从来没有集成过这些信息。电子健康记录的数据能用于对个体患者进行诊疗指导,或用总量统计的形式协助决策者改进人口健康政策。因此,考虑到电子健康记录的功能,我们不要限制对于医疗提供者和患者之间一系列就诊记录的作用。电子健康记录系统采用信息管理工具处理数据,扩展了患者资料的实用性。

纸质病历的普遍弊病是难获取性。在大型医疗机构中,当医生完成一次会诊的文档后,传统病历在数天内都无法被其他人得到。例如,在出院摘要完成且每份文件签名盖章之前,纸质病历一直保留在病历管理部门。在这段时间里,查询和检索病历需要特殊许可和诸多周折。个别医生为了方便,通常需要经过上述艰难的方式借到病历。而采用计算机存储的病历,所有授权的个人都可在任何需要的时候立即获得患者资料。对电子健康记录的远程获取也是可能的,当病历存储在加密的网络中时,经过授权的临床医生在需要时可在办公室、家里或急诊室里随时取得病历信息,从而及时做出诊疗决断。同时,电子健康记录系统使资料更加便于授权用户的合法使用,系统同时提供了控制和跟踪存取病历过程的工具,用来执行健康保险法(health insurance portability and accountability act,HIPAA,见第 10 章)所要求的隐私保护由于电子健康记录的记录是采用印刷字体保存而不是手写字体,因此记录更加清晰,同时由于在输入时记录结构已排版,因此信息的组织管理更方便。计算机在输入时能自动进行数据有效性和必需性检验,以提高记录的完整性和质量。例如,数值结果会被检验出超出参考范围,排字印刷错误也能通过拼写检查器和限制输入选项的方式检测出来。并且,一个交互式系统还能提示用户一些额外的信息。在这种情况下,数据库不仅存储数据,而且增强了数据的完整性。

输入到计算机中的数据能够重复使用。例如,一位医生可以把他们访问笔记中的部分内容剪切并粘贴到给另一位咨询医生的信中,也可粘贴到住院笔记中。数据的可重用性是电子健康记录用于提高医护人员效率的一种方式。输入的数据作为患者护理过程的一部分,也能在证实患者安全性报告、质量提高报告和监管或鉴定要求报告中重复使用。

一份详尽的电子健康记录发挥这些优势的程度依靠下列几个因素。

(1) 信息的综合性。电子健康记录是否同包含疾病信息一样也包含了健康信息?是否包含了所有参加患者医疗过程的医生信息?是否包含了医疗实施过程的所有场所(如官方诊所,医院)?是否包含了临床医生笔记、实验室检测结果、药物细节等全部的临床数据记录?

(2) 使用的持久性和数据的保留度。一份包含积累了5年数据的病历比一份仅包括最后一个月数据的病历有价值的多。

(3) 数据的结构化程度。将医疗数据简单存储为叙述性的文字记录比纸质病历中类似的记录更清晰和易于获取。未编码的信息是非标准化的(参见第7章),并且医学术语的使用不一致会限制数据的搜索能力,不过,使用过因特网搜索工具的人都知道,灵活地使用同义词和统计数字会提高检索命中率。使用受控制的、预定义的词汇表(参见第7章)会给计算机进行决策和临床研究提供便利,但是这要消耗提供者输入这种结构化信息的编码时间。

(4) 存取的普适性。仅能从几个地点进行存取的系统比允许授权用户从任何计算机进行存取的系统价值低得多(参见第5章)。

电子健康记录系统也有其不足之处。和纸质病历相比,电子健康记录系统需要一笔较大的前期投资,用于硬件、软件、培训和维护费用。人为和组织管理因素经常成为技术上面临的挑战。医生和其他关键人员不得不从他们的工作中抽出时间来学习如何使用电子健康记录系统,并且要重新规划他们的工作流程以便更有效地使用系统。

电子健康记录系统另一个与计算机系统有关的潜在风险,一旦发生,便损失惨重。如果计算机系统失灵,那么在不确定的时间里无法得到存储的信息。而纸质病历一次只丢失一份记录。另一方面,如果平均每份纸质病历至多有10%的记录丢失,相当于对每个患者来说有10%的时间无病历记录。此外,现代的计算机都备有充足的备件、可替换的内存、计算机、磁盘单元和镜像服务器,它们都具有很高的可靠性。然而,任何事物都不能提供十全十美的保障,因此,必须制定应对偶然事件计划来处置短期或长期的计算机断电事件。医生们在诊治过程、身体检查和诊治笔记中记录了大量的临床信息。直接从医生那里获取这些信息是医学信息学的主要目的,因为这种方式提供了最及时、准确和有用的内容。不过,这个目的难以实现。医生进行输入信息的时间消耗量较大,因此在某些设置下医生输入是不可实行的。虽然每年都会发明或改进一些新的输入设备(如手写和语音输入),但这些方式都需要耗费时间在听写测试和笔迹识别上。无线掌上电脑(PDA)和平板电脑与桌面电脑固定的工作间相比提高了便携性,但是电池寿命和自然属性仍然限制了它们的广泛应用。

一些研究机构正在将一些摘选的病历(包括医生笔记)扫描到计算机中(Teich,1997)。扫描纸质病历笔记并存储为电子健康记录确实能解决纸质病历所存在的问题,这种方式能应用于任何种类的文档文件。实际上,现在许多医院都将患者出院后的全部纸质病历扫描成电子健康记录以方便检索。然而,一张标准的扫描页文件约占50~80kB存储空间,为了能进行快速显示,需要有高速的通信连接手段支持。此外,对于扫描后的文档,并没有对其撰写摘要的步骤,因此就不存在对文档内容的搜索或分析操作了。

虽然需要花费时间来学习如何使用系统和改变工作流程,但仍有更多的人逐渐认识到电子健康记录系统对于医疗过程起了很大的支持作用,这与医疗保健领域的监管和商业行为同等重要。世界最大的健康维护组织(health maintenance organization,HMO)之一最近投资18亿美元用于在它的健康机构中推广电子健康记录系统。

## 12.2 历史回顾

病历的发展始终伴随着临床医疗科学的发展。医疗保健数据自动处理系统的发展始终伴随着对于医疗偿付的数据需求的发展。早期的医疗保健系统在付费服务的环境下只关注于住院患者的账单。而在注重于非住院患者临床结果的管理式医疗保健环境下,现在的系统需要记录临床诊治信息。

### 12.2.1 早期医院的重点

Flexner发表的有关医学教育的报告是第一篇讲述病历的功能和内容的正式陈述(Flexner,1910)。Mayo诊所已经开始记录每个就诊患者3年前的诊断信息(Melton,1996)。为了提倡采用科学方式进行医学教育,Flexner 的报告也号召医生们保留面向患者的医疗记录。在 20 世纪 40 年代,医院委员会已将准确的、有组织性的病历作为行医的标准文件,并将病历的内容列为监察的目标。从那时起,这些组织同时要求医院从病历中总结出一定的摘要信息并提交给国家数据中心。这些出院摘要信息包括:①人口统计学信息;②住院和出院诊断信息;③住院时间;④主要诊治过程。国家数据中心会提供这些总结性病历的统计学结果,各家医院可以将自己的统计结果与其他兄弟院所进行比较。

到了 20 世纪 60 年代晚期,基于计算机的医院信息系统(HIS)开始出现(参见第 13 章)。这些系统最初被用来进行通讯联络。系统收集从护理工作站发出的指令,然后将这些指令发到医院的不同部门,并确认所有收费的项目。系统也会给医生提供实验室检验结果和其他诊断过程的电子存取通道。虽然这些系统包含了一些诊断信息(如检验结果和药物信息等),但系统的目的是为了便于收费而不是辅助临床医疗。早期的许多 HIS 都采用文本方式存取和显示信息,这些信息很难用于分析。而且,这些早期系统在患者出院后很少保留病历内容很长时间。

1969 年,Lawrence Weed 提出了面向问题的病历(problem-oriented medical record,POMR),这种病历影响了医学界对于手动和自动记录病历方式的思考。Weed 是最先认识到病历内部结构(即存在纸上还是计算机里)重要性的人之一。他建议病历的最初组织形式应该列为一项医学问题来研究,而所有的诊断和治疗方案都应关联到一起作为特殊问题来对待。

Morris Collen(1972)是一位利用医院信息系统存取实验室检验结果作为预防医疗结果一部分的先驱人物。他也写了一篇该领域的发展史(Collen,1995)。采用计算机显示早期疾病信号是医疗组织(HMO)诊断疾病的基本原则。早期大学里的医院信息系统给医生提供了一些反馈信息,这些信息影响了临床决策和患者最终诊治结果。目前,LDS 医院的 HELP 系统(Pryor,1988)、Beth Isral Deaconess 医学中心的 CCC 系统(Slack and Bleich,1999)、Wishard Memorial 医院的 Regenstrief 系统(Tierney et al.,1993;McDonald et al.,1999)仍在不断添加更多的临床信息和决策支持功能。

## 12.2.2 管理式医疗保健和整合医疗服务系统的影响

一直到现在,商家对于门诊病历的关注度比住院病历少得多,这主要是由于经济和监管需要的差异造成的。门诊病历的状况可回顾 1982 年的一份报道(Kuhn et al.,1984)。在管理式医疗保健(详见第 13 章)的影响下,偿付模式从按次付费服务模式(支付者向提供者支付所有支付者认为必须的医疗服务费用)向提供者只为一项特定的医疗服务收取固定的费用的支付方案(支付者只支付一定的他所认可的服务费用)转变。对门诊患者进行有效管理的信息管理工具可帮助医疗服务提供者以较高的性价比来处理病症。对门诊医疗的重视也使得门诊病历得到更多的关注。

30 年前,家庭医生能够对个人提供几乎所有的医疗服务。然而,在今天,对门诊医疗服务的责任感使得门诊中心和 HMO 的医疗保健专家们正在形成一个团队(见第 13 章)。门诊病历内容可包含多位医疗保健提供者的长篇诊疗笔记,大量实验室检验结果和一系列不同的数据记录(如 X 射线检查和病理报告、出院总结等)。同时,对于管理门诊业务的信息工具的需求日益增长。COSTAR(Barnett,1984)、RMRS(McDonald et al.,1975)、STOR(Whiting-O'Keefe et al.,1985)、TMR(Stead and Hammond,1988)这些都是早期用于门诊医疗的系统,其中 Costar 和 RMRS 现今仍在使用。

## 12.3 电子健康记录系统的功能组成

我们在 12.1.2 节中曾阐述过,电子健康记录并不仅仅是纸质记录的电子版本。当记录成为综合电子健康记录系统的一部分,可使通信连接便利并且可获得有助于决策制定的工具。在 12.3.1 到 12.3.5 节中,我们总结了综合电子健康记录系统的组成并以现在使用的系统为例说明了相关功能。这 5 项功能组成包括:
- 患者数据总览
- 临床决策支持
- 临床医嘱录入
- 知识资源通道
- 综合通讯和报告支持

### 12.3.1 患者数据总览

显而易见,提供全面获取所有患者数据的通道是电子健康记录的首要目的。虽然这个任务看起来相对简单,不过由于数据的复杂性和多样性(数据范围从简单的数字、曲线、图像,一直到动态图像)和大量的组织化分布式患者数据源的存在,如临床实验室、放射科、独立的磁共振成像(MRI)中心、社区药店、家庭健康服务机构等,因此,采集和组织这些数据是主要的任务。此外,在美国并没有唯一的患者标识(用于关联不同患者标识的患者索引内容将在第 10 章讨论),这些患者标识用于关联许多地方获取的患者数据。不同的患者数据源系统使用不同的标识、数据内容术语和数据格式,这造成了大批的工作量。每个 EHR 系统的管理者都必须修改不同源系统的消息格式和编码系统以转变为自身 EHR 系统可接受的格式和编码。现今大多数临床数据源能够用医疗健康信息传输与交换标准(**Health level 7**,**HL7**)信息传递临床内容,但是在这些信息中,发送者违背标准并使用当地的编码作为标识用于临床观察结果和指令。因此,通常还需要少量的信息调整和大量的编码映射工作。接口引擎方便了对信息的管理和调整工作(参见第 7 章);图

12.1 显示了一个集成多个资源系统数据的架构实例。此数据库接口不仅提供了信息处理能力而且能够自动将原系统的代码转译为正在接收的 EHR 系统所适用的代码。然而,需要用人工来确定进行自动转译的映射关系。接口引擎在不同厂商制造的系统之间提供了技术和转译缓冲区。在这种方式下,许多机构可混合不同厂商的产品并且仍能达到为医生提供全面的患者数据通道的目的。

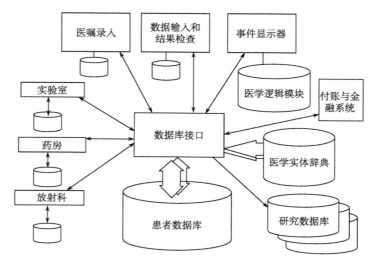

图 12.1 将患者数据最终汇集到临床病例中的多资源数据系统方框图。通常称为接口引擎的数据库接口具有许多功能,它可简单的作为面对中央数据库的信息路由器。此外,它也可提供智能过滤、转译和警示等更多的功能,如同它在 Columbia presbyterian Medical Center 所表现的一样。
(资料来源:Columbia Presbyterian Medical Center,纽约)

EHR 系统整合病历数据的主要障碍是在许多资源系统中用于表示临床参数及其值的特定局部术语。某些编码系统有助于克服这些障碍,比如已经被美国联邦政府机构应用于处理健康相关数据的 LOINC(McDonald et al.,2003)和 SNOMED(Wang et al.,2002),这些系统将在第 10 章进行讨论。

临床医生不仅仅需要对患者数据进行全面浏览,而且还需要这些数据的不同浏览方式(如根据报告日期按时间排序),这样医疗提供者可以很容易找到最新的个体结果。此外,采用流程表单格式可突出多个变量长期的变化,用集中浏览的方式可裁制出数据的特性和设置。一份普通内科的会诊简介表例如图 12.2 所示。这份患者数据的概览表显示了当前患者的病情、所用的药物、药物过敏史、康复提示和其他相关的总结信息。这样的浏览方式展现了当时患者状况的概要,而患者状况在每次会诊时都会自动更新,这种更新方式在纸质病历中是不可能实现的。

在互联网上用于查询和浏览信息的网络浏览器(参见第 13 章和第 24 章)也为医疗保健工作者提供了从远程系统浏览患者数据的工具。高级安全特性(如安全套接层(SSL))用于保证传输到公共互联网上的患者数据的机密性。图 12.3A 显示了一张放射性检查结果的概览表,表中行表示所有的放射性检查,列表示记录日期。点击放射学图标会得到放射检查图像,如图 12.3B 中显示的 X 射线胸透 1/4 分辨率的正视和侧视图。类似的过程也用于心电图的测量,当点击心电图的图标时,整个心电图的轨迹会以便携文档格式(PDF)的特定结果显示出来。

### 12.3.2 临床决策支持

当医生在阐述对患者状况的评价并制定医嘱时,决策支持在此时提供了最有效的帮助。最成功的决策支持介入方式使得接受推荐的行为很容易(例如,简单敲入"回车"键或用鼠标点击"确定"),然后,仍允许医生控制最后的决策。提供对建议简要原理解释的通道可以增加提示信息的接受度,同时也对医疗提供者有教育作用。

图 12.4 显示了一个大型 HIS 中软件模块的建议。患者诊断过程使用了先进的诊治规程,该规程分析了广泛的临床信息从而推荐抗生素、剂量和治疗的有效期。临床医生能浏览建议和应用规则的原理依据。该程序的重要部分是当医生决定不接受建议时,程序对此反馈的请求。此反馈用于改进临床规则和软件程序。在使用此程序管理传染病患者时,有关抗菌剂选择的在线建议已经明显地改进了临床效果并降低了财政消耗。

提醒和警示信息会在门诊患者面诊时出现。实际上绝大多数正式的提示研究都是在门诊患者模式下进行的(Garg et al.,2005)。图 12.5 显示了门诊患者就诊时在预先印制好的面诊单上如何使用警示和提示信息。系统

第 12 章　电子健康记录系统

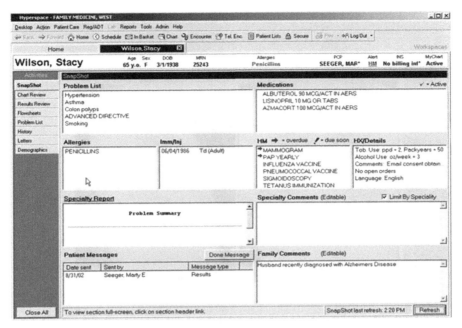

图 12.2　概览患者信息的快速通道。患者的当前病情、所用的药物、药物过敏史等都包括在核心数据中，医生对患者做任何决策时都必须注意这些数据。这种一页屏幕实现了核心临床数据元素的即时显示，同时也为预防医疗提供了提示信息。

（资料来源：Epic Systems，Madison，威斯康辛州）

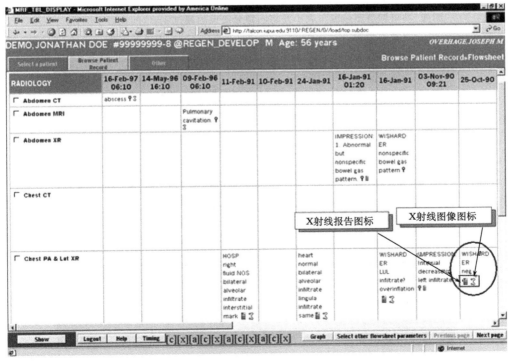

A

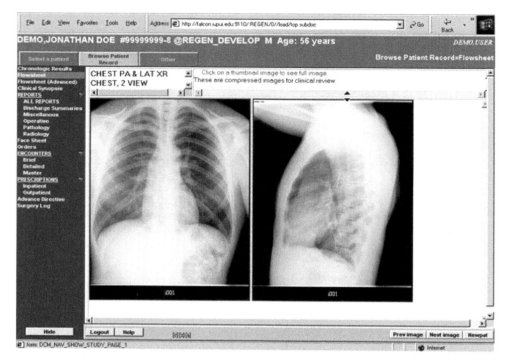

B

图 12.3 网络资源。A. 网络浏览器中的放射学报告图。每行表示所有报告中的一种研究,每列表示日期。每一栏表示放射学报告的结果部分,这是对报告内容的快速总结。每一栏包括两个图标。点击报告图标会显示整个放射学报告。点击放射学图标会显示图像。B. 显示了放射学图像中的 X 射线胸透图像,这可通过点击"骨"图标来得到。Fort Wayne Indiana 的医学信息工程(MIE)提供了一项控制功能,通过点击不同的选项,用户能获得完全分辨率(2000×2300)的图像,并可调节图像窗口大小及将图像分级设为超过 12 位的放射学图像。

(资料来源:Regenstrief Institute,Indianapolis,印第安纳州)

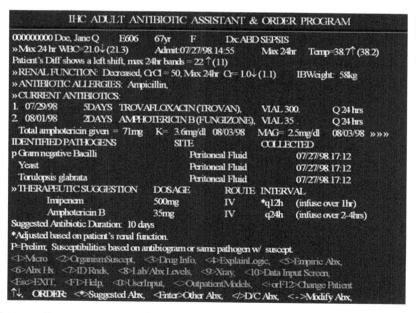

图 12.4 从 Intermountain 医疗保健抗生素助手程序中得到的主屏幕实例。此程序显示了感染患者的数据(如肾功能、温度)和基于培养结果的选用抗生素的建议。

(资料来源:R. Scott Evans, Stanley L. Pestotnik, David C. Classen, and John P. Burke, LDS Hospital, Salt Lake City, 犹他州)

搜索适当的决策支持规则并在就诊日期前夜将相关的提示信息批量打印到面诊单上。图 12.6 显示了 Veterans Administration 电子健康记录系统给出的与保健主题有关的建议。这些建议是从检查患者的病情、处方和实验检验时机的规则中总结出来的。即使对于住院患者来说，这些关于预防医学的提示也能被进一步接受。在一项研究中发现，在符合条件的患者中，有关流行免疫学方面的指令增加了 50 倍(Dexter et al.，2001)。

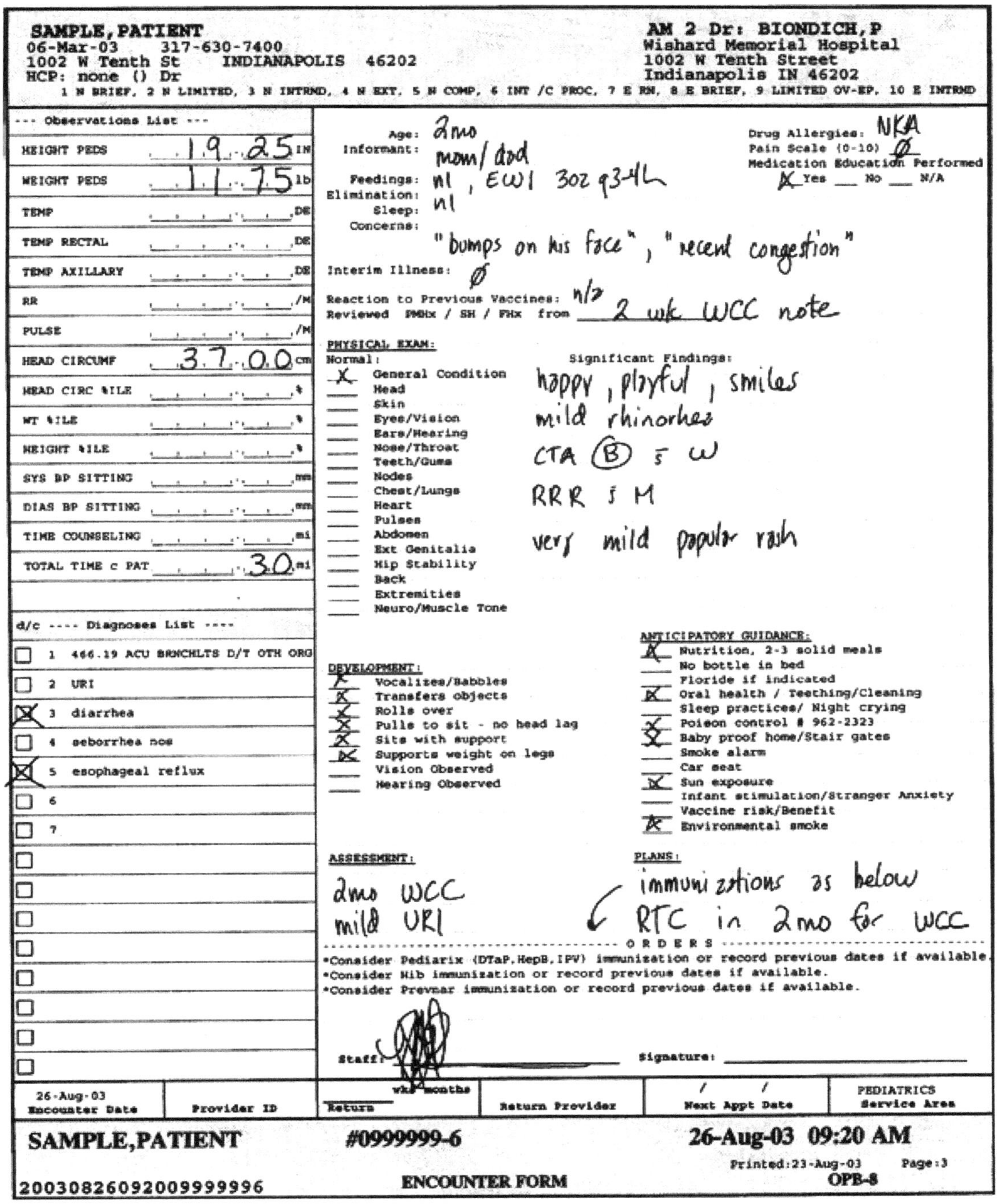

SAMPLE, PATIENT
06-Mar-03 317-630-7400
1002 W Tenth St INDIANAPOLIS 46202
HCP: none () Dr

AM 2 Dr: BIONDICH, P
Wishard Memorial Hospital
1002 W Tenth Street
Indianapolis IN 46202

1 N BRIEF, 2 N LIMITED, 3 N INTRMD, 4 N EXT, 5 N COMP, 6 INT /C PROC, 7 E RN, 8 E BRIEF, 9 LIMITED OV-EP, 10 E INTRMD

--- Observations List ---

| | | |
|---|---|---|
| HEIGHT PEDS | 19.25 | IN |
| WEIGHT PEDS | 11.75 | lb |
| TEMP | | DE |
| TEMP RECTAL | | DE |
| TEMP AXILLARY | | DE |
| RR | | /M |
| PULSE | | /M |
| HEAD CIRCUMF | 37.00 | cm |
| HEAD CIRC %ILE | | % |
| WT %ILE | | % |
| HEIGHT %ILE | | % |
| SYS BP SITTING | | mm |
| DIAS BP SITTING | | mm |
| TIME COUNSELING | | mi |
| TOTAL TIME c PAT | 30 | mi |

d/c ---- Diagnoses List ----
- [ ] 1 466.19 ACU BRNCHLTS D/T OTH ORG
- [ ] 2 URI
- [x] 3 diarrhea
- [ ] 4 seborrhea nos
- [x] 5 esophageal reflux
- [ ] 6
- [ ] 7

Age: 2mo
Informant: mom/dad
Feedings: nl, EW1 3oz q3-4h
Elimination:
Sleep: nl
Concerns: "bumps on his face", "recent congestion"
Interim Illness: ∅
Reaction to Previous Vaccines: n/a
Reviewed PMHx / SH / FHx from 2 wk WCC note

Drug Allergies: NKA
Pain Scale (0-10) ∅
Medication Education Performed
X Yes __ No __ N/A

PHYSICAL EXAM:
Normal: Significant Findings:
X General Condition — happy, playful, smiles
Head
Skin — mild rhinorhea
Eyes/Vision
Ears/Hearing
Nose/Throat — CTA Ⓑ s̄ W
Teeth/Gums
Nodes
Chest/Lungs — RRR s̄ M
Heart
Pulses
Abdomen — very mild papular rash
Ext Genitalia
Hip Stability
Back
Extremities
Neuro/Muscle Tone

DEVELOPMENT:
X Vocalizes/Babbles
X Transfers objects
X Rolls over
X Pulls to sit - no head lag
X Sits with support
X Supports weight on legs
Vision Observed
Hearing Observed

ANTICIPATORY GUIDANCE:
X Nutrition, 2-3 solid meals
No bottle in bed
Floride if indicated
X Oral health / Teething/Cleaning
Sleep practices/ Night crying
X Poison control # 962-2323
X Baby proof home/Stair gates
Smoke alarm
Car seat
X Sun exposure
Infant stimulation/Stranger Anxiety
Vaccine risk/Benefit
X Environmental smoke

ASSESSMENT:
2mo WCC
mild URI

PLANS:
immunizations as below
RTC in 2mo for WCC

ORDERS
*Consider Pediarix (DTaP,HepB,IPV) immunization or record previous dates if available.
*Consider Hib immunization or record previous dates if available.
*Consider Prevnar immunization or record previous dates if available.

Staff: Signature:

| 26-Aug-03 Encounter Date | Provider ID | wks months Return | Return Provider | / / Next Appt Date | PEDIATRICS Service Area |
|---|---|---|---|---|---|

SAMPLE, PATIENT #0999999-6 26-Aug-03 09:20 AM
Printed:23-Aug-03 Page:3
20030826092009999996 ENCOUNTER FORM OPB-8

图 12.5 儿科的面诊单。这些单子上的问题随年龄而变化。常规免疫提示信息在底部。

(资料来源:Regenstrief Institute，Indianapolis，印第安纳州)

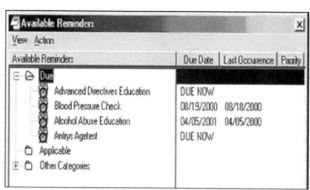
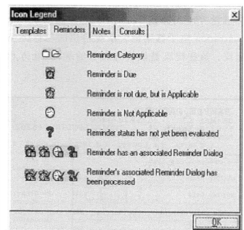

图12.6 电子病历的重要特性就是能使用规则和算法来回顾患者的电子数据,并可根据这些规则未实现的目的向临床决策制定者们提供警示和提示信息。第一张图显示了由Veterans Administration基于计算机的病历系统(CPRS)——以VISTA开源系统发布(参考网址 http://www.vistasoftware.org/)——产生的预防服务报告书。临床用户可有选择的完成任何"到期的"提示,浏览合适的提示或回顾完成的提示。第二张图根据同一系统的功能定义了图标的含义。(资料来源:Veterans Administration,2003,Salt Lake City,犹他州)

### 12.3.3 临床医嘱录入

电子健康记录系统的最终目的是协助临床医生做出正确的决策,那么在医生开出医嘱时系统应该提供相关信息。目前已有几套系统具有在医嘱录入时提供决策支持的功能(Dexter et al.,2001;Steen,1996;Evans et al.,1999;Sanders and Miller,2001;Kuperman et al.,2003)。例如,在Vanderbilt大学医院的医疗重症监护病房(ICU)里的医疗团队能够使用电子病历架来浏览当前的指令并可输入新的指令。WIZ指令屏幕集成了患者当前有效的指令信息,基于电子病历最新数据的临床警示信息和文献资料中的论文摘要。附加到实验室检验结果的临床警示信息也可以包括采取适当行为的建议(Geissbuhler and Mkller,1996)。图12.7显示了Vanderbilt大学中的计算机系统对于注入静脉的肝素剂量和后续操作的建议指令。临床医嘱录入系统能够在医生完成一项医疗指令前警示医生有关药物过敏史和药物相互反应的信息。例如,Partner门诊病历的屏幕如图12.8所示。

一旦医嘱录入系统在实践中应用,以往默认建立在最新科学依据基础上的用药或用药剂量的模式也很容易发生变化,这种变化也显著地改变了医生制定医嘱的行为。

### 12.3.4 知识资源通道

大多数知识资源问题,无论问题是通过咨询同行来解决还是通过搜索参考资料和文献来解决,都可在特定患者的背景下进行处理(Covell et al.,1985)。因此,提供知识资源通道的最有效时间是在临床医生考虑进行决策和下指令时。当今知识资源库范围从医学免费搜索网站中的国家图书馆,PubMed到全文数据库,如OVID和在线文献库,如Up-To-Date,这些数据库都可以浏览。所以对于医生来说,在回顾结果或写笔记或在线下指令的时候,取得医学知识是相对较容易的。不过,对于特殊临床情况相关文献的主动展示,如"信息键",会提升知识影响医生决策的概率(Cimino et al.,2003)(图12.9)。

### 12.3.5 综合通讯和报告支持

随着医疗功能日益获得各学科医疗保健专家的重视,团队成员之间的通讯效力和效率已影响到了整体的协调性及所提供医疗服务的及时性。大多数消息都和特定患者相关联。因此,通讯工具应该与EHR系统集成,从而信息(包括系统信息或实验室检验结果)可用电子形式附加到患者记录上,也就是说,患者记录应该通过按键的方式获得。团队成员的地理分离增加了对网络通讯的需求,这种通讯能到达所有医疗提供者对患者进行医疗决策的地点。这些地点包括医疗提供者的办公室、医院、急救室和家。与患者家庭的连接为显示健康信息(如家用血糖显示、健康状况指示器)和开通通讯路径提供了重要的媒介。通过电子邮件或寻呼服务将通讯"推"给用户(Major et al.,2002;Poon et al.,2002),医疗提供者在与计算机互动的过程中"带动"通讯。图12.10显示了通过寻呼显示的即时通知信息,该信息是有关一位吃洋地黄药物的患者严重低血钾的情况。

电子健康记录系统也对常规的患者转诊有所帮助。通常,简明的口头或书面交流有助于接诊医生理解患者

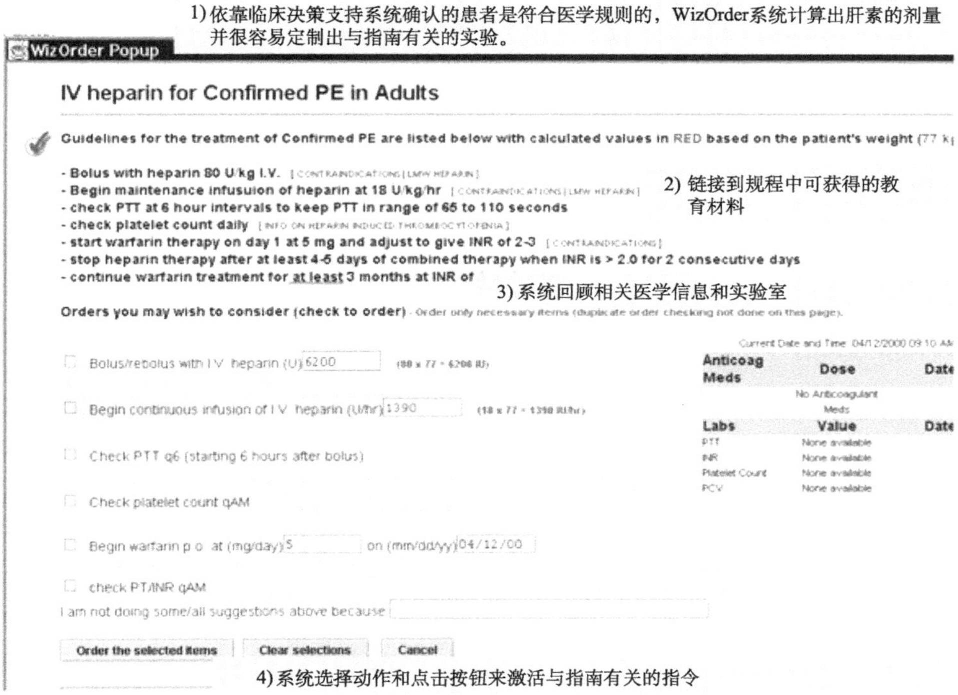

图 12.7　计算机辅助决策支持的例子。图上部左侧，屏幕上详细叙述了向静脉注入（IV）肝素液的动作并提供了有关的文本知识通道和药物替代品；右侧，屏幕上显示了计算机联网的实验室和医学信息。图底部，显示了特殊患者丸药和注射液比率的规定值。医疗提供者能够完成指令（单击）或根据需要修改指令。（资料来源：Vanderbilt University，Nashville，田纳西州）

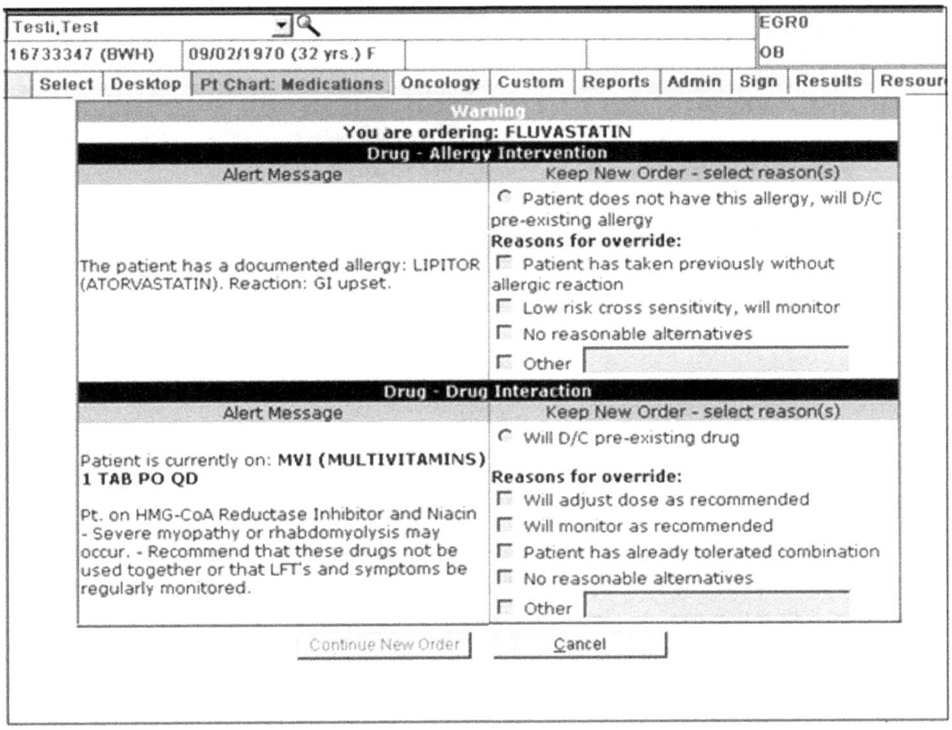

图 12.8　Partners 门诊病历应用中的药物警示显示屏幕（纵览病历（Longitudinal Medical Record，LMR））。屏幕显示了对于氟伐他汀的推荐处方的药物过敏和药物间相互作用的警示信息。（资料来源：partners health care system，Chestnut Hill，马萨诸塞州）

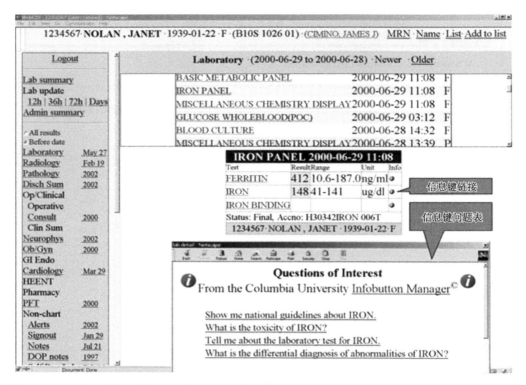

图 12.9 电子病历与知识库相连接,因此在制定临床决策时系统能够显示特殊背景的信息。此图显示了 Columbia 大学信息键的作用——在回顾结果的时候。点击 Iron 邻近的信息键,结果会出现一个带有很多问题菜单的窗口(下)。当用户点击其中一个问题时,就会得到答案。

(资料来源:Columbia Presbyterian Medical Center,纽约)

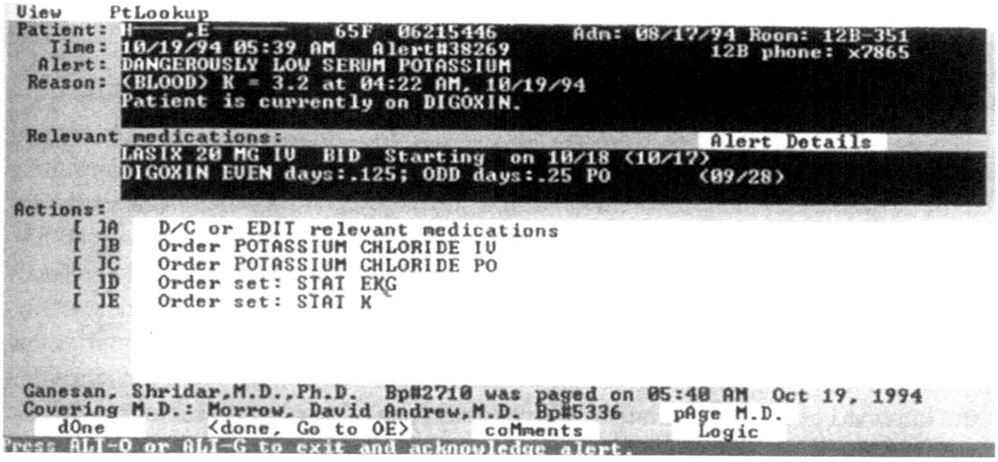

图 12.10 实验室检验完成后,计算机会识别出特别重要的异常结果,并将信息发送给定制的医生传呼机以显示结果。医生能够就近在显示相关事实的计算机屏幕(如图所示)上找寻详情,并提出补救措施,如开出钾替代品的处方。图中的例子是基于当患者摄入二 英时应检验血钾的含量是否低于 3.3 mEq/L 的规则。(资料来源:Brigham and Women's Hospital, Boston,马萨诸塞州)

的病情,当不能与转诊医生沟通的情况下,这对于制定决策是很重要的。图 12.11 显示了一个实例,屏幕上包括了转诊医生的指令信息,也包括了系统提供的信息(如最新的实验室检验结果)。

虽然患者就诊通常是面对面的交流(如门诊患者的就诊、住院患者的床边问诊、家庭健康访问),但医疗提供者制定决策时也会对其他事件做出回应,如患者电话告知新的病症或请求更新处方,及检验结果的出现。理想

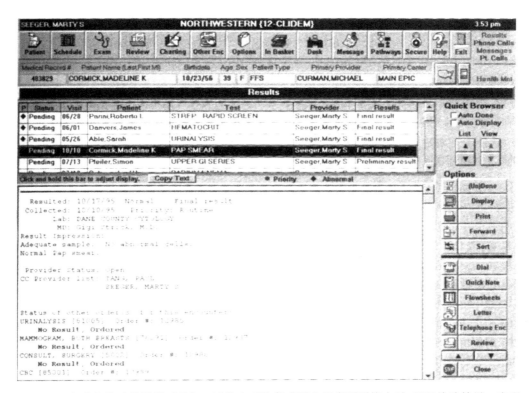

图 12.11 实验室检验结果即时通知。当信息系统集成到电子病历系统中时,只要检验结果一出现就会直接传到医疗提供者的公文篮中。在处理大多数最新的结果或信息之前,点击右下角的"Review"按钮,临床医生能够立即检索到患者病历及与此相关的任何信息。电话消息和其他与患者相关的信息可以用同样的方式处理。(资料来源:Epic Systems,Madison,威斯康辛州)

情况下,这些事件应该通知给临床医生或办公室负责人,他们用所需的电子健康记录工具下列内容进行回应:患者电子病历内容、电子授权更新机制、生成患者常规检验报告的模板和返工表,如图12.11所示。除此之外,当医生请患者安排诊断检查(如乳房X射线检查)日程时,电子健康记录系统能在指令写入时保持跟踪日程,并能在规定时间内查看结果没有出现时提醒医生。这项跟踪功能避免了诊断计划出现缺陷。

电子健康记录系统通常受它们应用所在的机构限制。国家健康信息架构(NHII)(NCVHS,2001)已达到了超越孤立机构的目的,NHII采用的架构允许授权的提供者为Jones先生自动获取患者相关医学数据,这些数据来自他们的团体组织中的其他机构,如跨城镇的医院。这种基于团体组织的"电子健康记录系统"实例正在Indianapolis(McDonald et al.,2005)和Santa Barbara中运行,以服务于紧急情况和其他急迫的医疗需求。波士顿NEHEN合作组织已建立了一套类似的宽团体组织系统,用于管理适任、预授权和声明状态信息(www.nehen.net/technology.htm)(NEHEN,2003)。

在患者和医疗保健队伍之间进行及时和高效沟通的通讯工具能增强医疗与更有效的疾病管理间的协调性。电子健康应用能为患者提供获取他们的电子健康记录的安全通道,并且为他们提供了综合通讯工具,以便于在线(Tang,2003)提出医学问题或执行其他临床(如更新处方)或行政任务(如安排预约)。

除了支持医疗保健专业人员和患者之间的交流,基于团体组织的电子健康记录系统还能促使有效的建立和传递用于支持患者安全、质量提高、公共健康、研究和其他医疗保健活动的报告(NCVHS,2001)。不过,建立这些数据的汇总报告需要按照第10章所述的标准化规定进行。

## 12.4 基于计算机的病历系统的基本问题

所有的病历系统必须提供同样的功能,无论它们是自动还是手动方式。从用户的角度来看,这两种方式从根本上的不同点在于数据输入和从记录中提取信息的方式。在这节中,我们将探讨与数据输入有关的问题,并叙述从电子健康记录中显示和检索信息可选择的方法。

### 12.4.1 数据捕获

电子健康记录信息的数据输入仍是难以克服的任务,因为这需要耗费用户大量的时间和精力。电子健康记录系统中有两种常规的数据捕获的方法:其中之一是系统间的电子接口,如已实现自动数据输入的实验室系统;当没有这样电子资源时,采用人工数据输入方式。第三种可行的方法是扫描纸质报告,但如果不用 OCR 方式的话,扫描结果的格式不能被计算机识别并且搜索。

## 1. 电子接口

捕获电子健康记录数据的首选方法是在电子健康记录系统与现存的电子数据源(如实验室系统、电子仪器、注册系统、日程安排系统)之间提供电子接口。

虽然接口实际要耗费如 12.3.1 节所叙述的精力,但它们能提供几乎立即可获取临床数据的能力,并避免了人力损耗和手工抄写的潜在错误。通常,当数据量值得进行前期投资时,信息技术部门会投入必需的资源来开发这些电子接口。对此,典型的情况是拥有电子健康记录系统的机构同时也拥有源系统或完全隶属于源系统的所有者。从隶属机构之外的系统捕获数据将会更难。解决方案需要与一些诊所进行私人谈判,这些诊所多次为其患者提供医疗服务并且在业务上投入了相当多的工作。

上述讨论集中于由本地机构产生的数据和/或由外部机构回应本地机构的指令所产生的数据。但是即使本地机构捕获了所有生成的或定制的患者数据,那些由其他机构产生的重要临床信息仍不会被包含在内。例如,如果机构是一套医院系统,那么它不会自动捕获儿科免疫信息。那些信息会散布在城镇周围的儿科和公共健康办公室。因此,如果医院准备提高临床治疗儿童的免疫率,就不得不开发特殊的程序来收集免疫记录。NHII 报告中描述了向大型化、集成度更高、更加完备齐全的医疗保健系统和基于群体的健康信息机构发展的趋势会逐渐减少这些数据捕获的问题。然而,将数据如实的自动从源系统移动到医疗保健服务提供系统中的电子健康记录系统的标准仍面临巨大的挑战(见第 7 章和第 13 章)。

## 2. 数据输入

由于需要人工时间,数据输入的步骤较为繁重。工作人员在将数据输入到计算机中的同时,必须进行解释或翻译。数据会以自由文本、编码格式或自由文本和编码混合的形式录入。存在着使用编码和叙述文字之间的折中方式。

使用编码的主要优势是可以将数据进行分类和标准化,便于对患者资料进行选择性的检索以进行临床研究、质量提高和管理。编码使计算机能"识别"数据从而进行更智能化的处理。医生进行直接编码以产生电子健康记录能用于指导医生决策的代码。如果精心设计选择的方法,由医生编码比其他人员更准确。编码的主要不足是需要花费人工时间将源文字转译为有效的代码。与自由文本输入错误相比,编码错误也是可能存在的,而且很难被检测出来,因为已编码的信息缺乏文本的内部冗余度。例如,一个调换错误使得代码 392 错位成 329,这无法检测到,除非计算机显示相关文本并且数据输入操作者注意到这个错误。自然语言处理为叙述文字的自动编码提供了希望(Hripcsak et al., 2004)。

在第 7 章,我们叙述了对诊断和医疗程序进行分类的替代方案。已编码数据的不同计算机源,包括实验室系统、药房系统和心电图,都存在于医疗保健环境中。这些系统中的数据可通过信息标准如 HL7(参见第 7 章)自动流入到电子健康记录中。这里,当地编码系统间的差异是难点。解决方法是使用标准编码系统——如用于分辨实验室检验及临床测量的 LOINC(McDonald et al., 2003)和 Rx. Norm NDFRT(Nelson et al., 2002; RxNorm Overview, A guide to RxNorm. Accessed Sep 17, 2005 http://www.nlm.nih.gov/research/nmls/rxnorm_overview.htm/)或用于识别药品的商业药物数据库代码,还有用于诊断和发现的 SNOMED(见第 7 章)。

## 3. 医生输入的数据

医生收集的患者信息需要特别评论,因为它对于电子健康记录系统的开发者和操作者来说代表着最难的挑战。医生输入笔记可通过三种常规机制中的一种来进行:转录口述或书写的笔记;输入记录在结构化面诊表上的数据;或由医生直接输入数据(直接输入包括使用电子模板和宏)。口述和转录是将文本信息数据输入到电子健康记录系统中的常选项,因为这是医生使用广泛并且舒适的方式。当口述服务已经投入到实践中时,这种方式特别具有吸引力,因为消除了按键的损耗。如果医生采用标准格式(如目前病情、以往病史、体检结果和治疗方案)口述报告,那么转录员会在转录文档中保持这种结构。语音识别软件为"口述"提供了很有吸引力的选择,这并没有转录的花费和延迟。这项技术正随着硬件处理速度的提高而不断改进。然而,即使达到了 95%~98% 的准确率,查找和纠正少量的错误仍需要时间,这阻碍了这项技术的使用。

尽管口述是优选的记笔记的方式,但在许多情况下,医生正逐渐认识到直接输入数据的好处,因为这去除了转录口述和回顾、纠正、签字和归档转录文件所需的周转时间。所有这些步骤都为完成记录过程中的错误和延迟留出了空间。编码步骤的缺乏进一步减少了使用电子健康记录的益处。由医生通过模板和打字直接输入他们的笔记的问题是消耗时间。

第二种数据输入的方法是让医生是使用结构化就诊表,在该表中他们的笔记可转录和扫描,当有些内容已作为扫描图片进行保存时可通过光学字符阅读器(OCR)和/或标记读取方式自动进行编码,Regenstrief(Downs et al., 2005)和 Mayo(Hagen et al., 1998)就是采取的这种方式。图 12.5 中,左边的手写数字和底部左侧的计算机印刷体数字是采用 OCR 技术读出的。

第三种方式是医疗提供者通过计算机直接输入数据。这种方式的优点是计算机能够根据先前存储的信息立即进行一致性检验,并且基于刚输入的信息能产生有关进一步应问询问题的提示信息。

医嘱对于病历来说特别重要,因为它们明确了患者需要做什么。由于看到了很多对于医疗质量和效率潜在益处,许多机构正在鼓励进行计算机化的医嘱录入(computerized physician order entry,CPOE)。CPOE采用定制菜单以方便使用,这些菜单包含了针对特定问题(如冠状动脉搭桥手术患者术后指令)的常设指令。菜单必须精心制定。它们决不能包含太长而需要卷动或层次僵化的列表(Kuhn et al.,1984)。与涂写笔记相比,直接输入病史、体检结果和医疗过程笔记遭遇到了挑战,因为医生输入这些信息需要花费额外的时间。在许多电子健康记录应用中,口述转录仍作为一种重要的医生笔记来源,然而在某些电子健康记录系统中,一些医生坚持把他们所有的笔记输入到计算机中。

**4. 数据验证**

由于在临床信息输入到计算机中时会发生转录错误,因此,电子健康记录系统必须严格进行有效性检验。许多不同种类的检验已应用到临床数据中(Schwartz et al.,1985)。范围检查能检测或防止输入值超出范围(例如,血清中钾含量为50.0mEq/L,而健康人的范围是3.5~5.0mEq/L)。模式检验能验证输入数据是否具有所需的模式(例如,三位,连字符,接四位当地电话号码)。计算检验能验证数值是否具有正确的数学关系(例如,白细胞数量统计要用百分比的形式报告,那么累加结果必须为100%)。一致性检验可采用比较输入数据的方法检查错误(如女性患者被诊断为前列腺癌的记录)。δ检验可对最新结果和上次结果的数值间较大和不可能差异进行警告(如在两周内体重改变100lbs①的记录)。拼写检查能检验个人词汇的拼写。没有任何句法检验能捕捉到所有错误。

### 12.4.2 数据显示

一旦存入计算机中,数据就能根据不同的目的采用多种格式显示出来而无需进一步输入工作。此外,计算机存储的记录能以新型的格式展示,这是手动系统无法做到的。下面我们讨论一些有益的格式。

**1. 患者数据流程表单**

流程表单类似于电子数据表;它根据患者数据生成的时间来管理数据,这样可突出随时间的变化。图12.12显示了流行的袖珍查房报告,此报告将实验室和护理测量结果做成袖珍式的流程表单,可以放进白大褂的口袋里(McDonald et al.,1992)。一份用于监测患有hypertension症(高血压)的患者的流程表单会包含体重值、血压值、心率和控制高血压症的药用量。也可以添加其他适当的信息,如用于监测与高血压症有关的并发症或用于控制高血压症的药物并发症的实验室检验结果。流程表单可以是问题明确,患者明确,或特性明确。时间

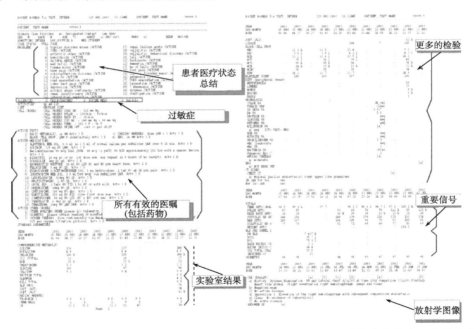

图12.12 很流行的袖珍查房报告——这样称呼是因为它对折后很适合放在临床医生的白色大褂口袋中。这种报告信息量很大(每英寸16行,每英寸2个字符,以横向模式打印在8 1/2×11in的页面上),报告总结了患者的医疗状态,包括所有有效的医嘱(包括药物)、最新的实验室结果、重要信号和放射学、内窥镜和心脏检查报告总结。
(资料来源:Regenstrief Institute,Indianapolis,印第安纳州)

---
① 1lb=0.4536kg

间隔的设置可根据需要而改变。例如，在ICU里会关注患者临床状态每分钟的改变。另外，门诊医生更想知道患者数据几周或几个月的变化。为方便人们回顾，时间间隔应与医疗护理的程度相适合。因此，在ICU的患者每20min要采集成百上千个血压测量结果，当同一患者状况稳定后转到门诊进行治疗时，医生就不会再对上述数据感兴趣了。

**2. 总结与摘要**

电子健康记录系统能够在临床总结中(Tang et al., 1999)突出显示重要内容(例如，现有过敏症、现有问题、当前治疗手段和最新的观察结果)。今后，我们期望更先进的总结计划出现，如自动检测不利事件(Bates, 2003)或自动时间序列事件(如癌症化疗周期)。我们也希望看到能辨别出异常变化和无变化的报告，并动态显示用于支持解决已知问题的证据。最终，计算机应能生成简明的流动总结报告，好比一位有经验医生的医院出院总结。

**3. 动态显示**

回顾过患者病历的人都知道查找一条特殊信息是多么困难。在10%(Fries, 1974)到81%(Tang et al., 1994b)的情况下，医生查找不到记录在以往病历中的信息。而且，通常医生询问的问题很难从翻阅纸质病历中找到答案。通常的问题包括是否一项特定的检验曾经进行过，过去曾经试过哪种药物，以及患者以往对特殊治疗手段(如某类药物)有怎样的反应。医生在前后翻阅病历的同时要不断询问这些问题，以寻找到回答这些问题的事实依据。搜索工具有助于医生对相关信息进行定位，限定报告格式(如流程表单或图表)使医生更易于从数据中收集信息。特殊形式的显示能识别特定问题参数以利于医生检索相关信息，图形化报告有助于医生迅速理解信息并得出结论(Fafchamps et al., 1991; Tang et al., 1994a; Starren and Johnson, 2000)。

### 12.4.3 查询和监测系统

计算机存储记录的查询和监测功能是手写记录系统所不具备的。医疗人员、负责质量和患者安全的专业人员及管理者能使用这些功能分析患者诊疗结果和实践模式。公共健康专家可使用计算机存储记录的报告功能进行监测，查找新病或其他威胁健康事物的出现，这项功能保证了医疗卫生的关注力。

虽然这些功能迥异，但其内部逻辑相似。中心程序不仅要检查患者病历，而且如果记录符合预定的标准那么就要产生适当的输出。查询功能通常是处理患者群体的大型子集或全部集合；输出的形式是表格报告，报告从所有检索过的病历或记录中数据的统计学概要中挑选原始数据。监测功能通常仅处理那些处于当前医疗状态的患者；它的输出是警示或提示消息(McDonald, 1976)。查询与监测系统可用于临床医疗、临床科研、回顾性研究和行政管理。

**1. 临床医疗**

计算机提示已大幅增进了医生对适当患者使用预防医疗措施。监测系统能识别出哪些患者需要进行到期检查，如免疫检验、乳房X射线检查和子宫颈抹片检查，这项功能可提示医生在下次面诊时执行这些程序。例如，与没收到提示信息的医生相比，那些收到计算机提示信息的医生对适当患者采用某些疫苗的使用率提高到了4倍(McDonald et al., 1984a; McPhee et al., 1991; Hunt, 1998; Teich, 2000)。查询系统特别有利于进行专门搜索，比如识别并通知那些曾收到过召回药物的患者。该系统也有助于进行质量管理和患者安全活动。系统也能为即时回顾识别出候选患者并收集所需的数据以完成审计。

**2. 临床科研**

查询系统可用于识别适合进行预期的临床试验的患者。例如，研究者能够识别出所有进行了特定诊断的患者，这些患者符合需求并且没有任何排斥情况。监测系统可通过追踪患者就诊情况的方式，和遵照研究协议中的临床试验步骤以保证在需要时可提供治疗手段和获得测量结果的方式来支持科研活动的进行(Tierney and McDonald, 1991)。一些现存的系统使用提示方式请求获得医疗提供者的允许来邀请患者加入正在进行的研究。例如，在面诊时输入背痛时，会触发关于一项正在进行的背痛物理疗法的请求，如果医生同意，计算机会给那项研究的招聘护士发送电子页面，这样他就可到达诊所来邀请患者参与该项研究。

**3. 回顾性研究**

随机化前瞻性研究是临床科研的金标准，但是对已有数据的回顾性研究也对医学进展做出了大量贡献。与前瞻性研究相比，回顾性研究耗费较少的时间和精力就可得到答案。

电子健康记录系统能提供许多所需要的数据进行回顾性研究。例如，系统能识别出研究病例组和对比受控病例组，并且可对两组进行所需的统计学分析(McDonald et al., 2005; Bleich et al., 1989; Safran, 1991; Mahon et al., 2000)。

计算机存储的记录不会忽略所有需要进行流行病学研究的工作；如果一些患者信息是采用叙述性文字记录的，那么病历回顾和患者会诊仍有必要进行。不过，从计算机记录中检索到的信息越多，类似耗费时间的任务就会越少进行。在用药、实验室检验结果和面诊等方面，计算机存储记录是最完备和精确的，特别是前两方面的数据可自动从药房和实验室系统直接输入。因此，计算机存储记录最适合于推进医生实践模式研究、检验和治疗方案效果研究及药物毒性研究。

**4. 管理**

过去，管理者不得不依靠来自账目系统的数据来明确实践模式和资源利用情况。然而，上述数据用于明确临床实践是非常不可靠的，因为原始数据经常是由不直接参与医疗决策的非临床人员输入的。医学查询系统能够提供诊断、疾病严重度和资源消耗之间关系的信息。管理者们希望在对成本日益敏感的医疗保健领域内制定有根据的决策，所以，查询系统对他们来说是重要的工具。

## 12.5 面临的挑战

虽然许多商业产品都冠以电子健康记录的标签，但它们并非都符合我们在本章开头所定义的标准。然而，即使超越定义的限制，电子健康记录的概念也并非是统一的、静态的，对此方面的认识是很重要的。随着技术的不断发展，电子健康记录的功能会得以扩展。对当今已生产产品的回顾已显得过时。本章我们介绍了由用户开发并已商品化的不同系统实例，用以演示当前正在使用的电子健康记录系统的部分功能。

电子健康记录系统的未来既依靠于技术方面也依靠于非技术方面的考虑因素。根据摩尔定律，硬件技术会继续发展，其处理能力每两年增加一倍。软件会随着更有力的应用，更好的用户界面和集成度更高的决策支持等几方面得以发展。如果电子健康记录系统以医疗保健信息基础设施的身份进行服务，那么在必须放置的社会和组织机构基础中对于领导权和行动的需求可能会更大。在最后一节中，我们简要介绍这些挑战。

### 12.5.1 用户信息需求

我们已讨论了医生直接使用电子健康记录系统以取得计算机辅助决策的最大收益的重要性。另外，要求医疗提供者将所有的医嘱、笔记和数据直接输入到电子健康记录系统中的机制会获得最高的效率和医疗质量。但是医生要承担输入这些信息的时间损耗并且他们的日常工作要面临分裂的情况。因此，必须要意识到在组织机构与医疗提供者之间的利益均衡，当医生成为组织机构中领导层中的一部分时，这种均衡是最容易达到的。

电子健康记录的开发者们必须要彻底地明确医生的信息需求和在不同医疗保健服务提供环境下的工作流程。最成功的系统已经由医生或通过与实践医生的紧密合作而开发出来。

临床医生信息需求的研究显示出医生关注患者信息所问的问题（例如，有用于支持特定患者诊断的依据吗？患者曾经做过特定的检验吗？对于特殊的实验室检验结果有任何后续的措施吗？）很难通过翻阅纸质病历找到答案（Tang et al., 1994b）。遗憾的是，现今正在使用的大多数临床系统都不能回答许多临床医生提出的这些常见问题。如果电子健康记录的开发者要制作出有利于医疗保健提供者有效地使用传递医疗服务工具的系统，那么他们必须要全面掌握用户的需求和工作流程。

### 12.5.2 用户界面

直观而高效的用户界面是系统的重要组成部分。要建立易于学习和易于使用的界面，设计者必须要懂得人机交互的认知方面知识。改进人机界面不仅在系统如何动作方面进行改变，而且需要在人如何与系统进行互动方面进行改变。医疗提供者所需要的信息和所要执行的任务应该影响信息的表达内容和表达方式。开发具有人类认知能力以能阐述有见解的问题和解释数据并适合计算机数据处理能力的人机接口技术仍处于有限发展的阶段（Tang and Patel, 1993）。临床医生输入患者数据的用户界面需求与办事员输入患者费用的用户界面不同。CPOE是电子健康记录系统中强有力的功能之一。为了便于繁忙的医疗保健专业人员使用，医疗保健应用开发者必须集中于临床医生独特的信息需求。

### 12.5.3 标准

在我们讨论来自于多个资源的数据集成架构时，在本章很早就提到了标准的重要性。标准已经在第7章中讨论过。这里，我们着重阐述在电子健康记录系统的开发、执行和使用过程中的国家标准的极重要性（McDonald et al., 1997b）。在健康信息应跟随患者在不同的医疗环境下与不同的医疗提供者进行互动。统一标准对于系统用易于理解的方式交换操作和交换数据来说是绝对必要的。标准减少了开发成本，增加了集成度，有利于收集有价值的总计数据以用于质量提高和健康政策研究。HIPAA法规已经强制执行了用于管理性消息、私人数据、安全数据和临床数据的标准。基于这套法规的规则已经颁布，用于这些条目的前三条。这些内容可以在 http://www.cms.hhs.gov/hipaa/hipaa2/regula-tions/default.asp 上获得。美国联邦政府内部的统一健康信息学（CHI）组织正在选择用于在联邦机构内部传递临床数据的标准。他们已经选择了2.4版本的HL7作为初级消息标准，选择DICOM作为放射图像标准，选择LOINC作为实验室检验结果标准。他们也正在选择包含测量单元、测试反应、药品识别代码、通用临床术语表（如SNOMED）和更多内容的标准（见第7章）。感兴趣的读者可以访问他们的网址 http://www.hhs.gov/healthit/chi.html. 获得最新进展信息。与健康有关的公私合营机构也正在提出影响CHI的建议。临床数据的传输标准还没有在美国颁布实施，但这将会受到激励执行。希望运用电子健康记录系统的人员应改进和接受临床信息标准。

### 12.5.4 法律和社会问题

除了有关标准的法律之外，涉及电子健康记录系统使用方面的其他联邦法律和政策必须在系统广泛应用之前制定。HIPAA已经制定了重要规则来保护有关个人可识别的健康信息和存储和传输患者信息的计算机系统的安全性方面的机密（见 http://cms.hhs.gov/hipaa）。在法律和政策保护下，计算机存储数据比保存在纸质记录上的数据具有更高的安全性和机密性（Barrows and Clayton,1996）。

### 12.5.5 成本和收益

institute of medicine将电子健康记录称为必不可少的用于传递医疗保健信息的设施（institute of medicine committee on improving the patient record,1997）和患者安全的保障（IOM,2001）。与任何设施建设工程一样，归属于设施的建设基金很难得到；在所有利用基础设施的工程中，基础设施发挥着根本性的作用。比较电子健康记录的成本和收益的部分困难是我们无法准确测量实际成本和使用纸质记录的机会成本。许多随机控制临床研究表明，与纸质病历相比，集成在电子健康记录中的基于计算机的决策支持系统降低了成本和提高了质量（Tierney et al.,1993;Bates et al.,1997,2003;Classen et al.,1997）。然而，决定收益的伸缩性和持久性是很难的。

由于所需的资源和广泛的潜在收益，决定进行电子健康记录系统的应用成为一项具有战略性的决策。因此，成本和收益的评估必须考虑到对机构组织长远目标的影响，同时还包括对个人医疗保健目标的影响。最近，联邦政府和专业组织都对电子健康记录软件的开源选项表示了兴趣（McDonald et al.,2003）。

### 12.5.6 领导权

医疗保健产业的各方面领导人员都必须一起为加快电子健康记录系统在医疗保健领域的应用和开发进行表达需求、定义标准、为开发投入资金、执行社会变革和书写法律等工作。由于联邦政府在医疗保健领域中扮演着关键角色（作为付款人、提供者、政策制定者和监管者）联邦政府的领导权是至关重要的，它可建立激励机制用于开发和采纳标准和改进电子健康记录的应用。技术更新正在消费者对于娱乐、游戏和商业工具的需求驱动下快步进行。维护信息技术在医疗保健领域中的使用需要领导者改进电子健康记录的使用，并克服对医疗保健有益的计算机广泛使用限制的障碍。

## 推荐读物

Barnett G. O. (1984). The application of computer-based medical-record systems in ambulatory practice. New England Journal of Medicine, 310 (25): 1643~1650.

这篇文章对今后的影响较大，文章比较了人工和自动门诊病历系统的特性，讨论了应用中的问题并预测了今后的技术发展。

Collen M. F. (1995). A history of medical informatics in the United States, 1950-1990. Indianapolis: American Medical Informatics Association, Hartman Publishing.

这是从20世纪60年代到20世纪80年代期间医学信息学的详尽发展史，也包括了一系列参考文献的细节。

Institute of Medicine Committee on Improving the Patient Record (1997). The Computer-Based Patient-Record: An Essential Technology for Health Care (2nd ed). Washington, D. C.: National Academy Press.

这项由医学研究所进行的具有里程碑意义的研究对电子健康记录下了定义，叙述了病历的用户和使用，考察了电子健康记录中使用的技术，对加快美国电子健康记录的开发和使用提出了建议。第二版中加入了第一版报告5年后的美国和欧洲的电子健康记录的状况评价。

McDonald C. J. (Ed.) (1988). Computer-stored medical record systems. MD Computing, 5(5):1~62.

这篇文献包括了在STOR、HELP、RMRS和TMR系统中的受邀文章。目的在于叙述这些已建立的大型电子健康记录系统的设计目标、功能和内部结构。

McDonald C. J., Tierney W. M. (1986). The medical gopher: A microcomputer system to help find, organize and decide about patient data. Western Journal of Medicine, 145(6):823~829.

McDonald与Tierney叙述了他们在Regenstrief Institute for Health Care的工作，他们开发了一套基于PC的医学工作站，以帮助医生组织、回顾和记录医学信息。

Osheroff J. (Ed.) (1995). Computers in Clinical Practices. Managing Patients, Information, and Communication. Philadelphia: American College of Physicians.

这篇文章关注计算机在办公室特别是在病历方面的实际应用。

Pryor T. A., Gardner R. M., Clayton P. D., Warner H. R. (1983). The HELP system. Journal of Medical Systems, 7(2):87~102.

这篇文章总结了HELP系统的目标并叙述了HELP在临床决策支持方面的应用。

Van Bemmel J. H., Musen, M. A. (1997). Handbook of Medical Informatics. Heidelberg: Bohn Stafleu Van Loghum, Houten. 474 P. C. Tang and C. J. McDonald

该书介绍了对应用于临床工作场所的信息技术的全面调查工作。

Weed L. L. (1969). Medical Records, Medical Evaluation and Patient Care: The Problem-Oriented Record as a Basic Tool. Chicago: Year Book Medical Publishers.

在这本经典的著作中，Weed提出了一项计划，该计划用于收集和结构化患者数据以生成面向问题的病历。

## 问题讨论

1. EHR 的定义是什么？请解释 EHR 系统。EHR 与纸质记录相比所具有的五大优势是什么？EHR 的三个局限是什么？

2. EHR 由哪五大功能组成？请思考应用于你工作的医疗保健单位或你见过的信息系统。其中有哪些你能指出的功能构成？有哪些功能没有？这些不具备的功能如何限制了该系统对医生或患者的价值？

3. 讨论三种计算机系统利于在医院和门诊医疗设施之间传递信息的方式，这种方式增强对原来住院现已出院并正被他们的主治医师随访的患者照护的连续性。

4. 医疗保健财务环境是如何影响 EHR 系统的使用、成本和收益的？财务环境是如何影响信息系统的功能的？又是如何影响用户群体的？

5. 计算机将纸质记录扫描后的文件是 EHR 吗？这种方法的两个优点和两个不足是什么？

6. 在设计 EHR 系统的关键问题中，应该捕获什么信息，信息是如何输入到系统中的？

   a. 医生可以直接输入数据或将数据记录在工作表（面诊单）上，以后由数据录入人员进行转录。每种方法的两个优点和两个缺点是什么？

   b. 讨论采用自由文本输入代替全编码信息输入的相对优点和不足。叙述一种中间的或折中的方法。

7. 请找出 4 个临床医生需要对 EHR 中的信息进行存取的地点。提供到这些地点每一处通道的主要成本和风险是什么？

8. 使医生直接输入医嘱到 EHR 系统中的三个主要原因是什么？应用这样的系统的三项挑战是什么？

9. 思考建立长期收集并存储在 EHR 系统中的临床数据总结报告的风险。临床实验室传统上提供流程表单格式的检验总结结果，这样可突出显示按时间排序的重要变化。包含患有慢性疾病患者信息的病历系统必须显示一系列临床观察结果，历史信息和用药，还有实验室检验结果。提出一个合适的格式，用于显示门诊患者的就诊信息。

10. 在任何病历系统中，公众要求必须保证患者数据的私密性。叙述三种应用于纸质病历系统的保护和审计方法。叙述你愿意应用在 EHR 中用于保证患者数据私密性的三种技术和三种非技术方法。这两类系统暴露隐私的风险有何不同？

# 第 13 章  医疗保健机构信息管理

**阅读本章,您应对下列问题有所了解:**
- 医疗保健机构的初级信息需求是什么?
- 医疗保健信息系统(HCIS)应该具有怎样的临床、财务及行政管理功能?采用该系统管理会有什么好处?
- 长久来看,医疗保健给付模式的改变如何改变了 HCIS 的应用范围和性能?
- 不同的业务战略和组织结构是如何影响信息系统选择的?
- 实现并管理 HCIS 的主要挑战是什么?
- 未来,不断的健康保健改革、科技进展,及改变已有社会规范是如何影响 HCIS 需求的?

## 13.1  概述

医疗保健机构(healthcare organizations HCO)如同所有办公机构一样,是高度信息集约化的机构。一方面是患者保健,另一方面是保健机构的管理和运营。医疗保健机构人员需要掌握足量的数据,并在信息管理工具协助下,才能做出合理的决策,对计划和活动建档并交流,满足监管机构或授权代理机构的要求。临床医生评估患者情况,制定治疗计划,管理患者合理治疗,向患者及家属宣教等,也牵涉多方面的临床管理问题。初级保健医生与照护经理人要评估健康计划新会员的健康状况;医院院长们需要考虑临床诊治结果、质量和费用等;管理层需要确定合理的职工编制、药品库存管理及采购,并讨论服务合同付费问题;董事会(理事会)要决定投资新业务、与其他机构合作、充分利用已有资源等等;专业医疗保健都是由这样一些抱有不同工作目的的团体和信息需求构成的。

健康医疗信息系统(healthcare information system,HCIS)的目的就是管理那些专业医疗保健人士需要的、能使工作更有效也更高效的信息。HCIS 系统能够促进多位医疗保健专家间的交流沟通、信息整合和协作。此外,他们还有协助组织并存储信息,支持准确记录和报告的功能。我们已经在第 12 章的基于计算机的患者病历(computer-based patient record,CPR)中详述过很多 HCIS 临床信息功能;第 16 章内还会系统阐述系统对护士和其他保健提供者的支持。HCIS 还对健康机构及相关辅助科室的财务及管理功能有帮助。逐步形成的、复杂的 HCO 对 HCIS 有较高要求。有效的 HCIS 设计必须能够组织、管理、整合独立用户在各式各样设备上产生的大量临床和财务数据,并且必须能及时提供有用的版本给医疗保健工作者(越来越多的是患者),以便其能全面、精确、实时地使用。

### 13.1.1  从特定功能的自动化,到部门的、全医院的,再到医疗系统的信息系统的演变

第 23 章将详述经济和调控因素,以及医疗卫生改革的结果,这些变化改变了美国的医疗保健给付模式。例如,通过第三方付费的方式(譬如 20 世纪 60~70 年代的蓝十字和蓝盾公司,联邦医疗保险项目和医疗补助计划,以及 20 世纪 80 年代的医疗保健管理公司等)将渐变的财务风险转嫁给医院,改变了美国医疗保健给付的结构、策略目标和医疗保健机构的操作流程。这些转嫁的风险使医疗保健提供者在 20 世纪 90 年代迅速团结起来,形成了整合医疗服务网络(integrated delivery network,IDN)系统。最近,我们看到医疗管理模式开始从限制性转而投向客户选择,企业并购速度也放缓了,一些高端 IDN 惨遭滑铁卢(Shortell et al., 2000,Weil, 2001,Kastor, 2001),新的管理需求主要关注的是提高效率、加强患者隐私保护及提高患者安全性。这些改变极大地影响了信息系统。

HCISs 是随着医疗保健产业的发展而发展的。最早的 HCIS 系统主要关注医院内部的专业自动化,譬如最早的患者挂号及付费系统等等。自有大型计算机后,这些系统的工作变得很简单,计算机可以轻松处理过去需要大量人工处理的搜寻患者并发送账单的工作。20 世纪 60 及 70 年代,财务系统中又加入了一些新的功能,因为医院意识到利用计算机支持放射科、药房及实验室等辅助科室大有裨益。尽管在多数情况下,不仅仅是在功能上,而且在计算机硬件、操作系统、甚至程序语言上,这些系统间都仍然保持着独立工作状态,这些不同的功能系统的组合被称之为医院信息系统(hospital information system,HIS)。这么多缺乏连通性的系统,使得想要无障碍地了解到患者现在在医院的什么地方都很困难;更重要的是"患者在接受何种治疗,结果如何?",都有可能不知道。提供医疗服务者不得不同时登陆几个不同的计算机系统,才能了解特定的临床结果报告,这样的情况并不罕见。直到 20 世纪 80 年代末,组成 HIS 系统的临床信息系统(clinical information system,CIS)才提供了医嘱书写和结果传输等临床导向功能。同期,门诊病历系统(ambulatory medical record systems,AMRSs)和操作管理系统(practice management systems,PMSs)在不断改进下可以分别支持大型门诊及私人诊所了。这些系统的界面类似医院系统,但不那么复杂,反映出门诊设置相对要低端些。经典的住院部与门诊系统间并未进行整合,这些形形色色的系统都在机构内使用。

这么多差别巨大、功能独特的信息系统共存是HCO系统独有的特色。这些系统孤立地看起来都是十分成熟的，因为供应商的目的就是将其打造得越专业越好——实际上，市场竞争的"最优化"原则迫使他们必须具有独特性。而在某种程度上，这些彼此孤立的系统可以通过发展彼此间的接口而连接起来。最初的接口主要集中在从登记系统传递患者的基本信息到辅助系统，在特定事件（如实验室检查、放射科检查、取药等）中将数据从辅助系统中传往账单系统。但是，随着越来越多的信息系统加入HCIS环境，数据从一个系统流通到另一个系统中的挑战已越来越明显。于是，产生了两种独立的解决方案。

（1）发展接口引擎。

（2）应运而生的HL7。HL7是一种使数据信息标准化的方法，标准化后的数据可以从一个信息系统传入另一个信息系统。

但是在这么多不同信息系统中分享数据仍然令人望而生畏。就像我们曾经说过的，这些多样化的HCIS组件多数是不同开发商的产品，应用着不同的硬件（如DEC、IBM）、操作系统（如PICK、Altos、DOS、VMS，以及IBM的放在大型主机中的OS）和程序语言（如BASIC、PL1、COBOL，甚至汇编程序）。在两个不同系统间分享数据的经典做法是建立一个双路接口———条是将数据从A运到B，另一条是将数据发回来或证实数据从B传到了A。增加第三个系统不是简单地增加一个接口，因为多数情况下新系统会不得不同时与两个老系统间做接口，结果可能需要6个接口。第四个系统进入HCIS运营环境后须与其他三个老系统间各建两个接口，于是接口数达到12个。如果$n$代表系统数，那么，每当一个新系统进入，接口数将以指数方式增加（用公式表示就是$n=n(n-1)$)；很明显，新方案增加了系统的复杂性，并且需要支付更多的接口费用。于是20世纪80年代末，在HCIS环境下，诞生了一种管理不同系统间接口的新的软件产业。取代每一系统不得不与其他系统建立接口以分享数据的做法，接口管理引擎充当了连接中转站的角色。每一系统只需与接口引擎链接；引擎将数据传递给需要的另一系统。最初的接口引擎概念虽然起源于医疗保健系统，但却使管理多个系统的全系列管理策略发展了起来，这称之为企业化集成利用。和其他行业一样，很多供应商在医疗保健接口上又觅得了商机。

HL7的诞生（见第7章）是解决医疗保健领域不同系统间数据流通的另一个方案。HL7是基于医疗保健的首创，也产生于20世纪80年代末，其开发的是组成HCIS间的孤立系统间分享数据的标准。本意希望使用信息标准，而使数据在HCIS环境下以标准格式进行流通，进而使HCIS一体化。多数部门系统介绍了这一方法，公司产品集中在了特定的市场，包括实验室、药房和放射科。因此，接口引擎和HL7作为解决方案都得到了巨大的支持，使得小供应商在市场上获胜。近些年，很多这些当年的先驱供应商们被收购，他们的产品组成了更大的产品大家庭。尽管如此合并，HL7和接口引擎还是供不应求，因为即便在更大的产品家族中，将数据从一个功能应用程序移动到另一个时，仍然存在着无缝连接的需要。

20世纪90年代的10年，是市场大量兼并重组和联盟的10年，在结构设计上常常超量购置设备（如给医院供应超额的床）以保证市场占有率。最初，医院和医疗中心开始建立卫星门诊部，并开始接触社区医生，希望他们将患者推荐到自己的医院，填满自己越来越多的空床。后来，面对与营利性医疗保健链或其他综合性机构的竞争，医院间先是开始建立联盟，再后来更是紧密连接成一种区域性的卫生保健服务整体，形成了整合医疗服务网络（图13.1）。

2000年前后，IDN系统在美国任何一个卫生保健市场都表现突出，个别系统甚至形成多地域或多州联合。每一个IDN都由多个紧急救治设施、卫星门诊医疗保健中心及自营或托管的私人诊所组成。另外，大型IDN系统还可能有专业护理院、临终关怀医院、家庭护理病房代理及营利性的下游企业，包括区域性实验室、独立采购及配发药物的机构、医疗设备，以及远程记账系统等，为医疗保健提供者提供支持。这类IDN系统的宗旨是减少支出（无论是自己还是供应商），以及通过与第三方付款者谈判保持或增加收入。因为他们操控了重要的地区市场，提供并管理着综合性卫生服务资源，IDN系统可以得到优惠的采购价，对付款者而言有较强的竞争优势的服务合同，或者可以直接得到大客户。一些IDN系统走得更远，进一步与地方医疗保健机构（HMO）产生联系，或开发了自己的健康计划项目做自己的保险载体。最大的IDN系统每年有数以亿计的收入，签约上千医生护士，为超过百万的患者提供综合性的服务。

IDN系统的第二个目标是通过规模经济消减开支；比方说，可以通过加强管理及财务功能和联合医疗服务达到目的。这些IDN系统需要通过广泛的社区和区域性资源网，协调患者医疗和管理好公司事务。结果，不仅仅是医院、门诊、私人诊所及其附属机构内，而且是在彼此间，都存在了信息分享及协作，HCIS就发展起来了。

虽然IDN系统仍然在多数医疗保健市场上表现突出，但是近年来其市场并购率还是下降了，一些很知名的IDN也经营失败了。虽然IDN系统成功地完成了结构和运营的整合，然而从整合临床活动中获益，和从合并信息系统中获益仍然很困难（图13.2）。

很多IDN系统已经缩小了他们最初希望的联合医疗活动的目的，并将家庭医疗服务、私人诊所、保健计划和管理医疗实体分离。这显示来自于一家独立机构（如一家医院）的管理经验不仅仅不容易转变成成功管理其他机构的经验，有时候，也不容易成功转换成管理其他医院的经验。迄今为止，没有哪家IDN系统达到了他们最初预期的节约开支、提高效率的目的。先期巨大的构建

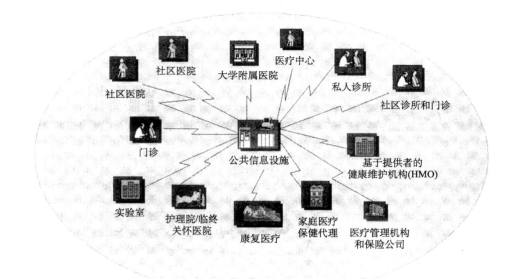

图 13.1　整合医疗服务网络（IDN）的主要构件。一个典型的 IDN 包括多个急性病治疗机构、门诊、自营或受管的执业医师群的有机结合，共同提供复杂的医疗保健服务。此外，一个 IDN 可以自营或附属于其他医疗保健机构、营利性机构、照护管理或医疗健康规划机构。
HMO＝Health Maintenance Organization，健康维护机构

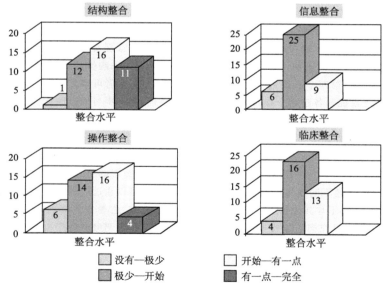

图 13.2　由临床整合中心的 1996 位机构成员调查问卷得出的，关于 40 个 IDN 系统结构、运作、临床及信息整合的相关进程。临床整合和信息系统明显落后于新兴 IDN 系统的结构和操作整合

（资料来源：Copyright First Consulting Group. Reprinted with permission.）

HCIS 系统的投资限制了获益，有时，还会因为 IDN 系统而倒闭。抛开组织结构，所有的医疗保健机构都倾向于获得最大的信息量并整合信息，包括改良医患间的信息链接等。"典型的"HCO 包含各式各样的机构，相关信息系统的基础设施仍然远未达到一体化的程度；所以，毋宁说这只是一个非均质的系统、进程和数据存储的混合体。

## 13.1.2　信息需求

从临床角度来说，HCIS 最重要的功能是向实施医疗保健者提供患者特有的数据，使他们能够得到一目了然的数据并将其用于诊断，同时 HCIS 也应支持其他为患者提供健康服务的人员，并在这些人员间建立必要的

联系。从行政管理的角度来说,最迫切的信息需要是与机构日常经营管理相关的信息——例如,账目必须快速而精确地生成,雇员和供应商必须给付,设备必须订购等。此外,行政管理者还需要信息来做长短期规划。我们可以将HCO操作运营信息需要分成四大类:日常运营、规划、信息交流及文件和报告。

- 操作需求。医疗保健人员(医疗提供者和行政管理者)都需要详尽而实时的真实信息以完成日常工作,以便维持医院、门诊或私人诊所的运行,这是机构最基本的工作。举例说明:John Smith在哪里?他平常服用什么药?如何安排Smith先生出院后的检查?谁来支付他的诊疗费?员工的技术是否足以解决3号西侧医疗中心患者目前情况和专科疾病的需要?明天预约的患者的姓名和电话是什么,是否需要电话提醒?还需要哪些手续才能使Jane Blue的医疗保险为她的超声检查付费?HCIS可以迅速而易行地通过组织数据,为这些操作需求提供信息。HCO应该已经在特定设施中(如诊断性影像中心或妇女保健中心)开发了专业化的产品线,然而,即便是回答一个简单的需求,也需要在很多不同的设备、不同的系统间存取信息。

- 规划需求。医疗保健专家也需要信息以制定患者医疗和机构管理的长短期计划。适当的临床决策的重要性是显而易见的——我们在整个第3章中讲解了如何帮助临床医生就其患者合理选择诊断试验、解释试验结果及选择治疗的方法。行政管理者和经理们做的决策和他们选择并购,并应用医疗保健资源一样重要。事实上,临床医生和行政管理者们一样,必须精明地选择他们使用的资源,以提供高品质的医疗和卓越的服务。一个HCIS应该要帮助医疗保健人员回答以下问题:机构临床指南是如何管理此种情况下的患者的?类似患者是经验性药物治疗还是外科治疗,可以得到更好的临床结局?终止孕产妇服务与财政和医学的关系?如果门诊增加6位照护经理人,我们能改善患者结局并减少急诊入院数么?就目前成本结构和应用模式而言,为联邦医疗保险项目的患者提供合同推荐的医疗保健服务是否盈利?通常,制定规划所必需的数据来自不同渠道。HCIS可以帮助规划者收集、分析、总结信息以供决策。

- 沟通/传输需求。很清楚,如果不进行基础技术设施建设,多个员工间、多家事业单位间,以及远程间患者医疗及手术的交流和协调都是不可能的。譬如,即便在一家医院内,纸质病历的常规运行过程也很麻烦,小范围进行协调也并不可行。类似的,在分散的地方组织结构框架下,复制和分送纸质病历既不及时还无经济效益。HCO可以通过基于网络的科技来共享数据及文件、电子邮件、标准文档-管理系统,以及在线日历系统,进行信息交换,同时还可以为HCIS提供服务和控制管理,随时随地为授权用户提供信息需求服务。

- 文档及报告的需求。维护记录以便将来参考或分析,以及报告的需要产生了4类信息需求。一些需求是必须的。譬如说,每位患者的健康情况和治疗史的完整记录是保证长期、多名施治者保持连续性医疗必须的资料。外部需求会产生大量的数据,并被HCO系统记录。就像在第2章中讨论的一样,病历是一种法律文书。如果需要,法庭会根据病历判定患者是否得到了合理治疗。保险公司要求逐条记录账单状态,病历必须体现所提供的医疗服务的合理性,并向公司提交费用信息。医疗卫生机构鉴定委员会(Joint Commission for Accreditation of Healthcare Organization, JCAHO)对病历有特定的内容和质量的要求,对全体机构信息管理程序也有一样的要求。此外,为获得联邦医疗保险项目(Medicare)和医疗补助计划(Medicaid)资格,JCAHO要求医院要接受所辖医护人员的资格审查,患者医疗质量要接受监督,同时医院必须能证明他们在传染病管理、病舍和设备管理上都是安全的。雇主和客户们也加入了外部监督的行列。1999年医疗协会报告中列举了医院内大量可预防的药品错误,"人非圣贤孰能无过",作为对其的反映,一大批雇主和其他医疗保健买家形成了Leapfrog组织。而今该组织已经可以对医院产生影响,参与患者安全性调查,并推广他们推荐的安全措施。调查结果公开并被买家根据规定使用。

### 13.1.3 整合需求

如果一个HCO在患者治疗上管理有效,规划得到主流市场认可,控制了运营成本,它一定有一个统一而一致运行原则。为此,支持数据并流程整合的信息技术被认为是HCO运营的关键。从机构角度看,信息应该在它被需要的任何时间、任何地点随意取用;用户必须要有整体观,不应有系统或地域的界限;数据必须有一致性;必须有足够而适当的安全性,仅授权用户可以访问,而且必须合理使用信息。

**1. 数据整合**

在医院,临床工作人员和行政管理人员间历来有不同的工作区域划分,很多功能是分开执行的。因此,行政管理的数据和临床的数据常常分开管理就没什么可奇怪的了:行政管理数据在办公室,而临床数据在病案室。当普遍应用计算机后,医院的信息处理就常常表现为孤立计算机的孤立数据库,这可以使优先服务和投资的冲突最小化。如同我们之前说过,历来支持住院处和门诊的信息系统都是独自发展的,鲜有例外。很多机构有很丰富的住院患者数据库,但门诊患者的就很少——常常只有账目数据,如诊断和手术代码,出院等。即便是今天,尽管只要IDN系统和大型私人诊所投资信息系统,就可以扭转这种局面,但美国多数门诊和私人诊所处的电子版临床数据仍几乎为零。相反,西欧的一些国家,如荷兰、挪威和英国,多数初级医疗单位都采用了电子病历系统。

不同来源的、缺乏整合的数据导致了大量的问题。如果临床和行政管理的数据储存在分开的系统中,那么如果双方都需要数据,就必须要么同时访问两个系统,要么从一个系统复制给另一个系统。多余数据的录入和信息维护造成支出,同时信息一致性也不能保证,因为数据可能在一个系统内被实时更新了,而在另一系统中并没有这么做;或者信息可能复制错误。另一个极端的例子是同一个数据可能会因为系统设置不同而变得不同。医院设置中,临床系统和缴费系统的很多问题,是通过发展自动接口来传输患者基本信息、医嘱、结果及出院的方式来解决的。然而,即便有接口引擎管理不同系统间的数据,机构仍必须解决数据同步性和类似数据类型可比性的问题。

随着IDN和其他复杂HCO系统的发展,运营单位间数据分享变得更为关键而问题重重。一个既往有临床和行政管理信息系统的独立机构与IDN的其他方面水火不容时,IDN系统内的数据整合问题就会更混乱。在IDN设置间仍然会有极少量的自动信息交换。在医生诊室、诊断影像中心、门诊手术室及急性病救治医院,都有可能碰到患者多次登记的事情。每台设备都保留了自己的临床记录,隐形文件包括复制关键信息,如手术记录和出院小结。不一致的数据库会导致患者处理不当和资源分配不当。例如,药物总是优先供应给住院的患者,但当患者转去康复医院或护理院后,她的药品就可能会在无意中中断使用。而且,当医生在急诊室治疗一个意识丧失的患者时,其过敏史和用药史也不易获得。

如果机构内的多个计算机系统都是孤立的话,满意的协调、高效而高经济效益比的医疗保健的目的就不可能完全达到。不幸的是,HCO系统中独立的系统比比皆是,仍然鲜有机构斥重资在其所有的设备间构建新的共用系统或整合现有系统,以达到数据共享。在13.4节我们还要讨论数据整合的结构框架和策略。

## 2. 流程整合

为了有效率,信息系统的操作流程和人工系统必须环环相扣、有条不紊。这个过程的整合对HCO系统来说是个巨大的挑战。今天的医疗保健服务模式与传统保健服务模式已经截然不同。譬如,他们在责任和医生、护士及其他医疗保健供应者的合作需求上都有了改变;发展了全新的工种(如照护经理人,他们负责协调患者在各设备间的医疗问题,协助解决冲突);以及患者更加积极主动地参与个人医疗健康管理(表13.1)。IDN系统内的过程整合更加复杂,因为IDN的组件都有不同的工作准则和工作规程,这些都折射出每个组织机构的历史和领导的痕迹。最先进的IDN系统是发展新的一体化的设计,可以为健康服务提供简单而统一的通道,应用一致的临床指南,通过IDN在多个保健设置间协调并管理患者医疗(Drazen and Metzger,1999)。面对这种整体性化的支持,信息整合技术必不可少。因此信息管理机制瞄准的实体间信息整合,绝不仅仅是从留用系统内移出信息,而且能将实体内留用工作程序,向新的、一致性的保单和程序流出。

表13.1 IDN核心竞争力的医疗保健环境改变及其意义

| 特征 | 老医疗模式 | 新医疗模式 |
| --- | --- | --- |
| 医疗目标 | 管理疾病 | 管理健康 |
| 中心服务系统 | 医院 | 初级医疗保健者/门诊 |
| 医治焦点 | 急慢性病的治疗 | 人口保健,初级保健及预防保健 |
| 保健决策者 | 专家 | 初级医疗保健者/患者 |
| 评判系统成功标志 | 入院人数 | 入会人数 |
| 最优化性能 | 个人诊治出色 | 全系统都表现出色 |
| 利用控制 | 外部控制 | 内部控制 |
| 质量衡量 | 取决于系统投入 | 取决于患者的结局及满意度 |
| 医生角色 | 自发的和独立的 | 保健小组成员,使用系统性医疗指南者 |
| 患者角色 | 被动接受医疗 | 主动参与医疗 |

资料来源:Copyright First Consulting Group. Reprinted with Permission.

引入新的信息系统总在改变工作平台。实际上研究显示,多数情况下,只有当基础工作流程因新信息技术而改变时,投资信息系统才会获益(Vogel, 2003)。有时,这些改变是根本性的。安装使用新系统为现行工作流程如何利用新信息管理功能提供了再思考和重新定义的机会,并借此来削减成本、增加产出或提高服务水平。例如,提供电子途径获得那些过去只能通过书面传递的信息,在时间需求上就明显缩短了,可以将串联过程(多个员工顺序应用同一份病历)变为并列过程(多个员工同时使用电子病历)。更多的商务改革基本原则也可能要用到一些新科技;比如,医师可以直接登录开具处方、与诊断支持系统间建立链接、允许立即查看患者现用药物剂量和潜在的药物副作用,建议使用较便宜的药物等。

现今,只有极少数医疗健康机构有时间和资源去开发完整的新信息系统并重新设计流程;所以,更多的是购买现有的软件产品或和其他商业系统供应商一起联合开发项目。虽然这些商业系统允许一定程度上的定制,但工作流程的基础模式可以为不同工作准则和工作规程的其他卫生保健机构服务,并可改良。多数门诊部必须改编那些已经安装在他们系统内的程序,以适应自己的工作流程。譬如,一些商业系统要求当患者从急诊间收入病房时,应停止正在进行的所有医疗,然后在入院后再重新开始治疗。事实上,一旦系统安装了,一旦确定了工作流程,他们就会成为机构文化的一部分——对这些流程而言,后进入的新系统去做改变会变得十分困难。因此,决策制定者在选择和调整新的系统去支持和提升期望的工作流程时,需十分慎重。对 HCO 及其系统设计者而言,将这些机构流程进行改编是个重大的挑战。最常见的就是机构往往不能意识到他们投资信息技术的潜在回报;不恰当的管理方式和未优化的工作流程掩盖了这些潜在的收益。

面对当今医疗保健环境需求的不断提升,HCO 系统必须改变,而且要快。即便 HCO 的业务规划和信息系统策略可能合理而必须,但改变那些根深蒂固的机构行为可能比改变基本信息系统还要麻烦和复杂。成功的流程整合需求不仅仅是技术部署的成功,也是保有资源的成功;自觉自愿去做困难的、有时是不受欢迎的决定;教育;以及克服文化惰性和政策的激励。

## 13.1.4 安全及保密需求

在第 10 章中我们谈到,保护医疗信息不被滥用不仅仅是患者对其医疗提供者的信任,也是法律的要求。1996 年,与 HIPAA 一致,卫生及公共事业大臣说:"国会通过国家标准,保护患者隐私权并明确服务者责任"。现在,这些法律标准化了向付费机构的数据传输交易,发展并坚持用政策明文规定对患者数据通路的安全及维护;私下条款除了被患者或法律特别授权的情况外,禁止多数医疗提供者及健康计划披露患者特征性信息。HIPAA 同时还明确告知属于客户的新权利,有权知道是谁,以及怎样使用了他们的医疗保健信息,有权监督,有时也有权修正他们的健康信息。滥用或误用患者可识别信息的硬性惩罚包括罚款和可能的监禁。HIPAA 的安全措施,如哪个 HCO 设置了隐私权,是不易识别的。他们推荐应用一组数据及网络的管理流程、硬件安全设置和技术上的安全设施来保证数据的安全性(表 13.2),但不是什么特殊技术和安装方法。

**表 13.2 HIPAA 安全标准和实施规范**

| 关注点 | 标准 | 组件需求 | 可选组件 |
| --- | --- | --- | --- |
| 安全管理措施 | 安全管理流程 | 风险分析 | |
| | | 风险管理 | |
| | | 处罚措施 | |
| | | 信息系统动态审查 | |
| | 制订安全责任 | 制定的安全责任 | |
| | 职员安全 | | 授权和/或监督 |
| | | | 职员审核流程 |
| | | | 解雇流程 |
| | 信息访问管理 | 孤立医疗保健审核功能 | 访问权限 |
| | | | 建立通路和修改 |
| | 安全意识和培训 | | 安全提醒 |
| | | | 提防恶意软件破坏 |
| | | | 登录监控器 |
| | | | 密码管理 |
| | 安全事件流程 | 反应及报告 | |
| | 应急计划 | 数据备份 | 测试和校正程序 |
| | | 灾难恢复计划 | 应用程序及数据危险度分析 |
| | | 紧急计划 | |
| | 评估 | 评估过程 | |
| | 业务合同及其他协议 | 书面合同及其他协议 | |
| 物理安全措施 | 设备登录控制 | | 意外事件处理 |
| | | | 设备安全计划 |
| | | | 访问控制及复核流程 |
| | | | 维修记录 |
| | 工作站使用 | | 控制工作站使用 |
| | 工作站安全性 | 工作站使用控制 | |
| | 硬件设施和媒体控制 | 媒体安全处理 | 义务与责任 |
| | | 媒体再使用安全 | 数据备份和储存 |
| 技术安全措施 | 访问控制 | 唯一用户识别 | 自动登出 |
| | | 紧急登录程序 | 加密及解密 |
| | 审计控制 | 稽核轨迹 | |
| | 保存程序 | | 电子鉴定机制 |
| | 个人或企业认证 | 个人或企业资质认证 | |
| | 传输保密 | | 完整性控制 |
| | | | 加密术 |

资料来源:Federal Register Vol 68, No 34, February 20, 2003/Rules and Regulations.

计算机系统可以被设计成具高度安全性的,但只有人才能切实保护患者临床资料的机密性。为达到协作并经济有效地治疗患者的目的,临床医生们需要在不同的地点了解特定患者的信息。不幸的是,没法预测哪个医生要翻阅哪位患者的资料。所以,HCO 必须在限制信息访问和保证用户能得到患者信息间进行平衡。为建立患者信任和应对 HIPAA 的要求,HCO 必须从三个方面注意信息安全。

首先,HCO 需要指派安全部门人员并开发一致的安全保密政策,包括制裁说明,以及如何严格执行这一政策。

其次,HCO 需要培训其雇员,让其明白如何合理使用患者特定信息,以及违反原则的后果。

其三,HCO 必须使用电子工具,如进行访问控制及信息跟踪,这样做不仅仅是阻止了滥用信息的可能,而且警告了雇员和患者,任何人访问机密信息都是会留有印记的,是会被问责的。

### 13.1.5 卫生保健信息系统的益处

1966 年,在研究了纽约 3 家医院后,研究者们发现安全需求的信息处理,如同 13.1.2 中探讨的那样,事关 25% 的医院运营成本(Jydstrup and Gross,1966)。平均而言,行政管理部门花费了约 3/4 的时间在做上述信息处理;护理工作者则花费了约 1/4 的时间在此。大约 40 年后,研究认为:医疗保健机构的信息管理代价仍然高昂。收集、储存、检索、分析并传递临床及行政管理信息,是支撑机构日常工作的必需,是面对内部、外部对文件/档的需求的必需,是对短期规划和战略规划的支持的必需,是保证医疗保健人员工作的重要而旷日持久的事情。

今天,认为应该安装 HCIS 系统的理由包括:削减成本、提高效率、提升服务质量,同时也易于管理,与竞争获利战略相关。

• 削减成本。建设 HCIS 的原动力是其在住院和其他设备间,通过信息管理后,有潜在的削减成本的可能。HCO 在信息系统上持续进行战略性投资,使其形成流畅的行政管理及部门管理流程。主要收益可能弥补了一些信息系统的花费,包括减少了劳工需求、减少了浪费(如领取了过期的手术器械而无法使用,食物托盘被送错了地方,这些都会产生浪费),更有效地提高了设备及其他库存的管理效率。有效安排昂贵资源,如手术室和影像设备,可以带来巨大的收益。此外,HCIS 可以帮助剔除重复的检查或治疗项目。一旦患者信息上线,信息系统还会减少病案室储存、检索和转运病历的花费。

• 提高生产力。HCIS 带来的第二大好处是提高临床医生及其他人员的生产力。因为赔偿方面的持续(或偶尔增加)限制,HCO 一直面对着"用更少的钱办更多的事"的挑战。信息系统在多数情况下可以使员工比纯手工工作时处理更多的工作和数据。有趣的是,有时医院 HCIS 投资支持的却是那些非医院雇佣员工生产力的提升,也就是说医生,甚至可以通过减少付款人的支出而影响到他们。

• 服务品质提升。当 HCIC 系统扩展了其对临床过程的支持时,医疗质量的提升便成了其副产品。定性的 HCIS 系统收益包括:提升了文档的精度和完整性,减少了医师写文案的时间(相应地增加了其花在患者上的时间),更少的用药错误和更快的药物不良事件反应,提升了供应者—供应者间交流。通过远程医疗和远程联系(见第 14 章),HCO 系统可以扩大其地域联系,并增强其为乡村及边远地区提供专家服务的可能性。如第 20 章中描述,应用 HCIS 或 CPR 系统中的临床决策系统会产生令人难忘的好处,在降低成本的同时提高了医疗质量(Bates et al.,1997;Classen et al.,1997;Teich et al.,1996;Tierney et al.,1993;Bates and Gawande,2003)。

• 竞争优势。信息科技必须有效而合理地部署。然而,关于 HCIS 系统的问题已不再是"是否值得投资",而是"投多少"和"买什么"的问题了。尽管有些机构仍然试图对所有的信息系统进行合理投资,但是很多 HCO 系统已经意识到将信息科技作为投资对生存至关重要:缺少可以使用(授权的)的技术设备,机构就不能实现其整合运营并协作治疗患者的目的。一些 HCO 系统要根据安全投资回报(return on security investment,ROSI)考虑升级其安全设施——避免安全漏洞的获益。访问临床信息不仅仅是进行患者管理的需要,而且是保持和吸引那些施治的(因此进行大量 HCO 访问)医生的归属感的需要。临床系统的长期获益包括:影响临床实践,如减少大量不必要的多种医疗活动;改善患者结局;减少开支,较之减少医院开支外,这些花费可能还有更广大的经济及社会效益(Leatherman et. al.,2003)。医生们通过选择处方药物、申请检查及向患者介绍专业治疗而几乎占据了医疗绝对主动权。因此,为医生提供基于最新临床循证结果的"最佳治疗",以及给予他们关于临床和经济的数据供其作出决策,是 HCIS 的基本性能。其他的竞争优势还包括使外部机构(如 Leapfrog 推荐使用 CPOE 系统)满意,为临床试验鉴定患者的能力等。

• 遵守法规。越来越多地,调控机制被纳入信息系统以解决其需求。譬如,现在美国食品和药品监督管理局(Food and Drug Administration,FDA)授权对所有药品使用条形码。类似地,对那些使用电子数据交换的 HCOs,HIPAA 规则对某些特定的电子数据交易所要求的内容和格式做了规定。

### 13.1.6 医疗保健环境变革下的信息系统管理

尽管整合信息系统很重要,但安装 HCIS 系统还是令人生畏,因为通常要花费数年,耗资上亿美元,并迫使医疗保健专业人士不得不改变其习惯的工作方式。为获得潜在的利益,卫生机构必须设计周全,明智投资。对 HCO 而言极重要的挑战是设计和执行一个十分灵活且能满足机构变革需要的HCIS。面对快速变化的环境和多年的努力，人们必须十分小心地避免构建的系统是老旧的。成功的HCIS一定要是坚不可摧的、能游刃有余地处理来自多种技术、机构和政策上的挑战。

## 1. 科技发展

在第5章中，我们讨论了过去几十年看到的计算机和互联网科技的奇迹般的进展。这些技术对快速而简便的信息访问、更便宜的计算能力、更强大的灵活性和其他性能来说是十分重要的。对很多HCO系统来说，主要的挑战是如何界定是否要保持他们的"最优品种"战略，伴随这个要求，要么可以提升独立系统和界面到更新的产品，要么将留用系统移入更一体化的系统环境中。这些移入要求整合并选择性地替代那些在各种不同系统中僵化的、或不标准的技术和医学词汇。不幸的是，移植"最优品种"和安装更一体化的系统间无法调和，因为供应商提供了越来越多的整合方案，但很少与最优环境功能匹配。而且，终点还不确定：当标准开发（见第7章）、功能增强、调控要求、分散数据库构架、互联网/内联网工具等都在不断发展时，HCO系统也必须大力安装新系统。在某种意义上说，系统的信息内容比技术更为重要——只要数据能用，专业技术的选择是小问题。

## 2. 改变习俗

在现行的医疗保健环境中，医生们一如既往面临的重要的障碍是药物使用。75年来，医生们面临着药物使用压力，不仅要与学会规定标准一致，其目的是为了减少医疗多样性，而且还要关注治疗费用，即便这些费用是由医院或第三方付费者产生的。他们不仅需要担负着治疗疾患的任务，还要为那些非患者的保健计划或保健组织的成员负责。此外，他们还必须经常作为患者医疗协作团队的成员而工作。患者住院日缩短了；随之而来的是出院后的后续治疗增加了。单个患者去诊所的次数减少了，单个医生面对经济刺激每日就诊患者数却增加了。一些HCO系统可以给那些工作多的医生设立付费奖励机制。同时，众所周知的是，关于疾病诊断和治疗的知识每年都以指数方式增长，全部药物新领域都加入了基因和影像研究的突破性进展。为应付增长的工作量、复杂的治疗、特殊的新药知识、新技术的要求，以及通过网络获得了大量新的药物知识的消费者们，无论是临床医生还是医疗保健主管，必须成为高效的信息管理者；信息支持系统必须满足他们的工作流程和信息需求。随着医疗保健习俗和临床医生及卫生高管们角色的不断改变，HCO系统必须不断评估信息科技的角色，确保系统可以持续满足用户需求。

## 3. 改变流程

医疗保健将会如何提供和管理，如何设计并运用信息系统去支持，是评估HCO系统是否成功的决定性因素。流程的变化影响了人们的工作，需要技术去工作。譬如，在治病过程中，多学科交叉治疗管理的模式，使多学科医疗小组像治疗疾病一样协调工作，提升健康。尽管在再设计过程中，信息系统不是人们首先考虑的事情，但糟糕的信息系统可以导致糟糕的系统性事件。

机构必须而且自发进行多样化的流程再设计，这些积极主动性可以导致事业本质的变革。事实上，如果信息系统对HCO系统而言变得真的很有用，那么工作流程再设计是必须的。然而，经常存在缺乏对现存机构动力明晰的理解，导致了不合理的激励，或者简单地认为安装一些计算机系统就可以产生显著效益——这些显而易见的错误必须更正。此外，由个人捐赠的机构，天生就不愿意改变。即便是在最好的情况下，一些机构也不愿意进行大改动。对规划的工作要求和管理机构改变的重要性也经常被低估或忽略。HCO系统很成功的因素之一，是他们在管理人员和流程问题上提供了新的工作方法和新的升级换代的信息系统。

## 4. 管理

图13.3示例了2家医院、1间私人诊所、1间附属护理院、1间临终关怀医院以及几间营利性服务机构组成的HCO系统的信息—技术环境。即便是这种简单的环境也对信息系统的管理有着明显的挑战。譬如，相对于分散的私人手术室和部门，信息管理能做到怎样的集中控制？有限的资源如何分配，是投资到战略项目（如医生使用的基于办公室的数据访问），还是分配给有操作需要的单个实体（如淘汰老的实验室信息系统）？有研究和教学需要的学院性的医学中心还有新问题，是独资管理信息还是政治势力强的一方管理信息？

权衡功能和整合需求，以及相关的用户和信息系统部门的争执，趋向用开发和快速适应技术标准以及通用临床数据模式和词汇，来减少超时。另外，机构的信息系统的"要"和"需要"将永远超过传递这些服务的能力。尽管HCO系统和其组成单位全力以赴地工作，老掉牙的问题还是会产生，在相互矛盾的、类似的项目中，如何分配稀有资源的问题必将导致党派之争。

有各主要部门代表的正规的管理机构应能对一个HCO的方向设定、优先顺序和资源分配提供重要论坛。受临床同行尊重的领导被证明是CIS规划、实施和接受的决定性成功因素。此外，发展战略性信息管理规划，及由HCO内部各部门领导组成的信息系统咨询或指导委员会，可能是有价值的。如果该过程有该机构临床、财务及管理部门的领导参与，将不仅会增进他们对最高级别的信息科技投资的清晰了解，而且能体会到对HCIS及其应用的责任心和拥有感。因为医疗保健事业战略和科技支持的动态改变，很多HCO系统已经看到他们的战略性信息管理规划只有3~5年的寿命，必须每年升级，不断更新。

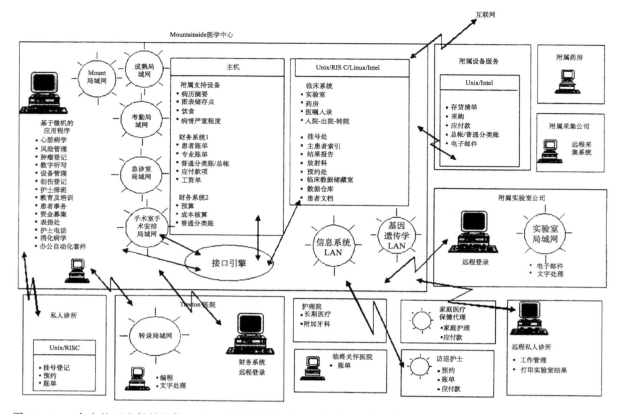

图13.3 一个小的医疗保健机构（HCO）信息系统环境。即便是这种关系简单的 HCO 也有一个复杂的信息系统，同样面临整合和信息管理的挑战。MDS，minimum data set 最小数据集；LAN，local area network 局域网；AP，accounts payable 应付款；G，general ledger 普通分类账

## 13.2 医疗保健信息系统的功能及组成

一个设计精细的基于计算机的系统会提高医疗专业人士的效率和生产力，提高医疗保健质量并减少保健服务开支，提升服务水平，从而提高患者满意度。如13.1节中所述，HCIS 有相当多的功能，包括提供和管理患者医疗并管理医疗保健机构。从功能来看，一个经典的 HCIS 必须能达到以下 5 个目的：

（1）患者管理及账单管理；
（2）部门管理；
（3）提供医疗及临床文档；
（4）临床决策支持；
（5）财务及资源管理。

### 13.2.1 患者管理及账单

系统支持管理功能表现在管理 HCO 关于患者的基本中央集权功能的操作上，如识别、登记、预约、入院、出院、转院及账单。在院内，住院人数和患者账单系统是自动化考虑的第一要务，主要是因为患者现在住院科室不仅仅关系到住院病房/床位的周转（因为 ICU 的床位比普通内外科病房的床位贵多了），而且关系到药物发往何处及临床结果送往何处等。今天，几乎所有的医院和门诊中心及一些私人诊所都用了基于计算机的主患者索引（master patient index，MPI），以储存患者登记时提供的识别信息和基本的人口统计数据，和临时就诊时"何时"、"哪里就诊"等简易信息。通过一些设备，MPI 也可以被整合入门诊或私人诊所系统甚至企业主患者索引（enterprise master patient index，EMPI）的登记模块中。在医院设置中，人口统计归入院—出院—转院（admission-discharge-transfer，ADT）模块管理，当患者登记入院、出院或转到新的床位上后，会及时更新相关信息。

入院登记和人口数据服务是制定执行计费功能的财务程序的基础。当一个 HCIS 被延伸到其他患者医疗保健设置时（如实验室、药房及其他辅助科室），患者管理系统也对这些系统提供支持。如果无法通过中央数据库访问患者财务、人口信息、登记和住址资料的话，这些系统就不得不保留多个病历部分。此外，登记资料的传输可以激活其他活动，如根据患者预约时间从文档储存器中自动调取病历以供门诊使用，或当医院病床空出来后立即通知后勤服务系统。这些系统的账单功能可以作为所有记账患者设备内产生账务的收集点，包括房间/床位基本费用、附加服务费以及患者住院期间的物品使用等。

医疗保健机构的日程安排是复杂的，因为患者量和

资源利用每天、每周或每季都不一样,甚至仅仅因一个偶然的事件或患者和医生的做法不同,一天的安排就会不一样。有效的资源管理要求手边总有可以应付变动的合理资源;同时,资源还不能因为闲置而导致无利用。手术室和放射科的日程安排系统是最复杂的,因为调配的不仅仅是患者,还有配合患者需要的特殊设备、勤杂人员及技师等。在多级程序中患者跟踪(patient-tracking)应用监控器可以跟踪患者活动,譬如他们可以监控并管理患者的急诊等候时间。

在一个多设备的 HCO 中,进行基本患者管理的工作是复杂的,需要通过多个设备,有时可能是独立信息系统支持的多个装置管理患者。Patricia C. Brown 上月入住 Montainside 医院了么? 同时 Patsy Brown 登记预约 Seaview 门诊了么? 整合医疗服务网络通过转换到普通登记系统,或更常见的是通过企业 EMPI(见 13.4 节)链接到多个登记系统的患者识别码和资料中,确保了唯一患者的甄别。

### 13.2.2 部门管理

辅助部门系统支持 HCO 内独立临床部门的信息需求。从系统角度看,实验室、药房、放射科、血库和病案室这些领域通常都比较自动化。这些系统在 HCO 内有双重服务目的。首先是辅助系统有很多专门的部门操作任务需求。这些任务包括临床实验室生成采集列表,并从自动实验仪器中锁定结果,药房打印药物标签并管理库存,放射科安排检查并出报告。另外,信息科技加上机器人技术可以在 HCO 系统的辅助部门进行操作,特别是在药房(排序及装满药品架)和临床实验室(在有些情况下,仍然有仅靠人工采集的样本,采集后可传输给实验室机器人系统)。其次,辅助系统主要是提供在线病历,包括实验室检查结果和病理报告、用药情况、数字影像(参见第 18 章)、用血申请单及使用情况,及品种繁多的抄录报告,如病史、体格检查、手术史及放射科报告等。HCO 系统合并了院外辅助功能以获得规模经济。例如,建立门诊诊断影像中心和参考实验室(reference laboratory)——增加了患者管理、财务及账单流程整合的复杂性。

### 13.2.3 医疗服务及临床病历

基于计算机的病历系统(computer-based patient record system,CPR)支持医疗和临床文件的问题已在第 12 章中讨论过。尽管综合的 CPR 系统是多数 HCO 系统的终极目标,今天很多机构仍在建设更多的基础临床管理。自动医嘱录入(order entry)和结果报告(results reporting)是 HCIS 临床组件可提供的两项重要功能。健康专业人员可以使用 HCIS 与辅助科室进行电子化联系,消灭了纸质单据的错放或把手写文书敲入电脑时发生的转换错误,进而减少了传送指令的拖延。当健康专业人员想浏览患者用药史或既往实验室检查时,信息总

在线可查。辅助科室资料是患者病历中很重要的一部分。一份综合临床病历还包括多种临床医生通过问诊和观察患者得来的资料。在医院,当患者入院时,HCIS 可以帮助医务人员对患者进行初步评估,制订患者详细的治疗计划、生命体征图表、药物治疗记录、诊断及治疗信息、患者和家属教育文档以及出院计划(见第 16 章)等等。很多机构还开发了专科诊断的临床路径(clinical pathway),有明确的临床目的、处置及一定时间内的预期结局;运用临床路径,病例管理者或医疗实施者可以将真实记录与预期结果对比,当明显非预期事件发生时,可以提高干预的警惕性。更多的医院现在安装了系统支持"药物闭环系统",从最初给患者开药起,所有的过程都被 HCIS 记录在案——好处就是提高了对患者安全问题的关注。

随着门诊治疗增多的趋势越来越明显,临床系统在门诊和私人诊所变得更常见。很多供应商已经引进掌上电脑(personal digital assistant,PDA)系统,有专为门诊医生设计的软件,即便他们从一间诊室换到另一间诊室,仍然可以访问到他们想要的信息。这些系统允许临床医生记录问题和诊断、症状和体格检查、药物及社会家庭史、系统回顾、功能状态,以及现在的和过去的处方,可以访问治疗和药物处理的指南等。这些系统中最成功的是整合了诊所管理系统,提供了附加的医生工作流程和经典的临床功能,如电话随访文档或打印处方。此外,应 ICU 病房、长期护理机构、家庭保健机构及心脏和肿瘤等特殊科室的特殊需求,专业临床信息系统已经发展起来了。

### 13.2.4 临床决策系统

临床决策支持系统直接关系到临床数据转换和给出诊断的所有临床人员。当 HCIS 的基础临床组件发展充分,临床决策支持系统就可以利用里面存储的信息,监测患者并提出警示,可以提供诊断建议,可以提供有限的治疗建议,还可以提供药物花费上面的信息。当他们和其他信息管理功能整合后,这些功能就显得特别有用。例如,基于计算机的医嘱录入(computer-based physician order-entry,CPOE)的一个有用的辅助功能就属于诊断支持程序之一,它可以提醒医生注意患者的食物药物过敏史;帮助医生计算特殊患者的药物剂量阈值;可以执行预定,如建议术前开立预防性抗生素的医嘱;自动防止医生重复开药;同样治疗效果时推荐有更好经济效益比的药物;或激活并显示相关的临床实践指南(见第 12 章)。临床事件监控器与结果报告应用系统整合后,可以通过电子邮件或纸质报告,预警临床医生注意异常结果,关注药物相互作用。在门诊设置中,这些事件监控器可以提醒采取预防性措施,如乳腺钼靶筛查和常规免疫接种等。同样,事件监控器可以通过触发经 HCO 认可的方法,显示包括花费、适应证、禁忌证、被认可的临床指南及有关的在线医学文献等(Perreault and Metzger,1999;Teich et al., 1997; Kaushal et. al., 2003)。

### 13.2.5 财务及资源管理

财务及行政管理系统支持 HCO 的传统业务功能,包括管理工资单、人力资源、总账、到期账目及原材料采购和库存。多数这些数据流程工作已经很结构化,一直以来这些工作都是单调重复并人力密集型的,是理想的计算机替代工种。而且,除了患者账单功能,HCO 的基础财务工作与其他行业的类似机构没有什么不同。财务及行政管理应用程序成为 IDN 系统中第一个被标准化并集中化的代表也就不足为奇了。概念上,产生患者账单并跟踪付费的工作是很简单的,财务交易如提交和电子转账已经被标准化了,允许买卖双方间进行电子数据交换(electronic data interchange, EDI)。但在实际操作上,患者账单很复杂,有无数政府和第三方偿付/赔偿的要求。这些要求基本上都是赔付者导致的,通过保险计划,通过提供服务的功能类型,经常还有州府参与。因为财务风险从第三方付款者转嫁给了提供者(通过每日或基于诊断的赔偿),这些系统变成了 HCO 是否成功运行的十分关键的问题。另一个例子是,管理式医疗的成长(参见第 23 章)已经变得很复杂,迫使流程和信息系统必须核对患者登记的医疗保健计划和可接受的服务,要管理推荐和预授权的医疗,要基于合同的价格索赔,还要提供文件证明已提供了服务。

当 HCO 系统因为要通过每天谈判、诊断为基础和人头支付(为预付费的指定患者提供全面医疗),使得提供卫生医疗服务"处于危险中"时,他们的激励措施就不仅仅关注在削减每一单元服务的费用上,而且要有效并高效地使用卫生资源,以维护会员健康。类似的,HCO 关注的范围已从小规模的患者,扩大到了人数众多的健康状态良好的计划内会员身上。

供应者描述系统通过追踪每位供应者资源利用率情况(处方药物价格、申请诊断试验和手术等),并与其患者接受诊治后的结局进行比对,如医院周转率和死亡率等,来进行医疗服务使用情况管理。这些系统也用于政府部门和消费者保护团体,经常通过互联网来宣布他们的调查结果。合同管理系统(contract-management system)通过估算消费和支付来潜在管理医疗合同,同时还经基于合同条款的预期赔付和事实赔付间进行对比。更多成熟的医疗管理信息系统运用患者分诊(patient triage)和医疗管理(medical management)功能,帮助 HCO 引导患者接受适当的卫生服务,并及时地管理了慢性病医疗及高风险患者。保健计划和包含了一个健康计划的 IDN 系统,必须要支持付款人和保险功能,如索赔管理、保险账单、市场营销及会员服务。

## 13.3 医疗保健信息系统的历史变革

HCO 系统中信息和管理需求上的科技进步和变革,改变了 HCIS 的基础系统架构、硬件、软件和功能。在功能丰富和易于整合中进行折中处理,是系统设计中选择的另一个重要的因素。本节,我们将给出最早的基于主机的系统如何演变到网络和互联网的演变概况。

### 13.3.1 中央服务器及基于主机的系统

最早的 HCIS 系统(医院的特色)是按照这样的理念设计的,一个单一的综合的或中央系统可能会最好地满足 HCO 的信息需要。中央服务器的倡导者强调首先识别医院信息需要,然后设计一个单一、独立的网络去解决这些需要。如我们看到的一样,患者管理和账单功能是这些功能的初衷。这个设计的目标是发展一个独立、大型的计算机,显示所有信息流程,并应用独立的应用程序管理所有的数据文件。用户通过通用视频终端系统(video-display-terminal, VDT)获得信息。

首批临床适用 HCIS 系统之一是泰克尼康医疗信息系统(technicon medical information System, TMIS,是 Eclipsys 有限公司 TDS 7000 的先驱)。该系统发展始于 1965 年洛克希勒和美国加州山景城(Mountain View) El Camino 医院的合作项目。1971 年,泰克尼康购买了这个系统。1987 年,这个系统在超过 85 家以上的研究所安装了泰克尼康数据系统(technicon data system, TDS)。TDS 是我们可以设想到的最早期的大型、中央控制型、临床型的 HCIS 例子之一。根据中央服务器的大小,TDS 中心可以支持几百到几千张的医院床位。因其高效,安装一台计算机就可以服务当地多家医院。医院间通过高速专用电话线与中央服务器链接。一家医院内,转换站连接了电话线到当地的网络,再通往所有患者医疗单位。每个单位至少有一个 VDT 和一个打印机,以便用户使用、显示并打印信息。因为 TDS 系统是同时为医生和护士设计的,所以它是最早支持合理临床文档和医嘱入录的系统之一。40 年后,TDS 系统的 40 个圆柱形屏幕和只用大写字母的显示方式仍然在有些医院使用,这足以证明这个源于 20 世纪 60 年代的程序工具本身的顽强生命力。

临床计算机中心(center for clinical computing, CCC)系统由 Howard Bleich 和 Warner Slack 开发,首次于 1978 年部署于波士顿的 Beth Israel 医学中心(现在的 Beth Israel Deaconess 医学中心和保健组织 IDN 的一部分),通过不断改进,仍然在运行。该系统被设计成环绕一个单一患者挂号处,紧密结合所有的部门系统的结构。值得注意的是它支持医生的功能的宽度,以及其被临床医生使用的强度。系统记录每周有超过 70 000 份患者数据被临床医生查阅。这是第一个提供院内电子邮件的系统,和终端用户通过 PaperChase 登录 Medline 一样。此外,CCC 是第一个在研究患者资料时使用稽核轨迹的系统,现在,多数临床系统都这么做了(HIPAA 也要求这么做)。在门诊,电子病历支持包括问题列表、临床记录(note)、处方书写和其他功能,被超过 30 家初级医疗及专科医疗机构、超过 1 000 名临床医生使用。另外，系统仅对医嘱入录、预警和提醒提供有限的支持。CCC 也有一个 MUMPS 数据库，功能像临床数据储藏室和在线数据仓库，被称为 ClinQuery。自 1983 年来，系统记录了超过 300 000 连续的住院记录，数据库中涵盖了所有的检查结果和药物治疗及 ICD-9 和 SNOMED 诊断码。1983 年，CCC 进入布里格姆妇女医院，随后发展成为布里格姆计算机整合系统（brigham integrated computer system，BICS），一种分散式的客户—服务系统。Eclipsys 有限公司后来获得 BICS 内部逻辑程序执照，仍能在当前产品中看到痕迹。

中央系统能将整合信息及交流信息做得很好，因为他们给用户提供了单一的数据储存方式，并提供了简单而便捷的访问信息的方法。另外，中央系统的最大缺陷是它们不能适应单个用户的多样化的需要。在常见系统的均一性（与之相关的就是简单）与不均一性，和大量定制系统间折中可以解决特定问题。总体而言，在均质环境下提高交流和数据整合的特点可能因为其信息管理任务的复杂性和不均质性，而成为 HCO 的缺点。一般而言，除了小型设备外，中央服务器太笨重不灵活，不能支持目前 HCO 的需求。

### 13.3.2 分部系统

20 世纪 70 年代前后，开始出现部门系统。随着硬件价格的下降和软件的进步，院内单个部门安装计算机成为可能。在部门系统内，一个或一些机器负责处理机构内特定任务。不同的软件程序模块执行不同的专业任务，决定了允许数据在模块内分享的端口状态和设置。最早也有专门设计的框架，现在已经是通用的了。支持专业实验室（如血液科、化学等）的实验室系统是这类系统的代表。

基于部门途径的分散式医院计算机程序（distributed hospital computer program，DHCP）是当年最雄心勃勃的，为荣军医院（Veterans Administration，VA）做的项目。该系统有一个通用数据库和一个数据库系统，同时写在硬件和独立操作系统中。VA 的少部分支撑中心与用户群进行合作开发了软件模块。CORE（是第一套开发并安装的应用组件）由患者登记、ADT、门诊日程（预约）、实验室、门诊药房和住院药房等模块构成。随后开发的模块还支持其他临床科室（如放射科、糖尿病科、外科、护理部和心理医学科），并具有管理功能（如财务及采购）。1985 年前后，VA 约 300 家医院和诊所中的一半，都安装了 DHCP 系统。软件在公开域里，也用在私人医院和其他政府设施上（Kolodner and Douglas，1997）。有趣的是，VA 系统成功的原因之一是它仅聚焦临床。考虑到政府是为退伍老兵付费，所以没有必要在 DHCP 系统内开发或整合财务功能。

分部门处理途径解决了很多中央处理系统遇到的难题。尽管单部门系统有预定界面和接口，但他们不必完全遵守整个系统的普遍原则，所以他们可以被设计成与专业领域专业需要相适应的系统。譬如，程序和文件结构适合管理从 ICU 患者监控系统获得的数据（实时模拟和数字信号），与那些适合于系统的（如放射报告）不同（文档储存和文档程序）。此外，修正部门系统尽管费力，但因为还是系统内部小范围的工作，所以还是相对简单的。当接口/界面未被修改过，子系统就可以被修复或重置，而不会留有 HCIS 被破坏后造成的痕迹。这种巨大的灵活性却因其价格过于昂贵，使得用其进行模块间整合并传播数据很难被推广。事实上，安装一个子系统从来不像插插销那么容易。

20 世纪 80 年代前后，HCIS 系统的基于网络传播的技术得到开发。作为分布式系统（distributed system），通过电子网络，这些 HCIS 由独立的系统（专业领域定制的）联合而成。应用通讯标准协议如 HL7，和我们在 13.1.1 节中谈到的其他应用接口引擎战略等，计算机自动操作并通过局域网（LAN，参见第 5 章）分享数据（有时是程序和其他资源，如打印机等）。

20 世纪 80 年代早期，加州大学旧金山医院（UCSF）成功地应用了第一批 LAN 网络之一，进行院内几个独立系统间的通讯支持。Johns Hopkins 大学应用成熟技术，将服务于患者登记、病历、放射科、临床实验室和门诊药房的小型计算机连接了起来。就医院而言，每 4 台计算机与其他 3 台间都是无关的：这些计算机来自不同生产厂商，使用不同的操作系统（McDonald et al.，1984a）。

安阿伯市的密歇根医院后来采用了混合战略去解决其信息需要。该院强调中央模块构架，并采用大型主机来完成 HCIS 的核心功能。然而，在 1986 年，该院又建设了 LAN 以满足所有临床实验室间通讯，而且还允许医生可以通过实验室信息系统直接获得报告结果。在安装时，超过 95% 的实验室外周设备都被链接上网，而不是单单实验室计算机链接上网。第二个临床主机支持放射信息系统的，后来也被加入局域网，允许医生可以直接阅读放射报告。尽管最初的 HCIS 大型主机没有链接到局域网，医院后来接受了安装通用工作站的战略，该工作站可以通过局域网同时连接大型主机和其他临床用户（Friedman and Dieterle，1987）。

分布式系统的优势是其选择硬件和软件的灵活性，可以充分满足自己的需要。即便是小型辅助科室如呼吸治疗科，过去不能配备大型计算机，现在也可以购买微机并加入 HCIS。护理单元或床旁的卫生保健提供者、在办公室或家中的医生、行政办公室中的经理都可以应用微机在本地访问和分析数据。但相应地，在不同系统间完成数据整合、通讯，并保证安全就增加了难度。开发全行业标准的网络和接口协议如 HL7，使得电子通讯技术难题得到一定程度的解决。但仍有管理和控制患者数据库访问的难题需要解决，患者数据库被多台计算机割裂，而每台计算机都有其各自的文件格式和管理文件的方法。此外，全世界尚没有可以规范 HCIS 的结构，单部门和机构可以自己编码数据,以致其他地区的机构无法定义识别。单部门、实体、甚至独立体间分享数据的誓言意味着意识到了定义临床数据标准化的重要性(参见第7章)。一些 HCO 系统不顾供应商和技术条件,继续"最优化"战略,为此他们选择最好的系统,然后把它们整合成 HCIS。有些 HCO 系统修订了这一战略,改成选择相关的适合的应用程序(如从单一供应商选择所有辅助系统),从而减少了与之合作的供应商,理论上可以降低消费和整合的难度。

今天,信息系统的分布式结构已经很普遍,所有大型商业系统都支持分布式模式。基于 PC 的通用工作站(universal workstation)也很普遍;然而,通过接口将辅助系统接入临床核心系统或通过使用中央临床数据储藏室,后者可以接收每个辅助系统上传的临床数据,可以基本消灭分割的通路访问单个辅助系统的过程。比如,实验室工作人员是直接进入实验室系统的,而临床医生们则是通过 HCIS 临床应用程序,翻阅存储在 HCIS 数据库中已整理好的临床结果(实验室、放射科等)。提供访问患者数据库(临床医生用)、分享文档(雇员用),以及关于设施、部门和职员的基本信息(公众用)的能力已经变得很普遍。

### 13.3.3 整合单一供应商

今天,很多小型的可以即开即用的 HCO 系统,事实上已经从部门功能整合入应用软件包变成了一个单一系统供应。这些系统价廉物美,可以实现所要的功能并且是一体化的,但是对特殊机构流程和需求不大能进行定制。另外,它们还不能像特殊部门系统设计那样"品种繁多"。全国性会议上得到了很多数据,对比一体化系统和"最优化"处理的优劣,以决定那个方法可以将各种各样系统链接起来形成一个"真正的"HCIS。20 世纪 90 年末,一些大型 IDN 系统开发了他们从小型医院中得来的,一体化系统的 IT 战略。结果有巨大的可行性,同时,也挑战了长期以来一直被认为的"最优化"战略是大型 IDN 系统唯一可行的观点,因为后者必须面对更多的开支和界面/接口要求。

## 13.4 环境变迁中的设计理念

复杂的医疗保健事业不断发展,HCO 系统和 IDN 系统给信息规划者提出了新挑战。如我们在 13.1 节所说,多数 IDN 系统是从独立机构发展或并购得来的。就是说,新的或改进的 IDN 的信息系统环境通常是乱麻一团互不相干的留用系统、技术和架构。在那种环境中,IDN 的信息系统设计者怎么能够设计出可以支持新业务战略(如糖尿病管理程序或中央客服中心)的系统和流程呢?当现存业务单元不间断地处于维修中,IDN 的信息系统设计者又怎么能够通过 IDN 提供完整、连续的信息访问呢?最重要的是,在几乎每年都下降的赔付水平限制下,整合怎么去做呢?

有时,一个 IDN 会选择替代一个特殊系统以适应其新的组织机构和战略(如合并财务和人力资源部,共用总账、付款、工资单,以及所有部门都用人力资源系统)。而通常,资源(钱及人员)都是有限的;而且经常仅仅是用 IDN 来代替所有的留用系统是不可行的。因此,需要更多的创造力去开发一个架构,其能支持新出现的 IDN,并且灵活性好,可以随业务改变(与信息需求相关联)而改变。

独特的留用系统环境和企业发展战略,在大型 HCO 系统和 IDN 系统内存在造成了独特的信息需求;单一架构不太可能满足所有的要求。尽管如此,过去的经验仍值得借鉴。首先,数据保留战略必须通过提供数据入口和数据标准化来发展。其次,可能的话,将 IDN 系统和 HCO 系统分成三个层:数据管理层、应用软件及业务逻辑层,以及用户界面,以便更为灵活(图 13.4)使用。

第一层架构是数据层。数据(采集来作为卫生事业单位的一部分)是最重要的。卫生保健机构犯的最基本的错误是有数据却没有途径可以到达。机构于是选择了基于功能的信息系统去解决这些短期需要,接着可能发现这些需要不如 HCO 或 IDN 系统那样可以一劳永逸,后者更重要。为此,长期数据战略需要成为信息管理规划中一个分支。该规划必须包括为应用程序提供数据通路,确保通过业务部门采集人口学资料、临床治疗和财务数据具有一致性和可比较性。安全性和机密性门禁(参见 13.1.4 节)也是数据战略的一部分。

关于临床数据,HCO 和 IDN 系统需要数据进行实时操作和回顾性分析。这些需要造成了不同的数据管理需求。第一,单个患者的细目数据需要储存并有效利用。第二,人群数据需要充分使用。虽然有时这些术语可以互用,但临床数据仓库(clinical data repository,CDR)一般是为患者医疗需要和每日操作服务的,而数据仓库(data warehouse)是为长期业务和临床需要,如合同管理和效果评价服务的。CDR 和数据仓库都应该买来或发挥其功能,进行开发造模、储存并有效提取机构数据。通常,CDR 或数据仓库(包括程序)的供应商,可以看到或操纵这些数据。理论上,这种方式有理。

第二个临床数据战略组件是保持患者信息可比性。最简单的就是识别患者。如果一个卫生机构只由一所医院和一个重要信息系统组成,患者识别就比较简单,常用 HCIS 的入院或登记模块就可以了(参见 13.2.1 节)。当 HCO 系统发展为 IDN 系统,那就不是用一个模块就可以识别患者或者解决一个矛盾识别的问题了。因此,如我们前面提过,一个新的构架成分,企业主患者索引(enterprise master patient index,EMPI)出现了,以姓名权限(name authority)进行索引服务。最简单的 EMPI,是一种以患者姓名和识别数字组成的索引,可以被储存患者登记资料的 IDN 内所有信息系统使用。应用此类 EMPI,要求相当多的人工保证数据同步,但不适 IDN 去特异识别患者并链接他们的资料。另一种方法是，一个 EMPI 可以给所有系统按姓名权限进行安装，哪怕在一个单独的 HCO 中也这样保有患者信息。于是，所有的系统必须和 EMPI 保持联系以便获得患者识别号码。这

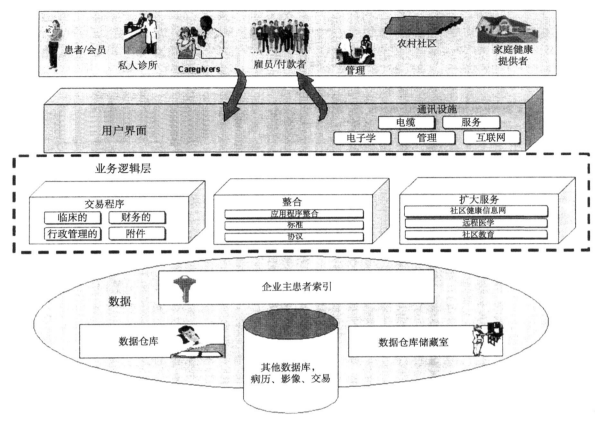

图 13.4　图例说明 IDN 的三个概念层，分隔开的数据层、业务逻辑层和用户界面。这种结构使得系统允许开发商遇到更改需求时可以随意修改应用程序和界面，而 HCO 内的数据依然长期保留，不会有所影响。

类 EMPI 要求所有其他系统无权产生识别号码，需要使用外部的一独一无二的 EMPI 生成的识别号码。

在 HCO 和 IDN 中甄别特定患者，是确保数据可比性和一致性的必需的第一步。医疗保健提供者也可能想知道他们的哪位患者对青霉素是否过敏，哪位患者可能要进行新的心脏病预防，或者哪位患者在出院或离开急诊室后可能需要家庭治疗。储存并评估可能要做决断的数据需要有一致性，必须开发姓名数据元素并定义其价值。一些研究所，如纽约市的哥伦比亚 Presbyterian 医学中心（Columbia Presbyterian Medical Center，CPMC），开发了他们自己的内部使用的词汇标准，或称为规范术语。CPMC 使用医学字典（medical entities dictionary，MED）来定义数据库中用到的、与临床应用相关的、有效的术语和同义词，从术语的意思上分离了数据库中储存和检索的数据。另一种方法是开发一套术语服务系统。这些服务分成三部分：①在 HCO 或 IDN 的留用数据库被复制到 CDR 前，链接或规格化数据。②用新的应用软件对术语进行重新登记，并将它们链接到外部权威术语词汇库，比方说那些被统一医学语言系统的词表收录的词汇库（参见第 7 章）。③在选择适当术语描述病症/情时提供实时帮助。

第二层是业务逻辑层。我们在 13.1.6 节中讨论过，一旦系统安装后，用户们通常就不大愿意更换了。这种惰性不仅仅是学习新系统时学习曲线所致，也是那些历史系统深入了机构流程中的结果。将流程或业务逻辑从数据库中分裂开来，就可以看到随着 HCO 或 IDN 的演变，系统的交替是一件十分自然的事情。机构不应该假设老的流程是正确的，或应该必须在新信息系统内存在。关键是现代设计已经将流程分开，当系统移走时，曾经的数据可以保留并转用下去。这些都使得机构可以在更新的产品上使用新功能并改进新流程。

第三层，用户界面层，是最经常更换的部分。桌面设备和支持设备的花费是 HCO 和 IDN 信息系统预算很重要的一部分，经常占 1/3 的比重。假设每个工作站花费 3000 美金，寿命 3 年，那么，支持 10 000 个工作站的 IDN 每年仅硬件和软件，就会持续不断产生一千万美金的支出。薄型用户机及浏览器科技，减少了工作站配置，不但因为设备简单而开支减少，而且因为维护成本下降而可以大幅削减开支。

未来的网络化计算机系统框架很可能将依靠电子工

具和科技的发展,而后两者则被无所不在的互联网驱动。PDA 系统、无线电话、呼机和其他设备随着功能的增加体积却越来越小。结果目前这些系统常常因为受限于体积(特别是 PDA 的键盘和显示屏),比较适合安装单向信息检索和显示,不能完全满足临床医生对数据输入的要求。但是即便体积缩小了,这些设备还是很适合做电子日程表和通讯录,有(改良的)手写识别功能,可以安装其他流行的提高效率的小工具等。声控设备可以在那些断续语音也能被支持的地方使用,他们往往有很漂亮的屏幕设计(参见第 5 章)。手写识别的电脑便笺有望用于专科。一般而言,临床医生的终端用户需要各式各样的设备,有些是专业器械,有些则视个人喜好选用。重要的设计理念是,如果可能,显示器和输入设备最好不要和应用软件绑定,否则更新或想有所变化就太困难了。

## 13.5 影响未来医疗信息系统的重要因素

如本章一直所述,医疗保健事业的变革和 HCO 及 IDN 系统战略和工作的需求,都加速了 HCIS 系统的购置和安装实施。尽管在充分完全整合 HCIS 系统中,安装启用和流畅运行上还有些障碍,但今天已经没有人再就信息科技对 HCO 的成功与否,或对 IDN 在临床和营运一体化上的成就中是否起关键性角色一事再进行辩论了。

我们已经强调了今天卫生保健环境的动态发展,以及对 HCIS 系统的影响。13.4 节中描绘的信息架构可以帮助 HCO 系统和 IDN 系统度过这个动荡的时代,但是,大量新的需求又将来挑战面前的解决方案。我们期望增加与变革中的机构、科技进步和广泛的社会变革相关的需求。

### 13.5.1 变革中的机构远景

尽管基础 HCO 系统和 IDN 系统的概念已经不再新颖,但这些复杂机构的基础机构形式及经营战略却在持续演化。个别成功的独立 HCO 系统很不相同,各式各样。一些服务于目标人群如心脏病或肿瘤或特定年龄人群如儿童的系统,较之服务于各式疾病或试图链接门诊、教学和研究的系统而言更为成功。另外,IDN 系统在改进操作和降低成本上多数是不成功的。可能我们需要期待出现全新的 HCO 系统和 IDN 系统,而事实上我们已经看到在有些领域已经有撤销兼并的趋势。理解信息系统重要的关键,特别是 IDN 系统面临的挑战,是意识到改变的特殊性——IDN 系统改组重置、合并、拆分、获得、变现及与服务和机构组织的战略组合也就是几周的时间。同时,代表当前科技发展水平的系统(计算机系统及手工程序)需要数月或数年去构建和完善。

所有太频繁、不充分的开销和时间需求去生成基础信息设施的支撑项目都被削减了。对 IDN 系统而言,即便是在最好的情况下,链接各式各样用户及保健设施而面临的文化和机构的挑战都会迫使他们想尽快地改变信息系统的环境。当今的 IDN 系统正在将其资本预算的重要的一部分进行信息系统投资,运营预算持续缩水,这些问题将日渐尖锐。反过来,这些新投资增加了每年的开销(定期系统升级、维护、用户支撑及安置员工等)。多数医疗保健机构最多将其 3%~4% 的总收入投入信息系统运营预算;而在其他信息集中性行业,投入却可能是其 3~4 倍。

### 13.5.2 科技变革影响着医疗保健机构

尽管未来科技变革无法预测(例如,我们听了 20 多年的声控系统只要 5 年就能使用了!),但了解未来最好的线索可能就在我们才逝去的过去。首先,在未来的健康系统中,强大的微处理器和性价比高的存储媒介依然是设计重点。这些科技保证了目前所能想到的几乎所有医疗保健应用软件对信息的充分处理和储存。其次,扩大互联网接入和通信产业整合声音、视频和数据的趋势,将使得 HCO 系统和 IDN 系统不仅仅在其传统领域中使用宽带,而且可以在患者家里、学校和工作场所等更多场所使用。其三,现代软件设计基于可复制的编码,编码的标准如 XML,有可能产生更灵活的信息科技系统。

如果安全和机密问题得到解决,网络社会的出现将彻底改变我们对医疗保健服务现行状态的思考。当地健康服务仍然是目前主要的提供方式,我们很少离开我们的社区去接受医疗保健,除非病情到了很重的地步。未来,提供者甚至患者可以跨州、跨民族乃至国际的界限,充分利用卫生保健专家资源。分散式医疗保健资源将建成协作模式,可以通过远程医疗链接进行虚拟门诊和常规远程遥控(见第 14 章)。

### 13.5.3 社会变革

21 世纪初,医生们发现他们花在患者身上的时间少了,花在行政管理或管理相关事务上的时间太多了。医患间接触的减少导致了患者对医疗系统内医疗提供者满意度的下降。与此同时,授权保健用户对自救和非常规途径感兴趣,较以往接触了更多的卫生保健信息。这些因素改变了医生、医疗小组、患者和外界因素(规章制度和财务等)间的关系。医疗模式的改变,加上经济刺激因素的改变,导致了全民极大关注健康、预防和终身医疗。尽管我们一定程度上也同意健康领域进行经济刺激是件好事,但这也是强化责任的一种手段。

与医疗保健的环境一样,我们生活的科技环境也在变。互联网已经奇迹般地改变了我们获取信息的途径和工作场所的系统设计。共同点是,随着信息显示和交换的新标准的发展,娱乐业(及其他)作为推动者,可以给家庭传送海量的多媒体信息。这种连通性在家庭水平可以带来更快的、互动的多媒体功能,将会比我们能想到的其他因素更快地促进医疗模式的变革。最终,海量信息可以被移动媒介存储。曾经的预言正在变成现实,我们可以采用无限而廉价的顾客引导的健康信息存储,包括,利用视频片段展示正常和异常状态,或者示范家庭医疗和健康保健的常见操作。

社会因素推动我们的 HCO 和 IDN 系统的变革,就像可以在家、在工作场所、在学校方便地使用电脑和传输信息一样,越来越多的健康机构和保健提供者开始再思考如何提供医疗保健服务。传统的方法是以设备和医生为中心,患者通常选择去医院就诊或去私人诊所处就诊。21 世纪的 HCO 和 IDN 应该让常规医疗管理应用非传统设置,可以在家庭或在办公场所使用强大的远程医疗和消费者信息学,成为真正的无障碍的医疗保健服务体系。

## 推荐读物

［1］Drazen E., Metzger J. (1999). Strategies for Integrated Health Care. San Francisco: Jossey-Bass Publishers.

该书综述了涵盖新医疗服务策略的机构和信息系统的描述性研究,领先的 IDN 系统功不可没。该书的特色是讨论了提供健康服务途径的新模式,超越分散医疗设置的协作新模式,以及医生和 IDN 患者医疗活动整合的新模式。

［2］Gross M. S., Lohman P. (1997). The technology and tactics of physician integration. Journal of the Healthcare Information and Management Systems Society, 11(2):23~41.

该文讨论了医师及策略的整合,同时讨论了 IDN 其他组件对医师个体及群体的激励计划。该文调查了可选择 IDN 模型,与医师角色转变导致的,共同的问题,以及医师文化背景对这些问题的影响。文章推荐采用整合战略,并讨论了管理风格和信息技术如何同时满足 IDN 的目标和医师们的兴趣。

［3］Lorenzi N. M., Riley R. T., Blyth A. J., Southon G., Dixon, B. J. (1997). Antecedents of the people and organizational aspects of medical informatics: review of the literature. Journal of the American Medical Informatics Association, 4(2):79~93.

该文对行为科学和机构管理原则的益处,以及由此产生的新方向,管理复杂变革流程,包括个体及群体实施项目,以及管理改变了的机构进行了很好的综述。

［4］Management of Information in Healthcare Organizations 509 Overhage J. M. (1998). Proceedings of the Fourth Annual Nicholas E. Davies CPR Recognition Symposium. July 9-10. Renaissance Mayflower Hotel, Washington, D. C. Computer-based Patient Record Institute, Schaumburg, IL

该会议记录详述并总结了 1998Davies 获奖机构的管理、功能、科技及信息系统使用效果。这些机构证实了整合多元数据、提供决策支持,以及数据被看护人使用作为患者医疗保健原始信息源的可行性。1998 年的赢家是西北 Memorial 医院(芝加哥)和西北 Kaiser-Permanente(波特兰,俄勒冈州)。近年来优秀的系统分别来自 Intermountain 卫生保健、哥伦比亚 Presbyterian 医学中心(纽约市)、荣军医院信息系统(1995)、布里格姆妇女医院(1996)、俄亥俄州 Kaiser-Permanente、北密西西比健康服务及 Regenstrief 健康保健研究院(1997)。获奖的 HCISs 有自行研发的系统,也有商业开发的系统。

## 问题讨论

1. 简述在 HCO 的操作、计划、沟通及记录中对信息需求的不同。每类举两个例子。选择其中一类,讨论三级医疗中心、社区门诊和专科诊所环境的异同。并描述这些机构信息需求的不同。

2. 请描述三种场景,如果割裂了门诊和管理部门间的信息,可能会导致患者医治不当、收入损失或不合适的管理决策。找出并讨论推进数据一体化中两种方法面临的挑战及不足。

3. 描述在 HCO 服务中,缺少信息一体化的门诊医生工作流程导致患者医治不当、降低了医生的工作效率,或患者不满意。找出并讨论推进数据一体化两种方法面临的挑战及不足。

4. 试述功能与整合间的权衡。讨论目前 HCO 使用的三种策略是如何最小化这种权衡的。

5. 假设您是多设备 HCO 的信息中心主任。您试图安装一个新的 HCIS 系统以支持一家大型三级医院、两家小型社区医院、一家院外护士站及一个由 40 名内科医生组成的私人诊所。每家机构都有其独立的一体化系统和独立的电脑和应用软件。你必须考虑哪些技术和结构因素?在未来的两年中,你会碰到哪三项最大的问题?

6. 你认为使用 HCISs 会如何影响医患关系?试述至少三种积极及三种消极的影响。您会如何扩大系统的三种积极的影响?

# 第 14 章  消费者健康信息学和远程健康

**阅读本章后,您应对下列问题有所了解:**

- 什么因素能够让非专业人士更积极主动的参与医疗保健活动?
- 直接获取健康信息的技术是如何帮助患者参与他们自己的医疗保健的?
- 严格评估成功的远程健康的信息需求。
- 非专业人士如何能确定诸如健康相关的网站或在线管理服务等远程健康革新的价值?

## 14.1 引言

21 世纪初,医疗保健具有复杂和协作的特性。复杂性来自于日益复杂的对健康和疾病的理解,其中病因学模型必须既要考虑分子过程又要考虑身体环境。协作不仅反映了跨专业的协作,而且反映了一种认识,即成功实现最佳的福祉和有效的疾病过程管理就必然需要临床医师、非专业人士、有关家庭成员,以及整个社会的积极参与。本章介绍了远程医疗、远程健康和消费者健康信息学(CHI)的概念,并阐明了成熟的计算机网络,如互联网是怎样使必要的协作成为可能,以获得我们日益增长的对促进健康、管理疾病和预防残疾理解的最大收益。考虑以下情况:

Jeffery 是一个 18 岁的高中生,他新近被诊断患有 I 型糖尿病,伴有急性高血糖并发症,需要住院治疗。4 天后他病情稳定且准备出院。他能够测量其血糖,且可以安全地服用胰岛素的适当剂量。护士注意到,Jeffery 有时在根据血糖读数来校准胰岛素剂量上存在困难。她还注意到 Jeffery 的父亲对他不够耐心,她担心 Jeffery"未必能够自己处理如此复杂的医学问题"。

### 14.1.1 远程医疗、远程健康和减少消费者和医疗保健系统之间的距离?

Warner Slack 称患者是"在医疗保健服务系统中,最未被充分利用的资源"。远程健康和远程医疗方法能使专业人士和患者的联系更加紧密,而且消费者健康信息学的革新可以确保患者获得全面参与医疗保健过程所需的信息资源。

从历史上看,医疗保健常涉及出行,或是医疗保健提供者去访问患者,或是近期以来的患者访问医疗保健提供者。糖尿病患者,如 Jeffery,通常每 2~6 个月去拜访他们的医生以检查数据和计划治疗方案的改变。出行是有代价的,既有直接代价如汽油费或交通票,又有间接代价如外出时间、延误的治疗和损失的生产力。实际上,出行费用已占医疗保健总费用的相当大比例(Starr, 1983)。正因为如此,患者和医疗保健提供者很快认识到,快速的电子通信技术有可能通过降低由于出行导致的成本与治疗延误来改善医疗保健。这既涉及信息资源的获取,又涉及各参与者之间的直接沟通,包括患者、家属、初级医疗保健提供者和专家。

同信息学的情况一样,远程医疗和远程健康的标准定义往往十分宽泛。一个广为流传的定义是:

远程医疗涉及现代信息技术的利用,特别是用双向交互式音频/视频通信、计算机和遥测技术为远程患者提供医疗保健服务,并促进彼此之间存在一定距离的初级保健医生和专家相互之间的信息交流(Bashshur et al., 1997)。

从上述的定义可以看出,远程医疗和生物医学信息学有相当大的重叠。实际上,经常可以看到在生物信息学会议上报告关于远程医疗系统的文章及在远程医疗会议上的信息学报告。两者的主要区别是所强调的侧重点不同。远程医疗强调距离,特别是给偏远或隔离区的患者和社区提供的医疗保健服务。而生物医学信息学则强调信息处理的方法,不考虑患者和医疗保健提供者之间的距离。远程医疗和远程健康之间的区别是在众多讨论中被经常提出的问题。一个非正式的观点认为,两个术语之间的区别是,远程医疗是一个较旧的和较为狭义的术语,和两个人之间的信息传递相关。远程医疗常与患者和医疗保健提供者之间的视频会议相关联。相比较而言,远程健康是一个更新更广的术语,它既包括传统的远程医疗,又包括自动化系统或信息资源的互动。正是由于其更广泛的范围,本章使用远程健康这个术语。另一个讨论的议题是消费者健康信息学(CHI)是否为远程健康的一个子领域,还是属于两个不同的领域。这个问题没有一个简单的答案。如图 14.1 所示,CHI 和远程健康都是消除患者和必要的健康资源之间距离的方法。这些资源可能涉及具体某些人的互动,如医生、护士或其他患者。它们还可以包括与诸如网站的计算机信息的交互,或诸如图像的远程解释的专业知识的交互。总之,CHI 和远程健康都是传输医疗保健知识和专业知识到所需要的地方去,而且它们是把所护理的患者作为积极参与的一方的方法。尽管有相似之处,CHI 和远程健康的历史基础完全不同。远程健康来自传统的患者护理,而 CHI 来自 20 世纪 70 年代的自救运动(参见 14.2 节)。正因为这种历史的分离,在这两个领域的专业人员和研究人员往往具有不同的背景。由于这些原因,我们将 CHI 和远程健康作为两个不同但密切相关、且与生物医学信息学有主要联系的领域来介绍。

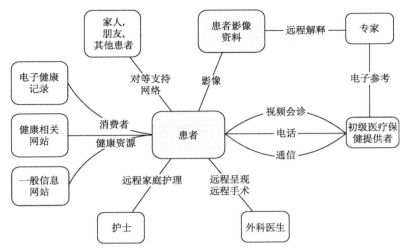

图 14.1 展示了用于连接患者和各种健康资源的电子通信技术的不同方式。只显示直接涉及患者的联系(例如,临床医生用的电子健康记录的使用就没有显示)。患者可以在家获取一些诸如网站或电话服务的资源。其他诸如远程手术或远程影像的资源,就要求患者到具有远程健康装置的临床设施机构去

## 14.1.2 消费主义、自救和消费者健康信息学

自从现代医疗保健出现后,当代消费者比以往任何时候具有更高的参与自我护理的要求。患者采用多种形式参与:共同决策、自我医疗保健和协作参与。实质上,它反映了患者从与专业的临床医生那安静地接受服务方变为一个积极的合作者的转变。作为合作者,患者的价值、喜好和生活方式不仅改变了某些疾病的诱因,而且也构成了理想治疗方法的特点。20世纪70年代的自救运动和80年代的消费者主义使得患者在医疗保健中充分参与的重要性得以增长。患者有多种参与的方式,包括自我监测,或从一套可接受的替代方案中评价和选择治疗策略,或者通过实施治疗方案和通过评估疗效。最近社会和临床变化表现为治疗方法从具有许可证的专业人员范围内的临床实践活动转变为患者和他们家庭照顾者的活动。生物科学研究50多年仅对一小部分已知疾病产生明确的临床疗法的失败现状就要求医学科学必须与患者的喜好相调节(例如,选择手术还是放射疗法)。此外,人们越来越相信,行为干预和替代疗法补充甚至可替代传统治疗方法并拥有巨大的前景。这些趋势有助于现代医疗保健环境,这种环境比以往任何时候更加分散且涉及更多的人。家庭和社区正在迅速成为最普遍的接收提供医疗保健服务的场所。支持患者及其家庭照顾者所必需的信息技术必须不但能从住院机构迁移到社区,而且具有信息资源能帮助指导在复杂医疗保健决策中的患者,帮助患者与健康专业人员沟通并获取临床记录和健康科学知识以帮助患者了解自己的健康状态并参与适当的治疗。

消费者作为一个健康促进和疾病管理的全面合作伙伴的作用从来没有比现在更必要。在分布式管理的医疗保健服务模式中,消费者作为自己病例的管理者,从一般医护人员、专家和辅助团体那获得医疗保健服务。消费者也很少从单一医疗保健提供者那接收其所需的所有临床服务。诸如电子健康记录(EHR)的信息学工具,提供一种综合记录和通讯服务。消费者需要访问这个电子健康记录使他们及时发表意见,监督他们自己的康复进程,并领会提供给他们的大量临床干预。

价格低廉、可靠的计算机和通信技术的发展,使医疗保健服务提供者、付款人、患者和公众可以直接从自己的家里和公众聚集场所,如图书馆、学校和工作场所获得健康信息和医疗保健资源。通过计算机网络、电话信息服务和其他方式,临床医生以独特的机会接触患者和客户来进行健康促进、疾病预防和疾病管理的临床干预。基于通信技术的健康服务也对修改现有的临床干预并设计新的临床干预以适当的利用电子环境构成了独特的挑战。

## 14.2 历史回顾

使用通信技术来远程传递与健康相关的信息并不新鲜。已知最早的例子可能是古罗马时代的个人携带的"麻风钟"的使用。航行中的船舶悬挂一个黄色旗帜以表明该船正在等待通关检疫,或悬挂一个黄黑色的"瘟疫旗"来表明船上有感染患者。根据相关记载,当 Alexander Graham Bell 在 1876 年说"Watson 先生,来我这。我需要你",那是因为他手上溅上了酸,需要医疗帮助。1879 年,仅仅 3 年后,第一个电话用于临床诊断的描述出现在医学杂志上(Practice by Telephone,1879)。

### 14.2.1 早期经验

最早和生存最久的远程健康项目之一是成立于 1928 年的澳大利亚皇家飞行医生服务(RFDS)。除了提供空中救护服务外,RFDS 还提供远程健康会诊。这些

远程会诊开始是使用莫尔斯电码,后来使用声音、无线电通信技术联系澳大利亚内陆偏远的绵羊站。这里非专业人士发挥了重要的角色,他们清楚地给RFDS传达他们关切的问题和临床表现,在等待时认真执行指示,同时在必要时等待医生的到来。RFDS最著名的是其1942年推出的标准化的医疗箱。医疗箱包含诊断图表和仅以数字识别的药物。这使咨询临床医生通过数字来定位症状,然后开出类似"544"的处方。现代远程健康可以追溯到1948年首次报道的通过电话线传送X光片。基于视频的远程健康可以追溯到1955年内布拉斯加州的精神病学研究所开始在其校园里试验闭路视频网络。在1964年,这扩展到远程国家精神健康设施以支持教育和远程会诊。1967年,马萨诸塞州综合医院(MGH)通过微波视频与洛根国际机场相接。1971年,国家医学图书馆开始了阿拉斯加的卫星生物医学示范项目,该项目利用美国宇航局的卫星连接了26个阿拉斯加村庄。

从20世纪70年代中期到80年代末是一个有很多试验的时期,但在远程健康方面鲜有根本性的变化。多种多样的试点项目显示出基于视频的远程健康具有可行性和有用性。军方资助了若干研究项目,旨在开发在战场上提供远程健康服务的工具。20世纪90年代初有了一些重要进展。在过去几十年开发的军事应用开始运用。1991年在沙漠风暴行动中首次运用军事远程放射学。在军队野战医院中的远程健康在1993年首次运用于波斯尼亚。包括佐治亚州、堪萨斯州、北卡罗来纳州和爱荷华州的几个州实施全州范围内的远程健康网络。其中一些是基于广播电视技术的纯粹的视频网络,另一些则使用正在发展的互联网技术。在同一期间,惩教远程健康变得更加普遍。例如,1992年东卡罗来纳大学与位于北卡罗来纳州的最大最安全的监狱签约以提供远程健康咨询。20世纪90年代初的远程健康项目从一开始就一直有两个问题阻碍着远程健康:成本高和图像质量差。硬件和宽带的连接费用都极为昂贵。一个单一的远程健康站成本通常超过50 000美元,且连接费用每月可达数千美元。大多数项目都依赖于外部基金来生存。即使如此,图像分辨率差且运动伪影严重。在20世纪90年代末的互联网革命带动了远程健康的根本性改变。计算能力的进步既提高了图像质量又降低了硬件成本,以至于2000年的成本不到10年前类似系统的1/10。图像压缩的改进使得能够通过标准电话线传输低分辨率的全动态视频,从而促使远程家庭护理的发展。随着万维网的普及,宽带的连接变得越来越容易获得而且便宜。许多曾依赖于昂贵的、专用的、点对点连接的远程健康应用被转化以利用商品化的互联网连接。负担得起的硬件和网络连接也使得公众可以从家庭、学校或工作场所获取与健康相关的电子资源,从而促进了CHI的增长。

### 14.2.2 消费者参与医疗保健

患者、患者家属和公众都长期积极参与医疗保健,且积极从健康专业人员和政府机构那获取信息。在20世纪初,美国联邦儿童局作为健康信息的主要来源为公众服务。母亲们可以写信给这个联邦机构,咨询关于正常儿童的发育、营养和疾病管理的问题。书面材料,如信件和小册子作为主要传递信息的途径来帮助非专业人士处理他们的健康问题。广播和包括电视、录影带和录音带在内的可复制的媒介,很快被医疗保健专业人员利用作为给公众在家中呈现复杂信息和医疗保健指导的手段。

从20世纪40年代初起,计算机和通信技术被用于病患评估、病患教育和临床信息共享。位于Kaiser Permanente的Morris Collen及其同事开发了一个健康评价系统,该系统可提示患者资料并返回一个系统风险评估。威斯康星大学的Slack及其同事用主机电脑系统作为一个健康评估工具。

患者坐在阴极射线管(CRT)显示器面前回答文字提问,在结束时患者可以收到一份打印的健康评价报告。在20世纪50年代后期的麻省总医院,计算机驱动的电话系统通过每天给手术后的心脏病患者打电话来获取脉搏数,从而被用来进行基于家庭的术后跟踪。

在20世纪80年代,临床医生和健康教育工作者利用日益普遍的个人电脑作为健康教育的工具。最初,计算机主要用于计算机辅助学习计划,针对诸如老年人的营养和家庭护理之类主题提供一般性的指导。20世纪80年代,威斯康星大学的Gustafson及其同事开发的体感资源网络(BARN)通过游戏互动方式帮助青少年了解自身的成长和发展,发展健康的态度来避免危险行为,并演练处理青少年复杂人际世界的策略。在20世纪80年代和90年代的发展,超越了计算机辅助学习而进展到价值辨析和风险评估工作,因此利用了计算机的计算能力和可视化显示能力。

伴随着管理式医疗保健的引入和计算机工具、网络和多媒体的快速增长,社会趋势导致非专业的公众对医疗保健信息的爆炸式需求和急速上升的信息技术的使用以满足这种需求。非专业人员需要关于健康促进、疾病预防和疾病管理的信息。特殊的计算机程序、关注健康的光盘和健康相关的基于互联网的万维网网站都提供对非专业公众参与医疗保健可能有用的信息。联接万维网的浏览器允许消费者以一种安全的方式访问他们的健康记录并与医疗保健提供者交流。被称为消费者健康信息学(CHI),这些用于医疗保健的医学信息学技术的应用着重把患者作为他们的主要用户。

## 14.3 用信息学跨越距离:真实世界系统

消费者健康信息学(CHI)和远程健康资源有许多的分类方式,包括基于参与者、带宽、所传递的信息、医学专业、急迫性、医疗保健条件和经济偿付。表14.1的分类是松散的基于带宽和整体复杂性。选中这种分类是因为每个类别列出了对信息学研究人员和从业人员的不同的挑战。

**表 14.1 远程健康和消费者信息学的分类**

| 远程健康分类 | 带宽 | 应用 |
|---|---|---|
| 信息资源 | 低至中等 | 基于网络的信息资源,患者获取电子病历 |
| 信息传递 | 低 | 电子邮件、聊天群、消费者健康网络、个人临床电子通信(PCEC) |
| 电话 | 低 | 日程安排,分诊 |
| 远程监测 | 低至中等 | 电子起搏器、糖尿病、哮喘、高血压和充血性心力衰竭的远程监测 |
| 远程解释 | 中等 | PACS,放射学研究和其他图像的远程解释,如皮肤病和视网膜的图像 |
| 视频会议 | 低至高 | 应用范围广,从低带宽的通过电话线的远程家庭护理,到高带宽的远程指导和远程精神病学 |
| 远程呈现 | 高 | 远程外科,远程机器人学 |

远程健康系统重叠了前一个的第二种分类是分为同步的(或实时的)和异步的(或存储转发系统)。视频会议是一个典型的同步远程健康应用。同步远程健康会面类似于传统的办公室访问。电话通讯、聊天群和远程呈现也都是同步远程健康的实例。在所有的同步远程健康的一个主要挑战是日程安排。所有的参与者必须同时在必要的设备上。存储转发,顾名思义,涉及在一个站点准备数据集,该数据集将异步地发送到一个远程的接收方。远程解释,特别是远程放射学,是一个存储转发的远程健康的典型实例。图像在一个站点获得之后,有时通过非常低的带宽连接,发送到另一个站点由该领域专家解释这些图像。其他存储转发的实例包括访问网站、电子邮件和短信。一些存储转发系统支持包含多种临床数据类型的多媒体"病历",包括文字、扫描图像、波形和视频。

## 14.3.1 消费者直接获得健康信息资源

一个同学告诉Jeffery,"你有糖尿病,这太糟糕了:你不能有性行为,糖尿病患者迟早会性无能的。"那天晚上,Jeffery上互联网并试图找出他朋友的可怕警告是否正确。

像Jeffery这样的患者需要迅速、私下获取准确的信息来镇定恐惧,并确保直接获得针对他们疾病的目前公认的治疗方法。现有的医疗保健提供系统在提供此类信息给他们的患者是远远不够的。充其量,繁忙的临床医生可能能花几分钟时间来解释术语并且可能随后提供给患者一些额外的小册子和印刷的信息。计算机技术能用更细节的信息补充临床医生的教导,患者可以在隐私的家中反复查阅。

消费者健康信息学资源提供关于健康问题和有前途的临床干预的实质性和程序化的知识(表14.2)。为消费者开发的信息资源在内容和复杂度上各不相同。有些此类资源只不过是用电子形式展现的数字化手册,就像那些在印刷品材料中的内容。其他此类资源包括交互的、多媒体的关于特定条件和适当行为来预防、治愈或改善问题的信息展示。多媒体演示利用计算机系统的特征通过图片、短片和图画来丰富与健康相关的材料展示。

**表 14.2 互联网上精选的消费者健康网站**

联邦资源
 美国卫生与人类服务部的主要消费者健康信息资源:http://www.healthfinder.gov/
 美国国家医学图书馆的消费者资源:
  一般信息:http://www.nlm.nih.gov/medlineplus/
  最新临床试验:www.clinicaltrials.gov
  遗传健康信息:http://ghr.nlm.nih.gov
 医疗保健政策和研究机构消费者健康指南:http://www.ahcpr.gov/consumer/
全国性资源
 关于电子健康记录的医学会的声明:http://www.nap.edu/books/NI000427/html/
 ebMD的健康资源(商业):http://www.webmd.com/
区域性资源
 健康威斯康星:http://www.healthywisconsin.org/
 Mayo诊所的健康指南:http://www.MayoClinic.com/
网络上的病症或特定疾病的信息
 营养导航:http://navigator.tufts.edu/
 足部护理:http://www.nia.nih.gov/health/agepages/footcare.htm
 糖尿病:http://ndep.nih.gov/get-info/info-control.htm
网络上的评价健康信息
 信息质量工具(Mitertek公司)——一种消费者互动工具:http://hitiweb.mitretek.org/iq/
 英哥伦比亚大学的指导方针:http://www.library.ubc.ca/home/evaluating/Easyprint.html
与健康相关的质量保证指标的网址
 URAC,美国医疗保健评审委员会:http://www.urac.org/
 健康在线基金会:http://www.hon.ch/

消费者健康信息学资源提供给患者关于他们所面对问题的具体条件和疾病的信息。一些资源以非专业人员可理解的方式解释疾病的病因学和自然史。其他的资源提供程序信息，解释诊断程序或服务、详细描述预期治疗活动和提供有关的警告和注意事项。

消费者健康信息学的展现很大程度上受该系统开发者观点的影响。面向临床医疗的资源重点显示在本地可接受的医疗实践。社区健康为导向的资源更可能包括有关同一社区生活的与特定疾病或状况相关的信息。

消费者健康信息学资源来自两个主要观点：专业和自救。为专业人员开发的消费者健康信息学资源是由医疗保健临床医生和他们的组织所开发的。医疗保健组织（如 HMOs、医疗保健管理公司和合伙医疗）开发信息资源作为一种服务提供给他们治疗的患者。这些资源往往补充和扩展的专业团体所提供的医疗服务和可能是基于一种对常见健康问题可确保遵守公认的治疗或分类及管理获取医疗保健服务的愿望。实例包括 Kaiser Permanente 健康常识（该计划旨在帮助 Kaiser 的成员回答常见健康问题）和 Mayo 健康顾问（该计划是一种商业的可获得的光盘，任何感兴趣的人都可以购买用来帮助其在家管理自己的健康）。其他有专业方向的商用计划实例包括 Health Wise 和 Health Desk。图 14.2 显示了一个通过互联网可获得的专业开发的消费者健康信息学资源的实例。

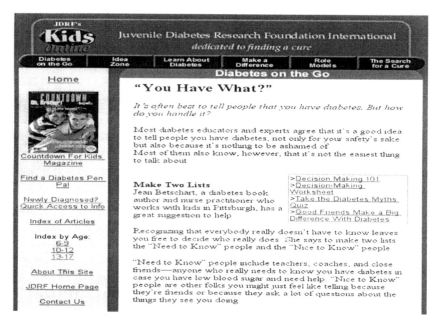

图 14.2　设计供儿童使用的消费者健康网站。注意采用休闲的语言风格，组合采用信息和技能、颜色和图形。（© 2003 JDRF）

基于自助观点开发的消费者健康信息学资源弥补了正规医疗保障系统所提供的资源。自助观点通常比专业观点更具包容性。这些信息可以解决日常生活问题和生活方式问题，伴随着或者代替被既定的医疗机构认为可信的内容。

许多消费者健康信息学资源表现为专业和自助相结合的观点。诸如 Fred Hutchinson 癌症研究中心之类的基于网络的资源，提供指向其他代表专业或自助观点的网站。诸如 HealthGate 数据公司之类的商业供应商，提供通过网站以订阅或基于交易费用的方式获取专业开发的和面向自助的消费者健康信息学资源。

当电子健康记录（EHR）（见第 12 章）获得公认时，其相关的个体患者也在增加。许多医院和诊所已开始提供患者直接访问其临床记录（病历），允许个人电子访问他们病历的一部分来回顾重要说明或获取化验结果。图 14.3 显示了由哥伦比亚大学开发的患者临床信息系统（PatCIS）（Cimino et al.，1998）。必须重视患者的安全、隐私和精准的身份认证的关键方面并遵守政府法规（参见第 5 章）。此外，设计者必须特别注意保证所采用的呈现患者个人健康数据的语言，以能加强患者对其健康问题的理解。许多这类门户网站也提供安全的消息传送系统，允许患者与自己的医疗保健提供者交流自己的病历所关注的问题。

### 14.3.2　消费者健康网络和与健康相关的信息传递

认识到在最近对 Jeffery 的指导中所表达的担心，糖尿病教育者相信让 Jeffery 在他生活管理中有更大的控制感可能有助于减少他目前的恐惧。糖尿病教育者提供给 Jeffery 具有上网功能的掌上电脑，Jeffery 能用它来记录自己的锻炼和饮食模式，安排时间表警报提醒他完成血糖测试，存储当前的滑动标尺胰岛素管理计划和自动发

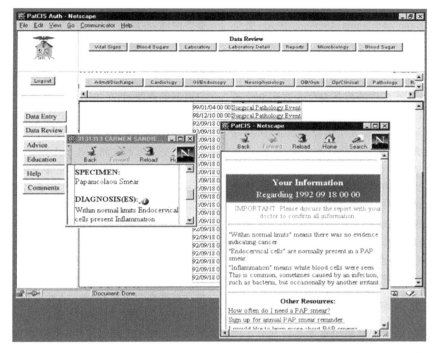

图 14.3　PatCIS 界面。患者临床信息系统(PatCIS)允许患者进入和查阅哥伦比亚大学的中央数据仓库/纽约长老会医院的数据。在这个界面中,患者已选择查阅子宫颈抹片的检查结果。常见曲解词的定义被自动生成,并链接到相关的信息(资料来源:Cimino et al.,2003)。

送报告给他的医疗保健提供者以便评价。头两个星期后,Jeffery 说他喜欢这设备,因为它能帮助他记住什么时候去做测试。他还补充到,他已会用该掌上电脑给朋友发送短信和下载游戏。糖尿病教育者感叹并考虑用掌上电脑帮助 Jeffery 进行更多的学习和自我管理。

计算机网络不仅能提供患者获得信息的途径,而且能为个人提供更多与分享相似担心事物的其他人及他们的医疗保健提供者相联系的机会。基于网络的消费者健康服务包括专门和公共的接入网络。两个已进行大量研究的专业系统的实例是 ComputerLink(Brennan,1998)和综合健康评价与社会支持系统(CHESS)(Gustafson et al.,2002)。前者是一个专门为居家患者及其照顾者使用的计算机网络服务,后者则针对艾滋患者以及确诊为乳腺癌的女性的需要。公共接入系统包括与健康相关的 Usenet 讨论群和健康论坛,可通过 CompuServe 和美国在线获得。

基于网络的消费者健康信息学资源通常提供关于健康问题与管理的静态信息和专门的健康通信应用。一些专业开发的消费者健康信息学资源不仅给健康计划的成员提供信息,而且方便患者和健康计划的沟通。Kaiser 模式允许确定所面临的健康问题需要看临床医生的患者停止信息资源部分并启动一链接到本地健康门诊(可以预约看医生的)预约前台的通信模块。万维网上的信息资源通常提供了一种应答服务———种由有兴趣的人留下的问题让专业人士来回答的服务。还有其他的一些支持患者和临床医生之间直接交流的电子邮件服务。一些提供讨论群和聊天室,在那对某个特定的疾病或情况感兴趣的人可以张贴和阅读信息。这些讨论区具有电子支持小组的功能,且能展示许多类似面对面支持小组的特征。专业人士参与到这些讨论中,且提供咨询或顾问服务。

患者与患者之间的沟通服务一般是最积极有用的方面,占访问信息服务的 1/10。这些通信服务提供了极大的机会给健康专业人员以澄清信息、引导人们健康行为和给对现有的健康条件的管理建议的具体活动。

及时的访问、定制的信息服务可能产生最大的积极的健康效益(Bass et al.,1998;Brennan et al.,2001)。甚至对于某些很少获得信息资源的用户也会导致健康结果的改善。由于其方便和普及,使得及时提供基于网络的服务、当有需要时保密地获取信息成为可能。网络访问、支持通信和信息获取、在对等支持中允许外行人获得事实性知识也成为可能。

两周后,Jeffery 的医生注意到,Jeffery 的血糖指数轻微但持续上升。他通过掌上电脑给 Jeffery 发送信息预约并审核药物管理策略。后来 Jeffery 的医生意识到,Jeffery 定期检查他的血,但并不总是记录胰岛素剂量,医生和护士就为 Jeffery 制定了一个计划,在每次用药时就给他们发信息。他们利用这个消息传递来提供保证、鼓励和确保药物治疗被实际采用。

短信正在成为一种患者与医疗保健提供者之间的受欢迎的沟通模式。它始于患者发送传统的电子邮件给医生。这种通信方式普及得如此迅速，以至于开发出了全国范围内的指南（Kane and Sands，1998）。但是，电子邮件对于健康相关的信息传递也有诸多劣势：邮件投递不能保证；安全问题；电子邮件是瞬时的（没有自动记录或检查追踪）；邮件内容是完全非结构化的。为了解决这些局限性，已开发出多种多样的称之为个人临床电子通信系统的基于网络的信息传送解决方案（Sarkar and Starren，2002）。开发用于连接8个医疗社区的Medem系统已成为此类最流行的系统。在这些系统中，患者和医疗保健提供者登录到一个安全的Web站点发送或查看信息。与完全非结构化的信息相反，基于Web的系统通常采用结构化形式和限制性消息用于具体类别，如药物补充、预约请求，或其他意见咨询。由于这些信息永远不会离开该网站，所以与传统电子邮件相关的许多问题是可以避免的。其中一些系统也直接连接到患者的电子健康记录以便更新处方并将测试结果报告给患者。

### 14.3.3 被遗忘的电话

直到最近，电话还是远程健康中被遗忘的部分。远程医疗和远程健康领域专注于视频并在很大程度上忽略了只有音频的远程健康。很少对此进行研究，且相关文章很少。这有些自相矛盾因为在所有初级护理中多达25%的是通过电话提供的。这些包括疾病分诊、病历管理、结果审查、会诊、用药调整和诸如日程安排之类的后勤问题。部分是因为电话会诊不被大多数保险公司所偿付。最近，通过病历管理在成本控制中所增加的兴趣带动了新的在患者与医疗保健提供者之间使用纯音频沟通的兴趣。多篇文章上发表了关于慢性疾病的电话后续治疗的价值。几个管理式医疗保健公司成立了大型电话疾病分诊中心。英国国家医疗服务部门每年在NHS Direct（一个全国范围的电话信息和分诊系统）上投资达9000万英镑。一些保险机构偿付电子邮件和短信会诊费用，医疗保健供应者也问为什么不偿付电话会诊费用。

### 14.3.4 远程监测

远程监测是远程健康的一个子集，重点关注在从患者住所或传统医院、诊所或医疗保健提供者办公室以外的其他地点采集临床有关的数据，并随后将数据传输到中央单元以供审查。几乎所有的远程监测的概念模型是，在临床上定期探访的病情是显著变化的，且可通过测量生理参数被检测到。该医疗保健模型假设，如果这些变化被检测到且尽早治疗，患者的整体状况将会得到改善。在远程监测和远程医学的许多传统形式之间的重要区别是，远程监测的重点在管理，而不是诊断。通常情况下，远程监测涉及已被诊断出患有一种慢性疾病或病症的患者。远程监测被用来跟踪指导管理参数。任何可测量的参数都是一个远程监测的候选对象。所收集的数据可能包括连续的数据流或离散测量值。收集离散测量值是最常用的方法。远程监测另一个最重要的特点是参数的测量和数据的传输通常是分开的事件。测量设备具有存储器，可以存储多种测量结果。患者用两种方式之一将数据发送至医护人员。对于许多研究，患者登录到中心站点服务器（不是通过网络就是直接拨号）然后录入数据。另外，患者可能会连接测量设备到个人电脑或专门调制解调器，然后电子传送这些读数。直接电子传输的主要优势是，它消除了由手工输入而产生的问题，包括篡改、数字偏好与转录错误。

几乎任何通过测量一个生理参数来评价的条件都是远程监测的候选对象（了解更多有关患者监测系统见第17章）。大部分被远程测量的参数是监测糖尿病的血糖。多种多样的研究项目和商业系统已开发出用来监测糖尿病患者。哮喘患者可用最大呼吸流量或全环肺活量计来监测。高血压可用自动血压计来监测高血压患者。监测充血性心力衰竭患者（CHF）可通过每天测量体重来检测液体增益。起搏器的远程监测功能已问世数年，最近被批准为可偿付的。已开发的家庭血液凝固时间计，用来监测患者的慢性抗凝治疗。有几个因素限制了远程监测的广泛使用。首先是功效问题。虽然这些系统已经证明可以被患者所接受且在小型研究中是有益的，但是很少有已经完成的大型对照试验。第二是谁来审查数据这个基本问题。研究中利用办公室的受过特别训练的护士，但目前还不清楚是否将会扩大规模。第三是钱的问题。大多数情况下，远程监测的费用还不能偿付。

### 14.3.5 远程解释

远程解释是存储转发式的远程健康中的一类，它涉及在一个站点的图像捕捉，或其他数据，传送到另一个站点来解释。这可能包括X射线片（远程放射学）、影像（远程皮肤病学、远程眼科学、远程病理学）或波形图，如心电图（远程心脏病学）。到目前为止，远程放射学是远程解释和远程健康的一个最大的分类。远程放射学和远程病理学是远程健康的最成熟的临床领域。随着能捕捉、存储、传输和显示数字放射图像的图像存档和通信系统（PACS）的部署展开，远程放射学与传统影像学之间的界限变得模糊不清（放射影像管理将在第18章中更详细的讨论）。导致远程放射和远程病理学更迅速被采纳的一个因素是这些专家和患者之间的关系。在这两种情况下，专家很少与患者直接互动。专家的角色往往是限制在对图像的解释。对患者而言，在隔壁楼里的放射科医师和在隔壁州的放射科医师之间的差别很小。推动远程放射学增长的最重要因素是它可以偿付。由于图像的解释不涉及和患者的直接接触，很少的付款人（患者）能区分出是哪个地方做出的解释。

远程解释的另一个快速增长的领域是远程眼科学，特别是对糖尿病患者的视网膜病变筛查。已开发的系统允许基层医疗保健机构的护士获得高品质的数字视网膜照片。这些图像被发送到各区域中心做出解释。如果怀疑是糖尿病性视网膜病变，患者就被转去做一个完整的眼科检查。

存储转发模式受益于商品化的互联网的发展和经济实惠的高带宽连接的日益普及。共享的商品化的互联网提供较高的带宽,但可用带宽是不断变化的。这使得它更适合用于传输文件,而不是数据流,如视频连接。虽然图像文件通常有几十或几百个兆字节,但是该文件通常传输到解释网站且缓存在那以便日后的解释。

### 14.3.6 基于视频的远程健康

对很多人而言,远程健康就是视频会议。无论何时,一提到"远程健康"或"远程医疗",大多数人头脑中都有一幅图像,即患者通过一些类型的同步视频连接与医生交流。实际上,最早期的远程健康研究的确专注于同步视频连接。对于早期的许多研究而言,它们的目标是为远程或农村地区提供访问专家的途径。几乎所有早期的系统都采用星形拓扑结构,其中心通常是一个学术医疗中心,该中心和许多通常的乡村诊所辐射相连。许多早期的远程健康会诊涉及在同一个站点的患者和初级医疗保健提供者与另一个站点的专家会诊。大多数全州范围的远程健康网络都采用这种模式。这是如此根深蒂固的远程健康文化,以至于允许美国联邦医疗保险(Medicare)偿付远程健康会诊费用的第一部法规规定在远程站点需要"主持人"。这个"主持人"的要求加剧了日程安排的问题。由于同步视频远程健康经常使用专门的视频会议室,远程访问者需要预定某特定的时间。安排患者和临床医生(专家和主持人)在适当的时候在适当的地方,就迫使许多远程健康方案聘请专职的计划员。伴随着对用户更加友好的设备的出现,调度问题最终导致Medicare减少了对主持人的要求。即便如此,对于更多的使用同步视频会议,调度往往是最大的障碍。第二个障碍是有关临床资料的可用性。由于无法和各式各样的电子健康记录进行连接,工作人员从一个站点的电子健康记录中打印出结果,然后在同步视频咨询前传真到其他网站,这都是很平常的。

不同于存储—转发的远程健康,同步视频需要一个稳定的数据流。虽然视频连接可以使用传统电话线,但是诊断高品质的视频通常需要至少128Kbs及更常见的384Kbs(参见第5章)。为了保证稳定的数据速率,同步视频仍然严重依赖于专用线路,不是综合业务数字网(ISDN)连接就是租用线路。在单一组织里,基于视频会议的互联网协议(IP)正在越来越频繁地使用。同步视频远程健康已应用于几乎每一种可以想象的情况。除传统会诊之外,该系统还用于传输grand round(译者:大查房)和其他教育展示。摄像机安置在中心站点的手术室中用来传输用于教育目的的手术。在辐射站点上,将摄像机安置在急诊室和手术室中允许专家远程指导在地处偏远山区缺乏经验的医生。摄像机已经被安置在救护车上用来提供远程分诊。

与种类繁多的研究和示范项目相反,几乎没有同步视频应用在持续。大多数程序开始于捐赠基金,而在捐赠基金结束后就很快结束了。尽管Medicare在有限的情况下开始偿付同步视频所产生的费用,但仍出现这种情况。同步视频远程健康的三个分类与总体趋势形成鲜明对比:远程精神病学、惩教远程健康和家庭远程健康。

### 1. 远程精神病学

在许多方面,精神病学是理想的同步视频会诊临床领域。诊断主要是根据观察和患者交谈。对话的互动性意味着,存储和转发视频是非常不够的。身体检查是相对不重要的,所以缺乏身体接触并不受影响。有极少的诊断性研究或程序,以至于连接到其他临床系统就不那么重要了。此外,州精神健康科办公室提供相当一部分的精神服务以尽量减少偿付问题。两个项目说明了这个问题。1995年,南卡罗来纳州的精神卫生署建立了一个远程精神病学网络,该网络允许一个临床医生跨州的给全聋患者提供精神科服务(Afrin and Critchfield, 1997)。该系统允许以前需要开车跨越整个州的临床医生在治疗和护理患者上花费更多的时间,减少出行时间。该系统非常成功,它已扩大到多个提供商和大约20个站点。第二个例子来自纽约州精神病研究所(NYSPI),它负责给全州的精神健康设施和监狱提供专家会诊。正如在南卡罗来纳州,出行时间是提供这种服务的重要因素。为了解决这个问题,NYSPI在各州精神健康中心中创建了一个视频会议网络。该系统以及时的方式允许在纽约市的NYSPI专家为远程站点提供会诊、改善医疗保健服务并提高患者满意度。

### 2. 惩教远程健康

监狱往往远离主要的城市中心。因此,他们也远离在主要医疗中心的专家。将犯人运送到医疗中心是一项昂贵的事情,通常需要两位官员和一辆车。根据犯人和其距离情况,运送费用从几百至数千美元不等。由于运输成本高,即便在较新的低成本系统问世之前,惩教远程健康在经济上是可行的。惩教远程健康也提高了患者的满意度。令很多人惊讶的一个事实是囚犯通常不想离开惩教所去寻求医疗保健。许多犯人不喜欢穿着囚衣通过医疗设施,有被游街的耻辱。此外,监狱的社会结构是这样的:任何外出超过1天的囚犯可能失去特权和社会地位。惩教远程健康遵循提供专家咨询以补充现场初级保健医生的常规模式。随着艾滋病犯人在监狱人口中数量的上升,这已越来越重要。

### 3. 家庭远程健康

Jeffery错过两次预定访问后,糖尿病教育者打电话问其原因。Jeffery解释说,从他家到糖尿病的中心开车要3h,而他的父亲无法请假开车送Jeffery去。糖尿病教育工作者注意到,Jeffery生活在农村地区,并有资格通过远程健康来获得教育服务。她给 Jeffery 登记以接收一个家庭远程健康单元和服务时间表。这个远程健康单元到达后，Jeffery 很少错过一个视频教育会议。在一次访问中，Jeffery 抱怨说，他父亲始终以为"就他的病例而言"就是打针。糖尿病教育工作者安排 Jeffery 的父亲在一个他可以参加的晚上进行下一次的视频访问。糖尿病教育工作者还安排 Jeffery 与营养师进行视频访问。

有点矛盾的是，远程健康增长的最活跃的领域之一是在最低端的频谱带宽——在患者家中的远程健康活动。针对这一情况，美国远程医学协会于 2002 年为家庭远程健康发布了新的指南。同步视频提供了所谓的普通老式电话服务（POTS）连接。在 20 世纪 90 年代末，许多人认为家庭宽带接入将很快无处不在，很多厂商放弃基于普通老式电话服务（POTS）的系统而采用基于 IP 的视频解决方案。该宽带革命是比预期慢，特别是在那些家庭最需要远程健康服务的农村和经济不景气的地区。一些研究项目支付给患者家中已安装有宽带或 ISDN 的网费。大多数厂商已重返基于普通老式电话服务（POTS）的解决方案，一定数量的新产品在过去三年中出现。除了视频，设备通常有连接各种外围设备的数据端口，如数码听诊器、血糖仪、血压计或肺活量计。虽然视频质量针对许多诊断目的是不够的，但对现有条件的管理是足够的。图 14.4B 和 14.4C 显示了实际的 POTS 视频质量。家庭远程健康能被分为两个主要类别。

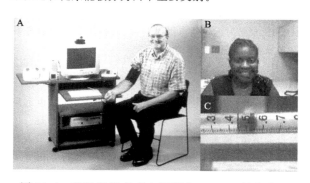

图 14.4　基于普通老式电话服务（POTS）的家庭远程健康。图 A 显示的是 IDEATel 家庭远程医疗单元。图 B 显示的是一个典型的通过 POTS 传输的全运动的视频图像。由于帧到帧的压缩，不动的图像可以有更高的质量。许多家庭远程健康系统还配备了特写镜头，让医疗保健提供者能够监测药物或创伤。图 C 显示的是一个注射器的特写镜头，上面注明患者已制定了 44 单位的胰岛素。小标记是大约 0.6mm
（资料来源：Starren，2003）。

第一类通常被称为远程家庭保健，相当于家庭护理保健。它涉及护士和经常闲居在家的患者之间的视频频繁互访。随着家庭护理保健的前瞻性支付的到来，远程家庭护理被看做是为家庭护理机构提供已降低成本的服务的一种方式。与家庭护理保健一样，远程家庭护理往往有一个有限的时间，侧重于从一个特定的疾病或事故中恢复。一些研究表明，远程家庭护理在管理最近出院的患者上是尤其有价值的，能显著降低再住院率。

家庭远程健康的第二类集中在慢性病的管理。相比远程家庭护理，这种家庭式远程健康经常涉及持续时间更长的护理和不太频繁的互动。视频互动往往把重点放在患者教育，多于对急性疾病的评价。迄今为止，最大的此类项目是糖尿病教育和远程医疗信息学（IDEATel）项目（Starren et al.，2002）。由 Medicare 和 Medicaid 服务中心（CMS，前身是健康保健财政管理局（HCFA））资助的 IDEATel 项目始于 2000 年 2 月，花费 4 年 2800 万美元的示范项目，涉及纽约州城市和农村的 1665 位有医疗保险的糖尿病患者。在这个随机临床试验中，一半的患者得到了家庭远程医疗单位（HTU）的护理（图 14.4），且半数继续得到标准的护理。在高峰期，636 例患者积极使用 HTU。除了提供双向基于 POTS 的视频外，HTU 还允许患者用多种方式与他们的在线病历交互。当患者用直接与 HTU 相连的设备测量血压或指尖血糖时，测试结果自动通过互联网被加密传输到位纽约长老会医院（NYPH）的基于 Web 的哥伦比亚临床信息系统（Web-CIS）中的糖尿病特定的病历管理软件中。医疗护理管理者通过查看上传的结果来监测患者，参与电子公告板讨论、视频会议和用电子邮件回答日常问题。当患者的测试值超过设定的阈值时，病历管理者将会收到警告。在远程家庭护理和远程健康的疾病管理之间的一个重要区别是，前者的医患之间互动由护士发起并管理。如血压之类的测量值通常在视频访问中被收集，且作为视频连接的一部分被上传。作为疾病管理，HTU 也需要支持远程监测、患者原始数据上传和可能的基于 Web 对教育或疾病管理资源的访问。

一个作为扭转传统家庭远程健康观念的项目是 Baby CareLink 项目（译者：儿童护理在线）（Gray et al.，2000）。该项目关注于出生体重较轻的婴儿，这些婴儿通常在新生儿重症监护病房（NICU）住几个月。该项目采用高速（ISDN）的视频连接，可从 NICU 连接到患者父母的家中。这就使得不能经常去 NICU 的患者父母能与他们的孩子保持日常联系。这种视频连接是一个网站项目的通信交流和教育资料的补充。

### 14.3.7　远程呈现

远程呈现是使临床医生不仅能查看远程情况，而且对其采取行动的系统。典型的远程呈现应用是远程外科。虽然大部分仍处于试验阶段，但在 2001 年就进行了跨大西洋的胆囊手术。军方资助的在该领域的大量研究希望这种远程外科手术能力可以扩大到战场。远程呈现要高带宽，低延迟的连接。理想的远程手术不仅需要有远程操作的机器人手术设备，还需要精确的力反馈。这种触觉反馈需要极低的网络延迟。精确的毫秒级的力反馈在历史上的距离限制在 100mi① 之内。上面提到的内视镜胆囊外科手术是这个一般原则的例外,因为它的具体手术过程几乎完全依赖于视觉信息。它采用了专用的定制的 10Mb/s 的延迟 155 毫秒的光纤网络。远距离提供触觉反馈实际需要在外科医师等待传输的实际反馈数据时,能提供仿真反馈。这种仿真需要庞大的计算能力,目前是一个活跃的研究领域。远程外科还需要极高的可靠性连接。在会诊过程中的连接丢失是令人讨厌的;而在手术过程中它可能是致命的。

新形式的远程呈现使临床医生不仅能够看到,而且能够走动。一个称之为 Companion(译者:同伴)的系统结合了传统的视频远程健康,具有远程控制的机器人(图14.5)。该系统主要面向疗养院和其他长期设施。它允许临床医生进行远程视频。具有远程健康系统一个常见问题是在需要的地方设置设备。有了这个系统,远程健康设备可以带它去任何需要它的地方。这种远程现场模式是否会被广泛采用还言之过早,但是,像许多早期的创新系统一样,它提出了许多有趣的问题。

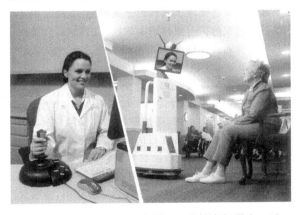

图 14.5 "Companion"(同伴)远程健康机器人。远程临床医生(左图)能用操纵杆控制机器人
(资料来源:InTouch Health)。

## 14.4 挑战和未来方向

随着消费者健康信息学和远程健康从研究创新发展为传送健康护理的方式,许多挑战必须克服。其中一些挑战源于"一个患者一个医生"的模式不再适用。身份和信任的基本问题变得极为重要。与此同时,关注点从治病转移到医疗保健管理,这就需要临床医生不仅知道所医治患者的历史,还要知道这些人居住的社会和环境背景。在糖尿病的例子中,了解一个地区的疾病危险因素和适当的诊断的家族史及介入协议帮助临床工作人员提供及时和适当的治疗。

① 1mi=1.6093km

### 14.4.1 信息质量和内容认证

给消费者提供的信息量正在迅速增长。这种信息量是巨大的。因此,消费者可能需要帮助对现有资源的大规模筛选。更进一步,这些信息的质量不仅在其被正规医疗行业所接受的程度上,而且在其基本临床或科学的准确性上都差别很大。因此,消费者健康信息学的一个关键问题在于光盘或网站提供的健康信息的质量和相关性。被诸如相关的医疗保健提供者或临床专业协会之类的认可机构认证或发放证明是用来确保为消费者提供健康信息质量的一种方法。这种方法由已确立的知情的来源基于审查和评估以评价其质量等级。在提供出版许可给光盘或站点方面它具有优势,它告知用户所展示的资料符合质量标准。当资格审查附带着一份阐述其观点和认可它的倾向的声明时,认证是最有用的。替代疗法和其他非临床团体所展示的信息比专业的来源的信息更易受偏见。

认证办法有三个缺点。首先,面临的挑战是确保每个信息元素即在一个站点的决策程序或途径中的每一个链接——被测试且进行了比现有资源更充分的评估(参见第 20 章)。在许多情况下,认证方法有赖于团体或个人认证所提供的资料,而不是内容本身的批准。其次,认证方法将医疗保健信息的官方控制留给传统医疗保健提供者,反映了对所建立医疗资源的专家意见和偏向。最后,独自的认证与医疗保健消费存在内在矛盾,这使得消费者更能够做出与其世界观一致的选择。信息资源的认证只不过是额外的可考虑用做个人健康决策的信息。

一种用来评价符合患者参与理念的 CHI(消费者健康信息学)资源的质量和相关性的方法是基于教育患者和外行人如何评价消费者健康信息学资源。有足够知识和评价技能的消费者能找到 CHI 资源并判断这些资源与他们个人健康问题的相关性。消费者可以用六个标准来评价与他们状况相关的 CHI 资源的质量和相关性(表14.3)。按照图 14.2 和图 14.3 中展示的样本的表 14.3 列出的应用标准阐述了各种介绍的优缺点。

表 14.3 用于评价网络上的消费者健康
信息学资源的样本标准

---

用于评价消费者健康信息学的标准

(1) 可靠性:包括信息的来源、传播、相关性/效用和编辑审查过程。
(2) 内容:必须是准确的和完整的,并提供一份适当的免责声明。
(3) 公开:包括告知用户该网站的目的,和任何与使用该网站相关信息的概要或收集。
(4) 链接:根据所选内容、体系结构、内容和后向链接的评估。

续表

(5) 设计：包括无障碍、逻辑结构（适航性）和内在的搜索功能。

(6) 交互性：包括反馈机制、用户之间的信息交换的手段和定制个人需要的信息。

(7) 警告：澄清网站功能是市场化的产品和服务，还是一个主要信息内容提供商。

资料来源：互联网上的评估健康信息质量标准的政策文件。http://hitiweb.mitretek.org/docs/criteria.html（2003年8月8日访问）

### 14.4.2 通过互联网提供消费者健康和远程健康应用的挑战

由于互联网的公共性和共享性，互联网资源被公民和医疗保健机构广泛的使用。互联网的公共性也带来了通过互联网传输数据的安全性的挑战。互联网的开放性导致所传输的数据容易受到拦截和不适当的访问。尽管网络浏览的安全状况大为改善，但一些领域包括防病毒保护、身份验证和安全电子邮件仍然存在问题。

确保每一个公民使用互联网代表了第二个重要的挑战，即将互联网用于公众健康和消费者健康目的的能力。访问互联网目前需要计算机设备，这可能超出那些边缘收入水平的人们。有效利用互联网的额外要求是主要语言素养和打字与阅读的能力。为防止获取通过互联网发布的医疗保健资源的机会不平等，就需要医疗保健机构与其他社会服务和教育团体合作提供必要的技术来为医疗保健提供电子环境。

当医疗保健越来越依赖于基于互联网的通讯技术时，业界在保证众多设备和网络路径的质量和完整性上面临挑战。这些挑战不同于以往的医疗设备问题，因为家用设备的多样性和可靠性在家庭的控制下，而不在医疗保健提供者的控制下。在那些管理电信基础设施和商业电子产品制造商的医疗保健服务的提供者之间的相互依存在增加。为保证有效的利用基于医疗保健为家庭和社区服务的远程健康，就需要辅之以适当的技术资源的临床服务。

### 14.4.3 远程健康的执照和经济学

执照是常常被视为远程医疗面临的一个最大的问题（意味着通过远程健康医患之间直接互动）。这是因为，在美国医疗执照是基于州管理的，而远程医疗经常跨越州界或国界。争论围绕着患者是否通过电线"拜访"临床医生，或临床医生通过电线"拜访"患者。有几个州已经通过立法规范，临床医生可能远程或跨州提供医护服务的方式。一些州已经制定"全面执照模式"，它要求开业者在每个患者居住的州都拥有一个完整的、无限制的执照。许多这些法律已颁布了具体措施以限制超越州的远程医疗实践活动。为了限制基于Web的开处方和其他类型的异步互动行为，一些州已制定或正在考虑规定要求任何以电子方式提供医护服务被允许之前，需要一次面对面接触。与此相反，一些州正采取法规通过豁免外州的临床医生提供州内执照制度的要求以方便远程健康，其前提条件是电子护理是在不规则或偶发的基础上提供的。还有其他模型包括各州采用是特权相互交换，或某种形式的"注册"系统，由此外州的临床医生将登记其通过电子媒介行医的意图。

同时，代表各种各样的医疗保健专业人员（包括护士、医师和物理治疗师）的全国性组织已提出了解决这些问题的各种不同的方法。虽然现行制度是建立在个别州的许可证上，但是支持远程医疗的团体已提出各项州际的或全国性的执照方案。医务考试联邦国家委员会已建议，持有在任何州的完整、不受限制执照的临床医生应该能够使用简化的申请程序来获得一个有限的远程医疗会诊执照。美国医学协会正在努力维持目前的基于州的执照模型，同时鼓励一些互惠。美国远程医学协会支持的立场是——因为患者是通过远程医疗"送"到临床医生那，所以医生只要他或她所在州授权许可即可。全美护士局联合委员会促进了跨州护士执照协定，由此在某一州的已被授权的护士被授予多州执照的特权，且被授权在任何其他通过该协定的州进行从业活动。截至2002年，19个州颁布了该协定。

限制远程健康发展的第二个因素是偿付制度。在20世纪90年代中期之前，几乎没有远程放射学之外的远程健康的偿付。目前，美国联邦医疗保险（Medicare）通常只偿付为农村患者进行的同步视频。19个州为医疗补助计划（Medicaid）的接收者提供同步视频偿付。5个州还授权由私营保险公司支付。一些保险公司已经开始试点偿付电子信息传递和在线会诊的费用，虽然这已被限制在特定的试点项目中。虽然远程放射学往往是偿付的，但是偿付其他类型的存储—转发模式的远程健康或远程监测仍然很少。少数团体甚至考虑偿付那些不涉及患者和服务提供者之间互动的远程健康服务。专家系统可以提供分诊服务：量身定制的在线教育材料或定制的剂量计算。这种系统的建设和维护是昂贵的，但目前保险公司只偿付由人直接提供的服务。确定自动提供远程健康服务是否以及有多少可以支付，将可能是未来几年的一个争论话题。

### 14.4.4 在消费者健康信息学中健康专业人员的作用

医疗保健专业人士在消费者健康信息学（CHI）中发挥了三个关键作用。首先，专业人士充当信息内容的来源。与软件设计人员一起工作，临床医生提供有关疾病的性质和过程的有关资料和预期治疗。为了最有效地作为内容专家，临床医生应不仅考虑疾病的生理原因，而且要考虑疾病的社会和环境原因及其后果。其次，专业人员在缓和公众电子讨论小组和应对患者的电子信息上提供重要指导。这种责任对临床医生形成挑战,使他们修改现有的干预措施以确保适当与患者电子互动时,做出适当的解释和清晰的沟通。再次,临床医生成为患者的信息代理人和解释者、引导患者到相关资源和花时间在临床讨论意见、帮助解释特定信息的含义和相关性、帮助患者将信息转化为他们生活行为的改变。

### 14.4.5 未来方向

通过互联网和专用内部网,大量的公共健康信息和以提供者为导向的信息资源可在实践中为临床医生所用。连接到安全或公共网络的工作站可便利地获得可以帮助临床医生来诊断疾病并制订治疗计划的公共健康信息。未来的主要挑战将是如何用技术和患者自我管理实现人力资源的最佳匹配以达到最佳的健康成果。

从医疗保健提供者角度来看,现在临床医生遇到准备了Medline引文或从电子聊天群下载评论的来看病的患者。与开明的患者工作,需要临床医生具备新技能,并改变临床问诊的性质。时间必须分配给讨论患者已阅读的信息、帮助患者解释与他们自身情况相关的信息和转介患者到适当的资源。临床医生面临的挑战是成为信息代理人,并制定新的方法以确保患者准备参与到临床互动中。

传统的医疗保健采用基于在临床医生和患者个人之间同步互动的工作流模型。工作流模型也是一个连续模型,在这个模型中临床医生可处理多种临床问题或数据趋势,但一次只处理一个患者。包括纸质和电子的病历,以及计费和管理系统都依靠这个序列范式,其基本单位是"访问"。在远程健康上的进展正在破坏这个范式。允许远程电子监测糖尿病、高血压、哮喘、充血性心力衰竭(CHF)和慢性抗凝的设备已开发出来。因此,临床医生将很快被每天数百的电子结果和信息所淹没。临床医生将不再以流水线方式起作用,但会变得越来越像一个调度员或空中交通管制员,电子监测许多同步过程。临床医生将不再简单地问,"X太太今天怎么样?"他们亦会问计算机"在我2000个患者中,哪些是我今天需要注意的呢?"临床医生和电子健康记录都还没为这种转变做好准备。

技术本身并不能确定这些发生变化到何种程度。如果临床医生和患者在医疗保健上要成为充分的合作伙伴,那么他们双方都需要有一个主要的社会变革。在医疗保健中患者已被社会假设为被动方、附属的角色,几乎不提出自己的诊断和治疗计划。与此同时,临床医生享有控制的特权,拥有专业知识,因此指导患者。此外,并非所有的医师和患者现在或曾经有计算机。此外,总是会有很多情况,由于患者的身体或精神健康状况、识字水平、技术的舒适感、或获取信息资源,技术的使用是不可行或不恰当的。

与患者分享决策及对健康问题的长期设想的当代压力,就需要我们较早且持续地让患者介入他们自己的治疗上。消费者健康技术的进一步发展将允许患者访问他们所需的护理知识和必要的分析工具以确保他们知道自己的意向。技术也将越来越多地支持临床医生整合患者的喜好、科学知识和实际的护理现实到有效的治疗方案中。新的和综合性的公共健康技术供应将确保从诊所里的个人扩展到她的家庭、社区和生活。

或许信息/通讯革命的最大的长期影响将是打破角色、地理和社会的障碍。医学已从这个影响中大大受益。传统的"医生和护士"正在与公共健康专业人员合作;患者和健康人轻松地获得仅仅5年前普通公众无法获得(或根本不存在)的信息;每个人通过计算机访问有可能与世界各地的专家沟通。我们现在有工具来开发新的医疗模式,其中临床医生、社区领导者、家属和朋友一起合作预防疾病、促进对患者的医疗照顾并且开发和实施新的疗法。这种景象已不再是一个梦想:今天,我们能做到这一点。我们面临的挑战将是促进患者、他们的照顾者、生物医学科学家和信息技术专家之间的有效合作。

### 推荐读物

Brennan P. F. (1996). The future of clinical communication in an electronic environment. Holistic Nursing Practice, 11(1):97~104.

双方相互作用构成了医患关系的核心。需要修改熟悉的技能以形成在医疗保健环境中的那些越来越依赖于技术来与患者接触的关系。

Gray, J. E., Safran, C., Davis, R. B., Pompilio-Weitzner, G., Stewart, J. E., Zaccagnini, L., & Pursley, D. (2000). Baby CareLink: using the internet and telemedicine to improve care for high-risk infants. Pediatrics 106, 1318~1324.

极低体重婴儿的家庭使用交互式电视和万维网来监测婴儿在医院时的进展,而一旦婴儿回到家中就接受专业辅导和支持。

Eysenbach G. Powell J. Kuss O. Sa ER. Empirical studies assessing the quality of health information for consumers on the world wide web: a systematic review. [Review] [122 refs] [Journal Article. Review. Review, Academic] JAMA. 287(20):2691-700, 2002 May 22~29

从健康专业人员的角度,在网上对健康信息的质量评价提供了对非专业人士也有用的标准。

Bashshur, R. L., Mandil, S. H., Shannon, G. W. (eds). State-of-the-art telemedicine/telehealth symposium: An international perspective. (2002) Telemedicine Journal and e-Health. 8(1) (entire issue).

这个特殊的问题提供了很多远程健康等不同领域应用的很好的概述。

Starren, J., Hripcsak, G., Sengupta, S., Abbruscato, C. R., Knudson, P., Weinstock, R. S. and Shea, S.

(2002) Columbia University's Informatics for Diabetes Education and Telemedicine (IDEATel) project: Technical implementation. J Am Med Inform Assoc 9:25~36.

给遍布整个全国超过600位患者提供远程健康服务,需要关于有关技术、系统和流程的新思考。

## 问题讨论

1. 远程健康已经从最初支持临床医生之间的会诊系统设计发展到直接为患者提供护理的系统。这需要在硬件、用户界面、软件和流程上有所变化。如果将一个专为医疗保健专业人员使用而设计的系统改造为直接由患者使用,讨论必须做出的改变有哪些。

2. 参与消费者健康信息学(CHI)的一些人提倡任何公众开放的健康信息由专业机构认证(精确地说是审查和证实)。其他人认为这种认证是与消费主义的观点对立的。采用这些观点中的一种并为之辩护。

3. 使用消费者健康信息学(CHI)和远程健康系统,患者可以和大量的医疗保健提供者、组织者和资源进行互动。因此,医疗保健的协调变得越来越困难。已提出了两种解决方案。一个方案是开发更好的方法在现有电子健康记录(EHR)中传递与患者相关的信息。另一个是通过给患者一个智能卡或在由患者控制的中央网站上放置记录给患者对病历的控制权。采用这些观点中的一种并为之辩护。

# 第 15 章 公共健康信息学和健康信息基础设施

**阅读本章后,您应该对下列问题有所了解。**

• 公共健康的三大核心职能是什么,它们是如何帮助形成公共健康与医学的不同关注点的?

• 基因组学革命和 9/11 事件各自对公共健康信息学的当前和潜在的影响是什么?

• 影响免疫登记发展的政治、组织、流行病学和技术问题是什么?免疫登记是如何促进公共健康的,以及如何将这一模式扩展到其他领域(具体哪些领域)?它是如何可能在其他领域失败?为什么?

• 国家健康信息基础设施的前景和目的是什么?它将会有什么样的影响,以及是在什么时间段产生影响?我们怎么还没有一个呢?影响其实施的政治和技术壁垒是什么?用来判断示范项目的任何评价过程有哪些特点?

## 15.1 引言

生物医学信息学包括的学科范围广泛,信息涵盖从分子到人口水平。本章主要着重于人口水平,包括适用于公共健康和整个医疗保健系统(健康信息基础设施)的信息学。人口水平信息学有其自身的特殊问题、争议和考虑。创建基于人口水平的信息系统一直以来都很困难,因为它必须包含大量的数据元素和个人信息,且需要处理影响总体健康水平的数据和信息的问题(如健康的环境决定因素)。随着更快和更便宜的硬件和软件工具根本改善,使得信息系统的建立在经济上和技术上变得可行,这将提供在医疗保健和公共健康的有关个人和民众的优化决策的必要信息。但是,要全面实现这一目标还有许多工作要做。

本章主要介绍公共健康信息学,因为它涉及民众的医疗保健。但是,应该强调的是,公共健康信息学领域不仅限于现有的医疗保健环境。例如,信息技术被用于自动检测来自食品供应、供水系统乃至驾驶条件(如超出可视范围的灯光束的路面障碍)的健康威胁,并且信息技术还可用于协助人为或自然灾害的管理。由于保护公众健康的需求日益增加,因此需要对生物、化学和(自然的和人为的)放射照射引起的健康风险而进行监测环境。例如,目前正在开发和部署的系统用于快速检测空气传播的生物恐怖剂。虽然他们不直接涉及医疗保健,但这些为了保护人类健康而设计的应用必须在公共健康信息领域予以考虑。

## 15.2 公共健康信息学

公共健康信息学已被界定为公共健康实践、研究和学习的信息和计算机科学与技术的系统应用学科(Friede et al.,1995;Yasnoff et al.,2000)。公共健康信息学的特色就是关注于民众(而不是个人),其定位是预防(而不是诊断和治疗)和其政府背景,因为公共健康几乎总是涉及政府机构。这是一个庞大而复杂的领域,它是在这个系列的另一整本教科书的重点(O'Carroll et al.,2003)。

公共健康信息学和其他专业领域信息学的差异涉及公共健康与医疗保健间的对比(Friede and O'Carroll,1998;Yasnoff et al.,2000)。公共健康的重点是社区健康,而不是对个别病患。在医疗保健系统中,主要关注的是特殊疾病或病症的个人。在公共健康领域,与社区患者相关的问题可能需要"治疗",如对某个人疾病状态的披露,以防止疾病的进一步传播,或甚至一些人隔离以保护其他人。环境因素,特别是长期影响民众健康的因素(如空气质量)也是公共健康领域的一个特殊重点。公共健康重点关注于疾病和损伤的预防,而不是问题发生后的干预。在某种程度上,传统的医疗保健涉及疾病的预防,其重点主要放在为个别患者提供预防性服务。

公共健康行动并不仅限于临床遇到的问题。在公共健康领域,一个给定干预的性质不是由专业学科预先确定的,而是由在一系列导致的疾病、受伤或残疾的事件的任何可能的有效点的干预成本、便利和社会可接受性决定的。公共健康干预措施包括(例如)污水处理和固体废物处理系统、住房和建筑规范、城市供水加氟、除铅汽油和烟雾报警器。这与现代医疗保健体系形成对照,因为现代医疗保健体系一般通过医疗及手术完成其使命。

公共健康一般需要直接或间接地由政府机构进行运作,这些机构必须符合立法、规章和政策的指导、精心平衡竞争的优先事项,并公开披露他们的活动。此外,某些公共健康行动在紧急情况下包含有特定(有时是强制)措施权力来保护社区。例子包括关闭被污染的池塘或没有通过卫生检查的餐馆。

### 15.2.1 什么是公共健康?

公共健康本身是一个复杂多样的学科,包括多种多样的专业领域。活动的广泛范围和多样性,使得难以迅速和简洁地界定和解释公共健康。一个可用于定义公共健康的有用概念是以公共健康的三个核心功能对其进行定义:评估、政策发展和保证(institute of medicine,1988)。评估涉及监测和追踪民众的健康状况,包括识别和控制疾病的暴发和流行。通过将健康状况与人口、地理、环境及其他各种因素相关联,就可能开发和测试有关病因、传染的假设,和有助于健康问题的风险因素。

政策制定是公共健康的第二个核心功能。它利用与当地价值和文化（这通过公民投入反映）一致的评估活动和病原学研究的结果来建议干预措施和公共政策以改善公共健康状况。例如，在汽车事故和乘客从车上抛出之间的关系导致对行车安全的建议，并最终颁布强制使用安全带的法规。虽然现在在利用信息技术提供近实时地获取临床数据来强化公共健康监督的承诺方面具有浓厚的兴趣，但是政策开发可能是信息技术发挥其最大影响的领域。

由于公共健康主要是政府活动，所以它取决于管理者的许可，并由其通知。在公共健康的政策开发是（或应该是）基于科学的，但也是从价值观、信念和它所服务的社会人士的意见中产生。现今，电子邮件、网站、网上讨论小组和即时通信是使用最频繁的互联网应用。相比之下，只有微不足道的一小部分民众关注自身的监测数据。希望推动一些健康行为，或颁布有关法规比如含氟水或自行车头盔的公共健康官员，将很好地利用思想的在线市场——既要了解公民的意见和信仰，又要（希望）影响他们。

公共健康的第三个核心功能是保证，指的是公共健康机构的职责是确保他们的选民，提供给他们与要实现的目标相一致的必要服务。请注意有关的服务（包括医疗保健）可能直接由公众健康机构提供或通过鼓励或要求（通过监管）其他公共或私人实体来提供服务。例如，在一些社区，当地公共健康机构提供了大量直接的临床护理。例如，在俄勒冈州的马尔特莫马，当地公共健康机构目前在7个基层医疗诊所、3个县监狱、13所学校、4个社区站和在人们的家中提供医疗保健服务。在其他社区（例如，华盛顿的皮尔斯），当地公共健康机构已设法减少或消除直接的临床护理服务，改为与公共健康信息学和健康信息基础设置的合作伙伴一起工作并依靠他们来提供这种服务。虽然跨管辖区有很大的差异，但基本的保证功能没有改变：确保社区所有成员都充分获得所需的服务。保证功能不仅仅限于获得临床护理。相反，它指的是让人们保持健康和避免对健康的威胁的条件保证——其中包括获得清洁的水、安全的食品供应、良好的照明街道，反应迅速和有效的公共安全实体等。

在阐明公共健康的根本的、涵盖范围广泛的责任方面，已证明这种基于"核心职能"的框架是非常有用的。但是，如果要用核心职能来描述研究公共健康的目的是什么，需要更详细的划分和有根据的描述来形容公共健康机构做什么。为了满足这一需要，通过公共健康的国家和地方州的医疗保健提供者和消费者的讨论制定了一个有10种必须的公共卫健康服务集（表15.1）(department of health and human service(DHHS)，1994)。通过这10种服务，公共健康承担起确保人们健康的条件的使命。

**表 15.1 公共健康的 10 项基本服务**(DHHS,1994)

1. 监测社区里个体的健康状况，以确定社区健康问题
2. 诊断和调查社区健康问题和社区健康危害
3. 告知、教育和授权社区有关健康问题
4. 在确定和解决社区健康问题上动员社区伙伴关系
5. 制定政策和计划以支持个人和社区的努力以改善健康
6. 执行保护公众健康的法律和规则，并确保这些法律和规章的规定安全
7. 联系需要社区和个人健康服务的个人到适当的社区和私人机构
8. 为确保基本公共健康服务提供合格的劳动力
9. 研究关于社区健康问题的新见解和革新的解决方案
10. 评估社区内的私人的和以人群为基础的健康服务的有效性、可获取性和质量

评估的核心功能和几个基本公共健康服务严重依靠公共健康监测，这是公共健康部门最古老的系统活动之一。在公共健康方面进行监测是指不断收集、分析、解释和传播关于健康状况（如乳腺癌）和对健康的威胁（如吸烟率）的数据。监测数据是使公共健康行动的优先次序得以确定的基本手段之一。

监测数据不仅在短期内（诸如流行性感冒、麻疹及艾滋病毒/艾滋病的急性传染病的监测）是有用的，而且在长期内也是有用的，如在确定过早死亡、受伤和残疾的首要原因方面。在这两种情况下，监测的区别是这些行为目的而收集的数据——或是指导一种公共健康应对（如某疫情调查或对食物或水资源的威胁的减轻），或协助指导公共健康政策。后者的一个最新的例子是，监测数据显示在美国肥胖大幅上升。极大的能量和公众焦点关注在这个问题上，包括一个较大的DHHS项目，更健康美国(*HealthierUS*)倡议，这主要由于令人信服的监测数据。

## 15.2.2 公共健康方面的信息系统

公共健康的基础科学是流行病学，它是研究人群的患病率及伤残和疾病的影响因素。因此，大多数公共健康信息系统关注于总人口的信息。几乎所有的医疗信息系统几乎完全集中在有关个人的鉴别信息。例如，几乎所有的临床实验室系统可以快速找到Jane Smith的培养结果。公众健康工作者要知道的是诊所服务的人口的抗生素耐药性的时间趋势，或该诊所实际涵盖的人口的趋势。

大多数医疗保健专业人士惊讶的得知，对于大多数疾病、残疾、危险因素或预防活动，在美国没有统一的国家例行报告，更不用说信息系统。而法国、英国、丹麦、挪威和瑞典在选定的领域有综合系统，如职业伤害、传染病和癌症；但是，没有一个国家为每个问题都做完整的报告。事实上，在美国，由地方州和疾病控制和预防中心(CDC)操作的国家生命统计系统(national vital statistics system)只有在出生、死亡,及(在较小的程度上)胎儿死亡上有统一和相对完全的报告。如果你做了血管成形术且生存下来,在地方州或联邦一级,没有人必须知道。

公共健康信息系统旨在具有一些特性。例如,它们能从非常多(几百万)记录的数据库优化检索,能够快速交叉制表、研究长期趋势和寻找模式。在这些系统中个人标识的使用是非常有限的,且它们的用处一般限制在连接来自不同资源的(如一个国家实验室和一个疾病监测表中的数据)数据。这些关注于人口系统的几个例子包括:CDC系统,如HIV/ADIS报告系统,这是收集感染了人类免疫缺陷病毒(HIV)的患者、诊断为获得性免疫缺陷综合征(AIDS)的患者和被用来进行数十项研究的(和不会收集个人识别码;个体由伪标识跟踪)的数百份观察;国家法定传染病监测系统(national notifiable disease surveillance system)是国家流行病学家每周给CDC用来报告60种(确切的数目随着情况的变化而变化)疾病(且在发病率与死亡率周报[MMWR]中制作中心表)。CDC的WONDER系统(Friede et al.,1996)含有来自大约30个数据库的数以千万的观察资料,明显的空白单元有少于3~5份观察(取决于数据集),特别为防止具有异常特征的个体被识别。

如果没有全国的个体报告系统,如何获得青少年吸烟或乳腺癌发病率趋势的估计?流行病是如何发现的?来自定期调查和专项研究、监测系统和疾病登记系统的数据被众多独立的信息系统所处理。这些系统通常是由国家健康管理部门和联邦健康机构(主要是CDC)或他们的代理所管理,并提供疾病的发病率和患病率和某些危险因素的定期估算(如吸烟和肥胖)。但是,由于这些数据来自人口抽样,通常不可能获得在地理水平比一个地区或国家更为详细的估计数。此外,许多行为指数来自患者的自我报告(虽然广泛验证研究显示,它们有利于趋势,且有时比从临床系统获得的数据更可靠)。在特别调查的情况下,如CDC的国家健康和营养检查调查(NHANES),其原始数据输入CDC系统中。这些数据是完整的,但这些调查花费数百万美元,每隔数年才调查一次,且需要多年数据才有效。

还有一些疾病登记系统,它常常是完全追踪某些疾病的发生率,特别是癌症、出生缺陷和与环境污染有关的疾病。它们往往集中于一个主题,或在特定时段覆盖某些疾病。CDC维护了数十个监测系统,这些系统试图完全跟踪许多疾病的发生率,包括铅中毒、工作场所的伤害和死亡及出生缺陷(其中的一些系统使用样本或只涉及某些地方州或城市)。如上所述,有一个约60种呈报疾病的清单(每年修订),国家流行病学家和CDC已经确定具有国家意义和保证日常的完整报告;但是,它取决于提供者报告数据,仍然经常是通过电话或邮件进行报告,所以数据是不完整的。最后,一些地方州收集出院摘要,但现在更多护理是在流动救护中获得,这些数据只能捕捉到医疗保健的一小部分。它们也出了名的难以获取。

所有这些系统的共同点是它们依赖于特殊的数据收集。它们很少与正在运行的临床信息系统进行链接。甚至是临床资料如医院感染数都是重新输入的。为什么?所有这些系统与信息系统投入到各医院和诊所是同时成长。因此,有重复的数据录入,会导致数据不全面、延迟,并易有输入错误和回忆偏差。此外,正是因为它们需要重复输入数据,系统本身往往不受国家机构和医疗保健机构欢迎(患铅中毒和沙门氏菌的儿童需要在两个不同的CDC系统登录)。国家电子疾病监测系统(NEDSS)是一个主要的CDC倡议的系统,它通过在联邦、地方州和地方各级促进数据和信息系统标准的使用来推进高效、集成和彼此协作的检测系统的发展以解决这个问题(参见www.cdc.gov/nedss)。这项活动的目的是促进将适当的信息从在医疗保健行业的临床信息系统通过电子传递给公共健康部门,减少提供者提供信息的负担,同时提高所提供信息的及时性和质量。

现在,史学和流行病学的力量让世界变得更小,使医药和公共健康之间的界线变得模糊,系统将需要多种功能,而且临床和公共健康系统将会无法避免地结合。现在需要的是能告诉我们区分个人和这些人生活在其中的世界的系统。为了填补这一需要,公共健康和临床信息专家将需要密切合作,以建立研究工具和控制新出现的威胁,例如,生物恐怖、HIV/AIDS、SARS及其同族,以及萎缩臭氧层和温室气体对环境的影响。这是可以做到的。例如,在20世纪90年代后期,哥伦比亚长老会医疗中心和纽约市卫生署合作参与开发了曼哈顿北部的一个结核病登记系统,埃默里大学的医疗保健系统和佐治亚州的公共健康部在亚特兰大建立了类似的结核病监测和治疗系统。这两个城市各自发展肺结核系统不是偶然的;相反,结核病曾是一个公共健康问题(受影响的主要是穷人和缺乏服务的),这是一个由于一个新兴传染性疾病(AIDS)、移民、增长的国际旅行、多药耐药性和监狱人口的增长,而进入主流人口的极好例子。因此,随着医疗保健管理和支付方式的革命性变化,生态疾病的变化使得服务于个人医疗和公共健康需求的信息服务系统成为必要。

## 15.3 免疫登记:一个公共健康信息学实例

免疫登记是保密的、基于人口的计算机信息系统,它包含关于儿童和预防接种的数据(national vaccine advisory committee,1999)。它们是一个很好的阐明公共健康信息学原则的例子。除了预防导向之外,它们只能通过继续与医疗保健系统的相互作用来起适当的作用。它们还必须存在一个政府背景,因为私营部门没有坚持这种登记的动机(和重要的组织障碍)。虽然免疫登记是其中最大和最复杂的公共健康信息系统,但是成功的实现

### 15.3.1 免疫登记的历史和背景

儿童免疫一直是最成功的公共健康干预，它导致 9 种疫苗所预防的疾病几近消除，这些疾病在历史上曾造成很大的发病率和死亡率(IOM，2000a)。对免疫登记的需要源于要确保美国每天出生的约 11 000 名儿童完成免疫保护的挑战，有三个复杂因素：①免疫接种记录在多个医疗保健服务提供者之间的传播；②随着疫苗数量的增长，防疫计划已日益复杂；③大规模免疫接种成功地减少了疾病的发病率使家长和提供者进入一个自满情绪的难题。

1989～1991 年美国的麻疹爆发导致了 55 000 个病例和 123 个可预防的死亡(Atkinson et al.，1992)，它刺激公共健康社区扩大其有限的早期努力以发展免疫登记。由于美国国会禁止 CDC 创建一个单一的国家免疫登记(由于公共健康信息和健康信息基础设施的隐私问题)，Robert Wood Johnson 基金会与其他几个私人基金会合作建立了 all kids count(AKC)项目，1992 年该项目在 24 个州和社区给予资金以协助免疫登记的发展。AKC 通过竞争过程资助最好的项目，招募了优秀的员工来提供技术援助，并作出深思熟虑的努力以确保交流经验教训，如定期的接受高度互动的被资助者会议。随后通过信息网络由 CDC 和 Woodruff 基金会给 13 个州用于公共健康官方(INPHO)项目(Baker et al.，1995)的基金通过总统的承诺被大大地增强为 1997 年宣布的免疫登记(White House，1997)。这导致了每个州都参与免疫登记的发展。

免疫登记必须能够交换信息以确保搬迁的儿童获得所需的免疫接种。要做到这一点，需要标准来防止多种不兼容的免疫信息传输格式的开发。从 1995 年起，CDC 与医疗健康信息传输与交换标准(HL7)标准开发组织密切合作(见第 7 章)来定义 HL7 消息和用于免疫登记记录交换的实施指南。最初的数据标准是在 1997 年通过的 HL7 标准和 1999 年制定的更新实施指南。CDC 继续致力于鼓励基于标准的免疫记录在各登记处的交换。

随着经验积累的越来越多，AKC 和 CDC 合作开发了免疫登记开发指南(CDC，1997)，该指南吸取了几十个开发项目多年来的来之不易的经验教训。到 2000 年，在免疫登记 12 项所需功能上达成了共识(表 15.2)，在精炼系统需求上整理了数年的经验。CDC 还建立了跟踪进展的测量系统，该系统定期评估已实施的 12 项功能(图 15.1)中的每一项的免疫登记率。公共政策承诺免疫登记发展的进一步正规化，全国性的 Healthy People 2010 项目的目标包括通过充分发挥免疫登记的功能使之覆盖美国所有儿童的 95%(DHHS，2000)。

**表 15.2 免疫登记的 12 项功能标准**(CDC，2002)

1. 电子存储数据是指所有的国家疫苗咨询委员会批准的核心数据元素
2. 在集中区，为每个出生的孩子在 6 周内建立登记记录
3. 使得能在临床接触时从登记处获取接种信息
4. 在疫苗管理的一个月内接收和处理接种信息
5. 保护医疗信息的保密性
6. 保护医疗信息的安全
7. 通过使用医疗健康信息传输与交换标准(HL7)交换接种记录
8. 当一个人为了预定的疫苗接种去见医疗保健提供者时，需要自动确定其免疫情况
9. 自动识别某人到了接种的时间或已迟到了，以便能产生提醒和重叫通知
10. 自动产生按医疗保健提供者、年龄分组和按地理区域分类的疫苗接种的覆盖报告
11. 产生授权免疫记录
12. 促进登记数据登记的准确性和完整性

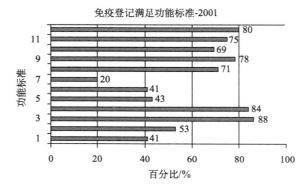

图 15.1 免疫登记进展追踪测量系统

### 15.3.2 免疫登记的关键信息学问题

制定和实施免疫登记对以下至少 4 个领域的信息学问题提出了挑战：

(1)跨学科交流；
(2)组织和协作问题；
(3)资金和可持续性；
(4)系统设计。

虽然这些问题的具体表现形式对免疫登记系统是独特的，但这 4 个方面代表了公共健康信息学项目中必须解决和克服的典型领域。

**1. 跨学科交流**

跨学科交流是任何一个生物医学信息学项目的一个关键挑战，当然这不特定在公众健康信息学。为使公共健康信息系统是有用的，公共健康信息系统必须准确地体现其具体所需业务功能的复杂概念和流程并使其变得

可行。信息系统代表了高度抽象和一套复杂的数据、流程和相互作用。这种复杂性需要由具有很少或没有关于信息技术术语和概念的专业知识的各种人员加以讨论、明确说明，并详细了解。因此，成功的免疫登记系统实施要求各公共健康专家、免疫专家、医疗保健提供者、IT专家和相关学科之间进行清晰的沟通，由于缺乏一个共享的词汇表和来自各个领域的常用词语用法的差别，使得该努力变得复杂。

除这些潜在的交流问题外，还有是在任何一个新信息系统开发中都存在的忧虑和关切。变化是这样一个项目不可避免的一部分，而且变化令所涉及的每个人都不舒服。此外，信息就是权力，随着信息系统的实施，权力的转移是不可避免的。在这种情况下，紧张和焦虑能进一步降低交流。

为了应对交流的挑战，特别是在IT和公共健康专家之间的交流，确定一个既熟悉信息技术又熟悉公共健康的对话者是至关重要的。这个对话者应该花足够的时间熟悉用户环境，以便对当前的和拟开发的系统的信息处理背景有深刻的理解。对与这个项目相关的来自各个学科的人来说，也很重要的是他们在决策过程中的代表性。

### 2. 组织和协作问题

由于参与合作的人数众多且多种多样，在开发免疫登记系统所涉及的组织与协作问题是令人生畏的。公共和私营部门的提供者和其他组织都可能是参与者。对于提供者，特别是在私营部门，免疫只是众多关注问题之一。但是，动员私营机构提交免疫信息到登记系统是至关重要的。除了定期向小组沟通有关目标、计划和登记进展情况外，一个争取他们参与的宝贵工具是，最大限度地减少他们免疫登记数据录入的时间和费用的同时，最大程度地增加收益以改善其患者信息的技术解决方案。关键是要认识到私营提供者环境的制约，其中收入主要来自"计件工资"和时间是最宝贵的资源。

管理问题也是成功的关键。在决策过程中，所有关键利益相关者的意见需要有所体现，遵循相互可以接受的管理机制。大型信息系统项目涉及多个合作伙伴，如免疫登记，往往需要多个委托人以确保各方在开发过程中都有发言权。特别是，所有影响利益相关者的重大决定应在他们代表都在的情况下做出。

在信息学背景下，必须加以考虑立法和监管问题，因为它们影响项目成功的可能性。关于免疫登记，保密的具体问题、数据的提交和责任是至关重要的。关于保密的具体政策必须定义允许需要它的那些人的访问，而拒绝其他人。这一领域的监管或立法工作必须在联邦健康保险携带和责任法案（HIPAA）的背景下操作，该法案对个人健康信息规定了国家最低的隐私要求。有些司法管辖区已制定法规，要求提供者提交免疫数据到免疫登记处。关于对提供者合作等行动的效果必须仔细评估。参与的提供者和登记处运作本身的责任可能也需要立法和/(或)监管解释。

### 3. 资金和可持续性

资金和可持续性一直为所有免疫登记所面临的挑战，特别是无法确保正在进行的业务经费，将难以保证开发工作所需的各项承诺。自然地，为确保资金的一个重要工具是开发一个体现登记系统的预期成本和效益的商业案例。虽然现在存在大量关于免疫登记的成本和效益的信息（Horne et al.，2000），但是当前运转的许多登记系统必须在获得良好定量数据之前开发自己的商业案例。与登记系统相关的具体利益包括防止重复免疫、消除学校和日托（托儿所）对接种记录审查的需要，以及在提供者办公室里对完整免疫历史资料的立即可用性和对特定患者接种安排的建议的效率。对特定免疫登记系统功能的成本和效益的仔细评估，在安排系统需求的优先次序上也可能有帮助。如同所有的信息系统，区分"需要"(人们将负担费用的那些东西）和"想要"(人们想要，但不愿花钱的那些东西）是重要的（Rubin，2003）。信息系统的"需要"往往是由一个强大的商业案例来支持，而"想要"往往并非如此。

### 4. 系统设计

系统设计也是免疫登记成功的重要因素。设计方面的困难，特别是对提供商而言，包括数据采集，数据库组织，儿童的身份识别与匹配，生成免疫接种建议和数据访问。获取免疫数据也许是最具挑战性的系统设计问题。在繁忙的儿科业务（大多数儿童在此获得免疫）情况下，数据采集策略就必须非常有效率。理想情况下，免疫信息应能从现有的电子病历或电子账单数据流中获取；两者中的任一种策略都不应带给参与的提供者额外工作。可惜这些选项中没有一个都通常可得到的。目前只有10%～15%的诊疗活动应用了电子病历。虽然使用收费记录是有吸引力的，但是如不影响它们的主要功能（即为医疗活动产生收入），就很难按时得到相关记录。此外，数据质量，特别是关于重复记录，通常是一个结算信息的问题。许多种方法已用来解决这个问题，包括各种形式的直接数据输入和使用条形码（Yasnoff，2003）。

数据库的设计也必须加以仔细考虑。一旦免疫登记系统所需的功能被大家知道，那么数据库的设计必须允许这些功能的有效执行。对数据的访问和数据录入的业务需要和生成个人免疫状态的评价，往往需要不同的方法来设计相比基于人口的免疫评估的需求，疫苗库存管理和生成召回和提醒通知书。用于免疫登记系统的一个特别重要的数据库设计的决定是，是否用疫苗或抗原代表免疫接种信息。基于疫苗的陈述对应到每个可用的制备成其特定的数据元素，包括那些具有多种抗原的。基于抗原的表述将组合疫苗转化为其储存之前的个体抗原。在某些情况下，用这两种方式表示免疫信息可能是可取的。对特定查询所需响应时间的具体考虑也必须纳入关键设计决策的因素之一。

在免疫登记系统中的个人的身份识别和匹配是另一个关键问题。由于一个儿童可以从多个提供者那接收免疫接种的情况比较常见,因此任何系统必须能够从多个来源进行信息匹配来完成免疫记录。在缺乏全国性的唯一患者标识符的情况下,大多数免疫登记系统将指派一个任意数字给每一儿童。当然,必须对识别码丢失或不可用的情况作出规定。这需要一个匹配算法,它利用人口统计学信息的多个项目,以评估两个记录是真正来自同一人的数据的概率。这种算法的开发及其参数优化一直是免疫登记系统积极考查的主题,特别是对重复数据的删除(Miller et al.,2001)。

另一个关键设计问题是根据某一儿童以往的疫苗免疫史,基于CDC的免疫实施咨询委员会(ACIP)的指南而产生一个免疫建议。随着越来越多的儿童疫苗(包括单独的和各种组合的疫苗)已变得可用,免疫接种时间表已变得越来越复杂,尤其是如果接受剂量发生任何延误、儿童有禁忌症,或需要特别考虑的问题。书面指南所使用的语言有时是不完整的,没有覆盖所有可能的情况。此外,经常就一些模棱两可的定义,如对年龄和时间间隔的定义,这使决策支持系统出现问题。考虑到该建议更新比较频繁,有时每年数次,维护软件从而产生精确的免疫接种建议是一项持续的挑战。因此,实施、测试和维护决策支持系统以产生免疫接种建议一直是广泛的研究课题(Yasnoff and Miller,2003)。

最后,方便访问免疫登记系统的信息是必要的。虽然这可能最初似乎是一个相对简单的问题,但私人提供者之间缺乏高速的信息连接使这个问题变得复杂。即使提供者的办公室有接入互联网的能力,但是它可能无法在任何时候立即可用,尤其是在检查室。免疫登记系统已开发出替代数据访问方法,如回传和电话查询系统以解决这一问题。由于登记系统对提供者的主要好处体现在快速访问数据,因此这个问题必须得到解决。随时获得免疫登记系统的信息对提供者在他们的工作实践中录入数据是一种强大的激励。

## 15.4 健康信息基础设施

在美国,第一份主要的呼吁建立健康信息基础设施的报告是由美国国家科学院医学研究所在1991年发出的(IOM,1991年)。这份报告《基于电子计算机的患者临床记录(The Computer-Based Patient Record)》是在一系列国家专家小组的建议医疗保健系统从对纸张的依赖转变为电子信息管理报告中的第一份。作为对IOM报告的反应,一个私人的非盈利协会即电子病历学会(computer-based patient record institute,CPRI)成立了,其目的是促进向基于计算机的电子病历的转变。一些社区健康信息网(CHINs)在全国各地建立起来了,以便凝聚在实现电子信息交换方面共同努力的多个组织中的利益相关者。美国医学研究院在1997年更新了原始报告(IOM,1997),再次强调迫切需要应用信息技术到信息密集的医疗保健领域。

然而,社区健康信息网中的大多数都没有成功。主要原因或许是标准和技术还没有为具有经济效益的基于社区的电子健康信息交换服务做好准备。另一个问题的集中在对于二级用户(如政策制定者)汇总的健康信息的可用性,而不是直接提供患者医疗保健的个别信息。此外,既没有极端紧迫感,更没有提供大量资金去继续这些尝试。然而,至少有一个印第安纳波利斯的社区在此期间继续向前推进,现在已成为信息技术应用在个人医疗保健机构以及整个社会的一个全国例子。

2000年IOM的《人非圣贤孰能无过(To Err is Human)》报告带来这一问题的广泛关注(IOM,2000b)。在这个具有里程碑意义的研究中,IOM记录了医疗保健系统的高错误率不断积累的证据,其中包括每年仅在医院里就有44 000～98 000可预防的死亡。这份报告在基于纸张的医疗保健信息管理结果的公众意识方面已被证明是一个里程碑。随着后续报告《跨越品质鸿沟(Crossing the Quality Chasm)》(IOM,2001)彻底阐明了医疗保健系统无法高度可靠地运行。该报告清楚地谴责了医疗系统,而不是谴责工作在一个缺乏有效工具来提高质量并减少错误的环境中的一心一意的医疗保健专家。

另外几个全国专家小组报告也强调了IOM的发现。2001年,总统信息技术顾问委员会(President's Information Technology Advisory Committee,PITAC)发表了一份题为《通过信息技术改变医疗保健(Transforming Health Care Through Information Technology)》的报告(PITAC,2001)。同年,国家研究委员会(National Research Council,NRC)的计算机科学与通信委员会(Computer Science and Telecommunications Board)发布了《网络健康:面向因特网的处方(Networking Health: Prescriptions for the Internet)》(NRC,2001),它强调了利用因特网来提高医疗保健信息的电子交换的潜力。最后,美国国家生命与健康统计委员会(National Committee on Vital and Health Statistics,NCVHS)在报告《健康信息(Information for Health)》中概述了建设国家健康信息基础设施(National Health Information Infrastructure,NHII)的目标和策略(NCVHS,2001)。NCVHS(DHHS的法定咨询机构)指出,联邦政府的领导层需要进一步促进NHII的发展。

除全国性的专家小组的报告陆续出炉之外,科学的和非专业出版物继续关注于医疗保健系统的成本、质量和错误问题。2001年底的炭疽袭击事件使国家对大力提高疾病检测和应急医疗救治能力的需要进一步有所认识。随后是,美国在公共健康信息基础设施上进行了有史以来规模最大的投资。有些地方,如印第安纳波利斯和匹兹堡,开始积极利用用于医疗保健系统的电子信息以尽早发现生物恐怖事件及其他疾病的暴发。2003年,独立的大型全国性会议专门讨论 CDC 的公共健康信息网（Public Health Information Network，PHIN）(CDC,2003) 和 DHHS NHII 倡议（DHHS,2003; Yasnoff et al.,2004）。

虽然这里的讨论集中在美国 NHII 的开发，但是许多其他国家都参与了类似的活动，实际上已经在这条道路上走得更远。加拿大、澳大利亚和一些欧洲国家在他们自己的国家健康信息基础设施上投入了大量的时间和资源。例如，英国已经宣布，它打算在未来几年发出数十亿英镑以大幅提升其健康信息系统的能力。然而，应当指出，这些国家都有集中的、由政府控制的医疗保健系统。在美国，多层面的以私人医疗保健系统为主的组织差异，导致有所不同的一套情况和问题。我们希望，从全球的健康信息基础设施发展活动吸取的经验教训可以有效地共享，以减轻正在努力实现这些重要目标的每个人的困难。

### 15.4.1 国家健康信息基础设施的前景和益处

国家健康信息基础设施的前景是在提供服务时可随时随地得到医疗保健信息。意图是创建一个分布式系统，而不是一个集中的国家数据库。任何一个医疗保健点可收集和存储患者信息。当患者出现在医护现场时，现有的各种电子病历将被定位、收集、整合，并立即交付以便使提供者拥有完整和最新的信息并在此基础上做出临床决定。此外，临床决策支持（参见第 20 章）将与信息传递整合起来。在这种方式下，在患者接受医护过程中，临床医生可以收到最新的临床指导和研究成果的提醒，从而避免了需要用超人的记忆力以保证有效医疗实践。

NHII 的潜在好处很多而且很大。也许最重要的是减少错误并提高医护质量。许多研究表明，当今复杂的医疗保健导致了频繁出现遗漏和记账错误。此问题已在医学研究所 2001 年会议上明确阐明:"目前医护活动取决于为了常超越人类有限认知界限的各类问题的临床决策能力和自主个体从业人员的可靠性"(Masys，2001)。电子健康信息系统通过在医疗点提醒医生有关建议的行动，可以大大有助于改善这个问题。这可以既包括可能已错过行动的通知，又包括警告可能是有害的或不必要的已计划的治疗方法或程序。几十调查研究表明，这种提醒提高了安全性和降低了成本（Kass,2001; Bates,2000）。在一个这样的研究中（Bates et al.,1998），用药错误减少了 55%。

兰德（Rand）公司最近一项研究表明，只有 55% 的美国成年人接受建议的护理（McGlynn et al.,2003）。同样用电子健康信息系统来降低医疗差错的技术还在为确保提供建议的医护活动出重大贡献。随着人口的日益老化和慢性疾病的患病率增加，这已变得越来越重要。

指南和提醒也能提高新的研究成果传播的成效。目前，一项新的研究广泛应用在临床上平均需要 17 年（Balas and Boren,2000）。在医疗点给特定患者发提醒强调了新研究成果的重要性，这可以大大提高采纳率。

NHII 对研究领域的另一个重要贡献是提高临床试验效率。目前，大多数临床试验需要一个独特的信息基础设施，以确保协议的遵守并收集必要的研究数据。在 NHII 下，每个参与者可以获得一个功能齐全的电子健康记录，通过规定研究协议的指南的传播，可以定期实施临床试验。在管理协议的过程中，数据将自动收集，从而减少时间和成本。此外，在分析日常患者护理的汇总数据、评估各种治疗方法的结果和监测人口的健康方面将有重大价值。

NHII 的另一个关键功能是早期发现疾病模式，特别是尽早发现可能的生物恐怖。我们目前的疾病监测系统，取决于临床医生诊断警报和报告异常病症，既缓慢又可能不可靠。大多数病例报告仍然使用邮政服务，信息是从地方传达到国家公共健康机构的。即使是采用传真或电话，该系统仍然依赖于临床医生能够准确地识别罕见和不寻常的疾病。即使假定有这种能力，单独的临床医生不能辨别超越其执业范围以外的疾病模式。所谓的佛罗里达州 2001 年秋季的"指数"前两周的纽约市区域的 7 个未报告的皮肤炭疽病例就说明了这些问题(Lipton and Johnson,2001)。由于所有患者均由不同的临床医生接诊，即使对每个病例已立即做出了诊断，但疾病模式对任何一位临床医生来说都是不明显的。Wagner 等已说明了九类将监视系统用于监视潜在的生物恐怖事件爆发的需要——有几类必须立即做出电子报告，以保证早期发现（Wagner et al.,2003）。

NHII 将允许将有关临床事件和检验结果立即电子报告给公共健康。这不仅是对生物恐怖早期发现的宝贵援助，它也将有助于改善更为频繁发生的自然疾病爆发的检测。事实上，若干电子报告示范项目的初步结果显示，使用当前系统可能比以往任何时候都更早发现疾病暴发（Overhage et al.,2001）。虽然早期发现已被证明是在减少生物恐怖的发病率和死亡率的一个关键因素（Kaufmann et al.,1997），但是它也将非常有助于减少其他疾病暴发的消极后果。NHII 在这一方面的作用在 15.5 节详细讨论。

最后，NHII 可以大幅降低医疗保健的费用。我们当前基于纸张的医疗保健系统的低效率和重复是巨大的。最新研究表明，在门诊环境中实施先进的计算机化医疗机构订单登记系统(computerized provider order entry，CPOE)在全美范围内预计每年可节省 440 亿美元（Johnston et al.,2003），而相关的研究（Walker et al.,2004）估计从健康信息交换节约了 780 亿美元以上（总计为每年 1120 亿美元）。在住院机构上可能额外节约大量费用——大量医院都报到因实施电子健康记录而有净节余。另一个例子，电子处方不但减少转录带来的用药错误，而且还大大减少了处方信息从医疗机构转移到药房的管理费用。一个最新分析得出结论，每年从 NHII 获得的总效率和患者安全节余总计将在1420～3710亿美元范围内(Hillestad et al.，2005)。虽然包括电子健康记录和健康信息的有效交换在内的NHII全面实施可节省费用的详细研究仍在进行中，但很明显，每年成本削减将达到数千亿美元。重要的是要注意，成本的节省在很大程度上不仅取决于对电子健康记录的广泛推行，而且取决于这一信息的有效交换，以保证每个患者的完整病历在每一个医疗保健机构是立即可用的。

### 15.4.2 国家健康信息基础设施的壁垒和挑战

NHII的发展有一些重大壁垒和挑战。也许其中最重要的是有关电子健康记录的保密。公众正确地看到，为了适当和授权的目的而使医疗记录更容易地获得而所做的一切努力，但同时也增加了不法使用的风险。尽管HIPAA隐私和安全规则的实施(参见第10章)已建立了医疗信息获取的全国性政策，但维持公众的信心需要防患于未然——坚决地防止隐私和保密性受损坏的机制。有关程序的开发、测试以及实施必须是任何一个NHII战略的一个组成部分。

NHII的另一个重要壁垒是医疗保健系统的财政鼓励的失调。虽然NHII的好处是巨大的，但是它们不是平衡地分布在整个系统的所有部分。特别是对许多具体利益相关群体来说，NHII所带来的好处通常与所需的投资不成正比。也许个体和小团体医疗保健提供者是这种情况中问题最大的，他们使用(主要有利于其他人)的电子健康记录系统的大量资源。必须找到一些机制以保证NHII利益按投资比例做出公平的分配。虽然这个问题是一直研究的课题，但是初步结果表明，大部分NHII经济利益的增加来自医疗保健的付款人。因此，必须制订方案和政策以转移适当的利益返回给这些付款生产它们的缔约方。

失调的财政鼓励的一个后果是，对于NHII所需的健康信息技术的投资回报是相对不确定的。虽然许多医疗保健机构，特别是大型医院，据报道已从电子健康记录系统中得到大量成本改善，但是直接的经济利益绝不意味着放弃的结论，特别是对于较小的组织。美国现行的偿还制度不提供许多机构需要的随时获得的大量资金。由于医疗机构的经营利润非常薄甚至亏损，信息技术的投资不顾潜在回报是不切实际的。

此外，一些法律和监管障碍防止资金从受益于健康信息技术的一方转移到既没有手段也没有实质性的回报奖励需要的投资方。旨在防止欺诈和滥用、转诊患者付款和变相"利益"从非营利组织的私人分配的法律和法规是在那些需要检讨之列的。重要的是必须找到一些机制，以便由健康信息技术所产生利益的适当再分配，而不会产生允许滥用行为的漏洞。

NHII的另一个关键壁垒是许多利益涉及多个医疗保健机构之间的信息交换。缺乏可相互操作的使记录从一个地方容易地转移到另外一个地方的电子病历系统，是实现NHII优势的一个重大壁垒。另外，这种交换系统有一个"先发劣势"。当一个社区所有的健康保健机构参与电子信息交换时，NHII产生最大的价值。因此，如果只有少数机构开始努力，所获的利益可能无法抵消其成本的。

### 15.4.3 促进HII进展的途径

目前在美国，正在采取若干措施以加速实现NHII进展。这些措施包括建立标准、促进合作、在社区提供资金给示范项目，这包括仔细评估和制定衡量项目进步的达成共识的量度。

**1. 制定标准**

目前，建立促进互操作性的电子健康记录的标准是健康信息技术最广泛认可的需要。在已实施特定部门应用程序的机构中，大量时间和精力都花在开发和维持各系统之间的接口上。虽然在这一领域已经取得了很大进展，如HL7，但是由于现有标准实施的不同解释，使得具体健康保健数据(如实验室结果)的电子交换往往是有问题的。

最近，美国政府已经在这方面取得实质性进展。NCVHS是对这些DHHS事项的官方咨询机构，几年来一直在研究用于患者健康记录信息的消息和内容标准的问题。综合医疗保健信息学(Consolidated Healthcare Informatics，CHI)发起推荐了5个关键标准(HL7 version 2.x、LOINC、DICOM、IEEE 1073、NCPDP SCRIPT)，其已在2003年初被美国政府采纳且广泛使用，随后2004年增加到15个以上。

2003年7月，联邦政府许可称为SNOMED的综合医疗词汇(医学系统命名法；参见第7章)，使其可免费地为美国各地的用户所用。这是用于健康信息系统的词汇标准部署方面的重大一步。不同于如HL7的消息格式标准，词汇标准在开发和维护上是复杂的和昂贵的，因此需要不断的财政支持。从最终用户得到所需要的资金导致了部署标准的一个金融障碍。消除这个关键壁垒来采用该标准，应在未来数年内促进更广泛的使用。

目前正在进行的另一个重要项目是医学研究所和HL7共同努力开发电子健康记录(EHR)的详细的功能定义。这些功能性标准将对现有和未来的电子健康记录系统的比较提供一个基准，也可以用来作为可能的财政奖励的标准，这些财政奖励可提供给实施这样的系统的个体和组织。电子健康记录功能定义的共识的阐明，还应该通过使所有利益相关者参与的，就其预期功能进行延伸讨论，为帮助其广泛实施铺平道路。

电子健康记录的这种标准化预计将在随后发展成一个正式的交换格式标准(interchange format standard，IFS)，并添加到HL7标准第3版中。通过实施往返IFS的输入和输出能力，该标准将使电子健康记录系统能实现全面的互操作性。虽然在目前,现有的标准在交换完整的电子健康记录上是有可能的,但是既困难又不便。IFS将极大地简化程序,能够方便地实现将一份完整的电子健康记录从一个设备传输到另一个设备的常用操作。

另一个所需的关键标准是包含指南建议的代表性。虽然被称为 Arden 语法(HL7,2003;参见第7章)的标准部分地满足这种需求,但是许多现实世界的医疗保健指南过于复杂,以至于很难在这种格式下被表达出来。截至目前,在将书面指南和协议翻译成计算机可执行的形式方面所需要的相当大的努力,必须在每一个希望将指南和协议纳入到 EHR 的医疗保健机构重复推广。开发一个有效的指南交换标准将使医学知识被一次编码,然后广为散发,大大提高了医疗过程的工作效率(Peleg et al. ,2003)。

### 2. 促进合作

合作是另一个促进 NHII 的重要战略。为实现医疗保健系统从目前的纸面操作转换为电子健康信息系统的广泛运用所需的巨大变动,就需要大量的具有各种不同议程的组织和个人的支持。聚集和聚焦这一支持需要广泛合作的努力和特定的机制以保证每方的问题和所担心的被表达、重视并纳入正在进行的努力。当今美国医疗保健系统存在的严重问题的广泛认同极大地帮助了这个进程。一些私营合作也付出了努力,如电子健康计划和健康信息技术国家联盟(e-Health Initiative and the National Alliance for Health Information Technology, NAHIT)。在公共部门,国家健康信息基础设施(NHII)已成为 DHHS 活动的焦点。作为这一努力的一部分,首次关于 NHII 的国家利益攸关者会议在 2003 年年中召开,以制定一个推进 NHII 的达成共识的国家议程(Yasnoff et al. ,2004)。

这些多方努力在催化和促进对 NHII 的组织承诺上具有集体效应。例如,许多关键利益相关者现已形成高级别委员会专门处理 NHII 问题。对于其中的一些组织,这是首次正式承认这种转换过程正在进行中且将对他们的活动产生重大影响。它必须包括在这个过程中所有的参与者。除诸如医疗机构、付款人、医院、健康计划、健康 IT 厂商和健康信息学专业人员之类的传统群体外,诸如消费者(如 AARP)和制药业等团体的代表必须纳入这个过程。

### 3. 示范项目

促进 NHII 最具体和明显的策略是在社区鼓励示范项目,包括提供的种子资金。通过社区综合健康信息系统所取得的明显的好处和优势的例子,加上广泛实例的支持,可以令警惕的市民和持怀疑态度的决策者们所关心的问题同时得到解决。

为 NHII 实施选择以社区为基础的策略有几个重要原因。首先,现有的健康信息基础设施(例如,印第安纳波利斯和斯波坎,华盛顿州)模式是基于本地社区的。这证明,在这些环境中开发综合的电子健康信息交换系统是可能的。相比之下,很少或没有证据表明这种系统可以在更大的规模下直接开发。此外,信息化项目大小的增加不成比例地增大其复杂性和失败的风险。因此,保持尽可能小的项目始终是一个好的策略。由于通过有效地连接已开发本地健康信息基础设施(LHII)的社区可以创建 NHII,所以就没有必要启动一个直接全国性的方式以达到理想的最终结果。一个很好的类比是电话网络,它是由大量的地方电话局组成,然后相互连接形成社区、既而国家和国际网络。

社区方法的另一个重要因素是克服保密问题所需的信任。医疗信息是非常敏感的,其交换需要对这个过程中的每一个人高度信任。所需的信任级别看来最有可能成为人际关系的产品,它在本地社区发展了一段时间,且出于一个共同的改善该区内每个人的健康护理的愿望。虽然信息交换技术的实施是重要的,但与建立必须先行的相关法律协议和政策的变化的挑战相比,则相形见绌。例如,当印第安纳波利斯在整个地区实施在医院急诊室患者信息共享时,多达 20 家机构的律师必须以同一合同语言达成共识(Overhage,2002)。

该社区方法也受益于医疗保健的绝大多数是当地提供的事实。当人们走南闯北时,偶尔需要远离家乡的医疗护理,但是为困难的和不寻常的医疗问题进行出城会诊是非常少的,因为大部分人在他们所居住的社区中得到医疗保健服务。由于医疗保健的本地属性导致社区成员在维持和改善他们当地的健康保健系统的质量和效率的天然利益。出于同样的原因,它是难以激发出改善医疗保健以超越社区水平的兴趣。

在某时一个社区聚集 NHII 的努力也使得一直在其范围内实施的问题更合理。相比在一个大的地区或整个国家考虑这样一个任务,在各医院和几十个甚至几百或数千个医疗保健提供者之间的健康信息交换是更加可行的。这也允许以定制的方式照顾到每个本地社区的特殊需要。人口稠密的市区的医疗保健问题和议题与在农村环境相比是显然大不相同。类似地,其他人口和机构上的差异以及具体的高度专业化的医疗保健机构的存在使每一个社区的医疗保健系统是独特的。一个本地发展 HII 的办法是,允许所有对这些复杂的多样的因素加以考虑和解决,尊重对当地控制高度重视的美国政治景观的现实。

以社区为基础的发展 HII 的方式也受益于国家标准的制定。即让社区之间信息的有效交换的全国同一标准也可极大地促进建立在社区内医疗信息的有效沟通。事实上,通过鼓励(甚至要求)社区利用国家标准建设他们自己的 LHII,那些系统为了提供在全国范围内对医疗保健信息的访问变为一个更简单和更容易的过程。

示范项目还需要开发和验证用于 LHII 发展的推广

策略。虽然有少量 LHII 系统的现有例子，但尚没有任何组织或集团已证明在多个社区可靠和成功地建立这种系统。从众多社区的示范项目的尝试，应该有可能定义一个可重复用于全国各地的策略集。

种子资金对 LHII 系统的开发是必不可少的。虽然在美国医疗保健是一个巨大的产业，每年花费约 1.5 万亿美元，占国内生产总值的 14%，但转移任何现有的资金到 IT 投资是有问题的。所有现行的支出的受益者似乎很可能会强烈反对任何这样的努力。另外，一旦最初的投资开始产生预期的大量收益，建立机制以引导这些收益到扩大和加强 LHII 系统应该是可能的。将需要仔细监测当地的健康信息交换系统的的成本与收益，以便验证这种提供资金并维持这些项目方法的实用性。

最后，重要的是要评估并了解技术挑战和应用于 LHII 示范项目的解决方案。虽然技术上的障碍通常没有严重阻挠进展，随着在全国各地取得的经验，理解和传播最有效的解决方案能够导致 LHII 系统更顺利的实施。

**4. 评估进展的度量**

促进诸如 NHII 的复杂和漫长项目战略的最后一个元素是对项目进展的仔细度量。这些被用来测量进展情况的度量定义了最终状态，因此必须谨慎选择。度量也可看做是详细要求的初步替代。进展度量应具有某些关键特征。首先，它们应该有足够的敏感度，以致它们的值以一个合理的变化率变化（仅在 5 年后其值才改变的度量不会特别有帮助）。其次，这些度量必须足够全面以反映影响大部分利益相关者的活动，以及反映需要改变的活动。这确保了在各个领域所付出的努力将体现在改进的度量上。第三，这些度量对决策者必须是有意义的。第四，这些度量的当前值的定期测量应该很容易，这样测量过程不会偏离实际工作。最后，这些度量的整体必须反映理想的最终状态，这样，当所有这些度量的目标达到后，项目就完成了。

可能有多种不同类型或维度的度量以衡量 NHII 的进展。合计度量在整个国家评估 NHII 的进展。这些度量的例子包括由 LHII 覆盖的人口比例，以及在利用电子健康记录系统的机构中培训的医疗保健人员的比例。

另一种类型的度量基于医疗保健场所。在住院、门诊、长期护理、家庭和社区环境中实施电子健康记录系统的进展可以清楚的是一个 NHII 测量方案的一部分。然而，另一个方面是使用信息系统支持运行的医疗保健功能，例如，包括登记系统、决策支持、CPOE 和社区健康信息交换。

关于电子健康记录的语义编码对评估进展也是同样重要的。显然，从图像文件的电子交换（其中的内容只对最终观看图像的用户是可读的）到完全编码采用标准的机器可读形式对所有的信息进行索引和访问的电子健康记录取得了进展。最后，进度也可以根据医疗保健专业人员对电子健康记录系统的使用情况作为基准。从纸张记录到现有的电子记录，再到充分利用的电子纪录的过渡是一个关于 NHII 活动取得成功的重要信号。

## 15.5 实例：国家健康信息基础设施和国土安全

为了说明 NHII 的一些内在的信息学挑战，其应用到国土安全是一个例子。防备生物恐怖事件是现在一个重点国家优先事项，特别是在 2001 年秋季发生炭疽袭击后。生物恐怖的早期检测对尽量减少发病率和死亡率是关键的。这是因为与其他恐怖袭击不同，生物恐怖袭击通常最初是无声的。其后果通常是表明袭击事件发生的第一个证据。传统的公共健康监测取决于警觉的临床医生们对不寻常的疾病和症状的报告。但是，临床医生们很难发现罕见和不寻常的疾病，因为他们既不熟悉它们的表现，也不会怀疑是一个恐怖事件的可能性。此外，往往很难区分常见的良性疾病的症状和潜在的生物恐怖事件。

2001 年秋季发生在纽约市地区的 7 起皮肤炭疽热案件要比佛罗里达发生的"索引"案件早 2 周，就可以明显说明这个问题（Lipton and Johnson, 2001）。所有这些案件提交给不同的临床医生，但没有一个人有足够的信心确认对炭疽的诊断以通知任何公共健康当局。此外，这种涉及提交给多位临床医生的类似情况的模式无法被他们中的任何一位发现。这 7 个患者很可能接受到同一人的炭疽，不寻常的迹象和症状的立即明显模式本身，即使在没有做出任何诊断时，也已足以引起重视以立即通知公共健康当局。

传统的公共健康监测也有重大的延误。许多仍是通过邮政和传真向当地卫生部门做例行报告，在资料整理、分析和报告给地方州及最后给联邦当局之前进一步发生延误。

在一个生物恐怖事件发现后，还显然需要一个精心协调的反应。健康官员与其他应急机构合作，必须仔细评估和管理医疗保健资产，并确保备份资源的快速部署。此外，由此类事件带来大幅增加的工作量，必须在可利用的医院、诊所和实验室，往往包括受影响地区以外的设施之间有效地分配。

### 15.5.1 健康信息基础设施在国土安全的前景

应用 NHII 对国土安全的前景包括对生物恐怖的早期检测及对相应事件的响应。有关公共健康的临床资料应通过接近实时的电子方法报告。这应包括临床实验室结果、急诊室的主诉、有关症状（例如，流感样病例）和不寻常的迹象、症状或诊断。通过电子健康记录系统自动产生这些电子报告，目前由临床医生承担的管理报告负担将被去除。此外，针对实际事件或甚至有关特定威胁的信息，报告的具体疾病和情况可动态调整。后一种能力在从事件的初始阶段仔细的跟踪其发展是极其有益的。

在响应事件上,NHII 还可以提供更有效的医疗保健资源的管理。这可包括所有可用资源的自动报告,这样可以迅速和有效地分配它们、所有医疗保健资产的立即运行可见性、并有效平衡对医疗保健服务的巨大激增的需求。这也将极大地改善对备份资源部署的决策。

NHII 用于防备这些生物恐怖的职能可以避免开发一个专用于这些罕见事件的单独且非常昂贵的基础设施。如前所述,即使没有生物恐怖防备能力这个额外的好处,NHII 的好处也是巨大的且已充分证明了的。此外,作为对生物恐怖的早期检测系统同样的基础设施,也将允许更早和更敏感的例行自然发生疾病暴发的检测(这更为常见),和在其他灾害情况下更好地管理医疗保健资源。

### 15.5.2 健康信息基础设施在国土安全上的信息学挑战

NHII 应用于国土安全涉及大量困难的信息学挑战。首先,这项活动需要包括公共和私营机构在内的广泛参与。这包括与医疗保健系统事先没有重大相互作用的那些各级政府和组织,如农业、警察、消防和动物健康。更不用说这些组织有各自不同的目标和文化不一定容易融合。特别是,健康和执法对生物恐怖有明显不同的看法。例如,一件被医疗保健系统认为是一个"标本"的东西可能会被执法部门视为"证据"。

当然,各种各样的组织有不兼容的信息系统,因为在大多数情况下,它们的设计与部署没有考虑到生物恐怖所带来的问题。他们不但有不一致的设计目标,而且还缺少促进电子信息交换的标准化的术语和信息。此外,各种组织之间还有严重的政策冲突,例如,关于获取信息方面。在医疗保健系统,获取信息通常被视为是可取的,而在执法中,对信息必须加以小心保护以维护刑事调查的完整性。

使这些组织、文化和信息系统问题复杂化的是生物恐怖防备有一个模糊的治理结构。许多机构和组织有合法和重叠的权力和责任,所以往往没有一个明确的途径来解决冲突问题。因此,高度的合作共事和广泛的事先规划是必要的,从而在突发事件事前以先分清角色和责任。

在这种复杂的环境里,还需要有一个具有那些以前从未履行过职能的新类型系统。防备生物恐怖导致了对早期检测疾病和协调医疗保健系统的新需要。正因为这些要求是新的,所以没有几个(如果有的话)现有系统有类似功能。因此,仔细考虑设计生物恐怖防范系统的需求是确保成功必不可少的。

最重要的是,与通常的健康信息系统病例相比,迫切需要在更大量的专业领域间的跨学科沟通。所有参加者必须认识到,每个领域都有自己特定的术语和操作方法。正如前面在公共健康信息的例子中提到的,对话功能是至关重要的。由于任何一个人极不可能跨越一切或甚至大部分不同学科领域,所以团队中每个人都必须特别努力地学习他人使用的词汇。

作为这些广泛和困难的信息挑战的结果,目前运行的信息系统很少支持对生物恐怖的防备。值得注意的是,迄今为止所有已开发的现有系统都是本地的。这是以前在对 NHII 发展的基于社区战略优势的讨论中所叙述的同样问题最有可能的后果。

在印第安纳波利斯有这样一个自动执行电子实验室报告的系统(Overhage et al., 2001)。该系统的研发虽然是由在相同地区已开发了 LHII 的同一个主动的信息学小组领导。但是,它坚持和艰难地努力了好几年来克服技术、组织和所涉及的法律问题。例如,即使所有的实验室按照"标准"的 HL7 格式提交数据,事实证明,它们中许多会这样解释标准以至电子事物无法有效地由收件人系统处理。为了解决这一问题,需要许多实验室参与对生成这些事物的软件进行广泛改造。

防备生物恐怖系统的另外一个例子是位于匹兹堡的包含急诊室主诉报告系统(Tsui et al., 2003)。这是具有现有电子病历系统的多机构的合作努力。它由一积极的信息学小组领导,这个小组通过漫长而艰难的工作来克服技术、组织和法律的挑战。它提供了一个近乎实时的"仪表板",用于显示特定类型的综合征如胃肠道和呼吸系统疾病的发病率。此信息用于监测提交给该地区的紧急部门的疾病模式是很有益的。

请注意,这些系统都建立在现有的信息学组织事先已做的广泛工作基础之上。他们还利用当地现有的提供或是可用的或是很少可访问的电子数据流的健康信息基础设施的优势。尽管有这些优势,但是从这些和其他的努力明显可见,建设防备生物恐怖系统所面临的挑战是巨大的。不过,拥有一个现有的健康信息基础设施似乎是一个关键前提。这种基础设施意味着,有能力的信息学组织和在社区可获得的电子健康数据的存在。

## 15.6 结论和未来的挑战

公共健康信息学可以被视为生物医学信息学在人群中的应用。在某种意义上,它是生物医学信息学的最终演变,生物医学信息学原来侧重于与患者个体相关的应用。公共健康信息学突出了健康信息学学科作为整体整合了从分子到人口水平的信息的潜力。

公共健康信息学和健康信息基础设施的发展是密切相关的。公共健康信息学处理的是公共健康的应用,而健康信息基础设施是主要集中在医疗保健的人口水平的应用。虽然这两个领域的信息有重叠,但是这两者所面向的都是社区而不是个人。公共健康和医疗保健并没有像它们应有的那样密切地在传统意义上相互影响。从更广泛的意义上来说,两者都对社区健康非常注重——公共健康直接这样做,而医疗保健系统以一次一位患者的方式做。然而,现在很清楚,医疗保健还必须注重社区,以便为所有个体整合全体医疗保健场所提供有效服务。

信息学在公共健康信息学和健康信息基础设施的发展上的内在挑战是巨大的。它们包括大量不同类型的组织包括各级政府的挑战。这导致文化、战略和人才的挑战。在机构间的信息系统所涉及的法律问题,尤其是在分享信息方面,是令人畏惧的。最后,由于所要表示的大量的专业领域,包括那些超出医疗保健领域的(如法律的实施),所以通信挑战变得特别困难。为了处理这些通信问题,对话功能是特别重要的。

但是,这种面对公共健康信息学和医疗信息基础设施的挑战所需要的努力是值得的,因为潜在的好处是如此巨大。在这些领域中有效的信息系统可以帮助确保有效的预防、高品质的护理和医疗差错最小化。除了由此产生的发病率和死亡率的下降外,这些系统也有可能节约数千亿美元的直接和间接成本。

先前指出,公共健康信息学和其他信息学学科的一个关键区别是,它包括医疗保健体系之外的干预,并不仅限于医疗和手术治疗(Yasnoff et al.,2000)。因此,尽管最新的公共健康信息学的活动关注于医疗保健系统的基于人群的延伸(导致本章的方向),但是超出这个范围的应用都是可能和可取的。事实上,19世纪和20世纪初的健康运动对健康作出的巨大贡献,表明了大规模的环境、立法和社会变革促进人类健康的力量(Rosen,1993)。公共健康信息学必须在这些方面积极探索,如同在个人层面上与疾病预防和临床护理相关的那些学科一样。

信息学通过其在公共健康和健康信息基础设施的开发而有效应用到民众是21世纪的主要挑战。如果我们想创建一个有效率和有效的医疗保健系统以及对所有人的真正健康的社区,那么这是一个我们必须接受、理解和克服的挑战。

## 推荐读物

Centers for Disease Control and Prevention (1997). Community Immunization Registries Manual. Available at http://www.cdc.gov/nip/registry/cir-manual.htm.

虽然在一些细节有点过时,但这个可访问的文件显示了公共健康专业人员如何解决信息学的问题。

Hellestad R, Bigelow J, Bower A, Girosi F, Meili R, Scoville R, Taylor R 2005: Can Electronic Medical Record Systems Transform Health Care? Potential Health Benefits, Savings, and Costs Health Affairs 2005; 24:1103-1117.

Yasnoff WA, Humphreys BL, Overhage JM, Detmer DE, Brenman PF, Morris RW, Middleton B, Bates DW, Fanning JP: A Consensus Action Agenda for Achieving the National Health Information Infrastructure.

J Am Med Informatics Assoc 11(4)-332-338.

总结了最近一次会议的结果;提出了一个全面的介绍和许多前瞻性的观点。

Friede A, Blum HL, McDonald M (1995). Public health informatics: how information-age technology can strengthen public health. Annu Rev Public Health 16: 239~52. The seminal article on public health informatics. 公共健康信息学开创性的文章。

Koo D, O'Carroll PW, LaVenture M (2001). Public health 101 for informaticians. Journal of the American Medical Informatics Association 8(6):585~97. 介绍公共健康思想的可访问的文档。

O'Carroll PW, Yasnoff WA, Ward ME, Ripp LH, Martin EL (eds.) (2003): Public Health Informatics and Information Systems. New York: Springer-Verlag. 一本新的、全面的教科书。

Walker J, Pan E, Johnston D, Adler-Milstein J, Bates DW, Middleton B. (2004). The Value of Healthcare information Exchange and Interoperability. Boston, MA: Center for Information Technology Leadership.

Yasnoff WA, O'Carroll PW, Koo D, Linkins RW, Kilbourne EM (2000). Public Health Informatics: Improving and transforming public health in the information age. Journal of Public Health Management & Practice 6(6):67-75. 一个对这个领域简明而全面的介绍。

## 问题讨论

1. 基因组学革命和9/11事件各自对公众健康信息学当前和潜在的影响是什么?

2. 免疫登记系统的成功典范如何能用于公共健康的其他领域(具体指出哪些领域)?它如何在别处失败?为什么?

3. 美国GDP的14%用于医疗保健(包括公共健康)。公共健康信息学如何帮助更有效地使用这些资金?或降低绝对数字?

4. 比较和对比用于临床与公共健康信息系统的迫切所需的数据库。从非技术和技术角度来解释它。

5. 对NHII投资数十亿美元一事,举例说明支持和反对意见。

6. 如果你开始开发一个地方健康信息基础设施,你会考虑哪些组织选择?各有哪些优点和缺点?你怎样来决定采用其中某一个?

7. 如果公共健康信息学(PHI)涉及以任何形式提高或促进人类健康的信息技术的应用,这是否必然涉及与PHI应用进行交互的人类"用户"?例如,信息技术基本的防死锁制动系统是否可视为一个公共健康信息应用?

# 第16章 患者护理系统

**阅读本章后,您应对下列问题有所了解:**
- 在患者护理中,4个主要的信息管理问题是什么?
- 在过去的40年里,患者护理系统是如何进展的?
- 患者护理系统如何影响患者护理的过程和结果?
- 为什么患者护理系统对基于计算机的患者记录是必要的?
- 患者护理系统如何区别于计算机化的患者记录本身?

## 16.1 患者护理中的信息管理

患者护理是许多临床学科的中心——内科学、护理学、药剂学、营养学、治疗学如呼吸、物理、职业及其他疗法等。虽然不同学科的工作有时会部分重合,但每个学科都有自己最基本的中心、重点和护理工作方法。每一门学科本身就是复杂的,而学科间的协同进一步增加了其复杂的程度。在所有的学科中,临床决策的质量部分取决于决策者所掌握的信息的质量。因此,患者护理中的信息管理系统是一个关键工具。当其工作适应性发生变化时,系统会相应增强或削弱患者护理。本章将描述在患者护理中的信息管理问题、与这些问题相关的患者护理系统的发展,以及当前的研究现状。本章也将展示患者护理系统如何提供决定电子病历质量和功能的基础设施。

### 16.1.1 患者护理的概念

患者护理是在家庭成员、其他重要关系人及社会中以被护理者为中心的跨学科过程。通常,根据患者的需要,患者护理包括内科医生、护士和其他健康相关学科人员的服务,如物理、职业和呼吸治疗师、营养师、心理治疗师、社区工作者及其他人员等。每一门学科都会带来专业观点和专家意见。具体的认知过程和治疗技术因学科不同会有所差别,但是毫无疑问,所有学科在提供护理方面有着共同点。

这个简单的单词——护理,是以收集数据和评估患者当前状态开始的,其中通过与正常状态的标准或期望相比较来进行评估。根据不同学科特有的认知过程,应用诊断标签,治疗目标按照时间表进行评价、选择和实施治疗干预。在特定的时间间隔中,对患者进行再评价,并评价护理效果,治疗目标和干预可以继续或根据需要重新调整。如果重评估结果表明患者不再需要护理,那么服务就此中断。1975年(Goodwin and Edwards)这一过程被护理学首次阐明,1984年(Ozbolt et al.)此过程被更新并且变得更为全面。重新制作的流程图,如图16.1,也可很好的应用于其他患者护理学科。

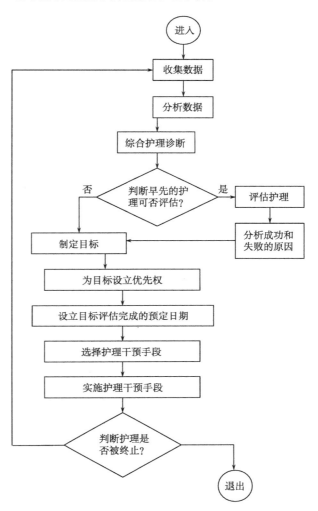

图16.1 提供护理是一个重复的过程,它包括收集和分析数据、计划和实施干预、评价干预结果等步骤。[资料来源:经Ozbolt J. G.等许可后进行改编(1985)。A proposed expert system for nursing practice, Journal of Medical Systems, 9:57~68。]

虽然这张线性流图有助于解释护理过程的一些方面,但是,就像原子的太阳系模型一样,它只是一个总的轮廓。例如,通常情况下,在首次收集患者的健康数据时,护士可以辨别(诊断)出患者对自己健康状况的焦虑。与此同时,随着数据收集工作的持续进行,护士会设定一个治疗目标,既使患者的焦虑减弱,增加患者的舒适感,又增强患者参与护理的能力。护士会选择并实施一些治疗的行为,如调整语调、限制环境刺激、保持眼神的接触，轻抚、谈论患者所关心的事情并提供信息。同时，护士可以观察到这些行为对缓解患者焦虑的作用，并且相应调整自己的行为。这样，小而完整的护理过程就发生了，而且在护理过程中的一步——数据收集，也悄悄展开了。在患者护理和临床数据采集的支持下，这种非线性的、同步发生的患者护理质量问题向信息学提出了挑战。

每位护理者对患者全方位的同步关注并非是唯一的复杂因素。正如原子通过共用电子变成分子一样，由每一个学科所提供的护理成为跨学科护理这一复杂分子的一部分。以护理者和应用信息学来支持护理的开发者必须意识到真正的跨学科护理不同于众多学科单独的贡献，就好像一个有机分子不同于组成它的元素一样。众多学科的贡献不是简单的累加，在患者护理这个更大的领域中，作为作用于患者的一种力量，每一个学科的作用都因为与其他学科之间的相互作用而发生了转变。

例如，一位75岁的女士，她患有类风湿性关节炎、高血压、尿失禁，她也许需要一位内科医生、一位护工、一位营养师、一位物理治疗师、一位职业治疗师来同时照顾。从简单累加的角度来看，每一个学科或许起到了如下的作用。

（1）内科医生：诊断疾病，开适当的药，委托其他护理服务。

（2）护工：评估患者对其现状、治疗、自理能力、训练的了解；根据需要指导并提出建议；帮助患者在家中进行锻炼；向内科医生和其他护理者提供信息。

（3）营养师：评估患者的营养状况和饮食习惯；规定并指导其合理膳食，以便控制血压，增加体力。

（4）物理治疗师：规定并指导其如何通过适当的锻炼来增加力量和提高灵活度，增强心血管的健康，控制关节炎。

（5）职业治疗师：评估患者进行日常生活行动的能力和限制，规定能增强体力和提高手部和手臂灵活性，根据需要指导适应技巧和提供辅助设备。

在这种通力合作的跨学科实践中，护士或许会发现这个患者并没有像医生建议的那样每天走很多路，其原因恰恰是在治疗高血压时使用的利尿剂加剧了尿失禁，而患者因此会为外出感到尴尬。护士会向内科医生及其他护理者报告这个发现，从而让他们明白患者不执行既定计划的原因。于是，内科医生会更改治疗高血压的策略，同时开始治疗尿失禁。护士会帮助患者了解不同治疗手段之间的相互作用，会针对尿失禁提出可行的建议和帮助，会帮助患者找到个人可以接受的方法来继续治疗。营养师会控制患者进食和饮水的时间，从而降低其在锻炼和睡眠时尿失禁的风险。物理治疗师和职业治疗师会调整他们的治疗建议以适应患者的个人需要和喜好，同时向着治疗目标进一步靠近。最后，这个患者不会被各位护理者有时冲突的要求所困扰，而是得到一种整体服务的支持。然而，这种协作需要细致的沟通和反馈。信息系统是支持还是破坏这种护理的潜能是显而易见的。

尽管对患者个体的护理工作会因此变得复杂，但是这距离整套的护理服务还很远。因为患者接受多个护理方的服务，所以必须有人来协调这些服务。协调包括患者按照一定的逻辑顺序接受所有需要的服务，没有排序冲突，保证每一位护理者都能根据需要与其他护理者及时沟通交流。有时，病历管理员会被安排来做这种协调工作。在其他情况下，内科医生或护士会被默认承担此职。有时，协调工作可能被遗忘，那么护理过程和结果就有了风险。意识到这一点后，IOM组织最近将护理的协调工作列为采取国家行动改变护理质量的14项优先事务之一（Institute of Medicine，2002）。

对每位患者给予并管理这种跨学科的护理看上去已经有足够的挑战性，但是患者护理还有另一个层次的复杂性。每位护理员通常要负责多个患者的护理。在计划和执行护理工作中，每位专业人员都必须考虑他所负责的所有患者的竞争性需求，同时还要考虑与每一位患者看护有关的其他专业人员的迫切要求。因此，后台的护士必须为每一位患者制定合理的、保证在最佳时间进行的治疗进度计划。她还必须要考虑到几个患者可能会同时需要治疗，而且要考虑到在护士可能最方便进行治疗的时间，有的患者也许还要接受其他服务，如X射线检查、医生随访。当意外的需求出现时（事实上它们经常出现，如一个紧急事件、一个没有安排在时间表中的患者，可能提示并发症征兆的观察资料）护士必须确立重点，组织并委派工作，以确保至少满足最紧迫的需要。类似的，内科医生也必须平衡在整个医疗机构中广泛分散的不同患者的需要，决策支持系统具有为临床和组织决策提供重要帮助的潜能。

最终，护理者不仅要为患者提供护理服务，包括策划、记录、协作、参考、咨询等直接的护理工作，与此同时，他们还要负责一些间接的护理工作，如指导监督学生、参加员工会议、参加继续教育、在委员会任职等。每一名护理者的工作计划都必须考虑到直接护理和间接护理两方面的活动。由于这些护理者需要配合一致协力工作，所以他们的计划也必须相互协调。

总之，患者护理是一项包含多个层次的非常复杂的工作。每一位护理者对每个患者的护理贡献必须考虑所有护理者的整体贡献，以及他们之间的相互作用，使他们之间相互协调，以得到最优效果和最高效率。此外，这些考虑要根据每位护理者所负责患者的数目而相应翻倍增长。护理者还要在直接护理工作中穿插许多间接的护理活动，以及与其他护理者相协调，这又进一步增加了护理工作的复杂性。毫无疑问，管理、处理和交流数据、信息和知识是一个整体，对于患者护理的每一个方面都是至关重要的。

## 16.1.2 支持患者护理的信息

与患者护理同样复杂,直接患者护理基本信息的定义蕴藏在以下问题的答案中。

- 谁参与护理患者?
- 每位专业人士需要什么信息来做出决策?
- 信息在何时、何地、以何种形式获得?
- 每位专业人士能给出什么信息?在何时、何地、以何种形式需要这种信息?

由 Zielstorff 等(1993)描述的框架为理解回答以上问题所需的各种类型信息提供了有益的启发,如表 16.1 所列出的,这一框架描绘了三种信息类别:①特定患者数据,是指从多种数据源获得的某一特殊患者的那些数据;②特定机构数据,是指与某些特定机构相关的那些数据,在这些机构的主办及赞助下,健康保健才能被提供;③领域信息和知识,是健康保健学科所特有的。

这一框架进一步指出了 4 种信息处理过程,信息系统可将它们应用于以上所提及的三种信息类别。数据获取涉及能将数据变为可被信息系统使用的一些方法。它可以包括护理者输入数据或者由某种医疗设备或其他电子系统获得的数据。数据存储包括方法、程序和结构,用于组织数据以便以后使用。表 16.2 中列出了对描绘患者护理概念有用的标准编码和分类系统的例子。这一主题在 2、7、12 章中作了更详细的讨论。

**表 16.1 此框架给出了患者护理信息系统(NIS)的设计特点,以患者护理方面的特定患者数据、特定机构数据及域信息和知识为例**

| 数据类型 | 系统处理 | | | |
|---|---|---|---|---|
| | 获取 | 存储 | 转换 | 呈现 |
| 特定域 | 下载相关科学或临床文献或实践指南 | 将信息保存在电子日志或文件中,可由关键字查询 | 链接相关文献和已发表的研究结果,根据研究更新指南 | 根据查询显示相关文献或指南 |
| 特定机构 | 扫描、下载或键入机构政策和程序,键入人事、财务和管理记录 | 将信息保存在电子目录、文件或数据库中 | 编辑更新信息;能根据查询链接相关信息;分析信息 | 连续显示有需求的当前政策和程序;支持相关政策和程序的查询;生成管理报告 |
| 特定患者 | 即时输入患者的评估、诊断、治疗计划、接受的治疗、治疗目标及结果等数据 | 将患者数据移入当前电子记录或总的数据存储库 | 将某一患者的相关数据作为线索来操作决策—支持系统,对许多患者数据进行统计分析 | 显示提醒、警告、可能的诊断或建议的治疗,图形化显示重要标记;显示统计结果 |

资料来源:框架经许可改编自《下一代护理信息系统》,1993 年,美国护理联合会,华盛顿 DC。

**表 16.2 标准化编码和分类系统实用于患者护理举例**

| 系统 | 问题 | 介入 | 目标/结果 |
|---|---|---|---|
| 国际疾病分类 | * | | |
| NANDA 分类法 1 | * | | |
| 当前程序术语 | | * | |
| 护理介入分类 | | * | |
| 护理结果分类 | | | * |
| Omaha 系统 | * | * | * |
| 家庭健康护理分类 | * | * | * |
| SNOMED 临床术语 | * | * | * |
| 患者护理数据集 | * | * | * |

转换或处理包含一些根据终端用户的需要而作用于存储数据或信息的方法。例如,用来计算入院时压力性溃疡风险的评分,或者计算急症患者的急性生理和慢性健康的评分。图 16.2 举例说明特定患者信息转换(提取、概括、集成)的多种用途,报告包括一些表格,其中包含的信息经处理后传送到最终用户。

转换后的特定患者数据可以多种方式呈现。为了让用户更好地了解趋势,数字形式的数据最好用图表或曲线图来呈现,以便用户检查其趋势。然而,对来源于患者评估数据可能诊断的编辑,适宜于按字母的形式列表。不同类型的特定机构数据适宜于不同的陈述形式。无论如何,所有形式的共同点是患者护理的陈述需要。例如,采用特定机构指南或参数对最新特定患者数据的集成可以对紧急情况产生警告、提醒或其他类型的通知。见第 17 章,患者监护系统,有关该主题的一个综述。与患者护理相关的域信息和知识的陈述常常通过与数据库和知识库的互动实现。例如,联机医学文献分析和检索系统(Medline)或临床循证医学医药数据库(Micromedex)(参见第 19 章);另一个途径是纽约长老会医院(New York Presbyterian Hospital)的信息按钮(Infobutton)。通过信息按钮管理员,临床信息系统中关于患者、医生和区域的数据被纳入考虑范围,以便从护理角度显示特定环境下的知识(Cimino et al.,2002)。

为支持患者护理,信息系统必须适合所有与护理相关的专业人员的需要。系统应该获取、存储、处理、呈现每种类型的信息(特定患者的、特定机构的、特定域的),

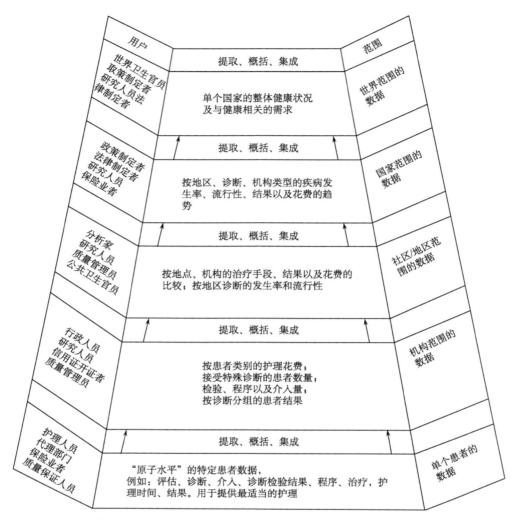

图 16.2 一次收集但可多次使用的"原子水平"的患者数据应用实例。[资料来源：经 Zielstorff R D、Hudgings C I、Grobe S J、护理实施计划国家委员会、护理信息系统特遣部队许可，翻印自《下一代护理信息系统》，1993 年，美国护理出版，美国护理基金会/美国护理协会，华盛顿，DC。]

即每位专业人员何时、何地、以何种方式需要每个功能。这种系统不仅支持每位专业人员对单个患者的护理，而且，通过对特定患者信息（护理需求）、特定机构信息（护理者和他们的责任及机构的政策和程序）、域信息（指南）的适当应用，这些系统可以很好地帮助完成单个患者护理时跨学科服务间的协调，也非常有助于计划和安排每位护理者的工作活动。患者病情严重度在安排护理人员时要纳入考虑，但是最常见的是将其输入一个独立系统，而不是从护理需求中直接导出。集成系统（如今还是最理想的）将增强我们对每位患者境况和需求的了解，提高决策，促进交流，有助协作，并且可应用临床数据提供反馈来改善临床程序。

显而易见，当患者护理信息系统实现潜在的功能时，他们将不仅仅取代口头和书面的记录和交流方法。他们还支持而且转换患者护理。我们已经面向这一理想走了多远？要想继续前进，我们必须要做什么？

## 16.2 患者护理系统的历史演变

患者护理系统的起源是在 20 世纪 60 年代中期。早期最成功的系统之一是泰克尼康（Technicon）医用信息系统（TMIS），作为加利福尼亚州山景（Mountain View）的洛克希勒（Lockheed）和埃尔卡米诺（El Camino）医院的合作项目（见第 13 章），它开始于 1965 年。系统被设计为通过使用标准化指令集和护理计划来简化文件，在开发伊始 TMIS 就定义了技术标准。40 年后，TMIS 的版本依然被广泛使用，但技术已经发展了。TMIS 中信息的分级及菜单驱动式排列需要用户翻过多屏才能进入或检索数据，也妨碍将不同患者数据聚合起来做统计分析。今天的用户对于能用数据做什么有不同观点，他们需要能支持那些应用的系统。

改变用户对患者护理系统期望的部分原因是支持临床决策系统的开发和演变。犹他州盐湖城的

LDS医院的HELP系统（见第12、13、17章）最早在护理过程中为医生提供决策支持（除管理和存储数据之外）。随后，HELP系统实现支持护理决策，并为研究汇集数据，形成改善的患者护理。其他为医嘱输入提供决策支持的系统，例如，在波士顿健康护理合作者（Partners Health Care）和在田纳西州纳什维尔的范德比尔特（Vanderbilt）大学医学中心开发的那些系统，已经转化为商业系统。通过论证这些系统不仅能改善患者护理效果，同时能控制成本，研发者和销售商提高了市场预期。还有其他一些系统，比如在范德比尔特开发的医嘱系统，开始探索过程护理效力及护理结果的反馈作用。

今天，许多用于患者护理的商用信息系统结合了决策支持、多源信息整合、护理计划和记录、临床医师工作流程的组织、支持护理管理。信息系统的销售商和健康护理事业的研究者共同努力，应用最新的导航及链接信息来提升系统特点。虽然基于知识的系统在生物医学信息学的早期已经存在，但是我们仍处在整合和分析临床数据来产生新知识并将其用于实践的系统早期。相对于金融模型，临床知识和工作流程才是系统设计的基础，因此新兴的患者护理系统似乎有望实现临床信息学的期望。

### 16.2.1 社会的影响

支持患者护理信息系统的历史演变不单单是可用技术的反映。社会的力量（包括医疗服务系统结构、实践模型、付款人模型和质量焦点）都影响了患者护理系统的设计和实施。（表16.3）

表16.3 影响患者护理系统设计和实施的社会力量

| | 20世纪70年代 | 20世纪80年代 | 20世纪90年代 |
| --- | --- | --- | --- |
| 医疗服务系统结构 | 单一机构 | 单一组织 | 整合医疗服务系统 |
| 专业实践模型 | 团队护理；单一或小组的临床医生实践 | 基本护理；临床医生组模型 | 以患者为中心的护理；跨学科护理；病历管理；医生组实践模型的多个群组 |
| 付款人模型 | 服务费用 | 服务费用；预付费用，诊断相关组（DRG） | 按人交费；管理式医疗保健 |
| 质量焦点 | 职业标准审查组织（PSRO）；回访表审查；医师同侪评估项目委派联合会；患者护理系统质量（QUALPACS） | 持续质量提高；健康护理组织议程变更委派联合会 | 风险调整结果；基准；实践指南；关键路径/护理地图；健康雇主数据及信息集（HEDIS） |

**1. 医疗服务系统结构**

作者已经注意到其组织及成员对于信息学革新的成败具有重要影响（Ash,1997;Kapian,1997;Lorenzi et al.,1997;Southon et al.,1997）。由于医疗服务系统从20世纪70年代单一的机构结构转变为20世纪90年代的整合医疗服务网络，再到21世纪的复杂连接，信息需求改变了，满足那些信息需求的挑战也增加了复杂度。见第13、14、15章，在整合医疗服务系统中、在护理的消费者-提供者合作关系中及在公共健康信息基础设施中这三个方面对管理临床信息的讨论。

**2. 专业实践模型**

专业实践模型也为护士和医师而发展起来。在20世纪70年代，团队护理是医院的典型实践模型，护理计划——一个用于在护理团队成员中交流护理计划的文件，是为护士设计的最经常使用的最早的计算机应用。20世纪90年代的特点是转变为需要计算机应用的跨学科护理方法，例如，支持患者群病历管理的关键路径，通常带有普通医学诊断，触及持续护理模式。在21世纪，高级护师日益承担起原先由内科医生承担的功能，同时还保持着协作的、跨学科护理的看护角色。这些改变扩大并增多了对决策支持、临床效力反馈及作为团队努力的质量提高等方面的需求。

医师实践模型已经从单一的内科医生或小组办公室转变成为复杂的提供者组织群体。模型结构（如员工模型健康保养组织、受控组模型健康保养组织、独立实践协会；参阅第23章）决定了医师间和组织间的关系类型。一切所涉及的问题——如医疗记录的位置、医师实践模型的控制、数据报告要求，对于患者护理系统的设计和实施有重要启示。另外，20世纪90年代和21世纪的跨学科、分布式护理手段推动了系统设计策略，例如，单一患者问题列表的生成，围绕问题列表组织患者护理记录，取代了为每个提供服务组（如护士、医生、呼吸治疗师）生成单独的列表。

**3. 付款人模型**

付款人模型的转变是许多机构中信息系统实施的重要驱动力。随着20世纪80年代从服务收费到预付款的转变，然后到20世纪90年代转变为按人收费，护理费用和质量的信息已经成为在竞争日益激烈的医疗保健市场中作出合理决策的一种基本日用品。由于个人、第三方支付者对于报告和规章通常采用联邦标准,健康护理提供者和机构在 21 世纪初期就努力保持与 HIPPA(健康保险便利及责任法案)推动的数据信息系统标准同步前进,并主动开发了国家健康信息基础设施,(见第 23 章),有一个关于健康保健信息系统的卫生保健融资影响的详细讨论。

**4. 质量焦点**

对护理质量信息的需求也影响着患者护理系统的设计和实施。20 世纪 70 年代的质量保证技术主要基于回访表检查。20 世纪 80 年代,连续质量提高技术成为大多数医疗机构的做法。20 世纪 90 年代的质量管理技术更集中于实时影响已给予的护理,而不是回访性地评估其质量。在 21 世纪,基于患者看护系统的方法——如关键路径、实践指南、警报和提醒都是质量管理的基本组成部分。另外,机构必须有能力获取用于基准目的的数据,并对监管和授权团体及他们所属的任何志愿报告计划(如马里兰医院质量指标计划)报告过程和结果数据。逐渐地,护理效力的同时性反馈指导着实时作出临床决策。

### 16.2.2 患者护理系统

患者护理系统的设计和实施,在很大程度上,独立出现在住院和门诊护理设备。在医院设备的早期患者护理系统包括密苏里大学哥伦比亚分校系统(Lindberg,1965)、问题导向医学信息系统(PROMIS)(Weed,1975)、三军医学信息系统(TRIMUS)(Bickel,1979)、健康评估逻辑处理系统(HELP)(Kuperman et al.,1991)、分散式医院计算机程序(DHCP)(Ivers and Timson,1985)。计算机存储门诊记录(COSTAR)、Regenstrif 病历档案系统(McDonald,1976)及病历档案(TMR)都是最早的门诊记录。更全面的综述见 Collen(1995)。

根据 Collen(1995)的综述,20 世纪 80 年代最常用的患者护理系统是那些支持护理计划编制和文件制作的系统。能支持记录医嘱、与药房的通信及报告实验室结果的系统,也被广泛地使用。有些系统将医嘱和看护计划相结合从而对将要实施的护理提供更全面的观点。这种结合,例如,允许医师和护士相互查看按各自规则形成的部分记录信息,是向着信息集成化迈进的一步。然而,它与真正实现通力协作的跨学科实践还相距甚远。

早期门诊护理系统最常见的包括纸制的患者诊断表,这些表格要么是计算机可扫描的标记识别格式,要么随后由输入人员输入计算机。当前的台式机、笔记本电脑或便携式系统使用键盘、鼠标或笔式的结构化信息输入,将自由文本保持在最小限度。这些系统也提供对报告和过去记录的修复。有些系统提供决策支持或警报来提醒临床医生必要的护理,例如,免疫或过筛检查,并且避免不当用药或不必要的实验室分析。依靠网络的功能,系统可以使患者护理中的专业人员与设备间的交流变得便利。语音识别技术正在进步,并开始允许直接口述记录。尽管这种数据输入模式有简洁的优点,并且为医生所熟悉,但是记录中的自由文本约束了数据的搜索、修复和分析。输入系统只有变得能识别单词及上下文的含义并能在数据库中存储数据,语音记录的信息才能和结构化数据一样有效。虽然对自然语言进行该水平的智能处理仍有待于未来实现(见第 8 章),但支持门诊护理的系统无疑有了很大进步。最好的系统为传统医疗护理提供了良好支持。对于健康促进和疾病治疗等同重视的全面、协作性护理技术支持,不仅对信息系统开发者,也对医师和健康护理管理者提出了挑战。后者必须说明本实践的性质及在什么条件下机构会提供支持。

现如今使用的患者护理系统代表了该领域发展的广阔范围。一些最早期的系统版本仍然在使用中。这些系统通常设计为加快文件生成,并且提高当前接受护理患者记录的可读性和可利用性。它们大多数不能实现患者间信息的集合,对患者群的信息查询,或者将采集的信息用于医疗目的以满足管理者和研究者的需求。这些缺点今天看起来显而易见,然而在用计算机存储并交流患者信息这一奇想需要想象的飞跃才能实现的当时,这些并不明显。

近来更多开发的系统尝试以不同的成就来响应那句"一次收集,多次使用。"从患者记录中选出的数据项利用手动或电子提取而集合成数据库,对其进行分析可用于管理性报告、质量提高、临床或健康服务研究、所需的患者安全和公共健康报告。关于公共健康信息学的更全面的讨论,见第 15 章。

近来一些开发的系统将按照不同临床规则得到的信息和服务进行一定程度的协调,形成综合记录和计划。由一位护理者收集的数据,从按另一种规则设计的患者记录的角度"观察"时,可能以修改的形式出现。当护理计划信息已经由多位护理者输入时,它可以被看做是护理计划按一种规则,由一个人或一个跨学科的小组实施。有些患者护理系统提供了将护理暂时组织到临床路径的选项,并有来自预期的活动、次序或自动时间报告的变化。其他系统提供一个患者"视窗"以便每个人都能观察自身的记录并作出贡献(Pyper et al.,2002;Cimino,et al.,2002)。

Doolan 等(2003)在 5 个地点研究了临床护理的信息系统功能,这项研究获得了国际电子病历协会 Davie's 奖:

- LDS 医院,盐湖城(LDSH),1995;
- Brigham 妇女医院,波士顿(BWH),1996;
- Wishard 纪念医院,印第安纳波利斯(WMH),1997;
- 皇后医疗中心,火奴鲁鲁(QMC),1999;
- 普季特湾退伍军人事务健康护理(healthcare)系统,西雅图和塔科马(VAPS),2000。

所有地点都有大规模的对于药物和其他疗法的报告及命令输入的计算机结果。

与许多其他组织相比，这些地点的患者护理系统也有与临床记录文档相关的某些功能（表16.4）。值得注意的是，即使在这些先进临床信息系统被广泛承认的地点，临床医师的过程记录也不完全是基于计算机的。

**表 16.4　计算机化的记录**

| | LDSH | WMH | BWH | QMC | VAPS |
|---|---|---|---|---|---|
| 住院部 | 医师：准许住院，过敏反应，药物治疗，治疗过程，出院总结护士：初始评估，进展，重要标记，移交，医疗管理记录治疗师：所有记录 | 医师：问题列表，过敏反应，药物治疗，准许住院记录，进展（住院医师60%，主治医师100%），治疗过程（50%），出院总结护士：初始评估（70%），重要标记治疗师：大多数记录 | 医师：问题列表，过敏反应，药物治疗，在交班总结表中的进展，治疗过程记录，出院总结 | 医师：问题列表，过敏反应，药物治疗，病史，治疗过程护士：初始评估，重要标记（普通病房），操作记录，治疗管理记录 | 医师：问题列表（85%），过敏反应，药物治疗，准许住院，治疗过程，出院总结护士：初始评估，进展记录，重要标记（50%），操作记录，治疗管理记录（80%），出院总结 |
| 门诊 | 医师：问题列表，过敏反应，药物治疗，病史和物理检查结果，治疗过程护士：重要标记 | 医师：问题列表，过敏反应，药物治疗，病史和物理检查结果（50%），重要标记，治疗过程（70%）护士：重要标志 | 医师：问题列表，过敏反应，药物治疗，病史和物理检查结果，治疗过程护士：重要标记 | 医师：问题列表，过敏反应，药物治疗，病史和物理检查结果，治疗过程护士：初始评估，重要标记 | 医师：问题列表（85%），过敏反应，药物治疗，病史和物理检查结果，治疗过程护士：初始评估（80%），重要标记治疗师：所有记录 |
| 急诊部 | 医师：过敏反应，药物治疗，出院总结护士：初始评估，进展，重要标记，转移，医疗管理记录，出院总结 | 医师：问题列表，敏感症，药物治疗（仅对出院），出院总结 | 医师：过敏反应，药物治疗，主治医师对所有病人的总结记录 | 医师：主治医师对所有患者的总结记录护士：初始评估，出院总结 | 医师：问题列表（85%），过敏反应，药物治疗（67%），病史和物理检查结果，进展，出院总结护士：初始评估，重要标记（10%） |

注：除非另外说明，否则指所列功能的100%。
在QMC内部医院门诊部与237个附属内科门诊部里使用计算机化记录的11个门诊部。
经Doolan, DF、Bates, DW 和 James, BC (2003) 许可重印。

## 计算机化的记录

医学学会报告《To Err is Human》（《人非圣贤，孰能无过》）（2000）和《Crossing the Quality Chasm》（《跨越质量鸿沟》）（2001）的出版，导致了健康护理提供者对在患者护理中减少差错的信息系统的需求大大增加。信息系统销售商通过自主开发这些系统，以及购买由学院医学中心开发的患者看护系统的版权，来作出回应，这些系统已经证明可减少错误、增进护理质量及成本控制。"闭环"医疗系统使用条形码和决策支持等技术来预防贯穿整个开方、配药、执行和记录过程中的错误。

在其他语境中，决策支持系统提供"最佳实践"指南、协议和指令集作为个性化患者护理制订计划的起点；提供警告和提醒；利用知识库和患者数据库评估潜在冲突的指令；并为知识摘要和全文出版物提供点选式访问。关于这些系统更详细的信息，参见第20章。

许多医疗机构有大笔资金投入遗留系统，而不能完全转向更多的现代技术。对于健康信息学来说，找到从旧系统向新的、更多功能的系统逐步进行转变的方法是一个主要挑战。从独立功能系统的简单拼凑向能满足新兴信息需求的真正集成化系统进行转变则是更大的挑战（详见第13章）。进行这一转变的途径在1996年IAIMS讨论会会议录（IAIMS, 1996）及美国医学信息学协会期刊（Stead et al., 1996）中都有所描述。

好的患者护理系统具有这样的能力：能够捕捉护理过程中的临床数据，能存储数据，能聚集及分析数据，并能生成报告，这些报告不仅能描述护理，也能产生可作为提高临床过程基础的质量、效力和花费等知识的报告。执行这些操作的关键是数据标准（参见第2, 7, 12, 13, 15章）。至关重要的是，数据标准能对参与患者护理的多种医疗专业人员提供护理和对评估过程给以支持。在这点上，护理职业已经为标准化护理语言的产生作出了巨大贡献。近来通过对SNOMED CT（更多细节见第7章）的开发，反映由其他人员如牙医、足疗师、营养师及理疗师等提供的护理数据增加了典型的由医师和护士使用的标准化术语。

如果患者护理系统要有效地支持更好的护理,医疗专业人员必须具备信息学能力来使用这些系统。因此,许多人将医学信息学能力合并入健康科学教育中(详见第 21 章)。例如,在哥伦比亚大学护理学院,基础和高级护理的学生们使用掌上电脑(个人数字助理)将他们的临床接诊生成文档,并接受分别为刚起步的和有经验的护士设计的信息学能力可达到专业人员标准(Bakken et al.,2003)的教育内容。

患者护理学科需要将从业者培养到什么程度才能使他们胜任信息学专家的角色呢?达到本学科成员采用该学科独特的方法来使用信息的程度,这一领域需要所培养的成员能将临床医师的需要传达给那些关于信息系统的开发、实施和决策人员。如果信息需求不同于其他学科的需求,有些从业者作为系统开发者应当做好准备。

## 16.3 当前研究

Friedman(1995)提出了医学信息学中的一个科学分类。这 4 种类别从基本概念到评估体系建立如下:
- 构建对生物医学信息或知识的获取、表征、处理、显示或传输的模型;
- 开发创新的计算机系统,利用这些模型,将信息或知识传送给医疗提供者;
- 安装这些系统,并使之在运行的医疗环境中可靠地工作;
- 研究这些系统对医疗提供者的判断力和行为及对健康护理的组织和提供方面的效果。

以下是每个类别中关于患者护理系统的近期研究举例。

### 16.3.1 模型形成

最近几年,标准开发组织(SDO)和相似的专业人员团体,把重点放在了描述患者护理过程模型的构建及支持患者护理管理和文件生成的形式结构上。SDO 的努力总结在第 7 章中。作为对 SDO 努力的补充,护理术语学峰会是一个非正式、跨学科的专业人员合作实验室,它的参与者从护理工作角度开发与评估正式模型,如参考信息模型、参考术语学模型、临床文件以及电子健康记录(HER)的结构。自从 1999 年的第一次峰会,参与者们的努力已产生了许多重要成就。这些成就包括但不限于:①协定合作开发诊断和干预的术语学模型;②对国际医疗信息联合会(IMIA)的护理信息学特别兴趣小组和国际护士协会(ICN)对国际标准组织(ISO)的一个提议的发展作出的贡献,该提议包括为护理开发术语学模型,并将那些模型与健康术语学的综合模型合并;③对 LOINC 语义结构进行测试,以判断其是否能形成标准化的护理评估,并将挑选后的护理内容随后综合到 LOINC 的能力;④为了表现教育的介入,对扩展到 HL7RIM 的推荐(Ozbolt,2000;Hardiker et al.,2000;Bakken et al.,2000)。

### 16.3.2 创新系统的开发

支持患者护理的新系统经常将在一个语境输入的信息用于其他语境。例如,Brigham 集成计算系统(BICS),一个在波士顿的 Brigham 妇女医院开发的基于计算机的客户-服务 HIS,使用来自医嘱输入、时间进度及其他系统的信息,来准备医生的出院医嘱和护士的出院摘要的草稿,从而实现了最小化手动输入信息。专业人员审查草稿并根据需要重新编辑(O'Connell et al.,1996)。BICS 系统在这个及其他功能的成功引领其获得商业化。

在德国吉森大学医院,一次输入信息后可多次使用的原则,推动了用于重症监护病房的低成本床边工作站的开发。这种客户-服务器的结构将局部的数据处理能力与中心的相关患者数据库结合起来,允许将临床护理数据用于计算工作量。这些工作站也将多个来源的数据相结合,包括医疗设备、支持医师、护士和其他护理者的综合护理。

即使这样一些系统开始履行信息学支持患者护理的某些承诺,研究和开发仍然继续忙于处理患者护理的复杂性对于信息系统的需求。Hoy 和 Hyslop(1995)报告了导向个人健康记录开发的一系列项目。

他们发现使用传统方法来自动化纸版护理计划系统存在的问题,这些问题可以导致数据细节的丢失、无法将数据用于多种用途,而其收集及查询患者数据的能力受到限制。Hoy 和 Hyslop(1995)建议:
- 临床记录结构(包括护理计划)更加灵活和可扩展,从而允许用合适地方的低级别细节来概括高级别数据;
- 简化那个结构的元素,使数据输入和检索更为简单有效。

Hoy 和 Hyslop(1995)建立了一个原型系统来论证他们的建议。像其他的调查者一样,他们得出的结论是"语言和结构的问题必须在个人系统实现之前解决"。正如第 7 章指出的,在过去的 5 年中这方面已经取得了重大进展。

在 Vanderbilt 大学医学中心,自 20 世纪 90 年代中期患者护理系统已发展为在多个方面支持患者安全和护理质量。由受过特别训练的临床图书管理员协助的临床团队,开发出了循证命令集作为跨学科护理的模板。这些命令集在范德比尔特医嘱系统中进行了初始化,作为对每个患者护理进行计划和生成文件的出发点。当患者入院时,决策支持工具帮助医师确定适当的循证命令集,然后编辑该模板生成个性化护理计划。这样,最新的临床知识为每个患者的护理提供了基础。Ozdas 等人(2006)论证了循证命令集的使用增加了医生在治疗急性心肌梗死中对质量指标的依从性。其他研究机会将探索在不同患者特点和并发症的语境中来自模板命令集的偏差影响(积极的或消极的),从而改进证据库并增加临床知识。这样的患者护理系统使之成为可能,即从患者护理过程采集的数据来获取关于特殊护理行为的安全和效力,以及并入在连续质量提高中新出现的知识(Ozbolt, 2001, 2003)。

### 16.3.3 系统的实施

Higgins 和合作者们(1996)描述了从为提高和改善医嘱而设计的一个计算机医师工作站的失败实施中学到的经验教训。那些教训虽然不等同于 Leiner 和 Haux (1996)在开发和实施患者护理系统项目系统性计划和执行协议中的建议,然而与之是有一致性的。正如这些经验所证明的,患者护理系统的实施远比用一种技术取代另一种要复杂。这样的系统变换了工作和组织关系。如果实施成功,必须要注意这些转变和它们造成的混乱。Southon 和同事们(1997)提供了一个极好的案例,研究了一个患者护理系统的失败实施中组织因素的角色,该系统曾在另一个场所被成功实施。为实现健康和临床管理的信息学承诺,开发和推动应用程序使用的人必须预见、评估和顾及全过程的结果。在2003年初,这些话题引起了公众的注意,当时在一个大型学院的医疗中心由于医师们意见并不统一而决定暂时停止它的 CPOE 系统(Chin, 2003)。Doolan、Bates 和 James(2003)的一个案例的系列研究确定了与成功实施相关的5个关键因素:①有组织的领导、承诺和远见;②改善临床过程和患者护理;③在系统设计和修改中有临床医生参与;④维持或者提高临床生产力;⑤建立临床医生之间的动力和支持。

### 16.3.4 系统的效果研究

许多患者护理系统的效果研究已经着眼于护理过程方面的影响。对可支持护理计划和文件生成的系统的频繁期望是它们能减少文件生成所需的时间,提高记录中数据的质量和相关性,增加用于直接对患者进行护理的时间比例。Pabst 和同事们(1996)发现,一种设计可取代仅40%手工文件生成的自动化系统减少了文件生成所需时间的1/3,或者说每次交班可减少20min。使用这一系统的护士们将更多时间花在直接的患者护理上,与只使用手工文件生成的护士们相比,更可能在交班中完成文件生成,而不是熬夜进入下一个交班。文件生成的质量没有受到影响。Oniki 等(2003)证明了在重症监护病房里遵循计算机提醒的图表缺陷的显著减少。Adderley 和合作者们(1997)描述了无纸记录的阶段性实施及相关的易获得记录的好处。口头医嘱被淘汰,过程记录更容易进入。护理人员之间的交流增强了。预期的而不是回顾的临床数据审查同时提供了患者病情发展、护理计划、药物使用和配套服务的评估。由于使用电子病历每年的花销估计会节省30万美元以上。Lusignan 等(2003)指出反馈提高了在初级护理中诸如结合药方与诊断等方面的电子记录的质量。

在护理过程中的改进是很重要的。很多患者护理系统设计时都考虑到改善患者安全性和结果。Ruland (2002)报告了一种手持型支持系统,用于以偏好为基础的护理计划(CHOICE),不仅提高了患者护理与患者偏好的一致性,而且增加了与功能状态相关的患者功绩。Bates 等(2003)对检测不利事件的信息技术进行了系统性回顾,并作出结论认为诸如事件监测和自然语言处理的工具可以较小成本检测到一些不利事件,如不利的药物事件和医院感染。Wilson 等(1997)论证了由药房和护理共享的一个计算机医药记录的使用可使得医学事故在统计意义上显著减少。第12、17和20章提供了患者护理中使用的特殊类型系统效果的另外细节。

改善评估信息来源的方法是在医学学会1996年关于远程医疗报告之后的推动力(Field, 1996)。发现技术性能的评估是不足的,报告建议,相比于那些理智的二选一的效果,评估应集中在患者福利及患者护理过程和花销的效果上,完成这篇报告的委员会成员们指出,远程医疗可被认为是医学信息学的一个子集,适用于远程医疗的研究和评估方法像那些适用于其他患者护理系统的方法一样。(参见第14章)

## 16.4 展望未来

患者护理系统正向两个方面发生变化。第一,早期设计的用于收费和其他行政职能的旧系统正在被这样的系统所代替——其设计用于支持、改善临床实践,同时把临床数据发送到需要用这些数据进行实践、管理和研究的各个地方;第二,设计用于单独支持每个学科的系统正让步于那些基于综合、跨学科护理概念的系统。研究继续开发结构化临床语言、标准和数据模型;开发创新的系统;确定更有效力和效率的方法去实施系统;调查改变信息来源对护理过程和组织功能产生的影响。

这个环境对于患者护理系统的开发与成长是有促进作用的。在21世纪前10年,能高水平执行所有期望功能的系统依然遥不可及。许多因素——技术的发展、标准的开发、其间的社会需求汇聚在一起激励着其快速前进。真实世界的系统扩展了它们对支持患者护理所需的越来越多功能的掌握:对临床决策的智能支持;更好的组织和交流;临床效力的反馈;用于研究的互联数据库;基于相关临床数据的管理分析。这样的工具将使得进行合理决定与有效行动所需的数据、信息和知识可为临床医师、管理者和政策制定者所用。通过补充和扩展认知过程,患者护理系统成为用于患者护理的一种完备而必不可少的技术。

### 推荐读物

Doolan, DF, Bates, DW and James, BC (2003). The use of computers for clinical care: A case series of advanced U. S. sites. Journal of the American Medical Informatics Association, 10(1), 94~107.

该文描述了在5个美国医院中的临床信息系统,这些医院曾经因为出色的系统而获得Davies奖,该文描述了这些医院系统与试验的相似与不同,确定了对于成功实施比较重要的因素。

Ruland, CM (2002). Handheld technology to improve patient care. Journal of the American Medical Informatics Association, 9(2), 192~200.

该研究评估了手持应用来引起患者对于功能执行偏好的效力,这种应用提高了患者偏好受到尊重的频率。

Ida M. Androwich, Carol J. Bickford, Patricia S. Button, Kathleen M. Hunter, Judy Murphy, and Joyce Sensmeier (2002) Clinical Information Systems: A Framework for Reaching the Vision. Washington, DC: ANA Publishing.

对医疗信息学的简明综合清晰说明了来自专业人员护理观点的临床信息系统的组织框架,并陈述了如何最好的设计、开发和实施这些系统。

## 问题讨论

1. 作为决策支持系统的基础,患者护理线性模型的效用是什么?两个主要限制是什么?讨论在信息系统中用非线性模型表示和支持护理过程而带来的挑战。

2. 比较和对比跨学科患者护理的"隔离式"与"整合式"模型。作为护理交付模式,每个模型的优势和劣势有哪些?作为开发信息系统计划、证明和支持患者护理的基础呢?

3. 想象一个患者护理信息系统,能够在对服务中心或患者护理单位的所有其他患者进行独立护理计划方面提供帮助。选择这样的信息架构对开发者来说有哪三个优势?在实际执行中可能会出现什么结果?医疗环境无论是医院、急诊或者家庭护理,都产生作用吗?什么是足够复杂处理现实世界需求的最简单的信息架构?请解释。

4. Zielstorff等(1993)提出在患者护理过程中例行记录的数据能被抽象化、聚合及分析用于管理报告、政策决定和知识开发。以这种方式使用患者护理数据的三个优势是什么?三个主要的限制是什么?

5. 一些20世纪70年代设计的患者护理信息系统仍在使用。与过去相比,如今的执业模型、付款人模型和质量关注点有什么不同?这些变化要求在信息系统上有什么差异?相对于"推倒重来式"设计新系统,对旧系统"修修补补式"式的这些改造有哪两个优势和哪两个劣势?

6. 针对记录观察、评测、目标和计划,相对于结构化数据,自由文本(包括口述录入的口头叙述)的三个优势和三个劣势是什么?使用自由文本对检索和聚合数据有什么影响?开发的努力应该关注解释自然语言还是生成数据标准?请解释你的立场。

7. 患者护理信息系统的4个主要目的是什么?该采用什么标准来评价它们?什么评估方法可用来评价关于这些标准的系统?

# 第17章 患者监护系统

**阅读本章后[①],您应对下列问题有所了解:**

- 什么是患者监护,为什么要进行患者监护?
- 计算机患者监护系统在重症监护室中的主要应用是什么?
- 计算机患者监护仪如何帮助医师进行收集、分析和显示数据?
- 将微处理器用于床边监护仪的优点是什么?
- 在重症监护室中自动或者手动收集高质量数据的要点是什么?
- 如果利用计算机进行辅助重症护理管理决策,为什么必须整合医院中多个来源的数据?

## 17.1 什么是患者监护?

对患者参数如心率、心律、呼吸率、血压、血氧饱和度及许多其他参数进行连续测量已经变为重症患者护理的一个普遍特点。当准确即时的决策制定对于有效的患者护理至关重要的时候,电子监视器经常被用来收集和显示生理数据。逐渐地,对于在医院内外科室、产房、疗养院或者自己家里的病情不是非常严重的患者,这样一些数据可使用无创传感器进行收集,从而发现不可预料的威胁生命的情况或者高效率记录日常但必需的生理数据。

我们通常认为患者监护仪是能监视并对严重或威胁患者生命的事件、危重病或其他情况发出警告的器械。患者监护可严格定义为——"对患者、患者的生理功能及生命支持设备的功能进行重复或连续的观察或测量,目的是指导管理决策,包括何时进行治疗干预,以及对那些干预方法的评估"(Hudson,1985)。患者监护仪不仅可以向护理人员报警潜在的威胁生命的事件,许多患者监护仪还提供生理性输入数据用于控制直接连接的生命支持设备。

在本章中,我们讨论了使用计算机来帮助护理人员收集、显示、存储和制定决策,包括临床数据的解释、提出治疗建议、给出警报和提醒。过去,大部分临床数据以心率、呼吸频率、血压和流量的形式体现,而如今它们包括来自床边仪器测量的血气、化学性质和血液学特征的整合数据,以及来自重症监护室之外多个来源的整合数据。虽然我们主要涉及重症监护室(ICU)的患者,但是一般原则和技术也同样适用于其他的就医患者。例如,患者监护可用于急诊室中的诊断或者手术室中的治疗。这些技术几年前还只是应用于ICU,如今常规地应用于一般的医院病房,以及在某些情形下由患者在家中使用。

### 17.1.1 一个病例报告

我们将用一个病例来提供关于健康护理团队照顾危重患者时所面对问题的一个全景:一个年轻人在车祸中受伤,胸部头部多处受伤。在事故现场,熟练的医护人员利用基于微型机的心电监护仪使他的情况得到稳定,并且他被迅速转移到创伤中心。一旦到了损伤中心,这个年轻人就会通过传感器连接到可测定他的心率、心律和血压的计算机监护仪。由于头部受伤,该患者呼吸有困难,因此为他连接上微处理器控制的呼吸机。随后,他被转到ICU。

一个光纤压力监测传感器由穿过颅骨的螺钉插入,并通过另一个计算机控制的监测器连续测量颅内压。通过在生理监护仪中嵌入一个微型筒,临床化学和血气检验在床边2min内就可完成,然后利用标准以太网络中的HL7界面将结果传输到实验室计算机系统和ICU系统中。经过强化治疗,患者从最初的生命威胁中幸存下来,并开始漫长的恢复过程。

不幸的是,几天后他遇到了多处损伤受害者常见的问题——院内感染并发展为败血症、成人型呼吸窘迫综合征(ARDS)及多器官功能衰竭。因此需要更多的监控传感器来获取数据及协助患者的治疗,照顾患者所需要的信息量急剧上升。

ICU的计算机系统提供如何处理这些特殊问题的意见,当出现威胁生命的情况时发出可视化警报,并组织和报告大量数据,因此医护人员可以做出快速可靠的治疗决定。该患者的医生对那些危急的实验室检查结果和血气结果,以及由详细的文字数字寻呼机信息给出的复杂生理情形有本能的警惕性。该患者的ARDS是在计算机监测和控制协议的协助下进行处理的。图17.1显示了一个在患者床边的护士,环绕她身边的有床边监护仪、输液泵和一台微处理器控制的呼吸机。图17.2显示了一个由HELP系统产生的计算机生成ICU报告单的例子(HELP在第13章中有所讨论)。该报告总结了24h的患者数据,医生可用于日常巡视(医生对就医患者的日常随访)中审查患者的身体状况。

---

[①] 本章部分内容主要基于 Shabot M M, Gardner R M (Eds.) 1994 年的文章 Decision Support Systems in Critical Care, Boston, Springer-Verlag; 以及 Gardner R M, Sittig D F, Clemmer T P 1995 年的文章 Computers in the ICU: A Match Meant to Be! In Ayers S. M., et al. (Eds.),(危重病教材)Textbook of Critical Care (3rd ed., p. 1757). Philadelphia, W. B. Saunders.

## 17.1.2 重症监护室中的患者监护

至少有5类需要生理监护的患者。

(1) 患者的生理调整系统不稳定。例如，由于用药过量或麻醉导致呼吸系统受抑制的患者。

(2) 患者有疑似威胁生命的状况。例如，检查结果预示有急性心肌梗塞（心脏病发作）的患者。

(3) 患者有高风险发展成威胁生命的状况。例如，刚做完开心手术的患者或者心肺还未发育完全的早产儿。

(4) 处于临界生理状态的患者。例如，有多处损伤或感染性休克的患者。

(5) 分娩过程中的母子。

图 17.1 一名在 ICU 患者床边的护士。在她的头部上方是测量和显示关键生理数据的床边监护仪，她的左手上方是一台连接到医学信息总线（MIB）的 IV 泵，在她的右边是患者呼吸机的两个显示屏幕，右边较远处是一台用于数据输入和数据检查的床边计算机终端。（资料来源：感谢 Dr. Reed M. Gardner 提供。）

危重病患者的护理需要即时、准确的决定，以便可以适当地采用保护生命、拯救生命的治疗。由于这些需求，重症监护病房在各医院中广泛存在。为了以下目的，这些病房几乎到处使用计算机：

- 频繁或连续地获取生理数据，如血压读数；
- 从数据产生系统到远端位置（如实验室和放射科）传达信息；
- 储存、组织和报告数据；
- 将多个来源的数据进行整合与关联；
- 基于多个数据来源提供临床警报和咨询；
- 健康专业人员制定危重病患者护理计划时可起到决策工具的作用；
- 估量疾病的严重程度来对患者进行分类；
- 根据临床效果和成本效力分析 ICU 护理的结果。

## 17.2 历史回顾

最早获取生理数据要追溯到文艺复兴时期末[1]。1625 年，住在威尼斯的圣托里奥（Santorio）发表了用酒精温度计测量体温和用钟摆测量脉（心）率的方法。这两种装置的原理已由他的一个好友伽利略（Galileo）建立。伽利略用自己的脉搏作为计时器计算出比萨大教堂吊灯的摆动时间，从而计算出钟摆的一致周期。然而这一早期的生物医学与工程协作的结果被忽视了。直到 1707 年第一份脉率的科学报告由约翰逊·弗洛伊（John Floyer）爵士发表"脉搏—监视"才出现。第一张发表的患者发热过程图是由路德维格·希布（Ludwig Taube）在 1852 年绘制的。随着时钟和体温计后来的改进，体温、脉率和呼吸率已经变成标准生命体征。

1896 年，Scipione Riva-Rocci 提出了血压计（血压袖带），使第 4 个生命体征——动脉血压能被测量。一个俄罗斯医生 Nikolai Korotkoff 应用 Riva-Rocci 的血压袖带与法国医生 Rene Laennec 开发的听诊器，实现听诊测量心脏舒张和收缩的动脉压[2]。Harvey Cushing, 20 世纪初一名杰出的美国神经外科医生，预测了手术室中常规动脉血压监测的需求并在日后坚持这样做。甚至在 19 世纪与 20 世纪之交 Cushing 还提出了两个为大家所熟知的问题：①我们收集了太多数据吗？②用于临床医学的这些仪器太精确了吗？近似值难道不行吗？Cushing 通过陈述应当例行测量生命体征，以及测量准确性非常重要而回答了他自己提出的问题(Cushing, 1903)。

自 20 世纪 20 年代以来，4 个生命体征——体温、呼吸率、心率和动脉血压都记录在所有患者图表中。在 1903 年，Willem Einthoven 设计了弦线电流计来测量心电图（ECG），他也因此获得了 1924 年的生理学诺贝尔奖。心电图已经成为临床医生对急性和慢性病患者开出的检查单的重要内容。生理变量的连续测量已经成为危重病患者监测的常规部分。

与此同时，在监测方面取得了进步，在威胁生命的紊乱的治疗方面也发生了主要改变。当医生应用新的治疗干预时，对所测生理、生化变量进行快速定量评估在决策制定过程中变得十分必要。例如，现在已成为可能（在许多情况下是必不可少的）当患者无法自主呼吸时使用呼吸机；患者在做开心手术时使用心肺旁路设备；患者肾衰竭时进行血液透析；患者无法进食或饮水时进行静脉注射提供营养液和电解质（如钾和钠）。

---

[1] 本节经许可改写自：Glaeser D. H., Thomas L. J. Jr. (1975). Computer monitoring in patient care. Annual Review of Biophysics and Bioengineering, 4:449~476, copyright Annual Reviews, Inc.

[2] 在医学中，听诊是聆听身体内部组织如心脏或血管内血液流动而产生的声音。

```
                    L D S   H O S P I T A L   I C U   R O U N D S   R E P O R T
                                   DATA WITHIN LAST 24 HOURS

NAME:          , STEVEN                  NO.    10072        ROOM:  E609                   DATE:  JAN 29 14:17
DR. STINSON, JAMES B.            SEX: M    AGE:  43   HEIGHT: 178   WEIGHT:  75.40   BSA: 1.93   BEE:  1697   MOF:   0
ADMT DIAGNOSIS: FEVER UNK ORIGN, S/P KIDNEY TR   ADMIT DATE: 14 DEC 88
==========================================================================================================
CARDIOVASCULAR:  0                                                          EXAM: ____________________
   -- NO CARDIAC OUTPUT DATA AVAILABLE                                            ____________________
                  SP    DP    MP    HR  |  LACT        CPK         CPK-MB       LDH-1       LDH-2
 LAST VALUES     121    68    89   113  |
 MAXIMUM         194    97   126   124  |     (   )       (   )       (   )       (   )       (   )
 MINIMUM         101    58    72    83 .|
==========================================================================================================
 RESPIRATORY:  0
             pH    PCO2    HCO3    BE    HB   CO/MT   PO2   SO2   O2CT  %O2  AVO2  VO2   C.O.  A-a  QS/QT  PK/ PL/PP MR/SR
29 06:21 A  7.43   27.3    18.0   -4.5  10.0   2/ 1    80    94   13.2   30                       66          0/  0/ 5  17/ 0
          SAMPLE # 74, TEMP 38.4, BREATHING STATUS : ASSIST/CONTROL
          NORMAL ARTERIAL ACID-BASE CHEMISTRY
          SEVERELY REDUCED O2 CONTENT (13.2) DUE TO ANEMIA (LOW HB)

          ------- machine settings ------- | --------------------------- patient values -----------------------------
          VENT  MODE  VR   Vt   O2%   PF  IP     MAP   PK   PL  PP  m-Vt  c-Vt  s-Vt  MR  SR  TR  m-VE  s-VE  t-VE  Clh   Pc
29 14:15  B-I   A/C   16  700   30    50                32   26   5   866   731         29          21.2              34.8
29 06:05  B-I   A/C   16  700   30    50                22   20   5   830   745         19          14.2              49.7
29 14:15   5/14:16   INTERFACE: TRACH TUBE;  ALARMS CHECKED; POSITION: SUPINE;  THERAPIST: DAVIS, TERIANNE,  CRTT
29 06:05  10/06:08   INTERFACE: TRACH TUBE;  ALARMS CHECKED; POSITION: SEMI-FOWLER;  PATIENT CONDITION: CALM;  SUCTIONED, 3 CC,
         HEMOPTIC;  THERAPIST: TARR, TED,  RRT

 DATE      TIME   HR   VR   VT   VC    VE    MIP  MEP  MVV  PK FLOW  THERAPIST              EXAM: ____________________
01/29/89  07:15  109   20  600        12.0   -60                      DAVIS, TERIANNE              ____________________
==========================================================================================================
NEURO AND PSYCH:  0
   GLASCOW  6 (08:00) VERBAL ________   EYELIDS ________   MOTOR __________   PUPILS ________   SENSORY ________

   DTR ___________   BABIN. ________   ICP ___________   PSYCH __________
==========================================================================================================
COAGULATION:  0
   PT:   14.2   (05:15    ) PTT:     50 (05:15    ) PLATELETS:   89 (05:15    )  FIBRINOGEN:   0(00:00) EXAM:____________
   FSP-CON:   0 (00:00    ) FSP-PT:   0 (00:00    ) 3P:             (00:00    )                              ____________
==========================================================================================================
RENAL, FLUIDS, LYTES:  0
   IN    3430 CRYST    1025  COLLOID   1035  BLOOD       NG/PO   1340 | NA      (      ) K        (      )  CL      (      )
   OUT   2689 URINE     800  NGOUT      500  DRAINS   25 OTHER   1364 | CO2 21.0 (05:15) BUN    51 (05:15)  CRE  4.2 (05:15)
   NET    741 WT      75.40  WT-CHG          S.G.   1.015             | AGAP   16.7     UOSM               UNA      CRCL
==========================================================================================================
METABOLIC --- NUTRITION:  0
   KCAL       2630   GLU  138   (05:15)   ALB    2.9 (05:15)  |  CA    7.7 (05:15)   FE    .0 (00:00)  TIBC      0 (00:00)
   KCAL/N2     891   UUN     .0 (00:00)   N-BAL   .0          |  PO4   1.9 (05:15)   MG   1.9 (05:15)  CHOL    228 (05:15)
==========================================================================================================
GI, LIVER, AND PANCREAS:  0                                                                          EXAM:
   HCT    29.4 (05:15)  TOTAL BILI   23.1 (05:15)  SGOT   73 (05:15)  ALKPO4  957 (05:15)  GGT    768 (05:15) ________
   GUAIAC        (    )     DIRECT BILI  17.4 (05:15)  SGPT   99 (05:15)  LDH    237 (05:15)  AMYLASE   0 (00:00) ________
==========================================================================================================
INFECTION:  0
   WBC  5.2(05:15 ) TEMP  40.3 (28/06:00) DIFF  26 B, 70P,  3L,  1M,   E (05:15) GRAM STAIN: SPUTUM ____________ OTHER _____
==========================================================================================================
SKIN AND EXTREMITIES:
   PULSES _________  RASH _________  DECUBITI _____________
==========================================================================================================
TUBES:
   VEN ________  ART ________  SG ________  NG ________  FOLEY ________  ET ________  TRACH ________  DRAIN______

   CHEST _______________  RECTAL ______  JEJUNAL ________  DIALYSIS ________  OTHER ___________________________
==========================================================================================================
MEDICATIONS:

MORPHINE, INJ                          MGM   IV     20    AMPHOJEL, LIQUID                            ML     NG      30
MEPERIDINE (DEMEROL), INJ              MGM   IV    150    DIPHENHYDRAMINE (BENADRYL), INJ             MGM    IV     100
PHENYTOIN (DILANTIN), SUSPENSION       MGM   NG    300    HYDROCORTISONE NA SUCCINATE (SOLU-CORTEF)MGM,  IV     200
MIDAZOLAM (VERSED), INJ                MGM   IV      5    AMIN-AID FULL STRENGTH, LIQUID              ML     NG D  1380
AMPHOTERICIN B, INJ                    MGM   IV     40    TAP WATER, LIQUID                           ML     NG      60
CEFTAZIDIME (FORTAZ), INJ              MGM   IV   1000    MAGNESIUM SULFATE 50%, INJ                  GM     IV       2
SUCRALFATE (CARAFATE), TAB             MGM   NG   4000    POTASSIUM CHLORIDE, INJ                     MEQ    IV      20
FAMOTIDINE (PEPCID), INJ               MGM   IV     40    NOVOLIN REGULAR, INJ                        UNITS  IV      58
                                                                                                             #087 - pgl
```

图 17.2 盐湖城 LDS 医院每天在教学和决策制定的查房中对患者评估的查房报告。该报告从不同地点和来源提取数据，并组织数据来反映感兴趣的生理系统。报告顶端列出的是患者的身份信息和特征信息。接下来是关于心血管系统的信息；随后是其他系统的数据。（资料来源：感谢 LDS 医院提供。）

### 17.2.1 重症监护室(ICU)的发展

为了满足有复杂紊乱的患者对于所需的加急加强护理越来越多的需求，20 世纪 50 年代医院里开始出现一种新型的病房——重症监护室。最早的病房只是简单的术后恢复室，用于开心手术后的延长逗留。在 20 世纪 60 年代后期和 70 年代期间，ICU 迅速增多。病房类型包括烧伤、冠状动脉、一般手术、开心手术、儿科、新生儿、呼吸科和多用途内外科病房。如今在美国估计约有 75 000张成人、儿童和新生儿的重症监护病床。

第二次世界大战期间传感器和电子仪器的发展显著增加了可监测生理变量的数量。模拟计算机技术得到广泛应用，像示波器也一样，电子设备用于通过阴极射线管(CRT)屏幕来显示电势变化。这些设备很快便用在专门的心导管插入实验室中[①]，并迅速应用于床边。治疗严重的心律不齐（节奏扰乱）和心脏停搏（心跳突然停止）——心肌梗死后的主要致死原因成为可能。因此，有必要对发作过心脏病患者的心电图进行监测，以便这些情况被注意到并立即治疗。1963年，Day报告了在冠心病监护病房中对心梗后患者的治疗使死亡率减少60%。因而，冠心病监护病房（具有ECG监护仪）迅速增加。联机血压监护的增加很快随之而来。已经用于心导管插入实验室中的压力传感器，很容易适应于ICU中的监护仪。

随着更多自动化仪器的出现，ICU的护士可以花更少的时间手动测量传统的生命体征而用更多的时间观察和护理危重患者。同时形成一个新的趋势：有些护士离开床边来到中央控制台，在那里她们可以监测来自很多患者的心电图和其他生命体征报告。Maloney(1968)指出这是科技的不适当使用，它剥夺了患者的床边适当个人关注。他也建议由护士每隔几小时记录患者生命体征，"只是为确保常规的护士-患者接触"(Maloney, 1968)。

由于监测性能扩展了，医生和护士很快面临庞大数量的仪器，数据超载对他们构成威胁。几个调查人员提出数字计算机可能有助于解决与数据收集、检查和报告有关的问题。

### 17.2.2 计算机监护的发展

在美国有几个城市的团队将用于生理检测的计算机介绍进入ICU，首先是洛杉矶的Shubin和Weil(1966)，然后是盐湖城的Warner和同事们(1968)。这些调查人员有几个目的：①增加数据的有效性和准确性；②计算不能直接测量的派生变量；③提高患者护理效力；④允许显示患者数据的时间趋势；⑤在计算机辅助决策制定中提供帮助。这些团队的每一个都开发了自己的应用程序用在大型计算机系统上，这就需要一个大的计算机室并有专门人员保持系统一天24h正常运行。这些开发者使用的计算机在1965年每台花费超过200 000美元！其他研究员正全力处理患者监护方面更具体的挑战。例如，圣路易斯的Cox与合作者们开发了算法可针对心律紊乱实时分析心电图。心律失常监护系统，1969年安装在巴恩斯医院的冠心病监护病房中，运行在一台相对便宜的微型计算机上。

正如我们在第5章中所描述的，集成电路的出现和其他进步使得每个美元所能购买到的计算能力急剧增长。随着硬件变得更小、更可靠而且更便宜，同时开发出了更好的软件工具，简单的模拟处理被数字信号处理所代替。由先驱者开发出来的使用大型中央计算机的监测应用程序，如今可以在床边使用专用的基于微处理器的机器。

早期的床边监护仪围绕"弹力球"或者传统示波器及模拟计算机技术建立。随着计算机技术的进步，计算机监护的定义发生了改变。早期开发者把大部分时间花费在从模拟生理信号导出的数据上。很快计算机监护系统的数据存储和决策制定能力受到调查人员的认真审查。因此，20世纪60年代末和70年代初所认为的计算机患者监护如今完全嵌入床边监护仪，并被认为只是一个"床边监护仪"。具有数据库功能、报告生成系统和某些决策制定能力的系统通常被称为"计算机患者监护仪"。

### 17.3 数据获取和信号处理

微型计算机在床边监护仪的使用彻底变革了生理数据的获取、显示和处理。事实上如今销售的床边监护仪或呼吸机没有一台不用到至少一个微型计算机的。图17.3显示了一台床边监护仪的结构图。生理信号，例如，ECG从传感器获得，传感器将生物信号（如压力、流量或机械运动）转换为电信号。在现代的计算机化监护仪中，这些信号尽可能地接近于患者进行数字化。

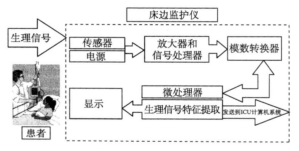

图17.3 一台现代床边监护仪的结构图。来自患者的生理信号由传感器获取。这些传感器将合适的生理信号转换为电信号，然后经放大和调节（通常是某一类的模拟滤波器），再将信号送到模数转换器（ADC），ADC将数据送到基于微处理器的信号处理器中，可以提取特征如心率和血压。经过处理之后，生理信号会在显示器上显示并通常会传送到中央ICU显示系统，以及经常送到电子病历中。

有些生物信号已经以电的形式存在。例如，经过心脏可记录为ECG（心电图）的电流。由人体表面电极获得的ECG电压信号很小——振幅只有几个毫伏。患者与床边监护仪是电隔离的，模拟ECG信号被放大到足够级别，从而能使用模数转换器将其转换为数字信号。然后可对数字信号进行处理，并显示结果(Weinfurt, 1990)（图17.4）。

---

① 一种过程，即管（导管）经由动脉或静脉进入心脏，允许心脏病专家测量心房中的压力，获得血液样本，为放射学过程注射对比染色剂等。

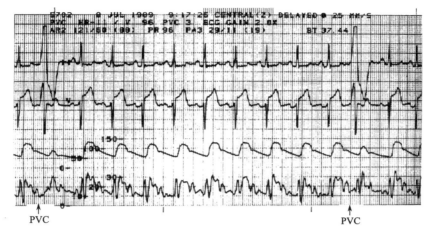

图 17.4 从患者床边记录的心电图(第 1、2 条迹线)、动脉压(第 3 条迹线)、肺动脉压(第 4 条迹线)。记录上注解的是床号(E702),日期(1989 年 7 月 8 日),时间(9:17:25)。同时记录的是常规节律,从 ECG(V)得出的 96 次/min 的心率,心脏收缩压 121mm/Hg,心脏舒张压 60mm/Hg,平均血压 88mm/Hg,从血压得出的 96 次/min 的心率。该患者每分钟有三次室性期前收缩;其中两次室性期前收缩可以在迹线中看到(在开始和接近结束处)。肺动脉压为 29/11,均值为 19mm/Hg,血液温度为 37.44℃。独立的监测系统确定这些数值并产生校准后曲线图。

正如第 5 章中所讨论的,抽样率是一个很重要的因素,可影响一个模拟信号和其数字表征之间的相似度。图 17.5 给出了以 4 种不同频率抽样得到的 ECG。以每秒 500 次测量的频率(图 17.5a),ECG 的数字化表征与 ECG 的模拟记录相似。ECG 的全部特征,包括 P 波的形状(心房的去极化)、QRS 复合波的振幅(心室的去极化)、T 波的形状(心室的恢复),均可如实再现。然而,当抽样频率下降到每秒 100 次测量时,QRS 复合波的振幅及形状就开始失真。当每秒只记录 50 个观察点时,QRS 复合波失真就非常明显,并且其他特征也开始出现失真。以每秒 25 次测量的记录频率,出现严重的信号失真,即使通过测量 R-R 波的间隔来估计心率也成问题。

## 17.3.1 内置(嵌入)微型计算机的优点

如今,床边监护仪包含了多个微型计算机,与计算机监护先驱者们使用的系统中可用的相比,具有更高的计算能力和存储能力。较之先前类似的设备,带有内置微型计算机的床边监护仪具有以下优点(Weinfurt,1990)。

• 数字计算机可存储患者波形信息如 ECG 的能力,允许复杂的模式识别和生理信号特征提取。现代基于微型计算机的床边监护仪使用多个 ECG 通道和模式识别方案,可识别异常波形模式,并对 ECG 心律失常进行分类。

• 目前来自多个 ECG 导联的信号质量可被监测并且干扰噪声减小到最低。例如,计算机可监测 ECG 体表电极接触电阻的降低。如果接触很差,监测器会提示护士更换指定的有问题电极。

• 在处理周期中,生理信号可通过及早转化为数字形式而被更有效地获得。然后波形处理(例如校准、滤波,参见第 5 章)便可在微型计算机中完成。上述过程通过消除手动校准的步骤简化了护士设置和操作床边监护仪的任务。

• 数字化生理信号波形的传输更加简单、可靠。数据的数字传输本身无噪声。因此,更新型的监测系统允许医疗专业人员查看患者的波形显示及派生参数,如心率和血压,可以在床边,在 ICU 中心站,或者在家中通过膝上计算机的调制解调器完成。图 17.6 是来自一台典型的床边患者监护仪的信号和数值特写。

• 挑选后的数据经数字化之后可容易保存。例如,感兴趣生理序列的 ECG 条,如心率失常周期性(图 17.7),可存储在床边监护仪中用于以后查看。今天的监护仪通常可以存储来自 ECG 导联和血压传感器的至少 24h 有时甚至更长时间的所有波形数据。

• 被测变量,如心率和血压,可在很长的周期中绘成曲线,帮助发现威胁生命的那些趋势。

• 目前,来自床边监护仪的报警更加"聪明",出现更少误报。过去,模拟报警系统只使用高-低阈值限制,容许信号伪差(Gardner,1997)。现在,通过使用来自一个信号的信息校验来自另一个信号的信息,基于计算机的床边监护仪通常能区别伪差和真正需要报警的情形,可以肯定地提示医师和护士真实的警报。例如,心率可以得自 ECG 或动脉血压,如果两个信号均显示危险的心动过速(快速心率),系统发声报警。如果两个信号不一致,监护仪会报告医疗专业人员潜在的仪器或医学问题。这一过程与利用来自更简单的床边监护仪警报的冗余信息来人工完成校验可能的问题是相似的。尽管床边监护仪有这些进步,然而误报警仍然非常普遍(Tsien and Fackler,1997;Koski et al.,1995;Goldstein B,2003)。

• 系统升级简单。仅仅只读存储器(ROM)中的软件程序需要改变;更老的模拟系统需要硬件置换。

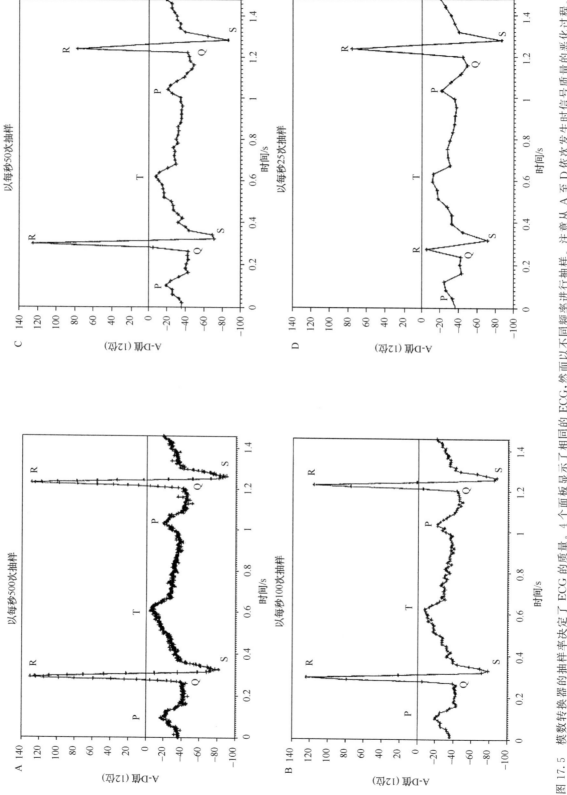

图17.5 模数转换器的抽样率决定了ECG的质量。4个面板显示了相同的ECG，然而以不同频率进行抽样。注意从A至D依次发生时信号质量的恶化过程。ECG分别以每秒500(A)、100(B)、50(C)、25(D)次测量进行抽样。

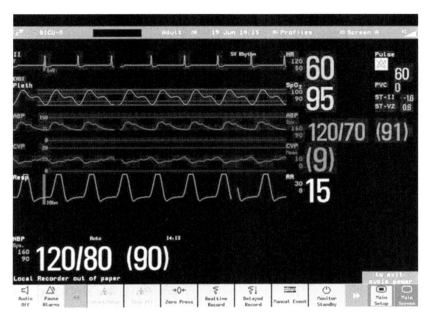

图 17.6 一台现代床边监护仪的屏幕显示器特写,显示了生理波形和处理所显示数据而得到的数值。

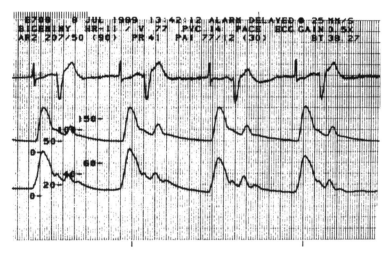

图 17.7 显示了一患者的 ECG(上方迹线)、动脉(中间迹线)、肺动脉(下方迹线)压力波形的一个条带。该患者具有潜在的威胁生命的心律失常,其中心跳成对出现——被称为二联脉的模式。注意,由于 ECG 模式上的两次额外心跳,由此产生的压力波形跳动显著变小,标志着心脏没有为额外心跳而泵出大量血液。患者心率,从 ECG 得到的为 77 次/min,但是从血压得到的只有 41 次/min。心脏以 41 次/min 的非常低的速率有效地跳动。

## 17.3.2 心律失常监测——信号获取与处理

虽然一般用途的计算机生理监测系统目前被广泛采用,但计算机 ECG 心律失常监测系统依然很快被接受(Weinfurt,1990)。心电图仪心律失常分析是床边监护任务中最复杂最困难的一项。常规的心律失常监测,依靠人们观察所显示的信号,昂贵、不可靠、单调而且对于观察者是充满压力的。克服这些局限性的一个早期的方法是购买一个在分时中央计算机上运行的心律失常监测系统。这种小型机系统通常监测 8~17 个患者,花费至少 50 000 美元。

相比之下,最新的床边监护仪具有内置(嵌入)的心律失常监测系统。这些计算机通常使用 32 位结构、波形模板和实时特征提取,其中计算机测量诸如 R-R 间期、QRS 复合波宽度这样的特征,以及模板相关性,其中引入波形与已分类波形进行逐点比较(Weinfurt,1990)。图 17.8 显示了来自一台商用床边监护仪的输出。床边监护仪还在存储器中保留了 ECG 迹线记录,以便医疗专业人员以后可以查看信息。

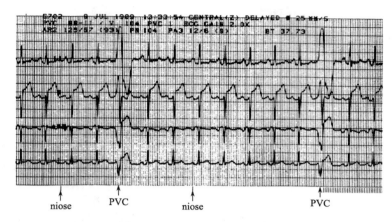

图 17.8 利用来自 ECG 4 个导联的信号,计算机正确地将一个节律异常分类——在该病例中,是一个期前室性收缩(PVC)。

**1. 波形分类**

处理 ECG 节律的计算机算法获得抽样数据,如在图 17.5 中显示的那些,并提取特征,如 QRS 复合波的振幅和持续时间(Weinfurt,1990)。在大多数方案中,每当 QRS 探测器跳闸,它就会发信号通知一个节拍分类子程序,该程序可同时接收四个通道的 ECG 数据。这样一个节拍分类设方案每一个进来的节拍波形与已经为该患者设立的一个或多个临床相关波形类进行比较。如果新的波形与那些已分类波形的任何一个相匹配,则哪一波形类的模板会被更新以反映形状上任何微小发生的改变。大多数节拍分类方案有能力存储多达 30 个模板。这些多导监护仪的该性能引人注目,但是,这样的心律失常监护仪仍然是不完美的。

检测和识别起搏器信号给数字计算机监护系统形成特殊问题。起搏器信号不可靠地穿越模拟采集电路,并且起搏器"尖峰"非常狭窄,以至于可能在数据采样之间发生而被完全遗漏。因此,可用特别的模拟"注射"方法增强起搏器"尖峰",从而使其更容易地检测到。

**2. 全面显示(Full-disclosure)和多导 ECG 监测**

当代中央监护仪将上述数字波形分析的优点与高容量磁盘驱动相结合,来存储一天或多天有价值的连续波形数据,包括 ECG。这些监护仪中的某些可支持在逐秒测量基础上记录全面显示或全部 12 导 ECG 的合成。图 17.9 展示了在 24h"全面显示"ECG 视图的一部分中一个室性心动过速的进行。图 17.10 展示了一台床边生理监护仪,显示了带有计算机化解释的全部 12 导 ECG 的网页视图。

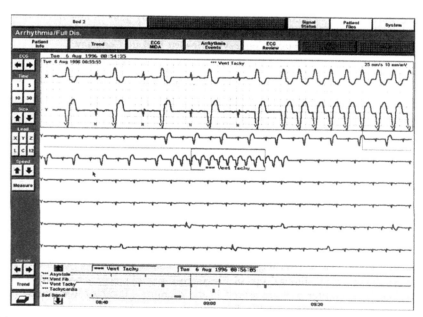

图 17.9 "全面显示"ECG 视图。该系统存储 48h 的连续波形连同心律失常信息。波形能以类似于 Holter 显示的高压缩格式进行显示。(资料来源:感谢 Philips 医学系统提供。)

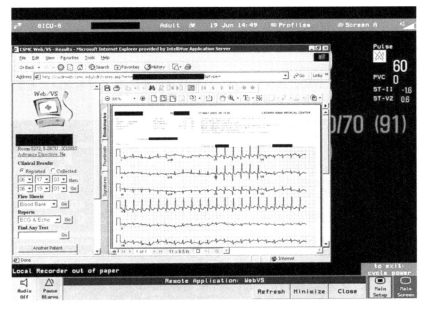

图 17.10　在一台床边生理监护仪上观察的带有计算机化 ECG 解释的"全面显示"12 导 ECG 的网页视图。（资料来源：感谢 Dr. M. Michael Shabot 提供。）

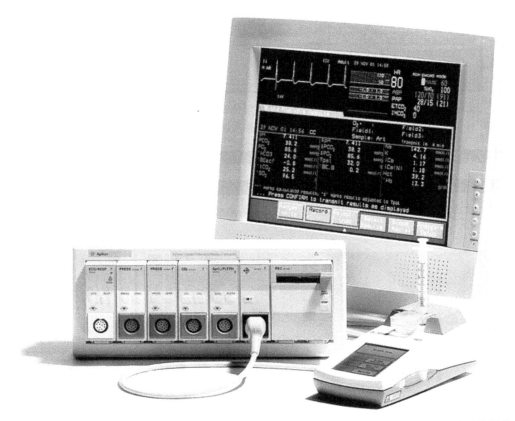

图 17.11　看护设备的血液分析点和一台床边生理监护仪。（资料来源：感谢 Philips 医学系统提供。）

ECG 的 ST 段分析也变得非常重要，因为 ST 段位移是心肌缺血发作的预示。在开放性心脏手术和溶解血栓治疗管理中的改变都以 ST 段的分析为基础。多导监护仪现在提供机会监测 ST 段的变化。

### 17.3.3　护理实验室检验的床边点

在过去的 10 年中，实验室化学药品、血液学和血气检验过程已经取得进步，即从将特定液体试剂与血液或血清相混合进行分析的"湿"方法到拿来血液样本与试剂袋相接触进行分析的或多或少的"干"阶段。另外的开发使血液分析桶和血液分析机器小型化,以至于整个分析系统由连接到床边生理监护仪的一个小的插件单元组成(图17.11)。

许多实验室检验,包括 pH、$PO_2$、$PCO_2$、$HCO_3$、电解液、葡萄糖、离子钙、其他化学物质、血色素以及血细胞比容,用2、3滴血在2min之内就可以完成。结果显示在床边生理监护仪上,并存储在监护仪数据库中用于和以前结果进行比较(图17.12)。这些在床边获得的实验室结果也会通过监护网络和医院的主干网络自动传输到实验室计算机系统,以及有需求的其他系统,以便结果能整合到患者的长期记录中。

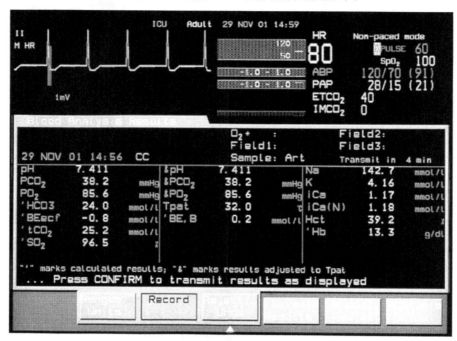

图17.12　飞利浦医学系统IntelliVue监护系统床边血气检验结果的生理监护仪显示。以前的测量存储在监护仪中,并与当前结果共同显示。(资料来源:感谢Philips医学系统提供。)

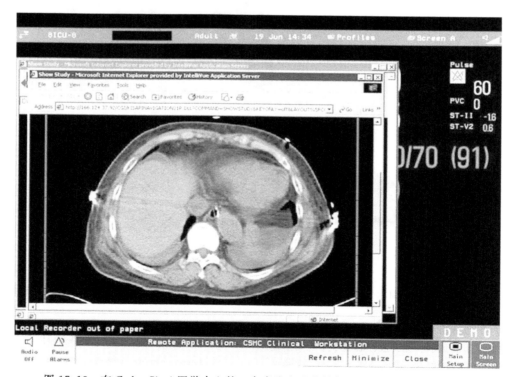

图17.13　在Cedar-Sinai医学中心的一台床边生理监护仪上显示的腹部CT影像。
(资料来源:感谢Dr. M. Michael Shabot提供。)

## 17.3.4 计算机监测和重症监护室(ICU)信息系统的商业开发

基于标准微型计算机服务器硬件和软件平台的中央站和综合心律失常系统的开发使其在临床环境中有广泛应用。这些系统拥有先前为更大系统所保留的数据库和分析功能,并且有超过 2000 个这样的系统正在全世界范围内的 ICU 中使用。

近些年,对于数据输入和显示,床边监护仪已经成为焦点。事实上,现今出售的大多数床边监护系统也可以从临床实验室、床边实验室设备如血液化学机,以及大量其他设备如呼吸机中获取和显示数据。不幸的是,这些监护仪每一个都有自己所拥有的通信协议和数据获取方案。结果,用户团体就面对着功能类似"小型"患者数据管理系统的床边监护仪。此外,在重症监护设置中为患者捕获并管理所有临床数据的要求(不仅仅是患者监护数据)促成专用 ICU 信息系统的开发(见 17.4 节)。对于医院而言,获得计算机床边监护仪是很平常的事情,这些监护仪必须通过界面连接到一个 ICU 信息系统,可以依次通过界面与医院的临床信息系统连接。几家大型、有能力而且信誉好的制造商已经在全球范围内提供了超过 350 个基于计算机的 ICU 信息系统。投入这种计算机图表和监护系统开发的三家主要的公司是菲利浦医学系统公司(研发了 Carevue 系统,shabot,1997b);通用电器医学系统公司(即以前的 Marqueette 电子公司,研发了中心临床信息系统),和 Eclipsys 公司(前身为 EMTEK,研发了连续一体的 2000 计算机化图表应用系统,Brimm,1987;Cooke and Barie,1998)。

在商用生理监护系统处于开发的时期,成像系统——X 射线、计算机断层扫描(CT)和核磁共振成像(MRI)也经历了主要的发展和转变(参见第 18 章)。医学成像在危重病诊断和治疗中起着主要作用。现今大多数医学图像可以用数字形式表示,便于护理提供者快速方便地通过网络存取医学图像。图 17.13 显示了来自 Cedars-Sinai 医学中心 ICU 里一个患者的腹部 CT 扫描。

## 17.4 重症监护室(ICU)中的信息管理

床边患者监护的目的之一是迅速探测威胁患者生命的事件,以便在其造成不可逆的器官损害或者死亡之前对其进行处理。危重病患者的护理要求大量的技能,而且需要迅速、正确的治疗决策。医疗专业人员通过频繁的观察和测试收集大量的数据,而更多的数据由连续监护设备记录下来。医生通常为这样的患者开出复杂的治疗处方。结果,庞大数量的临床数据堆积起来。(Buchman,1995;Kahn,1994;Sailors and East,1997;Shabot,1995;Morris,2003)。如果堆积的数据没有以简洁的、组织好的形式呈现出来,医疗专业人员就可能错过重要的事件和趋势。另外,管理这些患者的难题由于经济压力减少诊断和治疗介入花费而变得更有挑战性。

护理的连续性对于危重患者尤其重要。这些患者由医生、护士和治疗师组成的团队为其服务。数据经常会从一个个体传递给另一个(例如,实验室技术员通话病房工作人员,由其报告信息给护士,护士依次把信息传递给医生,医生作出决策)。在这一传输过程中,每一步易受延迟和错误的影响。医疗记录是确保对患者进行持续性护理的首要工具。

### 17.4.1 计算机图表

如在第 2 章和第 12 章中所讨论的,传统医疗记录有几个局限。由于所收集的数据量很大而做出多个治疗决策所允许的时间很短,差的或不灵活的组织、模糊难辨及身体可用性的缺乏等问题与危重病患者的医疗记录特别相关。

拥有统一标准医疗记录的重要性在 20 世纪 80 年代中期在 LDS 医院进行的一项研究中得到证实(Bradshaw et al.,1984)。调查者保留了医生在休克创伤 ICU 中制定治疗决策(图 17.14)中所用数据的细节记录。调查者惊讶地发现,假设生理床边监护仪始终存在于 ICU 病房中,实验室和血气数据是最常使用的(总数的 42%)。临床医生的观察(21%)与药物和流体平衡数据(22%)也经常被用到。在制定治疗决策所用的数据中,床边生理监护仪仅占 13%。这些发现清楚地表明数据来自几个来源,不仅来自传统的生理监护设备,而且还必须能传达并整合进一个统一标准的医疗记录以允许在 ICU 中的有效决策和治疗。在斯坦福大学和 Cedars-Sinai 医学中心的调查者所做的更多近期研究进一步支持了对综合记录与方法的需求,以在 ICU 组(Reddy,2002)所需要的"公共推理"中提供帮助。

为具有有效性,ICU 中的计算机图表必须支持多种类型的数据收集。如图 17.14 所示,所收集数据的很大

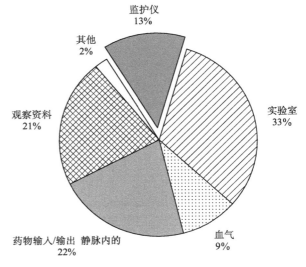

图 17.14 饼图表示在休克创伤 ICU 中医生制定治疗决策时使用的各种数据。I/O:输入-输出;IV:静脉内的。

百分比来自于典型的手动工作,如给药或者听诊呼吸或心音。更进一步,许多将数据呈现在电子表格中的仪器要求由人对数据进行观察并输入患者图表。因而,计算机图表系统必须能从自动化的、遥远的站点收集各种各样的数据,同时也能从床边的医疗提供者那里获得数据。口头的和转录的报告(如病史、身体检查和 X 射线报告)仍然代表了为 ICU 临床工作者提供的计算机可读但未编码信息的一个巨大而重要的来源。不幸的是,大多数计算机图表系统处理的是需要进行制图的数据的一个有限集(通常仅仅是床边监护数据)。

图 17.15 说明了 ICU 图表的复杂性。现代计算机化的 ICU 流程图和药物管理记录展示如图 17.16 和图 17.17 所示。图表必须用文档记录医疗工作者的活动以符合医学的和法律的要求。(图 17.15 中的第 1、2 项)。

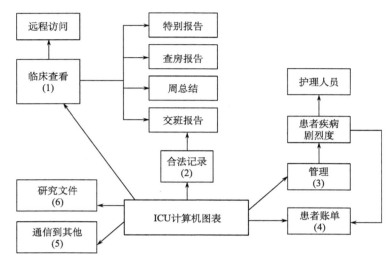

图 17.15 框图显示了 6 个主要区域,其中医疗专业人员与计算机 ICU 图表的交流互动使得患者护理更有效力和有效率。功能的解释见正文。[资料来源:经 Gardner R. M/、Sitting D. F、Budd,M. C.[1989] 许可重印。ICU 中的计算机:匹配还是不匹配? In Shoemaker W. C. , et al. (Eds.),危重护理教科书(第 2 版,249 页),Philadelphia;W. B. Saunders。]

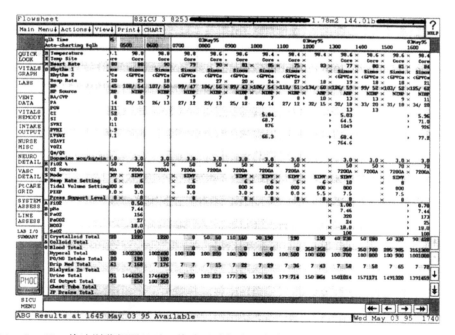

图 17.16 CareVue 快速浏览概要显示。快速显示包含了来自流程图不同部分的重要数据的概要。快速浏览显示的内容和外观可根据每个临床区域进行设定。(资料来源:M. Michael Shabot。)

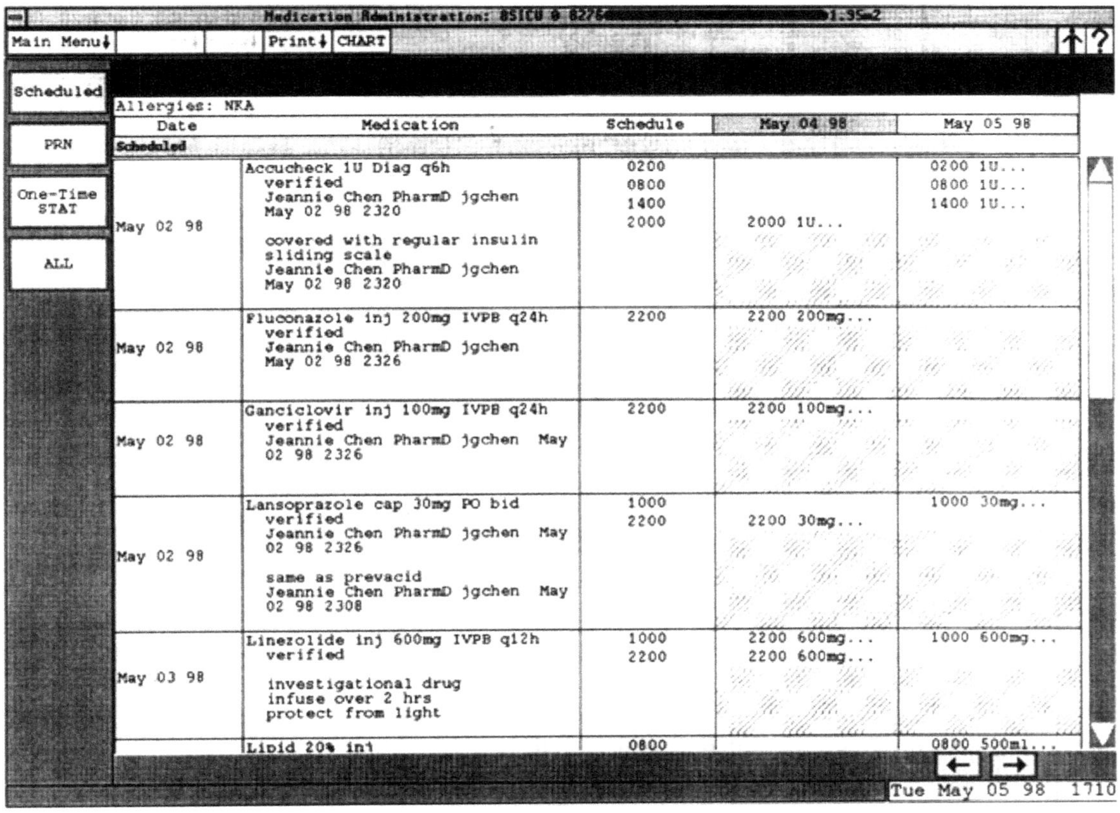

```
                Medication Administration: 8SICU 8275           1:95-2
Main Menu↓        ↓ Print↓ CHART                                  ↑ ?
┌──────────┬──────────────────────────────────────────────────────────┐
│Scheduled │ Allergies: NKA                                           │
│          │  Date        Medication         Schedule  May 04 98  May 05 98│
│   PRN    │ Scheduled                                                │
│          │           Accucheck 1U Diag q6h    0200              0200 1U...│
│ One-Time │           verified                 0800              0800 1U...│
│   STAT   │           Jeannie Chen PharmD jgchen 1400            1400 1U...│
│          │ May 02 98  May 02 98 2320          2000   2000 1U... │
│   ALL    │           covered with regular insulin                   │
│          │           sliding scale                                  │
│          │           Jeannie Chen PharmD jgchen                     │
│          │           May 02 98 2320                                 │
│          │           Fluconazole inj 200mg IVPB q24h 2200 2200 200mg...│
│          │           verified                                       │
│          │ May 02 98  Jeannie Chen PharmD jgchen                    │
│          │           May 02 98 2326                                 │
│          │           Ganciclovir inj 100mg IVPB q24h 2200 2200 100mg...│
│          │           verified                                       │
│          │ May 02 98  Jeannie Chen PharmD jgchen May                │
│          │           02 98 2326                                     │
│          │           Lansoprazole cap 30mg PO bid  1000         1000 30mg...│
│          │           verified                     2200 2200 30mg... │
│          │ May 02 98  Jeannie Chen PharmD jgchen May                │
│          │           02 98 2326                                     │
│          │           same as prevacid                               │
│          │           Jeannie Chen PharmD jgchen May                 │
│          │           02 98 2308                                     │
│          │           Linezolide inj 600mg IVPB q12h 1000 2200 600mg... 1000 600mg...│
│          │           verified                     2200 2200 600mg...│
│          │ May 03 98  investigational drug                          │
│          │           infuse over 2 hrs                              │
│          │           protect from light                             │
│          │           Lipid 20% inj                 0800         0800 500ml...│
└──────────┴──────────────────────────────────────────────────────────┘
                                                         ← →
                                                    Tue May 05 98 1710
```

图 17.17 CareVue 药物管理记录(MAR)显示。在该系统中所有药物都是一剂接一剂来制表的。
(资料来源:M. Michael Shabot。)

除此之外,许多被记入图表的数据用于管理和对账的目的(图 17.15 的第 3、4 项)。许多计算机系统忽视了这些需求从而无意地迫使临床工作者在不止一个地方绘制同一信息的图表。在医院中有效率的管理是需要的,特别是在规定了管理式医疗保健策略实施办法之后(参见第 23 章)。医院现在有强烈的动机想知道过程的花费并想控制这些花费。因此,知道患者的病情轻重是必要的,这样依次允许管理者规划护理人员的需求并根据疾病程度解决患者的护理。与医院内部其他部门的沟通(图 17.15 的第 5 项)是强制的。从办公室或家里访问临床和管理的信息对于医师是很大的便利。有了计算机记录,这种交流变得更加容易。由于计算机 ICU 记录存储在系统中,它随时可用于研究目的(图 17.15 中的第 6 项)。任何为研究目的而曾设法从手工患者图表中检索数据的人将会认可计算机能力的价值。

为满足危重病患者所必需的临床管理需求,也提供足够的法律记录,大多数患者数据管理系统生成各种报告。在 LDS 医院,除了在图 17.2 中显示的查房报告以外,还有各种其他的报告。图 17.18 显示了一个护理交班报告。12h 报告以文档形式记录了生理数据并总结了在其上部区域的实验室数据。在下部区域,显示了所给每一药物和所施用每一静脉内流体的记录。它列出了看护患者的护士;护士在她们的名字后写上自己的姓名首字母来表明她们已经核实过数据。总的液体摄取数据从静脉内的数据获得,而对液体排出数据也做了总结。这允许一个净输入输出平衡的计算用于交班。

对于已经在 ICU 住了几天的患者,对恢复过程的更广泛观察是必要的。因此,LDS 医院的系统准备了周报告,可对于每一个过去的 7 个 24h 周期进行数据总结(图 17.19)。数据已经存储在计算机中,所以不需额外的数据输入来生成报告。一个程序提取并格式化数据。

图 17.20 显示了一个血气报告,标示患者血液的酸碱平衡状态和血液的携氧能力。注意,除了血液的数字参数外,患者的呼吸状态也显示出来。基于所有这些临床数据,计算机提供一个解释。对于威胁生命的情形,计算机提示工作人员采取必要的行动。

## 17.4.2 派生变量的计算

增加的血流动力学、肾脏和肺部监护的混合信号导致需要计算派生参数;第一次,重症监护室的工作人员不得不处理数字。首先,使用袖珍计算器,由一个细心的护士执行每一步。然后,可编程计算器接手这项任务,使计算更加简单、快速和精确(Shabot,1982;Shabot et al.,1977)。不久,这些装置被便携式计算机取代。这些系统中的一些还提供了图形绘制和解释。

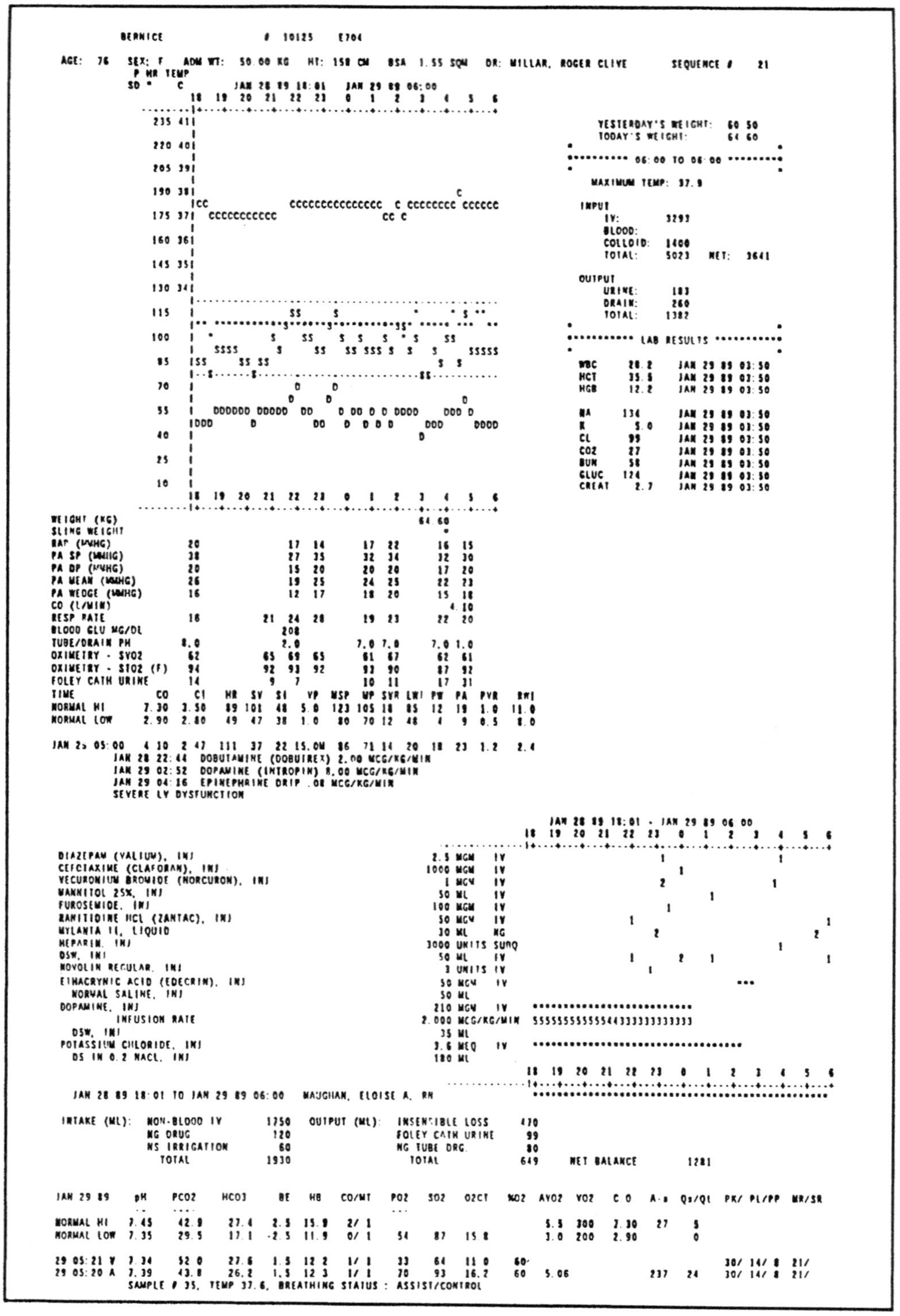

```
BERNICE                # 10125    E704

AGE:  76   SEX: F   ADM WT:  50.00 KG   HT: 158 CM   BSA  1.55 SQM   DR: MILLAR, ROGER CLIVE      SEQUENCE #   21
  P HR TEMP
 SD *    C         JAN 28 89 18:01    JAN 29 89 06:00
              18  19  20  21  22  23   0   1   2   3   4   5   6
   235 41|                                                        YESTERDAY'S WEIGHT:   60.50
   220 40|                                                        TODAY'S WEIGHT:       64.60
   205 39|                                                      ********** 06:00 TO 06:00 *********
   190 38|                                                        MAXIMUM TEMP:  37.9
   175 37|                                                        INPUT
   160 36|                                                          IV:        3293
   145 35|                                                          BLOOD:
   130 34|                                                          COLLOID:   1400
   115   |                                                          TOTAL:     5023   NET:  3641
   100   |                                                        OUTPUT
    85   |                                                          URINE:     183
    70   |                                                          DRAIN:     260
    55   |                                                          TOTAL:     1382
    40   |                                                      ********** LAB RESULTS **********
    25   |                                                        WBC     28.2   JAN 29 89 03:50
    10   |                                                        HCT     35.5   JAN 29 89 03:50
              18  19  20  21  22  23   0   1   2   3   4   5   6  HGB     12.2   JAN 29 89 03:50
                                                                  NA     134     JAN 29 89 03:50
                                                                  K        5.0   JAN 29 89 03:50
                                                                  CL      99     JAN 29 89 03:50
                                                                  CO2     27     JAN 29 89 03:50
                                                                  BUN     58     JAN 29 89 03:50
                                                                  GLUC   124     JAN 29 89 03:50
                                                                  CREAT    2.7   JAN 29 89 03:50
WEIGHT (KG)                                        64.60
SLING WEIGHT
RAP (MMHG)             20            17  14    17  22    16  15
PA SP (MMHG)           38            27  35    32  34    32  30
PA DP (MMHG)           20            15  20    20  20    17  20
PA MEAN (MMHG)         26            19  25    24  25    22  23
PA WEDGE (MMHG)        16            12  17    18  20    15  18
CO (L/MIN)                                                4.10
RESP RATE              18        21  24  28    19  23    22  20
BLOOD GLU MG/DL                      208
TUBE/DRAIN PH         8.0            2.0       7.0 7.0   7.0 1.0
OXIMETRY - SVO2        62        65  69  65    61  67    62  61
OXIMETRY - STO2 (F)    94        92  93  92    93  90    87  92
FOLEY CATH URINE       14         9   7        10  11    17  31
TIME            CO    CI    HR  SV  SI   VP  MSP  MP SVR LWI PW  PA  PVR  RWI
NORMAL HI     7.30  3.50   89 101  48  5.0  123 105 18  85  12  19  1.0  11.0
NORMAL LOW    2.90  2.80   49  47  38  1.0   80  70 12  48   4   9  0.5   8.0

JAN 29 05:00  4.10  2.47  111  37  22 15.0M  86  71 14  20  18  23  1.2   2.4
        JAN 28 22:44  DOBUTAMINE (DOBUTREX) 2.00 MCG/KG/MIN
        JAN 29 02:52  DOPAMINE (INTROPIN) 8.00 MCG/KG/MIN
        JAN 29 04:16  EPINEPHRINE DRIP .08 MCG/KG/MIN
        SEVERE LV DYSFUNCTION

                                                      JAN 28 89 18:01 - JAN 29 89 06:00
                                                  18  19  20  21  22  23   0   1   2   3   4   5   6
 DIAZEPAM (VALIUM), INJ                     2.5 MGM    IV
 CEFOTAXIME (CLAFORAN), INJ                1000 MGM    IV
 VECURONIUM BROMIDE (NORCURON), INJ           1 MGM    IV
 MANNITOL 25%, INJ                           50 ML     IV
 FUROSEMIDE, INJ                            100 MGM    IV
 RANITIDINE HCL (ZANTAC), INJ                50 MGM    IV
 MYLANTA II, LIQUID                          30 ML     NG
 HEPARIN, INJ                              3000 UNITS SUBQ
 D5W, INJ                                    50 ML     IV
 NOVOLIN REGULAR, INJ                         3 UNITS  IV
 ETHACRYNIC ACID (EDECRIN), INJ              50 MGM    IV
   NORMAL SALINE, INJ                        50 ML
 DOPAMINE, INJ                              210 MGM    IV
        INFUSION RATE                     2.000 MCG/KG/MIN  5555555555554433333333333
   D5W, INJ                                  35 ML
 POTASSIUM CHLORIDE, INJ                    3.6 MEQ    IV
   D5 IN 0.2 NACL, INJ                      180 ML
                                                  18  19  20  21  22  23   0   1   2   3   4   5   6

  JAN 28 89 18:01 TO JAN 29 89 06:00   MAUGHAN, ELOISE A. RN

 INTAKE (ML):  NON-BLOOD IV      1750   OUTPUT (ML):  INSENSIBLE LOSS    470
               NG DRUG            120                 FOLEY CATH URINE    99
               NS IRRIGATION       60                 NG TUBE DRG.        80
                 TOTAL           1930                   TOTAL            649   NET BALANCE     1281

 JAN 29 89    pH    PCO2    HCO3    BE    HB   CO/MT   PO2   SO2   O2CT   %O2  AVO2  VO2   C.O   A-a  Qs/Qt  PK/ PL/PP  MR/SR

 NORMAL HI   7.45   42.9    27.4   2.5  15.9   2/ 1                            5.5  300  7.30   27    5
 NORMAL LOW  7.35   29.5    17.1  -2.5  11.9   0/ 1    54    87   15.8         3.0  200  2.90         0

 29 05:21 V  7.34   52.0    27.6   1.5  12.2   1/ 1    33    64   11.0   60'                                30/ 14/ 8  21/
 29 05:20 A  7.39   43.8    26.2   1.5  12.3   1/ 1    70    93   16.2   60   5.06              237   24    30/ 14/ 8  21/
             SAMPLE # 35, TEMP 37.6, BREATHING STATUS : ASSIST/CONTROL
```

图 17.18　在 LDS 医院 12h ICU 护理交班的交班报告。(资料来源:感谢 LDS 医院提供。)

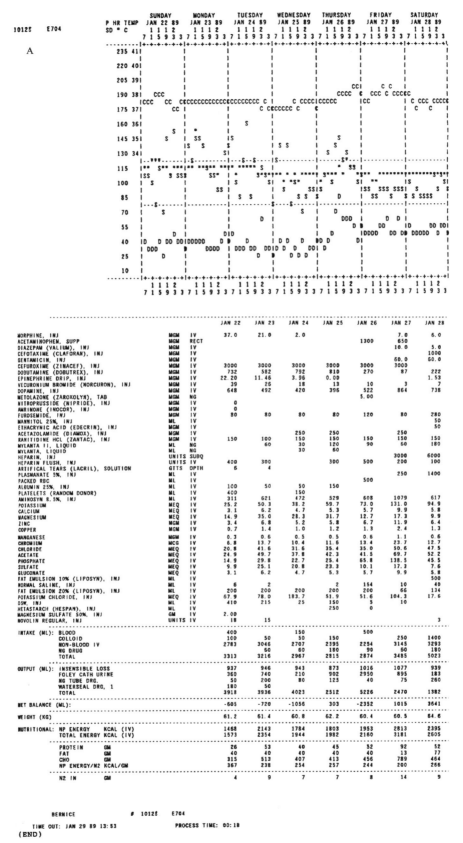

图 17.19 在 LDS 医院由 HELP 系统产生的一个周（7 日）重症监护病房（ICU）报告的两部分（A，B）。该报告为每个患者提供了一个每日体重、流体平衡、药物和生理数据的总结。（资料来源：HELP 系统，LDS 医院。）

```
                    LDS  HOSPITAL  BLOOD  GAS  REPORT

      STEVEN                   NO. 10072    DR. STINSON, JAMES B.        RM E609
              SEX: M  AGE: 43

   JAN 05 89   pH   PCO2  HCO3   BE    HB  CO/MT  PO2   SO2  O2CT   %O2  AVO2  VO2    C.O.  A-a  Qs/Qt  PK/ PL/PP  MR/S
   NORMAL HI  7.45  40.6  25.9   2.5  17.7  2/ 1                          5.5  300    7.30   22    5
   NORMAL LOW 7.35  27.2  15.7  -2.5  13.7  0/ 1   64    91   18.5        3.0  200    2.90    0

   05 04:36 V 7.43  34.5  22.7   -.4  11.5  2/ 1   42    76   12.3   40                              75   12    30/ 28/ 5  20/
   05 04:35 A 7.48  29.3  21.7   .8   11.6  2/ 1  128    96   15.9   40   3.43                                    30/ 28/ 5  20/
              SAMPLE # 37, TEMP 37.3, BREATHING STATUS : ASSIST/CONTROL
              MILD ACID-BASE DISORDER
              MODERATELY REDUCED O2 CONTENT
              SUPRA-NORMAL PO2
              PULSE OXIMETER SO2  96.0

   04 04:20 V 7.45  36.1  24.9   1.9  10.2  2/ 1   37    72   10.4   40                              111   18   26/ 20/ 5  21/
   04 04:19 A 7.49  31.6  24.0   2.0  10.2  2/ 1   90    95   13.7   40   3.36  353  10.50                        26/ 20/ 5  21/
              SAMPLE # 36, TEMP 37.5, BREATHING STATUS : ASSIST/CONTROL
              MILD ACID-BASE DISORDER
              SEVERELY REDUCED O2 CONTENT (13.7) DUE TO ANEMIA (LOW HB)
              PULSE OXIMETER SO2  93.0

   03 06:05 A 7.44  35.8  24.1   1.0  11.7  2/ 1   91    95   15.7   40                             105         26/ 22/ 5  23/
              SAMPLE # 35, TEMP 37.0, BREATHING STATUS : ASSIST/CONTROL
              NORMAL ARTERIAL ACID-BASE CHEMISTRY
              MODERATELY REDUCED O2 CONTENT
              PULSE OXIMETER SO2  93.0

   02 04:16 V 7.46  37.4  26.4   3.4   9.1  1/ 1   35    71    9.1   40                             109   17   32/ 25/10  20/
   02 04:15 A 7.51  32.4  25.8   3.9   9.5  2/ 1   91    95   12.8   40   3.29  237   7.20                       32/ 25/10  20/
              SAMPLE # 34, TEMP 37.1, BREATHING STATUS : ASSIST/CONTROL
              MODERATE METABOLIC ALKALOSIS
              SEVERELY REDUCED O2 CONTENT (12.8) DUE TO ANEMIA (LOW HB)
              PULSE OXIMETER SO2  95.0

   01 10:53 A 7.47  37.0  26.8   4.0  11.1  1/ 1   77    94   14.7   60                             238         36/ 27/10  20/
              SAMPLE # 33, TEMP 37.7, BREATHING STATUS : ASSIST/CONTROL
              MILD ACID-BASE DISORDER
              MODERATELY REDUCED O2 CONTENT
              PULSE OXIMETER SO2  93.0

   01 03:59 V 7.41  46.2  29.0   4.5  10.0  1/ 1   42    73   10.2   80                                         /  /12  20/
   01 03:58 A 7.46  39.2  27.7   4.5   9.9  1/ 1  146    97   13.7   80   3.64  331   9.10  287   23            /  /12  20/
              SAMPLE # 32, TEMP 38.4, BREATHING STATUS : ASSIST/CONTROL
              MILD ACID-BASE DISORDER
              SEVERELY REDUCED O2 CONTENT (13.7) DUE TO ANEMIA (LOW HB)
              SUPRA-NORMAL PO2

   01 00:39 A 7.44  42.2  28.4   4.7  10.0  1/ 1  104    95   13.5   90                             386         /  /10  20/
              SAMPLE # 31, TEMP 38.9, BREATHING STATUS : ASSIST/CONTROL
              MILD ACID-BASE DISORDER
              SEVERELY REDUCED O2 CONTENT (13.5) DUE TO ANEMIA (LOW HB)
              PULSE OXIMETER SO2  91.0

   31 23:35 A 7.42  42.4  27.2   3.2  10.1  1/ 1   63    87   12.3   65                             276         /  / 5  20/
              SAMPLE # 30, TEMP 39.0, BREATHING STATUS : ASSIST/CONTROL
              MILD ACID-BASE DISORDER
              MODERATE HYPOXEMIA
              SEVERELY REDUCED O2 CONTENT (12.3) DUE TO ANEMIA (LOW HB)
              PULSE OXIMETER SO2  83.0

   31 16:00 A 7.49  34.4  26.1   3.8   9.7  1/ 1   87    95   13.1   40                             111         /  / 5  21/
              SAMPLE # 29, TEMP 37.8, BREATHING STATUS : ASSIST/CONTROL
              MILD ACID-BASE DISORDER
              SEVERELY REDUCED O2 CONTENT (13.1) DUE TO ANEMIA (LOW HB)

   PRELIMINARY INTERPRETATION -- BASED ONLY ON BLOOD GAS DATA.  ***(FINAL DIAGNOSIS REQUIRES CLINICAL CORRELATION)***
   KEY: CO=CARBOXY HB, MT=MET HB, O2CT=O2 CONTENT, AVO2=ART VENOUS CONTENT DIFFERENCE (CALCULATED WITH AVERAGE OF A &V HB VALU
        VO2=OXYGEN CONSUMPTION, C.O.=CARDIAC OUTPUT, A-a=ALVEOLAR arterial O2 DIFFERENCE, Qs/Qt=SHUNT, PK=PEAK, PL=PLATEAU, PP=PEE
        MR=MACHINE RATE, SR=SPONTANEOUS RATE.        *** SPECIMEN IDENTIFICATION: BLOOD (A=ARTERIAL, V=VENOUS, C=CAPILLARY, W=WEDG
                                                   FLUIDS (P=PLEURAL, J=JOINT, B=ABDOMINAL, S=ABSCESS); E=EXPIRED AIR;
                                                   ECCO2R (I=INFLOW, M=MIDFLOW, O=OUTFLOW)

   KEEP FULL PAGE FOR RECORDS
   (END)
```

图 17.20　血气报告显示了患者的预测值及测量值。该计算机提供了决策解释和警报设施。注意该报告以时间倒序总结了患者在整个 8d 过程里的血气状况。(资料来源：感谢 LDS 医院提供。)

## 17.4.3　决策制定帮助

好医师的一个标志是有能力做出正确的临床判断。医疗决策在传统上被认为是直觉的也是科学的过程。然而，最近以来，决策制定的形式方法已被应用到解决医疗问题上(参见第 3 章)，计算机辅助医疗决策已经得到更广泛的认可(见第 20 章决策支持系统的讨论)。我们现在有机会使用计算机来帮助 ICU 中的工作人员完成医疗决策制定的复杂任务。例如，在盐湖城 LDS 医院 HELP 计算机系统已有效地用于辅助重症监护室抗生素使用决策制定(Evans et al.，1998；Garibaldi，1998)。所谓的"抗生素辅助"提供了对于特定患者特定推荐抗生素的建议，并进一步建议应给剂量和执行模式(例如 IV)也要基于患者的体型大小和肾功能(图 17.21)。该系统为 ICU 患者收集和整合各种来源的数据。数据由"帮助"决策系统自动处理，以确定是否是新的信息，独自地或者与该患者记录中的其他数据相结合(如化验结果或先前生成的决定)，产生一个新的医疗决策。这些由计算机生成的医疗决策基于存储在该系统知识库中预先确定的标准。

"帮助"决策系统已应用于以下范围。

- 数据解释。例如，基于血气报告和血流动力学参数的呼吸状况解释。
- 警报。例如，在开药时关于该药物禁忌的告知。
- 诊断。例如，医院感染的检测。
- 治疗建议。例如，关于开最有效的抗生素的建议。

```
4700XXXX  公众，JOHN Q.    E799       58yr M       DX:CAD
-Max 24hr WBC=9.4↓(14.3)              接纳：07/15/03.01:30Max 24 Temp=38.1   ↓(38.2)
-肾功能：受损. CrCl=35.  Max 24hr   Cr=1.7↑(1.6)    IB       质量:70kg
-抗生素过敏：青霉素类,
-当前的抗生素：
1.07/30/03 13d    氟康唑 IN NS(大扶康)。     IVPB 200.       Q 24 hrs
2.08/02/03 13d    亚胺培南/西司他丁(PRIMAXIN), VIAL500.     Q 12 hrs
3.08/08/03 4d     左氧氟沙星/D5W(左氟沙星),    PIGGYBACK250.  Q 24 hrs
-确定病原体       所在地                收集时间
p 肠道杆菌        痰                    08/07/03.11:13
-抗生素的建议     剂量       路径        间期
亚胺培南          500mg      静脉内      *q12h    (注入超过1h)
建议抗生素时间：10d
*基于患者肾功能进行调整。
P=基于抗菌谱或同一病原体 w/ 敏感性的易感性
注意：如果过敏包括风疹或支气管痉挛或喉痉挛，头孢菌素类，亚胺培南和青霉素能交叉反应。 替
      代选择：
左氧氟沙星       *250mg      静脉内      q24h        (初始剂量 500 毫克)
<1>微小-，<2>生物病原体，<3>药物信息，<4>解释逻辑，<5>经验性 Abx，
<6>Abx 黄嘌呤 <7>编号 Rnds <8>实验室/Abx 水平 <9>X 射线 <10>数据输入屏
<Esc>退出  <F1>帮助  <0>用户输入  <.>门诊患者模型  <+或 F12>改变患者
命令：<*>建议 Abx，<Enter>其他 Abx，</>D/C Abx，<->修改 Abx
```

图 17.21　来自 LDS 医院抗生素辅助的一屏显示。屏幕显示了重要的患者信息如最高体温,微生物学数据,然后对施药及剂量、管理途径和推荐的持续时间做出建议。
（资料来源：感谢 LDS 医院的 Dr. R. Scott Evans 提供。）

"帮助"的 ICU 部分是最成熟的系统临床应用之一。数据获取、决策支持和信息报告的基本需求，对于 LDS 医院 ICU 中和常规患者护理病房中的患者是相似的。然而，对于 ICU 中的患者，必须进行整合的变量数和观察量要大得多。

在 Cedars-Sinai 医疗中心,所有实验室和流程图数据被连续进行分析用于危重实验室结果和临床（非实验室）事件的不利组合。当发现此类事件，通过一个加密的数字寻呼机将它们传输给责任医生。图 17.22 显示了低血钾实验室警报（K＋2.8），图 17.23 警告了一个严重的青霉素过敏，它通过一个加密传输被发送到黑莓设备。

图 17.22　一台黑莓字母数字传呼机显示了血钾水平为 2.8mg/dL 的实时警报消息。进入 CareVue 的所有实验室数据被传输到另一个计算机系统,在这里数据贯穿一个规则引擎，该规则引擎生成在 Cedars-Siani 医疗中心的呼机警报信息。（资料来源：感谢 Dr. M. Michael Shabot 提供。）

图 17.23　在 Cedars-Siani 医疗中心,一台黑莓数字寻呼机显示了一个潜在的严重药物过敏警报。
（资料来源：感谢 Dr. M. Michael Shabot 提供。）

### 17.4.4 护士和医师的反应

目前,床边终端在LDS医院所有的ICU运转,并且护士使用计算机系统来生成护理计划和绘制ICU数据图表。自动化的目标是:①便于临床数据的获取;②改善医疗文件的内容和可读性;③提高制图过程的效率,以便护士能将更多时间投入到直接的患者护理。研究显示,帮助系统和其决策支持能力(Gardner and Lundsgaarde,1994)受到护士和医生的广泛认可。同样,护理图表的内容和质量也显著提高(Bradshaw et al.,1988)。然而,迄今为止,这些研究还没有展示出由ICU护士执行的信息管理的效率改进(时间节省),这一改进能为该系统的使用增光添彩。

缺乏可论证的时间节省可以归因于几个因素。第一,新系统仅影响护理过程的某些方面。例如,生理学和实验室数据已自动获得,因此这些计算机系统的效果不包括在分析之内。第二,计算机制图系统仍是不全面的,护士还要在患者图表中手写某些数据。第三,护士并非总是利用制图系统的性能。例如,他们有时再加入已存储在计算机里的生命体征。第四,节省的时间间隔可能太小,以至于无法使用研究中采用的样本法进行测量。第五,这些时间上的小节省很容易吸收到其他活动中。尽管在效率方面缺乏普遍的改善,但LDS医院的临床工作人员仍对使用计算机充满热情(Gardner and Lundsgaarde,1994)。

在Cedars-Sinai医疗中心,1989年,一家全国性医疗保健咨询公司受雇评测了相比于在非计算机化ICU中的标准纸制图系统,与外科ICU中计算机化系统相关的时间节省。顾问们从观察两种ICU看护者的活动及详细的访问中得出他们的结论。他们认为,系统节省了大约20%的护士花费在制图表上的时间,大约25%的外科住院医生审查数据的时间,和大约33%的主治外科医生审查数据的时间(Dorenfest and Associates,1989,芝加哥,伊利诺伊州,未出版的报告)。此外,一个关于技术能为护理做什么的"愿景",最近已由Dr. Shabot提出来(Shabot,2003)。

## 17.5 患者监护的当前问题

由于更多的医疗服务被转移到门诊环境,住院患者的敏锐度继续增加;因此,基于计算机的ICU监护系统的前途是光明的。由于更强大的和可负担得起的微型计算机的可用性,床边监护仪的发展加速。尽管如此,患者监护方面的一些重要研究领域尚未有效论述。

### 17.5.1 数据质量和数据验证

无论自动或手动获取ICU数据,仍存在较多问题(Gardner,1997)。一个系统必须在不同级别上提供反馈来检验正确运行、执行质量控制,并呈现中间的和最终的结果。正如早期所讨论的,信号之间的某些交叉验证是可能的,然而这一过程是由今天使用的床边监护仪中的极少数来执行的。早期的一个ICU研究,独立的脉搏血氧监护仪显示,由于与这种设备相关的持续假警报,高达46.5%的低饱和警报在很大程度上既不能被任何看护者观察到也不能做出反应(Bentt et al.,1990)。一些更新的患者监护设备,例如,集成脉搏血氧仪和直接压力测量系统,具有内置的噪声抑制算法来改善所呈现数据的质量(Gardner et al.,1986)。然而,数据验证是患者监护的一个领域,它仍然为技术性开发和改进提供了许多机会(Dalto et al.,1997;Strong et al.,1997;Young et al.,1997)。图17.24举例说明了一个对床边设备数据进行手工制图的问题。在我们的一个医院里,利用医疗信息总线(MIB)实施静脉注射泵期间,我们让护士"用手"制图表,并将IV点滴速率随MIB的变化记入日志。图17.24显示的是在点滴速率被"改变"时间与数据被记入电子病历卡时间之间的"时间延迟"。从图中我们注意到在变化的10min之内,仅大约1/3点滴速率变化被记入日志,还注意到花费了超过190min来制作90%的速率变化图表。另外,即使在300min里也仅有95%的变化被制成图表。医生和护士会把这一制图操作当作等待直到"变化中止"将所有的结果记入日志。这种手工制图的过程,不仅不可能追踪患者发生了什么事——例如,如果一种血管活性药物使得血压稳定,但是也可能导致重大的治疗错误。令人惊讶的是,这些同类型的延迟,伴随着简单的静脉液体注入,如生理盐水可被观察到,此外也伴随着重要的、短期的血管活性药物剂被观察到。

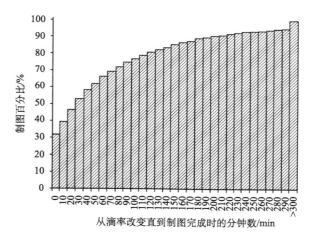

图17.24 静脉注入(IV)制图对照——ICU中当静脉滴注速率实际发生时与护士手工制图完成时之间的延迟时间。水平轴是以分钟为单位的时间,垂直轴是每10min的时段内所记录数值的累积百分比。例如,在第一个10min内,大约33%的滴注速率已进入一个床边手工制图系统。

## 17.5.2 连续监测与间断监测

监测患者时面临的长久问题之一是：应当连续测量一个参数，还是间断的样本已经足够？一个相关问题就是：应该多久测量一次数据？这些问题不能简单的回答。如果我们测量心电图并希望其连续显示，那么必须至少以感兴趣信号最大频率的两倍作为采样频率对信号进行采样（Nyquist 频率；参见第 5 章）。因此，对于心电图，采样频率应该至少为 200 次/s。

采用间断监测（如定期测量血液的 pH）在决定采样频率时最重要的担忧是，这个参数变化到底有多快，在一个危险的变化将导致不可挽回的损伤之前到底要多长时间？突然的心脏停跳或者严重的心律不齐是最常见的突然死亡因素，因此，心率和心律监视器必须持续起作用，并且应该在监测到问题后的 15～20s 内发出警报。其他生理因素相对稍稳定，可以不必如此频繁地监测。在大多数情况下医学测量都是间断地，甚至有些连续测量的参数也是以一定时间间隔显示的。例如，心率可随着每次心跳而变化（0.35～1s），然而为了给人们提供可以解释的数据，一台床边监视器通常每 3s 更新一次显示数据。

## 17.5.3 数据记录：频率和数量

过去，因为模拟和早期数字床边监测器，以及中心站不能存储所有患者的连续波形，对护士来说，在患者的 ICU 图表中存档间断的图表、数据还是有可行性的。大多数 ICU 有记录波形的策略和方法，能在护士换班或者很关键性的事件中起作用。然而，更新的中心站将数字波形以连续形式记录到硬盘上，理论上来说，这些数据能以患者的电子图表或纸版打印的方式存档。但是一秒又一秒的连续波形数据被永久存档有必要吗？它能提高护理患者的质量吗？或者它只是以增加的磁或光储存介质、纸张使用和作为很多年后律师讨价还价的材料的形式简单地提高了护理的费用？

有一个令人担忧的先例，是关于胎儿的监测记录（图 17.25）：当对之进行连续记录成为可能时，最开始是在纸上，近来以电子的形式，它就变成医院强制执行了。常规的 ICU 波形连续记录的命运还有待决定。

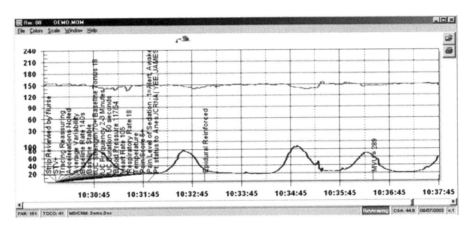

图 17.25 Stork-bytes。（资料来源：感谢 LDS 医院提供。）

## 17.5.4 有创监测与无创监测

通常用于监测的生理和生化参数可通过有创（需要损伤皮肤或者进入身体）或无创的仪器和设备测量得到。在有创技术发展数十年后，无创方法的设计已经成为近期的发展趋势。许多无创技术的发展可归因于微型电脑和固态传感器的可用性。

价格便宜的发光二极管（LED），小型的固态光学检测器，以及新型电脑技术的发展已经使其成为可能——比如脉搏血氧计的开发，就是无创监测技术的一个令人兴奋的例子。当红光和红外光交替地从 LED 中发出，并通过一个指头或者一个耳朵时，仪器就能检测到血流搏动，确定动脉的血氧饱和度和心率（Severinghaus and Astrup，1986）。脉搏血氧计是监测领域最有意义的技术进步之一。这一技术非常可靠，也不昂贵，而且，由于它是无创的，所以也不会使者遭受有创技术的花费和风险（如感染和血液流失）。最近一些制造商已经生产出了"下一代光电血氧计"（Health Devices，2003）。这些新的脉搏血氧计运用先进的信号处理算法，能允许设备自动排除运动伪影及检测不良灌注。作为这些改进的结果，派生信号的数量和错误警报的数量已经明显减少。

## 17.5.5 患者监测设备的整合

大多数床边患者支持设备，如 IV 泵、呼吸机、生理监测仪等，都是基于微机支持工作的。每个设备都有自己的显示方式，而且由于每种设备都是不同的生产商制造的，它们都是以独立单元进行设计的。这样的结果导致护士或治疗师经常从其中一种设备的电脑显示器读出数据，然后通过一个工作站将数据输入到另一个电脑。在 ICU 中将多个设备的输出结果进行整合显然是必要的。医学设备通讯标准的缺乏阻碍了临床数据管理系统自动化的被认可及其成功。由于医学可用设备的数量大、种类多、数据形式独特,通过设计特殊的软件和硬件接口将不断增长的床边设备连接到电脑上是不太实际的。基于这些原因,(美国)电气与电子工程师协会(IEEE)医疗信息总线(MIB)标准委员会 1073 已经建立(Dalto et al., 1997; Kennelly and Garadner, 1997; Shabot, 1989; Wittenbei and Shabot, 1990; Young et al., 1997)。采用 IEEE1073 通讯标准[①]已经使得从床边医疗设备上自动获取数据成为可能。适时的使用这些标准,也使得卖家和院方可能将"即插即用"接口应用于更多不同类型的床边医疗设备,如床边监测仪、IV 泵、呼吸机等。

在 LDS 医院(Gardner et al., 1992)和许多其他医疗中心使用 MIB 已经证实:一个普通总线系统可以使我们很容易从床边设备如脉搏血氧计、呼吸机、过滤泵、pH 计,以及混合静脉血血氧饱和度测量系统等获得实时、准确的数据。MIB 标准化使得建立与 ICU 中各种设备的通讯更加容易(图 17.26)。在 ICU 中,更大的信息挑战包括在 ICU 管理系统内整合患者监测数据和来自临床医生的观察图表,以随后的患者记录全面计算机化后重症护理记录的整合(参见第 12 章)。

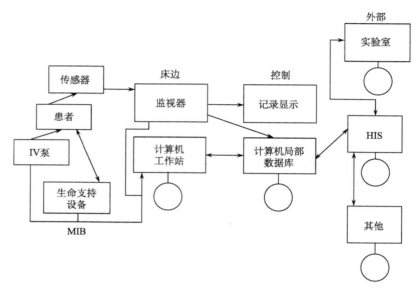

图 17.26 一个联网 ICU 分布数据库的方框图。分布式数据库可提高响应时间和可靠性;通讯网络可加强整合功能,这也是危重患者的护理需求。MIB:医疗信息总线;HIS:医院信息系统;IV:注入静脉。

### 17.5.6 闭环疗法

从上述不寻常的发展得到的自然结果看起来是生理过程的闭环控制模式,起搏器和除颤器就是这类设备。而在 ICU 中,精确控制静脉注入泵进行药物注射是可行的,并且在床边及监测网络中可用的数字化生理信号也不会缺少。尽管 35 年前 Sheppard(1968)和同事们在开放性心外科手术后进行了自动化血液注射疗法的开创性工作,但几乎没有类似的成功实例。虽然,闭环硝普盐泵几年前有短暂的市场需求,但至今没有商业产品出来。主要阻碍包括创造在 ICU 患者中能耐受人工制品及测量错误的闭环系统的难题以及在许多工业化国家中艰难的法医学环境。

### 17.5.7 治疗方案

如同在医疗实践的其他领域,发展标准治疗方案以提高重症护理设备的一致性、质量和费用有效性具有相当多的益处。有两个不同的例子可以说明在 ICU 中治疗方案的价值。第一个是机械通气设备管理的专家系统,第二个是对于抗生素的计算机辅助管理程序。LDS 医院的研究人员最先执行了一个项目来管理患有成人呼吸困难综合征(ARDS)并被招募参与被控临床试验(Sitting,1987)的患者的治疗过程,最近更广泛系列的方案已经被开发出来(East et al., 1992)。开发的这些计算机化方案用于标准化治疗方法,保证护理的统一性,提供同等的监测强度和频度,提高制定决定性策略的一致性,达到普遍的治疗目标。"帮助"系统在实验室、内科医生、护士和呼吸治疗师输入的数据基础上为卫生保健人员自动

---

① http://ieee.1073org

生成呼吸机管理的治疗指南。这一系统已经被成功用于管理复杂的患者试验（Henderson et al.，1991；Morris，2003）。

相比之下，Evans 和同事们（1998）（也是在 LDS 医院）开发的抗生素辅助程序是从 HELP 系统丰富的编码数据库中获得数据，给内科医生提供"咨询"为感染或疑似感染的患者安排抗生素。这一项目是为适应实习生的流动工作模式而设计的，它为内科医生提供个别患者最新的相关信息，计算机为给予患者适当抗生素的建议提供决策支持，甚至在其缺少时指出对这类药物的需要。这一项目用患者同意的诊断方法，白细胞计数、温度、外科手术各步骤的数据、胸透片的解释（自由文本），以及从病理和微生物实验室获得的信息为治疗提供建议。这个用以给出临床建议的知识库是基于历史上抗生素的分析和临床的、传染性疾病专家的知识建立起来的。内科医生一直是这一系统的热心使用者，因为它可以在大约 5s 内提供相关数据，而从一个患者记录中获得同样数据可能需要 15min 甚至更长时间。另外，这个系统提高了患者看护质量并降低了费用（Evans et al.，1998）。

### 17.5.8 论证 ICU 中护理的功效

ICU 的监护是很昂贵的。考虑到当前控制卫生保健费用的压力（见第 23 章），有一个更值得关心的问题是这类监护费用的有效性。在 1984 年为技术评估办公室准备的一项研究中，一位研究员估计这个国家 15%～20% 的医院预算或者大约 1% 的国民生产总值被花在 ICU 监护上（Berenson，1984）。不幸的是，要评估 ICU 中每个单元的好处，问题实在太多；到目前为止并没有权威性的研究。很难识别和孤立 ICU 设备里影响患者康复过程及结果的各个因素。为此，重症护理医学协会的一个重症监护优秀同盟最近回顾了关于重症监护设备及其干预的安全性和有效性的证据支持的相关观点（Bone，1995）。此外，随机临床试验中受控组患者的有益护理会被潜在抑制的道德纠纷使这些研究几乎不可能被实施。正如 17.4.3 节和 17.5.7 节部分讨论的一样，在 LDS 医院实施的计算机辅助抗生素管理项目在提高患者监护质量的同时降低了相关费用（Evans et al.，1998）。最近，Clemmer 和同事的工作已经显示出利用计算机技术支持的协作方法，使得监护质量和结果都有了重要提高（Clemmer，1999）。还有 Adhikari 和 Lapinsky 的工作给出了技术评估方法大纲（Adhikari，2003）。此外，一些重症监护医师已经规划了计算机化重症监护的当前和未来价值（Seiver，2000；Seiver，2003；McIntosh，2002；Varon，2002）。

在 Cedar-Sinai 医疗中心，生理数据、ICU 可利用数据及 ICU 患者特殊项目的可测量结果已经用于分析决定哪些患者需要仅在 ICU 中施行的看护或观察。利用这些结果，医疗中心已开发了一些用于 ICU 中相似患者的看护指南和途径。这些指南已经得到各外科分支机构的认可。重症特别护理途径，包括某些病例中 ICU 所不允许操作的规定指南，适用于择期开颅手术、胸廓切开术、颈动脉内膜切除术、infrainguinal 动脉手术、卵巢癌手术、肾移植手术和肝移植手术等。这些方法和指南的使用降低了这类患者在 ICU 护理中的平均花销（Amir et al.，1997；Chandra et al.，1995；Cunneen et al.，1998；McGrath et al.，1996；Shabot，1997a），而且在结果中未出现不良变化。图 17.27 显示了腹股沟下动脉手术途径的一部分，图 17.28 给出了对于这些患者 ICU 许可操作的流行指南。

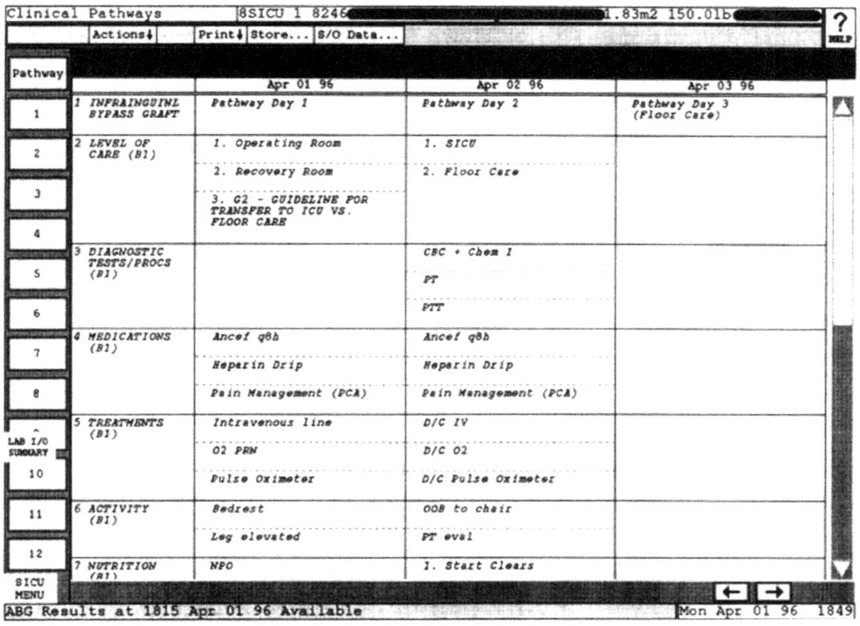

图 17.27 Cedars-Sinai 医疗中心对 infrainguinal 旁路搭桥手术患者的管理途径。注意：嵌入的给 ICU 的指南 VS 患者在康复室之后的常规护理。（资料来源：感谢 Cedars-Sinai Medical Center 提供。）

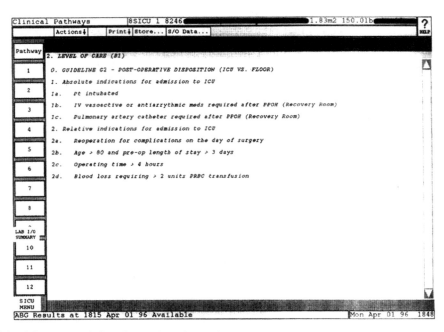

图 17.28 搭桥手术后,ICU 允许操作的流行指南 VS 常规护理。这个基于证据的标准来源于在 Cedars-Sinai 医疗中心经历这一手术的数百例患者的实际 ICU 进程。(资料来源:感谢 Cedars-Sinai Medical Center 提供。)

### 17.5.9 尽责地使用医学软件

医学软件的使用已经非常普遍,特别是在 ICU。越来越多的文献证明计算机化的系统如何提高了保健分娩(Garibaldi,1998)。然而,也有一些担忧,是关于患者的安全,这仍旧是必须被重点对待的。(美国)食品和药品监督管理局(FDA)已经呼吁研讨对这类软件进行更多的管理控制(Miller and Gardner,1997a)。美国医药信息协会和其他组织已经给出应如何监测和评估这些软件的建议(Miller and Garnder,1997b)。参见第 10 章关于卫生保健信息合法化问题的讨论和第 11 章关于软件评估的细节讨论。

### 17.5.10 生物信息学和基因组学与重症护理的整合

用本章所讨论的方法可对危重病患者进行广泛、密集地监护。然而,到目前为止,监护的目标是评估受伤程度和防止更进一步的伤害,而不是用来评估"修复"。将来,我们也许能通过使用基因组学和蛋白质组学标记来监测修复的进展情况(Hopf,2003)。这些类型的监测器将使临床医生们能使用这些生物标记来控制康复环境。例如,危重病患者感染的诊断需要完成病原体的培养。培养及随后确定一种适当抗生素的敏感性可能需花费数天。有了检测细菌 DNA 的能力,我们利用遗传标记应该能检测和识别活跃的细菌。这些新技术将需要使用计算机化的患者病历和我们生物信息学的同事们所开发的工具。

### 17.5.11 危重病急救医学共识会议

关于应该做什么来提高重症监护患者数据管理的一个全球性观点可以从美国国家卫生研究院 1983 年组织的一个共识会议中获得(Ayers,1983)。虽然是在 20 世纪 80 年代中期阐明的,但该会议关于危重病患者治疗方面的改进部分的结论,在今天来看仍是中肯的。许多这样的问题可以通过计算机辅助的方式来处理。技术难点,数据解释中的错误以及连续监测造成的越来越多的干扰对于 ICU 患者来说都是潜在的医院危险。以最初会议的发现为基础,我们确定了 8 个领域,在这些领域内计算机在重症监护医学实践中能提供辅助。

(1) 所有 ICU 应该能进行心律失常的监护。带有微型计算机的床边生理监护仪目前提供极好的心律失常监测。

(2) 有创监测应该被安全执行。有创事件的计算机图表,如动脉插管,结合来自微生物实验室的数据进行分析,能帮助避免感染(有创监测的一个主要并发症)。

(3) 产生的数据应该是正确的。当输入数据来校验它们的合理性时,计算机能检查数据。另外,通过令计算机做这一工作,数据通信和计算的错误来可被减少或者消除。

(4) 派生数据应该被合理的解释。计算机能在多个来源的数据整合中提供辅助。另外,计算机能派生出参数,也能提供迅速、正确和一致的解释和警报。

(5) 疗法应该被安全使用。计算机可通过建议治疗方法、计算适当的药物剂量和减弱相互作用药物的组合来辅助内科医生。

(6) 实验室数据的读取应该迅速而全面。计算机网络提供对所有实验室数据的快速读取，甚至能解释结果和提供警报。

(7) 肠内的（管饲）和肠外的（静脉内）营养供给服务应该是可用的。有交互式计算机程序能通过帮助确定适当的营养补充成分及用量的复杂任务来帮助医师指示护理。

(8) 有输入泵的滴定[①]治疗干预应该是可用的。理论上讲，控制液体及静脉内药物管理的闭环系统能便于患者护理。然而，在现实中，该领域里迄今为止的工作已被证实是不成功的。

微型计算机的可用性已经大大提高了生成和处理用于患者监护中的生理数据的能力。无论如何，计算机在ICU中的使用仍然是一个成长的领域。虽然在信号处理和ICU信息系统方面的进步是重大的，但在探索用什么方法才能将计算机有效用于整合、显示结果、评估和简化护理危重病患者使用的复杂数据方面，还存在许多挑战。

## 推荐读物

Gardner R. M., Sitting D. F., Clemmer T. P. (1995). Computers in the intensive care unit: a match meant to be! In W. C. Shoemaker et al. (Eds.), Textbook of Critical Care (3$^{rd}$ ed pp. 157~177). Philadelphia; W. B. Saunders.

该章总结了ICU中医疗实践的当前状况。手册的其他章将是探索计算机用于重症监护设备的医学计算机科学家感兴趣的。

Ginzton L. E., Lakes M. M. (1984). Computer aided ECG interpretation. M. D. Computing, 1:36

该文总结了计算机心电图翻译（解释）系统的发展，讨论了这样一些系统的优点和缺点，并描述了一个典型系统获取和处理心电图数据的过程。

Strong D. M., Lee Y. W., Wang R. T. (1997). 10potholes in the road to information quality. IEEE Computer, 31:38~46

该文提供了我们获取数据时所面临问题的一个有趣而周到的介绍。它的使用通用策略来讨论数据质量问题并将它们联系到医学领域令人耳目一新。

Morris AH. Rational use of computerized protocols in the intensive care unit. Crit Care 2001 Oct;5(5):249~254

在复杂ICU环境中的额外信息超出了人类决策的界限。该文概述了在一个忙碌的临床重症护理病房中使用计算机化的协议所需要的策略。

## 问题讨论

1. 描述来自多个床边监护仪、药房和临床实验室的信息整合如何能帮助改善ICU中使用的警报系统的敏感性和特异性。

2. 在决定一个生理、生化或者观察的变量应该何时及多长时间一次进行测量和存储在计算机数据库中时，你必须考虑什么因素？

3. 要求你设计一个电子训练自行车的部分。自行车把手处的传感器将被用来获得反映骑车人心脏活动传递的电信号。那么你的系统将在液晶显示屏上用数字显示骑车人的心率。

a. 描述在将心脏的电信号转换为呈现在LCD上的心率期间你的系统必须采用的步骤。

b. 描述计算机化的数据获取如何能比数据获取的手动方法更为有效和正确。

---

[①] 不溶解物质浓度的测定。滴定是一种调整药物浓度来达到期望效果的方法。例如，调整硝普盐输入来控制血压。

# 第18章 放射影像系统

## 18.1 引言

在第9章我们介绍了一种作为基本数据类型的数字图像的概念,因为它被普遍使用,所以应在许多应用中加以考虑。我们这样定义生物医学影像信息学:即在许多生物医学应用中产生、处理、管理和整合影像方法的研究。我们描述许多产生和处理影像(特别是用于脑影像)的方法,并讨论这些方法和结构信息学间的关系。

本章通过描述管理和整合影像的方法继续影像信息学的研究,重点在于影像是怎样从影像设备获取、存储、传输并显示以便用于解释影像,也着重于这些过程和影像信息是怎样与其他临床信息整合并运用在医疗企事业单位中从而对患者的医疗保健产生最大的影响。

因为影像是放射学[①]的主要关注焦点,所以我们在放射学的语境里讨论这些问题。但是,影像也是包括病理学、皮肤病学、眼科学、肠胃病学、心脏病学、外科学(特别是微创外科)和产科学等其他经常进行各自影像检查学科的重要部分,使用影像的大多数其他学科领域依靠放射学和病理学以满足其对影像的需要。

影像责任的分配是出于许多部门解决影像获取、存储、传输及解释问题的需要。随着影像的多种模态正逐渐变得数字化,电子系统需要不断发展以支持这些任务。

我们从描述影像在整个生物医学中的部分角色开始,然后着重于影像在放射系统中的管理和整合(并适时加入从其他学科引入的图示例子)。我们进一步着重于医学中心的放射科的需要。许多放射科正在成为高度分布式的单位,影像获取点设在重症监护病房、普通病患区、急诊区、心血管服务区、普查中心、救护门诊,以及附属的基于社区的医疗机构。解释影像可能需要在放射科医生在场的场合下进行,但由于高速网络越来越触手可及,影像的解释可以在集中的地点进行或因影像的采集和解释能被有效地分开而按照不同单位的组织方法进行。在社区中独立的影像中心面临一些相似而程度较低的问题和机遇,所以,本章着重于基于分布式的在医疗中心的放射科。

## 18.2 基本概念和问题

### 18.2.1 影像在生物医学中的角色

影像是诊断、治疗计划、影像引导的治疗、治疗效果评估以及估计预后这一健康保健过程的中心部分。此外,它在医疗通讯、教育及科研方面发挥着重要作用。

**1. 检测和诊断**

影像的主要用途是医学异常的检测和诊断。检测集中于发现是否存在异常,但当所发现的异常不够特异于某种疾病时,必须用其他的方法做实际的诊断。例如,乳腺X光片用于乳腺癌的普查正是这种情况,一旦检测到可疑的乳腺异常,通常需要进行活检以辅助诊断。在其他情况下,影像的发现足以诊断异常,如在数字减影术中发现冠状动脉狭窄或异常本身是有诊断性的,一些肿瘤、先天异常或其他疾病有高度的特征表现。更常见的是在检测和诊断间具有连续性,通过检查不但能检测,而且能缩小可能性范围。

诊断和检测可以通过多种多样的影像过程来进行。例如,由可见光产生的影像,在眼科可用于视网膜光成像术,皮肤科用来观察皮肤创伤,病理科观察组织样本和用光学显微镜观察组织切片。可见光的光谱也用于产生内窥镜影像,通常显示为视频或影像序列。声音能量以从内在结构发出回声的形式形成超声影像。超声影像主要应用于心脏、腹部、盆腔、乳腺和产科影像检查,也用于小器官如甲状腺和睾丸的检查。此外,声频的多普勒频移常用于评估许多器官和主要血管中的血流。X射线能产生体内大部分器官的放射图像和计算机断层扫描像(CT)。不同组织对X射线的吸收不同而产生了不同的影像密度,这使得从影像上可以区分正常和异常的结构。放射性同位素的发射用于产生在各种组织中不同浓度的放射性标记分子,从而形成核医学影像。磁共振成像(MRI)反映的是当原子核(主要是氢原子核)在磁场中排列整齐后,受到与磁场方向垂直的射频脉冲干扰时的能量变化。磁共振的参数如质子密度、原子核返回稳定态的比率和在加入射频脉冲后的相位失调比率,可以在参数的不同组合中根据设备的设置和脉冲序列测量出来。因氢原子的浓度不同,这些参数的数值在不同组织中是不同的,因而MRI可以区分这些组织。

**2. 评估和计划**

除检测和诊断之外,影像还常被用于评估患者病情的进展及健康状况(如确定癌症的进展阶段)、治疗效果及估计预后情况。我们可以通过超声心动图评估心脏的

---

[①] 放射学的命名有点名不副实,放射学涉及合理使用超声、核磁、光、热及其他非放射影像模态。放射科在一些学院也被称为医学影像科。

大小和运动来了解心脏状况。相似地,我们可以用超声影像评估胎儿的大小和生长发育情况。计算机断层扫描像常用于决定外科手术或放疗的方法。在放疗中,放射线参数的准确计算可以由放射线对肿瘤的最大剂量和对周围正常组织的最小剂量决定。这种计算常通过用其他放射线设定参数模拟进行。对于外科手术前计划,三维CT或MRI影像数据可以从不同角度加以构建并显示,以便确定最适合的外科手术方法。

**3. 过程引导**

当虚拟现实方法用于将外科医师的视野与合适的影像视野重合使得在其投影方向呈现组织的异常时,影像能提供实时的引导。通过内窥镜的微创外科手术,该影像可以提供局部环境以便看到并调整内窥镜所发现的视野,并跟踪医疗介入,如超声高强聚焦、冷冻手术和热切除的结果。

尽管实际上只能在局限的环境中进行,这类微创手术却能远程完成(参见第14章)。因为通过摄像跟踪仪上内窥镜的视野看到体内组织的异常,这个视野可以是远程的,这样的技术称为远程出席。与此相似的是,内窥镜的操作可以由一个能复制远程操作者手动作的机器人装置进行控制,并通过远程机器人技术即触觉反馈重现组织纹理、边缘和阻力的感觉。

**4. 通讯**

医疗决策包括诊断和治疗计划,通常通过让临床医护人员观看影像和文字报告及对诊断和治疗计划进行解释性讨论以辅助决策过程。因此,我们认为影像是重要的通讯辅助手段,而影像是多媒体电子病历的组成部分。数字影像的通信,就像对于远程放射学、远程病理学、远程皮肤学等远程医疗(见第14章)技术一样,是进行远程视觉、解释和会诊所必需的。

**5. 教育和训练**

影像(包括静态和动态影像)是医学教育和训练所必需的一部分,因为许多医疗诊断和治疗取决于成像和解释影像所需的技巧(见第21章)。病例库、基本训练向导、图谱、三维模型、测验题库和其他用影像的资源可以支持这种教育。

询问病史、做身体检查和进行治疗也需要合适的观看和观察技巧。训练这些技巧的有效办法是观看影像和视频序列,以及在模拟环境中练习。模拟方法的一个例子是用人体模型、视频影像及协调操作的触觉和视觉反馈以训练使用内窥镜的技巧。常被忽略、用影像可以辅助的一个方面是对患者的疾病、要进行的治疗、后续的护理和健康生活方式提供指导及相应的教学资料。

**6. 研究**

当然,影像也参与到研究的许多方面。例如,DNA和蛋白质的结构模型包括它们的三维结构(见第22章)。又如,从原子或细胞生物学获得的影像用以跟踪荧光或放射示踪的原子。形态特征或生长发育的定量研究取决于影像方法的使用。如功能性影像把脑影像上的一些特定位置和特定功能联系起来。

### 18.2.2 放射过程及其互动

正如引言所述,本章我们着重于放射影像的部分。放射科在医疗保健过程的各个方面(从检测、诊断、治疗、随访到预后评估)都发挥作用。放射科的工作人员擅长获取和管理影像、解释影像并交流对影像的解释。由于篇幅的缘故我们不讨论其他使用影像的学科,但在放射学所涉及的过程和所面临的问题对其他使用影像的学科也适用。有时为了强调某个观点,我们插入其他领域的一些例子,影像用于医学教学的部分将在第21章中展开讨论。

放射科的主要功能是获取和分析医学影像。通过影像,医护人员可以获得能帮助他们进行诊断、计划或实施治疗及跟踪病情或治疗进展的信息。

临床医师需要放射科提供的影像诊断以辅助临床决策。放射科产生影像,放射医师提供主要的分析和对影像的解释。因此,放射医师在解决临床问题和诊断计划过程中直接发挥作用。在治疗方面,介入放射学和由放射医师操作的影像引导手术是放射医师起主要作用的工作。

放射过程(Greenes,1989)以7种涉及信息交换并可以通过信息技术改善的任务(图18.1)为特征。前5项依序进行,后2项只对前5项提供支持。

(1)过程开始时,临床医师评估患者的临床问题并确定需要影像检查。

(2)影像检查的请求和日程安排完成后,影像检查的指征和相关的临床历史也准备就绪。

(3)影像检查完成,采集到影像。影像可能为满足某个特殊的临床问题或出于患者状态的考虑而做出调整。

(4)放射医师回顾患者的病历并针对要回答的问题研究影像,并可能做些影像处理。这一工作可能涉及两个相关的子任务:①对有关发现的感知;②对影像发现在临床意义和重要性方面的解释。

(5)放射医师给出报告或直接与临床医师交流影像结果,并就是否需要进一步检查评估给出建议。如果后续检查是有益的,则此过程可能重复。

(6)为改善医疗过程而进行质量控制和过程监督。例如,测量并调整患者的等候时间、工作人员的工作负荷、每个检查过程(在放射线中的)的曝光次数、影像的质量、放射的剂量、检查的结果和并发症的出现等指标。

(7)通过多种方法进行继续教育和训练,包括查看图谱、复习资料、教学病例以及通过后来已确定的诊断为解释影像的放射医师提供反馈。

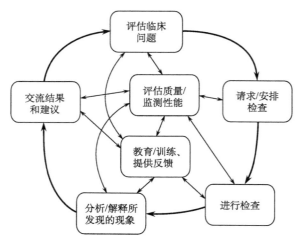

图18.1 放射过程。放射活动的一般流程开始于临床医师评估患者的临床问题并确定需要影像检查（最上面的方框）。接下来，4个活动随即（顺时针地沿着外层圆圈）发生，最后结束于提供给临床医师的含有对影像结果的解释和是否需其他检查建议的影像检查报告。此过程可能根据需要不断重复。所有这些活动涉及临床和影像部门之间的互动（比如，根据临床问题，某影像检查可能需要特殊的视野），并取决于信息的交换和信息技术的支持。在图中心的两项活动不是一般检查过程的一部分，但对于维护检查质量、支持职业成长和工作人员的发展是必需的，因此，这两项活动需要和所有在外圈的科室水平的流程活动互动。

所有这些任务正越来越多地由计算机辅助完成，它们大多数在某些方面涉及影像。其实，放射学是医学的一个分支，在放射学中，即便是最基本的数据都由计算机产生并直接存储在计算机的存储器中。此外，放射学对计算机辅助教学（见第21章）、技术评估（见第11章）、临床决策支持（见第20章）的进展贡献也很大。

## 18.2.3 影像的管理和显示

放射过程的一个主要的负担是存储和提取与特定检查相关的影像，这些影像需要放射医师解释、转诊医师的回顾复习，并用于咨询、治疗计划、医学教育和科研。由于健康保健的供给网络在地理上较分散，远程访问影像的需求不断增加。这些因素是用数字化方法捕获、存储、传输、解释及回顾影像的强大推动力。

虽然各种成像模式越来越多地生成数字影像，许多医学影像研究直到最近仍或多或少地被记录并存储在胶片上。即使是由CT和MRI扫描产生的数字影像，技术人员为了观看方便而对它们进行优化后，经常将它们转换成胶片。然后，放射科医生把影像胶片放置在照明灯箱上，可以和以前的及相关的研究作比较分析。对于某些检查过程如超声波和荧光检查研究，影像被记录在录像带或光盘中，而不是胶片上。

在普遍使用数字成像之前，在那些仍基于胶片的科室，管理程序通常如下：放射科工作人员为每次检查（或每类检查）准备胶片的文件夹，用标识患者信息的标签标明它，并把它归入患者在胶片库中的主要公文套。当每次影像需要审阅或与以前的研究比较时，工作人员要查找和检索主要公文套。如果临床医生想把某胶片带离科室，工作人员必须复制胶片或办理借贷手续。

胶片的存储需要大量空间。通常情况下，各科室只能为那些在过去6~12个月里完成研究的患者存储胶片。更早的研究，通常至少保留7年，存储在地下室或仓库里（可能在科室之外）。胶片也比较贵，放射科通常卖掉过时的检查胶片以便回收其中的银成分。

通过在线数字归档、经影像数据库查询的快速影像检索以及影像在通信网络的高速传输，图像的数字采集使得以前对物理（存储）空间、材料成本、传统胶片处理任务中体力劳动的需求显著减少。研究人员和工业界开发的系统具有图像存档和通讯系统（PACS）功能（图18.2）(Dwyer, 1996; Bauman, 1996; Honeyman, 2003; Napoli, 2003; Huang, 2003)。若要使PACS变得更实际，有许多复杂问题需要解决，包括高分辨率获取影像技术的开发、大容量存储和高速网络、影像传输和存储格式的标准化、大容量数据存储管理模式的开发以及工作站或显示控制台的设计，并使这些技术对放射科医生解释数字影像既方便又易于接受就像他们使用照明灯箱上的胶片一样。软拷贝解释（即由放射科医生在工作站直接查看某研究的数字影像）在越来越多的无胶片放射科中实行，也越来越多地用于远程放射学实践中以解释远程获得的影像研究。随着影像压缩和基于因特网网络技术的进步，使转诊医师需查看的影像和报告在整个医疗保健企业中进行传输成为可能。

### 1. 图像获取

对于PACS的基本要求是，它必须获得数字形式的影像（Horii,1996）。正如在18.2节所讨论的，包括那些传统上用胶片完成的大多数影像模态，现在能直接产生数字输出，但用数字单元替代所有非数字化的影像设备费用昂贵，需要随着老旧设备的更新或部门的扩建逐步进行。

传统的成像设备仍然被用于某些影像模式，因为实现PACS系统全面存档的唯一选择是数字扫描胶片。但是这种扫描已经用得很少，因为它需要相当多的人工处理以运输和操作检查所用的文件夹和胶片，操纵扫描仪，并记录患者和检查的标识信息。

产生的影像通过DICOM网关传送到一台服务器（自动路由器），它负责发送所需的影像并管理工作流程。自动路由器通过与验证服务器的交流验证了影像与相应研究之间的联系并按照规则转发影像（如MRI和CT发送到某工作站作解释）。

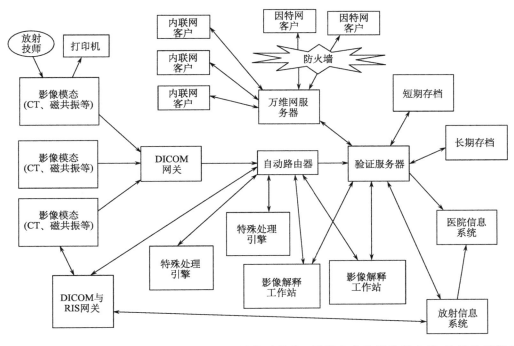

图 18.2 典型的影像存档和通讯系统(PACS)的体系结构。影像由多种影像模态(如计算放射影像、CT、MRI、血管造影术、超声或核医学)的设备及主要由放射(或影像)科技师(表示为 R.T.)操作的设备获取。影像可在本地打印于胶片或纸上。影像检查通过放射科信息系统(RIS)预约,患者的标识和预约信息通过 DICOM RIS 网关传输到影像模式的工作站。远程影像中心的运作采用同样的方法

在解释工作站可以为特殊和一般目的查看影像,而且使用内置工作站工具并通过(特殊处理)服务器调用特殊处理功能(如三维渲染、登记,并将从两个不同模态获得的影像数据融合,特征提取或计算机辅助检测)的影像专业人士可以对影像进行操作。

从某检查获得的多个影像需要相互关联,而且可能需要提供以前和其他相关的检查研究和报告。这种联系是通过验证服务器实现的。它可以从放射科信息系统(RIS)或医院信息系统(HIS)及从 PACS 的档案中查询和检索。验证服务器负责协调影像和非影像信息的相互关系。转诊医生通常通过 Web 界面可以看到在基于内联网和互联网工作站上的影像。从浏览器通过 Web 服务器允许用户经过验证服务器获取学习信息包括报告和图像,与 PACS 存档系统和 HIS 及 RIS 相交互(资料来源:摘自由 William B Hanlon 提供的 Brigham 和妇女医院放射科的内部文件)。

在越来越多的(特别是那些在学术医疗中心的)放射科,除乳腺 X 射线影像外,所有的影像都是数字影像。数字乳腺 X 射线检查仍在少数部门使用,因为对作为乳腺癌筛查的胶片式乳腺 X 线照相替代方法的评估,在写这本书时,仍然在进行大规模的名为 DMIST 的临床试验。DMIST 试验由美国国家癌症研究所提供赞助,并由一个放射科和影像中心的集合体——美国放射影像网络学会(ACRIN)执行(Hillman, 2002)。数字乳腺 X 射线成像有特殊的问题,不仅由于在影像获取方面对检测细微异常而提出极高分辨率的要求,而且由于存储和为解释而显示影像的问题。这些问题会在第 18.2.3.5 节进一步讨论。

## 2. 存储需求

对于忙碌的放射科来说,在线影像数据的数字存档需要大量的存储空间。不同影像模态的存储需求大不相同,这取决于它所需的对比度和空间分辨率、影像的数量或数据集的大小、所存储的是原始的还是处理过的数据以及是否使用数据压缩技术。

表 18.1 显示检查多种影像模态的典型原始数据的存储要求(即没有预处理、后处理及压缩)。比如,一张 CT 影像由一个含 $512 \times 512$ 像素阵列构成,如果保存完整的动态范围 CT 数据,每个像素需由 12 位代表。一旦放射科医生或技术人员确定了用于显示感兴趣区的最佳亮度和对比度的设置时,也许每个像素只需保存 8 位。一个典型的 CT 检查包括 40~80 张横截片(即 40~80 张影像)。如果想要加上对比度前后的影像或其他特殊横截片,则需要更多张影像。假设 CT 检查由 60 张影像组成,而每张要保存完整的动态范围数据,那么必须保存 $60 \times 512 \times 512 \times 12$ 位,大约 1.8 亿比特位。由于 12 位数据通常存储为 2 字节,此存储需求相当于 3000 万字节。随着 CT 横截切片的厚度不断减少,CT 扫描的分辨率越来越高,因此覆盖某一检查部位,例如,患者的胸部所获得横截片(影像)会更多,存储要求当然会相应增加。

表 18.1　多模态成像模式的成像参数比较

| | CR | MRI | CT | US | NM |
|---|---|---|---|---|---|
| 每张影像的像素数 | 2048×2560 | 256×256 | 512×512 | 512×512 | 128×128 |
| 每像素比特位 | 12 | 10 | 12 | 8 | 8 |
| 典型的每个研究的影像数量 | 2 | 100 | 60 | 30（加上动态系列） | 30 |
| 每个研究的字节数* | 20M | 12M | 30M | 7.5M（只含静态影像） | 0.5M |
| 对比分辨率 | 低 | 高 | 高 | 低 | 低 |
| 空间分辨率 | 高 | 低 | 中 | 中 | 低 |
| 时间分辨率 | 低 | 低 | 中 | 高 | 高 |
| 放射性 | 中 | 无 | 中 | 无 | 中 |
| 便携性 | 一些 | 否 | 否 | 否 | 是 |
| 生理功能 | 否 | 是 | 否 | 否 | 是 |
| 价格 | 中 | 高 | 高 | 低 | 中 |

注：CR，计算机放射成像；MRI，磁共振；CT，计算机断层成像；US，超声；NM，核医学。
\* 假定像素深度为 10 或 12 位的影像需要每像素 2 字节。

单一视图胸部透视的 X 射线（或 CR）影像包括 2048×2560×12 位数据，因此，一个典型的两张影像（正面和侧面）的检查包含大约 120 百万个比特位。实时超声检查每秒生成 30 帧视频影像。其中，放射科医生为以后的分析通常选择 30～40 帧。偶尔，动态序列如描绘心律失常的视频会维持在每秒 30 帧影像的全速。每幅影像的分辨率是 512×512 像素，一旦影像在后处理为最佳的视觉效果后，为了存储声学信号，每个像素大约需要存 8 位。核医学影像的分辨率较低，一般每幅影像 128×128×8 或约 13 万位的数据位是足够的。磁共振成像有居中的分辨率，但和 CT 相似，使用多张影像，数据是三维人体的体积形态，而不是单一的二维横截片，且每个体素在几个参数下的数据可能有用。

考虑到一较典型的放射科每天进行 250 个检查，假设每个检查研究需 10 兆字节，那么，平均每天约有 2.5 千兆字节的数据必须从影像采集节点传送到影像档案。假设每年工作 250 天（为简单起见忽略周末），则每年用于审核影像数据的存储需求在 625 千兆字节的级别。但是，由于上述趋势追求更高的横断面成像分辨率而且涉及这些技术的影像学研究比例越来越大，这些需求只会不断增加。

除了当前影像的网上维护外，影像存档系统必须为更早的影像数据提供存储。由于存储需求大，实际系统将使用某种形式的分层存储管理，即最新的影像最容易和快速地获得，而不太可能检索的影像以成本较低、较难进入的形式存储。

磁盘和光盘是在线存储影像数据最实际的介质。目前可用的磁盘可以（用半高驱动器）存储超过 80 千兆字节。每兆字节存储成本持续大幅下跌。一次写入（CD）的光盘仍只容纳 650 兆字节，但 4.6 千兆字节（或更高）的数字视频（DVD）可写驱动器已可供使用。磁光盘（MO）可容 5.2 千兆字节或更多，但是磁光媒体昂贵而且读写缓慢。还可用光盘自动交换器，但它的大小只有 150-、500- 和 1000-盘几种。为了存档，仍需要像磁带那样密集的媒体，所以大多数放射科要维持没有吸引力的三层存储方案：磁盘用作常用数据存储，光盘或磁光盘用作中间存储，磁带、光盘或激光卡用作不常用存储。

另一种方法是用 500 千兆字节（0.5 兆兆字节）或更大的磁盘。这足以存储普通放射科大约一年的影像数据；并用一个数字磁带库进行长期存储，通过放射信息系统（RIS）安排影像检查而且在需要与以前的检查结果比较之前对它们进行预取（见 18.2.3.2 节）。

数据压缩和事先选择或影像数据预处理可以大大降低存储要求。数据压缩可能是无损或有损的（Dwyer，1996；Woods，1991）。无损压缩使用简单的游程编码（RLE）或如分配最短编码给最常出现值的霍夫曼编码等在其他序列上变异的编码方案。用无损方法能实现的最大压缩比是在 2∶1 或 3∶1 的级别。

有损压缩用一些方法过滤影像的频谱并更紧凑地在不同的频率上对数据有选择地编码，消除含有噪声的其他频率。由 JPEG 组开发的一种广泛使用的方法是 JPEG 压缩，它对图像的色彩和饱和度（或颜色和强度）进行编码。由于眼睛对色彩的变化不太敏感，而对强度的变化较敏感，色相值可以用较低的分辨率来存储。JPEG 压缩最高可以达到 20∶1 的压缩比，但质量易变。最新版的 JPEG 2000 包括用于渐进式 JPEG 格式的选择，允许在开始时用较低的分辨率进行图像传输，基于不同的传输速度，图像不断改善并具有更多的细节。一个扩展的 JPEG2000 允许医学影像所需的 12 位灰度图像数据的编码，而不是标准 JPEG 中每种颜色只有 8 位编码。虽然对 12 位的扩展能力已做了定义，但缺乏工具的支持。此外，分形压缩是另一种在探索中的压缩方法。

小波压缩现已作为卓越的图像压缩方法被广泛接受（Vetterli and Kovarevic，1995）。小波是表示离散数据或连续函数的基函数，小波变换比傅立叶变换更具逻辑性。它们具有紧密的支持：当处理有限信号如放射影像时，没有截断误差。小波的基函数是正交的，这意味着小波系列中的项不是冗余的。小波系列为数据提供多分辨率的表示，根据空间频率和空间位置分级组织数据。小波压缩可能最终成为 JPEG 未来版本所采用的标准方法，但小波方法的标准化目前还没有像 JPEG 那样到位。

尽管很少有人使用超过 60∶1 的小波压缩，对像乳腺 X 射线片那样的单纯胶片进行小波压缩可达 80∶1 的高压缩比，并且评估发现结果是令人满意的。小波压缩实际上可能通过优先消除非结构性噪声如人为干扰信号以改善图像的外观。其他影像模态可获得较低的压缩比，这取决于目前有多少信息是多余的，如胸部 X 光影像可能达 20∶1～30∶1 的压缩比。CT 扫描不太容易压缩，压缩比在 6∶1 的级别。

在存储方面的另一个考虑涉及存储的访问速度。从对用户操作的反应来看，在本地工作站的影像存储访问速度最快；如果网络速度相当高，也许在服务器上存储就足够了。本地工作站上的影像必须事先（如在非高峰网络通信时间）传输到位。影像检查可能有多个影像结果和相同的图像可能需要进行处理、增强或用多种不同的方法观看（见 18.2.2.6 节），所有这些都需要存储。在完成对影像的解释后，放射科医生可能说明只有少数的影像含有重要的临床信息。于是，相对实际的存档方法是把其他的影像存在光盘或其他较慢的存储介质上。在完成检查并得到所有相关临床医生的审查后，也可以将与检查相关的影像全部存档。然而，这样做的后果是，当医生要把从前的研究和目前的研究作比较时，比如为了评估疾病的进展，存档的影像必须从访问速度较慢的存储介质中检索。因此，PACS 系统的顺利运作需要分层存储，以及基于预期使用和网络交通的模式来决定影像数据存储在哪的算法。

### 3. 图像传输

整合分布式影像查看站、在线影像数据库、影像管理系统和宽带局域网（LAN）和广域网（WAN）使得影像数据可以与远程查看站的健康专业人员共享。此外，这些数据可以在多个地点同时浏览。所以，在整个机构或更大范围医疗保健企业的健康工作人员可以方便而及时地访问医疗影像。

影像网络传输的主要媒体是宽带同轴电缆和光纤电缆（见第 5 章）。同轴电缆用于有线电视工业支持多种拓扑结构的网络。同轴网络相对便宜而且可靠，然而他们容易受到电气和射频的干扰。光纤网络非常可靠而且没有干扰问题，但在所支持的拓扑结构和可加入连接的便捷性方面比较有局限性。使用调制解调器低速连接最高传输速率为每秒 56 千比特（kb）。广域光网骨干网可以传输每秒 2.4 千兆比特（Gb）的数据。在这两个极端速率之间有许多选择，取决于成本的限制和距离的要求，一个网络可以经过配置使它通过网关结合不同的组件。网络配置及每部分的容量必须考虑到有关因素如预期的使用方式和成本。为局域网和广域网连接而特殊使用的网络拓扑结构和协议，以及它们对于传输速度的影响，在第 5 章已进行了讨论。因为影像文件较大，影像传输时间可从几秒到几小时，这取决于网络方法和压缩程度的选择。

### 4. 标准化格式

TCP/IP 协议（见第 5 章和第 7 章）是主要用于医疗影像领域的低层协议。可是，关于医疗影像过程的数据传输，包括患者、检查、影像数据，需要更高层次的信息格式。为了建立这种信息，需要组建分层协议。国际标准化组织（ISO）的 7 层开放系统互连（OSI）协议是提供应用、表示、会话、传输、网络、数据链路和物理层概念模型的协议（见第 5 章）。在实践中，更高级别的协议在应用或表示层往往结合了 OSI/ISO 模型的好几层内容。

PACS 系统要取得成功，开发人员需要对要存储的数据（患者的人口统计和临床资料、检查的具体数据和影像数据），以及关于这些数据的网络通信协议达成一项中立于供应商的格式。这种格式由美国放射学会（ACR）和全国设备制造商协会（NEMA）开发（作为他们工作的一种结果），就是医学数字成像和通讯标准（DICOM），在全球放射和其他医学影像领域已很大程度上被采用（见第 7 章）。

在 DICOM 标准中，高层的传输协议松散地参照 OSI/ISO 标准参考模型，但在传输层和传输层以下各层支持传统的计算机网络。DICOM 标准的建立是为了确保各种设备（影像获取设备、存档节点、解释控制台、审查工作站、做特殊处理的服务器等）能够与网络接口，并确保数据能够被网上所有节点正确地识别和解释。

与原来只有点对点的传输协议 ACR-NEMA 的标准相反，DICOM 标准采用面向对象的模型并由信息对象、服务类（在对象上执行的功能）和网络协议的定义组成。DICOM 3.0 是一个复杂的、由 13 个部分组成的标准，这些规范可以从 NEMA 网站（NEMA，2004）上购买。DICOM 3.0 的最新摘要仅在北美放射学会（RSNA）的网站（北美放射学会，2004）上可查询到。该部分包括对象定义、服务类别的规范、数据结构和编码、数据字典、网络协议和媒体存储和文件格式规范。

### 5. 显示功能

PACS 系统研究人员的主要任务是开发工作站使用户可以查看和解释数字影像。对适合放射科医生解释影像检查的影像查看控制台的设计提出了一组技术和人体工程学的问题：控制台必须像放射科医生用于解释基于胶片的影像所用的照明灯箱一样符合成本低、方便、灵活的要求。

放射科医生通常通过比较当前和以前或相关研究的多张影像以解释检查的结果。影像显示的灵活性非常重要,因为放射科医生组织和重组影像以显示时间序列,反映解剖组织,并比较介入前后的影像改变(如在注射造影剂前后获得的影像)。此外,当放射科医生分析影像时,他们的注意力在概述图或一般模式识别方式及详细查看具体区域方式之间迅速地转换。改组影像、注意力转换、在某特定区域放大和再退回到概述图方式的能力,对于影像的解释和分析过程都是必要的。这些功能效果很容易通过胶片实现,但很难复制到控制台以观看数字影像(图18.3)。

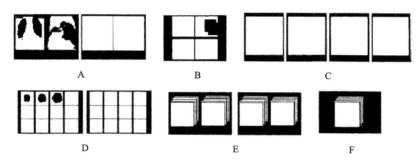

图18.3 工作站对多影像数据的显示方式。由于大多数影像研究涉及至少一张影像,而且常需要与以前的研究结果进行比较,单个监视器几乎从来都不足以用高分辨率查看整个研究的影像

只考虑灰度模态,大部分影像检查产生每个像素超过8位的数据(超过256个灰度级)。监视器被限制为8位像素深度,但是,几乎总需要通过操纵窗口和水平以调整亮度和对比度,这样观看者可以进行适当调整以显示某特殊类型的影像和所查看的组织类型或进程。影像的水平和垂直尺寸是需要加以考虑的,此任务涉及许多因素,包括像素点分辨率(相邻像素点距离有多近)、显示器的实际大小、典型的用户观看距离和所需影像的实际大小。

图18.3中A~C是三个不同角度看胸部X光片的视野(当前研究与先前研究在同一视野对比的后、前和侧视图,每组共4个影像)。无论在1000或2000个像素宽的显示器上,影像可按横向模式A和B或竖向模式C放置。无论是否减少尺寸,影像的部分区域或整个影像可以放大/缩小到像插图B所描绘的更高倍率。

对于有大量影像的研究如CT和MRI研究,不用增加显示器以查看完整的影像研究和对比情况,往往最好是把当前和先前的研究联系起来,这样观看者可以比较这两项研究中相似的部分,如按解剖区域、横截面方向、或窗口/水平的设置,像图(D)所示的那样,而整个研究是看不到的。用户可以通过滚动条查看影像,或在每个独立的监视器中查看,或把两个监视器连起来作为单一连续的系列查看,或通过影像有联系的子集同时在两个监视器查看。

另外,横断面影像可以看做是链接的堆叠影像,可以通过滚动以自动(电影模式)或手动(E)方式一次一张地查看。图中(F)显示了查看代表体积的大量影像横截片的另一种方式:即通过重建这些横截片使之成为三维体积影像。

确定工作站设计的其他因素包括亮度、方向(横向与竖向)及控制各种无法显示的质量如各种控制(缩放、平移、测量、增强)、成本、用户图形界面的质量和使用的方便性,还包括在多大程度上整合这些功能并促进工作流程。

乳腺X射线对软拷贝影像的解释提出了有力的挑战。正如我们在18.2.3.1节所指出的,乳腺X射线检查需要极高的分辨率以检测微钙化区。进一步来说,用户方面对微钙化、结节和不对称区最佳诠释的要求很严格。在传统的胶片屏幕乳腺X射线检查中,通常获取4张胶片影像(每一侧乳房的两个正交平面),用于定位可能的乳腺异常并比较两个平面中一侧与另一侧的差异。如果可行,也要与4张以前研究的最新影像进行比较以确定是否有任何变化发生。这些可以方便地安排在荧光灯箱上,但在一两个显示屏上操纵8个高分辨率影像以进行同一种评估则是一个挑战。数字乳腺X射线的补偿优势是对影像通过计算机辅助检测(CAD)算法进行预处理以突显可能的结节和微钙化区的能力。

由于以上的挑战,一个多中心的国家临床试验(DMIST:数字乳腺X射线成像筛查试验)目前正在进行,如18.2.3.1节所提到的,它用于传统和数字化乳腺X射线成像间的比较,该试验由ACRIN承担,并由美国国家癌症研究所赞助。

CT的经验突显了设计用于解释影像的查看控制台的挑战。计算机断层成像是最典型的数字影像模态。进一步来说,放射科医师可查看控制台并对它进行操作。然而,CT扫描的解释直到最近仍在胶片上进行。与CT扫描仪相关多年的控制台具有有限的灵活性,允许技师每次检索一张影像(截面)以操纵影像的灰度进行详细的检查并做一些分析。可是,它通常不允许操作员同时查看某研究的所有影像并重新排列它们,在特定影像上迅速放大并进行详细检查。由于这些原因,CT的控制台只用于判断患者的位置是否正确,监测研究的进展,并在影像被拍成胶片之前优化显示。放射科医生只能从胶片或从卫星工作站做出对影像的解释。

现在解释控制台或工作站有了很大发展,支持一般的图像处理操作(如灰度操纵、均衡直方图、边缘增强、图像减法和在线测量)及放射科医生在分析影像时需要进行的其他操作。已处理的重要问题包括要用的显示监视器的大小和数量、监视器的分辨率、用户界面的设计以提供方便、自然地获得所需影像的功能(Lou,1996)。

三维影像数据的显示对控制台在快速计算和重新显示斜切片和旋转视图方面提出更高的要求(Vannier,1996)。另一个经常使用的模式是当用户向上或向下滚动屏幕、在一个特定的平面、或做与在自动"电影"模式中同样的事情时,把一个横截片序列看做是动画片。就像前面所描述的,在分辨率和每个研究中影像的数量不断增加的情况下,它对许多横断面的影像检查特别重要。此外,一些解释需要针对影像的处理功能,例如,程序可能会用数学模型去计算出心脏体积或胎儿重量(Greenes,1982)。

一些特殊功能可以整合到观看控制台的设计中。例如,由于磁共振检查数据库的特殊性而对磁共振成像的数据进行处理。磁共振成像数据在本质上是三维的。每个点通常与多个数据值相关,对影像的解释也依赖于各种数据的采集和检查的参数。因而实际影像解释工作站的设计需要大量的人力工程和实验。

关于对转诊医生的影像分发(使他们能够审查已预处理并解释过的检查结果),较低的分辨率、较少的处理和数据传输量以及较小的本地内存是可以接受的。可是,审查和咨询工作站必须方便地分布在整个单位,或者分布在整个扩展的整合医疗服务网络中。通过万维网进行访问提供了一种满足这种需要并结合影像压缩法的方法。

**6. 成本**

最初以为影像管理和PACS的开发会在减少胶片库的空间、人员时间及影像访问的及时性方面对放射科有很大益处。对一些影像模态(尤其是纯胶片X射线影像和处于转型期的乳腺X射线检查)来说,直接获取高质量数字影像所花的时间比预期的要长。扫描胶片进行二次数字化的做法性价比低。因此,放射科的某些部分(如在本来是数字影像的CT、MRI、超声、核医学等)比其他部分更适于使用PACS,这导致了小型PACS系统的出现。

现在我们认识到,PACS的益处在于及时向临床医生提供方便临床管理的影像结果、远程咨询能力以及远程放射的服务性能(Goldberg,1996;Brown,2004)。在这些方面的推进重点转向开发的效益与成本的合理性判断辩论。因此,实施全科的PACS系统在单位内或整合医疗服务系统中经常是一个渐进的过程,与整个医疗企业演变成一个有多媒体能力且适合影像分配的

环境同时发生。人们在分发非放射影像检查结果(如心脏病学、病理学)(Siegel,1997;Kalinski,2002)方面的兴趣也不断增加。网络基础设施和影像的采集、存储及审查的成本可以由整个医疗系统共同承担,而不是只由放射科室承担。

### 18.2.4 与其他健康保健信息的整合

健康保健的影像只有当达到能被使用它们的应用系统方便地访问的程度时才有用。对于临床实践,影像必须与相关的数据结合,这些数据包括说明通过影像检查获得的以及所涉及患者的数据。需要将放射影像和相关数据提供给做影像解释的放射科医生和其他医护人员。为了诊断、治疗计划和过程指南,需要对影像进行审查。医护人员可能需要通过网络对影像进行咨询,影像还可能需要给患者看,并与他们一起讨论结果。

由各科的专家而非放射科医生通过影像检查程序获得的医学影像提出了许多相同的挑战。随着医疗保健实践变得越来越分布化,影像分配和访问的需要变得更加多样化,影像、相关的报告及其他相关临床信息的及时可得是关键。此外,影像在医学教育和培训及研究中的应用创造了进一步分发和访问影像的需求。在本节中,我们讨论了这一挑战的许多方面以及促进影像整合的方法。

医疗保健信息系统需要纵向和横向的整合(Greenes,1996)。专门功能如影像处理或解释、教育或用于决策支持及在HIS中更全面的功能往往需相对孤立地开发许多年甚至几十年。因此,实现这些功能的系统的软件体系结构往往是不兼容的,而且经常在彼此整合的方便程度方面很不灵活。较新系统的方法依赖开放式体系结构和标准的接口及数据模型以促进系统整合(Deibel,1996;Wong,2003;Chu 2000),但它们往往不能简单地取代现有的遗留系统;相反地,必须开发渐进的策略(见第13章),这常常涉及对专门数据库和各种服务的基于Web的前台客户端的开发。因此,遗留下来更老的后台服务的寿命增加了,后台服务可以在没有对前台客户接口做重要重新设计时升级或更换。

**1. 放射信息系统**

放射科的工作说明产生和管理临床影像的许多任务。放射科的管理工作流程是复杂的活动,不但涉及胶片库和数字档案的维护,还涉及检查的安排、患者的登记、检查的结果、放射医师的审查和对研究的分析、对影像解释的产生、誊写口述报告(或由放射医师直接产生结构化的报告)、放射报告的分发(到转诊医生)以及计费服务。此外,部门管理者必须收集和分析过程控制和财务数据以编制预算,做出关于人员编制水平和购买更多设备的适当的知情决定,并找出问题,如过多的影像重新获取、太多的松快或紧急的检查要求、过长的患者候诊时间、低劣的影像质量以及在报告誊写或签名上无法接受

的延误等。其他重要管理职能有库存控制、质量保证、对暴露在放射线下的放射监测和预防性维护调度。

正如前面章节所指出的，许多信息密集型任务很容易让位于自动化；已开发出来的基于计算机的放射信息系统（RIS）是为了处理几乎所有在放射科的信息管理任务。RIS系统作为独立的系统或HIS的组成部分实现。在任何情况下，RIS必须结合单位内的其他信息系统，允许协调患者的资料，支持检查的调度和结果的报告，并协助生成患者的账单。

图像存档和通讯系统（PACS）的影像管理功能必须与RIS和HIS系统结合。由于RIS（在某些情况下是HIS）需要跟踪检查并把它们与患者联系起来，而且PACS系统不断地跟踪影像并把它们与患者的影像检查联系起来，所以我们的任务是协调两个系统中的检测数据。可能有几种不同的实现方法。例如，RIS（或HIS）可扩充使检查记录显示相关影像的存在。这些影像的路径与检查记录可以直接存储在RIS（或HIS），或者检查数据可以备份在维护每个检查影像指针的PACS系统中。另一种办法，PACS系统可以增强与患者查询和检查查询的功能和从RIS或HIS备份数据库的功能。每当用户应用程序提交有关影像的查询，查询发送到PACS系统服务器，有关其他临床资料的查询发送到RIS或HIS。基于万维网的前台能整合合适的后台HIS、RIS和PACS系统服务以消除不必要的数据重复。这种新的体系结构正开始开发，而通过万维网从有限集成的遗留系统的过渡目前还在缓慢地进行着。

## 2. 报告方法

我们分别考虑产生和分发放射报告的任务是因为它们构成了独特的挑战。传统上，大多数影像报告的解释由放射科医生口述、打字员誊写和编辑并由放射科医师批准完成。近年来，数字听写系统可以使转诊医生检索语音报告，甚至允许自动分发语音报告。

在语音识别系统方面已经开展了大量的工作，用户的声音可能会触发预先准备好的短语或完整的预结构模板，或者可能会增加自由文本说明。这些系统直到最近使用起来仍较为麻烦且没有获得较大成功。其中最大的障碍是处理连续语音的能力低下，目前许多系统开始克服这个困难。即使有最好的系统，如果错误率不可忽视，放射科医生必须查看文本并改正错误，这造成报告进程放缓，从而减少可接受性。作为过渡到全面语音识别操作的折中办法是使用语音识别产生誊写者/编辑器边听口述报告边阅读并根据需要修改的一份报告草稿。这减少了打字的付出，对于同一批誊写工作人员来说，提高了周转效率。但是，由于周转时间的最大组成部分通常是在完成誊写和报告编辑/放射科医生签字之间，它无助于减少报告的整个周转延误时间。

使用结构化方法在数据库中将结果编码的影像解释报告便于检索研究。它也避免了誊写及随后的编辑或签名的需要。使用电脑交互的结构化报告已经探索了许多年。它的想法是：放射科医师能通过连接预先存储的短语，增加通过有限的自由文本键盘或语音输入短语撰写报告；对于某些类别的检查，他们可以使用模仿典型报告格式的模板，然后进行调整，或者也可以简单地通过从层次或字母菜单中选择词组撰写报告。这种方法已被成功地用于某些领域。例如，对胎儿大小数据的输入可通过对胎儿胎龄、体重和百分比的自动计算而增强性能的产科超声（Greenes，1982）；对检查的结果开始由技术员输入以进行放射审查的一般超声（Bell，1994）；在异常范围相当有限而且有标准化词汇（如由美国放射学会开发的一个乳腺X光检查的词汇标准BI-RADS）的乳腺X射线照相（D'Orsi，1997；Liberman，2002）。

## 3. 企业范围的整合

在HIS、RIS和PACS的整合之外，进一步的挑战是更有效地在一个地区提供医疗保健并在网络中支持患者所需要的地域性分布式整合医疗服务网络（IDN）。在IDN环境中，临床数据和影像通常是从多种来源（医院、办公室、影像中心）获得的，分发给影像专家作解释并给临床医生和其他专家做审查。多路咨询会诊可以让各方同时进行，或不同步地观看，或注释影像。不同来源的影像可能需要进行融合或用于影像引导的治疗。

除了协调患者的身份并提供一致的虚拟或真实的临床资料库的用户界面任务外（这在第13章中已讨论过），IDN必须提供信息技术的基础设施以支持在所有参与者中多媒体的高速网络连接性，从而实现整个企业的影像整合。这些基础设施还必须提供必要的服务器来管理影像和临床资料库，而且必须确保这些服务器随手可得并能处理所要求的负荷。客户端工作站必须具备必要的硬件和软件配置以运行这些应用程序；在常见的含10 000个或更多工作站的分布式网络中，工作站管理可能需要自动检查客户端工作站和远程安装软件更新的中央资源。

影像数据和用于临床实践、教育和研究数据的多种来源都需要便于灵活整合的分布式软件组件，而不是设计全面集成单一软件的基础设施。随着需求变得更加复杂，在用户工作站的应用程序越来越多地为整合网络上获得的专门服务和控制表示层或用户接口而运行。通过获取图像数据或临床数据（图18.4）等基本服务支持访问、处理、分析和组合较低级别的资源的中间件正在开发之中。这些方法中的一些软件体系结构允许中间件组件运行在工作站或服务器（此情况下的工作站被称为"瘦客户机"），从而可以适应工作站的性能、网络速度、流量负载，以及影响性能的其他因素。

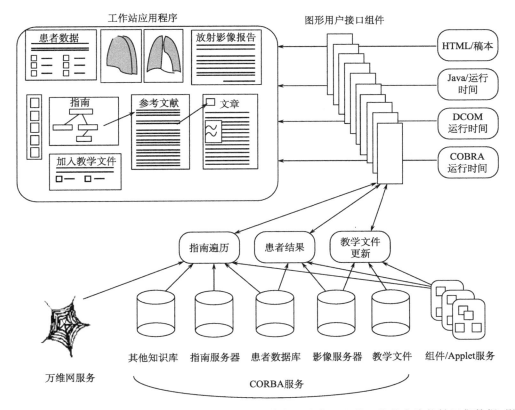

图 18.4 影像工作站应用程序的新体系结构。影像专家和临床医生的工作站应该能够汇集数据、影像,以及各种类型的知识资源,就像特定的应用程序所需要的。考虑一下放射科医生要解释某影像检查的结果,他需要检索要检查的数据、影像和其他有关患者的资料,然后(可能通过语音识别的接口)创建报告。放射科医生在做出进一步工作的建议之前可能想针对某临床情况复习现行的行业指南,包括有关的参考资料检索,并将它们包括在报告中。同时,由于某临床情况有不寻常的结果,放射医生可能选择相关的影像作为科室的教学文件,输入简短的介绍,并选择诊断代码名词

## 18.3 历史的发展

### 18.3.1 PACS 系统中影像管理的演变

在过去的 20 多年中,许多研究人员致力于 PACS 实施系统的开发。基于 20 世纪 80 年代早期项目的经验,研究人员显然已经进行了大量工作建设基础设施以支持:①不同模态的影像获取;②为满足短期临床应用和长期存档需要的影像数据的存储;③在局域网内 PACS 系统中的获取、存储和显示节点传输影像数据;④为解释和审查影像的显示工作站;⑤RIS 系统和医院信息系统(HIS)的整合;⑥胶片生成硬拷贝录制(Dwyer,1996)。远程放射使用广域网,但需要许多相同的基础设施。

一些早期项目的重点集中在 PACS 系统整体问题的一或两个方面,而另一些则试图包括 PACS 系统的所有方面。早期研究人员所面临的一个问题是快速发展的网络、存储和工作站技术造成最初系统的过时。在堪萨斯大学,Templeton 和他的同事(Templeton,1984)开发了最早的 PACS 系统原型之一以研究支持 PACS 系统的放射科对系统影像管理的要求,调查分层存储策略并开发规划有关网络容量和归档存储需求。Blaine 和他的同事(Blaine,1983)在圣路易斯 Mallinckrodt 放射研究所开发 PACS 工作台:用一套工具来研究 PACS 系统的设计,并进行与影像获取、传输、存档和观看相关的实验。另一个由 Arenson 和他的同事(Arenson,1988)在宾夕法尼亚大学医院开发的原型系统旨在提供可用于影像审查和咨询而且最初焦点在重症监护病房(ICU)的综合影像数据库。星型拓扑结构配置的光纤网络连接数码影像获取设备、影像存档节点和影像审查工作站以及网络的中央节点——影像管理员,连接到放射科的 RIS。非数字影像以手动方式扫描。

工作站必须能够集合 HIS、RIS 与 PACS 系统、指南库,以及其他知识库和网络资源的信息并更新教学文件(TF)。所有这些资源都可能存在于不同的硬件平台,包括新的和旧的格式互不兼容的独立系统。各种各样的功能必须整合到应用程序中,因此复杂性管理采用每个资源类型以标准的方式响应服务要求的办法。也就是说,接口允许资源能够被当作很好定义的外部组件,而与它

们如何在内部实施无关。它们代表了发送者和接收者都理解的语义语法和信息并用标准的调用和传输方法。不断发展的信息标准包括用于临床数据的 HL 7 和用于影像数据的 DICOM。Active X/DCOM、CORBA、HTML 和 Java 提供了调用和传送信息的替代标准。请注意,工作站不需要执行所有的整合工作。当有可能需要在另一个应用程序重用组件时,开发的组件可以执行很多任务,这是可取的方法。随着中间件组件的增加,它们可以执行包括调用其他组件的日益复杂的任务。组件也可能有用于视觉显示和与用户交互的客户端图形用户界面(GUI)功能。

从早期的系统至今,在几个方面已取得相当的进展。获取影像最初需要手工操作专有成像硬件的接口。渐渐地,采用了 DICOM 标准作为影像、检查和患者数据从获取设备到存储设备的传输格式。典型放射科影像所需的庞大存储数据最初由于成本和磁盘存储系统容量的限制而受到阻碍。现在磁盘容量的显著扩大,成本大幅下降,并出现了读写光盘和提供多个兆兆字节(TB)存储空间的光盘自动存储单元。基于对未来访问可能性减少的预测,分级存储管理计划安排影像文件从高速存储器转移到速度较慢的媒体。使用如小波变换编码的压缩方法,也可以大大降低存储需求。

随着屏幕与允许 2000×2500 像素分辨率的影像内存变得相对便宜,工作站显示器也得到很大的改善。工作站随机存取存储器(RAM)和视频图像卡内存增加,因此允许全分辨率、能快速选择显示缩小尺寸的影像、感兴趣区、缩放影像的部分并改变亮度或对比度特征的影像文件的本地存储。视频监控的亮度是一个使灰度范围可视化的关键因素,而高亮度监视器在几年前就已经开发出来了。

能够按照位置、大小和排序的顺序及访问影像操作工具来管理屏幕上影像的工作站软件已逐渐变得更加用户友好,并具有亮度和对比度控制、放大、平移、各种图像增强的方法、测量、标注和图像处理方法等功能(Lou,1996)。高端工作站允许影像的三维重建、旋转、任意平面的曝光,并有选择地去除由其影像特征确定的具体解剖结构(Vannier,1996),这些设备越来越多地用于外科手术规划和影像引导的治疗。对于一些影像增强和三维建模,所涉及的计算往往由一个网络服务器完成,而不是直接在工作站上做。

最早的网络系统技术仅限于低速以太网。光纤分布式数据接口(FDDI)、异步传输模式(ATM)和快速以太网目前已广泛普及,而且在它们之间的网关上已经开发了用于局域网和广域网的应用程序。RIS、PACS 系统及 HIS 系统之间的联系现在已经在许多方面通过各种商业系统的实现而完成。这种连接便于确定患者的身份、在附件中附上人口统计资料以及将相关的放射检查和报告数据与有关影像联系起来,如在 18.2.4 节所讨论的。

如前面所述,最初 PACS 系统的实现旨在支持全数字无胶片的放射科。虽然这个目标在越来越多的地方已经实现了,但是现在的重点包括为促进整个企业单位的通信、快速的影像和结果审查而进行的影像分发和访问。

### 18.3.2 影像与放射信息系统的整合

与临床影像活动相关的信息管理起源于 RIS 系统。多年来,类似的信息系统已经在病理科以及在其他处理影像的科室开发出来以处理影像检查的流程。在某些情况下,这些服务已经融入了 HIS 功能;在其他情况下,它们是作为独立运作的单独系统而开发的且与 HIS 系统通过有限的接口相连。渐渐地,随着整合医疗服务网络推动了更加高度模块化和全面化的软件体系结构的发展,并且随着对影像和信息访问的需求蔓延到整个企业范围,在新水平上的整合已经在原有系统和新系统之间被开发出来。

**1. 基于计算机的信息管理系统**

放射信息管理的第一个计算机应用程序于 20 世纪 60 年代末被开发出来。当时,马萨诸塞州总医院(MGH)的一项研究确定了医院放射科的两个主要瓶颈:①患者检查的调度安排;②胶片库管理。研究人员设计并实现了使这两个功能自动化的系统(Bauman,1975a,b)。影像检查的调度系统主要负责检查影像检查是否相互冲突或重复,给患者分配检查室,并帮助注册基本的患者数据。它产生闪存卡以识别患者的影像检查,生成患者在胶片库中主文件夹的请求,并自动产生每个检查领域的日常工作表。胶片库管理系统展示了条形码读码器和标签的最早医疗应用之一;条形码标签识别并且跟踪胶片公文套。此外,该系统还维护胶片库进行借贷交易的数据库。

该系统是现今 RIS 系统的先驱,而且为了包含各种其他功能,它还在不断地发展。尤其重要的是在网上誊写放射报告,包括在线编辑和获取放射科医生报告批准的功能。70 年代后期由 Greenes 和同事(1978)加入到马萨诸塞州总医院系统的另一个功能是链接到基于计算机的手术-病理增加系统。放射科医生可自动获得病理诊断的证实,因此可接到他们对影像解释的自动反馈(Greenes,1978)。后来,该系统又加入了连接到其他医院系统的链接。

随着新的影像技术的发展,放射研究的数量和需求增加了,现存的手动系统对影像和信息处理的压力也随之增加。同时,放射部门面临越来越大的控制成本和有效管理资源的压力。为了最佳地安排使用设备和检查室,协助胶片库管理,跟踪胶片的位置及收集和分析评估并规划所需的数据,基于计算机的 RIS 系统迅速成为必要。目前有若干 RIS 系统存在,有些是在特定机构开发的独一无二的系统,另一些则是商业系统。

直到 20 世纪 80 年代中期,在运行中最全面的 RIS 系统之一是由 Arenson 和他的同事在宾夕法尼亚大学医院（HUP）研制出来的（Arenson，1984）。它基于马萨诸塞州总医院（MGH）的系统，但扩大到支持许多放射科的职能，包括安排检查、患者追踪、胶片库管理、结算和管理报告。尽管该系统提供了基本上所有提到的功能，但它不是商用的。然而，在 Arenson 的领导下，在 80 年代初一批基于大学的放射科组成了放射信息系统协会（RISC），该协会开发了 RIS 的全面规范，很大程度上基于 HUP 的经验（Arenson，1982）。数字设备公司（DEC）被选择与 RISC 合作实现称为 DECRad 的系统。自那时以来，该产品经过转手，现在被称为 IDXRad，由 IDX 公司销售和支持。市场上有其他几个 RIS 系统，但 IDXRad 是被最广泛安装的产品。

**2. 生成报告**

在 20 世纪 60 年代末，几个研究小组探索一些使放射科医生直接在基于计算机的系统上输入并生成报告的方法，而不是先口述报告然后再誊写。最精巧的系统是由 Margulies 开发，后来由 Wheeler 在约翰霍普金斯大学医院改进的系统（Margulies，1972）。研究人员建立了一套大型的图形化胶片显示系统。该显示可以随机选择并向后投影到一个触摸屏。放射科医生能够通过触摸屏幕上的适当区域以选择单词、短语，甚至是图片来构写叙述性报告。从一个显示到另一个显示的分支是由放射科医生所作的选择控制的。SIREP 是这个系统的商业版本，它由西门子公司销售，目前被有限地接受；其他公司则探索重新实现该系统的功能。

Bauman 和他的同事在马萨诸塞州总医院还用分支层次显示菜单试验了作为输入放射报告的途径，但后来放弃了这个项目，因为该方法似乎没有很好地满足放射科医生在创建报告时渴望自由表达的愿望（Bauman，1972）。类似的被称为 CLIP 的菜单驱动系统，是由 Leeming、Simon Bleich 在波士顿的贝斯以色列医院开发的（Leeming，1982）。放射医生通过说明所需短语的字母数字代码从报告书列表中做出选择，然后通过插入适当的形容词和副词修改选定的报告书。在 60 年代后期，一份报告生成系统由 Lehr 和他的同事在密苏里大学的哥伦比亚开发出来，它允许放射科医生通过连接代表的句子或词组的符号撰写报告。他们可以通过在终端键入自由文本把它追加到报告中。该系统后来增加了患者登记、调度和胶片跟踪的功能，成为名为 MARS 的全功能 RIS 系统（Lehr，1973）。随后，例如，产科超声（Greenes，1982）和一般超声（Bell，1994）的专门系统，已经被成功地用在有限的领域，但即便有了现在改进的图形用户接口，有结构的报告生成方式并没有取得重大的进展。要创建一种标准的格式化报告文件的方式，不论是否完全结构化，并能够将注释和评论与影像链接起来，DICOM 标准包括结构化报告部分（Bidgood，1998；Hussein，2004）。

在 20 世纪 80 年代，开发者尝试把声音输入和基于屏幕的菜单选择结合起来（Robbins，1988）。引进了几个这样的商业系统，但因为使用不连贯话语（如单个词的发音）的需要、2%～5% 的持续误差率和笨拙的用户界面，成功是有限的。最近在连续语音识别方面的改善已让这种系统更容易使用并大大减少了误码率，从而使有这种功能的新产品越来越多。

## 18.4 现状

### 18.4.1 影像管理

对于大多数影像模态的影像获取、传输、存储和翻译的数字方法逐渐出现。这些功能的完全整合只在相对较少的地方实现，但正在迅速增长。虽然它仍更多见于放射科，但已开始向其他影像密集专业扩展。此外，由于越来越着重于整个企业的角度，完成这种整合的动机已经改变。

**1. 影像存档与通信系统**

由于胶片乳腺 X 射线成像在很大程度上尚未被数字模态取代，完全无胶片的放射科仍然是有局限的。像在 18.2.3.1 节所提到的，乳腺 X 线成像具有最高的分辨率要求（50μm），而且直到最近数字乳腺 X 射线成像才在商业上可以使用并仍在一个大型国家临床试验中与传统胶片屏幕的乳腺 X 射光检查进行对比评估（尽管初步评估结果是令人鼓舞的）。提供数字获取其他传统 X 射线平片研究（如胸、骨和腹部检查）的设备广泛存在，而且随着新需求的产生或基于胶片的旧单元不断地被替换，放射科正在获得新的单元。

在工作站对放射影像的软拷贝进行解释在很大程度上克服了早期的技术困难和用户的阻力。现在检查的解释更加顺畅地与访问包括旧报告在内的临床信息结合。影像报告的听写系统目前与解释工作站整合在一起，驱动工作站上的切换按钮可以为患者的病例自动传送用户、患者、病例头信息到听写工作站并为听写工作站准备接收听写内容。

常见的误解是影像软拷贝解释的障碍可以通过高分辨率显示屏来去除。如果一个 20in 宽的显示器可以显示 $1000\times 1000$ 像素，问题是它是否一定不如 $2000\times 2000$ 或 $4000\times 4000$ 的物理尺寸相同的 20in 显示器？显然，$1000\times 1000$ 显示器的每个像素面积是 $2000\times 2000$ 监视器上每个像素面积的 4 倍，是 $4000\times 4000$ 显示器上每个像素面积的 16 倍。如果像素在 $1000\times 1000$ 显示器上相互间离得非常近以至于眼睛在保持正常观看距离时不能分辨它们，那么即便更高分辨率 $2000\times 2000$ 或 $4000\times 4000$ 的显示器将不会提高所能感知到的影像质量。

将 $4000\times 4000$ 的影像显示在 $1000\times 1000$ 的监视器上要求（一张 $1000\times 1000$ 缩小影像上的）每个显示像素总结相应原图占同样屏幕大小 $4\times 4$ 像素面积的值。如何计算该像素值是决定缩小影像的影像质量的重要因素。抽样(如每1/4像素)或平均不能很好地解决问题。人眼在高分辨率监视器上可分辨4×4区域的亮度水平的计算函数是确定在较低分辨率的显示器上单像素值的最佳方法。事实上,对于影像中的某些由亮区域所显明的异常(如乳腺X光检查中的钙化点或包块),仅显示在4×4区域的最大像素值是一个理想的替代方法。对于大多数研究影像解释的最佳分辨率问题还没有得到满意的答复。有几个项目评估了影像软拷贝解释的充分性,但除了对特殊类型的异常(如胸部X射线影像上显示的气胸或间质性疾病),仍缺乏有说服力的受试者工作特征(ROC)研究(见第11章)。

**2. 远程放射学**

虽然一些限制仍然存在,工作站和网络对影像检查结果的远程解释、获取和传输的能力在飞速增加,基于Java的小波解压Web客户端使得万维网用户可以查看高分辨率原图的细节(尽管受压缩程度的影响)。现在许多放射科让他们的放射科医师在家里就可以查看影像,尤其是要解释在晚上或周末获得的CT和MRI检查的影像并在报告定稿前审查由放射科住院医生作的影像解释。远程放射学——提供影像的远程解释——作为传送放射服务的一种方式在不断地增长。通常,放射中心将提供这些服务以帮助那些设施不足或寻求影像解释服务的专门领域。在美国,由于要求解释影像的放射科医师须与影像的获得地在同一州取得行医执照,远程放射学的发展因此受到了限制。

目前的工作强调整个企业范围内的影像分发和访问,不仅为放射科而且为其他类型的程序,这是和大多数传统上不支持多媒体的临床信息系统功能的主要不同之处。除了支持影像专家远程解释的需要,影像的电子分发和访问满足了临床医师对影像审查和会诊以及对外科手术规划和教学的强大需求。为了实现这些功能并提供其他功能以辅助教学和决策支持,许多企业通常使用Web技术开发了内联网和因特网的技术应用。基于客户端的浏览应用程序通常由Java增强性能以便为影像操作提供必要的用户界面功能。在这些系统的后端一般是存储在DICOM标准兼容格式下的影像存储库,并经常用小波方法压缩。患者标识信息允许链接到RIS或HIS以便将相关的影像和特定的检查及报告联系起来(Khorasani,1998)。有一些商业企业范围内的影像电子分发应用软件现在已上市。

**3. 索引和影像检索**

在典型的PACS系统中,影像在文件服务器上存档。通常从DICOM的头获取标识数据,存储在相关的关系数据库中。具体影像的检索基于在获得影像的同时所输入数据库的信息,它们直接或通过链接连到RIS。对于常规放射,这些信息通常是足够的,因为目前和以往影像主要通过患者的标识信息和影像模态来检索。

可是,对于研究或教学而言,通常是想通过"像这张影像"的方式检索影像。例如,显示某种疾病过程的其他实例或进行回顾性研究。对于这个任务的标准方法是按关键字在教学和研究数据库中手动索引影像。DICOM标准的规定,将这些关键字(Bidgood,1997)和控制的词汇,如医学系统化命名(SNOMED)(Wang,2002)、神经名称(Bowden,1995)与数字解剖学家基础模型(Rosse,1997)[所有这些是国家医学图书馆统一医学语言系统UMLS的一部分(Lindberg,1993)],提供多种所需的源关键字(见第7章)。

然而,在大多数常规情况下,不会输入相关的关键字,因为事先不知道会查询什么。现在所需要的是基于内容的影像检索,允许计算机用基于影像的内容索引它们(Tagare,1997)。

正如第9章所述,自动理解影像在不久的将来不太可能实现。不过,一些较简单的方法已成功应用在某些影像领域。例如,彩色影像可以根据它们相对的红、绿、蓝百分比来进行索引(Flickner,1995)。要从自然景观中寻找具有大量蓝色的图像将检索出含有大面积的大海或天空的图像。当然,大多数的医疗影像是灰阶影像,所以基于颜色的方法不适用。在耶鲁大学开发了一种叫定性安排的替代方法(Tagare,1995),着眼于影像中区域的相对关系,而不试图确定他们并检索有类似关系的影像。当应用于心脏MRI图像时,这种方法能够检索在段中同一平面上获得的影像。参见Muller(2004)对基于内容的影像检索的评论。Sinha和同事(Sinha,2002)提出许多在影像描述和与临床环境的整合方面的解决方法和存在的挑战。

虽然在这些技术得到广泛应用之前需要做更多的研究,但是数字影像、PACS系统和强大的显示工作站提供了良好的基础以实现先进的影像索引和检索技术。

**18.4.2 放射信息系统中的整合**

放射科提供了目前为止一些最引人注目的医疗保健方面计算应用的例子。电脑在放射科的使用促进了影像生成和影像分析方面的巨大进展,并促进了影像和影像学信息的通信和管理。放射信息系统(或将RIS功能纳入HIS系统)现在已很普遍。使用鼠标和键盘交互的结构化报告已经有了一些成功的例子,但还没有得到广泛的应用。目前主要关注的重点是识别连续话语的语音听写系统。

利用互联网、万维网、改善表示层的Java,以及基于标准的驱动远程分布式网络服务的API(应用程序接口),放射科RIS的基础设施逐渐转移到客户机-服务器的分布式计算模型。因为存在着对现有系统的投资、IDN(综合交付网络)的规模和多样性及为整合所有的网络元素并连接各种用户而建造硬件和通信所需基础设施的困难,目前进展比较缓慢。

## 1. PACS、HIS 和 RIS 系统的整合

Brigham 和妇女医院放射科的演变，对许多医疗机构来说可能有代表性。Brigham 是马萨诸塞州东部服务的合作伙伴医疗保健系统 IDN（综合交付网络）的一部分。Brigham 有一个庞大而且成功的、名为 BIC 的 HIS 系统及一个名为 IDXRad 的 RIS 系统。它的 PACS 系统开始由该医院开发用于获取影像并对数字模态影像进行存档，后来被通用电气公司的商业系统所代替。HIS 和 RIS 系统是为了传送患者的人口统计、结账和报告信息而互相连接的，而且 RIS 和 PACS 系统也是相连的以便 RIS 能跟踪与 PACS 系统中某个检查相关的影像（Hanlon,1996）。超声报告是由分开的报告生成模块产生的（Bell,1994），并通过 HL7 接口整合到 RIS 系统中（见第 6 章）。其他半独立的报告模块可以以类似的方式连接到 RIS。用于报告的语音识别系统已经被引入，在多数情况下，它们用来向作必要修改的誊写编辑者提供报告的草稿。

在 Brigham 和妇女医院发展 PACS 的重点是分发影像给转诊医生并把它们传送到放射医师的家里以便为住院医生和研究生提供咨询。RIS 和 PACS 的商业 Web 界面使得检索某个检查可基于各种标准（如患者的姓名或医疗记录号码、检查的类型、日期、地点、放射医师对影像的翻译）进行搜索，可以审查报告而且如果有影像的话可以访问影像。这些文件可以用不同的格式和影像尺寸发送，而且可以修改灰度。影像也可由放射医师根据需要选择存储为教学文件的病例。该系统现在是结合本地（医院）和商业努力的结晶。

## 2. DICOM 和 HL7

集成 PACS 系统、RIS 和 HIS 得力于两个标准 DICOM 和 HL7 的演变。DICOM 标准，正如在 18.2.3.4 节讨论的，是一种传送包括患者、检查和研究系列信息等影像信息的标准格式。它很重要，因为它使得不同成像模态设备和控制机将影像传送到共同的 PACS 档案系统成为可能，允许影像由共同的解释工作站操纵，同时保持关于特定患者的影像、研究系列及检查之间的联系。另外，患者的人口统计和订购影像检查信息、结果报告及账单，则在由 HL7 开发的信息标准的范围内。因此，RIS 系统和 PACS 系统必须同时使用 DICOM 和 HL7 标准进行沟通以便充分整合上述信息。事实上，HL7 和 DICOM 标准的开发团体共同参加了 HL7 标准的影像管理特别兴趣小组以解决接口和重叠方面的问题。作为持续讨论主题的重叠问题的一个特别领域是 DICOM 标准中结构化报告的部分，因为这与 HL7 复合文件体系结构技术委员会和模板特别兴趣小组的焦点重叠（HL7,2004）。

## 3. 医疗机构信息集成规范（IHE）

对标准进行规范并确保其在实践中可行是两个不同的任务。由于可以指定的参数的多样性（比如在一条 HL7 标准的消息中的各种参数），因此不能保证若两个系统都采用 HL7 标准，它们的消息可以相互交换并被充分理解。为了解决这个问题，北美放射学会（RSNA）和卫生信息管理系统协会（HIMSS）提出了一项称为"医疗机构信息集成规范"（IHE）的联合倡议（Channin,2002），旨在促进真正的业务融合。它开始于 1998 年，由参加这两个组织会议的供应商展示通信能力且每年变得更加精巧的套件组成。目标是能够满足不同厂商的应用程序或组件通过 DICOM 和 HL7 的通信以便一起工作的多种临床和管理要求。

IHE 委员会每年制订一套详细的规范和一套工具来验证该规范是否得到执行。那些已经能够满足规范一致性要求的厂商已经参加 IHE 的示范。第一年的重点在于订购放射检查程序，将订购信息传送给影像模态，并将完整的检查和影像传输到观察站进行审查，并且包括患者人口统计或检查信息更新所需的各种设置。在随后的几年中，示范牵涉到更多的活动，包括调度、报告、企业范围内分发影像和报告以及放射以外的延伸性应用。IHE 的主要目的不是制定新的标准，而是支持并鼓励人们采用已开发的标准，从中选择已被证明可行的特定子集并通知标准开发组织某些规范中的不足之处。2004 年，IHE 的示范与 HL7 标准的展览在 HIMSS 会议上联合举行，从而见证了 IHE 过程如何有效地成为市场力量，以鼓励厂商专注于互操作性。

### 18.4.3 基于影像系统的其他例子

如前面所述，还有许多其他基于影像系统的例子，不仅在临床科室如病理科、外科、心血管科和妇产科，而且在基础学科和教学科室应用。教育应用在第 21 章中描述。在这节中，我们从众多可提及的实例中选择一些加以描述。

## 1. 手术规划和影像引导治疗

主要的变革发生在使用影像容积数据以辅助手术（Dohi,2002）。影像可以通过各种投影建模和重建，删除某些层及对其他层增强或加彩色以使影像中的异常能在可视范围内更加明显。投影可以通过调节与患者和叠加手术视野的精确坐标协调头架显示的位置，以符合观看手术视野的外科医生的眼界。在 Brigham 和妇女医院的开拓性工作中（Jolesz,1997）通过使用开放的 MRI 磁体使介入程序可以在采集患者影像时直接进行，从而更加紧密地整合了手术和影像。

使用类似的方法，通过 MRI 成像扫描中的组织变化可以对聚焦超声、冷冻和热消融等微创技术进行实时监控（Dohi,2002）。

## 2. 大脑映射信息系统

本章的大部分内容描述了放射科产生影像的临床应

用。然而,影像也有许多其他研究用途。例如,第9章介绍了获取、处理和查看三维结构和功能脑影像的方法,这些脑影像的大部分或全部内容是在放射科获取的。像临床影像一样,如果这些影像和处理的结果要对神经科学的研究有用,就必须对其进行管理并将它们整合入信息系统。因此,有越来越多用于大脑映射且基于影像的信息系统例子,这些系统已获得人类大脑计划和其他来源的资助。

举一个例子,9.5节描述了一种基于可视化的方法以映射语言皮质区到大脑表面,并将这些区域与其他语言激活的方法如功能磁共振成像(fMRI)的结果相关联。作为这个项目的一部分,我们(JB)开发了一种基于Web的分布式信息系统以管理和查看影像所产生的三维模型和映射,以及通过这种方式(图9.9)获得的其他实验数据。

影像和三维模型存储在文件服务器上,描述这些影像和模型位置的元数据以及非基于影像的实验数据都存储在一个关系数据库。称为网络接口库管理(WIRM)的软件工具(Jakobovits,2001)保持了这两方面数据之间的一致性,并生成一个Web界面允许用户上传影像和其他数据并浏览现有的数据。当由患者标识符调用时,单独的可视化服务器咨询数据库以寻找合适的影像和三维模型文件,加载这些文件,呈现结果的三维场景,并以二维快照的形式传送所呈现的影像到Web客户端。然后,用户可以用鼠标操作三维的结果影像,这将使服务器重新呈现新参数的场景。可视化服务器的优点在于远程用户不需要昂贵或复杂的硬件和软件与这些场景互动。整个系统是多媒体实验管理系统的一个例子(Jakobovits,2002),随着研究人员需要管理、查看和分享大量复杂的基于影像的数据,它将变得越来越重要。

## 18.5 影像系统的未来方向

从这章的讨论应清楚地看到,计算机是放射科及其他影像专业的重要工具。由于处理能力和存储已变得不那么昂贵,新式的、计算密集的系统性能已得到广泛采用。到目前为止,这一趋势没有显示出放缓的迹象。

影像生成方面的总趋势是不断增加的影像模态,几乎每一种模态都提供独特的信息,因此它们的大部分将继续存在。对于每一种影像模态,一般的趋势是向更高的空间、对比度和时间分辨率发展,最高达到物理极限。此外,所有的影像模态具有继续向三维或四维数据发展的趋势。对组织的生理功能及遗传和分子表达成像的新方法将不断地被开发出来,而且将与多模态影像结合起来以得到最多的信息内容。

为提供远程放射服务,将要求在整个医疗保健传送网络及更广泛的地区对影像和报告的普遍访问和利用。满足这种需求的方法可能会继续建筑在万维网上,并通过Java支持影像操纵的用户界面以增强基于万维网的

应用程序。在后端,不仅为了存储和连接到患者的电子病历,而且为了各种影像的操作,系统将使用分布式服务器。这些系统将DICOM标准用于影像信息的格式以及HL7标准用于临床数据的交换,并在各种服务器上通过标准化的分布式对象管理协议调用功能。

由于广泛使用控制的词汇,如SNOMED和UMLS的超级叙词表链接到其他适当的词汇,并继续进展到基于内容的检索,用于研究和教学目的的影像检索将变得更加容易。这种进步在很大程度上将取决于影像操纵技术的研究。

影像将通过高速网络传输到装有用于影像处理和查看商用软件程序包的强大工作站上。这些软件包将利用现在只在研究阶段的科技进步优势。复杂的用户界面将结合高水平的解剖知识,往往用基于形状的可变形模型的形式,允许迅速创建模型实例以适合给定患者的影像数据。这种三维实例模型将提供一种框架,不仅可以观察和操纵患者的三维解剖和病理,而且可以在基于结构的可视病历中叠加非影像信息。

随着用户界面的改善和放射科医师读取和分析影像的过程变得更加舒适,放射影像的软拷贝解释将更为普遍。对于影像报告,连续语音识别提供了可接受的自动捕获放射解释的最有希望的方法。为了生成结构化报告,语音对文本和选择短语的识别使用将提供最好的方法组合,最终可取代口述和笔录。

企业内的整合将继续按阶段发生。随着数字影像在放射科取代模拟影像,PACS系统将越来越多地承担起胶片库的职能。医学影像的数据库可用于临床和研究,可以按影像、病例、诊断或特性检索而加以索引。RIS和PACS系统的整合将允许协调放射科的所有主要活动:从检查时间安排和患者登记到获取、存储和检索影像,再到报告生成和分发。

放射科系统将日益与IDN(综合交付网络)中的企业健康信息系统整合。因此,整个企业的医护人员将可以在放射报告之外的网上查阅影像。同时,RIS和患者电子病历间的链接将允许放射科医师访问他们需要解释影像相应的临床数据,并获得对他们工作的反馈意见。为了分发影像和远程会诊,其他基于影像的专业也将被越来越多地整合到医疗企业的网络中。

随着影像与实时处理的过程整合在一起,我们将看到影像引导手术的显著增长及其影像引导微创治疗的进展。遥控外科手术将是可行的:目前内窥镜专家所使用的视频影像指导他们的操作,而且技术正在改进以便在远程探测器感觉遇到阻力时为用户提供触觉反馈。通过实时磁共振的身体影像,结合这些触觉技术和解剖情况的可视化能力,可能允许介入专家完全远程地进行内窥镜程序,只有一位比较缺乏训练的医务人员在现场执行准备和收尾任务,并在发生问题时加以处理。

正如本章所述,这个未来情景的不少部分在不同的机构已经运行或正在实现之中。放射影像系统发展进度

的关键决定因素包括采用提供分布式组件结构的软件体系结构,计算机处理器、存储、显示、网络服务器和其他硬件的成本以及用户界面和软件功能的不断进步。

## 推荐读物

Bauman R. A., Gell G., Dwyer S. J. 3rd. (1996). Large picture archiving and communication systems of the world, Part 2. Journal of Digital Imaging, 9(4):172～177.

这项全面的调查描述了在1996年最先进的可操作PACS系统的实现。

D'Orsi C. J., Kopans D. B. (1997). Mammography interpretation: the BI-RADS method. American Family Physician, 55(5):1548～1550, 1997.

该文介绍了BI-RADS美国放射学会结构化数据编码方案的使用,这是由美国放射学会为产生乳腺X线报告而开发的。

Dohi, T.; Kikinis, R. (Eds.) (2002). Medical Image Computing and Computer-Assisted Intervention-MICCAI 2002 &cdot; 5th International Conference, Tokyo, Japan, September 25-28, 2002, Proceedings, Part I ISBN 3-540-44224-3, EUR 80.-* Part II ISBN 3-540-44225-1, EUR 72.-*

该书的两卷构成了2002年9月在日本东京举行的第5届医学影像计算与计算机辅助干预国际会议(MICCAI 2002)的会议论文集。经修订的184篇论文提供了以下主要专题章节:医用机器人和内窥镜设备;医学验证;脑肿瘤、脑皮层、血管和影像及分析;分割;心脏方面的应用;计算机辅助诊断;管状结构;干预措施;仿真;建模;统计形状模型;影像配准;可视化和新型的成像技术。

Greenes R. A., Bauman R. A. (Eds.) (1996). Imaging and information management: computer systems for a changing health care environment. Radiology Clinics of North America, 34(3):463～697.

该篇文章是1986年对放射科使用电脑调查的更新,更强调影像的管理和应用。其中包括影像的获取、PACS系统、网络、工作站设计、三维影像,以及用于诊断的影像处理、报告、辅助决策、教学应用,远程医疗和技术评估等。

Jolesz F. A. (1997). 1996 RSNA Eugene P. Pendergrass New Horizons Lecture. Image-guided procedures and the operating room of the future. Radiology, 204(3):601～612.

该篇由一位磁共振成像引导手术规划和介入的领头人写的文章,它介绍了影像在治疗方面的主要用途。

Siegel E. L., Protopapas Z., Reiner B. I., Pomerantz S. M. (1997). Patterns of utilization of computer workstations in a filmless environment and implications for current and future picture archiving and communication systems. Journal of Digital Imaging, 10(3 Suppl 1):41～43.

该文描述了第一个和最为综合的全数字化、无胶片放射科之一的在巴尔的摩退伍军人管理局医疗中心的放射科的实现。

## 问题讨论

1. 描述当规划者在估计全数字化放射科的影像数据存储要求时所必须考虑的因素。减少保持在线存储数据量的主要因素是什么?

2. 参考表18.1。需要多少字节来存储数字胸部透视影像?需要多少字节来存储一项由15张CT影像构成的研究?如果你有一通讯线路可传输5.6万比特/秒,它用多久才能传送这些图像到医院内的显示工作站?对于影像数据的广泛传输,你的答案有什么含义?

3. 决定医院和诊所如何能较快采用全数字化放射科的经济和技术因素是什么?

4. 对检查解释的放射报告用什么方法产生?在生成报告方便和效率、报告对临床医生可用的及时性以及研究和教育用病例检索用途方面,这些方法的优缺点是什么?

# 第19章 信息检索与数字图书馆

**阅读本章后,您应对下列问题有所了解:**
- 保健医生、研究人员及消费者可以在线获得哪些有用的信息资料?
- 信息检索过程中的重要组成部分是什么?
- 如何区分基于知识的各种各样的生物医学信息索引?
- 检索基于知识的生物医学信息的主要途径是什么?
- 检索人员如何有效地利用信息检索系统?
- 信息检索的重要研究方向是什么?
- 要使数字图书馆便捷高效地为生物医疗卫生行业服务所面临的主要挑战是什么?

信息检索(Information retrieval,IR)是关于信息的采集、整理及学术查询的学科分支(Hersh,2003)。从传统意义上来讲,生物医疗信息学集中在对来自生物医疗文献方面的文字检索。随着有关生物医疗教育、研究和临床护理的多媒体出版物和巨大的化学结构、图片资料、基因和蛋白质序列、视频剪辑及其他大范围的数字媒体库的出现,IR 能够被有效利用的领域已经扩大到相当大的范围。伴随 IR 系统和网上在线检索内容的繁衍扩大,图书馆的概念已经发生了根本性的变化,一个新的数字图书馆悄然出现了。

## 19.1 生物医学信息检索的发展历史

正如本书中的许多章节所述一样,在已发行的三个版本中相应的这一部分内容发生着很大的变化。在第一版,这一章的题目是"书目检索系统",反映了当时所能够接触到的文献类型。这一版我们在该章节题目上增加了"数字图书馆",反映了现在整个生物医学图书馆除了以往的内容外,部分网络资源也可以被有效地利用的现象。

虽然本章集中于运用计算机提高 IR 等方面,实际上这些针对医学信息资源的搜寻、检索方法已经存在一个多世纪了。在 1879 年,John Shaw Billings 创建了帮助医疗专业人员寻找相关期刊文献的医学索引(DeBakey,1991)。文献由作者姓名和主题词索引并且汇集成一些合订本。科研人员或者专业人员可以就某一个专题手工从索引目录找到一个最佳匹配的主题词,然后定向于出版的文章。

这个纸质版本的医学文献索引一直作为主要的生物医学 IR 工具使用到 1966 年,这个时候美国国家医学图书馆(National Library of Medicine,NLM)正式推出了一个称为医学文献分析和检索系统(Medical Literature Analysis and Retrieval System,MEDLARS)的电子版本(Miles,1982)。由于当时计算机的运算能力和存储盘的容量都非常有限,MEDLARS 及其后续的在线医学文献分析和检索系统(MEDLARS Online,MEDLINE)仅能对每篇文献存储有限的信息,如作者、标题、期刊来源和出版日期。除此之外,NLM 还从医学主题词表(Medical Subject Heading,MeSH)为每篇文献分配了若干术语。当时的查询是一种批处理的方式,首先用户必须把一张一定格式的纸质查询寄到 NLM,数周之后收到寄回来的查询结果,只有经过专业培训的图书管理员才允许在 MEDLARS 上通过远程操作提交查询命令。

进入 20 世纪 80 年代,随着计算机运算能力和存储容量的进一步提高,开始出现了允许对医学文献的整个文本进行查询的全文数据库。尽管仍然缺少来自原始资料的图形、图像及表格等,但是这些数据库已经能够使得一些重要文献的整个文本被快速地检索到,并且实现了远程检索。同样,随着共享网络技术的发展,终端用户已经可以直接查询数据库,虽然费用还是比较昂贵。

在 20 世纪 90 年代早期,IR 领域得以迅猛发展。随着万维网的出现以及计算机运算能力和网络能力的指数级提高,一个崭新的世界呈现在人们面前。大量的来自各种媒介的多媒体医学信息可以在整个世界的任何互联网终端获得(Berrers Lee et al.,1994)。在 20 世纪 90 年代后期,NLM 将其所有数据库向全世界免费开放。也就在这个时候,数字图书馆概念逐渐形成。这一概念基于这样的认识:运用上述相关技术,获得基于知识的整个信息体系(Borgman,1999)。

21 世纪的早期,IR 系统和数字图书馆的使用已成为主流。据不完全统计,在美国有超过 40% 的网民曾经使用 IR 系统或数字图书馆来查询个人健康卫生方面的信息(Baker et al.,2003)。对于医生,有超过 90% 的人使用国际互联网,特别是对于那些工作偏重于临床护理方面的医生来说使用这个系统就更为频繁(Taylor in Leitman,2001)。此外,只有通过个人计算机才能进入并使用这一系统的传统方法也发生了变化,一些新的设备已经发展起来,如个人数字助理等。

## 19.2 卫生保健和生物医学方面的知识型信息

IR 系统和数字图书馆用来存储和传播知识型信息,具体的来讲包括哪些方面呢?尽管对于生物医学信息以及这些信息的应用有多种分类方法,在本章,我们将大体上把它们归为两类。第一类是应用于个体患者特定的患者信息,其目的是告诉卫生保健的工作机构、管理机构及科研人员关于患者的身体状况,这些信息组成了患者的医疗档案。第二类是知识型信息,这些信息是通过科学观察或者实验研究得到或整理出来的。在临床研究中为临床医生、管理工作者及科研人员提供的来源于实验和观察的信息可以被应用到相关的患者身上。信息内容基本上以书或者期刊的形式向外提供,也可以使用其他灵活多变的形式,包括临床实践指导、消费者健康知识讲座及网站等。

知识型信息还可以进一步被细分为两个子类:初级知识型信息和二次知识型信息。初级知识型信息(也叫初级文献)是存在于期刊、书籍、报告和其他来源中的原始研究。这种形式的信息报道了在医疗、卫生和保健方面的原始研究内容。通常有原始数据或者进一步分析的数据(比如数据分析)。二次知识型信息是由初级文献的评论、浓缩及(或者)合成材料组成的。这种信息的最普遍的形式是书、专著及在期刊或者其他出版物上的一些评论文章。二次文献也包括论点型的文献,如社论、政策性和指导性文件,它还包括互联网上的临床实践指导、系统评论和卫生保健知识。此外,它还包括专门为在一些专业领域的从业人员所使用的大量袖珍小册子。后面我们将要看到二次文献是医生所使用的最为普遍的资料类型。二次文献也包括针对患者或者消费者的档次越来越高的卫生保健知识,这些知识越来越多地可以从网上获得。

传统意义的图书馆是一个存放知识型信息的地方。现代意义的图书馆实际上在行使着许多种不同的功能,包括以下几点。

- 收集以及维护馆藏资料。
- 编目、分类这些收藏资料,使其更易于被读者使用。
- 为读者查询信息提供帮助和服务(包括计算机上的信息)。
- 提供一个工作和研究的空间(特别是针对高等院校)。

数字图书馆提供类似的服务,但它主要集中在数字文献方面。

### 19.2.1　文献信息的需求和查询

按照人们要查询的信息类型及所能获得的资源来讲,知识型信息的不同用户有着不同的需求。针对医生的信息需求和信息查询已经做过广泛的研究。Torman(1995)针对临床方面的信息需求定义了4种状态。

- 未被认识到的需求——临床医生没有意识到信息的需要和缺乏。
- 认识到的需求——临床医生意识到信息的需要但不一定去努力获取它。
- 寻找的需求——曾经去查询信息,但不一定成功获得。
- 获得满意的需求——成功获得信息。

尽管应用IR可以获得帮助,然而这些信息需求没有获得足够的认可。像内科医生没有跟进最先进的临床实践,原因是他们没有意识到他们的知识是不完整的,当然这不是唯一的原因。我们可以参考一些事例。例如,内科医生继续开不合适的抗生素处方(Gonzales et al.,2001),没有遵守既定的规则(Knight et al.,2000),并且在关照患者方式上可以说是形形色色(Weiner et al.,1995)。

当内科医生面对很多问题时,他们可能只会为其中的少数几个去进行信息查询。很多研究已经证明内科医生在实践中每三个患者中就会遇到两个没有解决的问题,他们只为这些问题中的30%去查找答案(Covell et al.,1985;Gormand and Helfard,1995;Ely et al.,1999)。当找到问题的答案时,这些研究表明答案的途径都是来源于同事,其次是纸质的文本,用电脑来回答问题相对很少,即便是在最近的对内科医生寻找信息的研究中(Arroll et al.,2002),因此满足信息需求的障碍依然存在,这没有什么值得惊奇的(Ely et al.,2002)。减少知识型信息的障碍的一个可行性办法是把它与在电子健康记录里的患者的真实情况关联起来(EHR)。Cimino(1996)在这方面做了许多先驱性的工作,并继续在这条道路上开展研究去寻找使临床医生获得有用信息的最好方法。另一个前景被看好的办法是通过掌上无线设备把信息送到需要的地方。

已经有一小部分而且人数还在不断增加的研究学者在关注与患者相关的这一消费群体对信息的需求和寻找。这一群体不仅仅包括患者也包括其他一些寻找健康信息的人员,这些人员经常受到信息资源不能满足他们的信息需求这些现实条件的困扰(Brennan and Strombom,1998)。现在患者已经变成了他们自己卫生保健信息的"合作生产者"(Bopp,2000),而网络共享的患者的档案信息已经影响了医生和患者之间的关系(Anderson et al.,2003)。Pew的互联网和美国人的生活工程在继续做一项扩展性的研究,这一研究是针对互联网用户碰到的关于健康信息和文化教育背景方面的障碍问题(Lenhart et al.,2003)。

### 19.2.2　出版的变化

互联网络对知识型信息的出版有很深刻的影响。出版电子期刊的技术难点已经在很大程度上解决了,大多数科学期刊以一些电子形式出版了。还没有电子出版的刊物也很容易使用类似的方式做到,因为大多数出版的过程已经解决了电子版本的转化问题。现在互联网足以传递绝大部分的期刊信息内容。实际上,Highwire Press(www.highwire.org)出版社已经提出了一种近乎一揽子的解决方案。该出版社是一个斯坦福大学的分支结构,它拥有一套基本设施能够承担期刊的出版工作,包括从内容的准备到查询和存档等工作。人们对于期刊版本电子化有着极为狂热地追求,这一点从越来越多的图书馆数据库的访问接口就可以被看出。期刊一旦有了电子版本,对期刊内容的访问就变得更为方便快捷。

此外,大多数的科研人员希望他们的成果能够得到广泛的传播,这也激励他们将文章改成电子版本。这不仅仅是因为电子形式可以方便的重新发布和再版,同时 Lawrence(2001)还发现,对于从互联网上能够自由获取的文献(至少对于计算机科学)来说,这些文献被引用的可能性比那些无法自由获取的要高得多,所以每一位作者都尽可能以最方便访问的方式发布他们的成果。

学术作品以电子形式出版的技术难题已经不存在了,现在要考虑的是经济问题和归属权的问题。(Hersh and Rindfleisch,2000)。电子出版不再需要印刷和邮寄,对于原先出版期刊来说这是一笔相当可观的"附加成本"。不过对于出版社来说,仍然还有一部分附加值,如雇用和管理编辑人员来完成出版工作,以及管理同行评审的过程。因此正如我们知道的,即使我们再也不需要印刷公司了,但是出版期刊还是需要一定成本。所以说虽然电子期刊的出版费用可能要少,但还不是零。尽管期刊内容的发布是"免费的",人们还是不得不需要一定的出版费用。出版电子期刊的经济问题是由谁来支付期刊的出版费用,这也就引起了一些归属权的问题。

归属权问题令人忧虑。研究项目是由公共机构拨款资助的,这些机构如国家卫生研究所(National Institutes of Health, NIH)和国家科学基金会(National Science Foundation, NSF)。项目由高等院校组织实施的,但是学者和图书馆而后又必须从出版商那里把这些研究成果买回来,因为在现行的系统中,特别是生物医学科学中(以及其他范围较小的学科领域中),研究人员心甘情愿地将他们的出版物的版权让给了出版商。过去的几十年,图书馆经费普遍降低,这使该问题更加恶化(Boyd and Herkovic,1999;Meek,2001)。

一些模式提倡对学术出版物的"开放访问"(open access),使这些科技成果能够被免费获取。Harnad(1998)提出,作者和其所在的单位在其投送的文章经同行评审被接受以后预先支付原稿的出版费用。他提出,该费用甚至可以归入到基金委员会的经费申请的预算当中。文章发表后,可以在网站上自由免费下载。生物医学中心(Biomed Central, BMC, www.biomedcentral.com)出版的期刊丛书便遵循了该模式的一种改型方案。

另一个模式是公共医学中心(PubMed Central, PMC, pubmedcentral.gov)。该模式由前 NIH 主席 Harold Varmus 提出,PMC 起初作为一项名为"电-生物医学"倡议而提出(Varmus,1999),自成立之初,经历了大范围的不断改进。PMC 提供所收录文献的免费访问端口,出版商可以保留版权,同时也可以自由选择是否将这些文献保存在自己的服务器中。另外允许长达 6 个月的滞后时间,这样出版商可以通过初始的出版发行获得收益。PMC 的最新的运作方式已经被许多顶级期刊所接受,目前近 200 家为其提供期刊文献。Varmus 本人目前负责科学公共图书馆(www.plos.org),这是另外一个基于互联网的可以开放式访问的科研期刊。

### 19.2.3 信息的质量

国际互联网的发展引出另外一个考虑,即可利用信息的质量。大部分基于网络的健康信息是针对非专业读者的。许多人称赞这一发展变化是卫生保健授给那些人一个法宝——那些人指的是访问这些网页的人(Eysenbach et al.,1999)。另外一些人表达了担忧的心情,他们认为患者可能误解或者由于不正确、不恰当地解释信息而被误导。一些内科医生也抱怨花费大量时间查阅患者带来的成堆的打印材料。

网络本身是具有民主性的,在虚拟的环境中,任何人都可以发布信息。对于像美国这样的一个民主社会来说,这无疑是一笔财富。不过,这很有可能会与专业领域里的一些操作发生分歧,尤其是像卫生保健领域,在该领域中,从业者在伦理上和法律上都要求遵循最高的维护标准。因此,对于网页上有关健康的消息,较大的顾虑便是错误信息或者陈旧信息的存在。最近的一项对健康信息质量的系统性的研究分析发现,在所作的 79 个研究中有 55 个得出了信息质量令人担忧的结论(Eysenbach et al.,2002)。另一个消费者在阅读网页有关健康信息时所遇到的问题是可读性。有发现称大多数患者(Williams et al.,1996)及儿童患者的父母(Murphy,1994)平均阅读能力在 5 年级到 6 年级的水平上。

此外,阅读能力随年龄的增加发生退步(Gazmararian et al.,1999)。Berland 等(2001)发现,在他们所评估的卫生保健方面的网站中,可读性没有低于 10 年级以下的,一半以上的网页达到大学水平,11% 的网页达到研究生水平。Eysenbach 与 Diepgen(1998)发现,语境缺乏使劣质信息更加难以辨识,从而加剧了网页上的难以阅读的劣质信息问题的恶化。这些作者很少"标记"明确的文件类型(例如,专业教科书相比于给患者散发的材料),读者在阅读特定网页时,可能不能了解网站里的"语境",包括免责声明、警告诸如此类。此外,在某一个语境下的信息可能是正确的,而在另一个语境下却是不正确的,这种差异在网络站点内部的随机页面中可能是不可检测的(例如,儿童与成人治疗的差异或者不同人种群的治疗差异)。

这种劣质信息的影响情况尚不清楚。最近发现有 15 例针对从互联网上获得的信息是否有害这一问题的系列性的研究报告。(Crocco et al.,2002)。该分析指出,互联网信息是否造成了患者损害这一问题还没有更为细致系统的研究。Ferguson(2002)提出了反对观点,他认为事实上患者与消费者充分理解到网页信息质量的局限性,并且他们在参考不同的资料来源及与护理从业者以及病友进行交谈时,是有能力分辨信息的质量的。

实际上,理想的状况可能是,在患者与他们的护理专业人员之间形成一个合作关系,因为患者在获取在线信息时候,希望专业人员能够成为第一手资料来源(Tang et al.,1997)。优质信息的缺失促使许多个人与组织研究出评价健康信息质量的指导原则。这些指导原则通常具有明确的标准,读者可以使用这些标准来决定可能获得的针对某个网页的信息来源是否具有高质量信息的特征。JAMA(美国医学协会杂志)发表了属于最早的并且最为广泛引用的系列的标准分类(Silberg et al.,1997)。这些标准提出,网页应该包含作者姓名、所属机构及相关作者证书、申明参考、明确列出任何感觉或者真正存在的利害关系以及最近的更新日期。

另一个早的标准分类是健康网(Health on the Net,HON)代码(www.hon.ch),这是与健康相关的网络站点的自愿行为守则。遵循 HON 代码的网址会出现 HON 标识。确保网络站点质量的另一个方法可以通过第三当事人的鉴定。美国信托保健委员会(URAC)最近公布了上述鉴定的程序(www.accreditation.urac.org)。URAC 标准手册提供 53 种支持认证的标准。URAC 标准涉及 6 个基本问题:健康内容编辑程序、金融关系的公开、与其他网络站点的连接、个人权利和安全性、消费者索赔机制以及将来保持质量所需的内部程序。网站为了取得认证必须满足标准手册所列出的要求。13 个商业网络站点取得了认证(Fox,2001)。

## 19.2.4 循证医学

IR 系统及数字图书馆中可获得的临床信息大量增加,这就需要选择新的用于临床决策的方法。循证医学(evidence-based medicine,EBM)为这一方法提供了基本原理,EBM 可以被看成是提供临床决策资料的工具。这种方法可以使临床经验("艺术")与临床科学完美的结合(Haynes et al.,2002)。此外,EBM 使医学文献能够在临床上得到更大的应用以及更为切合。此外,它需要用户精通电脑以及 IR 系统的操作。有许多关于 EBM 的书籍及网络资源。Sackett 等所著的原始教科书(2000)目前已是第二版。目前在手册(Guyatt and Rennie,2001)和工具书开本(Guyatt et al.,2001)上可以找到刊登于美国医学协会杂志 JAMA 上的一系列文章。

EBM 的程序通常涉及三个步骤。
- 临床问题的措词要中肯负责。
- 发现解决问题的证据(文章中的研究)。
- 审慎地对证据进行评定,确定是否适用于患者。

EBM 程序中,临床问题的措词是时常被人们所忽略的部分,通常有两种类型的临床问题:背景问题和前景问题(Sackett 等),背景问题寻找病症的概括型信息,而前景问题要求关于患有病症患者的知识。背景问题普遍地油井回答带有 textbooks 和经典的综述,而前景问题回答使用电子束加工技术。前景问题的分类有四大类。
- 治疗(或者干预)——治疗或者预防的效果。
- 诊断结论——诊断疾病的测试。
- 危害——疾病、环境暴露(自然或者人工)及医疗干预对健康的不利影响。
- 预后——病程结果。

证据的确定涉及特定问题类型最优证据的选择。EBM 支持者提倡,例如,随机化的对照物试验或者结合多重试验的变位分析是护理干预的最佳证据。同样,对于进行测试的患者来说,比较光谱的已知金本位,可以更好的对诊断性试验的准确性进行评估。随机化的对照物试验可以解决危害所造成的问题,这样做并不是不合乎道德的。另外,通过观察性案例对照物研究或者分组追踪调查研究,可以更好的解决问题。在上述的 EBM 资源中,有一些不同类型研究的属性清单,可以对特定患者进行关键性的鉴定并加以适用。

最初的 EBM 方法,称为"第一代"的 EBM,由 Hersh(1999)提出,集中于在初级文献中找到原始性研究,以及集中在关键性鉴定的应用上。正如之前已经讨论过的那样,由于种种原因,临床医师要想取得原始性文件是具有挑战性的,同时也需要花费大量时间,这就引出了 Hersh(1999)称之为"下一代"的 EBM,并且集中于"合成"资源的使用,其中文献的检索、关键性的鉴定和统计数字操作的提取都是提前完成的。这种方法将 EBM 资源放到了更为可用的信息资源范围中,这一点如同系统性审查(Mulrow et al.,1997)、Shaughnessy 等(1994)提出的 InfoMastery 概念,以及 Chueh 和 Barnett 提出的"及时"性信息模型中(Chueh and Barnett,1997)所主张概念一样。Haynes(2001)提出了 EBM 资源等级体系的"4S"模式:原始研究本身、系统性的审查中得出的研究的综合、便于临床医师理解的上述综合研究的概要及在这些研究中融合向临床医师提供决策支持的知识的系统(见第 20 章)。

## 19.2.5 知识型的信息资源内容

本章之前的一些段落对围绕生物医学中知识型的信息的产生,以及运用的一些问题和思考进行描述。为对其结构与功能有更好的了解,对该信息进行分类是大有裨益的。在本节中,我们将内容分成书目类、全文类、数据库/集合类及汇总类 4 种类目。

**1. 书目内容**

第一个类目由书籍解题的内容组成。它包括 IR 系统几十年的支柱:参考文献书目数据库。此外还被称为书籍解题数据库,内容包括医学文献引文或者指引(即杂志文章)。MEDLINE 是流传久远同时最广泛使用的生物医学文献数据库,它包含了近 4500 个学术杂志的所有生物医学的文章、社论及给编辑的信的参考书目。美国卫生研究所 NIH 召集首席专家成立顾问委员会对这些杂志进行选择归入。目前,每年约由 500 000 个参考书目被增加到 MEDLINE 中。目前包含超过 1200 万份参考文献。

MEDLINE 记录目前包含高达 49 个信息组。某位临床医师可能只会对这些信息组中的少数感兴趣,如标题、摘要及索引词。但是对于更少一些的受众来说,其他信息组包含的特定的信息可能会是极为重要的。举例来说,基因组研究人员可能会对链接到基因组数据库的补充性信息(SI)信息组感兴趣。但是临床医师还是可以从一些其他的信息组中受益。例如,出版物类型(PT)信息组可以在使用EBM时提供帮助,当人们搜索实验操作指导原则或者随机化的对照物试验时。此外NLM将MEDLINE划分成子集,方便希望查找数据库焦点性部分的用户。例如,艾滋病或者补充和替代性医学。进入到MEDLINE中的方法有很多,通过PubMed系统(pubmed.gov)便可免费获得。该系统由NLM的国家生物工程技术信息中心(NCBI,www.ncbi.nlm.nih.gov)制作,同时也提供其他数据库的使用。

其他一些网站也免费提供MEDLINE。一些信息供应商,如Ovid科技公司(www.ovid.com)及Aries系统(www.ariessys.com),对内容进行授权使用,同时提供增值服务,个人及机构可以付费使用。

MEDLINE仅仅是NLM所创造出来的众多数据库中的一个。此外还有其他一些更为专业化的数据库,涉及艾滋病、空间医学和毒物学等专题。有一些非NLM的文献目录数据库,这些数据库更倾向集中于学科或者资源类型。护理领域中较大的非NLM数据库有护理和联合保健文献累积索引(Cumulative Index to Nursing and Allied Health Literature,CINAHL,CINAHL信息系统,www.cinahl.com),涉及护理和与健康有密切关系的文献,包括理疗职业治疗法、实验室科技、健康教育、医师助理及病历。

另一个著名的大型数据库系列是医学文摘(Excerpta Medica,Elsevier科学出版社,www.excerptamedica.com)。EMBASE作为医学文摘的电子版本,被一些人称之为"欧洲的MEDLINE"(www.embase.com)。它包含超过800万个记录,可追溯到1974年。EMBASE同MEDLINE一样包含有相同的医学杂志,但是要更加聚焦国际,收入更多的非英语杂志。对于那些meta-分析及系统性评论的研究来说,这些杂志往往是十分重要的,这些研究需要用到全世界所做的研究。

网页目录是第二种更为现代的文献目录内容类型。像这样的目录数量有很多,包括一些主要与其他网页及网址链接的网页页面。值得注意的是网页目录以及集合(第4类目)之间的差别是很模糊的。总的来说,前者仅仅包含其他网页和网址的链接,而后者包括实际的内容,这些内容与其他资源高度的结合在一起。一些著名的网页目录如下。

• 健康网(healthweb.org)—由12个中西部大学协会提供的课目(Redman et al.,1997)。

• 卫生保健搜索(healthfinder.gov)—定位消费者的健康信息,由美国健康以及公共事业部、疾病预防以及健康宣传管理处维护。

• 医疗网络组织信息(omni.ac.uk)—这是在英国建立的网页目录(Norman,1996)包括最新的子集合,专门提供护理、产科学,以及与健康职业有密切关系的信息(NMAP,nmap.ac.uk)。

• HON选择网(www.hon.ch/HONselect)—由HON基金会提供的欧洲目录,质量经过鉴定,定位于临床医师的网页内容。

有许多大型的通用网页目录,这些目录不只局限于健康话题。雅虎(www.yahoo.com)和开放式目录Open Directory(dmoz.org)便是其中的两个例子,其中两者都含有重要的健康信息部分。

最后一种文献目录内容类型是专业化登记名册。这种资源与参考文献书目数据库是十分近似的,但是相比科学文献来说,索引在内容方式方面要更加多样化。国家实践指南交流中心(National Guidelines Clearinghouse,NGC,www.guideline.gov)是专业化的登记处,对于卫生保健来说具有十分重要的作用。它由保健研究和质量代理机构(Produced by the Agency for Healthcare Research and Quality,AHRQ)制作,包含详尽的有关临床实习指导原则的信息。一些指导原则通过电子和(或)以书面形式发表,可以自由获取。包括其他专有的原则,在这种情况下会提供一个地址的链接,在该地址下可以订购或者购买这些专有的指导原则。NGC的总目标将制定以证据为基础的临床实习指导原则及相关的文摘、总结和比较材料,广泛提供给卫生保健及其他专业。

## 2. 全文内容

第二种内容类型是完整的文本内容。这种内容的一大部分包括书籍和期刊的在线式版本。如上所述,各式各样传统的纸质医学文献,包括教科书和杂志,现在可以以电子的形式获得。通过一些手段可以对电子版本的效果加以提高,如在杂志文章中补充辅助性数据,以及在教科书中添加链接和多媒体内容。该类目的最后一个部分是网络站点。毫无疑问,网络站点的信息多样性是巨大的,网站上可能包括本章中所述的所有类型的内容。不过在该类目的背景下,"网址"指的是离散的网页地址中,大量的静态和动态网页页面。

电子杂志的出版增加了一些附加的功能,这些功能在印刷界中是不可能完成的,杂志编辑往往会和作者就文件发表的长度上有所冲突(编辑希望简短易读,而作者希望文章看起来能够表达起出所有的概念和结果)。为了解决这种情况,英国医疗杂志(BMJ)启动了一项增加电子版本长度,缩短纸质版本长度的系统(ELPS),在网络站点上提供辅助材料,对杂志印刷版本中未出现的内容进行补充。杂志网络站点可以提供辅助的有关实验、结果、影像,甚至原始数据的说明。此外杂志网络站点还提供有关文章的对话,这要比印刷杂志中的"致编辑的信"中的对话要多得多。电子出版物可以提供正确的文献目录链接,可以打开文章的全部内容以及MEDLINE记录。

此外网页还能够提供文献目录数据库和全部内容的链接。PubMed公共医学提供文件整体内容的网页地址栏。当显示 PubMed 记录时，便可运行该链接，但是如果文章不是免费提供的话，用户会看到屏幕显示输入密码。这通常会提供要求输入信用卡卡号的选项，以便能够进入，但是对于许多人来说，往往受阻于一般电子使用权的价格（本文发表时，价格为每篇文章＄10 到＄15 不等）。其他诸如 Ovid 和 MDConsult（www.mdconsult.com）的出版商，使用自身的密码保护界面，为在他们的系统中取得使用许可的人们提供杂志文章。

最常见的二级文献源来自传统教科书，其中越来越多以电子形式出现。捆绑教科书是一种常见的方法，有时包括捆绑的正文链接在内。Stat! - Ref（Teton 数据系统，www.statref.com）很早对教科书进行捆绑，如同许多公司一样，一开始制成光盘产品，随后移到网页上。Stat! - Ref 提供超过 30 种的教科书。Harrison 在线（McGraw-Hill 美麦克劳－希尔出版公司，www.harrisononline.com）是另一个早期执行链接的产品，Harrison 在线包括 Harrison 内科学原理的全文及药物参考书目金标准药理学。NCBI Bookshelf 是另外一个发展迅速的教科书集合网站，它包括许多有关生物医学研究课题的书籍（http://www.ncbi.nlm.nih.gov/entrez/query.fcgi?db=Books）。

电子教科书提供其他功能，这些功能超越了印刷版本文本。虽然许多印刷教科书中确实有一些高质量图象的特写，但是电子版本中可以包含更多的图片及图解。此外还可以使用声音及视频，尽管在当时还很少被使用到。如同全文杂志的情况一样，电子教科书可以链接到其他资源，包括杂志参考及详尽的文章。许多以网页为基础的教科书网址还提供继续教育自我评定问题及医疗信息。最后，电子教科书可以使作者及出版商对信息进行更为频繁的更新，这要比平常的印刷编辑周期要快速的多，在印刷编辑中，新版本需要每 2～5 年才能出现。

如上所述，网站是另一个全文本信息形式。美国政府在提供以网页为基础的健康信息方面可能是最为有力的。之前我们已经对 NLM、国家癌症协会（NCI），AHRQ 及其他机构的文献目录数据库有所叙述。此外这些代理机构在为护理人员和消费者提供综合性的全文信息方面是极富有改革精神的。我们在之后的内容中将其作为集合类别进行描述，因为它们提供许多不同类型的资源。近年来出现了许多家庭消费者健康网站。当然，它们不仅仅包括文本的汇编，还包括与专家的互动、在线商店以及与其他站点的链接目录。此外还有一些网络站点为卫生保健人员提供信息、一般性的疾病综述、诊断分析以及治疗，同时也提供医疗新闻及其他资源。

**3. 数据库/集合**

第三类目包括由数据库和其他特定信息集合组成。这些资源通常不作为独立式的网页页面保存，相反往往保存在数据库管理系统之中。该内容可以进一步进行亚归类，归入到离散信息类型。

（1）影像数据库——放射学、病理学及其他领域的影像集合。
（2）基因组数据库——基因序列、蛋白质特征及其他基因组研究的信息。
（3）引文数据库——科学文献的文献目录链接。
（4）EBM 数据库——高度组织的临床证据集合。
（5）其他数据库——其他各种集合。

网页上可以获得大量的影像数据库。较有名气的一个集合就是 NLM 的可视人计划，它包括正常的男性和女性身体的三维表现（Spitzer et al., 1996）。该资源是由尸体截面部分构造而成，男性截面切面为 1mm，女性截面切面为 0.3mm。此外从尸体得到的还有横向的电脑化断层 X 射线照相法（CT）影像以及磁共振（MR）影像。除影像本身之外，还有各式各样的检索及浏览界面，通过项目网络站点可以进入（www.nlm.nih.gov/research/visible/visible_human.html）。

网页上有很多可用的基因组数据库。每年核苷酸研究杂志的第一期会对这些数据库进行分类和说明（Baxevanis, 2003）。NCBI 提供这些数据库中最为重要的部分。所有的数据库本身是相互连接的，连同 PubMed 及 OMIM 一起，通过 Entrez 系统可以进行查找（www.ncbi.nlm.nih.gov/Entrez）。第 22 章中将提供更多的关于特定的基因组数据库内容的细节。

引文数据库提供跨学术文献引用的文章链接。科学文献索引（SCI, ISI Thompson）和社会科学引文索引（SSCI, ISI Thompson）是两个著名的引文数据库。科学网页是进来发展形成的一个基于网页链接这些数据库的界面。研究索引是另一个引文索引的系统（早前被称为 CiteSeer, citeseer.nj.nec.com）（Lawrence et al., 1999）。该索引使用一种称为自主引文索引的程序，可以通过从网页上自动处理文件将引文添加到它的数据库中。此外它还会尝试对引文范围进行确定，显示引文间的相似文字，这样可以对引用的文章的共同性进行观察。

EBM 数据库致力于以方便临床医师使用的方式提供以证据为基础的信息概要。这些数据库的一些范例包括以下 5 种。

• 系统性评论的 Cochrane 数据库—系统性评论的初始性汇编（www.cochrane.org）。
• 临床证据—"证据的处方集合"（www.clinicalevidence.com）。
• 包含最新信息—以临床问题为中心的内容（www.uptodate.com）。
• InfoPOEMS—"面向患者的实证"（www.infopoems.com）。
• 内科医师信息与教育资源（PIER）—"业务指导陈述"，可以从中找到相关的证据测定来对每个试验和治疗进行支持。人为导向的证据事项（pier.acponline.org）。

还有一些各种各样其他的数据库/集合，这些数据库/集合不符合以上所述的类目。例如，ClinicalTrials. gov 数据库，该数据库包括由 NIH 美国国立卫生研究所发起的正在进行的临床试验细节。

### 4. 汇总

最后的这一类目包含之前三个类别的内容的集合。该类目和上述一些高度链接型的内容之间的区别毫无疑问是模糊的，但是集合类一般具有各式各样不同类型的信息，为满足用户多种不同形式的需要服务。集合内容经过发展已经可以为各种类型的用户提供服务，包括消费者、临床医师和科学家。MEDLINEplus 系统（medlineplus. gov）可能是最大的集合消费信息资源，由 NLM 提供（Miller et al. , 2000）。MEDLINEplus 系统包括先前说明的所有类型的内容，这些内容集合在一起便于取得某一特定的专题。

最高一级的 MEDLINEplus 系统包括健康专题、药物信息、医疗辞典、目录及其他资源。MEDLINEplus 系统目前包含超过 700 个健康专题。专题的初始选择以消费者在 NLM 网络站点上所搜索的有关健康的消息的分析为根据。（Miller et al. , 2000）每个专题包括来自美国国立卫生研究所 NIH 的健康信息，以及其选择器认为可信的其他来源的链接。此外还有一些与专题有关的一些当前卫生新闻（每日更新）、医疗百科全书、药物参考书目和目录，以及之前的 PubMed 检索的链接。图 19.1 界面变更——见以下 MEDLINEplus 系统有关胆固醇的页面。内容集合也为临床医师提供服务。

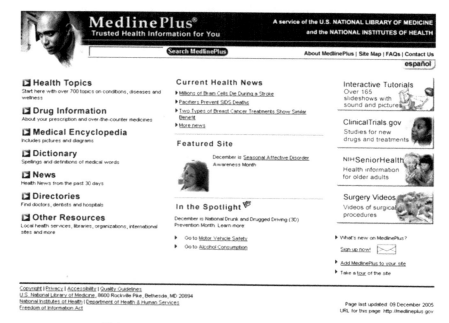

图 19.1　MEDLINEplus. 页面显示（NLM 提供）

由著名的出版商和医药机构开发的 Merck Medicus（www. merckmedicus. com）向所有美国内科执业医师免费提供，此外还包括众所周知的资源，如 Harrison 在线 MDConsult 和 DXplain。MedWeaver（Unbound Medicine 公司 www. unboundmedicine. com）是另一个结合实际应用的为临床医师提供的集合资源（Detmer et al. , 1997），它结合了三个方面的应用。

（1）MEDLINE。

（2）DXplain—诊断判定支持系统保存超过 2000 种疾病的概况，并且在输入发现物案例时，会生成鉴别诊断（Barnett et al. , 1987）。

（3）网页目录。

图 19.2 显示由患有胸痛和气促症状的中年男子信息所引出的 MedWeaver 链接。生成微分诊断、DXplain 疾病概况的链接、MEDLINE 的链接，以及网页目录的链接 Explain 说明选项列出了 DXplain 的诊断推理内容。

另一个著名的适合生物医学研究人员的内容集合组是生物模型数据库。这些数据库把文献目录数据库、全文及基因组数据高度特性化的生物的序列、组织与功能数据库汇集在一起，如小鼠、果蝇和酵母菌属酵母菌（Bahls et al. , 2003）。第 22 章中给出了更多的相关细节。

## 19.3　信息检索

现在我们对知识型生物医学信息有一个关于类型、产生和使用的基本的了解，我们可以专注于 IR 系统。一个 IR 系统的模型及用户操作界面如图 19.3 所示（Hersh, 2003）。根据我们先前的论述，我们了解到用户的最终目的是对内容进行使用，而这些内容可能采取电子库的形式。对于这些需要得到的内容来说，必须使用元数据进行描述。

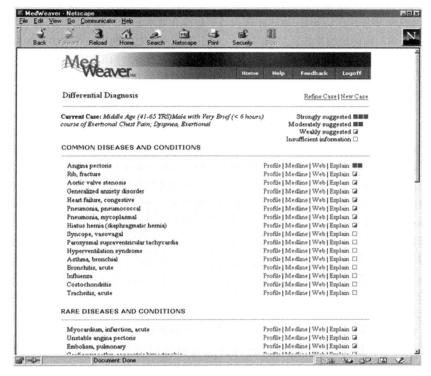

图 19.2　MedWeaver 的页面显示（Unbound Medicine 提供）

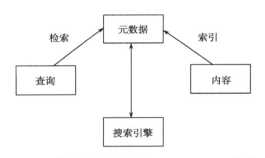

图 19.3　信息检索过程图示（Springer-Verlag 提供）

IR 主要的智能处理过程为索引及检索。接下来将会对这两个内容进行介绍，随后会对 IR 系统的评估及研究方向进行讨论。

## 19.3.1　索引

现代商业内容大多数使用两种方式进行索引。

（1）手动索引——编辑索引的人员通常使用标准化术语，对文件进行索引分配及属性分配，往往是按照某一个特定的协议。

（2）自动索引——计算机进行索引分配，通常限于将文件（文件的部分）中的某一个单词取出作为索引术语。

通常文献目录数据库中大多采用手动索引。在当今电子内容激增的时代，例如，在线教科书、实验操作指导原则及多媒体集合，对于现有材料的数量及多样性来说，手动索引要么变的过于昂贵，要么变的难于实施。因此越来越多的数据库仅仅采用自动方式的索引。

### 1. 对照术语

在讨论具体的术语之前，对于一些专门用词进行定义是有益的，因为不同的作者将不同的定义附加到检索词典中各式各样的部分中。概念指的是世界上出现的思想或物体，如人类血压升高的条件。术语指的是实际的用来表示某一个概念的一个或多个字符串，如张力过强或高血压。这些字符串形式之一是首选或规范形式，如例子中的张力过强。如果一个概念可以用一个或多个术语来表示，那么这些不同的术语称为同义词。

对照术语通常包括一系列的术语，对概念进行规范性的解释。此外，它们还被称为检索词典，包括术语之间的联系，一般分成三个类目。

（1）分级—更为广泛或者更为狭窄的术语。这种等级结构不仅提供检索词典的组织的综述，而且可以用来提高检索效率（如第 7 章所提到的 MeSH 树状扩充）。

（2）同义词—具有相同意义的术语，编辑索引人员或搜索者可以使用不同的词语来表示同一个概念。

（3）相关术语—不具有分级或者同义关系的术语，但是某种程度上存在一定的关联，这些术语通常会提醒搜索者不同的但是有联系的术语，可以提高检索效率。

NLM 制作的大多数数据库中都可以使用 MeSH 术语来进行人工索引（Coletti and Bleich, 2001）。最新的版本包括接近 23 000 个主标题（MeSH 一词用来表示其概念的标准形式),还包含超过100 000个补充的概念,这些概念记录在单独的化学辞典之中。此外,MeSH还包括了前一段落中所提到的三种类型的关系。

(1) 分级——MeSH从级别上分为15个树状分支,如疾病、有机物和化学品及药物。

(2) 同义词——MeSH包括许许多多标题同义的条目术语。

(3) 相关术语——这些术语在适当时候,可以供搜索者添加到他们的搜索之中,获取更多的标题。

MeSH其相关数据及支撑性文件可以在NLM的MeSH网络站点查询到(www.nlm.nih.gov/mesh/)。此外还有便于术语搜索的的浏览程序(www.nlm.nih.gov/mesh/MBrowser.html)。

MeSH有一些特征被设计用来辅助编辑索引的人员使文件更加具有可检索性(不具名的作者,2000b),副标题是其中一个特征,它作为主标题的限定词缩小术语的焦点。举例来说,在张力过强的文章中,焦点可能会集中在诊断结论、流行病学或者病情的治疗方面。MeSH的另一个有助于检索的特征是核对标签。这些MeSH术语代表了医学研究中的某些特定的方面,如年龄、性别、人类或者非人类或拨款支持的类型。与核对标签有关的是Z树状图中的地理位置。编辑索引的人员必须将这些内容归入,如核对标签,因为必须指明研究的所在地(如俄勒冈州)。出版物类型是另一个用于EBM及其他目标的特征,正变得越来越重要,对出版物类型或者研究的类型进行描述。希望获取专题评估的搜索者可能会选择出版物类型的评论或评论文献。或者,为了发现能够为治疗提供最好证据的研究,就会使用到出版物类型的元分析、随机化的对照试验、对照临床试验。

MeSH不是唯一被用来索引生物医学文件的检索词典。其他一些检索词典用来对非NLM的数据库进行索引。举例来说,CINAHL使用CINAHL主标题,该主标题以MeSH为基础,但是具有补充的特定区域结构的术语(Brenner and McKinin,1989)。EMBASE的一套术语称为EMTREE,具有许多与MeSH术语相似的特征(www.elsevier.nl/homepage/sah/spd/site/locate_embase.html)。

对照术语的一个问题是他们的衍生,这个问题不仅仅被限制在IR系统中。正如第7章所述,不同术语间的链接要求是很大的。这也就构成了最初建设统一医学语言系统(UMLS)项目的动机,该项目在19世纪80年代开始,旨在解决这一个问题(Humphreys et al.,1998)。UMLS知识源有三个部分:元词表、UMLS语义网络与专家词典。UMLS的元词表组成部分链接超过100个术语及部分。

在元词表汇总,所有在概念上相同的术语作为一个概念连接在一起。每个概念可能会含有一个或多个术语,其中每一个术语代表了一种来自于源术语概念的表达方式,而源术语并不仅仅是简单的词汇变异(即只在字尾或者顺序上有所不同)。

每个术语可能由一个或多个的字符串组成,这些字符串代表所有的词汇变体,这些词汇变体用来表示在源术语中的术语。每个术语的某一字符串作为首选形式,而首选术语的首字符串被称为概念的典型形式。有一些优先规则用来决定典型形式,MeSH标题使用的规则是主要部分,前提是MeSH作为某概念的源术语之一。各元词表概念具有唯一的概念标识符(CUI)。各术语具有一个唯一的术语标识符(LUI),所有这些标识符都与一个或者多个与之相关的CUI相联系。同样,各字符串具有唯一的字符串标识符(SUI),同样与LUI联系,SUI出现在这些LUI中。

图19.4展示了英语中对于这一个概念的语言概念、术语及字符串。心房颤动作为该概念的典型形式及其中一个术语。在这两个术语中有一些字符串在词序及情形下会发生变化。元词表包括大量的补充信息。除概念、术语及早先说明的字符串之间存在一些同义之外,在概念之间还有一些非同义的联系。在各种各样的资料来源中,概念、术语及字符串有许多特征,如定义、词汇类型及出现形式。此外,元词表中还具有字索引,将每个词与所有出现该词的字符串相连接,包括其概念、术语及字符串标识符。

## 2. 手动索引

手动索引文献目录内容是最常见以及最成熟的一种索引使用方式。文献目录的手动索引通常借助于对照术语的检索词项及属性。大多数应用人类索引的数据库通常具有一个详细的协议,该协议用来分配检索词典中的索引词,MEDLINE数据库也不例外。在长达两卷的MEDLARS医学资料分析与检索系统索引手册中,列出了MEDLINE索引的原则(Charen,1976,1983)。在过去的几年中,随着MEDLINE其他的数据库及MeSH的变更,这些规则也进行了相应的修改(不具名的作者,2000a)。文章的主要概念被设计作为主标题,通常有2~5个标题,在MEDLINE中用星号作为标记。编辑索引的人员还要对副标题进行适当的分配。最后,编辑索引的人员还必须对核对标签、地理位置及出版物类型进行分配。

全文资源很少采用人工索引。全文资源通常出现的一种索引类型,尤其是在印刷界,是在书籍的后面添加索引。不过这种信息很少在IR系统中使用,取而代之的是大多数的在线教科书采用自动索引的方式(见下文)。MDConsult是一个例外(www.mdconsult.com),它在书籍的最后作索引,该索引指向其在线书籍的特定区域。

网页内容的手动索引是具有挑战性的。一方面来说,网页内容有数十亿之多,即使是想要对一部分进行手动索引也是不太可能的事情。从另一个方面来说,缺乏条理清晰的索引使检索变得困难得多,尤其是在对特定

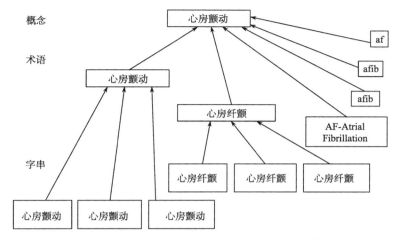

图 19.4 关于房颤的元词表的组成（NLM 提供）

的资源类型进行搜索时。在网页目录和上述集合的发展过程中，出现了一种网页手动索引简单形式。这些目录不但包含明确的关于主题及其他属性的索引，还包括所给资源的质量的暗示性索引，通过判断来决定是否将其归入到目录当中。

在网上出现了两种手动索引的方法，通常这两种方法是相辅相成的。第一种方法，在网页和网址中使用元数据，都柏林核心元数据计划（DCMI，www. dublincore. org）就是一个典型。第二种方法是建立内容目录，最初由雅虎搜索引擎进行推广（www. yahoo. com）。开放式目录项目（dmoz. org）是建立目录的一种更为开发的方法，该项目是在世界各地的志愿者建立目录及内容条目的机构上进行的。

最初的网页元数据的框架之一便是 DCMI（Weibel，1996）。DCMI 的目标是发展出一套标准数据单元，网络资源的设计人可以用来将元数据应用到他们的内容中。该标准定义了 15 个要素，如表 19.1 所示（不具名的作者，1999）。最近 DCMI 通过国家信息标准组织（NISO）审核，作为规格标准被命名为 Z39.85（不具名的作者，2001b）。

DCMI 在医疗方面有很多应用。Malet 等（1999）提出医疗核心元数据（MCM）计划，该计划是 DCMI 的延伸，可以包容更多的与健康有关的辅助信息，如主题（即使用 MeSH 术语）及类型（使用名称的对照类别来描述资源的类型），另一个将 DCMI 应用到卫生保健资源中的计划是 Médicaux Francophones 索引目录（CIS-MeF）（Darmoni et al. , 2000）。作为一个法语的健康资源网上目录，CISMeF 使用 DCMI 系统对超过 13 000 个网页进行编目，包括信息资源（如实践指南、共识发展会议）、组织（如医院医科学校、医药公司）及数据库。学科领域使用的是 MeSH 的法语版本（http://dicdoc. kb. inserm. fr:2010/basismesh/mesh. html）同时也包括英译本。类型方面，列举出了一系列常见的网络资源信息。

**表 19.1 都柏林核心元数据的要素**

| 都柏林核心元素的定义 | |
|---|---|
| DC. 标题 | 给定的资源名称 |
| DC. 设计人 | 主要担负创作资源知识内容的人或者组织 |
| DC. 主题 | 资源的专题 |
| DC. 描述 | 对资源内容的文本描述 |
| DC. 出版商 | 复制将资源按照提供的形式可供人使用的机构 |
| DC. 日期 | 与资源创立或者可用相联系的日期 |
| DC. 投稿人 | 在设计人要素中未作说明的个人或组织，对资源做出了显著的智力贡献，但是相对于在设计人要素中所规定的人或者组织贡献来说，其贡献是次级的。 |
| DC. 类型 | 资源的类目 |
| DC. 信息编排 | 资源的数据格式，用来识别显示或者操作资源所需要的软件以及可能会使用到的硬件。 |
| DC. 标识符 | 字符或者数字，特定用来对资源进行设别。 |
| DC. 来源 | 有关第二资源的信息，现有资源从该资源中得出。 |
| DC. 语言 | 资源知识内容采用的语言 |
| DC. 联系 | 第二资源的标识符以及其与现有资源的关系 |
| DC. 覆盖范围 | 资源知识内容的空间或时间的特征 |
| DC. 权利 | 权利管理声明，与权利管理声明相连的标识符或者与提供有关权利管理声明信心服务相联系的标识符。 |

资料来源：不具名的作者（1999）。

虽然都柏林核心元数据最初被人们认为应该归入到超级文本标志语言（HTML）的网页中，但是很明显的是在网页上有很多非超级文本标志语言的资源存在，因而它有理由在网页以外储存元数据。举例来说，网页作者可能不是编辑网页索引的最佳人选，而其他机构可能会希望通过他们本身的内容索引来增加价值。资源描述框架（RDF）是编辑元数据目录的标准（Miller，1998）。作为对元数据进行说明和交换的框架，RDF 通常用可扩展标记语言（XML）表示，该语言是网络上用于数据互换的一个标准。可扩展标记语言 XML 的主要特点是它具有表达复数数据的能力,具有可读性,同时有越来越多的系列工具可以从编码文件中分析和析取数据。可扩展标记语言 XML 逐渐被人们使用在数据库之间进行数据交换,并且在健康等级的 7(HL7,www.hl7.org)规格标准中的临床文件架构中,被指派为优先互换格式(Dolin et al.,2001)。此外,RDF 作为内容和知识的储存库,构成了一些人所称的网络的未来的基础,同时也被称为语义的网络(Lassila et al.,2001)。都柏林核心元数据(或者任何一种类型的元数据)可以在 RDF 中表现出来(Beckett et al.,2000)。

另一个在网络上进行人工索引内容的方法是创作内容目录。雅虎!搜索引擎第一个投入较大精力来创作这些目录,它创立了一个主题网站的层次结构,并且将网址分配到要素之中(www.yahoo.com)。当人们开始担心雅虎目录是私有的并且不一定能够充分的代表网络社区的问题时(Caruso,2000),出现了一个备选的行动:开放式目录项目。

手动索引具有一些局限性,其中最重要的是缺乏一致性。Funk 与 Reid(1983)在 MEDLINE 中对索引的不一致性进行了评估,他们对 NLM 索引过两次的 760 篇文章进行了鉴定。带有核对标签和中心概念标题的索引的一致性是最好的。一致性的程度在 61%~75%。副标题索引的一致性是最小的,尤其是分配有无中心概念标题的部分,一致性程度要小于 35%。此外手动索引需要时间。虽然 NLM 可以通过索引 MEDLINE 来获得大量的资源,但是网络站点内容以及其他全文资源的数量的不断增加使得这种索引变得不太可能。实际上,NLM 已经认识到要继续对越来越多的生物医学文献进行索引所存在的挑战,并且已经在研究自动和半自动的索引方法(Aronson et al.,2000)。

## 3. 自动索引

自动索引的工作由电脑完成。虽然机械的运行自动化索引过程会缺乏认知输入,但是在发展系统这样做的过程中,可能已经投入了大量的智力工作,因此此种索引形式仍然具有可以作为智能过程的资格。在本节中,我们将集中介绍 IR 情报检索操作系统中使用的自动检索,即通过文件中包含的字符对文件进行索引。

我们往往不会将所有文件中的字符提取出来作为"索引",但是从 IR 系统来看,字符是文件的描述符,几乎与人工分配的索引词是一样的。大部分的检索系统实际上使用的是人工索引和字符索引相结合,在这些系统中人工分配的索引词成为文件中的一部分,随后是同整体对照检索词项或者文件中的单个字符,便可以对文件进行索引。如下一章所述,大部分的 MEDLINE 的执行过程都是结合了参考文献的标题和摘要中的人工索引词和字符索引的搜索。随着全文资源在 20 世纪 80 年代和 90 年代中的发展,仅仅提供字符索引的系统开始出现。随着网络的到来,这一趋势逐渐加强。

一般通过处理印刷的空白部分之间依次相连的包括文字与数字的顺序来完成字符索引(包括空格、标点、回行及其他非字母数字式的字符),系统在文件和用户查询中使用相同程序是必须特别注意,尤其是出现如连字符和省略符号的字符时。许多系统不仅仅使用单一的字符识别法,并且尝试向字符分配权重,来代表它们在文件中的重要程度(Salton,1991)。许多使用字符索引的系统采用的是除去常用字或者将其合并到常见形式的处理方法。前者包括通过过滤器除去非用词,这些非用词是高频率出现的常用字,通常在搜索时的价值是很小的非用词列表,又称为非用词词典,大小是不同的,从最初的 MEDLARS 非用词表中的 7 个字符(and、an、by、from、of、the、with)到现在更为常用的 250~500 字符的目录。后者范例有包含 250 字符的 van Rijsbergen 字表(1979)、包含 471 个字符的 Fox 字表(1992),以及 PubMed 非用词表(不具名的作者,2001d)。字符归并成常见形式是通过词干的提取来完成的,其目的是保证带有复数以及常见后缀的字符(如 -ed,-ing,-er,-al)在索引时,使用的是它们的词干形式(Frakes,1992)。举例来说,字符 cough、coughs 和 coughing 在检索时都将使用它们的词干 cough。除去禁用词和提取词干两种方法降低索引文件的大小,提供了更为有效的查询方式。

TF * IDF 加权是最为常用的检索词项加权方法,它将逆向文件频率(IDF)和词频(TF)结合在一起使用。IDF 是文件总数与出现检索词项文件的数量的比率的对数。它被一次分配给数据库中的各检索词项,与整个数据库中的检索词项出现频率成反比。常用公式为:

$$IDF(检索词项) = \log \frac{数据库中的文件数量}{带有检索词项的文件数量} + 1$$

(19.1)

TF 是特定文件中检索词项出现频率的测量方法,在每个文件中被分派到每个检索词项中,常用公式为:

$$TF(检索词汇,文件) = 文件中出现检索词项的频率$$

(19.2)

在 TF * IDF 加权中,两个检索词项合并形成索引加权,加权为:

$$加权(检索词汇,文件) = TF(检索词汇,文件) * IDF(检索词项)$$

(19.3)

另外一个自动索引方法是以链接为基础的方法的使用,这无疑是受到了 Google 搜索引擎(www.google.com)所取得的成功的推动。这一个方法根据页面被其他页面所引用的时间间隔为根据,向页面添加权重。PageRank(PR)运算法则在数学上是很复杂的,但是可以视作根据其他链接某页面的数量,来赋予该网页更多的权重。因此,NLM 的主页或者主要的医疗杂志很可能 PR 值会很高,而网页知名度越低,PR 值也就越低。

字符索引具有很多局限性,包括如下内容。

- 同义——不同的字符可能会有相同的意思,如 high 和 elevated 都具有高的意思。这一问题可以扩展到没有相同字符的字句等级上,如同义词张力过强和高血压。
- 多义性——相同的字符可能会具有不同的意义或者意。例如,lead 一字可以代表一种元素,或者心电图机器的一个部件。
- 内容——文件中的字符可能不能反映出其焦点内容。例如,一篇描述张力过强的文章可能会顺带的提到其他的概念,如充血性心力衰竭(CHF),而这并不是这篇文章的重点。
- 文章的前后关系——字符意义以周围其他字符为根据。例如,相对常用的字符 high(高的)、blood(血)和 pressure(压力),在组成短语 high blood pressure(高血压)时便会有附加的意义出现。
- 词法——字符可能具有不改变基本意义的后缀,如复数指示符、各种各样的分词、名词的形容词形式,以及形容词的名词化。
- 粒度——查询以及文件可能描述某一层次不同等级的概念。举例来说,用户可能查询特异性感染治疗中使用的抗生素,而文件本身可能会对特定的抗生素,如青霉素进行说明。

### 19.3.2 检索

目前有两种广泛使用的检索方法:准确匹配搜索能够使用户精确的对检索的项目进行控制;局部匹配搜索,从另一个方面来说,可以识别不精确的索引和检索属性,并且会尝试将接近用户查询的内容等级报告给用户。在对这两种方法进行了概括性的解释之后,我们将会对存取不同类型生物医学内容的实际系统进行说明。

**1. 准确匹配检索**

在准确匹配搜索中,IR 系统为用户提供所有的满足搜索语句中规定条件的文件。由于在产生易管理的文件类时,需要使用到布尔操作符 AND、OR 及 NOT,因此这类搜索常常被称为布尔逻辑搜索。此外,由于用户一般会通过手动输入布尔操作符来建立文件组,因此这种方法还被称为以组为基础的搜索。19 世纪 50 年代到 79 年间出现的大多数早期的 IR 操作系统使用这种准确匹配的方法,虽然 Salton 在这段时期里已经在搜索系统中研究出了局部匹配的方法(Salton and Lesk,1965)。在现代,准确匹配搜索趋向于同从文献目录数据库中的检索相关联,而局部匹配方法趋向应用于全文搜索中。

一般来说,准确匹配检索的第一步是选择建立文件组的检索词项,其他如作者名称、出版物类型或者基因标识符的属性(在 MEDLINE 的次级源标识符区域中)也可能被用来建设文件组。在确定选择检索词和属性后,使用布尔操作符将它们结合在一起。布尔符号"与"算符一般用来缩小检索组,使其仅仅包含两个或更多概念的文件。布尔符号的"或"算符通常在有多种方式表示一个概念的时候使用。布尔符号"非"算子通常作为减法运算符使用,且必须在另一个文件组中使用。一些系统将其更为精确地称为 ANDNOT 运算符。

一些系统使用通配符符号使检索词项在搜索的过程中扩大,通配符符号可以将所有的单词添加到检索中,以信件为起点直到出现通配符符号。这种方法又被称为截词。令人遗憾的是,通配符字符的使用还没有标准方法,因此应用到的语法在系统间也有所不同。举例来说,PubMed 系统在单词的末端添加一个星号来表示通配符字符。因此查询字符 can * 便会引出单词 cancer 和 Candida,和别的单词一起添加到搜索之中。AltaVista 搜索引擎(www.altavista.com)采用了不同的方法。在单词里或者单词末尾可以将星号作为通配符字符来使用,但是只能是在前三个字母之后。举例来说,col * r 将会对包括 color、colour 和 colder 等单词的文件进行检索。

**2. 局部匹配检索**

虽然局部匹配检索的概念化较早,但是在 19 世纪 90 年代网页搜索引擎的来临之前,在 IR 系统中却很少得到推广使用。这多半是因为"超级用户"偏向于使用精确匹配检索方法,而局部匹配检索的方法往往是新手的选择。准确匹配检索需要对布尔操作符的理解,以及(往往)需要了解数据库的基本结构(如 MEDLINE 中的多个领域),局部匹配检索可以让用户仅仅输入几个检索词项,便可以开始检索文件。

局部匹配检索的发展一般要归功于 Salton(1991),19 世纪 60 年代,他是这种方法的创始人。虽然局部匹配检索不排除使用文件非检索此项属性,在这方面甚至不排除布尔操作符的利用(Salton et al.,1983),但这种类型的检索的最普遍的应用是使用少量字符进行查询,亦称自然语言查询。因为 Salton 的方法以矢量数学为根据,因此也被称为 IR 的矢量-空间模型。在局部匹配方法中,文件一般根据它们符合查询的程度进行分级排列,也就是说,含有较多查询检索词项的文件很可能等级排列会更高一些,因为这些文件总的来说很可能与用户有关,因而这种处理过程被称为相关性排列。此外整个方法还被称为词汇-统计检索。

局部匹配检索中文献排列的最常见的方法是根据文件及查询词中通用的检索词项的总权数对每一个检索进行评分。一般通过如上所述的 TF * IDF 运算,可以得出文件中的检索词项的权。如果检索词项存在于查询之中,一般会给检索词项一个权,而如果没有的话,则会给零。以下公式可以用来计算所有查询检索词项间的文件的权。

$$\text{文件的权} = \sum_{\text{所有的查询检索词项}} \text{查询中的检索词项的权} \times \text{文件中的检索词项的权} \quad (19.4)$$

这可能被认为是在所有查询检索词项当中的一个巨大的"或"算子,通过权来对匹配文件进行分配。系统常用方法是除去非用词,保留查询的词干,这一点和索引处理过程中的做法是一样的(在文件和查询词中必须执行相同的词干操作,这样辅助性的词干才能够匹配)。

### 3. 检索系统

本节对搜索系统进行说明,该系统用来对先前在19.2.6节中所提到的4个类目的内容进行检索。

如上所述,PubMed 是 NLM 用来搜索 MEDLINE 及其他文献目录数据库的系统。尽管该系统只为用户提供了一个简单的文字框,但是 PubMed 在处理用户输入方面做了大量的工作,如确定 MeSH 检索词项、作者名称、常见字句及杂志名称(不具名的作者,2001d)。在自动的检索词项制定过程中,系统尝试按照顺序转换用户输入、MeSH 检索词项、杂志名称、常见字句及作者。PubMed 不能转换的剩余文本作为文本字符进行搜索(即出现在任何 MEDLINE 区域中的字符)。

PubMed 可以使用通配符字符。此外还可以使用词组搜索,通过词组搜索,可以在两个或两个以上的字符添加引用号,表示这些字符肯定是相互关联的词组。如果指定的短语在 PubMed 短语索引上,则作为短语来进行搜索。其他方面,将会对单一的字符进行搜索。PubMed 通过 PubMed"Limits"界面提供其他索引属性的规格标准(图19.5),包括出版物类型、子集、年龄范围出版日期范围。

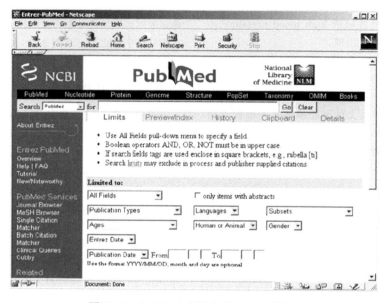

图 19.5 PubMed 有限公司(NLM 提供)

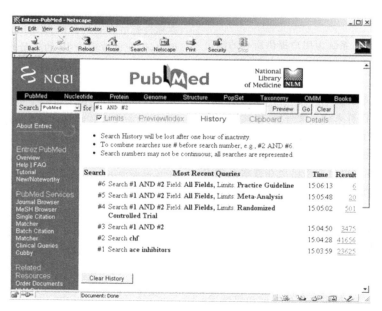

图 19.6 PubMed 历史界面(NLM 提供)

如同大多数的文献目录的系统一样,用户建立搜索文件组,随后使用布尔操作符将这些文件组结合在一起,进行搜索。假设有用户正在寻找关于使用血管紧缩素转换(ACE)抑制剂药物来降低患有慢性心力衰竭的患者的死亡率的研究报告,解决上述搜索的一个简单的方法是结合检索词 ACE 抑制剂及 CHF 慢性心力衰竭,输入搜索字符串 ACE 抑制剂与 CHF 慢性心力衰竭。(操作符 AND 必须大写,因为 PubMed 将小写的"and"作为正文字符处理,一些 MeSH 检索词项中会含有字符"and",如 Bites and strings)。图 19.6 显示搜索工具可能导出的 PubMed 历史页面。该搜索工具限定了结果的输出(使用图 19.5 的页面),提供各种各样的为问题提供最佳证据的出版物类型。

PubMed 还提供另一个发现最佳证据的方法,虽然不是很灵活但是更为简单。PubMed 允许用户输入临床查询,其中主题检索词项受到搜索语句的限定,这些搜索语句根据 EBM 原则设计,用来对最佳证据进行检索。有两种不同的方法。第一种方法为 4 种主要类型的临床问题提供最佳证据的检索策略。这些策略源自于对 MEDLINE 搜索语句能力的评估研究,该能力用来确定有关治疗、诊断结论、伤害及病状的预断的最佳研究报告(Haynes et al., 1994)。第二种检索最佳证据的方法旨在对综合及提要的资源进行检索,这些资源是以证据为基础的,尤其是变位分析、系统性的评论及实践指南。这一策略有一部分来自于 Boynton 等所做的研究(1998)。在使用临床查询界面时,常用的自动检索词项转换对搜索语句进行处理,产生的结果限定在(通过"和"算符)适宜的陈述上。

网页上还有一些其他方法可以免费进入 MEDLINE 中。WebMEDLINE(www.nledweaver.conl/webnledline/new.html)提供更为简单的 PubMed 用户界面。使用该界面建立的搜索被发送到 PubMed 上,搜索结果在另一个简单的窗口重新显示。Infotrieve 是另一个在 PubMed 上提供不同界面的网站(www.infotrieve.com)。Reed-Elsevier 所拥有的 BioMedNet(www.biomednet.com)为所有在该网站上注册的用户提供免费使用 MEDLINE,但对从 MEDLINE 上链接得到的全文及其他资源提供付费使用。Medscape(www.medscape.com)通过知识查询系统的许可版本提供 MEDLINE 的使用。过去所做的一些研究显示,不同系统搜索相同的 MEDLINE 基础数据库后得到的搜索结果有很大的变化(Haynes et al.,1985;Haynes et al.,1994)。我们有理由相信相同的情况还会发生,正如我们之前所提到的,许多生物医学杂志使用的 Highwire 系统提供其全文的联机访问。Highwire 系统提供检索界面,该界面搜索某特定杂志全部的在线内容。用户可以搜索作者、限定标题和摘要的词组、整个文章中的词组并在某一日期范围内搜索。此外,该界面还可以通过输入卷次编号和页数来搜索引文,以及搜索使用 Highwire 系统的全部

杂志集合。用户可以浏览特定的期号及收集的资源。当发现某一文章后,便可得到大量的附加特点(图 19.7)。首先,文章以超级文本标志语言 HTML 和便携文件格式(PDF)的形式存在,PDF 提供更加可读、便于印刷的版本。此外,系统还提供杂志相关文章和 PubMed 参考文献及其相关文章的链接,以及在杂志里引用该文章的所有文章的链接,网页可以设置在新的文章引用了所选择的项目之后发送电子邮件通知。最后,Highwire 软件提供"迅速答复"功能,也就是在线式的给编辑的信。在线式的信息编排可以提供大量的回复,这要比纸质杂志中所印刷的内容要多得多。

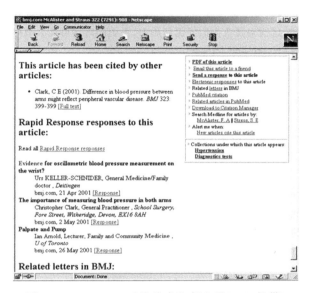

图 19.7　Highwire 系统检索文章选项(BMJ 提供)

ClinicalTrials.Gov 的临床试验数据库可以作为将功能性用于从数据库/集合中进行检索的一个良好的范例。在主页上,用户可以输入自然语言搜索或者使用"集中搜索","集中搜索"提供根据疾病、位置、治疗、发起人等信息进行搜索的界面。自然语言搜索结果页面提供"查询细节"的选项。

• 尝试通过将字符转换到来自不同领域的检索词项中来对查询进行改进。例如,将疾病、所在地和治疗转化到"查询建议"中,用户可以通过点击适宜的链接来完成查询。

• 根据查询转换后的疾病字符和检索词项,提供与"可能与 MEDLINEplus 主题有关的"链接。

• 列出转换后的单个的字符和字句,同时计算数据库中匹配内容的数量。

举例来说,如果用户输入查询词心力衰竭 β 受体阻滞剂波特兰(heart attack beta blockers portland),那么"查询细节"会将短语心脏病发作转换到心肌梗死,对短语 β 受体阻滞剂 beta blocker 进行识别,同时寻找在波特兰(俄勒冈州或者缅因州)的临床试验。

MEDLINEplus 系统集合消费者健康资源,提供简

便的文字框,同时具有更为高级的界面特色,可以进行准确与近似(使用词干)字符匹配,同时满足对所有的(和)字符及一些(或)字符的匹配。用户还可以在医学辞典中查寻检索词项,核对拼写,在整个网站上运行搜索,或者只搜索某些区域的信息。

### 19.3.3 评估

多年来人们一直做了大量的研究致力于对 IR 系统的评估。如同许多领域的研究一样,采用何种方法进行评估才能提供最好的对使用系统搜索能力的评估结果,在这一点上是存在着争议的。为了得出结果,许多的框架被研发出来。其中一个框架围绕着 6 个问题进行评估,这些问题在人们提倡使用 IR 系统的时候可能会被问及(Hersh and Hickam,1998)。

(1) 该系统是否已经被使用?
(2) 系统用来做什么?
(3) 是否满足客户的要求?
(4) 客户使用系统如何?
(5) 系统使用的成败与什么因素有关?
(6) 系统有何影响?

这是一个组织评估结果的较为简单的方法,却集合了一些方法和研究,包括面向系统的方法和研究,即评估焦点集中在 IR 系统上,以及以用户为出发点的方法和研究,也就是焦点集中在用户上。

**1. 面向系统的评估**

评估 IR 系统的性能有很多方法,其中最广泛使用的是以相关性为基础的检索率与精确度的测定。这些测定确定了用户在数据库以及其搜索过程中所检索的关联文件的数目。这些方法运用相关文件(Rel)、检索到的文件(Ret)以及检索到的相关文件(Retrel)的数量。检索率是从数据库中检索相关文件的比例:

$$检索率 = \frac{检索到的相关文件数}{相关文件数} \quad (19.5)$$

换句话说,检索率解决了这样的问题:对于某一个特定搜索来说,在所有从数据库里获得有关文件的比率是多少。

方程式(19.5)有一个问题,其分母意味着已知查询的关联文件的总数。但是对于所有的哪怕是最小的数据库来说,想要在该数据库中成功确定所有的相关文件也是靠不住的,甚至是不可能的。因此大多数的研究使用了相对查全率的方法。在这种方法中,分母被重新定义,代表在专题查询时通过多重搜索确认出来的相关文件数目。精确度是在搜索中检索的关联文件的比例。

$$精确度 = \frac{检索到的相关文件数}{检索到的文件数} \quad (19.6)$$

该测定解决了这样的问题:对于搜索来说,检索文件中多少部分是有关的。

在比较使用分级的系统和未使用分级系统时,出现了一个问题,即通常使用逻辑搜索的非分级系统趋向于检索固定的文件集,因而检索率及精确率的值是固定的。从另一个方面来说,带有相关性排列的系统具有不同的检索率以及精确度值取决于系统(或者用户)选择显示的检索组的大小。由于这个原因,许多对具有相关性排列的系统的评估程序将会产生一个检索率和精确度图(或者图表),这些图(或者图表)能够确定不同的等级检索率的精确度。Salton(1983)作为相关性排列及上述系统评估的创始人,对"标准"方法进行了定义。为了生成单一查询的检索率—精确度图,首先就必须要其额定使用道的检索率的间隔时间。一般采用的方法是使用 0.1(或者 10%)的间隔时间,从 0.0~1.0 共 11 个检索率间隔。图表是根据在给定的检索率间隔时间上,确定输出结果上的任一点的总的精确度最高等级而建立起来的。因此,对于检索率间隔 0.0 来说,此时精确度的等级最高,在这一点上任何地方的检索率都是大于或等于零并且小于 0.1 的。今年来使用较为频繁的一种方法是采用精确度平均值(MAP),类似于检索率点上的精确度,但是不使用固定的检索率间隔时间或者使用内推法(Voorhees,1998)。相反,每次获取关联文件的点上,都会对精确度进行测量,MAP 的方法就是求出这些点的平均值,并用于整个查询。

任何 IR 评估的评估中都不能忽视正文检索会议(Text REtrieval Conference,TREC,trec.nist.gov),该会议由美国国家标准和科技协会组织(NIST,www.nist.gov)(Voorhees and Harman,2000)。TREC 始于 1992 年,TREC 提供用于评估的试验台,并且提供结果展示的论坛。TREC 每年组织召开一次,在该会议上会对工作进行明确说明,同时问题和文件将会提供给参与方。参与集团向 NIST 国家标准与技术协会提交他们的系统的"运行"报告,这些系统将对适宜的性能测度进行计算,通常是检索率和精确度两项。TREC 组织了几个专题,以满足特定的利益。Voorhees 最近将这些专题融合到了总的 IR 工作之中(Voorhees and Harman,2001)。

- 静态文本——专门
- 流媒体文本——日常,过滤
- 处于该环节中的人——互动
- 除英语以外(跨语种)——西班牙语、中文及其他
- 文本以外——光学字符识别(OCR)、语音、视频
- 网页搜索——大型资料库,网页
- 答案,非文件——问题-回答

以相关性为基础的方法本身具有一些局限性。用户希望系统能够检索相应的文章,这一点是没有人否认的,检索到的相关文件的数量是不是系统执行好坏的完全标准,这一点还是不明显的(Swanson,1988;Harter,1992)。Hersh(1994)指出,临床使用者在仅仅寻求临床问题的答案的时候,不太可能会去关心这些方法,即使他们错过了许多其他的关联文件(降低检索率)或者他们检

索的文件有许多并不是关联的(降低精确度)。以关联性为基础的方法有没有备选方案可供使用来决定单一搜索的性能？Harter认为，如果不能研究出更加与具体情况相关联的方法并用于用户交互作用评估的话，那么检索率和精确度可能就是唯一的备选方案。因此Egan等(1989)对Superbook的效果进行了评估，对使用者搜索的好坏程度进行了评估，并且用这样的方式应用于特定的信息中。Mynatt等(1992)使用类似方法比较在线百科全书的文本和电子版本，而Wildemuth等(1995)对学生使用医学课程数据库来回答类似任务的问题的能力进行了评估。Hersh等将这些方法应用到在电子教科书(Hersh et al.,1994)和MEDLINE(Hersh et al.,1996)中搜索医学问题之上。此外，这种方法经过试验证明可以应用到TREC的交互式方法中(Hersh,2001)。

## 2. 面向使用者的评估

近几年来，人们做了大量的定位于使用者的评估，这些评估着眼于生物医学信息的使用者。大多数的研究集中于临床医师。

Haynes等(1990)完成了一个初始研究，测量临床背景下的搜索性能。该研究还对比了图书管理员和临床医师的搜索能力。在该研究中，随机挑选了78名搜索人员，一名有搜索的经验和一名医学图书管理员为这些人提供答案。在研究期间每个初始用户(新手)要求在开始搜索程序之前，要先输入所需信息的简要陈述。这段陈述分别提交给有经验的临床医师和图书管理员，在MEDLINE上进行搜索。每次搜索得出的所有检索被提交给主题领域的专家，这些专家对于哪位搜索者检索哪个参考书目的情况是不了解的。每次查询后，会对检索率和精确度进行计算并且求出平均值。结果(表19.2)显示，有经验的临床医师和图书管理员取得了类似的检索率，尽管图书管理员在精确度的统计上是比较显著的。没有经验的临床医师搜索人员的检索率和精确度要比这两个组要低得多。该研究还评估了用户对没有经验的搜索人员的满意程度，不管检索率和精确度结果如何，这些没有经验的搜索人员表示对于他们的搜索结果是很满意的。调查人员没有对没有经验的人员是否取得足够的相关文章来回答他们的问题进行评估，也没有对他们错失的文章是否具有补充价值进行评估。

追踪研究得出了一些有关搜索人员的补充理解(McKibbon et al.,1990)。如(前文)所提到的那样，不同的搜索者在特定的专题上趋向于使用不同的策略。这些不同的方法重复了过去从其他所做的搜索研究中所得出的一个已知发现，即在总的检索得出的引文和相关的引文方面，搜索者缺乏叠覆。因此尽管没有经验的搜索人员的检索率较低，但是他们确实获得了的很多的相应的引文，而这些引文是两位有经验的搜索人员所没有检索到的。此外，所有三种搜索人员检索到的所有相关引文的数量都要低于4%。虽然搜索策略和检索设置方面有着广泛的分歧，但是在三组用户之中，总的检索率和精确度是十分类似的。

Hersh和同事认识到了使用检索率和精确度来评估IR系统的临床用户的局限性，他们进行了若干个研究，对系统帮助学生和临床医师回答临床问题的能力进行评估。这些研究的基本原理是：通常使用IR系统的目标是发现解决问题的答案，用户必须明显地发现回答问题的关联文件，文件的数量相比问题是否得到成功解决来说是次要的。实际上，许多具有成功地完成该工作能力的因素是可以替代检索率和精确度两种方法的。表19.2展示了MEDLINE搜索人员的检索率和精确度。

**表19.2　MEDLINE医学文献分析和检索系统搜索人员的检索率和精确度**

| 用户 | 结果/% | |
|---|---|---|
| | 检索率 | 精确度 |
| 无经验临床医师 | 27 | 38 |
| 有经验的临床医师 | 48 | 49 |
| 医学图书管理员 | 49 | 58 |

资料来源：Haynes et al.,1990

这一组的首个研究，采用工作定位的方法，对美国内科医学杂志Scientific American Medicine中的布尔符号与自然语言检索做了比较(Hersh et al.,1994)。13名医科学生被要求回答10个简短的问题，同时对他们答案的可行程度进行评估。随后随机向这些学生提供一个或者其他的界面，并且要求他们对5个可信度最低的问题进行搜索。该研究结果显示，在搜索前两组的正确率是很低的(10个问题中平均正确1.7个)，但是使用搜索之后，大部分可以回答出问题(5个问题中平均回答4个)。两个界面在回答问题的能力上是没有区别的。

多数答案在第一次搜索读本时就已经得出。对于那些回答错误的问题来说，用户实际上花费了2/3的时间来检索有正确的答案的文件，而花费了超过一半的时间查看。另一个研究使用两种工业用品，加强型光盘(Ovid)和KF氰化钾，来比较MEDLINE中的布尔符号和自然语言检索。就使用逻辑搜索人工索引检索词典检索词项(Ovid)和使用自然语言检索对标题、摘要和索引词字符而言(KF)，这些系统代表领域的两端。16名医科学生应召并随机分配使用两个系统中的一个，并且被问及三个临床问题，要求回答对错。这些学生可以顺利地使用各系统，在搜索前正确回答率为37.5%，使用搜索后正确回答率为85.4%。两个系统在时间、检索得出的相关文章及用户的满意度上没有显著的差异，这一个实验说明两种类型的系统可以同样应用于接收过最低限度训练的群体。

由医科学生和护理专业(NP)的学生使用MEDLINE电话搜索来回答临床问题的过程提供了最为全面的研究。共有66位医科学生以及护理专业NP的学生，每个人对5个问题进行搜索(Hersh et al.,2002)。这一研究使用了多项选择来回答问题,此外还包括对回答论据的判断题。从以下三个答案中选择出一个作答。

- 是,证据充分。
- 证据不足,无法回答。
- 没有充分证据。

在搜索前,两组成员回答问题的正确率是不相上下的(医科学生 32.3%,护理专业 NP 学生 31.7%)。不过,医科学生通过搜索提高了正确率(达 51.6%),而护理专业学生几乎没有提高(到 34.7%)。

此外该研究还尝试衡量有哪些因素可能会影响到搜索的效果。大部分的因素,如年龄、性别、电脑经验,以及搜索所用的时间是与成功答题没有关联的。与成功作答相关的有,在搜索前就能够正确回答答题、空间抽象能力(通过仪器进行验证)、搜索经验及 EBM 问题类型(病状的预断问题是最简单的,危害问题是最难的)。对于每个搜索过的问题的检索率及精确度进行分析后证明完全缺乏回答问题的能力。

### 19.3.4 研究方向

许多研究着眼于新的 IR 方法,对于这种方法的详细讨论不属于本章的范围。NLM 从内部及外部发起了生物医学的情报检索 IR 研究。建立索引的倡议是其最大的内部项目,旨在研究新的用于自动化及半自动化索引的新方法,其中大部分只要依靠使用 UMLS 的工具以及自然语言处理设备(Aronson et al., 2000)。

其他研究方法集中于改善自动化索引以及检索等方面。大量事实说明这些可以提高 TREC 中的检索性能,包括以下三种。

- 提高检索词项权的方法,如 Okapi(Robertson and Walker,1994),转化标准(Singhal et al.,1996)和语言模式(Ponte and Croft,1998)
- 通道检索,在通道检索中,根据查询检索词项在文件内部的局部集中度,文件在分级过程中被赋予了更多的权重。
- 查询扩展,其中新的来自高等级文件的检索词项以自动化的方式添加到查询中(Srinivasan,1996;Xu and Croft,1996)。

其他的一些研究集中于更好地对结果输出进行组织,从而改善用户界面,提高检索过程。Dynacat 就是其中一个例子,这一系统用于使用 UMLS 知识和 MeSH 检索词项来组织搜索结果的消费者(Pratt et al.,1999)。其目的是提供搜索结果和主题组集文件,如疾病的治疗或者用于诊断疾病的试验。还有一个方法是使搜索系统的词汇在文章的前后关系上更加易于理解。Cat-a-Cone 系统通过使用圆锥体树状图提供了一种查看检索词项层次的方法,圆锥体树状图将最初所关心的检索词项轮换到页面的中央,显示其他在层次上与其相关的检索词项接近的圆锥体形状的扩展。

## 19.4 数字图书馆

到目前为止有关情报检索 IR"系统的讨论"还集中在提供检索机制来对在线内容进行存取。即使一些 IR 情报检索系统的覆盖范围比较广,如网络搜索引擎,但是它们还通常只是更大的服务或者活动集合的一部分。数字图书馆是一个备选观点,尤其是当涉及社区和(或)专有的集合时。数字图书馆和"砖瓦堆砌"的图书馆具有一些相同的特性,同时还具有一些其他特点。Borgman(1999)指出,两种类型的图书馆引出了它们实际上是什么的不同定义,研究人员趋向于将图书馆看成是为特定社区和从业者收集内容,或者将它们视为机构或者服务。

有证据显示数字图书馆已经成为公众关心的话题,美国总统信息技术委员会(PITAC)在 2001 年发布了三份报告,其中一份报告涉及数字图书馆的话题(不具名的作者,2001a)。另外两个报告集中在通过使用信息技术来提高卫生保健(不具名的作者,2001e)和教育水平(不具名的作者,2001f)。数字图书馆报告指出,数字图书馆的完全潜力已经被人们所认知,在联邦政府的领导下,基本的技术(有其是互联网技术)已经被开发出来,档案库存储器面临着技术和操作上的挑战,并且关于知识产权的问题是不能忽视的。该报告建议加大对该研究支持,发展大规模的试验台,将所有的联邦资料联机,并且政府带头制定数字版权的政策。

### 19.4.1 图书馆的功能和定义

图书馆的中心功能是保存已发表文献。此外在档案中还可能会保存一些没有发表的文献,如信件、日记及其他的文件。重点主要集中在已发表的文献是具有很多意义的。在很大程度上来说,其中一个便是可以进行质量管理。至少到现在为止,大部分来自出版商和专业协会的已发表的文章经历过同辈间的评论的过程,虽然这种评论有时是不充分的,但是还是可以使图书馆投入最低限度的资源来对它们的质量进行评估。虽然在互联网时代,图书馆可以放弃对信息提供者的质量审核,但是大量网上发表的信息是不容忽视的,而这些信息的质量往往是不好进行判断的。

传统图书馆采用纸质为基础的属性具有其他一些意义。例如,项目以多重拷贝的形式产生,这就使私人图书馆免去了过去对项目不能被替代的考虑。此外,项目是十分固定的,这也就简化了它们的编目。对于数字图书馆来说,这些意义受到了挑战。当出版商及其他组织的文件服务器上有较少"副本"存在时,有很多人担心内容的存档及变动的处理情况。数字图书馆与此相关的一个问题是,它们没有报纸杂志、书籍或者其他物品的"人工制品"。而当电子日志的订阅结束时,也就失去了整个杂志的使用权,这个事实就使得这一问题更加恶化,也就是说订阅人没有保留积累的过期刊物,这在纸质杂志中是想当然的。

### 19.4.2 访问

可能每个网络用户都知道点击网络链接时会收到错误信息:HTTP 404 - File not found 找不到文件。数字图书馆和商业出版冒险采用需求机制,来保证文件具有永久性的标识符,这样当文件发生实际移动时,仍然可以取得文件。Internet 工程工作小组在最初设想网络结构的时候,希望每个在 Internet 的 WWW 服务程序上用于指定信息位置的表示方法(URL 资源定位码)、浏览器进入的地址或者在网页高速链接中使用的地址、连接到同样资源名称的地址(URN)都是保持不变的(Sollins and Masinter,1994)。URN 与资源定位码 URL、通用资源识别码(URI)的结合将会提供数字对象的永久访问。解决 URN 与 URI 的资源从来没有被大规模地执行过。

目前出版商,尤其是学术杂志出版商所广泛采用的一种方法是数字目标标识符(DOI, www.doi.org)(Paskin,1999)。最近 NISO 将 DOI 设立成为规格标准,并命名为 Z39.84。DOI 本身是相对简单的,包括 IDF 分配给出版机构的词头及该机构分配并保留的后缀。例如,来自美国医疗信息协会的文章的 DOI 的词头为 10.1197,后缀为 jamia. M####,其中#### 是由杂志编辑分配的一个号码。同样,在计算机协会(www.acm.org/dl)的数字图书馆中的所有的出版物具有词头 10.1145,以及一个用于后缀唯一标识符[例如,本文使用的 345508.345539(Hersh et al.,2000)]。出版商被鼓励将 DOI 按照标准方式编入到他们的 URL 中,以便于确认,http://doi.acm.org/10.1145/345508.345539。

### 19.4.3 互操作性

正如本章节所提到的,元数据在情报检索 IR 系统中是存取内容的关键部分。在数字图书馆中具有附加的价值,数字图书馆希望可以提供多种不同形式的访问,但不一定要提供过于彻底的资源。数字图书馆一个关键的问题就是互操作性(Besser,2002)。也就是说,带有多种多样元数据的资源如何存取?Arms 等(2002)指出必须达到三个等级的协议。

(1)信息编排、协议与安全程序的技术协议。
(2)数据与其元数据语义解释的内容协议。
(3)存取、保存、支付、认证等等基本法则的组织协议。

一种越来越得到支持的互操作性方法是互操作协议标准 Open Archives Initiative (OAI, www.openarchive.org)(Lagoze and VandeSompel, 2001)。该计划源自于电子印刷倡议,该倡议旨在提供科技出版物电子存档永久性使用(VandeSompel and Lagoze, 1999)。而 OAI 的努力根植于通向学术信息的交流,其方法适用于更为广泛的内容范围。它的基本作用是加快档案元数据的"曝光",以便使数字图书馆系统确定可以获得什么内容,并且如何获得。每个在 OAI 系统中的记录都具有 XML 可扩展标记语言的编码记录。随后开放文献先导元数据收获协议 OAI(PMH)提供系统对元数据的选择性收获。这样的收获可以以时间为基础,例如,在某一个日期之后所添加或者改变的项目,或者以组集为基础,属于某一话题、杂志或者机构的项目。

### 19.4.4 知识产权

如同其他数字图书馆所考虑的问题一样,知识产权的问题已经在本书中的许多地方提到(参见第 11 章)。在数字环境中,知识产权是很难得到保护的,这是因为虽然生产成本是实际的,但是复制的费用却是接近的。此外,在如学术出版的情况下,对保护措施的渴望是与之有关的。举例来说,研究人员可能会希望他们的研究报告得到更为广泛的传播,但是每个人可能希望从组织工作或者发展出来的教育产品上取得的收入能够得到保障。全球互联网时代的来临要求知识产权的问题能够在全球范围内进行考虑。世界知识产权组织(WIPO, www.wipo.org)是联合国下的一个机构,旨在建立世界范围的政策,尽管能够理解这一做法,但是这样的政策应该是什么样子仍然有着很大的差异。

### 19.4.5 保存

与数字图书馆资料保管相关的问题有很多。Lesk(1997)比较了数字资料的使用寿命。他注意到使用磁性材料的寿命是最短的,预期磁带的使用期限为 5~10 年。光存储器的使用寿命多少要好一些,预期使用期限为 30~100 年,取决于具体的类型。讽刺的是,纸质的预期寿命要比这些数字媒介预期寿命好得多。Rothenberg(1999)提到了罗塞塔石,罗塞塔石在解释古代的埃及人的象形文字时提供了帮助,并且残存了超过 20 个世纪。他重新强调了 Lesk 有关数字媒介相比传统媒介使用期限降低的问题,并且指出了一个大多数长期电脑用户所熟悉的一个问题,也就是数据变得陈旧的不仅是由于媒介,而且还是数据格式的结果。两位作者指出了存储设备及计算机的应用,例如,文字处理软件在过去的几十年中信息编排发生了较大的变动。

一个旨在保存内容的倡议是增加副本保护材料安全(Lots of Copies Keep Stuff Safe, LOCKSS)的计划(Reich and Rosenthal, 2001)。顾名思义,保存众多的要件的数字副本。但是该计划更多考虑的是探测与修复受损副本的能力,以及防止数据的颠覆。这是通过散列计划完成的,该计划对内容的多重缓冲中的数据的完整性进行评估,并且对改变的副本进行"修复"。

当然,一些内容是高度动态的并且是经常发生变动的,如一些网上的内容。Kahle(1997)估计网页的平均使用期限为 44d。Koehler 发现,网页继续存在的"半衰期"实际上要更长一些,大约为两年。他指出与.com 顶级域名的导航页相比,其内容页面更可能发生变动,而在.edu 的顶级域名下,情况恰好相反。这一点有可能指出商业页面的改变是因为产品和信息的变更,而在学术网站上则希望页面能够长时间的保留。这些观察使 Kahle 进行了一个项目,在周期性的基础上对国际互联网(www.archive.org)进行存档。Internet Wayback Machine 是该网站上的一个受欢迎的特性,它可以通过输入一个资源定位码 URL,并且显示不同时间点的页面。

无论如何,不管媒介是什么样子,对于多种类型文件来说保存都是必不可少的(Tibbo,2001)。对于社会总体来说,必然有着一些推动力以不变的形式来保存历史文献。而对于所有的科学来说,卫生与医学,有必要保留科学发现的档案,尤其是那些提供原始试验以及数据的档案。McCray 与 Gallagher(2001)写了一篇综述,描述了数字图书馆发展的各种原则,强调了持久性可访问性的内容。如第二章所述,人们采取了很多的措施来保证科学信息的保管。这些措施包括美国国会图书馆的国家数据基础设施保管方案(NDIIPP)(Friedlander,2002)及英国的数字保护联盟(Beagrie,2002)。

## 19.5 情报检索信息检索系统以及数字图书馆的未来方向

毫无疑问,IR 情报检索以及数字的图书馆方面都取得了相当大的进展。目前不仅仅是临床医师及研究人员会常常寻求联机信息,患者和消费者同样也会。要想使这种使用能够更好的有益于用户,仍然存在着很大的挑战。

• 如何减少临床医师在忙碌的临床处理时,减轻他们在取得急需的信息方面所做的努力。

• 研究人员如何从大量获得的信息中提取新的知识。

• 消费者和患者如何发现适合他们了解健康及疾病的优质信息。

• 出版过程产生的附加价值能否得到保护并得到回报,同时又能够使信息更加可用。

• 如何使索引过程变得更加精确和有效。

• 在不放弃机动性和效率的情况下,如何使检索界面变得更简单。

• 我们能否制定出一套数字图书馆的规格标准,能够促进互操作性同时易于使用,对知识产权产生保护,同时能够保证科学存档的长期保存。

## 推荐读物

Baeza-Yates R., Ribeiro-Neto B. (Eds.) (1999). *Modern Information Retrieval.* New York: McGraw-Hill

该书对大部分的自动化 IR 方法进行调查。

Detmer W. M., Shortliffe E. H. (1997). Using the Internet to improve knowledge diffusion in medicine, *Communications of the ACM*, 40:101~108.

描述早期通过利用国际互联网络从"遗产"数据库和创新的超文本集合中存取总合资源。

Frakes W. B., Baeza-Yates R. (1992). *Information Retrieval: Data Structures and Algorithms*, Englewood Cliffs, NJ: Prentice-Hall.

执行情报检索系统的教科书涉及所有主要的数据结构和运算法则,包括索引文件、等级运算法则、非用词目录和词干。在 C 语言编程中有大量的代码范例。

Hersh W. R. (2003). *Information Retrieval, a Health and Biomedical Perspective* (2nd ed.). New York: Springer-Verlag.

情报检索系统在卫生和生物医学的领域的教科书,涉及技术状况以及研究系统。

Humphreys B., Lindberg D., et al. (1998). The Unified Medical Language System: An informatics research collaboration. *Journal of the American Medical Informatics Association*, 5:1~11.

文章描述国家医学图书馆的统一医疗语言系统的动机和执行过程。

Miles W. D. (1982). *A History of the National Library of Medicine*, Bethesda, MD: U.S. Department of Health & Human Services.

国家医学图书馆和它的前身的通史,包括 John Shaw Billings 博士和他建立医师索引以及当代使用的 MEDLINE 的描述。

Sackett D. L., Richardson W. S., Rosenberg W., Haynes R. B. (2000). *Evidence-Based Medicine: How to Practice and Teach EBM* (2nd ed.). New York: Churchill Livingstone.

实验操作基于证据的医学的方法的综述。

Salton, G. (1991). Developments in automatic text retrieval. *Science*, 253:974~980.

最新最简洁的对字符统计检索系统的说明,来自于发明该方法的人员。

## 问题讨论

1. 随着全文搜索的到来,国家医学图书馆是否应该放弃在 MEDLINE 采用人工引文的索引,为什么或者为什么不。

2. 介绍为什么您认为 PMC 是或者不是一个好主意。

3. 您如何为临床医师将本章中所描述的循证医学的临床资源汇总到最好的数字图书馆中?

4. 设计一个学习计划,向临床医师和患者讲授搜索卫生相关信息的要点。

5. 寻找一个面向消费者的网页,并且确定网页上的信息质量。

6. 查全率和精确度作为评估方法具有哪些局限性,备选方案将如何对其进行改进?

7. 挑选一个出现在两个或两个以上临床术语中的概念,说明它如何在 UMLS 多元词汇中合并成一个记录。

8. 叙述您如何设计一个系统,可以在科学文献的知识产权保护和获取资源障碍间取得一个折中的办法。

# 第 20 章　临床决策支持系统

**阅读本章后，您应对下列问题有所了解：**
- 好的决策系统的三项要求是什么？
- 计算机在临床医学中的三个决策支持作用是什么？
- 计算机用于临床决策支持是如何从 20 世纪 60 年代演变至今的？
- 什么是基于知识的系统？
- 什么影响使得医护人员对计算机用于临床决策支持的态度逐步改善？
- 什么是临床决策支持工具所特有的 5 个方面？
- 什么是临床实践指南，提供基于指南的决策支持有哪些挑战？
- 什么是建设有用和可接受的临床决策支持工具的主要科学挑战？
- 什么法律和监管障碍能影响临床决策支持技术的分布与传播？

## 20.1　临床决策的性质

如果你问人们短语"在医学中的计算机"的意思，他们往往描述为可帮助医生进行诊断的计算机程序。虽然计算机具有许多重要的临床作用，从计算机的早期开始，人们已意识到计算机可能通过帮助健康保健人员对各种可能的疾病和症状集合进行筛选以支持他们的工作。这个想法已反映在未来的科幻作品中。例如，在《星际旅行》一书中，医务工作者经常在受伤的船员身边点设备，以便立刻确定是什么问题及破坏有多严重。这种常见的期望，再加上与一般有关计算机对人际关系和就业保障影响的社会关注，自然地在卫生工作者中引发问题。今天的计算机可以做什么以支持临床决策？如何尽快将诊断工具全面上市？它们将有多好？它们对医学实践、医疗教育及同事间、医生和患者之间关系的影响是什么？

我们可以将全书的内容看做是涉及有关临床数据和决策问题。在第 2 章中，我们讨论了准确、完整、相关的数据对于医生和其他医护人员所面临的决策进行支持的核心作用。在第 3 章中，我们描述了良好决策的性质，以及如果要成为有效和高效的决策者，临床医师需要理解信息的正确使用。第 4 章中介绍了临床决策背后影响决策支持系统设计的认知问题。以后的章节提到计算机协助这些决策的许多实际或潜在的用途。医疗实践是医疗决策，所以大部分计算机在医疗保健方面的应用程序旨在对医疗保健决策的质量产生直接或间接的影响。在本章中，我们特别着重通过已开发的系统将这些主题汇集起来，以协助医疗工作者的决策。

### 20.1.1　决策的类型

到目前为止，你已熟悉了临床决策的范围。经典的诊断问题（分析现有数据以确定对患者症状的病理生理解释）只是其中之一。如第 3、4 章所强调的，同样困难的是诊断过程需决定要问哪些问题，要做哪些检查或执行哪些医疗程序以确定医疗结果相对于相关风险和财务费用的价值。因此，诊断不仅涉及决定关于患者的真相是什么，也涉及需要什么样的数据以确定患者疾病的真相。即使诊断是已知的，仍然常常有检验医生的知识和经验等充满挑战性的管理决策问题：我应该治疗此患者，还是让其疾病过程自行好转？如果治疗是必要的，这样的治疗应该是什么？我应如何利用患者对治疗的反应以指导我确定是否有其他的治疗方式，或在某些情况下，是否应质疑我最初的诊断根本是错的？

生物医学也充满了不涉及具体患者或其疾病的决策任务。考虑一下，比如使用实验室数据以帮助生物医学科学家设计他的下一个实验，或使用管理数据以指导在医院里有关资源分配决策的医院管理者。虽然在本章中我们专注于一些协助临床决策的系统，但是我们强调所讨论的概念也可以推广到许多其他的方面。例如，在第 23 章，我们考察了在创建健康政策中做正式决策所需的技术和工具。优秀决策的需求分为三个主要的类别：①准确的数据；②相关的知识；③解决问题的适当能力。

关于某病例的数据必须足够充分以致可以作出知情的决定，但数据绝不能过量。事实上，一个主要的挑战是决策者受到这么多信息的轰炸，以至于他们无法机智而迅速地处理和综合信息（见第 17 章）。因此，重要的是要知道什么时候额外的数据会混淆而不是澄清事实，以及什么时候必须使用计算机或其他工具，允许数据被归纳得更易于进行认知上的管理（见第 4 章）。手术室和重症监护单位是决策问题的典型场所，在那里，全面监测患者的状况并收集大量的数据，而且往往不得不在紧急情况下做出决策。对决策而言，所收集数据的质量也是同样重要的。第 2 章讨论了术语的不精确性、记录的模糊和不可得性及其他对数据产生误解的场合。相似地，测量工具或记录的数据可能是错误的，使用错误的数据对患者的医疗护理决策会产生严重的负面影响。所以，往往需要对临床数据进行验证。如果我们没有足以正确应用的基础知识，即使好的数据也是无用的。决策者必须有广泛的医学知识，深入地了解和熟悉他们的专业领域，并有能够访问提供有关补充资料的信息资源的能力。他们的知识必须是准确的，对有争议的领域能够充分地理解，并能严格区分个人选择的问题和教条式方法所适用的问题。他们的知识也必须是当前的,在迅速变化的医药世界,许多旧的事实和知识正如死亡的组织一样地衰败。

好的数据和大量的事实知识库仍不能保证有好的决策,解决问题的良好技巧也同样重要。决策者必须知道如何为某项任务设置适当的目标,如何对每个目标进行推理,以及如何对诊断程序或治疗操作的成本与收益作出明确的权衡。有技巧的临床医生广泛吸取个人经验,新医生很快认识到良好的临床判断就像基于医学领域的知识或获得高品质的患者数据一样,基于对做什么进行有效并适当地推理的能力。因此,临床医生必须开发有策略的方法以测试选择和诠释、理解敏感性和特异性的思想,并能评估情况的紧迫性。对偏见及偏见可能潜入解决问题途径的意识(见第 3 章)也是至关重要的。这个以临床决策为中心的简要回顾主要作为计算机辅助决策主题的导论:当我们开发解决临床问题的计算工具时,这些主题正是相关的。这些程序必须获得良好的数据,它们必须有为某临床领域进行编码的广泛背景知识,必须包含一种对正确的分析、适当的成本效益权衡及效率等要求敏感的解决问题的明智方法。

### 20.1.2 计算机在决策支持中的作用

临床决策支持系统是任何旨在帮助医疗保健专业人士作临床决策的计算机程序。从某种意义上说,处理临床数据和知识的任何计算机系统都提供决策支持。因此,考虑从一般的到针对患者的决策支持功能的三种类型是有益的。

**1. 信息管理工具**

医疗保健信息系统(参见第 13 章)和信息检索系统(参见第 19 章)是管理信息的工具。专业知识管理工作站正在研究环境中被开发出来,这些工作站提供高级环境以用于存储和检索临床知识,可以像翻教科书那样浏览这些知识,并添加以后可能需要临床解题的个人笔记和信息。信息管理工具提供的数据和临床医生所需要的知识,但它们一般不帮其应用某特定的信息以完成决策任务。就像需要什么样的信息以解决临床问题的决策一样,临床发现的翻译和解释也留给临床医生。

**2. 引起关注工具**

标志异常值或提供那些异常的可能解释表单的临床实验室系统和警惕医疗提供者可能发生的药物相互作用的药房系统(Evans et al.,1986;Tatro et al.,1975)是使用户集中注意力的工具。这些程序旨在提醒用户有可能被忽略的诊断或其他问题。通常,它们使用简单的逻辑,通过固定列表或段落显示作为对明确或潜在异常的一种标准回应。

**3. 提供针对患者建议的工具**

这些程序基于针对患者的数据集合,提供专门为客户设计的评估或建议。它们可以采用简单的逻辑(如算法),可根据决策理论和成本效益分析,或使用数值方法辅助问题的象征性解决。有些诊断助手[如 DXplain (Barnett et al.,1987)或 QMR (Miller et al.,1986)]提出鉴别诊断的建议或指出将有助于缩小病因可能性范围的更多信息。一些系统[如原来的 Internist-1 程序(Miller et al.,1982),后来从它演变出 QMR 系统]提出了对患者症状的唯一的最好解释。还有一些系统以对临床情况敏感的方式解释和总结在一段时间内患者的病历(Shahar and Musen,1996)。还有一些系统提供治疗的建议,而不是诊断的帮助(Musen et al.,1996)。

这三类工具之间的界限并不清晰,但它们的区别在确定计算机可提供辅助临床医师决策功能的范围方面是有用的。前两类系统在这本书的其他地方讨论。例如,第 12~18 章描述了包含和处理对做正确的临床决策重要的患者数据系统。第 19 章和第 21 章讨论了获取信息、知识以及积累其他专业人员经验的方法。在这一章中,我们着重于第三类工具:针对患者的系统。

## 20.2 历史回顾

从计算机出现的早期开始,健康的专业人士已经预期有一天机器将在诊断过程中协助他们。有关这一问题的第一篇文章出现在 20 世纪 50 年代后期(Ledley and Lusted,1959),实验的原型出现在几年之内(Warner et al.,1964)。然而,许多问题阻碍这种系统的广泛引进,这些问题包括:当鼓励医师使用并接受没有很好地融入医护人员日常工作流程的系统时,开发人员所遇到的从科学基础方面的限制到逻辑上的各种困难。

20 世纪 70 年代的三个咨询系统提供了对临床决策支持系统工作起源的有益概述:deDombal 的用于腹部疼痛诊断的系统(de Dombal et al.,1972),用于抗生素选择治疗的 Shortliffe 的 MYCIN 系统(Shortliffe,1976),以及发出住院医疗警报的 HELP 系统(Kuperman et al.,1991;Warner,1979)。

### 20.2.1 Leeds 腹痛系统

从 20 世纪 60 年代后期开始,英国利兹大学的 F. T. deDombal 和他的助手研究了诊断的过程,并运用贝叶斯概率理论开发了基于计算机的决策辅助系统(见第 3 章)。以外科手术或病理诊断为黄金标准,他们强调用贝叶斯理论对高品质数据推理产生条件概率的重要性,这些数据是他们通过收集成千上万的患者信息获得的(Adams et al.,1986)。他们的 Leeds 腹痛系统使用了对于各种体征、症状及化验结果的敏感性、特异性和流行病数据,通过贝叶斯定理计算急性腹痛的 7 种可能解释(盲肠炎、憩室炎、溃疡穿孔、胆囊炎、小肠梗阻、胰腺炎和非特异性腹部疼痛)的概率。为了让贝叶斯计算易于处理,该程序提出以下假设:①各种诊断的临床发现的条件独立性，②7个诊断的相互排斥性（见第 3 章）。

在一次系统评估中（de Dombal et al.，1972），医生为 304 例因突发腹疼来急诊的患者填写数据表以总结临床和实验室的发现。这些表中的数据转换成用贝叶斯规则进行分析的属性。因此，贝叶斯公式假定每位患者有 7 种疾病之一，并基于观察记录选择最有可能的一种疾病。如果这个程序直接由急诊室医生使用，在数据表填完后平均 5 分钟之内就可以出结果。然而，在此研究中，这些病例都以批处理的模式运行；为了日后与①由主诊医生作的诊断②最终通过手术或适当的化验核实的诊断作比较，计算机生成的诊断被保存下来。

临床医生的诊断结果是 304 例中只有 65%～80% 正确（准确率取决于临床医师个体的培训和经验）。与此形成对照的是，该程序的诊断正确率在 91.8%。此外，在 7 种疾病中的 6 种，和负责该病例的资深医生相比，计算机更容易把患者分配到正确的疾病类型。特别令人感兴趣的是，该程序关于阑尾炎这一易错（遗漏或延迟）诊断的准确性。在阑尾炎的所有病例中，计算机都作出了正确的诊断，只有 6 起非特异性腹部疼痛患者的病例被错误地归于阑尾炎类。可是，根据实际的临床决策，超过 20 例非特异性腹痛患者因为不正确的诊断做了不必要的阑尾炎手术，且有 6 例阑尾炎患者被观察超过 8 小时才送到手术室。

随着个人计算机的引入，deDombal 的系统开始实现从其他国家的急诊室到英国潜艇船队的广泛应用。出人意料的是，该系统从未获得像它在 Leeds 一样的诊断准确性，即使对疾病先验概率的不同设置进行了调整。有几种原因可能造成这种差异。最可能的解释是，医生对必须输入计算机的数据的解释方式存在相当大的差异。例如，具有不同的培训背景或来自不同文化的医师可能不同意身体检查中某些患者症状的鉴定标准，如"反跳痛"。另一种可能的解释是，在不同的患者人群有不同的症状和诊断之间的概率关系。

### 20.2.2　MYCIN 系统

计算机辅助决策支持的另一种方法体现在对感染患者进行集中管理而不强调诊断的 MYCIN 咨询系统（Shortliffe,1976）。MYCIN 的开发者认为直截了当的算法或统计方法对解决这个临床问题是不足够的，因为对此临床问题中专业知识的本质理解得很糟，甚至有关专家在明确得知患者的细菌培养结果之前，常常不同意怎样最好地救治特定的患者。其结果是，研究人员被拉入到计算机科学的一个着重于对抽象符号进行操纵而非数值计算的子域：人工智能（AI）领域。

在 MYCIN 中的传染病知识用产生规则表示，每条规则包含与合作的专家讨论得出的一个知识包（packet）（图 20.1）。一条产生规则是将观察与可以产生的相关推论联系起来的一种条件性陈述。这些规则以各种不同的方式实现了 MYCIN 的功能。

```
Rule507(规则507)
IF: 1) The infection that requires therapy is meningitis,
    如果，1) 需要治疗的感染是脑膜炎，
    2) Organisms were not seen on the stain of the culture,
       2) 染色后的培养结果中没有见到生物体，
    3) The type of infection is bacterial,
       3) 感染类型是细菌感染，
    4) The patient does not have a head injury defect, and
       4) 患者没有脑部受伤的问题，
    5) The age of the patient is between 15 years and 55 years
       5) 患者年龄在 15~55岁，
THEN: The organisms that might be causing the infection are diplococcus-pneumoniae
      and neisseria-meningitis
      那么，引起感染的生物体可能是肺炎双球菌和脑膜炎奈瑟菌。
```

图 20.1　来自 MYCIN 系统的一条典型规则。MYCIN 系统中的规则是条件语句，它们显示如果一组特定的条件是真实的，则可下什么结论或采取什么行动。在本条规则中，如果关于某个特定患者的 5 个前提条件都为真，那么，MYCIN 能够得出感染可能是由细菌引起的结论。与 MYCIN 系统中推理相关的不确定性程度没有在图中显示出来

• MYCIN 程序确定使用哪些规则，以及如何将它们连在一起以对具体病例进行决策。

• 规则往往形成一种 MYCIN 推理的连贯解释，并将那些适用于目前决策的规则展示出来以回应用户的问题（图 20.2）。虽然规则是以一种机器可读的格式存储的，该系统可以显示英文翻译。

• 通过删除、修改或添加规则，系统开发人员可以迅速修改程序的知识结构，而不用重新编程或重组知识库的其他部分（然而，做这种改变可能会导致意想不到的副作用）。

开发人员对血液传染的细菌感染（Yu,1979b）和脑膜炎（Yu et al.，1979a）患者评估了 MYCIN 在治疗方案

```
In this series, how many of the cutures were positive of the e.coli        (typical system prompt)
(ORGANISM-1)?
    ** WHY                                                                  (request from user to determine motivation for question)
[i.e. WHY is it important to determine the number of cultures which were    (system's rephrasing of the WHY
positive for the organism?]                                                  question, and answer)
[1.0] This will help to determine whether there is significant disease
associated with this occurrence of the organism.
    It has already been established that
        [1.1] the culture was taken from a sterile source
        [1.2] the number of cultures in the series is greater than 2
    Therefore, if
        [1.3] the number of cultures which were positive for ORGANISM-1
            is greater than 2
    Then there is suggestive evidence (.5) that there is significant disease
            associated with this occurrence of the e.coli (ORGANISM-1).
    [RULE049]
    ** WHY                                                                  (repeated WHY to determine relevance of previous explanation)
[i.e. WHY is it important to determine if there is significant disease
associated with this occurrence of the organism?]
[2.0] This will help to determine a diagnosis for which the infection should
be treated.
    It has already been established that
        [2.1] the infection is not one of: primary bacteremia, meningitis
        [2.2] for some current culture of the patient it is true that the site
              of the culture is blood
    Therefore, if
        [2.3] there is significant disease associated with this occurrence of
              the organism
    Then
        It is definite (1.0) that the diagnosis for which the infection should
        be treated is secondary-bacterimia
        [RULE103]
```

图 20.2　MYCIN 解释能力的两个例子。用户输入显示为粗体大写字母和双重星号。该系统在方括号中展开每个[WHY("为什么")]问题,以确保用户清楚系统对其查询问题的理解

选择方面的性能。在后者的研究中,MYCIN 给出的建议与传染病专家提供的治疗方案相比毫不逊色。然而,最好还是把 MYCIN 看作是一种捕捉和运用结构欠佳的专家知识以解决重要医疗问题的早期方法性探索。虽然该程序从未应用于临床,但是它为 20 世纪 80 年代这方面的大量研究和开发铺平了道路。事实上,基于知识系统的开发和 20 世纪 80 年代初基于规则的方法在许多非医学领域的商业化是从 20 世纪 70 年代开发的 MYCIN 和相关系统演变而来的(Hayes-Roth et al.,1983)。

### 20.2.3　HELP 系统

在以前基于计算机的电子病历系统的讨论中(见第 12 章),我们提到了 HELP 系统,一个在盐湖城 LDS 医院开发的综合医院信息系统。HELP 系统能够在发现病历中的异常时发出警报,它对此领域发展的影响是巨大的,其应用和方法涵盖了生物医学信息学的几乎全部活动内容(Kuperman et al.,1991)。

HELP 系统在传统的病历系统中增加了监测程序并在"HELP 的分区"或逻辑模块中加入存储决策逻辑机制。因此,患者数据可以提供给对病历中的具体信息有需要的用户,而且通常的报告和时间安排可以由系统自动打印或以其他方式进行交流。此外,有一个事件驱动机制可以产生专门的警告、警报和报告。HELP 的开发人员最初创建一种叫 PAL 的专门语言以便在 HELP 的模块中写入医疗知识。从 20 世纪 90 年代开始,该医院、哥伦比亚长老会医疗中心和其他地方的工作人员创造并采用了一种编码决策规则的标准形式,称为 Arden 语法。Arden 语法是一种提供典型的编写规则的方法,所编写的规则将患者的具体情况与医护人员后续的适当行动联系起来(Hripcsak et al.,1994)。Arden 语法包括 PAL 的许多功能,以及在 20 世纪 70 和 80 年代其他研究小组开发编写的临床决策规则的其他框架。在 Arden 语法中,每个决策规则或 HELP 分区的模块被称为医疗逻辑模块(MLM)。图 20.3 显示了这样的 MLM 及其 Arden 语法的表示形式。

每当患者的新数据可用时,不论来源如何,HELP 系统将检查数据是否与引发 MLM 的标准匹配。如果匹配,系统评估 MLM 以检查其是否与具体的患者相关。这些 MLM 中的逻辑已经由和医疗信息科学家一起工作的临床专家开发出来。由成功的 MLM 产生的输出包括关于不适当的药物行动的警报、对实验室化验的解释或疾病可能性的计算。根据输出信息的紧急性和接收报告人的位置和职能,通过医院信息系统的工作站或书面报告将输出的结果传送给适当的接收者。

从 20 世纪 70 年代到当前 10 年的开始,HELP 系统曾是决策支持与其他系统功能整合以提高程序的可接受性并鼓励其使用的范例。一些研究(Evans et al.,1986)证实 HELP 系统的决策逻辑有利于 LDS 医院的临床测量。警报和警告是通过正常收集患者的数据产生的;为数据在另一个环境中的重用而进行的誊写,可以通过与计算环境的完全整合而避免。正如第 13 章所讨论的,

```
penicillin_order :=
    event {medication_order
                where class = penicillin};
/* find allergies */
penicillin_allergy :=
  read last {allergy
              where agent_class = penicillin};
;;
evoke: penicillin_order ;;
logic:
If exist (penicillin_allergy) then conclude true;
endif;
;;
action:
write
"Caution, the patient has the following allergy to penicillin documented:"
|| penicillin_allergy ;;
```

图20.3 每当患者已经报告对青霉素过敏却收到青霉素类药物的处方时，这个用Arden语法写的医疗逻辑模块(MLM)就打印出给医护人员的警告。其中的启动部分定义了导致这个规则被触发的一种情况；其逻辑部分编码此规则的决策逻辑；其行动部分定义了如果逻辑部分作出了正面的结论；其需要执行的程序

医院系统已经朝着更加分布式的体系结构发展：台式机或掌上计算机做工作站，数据在有线的局域网上（有时也通过无线连接）共享。这个在LDS医院的大型项目已作为一个重要的模型，此模型展示了决策支持如何通过与数据监测部分的整合才能够绕过许多为临床决策支持而使用计算机的传统障碍。HELP系统的观念正在融入几个临床信息系统和电子病例（EHR）商业供应商的决策支持组件中。

## 20.2.4 从早期决策支持系统得到的经验教训

Leeds腹痛系统是一个体现贝叶斯诊断系统临床价值的重要范例。随后的贝叶斯系统，例如，为淋巴结病理诊断的Pathfinder系统（Heckerman et al.，1989），牢固地建立于由deDombal和他的同事奠定的基础上。相似地，如MYCIN和HELP的先驱系统所提倡的对临床决策基于规则的方法引发了更现代的表达医学知识的框架（如Arden语法）。早期的决策支持系统证实了编码医学知识使它可以由计算机处理的可行性。它们也帮助生物医学信息学的研究者澄清了其他知识表示方法的优势和局限性。

虽然HELP系统是一个明显的例外，但是大多数的早期决策支持工具很少被医务人员使用并饱受质疑。随后态度的变化在很大程度上是由于受到下面四种因素的影响：

（1）个人工作站、万维网及易于使用的界面的出现；

（2）技术开发人员更加认识到计算机系统必须与要求采用新技术的医护人员的工作实践透明地融合在一起；

（3）卫生专业人员和保健管理机构面对医护人员需要很好地行医并避免错误的相应信息量日益增长的烦恼；

（4）实行具有高性价比的循证医学所增加的财政压力，这种循证医学使得医护人员认真考虑化验、检查程序和治疗的临床应用性和可靠性，尤其是当治疗变得昂贵或充满风险时。

逐步转变的态度和医疗保健专业人士对基于计算机的决策工具思想不断增加的接受程度,当然并不足以确保系统开发的进步和对新信息管理设施的采用。如果研究的产品不能顺应现实世界的需要并且对临床工作中具体实践环境的逻辑需要也不敏锐,那么对它的热情将迅速减弱变少。

## 20.3 临床决策支持系统的主要特征结构

如果我们要充分评估任何新的临床决策支持工具或理解会影响成功实施该系统所涉及的一系列问题,我们就必须有一个考虑这些程序的有组织的框架。一种办法是从 5 个方面表征决策支持系统:
(1) 系统的预期功能;
(2) 提供建议所用的模式;
(3) 咨询方式;
(4) 潜在的决策过程;
(5) 相关的人机互动因素。

根据以上这些考虑因素所显示的,优秀的决策功能本身并不能保证系统的实用性或可接受性。

### 20.3.1 系统功能

决策支持方案大致分为两类:一种是帮助医疗保健人员决定对患者来说什么是真的(通常是真正正确的诊断,像在 Leeds 腹痛系统中的那样),而另一种则协助决定为患者做什么(通常是决定做什么化验检查,是否治疗或用什么治疗方案,像在 MYCIN 系统中那样)。许多系统辅助临床医师做这两种活动(例如,诊断程序经常帮助医生来决定哪些额外的信息对缩小给定病例的鉴别诊断范围最有用),但这种区分很重要,因为给患者做什么的建议不能不平衡行动的成本和收益。基于一套已有的固定数据以确定患者的真实情况是什么,在理论上可以不考虑成本和风险。因此,"纯粹"的诊断程序留给用户来决定收集什么数据,还是需要一套对所有患者的固定数据。然而,正如所有从业者都知道的,把做诊断与从数据收集和治疗的方案中选择的过程分离是不切实际的。此外,许多医生认为,他们寻求咨询的大部分问题涉及他们应该做什么,而不是给定一个固定的数据集来确定什么对患者是真的。

### 20.3.2 提供建议的模式

像腹痛程序和 MYCIN 系统,大多数决策支持程序假定在给临床医生提供建议时,系统处于被动的角色(Reggia and Turhim,1985)。在此模型中,医生必须认识到何时建议是有用的,然后必须主动访问计算机程序;决策支持系统等待用户来使用它。临床医师则通过输入数据以描述案例,并请求对诊断或治疗进行评估。

还有像 HELP 系统那样发挥更加积极作用的技术,作为监测或管理数据活动的副产品提供决策支持;它们不等医生或其他保健工作者提出具体的求助要求。这种系统有很强的吸引力,因为他们能够给医护人员协助而无需医务人员自己费力地录入数据。这种功能得以实现是因为该系统的决策逻辑与已从医疗保健企业内各种来源收集到的患者信息的综合数据库整合在一起。由于医护人员一般不请求这种系统的帮助,而是只要监测的患者数据有保证就接受它,因此对系统的挑战是避免产生过多的对可能已被理解的小问题的警告。否则,这种"假阳性"的咨询报告可能引发来自用户的拮抗反应并钝化那些有更大临床意义的警告的用处。

### 20.3.3 通信的风格

决策支持系统往往以两种互动方式之一运作:咨询模型或评判模型。在咨询模型中,该程序作为顾问,接受针对患者的数据,可能问些问题,并产生与用户有关的诊断或管理建议。例如,MYCIN 系统是采用咨询方法的一个早期程序实例。在评判模型中,与咨询模型相反,临床医师对患者发生了什么或什么管理计划适合患者有先入为主的观念。接着,作为用户自己想法的共鸣板,计算机表示同意或提出合理的替代想法。评判模式的一个早期例子是 ATTENDING 系统,它是一个独立的程序,用来在管理此病例的麻醉医师提出麻醉计划后评价针对患者的麻醉选择、吸入和给药计划(Miller,1986)。这种评判系统满足了许多医师自己制订计划的愿望,并在他们将其付诸实施之前偶尔再次检查这些计划。在评判的风格中,这种程序更直接地着重于医生感兴趣的计划。

该评判模型还可以用于活跃的监测情况下。例如,HELP 系统监测医生的药物治疗决策和提出可能更可取的替代办法(Evans et al.,1986)。同样,HyperCritic 系统(van der Lei and Musen,1991)就保健医师如何通过幕后分析患者每次访问诊所时的电子病历来改善他们对高血压患者的管理提出的建议。

### 20.3.4 基本的决策过程

各种各样的技术已经被应用在决策支持系统的设计和实现中。最简单的逻辑涉及临床医生设计的针对问题的流程图,然后由计算机进行编码以便使用。虽然这些算法对于分流和作为用在适用于问题管理概述的期刊和书籍中的启发技术有用,但由于它们对日常使用过于简单,在很大程度上医生拒绝使用它们(Grimm et al.,1975)。此外,它们在计算机上实现的优势并不明显,简单打印副本算法的使用通常已被证明是足够的(Komaroff et al.,1974)。值得注意的例外情况是 20 世纪 70 年代初在波士顿的贝斯以色列医院对大型计算机程序的首次描述(Bleich,1972),它利用详细的算法逻辑提供关于酸碱和电解质紊乱的诊断和管理咨询。尽管其他技术如数学建模、模式识别和大型数据库的统计分析已被用于实验性的决策支持系统(Shortliffe et al.,1979),但主要的方法来自于贝叶斯建模、决策分析、人工神经网络和人工智能。

由于计算机在传统上被视为数值计算的机器,人们在20世纪60年代已经认识到计算机可以用来计算相关的概率,这种计算基于针对特定患者参数的观察(只要每个观察和可能的疾病病因有已知的统计关系)。大批贝叶斯诊断程序在其后的几年间被开发出来,很多已被证明在选择患者疾病状况的可能解释方面是正确的(Heckerman and Nathwani,1992)。正如我们前面提到的,其中最大的实验是由 deDombal 和同事在英国做的(1972),他们采用了简单的贝叶斯模型,它假设在临床发现的症状之间没有条件依赖关系(例如,错误的假设出现某临床发现如发热从不影响另一个临床发现发冷出现的可能性)。最近关于自动决策中使用信念网络的工作已经证明开发条件依赖关系能在模型中表达出来(而不被忽略掉)的贝叶斯系统是可现实的(信念网络的描述见第3章)。

因为在医学上作的大部分决定需要权衡诊断或管理患者疾病行动的成本和收益,研究人员也开发出源自决策分析方法的工具(Sox et al.,1988;Weinstein and Fineberg,1980)。决策分析将明确决策和与可能因响应这些决策而产生的各种结果相关的效用的思想加入到贝叶斯推理(见第3章)。一类程序旨在由分析师本人使用;这种程序假定决策分析有详细的知识,这对一般的临床医生并没有多大用处(Pauker and Kassirer,1981)。第二类程序使用系统内的决策分析概念,这些系统旨在为在这些技术上未经培训的医生提供建议。在这样的程序中,隐含的决策模型一般都事先说明,无论是作为决策树枚举所有可能的决策和这些决策所有可能的后果,还是作为信念网络添加明确的决策和效用节点(这种网被称为影响图)。

目前作为自动医疗诊断基础的人工神经网络的使用引起人们相当大的兴趣。人工神经网络(ANN)是进行分类的计算机程序,以描述一给定病例的临床发现集作为输入,以产生一组数字作为输出,其中每个输出对应于能解释临床发现的一个特定分类的可能性。ANN 程序通过在有几层节点的网络中扩散仔细计算的权重以执行此分类功能。该网络的结构对任何决策问题都是一致的,然而,与各节点相关的权重是经过仔细调整的,以使网络趋向于对任何的输入集产生正确的分类。权重的值用一种增加的方式确定,当网络在监督学习期已通过大量以前分类的例子进行训练。像统计模式识别方法一样,人工神经网络可将临床发现集合转化成一个与临床发现一致的加权分类集合。遗憾的是,观察者无法直接理解为什么人工神经网络能下某结论。然而,当正确的诊断可能取决于难以预测的临床发现间的相互作用时,人工神经网络可能有很大的优势。

20世纪70年代初以来,越来越多的研究人员将人工智能技术应用到诊断和治疗管理系统的开发(Clancey,1984;Miller,1988;Szolovits,1982)。我们已讨论了在这方面的早期工作的一个重要例子 MYCIN 系统。传统的人工智能一直与心理学和用计算机对逻辑过程建模紧密联系在一起(见第4章)。因此,医学专家如何解决问题的心理学研究(Elstein et al.,1978;Kupiers and Kassirer,1984)对医学人工智能领域的很多研究影响很大。特别相关的是,决策支持系统的发展已成为人工智能研究中一个基于知识系统的分支。基于知识的系统是一个程序,在知识库里象征性地编码某领域专家得出的概念,并用知识库提供这类问题的分析和专家提供的建议。

临床决策往往需要不确定性推理。因此,基于知识的医药系统结合贝叶斯或特别方案以处理部分临床证据以及介入治疗效果不定的问题。不过,基于知识的系统的最大特点是知识库编码一个非数字的定性模型,此模型刻画一些推论与作出某病例的抽象结论(如患者可能患的疾病、应该给予的治疗、应预订的实验室化验)间是如何相关的(Clancey,1989)。因此,它不是对患者的临床发现(症状)和可能的诊断之间的关系单纯地用统计联系或数学公式建模,而是可能在质的、象征性结构方面代表那些关系。例如,MYCIN 系统的那些产生规则(图20.1)经常被用来建立基于知识的系统,很多其他方法也是这样(David et al.,1993)。在基于知识的系统中的知识可能包括诸如症状及相关疾病之间的概率关系。通常情况下,这种关系是通过定性的关系如因果关系和时间关系而增加的。

### 20.3.5 人机交互

从历史上看,或许没有任何疏忽比许多临床决策工具的不切实际更充分地说明开发者未能适当处理系统使用的逻辑符号、机械和心理方面问题(见第4章)。通常,系统开发者主要集中于创造能作好决策的计算机程序。然而,研究人员已一再表明,作出正确的诊断或提出类似于专家顾问给出的治疗建议的能力,仅仅是系统成功的一部分。幸运的是,有越来越多的人认识到决策支持系统至少应为用户提供整洁直观的接口,让用户可以提前预测他们行动的后果(若有必要,并撤销那些行动)。最好的情况是,决策支持成分应嵌入到一些较大的已成为用户职业常规一部分的计算机系统中,这就可以使决策支持成为医护人员日常工作的副产品。

临床决策支持工具的许多潜在用户发现他们早期的热情因程序访问的繁琐、执行的缓慢以及学习和使用的困难而备受打击。例如,如果系统需要医生中断正常的患者护理模式而转到一个单独的工作站或执行复杂且耗时的启动程序,系统可能会失效。漫长的互动或那些无法表达屏幕上所发生变化的逻辑也阻碍了程序的使用。如果决策工具需要将其他计算机上可用的资料手动地再次录入到计算机,健康专业人士可能会特别沮丧。这些问题的解决需要设计过程中的敏感性和对整个机构不足之处的分辨力。例如,要让计算机彼此相连使它们能共享数据,需要医院或诊所实施全面联网和数据共享战略。无线网络的到来允许用户在某医院或诊所的网上漫游,直接在计算机本上通过笔式界面写字,并提供了一般的临床计算和对决策支持系统进行特别访问的解决方案。相似地,基于语言、姿势和虚拟现实的新型人机接口为医护人员提供了与决策支持系统交互的新方式(参见第 24 章)。

## 20.4 决策支持工具的建造

从基于计算机的医学决策支持系统的想法首次出现至今,尽管这方面已取得了重要的研究进展,一些障碍仍继续阻碍这些医学决策支持工具在临床环境中的有效实施。正如我们前面所暗示的,这些障碍包括尚未解决的科学和资源供应问题。

### 20.4.1 患者数据的获取与验证

正如第 2 章所强调的,很少有问题比开发有效技术以准确、完整、有效地获取患者数据更具挑战性。你在此书中已读到有关数据输入的各种技术,从键盘输入、语音输入,到将临床医师与计算机分开的方法(如可扫描的表格、实时数据监测和抄写书面或口述数据以供计算机使用的媒介)。所有这些方法都有局限性,医护人员经常说他们对计算机的使用总会受到限制,除非他们不需要录入数据,而能够集中精力审查数据和信息检索(Shortliffe,1989)。即使计算机可以接受不受限制的语音输入,仍然存在着与将所说的话合理地结构化并进行编码的严重挑战。否则,口语输入将成为只有文字而没有语义解释的大数据库。许多人认为,语音和图形的一些组合,与用来防止相同信息重复录入到医院或诊所内多个计算机系统所需的数据管理集成环境耦合起来,是吸引忙碌的临床医护人员和其他健康工作者使用基于计算机工具的关键进展。

然而,数据获取的问题超越了数据录入本身。主要的障碍是我们缺乏标准的计算机可解释的能表达大多数临床情况的方法。目前有几个医学词汇系统是医护人员用来详细说明精确的诊断评估(如国际疾病分类和 SNOMED - CT)、临床程序(如当代临床程序术语)等的(见第 7 章)。尽管如此,仍然没有能够捕获患者当前疾病历史的细微变化或身体检查发现症状的控制性术语。没有任何编码系统可以反映医师或护士的病程记录的所有细节。由于在医疗记录中,我们想用于驱动决策支持的许多信息还没有机器可理解的结构化的形式,所以对于协助临床决策的数据仍有明确的限制。然而,即使当基于计算机的大量病历存储只作为自由文本项的信息,使用那些以编码形式存在的数据(通常地,诊断代码和处方数据)就有重大优势(van der Lei et al.,1991)。最后,即使是全部电子病历,也可能不包括有关具体患者的数据(如职业和婚姻的问题),因此电子病历应被现实地视为不完整的信息来源。

### 20.4.2 医学知识的建模

曾想通过阅读一本教科书或几篇杂志文章以及在程序中对隐含知识进行编码来获得医学决策支持系统知识的人可以证实,由计算机将通常交流知识的文本方式翻译成适合该知识的逻辑应用结构的复杂程度。这个问题有点像发现什么是你作为读者为了解释、消化和正确运用像这本书中的信息财富所需要做的一样。因此,创建基于计算机的决策支持系统需要大量的建模工作:决定什么临床差别与患者数据是相关的,在决策任务所带的概念中识别概念和关系,并确定使用相关的临床知识以得出适当结论的解决问题策略。

你不能简单地通过读一本教科书拾取这种信息;临床专家本身可能无法用语言表达解决即便是常规病例所需的知识(Johnson,1983)。因此,不论底层的决策方法如何,任何决策支持系统的建设都需要开发一种具有所需解决问题的行为和能通知其问题解决的临床知识模型。目前,生物医学信息学的大量工作集中于框架的设计,这种框架允许建立系统的人对最终在决策支持工具中捕获的知识建模。抽象建模的方法,例如,Common KADS (Schreiber et al.,2000)已被决策支持系统的商业开发者广泛采用,特别是在欧洲。基于计算机、能协助对临床知识建模工具的开发,仍然是研究的一个活跃领域(Eriksson et al.,1995;Musen et al.,1995;van Heijst et al.,1995)。

### 20.4.3 医学知识的导出

研究人员正在设计方法以便促进医学知识库的开发和维护(Musen,1993)。由于医疗知识的迅速发展使知识库的维护成为一个非常重要的问题。研究者已经开发出各种通过与专家直接互动的方式为决策支持系统获取知识库的计算机程序,目的是不再需要计算机程序员作为中介(Eriksson and Musen,1993;Lanzola et al.,1995;Musen et al.,1987)。在所有这些方法中,系统分析员必须首先和临床专家一起工作以对相关的应用领域建模。

例如,早期的研究人员使用一种被称为 OPAL 的专门工具(Musen et al.,1987)(图 20.4)来输入和维护癌症化疗的知识库顾问 ONCOCIN 系统(Shortliffe,1986)。OPAL 的开发者在该工具内建立了癌症化疗给药的综合管理模型,允许 OPAL 把 ONCOCIN 的知识导出过程转化为一个对结构表填空和在计算机屏幕上画流程图的过程。当建立特定领域的知识导出工具,如 OPAL 时,开发人员创建为目的决策支持系统所预期应用领域的模型,然后用手工程序将此模型加到该工具中(像他们在建最初的 OPAL 程序所做的那样)或将此模型输入到一个基于该模型的能自动生成专门目的知识导出工具的元工具(Eriksson and Musen,1993)。Protégé(见 20.5.2 节)是一元工具,许多开发人员已通过作为有关应用领域的输入分析师的模型使用自动创建特定领域的,如 OPAL 的知识导出工具(Musen,1998;Musen et al.,1995)。

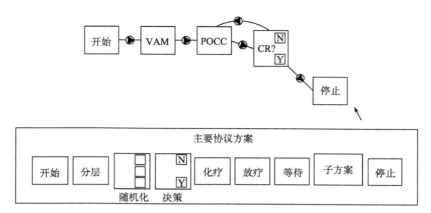

图 20.4 临床研究者可以使用 OPAL 来描述用图形环境在这里显示的 ONCOCIN 癌症治疗计划的整体架构。通过从在屏幕底部的调色板进行选择而创建一个个的盒子，然后按照所希望的将它们摆好位置并连接起来。内置到 OPAL 的癌症化疗模型确定包括化疗(图中的 CHEMO)、X 射线治疗(XRT)等可能的选择，以及对参加临床试验的患者随机化和分层的思想。这张图显示了相对简单的协议，其中患者接受了一种叫做 VAM 的三药物化疗治疗，接着是一种叫做 POCC 四药物化疗，直到有完全的反应(CR)

### 20.4.4　医学知识的表示和推理

目前研究的挑战之一是需要改进计算技术以编码医学专家用于解决问题的广泛知识。虽然有行之有效的技术，如使用帧或规则存储事实或推理知识的技术，但一些复杂的挑战依然存在。例如，当医生解释数据或作治疗计划时，需要利用人体各部分和器官间三维关系的思维模型，由计算机表示这种解剖知识并进行空间推理被证明是特别有挑战性的。相似地，人类有非凡的能力解释数据随时间推移的变化，评估时间上的趋势和开发疾病进展或疾病对过去治疗反应的模型。研究人员继续开发基于计算机的方法以便为这些任务建模。

另一方面的专门知识往往不易确认，但对通过基于计算机的工具优化知识管理很重要的专门知识是人类本来就知道如何使用已知的技能。在医学上，我们经常把这种技能称为"良好的临床判断"，我们正确地把它与记忆事实性知识或文献资料分辨开来。同样清楚的是，仅仅给计算机大量的事实性知识，不会让它们在一个领域更有技巧，除非它们也是能正确应用该知识的专家。正是在这一改善人们对人类解决问题心理理解的领域，目前研究人员正在开发更精细地模拟临床专家从观察到诊断或管理计划过程的决策支持工具(见第 4 章)。

### 20.4.5　系统性能的验证

当许多观察家想象他们可能不得不验证和维护大型临床知识库以保持其最新性时，他们都感到震惊。毕竟，医学知识是迅速进步的，一个采用昨日知识的咨询系统无法对患者的问题提供最好的建议。虽然具有有限目标的研究人员愿意承担维护短期知识库的责任以支持他们的学术活动，但很可能，专业组织或其他国家机构将需要承担保持海量临床知识库最新性和完整性的责任。

当知识库经过良好的验证后，开发人员仍面临如何确定最好地评估使用这些知识的决策支持工具的性能的挑战。当关于系统性能的金标准存在时，正规的研究可以将程序提的建议与广为接受的金标准作比较。这种比较技术对于活检、外科和尸检数据可以用作金标准的诊断工具非常相关。然而，在治疗建议系统中，金标准比较难以定义。即使专家们可能在治疗具体患者的适当方法上意见相左，很少一个实际的对照试验能显示哪种做法是绝对正确的。基于这个原因，工作人员对多种技术进行试验以便将治疗管理程序提出的建议与专家的建议相比较(见第 11 章)。虽然研究已表明即使某领域的专家们一般不接受同行评估的满分，但通过适当的调控，这样的研究可能是有用的。评估的问题仍然是一个需要进一步研究的领域(Friedman and Wyatt, 1997a)。

### 20.4.6　决策支持工具的整合

正如我们所强调的那样，决策支持工具的成功引入可能将这些工具与日常临床工作的有效整合紧密地联系在一起。我们需要更多的关于如何最好地将基于知识的计算机工具与旨在存储、处理和检索患者特定信息的程序结合起来的创新研究。我们解释过 HELP 系统是如何包含决策支持功能的，每当一套内设的条件对给定的患者满足时，该系统就被触发而生成警告或报告(见 20.2.3 节)。可是，随着医院和诊所越来越多地使用对不同的任务进行优化的多种小型机器，系统整合的挑战与网络和系统接口的问题内在地联系在一起。正是在将多台机器与各种重叠的功能和数据需求的电子连接中，分布式而非集成式的对患者数据处理的潜力才会发挥出来。

## 20.5 临床决策支持系统的例证

为了说明技术的现状及这些新技术影响决策支持工具演变的方式,我们将从诊断和患者管理两个主要方面讨论几个著名决策支持系统的特定功能。快速医疗参考系统 QMR(像它的前身 Internist-1 一样)支持解决一般内科的诊断问题,而 DXplain 系统是一个不断演变的基于 Web 的诊断系统;EON 系统是新近的基于指南的决策支持系统的典型例子,它按照预定的协议提供治疗建议。这里详细讨论的这些系统展示出非常不同的体系结构。快速医疗参考 QMR 系统主要用作独立运行的系统;DXplain 是自成一体的系统,但目前大多通过万维网访问;而 EON 系统包括一套旨在集成于更大临床信息系统的软件组件。

### 20.5.1 诊断:Internist-1/QMR 项目和 DXplain 系统

我们将以两个众所周知而又非常不同的系统:Internist-1(它后来演化为 QMR 系统)和作为一种重要的基于 Web 资源的 Dxplain 系统为例展示支持临床诊断的任务。

**1. Internist-1/QMR 项目**

Internist-1 是一个很大的诊断程序,是由匹兹堡大学医学院在 20 世纪 70 年代开发的(Miller et al., 1982; Pople, 1982)。Internist-1 程序随后发展为名为快速医学参考(QMR)的决策支持系统。QMR 在市场上商业销售了数年,且被大批的医疗从业者和学生使用。虽然目前系统不再被积极地支持和维护,但它仍很有影响力并且是很多医疗信息人士研究的主题。

最初 Internist-1 项目的目标是对一般内科诊断建模。Internist-1 包含的知识有:近 600 种疾病和约 4500 种相关的临床发现或疾病的表现(体征、症状和其他患者特征)。平均而言,每种疾病与 75～100 种临床发现相关。如果每种疾病与一套独特的临床症状相关,那么,诊断的任务将变得直截了当。可是,大多数临床发现如发热都与多个疾病过程相关,往往每种疾病都在不同程度上有一定的可能性。临床医生很早就认识到通过简单的模式匹配进行困难的诊断是不可行的。另外,估计在 Internist-1 知识库中所有疾病和临床发现的条件概率(如由英国 Leeds 腹痛系统所用的)是不切实际的,尤其是 600 种疾病中的许多症状是罕见的且没有很好的临床文献描述。基于这些原因,Internist-1 的开发者选择创建一个特别的得分计划以便对具体症状和疾病之间的关系进行编码。

为了建造 Internist-1 的知识库,项目的高级医师(指有超过 50 年实践经验的资深医师)、其他医师与医学学生一起工作,对每种编码的疾病加以考虑。通过细致的文献回顾和案例讨论,他们决定了与每种疾病相关的临床症状列表。对于这些临床发现的每一种,他们指定频率权重(FW)和唤起强度(ES)这两个指标反映疾病和临床发现之间关系的强度(图 20.5)。频率权重 FW 是 1～5 中的一个数字,其中 1 意味着这项临床发现在疾病中很少出现,而 5 意味着它基本上一直出现(表 20.1)。唤起强度 ES 反映了有一些临床症状发现的患者患某种疾病且这种疾病是这一发现原因的可能性(表 20.2)。唤起强度 ES 为 0 意味着这种疾病永远不被认为是基于这一发现的单一诊断,而 5 表示这一发现特异于此疾病(即所有有此症状的患者都患此病)。

| 唤起强度 | 频率权重 | 包虫囊肿的疾病概貌 |
|---|---|---|
| 1 | 2 | 胸叩诊膈肌单边升高 |
| 1 | 2 | 咳嗽 |
| 1 | 1 | 浅色的粪便 |
| 0 | 2 | 发热 |
| 1 | 3 | 出现肝肿大 |
| 1 | 2 | 黄疸 |
| 1 | 2 | 肝含大的可摸到的肿块<ES> |
| 1 | 1 | 肝含大的可摸到的肿块<ES>波动的 |
| 1 | 1 | 肝变形或不对称 |
| 1 | 1 | 肝大量增大 |
| 1 | 2 | 肝中等增大 |
| 1 | 2 | 肝微量增大 |
| 1 | 2 | 肝摸上去柔软 |
| 1 | 1 | 主动脉舒张压小于60 |
| 1 | 1 | 主动脉舒张压小于90 |
| 1 | 1 | 胸部有微声弥撒 |

图 20.5 从 Internist-1 而来的样本疾病概貌。临床发现旁边的数字代表唤起强度{[ES]从 0 [非特异] 到 5 [特异]}和频率权重{[FW]从 1 [少见] 到 5 [常见]}。这里显示的只是摘自包虫囊肿疾病概貌的一部分

**表 20.1　频率权重说明**

| 频率权重 | 解释 |
| --- | --- |
| 1 | 所列的表现很少在疾病中发生 |
| 2 | 所列的表现在该病病例的发生中属于少数 |
| 3 | 所列的表现在大约 1/2 的病例中发生 |
| 4 | 所列的表现发生在绝大多数的病例中 |
| 5 | 所列的表现在几乎所有的病例中发生，即这是诊断的一个先决条件 |

资料来源：Miller, R. A., Pople, H. E., Myers, J. D. Internist-1: an experimental computer-based diagnostic consultant for general internal medicine. New England Journal of Medicine, 307:468

**表 20.2　唤起强度说明**

| 唤起强度 | 解释 |
| --- | --- |
| 0 | 非特异性，表现也普遍出现用于建造一鉴别诊断 |
| 1 | 诊断的疾病是所列表现的一种罕见或不寻常的原因 |
| 2 | 诊断的疾病导致所列的表现的小部分出现 |
| 3 | 诊断的疾病是最常见而非绝大多数所列表现的原因 |
| 4 | 诊断的疾病是所列表现的主要原因 |
| 5 | 所列表现对诊断的疾病是特异的 |

资料来源：Miller, R. A., Pople, H. E., Myers, J. D. Internist-1: an experimental computer-based diagnostic consultant for general internal medicine. New England Journal of Medicine, 307:468

此外，知识库中的每个临床发现都与名为重要性数值(Import Number)的第三个指标相关。重要性数值是一个 1~5 的值(表 20.3)。重要性数值表达了这样的想法：一些异常有一定的含义需要解释而另一些则可以忽略。Internist-1 使用重要性数值处理无法用当前疾病过程解释的干扰人的小问题。这个熟悉的临床诊断问题无法很好地由正式的统计办法处理。

**表 20.3　重要性数值说明**

| 输入 | 解释 |
| --- | --- |
| 1 | 表现通常是不重要的，常发生在正常的人，且很容易被无视 |
| 2 | 表现也许重要，但往往被忽视；症状表现的情景很重要 |
| 3 | 表现是中等重要，但对任何具体的疾病可能是不可靠的指标 |
| 4 | 表现很重要，只能偶尔被忽略(如假阳性结果) |
| 5 | 表现必须由最后的诊断解释 |

资料来源：Miller, R. A., Pople, H. E., Myers, J. D. Internist-1: an experimental computer-based diagnostic consultant for general internal medicine. New England Journal of Medicine, 307:468

基于这些简单的测量，Internist-1 采用了类似于在第 2 章所述的假设-演绎法评分方案。医生用户能输入一套初步的临床发现集，然后程序将确定最初的鉴别诊断。基于现行的一套假设，该程序将根据所考虑的有多少疾病，以及它们与现有的患者数据是否匹配选择一定的策略和要问的适当问题。该程序考虑了化验的成本和风险以及带来的好处，并在对化验或侵入性诊断程序作建议之前要求提供简单的患者病史和身体检查数据。在以前的诊断程序中没有实现的一个重要特征是 Internist-1 能够将一些还没有被目前的鉴别诊断很好解释的临床发现先放在一边，而在初步诊断后再回来分析它们。因此，Internist-1 可诊断多种共存的疾病并没有做大多数贝叶斯诊断程序所特有的相互排斥和完整性假设。

使用这些简单的知识结构和权重方案，Internist-1 展示出令人印象深刻的诊断性能。在一项研究中，开发人员从主要临床杂志采用了 19 例诊断困难的病例对该程序进行测试(Miller et al., 1982)。在 19 例患者中共有 43 个诊断，其中 Internist-1 正确地识别了 25 个。相比之下，在主要的教学医院照顾患者的医生做了 28 个正确的诊断，而在杂志上发表病例之前将病例向大众提出来的专家讨论者作出了 35 个正确诊断。虽然 Internist-1 判错了几个较难的病例(和医生及专家讨论者一样)，但测试患者的问题来自犬内科中的所有问题，而其他诊断程序都无法有效地处理比这些病例中的一小部分更多的病例。

Internist-1 的开发是为了在只有大型主机式的计算机上运行，因此不适合从业人员广泛使用。在 20 世纪 80 年代，该程序经改进成为 QMR(快速医学参考)系统(Miller et al., 1986)能在个人计算机上运行。不像 Internist-1 只提供具体患者的诊断建议，QMR 能以三种模式为健康专业人员服务。第一，在 QMR 的基本模式中，它是专家咨询系统，可以像 Internist-1 一样提供咨询建议(使用基本同样的知识库和得分方案)。第二，QMR 也可以作为电子教科书，列出在给定的一份疾病报告中所出现的患者特征，或相反，报告其 600 种疾病中的哪些可以与一个给定的特征相关。第三，作为一种医疗电子表格，QMR 可以结合几个特征或疾病，并确定蕴含。例如，用户可以指定两个显然不相关的医学问题，并获得关于共存的两种疾病如何在某种情况下会引起这两个问题的建议(图 20.6)。

QMR 的开发人员认为，在帮助临床医生赢得特别困难的诊断方面，该系统作为电子参考的用途远远超过其作为咨询程序的用途(Miller and Masarie, 1990)。事实上，在 QMR 的商业版本中，Internist-1 的许多咨询功能被去除了。例如，QMR 产品没有为寻求诊断而直接问用户问题，也没有试图评估在某给定时间是否可能有不止一种疾病存在。

### 2. DXplain 系统

DXplain (Barnett et al., 1987; Barnett et al., 1998) 是美国马萨诸塞州总医院的计算机科学实验室开发的决

```
肺部疾病和慢性腹泻
与输入的临床发现和主题一致的两种疾病

肺膨胀不全
由支气管类癌综合征的继发肿瘤引起

由钩虫引起的嗜酸性急性肺炎<LOEFFLER>

由于爱滋病而易感肺动脉军团病<AIDS>

由胰腺假性囊肿引起渗出性胸腔积液

由于爱滋病而易感肺炎球菌肺炎

继发性肺高压
由渐进的系统硬化造成或与慢性血吸虫病肝并存

肺梗死
因胰体、胰尾或胰头的癌而易感，或由肝静脉阻塞造成

肺淋巴瘤与直肠淋巴瘤共存或与小肠淋巴瘤共存
```

图 20.6　QMR 的样本关联列表，它允许医生请求对可能与临床有关的关联知识库进行探索性搜索。如图所示，医生要求查找可能和慢性腹泻相关的肺部疾病。由 QMR 动态生成的列表可成为用其他办法可能忽略所示关系的医生有用的助记本

策支持系统。它最初被开发者称为"可怜人的 Internist-1"。尽管有如此写照，此程序的能力是相当复杂的。鉴于一套临床表现（体征、症状、实验室数据），DXplain 产生的诊断排名列表可以解释临床表现（或与其建立相关性）。DXplain 提供为什么可能会考虑每种疾病的理由，建议对每种疾病进一步收集什么临床信息才是有用的，并列出了什么临床表现形式（若有的话）对每种具体的疾病将是不寻常或不典型的。DXplain 没有提供明确的医疗咨询，就像 QMR 一样，它不打算作为人类临床医生的替代品。图20.7 展示了典型的 DXplain 系统的一部分。

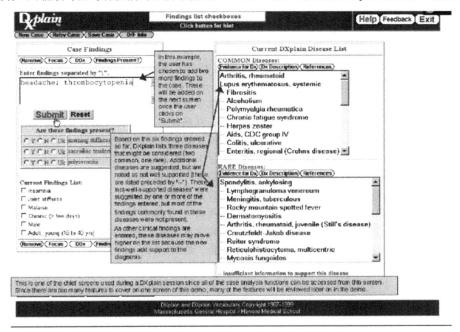

图 20.7　向新用户演示 DXplain 诊断系统的屏幕。用户在验证输入字符串的标准医疗词汇的帮助下输入了 6 个临床发现。接着，DXplain 给出了符合这些临床发现的最可能的常见疾病和罕见疾病的清单。请注意，DXplain 也指出几个相关的可能（或不一定）出现的临床发现，这进一步完善了诊断清单

DXplain 充分利用了一个远远大于 QMR 的知识库的、有超过 2000 种不同疾病与超过 4500 种临床表现相关的粗概率数据库的优势。该系统采用了贝叶斯推理的修正形式应用一种尚未很好地在文献上描述的算法进行诊断。DXplain 系统既作为一种单机的版本实现,又作为一个可在互联网上访问的服务器实现。知识库和用户界面仍在根据用户的意见不断地完善和改进。DXplain 在一些医院和医学院中应用,主要用于教学目的,也用于临床咨询。这显然是今天针对患者使用的最广泛的决策支持工具。

DXplain 兼有电子医学教科书和医学参考系统的特征。在医学教科书的角色中,DXplain 可以提供其知识库中 2000 多种疾病的综合描述,并强调每种疾病的体征、症状、病因、病理和预后。DXplain 还提供了多达 10 个已被选定为适合每种特定疾病的最新参考文献。此外,DXplain 可以提供一张在出现系统所知的超过 5000 种不同的疾病表现(体征、症状和实验室检查)中的任何一种所应考虑的疾病清单。

## 20.5.2 患者管理:基于指南的体系结构与 EON 系统

临床实践指南是标准化和统一改善医护质量的强有力方法。根据医学研究所的定义,临床指南是"有系统地发展起来的声明以协助医生和患者做出对具体临床情况合适的医疗保健决定"(Field and Lohr.,1992)。临床指南通常代表医学专家关于在筛查、诊断或在有限或较长的时间内,对有特殊的临床问题、需要或状况(如不明原因的发热、胰岛素依赖型糖尿病的治疗)的患者进行管理的共识。临床指南对患者进行长时间有效的管理如慢性疾病管理方面特别有用。医疗护理的提供者对临床指南的应用通常包含在一段时间内收集和解释相当数量的数据,以阶段的方式应用标准的治疗或诊断计划。

**1. 基于指南的患者管理系统**

现在一致认为,符合适当的临床实践指南是提高医疗保健质量,并同时减少不断上升的医疗保健成本的最好方法(Grimshaw and Russel,1993)。临床指南在提供即时的医疗护理上最有用(通常,当服务提供者能够访问病历时)。例如,在医护提供者向系统输入患者所需医疗服务的订单。在这种情况下,即使简单的提醒和警示都具有巨大的作用,尤其是在门诊的环境中。事实上,调查人员已经证明通过在医院的订单输入系统中整合几个简单的警报,医疗界比如在肺炎球菌和流感疫苗的供给方面显著地增强了对预防保健指南的遵循(Dexter et al.,2001)。

大多数临床指南是基于文本的,而最需要它们的医疗保健工作者却不容易获得。即使当这些指南以电子形式存在甚至放在网上,医护人员很少有时间和方法决定许多指南中的哪一个与他们的患者最有关,如果有的话,究竟某指南中的什么条款适用于患者的特殊需要。为了支持医疗保健提供者以及管理人员的需要,并确保持续的医护质量,更先进的信息处理工具是必要的。由于现有技术的局限性,分析非结构化的基于文本的指南是不可行的(见第 8 章)。因此,迫切需要使用机器阅读的形式和自动计算方法以促进指南的传播和应用。

有几项与基于指南的医疗护理有关的任务得益于自动化。这些任务包括临床指南的阐明(写作)和维护,适合于每个患者的指南检索、指南的实时应用,以及对应用指南质量的回顾性评估。支持基于指南的医疗护理意味着在医护提供者和自动支持系统之间创建一对话框,每个有各自的相对优势。例如,医生可以更好地访问某种针对患者的临床信息(如患者的精神状态和对治疗依从的可能性)及一般的医疗和常识性知识。自动系统能更快更准确地获取详细的指南规范书,并且能够更容易地检测在预先确定患者数据中复杂的时间模式。因此,当人和机器在基于指南的医护问题上合作工作时,可以产生很大的协同配合作用。

开发人员通常为患者管理提供简单的决策支持所需要的知识编码,如提出情景敏感的警示和提醒,像根据情况采取行动的规则那样。图 20.3 中的规则就是一个例子,它用一种最早代表和分享医学知识的标准 Arden 语法表达(Hripcsak et al.,1994)(第 2.3 节)。规则解释程序处理这些规则——对患者的数据库进行扫描寻找触发有关规则的情况,评估该规则的条件是否部分成立,而且如果成立,就采取规则指出的任何行动。尽管这些基于规则的知识表示方法自 MYCIN 以来已成功地应用,开发和维护大的规则库可能仍很困难。规则之间的相互作用可能会有意想不到的副作用;当从以前调试过的知识库中添加或删除某规则时可能导致意外的系统行为(Bachant and McDermott,1984;Clancey,1984;Heckerman and Horvitz,1986)。一般来说,表达临床指南的基于规则的方法,例如,Arden 语法不包括临床逻辑指南的直观表示,也没有所表示不同类型的临床知识的语义,而且缺乏表达和重用指南和指南组分的能力。这种形式主义不允许治疗算法中存在固有的、有目的和含糊不清的地方(比如,当需要由主诊医生对不同的治疗选项的取舍考虑进行评估时,或者需要对患者的喜好加以明确的考虑时)。最重要的是,这种像 Arden 语法的方法不支持像慢性病的患者所需要的长时间的指南的应用和支持。然而,当简单的、一次性的提醒和警示需要写下来和使用时,规则是一种很好的选择,它们无需更复杂的指南较为机械的表达,在这个意义上,它们可以补充更多的指南表达格式(Peleg et al.,2001)。

当为临床实践指南建立综合的决策支持系统时,通常将指南视为可重复使用的骨架计划是最有帮助的(Friedland and Iwasaki,1985),即一套不同的抽象和详细程度的计划,当应用到一特定的患者时,需要由一位保健提供者在较长的时间内对其进行细化和精炼,同时往往在达到某特定目标的灵活性方面留下很大的空间。另一种观点是,临床指南是一套关于应用指南(即医护提供者的行动)及其预期成果(即患者的健康状态)过程的限制条件。这些条件可以看做是指南作者关于医护应如何给予患者治疗及要取得什么想得到的成果的意图(Shahar et al.,1998)。这些限制往往是时间上的,或至少有明显的时间维度,特别是在那些关系到照顾慢性病患者或应用在一个相当长时期的指定行动的临床实践指南。

许多在生物医学信息学领域的工作人员开发了几个临床实践指南自动应用程序的体系结构。这些系统中的每一个都假定一个代表指南知识的明确模型。这些模型是相似的,但在指南和临床医护上有细微的差别。由于基于指南的医护自动化仍然是在生物医学信息学中需要深入调查研究的领域,所以不可能枚举所有的模型。一些最著名的形式系统包括由英国癌症研究中心的先进计算实验室(ACL)开发的 ProForma 语言(Fox et al.,1998;Fox and Das,2000);作为哥伦比亚、哈佛和斯坦福大学合作的一部分而创建的指南交换格式(GLIF),(Ohno-Machado et al.,1998;Peleg et al.,2000,2001;Boxwala et al.,2004);重点放在高度表达的以时间为导向的行为,并作为 Asgaard 项目(Shahar et al.,1998)的一部分开发的 Asbru 指南语言(Miksch et al.,1997);作为一个更一般的框架且由 Careflow 在意大利的 Pavia 大学为对临床指南在广泛的一般医疗护理的建模和应用开发的 GUIDE 模型(Quaglini et al.,2001);以及由英国 Tyne Newcastle 大学开发的 PRODIGY 指南模型(Johnson et al.,2000)。像这里所说的几个框架那样,该 PRODIGY 项目使用 Protégé 工具获取和表达临床指南(Musen,1998;Musen et al.,1995)。Peleg 和他的同事们(2003)提供了对表达这些指南的其他方法的一个很好的综述。

## 2. 基于指南的患者管理体系结构:EON 系统

许多在计算机系统表达临床实践指南知识的现有办法建立在最先探索决策支持系统 EON 的一些想法上,EON 已在斯坦福大学开发了近 20 年。EON 是第二代基于知识的系统(David et al.,1993),用以帮助医护人员按照协议和临床实践指南照顾正在接受治疗的患者(Musen,1998;Musen et al.,1996)。不同于诸如 MYCIN 或 QMR 系统,EON 本身不能运行。相反,EON 是由需嵌入到医护人员用于输入和浏览与患者有关数据的临床信息系统的一组软件组件构成的。图 20.8 展示了 EON 的主要组件,如下所示。

• 每个解决问题者面对具体的任务(Eriksson et al.,1995),如:①确定如果患者要接受与预定的临床协议一致的治疗所需要的在某一特定时间内的治疗方案;②对于一给定患者,确定是否有任何此患者能满足的协议。

• 知识库编码临床协议的描述以这种方式进行:所有 EON 的解决问题者可以检查一个共享的、协议知识的一致表示,因此利用该协议的知识库来完成它们的特

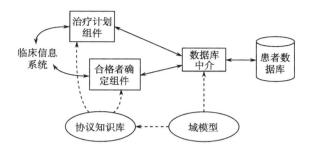

图 20.8 EON 的体系结构。EON 包括几个解决问题的组件(如计划基于协议的治疗并确定患者是否可能符合协议条件的程序)以共享一个共同的描述协议的知识库。该协议域模型在 Proégé 系统中创建并定义了协议知识库的格式。这个同样的模型也定义了数据库调解员的方案,数据库调解员是在解决问题的组件和存档的关系数据库之间建立渠道并管理患者数据流的系统。整个体系结构嵌入一临床信息系统

殊任务。在 EON 治疗计划组件访问协议知识库以确定可以给予特定的患者哪些潜在的临床干预,以及需要哪些知识以准确地确定什么治疗是合适的;EON 的合理性确定组件对同一知识库进行咨询以确定建立一些条件的因素,比如何时某给定的协议是适当的,以及接下来访问患者数据以查看该协议是否可能是一个很好的匹配。

• 数据库中介充当 EON 中所有问题的解决者和存储所有患者数据的数据库间的管道(Nguyen et al.,1997)。中介将所有 EON 问题解决者与许多查询患者数据的逻辑问题隔离开,从而从数据中的各种依赖于时间的关系中找出意义(例如查询存在某些趋势或模式的数据)。调解者包括一个其内部的问题解决者,它完成将时间性的患者数据抽象为更高层次概念(RéSUMé 系统)的特定任务(Shahar and Musen,1996)。因此,若"患者有没有持续两周以上达到骨髓毒性 II 级(在特定情况下)"的查询可以由调解者直接回答。RéSUMé 问题解决者的基本方法是基于知识的时空抽象方法(Shahar,1997)。

EON 中的组件旨在通过相互混合和匹配以创造不同的决策支持功能。例如,EON 的治疗计划组件(Tu et al.,1995)和合理性组件(Tu et al.,1993)加上基于协议的对艾滋病和艾滋病毒有关疾病的保健知识库,形成了一个名为 THERAPY HELPER(或简称为 T-HELPER)的治疗帮助者的决策支持要素(Musen et al.,1992)。T-HELPER 包括电子病历,医护从业者使用它可以在每到一个专门治疗和护理艾滋患者的门诊诊所访问时输入患者信息。T-HELPER 接着调用 EON 组件以产生对于治疗的具体建议。如果患者目前没有在可用的协议中注册,T-HELPER 系统将注明可能合适患者的协议。对于那些已经注册患者的协议,系统将根据协议的要求、患者目前阶段的治疗以及患者的临床情况显示应该给予的治疗。

在其他实验中,同样的治疗计划组件和合理性确定组件与一个乳腺癌协议的知识库共同使用(Musen et al.,1996)。EON 的体系结构使简单地"插入"这些以前开发的模块并与新的乳腺癌知识库一起使用成为可能。同样,EON 组件没有作为一个独立的系统运行,而是作为嵌入在能适时引发 EON 决策支持组件的基于计算机的患者病历的系统中运行。

EON 的体系结构已成功地部署在美国的几个退伍军人医疗中心,并将基于指南的决策支持带给它们。

EON 的中间件形成了按照国家医疗指南对高血压进行管理的 ATHENA 系统的基础[Goldstein et al.,2000,2002]。ATHENA 的用户界面与 VISTA 退伍军人事务临床信息系统的界面整合在一起,提供有关治疗高血压的临床数据直观概述图(图 20.9)。该接口还显示医师关于临床干预措施的具体建议,以确保对高血压的医疗护理与存储在程序知识库的指南一致。ATHENA 的知识库存储着指南合理性的标准、风险分层、血压指标、相关的共患疾病、指南所建议的药物及治疗的选择和修改标准。

图 20.9 ATHENA 系统接口的例子。ATHENA 提供使用 EON 体系结构对高血压管理的决策支持。在屏幕的截图中,医护人员已输入患者的最新血压并根据相关的临床实践指南提出了建议
(资料来源:M. K. Goldstein)

EON 体系结构的模块化使得补充在新知识库以外的新的解决问题的组件变得相对简单。例如,开发人员可能设计一个新问题的求解程序用来对电子病历作回顾性分析以确定过去的治疗是否与协议指南相一致。新的模块接着将由 EON 的其他组件所使用的同一共享知识库驱动。

虽然可能很容易将 EON 组件应用到新型协议的知识库,但开始创建这些知识库可能就是一个复杂的任务。幸运的是,以前所提到的知识库开发环境 Protégé 大大促进了 EON 系统的知识获取(Musen,1998;Musen et al.,1995)。Protégé 提供了一套工具和建立像 EON 这样的基于知识系统的原则方法。Protégé 的使用开始于开发人员为建立基于知识的系统创建一个应用领域的抽象模型。如图 20.8 所示,有一个面向所有的临床协议知识库且由 EON 处理的通用模型(Tu and Musen,1996)。此协议模型(或本体)指定定义在一个给定医学领域的临床协议的必要概念。例如,建设 ATHENA 系统需要创建一个定义在高血压(药物治疗、化验等)指南中共同概念的模型。类似地,建设乳腺癌协议决策支持系统需要创建一个有点类似的定义乳腺癌协议共同概念(包括诸如手术治疗、放射治疗等概念)的模型。当这些模型的条件及关系输入到 Protégé 时,它们做比定义用机器能理解的形式形成临床协议结构的概念更多的事;该模型作为新一代基于计算机的专用工具的起点,这些工具协助建设和维护详尽的协议知识库(Musen,1998;Tu et al.,1995)。

在 Protégé 的方法中,开发人员首先创建概念的一般模型和某一个特定应用领域的特征关系。例如,在图 20.10 中的模型代表需要定义临床协议的一小部分概念。Protégé 系统中的一个模块以这种模型作为输入,并生成一个根据用户的需要且基于该模型开发人员可用来输入的详细知识库而制作的工具作为输出(Eriksson et al.,1994)。因此,Protégé 为临床协议处理模型(图 20.10),从而建造了一个使得知识库的作者可以用它来

输入和复习特定协议描述的工具(图 20.11)。由于这工具反映了预定义的临床协议模型,它可以供医疗专家自身使用。因为此工具是从协议模型直接产生的,开发人员可以更新和改善模型,再生成一个反映相应变化的新的知识获取工具。同时,开发人员可修改他们的抽象协议模型以在医学的新领域反映临床医护形态,然后生成知识获取工具;医疗保健工作者可以使用它来输入这些新的临床学科的新协议规范。

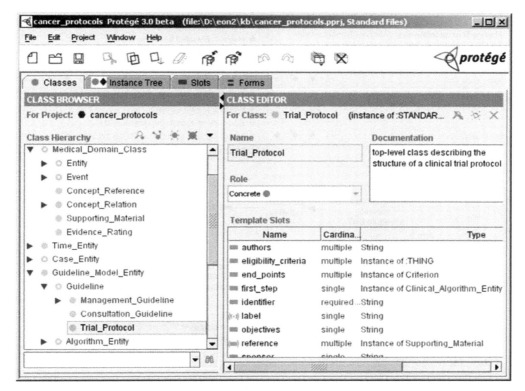

图 20.10 输入到 PROTéGé 系统的临床指南的一小部分通用模型。左侧的层次结构包括由可用作建造指南说明的基础建筑模块的起始工具包所构成的概念。右边的面板显示的是在左侧所强调的任何概念的属性。举例来说,剂量信息和毒性列表是概念服用药物的属性。输入 Protégé 的域模型反映所有指南所共同的概念,但不包括对于任何具体指南的规范说明。完整的域模型是用来自动生成一个图形的知识获取工具,如图 20.9 所示

EON 方法演示了现代临床决策支持系统的几个方面。EON 显示出决策支持系统是如何嵌入到较大的临床信息系统的。该体系结构还反映了在软件模块中基于网络通信的新兴标准的使用,这种趋势在未来几年的软件工程中将越来越重要(见第 4 章)。EON 决策支持体系结构和 Protégé 知识获取框架之间的耦合给出了专用工具在输入和维护协议的知识库方面使用的例子。随着临床决策支持系统开发工作的发展,人们越来越期望决策者者自己能够审查和修改将整个机构决策政策编码的电子知识库。像 EON 所展示的,临床人员对知识管理库的直接参与将增加像 Protégé 这种系统使用的需要简化对必要知识编辑工具的创建和修改。

## 20.6 未来 10 年的决策支持

经过 40 多年对医疗决策支持系统的研究,研究人员了解到这个任务本身的难度,以及要成功实现这类程序所面临的复杂障碍。在 20 世纪 70 和 80 年代,研究人员在解决基于计算机决策支持的科学问题方面取得了重大进展。在知识表达、知识获取和自动推理方面的技术进步导致了在以机器可处理的形式建模、编码和传播人类专门知识方面的一些重要的新见解。虽然生物医学信息学早期的工作人员经常担心医护人员可能总不愿意与基于计算机的决策支持系统打交道,在 20 世纪末这种情况发生了根本的变化。

在美国出现的管理型医疗保健和在全球范围内对成本和患者医护质量不断增长的关注深刻地改变了医疗的实践方式(见第 23 章)。基于经验医疗循证的临床实践指南现在已经很普遍。通常医疗从业者有动力遵循这样的指南:不仅医生本身要为患者提供基于文献现有证据及在可能范围内最好的医疗照顾,而且通常医生的报酬甚至他们的医疗事故保险费都取决于他们能否遵循预定的指南。在越来越重视不断通过像临床实践指南这样的工具改善医疗质量的时代,像基于 EON 体系结构的决策

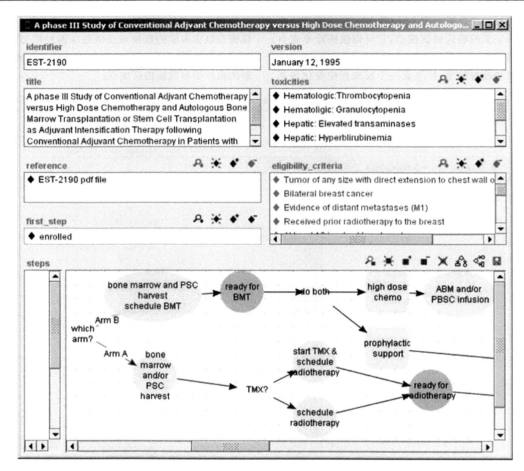

图 20.11 从 Protégé 生成的用于输入乳腺癌协议的知识获取工具的屏幕。此工具是从一个域模型自动生成的,其中的一部分已在图 20.8 中显示。所描绘的协议规定了进行某临床试验所需的知识。此临床试验比较了传统的辅助化疗与高剂量化疗及紧随其后的骨髓移植的效果

支持系统正在承担一个重要的角色——它们将基于指南的建议传达给所有的医护人员。

随着 20 世纪 90 年代医疗机构发生的巨大变化,计算机技术同样取得了巨大的进步。万维网的问世使计算机以新的方式得到普及。万维网在为新用户揭秘计算机的同时,还提供在几年以前不可想象的分布式处理器之间的联系。万维网提供了廉价"瘦客户"的基础,可使用一个通用的浏览器来统一访问不同信息来源的信息集。短时间内将丰富的程序集直接带到医疗护理的所需之处几乎不算什么,这极大地简化了对各种信息来源和决策支持系统的访问。

决策支持系统的教学潜力早已被认识到(美国医学院校协会,1986)。然而,学习最佳做法的新压力再加上信息技术的普及极大地鼓舞世界各地的专业卫生院校使用基于计算机的决策辅助器。对于下一代医疗保健工作者,信息技术的使用可能会在照顾患者的大多数方面被当成是理所当然的,就像未来的星际旅行一样。

## 20.6.1 法律和监管问题

你可能已经想到,开发和使用这些创新技术存在着固有的法律问题。像在第 10 章所提到的,目前缺乏处理临床决策支持系统问题的正式法律先例。一些观察家指出关键的问题是法院是否会根据疏忽法或产品责任法来看待这些系统(Miller et al.,1985)。根据疏忽法(它负责管理医疗纠纷),产品或活动必须符合合理期望的安全标准。另外,严格的法律责任原则声明产品不能是有害的。由于要求决策支持程序在任何情况下作出正确的评估是不现实的(我们对医生本身也不用这个标准),因此,确定应用哪些法律原则将会对决策支持工具的传播和接受有重要意义。一个相关的问题是潜在的赔偿责任由本来可以访问决策支持程序但却选择没这样做的医生,或当系统建议正确的决策时却做了不正确决策的医生来承担。就像其他的医疗技术一样,以前的案例表明,如果咨询程序的使用已成为在社区医疗护理的标准,医生将在这种情况下承担责任(见第 10 章)。若干指南已提出将法律责任分配给基于知识的医疗决策支持系统的开发者或使用这些系统的医师(Allaet and Dusserne,1992)。

问题还出现在决策支持工具投入使用之前对这些工具的验证上(见第 11 章)。对复杂决策支持工具的评价

是具有挑战性的；当具有类似培训和经验的专家们也可能会存在分歧时，很难确定决策支持工具达到可接受水平的性能，通常不存在对临床问题的正确答案。此外，像EON这样基于组件的体系结构可能包括多个（可能有错误的）解决问题者，每个解决问题者解决不同的临床问题并分享一个共同的（可能有错误的）知识库。目标就变为孤立可能产生错误的原因，并对系统的整体作出适当的修改。对医疗决策支持工具的评估也提出了在这些软件用于日常使用之前，评估临床知识库和解决问题组件的充分性的许多方法（Friedman and Wyatt,1997a）。

那么，政府在医用软件预发行时的监管作用应该是什么呢？目前，美国食品和药品监督管理局（FDA）的政策表明如果受过训练的医生正在评估该程序的建议并作最终的医疗护理决策，那么，这些工具将不会受到联邦法规的监管（Young,1987）。可是，这项政策正不断地被重新评估（见第10章）。直接作决定控制患者治疗的程序（例如，提供胰岛素或者调整静脉注射速率或呼吸机设置的闭环系统；见第17章）被看做是受到美国FDA监管的医疗器械。

另外一些问题出现在当考虑通过万维网获得电子病历的建议时所涉及的如隐私和安全问题。临床信息系统中需要折中与权衡的将始终是易于获取电子病历还是加强数据安全的问题。

### 20.6.2 临床决策支持系统的未来发展方向

决策支持的研究和发展趋势在未来数十年正变得明朗起来。如前所述，万维网将继续在社会的各方面扩大计算机的影响，互联网和众多内联网将通过信息技术连接各个大型医疗机构和患者的社区。互联网将带来旨在让患者在其住所直接使用的决策支持系统，并将在医疗系统中提供对所有参与者更有效的沟通方式（见第14章）。我们已经看到，许多社区中如患冠心病、艾滋病和乳腺癌等疾病的患者，正转向互联网去寻找最新的信息并与医护人员及其他患者进行电子交谈。

研究实验室将继续研究新的基于互联网的媒体如何能协助临床决策及网络空间是如何影响患者和医护提供者对信息的访问和使用的。例如，许多在线的信息来源是否会导致患者更加明智的决策，还是这些信息来源会增加对临床问题复杂性的困惑和患者的潜在不安。

在现代文化中的新兴互联网的普及将影响到决策支持系统开发的潜在技术。许多研究实验室正在研究将决策支持软件用以前创建、测试和调试的组件组装起来的方式，很像软件EON系统的组件。这些组件库未来将存放在互联网可以进行查阅的库中。这些库将包含，可重复使用的执行、诊断和治疗计划等，开发人员将用于建造新决策辅助工具任务的解决问题模块。基于互联网的图书馆包含标准、控制的术语，以及经常需要的概念（如解剖关系、临床数据的时间属性、经常开的处方药和其适应症及副作用）的知识库。临床决策辅助工具的建设将涉及在基于互联网的库中搜索适当的可重用组件并配置那些组件使之成为有用的解题程序。这需要一种新的信息检索技术，它可以帮助系统开发者从研究实验室、医疗机构和组件厂商的新产业所提供的各种各样软件组件库中找到并配置适当的决策支持组件。

特定的组件是否使用模式识别方法、贝叶斯推理或人工智能技术的考虑将变得不太重要，因为研究人员创造出结合不同推理方法的新方法以满足不断复杂的决策任务的具体要求。因此，通过混合和匹配组件，开发人员将能够使用贝叶斯推理机制执行概率分类，使用人工智能技术以完成规划或满足约束的任务，以及使用数学模型解决可理解为方程组系统的问题。未来将重点加强决策支持系统所执行（如治疗规划、鉴别诊断和外科手术模拟任务）的整体建模任务。这些任务模型将通知从各库中选择适当的解决问题组件的后续步骤。

同时，对机构行为学和临床工作流的进一步理解将促使新一代临床信息系统顺利地整合到各种医护人员的实践中。最重要的是，这些新的信息系统将成为未来10年决策支持技术交付的载体。随着能够改善医护人员判断的智能助手融入医疗交付的基础设施，决策支持系统的概念本身将渐渐淡出。自动决策支持将以不引人注目、透明且针对患者具体情况的方式在每位执业医生例行访问临床数据时进行。

### 20.6.3 结论

临床决策支持系统的未来取决于两方面的进步：开发有用的计算机程序及减少程序实现中的逻辑障碍。虽然无处不在的、协助医师例行临床实践的、基于计算机的决策辅助系统目前还是科幻的内容，但这方面的进展是实在的，而且其潜力仍然令人鼓舞。早期关于这些创新将对医学教育和实践影响的预测虽然至今还没有完全实现（Schwartz,1970），但越来越多的系统成功支持着一种关于什么技术最终将协助医护从业人员处理复杂的数据和知识的乐观看法。目前我们已经更加清晰地认识到这种研究的挑战，它在健康科学的教育上所带来的影响也将被更好的理解。健康科学专业学生的基本计算机知识假定还行，但如果其毕业生要准备面对摆在前面的一个技术复杂而先进的世界，健康科学教育者现在就必须教授些生物医学信息学的概念基础。

同样重要的是，我们已经学习了许多什么是不可能发生的。研究人员越多地理解医学知识的复杂和不断变化的性质，经过训练的医护从业人员将总被看做是医生和基于计算机的决策工具间合作关系的要素的看法就越清晰。没有证据表明机器的功能将会和人类心灵的能力相等，这些能力包括如应变意想不到的情况、综合那些反映患者问题细微之处的视觉和听觉数据或处理通常作为适当医疗决策的关键因素的社会和伦理问题的能力。像这些方面的考虑对人类医学的实践将永远是重要的，医疗从业人员将始终有机会访问对机器毫无意义的信息。这些观察有力地说明医护人员在正确使用决策支持工具上需要谨慎明辨。

## 推荐读物

Berg M. (1997). Rationalizing Medical Work: Decision Support Techniques and Medical Practices. Cambridge, MA: MIT Press.

这是一本由一位医生兼社会学家写的书,作者从机构的角度考查了将决策支持系统融入临床工作流程的困难。该书分析早期自动决策助手的失误,并提出了决策系统设计和整合的新原则。

Garg, A. X., Adhikari, N. K. J., McDonald, H., Rosas-Arellano, M. P., Devereaux, P. J., Beyene, J., Sam, J., and Haynes, R. B. (2005). Effects of computerized clinical decision support systems in practitioner performance and patient outcomes: A systematic review. *Journal of the American Medical Association*, 293:1223~1238.

作者提供了100个临床决策支持系统对照试验的全面综述。他们的分析显示临床决策支持系统在大多数(64%)的研究中对医疗保健工作者的行为有显著的影响。然而,要展示决策支持系统对患者治疗结果的影响仍有一定的问题。

Ledley R., Lusted, L. (1959). Reasoning foundations of medical diagnosis. Science, 130:9~21.

这篇经典的文章提供了如何使用计算机以协助诊断过程的首份有影响力的描述。在20世纪60年代将贝叶斯方法应用于计算机辅助诊断的匆忙举措主要是受到这篇文章的启发。

Musen, M. A. (2000). Scalable software architectures for decision support. *Methods of Information in Medicine*, 38:229~238.

该文提供了可重复使用的本体和解决问题的方法作为当前一代决策支持系统组件的概述。

Schwartz W. (1970). Medicine and the computer: the promise and problems of change. New England Journal of Medicine, 283(23):1257~1264.

来自波士顿的资深医生写了这篇经常被引用的评估计算机在医疗保健方面作用越来越大的文章。30年后,许多由Schwartz预期的发展已经实现了,虽然变化的速率比他预测得要慢。

Staab, S. and Studer, R. eds. (2004). *Hanbook on Ontologies*, Berlin: Springer-Verlag.

该书提供了一组描述关于决策支持的本体、信息管理、语义网应用程序等当前工作的论文。

## 问题讨论

1. 医学人工智能的研究人员认为,在医疗决策支持系统中需要更多的专家知识,但贝叶斯系统的开发人员认为专家估计的发生概率天生是有缺陷的,而咨询程序必须基于可靠的数据。你如何解释这些观点的明显差异?哪个观点是有效的?解释你的答案。

2. 解释Internist-1/QMR的频率权重和唤起强度的意义。一项调查结果的频率权重为4和唤起强度为2是什么意思?这些参数如何与在第2章和第3章介绍的敏感性、特异性和预测值的概念相关?

3. 让我们考虑deDombal和贝叶斯系统的其他开发人员如何利用对患者进行医疗和护理的经验以指导他们对所需的统计数据的收集。例如,考虑下表中的数据库,它显示了10位患者在两种临床发现($f_1$和$f_2$)和其疾病(D)间的关系。

| 患者 | $f_1$ | $f_2$ | D | $\bar{D}$ |
| --- | --- | --- | --- | --- |
| 1 | 0 | 1 | 0 | 1 |
| 2 | 0 | 1 | 1 | 0 |
| 3 | 0 | 1 | 0 | 1 |
| 4 | 1 | 1 | 1 | 0 |
| 5 | 1 | 1 | 1 | 0 |
| 6 | 1 | 1 | 0 | 1 |
| 7 | 1 | 0 | 1 | 0 |
| 8 | 1 | 1 | 1 | 0 |
| 9 | 1 | 0 | 0 | 1 |
| 10 | 1 | 1 | 1 | 0 |

在表中,$\bar{D}$代表着没有疾病。0表示没有任何临床发现或疾病,而1表明了有临床发现或疾病的存在。例如,根据上述数据库,在这个患者人群中找到临床发现$f_1$的概率是7/10或70%。

如需要,可参照第2章和第3章回答下列问题:

a. 什么是每个临床特征$f_1$和$f_2$对疾病D的敏感性和特异性?什么是D在这10个患者的人群中的患病率?

b. 使用该数据库来计算以下的概率:
- $p[f_1|D]$
- $p[f_1|\bar{D}]$
- $p[f_2|D]$
- $p[f_2|\bar{D}]$
- $p[D]$
- $p[\bar{D}]$

c. 用数据库来计算$P[D|f_1, f_2]$。

d. 假定对于给定的疾病或没病情况下临床发现$f_1$和$f_2$条件独立的启发式方法,用在b中确定的概率计算$P[D|f_1, f_2]$。为什么这个结果与C中产生的不同?为什么在贝叶斯程序中通常很有必要做这种启发式近似?

4. 在一项评估研究中,ONCOCIN决策支持系统提供关于癌症疗法的建议,该疗法是由专家在只有79%的概率下批准的(Hickam et al.,1985b)。你觉得这种性能对于作为旨在帮助医生对患者作出医护照顾决定的计算工具是否合适?你会建议什么保障方法(如果存在的话)以确保这种系统的适当使用?如果你事先知道某位医生所作出的治疗决定是由专家同事在不到80%的情况下认可的,你是否愿意找该医生看病?如果你不会,什么样的性能水平你认为是足够的?对你的答案给出解释。

5. 一个大型的国际组织曾经建议设立一个独立的实验室,就像在美国的保险商实验室一样,来测试所有厂商和研究实验室的医疗决策支持系统,在这些系统进入临床使用之前认证它们的有效性和准确性。这种实验室可能评估决策支持系统的哪些方面?该实验室在试图设立这种认证过程中可能会遇到什么样的问题?在缺乏这种决策支持系统的认证系统的情况下,医疗保健工作者在使用临床决策辅助工具时如何才能感到有信心?

# 第 21 章 计算机在医学教育中的应用

**阅读本章后,您应对下列问题有所了解:**

- 在医学教育中,相比传统讲座模式教育,计算机辅助教育的优势是什么?
- 能够被应用到基于计算机教育的不同学习方法是什么?
- 基于计算机模拟是怎样补充学生的临床实践?
- 当开发基于计算机的教育计划时,哪些问题是需要考虑的?
- 将计算机辅助教育普遍整合到医学课程的最大障碍是什么?

## 21.1 在医学教育中计算机的角色

医学教育的目标是向学生及研究生提供具体的临床事实和资料,教授一些合理地运用这些知识解决在医学实践中产生的问题的策略,并且鼓励发展在一生的实践中获取新知识的必要技能。学生要学习有关的生理过程,必须理解观察资料与这些潜在过程之间的关系。他们必须学习执行医学程序,并且必须理解不同干预对于健康的结果,而且,学生还必须学习"软"技巧和知识,诸如处理人之间的关系和访谈技巧及医疗护理伦理。医学院运用多种技巧进行教学,范围从单向的基于演讲的信息传播,到交互的苏格拉底式的教学方法。一般来说,我们可以视教学过程为情形的呈现或学生应该学习的包含必要知识的一种事实实体;解释重要的概念和关系是什么;他们是怎么得出的,并且,他们为什么重要,以及导向和患者的相互作用的策略。

就像在该书中已经被讨论的,信息技术是一个获取和管理医疗信息的日益重要的工具——既包括特定患者的信息也包括更多的一般性科学知识。医学教育者都知道对所有的医学学生有效地学习使用信息技术的需要。计算机也扮演着一个在教育过程中的直接角色,学生可以和教育计算机程序相互作用来获得事实资料并学习和实践问题—解决的技术。而且,在他们的职业中,实习内科医生可以使用计算机拓展和增强他们的专业技术。计算机技术在教育上的应用有时候被称作计算机辅助学习、基于计算机的教育(CBE)或计算机辅助教育(CAI)。

在这章中,我们提出的基本观点是人们应该考虑什么时候计划将计算机使用在医学教育①中。我们开始通过回顾计算机在医学教育上使用的历史,描述各种基于计算机学习的模式,并给出关于临床前学生、临床学生、医学专家和外行公众的教学程序的例子。然后,我们提出一些在教学程序的设计、开发中要考虑的问题和讨论方法。最后,我们描述研究的评估,调查这些程序是怎么被使用的以及 CBE 的效率。

### 21.1.1 使用计算机在医学教育上的优势

计算机能够被用作提高、增强或代替传统的教学策略来提供新的学习方法。由于它巨大的存储能力,计算机能够延展学生的记忆力,提供快速获取参考和新的内容的途径。多媒体的能力允许计算机快速的提供具有声音、视频剪辑和交互模块的图像,其数量上远远超过书或图谱提供的静态的图像,呈现 3D 世界和允许触摸及力反馈的沉浸式界面通过操纵杆或机械手套承诺提供未来的训练环境。

一台合理使用的计算机能够接近教师坐在原木的一端且学生坐在原木的另一端的苏格拉底的理想。对比传统的基于事实的、面向讲座的向大众传播信息的方式,计算机能够支持人性化的一对一教育,按照每一位学习者的需要和兴趣传递材料。"任何时间,任何地方,任何速度"的学习将成为实际。在传统教育中,学习者去听一个具体时间和地点已经安排好了的讲座。如果对于学习者不可能参加讲座或如果讲座的地点难于到达或到达的费用很高,这种潜在的经历就可能被丢失。基于计算机的学习能够在最好地满足学习者的需要的任何时间和地点进行。它也是人性化的和交互的,学习者能够以他自己的速度听讲座,不受大组的限制。学生置身在模拟的临床环境,或在一个模拟的考试环境,一台基于计算机的教学程序能够在一个非危险的环境下练习学生的知识和决策能力。最后,构造完好的基于计算机的学习是令人愉快的和有吸引力的,并可保持学生的学习兴趣。

### 21.1.2 计算机在医学教育上使用的历史

尽管有很多优势,在获得接收之前,计算机辅助学习计划初期经历了缓慢成长的过程。Plemme(1988)追踪了早期的计算机辅助医学学习的发展并讨论了这项技术被缓慢接收的原因。今天,计算机辅助学习在医学界已经广泛地被使用。

计算机辅助学习的先驱研究是在 20 世纪 60 年代后期美国三个主要地方进行:俄亥俄州大学、马萨诸塞州总医院和伊利诺伊州大学。早期试图使用计算机在医学教育中的主要障碍来自于开发软件使用低水平的语言和在

---

① 虽然这一章集中讨论医学教育,其基本概念和论题等效地适用于护理和健康科学教育。

大型计算机上运行程序不方便而且昂贵。随着分时复用计算机的出现，这些学院能够开发出使用者从终端通过电话线进行交互的程序。

CBE研究开始于1967年的俄亥俄州大学，开发了辅导评估系统（TES）。TES程序典型地提出对错题、单选题、匹配题或排列问题并且可立即评估学生的反馈。程序使用积极的反馈奖赏正确的回答。错误的回答触发纠正的反馈。并且，在一些情况下，会再给学生一个回答机会。如果一个学生做得不好，计算机可能提出附加的学习任务或指导学生复习相关的材料。

在1969年，TES被加入到演变的独立学习程序中（ISP），独立学习程序是一个实验程序，覆盖全部临床前课程并设计教授医学生基本的医药科学概念（Welnberg.1937）。尽管这个程序没有在基本教育角色中使用CBE，但使用这个程序中的学生很大程度依赖多种自我学习辅助，并集中使用计算机进行自我评估。COURSEWRITER III是一个高水平的创作语言，它的使用推动了计划的迅速发展。到20世纪70年代中期，TES有一个超过350小时互动教育程序图书馆。

在20世纪70年代初，Barnett和一起工作的同事在MGH计算机科学实验室开发了CBE程序模拟临床案例（Hoffer and Barnett, 1986）。大多数的模拟是案例管理计划，允许学生去规划假设，决定信息的收集，解释数据，并且去实践在诊断和治疗计划中解决问题的技巧。到20世纪70年代中期，MGH已经开发了超过30个病案管理模拟。包括对于嗜睡患者的评估、腹部疼痛患者的检查和对于贫血、出血失调、脑膜炎、呼吸困难、二级高血压、甲状腺疾病、关节痛和小儿科的咳嗽和发烧的治疗管理和评估。

MGH实验室也开发了几个使用数学或定性模型的程序去模拟潜在的生理过程和模拟患者状态随时间的变化及对学生的治疗决定的反应。第一个模拟建立了丙酮苄羟香豆素效果的模型（一种抗凝血剂药）和它在血液凝结上的效果。通过每日开丙酮苄羟香豆素给那些有并发症和正在服用与丙酮苄羟香豆素有相互作用的药物的患者，系统检测使用者保持抗凝血的治疗程度。随后，研究者开发了一个更加复杂的模拟模型来仿效糖尿病患者对治疗干涉的反应。

与此同时，Harless等（1971）正在伊利诺伊大学开发临床接触模拟计算机辅助系统（CASE）。该系统模拟医生与患者之间的临床接触。计算机扮演一名患者的角色，学生作为一名职业医生的角色管理患者疾病从症状的发生到最后的治疗。开始，计算机提供了患者的简洁描述，随后学生使用自然语言询问并用指令与程序进行交流。程序能够向大多数的学生需求提供逻辑响应。这种特性很大程度增加了交互的现实感，因此CASE程序被学生们热忱地接受。随后，由Harless等（1986）在国家医学图书馆（NLM）开发的TIME系统拓展了CASE的方法，加进了视频磁盘技术。

CBE程序激增了多种不同的硬件，使用了混乱的语言。1974年医学计算机辅助教育（CAI）状况综述指出了362个程序以23种不同的计算机语言编写，范围从BASIC、FORTRAN和MUMPS到COURSEWRITER III，以及用于自动教学操作的编程逻辑（PLATO）（Brigham and Kamp, 1974）。在学院之间共用这些程序是不可能的，因为转换程序的工作量与编写程序的工作量同样大。因此，没有可能性去共同承担开发新的CAI程序的实际成本。系统可移植性的缺乏和系统开发、检测极端昂贵的花费阻碍了CAI的广泛使用。

由NLM赞助，在1972年建立了国家网络是CBE在医药领域开发上的重大事件，因为，它允许使用者在全国范围内容易地和相对便宜地使用CBE程序。之前，由OSU（俄亥俄州大学）、MGH（马萨诸塞州总医院）和伊利诺伊大学开发的程序只能提供给选定区域的用户，且通过语音级别的电话线连接。低质量的传输和高额的花费限制了远程使用者使用CBE程序。在美国医学院协会委员会推荐下，NLM's Lister Hill生物医学通信中心投资一个实验CBE网络。在1972年7月初，CBE程序在MGH、OSU和伊利诺伊大学医学院从三个学院的主机上通过NLM网络实现可用。在前两年的运行中，80个学院使用了三台主机中的一个主机上的程序。对网络使用的高要求提示NLM制定以小时计费，但是，使用率持续的提高和匮乏的财政支持使计划搁置，NLM在1975年中断了持续的财政支持。

当一个对于价值的宣言被教育网的使用者放置在网络上时，MGH和OSU继续操作网络成为一个完全由用户支持的行动。在1983年初，MGH程序被作为继续医学教育（CME），是美国医学协会医药信息网络的组成部分（AMA/NET）。除CME程序外，AMA/NET提供了多种多样的服务，包括检索信息数据库、临床和生物医学文献、决策支持系统工具盒、电子邮件服务。到20世纪80年代中期，将近10万医生、医学学生、护士和其他人员在网络上使用了MGH CBE程序，累计约15万小时。

在20世纪70年代早期，遍及全国的医学学校开始引入CBE研究。一个最令人感兴趣的程序是伊利诺伊大学开发的PLATO系统。PLATO使用独一无二的等离子体显示终端，允许文本、图像、照片单独或一起显示。电激励气体被用于点亮屏幕选择区域的单独点。这个系统包括TUTOR，一个早期的创作语言，促进了程序的发展。到1981年，作家们已经创造了12 000h的教育，涉及150个学科领域。这一程序在伊利诺伊大学受到了广泛的使用。他们中的一些也被用在其他的授权机构。PLATO高额的花费和需要特殊的终端以及其他计算机硬件，因此，限制了系统的广泛传播。

在人工智能（AI）医学软件上的研究刺激了基于专家的临床推理模型的系统开发。由基于计算机的咨询系统产生的解释（例如，为什么一个特殊的诊断或管理过程被推荐)能够被使用在计算机辅助学习中来指导和评估学生在进行患者模拟过程中的表现。GUIDON 系统是智能教育系统中最能使人感兴趣的一例。GUIDON 使用了一套教学策略规则,与一套来自 MYCIN 专家系统扩大的诊断规则相结合(参见第 20 章)实现教授学生传染性疾病(Clancey,1986)。

在威斯康星大学的研究者运用不同的方法来模拟临床推理。他们的系统被用于评定学生的工作效率,这是通过评估学生诊断评价的花费(Friedman et al.,1978)来实现的。在表明模拟诊断问题的临床重要价值的少数实地研究之一的研究中,Friedman(1973)发现在模拟病例和真实病例之间医生的表现达到一致的重要水平。

如我们在 21.4 节要讨论的,个人计算机(PC)的发展,创作系统和网络技术移除了程序发展和分发及 CBE 软件扩展的很多阻碍。PC 提供了一个支付得起且具有相当标准的开发环境,CBE 程序现在通过 internent、CD-ROM 和其他媒体得到广泛的应用。在 21.3 节介绍了众多可用的 CBE 应用程序中的一些。

## 21.2 基于计算机学习的模式

对于有效的医学训练,医生必须快速的获得大量的复杂的医学基础知识,并且他们必须知道怎样运用这些事实和启发来形成诊断的假设和设计评估治疗。因此,传递具体的医学事实、教授运用这些信息在医学实践模拟中的策略以及帮助学生建立一生学习的技巧是医学教育的目标。计算机能够被广泛使用于学习,从训练学生在一个固定课程到允许学生使用适用于他们自己的风格的最好的方法来探索知识。

### 21.2.1 练习和实践

练习和实践是基于计算机学习的第一个广泛传播的用途。其开发的速度基本与计算机发展的速度相当。教学的素材呈现给学生,并且学生可以通过选择题立刻得到评估。计算机可以对所选答案进行评级和基于响应的准确性,重复教学材料或允许学生进一步处理新的材料(图 21.1)。

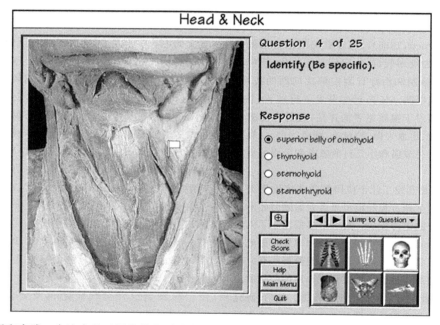

图 21.1 练习和实践。在这个基于图像的小测验中,提供给学生一个切开部分并要求识别标记了旗子的地方。问题以多项选择的方式给出。学生也可以转换到更难的文本回答方式。在典型使用中,作为学习材料使用时,学生可以使用多项选择方式,当评估他们自己时,学生将使用自由文本方式
(资料来源:© 1994,斯坦福大学,和 D. Kim et al.;来自 Kim et al.,屏幕截图,1995)

尽管这可能是单调的,练习和实践仍然在教授事实材料中扮演了一个角色。它允许教育系统应付能力各异的学生摄取信息,而教师可腾出时间用于更多的一对一交互,这个技术是最有效的。它还允许教师集中在更多先进的材料上,而计算机处理常规的事实信息。在小学的研究已经发现最受益于基于计算机学习的是最差生,主要是练习和实践的工作可以让他们赶上同龄人(Piemme,1988)。

### 21.2.2 教导:演讲

尽管基于计算机的教学很多是集中在计算机的日益创新使用来拓展教学形式,计算机能够移除时间和空间

限制从而有效的被用来传递教学材料。一位教授能够选择记录讲演,并且存储数字化的讲演和相关的幻灯及其他的教学材料在计算机上。这种方法有其优势,相关的背景或补充材料也能够通过链接在讲演中通过特殊的点来实现。当然不利的方面是,当学生复习讲演的时候,教授可能不能够回答问题(图 21.2)。

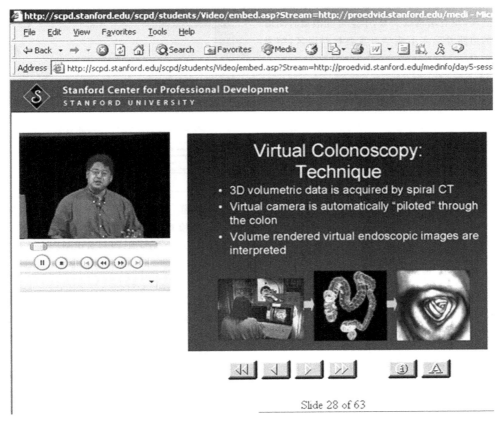

图 21.2 教导式教学。在网页的浏览器中呈现一个数字视频报告。在左上角的视频图像被在右边的报告幻灯的高分辨率图像所增强。因为全部信息都呈现在一个网页浏览器中,所以诸如链接到其他网站或学习材料的附加信息应该也被加到网页中(资料来源:© 2004,斯坦福大学.数字报告视频截图)

这种方法的另外一种用途是对于那些感兴趣的医学生和不能够出席会议的专家可以立即从因特网上看到国家级会议上的演讲。医学会议上媒体新闻的报告经常通过以第二天新闻报纸头条的方式被患者所了解,医生现在可以通过网络获得报告的新闻的细节,而不用等滞后于报告几个月的出版的报告。

基于计算机学习如何超越传统讲座的一个极好的例子是 Howard Hughes 医学院关于遗传学教学的网站[①]。这个多媒体遗传学教科书使用图形、链接和照片与文本一起展现出生动和有趣的关于遗传学疾病的系列演讲。

### 21.2.3 辨别学习

许多临床情况需要执业者区分两组明显相似的临床发现,在这里细微的不同导致不同的诊断。辨别学习是教授学生去区分两个不同临床表现的过程。其中一个计算机程序,通过一系列的逐渐复杂的例子能够训练学生识别细微的不同。其中一个例子是皮肤病,病灶区伴有红皮疹和炎症。相同表现的皮疹在身体不同的位置上能够暗示不同的诊断。计算机程序先阐述这类损伤的一些标准的区别,当学生能够区分这些后,再呈现一些附加的类型(Sanford et al.,1996)。

### 21.2.4 探索相对于结构化的交互

教学程序加到教学课程的结构化的程度是有所不同的。一般来说,练习和实践系统是高度结构化的。这个系统对学生选择的响应是事先被具体安排好的。学生不能直接控制一个交互的课程。相反,其他程序产生一个探索性的实验环境,学生不需要引导干预便能进行实验。例如,一个神经解剖教学程序可以提供学生一个固定的图像序列和脑干方面的课程,或它能够允许学生去选择一个感兴趣的脑结构,诸如一个束,沿着脑干结构向上或向下从图像到图像的移动,观察这个结构的位置和大小的变化。

---

① Howard Hughes Medical Institute Web site on teaching genetics. http://www.hhmi.org/GeneticTrail/

每一种方法都有优缺点。练习和实践程序通常教授重要的事实和概念但是不允许学生背离必修课程或探索有特定兴趣的领域。相反,那些提供一个实验环境并允许学生按任何顺序选择任何行动的程序鼓励学生实验和自我发现。然而,没有结构或引导,学生可能浪费时间沿着一个无果的道路并陷入不能学习重要材料误区,结果是无效率的学习。

### 21.2.5 有约束的相对于无约束的响应

对于学生和教学程序的交流机制可以采取几个基本形式中的一种。一种极端情况下,一个学生在和患者问诊的模拟中,可以从一个固定的回答列表中选择一个对当前情况有效的答案。预先定义的一套答案的使用有两个不利之处:它暗示了学生(建议的一些想法,在其他情况此事可能不会发生),并且它损害了模拟的现实性,另一方面,提供给学生一个在特殊情况是允许的和合理的行动列表的模拟程序编写起来比较容易,因为作者不需要预见所有的响应。

在相反情况下学生可以使用无约束的自然语言自由地查询程序和指定行动。然而,计算机识别这种自然语言的可行性刚刚开始。一个中间方法是提供一个可能行动的单一的详尽的菜单,因此,制约选择是一种程序特定而不是情况特定的方式。使用一个行动列表和一套约束的词汇对那些进行有效的交互有困难的学生更有利。

### 21.2.6 结构

一个非常有效但非常难于在计算机上实施的教学方法是结构方法学习。一个相对简单的例子是通过重组人类身体来学习解剖学,通过把身体分离的部分重组或放置断层图片在身体正确的位置上。

### 21.2.7 仿真

很多先进的教学程序使用仿真来吸引学习者(Gab,2004)。当学习者被吸引或主动地参与作出决策时,学习变得非常有效。使用由计算机呈现的模拟患者可以近似患者护理的真实经历,并且使学习者注意力集中在呈现的主体上。

模拟程序可以是静态的或动态的。图 21.3 演示了一个在学生和模拟患者之间的一个交互。在静态模拟模型下,每一个病例展示了一个预先定义好的问题和一组特性的患者。在交互的任何点上,学生能够中断数据收集并要求计算机顾问展示差别诊断(给出到目前为止收集的信息)或推荐数据收集策略。基础的病例仍然保持静态。相反,动态模拟程序模拟患者的状态随时间的变化和对于学生的治疗决策的反应。因此,不像那些静态模拟,动态模拟的临床表现能够通过编写程序使其随着学生的工作过程而演变。这些程序帮助学生理解在行为(或不作为)和患者的临床结果之间的关系。为模拟患者对于干预的反应,程序可以显示地对基本生理过程建模并可能使用数学模型。

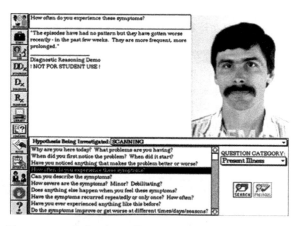

图 21.3 一个典型的和模拟患者询问一系列诊断问题的交互屏幕。使用者询问计算机关于模拟患者的病史、通过体格检查和实验室检查结果来达成诊断(资料来源:© 1993,诊断推理,伊利诺伊州。屏幕快照来自于诊断推理程序)

对于沉浸式仿真环境,患者在一个可信的环境中如手术室的物理仿真,已经发展为成熟的学习环境。患者通过一个人造人体模型模拟,这个人体模型具有内部的生理机制,具有呼吸、脉搏和其他生命信号。在高端的模拟器中,人体模型可以输血并进行药物治疗,并且它的生理指标将基于这些治疗而变化。这些人类患者的模拟器正在全世界使用,用于技能的训练和诸如紧急情况管理和团队环境的领导的认知能力训练。这种环境可以是一个手术室、一个新生儿加护病房、一个外伤中心或一个医生办公室。学习者团队扮演角色如外科医生、麻醉师或护士和实习工作组进行紧急情况管理、领导能力和其他认知训练。一个患者生理模拟器的延伸是一个虚拟患者在一个虚拟手术室中或急救室中。学习者也可以虚拟地出现,从远程登录,形成一个团队去管理虚拟患者。

程序教练或部分任务教练已成为一种新的教学方法,特别在手术技巧的教学方面。这个技术仍然处于开发阶段,并且对计算机和图像性能有极高的要求。早期的例子集中在内窥镜和腹腔镜手术,手术器具和摄像机通过一个小的切口进入到患者体内。在模拟的环境中,外科医生操纵相同的工具控制器。但是这些工具控制模拟的设备,作用于手术部位的计算机-图形绘制。反馈系统在工具内部,可以返回压力和其他触觉反馈的感觉到外科医生的手上,进一步提高了外科手术的现实感。模拟环境将对外科手术的所有层次都非常有用,从训练切口、缝合开始到实践各种方法进一步完成所有外科手术。对于一些基本的外科任务和在腹腔手术中训练手眼协调性的商品化教练设备已经可以获得。

## 21.2.8 反馈和引导

一个教学程序提供给学生反馈和引导的密切程度与交互的结构相关。事实上所有的系统提供了一些反馈形式。例如,他们可以提供为什么答案是对或错的简单解释,展示病例重要方面的总结或提供相关材料的参考。很多系统提供一个交互式帮助的功能,允许学生询问线索或提出建议。

## 21.2.9 智能辅导系统

许多复杂的系统允许学生采取独立行动,但是如果偏离而进入一个无果的道路或执行一个与事实或推论违背的方法,系统会干预。这种混合主动系统允许学生自主学习但是提供一个框架限制学生的行为并帮助学生更有效的学习。一些研究者对教练系统和辅导系统做了区分。较少的主动教练系统监控学习过程并且仅当学生需要帮助或犯了严重错误时才加以干预。另外,辅导系统通过询问检测学生对材料的理解和暴露学生知识的错误和缺口的问题来主动引导学习。混合主动系统是非常难于产生的,因为他们必须既有学生的模型又有要解决的问题的模型。

## 21.3 目前的应用程序

基于计算机的学习已经被开发用于初级医学学生和有经验的开业者,用于外行和医学专家。在这一部分,我们呈现正在被应用于支持各类学习者的实际医学教育程序的例子。

### 21.3.1 临床前应用

在临床前学习期间,传统的教学是通过向大组的学生演讲和实验室练习来进行。随着实验成本的提高和需要传授给学生信息量的提升,个人在学习中动手的机会减少。基于计算机的学习有希望将学生转回个性化、交互学习,这种交互学习降低了对课堂教学设置的需要。所有科目都开发了教学程序并使用了教育学的所有形式。下面介绍一些对于临床前学习有趣的程序。

BrainStorm 由斯坦福大学开发,是一个神经解剖学的交互图谱,由标本、解剖和断层图像、图表和广博的支持文字组成(Hsu,1996)。知识单元是一个脑结构,诸如神经核、束、脉管或子系统。每一种单元都可引用三种信息模式表达——图像、图表和文本。每一种模式都包括许多脑结构的表示,从而成为一个丰富链接的信息网络。当与网页上的超链接进行比较时发现,网页的超链接可能导致学生背离原始的学习目标,一个命名的链接诸如对一幅图片的交叉参照,包括的信息帮助学生决定是否沿着那条链接并检索所希望的信息。在每一个图像上的多项选择测试

提供了数千个问题用于自我评估。动画模拟教授一些基础的技能,诸如执行一个对于颅神经损伤的检查。

数字解剖学家系统,在华盛顿大学、西雅图大学使用三维大脑模型和解剖结构教授解剖结构和定位。这个程序独特的方面是它可以连接因特网,学生可以使用一个客户端程序请求新的模型视野。在大学的强大的服务器上可以完成模型的旋转,最后图像被传送到学生的客户程序用于观看(Ross et al.,1998)。

可视人男性和女性是一个非凡的资源,通过NLM[①](美国国立医学图书馆)可以访问。几千幅断层图像表现了两个人体的全部构造。这些数据已经被众多站点授权免费使用,这些图像被用于教学、解剖结构注释、三维解剖重建、图像处理研究和目标分割以及对大型数据库的研究。

哈佛医学院研究者开发的 HeartLab 是一个模拟程序,设计用于教授医学生解释听诊心脏的结果,这是一项需要正规的在各种病例上练习的技能(Bergeron and Greenes,1989)。医生能够通过由心脏瓣膜的运动和心室与血管中的血液运动产生的声音来诊断多种心脏疾病。HeartLab 对于那些听磁带的一般训练提供了一个可选择的听心音的交互环境。学生们戴上耳机可以比较和对比不正常的相似声音,并且能够通过变换患者位置(坐着或躺着)及通过医生的操控(诸如改变听诊器的位置)来听声音的变化。

### 21.3.2 临床教学应用软件

很多年来,教学医院经常有很多有诊断问题的患者。诸如未知原因的体重减轻或不明原因的发热。这种环境允许周到的"巡诊",主治医师能够指导学生和住院医师,然后他们可以到图书馆来研究这个主题。当检查继续进行及病情仍在发展中,患者很可能已经在医院几个星期了。对于诊断相关组(DRGs)和管理的护理总体付费的医疗保险系统的时代的出现并不遥远。在今天的教学医院中典型的患者是很危重的,经常是老年人和急性患者。强调重点在于短期住院、诊断的问题在出院患者的基础上处理、病情发展在家中观察或使用慢性病护理设施。因此,医学学生几乎面临没有"诊断问题"并很少有机会看到病情随时间的发展。

医学教育者的一种反应是将教学移到门诊设置中;另外一种是使用计算机建模的患者。模拟患者允许极少数病例呈现并允许学习者追踪一种病的发展过程的任何适当的时间周期。教员能够决定哪些临床材料必须能被看到并且能够使用计算机确定核心课程已经完成。而且,使用不会受到伤害的患者,学习者能够对所作出的决定负全部责任,不用考虑由于犯错伤害了实际患者。最后,在一个机构开发的病例能够很容易与其他组织共享。病例库在互联网上可以获得,例如 AAMC 虚拟患者数据

---

① 3The Visible Human project:http://www.nlm.nih.gov/research/visible/visible_human.html

库①和佛罗里达大学的老年医学病例库②。

临床推理工具——诸如Dxplain、Iliad和快速医学参考手册（QMR）在第20章讨论。尽管没有把它视作典型地传统意义的教学，但当医生或学生正涉及一个真实病例时，这种诊断支持系统提供理想的教育经历给他们以帮助，因此是最容易接受的学习。文献检索（见第19章）提供了相同的优势。

医务考试全国委员会（NBME）有一个在考试中使用基于计算机的模拟病例的长期兴趣。这些模拟包含了对费用和时间的考虑。NBME已经开始在他们的基于计算机的医学生考试中使用这些病例。

### 21.3.3 继续医学教育

在完成医学院校和正规的住院医训练后，医学教育并没有停止。医学科学快速的发展使很多被教授的东西都变得过时了，终生学习对于医生非常必需，不仅为了满足他们个人的需要，而且日渐成为政府对于保持行医执照的正规要求。

虽然医生在大型医疗中心实习获得CME认证所需的小时数不成问题，但在农村或其他更多的隔离地区可能就会面对相当大的障碍。医生CME已经成为一个大的产业，并且被广泛的应用，但是常常费用很高并且参加CME也会产生住宿和交通等直接费用及实践时间损失的间接费用。CBE的花费通常很低。

提高专业化和亚专业化已经成为一个新增加的困难。传统的基于讲座的CME必须针对一个广泛的听众。因此，会有很多听众对于这个主题的了解等同于或多于演讲者；还有很多其他人发现演讲材料太难或不相关。一个纯粹的专科医师——即便在一个大型医疗中心工作——可能发现大多数CME提供的知识都不太适合他的实践。对于许多医生，理想的CME形式应是在一个相同的学科中的指导者的关系，但是，在一个广泛领域提供如此一个经历的成本是使人望而却步的。随着基于计算机的可用素材数量的增长，包括来自专业协会的自身评估考试，专业医师能够选择对他们来说感兴趣的主题。众所周知的例子是来自美国医学院的医学知识自我评估程序（MKSAP），现在是第13版，有纸质和CD-ROM版可用；以及美国心脏病学学院的自我评估程序（ACCSAP），现在是第5版，有纸质、CD-ROM和在线可用。

文献检索（参见第19章）和使用诊断支持系统（见第20章）是医师继续教育的一个重要部分。当医生遇到这些问题而他们又非常善于接受和学习新资料时，这些有助于复杂的患者问题的诊断和管理。临床医生必须依赖于并保持一个非常大的可以快速获得的信息资料库，保持在长期记忆里，而很少使用的那些资源保存在书架上。

考虑有效性，对教育不需要如此正式地划分。对执业医师最好的教育常常发生在对特殊患者的医护过程中。当"可教的时刻"到来时，教育信息可以通过同事或通过专家传递，或者它可以以知识块的形式通过一个智能计算机系统传递。一个更有前途的研究活动是开发一个在例行临床监护过程中正好及时地（Chueh and Barnett, 1997）传递知识丰富、问题集中的信息。

### 21.3.4 消费者健康教育

今天的患者已经成为医疗保健的消费者；他们经常带给医疗保健医生大量的从媒体收集的与健康相关的信息（包括错误信息）。医学主题在大众感兴趣的杂志、报纸、电视和互联网上被广泛的讨论。患者可以使用互联网来参加所关注的疾病或集中症状的讨论组或搜索关于他们自身情况的信息。在患者对信息的请求变得更熟练的同时，执业医生在管理式医疗的需求下越来越感到时间紧迫。简短的问诊允许更少的时间教育患者。计算机能够被用来打印关于药物治疗、疾病和症状，因此，患者拿着个性化的能够在家里阅读的讲义离开诊室。个人的风险预测能够通过广泛可用的软件实现，这经常可以从药物学公司免费获得。这种类型的软件清楚地展示给患者某些因素，例如，缺乏运动、吸烟、未治疗的高血压或高血脂将如何缩短预期寿命，如何改变它们来延长寿命。

大量的消费者健康网站已经涌入网络。就像我们在第15章中讨论的，一个关于在互联网上任何信息站点的使用复杂化的问题是缺乏监管。消费者不容易从大量虚假信息中辨别真实信息。目前医疗保健医生的一个重要任务是推荐高质量的、值得信任的、能够提供有效信息的网站。许多这样的网站来自美国国立卫生研究院（NIH）的各个分支机构和医学专家组织。美国医学协会创建一个网站，③包括关于偏头痛、哮喘、人类免疫缺陷病毒和获得性免疫缺陷综合征（AIDS）、抑郁、高血压和乳腺癌的验证的信息。国家糖尿病机构和NIH的消化疾病、肾病机构有广泛的面向消费者的材料④，患者可以直接访问。另外，医生能够使用站点打印材料分发给他们的患者。大多数的国家级面向疾病的机构如美国心脏协会、美国糖尿病协会现在都拥有值得推荐的可信赖的网站。这些站点提供附加链接可以链接到大量被评估或符合质量最低标准的网站。对于一个在广泛的主题中高质量的资源，消费者可在NLM的Medline Plus中获得。

### 21.3.5 远程学习

互联网，特别是Web，从根本上改变了我们获得信

---

① AAMC website for Virtual Patients database: http://www.aamc.org/meded/mededportal/vp/
② University of Florida Web site on clinical teaching cases: http://medinfo.ufl.edu/cme/geri/
③ American Medical Association Web site: http://www.ama-assn.org/
④ National Institute of Diabetes and Digestive and Kidney Diseases Web site: http://www.niddk.nih.gov/

息的方式。现在在家中获得大学学位从学士到博士的每个水平是可能的。以相同的方式获得医生 CME 学分的可能性正在提高,并且在很多情况下由制药公司赞助,可以免费的或以低廉的价格获取。

一个广泛使用的例子是 Medscape[①]。他们的网站地址(http://www.medscape.com/cmecenterdirectory)/default)为医生提供几百小时免费 AMA Category 1 CME。使用者必须注册和接受药物广告,但是这不会花费你的钱。Medscape 提供许多重大医学会议详细的文献报告,在实地报告几天或几小时内便在网上提供。

许多互联网站点提供具有 CME 学分的教学。Helix[②] 由 GlaxoWellcome 赞助但没有显而易见的商业倾向,它提供在营养、锻炼、健身方面的文章,每一个学生在完成测试后会获得 1 或 1.5 的学分。由华盛顿大学医药学院建立的 Grand Rounds on Frontier in Biomedicine 也能够使用了,它以文本或视频模式提供。马歇尔大学医学院提供交互式患者[③]。医生花费 15 美元处理一个模拟病例可以获得一个 CME 的学时分。一个好的在线医学教育指示器资源是保持在线继续医学教育站点[④]。这个站点提供按专科或主题分类的网络教育资源的列表,包括将近 300 个站点。

许多医学期刊,诸如 New England Journal of Medicine 和 the Cleveland Clinic Journal of Medicine 提供在线 CME 测试,在测试后证书立即打印出来。

随着一个新世纪的开始,互联网在支持远程教育方面显示出大有希望的前景,不过仍然存在许多问题。寻找网络教育的医生和医疗保健提供者面临的挑战与其他使用者是相似的。技术问题仍然大量存在,并且互联网常规使用者常遭受使用中无明显原因的掉线。那些非常需要远程学习的人们,例如,农村从业者获得高速连接的可能性较小,因此面临着非常低速地下载那些大量使用图像的程序的问题。除了技术问题,互联网的无政府性质意味着网络环境仍然需要自行当心。尽管限制给予 AMA Category 一学分的站点的使用,提供了内容的有价值性的保障,但没有办法提前告知一个列出的 CME 程序是否具有高质量。学生们必须对在参考向导中列出的站点不存在的情况或在参考向导中描述的内容已经变化的情况有心理准备。

## 21.4 设计、开发和技术

基于计算机学习材料的产生需要一个系统的设计和执行过程,使用的技术要适合于学习目标。我们列出一些在这一过程中出现的问题。

### 21.4.1 基于计算机的学习软件设计

在过去,每个大学或组开发它自己的方法来设计和执行它的学习软件。当他们决定了对于教学在计算机上和合适的设计关联的信息结构的时候,开发者在每一个站点上攀登一个学习曲线。尽管还没有一个广泛接受的设计方法存在,一个四水平程序设计方法在很多网站上明显的独立形成。这四水平包括:结构化内容;查询、检索和索引;创作和演示;分析和推理。

**1. 结构化内容**

早期的创作工具,例如,HyperCard 和 ToolBook,以及用于超文本标识语言(HTML)的工具对于一种开发方法是有贡献的,该方法中的学习内容包括文本和媒体是植入程序中的,伴随着呈现内容的代码和允许通过程序导航的代码。这种直觉的开发方法得到了有益的结果,嵌入式课件通过大量内容专家被开发,这些专家不需要知道复杂的编程语言。另外,内容保持、扩展或修改是困难的,因为,内容和它的表达式是混合在整个程序中的。理解代码片段的功能也是非常复杂的,因为它的操作可能依赖于许多其他分散在整个程序中的片段。因此,内容保持独立,并且从表达和导航代码中分离出来是理想的做法。一旦内容成为外在的,将内容按照预先定义的结构进行格式化是必要的,以使其可读并且可以被计算机程序正确地链接。

结构化内容不同于叙述性文本。在临床报告中的文本段落是叙述内容。段落被分成子部分,每一个子部分表达连贯概念,概念的名字被用作标签或关键字来标记那个子部分,这样段落被转化为结构化文本。一个带有若干字段的数据库记录的是一个结构化的条目。对一个结构化条目我们可以执行计算而不是简单地显示它。例如,一个数据库可以对关于在一个特定字段里的特定类型内容的所有出现进行检索。另外一个结构化内容的方法体现在可扩展标记语言(XML)中,它是标准化通用标记语言(SGML)的一个子集,构成了一个用于结构化数据相互转换的特殊文本标记语言。

结构化内容为了布局不仅需要结构化,还为语义结构增加标签或标志。数字图书馆计划(Fox and Marchionini,1998)已经为众多领域开发出样品文档模型和语义标签,诸如环境工程和计算机科学技术报告。指示一篇论文的题目、作者和出版日期的标签是语义标签的例子。在临床材料中,标签能够在许多不同的特异性水平上开发。一个单独的标签可以被用来指示有关患者身体检查的整个段落。另外,一个标签也可以被用来指示

---

① Medscape Web site:http://www.medscape.com/
② GlaxoWellcome's Helix Web site:http://www.helix.com/
③ Marshall University School of Medicine's "Interactive Patient" Web site:http://medicus.marshall.edu/
④ Online Continuing Medical Education Web site:http://www.cmelist.com/list.htm

检查的每一步。认真设计的语义标签可以允许为一个学习目的创建的内容被再次使用在其他程序中。

## 2. 查询、检索和索引

教学程序设计的第二个水平是提供使用者进行索引和检索需要的内容的能力。查询和检索能力很少在教学程序中使用,但是索引经常使用,这种不同是明显的。一个索引通过作者手工或自动生成并随程序存储。学生仅仅可以访问那些由作者制作的词汇和链接。内容没有索引的片段不能够通过索引获得。

在查询和检索中,词汇由学生来选择。他们能够匹配预定义的索引或在字典中找到更适合的同义词、更全局的概念和更具体的概念。系统搜索的内容包括学生的词汇和通过字典选择的任何其他词汇。全部可搜索的内容可以通过这种方法获得。程序的作者没有设想到的查询,诸如包括一个意外的混合词汇,可以被学生执行。

在非结构内容中,搜索在全部文本中执行。如果内容是结构化的,搜索可以被明确运用到某一信息范畴中。这项技术潜在地提高了搜索的特异性,因为被搜索的内容已经由学生指定了上下文(范畴)。

## 3. 创作和演示

教学程序的第三个设计水平是对作者支持和演示编程。主题专家在合理的时间框架内开发课件的能力依赖于好的创作系统的可用性。学生理解程序并很好地利用程序内容的能力依赖于内容的演示。

一个创作系统可以使专家集中精力于教学程序的内容中,而不用关心编写计算机程序的细节。早期的教学程序使用多媒体和超链接,他们的内容和代码是混合的。内容的作者同时也是编写程序导航和内容演示的人。他不得不做这两方面工作,即使程序是在一个高水平上,诸如为内容导航创作流程图。一个创作系统是基于对于内容域有可预测的结构的识别然后提供给作者一个表示这种结构的模板。通过熟悉的操作,如键入文字或输入一个数字图像,可以将内容输入模板中。例如,在微生物学中,微生物的一个类别是细菌。对于每一种类的细菌,下面的种类是必须的:描述、发病机理、实验室检查、引起的临床综合病症以及其他能够导致这些临床综合病症的细菌。同样的,每一位患者的病例描述都包括以下类别如病史、身体检查、测试和手术、诊断和治疗。一个基于域结构的模板不仅提供创作的框架,而且允许多个作家并行地创建内容,大大加速了创作过程。

演示包括显示器图形设计,内容的位置和外观,演示内容的选择和到其他内容的导航。尽管有很多指导图形设计和内容演示的资源,但关于演示对学习过程和内容的使用的影响知之甚少。在 21.3.1 节,Hsu(1996)介绍的 BrainStorm,研究那些关于神经解剖的丰富的链接程序的使用,观察到那些正在复习该科目的学生广泛使用带注释的切片图像和相关测验。另外,正在从事于基础学习的学生大量使用程序中的文本资源。在以上两个例子中,展示是相同的,但是使用者的目标不同,导致对于程序的不同使用。一个还没有研究的进一步问题是是否可以改变对于展示的操作使用。例如,如果程序探查到脑干核的大量学习并提示学生有一些还没有被检查的图表可用,是否会有大多数的学生选择检查这些图表?

通过大量的链接可以得到可用的教学内容,很多的材料干扰了认真的学习者。这些链接的价值在于使大范围的内容可用。然而,学生们经常不能够判断通过链接得到的内容的质量和价值。导航支持表明链接内容本质的信息可以极大地提高这种链接的价值。

内容驱动的自动展示系统是基于结构内容的使用。内容的选择、展示的布局和链接信息的可用性都能由结构化的内容驱动。图 21.4 显示了包含结构化内容的文本文件和产生的多媒体的展示。一方面,显示程序读取和分析结构化内容,决定将要显示的文本和链接以及适合内容的排版。另一方面,由于每次一个显示被重新创建,作者可灵活地使用任何想要的词汇表示要显示的发现。例如,作者可以选择增加一个发现在'饮食'标签的下面,去掉"大便特征"发现和改变"病情表现"为"主诉"。展示程序将读取这个结构化内容的文件并删除掉"大便特征"按钮,增加一个"饮食"按钮,并且改变"病情表现"按钮的名字。合适的文本将链接到新的饮食按钮。

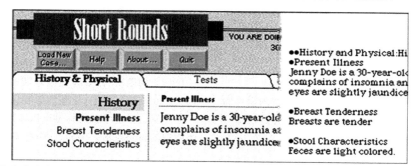

图 21.4 一些临床内容的最后陈述(左侧)和结构文本(右侧)的比较,这个比较形成了最后视图。简单的标记标签(* 和 * *)被用于表明标题元素和个别特性或发现因素。产生报告的程序检测这些标记标签并把相应相应的内容放置在屏幕或页面合适的位置上(资料来源:© 1998,斯坦福大学一个 Short Rounds 程序和用在程序中的文本文件的复合截屏)

**4. 分析和推理**

第4个设计水平分析和推理经常是不包括在教学程序中的。一个内置的评估学生的程序具有分析能力,观察学生的使用和识别相关缺失材料的程序将能够推测学生的可能的需要。在21.2.9节讨论的智能辅导系统就具有这种能力。

## 21.4.2 应用的开发

基于计算机的教学材料开发过程与其他软件程序的开发过程相似(见第6章)。过程开始于需求的证明和对于需求是什么的定义。这个过程后是系统的设计和原型阶段,这个阶段同时进行造型的评估过程。一旦软件设计被阐明,将在所选择的程序语言中完成软件并输入教学内容。然后,软件被集成到教学过程中并且在使用中被评估。始终设计都是由可用的软件设计标准和内容结构设计引导。

**1. 需要的定义**

因为教学程序的开发过程是一个密集劳动和时间消耗的过程,因此合理的计划是必须的。定义基于计算机的教学在课程中的需要是第一步。一些概念难点能够通过交互的生动演示被很好地解释吗?需要收集的图像数量超过呈现在讲座内容中的图像了吗?实验室需要是否一种有引导的浏览数字切片图像库的支持?一个量化概念是否可以通过生理学或生物化学过程的模拟而被清楚地解释,其中学生可改变一些重要参数?需要聊天组和新闻组对讲座和讨论部分进行补充吗?对于课程教案的中心库降低了学院教师的工作量了吗?

**2. 资源的评估**

内容的可用性和授权及教学专家是明显必须的。多数的基于计算机的教学程序的丰富多媒体性质意味着图形、视频和音频媒体资源必须被获得或可用。被用在教室中的幻灯或视频可以通过演讲者的讲解进行补充,弥补它们的不足。在程序中的这些材料必须保持原创性。因此,大量的非版权的高质量和综合性的材料的获得是在开发中重要的下一步。软件开发过程中员工的报酬和必要的资金是必须考虑的一个问题。

**3. 原型和造型的评估**

因为对技术怎样才能支持医学教学知之甚少,因此在制作原型和评估中需要大量的学术工作。轶事结果暗示市场研究焦点组和小的讨论组能够引导早期大量的有用的设计改变。合作开发能够阐明项目的焦点并为了使这一工具对学生更有效而修改它。

造型的评估(见第11章)在项目的发展过程中被执行,有些时候是在许多阶段进行:如当想法被开发后,在第一个情节串联图板(情节串联图板是典型的画面草图,包括指示出交互的行为)被准备后,在可比较的软件的检查中,以及随着部分软件被开发后。在造型的评估中,如果某种改变能够提高项目的价值,同时可以维持整体的目标和使预算保持在合理的范围内,开发者必须准备在方向上作重大改变。

**4. 生产**

原型决定教学程序的模式、目标、列入媒体的水平和交互性、反馈的性质和其他设计参数。

生产是执行设计的过程,这个设计是关于早先决定的内容的整个范围。在生产过程中的需要区别于那些在设计原型中的需要。

充足的资金和人力资源必须在任何时候都可用。媒体必须存在并加工到规定的标准,并且内容必须被写好。因为不同的程序片段可能需要同时创作,并且多个作家需要评审相同的章节,所以内容收集和版本控制的办法必须建立。需要定期地将内容整合到全部程序中,因此尺度缩放或者兼容性的任何问题将在早期决定。仅仅当项目明确地被需要而且完成项目所需资源已经可用时,生产才可以开始。

**5. 整合到课程中**

课件开发的一个常常被忽略的重要方面是基于计算机的材料和课程的整合。目前,多数基于计算机的材料被视作补充材料,它们被放在图书馆,被学生或医师使用在于使用者自己的主动。这种使用是有效的,并且程序作为使用它们的学生的有价值的资源;然而,一个教育者可以通过将它们整合到课程中以更有效地使用这些材料。例如,程序可以被设计作为实验室练习或当做课程讨论的基础来使用。

整合的障碍之一是获取充足计算机资源的初始高成本。计算机设备的花费在最近几年中飞速下降;即使这样,购买和支持足够整个学校使用的计算机将在学校的课程预算中占很大的比例。当更多的学生购买了他们自己的计算机后,这一问题将变得不是很重要。第二个重要的障碍是教员不情愿更改他们的教学以包括参考基于计算机的材料,或在他们的内容中操作这些程序。这些程序的一个最有效的使用是引导一个小组的讨论,例如,一个临床病例在计算机上的演示,学生们可选择问题来问计算机。

**6. 维护和更新**

内容的改变和计算机操作系统或硬件的变化以及程序中问题的发现要求定期地对其进行维护和更新。与此同时,好的设计要求做到对于在教学方法中任何重大变化都应该通过在整个设计周期中反复调试来完成。

**7. 标准**

在发展和标准中间保持平衡是困难的,但是是必须的。这是非常困难的,因为公众公认的标准本身改变的非常快。运用到教学程序的标准必须使用元数据:即描述内容的信息并向内容增加结构。IMS学习资源元数据规范①和可共享的内容对象参考模型(SCORM)②都是元数据规范,这些规范在学习技术领域中被广泛的接受。

标准化的一个重要价值是组间共享,即一个开发组或作家组创作的内容可以被另一个作家组使用。另一个标准化的结果是演示和创作的程序可以平行开发,而且,如果标准升级或新的特性被加入,程序可以自动将所有材料从旧的标准转化为新的。

### 21.4.3 技术考虑

技术考虑决定着成本和最终产品的可用性。例如,一个程序可以被传递到网上的客户端,或软件设计者能够选择基于 Windows 系统开发还是基于 Macintosh 操作系统开发。真正的独立于平台是一个神话,但是约束开发在某些特性的子集上,这样,教学程序在大多数计算机上运行就有很高的可能性。选择通过互联网络还是本地机进行操作是一项决定,这个决定依赖于学习内容的来源和程序性能的需要。教学程序利用在互联网络许多位置的内容——诸如图像采集、数字视频和文本参考材料——这些内容都会受到网络客户端局限性的限制,包括显示数量的限制和交互特性。此外,如果程序访问迅速改变的内容或著作目录资源,Medine、互联网就是更好的选择。

对于高性能或非常大的内容的需要将限制其在本地机上使用。在一些情况下,诸如在虚拟现实建模语言(VRML)中三维模型的使用,模型从互联网的站点上获得,但是之后的操作和显示是在本地机上进行的高容量的存储设备的使用,如数字视频光盘(DVD),使大量的材料的分发成为可能,同时,互联网被用于升级、进行内容的延伸和链接附加内容。

## 21.5 评估

一个新的教学或训练方法的评估可以测量成功的许多属性:评估的4个水平被普遍接受。第一评估水平是学生群体对一个新的教学方法的反应和这种方法被吸收入现行的教学过程的情况。这些是测量这种方法的可接受性。第二评估水平是教学程序的可用性。第三评估水平测量新的教学方法是否对学生的学习内容具有实际影响。这里测量的是知识获取。第四评估水平测量新方法是否可以导致行为的改变,因为在最后的分析中,学生学习的内容和程序将影响他们怎样行医。

### 21.5.1 反应和同化

许多评估研究集中在一个教学程序对于教师和学生的可接受性。这些信息通过问卷、主观报告和实际使用的测量来收集。没有这个基本信息,进一步分析解释可能是困难的。然而,这些测量没有告知开发者关于教学程序的有效性。

### 21.5.2 可用性和认识的评估

如果我们希望测量学生是否理解程序的操作和性能,有很多方法可用。两种补充的方法是记录程序操作的录像带的使用和学生与程序交互自动产生的日志的使用。

录像带可用于记录学生的典型行为和词汇及发生在屏幕上的事件,常常以画中画格式来展示并用于分析。然后,录像的手稿被分割成单独的事件或条目。随后,这些条目按照认知的方面被归类,诸如"寻找按钮"或"寻找附加信息的链接"。研究者使用认知处理的结果列表来鉴别主要的使用范畴、成功和挫败的根源和典型的信息搜索模式。

如果教学程序被用来记录学生与程序的交互,计算机产生的日志文件可以被创建,希望做到能够选择哪一种类型的交互将被记录。在 BrainStorm 使用分析中(Hsu,1996),信息记录粒度范围从检测信息页面之间的转换到检测在高度详细注释的图像上每一次点击的选择。一个计算机产生的记录学生交互的日志文件可以被自动的处理以检测使用的频率和模式。图 21.5 显示在 BrainStorm 中的 4 种不同信息类型之间的转换模式。学生们选择对断层图像的学习明显的超过所有其他信息类型。自动日志的缺点是缺少关于学生交互的动机信息。研究者能够通过中断所选择的交互并要求学生键入评论来收集这种信息,但是这种方法会干扰并打断信息获取的过程。

### 21.5.3 知识获取

知识获取的评估包括大多数开发者问的问题:这个计算机程序比传统教授同样材料的方法更有效吗?这个问题很难回答,这是由于当基于计算机的教学被使用时引入了很多改变。一个非常重要的混杂因素是由于课程需要以一种新的形式来教,教授为准备教学材料而重新付出的精力。可能大多数有兴趣的评估问题是:基于计算机的学习在哪些方面不同于传统学习方法?计算机能够使能用在以前是不可能的方法学习吗?进一步,计算机能够完成那些不可能使用传统的手写或口头检测技术进行的知识获取的评估吗?

---

① http://www.imsglobal.org/metadata
② http://www.adlnet.org

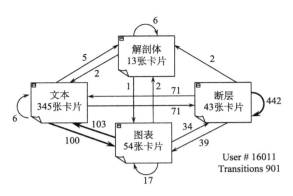

图21.5 转换图形显示一个学生如何在神经解剖学程序BrainStorm的不同类型信息间的移动的转换图。在900次转换中,几乎一半是从一个断层图像到另外一个。即使有大量的(345)文本屏幕和在屏幕间众多的可用链接,但很少有从一个文本屏幕到另一个的移动。这样一些分析可弄清使用情况及建议程序设计策略(资料来源:© 1996,Hsu. 根据Hsu改编,1996)

一个基于计算机评估的例子是在解剖中空间定位的非语言的知识的评估(Friedman et al.,1993)。理由是一个人对解剖学了解的越好,他对于一幅人体断层图像的识别和定位就越精确。作者开发了一个计算机游戏,考生被给出一个断层的轮廓,内部结构没有显示出来,要求将它放置在一个人体的绘图中。考生可能需要附加线索,线索是断层中的器官图像。在每一个线索后,要求考生尝试放置切片在人体合适的位置上。请求太多的线索将导致降低最大可能分数的处罚。最后的分数基于放置的准确性和请求线索的数目。对于一年级医学学生、四年级医学学生和解剖学教师的解剖知识的考试是不同的。

### 21.5.4 问题的解决和行为的改变

医学知识获取的最终目标是提高学生通过知识的运用解决问题的能力。在一些情况下,特别是在技能的获取,诸如一个静脉线的插入或与人之间的交互,比如病史采集,这种测量不是解决问题的能力,而是行为的改变。

## 21.6 结论

CBE系统有助于学生掌握主旨并提高解决问题的技能。将基于计算机教学合适地整合到医学院校课程和整合到服务于保健的机构和更大的医学社区的信息系统中,这将使基于计算机的教学能够成为终身教育综合系统的一部分。对基于计算机教学研究者的挑战是开发这种潜力。阻碍成功的有技术和实践两方面。为了克服它们,我们需要支持者的奉献和机构的资源,以及机构间的合作承诺。

## 推荐读物

Chueh H. C., Barnett G. O. (1997). "Just in time" clinical information. Academic Medicine, 72(6):512~517.

Gaba D. M. (1997). Simulators in anesthesiology. Advances in Anesthesia, 14:55~94.

这篇文献由人类患者模拟器创始人所写的,介绍了这种模拟技术的许多使用。

Kirkpatrick D. L. (1994). Evaluating Training Programs. San Francisco: Berrett-Koehler.

这本书介绍了一个评估训练程序的多层次系统。

Lyon H. C., Healy J. C., Bell J. R., O'Donnell J. F., Shultz E. K., Moore-West M., Wigton R. S., Hirai F., Beck J. R. (1992). PlanAlyzer, an interactive computer-assisted program to teach clinical problem solving in diagnosing anemia and coronary artery disease. Academic Medicine, 67(12):821~828.

作者描绘了他们的临床教学程序并介绍了它在学习中的功效的一个合理的评估。

Pugh C. M., Youngblood P. (2002). Development and validation of assessment measures for a newly developed physical examination simulator. Journal of the American Medical Informatics Association, 9:448~460.

作者介绍了关于一个新型模拟器功效的一种可控的随机研究。

Rosse C., Mejino J. L., Modayur B. R., Jakobovits R., Hinshaw K. P., Brinkley J. F. (1998). Motivation and organizational principles for anatomical knowledge representation: The digital Computers in Medical Education 761 anatomist symbolic knowledge base. Journal of the American Medical Informatics Association, 5(1):17~40.

Rosses工作组开发了一个领域的更全面的陈述,他们的例子是解剖学。这种领域知识的表达对于下一代教育软件系统是必须的。

Vosniadou S., DeCorte E., Glaser R., Mandl H. (1996). International Perspectives on the Design of Technology-Supported Learning Environments. Mahwah, NJ: Lawrence Erlbaum.

这本书收集了多篇研究论文,它们介绍了在技术支持的学习环境中开发和评估的许多不同的方面。

Westwood J. D., Hoffman H. M., Stredney D., Weghorst S. J. (1998). Medicine Meets Virtual Reality. Amsterdam: IOS Press.

这个卷册是一系列会议文集之一,会议是关于训练与教学中的虚拟环境的一个新兴领域。

## 问题讨论

1. 在下列教学程序中包括视觉材料的两个优点和两个限制是什么？

    a. 一个模拟病例，患者向急救科承认是枪伤。

    b. 一个关于骨盆解剖结构的讲演类型程序。

    c. 一个关于细菌和真菌类的参考资源。

2. 你决定写一个基于计算机的模拟教给学生关于胸痛的处理方法。

    a. 讨论下列表达风格的相关优点和缺点：①一个多项选择题序列，②一个模拟，其中患者的病情随时间和对治疗的反应而变化，③一个允许学生输入自由文本请求信息并提供回答的程序。

    b. 讨论至少4个问题，这些问题是在开发和测试程序过程中你预期发生的。

    c. 对于每一种方法，讨论你将如何开发一个模型用于评估学生在解决临床问题上的表现。

3. 考察两个临床模拟程序，他们在病史采集和患者身体检查方面如何不同。

4. 在你熟悉的生理学方面选择一个题目，诸如动脉血气交换或肾脏的过滤，并且构建一个该领域的关于就这个题目应该被教的概念和子概念的表示法。使用这个表示法，用下列方法之一设计一个教学程序：①说教的方法，②模拟的方法，③探索的方法。

5. 描述至少三个你能预见的从一个学院到另一个学院基于计算机教育程序传播的挑战。

6. 讨论计算机置于教学环境的控制中的相关优点和问题，以学生实质上回应计算机的质询，相对于学生在控制中，有更大范围的可选择课程的做法。

# 第22章 生物信息学

**阅读本章后,您应对下列问题有所了解:**
- 为什么说序列、结构和生物通路信息与医学相关?
- 在因特网上应从哪里搜索 DNA 序列、蛋白质序列或蛋白质结构?
- 分析生物序列、结构和功能时会遇到哪两个问题?
- 基因组时代怎样改变生物信息学的前景?
- 预计这些新信息资源的引入在医学记录中引起的两项改变是什么?
- 未来生物信息学的两项计算挑战是什么?

## 22.1 生物学信息处理中的问题

生物信息学是从分子水平上开始的、关于信息在生物系统内是如何表示和分析的研究。正如临床信息学是关于与医疗服务相关的信息的处理,生物信息学则关注于与底层基本的生物科学相关的信息的处理。由此,这两个学科紧密地联系起来——远超过一般人们所认识到的(见第1章)。生物信息学和临床信息学都关注固有不确定、难于测量且由多个复合组分复杂相互作用的结果的系统。两者均处理通常缺乏简单直接的解释与分析方法的生命系统。虽然研究这些系统的归纳还原法(reductionist approach)能够提供有价值的经验,使用不仅仅基于第一原理的整体模型(integrative model)来分析它们通常也是必要的。尽管如此,这两个学科从相反的方向来接近患者。临床信息学领域的应用通常关心医学的社会系统、医学的认知过程以及理解人类生理学所需的技术;生物信息学则关注于去理解基本生物系统如何协作以创造分子、细胞器、活细胞、器官以及整个生物。需要注意的是,这两个学科分享主要的方法学元素,所以对生物信息学中问题的理解对于临床信息学的学生也有价值。

生物信息学学科正处于快速发展时期,这是由于生物学(特别是分子生物学和基因组学)信息存储、检索和分析的需求在过去十年中令人瞩目的增长。根据历史经验,基础科学的发展在其对临床医学的影响完全显现前存在大约十年的滞后期。生物学家今天收集的信息类型将会极大地改变医疗工作者明天所能获取的信息和技术的类型。

### 22.1.1 生物学数据的多种资源

有三种信息资源革命式地改变了我们对人类生物学的理解并且为计算处理带来显著的挑战。新类型数据中最重要的一种是由人类基因组计划所产生的序列信息,人类基因组计划是一项致力于检测编码在23条染色体上的人类DNA全部序列的国际协作项目[1]。第一份序列草图于2001年发表(Lander et al., 2001),最终版本则在2003年 Watson 和 Crick 破解 DNA 双螺旋结构50周年时公布[2]。现在则致力于完成测序并测定在不同个体基因组间出现的差异[3]。从受孕开始,经过胚胎发育、童年、成年和衰老的所有事件集合都本质地由存储在大多数人类细胞中的 DNA 图谱编码。获得了关于这些 DNA 序列的完整知识,我们就进入了在基础水平理解这些过程并考虑使用 DNA 序列来诊断和治疗疾病的阶段。

在我们研究人类基因组的同时,第二套并行课题是研究大量其他生物物种的基因组,包括重要的试验动物系统(如小鼠、大鼠和酵母)和重要的人类病原体(如结核分枝杆菌或流感嗜血杆菌)。最近,许多此类基因组已经由测序实验完全测定。这使得两种重要的分析得以进行:关于病原体机制的分析和关于人类疾病的动物模型分析。在这两种情况下,由基因组编码的功能能够被研究、区分并归纳类别,以允许我们去破译基因如何影响人类的健康和疾病。

这些野心勃勃的科学计划不仅仅自身在以疯狂的速度开展,同时还在很多案例中与新的生物学技术相伴,这些技术产生了第三种新来源的生物医学信息:蛋白质组学。不同于以被认为对疾病比较重要的特定分子为目标的较小的、相对集中的实验研究,大规模实验技术被用于同时收集数以千计或百万计的分子的数据。科学家们在纵贯漫长时间并横贯品种繁多的生物体或多个器官(同一生物体内的)上应用这些技术以观察不同生理现象的进化。新技术使我们有能力通过 DNA 阵列[4](Lashkari et al., 1997)跟踪分子的产生和降解,去研究大量蛋白质与另外一个蛋白质的表达(Bai and Elledge, 1997),并为一个遗传学问题生成多个变异以解释不同突变对生物学功能的影响(Spee et al., 1993)。所有这些技术与基因组

---

[1] http://www.genome.gov/page.cfm?pageID=10001694
[2] http://www.genome.gov/10005139
[3] http://www.genome.gov/page.cfm?pageID=10001688
[4] 它们使小的玻璃平板,在其上固定有特异的 DNA 片段,被用于检测细胞提取物中其他 DNA 片段。

测序计划一起,共同产生了一大批生物学信息,这些信息包括了古老的关于健康和疾病的秘密,同时也带来了远超过我们当前数据分析能力的挑战。由此在21世纪,生物信息学正在变得对医学至关重要。

## 22.1.2 对临床信息学的影响

这种新的生物学信息对临床医学和临床信息学的影响是难以精确预测的。然而已经很明显的是,必须对医学中一些重要的变化加以考虑。

(1) 医学记录中的序列信息。随着第一套人类基因组当前已经可用,考虑对很多其他基因组(至少对其片段)进行测序或基因型检测将很快变得物有所值。与疾病有关的基因序列可能为我们选择合适的治疗方式提供所需的重要信息。例如,可以从足以允许我们以基因组的精密结构为基础、以抗高血压药物为靶标的较高层面上了解造成原发性高血压的基因组。临床试验很有可能可以使用有关遗传序列的信息,精确地去定义可能从新的治疗药剂获益的患者群体。最终,临床医生可能了解传染源序列(如引发反复泌尿道感染的大肠杆菌菌株)并将它们存储到患者的病历以记录在疾病发作期间内精确的病原性和药物敏感性。在任何情况下,遗传信息似乎都需要被包括在医学记录中并会带来特定的问题。原始的序列信息,无论是来自患者还是病原体,如果没有上下文环境都是毫无意义的,因而不适用于印刷的医学记录。与图像类似,它可能带来高密度的信息,并且必须通过新方式显示给临床医生。如同实验室检验一样,一组无疾病(或正常)值被用于比较,而对非正常值的解释可能会比较困难。幸运的是,大多数人类基因组在个体间是共有和完全一致的,基因组中只有少于1%对个体是独特的。无论如何,序列信息在临床数据库中的影响是十分显著的。

(2) 新的诊断和预测信息资源。基因组测序计划(和相关的生物学革新)的一项主要贡献是我们能够获得前所未有的诊断和预测工具。单核苷酸多肽性(SNP)和其他的遗传标记被用于识别患者基因组与基因组蓝图的差异。从诊断上讲,自身免疫疾病患者的遗传标记或者患者体内的传染性病原体,将会是疾病亚型的高度特异和敏感的指示器,也是这种亚型不同治疗方案的可能响应区域。举个例子,通过使用包含来自多种常见病原体病毒遗传信息的基因表达阵列,严重急性呼吸综合征(SARS)病毒被确定为一种冠状病毒①。通常来说,基于对患者体内的基因序列的诊断工具大大增加了体检项目中可检测的数量和变化情况。没有重要的计算机辅助,医生将很难管理这些检测。而且遗传信息的应用可提供给患者更准确地疾病预测信息。什么是疾病的标准过程?疾病对药物的反应是怎样的?随着时间的推移,我们将能够更准确地回答这些问题,并开发用于管理这些信息的计算机系统。

几种基于基因型的数据库已经开发出来,以用于识别与特定表型相关联的标记,并且识别基因型如何影响患者对治疗的反应。人类基因突变数据库(HGMD)注释了疾病表型的突变体②。这个资源成为遗传顾问、基础科研人员和临床医师的无价之宝。此外,药物基因组知识库(PharmGKB)收集了已知的影响患者对药物反应的遗传信息③。随着这些数据库及其他类似的数据库的不断改进,来自基因组计划的首个临床收益将成为现实。

(3) 伦理考虑。面对基因组序列计划的临床问题之一是"遗传信息可能会被滥用吗?"答案是当然可能。拥有了个体的完整基因组信息,使未来能够在一些种类的疾病实际发生前预测到患者正处于危险的发病时间。如果这些信息落到某些无道德的雇主或者保险公司手中,这个人可能由于未来可能发生的疾病不被雇佣或者被拒绝保险。对于这些信息即使在保密的情况下是否应该透露给患者仍然存在争议。是否应该告知患者可能患上不治之症是有高度争议性的事情,这个问题与收集了什么样的信息和信息如何透露及透露的对象有着很大的关系。

## 22.2 生物信息的起源

对医学生物学基础的简要回顾将会使我们聚焦在分子生物学的巨大革命和生物信息学科的产生上。我们继承自我们的父母、用于生命的架构和活动、并将传递给我们的孩子的遗传物质,包含在化学序列脱氧核糖核酸(DNA)④中。一个人或生物体的全部DNA信息就构成了基因组。DNA是由4种基本亚基构成的长聚合体。聚合体中出现的亚基序列区别了一个DNA分子与其他DNA分子的不同。DNA亚基的序列指导生成细胞中的蛋白质产物和其他的基本的细胞过程。基因是编码在DNA中有意义的单元,他们转录成与DNA组成极其类似的核糖核酸(RNA)。基因转录成信使RNA(mRNA),大部分mRNA序列通过核糖体翻译成蛋白质。不是所有的RNA都是翻译成蛋白质的信使。例如,核糖体RNA是用来构成核糖体的,核糖体是将mRNA序列翻译成蛋白质序列的强大分子引擎。

理解基本的生命组成模块需要理解基因组序列、基因以及蛋白质的功能。基因何时开启?当基因转录并翻译成蛋白质后会被指引到细胞的什么区域?蛋白质怎样行使功能?同样重要的,蛋白质怎样关闭?实验研究和生物信息学已经将这些研究划分为不同的领域,其中最

---

① http://www.cdc.gov/ncidod/sars/
② http://archive.uwcm.ac.uk/uwcm/mg/hgmd0.html
③ http://www.pharmgkb.org
④ 如果你不熟悉这些基本的分子生物学和遗传学术语,在阅读本章剩余内容前参考这些领域的介绍性书籍会对你有所帮助。

大的几个领域是：①基因组和蛋白质序列分析；②大分子结构-功能分析；③基因表达分析；④蛋白质组学。

### 22.2.1 现代生物信息学根源

生物信息学的实践者来自于许多不同背景，包括医学、分子生物、化学、物理、数学、工程和计算机科学。很难准确的定义该学科出现的方式。然而，两个主要发展给信息技术在生物学中的应用创造了机会。第一个发展是对生物分子如何构成及如何行使功能的理解。这可以追溯到20世纪30年代电泳的发明、20世纪50年代对DNA结构的阐明及随之而来的对DNA、RNA和蛋白质结构中序列关系的发现。第二个发展是有效计算能力的并行增长。从20世纪50年代计算机主机开始，一直到现代工作站，使用计算方法已经解决了大量的生物学问题。

### 22.2.2 基因组探索

人类基因组计划已经完成，几乎完整的人类基因组序列在2003年已经公布[①]。人类基因组序列带给医学领域的既有短期利益也有长期利益。短期利益主要在诊断方面：可以通过获得正常及病变个体的基因序列来快速地识别患者的病变基因(Babior, Matzner, 1997)。长期利益包括更好的理解由基因组产生的蛋白质：蛋白质与药物如何互相作用，疾病状态下如何失活以及它们如何参与对发育、老化、疾病反应的控制。

基因组学对生物学及医学的影响不能低估。我们现在已经有能力在活体细胞中对基因的活动及功能进行测量。基因组数据和实验研究已经改变了生物学家思考生命基本问题的方式。过去，通过还原实验探讨特定的基因的工作细节，现在我们能够通过整合大量数据一次性检测、准确地了解细胞工作的机制。这导致了人们对计算机在生物学研究中所起作用的认识上的转变。过去，计算机作为一个可选的工具帮助提供更多的信息，现在计算机为绝大多数研究者所需要，实验研究也将其作为不可缺少的研究工具。

## 22.3 生物学现在由数据驱动

二十年前，计算机被证明有助于实验研究。今天，计算机是现代科研的基本组成元素。这是因为科研方法的发展比如基因芯片、药物扫描机器人、X射线晶体衍射、核磁共振和DNA测序实验产生海量的数据，这些数据需要合理的存储、分析和挖掘。

基因组项目产生了令人惊愕的数据量。现在GenBank中有超过2230万条数据，超过290亿字节[②]。但是这些数据还不是全部：PubMed包含超过1500万的文献引用，PDB包含大于40 000条的蛋白质三维结构数据，斯坦福微阵列数据库(Stanford Microarray Database (SMD))包含超过37 000个实验(85 100万个数据点)。这些数据对生物学研究有难以言喻的重要性，在下面的章节我们将介绍和概括这些序列数据、结构数据、基因表达实验、系统生物学和他们的计算成分对医学研究的重要性。

### 22.3.1 生物学中的序列

序列信息(包括DNA序列、RNA序列和蛋白质序列)在生物学中是非常重要的：DNA、RNA和蛋白质可以表示为由基本的建筑构件(DNA和RNA的碱基，蛋白质的氨基酸)组成的序列集合。因此生物信息学中的计算机系统必须能有力且有效地处理生物序列信息。

生物信息学中的一个主要困难是建立标准的数据库模式，比如关系数据库系统不是很适合序列信息。根本问题在于序列无论作为进行统一处理的一组聚合在一起的元素，还是作为具有相对位置和功能的个体元素，都非常重要。序列中的任何位置可能都是重要的。因为它自身的特性，或者因为它是所在长序列的一部分，或者因为它是一个重叠序列集合中的一部分。所有这些都有不同的意义。支持如下的查询是很必要的，"这个序列中出现了什么模体"在标准的关系数据库框架中很难出现这些多重的嵌套关系。而且，序列元素的邻居也很重要。能够实现下面的查询是很重要的，"这个元素左边第20个位置上的序列信息是什么"由于这些因素，生物信息学家发展了面向对象的数据库(见第6章)，这样序列可以根据使用者的需求(Altman, 2003)通过不同的方式进行查询。

### 22.3.2 生物学中的结构

在22.3.1节中提到的序列信息正很快地变得能够廉价地获取并易于存储。然而，由DNA序列所产生的蛋白质的三维结构信息却难以获得且代价昂贵，并且出现了一系列的分析困难。目前，仅仅大约30 000条生物大分子三维结构的数据是已知的[③]。这些模型是具有不可估量价值的资源，这是因为对结构的理解经常导致对生物功能的进一步认识。例如，目前已经对多个物种测定了核糖体结构，它比其他任何结构包含更多的原子。这个结构，由于它巨大的尺寸，耗费了20年才被解读，并且对功能注释(Cech, 2000)提出了一个巨大的挑战。然而，由于核糖体是所有生命形式广泛所需的，一个单独结构的功能信息可以由在多个物种以及不同种功能复合体形式的结构间进行比较基因组学分析来充分放

---

[①] http://www.genome.gov/10005139
[②] http://www.ncbi.nlm.nih.gov/Genbank/GenbankOverview.html
[③] 要获得更多信息可以访问 http://www.rcsb.org/pdb/

大。因此大量的信息来自相对少的结构。针对结构信息的限制问题,公共基金支持的结构基因组学主动地将目标定为识别所有自然界中发现的共有结构并不断增加已知的结构数量。最终分子间的物理能量决定细胞中发生什么。因此越完整的图像,越能帮助更好地进行功能理解。特别的,对治疗媒介本身物理性质的理解是理解这些治疗媒介和细胞内(或者侵入组织)靶点如何互作的关键。以下问题是生物信息学中关于结构生物学的关键问题。

(1) 如何通过分析分子结构来了解他们相关的功能?研究方法范围从细致的分子仿真(Levitt,1983)到对功能比较重要的结构特征的统计分析(Wei and Altman,1998)。

(2) 如何通过使用序列数据库中来自不同有机体(或者在同一有机体中,但功能差别细微)的密切相关的蛋白质信息来扩展有限的结构数据?如何从相对小的样本集中提取最大信息方面还有很多未能回答的问题。

(3) 如何将结构进行分组以达到分类的目的?选择范围从纯粹的功能标准("这些蛋白质都是消化蛋白")到纯粹的结构标准("这些蛋白质都有环形结构")和两者的混合标准。今天一个让人感兴趣的资源是蛋白质结构分类数据库(SCOP)①,它基于结构和功能对蛋白质进行分类。

### 22.3.3 生物学中的表达数据

DNA 微阵列技术的发展产生了大量的数据和对生物机器前所未有的理解。前提是相对简单的,来自基因组数据的 40 000 条基因序列被固定在玻璃载片或过滤器上。实验使用来自不同生长条件的两组细胞:一组作为对照组,另一组作为实验组。对照组正常生长,而实验组是在实验条件下生长的。举个例子,研究者可能试图了解在缺糖条件下细胞的反应。随着糖的消耗,一些细胞在特定时间段内被移除。当细胞被移除,来自细胞中的所有 mRNA 被分离然后通过特定的酶反转录成 DNA。这产生了仅在该组细胞中能够产生表达的基因的 DNA 分子文库。通过使用化学反应,实验组 DNA 样本被进行红色荧光分子染色,对照组进行绿色荧光分子染色。两组样本进行混合后在玻璃载片上冲刷。两个样本中仅包含在细胞中能够表达的基因,根据来自实验组或对照组,它们被进行红色或绿色标记。DNA 样本文库中进行标记后的 DNA 与玻璃载片上的相同基因进行杂交。玻璃载片上总共 40 000 个点样,细胞中能够表达的基因加上标记后在玻璃载片上产生对应的点样。使用共焦显微镜扫描和激光荧光检测技术,点样中大量的红色和绿色荧光被检测。红色与绿色的比值决定基因在实验组中是否下调或上调。这种实验已经能够测量与一些实验条件改变相关的整个细胞中基因的活性。图22.1演示了来自 SMD②的一次典型基因表达实验。

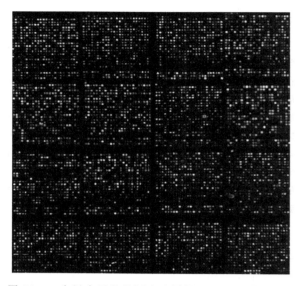

图 22.1 全局水平的基因表达测量。基因组学已经产生了对生物信息工具的新需要。在这个实验中(来自斯坦福微阵列数据库),显示了酵母在胁迫变化下的基因表达模式

应用计算机分析这些实验数据是十分重要的,因为研究者不可能理解这些红绿点样的意义。目前科学家使用基因表达实验来研究不同组织中的细胞如何应对实验环境的变化、病原体如何与抗体进行斗争、细胞在无控制条件下如何生长(如癌细胞)。发展分析这些数据的方法、存储这些数据的工具和自动收集这些数据的计算系统是对生物计算领域的一个新挑战。

### 22.3.4 系统生物学

随着人类基因组计划的完成和大量序列数据、结构数据、基因表达数据的出现,出现了试图理解蛋白质和基因在细胞水平如何发生互作的新领域——系统生物学。分析序列和结构的基本算法产生了更多的对分子所参与通路的整合分析以及操纵分子以达到对抗疾病目的的方法。对细胞中特定分子作用的细致理解需要(与该分子互作的其他分子)细胞中发生的化学转化序列相关知识。因此生物信息学中的主要研究领域是阐述化学转化的关键通路,定义催化这些转化的分子,识别输入化合物和输出化合物,以及将这些通路连接成网络,通过这些网络我们能够对特定分子进行计算分析并理解其意义。细胞信号联盟产生大量的关于信号分子如何互作和如何影响细胞内小分子聚集度的数据。

---

① 见 http://scop.mrc-lmb.cam.ac.uk/scop/
② http://genome-www5.stanford.edu/MicroArray/SMD/

## 22.4 关键生物信息学算法

在生物信息学领域的很多情境中需要执行大量的通用计算。通常来说，这些计算可以分为序列比对、结构比对、序列/结构模式分析、基因表达分析和生物化学功能模式分析。

### 22.4.1 序列和结构分析的早期工作

随着来自 DNA 和蛋白质序列的信息规模巨大且难以进行人工分析的趋势日渐明显，用于自动分析序列信息的计算机算法开始出现。最初的需求是获得一种可靠的方法比对不同序列，以直接检测它们之间精细的相似性和距离。Needleman 和 Wunsch(1970)发表了一种优秀的方法，使用动态规划技术来比对序列，其时间消耗与序列中元素个数的立方相关。Smith 和 Waterman(1981)发表了这些算法的改进版本，既允许搜索两条序列的最佳全局匹配(比对两条序列的全部元素)，也允许搜索其最佳局部匹配(搜索被低相似区域包围的高相似片段所组成的区域)。这些算法的一个关键输入是编码了序列元素间相似性或可替换性的矩阵：当序列比对中两个元素出现不精确的匹配时，可以基于元素间的相似性决定将多少"部分可信性"赋予全体比对，即使它们可能不是一致的。考虑到一组进化上相关的蛋白，Dayhoff 等人(1974)通过对氨基酸(元素)彼此取代倾向的细致分析，发表了最早的矩阵之一。

在结构生物学中，检测生物大分子结构的实验方法(如 X-射线晶体衍射和核磁共振)所需的大量计算需求驱动了强大的结构分析工具的开发。除了实验数据分析软件，图形显示算法允许生物学家将这些生物大分子细致的可视化并便于对结构原理进行人工分析(Langridge,1974；Richardson,1981)。同时，关于这些生物大分子旋转和震动时内部力的仿真方法也被开发出来。(Gibson and Scheraga,1967；Karplus and Weaver,1976；Levitt,1983)

然而支持生物信息学出现最重要的发展是存储生物学信息的数据库的建立。在 20 世纪 70 年代，结构生物学家使用 X 射线衍射晶体技术，建立了蛋白质数据银行(Protein Data Bank,PDB)，存储它们所阐述结构(与相关实验细节一致)的直角坐标，并使 PDB 可以公开访问。最初的版本在 1977 年发布，包含 77 个结构。数据的增长情况被记录在网页上[①]，PDB 目前包括超过 30 000 个详细的原子结构，并已成为研究蛋白质序列与蛋白质结构之间关系的基本信息资源。类似的，随着获取 DNA 分子序列能力广泛传播，产生了对存储这些序列的数据库的需求。在 20 世纪 80 年代中期，GenBank 数据库作为序列信息仓库建立起来。从 1982 年包含 606 条序列和 680 000 碱基开始，GenBank 目前已经发展到超过 200 万条序列和 1000 亿个碱基。GenBank 数据的 DNA 序列信息支撑了基因组学的实验重构，并在实验组间扮演了如同聚焦点的作用[②]。大量其他的数据库存储了蛋白质分子的序列信息[③]以及有关人类遗传疾病[④]的信息。

在加速生物信息学发展的数据库当中也包括存储生物医学文献的 Medline 数据库及其以论文为基础的指南书医学索引(见第 19 章)。包括早至 1953 年的文献，并在 1997 年可以免费在线获取，Medline[⑤] 提供了将许多高层次生物医学概念与低层次分子、疾病和实验方法联系起来的黏合剂。事实上，这个"黏合剂"角色正是创建用于整合到文献参考及相关数据库访问的 Entrez 和 PubMed 系统的基础。

### 22.4.2 序列比对和基因组分析

在计算生物学中最基本的活动就是比较两条序列以检测它们是否相似，以及如何将其比对对齐。比对问题并非微不足道但却基于一个简单的想法。一般来说，执行相似功能的序列应当是一个共同祖先序列的后代随时间而不断突变的结果。这些突变可能是氨基酸的取代、氨基酸的缺失或者氨基酸的插入。序列比对的目的是比较对齐两条序列以使序列间的进化关系变得清晰。如果两条序列是同一祖先的后代而且没有过多突变，那么也经常能够发现每条序列对应的位置在各自所属的蛋白质中扮演类似的角色。正确解决生物比对问题是困难的，这是因为它需要分子进化方面的知识而这种知识常常是缺乏的。尽管如此，目前已经有些完善的算法以发现两条序列在数学上的最优匹配。这些算法需要两条序列和一个计分系统，计分系统基于以下几点。①精确匹配。氨基酸间的精确匹配是指两条序列没有突变，可以完全对齐。②部分匹配。氨基酸间的部分匹配是指突变没有改变它们整体的生物物理学性质。③比对中的空隙。空隙是指一条序列或另一条序列经历了氨基酸缺失或插入的位置。检测序列最优比对的算法基于计算机科学中被称为动态规划的技术并且被作为很多计算生物学应用软件的核心(Gusfield,1997)。图 22.2 显示了一个 Smith-Waterman 矩阵的例子。

---

① 见 http://www.rcsb.org/pdb/holdings.html
② http://gdbwww.gdb.org/
③ 蛋白质信息资源数据库(PIR)：http://pir.georgetown.edu；Swiss-Prot 数据库在 http://www.expasy.ch/sprot/
④ 在线人类孟德尔遗传：http://www3.ncbi.nlm.nih.gov/omim/
⑤ 见 http://www.ncbi.nlm.nih.gov/PubMed/

A 人类糜蛋白酶与胰蛋白酶间的双序列比对

```
CTRB_HUMAN        MAFLWLLSCWALLGTTFGCGVPAIHPVLSGLSRIVNGEDAVPGSWPWQVSLQDKTGFHFC
TRY1_HUMAN        MNPLLILTFVA----------AALAAPFDDDDKIVGGYNCEENSVPYQVSLN--SGYHFC

CTRB_HUMAN        GGSLISEDWVVTAAHCGVRTSDVVVAGEFDQGSDEENIQVLKIAKVFKNPKFSILTVNND
TRY1_HUMAN        GGSLINEQWVVSAGHC-YKSRIQVRLGEHNIEVLEGNEQFINAAKIIRHPQYDRKTLNND

CTRB_HUMAN        ITLLKLATPARFSQTVSAVCLPSADDDFPAGTLCATTGWGKTKYNANKTPDKLQQAALPL
TRY1_HUMAN        IMLIKLSSRAVINARVSTISLPTAPP--ATGTKCLISGWGNTASSGADYPDELQCLDAPV

CTRB_HUMAN        LSNAECKKSWGRRITDVMICAG--ASGVSSCMGDSGGPLVCQKDGAWTLVGIVSWGSDTC
TRY1_HUMAN        LSQAKCEASYPGKITSNMFCVGFLEGGKDSCQGDSGGPVVCNG----QLQGVVSWGDGCA

CTRB_HUMAN        STSSPGVYARVTKLIPWVQKILAAN-
TRY1_HUMAN        QKNKPGVYTKVYNYVKWIKNTIAANS
```

B A中比对区域的Smith-Waterman矩阵图解，使用Blosum62突变矩阵（Henikoff and Henikoff,1994）

| | G | F | L | E | G | G | K | D | S | C | Q | G | D | S | G | G | P | V | V | C | N | G | Q | L | Q |
|---|---|---|---|---|---|---|---|---|---|---|---|---|---|---|---|---|---|---|---|---|---|---|---|---|---|
| G | 6 | -3 | -4 | -2 | 6 | 6 | -2 | -1 | 0 | -3 | -2 | 6 | -1 | 0 | 6 | 6 | -2 | -3 | -3 | -3 | 0 | 6 | -2 | -4 | -2 |
| A | 0 | -2 | -1 | -1 | 0 | 0 | -1 | -2 | 1 | 0 | -1 | 0 | -2 | 1 | 0 | 0 | -1 | 0 | 0 | 0 | -2 | 0 | -1 | -1 | -1 |
| S | 0 | -2 | -2 | 0 | 0 | 0 | 0 | 0 | 4 | -1 | 0 | 0 | 0 | 4 | 0 | 0 | -1 | -2 | -2 | -1 | 1 | 0 | 0 | -2 | 0 |
| G | 6 | -3 | -4 | -2 | 6 | 6 | -2 | -1 | 0 | -3 | -2 | 6 | -1 | 0 | 6 | 6 | -2 | -3 | -3 | -3 | 0 | 6 | -2 | -4 | -2 |
| V | -3 | -1 | 1 | -2 | -3 | -3 | -2 | -3 | -2 | -1 | -2 | -3 | -3 | -2 | -3 | -3 | -2 | 4 | 4 | -1 | -3 | -3 | -2 | 1 | -2 |
| S | 0 | -2 | -2 | 0 | 0 | 0 | 0 | 0 | 4 | -1 | 0 | 0 | 0 | 4 | 0 | 0 | -1 | -2 | -2 | -1 | 1 | 0 | 0 | -2 | 0 |
| S | 0 | -2 | -2 | 0 | 0 | 0 | 0 | 0 | 4 | -1 | 0 | 0 | 0 | 4 | 0 | 0 | -1 | -2 | -2 | -1 | 1 | 0 | 0 | -2 | 0 |
| C | -3 | -2 | -1 | -4 | -3 | -3 | -3 | -3 | -1 | 9 | -3 | -3 | -3 | -1 | -3 | -3 | -3 | -1 | -1 | 9 | -3 | -3 | -3 | -1 | -3 |
| M | -3 | 0 | 2 | -2 | -3 | -3 | -1 | -3 | -1 | -1 | 0 | -3 | -3 | -1 | -3 | -3 | -2 | 1 | 1 | -1 | -2 | -3 | 0 | 2 | 0 |
| G | 6 | -3 | -4 | -2 | 6 | 6 | -2 | -1 | 0 | -3 | -2 | 6 | -1 | 0 | 6 | 6 | -2 | -3 | -3 | -3 | 0 | 6 | -2 | -4 | -2 |
| D | -1 | -3 | -4 | 2 | -1 | -1 | -1 | 6 | 0 | -3 | 0 | -1 | 6 | 0 | -1 | -1 | -1 | -3 | -3 | -3 | 1 | -1 | 0 | -4 | 0 |
| S | 0 | -2 | -2 | 0 | 0 | 0 | 0 | 0 | 4 | -1 | 0 | 0 | 0 | 4 | 0 | 0 | -1 | -2 | -2 | -1 | 1 | 0 | 0 | -2 | 0 |
| G | 6 | -3 | -4 | -2 | 6 | 6 | -2 | -1 | 0 | -3 | -2 | 6 | -1 | 0 | 6 | 6 | -2 | -3 | -3 | -3 | 0 | 6 | -2 | -4 | -2 |
| G | 6 | -3 | -4 | -2 | 6 | 6 | -2 | -1 | 0 | -3 | -2 | 6 | -1 | 0 | 6 | 6 | -2 | -3 | -3 | -3 | 0 | 6 | -2 | -4 | -2 |
| P | -2 | -4 | -3 | -1 | -2 | -2 | -1 | -1 | -1 | -3 | -1 | -2 | -1 | -1 | -2 | -2 | 7 | -2 | -2 | -3 | -2 | -2 | -1 | -3 | -1 |
| L | -4 | 0 | 4 | -3 | -4 | -4 | -2 | -4 | -2 | -1 | -2 | -4 | -4 | -2 | -4 | -4 | -3 | 1 | 1 | -1 | -3 | -4 | -2 | 4 | -2 |
| V | -3 | -1 | 1 | -2 | -3 | -3 | -2 | -3 | -2 | -1 | -2 | -3 | -3 | -2 | -3 | -3 | -2 | 4 | 4 | -1 | -3 | -3 | -2 | 1 | -2 |
| C | -3 | -2 | -1 | -4 | -3 | -3 | -3 | -3 | -1 | 9 | -3 | -3 | -3 | -1 | -3 | -3 | -3 | -1 | -1 | 9 | -3 | -3 | -3 | -1 | -3 |
| Q | -2 | -3 | -2 | 2 | -2 | -2 | 1 | 0 | 0 | -3 | 5 | -2 | 0 | 0 | -2 | -2 | -1 | -2 | -2 | -3 | 0 | -2 | 5 | -2 | 5 |
| K | -2 | -3 | -2 | 1 | -2 | -2 | 5 | -1 | 0 | -3 | 1 | -2 | -1 | 0 | -2 | -2 | -1 | -2 | -2 | -3 | 0 | -2 | 1 | -2 | 1 |
| D | -1 | -3 | -4 | 2 | -1 | -1 | -1 | 6 | 0 | -3 | 0 | -1 | 6 | 0 | -1 | -1 | -1 | -3 | -3 | -3 | 1 | -1 | 0 | -4 | 0 |
| G | 6 | -3 | -4 | -2 | 6 | 6 | -2 | -1 | 0 | -3 | -2 | 6 | -1 | 0 | 6 | 6 | -2 | -3 | -3 | -3 | 0 | 6 | -2 | -4 | -2 |
| A | 0 | -2 | -1 | -1 | 0 | 0 | -1 | -2 | 1 | 0 | -1 | 0 | -2 | 1 | 0 | 0 | -1 | 0 | 0 | 0 | -2 | 0 | -1 | -1 | -1 |
| W | -2 | 1 | -2 | -3 | -2 | -2 | -3 | -4 | -3 | -2 | -2 | -2 | -4 | -3 | -2 | -2 | -4 | -3 | -3 | -2 | -4 | -2 | -2 | -2 | -2 |
| T | -2 | -2 | -1 | -1 | -2 | -2 | -1 | -1 | 1 | -1 | -1 | -2 | -1 | 1 | -2 | -2 | -1 | 0 | 0 | -1 | 0 | -2 | -1 | -1 | -1 |
| L | -4 | 0 | 4 | -3 | -4 | -4 | -2 | -4 | -2 | -1 | -2 | -4 | -4 | -2 | -4 | -4 | -3 | 1 | 1 | -1 | -3 | -4 | -2 | 4 | -2 |
| V | -3 | -1 | 1 | -2 | -3 | -3 | -2 | -3 | -2 | -1 | -2 | -3 | -3 | -2 | -3 | -3 | -2 | 4 | 4 | -1 | -3 | -3 | -2 | 1 | -2 |

图 22.2　使用 Smith-Waterman 算法的序列比对案例

不幸的是，动态规划算法应用计算量过大，因此一些快速的、启发式的算法被开发出来。最流行的算法是基本局部序列搜索工具(Basic Local Alignment Search Tool，BLAST)(Altschul et al.，1990))。BLAST 是基于一个发现：蛋白质的片段常常是保守而无空隙的(因此空隙可以被忽略——加速简化的一个关键)并且存在计算较小的子序列在大序列中出现的统计分析技术，可以被用于精简对大型数据库中匹配序列的搜索。另一种被发现在挖掘基因组序列时广泛应用的工具是 BLAT(Kent，2003)。BLAT 通常用于搜索长基因组序列，此时其效能比 BLAST 有显著的提高。通过将长序列存储并排序编号为无重叠的 k-mers 片段，它能比其他工具加速 50 倍，并允许在最现代的硬件上存储、搜索和比对。

## 22.4.3　由序列预测结构和功能

生物信息学的一项基本挑战是获得一段新检测的 DNA 序列(也就得到了它所翻译的蛋白质序列)并预测相关联的生物大分子的结构以及功能。考虑到缺乏可靠的实验数据而进行预测的所有相关风险，这两个问题都是困难的。然而，现有的序列数据已经开始满足在一些特例中进行良好预测的需求。例如，已经有网站致力于评价生物大分子结构预测方法①。最近的结果显示，当两个蛋白质分子序列高度相似(超过 40%)而且其中一个的结构已知，通过类推可以为另一个构建可靠的模型。但对序列相似性小于 25%的情况，此类方法的性能还远不可靠。

当科学家研究生物结构时，他们通常会进行一项类似于序列比对的工作，称为结构比对。给定两组原子集

① http://predictioncenter.org/

合的三维坐标集,如何才能最好的将它们重叠以使两个结构间的相似性和差异性都显而易见?此类计算有益于检测两个结构是否源自同一祖先并理解这些结构的功能如何在进化过程中得到后续的改善。发现良好结构比对的算法已经出版了很多。只要检测出一个新的结构,我们就可以以一种自动的方式应用这些算法,由此将新结构分类至某一个蛋白质家族(如 SCOP 中所包含的那些)。

MinRMS(Jewett et al.,2003)[①]是这些算法之一。MinRMS 将找出两个蛋白质结构的最小均方根距离(root-mean-squared-distance,RMSD)比对作为匹配残基对的函数。MinRMS 生成了一族比对,每个比对都有不同数量的残基位置匹配。这有助于在一个包含多个结构域的蛋白中查明局部区域的相似性。MinRMS 解决两个问题。第一,它决定哪个结构重叠或者比对需要计算;第二,给定这个重叠,它决定哪些残基应当被认为"对齐"或者匹配。从计算上讲,这是一个非常困难的问题。MinRMS 通过将重叠限定为四个原子间的最佳重叠,减小了搜索空间。而后它彻底检测所有潜在的四原子匹配的重叠并计算比对。给定重叠,则要检测两个残基的 α 碳原子(所有氨基酸的中心原子)距离小于规定阈值的对齐残基数。所有匹配原子的平均 RMSD 的最小值就是这次比对的总体得分。图 22.3 显示了这种比较的一个案例。

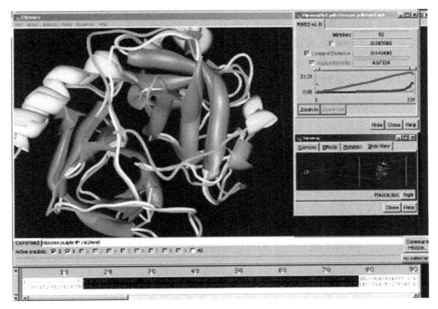

图 22.3　结构比较案例。适用 Chimera 和 MinRMS 比较糜蛋白酶和胰蛋白酶蛋白结构
(http://www.cgl.ucsf.edu/chimera)

一个相关的问题是使用大的生物分子的结构和小的有机分子的结构(如药物或辅因子)去尝试预测分子间的互作方式。对药物及其靶点分子间结构相互作用的研究常常起到深入了解药物作用机制的关键作用。评估此类相互作用最可靠的方式是使用实验方法破解药物-靶点复合物的结构。并且,这些实验方法费用非常昂贵,所以计算方法扮演了重要的角色。通常,我们能够评估药物分子的物理化学性质并能够在靶点上找到它们互补的区域。如带高负电的药物分子会比较喜欢与靶点上带正电特性的口袋区结合。

对功能的预测常常使用序列或结构的相似矩阵并根据与已知功能分子的相似性赋予新功能。这些方法一般能够猜到全部基因中大约 60%～80% 基因的功能,但即使对于那些能够被预测到的基因也都在精确的功能细节方面遗留下相当大的不确定性,而其余基因不确定性更大。

### 22.4.4　基因表达数据聚类

基因表达数据的分析经常从表达数据聚类开始。通常一个实验会被表示成为一个很大的表,其中行代表每个芯片上的基因,列代表不同的实验(可能是时间点不同或者不同的实验条件),在每个单元中是由红绿色荧光强度比值所表示的基因的实验结果。由此,每一行都可以被理解为一个表示关于某个特定基因在实验中结果的数值向量。于是可以应用聚类来检测哪些基因表达相似。被相似的表达谱联系起来的基因往往在功能上相关联。例如,当一个细胞被饥饿(禁食)处理,在细胞预期蛋白质产量降低情况下,核糖体基因通常会表达下调。类似的,

---

① http://www.cgl.ucsf.edu/Research/minrms/

使用这种方法也能够比较容易的检测到与肿瘤进展相关的基因,使基因表达实验成为癌症研究中一项有效的检测(Guo,2003,综述)。为了聚类表达数据,必须计算一个距离矩阵以比较一个基因的表达谱与另一个基因的表达谱。如果向量数据是一列数值,可以使用欧氏距离或相关距离。如果数据是更为复杂的,则可以使用更为精巧的距离矩阵。聚类算法总归于两类:有监督的和无监督的。有监督的学习方法需要事先拥有数据的知识。通常,这种方法从选择一部分代表不同数据群体的谱开始,而后聚类方法将每一个基因关联到与其最相似的代表谱上去。无监督方法应用得更多,这是因为这些方法不需要数据的知识且可以自动地执行。

无监督方法包括两种:层次聚类和K-均值聚类。层次聚类法基于基因的表达谱为其构建了一个树状图(或者说一棵树)。此类方法是逐步会聚的,通过迭代地将邻近的邻居合并入同一个类别来工作。第一步经常包括将最近的谱联系起来,为合并的几个谱构建平均谱,而后不断重复指导将整棵树构建起来。K-均值聚类自动构建 $k$ 个类或组。这种算法由随机挑选 $k$ 个代表谱开始。而后依据所采用的距离矩阵的定义,每个基因被联系到与其最接近的代表。而后使用所有成员基因的谱为每个类计算新的质心。通过这一作法,质心或者最接近质心的基因变为这个类的新代表。这个算法随后会不断循环,直到新的质心和原质心在某个阈值范围内。结果得到了 $k$ 个被相似调控的基因组成的组。K-均值算法的一个缺点是必须选定 $k$ 的值。如果 $k$ 太大,逻辑上"正确"的类可能会被分割成碎片;而如果 $k$ 太小,有些类就会合并在一起。检验所选择的 $k$ 是否正确的一种方法是估算任意成员谱到其质心的平均距离。最好选择能使每个类的这个均值都最小化的最低 $k$ 值。K-均值的另一个缺点是不同的初值条件可能造成不同的结果。因此经常需要通过使用不同的起始设置进行多次实验来慎重地检验结果的稳健性(图22.4)。

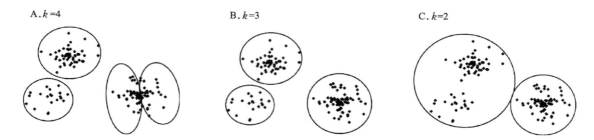

图22.4 使用不同 $k$ 值的K-均值聚类举例。在本例中,$k=3$ 是最合理的

这些算法的临床实用性不可低估。2002年,van't Veer 等(2002)发现基因表达谱能够预测乳腺癌的临床结果。基因表达的全局分析显示一些癌症与不同的预后相联系,而其传统的方式则是无法检测到的。此领域另一项令人兴奋的成果是微阵列表达数据显示分子对已知或潜在治疗药物影响的潜在用途。这种对疾病及其治疗的分子水平的认知将会帮助临床医生获取更多信息并作出更精确的治疗选择。

## 22.5 当前生物信息学应用成果

生物学家以一种令人印象深刻的热情拥抱网络,使从互联网上获得数据成为一种正常而且所期望的处理事务方式。生物学家策划的数以百计的专业数据库成为计算学家非常有价值的资源,他们可以通过这些数据来检验和凝练他们的分析算法。通过标准的互联网搜索引擎,大多数生物数据库可以被检索到并且迅速存取。大量的数据库导致了元数据库的发展,元数据库结合了来自多个专门数据库的信息,避免使用者被现有的复杂数据阵列所困扰。现在有多种方式来完成这个任务。

来自美国国家生物信息中心(NCBI)的 Entrez 系统提供了生物医学文献、蛋白质、核酸序列、大分子、小分子结构和基因组计划链接的整合信息(包括人类基因组计划和决定人类病原体组织及重要实验模式物种序列的测序计划),以这种方式充分利用已有数据资源之间的关系或计算联系[①]。欧洲分子生物学实验室的序列检索系统(Sequence Retrieval System,SRS)通过链接序列,允许在数据库之间进行查询,因此可以评价相对复杂的查询[②]。正在发展中的新技术将通过自动结合信息允许同时检索不同的异质数据库,从而处理需要来自多个数据资源的知识的复杂查询。

### 22.5.1 序列和基因组数据库

必须存储的序列信息的主要类型是 DNA 和蛋白质。GenBank 是最大的 DNA 序列数据库之一,由 NCBI 管理[③]。基因组测序计划使 GenBank 中的数据快速的增

---

[①] 见 http://www3.ncbi.nlm.nih.gov/Entrez/
[②] 见 http://www.lionbioscience.com/solutions/products/srs/
[③] http://www.ncbi.nlm.nih.gov

长。图 22.5 显示了 1982 年以来 GenBank 数据的对数增长趋势。Entrez Gene 可以搜索 GenBank 中的基因,并将它们以便于研究者使用的方式进行展示(图 22.6)。

图 22.5　GenBank 的指数型增长。此图显示自 1982 年至今 GenBank 的碱基数目已经增加了整整五个数量级,并且仍以每 4 年 10 倍的速度增加

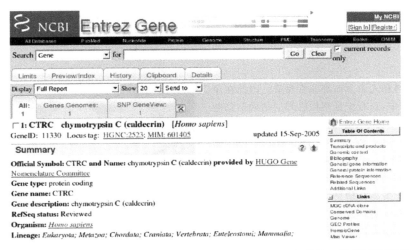

图 22.6　Entrez Gene 中消化酶糜蛋白酶(digestive enzyme chymotrypsin)条目。提供了原报告中的基本信息,序列中关键区域的一些注释以及 DNA 碱基(A、G、T 和 C)的全长序列链接(NCBI 授权)

除了 GenBank 还有各种专业目的的 DNA 数据库,这些专业数据库中的数据被特别的整理、证实及注释。对这些工作的需求表明原始的序列数据必须被慎重说明的程度。GenBank 可以通过许多算法有效的检索,它通常是科学家发现一个新的序列后想确定"这个序列之前是否已经被发现"的第一站。"如果之前已经被发现,那么对于这个序列所知的都是什么?"科学家使用 GenBank 发现 DNA 序列间未曾预料到的关系的案例不断增加,使他们的研究项目通过利用在已有的相似序列信息的帮助下得到进一步飞跃。

加州大学圣克鲁斯(UCSC)基因整合浏览器[①]最近已经成为非常有用的数据库(图 22.7)。这个数据库允许使用者在人类基因组的 UCSC 版本内进行特定序列的搜索。通过相似性搜索工具 BLAT 的支持,使用者可以在人类基因组上快速的发现他们感兴趣序列的注释信息。这些注释信息包括已知的变异(突变体和 SNP)基因,与其他物种的比较图谱及许多其他的重要数据。

## 22.5.2　结构数据库

尽管序列信息能够相对容易的获得,结构信息还依赖昂贵的单一条目基础。用于检测精确分子结构坐标的

---

① http://genome.ucsc.edu/

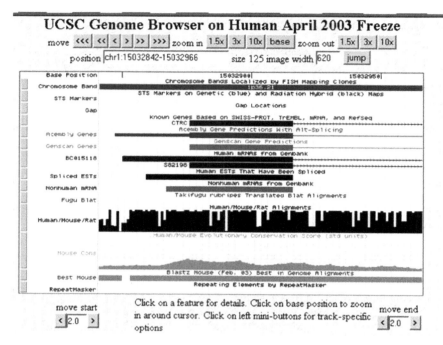

图 22.7 取自加州大学圣克鲁斯基因整合浏览器的截屏,显示胰凝乳蛋白酶的信息。每行代表基因序列的注释。浏览窗口显示人类 15 号染色体上的小片段,类似 A、G、C、T 序列从左到右出现(5′端到 3′端)。注释信息包括基因预测及与老鼠基因组片段的相似性比对信息

实验计划在时间、材料和人力方面都非常昂贵。因此在序列数据所描述的分子中,只有少量结构已知。结构信息的两个主要资源是存储小分子(通常小于 100 个原子)的剑桥结构数据库(Cambridge Structural Database)[①]和存储大分子的 PDB[②](见 22.3.2 节),包括蛋白质、核酸以及这些大分子与小分子(如药物、辅因子和维生素)的结合体。PDB 拥有接近 20 000 条高分辨结构,但这一数字不够准确,因为其中很多都是同一结构体系的较小变异(图 22.8)。如果在数据库中应用算法过滤冗余的结构,只有少于 2000 条结构能够留下。

人类有接近 100 000 个蛋白,因而还有大量的结构仍然未知(Burley and Bonanno,2002;Gerstein etal.,2003)。在 PDB 中,每条结构都报告了它的生物学来源、参考信息、人工注释的有价值特性以及分子内每个原子的直角坐标。给定分子三维结构,有时功能就变得清晰了。例如,药物甲氨蝶呤与其生物靶点相互作用的方式已详细研究了二十年。甲氨蝶呤用于治疗癌症和风湿性疾病,是二氢叶酸还原酶的一种抑制剂,该蛋白质是对细胞繁殖非常重要的一种分子。二氢叶酸还原酶的三维结构已经破解多年,因而能够对诸如甲氨蝶呤类的小分子在原子水平上以何种方式相互作用进行细致的研究。随着 PDB 规模的扩大,考虑生物结构的组织原则变得重要起来。SCOP[③]

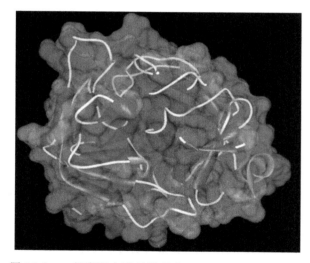

图 22.8 一幅糜蛋白酶结构程序显示图,这里显示了两个完全相同的亚基相互作用。蛋白骨架的红色部分显示 α 螺旋区域,蓝色部分显示 β 螺旋区域,白色表示连接线圈,而分子表面覆盖着灰色。由于数以千计的原子间空间关系的复杂性,对糜蛋白酶中所有原子的详细渲染可能使这幅图像难以显示

---

① http://www.ccdc.cam.ac.uk/
② http://www.rcsb.org/
③ 见 http://scop.mrc-lmb.cam.ac.uk/scop/

提供了基于蛋白质整体结构特性的分类。这为访问 PDB 记录提供了一项有用的方法。

### 22.5.3 生物学通路分析和对疾病过程的理解

ECOCYC 计划是拥有关于生物化学通路全面信息的计算机资源中的一个例子①。ECOCYC 是关于大肠杆菌(E. coli)代谢能力的一个知识库。它不仅提供了大肠杆菌基因组中所有的酶和它们所作用的化合物,也提供了从这些酶到它们在基因组上位置的链接以提供进入这些信息的有用的界面。ECOCYC 中的通路网络提供了一套优秀的基底,在其上可以构建有益的应用。例如,它们可以提供:①通过序列相似性评估新蛋白质与大肠杆菌基因相似性,以猜测新蛋白质功能的能力;②检测当一个通路中重要的组成部分被移除时生物体会发生哪些反应的能力(其他通路是否会创建所需的功能或者生物体会失去一项必不可少的功能而死去);③为有关大肠杆菌代谢的文献提供一套丰富的用户界面的能力。类似的,京都基因与基因组百科全书(Kyoto Encyclopedia of Genes and Genomes,KEGG)提供了各种物种基因组的通路数据集②。

### 22.5.4 后基因组学数据库

后基因组学数据库在分子生物学数据库与重要的临床需求的缺口间构架了桥梁。在线人类孟德尔遗传数据库(Online Mendelian Inheritance in Man,OMIM)③是后基因组学数据库中的一个优秀例子,该数据库收集了已知的人类基因和遗传疾病,同时包括生物学家对单个遗传疾病了解状态的手工注释。每个条目包括到有特定目的的数据库的链接,因而在临床症状与基础生物学机制间提供了链接(图 22.9)。

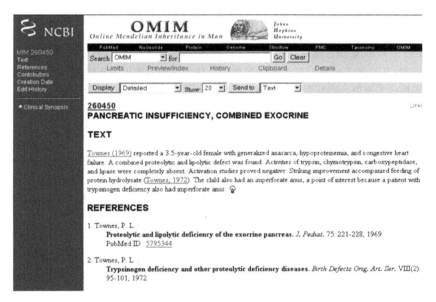

图 22.9 在线人类孟德尔遗传(OMIM)数据库屏幕显示了一条关于胰腺功能不全的条目,这是一种常染色体隐性遗传病,糜蛋白酶(图 22.2 显示了它的 LocusLink 条目)完全缺失(一些其他消化酶也是一样)。(NCBI 授权)

SMD 是另一个非常有用的后基因组学数据库,但也面临一些重大的挑战。正如前文很多章节里讨论的一样,表达数据经常表示为一个数据值的向量。除了比值数据,SMD 还存储了单个芯片的图像以及完整的基因点注释(见图 22.1)。此外,SMD 还必然存储实验条件、实验类型和协议,以及其他与实验有关系的数据。在这个独一的数据源中存储的不同实验上可以执行任意的分析。

数据库的相互连接是生物信息学中一个重大的挑战。随着生物学数据库的激增,研究者越来越有兴趣将它们链接在一起以支持更复杂的信息需求。因为从 DNA 序列到蛋白质结构之间的紧密联系(一个直接的翻译),这些链接有些是很自然的。而由于数据库中相关数据词条的语义含混不清,或由于链接特定类型数据的良好方法还不存在,其他链接则较为困难。例如,理想条件下一条蛋白质序列应当链接到一个包含这条序列功能信息的数据库。不幸的是,即便有很多关于蛋白质功能的数据库,仅仅依赖序列信息来指定一个蛋白质的功能是很不容易的事情,所以数据库受到了生物学家所了解的生物学缺失的限制。最近在链接 NCBI Entrez/PubMed

---

① http://www.ecocyc.org/
② http://www.genome.ad.jp/kegg/
③ http://www3.ncbi.nlm.nih.gov/omim/

系统①、SRS 资源②、DiscoveryLink③ 和 Biokleisli 计划④方面,已开展了一些整合不同的生物数据库的优秀工作。

## 22.6 生物信息学与临床信息学结合的未来挑战

人类基因组测序计划将在十年之内完成,而如果生物信息学存在的理由仅仅是支持这项计划,那么这个学科还没有真正建立起来。如果我们能够发现一组下一代研究所面对的挑战,那么我们能够更加容易地断言这一领域的学科地位。幸运的是,还有一系列挑战,对它们而言,第一套人类基因组测序的完成还仅仅是开始。

### 22.6.1 多样性人类基因组序列的完成

随着人们得到第一套人类基因组数据,研究遗传在人类疾病中作用的可能性也随之迅速增加。而一个新的挑战马上出现:从患者身上收集个体的序列数据。研究者估计人类 DNA 序列中有超过 99% 是完全相同的,但是其余的序列是不同的,并且是造成我们对疾病的敏感性和发展状态呈现多样化的原因。我们有理由相信对特定的疾病症状,患者个体详细的遗传信息会提供有价值的信息,足以使我们量体制定个性化的治疗方案,并能做出更准确的预后。但在目前,在获取、组织、分析和使用此类信息方面还存在一些显著的问题。

### 22.6.2 分子信息与症状、症候和患者的联系

当前我们对疾病过程的认知还存在缺失。即使我们对一小组分子相互作用的原则有着较好的理解,我们还不能完整的解释数以千计的分子如何在一个细胞内相互作用,并生成各种正常和不正常的生理状态。随着数据库持续积累从患者特异的数据到基础遗传信息的各类信息,一个重要的挑战是创建这些数据库间的概念联系以创建一套从分子水平信息到宏观现象的审计线索,正如在疾病中所清楚显示的。获得这些联系将会促进未来研究中重要靶点的检测并且为生物医学知识提供一个框架,以保证那些重要文献不会在不断增加的卷册发表数据中丢失。

### 22.6.3 生物医学文献的计算机表示

生物学实验数据与报告它们的出版论文间的联系是生物信息学内的一个重要机遇。生物文献的电子出版物使科学家更容易地获取数据。已经有一些特定类型的大量产生的简单数据将包含在提交出版的文献中,包括需要存储在 GenBank 中的新序列以及存储在 PDB 中的新结构坐标。然而,由于数据比存储在 GenBank 和 PDB 中的数据错综复杂,或由于数据的产生量还不足以填充专门的相关领域数据库,还有很多其他实验数据源很难以一种标准方式提供。但是,知识库技术可以用于代表多种类型的高度相关数据。

知识库可以以多种方式定义(见第 20 章)。按照我们的目的,我们可以认为它们是一类具有以下特征的数据库:①表的数目与每张表内记录条目数的比值要比通常的数据库大;②单独的条目(或记录)拥有唯一的名字;③一条记录中很多字段的值是其他记录的名字,因而生成了高度相互链接的概念网络。知识库的结构经常导致唯一的存储和检索其内容的策略。要为存储生物学实验信息而建立一个知识库,需要注意以下事项。第一,必须定义要被建模的实验集合。第二,每个要被记录在知识库内的实验的关键属性必须详尽说明。第三,每个属性的合法值集合必须详尽说明,通常可以通过为基本数据创建一个可控的术语,或通过详细说明可能在知识库内作为值的以知识为基础的条目的类型。

此类方案的发展必然需要建立术语标准,正如在临床信息学中一样。RiboWeb 计划正在 RNA 生物学领域从事这一任务(Chen et al.,1997)。RiboWeb 是一个核糖体建模协作工具,在其中心有一个关于核糖体结构的文献知识库。RiboWeb 将标准的参考书目与总结每篇文章所报告的关键实验发现的条目链接在一起。对于每种能够执行的实验,关键属性必须详细说明。如一个交联实验是指将一个包括两个高度易反应的化学基团的小分子添加到其他分子所组成的混合物中的实验。易反应基团将它们自身与混合物中的两个脆弱部分联系起来。由于这个分子很小,这两个脆弱区域距离彼此不可能比小分子的最大伸展长度更远。关于结果反应的分析提供了混合物中一部分与另一部分"接近"的信息。这个实验可能与一些性质一起被正式的总结。如实验中的靶点、交联部分和交联剂。

由于需要创建合适的结构而且需要为每篇出版论文生成必要的内容,在出版文献和基本数据间建立链接的任务是困难的。最实际的想法是生物学家在书写和提交他们的论文时会一并带上他们计划添加到知识库上的条目。由此,知识库将会变成一个不断增长的科学知识公共仓库。此工作的评论者将会检查知识基础的元素,可能还会运行一组自动的一致性检查,并且如果他们认为这篇论文具有足够的科学价值,还允许对知识库进行修正。RiboWeb 原型形式可以通过网络访问⑤。

---

① http://www.ncbi.nlm.nih.gov/PubMed/
② http://srs.embl-heidelberg.de:8000/
③ http://www.research.ibm.com/journal/sj/402/haas.html
④ http://www.geneticxchange.com/
⑤ http://smi-web.stanford.edu/projects/helix/riboweb.html

## 22.6.4 完整的生理学计算模型

计算生物学和生物信息学的一个最令人兴奋的目标是创建一个统一的生理学计算模型。想象一个计算机程序能够提供详尽的人体仿真。这个仿真将是一个复杂的数学模型,其中每个器官系统的所有分子细节都可以足够详细的表现,以回答人们复杂的"如果……会怎么样"的问题。例如,一款新的治疗药剂能够引入到这个系统,于是它对每个器官子系统以及它们的细胞器的影响都会被检测。其副作用、可能的毒性,甚至包括此药剂的药效都能够在实验室动物或人类对象开始试验之前通过计算评估出来。这个模型可能与可视图像联系起来以允许各年级的医学教学从我们对生理学过程的详细理解中获益——可视图像将可以是解剖学的(在哪里)也可以是功能性的(做什么)。最终,这个模型将会提供进入人类遗传学和生物学知识的接口。还有什么能够比既能从宏观也能从微观水平详细浏览的公认的人体结构有更自然的用户界面来探索生理学、解剖学、遗传学和生物化学呢?一旦发现有趣的部分,它们将能够被选定,而且用户也能得到可获得的文献。

## 22.7 结论

生物信息学与临床信息学紧密的连接在一起。它根据对生物系统的分解还原观点而改变着关注的重点,从序列信息开始并转向结构和功能信息。基因组测序计划的出现和测量细胞内代谢过程的新技术开始允许生物信息学家形成一套更加综合的观点来看待生物学过程,它将补充整个有机体的自上而下的临床信息学方法。更重要的是,由于生物信息学和临床信息学都关注于表示、存储和分析生物学数据,它们之间能够共享很多技术。这些技术包括标准术语的创建和管理、数据的表示、异质数据库的整合、生物医学文献的组织和搜索、提取新知识的机器学习技术的使用、生物过程的仿真以及以知识为基础的系统的创建以支持这两个领域的先进从业者。

## 推荐读物

Altman R. B., Dunker A. K., Hunter L., Klein T. E. (2003). Pacific Symposium on Biocomputing'03. Singapore: World Scientific Publishing.

这是生物信息学最重要的会议之一的会议文集,是一个最新的研究报告的优秀资源。其他重要的会议包括那些由国际计算生物学协会(International Society for Computational Biology, ISCB, http://www.iscb.org/)赞助的会议、分子生物学智能系统(Intelligent Systems for Molecular Biology, ISMB, http://iscb.org/conferences.shtml.35)和计算生物学 RECOMB 会议(http://www.ctw-congress.de/recomb/)。ISMB 和 PSB 在 Medline 上有会议索引。

Baldi P., Brunak S. (1998). Bioinformatics: The Machine Learning Approach. Cambridge, MA: MIT Press.

这本针对生物信息学领域简介的书关注于统计和人工智能在机器学习中的应用。

Baldi P., Hatfield, G. W. (2002). DNA Microarrays and Gene Expression. Cambridge: Cambridge University Press.

介绍了不同的微阵列技术以及它们应被如何分析。

Bishop M., Rawlings C. (Eds.) (1997). DNA and Protein Sequence Analysis—A Practical Approach. New York: IRL Press at Oxford University Press.

本书为有兴趣但只有限的计算机经验的生物学家介绍序列分析。

Durbin R., Eddy R., Krogh A., Mitchison G. (1998). Biological Sequence Analysis: Probabilistic Models of Proteins and Nucleic Acids. Cambridge: Cambridge University Press.

此编辑集极好地介绍了用于比对、多重比对和分析的序列概率表示方法。

Gribskov M., Devereux J. (1991). Sequence Analysis Primer. New York: Stockton Press.

此入门书介绍了序列分析中使用的基本方法,包括动态规划和序列比对。

Gusfield D. (1997). Algorithms on Strings, Trees and Sequences: Computer Science and Computational Biology. Cambridge: Cambridge University Press.

Gusfield 的书极好的介绍了对序列和字符串进行分析的算法。并且特别涉及了生物序列分析问题。

Hunter L. (1993). Artificial Intelligence and Molecular Biology. Menlo Park, CA: AAAI Press/MIT Press.

此册显示了多种人工智能技术应用于解决生物学问题的方式。

Malcolm S., Goodship, J. (Eds.) (2001) Genotype to Phenotype (2nd ed.). Oxford: BIOS Scientific Publishers.

此册阐述了在理解疾病如何与基因联系方面的不同成果。

Salzberg S., Searls D., Kasif S. (Eds.) (1998). Computational Methods in Molecular Biology. New York: Elsevier Science.

此册收集了生物信息学方面的最新工作进展。

Setubal J., Medianis J. (1997). Introduction to Computational Molecular Biology. Boston: PWS Publishing.

这本生物信息学书籍主要面向计算机科学家。

Stryer L. (1995). Biochemistry. New York: W. H. Freeman.

这本由 Stryer 撰写的教材写得很好,有图解并定期更新。它提供了对分子生物学和生物化学基础的优秀介绍。

## 问题讨论

1. 未来生物信息学与医学信息学将以何种方式相互作用？两个研究领域的研究内容是否会融合，还是它们将永远保持分离？

2. DNA 或蛋白质序列信息是否会改变未来医学记录管理方式？哪种系统受到的影响最大（实验室、放射学、入院及出院、财政、订单录入）？

3. 临床信息学和生物信息学被认为是针对同一问题进行工作，但在不同的领域一个学科比另一个进步更快。找出三个常见主题。描述每个学科如何应对这些问题。

4. 为什么临床信息学专业人员需要了解生物信息学？一本临床信息学教材书中是否应该有关于生物信息学的一章？解释你的回答。

5. 将计算机引入临床医学的一项重要问题是对医生和其他医疗人员巨大的时间和资源压力。同样的问题在基础生物医学研究中是否也存在？

6. 为什么生物学家和生物信息学家如此快的就将网站视为发布数据的工具，而临床医生和临床信息学家却在在线发布其基础数据时犹豫再三？

# 第三部分

# 未来的生物医学信息学

# 第 23 章 医疗保健财政与信息技术:历史回顾

**阅读本章后,您应对下列问题有所了解:**

- 从 20 世纪 70 年代到 80 年代,医疗保险怎样促进医疗开支快速增长?在 20 世纪 90 年代中期,什么帮助遏制了医疗开支增长?在 20 世纪 90 年代后期和 21 世纪初期,哪些新旧原因又促使医疗保健开支加速增长?
- 医疗保健财政如何影响医疗保健信息技术发展?
- 健康维护组织(HMO)、预付诊金集体医疗、优先提供者组织(PPO)、点式医疗服务计划(POS)和高免赔额计划分别是什么?这些团体如何鼓励降低医疗成本?
- 雇主和管理式医疗保健组织如何提高医疗质量,如何降低医疗开支?
- 财政规划和激励机制的改变如何影响医疗保健信息技术的发展和应用?
- 医疗保健信息系统怎样帮助医疗保健机构应对不断变化的金融环境?

## 23.1 引言

为什么一本关于计算机在医学领域应用的书中包含一章关于医疗保健财政和服务的内容?一般而言,财政是决定医疗保健服务机构的一个重要因素。同样,财政又可能是医学信息领域发展最重要的一个独立驱动因素。

医院和其他医疗保健机构要更有效地提供医疗服务、更高效地产生和利用医疗信息、能以最佳方案处理一系列复杂的医疗赔偿问题。随着这些压力的增大,财政问题对于医学信息学的研究越来越重要。信息技术已经成为这些功能的必要部分,收集、利用数据和提供信息的新途径将对医疗保健机构应对越来越具挑战性的金融环境的能力产生深远影响。

本章概述了美国医疗保健的经济情况,描述了医疗保健机构如何获得医疗服务补偿,叙述了 20 世纪 80 年代、90 年代和 21 世纪的几十年中,公共、私营医疗保健财政和医疗服务系统怎样通过一系列公共和私人尝试性改革,从开放式的消费时代演化到目前的财政和组织形式。本章剩余部分探究了医疗保健财政、医疗保健服务和医疗保健信息技术三者之间的关系,阐述了医疗保健财政的变化对医疗保健信息技术可能产生的影响及如何影响信息技术的引入和应用,还考察了新的信息技术对医疗保健服务、管理和行政职能可能产生的影响,最后以认可医疗保健机构在实现和获取技术创新带来的价值的同时要面对的挑战结束。

## 23.2 无限制的消费时代

1960~1980 年这段时间,医疗保健领域被描述为无限制的财政时代。在这二十年中,美国医疗保健开支从约 270 亿美元增长到约 2500 亿美元,从约占国内生产总值(GDP)5% 增长到约 9%(表 23.1)。公共部门在医疗保健上的开支从 66 亿美元增长到约 1050 亿美元。私人医疗保险费总额从 12 亿美元增长到 121 亿美元。我们在这部分回顾,随着医疗保健成本在这 20 年内急剧增长,患者支付医疗费的方式发生了哪些变化。

**表 23.1 全国医疗开支(NHE)[a]**

| 分类 | 1960 年 | 1970 年 | 1980 年 | 1990 年 | 1993 年 | 1999 年 | 2000 年 | 2001 年 |
|---|---|---|---|---|---|---|---|---|
| 全国医疗开支/10 亿美元 | 26.9 | 73.1 | 245.8 | 696.0 | 888.1 | 1 219.7 | 1 310.0 | 1 424.5 |
| 公共/10 亿美元 | 6.6 | 27.6 | 104.8 | 282.5 | 390.4 | 550.0 | 591.3 | 646.7 |
| 私营/10 亿美元 | 20.2 | 45.4 | 140.9 | 413.5 | 497.7 | 669.7 | 718.7 | 777.9 |
| 私人医疗保险/10 亿美元 | 1.2 | 2.8 | 12.1 | 40.0 | 53.3 | 73.3 | 80.7 | 89.7 |
| NHE/GDP/% | 5.1 | 7.0 | 8.8 | 12.0 | 13.4 | 13.2 | 13.3 | 14.1 |
| NHE 年均百分比变化/% | — | 10.5 | 12.9 | 11.0 | 8.5 | 5.4 | 7.4 | 8.7 |
| GDP/10 亿美元 | 527 | 1 040 | 2 796 | 5 803 | 6 642 | 9 274 | 9 825 | 10 082 |
| GDP 年均百分比变化/% | — | 7.0 | 10.4 | 7.6 | 4.6 | 5.7 | 5.9 | 3.6 |

a. 表 23.1 显示了 NHE 急剧增长及它与 GDP 增长的关系(资料来源:HCFA Office of the Actuary;National Health Statistics. Levit K. [2001]. Trends in U. S. Health Spending,2001,Health Affairs,January/February 2003)。

### 23.2.1 私人(雇主支付)医疗保险

虽然现代医疗保险的前身始于 20 世纪,在 30 年代成形,但是直到第二次世界大战,美国的医疗保险才形成规模。1940 年约 1200 万人有医疗保险,到 1950 年近 7700 万人有医疗保险(图 23.1),其中多数由雇主投保。有些因素促进了医疗保险的发展。劳资谈判就是一个重要因素,工会领导认为雇主支付医疗保险是一项有吸引力的谈判项目。没有工会的雇主通常也愿意支付这项保险,希望以此避免可能形成的工会不满。最重要的影响因素也许是雇主支付的医疗保险不包含在雇员的应税收入内,也就是说,医疗保险是一种免税补偿形式。在20世纪50年代,医疗保险作为一种附带福利继续快速增长,1959年制定法律以使其覆盖所有联邦雇员,到1960年覆盖约12300万人(至少补偿住院费)。

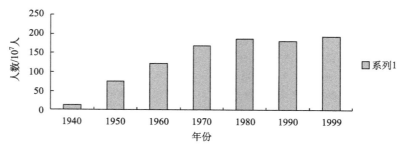

图23.1 私人医疗保险覆盖的人数。经过许多有利的激励措施,医疗保险在第二次世界大战后变得流行

(资料来源:Health Insurance Association of America)

在此期间,医疗保险大致分为两种类型:商业保险和福利计划。商业保险由商业保险公司以意外保险的模式提供赔偿保险。一般形式是按规定金额支付住院一天的医疗费或每台手术的费用。商业保险公司与医疗服务提供者间不存在合同关系。他们是作为集体的人寿保险和伤残保险的一部分来补偿患者的医疗费。随着时间流逝,医疗保险的覆盖范围变得更大。受大宗医疗保险支持,通常在患者支付规定金额或免赔额后,大宗医疗保险支付患者全部医疗费的80%。

另一类医疗保险被称为福利计划,由蓝十字和蓝盾支持。蓝十字计划是医院协会赞助的独立的地方性非盈利保险公司,蓝盾计划由医学协会赞助。这些组织的创建目的是为了确保以医疗服务提供者最能接受的方式向他们提供补偿费,医疗服务提供方可以选择费用报销、按账单费用向医院付款或按服务项目向医生付款(FFS)。大多数医院和医生参加了蓝十字和蓝盾(简称布鲁斯)。前一种情况,通常意味着医院通过对其他承运组织保障的患者收取的费用,给蓝十字打折。后一种情况,通常意味着医生将同意接受蓝盾的付款为全部医疗费。

这些保险系统有些共有特征。第一,在通常、习惯和合理的费用基础上补偿提供服务的医生,在账单费用或回顾成本补偿的基础上付款给医院。所以,没有让医疗服务提供者承担医疗总成本的责任,没有激励其分析、控制成本。相反,无论更多的医疗服务对于患者是否必要、有用,提供更多医疗服务的供应者都会得到更多补偿。如果支出超过保费收入,他们会提高将来的保费以补足差额。第二,这些保险机制基于的原则是:无论何时,患者都有选择医疗服务提供者的绝对自由。甚至承保人妨碍患者自由选择医疗服务提供者是违反法律的。在这样的制度下,承保人无权与医疗服务提供者讨价还价,所以不能控制医疗价格和医疗成本。第三,这些财政系统一般覆盖集团的全体员工,所以,他们不是在雇员个人选择医疗保健—金融计划的情况下作为竞争者产生的。

在无限制的消费时代,私人医疗保险覆盖的人数和范围都明显增长。在联邦税法、州税法的鼓励下,受私人医疗保险保护的人数从1960年12 300万增加到1980年18 700万(图23.1)。始于20世纪60年代末,在70年代加剧的通货膨胀,将人们推向越来越高的所得税框架。随着这个转变的发生,越来越多雇主和雇员赞同雇主在税前支付全面的医疗保险而不是将相同数目的现金付给雇员再让他们在税后自己去交保险费。

到1980年,通过计算收入和薪资税,发现一个普通纳税人进入约40%的边际税支架。也就是说,一个普通纳税人最终挣得的钱中,约40%变成了联邦和州的收入和薪资税。1981年,医疗保险的税收补贴(雇主用非税金给雇员购买保险)花掉联邦政府预定税收约200亿美元(图23.2)。同样的补贴持续到现在,但是通过计算发现,这项补贴使联邦2001年税收减少了1200亿美元(Congressional Budget Office, Budget Options, February 2001)。

20世纪70年代,高利率使得大雇主进行自我保险更具优势。因为在支付账单之前,保费会有3、4个月的时间储存在保险公司内。越来越多大雇主决定直接支付雇员的账单,雇佣保险公司进行索赔处理或只提供管理服务(ASO)或为那些灾难性事故购买保险。1974年颁布的《雇员退休收入保障法》(ERISA)将这些繁重昂贵的自我保险计划从州政府对保险业的调控中免除。实际上,自保意味着雇主直接接管了医疗保险的功能和风险。虽然对大雇主更可行,但保险或限定亏损覆盖(将重大事故的风险转移到保险公司)的存在,使小雇主也可以进行自我保险。2002年,自保的常规补偿计划覆盖全体雇员约66%,包括有200~999个员工的公司中62%的雇员和有3~199个员工的公司中12%的雇员(图23.3)。

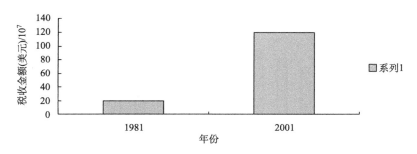

图 23.2　既定联邦税收。通过允许雇主购买免税医疗保险,政府放弃了数万上亿美元的税收(资料来源:Ginsburg P.[1982].Containing Medical Care Costs Through Market Forces,and Congressional Budget Office[2001] Budget Options)

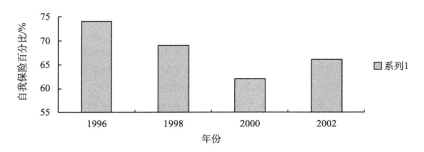

图 23.3　1996～2002年,部分或完全自我保险的常规计划覆盖工人的百分比。为实现从保险费的利息中获利而不是将其交给保险公司,也为避免州政府的调控,许多雇主选择自我保险(资料来源:The Kaiser Family Foundation and Health Research and Educational Trust[2002]. Employer Health Benefits)

对于医疗保健财政中私营部门的按服务项目收费体制,最重要的例外是预付诊金集体医疗(其成员提前缴纳一年的医疗费,在之后一年内接受综合性医疗服务)。1960年,预付集体医疗费用的人数较少,全国仅约100万人。该计划的重要性在于其基于的理念。Kaiser Permanente是其中最大最成功的机构,它采用了以下原则(Somers,1971):

- 多专业联合行医
- 住院部和门诊部设施整合
- 直接向医疗机构预交费用
- 经济学逆转:如果患者保持健康或其医疗问题被快速解决,医疗服务提供者会得到更多的钱
- 自愿参保:所有的参保人都可以从竞争的供选方案中选择参保
- 医生对医疗质量和医疗成本负责

自愿参保原则是各种医疗保健财政和服务计划之间竞争的开始(到20世纪80年代中期变得流行)。直接预交医疗费除能反映医疗机构的总体实力,还能反映参保人群存在的健康风险和健康问题。其激励作用与按服务项目付费体制的经济激励作用相反,在直接预缴医疗费体制下,医生通过保持患者健康和快速高效的诊断,解决患者的医疗问题获得奖励。被看做是传统医疗系统主要盈利项目的第三期医疗(通常在区域转诊中心进行的开胸手术,器官移植等),在新模式下变成成本中心。传统模式下,床位占用是成功的标志,但新模式鼓励最少地使用床位。理论上,直接预缴医疗费使医疗服务提供者对医疗成本和低质量医疗负责;若因医疗差错,导致并发症和更多治疗,是由医疗服务提供者,而非保险公司或患者,支付额外成本。

### 23.2.2　公共保险

1965年美国国会颁布的社会保障法中第18条和第19条规定了老年保健医疗制和医疗补助制度。老年保健医疗制是联邦针对社会保障退休者的老年保健医疗规划项目。1972年,立法将长期残疾者和患有慢性肾衰竭的患者纳入其中。到1980年,老年保健医疗制覆盖2550万老年人和300万残疾人(图23.4)。

老年保健医疗制与蓝十字和蓝盾计划基于相同的支付原则:向医院、医生补偿合理的成本、费用。不限制患者自由选择医疗服务提供者。所以老年保健医疗制受益人不会因为去便宜的医院而得到经济好处。老年保健医疗制向受保障的患者提供一定的免赔额和共同保险。例如,自2003年起,在老年保健医疗制下,住院患者支付的是接近每日津贴率下在普通医院一天花费的免赔额。缴纳年免赔额后,老年保健医疗制支付80%普通医疗费,患者负责剩余部分。共同保险就是老年保健医疗受益人本意识减弱,因为近90%的老年保健医疗受益人有一定

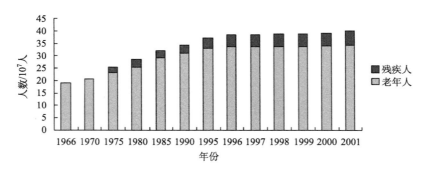

图 23.4 老年保健医疗制登记人数的增长。随着老年保健医疗制计划的施行,美国老年人获得医疗保健得到保障。(资料来源:Centers for Medicare and Medicaid Services,"Medicare Enrollment: National Trends 1966-2003" available at http://www.cms.hhs.gov/statistics/enrollment/natl-trends/default.asp, accessed September 15,2005.)

形式的补充保险,这抵消或消除了老年保健医疗的费用分摊所激励的费用敏感性。在有补充保险覆盖的人群中,有72%拥有雇主赞助或个人购买的私人补充保险,用来帮助支付共同保险或免赔额。另27%受私人或健康维持组织(HMO)覆盖,通常情况下,健康维持组织提供综合福利和低现款支付(out-of-pocket)成本。最后,有9%拥有补充保险的受益人被认为经济状况低于联邦定义的贫困线,所以也受医疗补助共同覆盖,他们不用承担共同保险和没有免赔额(Medicare Current Beneficiary Survey,1999)。医疗补助制度是联邦拨款帮助各州向福利接受者和其他类似福利接受者(在福利类别内,但超过福利收入线)支付医疗费的一个方案。但贫困线以下的人口中只有1/2受到医疗补助的救助。例如,给贫困成人提供医疗保健服务仍然是当地县级政府的责任。联邦政府制定了详细的医疗补助标准,规定一个州的医疗补助方案必须符合联邦补贴资格。联邦政府依据州人均收入情况支付一部分医疗开支(至少50%,自2001年平均57%)。像老年保健医疗制那样,医疗补助依据的原则是按服务项目支付、成本报销、自由选择医疗保健服务提供者。但是,因为补偿额低,许多医生选择不参加医疗补助。

为了减缓联邦和州用于老年保健医疗和医疗补助的财政支出增长速度,在20世纪70年代联邦政府推行了很多调控限制,但收效甚微。调控限制的例子包括医院每日常规医疗补偿限制制度;创立被称为职业标准审查机构(PSRO)的地方性非盈利医生组织以评定老年保健医疗和医疗补助服务;拒绝向不必要的服务付款;试图以工资指标来控制医生补偿费的增长。但这些限制没有起作用,在20世纪70年代,老年保健医疗和医疗补助财政支出每年增加约17%。

## 23.3 20世纪80~90年代医疗保健支出的增长和改革策略

在信息技术和医疗技术的推动下,20世纪80年代,按服务项目收费模式刺激医疗花费持续以比通货膨胀快的速度增长。全国医疗保健开支从1980年占国内生产总值近9%增至1990年的12%,从近2500亿美元增至近7000亿美元,平均每年增长11%(表23.1)。私人部门在医疗保健上的开支从约1410亿美元增至约4135亿美元,公共部门从约1050亿美元增至2825亿美元。从1980年到1990年,老年保健医疗开支从374亿美元增长到1102亿美元,每年增长11.4%(表23.2),医疗补助开支从260亿美元增至736亿美元,每年增长11%。与之相比,1980年到1990年国内生产总值每年增长约7.6%。

尽管公共部门和私营部门面临相似的问题,但他们的应对策略不同。议员试图通过在保留按服务项目收费的奖励机制完整的情况下改变现存方案来控制老年保健医疗和医疗补助开支,而私人部门的购买者更愿意接受有内在激励作用的预付诊金集体医疗模式。

### 23.3.1 公共部门改革

20世纪80年代初,财政压力导致了立法活动。立法的目的是将政府无限制、对成本无意识的回顾性支付方式改变为提高医疗服务提供者的医疗支出财政风险模式。最显著的改变是采用预先支付和限制对医疗服务提供者的选择,尤其对医疗救助计划。然而,这些努力普遍不成功。

1981年的统括预算调整法(OBRA,1981)包含许多老年保健医疗和医疗救助方面的改变。其中在医疗救助上有两个改变尤为显著。第一,联邦分配给各州的配比支付款额减少。如果各州采取一定措施控制成本就可以避免部分支付减少。第二,为控制成本国会在批准各州

表 23.2　老年保健医疗和医疗救助开支合计（10亿/年）[a]

| 分类 | 1960[b] | 1970[c] | 1980 | 1990 | 1993 | 1999 | 2000 | 2001 |
|---|---|---|---|---|---|---|---|---|
| 老年保健医疗 | NA | 7.7 | 37.4 | 110.2 | 148.3 | 213.6 | 224.4 | 241.9 |
| 老年保健医疗年均变化百分比/% | NA | NA | 17.1 | 11.4 | 10.4 | 6.3 | 5.1 | 7.8 |
| 医疗救助[d] | NA | 5.2 | 26.0 | 73.6 | 121.6 | 186.0 | 202.4 | 224.2 |
| 医疗救助年均变化百分比/% | NA | NA | 17.5 | 11.0 | 18.2 | 7.3 | 8.8 | 10.8 |
| GDP 年均变化百分比/% | NA | 7.0 | 10.4 | 7.6 | 4.6 | 5.7 | 5.9 | 3.6 |

a. 除了 2000 年，老年保健医疗和医疗救助开支每年的增长速度都比国内生产总值（GDP）快。
b. NA 代表不适应；1996 年 7 月老年保健医疗和医疗救助开始起作用。
c. 1960～1970 年，平均每年增长。
d. 包括国家儿童保险计划（第 21 条）。
资料来源：HCFA Office of the Actuary：National Health Statistics Group. Levit, K. (2003). Trends in U. S. Health Spending, 2001, Health Affairs, January/February 2003.

更改医疗补助项目时更加慎重。尤其是法律规定，只有健康与公众服务（HHS）部长才可以放弃医疗救助法律中自由选择医疗服务提供者的规定，然后才允许各州选择供应商进行承包。这种灵活性使某些州，如加利福尼亚州制定法律，要求本州的医疗救助项目在价格的基础上选择对象，并寻求医院竞争性投标。

1982 年税收公平和财政责任法案（TEFRA）就老年保健医疗提出两条限制包含全部病例总开支方式的新条款。第一，在每个病例开支的基础上限制住院患者总开支，根据各医院轻重病例的比例做相应调整。第二，在工资指标和医院价格的基础上，限制各医院每个病例开支的增长速度。这部法律还规定，老年保健医疗可以与健康维持组织或其他有竞争性的医疗保险计划签订合同，为其收益人提供医疗服务。老年保健医疗以固定的预期按人头支付额为基础向这些计划付款，相当于按服务项目收费，治疗相似疾病一般每人花费调整后的 95%。

在 1983 年的社会保障修订案中，国会针对享受老年保健医疗的住院患者，制定了预先支付制度（PPS）。在预付制度中，老年保健医疗按每个病例全国统一固定的金额（根据约 468 个诊断相关组）付给医院，根据地区医院工资水平作相应调整。凭经验产生诊断相关组（DRG）分类系统，将诊断归为一组的基础是：主要诊断种类、二级诊断、手术操作、年龄和所需服务的类型。建立诊断相关组分类系统的目的是从资源利用的观点出发，分出同质组。同质组内平均住院时间应该相似。预付制度使医院负责有效整合住院治疗程序、有力激励降低住院成本。因此，预付制度成功地减缓了住院患者治疗成本的增长速度。但是随后，门诊服务和之后的家庭健康代理服务又使治疗成本加速增长。

在 1989 年的综合财政预算调查法案中，国会开始制定基于资源的相对价值尺度（RBRVS）和患者数量绩效标准（VPS）系统为参与老年保健医疗的医生付费。制定基于资源的相对价值尺度的目的是纠正老年保健医疗的"惯常盛行合理的"（CPR）的支付制度中存在的大量不公平待遇和不正确的激励措施，例如，老年保健医疗的"习惯、普遍、合理"的支付制度中，给予手术治疗很多奖励，但是向收集病史，提供咨询等认知性服务提供的补偿很少；产生一个有效的市场体系中应该存在的医生服务的相关价格，即价格与边际成本成比例；减少能激励医疗服务提供者进行昂贵医疗的激励措施。制定患者数量绩效标准的本意是控制患者数量，但却可能鼓励医生提供的服务量的增加，因为医生面对控制价格、控制医生盈余的情况想要保护他们的实际收入。

20 世纪 80 年代的法律变化几乎没有遏制老年保健医疗和医疗救助的总成本的增长。1990 年到 1993 年期间，老年保健医疗的开支持续增长到 1483 亿美元，增长速率为国内生产总值的 10.4%，与前十年的增长速度相当。医疗补助支出的增长速度比 20 世纪 80 年代快，在 1990 年到 1993 年期间，增长了 18.2%，到 1993 年达 1216 亿美元。相反，在此期间，GDP 增速减缓，每年只增长了 4.6%（表 23.2）。

### 23.3.2　私营部门改革

随着成本增长，私营部门改革的压力加剧。为降低医疗成本，私人部门没有试图改进现存的按服务项目收费模式内固有的错误激励机制，而是转向管理式医疗保健。管理式医疗保健的目的是要创新解决传统的按服务项目收费制度中存在的问题。各管理式医疗保健机构在将原则应用于实践的程度上和成功与否存在很大差异。最终，除著名的 Kaiser Permanente 机构外，大多数管理式医疗保健机构在面对来自消费者和医生的压力时放弃了许多策略。管理式医疗保健的主要原则如下。

• 选择医疗服务提供者进行承包。保险公司根据医疗服务质量和经济情况挑选医疗服务提供者。医疗服务质量很重要，因为人们需要高质量的医疗保健服务，雇主关心雇员的身体健康状况和对医疗服务满意程度（如果雇主不关心，那么工会很可能就得关心了）；因为保险公司关注他们自己的声誉；另外，因为医疗差错需要花钱来弥补。在历史上，医疗质量总是与经济情况并存。因为，许多改进质量、减少返工和错误的措施会降低医疗成本。管理式医疗保健机构会选择愿意与其质量、管理方案和报告要求合作的医疗服务提供者。

- 使用程度管理。这一原则的应用则从简单到复杂不等。例如，一些管理式医疗保健机构聘请精算顾问公司制作医疗指导来指导各种患者的住院时间，指导保险公司的支付限额。许多机构雇佣初级医疗把关者，即控制把患者转诊给专家的初级医疗医师或称私人医生。因为按服务项目收费部门的医师可能会过度医疗，所以许多和他们打交道的管理式医疗保健机构会要求对非急症患者入院前实行预授权。一个保险合同可能会包括如果住院治疗通过审查，可免收 200 美元等内容。有些管理式医疗保健机构实行同步审查。通过这种制度，使用程度管理的专业人员会定期检查住院患者的情况并安排患者及时出院。

承认医学不确定性很常见和实践中存在很多变化，是更先进的使用程度管理方法的基础。医疗团队研究特定的医学情况、查阅医疗文献、分析研究数据，在达成专业共识的基础上提出推荐行医指南。通常，指南反映的是用最低成本获得最好疗效的方法。

- 商定付款。商定付款的基本观点是：医治更多患者以换取更低的价格。与按服务项目收费制度相比，管理医疗机构可获得 20%～40% 的折扣。商定付款通常包含一些绑定服务，如不同类型住院患者每天的总医疗费或每个住院患者的总医疗费。

- 质量管理。例如，管理式医疗保健机构可能调查患者的满意程度，奖励那些获评分高的医疗服务提供者，不与得分低的续约。富有经验的医疗机构会尝试测定医疗效果，医疗过程的成绩，并将测定结果告知消费者和购买者。

在一些区域，预付诊金集体医疗，比如 Kaiser Permanente 等团体，是成功的，并在此期间获得发展。在 1970 年，Paul Ellwood 创造了健康维护组织（HMO）一词来描述预付诊金集体医疗，它是管理式医疗保健的最早形式（Ellwood et al. ,1971）。

一般来说，健康维护组织是医疗保险一个载体，涵盖各项医疗服务，包括医生、医院、实验室、影像诊断和处方药。健康维护组织以点式医疗服务（POS）（如每看一次医生 10 美元）提供名义上的共同付费，但不提供免赔额，通常也没有限制支付额。共同付费的付款额不能大到阻碍人们寻求医疗服务。

健康维护组织与雇主和个体投保人在按人头预付费的基础上签订合同。在这个合同中，健康维护组织承担医疗支出的全部风险。之后健康维护组织与医疗服务提供者分摊风险，分摊风险的种类和数量存在很大差异，但通常健康维护组织明确或潜在地承担一些风险。明确的风险分摊方式可能是与一个医疗团队签订合同，合同规定在固定的按人头支付额的情况下，医疗团队提供所有必要的医疗服务。潜在风险分摊是在按服务项目收费打折的基础上支付给个体医生，但之后健康维护组织会追踪每个医生治疗每个患者的开支，根据年龄、性别和可能的诊断进行相应调整。可能会对那些开支总是超过正常水平的医生的医疗模式进行调查或停止与他们签立新合同（表 23.3）。

**表 23.3 按服务项目支付制和管理式医疗保健之间的比较**[a]

| 按服务项目支付制 | 管理式医疗保健 |
|---|---|
| 按提供的每项服务支付医务提供者 | 按每人每月固定金额支付医务提供者 |
| 潜在激励提供不必要的医疗服务 | 潜在激励提供医疗服务不足 |
| 患者可以找任何医务提供者看病 | 患者只能找指定的医务提供者看病 |
| 很少或没有质量或使用管理 | 特征是质量和使用管理 |

a. 管理式医疗保健与按服务项目支付的经济刺激作用相反。

最初健康维护组织有以下几个类型。集团模式健康维护组织的基础是健康维护组织与组成医疗团队的医生订立合同，医疗团队承担成本风险，如果医疗团队能成功地控制成本，合伙人通常会获得奖励。员工模式健康维护组织与之相反，其医生作为工作人员，像工薪族一样获得工资。虽然一般认为这两种类型基本相同，但他们之间存在一个重要区别——集团模式健康维护组织里的医生更有可能将他们自己看做是企业的共有人，更有取得成功的责任感。两种模式都曾尝试建立全面的医疗服务系统。医生一般使用健康维护组织拥有或租用的设备，只向附属的保险计划投保的患者提供医疗服务。

只实行按服务项目收费的医生感到来自预缴诊金集体医疗的竞争压力，他们组成了个体行医协会（IPA），也称为网络模式健康维护组织，向患者提供与预缴诊金集体医疗相当的医疗服务。独立的医疗团队与个体医生一般与一些个体行医协会健康维护组织签立合同，为在它们那里投保的患者看病，同时也继续为在传统保险、老年保健医疗、医疗救助中投保和其他没有保险的患者看病。医生继续在他们的办公室行医。合同规定，按人均基础付款给医疗团队，并且鼓励有效利用医院资源。一个典型的合同包括向医疗服务提供者每月每个人定额付款，分摊医院成本风险等内容。个体医生获得商定的按服务项目支付额，对节约的医疗行为有奖励，但他们的行医模式会受到监督。一个典型的合同通常会在私人医生提供医疗服务后可立即获得 80% 的费用补偿，其余 20% 被扣留下来以确保库存资金充足。到年终，如果有余款，会按照账单的比例分发给医生。另外，私人医生可以分享从有效的专家转诊和医院使用上省出来的费用。

经过健康维护组织的初期发展，1973 年国会通过了健康维护组织法案。相关内容如下：①规定健康维护组织既可以进行团体行医，也可以进行个体行医；②提供津贴和贷款，以帮助创建非盈利性健康维护组织；③要求拥有 25 个及以上员工的雇主须遵守公平劳动标准法案，提供传统保险，允许雇员选择居住区内的一个团体行医或个体行医的健康维护组织；④推翻了抑制健康维护组织发展的州法。

健康维护组织法对于开放市场竞争有重要作用。其规定有助于拓宽加入健康维护组织的途径，增加健康维护组织数量。到1978年，在195个运营中的健康维护组织拥有730万个会员，此时，健康维护组织几乎由地方性非盈利健康维护组织和Kaiser Permanente组成。Kaiser Permanente当时是一个为6个州的350万会员提供服务的全国性大企业，是一个跨州或全国性健康维护组织。到1996年623个健康维护组织（主要是盈利性健康维护组织）拥有6060万会员（表23.4）。1978～1996年，健康维护组织年投保人增长速度超过12.5%。

**表23.4 健康维护组织（HMO）的发展[a]**

| | 1978年 | 1985年 | 1996年 | 1999年 | 2001年 |
|---|---|---|---|---|---|
| HMO | 195 | 485 | 623 | 617 | 533 |
| 会员/$10^7$人 | 7.3 | 21.0 | 60.6 | 80.0 | 78.1 |
| 类型/$10^7$人 | | | | | |
| 员工型 | — | 3.0 | 0.7 | 0.4 | 0.2 |
| IPA | 0.6 | 6.4 | 26.5 | 32.4 | 32.3 |
| 网络型 | — | 5.0 | 3.6 | 6.9 | 7.8 |
| 团队型 | 6.7 | 6.6 | 8.7 | 7.5 | 7.1 |
| 混合型 | — | — | 20.9 | 32.7 | 30.1 |

a. 从1978年起，HMO的数量和登记人数都迅速增长，但是自20世纪90年代开始下降。

（资料来源：InterStudy Publications）

一些雇主想要在选择医疗服务承包商的基础上向雇员提供一种是类似传统模式的保险——健康保险，除了规定雇员在使用签订的医疗服务提供商时才可享受优惠。雇主和保险公司可以与医务提供者商定价格，控制成本。然而，直到1982年还施行自由选择医务供应方的保险法原则，所以，这种保险不合法。在1982年加利福尼亚州爆发了一场大规模的立法战。雇主、保险公司、工会合作战胜了加利福尼亚州的医疗协会，颁布了新法律，允许保险公司有选择性地选择承包商，把节省的钱转递给受保人。其他大多数州也紧随其后。因而，国家批准了另一种形式的管理式医疗保险——优先提供者保险（PPI）。

相对于传统的按服务项目收费制，优先提供者保险比健康维护组织模式改变少。有人用优先提供者组织（PPO）一词与"健康维护组织（HMO）"平行使用。但优先提供者组织不是医疗保健机构，而是与许多互无关联的医疗供应者合作的保险公司，一般选择与许多医生、医院、实验室、家庭保健所等合作，采取措施鼓励受保人选择与他们合作的医疗提供者进行治疗。例如，保险合同规定，保险公司会支付签订合同的医疗提供者全部医疗费，但仅支付80%给没有签订合同的医疗提供者，剩下20%由患者承担。保险公司与医疗提供者商定折扣额，医疗提供者同意将其作为受保患者的全部医疗费，也就是说，供应商同意不平衡收费。最后，保险公司采用授权批准入院，住院时间指南，供应商资格证书复核等管理工具。

有些优先提供者保险公司覆盖全面的医疗服务。另一些专业化的保险公司则雕琢了全面的医疗服务的一部分，只覆盖比如精神健康、药物、心脏病学、放射学等方面的医疗。这些专科医疗服务承包商是保险公司的次承包商，可以提供更详尽的专业知识。他们也可以与多个覆盖全面的保险公司合作。

健康维护组织供应商与优先提供者保险的供应商不同，在向会员提供医疗服务时，前者会产生财政风险，后者则不会。健康维护组织同意在提前按人头综合支付的基础上，支付全部必需的医疗服务，与实际提供的医疗服务情况没有关系。如果提供更多医疗服务，与优先提供者保险公司合作的医疗提供者不会遭受金融风险，但也不会因为提供医疗服务少或使用便宜的医疗方法受到直接奖励（表23.5）。

**表23.5 管理式医疗保健机构的特点[a]**

| 计划特点 | 健康维护组织（HMO） | 优先提供者组织（PPO） | 点式医疗服务（POS）计划 | 高免赔额计划 |
|---|---|---|---|---|
| 财政安排 | 由提前支付综合医疗服务费 | 与签合同的医务提供者约定按服务项目支付折扣率 | 添加PPO选择到HMO计划内 | 要求高免赔额<br>提供一个支付免赔额和分摊成本的医疗开支账目<br>功能与PPO相似但是高于其免赔额 |
| 就医途径 | 只能选择HMO内的医务提供者 | 奖励使用签合同的医务提供者的登记者 | 允许自由选择医务提供者但财政鼓励使用HMO内部医务提供者 | |
| 风险承担 | 医务提供者承担医疗成本风险 | 医务提供者不承担医疗成本风险 | | |

a. 不同组织形式都存在成本和就医途径之间的平衡。

在20世纪80年代,优先提供者保险快速引入。在20世纪90年代,优先提供者保险持续增长。到1998年,有9800万人加入了优先提供者组织(Aventis Pharmaceuticals,2000)。

从长远来看,优先提供者保险并没有比健康维护组织更有效地降低成本。因为医疗提供者保留了按服务项目收费的激励机制,而且没有受到按人头预算的财政约束。优先提供者保险模式不会奖励使患者保持健康的医疗服务提供者,但使患者保持健康却是医疗保健中单独的一个最重要的节约成本的方法。优先提供者保险并没有有效组织医疗保健系统,仅是努力在一个低效率的系统中以最低价购得医疗服务。

起初,优先提供者保险被看做是从传统、无管理的按服务项目收费向按人头预付费的健康维护组织过渡的最重要的一部分。费用支付方式是从打折的按服务项目收费开始,当积累了足够的基于按人头支付的经验后,最终转化成按人头预付。

管理式医疗保健,特别是健康维护组织,改变了患者看病的途径,从患者可以完全自由选择医疗服务提供者,到只能选择与管理式医疗保健机构合作的医疗服务提供者。习惯于传统医疗体系的人常常不理解这种改变及改变的原因。另外一些患者在病得很严重时,会希望带着他们的保险去有名的地方性或全国性转诊医疗机构进行治疗。为解决这些问题,在20世纪80年代中期,健康维护组织引入点式医疗服务(POS)方案。

点式医疗服务健康维护组织是这样一个健康维护组织,它为那些愿意找健康维护组织内部医疗团队看病的人服务,但添加了优先提供者保险计划,会员可以通过支付免赔额(一般是花费的前几百美元)或每张账单的小部分获得就诊,甚至通过一个更大的财政抑制方式使用传统保险计划。此计划的会员可以完全自由地选择医疗服务提供者,但是会给予坚守健康维护组织医师网络的会员更多优惠。许多会员有超过90%的医疗服务由计划内的医疗团队提供。点式医疗服务在引入时大受欢迎。看来,人们只是想从知道自己可以选择中得到安慰。1987年3月,11个健康维护组织公布其点式医疗服务报名者近40万。到1995年7月,有318个健康维护组织为500多万点式医疗服务加入者服务(American Association of Health Plans,1995)。

一些健康维护组织致力于改善客服,尝试通过导医护士来方便就医。导护可以帮助患者找到合适的医疗部门看病。另一些健康维护组织设置呼叫中心来缩短等待电话的时间以便快速完成预约。其就医标准是,对于认为自己需要立即医治的患者,他们实行当天预约成功制度(如果预约的医生不是他们自己的医生)。还有一些健康维护组织设计了开放式就诊保险计划,允许其会员不经过转诊就能找健康维护组织医生网络内的任何科的医生看病。信息技术的创新允许整个医疗服务系统内的服务都能让私人医生知悉,使开放式就诊计划可行。但实际上,开放式就医在用户中受欢迎的程度低于预期。

## 23.4 管理式医疗保健时代:采用、抵制、超越

医疗保健成本快速增长,20世纪90年代中期政府加强对医疗保健开支的调控,在这种情况下,雇主转向有可能降低成本的管理式医疗保健(表23.6)。管理式医疗保健计划通过降低价格、增加使用和医疗管理来竞争客户。在20世纪90年代,全国医疗保健开支从1990年近7000亿美元增长到2000年超过1.3万亿美元,从占GDP12%增长到占GDP13.3%(表23.1)。与前十年相比,这十年全国健康私人总开支的增长幅度大大降低,从1990年4135亿美元增长到2000年7187亿美元,每年平均增长率是5.6%,仅比GDP增长速度稍快。1993~1999年,私人健康开支略降,1993年占GDP7.5%,1999年占GDP7.2%。1990~2000年,公共部门开支从2825亿美元增长到5913亿美元。同一时期内,老年保健医疗的开支从1102亿美元长到2244亿美元,医疗补助从736亿美元增长到2024亿美元,每年的增长率分别是7.4%;10.6%(表23.2)。

**表23.6 按服务项目支付的保险与HMO保险间的比较**

| 按服务项目支付的保险公司 | 健康维护组织 |
| --- | --- |
| 传统上不承担成本责任 | 理论上对医疗成本和质量负责任 |
| 提供医疗服务越多,就会获得越多钱 | 定额补偿,与服务量无关 |

a. 健康维护组织试图通过从提供的医疗服务数量上减少资金来对医疗成本和质量负责任。

### 23.4.1 老年保健医疗与医疗补助

卫生保健系统变革的最大阻力来自老年保健医疗项目。因为老年保健医疗没有建立质量管理和质量改善制度,医生、医院或其他医疗服务提供者几乎不承担责任。虽然老年保健医疗的风险承包方案使健康维护组织成为一些受益人的备选方案,但政府补偿95%的调整后人均按医疗服务项目服务成本(AAPCC)的补偿政策剥夺了政府的潜在储蓄。如果健康维护组织提供的医疗保健标准福利包的开支低于95%调整后人均按医疗服务项目服务成本,健康维护组织就必须提供更多福利而不是降低价格。另外,如果健康维护组织的人群健康水平高于一般人群平均健康水平,政府支付会远远超过95%按服务项目收费开支。如果像20世纪90年代末那样,老年保健医疗补偿的增长速度与医疗费的上涨速度不同步,政府政策就会撤销该计划,使即使相信它值得额外开支的消费者也不能选择支付额外开销。在1998年,与占美

国人口 64% 的老年保健医疗受益人相比(图 23.5),有 580 万约 17% 的老年保健医疗受益人加入了管理式医疗保健计划。加入老年养老保险管理式医疗保健的速度在 1995~1999 年加快,但在 2001 年再次下降(Levit,2001;Cawley et al.,2002)。

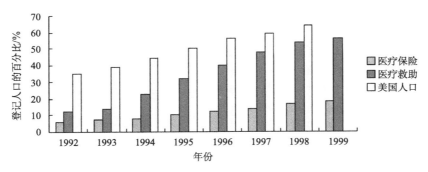

图 23.5 管理式医疗保健人群的比例。加入管理式医疗保健计划的医疗救助接受者急剧增长,但加入的老年保健医疗人口增长缓慢(资料来源:Health Care Financing Review [1996~2001]. Medicare and Medicaid Statistical Supplements. InterStudy Publications [1996~2001],and Aventis Pharmaceuticals, Managed Care Digest Series Publications [1995~2000])

与老年保健医疗相比,医疗补助的管理式医疗保健快速扩张,特别是以风险基础方案的形式。1992 年仅 370 万人医疗补助管理式医疗保健,2001 年已经有 2070 万人加入,超过每年增长 28% (Health Care Financing Review,2001)。到 2002 年,只有阿拉斯加、密西西比和怀俄明三州没有医疗补助管理式医疗保健。

1997 年国会制定了国家儿童健康保险计划(S-CHIP),通过平衡预算法向各州提供资金以启动,扩大针对未投保的低收入儿童的儿童健康援助。各州国家儿童健康保险计划执行情况不同。有些州放宽了进入医疗补助的儿童资格,有些州建立单独的儿童健康项目,还有些州两者都进行。最初的付款方式和提供服务方式包括按服务项目收费、管理式医疗保健、首诊病例管理和混合的系统。有 43 个州提供管理式医疗保健服务的系统,其中在 20 个州内占主导,在 8 个州内是唯一系统(Thompson,2002)。在 1999 年,有 200 万儿童加入国家儿童健康保险计划,是 1998 年的两倍,在 2002 年达到 530 万。

1996 年有一个共识:老年保健医疗项目急需改革。该项目的董事会预言老年保健医疗信托基金即将结束(Medicare Board of Trustees Reports,1996)。预计到 2010 年(这一年 7800 万婴儿潮一代将进入老年保健医疗项目)联邦在老年保健医疗上的开支占 GDP 的比例将从 1995 年 2.3% 翻番至 4.2% (Federal Hospital Insurance Trust Fund,1996;Congressional Budget Office,1996)。因此,老年保健医疗将成为联邦政府最大的一项开支。到 2015 年,老年人口将增至 4370 万。到 2030 年,将仅由 2 个工人维持一个受益人的开支,而在 1997 年是 4 个工人维持一个人的开支。2030 年总人口中老年人的比例预计是 20%,超过此项目开始时的两倍(图 23.6)。

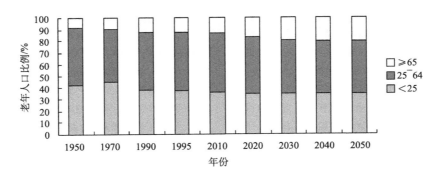

图 23.6 美国老年人口比例。随着婴儿潮一代接近退休年龄,老年保健医疗的问题将急剧增长(资料来源:U. S. Bureau of Census,International Data Base http://www.census.gov/cgi-bin/ipc/idbsprd(last accessed July 17,2003) for historical data and National Population Projections Summary Files:http://www.census.gov/population/www /＊projections/natsum-T3.html(last accessed July 16,2003)for projections)

针对这些沉重的预测,国会颁布进行重大改革,通过 1997 年的平衡预算法案、老年保健医疗处方药改善法案和 2003 年的现代化法案进行老年保健医疗方案改革。平衡预算法案给医疗服务提供者和私人健康计划的付款方式带来许多变化,建立了老年保健医疗选择项目,该项目扩大了老年保健医疗受益人对私人计划的选择。虽然该法案鼓励受益人向管理式医疗保健过渡,但并不期望能解决老年保健医疗中长期存在的问题。此外,当政府的支付费用没有与医疗价格同步上涨时,许多管理式医疗保健计划就会退出或对加入老年保健医疗进行限制。管理式医疗保健计划的撤离导致 2001 年有 10% 投保人放弃老年保健医疗管理式医疗保健(Levit,Jan/Feb 2003)。老年保健医疗现代化法案添加了用药福利,修正、扩大了管理式老年保健医疗项目(现在被称为老年保健医疗优势),创建了慢性病医疗、疾病管理的示范项目和对符合运行标准的保险计划进行奖励(http://www.cms.hhs.gov/medicarereform)。这些目的与特征不尽相同的改革,在有些情况下有促进价值作用,但整体上不是一种在老年保健医疗计划中鼓励基于价值购买的系统策略。

### 23.4.2 管理式竞争与购买者的倡议

在按服务项目收费保险形式占优势的高成本环境中,雇主进行干预以降低成本的策略中包括要求雇员支付一部分医疗保险开支,合并雇主提供的计划数目以加强购买影响力,用自我保险来消除管理成本和追求金钱的时间价值最大化。虽然这些干预措施可以在短时间内降低医疗费,但因为没有影响医疗服务提供,所以不能长期降低医疗费。

因为对这些措施不满,所以许多雇主开始采用管理式医疗保健。起初只是适当减低了成本,因为大多数雇主不愿意或不能够让他们的雇员负责保险价格差额。另外,与按服务项目收费计划竞争的管理式医疗保健机构意识到,他们可以通过提供更好的服务或福利而不是降低收费价格来吸引消费者。因此,成本仅是适当下降。

相反,一些雇主选择采用同时负责医疗成本和医疗服务质量的健康计划。因此,如果有足够多的雇主采用这种方法的话就能够影响医疗服务的提供和长期成本。管理式竞争(Enthoven,1993)就是用来适应不同介入程度的策略。医疗保健服务购买者采用管理式竞争的目的是:①创建健康服务供应机构,该机构能获得适当医疗资源、获得金钱价值、有效利用资源、设计和施行能产生好结果和金钱价值的治疗程序、检测和监督操作运行成绩(预后、满意度、成本)和不断改善自己(管理式保健);②创建对这种机构的激励框架,以提高质量降低成本;③努力利用市场资源将医疗保健供应系统从之前零散的无责模式改造成有效整合的全面医疗保健机构。简言之,管理式竞争指的是管理式医疗保健机构的运行规则(表 23.7)。

**表 23.7 管理式竞争的原则**

| |
|---|
| 主办方建立公平竞争原则,施行开放的登记过程 |
| 个人负责竞争计划间的保费差额 |
| 规范主办集团间的覆盖合同 |
| 关于质量、计划和医务提供者的信息是能够获得和可以理解的 |
| 通过提供一个进入点和标准覆盖合同及通过风险调整保险费来管理风险选择 |

为管理竞争,主办人(雇主或雇主团体)不断构建和调整市场,以战胜健康计划避免价格竞争的企图。主办人向其会员提供选择标准化医疗保健的机会,提供相关信息,鼓励选择能提供最大金钱价值的健康计划。他们挑选参与竞争的管理式医疗保健的保健机构或保险公司,设置公正的价格和参保规则(所有健康计划必须有竞争和使用相似的监督方式),协调组织每年的开放参保活动(在此期间会员有机会考虑选择备选的健康计划),提供关于健康计划的价格、成绩、质量和服务的对比信息。

在管理式竞争下,若会员所选计划的保费高于低价格计划,主办者会要求会员支付全部保险费差额。这会激励会员寻求金钱的价值,更重要的是激励健康计划发挥最大价值。但实际上,几乎没有主办人使用管理式竞争的原则。1997 年在可以选择运营商的雇员中,约 1/4 收到了雇主发的定额资金资助,只有约 6% 受保工人可以有成本意识地选择运营商。即使在 500 强公司中,少于 10% 的雇主会提供这样有成本意识的选择机会(Enthoven,2003)。雇主为基础的医疗保险缴款仍然免税(不限制雇员)是产生用户保费责任的一个复杂因素。但是选择开支更大的健康计划会得到政府补贴。可以通过限制免赔额,把免赔额设定于低价计划的保费标准进行纠正。

主办人也应当设法抵消风险选择收益率,以确保医疗保健机构将重点放在如何以更低的价格提供更好的服务而不是选择只让健康者加入。

加利福尼亚州最广泛引进了管理式竞争,主要是因为一些大雇主和采购联盟的引导。采购联盟是指一群雇主团体,他们一起构建健康保健福利计划,统一与健康计划谈判。大部分雇主,甚至在加利福尼亚州的雇主,没有应用这里概括的全部或大部分原则。但也确实存在应用每条原则的例子。有关健康的太平洋商业组织——一个私人大雇主采购联盟,代表雇主成员就健康计划保险费进行谈判,要求加入的健康计划符合医疗保健质量、用户服务和数据提供要求。衡量每个健康计划的相对弱点,每个健康维护组织拿出 2% 的保险费作为全部成绩标准风险。太平洋健康优势,原是加利福尼亚州健康保险计划的一个小雇主购买联盟,在参保者人均风险预测基础上调整健康计划支付额,利用诊断信息确保吸引高危险人口的健康计划的额外花费会得到补偿。一些大雇主在健康计划中现在也根据参保人群的健康状态和人口统计学差异进行调整。

加州公务员退休系统向加州政府和其他加州机构的雇员提供价格和质量的比较信息,也对已经住院治疗或经常进行医疗保健的人进行特定分析,看他们是否像身体健康的用户一样满意。一些加州大学要求选择了更贵计划的员工支付全部保费差额。所有主办者每年都会提供备选健康计划和年度开放登记时间。对应雇主的这些措施,加州管理式医疗保健之间的竞争很活跃,使医疗保健成本降低了。经过通货膨胀调整计算,1997年竞争性健康维护组织的保险费比1992年降低了约13%。然而长期上,这些努力还是没有避免保费增长。

其他州的雇主也采取积极措施。有些形成联盟,为健康保险保费进行集体谈判。另一些支持国家质量保证委员会和能检测保险公司提供的医疗服务的效果以提供质量信息的机构。越来越多的雇主让员工自主选择健康计划,虽然大多不要求员工支付全部价格差额,但会设法使员工知道价格的差异并要求他们支付部分。结果,在20世纪90年代中期,全国健康维护组织平均保费增长扁平。据一项调查显示,1995~1996年健康维护组织平均保费降低了0.2%,从1990~1991年12.1%的增长速度,持续下降(Kaiser Family Foundation,1999)。但是,因为管理式竞争的规模不够大到影响医疗服务本身,保险费又开始增长。

### 23.4.3 管理式医疗保健与医疗服务提供者的机会

更为激烈的竞争压力使医疗质量和医疗经济获得重大进步。通过合同关系或所有制权,出现了至少七种形式的整合(表23.8)。20世纪90年代中期,部分管理式医疗保健机构尝试用这些方式进行整合,但由于如下各种原因,大多没有持续进行。因此,很大程度上还存在进行整合的机会。

**表23.8 管理式医疗保健的七项整合**[a]

财政和服务:负责医疗保健服务成本

医务提供者和人群:人群基础医学

全系列的医疗保健服务:在最低成本的适当环境中提供医疗服务

医生和其他医疗保健职业:正确的数量和类型

医生和医院:纵向整合

信息:信息管理

a. 更大整合会导致更好的医疗质量和更少的医疗成本。

第一项整合是在财政责任和提供医疗服务间的整合。购买者向选定的医疗保健机构按人头预付款。健康维护组织将应用广泛的按人头支付转变成各种支付给医生的方式。有些健康维护组织支付工资;有些根据工作能力、患者满意程度和整体经济效益,支付工资和分红;有些在管理控制下进行不同形式按服务项目收费。另一些健康维护组织凭经验调整支付方式,试图找到在市场中起作用的因素。有些个体行医协会挑选医生并与所选医生及合作的保险公司进行艰难的价钱谈判。最好的个体行医协会会不断对其初级医疗服务提供者进行评估,以能产生适当经济刺激作用的方式付款。在评估中,表现好的提供者会赢得现金奖励,表现欠佳者可能会被开除;有些个体行医协会与所选专家在按服务项目收费打折的基础上签合同,并给首诊医疗服务团体财政奖励以控制向专科转诊。最近,有些健康维护组织加入按表现支付奖金的行列,奖励那些符合指定表现标准的医生团体。

这些补偿方案内在激励质量改善。鼓励医疗服务提供者"一次做好",因为错误会花钱。若没有治好患者或疾病治疗不当,就会不断给医疗保健系统增加成本。按人头预缴费用,促进了医生激励制和患者对高质量又经济的医疗服务期望的整合。它支付和奖励有效控制成本的预防服务,例如更多的产前护理以降低新生儿成本,更有效管理慢性病例使急性发作降到最低。它提供了一个成本效益分析框架,有助于将有限的医疗资源用在最有用的地方。它也奖励能降低成本的改革,例如,许多渐进的变化减少了人体髋关节置换术的住院时间,从1983年的13d减少到1993年的8d,使用一些设施甚至可实现平均住院时间3~4d(Keston and Enthoven,1996)。

第二项整合是医疗服务提供者和人群间的整合。此整合推动和鼓励了基于人群的医学的发展,在基于门诊的医学上增加了流行病学预防。医疗服务提供者从与患者的诊治接触中,仔细寻找引起患者主诉的基础原因,看是否有有效预防措施。凯萨医疗机构的创建者Sidney Garfield——一个治疗工地工人脚部钉子穿刺伤的医生。创造了该机构的一个不朽的传奇,他拿着锤子到工地捶打突出的钉子以防这些钉子伤人。有些健康维护组织给孩子们发放自行车头盔和录像带(解释要经常佩戴头盔的原因)。因此,健康维护组织可以分配资源进行预防和耐心教育,以使参保人群健康最大化。同时,确定的人群基础使健康维护组织能够匹配内部医生的数目、类型及其他资源以满足参保人群的需要。

第三项整合是一系列医疗保健服务的整合,除包括药物及其他服务,还包括住院患者、门诊患者、医生办公室、家庭护理等。健康维护组织分配资源来改善预防性医疗服务和门诊医疗,代偿性降低住院成本。寻求能够用最低成本就可以进行恰当医疗的方法。他们组织无缝全面医疗,这样患者出院后不会无人照顾。在最好的管理式健康维护组织中,医生和药剂师委员会选择能产生最好疗效的用药物方法以使总医疗成本最小化,而不是仅使药物成本降到最低。

第四项整合是医生和其他医疗专业人员的整合。目的是将恰当数量和类型的专业人员进行正确的专业组合,以确保患者能良好就医及专家能擅长医疗他们的患者。包括合理的转诊模式和高效率的专家与全科医生分工。如专家可以作为全科医生诊疗时的会诊医生。包括有效利用护士、社工等可能与首诊医生一起工作的辅助医务。

第五项整合是在医生和医院之间的整合,使医生有兴趣降低医院成本。但使医生和医院兴趣一致很困难,因为大部分医生不是受雇于他们给患者看病的医院。在一个整合良好的系统中,医生能提出有助于医院高效运作的行医模式,与医院一起减少不必要的记录保留,支持物有所值的投资决定。

第六项整合是医院之间的横向整合。一个地区的医院联合起来共享行政支持功能,包括管理员工,巩固容积敏感的临床服务,如开胸手术、新生儿服务与真空吸引分娩。

第七项整合是信息整合。我们将在这章剩下的部分介绍这项整合及其好处。我们认为临床信息、经济信息及信息管理都是医疗服务提供系统成功整合的基础。

在20世纪90年代中期,挣扎于医疗成本的雇主相信,管理式医疗保健机构能够提供更多价值。因此,管理式医疗保健打入许多州市场。到1996年,私营部门健康计划的加入者中有31%在健康维护组织和另14%在POS计划(表23.9)。随着管理式医疗保健机构的发展,传统的非管理式按服务项目收费制在许多领域几乎完全消失。甚至按服务项目收费制保险公司也开始管理他们的计划,利用同样的购买趋向来购买大数量的经济的订单。到2002年,私营部门健康计划加入者仅有5%来自传统按服务项目收费计划(表23.9)。

**表23.9 健康计划登记人数**(%/年)[a]

| 健康计划类型 | 1988[b] | 1993 | 1996 | 1998 | 2000 | 2002 |
|---|---|---|---|---|---|---|
| HMO | 16 | 21 | 31 | 27 | 29 | 26 |
| PPO | 11 | 26 | 28 | 35 | 41 | 52 |
| POS | NA | 7 | 14 | 24 | 22 | 18 |
| Conventional with precertification | 73 | 46 | 27 | 14 | 8 | 5 |

a. 在20世纪90年代传统按服务项目支付计划的登记人数降低,管理式医疗保健服务的登记人数增加;b NA表示不适应 [资料来源:The Kaiser Family Foundation and Health Research and Education Trust,Employer Health Benefits(2002)]。

### 23.4.4 管理式医疗保健的抵制与余波

雇主只是暂时成功地利用管理式医疗保健控制成本。许多管理式医疗保健机构是通过挤压医疗提供者的支付款和缩短住院时间来控制保险费增长,而不是从根本上通过改革医疗保健机构和医疗服务。消费者对限制医疗服务的企图感到愤怒,医生和医院抵制限制他们利用医疗资源的企图。消费者对医疗服务提供者变得很警惕,因为医疗服务者可能受到真实或虚构的限制医疗服务的经济诱惑。患者开始要求医疗提供者对其医疗决定更负责任。对管理式医疗保健服务的抵制伴随来自律师、政客、消费者和医生的强烈攻击。结果,管理医疗的努力被消减或放弃。管理式医疗保健的崩解结合昂贵的新技术的传播等其他因素,导致医疗保健重新开始通货膨胀,每年的保险费开始飞速增长。2000年医疗保险费平均增长8.3%,2001年是11.0%,2002年是12.7%(Kaiser Family Foundation and Health Research and Eductional Trust,2002)。预计保险费增长会继续下去。

20世纪90年代中期有两种形式的健康维护组织很有名。第一种是"交付系统的健康维护组织",为人群提供健康保险,通过专有的医疗团队提供医疗保健服务,主要按人头付费。这些不同于"承运人健康维护组织",承运人健康维护组织是这样的保险公司,他们提供全面的福利包,有健康维护组织的特征,但通过与个体医生或医疗团队签合同提供医疗服务,主要付款方式仍然是按服务项目付款。与承运人健康维护组织签合同的医生,通常也与许多机构合作,所以他们的许多患者有传统计划的按服务项目收费补贴保障。承运人健康维护组织整合的努力失败,想引入的规则和需求,如药物处方一览表和医疗保健指南,在其他承运人健康维护组织对同一医疗供应者的竞争条款中也不见了踪影。医生通常很少参与设计、提出这些限制他们有效控制成本、提高医疗保健质量的方针。然而,承运人健康维护组织提供的综合效益消除了对消费者需求的财政约束。通过继续按服务项目支付,他们继续奖励让患者做更多项目的医生。当承运人试图违背医生和患者的意愿独自抑制成本时,即使在实践中没有立即失败,也会很快受到大众舆论的审判,并且最后通常会受到法律审判。此外,许多地区的医疗服务提供者组成一个大团体来提高他们的谈判实力并成功地迫使承运人健康维护组织支付额大幅增长。

结果,期望的七项整合很大程度上仍然没有实现。尽管事实是60%~75%医疗开支与有慢性病的患者有关,美国医疗保健系统仍是主要针对急症治疗而不是针对慢性病管理(Hoffman et al.,1996)。从长远来看,管理慢性病可以以相对较低的成本来减少并发症,提高生命质量并延长平均寿命(Diabetes Control and Complications Trial Research Group,1996)。但是医疗实践中仍存在很大变异,意味着存在很多使用过度和使用不足。也有证据显示医疗服务不但可变而且常常不符合行医指南(Wennberg and Cooper,1999;McGlynn et al.,2003)。长期使用不足会增加成本。最后,在医疗保健系统中广泛存在着医疗服务质量差却收费高的问题,医疗质量的现状与合理的期望值存在割裂(Kohn et al.,1999;Institute of Medicine,2001;Leape,2005)。

雇主放弃健康维护组织转向管理较少的健康保险形式。健康维护组织的投保人数在1996年高达31%,到2002年降低到26%。POS也从1998年24%降低到2002年18%。相反,PPI投保人数持续增长,到2002年达到雇员的52%(表23.9)。雇主没有应付开支爆炸性增长的策略。许多雇主,尤其小雇主,只是停止向他们的员工提供健康保险。与2000年美国有69%雇主提供健康保险相比,2005年仅有60%雇主支付健康保险(Kaiser Family Foundation and HRET 2005)。其他雇主通过减少福利,增加雇员成本分摊额来降低保费。尽管增加成本分摊额(尤其对于穷人)能降低保险的使用。但是,排除福利和服务很困难,想通过少量的增加共同付费和免赔额不可能实现明显的保险费节省(Newhouse,1993)。保险费提高也促使一些雇主转向新PPI,新PPI向加入者提供高免赔额和医疗花费账单,承诺促使消费者成为有成本意识的购物者。高免赔额计划结合有医疗节约等特征的灾害保险,目的是为会员支付医疗费的时候,同时让他们注意医疗成本。这些高免赔额或消费者驱动模式不可能遏制健康保险通货膨胀,因为医疗开支集中于个人开支超过免赔额的高消费患者。1998年22%有基于就业保险的美国人口(他们的健康保健开支为2000美元及以上)的开支占基于就业保险开支的77%(Fronstin,2002)。对于许多人来说,高免赔额很少或没有激励人们意识到医疗成本,因为高花费疾病或慢性病会迅速用完他们的免赔额。

很少有大雇主持续提供计划选择、比较信息、风险调整后的贡献、一些鼓励雇员选择高价值计划的措施。购买者通过Leapfrog集团,国家质量保证委员会等机构的集体行动和包括医学研究院的一系列报告所报道的美国医疗保健系统的质量裂痕和所提供的改革方案支持的绩效薪酬等动议,试图创立一个基于价值的更重要的购买角色。信息技术改革能够推进基于价值的购买。例如,一个更强大更有组织的证据基础有利于最佳医疗方案的采纳,也有利于有效可靠的关于用于内部质量改善和外部问责制的优先条件的质量检测的发展(IOM,2001)。然而,没有财政和组织上更一致的激励措施,实现这一目标将会很困难。

## 23.5 医疗保健财政、医疗保健服务提供和医疗保健技术三者间的关系

医疗保健财政、医疗保健服务提供和医疗保健技术三者直接相关。对医疗保健专家和医疗保健机构的支付方式产生促进作用,促进结果表现在他们的运行方式和所寻求的信息。

### 23.5.1 无限制消费时代的技术

如前所述,从20世纪60年代到20世纪80年代无限制的、第三方补偿在公共和私立部门广泛流行,导致了需要支付给医生和医院产生的每一项服务。逻辑上,这个体制会激励医生和医院通过提供尽可能多的医疗服务尤其是昂贵的服务,使他们的收入最大化。这一激励作用的结果是,医疗提供者使用计算机来追踪和最大化缴费和结算。医院财务系统才可以如此蓬勃发展。

按服务项目收费补偿也激励医院吸引尽可能多的医生使用医院设施。更多医生可以收治更多患者。若每天医院的病床都被患者占满,就会给医院带来额外收入。因此,医院投入金钱和精力来寻求能够保持医院床位占满的医生。专业水平越高的医生会得到越高的奖励,因为他们的诊疗服务费也更高。医院常常鼓励医生使用高科技设施。

由于强调补偿和高科技,行政管理系统得到的重视和财政资源都有限。不像多数产业那样将可观比例的预算投入质量控制和行政管理上,医疗保健业认为管理没用。在其他行业,销售、总务和管理开支占总开支高达44%(CFO,1996)。当时,那些指责健康维护组织管理成本过高的人没有认识到质量改善、控制成本和使用管理上需要必要的行政开支(Woolhandler and Himmelstein,1997)。

有些人认为这个时代的医学信息技术很简单。然而,到了20世纪80年代,信息技术变得更精密。例如,在银行业中,计算机系统及时报告在全世界证券交易所进行的上市公司股份交易,允许银行业者轻松追踪多个股票的运行情况。到20世纪80年代中期,在大多数投资银行家的桌子上至少有一个或多个计算机终端。

某些医学信息技术也相当先进。医疗仪器和设备利用一些现存的最先进的技术。用来追踪收费的计算机系统就很先进。这些技术在当时被视为最能带来财政回报的投资,所以投入了大量的资源和金钱。随着卫生保健系统中财政激励的改变,这些技术变得不受重视。类似的,能使卫生保健机构响应当今奖励政策的技术在无限制的消费时代不是必需的,所以,信息技术资金不足或根本没有发展。

随着兴趣转向成本管理,追踪收费的信息系统变得不大有用,因为收费与成本间的关系是不精确的(即使抱着最乐观的看法)(表23.10)。20世纪80年代强调收费是可以理解的,因为当时降低成本不是大家关注的问题。但当政府和雇主要求将精力集中在质量上时,以收费为基础的系统也不再有用。因为它不能追踪有关医疗服务提供者表现的信息。患者的预后被限制为院内死亡率等原始监测指标。医院的计算机系统不能帮助回答一个特定的疗程是否能改善患者的情况,或一个特定的医生是否比他的同事更能成功的执行一个治疗程序这样的问题。医生坚决拒绝公开他们的特定信息,也反对这样的提议(Millenson,1997)。即使有关医院水平的信息也很难获得(Singer,1991)。

**表23.10 按服务项目收费体系和管理式医疗保健体系有不同的信息需求**

| 按服务项目收费 | 管理式医疗保健 |
| --- | --- |
| 医疗服务的收费账单,不注意成本 | 需要了解和负责医疗服务的成本 |
| 以收费为基础的信息系统 | 以成本和接触(encounter)为基础的信息系统 |

## 23.5.2 管理式医疗保健、基于价值的购买与负责任的、被授权的消费者产生的新的激励措施和要求

随着从组织松散的医疗保健转向管理式医疗保健、以价值为基础的购买与负责任的、被授权的消费者,医疗保健的财政和服务系统面临一系列新的激励作用。这些激励作用产生了对新型技术和性能的需求。从20世纪90年代到21世纪这些激励作用的强度各不同。

这些转变产生的最重要的激励作用分为四大类:①激励购买者和用户寻求价值和信息;②激励健康计划和医疗保健提供者提高质量、降低成本;③潜在激励医疗服务提供者向患者提供不充足的医疗服务;④鼓励健康计划吸引最健康的人群。前两个激励作用可取且需要信息来实现,后两个与社会目标冲突,需要信息抵抗。

### 1. 激励购买者和用户寻求价值和信息

许多激励措施使用户更积极地寻求信息。越来越多的个人直接缴纳健康保险费,并且在他们加入保险后要自己承担更多医疗费。许多人已经不信任"医生—患者"关系,选择独立搜寻关于他们医学情况的信息。有备选健康计划的人需要相关信息来比较各计划。分摊医疗成本的个体和积极保持健康配合医疗的那些人,也需要相关医生和医院的价格、容量和质量的对比信息。大雇主为了降低他们自己在医疗保健中的成本,也会为他们的雇员提供比较信息。

现在能得到的信息包括健康计划的会员的满意度测量;获得诊疗的方式,是按时间表、通过电话预约,还是计划外就诊;患者对医疗服务质量的感觉的测量;提供预防服务跟指南顺从性的测量,如儿童预防接种、妇女乳房X射线检查。危险调整的、情况特殊的和人群基础的测定结果更可靠,却也更难获得。虽然有实力的购买者可能需要这些信息,但是大多数医疗服务提供者并没有合适的系统来追踪医疗效果(除了死亡)或所服务人群的健康状况。

通过互联网,患者可以得到有关健康计划补偿规则等关于医疗服务提供者和关于一般自助和健康维持活动的多种信息。但是,一般不能得到有关医疗保健服务质量的详细信息,并且用户经常发现很难鉴定特定信息来源的可靠性。因此,到目前为止,互联网只是部分满足他们的信息需求。

### 2. 激励健康计划和医疗保健提供者提高质量、降低成本

回应购买者和公众对更高质量和价值的需求,健康计划和医疗服务提供者需要能够检测成本和质量。这促使对过去不需要的信息进行收集成为必需。原因如下。

第一,改进过程需要信息。例如,检测医生及其行医过程、医疗结果和医疗成本中的变化和改进,使医生能够与同事比较,并从更擅长某些领域的同事那里获得帮助,改进自己的行医方式。此外,对投入和产出的测量使医疗保健管理者能够追踪和提高生产力。这类信息的使用将开辟改善卫生管理过程的新领域,如更密切监测慢性病患者的情况和患严重疾病病例的管理。

第二,提高医疗保健服务的连贯性。在一个医院内追踪患者的情况不再能满足需要,医疗服务提供者需要追踪患者不同医疗环境中的情况。如果一个患者在一个诊所访问了一个初级医疗医生,进行了一系列门诊治疗,几周后住院手术,就应该收集这个患者的有关信息(包括之前的实验室检验、处方药等)以确保治疗的连贯性。

第三,为改善他们服务的人群的健康状况,健康计划需要有关加入者和他之前接受医疗情况的信息。这些信息不仅对比较健康计划非常重要,而且对分辨疾病的高危人群也很重要。如果健康问题可以早期诊断或完全避免,就可以因采取预防措施以提高质量、降低成本。因此,健康计划希望在患者出现症状之前就知道关于慢性疾病情况存在的详细信息。

第四,评估新技术需要信息。在新技术引入前,付款人需要考虑成本和效益两个方面。这个过程需要关于实际工作中的操作成本和疗效的详细信息。不应该引进不符合成本效益或相对于已经使用的技术而言不能带来更多效益的技术。

第五,医疗保健管理者应该分析是进行制造还是购买,例如,他们是否能通过与外部实验室合作就能以最低成本获得实验结果,而不是购买实验设备自己进行实验操作。关于医疗服务、设备、室内设施成本的信息对于与外部服务提供者商定恰当合同至关重要。再次,关于运营成本的详细信息是必要的。

最后,健康计划和医疗服务提供者应该对医生和医疗保健设施进行评估以确定加强待加强的部分。例如,美国心脏病学专科学院建议,医疗团队在任何医疗设施下每年都至少要做200~300例开胸手术(California Office of Statewide Health Planning and Development,1992)。若进行的手术数目低,说明外科医生技术不精湛,也说明可能是对设施的维护不好。因此,进行开胸手术的医院应该追踪手术的数量和治疗结果,应该寻求将此手术集中于高容量和高质量中心的方法。

### 3. 潜在激励供应方向患者提供不充足的医疗服务

按人头预付制是一把双刃剑。它激励供应方降低成本,理想情况下,供应方应该通过找到更有效率的方法、维持人们的健康、避免错误等来回应这项激励。因为按人头支付给医疗服务提供者带来金融风险,然而,它也可能鼓励按人头收费的服务提供者向入会消费者提供医疗服务不足。最需要医疗保健的患者最容易受到忽视,不仅是因为计划或供应方可能通过节省服务来省钱,也是因为如果这样的患者通过转到另一个健康计划"用脚投票",此计划就会获利。这是消费者中普遍存在的一个重

要担心。

针对这一担心,健康计划和服务提供者试验了多种财政奖励措施,以在保留质量的基础上控制成本。例如,为减轻激励提供服务不足的强度,一些计划基于患者人群按人头支付,而不是基于个别患者。也通过在供应方间传播按人头支付,以便分摊一些昂贵病例的风险。他们创造了分层覆盖分类来鼓励加入者使用低花费和高质量的医院、供应方网络和药物。此外,健康计划通过结合按人头预支付与奖励高质量服务来防止滥用。

许多医疗服务提供机构发现很难管理人群风险,随着他们获得了市场影响力,许多服务提供者拒绝整体按人头支付(按人头支付允许每人预缴受所有服务的费用,包括处方药)。当一些大供应机构坚持接受门诊服务按人头支付时,许多供应机构已经转回其他付费方式,包括按服务项目收费、每天付费或按每个治疗阶段付费。

按人头及相关形式的支付产生了许多信息技术需求,包括追踪明显滥用的需求(一个政府可能发挥的作用)、监视提供者的医疗模式和医疗结果的需求,也是向相关消费者提供信息(如疗法的选择,医疗服务提供者的特点等)的需求。视频和CD-ROM等技术可以用来向消费者描述特定医疗过程的花费和好处,以帮助他们做决定。

**4. 鼓励健康计划吸引最健康的人群**

鼓励健康保险公司吸引可能使用最少医疗保健的个体或家庭。使健康计划成本最小化的一个最简单方法是,收纳一个对医疗服务总需求较少的一个更健康的人群。这一战略也可能以"有一个病得最严重或最高危的人群"而失败。这种情况下,即使最有效地计划也无法存活。竞争加剧了这个问题。

假如质量保持不变,并且最有效的健康计划也是最成功的计划,将是最好结果。这一结果要求,有一个比平均疾病水平更重严重更高危的人群的健康计划,获得预期额外医疗花费的补偿。这需要一个可靠的风险调整机制(已经提出一些,并且其中一些已经应用于实践中)。要成功执行风险调节机制需要大量的诊断和人口统计学信息和信息协调,信息协调反过来需要大数据库、分析能力和从多技术平台整合信息的能力。表现最好的风险调整模型突出的是他们的综合数据要求。他们既使用住院患者的数据也使用门诊数据,并对同一个体进行长时间重复观察。

## 23.5.3 为"卫生保健财务和服务"发展信息技术的启示

正如医疗保健财政和服务系统的需要指导新医疗信息技术的发展,信息技术的成熟能够明显改善医疗保健财务和服务。这一部分,我们描述了信息技术上的一些最重要的进步,并讨论他们将取得的进步。

**1. 成本会计系统**

根据成本会计在其他行业的应用,改编自其他行业的成本会计应用软件的医疗保健会计系统,已经得到广泛应用。计算医疗保健的成本相当复杂,因为即使在最简单的医院住院也有多种花费和多种计算方式。另外,传统上医疗保健机构不计算成本,所以缺乏经时间检验的、广泛的接受基础来确定成本。确定成本的困难可能由于存在医院严重使用昂贵资源导致的高额固定开支和联合医疗而更加复杂。因为有些资源用于多种活动,所以将花费分摊给任何单独的一个活动都是困难又常常是武断的。如果对各个项目没有确定的成本,即使是最精密的成本会计系统也不能提供令人满意的答案回答最基本的问题。对于一个一般的医院,精确确定成本的过程可能要花费几年时间。

成本会计系统能够测定成本——这是管理成本的第一步。他们在成本相对效益基础上进行技术评估,可以确定哪个技术具有成本效益,哪个应该谨慎使用或根本不能用。成本会计系统使机构能概括和比较医生、诊所和医院的使用模式,在此基础上可以针对实践进行改进、选择网络和决定奖金。他们将信息授权给机构,在此基础上议定涵盖最低可变成本的合同。他们使机构能确定提供服务的花费要比合同中的高。越能更好测定成本,医疗保健机构就越能在一个竞争的管理式医疗保健环境中生存。成本会计系统,对于许多机构还很新,但是一个必要且必须的工具。

**2. 互联网或内联网**

信息高速公路的出现开拓了医疗保健行业,像在其他行业中那样,进行信息和交流的可能(National Research Council,2000)。互联网和它的专有的相对面——内联网产生交互作用的新形式,有可能对医疗保健的服务和管理产生深远影响。在2001年,约有一半的美国成年人使用互联网,互联网使用者中约40%(整个美国成年人口的20%)为保健的目的使用互联网(Baker et al.,2003)。互联网提供了一个公开、广泛应用的标准来交换信息。一般来说,医疗保健信息技术,不同于其他行业的信息技术,它使用专有技术,其中大部分不能与其他技术通信。结果使各部门间共享信息很困难,但信息共享对于患者在医疗机构间转移时非常重要。相反,基于互联网标准的医疗保健信息技术间能更容易相互通信。

医疗保健是一个全球性问题,但医疗保健服务却是一个地区性业务。互联网确实具有局限:存在信息不准确的问题和可能遇到对个人信息保密的困难。但无论如何,互联网允诺提供传播健康和卫生保健信息的手段,加强交流和促进患者与医疗保健系统间广泛相互作用。这些变化可能使医疗保健产生重大改善,并最终改善人群健康。互联网使医疗保健机构能以低成本进行交流,因为互联网的基础设施已经建成和公开使用。医生和医疗保健机构可以与其他不同环境内的医生交流,也可以和患者在患者生活和工作的地方交流。这个能力增强了家庭卫生保健,健康维护组织与患者间的交流、医生与患者间的交流和越来越大越来越分散的医疗保健机构的内部交流。其他的,目前正在使用的互联网应用包括消费者和临床医生获得医学文献,创建有共同利益的患者与医生的社区,消费者获得健康计划、参与的医疗服务提供者、符合手术的资格和处方集中包含的药物的相关信息及紧急情况下公共健康官员间的电视会议(IOM,2001)。另外,随着互联网技术的发展,远程医学变得更加实际可行。

### 3. 全面纵向的临床数据库

理论上,患者的医疗记录包括个人与卫生保健服务系统每次互动的详细信息。实际上,纸张基础上的信息难以获取,且经常随时间推移丢失,并且对于有复杂疾病的患者,医疗记录会变成由许多来源、许多检验结果和许多图像组成的笔记松散的厚文件。几十年来,包括医疗记录在内的大多数报告是手写的。随后,许多机构增添了转录部门或依靠外部服务录入医疗记录。

纸张基础的医疗记录不支持跨医生和跨机构的连续性治疗。医疗保健机构之间不共享医疗记录。因此,可能在不同的医生办公室、诊所和医院里有同一个患者的多个但不完整的医疗记录,各代表患者医疗史的不同部分。即使在一个多专业医疗团队的工作环境中,医疗记录共享,但所需要的纸张记录也可能丢失。即使在最有组织的医疗记录中寻找有关信息,也是一项费力又耗时的任务。利用医疗记录信息来了解多个患者间的医疗方式是个艰巨的任务。

许多人认为全面的纵向的临床数据库——一个无纸的完整的医疗记录,是医疗保健信息技术的圣杯。整合医疗保健服务需要每个患者的全面纵向记录,以便使患者的医疗服务提供者以及患者自己可以有一个患者病史的完全信息,获取这些信息可以帮助避免重复检查和药物间的不良相互作用。此外,信息可以作为研究诊断、治疗和结果关系的基础。完整的患者记录也能使预后测定、技术评估、医师评价、行医变化的测定、最佳行医的鉴定、持续的质量提高、使用的管理、连续性医疗、指南顺应性的测定和风险调整成为可能。

在20世纪80年代,开发全面的、以计算机为基础的医疗记录很常见,且仍然存在。他们使消费者中的拥护者更关注信息保密,通过1996年的"健康保险流通与责任法案"促使采纳和实施全面的隐私法。隐私问题为卫生保健信息技术提供了又一个发展机会:解决数据安全问题的系统。

纵向数据库也用于实现不那么雄心勃勃的目标。一些信息技术公司专注于追踪特定条件或医院等单个环境中的治疗过程。临床信息系统有六个主要功能:电脑医嘱录入和警报、临床文件、决策支持、结果报告,报文发送和数据分析。当在医院使用自动化的药物医嘱录入系统时,它可以消除书写错误,提醒关注可能的严重药物相互作用。这些有可能减少医院内50%的严重的药物治疗错(Leapfrog Group)。临床文件系统通过使用常用的医嘱、表单和结构化的模板能帮助医生记录全面的一致的病历记录,并能支持电子化的搜索。决策支持系统,可以提醒医生可能出现的错误和促进循证医疗。结果报告系统通过将实验室和影像中的结果和申请单结合起来以供临床医师使用,并且在结果,尤其是异常结果出现时,向医生发出警报。临床信息系统中的电子报文发送不仅有助于患者与医生、医疗队伍间的沟通,也有利于自我记录,并成为患者记录的一部分。最后,通过将临床记录连接到中央数据储存库,临床信息系统远比纸张记录更有利于数据分析并且提供所有医疗护理方法的相对准确性和效率的信息。这些技术代表了医疗保健在管理和信息方面有很大改善,并使医疗保健更能担负得起、质量更高和患者满意度更高成为可能。

此外,更好的分析方法使基于现成的医院住院患者的管理数据的信息更加有用。如医疗保健研究及质量机构(AHRQ)的质量和安全指标,使医院能够标记潜在的机会以预防和改进。(http://www.qualityindicators.ahrq.gov/)

虽然这个技术的一些形式已经问世多年,但是医院和医生迟迟没有采用电子病历记录,原因有许多(Bates,2003)。主要原因如下。

(1) 医疗服务提供者不想被困在专有系统中,卖主可能不再存在,以至于几年后巨额投资会成为一种浪费。通过广泛采用标准或出现一个或更多毫无疑问长期从事这个行业的可靠卖主来缓解这个问题。已经有一些大的提供商,但是一些医疗服务提供者仍然心存怀疑。

(2) 数据交换还没有标准化,许多医疗服务供应者在等待重要的标准化包括可扩展标记语言(XML)、标准协议和医用术语等。因此,系统整合仍然相当复杂和昂贵。

(3) 这些系统中的数据录入常常很贵。目前的使用界面可能很缓慢、繁琐,所以不能节省提供者的时间。

(4) 维护系统的总成本可能仍然很高。虽然硬件、质量调整的成本垂直下降,但维护成本是又一个问题。

(5) 医院或医生可能感觉使用这项技术时,他们要承担所有开支但不能得到对等的利润,如奖励失调。

(6) 医疗服务提供者经常列举这些系统中的功能限制。大家指望日后能有所改善,所以,他们理性的选择等待更长时间后再投资。

尽管还有缺陷,但越来越多机构开始采用电子病历记录,随着障碍的解决,会有越来越多的机构采用。

卫生保健机构间的信息交换更困难。一个全面的以计算机为基础的医疗记录的演变将包括几个阶段:第一阶段是能够通过通用标识符的发展在注册者和供应者间交换电子登记和资格信息。第二个阶段是能够通过标准码和扩展码交换药物、实验室和门诊记录信息。这个中间阶段将代表极大地进步,能促进质量改善和表现测定。第三个阶段是将进化成最初设想的全面的以计算机为基础的医疗记录系统。

### 23.5.4 实施中的挑战

无限制的消费时代给许多医疗保健机构遗留下大量重要但过时的基础结构。不完整的数据和缺乏质量控制也困扰着数据管理系统。与按服务项目收费补偿相关的管理系统和信息技术经过了多年的发展和使用都根深蒂固。一般来说,20世纪90年代前,技术为一些特别机构专有,因而与其他机构的技术不兼容。这种情况不仅使机构间传递信息困难,而且使现存技术现代化困难。因此,向新整合系统和新技术过渡非常具有挑战性,并且非常昂贵。转变或替换现存的系统需要大量投资。医疗保健机构面对持续存在的成本压力,需要拥护者来证明信息技术的商业案例。通过Leapfrog集团等机构,活跃的购买者需要国家质量保证委员会,为业绩表现的倡议买单。

现在医疗保健机构必须不断权衡升级信息能力、收集和散播信息的成本和额外信息可提供的价值。当医疗保健机构还在继续讨论信息技术投资的规模和时机时,不断变化的环境包括标准化运动、一大批在临床中要求技术的年轻医生的涌入、来自购买者和患者期待的压力增加了采用这些技术的压力。这些系统的演变将支持未来的医疗质量和患者安全的改善、绩效的测定、提高医疗效率和恢复消费者的信心。

## 推荐读物

Ellwood P. M. (1988). Shattuck lecture—Outcomes management: A technology of patient experience. *New England Journal of Medicine*, 318(23):1549-1556.

作者介绍了健康维护组织的选择和决定对患者、缴纳人和医疗机构的不稳定、民主化影响。他创造了"健康维护组织"这个词,并且为结果测定制作案例。

Enthoven A. C. (1993). The history and principles of managed competition. *Health Affairs*, 12 (Suppl): 24-48. 826 S. J. Singer et al.

作者阐述了管理式竞争的原则。管理式竞争是将微观经济学与仔细观察、分析是什么在起作用结合起来的一个综合性医疗改革计划。管理式竞争依靠主办者为健康计划竞争构建和调整市场、建立公平规则、创造价格弹性需求和避免不能得到补偿的风险选择。

Fuchs V. R. (1983). *Who Shall Live?* (2nd ed.). New York: Basic Books.

作者对医疗保健服务体系的结构作了极好的介绍,讨论了主要参与者的作用和医疗保健与健康二者之间的关系。

Fuchs V. R. (1993). *The Future of Health Policy*. Cambridge, MA: Harvard University Press.

作者向读者提供了必要的概念、事实和分析来阐明卫生政策里的复杂问题。该书阐述了成本控制、管理式竞争、技术评估、贫穷与健康、儿童健康和全国健康保险。

Institute of Medicine Committee on Quality of Health Care in America (2001). *Crossing the Quality Chasm: A New Health System for the 21st Century*. Washington, D.C.: National Academy Press.

Available online at http://www.nap.edu/openbook/0309072808/html.

该书通过提供在下一个10年实现医疗质量显著提高的策略,反映了美国医疗保健体系中质量问题的证据。

Weller C. D. (1984). "Free choice" as a restraint of trade in American health care delivery and insurance. *Iowa Law Review*, 69(5):1351-1378, 1382-1392.

该文通过历史性叙述从阻止医生组织成团体提供优惠的"协会自由选择"到允许竞争的"市场自由选择"的过渡,用简短有力的词汇解释了医疗业从无限制开支时代到有责任的时代的根本转型中出现的许多问题。

## 问题讨论

1. 定义下面与现行医疗保健财政相关的词组:
   a. 通常、习惯、合理的费用
   b. 健康维护组织
   c. 诊断相关组
   d. 优先提供者保险

2. 比较健康维护组织(HMO)、优先提供者组织(PPO)、点式医疗服务(POS)计划和高免赔额计划。他们各自对于医疗开支和医疗质量的优势和潜在局限是什么?

3. 在下面的每个支付系统下,激励医疗服务提供者的差异如何影响提供者对患者监测系统等新医学技术的评价?
   e. 健康维护组织(HMO)
   f. 加入优先提供者组织的个体医生
   g. 有大量在老年保健医疗提前支付系统下接受治疗的患者的医院
   h. 标准的按服务项目收费协议

4. 比较主要治疗私人付款患者的医院和实行按人头收费的医院对信息系统的需求。

5. 如果你是老年保健医疗和医疗救助服务中心(该机构负责老年保健医疗和联邦医疗救助)的一个新行政官,将要批准一个针对老年人医疗保健财政的新项目,该项目可提供市场上所有的健康计划供老年受益人选择。
   i. 为帮助受益人在计划中做出选择,你认为向他们提供什么信息最重要?
   j. 你要收集哪些信息来对计划的表现进行评估?
   k. 你用什么方法收集这些数据?

6. 至少叙述三种医疗保健组织应用互联网改进医疗服务的方式。

# 第 24 章  生物医学中计算机应用的未来

**阅读本章后,您应对下列问题有所了解:**
- 生物医学信息学未来可能的方向是什么?
- 导致这些变化的动力是什么?

在本书中,我们在不同的应用领域总结了生物医学信息学的现状并且反映了这些领域近 50 年来的发展。为给我们的讨论提供背景,本书以未来一瞥作为开篇——一幅每个医生在日常能方便的使用计算机和电子健康记录来做信息管理、交流和临床决策的医疗实践的图像。本章我们再次前瞻,这次聚焦于计算机的生物医学应用的可能趋势、目前的研究手段和决定生物医学信息学发展道路的问题上。

## 24.1  生物医学计算的进展

从 1990 年本书出第一版开始,我们就以回顾生物医学计算的变革开篇。然后我们展望不远的未来——提出几种我们可以从目前本领域的发展趋势推得的推测。这些推测提供了计算机可能渗透临床实践和生物科学实验室方式的前景。与今天大多数专门的医疗用具不同,临床推测的一个很重要的方面是医学计算应用整合到日常医疗实践中的程度,而不是以偶尔使用为基础。以很相同的方式,在研究型实验室中计算机变成数据分析的很关键的一个部分,尤其是在基因组学和蛋白质组学领域中,输入数据量非常巨大(见第 22 章)。高度整合环境的实现依赖于突破技术挑战,如从多种数据源整合信息以及专业人员在何时、何地,以及以所需形式能够获得整合了的信息。医学和生物学信息的整合也包括社会问题,例如,在工作空间中定义计算机合适的作用,解决与生物医学计算相关的法律责任和道德规范的问题,评估基于计算机的技术在保健费用上的影响。我们所假设的推断成为现实的机会,要依靠于在接下来的几年中会被争论的一些技术上和社会上的问题的解决。

### 24.1.1  回顾 1990 年

在本书的第一版中,结尾章节包括两个未来医疗卫生的场景并讨论了新兴的问题,如统一医疗用语系统(Unified Medical Language System(UMLS))、学术信息综合管理系统(integrated academic information management systems(IAIMS))和医疗信息总线(medical information bus(MIB))。今天 UMLS 作为一种转换工具被用于信息检索系统,把文本医学信息转换成从编码方案和专门术语(如 MeSH、SNOMED 和 ICD)中来的标准术语,并且可以帮助从一个词汇转换成另外一个词汇(Mc-Cray and Miller,1998)。IAIMS 网点现在散布全国,有很多不同的执行模型。MIB 已经被批准为 IEEE 1073 家医疗设备互联标准(Stead,1997b),另外被整合到很多身边的仪器中(见第 17 章)。

第一版中所讨论的推测包括在心脏搭桥手术和患慢性病患者的长期护理中计算机的支持。尽管信息支持能力,在从写本章第一版到现在的 10 年中发生了可观的变化,医疗实践仅发生如此变化是可能的。例如,比开胸搭桥手术更微创的替代方式变得更加普遍。现在住院标准更加严格,住院停留时间更短,意味门诊医疗配置能够对较重的患者进行医疗。在这些情况下,利用计算机跟踪患者医疗状态的需求就增加了。这些需求带来了一些实验,如:使用无线笔的计算机,在家保健护士可以记录患者的情况,和基于互联网的,临床医师和在家中的患者能够互动的疾病管理。对数据保护和患者数据保密性的主要关注,明显把技术解决方案转变成数据管理和访问任务(见第 10 章)。

对原始数据计算的能力有了显著的进步(如用来控制三维图像的硬件和软件);互联能力(高速网线和掌上电脑的无线连接);巨量数据的存储能力(如图 24.1 所示兆兆字节数据存储设备)以及基础设施的发展——尤其在互联标准领域(如医疗健康信息传输与交换标准(health level 7(HL7))和对象代理体系结构(object broker architectures)。另一方面,在各种应用间的准确

图 24.1  磁带机器人设备中的数 TB 字节存储介质
(资料来源:Reprinted by permission from StorageTek, Louisville,CO. 1998.)

无误整合的预期水平,高度关联的医学数据库和内嵌的决策支持工具,以及无处不在的计算机支持仍然难以达到,但是这是政策不断聚焦的焦点,同时也是技术的重点。

## 24.1.2 展望未来

在1997年之前美国众议院科学委员会关注互联网未来作用的证词中,一位作者(EHS)提出了一系列的医学信息学的长期目标。如同我们10年前描述的推测,这些目标要靠技术和社会的改变来实现。如果24.1.3节中的假设证明是可靠的,那么未来的医学实践会综合如下推测的各个方面。

- 低消耗,高质量远程医学。20世纪90年代中期的远程医学实验,依靠专门的设备和昂贵的专用连线。这方面的发展使得网络成为把医学专家和远程的其他临床医生和患者联系起来的普遍的工具(National Research Council,2000;Shortliffe,2000)。未来,互联网将能够常规的支持清晰的视频图像,有高精度的音频链接来支持对心脏和肺的听诊,链接的两端都有共同的计算平台使得远程医学成为医疗实践中成本效益很高的形式。患者可以避免从农村长途跋涉到大的医疗中心,主治医师会在他们的办公室接收到高度个性化的专家咨询意见,患者将可以在一个诊室中完成诊疗,而现在常常需要很多诊室有很大的不便。有理由相信这种应用很快会变得司空见惯,有几个正在进行着的成功的演示项目来演示高成本效益和给患者带来的益处(见第14章)。

- 远程会诊。临床医生间通过快速便捷的电子访问来讨论患者的情况,更易达到对患者专业治疗,提高患者的满意度。例如,主治医师、居民和在社区诊所治疗一种罕见的皮肤损伤患者的医学生,会得到地区医疗中心的皮肤病专家的及时的远程会诊。远程医疗队会从皮肤病专家那里得到指导,专家可以看到清晰的,达到诊断质量的损伤的图像,患者可以及时地接受专家的评估。现在常常是,当患者需要去大医疗中心时,经历很长的延误或者因为旅途问题不能够按时到达。不必把患者送到专家处,我们通过互联网把专家带到他们跟前来改进对他们的治疗。目前在小距离范围内的演示项目已经显示了这种远程专家的可行性;还有待使这一应用普遍化,和常规治疗很好的结合,并且作为一种有价值的临床活动普遍被接受。

- 整合健康记录。我们设想有这样一天,人们的健康医疗记录再也不必散布在很多医生的办公室或在许多医院的医疗病历记录室中。取而代之,他们的病历会通过互联网电子链接,这样每个人会有唯一的"电子健康记录"——他们一生中所接受的所有分散但是统一的健康医疗的概要。此外,这份记录是安全的,被尊重对待,并且具有保密性,只有在患者的许可下或者在突发事故时根据严格定义并且强制执行的标准,才能发布给医疗提供者(National Research Council,1997)。最近采取了重要的措施来使这一推测更可能实现。国民健康资讯基础建设(National Health Information Infrastructure)的发展和术语标准的采纳,如SNOMED-CT和隐私规则[健康保险流通与责任法案(Health Insurance Portability and Accountability Act(HIPAA)]都对实现此目标作出贡献。在2004年,布什总统宣布,联邦政府在十年内实现对所有公民普及电子健康记录的目标。另外,美国三军在积极筹建电子狗标签,包含每个参军的人的电子医疗记录的概要。

- 基于计算机的学习。不久,准备观察他们的第一次膝关节镜手术的骨科轮换的医学生,将能够去学校的电子学习中心,通过因特网来访问和操作国家卫生研究院电脑上的三维"虚拟仿真"膝关节模型。他们会使用新的仿真技术来"进入"膝关节模型,从不同的角度观察和学习解剖结构和它们的空间关系,用模拟关节镜来操作模型,这样在经历真实的手术之前得到一个外科医生对该手术的视图。使用下一代实验因特网,远程访问医疗解剖会在一定程度成为可能。在不远的将来,很多难学的课程,如女性盆腔检查,将会很常规的用电脑上的有及时反馈的模拟或人体模型来教学,而不是通过患者或活的模型。

- 患者与医疗提供者的教育:开办健康科学学校通过因特网为研究生教育、进修课程提供远程学习体验,给健康科学的学生提供在家学习的可能。最终,临床医生可以专门为患者选定教育节目的视频,能够直接由互联网传递到患者家中的电视机上。我们的医院和诊所通过互联网使用视频服务,不仅可以给患者传送这样的材料,还可以为员工提供医疗和护理的持续教育。随着根据患者问题制定的相关在线信息,提供者开始制作面向患者版本的在线的电子医疗病历(Cimino et al.,2002)。

- 疾病管理:通过数字用户线(DSL)电缆或者卫星的高速因特网访问,现在已经提供给美国的大多数家庭,超过5千万家庭拥有宽带连接。不久,医生不仅可以使用电话还可以通过使用双向视频连接的视觉传感器来解决远程患者的问题。体弱者可以通过视频连接接受"家访",避免了不必要的门诊和急诊,医疗管理人员会有新的管理患者的重要工具,强调预防而不是处理危机。早期的实验表明,当熟悉的医生和护士在家中提供这样电视互动会议时,患者表现非凡的热情(见第14章)。

自从这些目标被阐明,在最近的5年中,为达到这些长期目标,例如计算机辅助学习、医疗提供者和患者之间的联系、使用高速网络的医疗和快速商品电脑,我们做出了重大的进步。在收集,解释和传播生物学信息方面,发生了相似的变化。例如使用高速、多处理器的计算机,研究者可以开始模拟生物学过程,如蛋白质的折叠或者药物结合到受体位点。一些建模工作可以通过使用高速因特网和远程计算机来做,如在圣地亚哥,加利福尼亚州和匹兹堡,宾夕法尼亚州的以生物学为重点的超级计算机。

一位本领域工作的科学家提出计算生物学①领域面对的一些主要的挑战和机遇。

- 生理学的计算模型：我们能否创建一个人体仿真，以足够的保真度来估计药物对人体患病和未患病部分的影响，从而避免大多数药物动物实验和早期药物人体试验？有这样的仿真模型会带来巨大的好处，缩短大多数药物的试验时间。然而，这项任务的复杂度是令人望而生畏的。建立该模型所需的许多病理生理学知识是未知的，即使是用已知的部分要创建如此复杂的关系体系，以近期的计算能力，计算机模型也是难以处理的。此外，在药理学实验中研究所发现，不同个体间的基因差异大幅增加了建模过程的复杂性。

- 设计用于医疗和工业用途的新化合物：我们能否设计具有特定功能的蛋白质和核酸？确定一个特定的药物是否可以用来治疗一种疾病，传统情况下是通过在实验室中检验大量的物质来看是否有些会显示体外活性。跟随这一步的是广泛的动物实验。现在我们对蛋白质结构有了更好的理解，有了改变疾病进程更清晰的模型，发明药物的过程可以转化成构建生物学定制的材料来推翻或阻止一个病理过程吗？

- 新生物通路工程：我们能否设计方法来设计和执行新的代谢能力来治疗疾病？不同物种的生物学代谢途径正在被快速的绘制。观察到动物中不同的物种执行相似代谢功能的代谢途径的不同是很有趣的。这表明有可能建立新的代谢途径，如在先天性代谢疾病的领域。一些疾病，如镰状细胞性贫血，有一个必须加以克服的缺陷。在其他的遗传病中，代谢途径的多个因素缺失，这就有必要建立考虑疾病的具体表现的替代途径。

- 新知识数据挖掘：我们能否让计算机程序检查新的数据（在我们模型的环境中）并且产生新的知识？随着我们建立的临床医疗中测量量的巨大数据库，发现数据中新模式的问题就产生了。药物在不同的实验室检验和测量中到底有什么样的作用？如果我们有从不同但情况相似的患者收集来的足够的数据，我们有足够的统计学能力来识别未知的关系吗？我们正在使用大量的统计学方法，对大量的数据集执行结构化分析来发现新的关系。

即使当我们出本教科书的第十版时，这些生物学挑战有可能仍然无法回答。因为他们需要大量生物学知识、计算技术和新的分析方法的发展，他们可能代表了生物医学计算的远期目标。

### 24.1.3 这些推测的基础假设

要帮你评价这些对未来的推测，我们必须明确作为这些推测基础的假设。尤其，我们假设医疗工作者和生命科学家会饶有兴趣的在日常生活使用计算机工作，并且计算机技术的改进会继续独立于生物医学科学技术的发展。此外，我们假设对医疗成本控制的关注和医疗事故诉讼的威胁在近期还无法解决。

医学计算技术的发展在很大程度上依赖于一般计算能力的进步。除了在医学图像学领域，很少有计算机技术是首先为了医学应用而发展，然后应用到其他工业领域的。这一点尤其是正确的，现在的一些通用微处理器和操作系统已经成为所有个人电脑的标准。专门的计算机芯片将继续为计算密集型医学应用而创造，如信号处理。在这些图像处理应用，旋转，滤波，增强和重建算法，必须处理比标准微处理器能够处理的数据更多的数据。这样，存在一个专用电脑的需求市场。

很难预测新的通用计算机的发展是否会沿渐进的趋势发展，还是将经历一个模式的变革——如 Kuhn 在他的书中对科学发现的本质所定义，作为一个观察角度的完全的改变，如地球不是平的所带来的启示（Kuhn, 1962）。在过去的 40 年中计算机处理已经经历了一些重要的方向性的转变：从单用户批量处理到对中央资源的分时使用，然后再返回到单用户处理。这次到了本地计算机通过因特网访问专用计算机。随着越来越多的人试图访问关键的因特网点，我们又返回到 30 年前的分时模型的版本。

人机互动的风格发生了巨大的变化，面对新手的图形界面几乎完全取代了命令行界面。手写，语音和三维界面已建成但尚未广泛部署，除了基于手写的记事本应用和对任务非常具体的语音系统外，如航空公司预定和银行。例如，图 24.2 显示了一个使用三维表示作文献检索的方法。这个建立在帕洛阿尔托研究中心[Palo Alto Research Center（PARC）]的应用，采用三维空间信息，以更加详尽的细节，显示了比大多数二维布局更复杂的树。此外，还有一个重大变化已经从电子转换到光学方法的网络传输（光纤电缆），以及一个稳定的从模拟到数字信息记录的发展，最好的例证是放射学中从胶片到数字图像的转换，高速光纤网络的广泛引进和卫星通讯网络的发展。为了本章的目的，我们应该假设目前趋势的延续性进展，而不是巨大的模式化转变。当然一个随时可以出现的意外发现可以快速的废止这些假设。

另一个微妙但普遍存在的，这本书的基础假设，其中大部分是由生物医学信息学的研究人员写的。我们倾向于相信大多精心推出的技术通常是好，电脑可以提高临床实践和生物医学研究的几乎所有的方面——尤其是信息处理，在决策制定过程中的诊断和治疗部分，对大量生物学数据的分析。如纸张文件仍然是许多医疗机构中医疗记录的主体。但是，我们仍努力消除纸质部分，并假定一个应用到足够快的计算机的精心设计的界面（如一个允许手写或连续语音输入的界面）可以显著改善临床数

---

① R.B. Altman 在一个生物信息学方法和技术会议，斯坦福，CA. 六月 23-25，2003，中所作了题为"最终思考：生物信息学和计算生物学的进一步机遇"的报告。

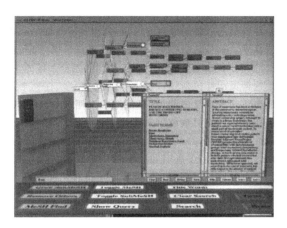

图 24.2 使用 Xerox PARC 创建的信息可视化工具包表示的三维 MeSH 树。一部分关于乳腺癌的引用被显示在前面（资料来源：转载自 Hearst/Karadi，SIGIR'97，courtesy of ACM）

据记录和检索的全过程。尽管这个假设还没有被正式核实，但有一个基于成功实验的发展与投资活动的浪潮，鼓励我们相信电子记录会积极地改变我们提供患者护理和健康监测的方式。

人们经常批评医务人员技术主义——因为不断鼓励机械和电子设备的使用，这倾向于疏远工作者和患者。这种增加导致了担心现代医学会变得越来越无人情味，越来越无结果。我们如何把本章引言中推测的自动化的环境和我们渴望的回忆融合起来，回忆中可亲的家庭医生出诊，参加患者的婚礼，洗礼，成人礼等？当然现实是早在计算机引进医学的时候这种趋势就远离了传统的形象，由于现代医疗财务的压力和专门处理日益复杂的学科领域的需要导致很多后果。计算机和其他信息技术的作用，是这些压力以及盲目的相信所有的技术都是好的，有用的，并且值得相关的花费，共同导致的结果。实际上，很多争论认为，如果临床医生退回到可以和患者花更多的时间的时代，谨慎使用计算机技术会带来一种所需要的高效。

一旦医学计算应用表现出是有效的，在其被常规采用之前，这项技术需要被认真并且持续的评估。我们需要确定，同时在经济和社会两方面，效益大于成本。关于计算机应该在何时何地应用的争论在发展中国家更为复杂，那里先进的技术可能部分弥补了医疗经验的不足，但是医疗资源稀缺的地方可能会更有效的利用提供医疗设备、抗生素和基本医疗用品。尽管如此，上述推测是基于如下假设描绘的，计算机在医疗的所有方面的应用会增加，并且今天和未来之间的关键差别将是电脑将变得无处不在，它们会有高度的互连和更强的互操作能力。

## 24.2 基于计算机技术的整合

在前面的推测中描述的大多数个人能力今天以原型的形式存在。所不存在的是一个把大量的计算机支持的工具整合在一起的环境。清除一体化的障碍需要：①技术的进步，如数据共享和通讯标准的建立（见第 7 章）；②对社会问题更好的了解；如何时不适合使用计算机；③对协调规划的需要，如何能够克服法律障碍实现异构资源的无缝连接。

我们可以通过问简单的问题来评估医疗中心连接的程度。实验室的计算机能否把结果传送至提供决策支持的电脑，而无须人来重新输入数据？提供决策支持的程序能否使用与专业人士用来对引文数据库进行电子搜索时所使用的相同的术语来描述症状？医生和其他的健康专业人员使用计算机获取信息时是否不考虑他们正在使用计算机系统的事实，就如同他们拿起病历使用，而没有先考虑到纸质文献这种形式？

计算机系统必须从三种途径整合到医疗体系。第一，应用必须适合将会被使用到的体系中的现存的信息流。如果机器在诊所的一个角落里，离开正常的交流，如果还有另外的方法来完成特定的任务，计算机系统很有可能被忽略。同样，武断地把医生限制到一个输入和访问信息的不自然的程序的方式也不太可能被使用。用户界面应该灵活和直观，如同一纸版体检表的各项可以以任意顺序完成，数据输入程序应该允许用户以任意顺序输入信息。

外科医生试图通过因特网实现所谓的远程监控外科手术，把可能在几百米外的专家带到手术室，如果他们用手动装置在一端所做的动作，不能够及时的被连接的另一端的作监视器用的实际工具所反映的话，就不能够辅助手术。我们如何通过现在跨越全国的许多网络确保互操作性（National Research Council，2000）？我们能否给远程手术应用保证足够的反应时间，不仅在主要的骨干网络，而且在最末端的到达办公室或者其他远程设备的线路、电缆或者无线网络？

第二，计算机系统应该对所有基于计算机资源提供普遍访问，所以用户并不知道一个程序在什么地方结束，另一个程序在什么地方开始。本书描述了不同的应用，如：电脑断层扫描和书目检索。很多这样的系统是独立发展的，完全不兼容。在未来，放射师的图片归档及通讯系统（PACS）工作站（见第 18 章）应交付的不仅仅是图像。例如，放射科医生可能还希望轻松搜索参考文献，以查询对特定疾病过程的不常用的提法，并且想把这些参考文献加入到正在用文本编译器编辑的文章中。理想情况下，用户不必在两台电脑间来回切换，停下一个程序开始另一个程序，甚至使用不同的命令系统来获取他们所需的所有信息。想要的信息资源可能存放于医疗中心或国家的不同地区的多台机器上，这对用户来说应该是不可见的。

第三，用户界面必须在不同的应用间保持一致并且易于使用，这可能需要多种界面方式，如：点击、灵活的自然语言语音界面和文本输入。在用户界面上，程序应使用通用的术语来指代经常使用的概念,如诊断、症状或实验室检验值。

我们看到越来越多的医学信息被装入更小的更强大的计算机中,如笔记本(PDA)。计算机的配置开始改变。图24.3展示了可以在身体上佩戴的计算机系统。使用语音输入或者一个安装在胳膊上的键盘和一个抬头显示器,这台电脑本身就和使用该系统的人一样具有可移动性。尽管对于医疗来说这个设备看起来还是遥远的未来,该设备的一个简单的版本每天都用于出租车业务登记返回车和打印收据中。虽然出租车业务远比医疗实践结构化程度高,这个例子显示这种类型的技术变革可以成功的整合到工作空间。

图24.3 可佩戴的计算机,包括单片眼镜显示,声音输入,带式中央处理单元和手式键盘(资料来源:摄影由Lawrence M. Fagan. Xybernaut,移动助理,MA IV 被注册为 Xybernaut 公司的商标)

图24.4是《Wired Magazine》中的一幅暗示未来纳米科技影响的幻想图片。该技术不仅在微型机器人随身体流动以修复问题时,达到神奇之旅的水平,而且在微机电系统(MEMS)领域,开创了建立微传感器和微型机械设备的方法。图中,插图设想了微型设备,被用作移除可能被偶然吸入的"智能灰尘"的家用传感器。当然,在那样小的尺度上创建传感器和治疗设备的能力会影响未来的医疗,尤其是在管理慢性病如糖尿病。

## 24.3 计算机在保健和生物医学中未来的作用

如我们在前面章节所讨论的,本章开篇场景的实现需要重大的技术变革。当新技术出现时执行新技术所必需的组织和态度上的改变,也是同等重要的。健康专业人员、医疗机构、医疗系统开发者和社会作为一个整体,必须仔细思考计算机在医学中的适当作用,并且就访问信息的改进、增强交流、医疗服务效率的提高和医疗质量的提高这些方面而言,评估计算机潜在的好处。

尽管使用电脑的潜在益处很多,但也有潜在的成本,只有其中一部分是货币成本。例如,计算机医疗记录系统永远不会有和当前纸版系统所具备的完全一样的灵活性。这种灵活性包括用任何词、以任何顺序、任何形式,创建患者病程记录的能力,以及用或不用表格来记录信息的能力。计算机系统限制了灵活性,却增强了信息的可读性和易得性,并且增强了使用信息作其他目的的通用能力,如使用多个患者数据所做的临床研究。我们看到使用自动银行柜员机时模式相同。仅有几种方法通过特定顺序按一些按钮来完成一个现金提款交易,但是我们对一位真人出纳员提出这样的要求,会有大量的方法。自动柜员机在凌晨3:00是可用的,然而真人出纳员却不能。

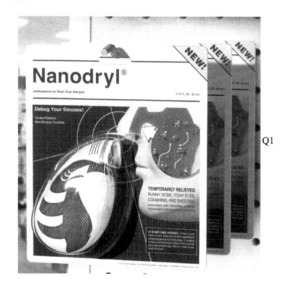

图24.4 有趣的插图展示微型机器人装置,作为一种治疗意外吸入"智能灰尘"的机器人传感器(资料来源:(插图由Chuck Henderson提供,由Wired Magazine杂志许可转载,本插图刊登在2004年4月那期。)

计算机方法需要额外的医疗记录结构的观点,早在30多年前被Lawrence Weed发现(Weed,1969)。Weed注意到,有用的医疗记录需要被索引,以致重要的信息可以被提取。特别是,他提出医疗记录应该根据患者当前的问题组织——面向问题的医疗记录(POMR)。不管是否使用计算机,POMR的变化已经成为医疗记录保存的标准特征。在面向问题的医疗信息系统(PROMIS)中,基于计算机执行POMR,需要建立如此严格并且费时的患者问题的索引,以致医生最终表明不愿意使用该系统。标准化提供了便利,但是就灵活性的降低而言需要付出成本。它使信息更易于访问,但是限制了探求完成同样的事情的另一种方法的自由。新的计算机发明不太可能消除这种折中。

相似的,计算机的使用需要折中考虑有关医疗信息的保密性。在设计良好的系统中,合法用户可以更方便的访问基于计算机记录。然而没有足够的安全或政策措施,未授权的用户可能会威胁数据库的保密性和完整性。幸运的是,对安全问题有足够的重视,由现代的方法作后盾的有效的安全政策,可以确保患者的数据保存在计算机系统中比在医院病房的表格文件中保密性更高。不断增加的电子存储的临床数据,广泛的远程访问能力,临床信息可以第二次和第三次使用发展的趋势,导致了关注安全性和保密性的需要日益增加(见第10章)。

早期担心计算机可能取代医生还没有得到证实,计算机可能保持作为决策支持工具,而不是决策者的替代(Shortliffe,1989)。计算机更有可能越来越多地用于管理医疗服务的质量,并且帮助评估医生的表现。更高的自动化会因此改变在一般方式下进行的医疗实践的本质。对系统研发者和用户的挑战将会是解决在灵活性和规范化之间的优化。

未来的计算机可能在实验室生物学研究的实践中有更大的影响。指数增加的实验数据需要计算机支持。实验包括跨物种DNA序列的研究、基因芯片数据分析、细胞功能仿真。正如医师必须调整自己的实践以适应计算支持,生物学家需要提供一个计算基础设施来收集、分析和传播实验室数据。在药理学领域对计算机能力有一个好的例证,那里需要临床和生物学的数据结合起来确定个体对药物治疗的反应。这就需要发展支持这些不同的数据资源的术语,一个复杂的数据库框架来存储信息和智能搜索功能来突出重要的联系。有可能在下面的十年中这些类型的生物学和临床应用将会成为研究和发展的重点。

## 24.4 影响医学计算未来的动力

在本书中,我们确定了影响计算机在医学中作用的几个重要因素。这些因素包括生物技术和计算机硬件和软件的进步,健康专业人员背景的改变,法医学大环境的改变和医疗报销策略的改变。这些力量的相对强度会决定我们所假设的推测发生的可能性有多大,以及这种变化发生的速度。

### 24.4.1 计算机和生物医学技术的变革

比起从前,现在的计算机更小、更便宜、功能更强大。虽然芯片的设计者在如何把电子元件排列的更紧密的问题上正在接近物理极限,但这个趋势还会继续。当一个新的微处理器芯片或者记忆芯片被用于新的电脑系统时,制造者正在创造下一代芯片的样品了。微电脑技术的当前趋势的一个重要的衍生物是,现在可以把一个微处理器和存储器置入大多数医疗设备中。

通过高速网络连接多设备的能力,在医学计算机系统设计的方式上带来了巨大的变化。现在可以发展这样的系统,其中多数据存储设备可以被复杂计算机访问,该复杂计算机可以排序和概括生成多患者的数据。这种设计和传统的方法相对比,传统的方法中健康专业人员需要从不同的设备或者医疗中心的不同地方收集信息,以得到患者状态的完整的印象。成本相对较低的电脑工作站或基于网络的终端,现在允许在每个患者的床头操作信息,或者在医疗中心和门诊诊所的其他工作地点。

高速网络和专门的内部网络允许医生在自己的办公室连接到医院的计算机,在那里他们接待患者或者存放从不同的医疗机构或系统得来的数据。

我们有更多的数据通过网络传递,如从数字放射图像,在线报告和以计算机为基础的病情图表中来的数据。未来,更快的网络和更大的存储设备,将成为管理由全数字化临床数据系统产生的大量数据所必需的。

### 24.4.2 健康专业人员和生物学家背景的改变

计算机会继续变得更快,更便宜并且会有更多的特点。虽然,目前的计算能力对大多数应用都是足够的。在医学中电脑的普及程度的限制并不像过去一样,取决于新的硬件的发展。相对便宜和功能强大的计算机的使用,正在通过使他们在日常生活中的所有方面接触计算机,来改变保健工作者对计算机的熟悉程度。熟悉程度的增加,也增加了在工作中对电脑的接受程度,这是电脑将在未来的15年中如何进展的另一个关键决定因素。

自从20世纪80年代早期,人们在日常生活中越来越多的接触电脑,进行金融交易,作旅行安排,甚至购买杂货。在很多情况下,人们不自己使用电脑,而是和一个中介说话,如机票预定代理人或银行职员。大型计算机系统如此深深地整合到很多商业实践中,以至于听到这句话并不奇怪,"我帮不了你——计算机已关闭。"大多数金融交易使用计算机记录保存的转变是如此普遍,以至于如果你收到银行手写的月结算账单你会感到惊讶和关注。在过去的10年中,许多有中介的,基于计算机的交易,已经被客户和电脑系统之间的直接交易所取代。我们可以从银行的自动柜员机中支取现金,用出租车站的电脑定制旅行路线,用按键式电话查询账户余额。如本书中几乎每章都在描述的,对因特网模式的互动的接受消减了中间步骤,并且允许用户直接在家中或者工作地访问大的在线数据库。

如今,年轻的医疗工作者和计算机的接触贯穿他们的教育过程。许多大学课程布置必须使用计算机才能执行的项目。很难确定计算机在医疗环境中目前的应用,会给这些用户带来怎样的倾向。有可能,当整合好的系统可用时,保健专业人员不会充分使用该系统,因为之前在不够完善的环境中的负面经历。另外,对电脑及其操作的熟悉,也可能使用户准备好了接受设计良好、易于使用的系统。

### 24.4.3 法律思考

近些年来，医疗事故诉讼与和解协议的数量有所增加。今天，潜在的法律问题笼罩着每一个医疗行为。电脑可以加剧或缓解这种情况。基于计算机的诊疗系统可以提供对罕见但是威胁生命的疾病的提醒，这种疾病在鉴别诊断中有可能被忽视。另一方面，如果被保健工作者忽视，决策支持系统可以产生警告，这些警告可以作为对那些工作者在法院诉讼的证据。（见第10章）。

在过去的几年中，对医疗诊断和治疗过程中的医疗事故原因的关注达到国家级水平。美国医学研究院（IOM）进行了这一领域的几个关键研究（Kohn, 1999; Committee on Quality of Health Care in America, 2001; Aspden, 2003）。这些研究表明医疗过程中的一系列问题会导致医疗事故。首先是用新的要求来跟踪错误并避免失误。其次，广泛引入信息技术会减少错误的数量。2003年IOM报告制定了，能够帮助增加患者的安全性的可能数据标准。在2004年，政府加大力度来促进国民健康资讯基础建设（National Health Information Infrastructure），这会提供在不同的机构中医疗记录内部链接的机制，因为对临床信息访问的增加，从而降低了错误或者重复检验的可能性。

### 24.4.4 医疗财务

一些人假设计算机硬件和软件持续发展是影响医学计算发展的最重要的动力。然而，社会问题如医疗财务和医学的法律问题方面，可能超出了技术因素。或许今天在工作中最大的压力来自于控制医疗成本。医疗财务影响关于购置和维护高科技设备和信息系统的所有选择。

目前医疗财务方案是设计减缓医疗成本的增长速度。这些政策转化成降低医疗诊断和治疗每一方面的成本的压力，如用门诊代替住院、缩短住院时间、选择较便宜的外科手术、减少实验室检验。随着在这些领域做出最佳决策的动机的增加，产生了对能够收集、存储、解释，并在决策过程中提供数据的计算机的更强的需求。

订单输入系统例行筛查不符合检验标准的化验订单，质疑或者取消不符合标准的检验单。一个更复杂的临床决策支持系统可能作为订单管理系统的辅助，对于需要昂贵的病情检查（如为患者定制的评估甲状腺功能的检验）的具体患者，评估哪一个检验是最适合的。这个系统也可以评估药方，并在检查药物相互作用时，建议使用便宜的疗效相等的替代品等。

目前健康计划用计算机强制执行特定风格的监管是很普遍的，通过实时或事后对医疗决策过程的审查，包括住院时间长度的决定和所进行的检验。这一认识是促进临床医生使用计算机的一个动力，计算机经常被保险公司用来事后审查医生的决策。临床医生可能愿意了解电脑系统会预先建议什么，以便他们可以为有意的偏离规范作辩解准备。越来越多的保健管理者和行医董事，要求临床医生使用临床系统，以了解和管理医疗干预和结果，应对降低服务赔偿和管理医疗合同安排。

在美国，为更有效的管理医疗费用，一个全新并且兴旺的行业已经产生：药品福利管理（pharmacy benefits managers）（PBM）。高度依赖计算机技术来管理他们的业务功能，PBM管理被保险人的指定利益，与零售药店合作，也提供邮购，并且鼓励适当的转换到通用等值，这样可以大大削减保险公司承担的医疗费用（和身为PBM的客户的雇主）。注意PBM，如管理医疗组织，必须区分他们的客户（通常是雇主）和他们的成员（员工以及他们的家庭，通过员工的工作收到他们的医疗保险的人）。PBM仅为部分发展的新产业的一例，因为美国医疗财务与世界其他地区相比，有不寻常的性质（见第23章）。

尽管计算机技术的使用可以帮助健康专业人员对付医疗实践日益增加的复杂性，但也导致了不断增加的医疗费用。已有研究显示门诊电脑输入患者订单的益处（Johnston, 2003）。有些计算机已嵌入临床环境，尤其是在复杂的环境如手术室或重症监护室，以至于很难显示患者发病率或死亡率的下降单是由计算机单独带来的。大量的设备已经被应用在这些装置中，并且往往针对多个并发问题治疗患者。即使与不用该设备相比，使用患者监护设备可以帮助保健工作者提早识别有潜在危险的情况，证明计算机系统对结果的影响也是困难的。另一个极端是那些可以被证明带来了不同的设备，但是他们的费用非常高，如电脑断层扫描和磁共振成像系统。因为这些技术替代了创伤性技术（很有可能导致危害）或者提供了其他任何资源都不能提供的信息，所以关于这些设备的效用几乎没有什么争议。取而代之，这些设备的高成本引起了对如何最好的分配这些新资源等问题的关注。展示对计算机技术投入的回报，是对广泛使用医疗计算机系统的主要挑战，根据为支持大量的临床用户，并且执行，整合，管理和维护越来越复杂的分布式系统和网络，所需的惊人的资金成本和人力资源。不论将来计算机系统会如何使用，我们需要评价计算机应用对医疗财务的影响，并且根据备选可用资源来评估新技术。

## 24.5 回顾：我们学到了什么？

一本导论性的书仅能够描绘像生物医学信息学这样复杂多变的领域的浅表。在每章，我们研究一个系统是如何工作（或者应该如何工作）的技术问题，我们必须根据医疗趋势和现在及将来影响临床医疗服务的社会和财政问题来看待每一个领域。本章，我们强调了丰富的社会和技术环境，在这些环境中生物医学信息学同时作为一个学科和服务于保健工作者的一套方法学、设备和复杂的系统而向前发展，并且通过保健工作者服务于他们的患者。最重要的变化之一是使用计算机辅助生物学数据分析的增加。随着更多的重要临床遗传数据在线可

# 第24章 生物医学中计算机应用的未来

用,新的应用领域如遗传药理学开始影响临床医疗。这种跨临床和生物学数据的新应用很明显是信息学新趋势的开端。对未来的一瞥会是令人兴奋的,同时也是可怕的——当我们看到新技术能够解决经常被提到的、使目前的医疗实践不知所措的问题时,是令人兴奋的,但是当我们意识到患者完全有权期望接受人道的和费用敏感的医疗,这些方法就必须被明智并且小心的应用时,是可怕的。问题不是计算机技术在未来的医疗环境中是否会无处不在,而是我们如何才能确保未来的系统被有效的设计并且执行,来优化技术作为对医疗系统和从业者个人的激励和支持的作用。这一过程的结果对医疗策划者,从业者和政策制定者的依赖,如同对系统开发者和生物医学信息学专业人员的努力的依赖一样。本书献给所有为这一事业努力的人。

## 推荐读物

Altman R. B. (2001). Challenges for intelligent systems in biology. IEEE Intelligent Systems, 16(2): 2001, 14-18.

在这篇总结性的文章中, R. B. Altman 提出了未来对生物计算的一些主要挑战。

http://www.citl.org/research/ACPOE_Executive_Preview.pdf (Web site accessed July 9, 2004).

该网站提供了门诊订单输入电脑的成本/效益的执行总结。完整报告见 Johnston(2003)

Committee on Quality of Health Care in America, Institute of Medicine, Crossing the Quality Chasm: A New Health System for the 21st Century. Washington, D. C.: National Academies Press.

该报告讨论了医学实践的结构变化,来解决在 IOM 报告中讨论的一些问题。人非圣贤孰能无过。

Stead W. W., et al. (Eds.) (1998). Focus on an agenda for biomedical informatics. Journal of the American Medical Informatics Association, 5(5): 395-420. Special Issue.

1998 年的美国大学医学资讯(ACMI 公司)科学专题讨论会致力于发展对医疗保健和生物医学的未来和健康战略议程的愿景,以及支持这些愿景的生物医学信息学。该特刊中的前5篇文章阐明了这些研究结果并且现在仍然不过时。

## 问题讨论

1. 选择一个你熟悉的生物医学领域。基于你在本书中所学,提出该领域在未来 20 年可能发生的一个推测。请确定你考虑了系统整合,网络和工作流程的变化等问题将如何影响你所描述的环境中计算机的发展。

2. 假设你是一个去医疗所看病的患者,那里的医生主要使用基于计算机的工具。你对如下情形将作如何反应?

a. 在你被引入检查室前,护士在工作场所测量你的血压和脉搏,然后把信息输入位于紧邻候诊室的护士站的电脑终端。

b. 当医生询问你的时候,他偶尔向面对医生的电脑工作站输入一些信息,你看不到屏幕。

c. 当医生询问你的时候,他偶尔用鼠标向电脑工作站输入信息,该电脑工作站的位置使你面对医生时看不到屏幕。

d. 当医生询问你的时候,他偶尔用鼠标向你也可以看到的电脑工作站输入信息。当做这件事时,医生解释数据正被检查并输入。

e. 当医生询问你的时候,他利用触摸板而不需用键盘输入,向写字板大小的计算机终端输入信息。

f. 当医生询问你的时候,他偶尔停下来说只言片语。一个语言理解界面处理所说的话,并把信息存储在医疗记录系统。

g. 检查室没有电脑,但是你注意到在诊察的间隔,医生用办公室的工作站察看并输入患者的数据。

现在想象你是每种情形中的医生。你在每种情况下如何反应?你对这些问题的回答告诉你计算机对医患关系可能的影响。关于交互式技术会如何影响医患冲突你有何见解?你对场景 c 和 d 还有不同的反应吗?你认为大多数人对这两种情形会有与你一样的反应吗?

3. 你是一个指导 30 位多专业医师联合执业的医疗主任。工作是医生拥有、管理,并且和附近的一家医学院中心保持紧密的联系。你考虑使用一个流动的医疗记录系统来支持你的实践操作。讨论至少八个你会面对的重要挑战,考虑到技术,用户,法律和财务因素。你如何解决每一问题?

4. 对下面的提议或辩解或驳斥:"基于知识的临床系统,在接下来的 5 年中,会被临床医生用户广泛的使用并普遍接受。"

5. 要求你设计一个遗传药理学系统,来帮助发现哪些患者对特定的药物有反应。你需要设计一个研究数据库,把对医疗条件,药物和基因序列的描述联系起来。对每种数据类型你会选择哪种术语?需要包括在数据库架构中的一些关键因素是什么?在为这项任务设计数据结构时,你预计会有什么问题?

# 参 考 文 献

3M Health Information Systems(updated annually). *AP-DRGs: All Patient Diagnosis Related Groups*. Wallingford, CT: 3M Health Care.

A. Foster Higgins & Co. Inc. (1997). *Foster Higgins National Survey of Employer-sponsored Health Plans*.

Abbey, L. M., Zimmerman, J. (eds.)(1991). *Dental Informatics, Integrating Technology into the Dental Environment*. New York: Springer-Verlag.

Abromowitz, K. (1996). *HMO's: Cycle Bottoming; Secular Opportunity Undiminished.*: Berstein Research.

Ackerman, M. J. (1991). The Visible Human Project. *Journal of Biocommunication*, 18(2):14.

ADAM(1995). *ADAM Software* [CD-ROM]: ADAM Scholar Series.

Adams, I. D., Chan, M., Clifford, P. C., Cooke, W. M., Dallos, V., de Dombal, F. T., Edwards, M. H., Hancock, D. M., Hewett, D. J., McIntyre, N. (1986). Computer aided diagnosis of acute abdominal pain: A multicenter study. *British Medical Journal*, 293(6550):800-804.

Adderley, D., Hyde, C., Mauseth, P. (1997). The computer age impacts nurses. *Computers in Nursing*, 15(1):43-46.

Adhikari, N., Lapinsky, S. E. (2003). Medical Informatics in the intensive care unit: Overview of technology assessment. *J Crit Care* 18(1):41-47

Afrin, J. N. & Critchfield, A. B. (1997). Low-cost telepsychiatry for the deaf in South Carolina. *Proceeding of the AMIA Fall Symposium*, p. 901.

Agrawal, M., Harwood, D., Duraiswami, R., Davis, L. S., & Luther, P. W. (2000). Three-dimensional ultrastructure from transmission electron microscope tilt series, *Proceedings, Second Indian Conference on Vision, Graphics and Image Processing*. Bangalore, India.

Ahrens, E. T., Laidlaw, D. H., Readhead, C., Brosnan, C. F., & Fraser, S. E. (1998). MR microscopy of transgenic mice that spontaneously acquire experimental allergic encephalomyelitis. *Magnetic Resonance in Medicine*, 40(1): 119-132.

Aine, C. J. (1995). A conceptual overview and critique of functional neuroimaging techniques in humans: I. MRI/fMRI and PET. *Critical Reviews in Neurobiology* 9(2-3): 229-309.

Akin, O. (1982). *The Psychology of Architecture Design*. London: Pion.

Allaërt F. A., Dusserne L. (1992). Decision support systems and medical liability. *Proceedings of the 16th Annual Symposium on Computer Applications in Medical Care*, Baltimore, MD., pp. 750-753.

Allard, F., & Starkes, J. L. (1991). Motor-skill experts in sports, dance, and other domains. In K. A. Ericsson & J. Smith (eds.), *Toward a General Theory of Expertise: Prospects and Limits*. New York: Cambridge University Press, pp. 126-152.

Allen, J. (1995). *Natural Language Understanding* (2nd Edition). Redwood City, CA: Benjamin Cummings. 849

Alpert, S. A. (1998). Health care information: access, confidentiality, and good practice. In Goodman K. W. (ed.), *Ethics, Computing, and Medicine: Informatics and the Transformation of Health Care*. Cambridge: Cambridge University Press, pp. 75-101.

Altman, R. B. (1997). Informatics in the care of patients: Ten notable challenges. *Western Journal of Medicine* 166(6): 118-122.

Altman, RB. (2003). Complexities of managing biomedical information. *OMICS* 7(1):127-9.

Altman, R. B., Dunker, A. K., Hunter, L., Klein T. E. (eds.)(1998). *Pacific Symposium on Biocomputing '98*. Singapore: World Scientific Publishing.

Altman, R. B., Dunker, A. K., Hunter, L., Klein, T. E. (2003). *Pacific Symposium on Biocomputing '03*. Singapore: World Scientific Publishing.

Altschul, S. F., Gish, W., Mille,r W., Myers, E. W., Lipman, D. J. (1990). Basic local alignment search tool. *Journal of Molecular Biology* 215(3):403-410.

American Association of Health Plans(1995). *AAHP HMO and PPO Trends Report. AMCRA Census Database and AAHP Sample Survey of HMOs and PPOs*.

American College of Pathologists(1982). *SNOMED*. Skokie, IL: College of American Pathology.

American Medical Association(updated annually). *Current Procedural Terminology*. Chicago, IL: The American Medical Association.

American Nurses Association (1995). *Scope of practice for nursing informatics*. Washington, DC: American Nurses Publishing.

American Nurses Association(1997). *NIDSEC standards and scoring guidelines*. Washington, DC: American Nurses Publishing.

American Psychiatric Association Committee on Nomenclature and Statistics(1987). *Diagnostic and Statistical Manual of Mental Disorders*. (Rev. 3rd ed.). Washington, D. C.: The American Psychiatric Association.

American Psychiatric Association Committee on Nomenclature and Statistics(1994). *Diagnostic and Statistical Manual of Mental Disorders*. (4th ed.). Washington, D. C.: The American Psychiatric Association.

American Society for Testing and Materials(1999). *Standard Guide for Properties of a Universal Healthcare Identifier (UHID)*. (E1714-95.) West Conshohocken, PA: American Society for Testing and Materials.

Amir, M., Shabot, M. M., Karlan, B. Y. (1997). Surgical intensive care unit care after ovarian cancer surgery: An analysis of indications. *American Journal of Obstetrics and Gynecology*, 176(6):1389-93.

Anderson, J. G., Aydin, C. E. (1994). Overview: Theoretical perspectives and methodologies for the evaluation of health care information systems. In Anderson J. G., Aydin C. E., Jay S. J. (eds.), *Evaluating Health Care Information Systems: Methods and Applications*. Thousand Oaks, CA: Sage.

Anderson, J. G., Aydin, C. E. (1998). Evaluating medical information systems: social contexts and ethical challenges. In Goodman K. W. (ed.), *Ethics, Computing, and Medicine: Informatics and the Transformation of Health Care*. (pp. 57-74) Cambridge: Cambridge University Press.

Anderson, J. G., Aydin, C. E., Jay, S. J. (eds.) (1994). *Evaluating Health Care Information Systems: Methods and Applications*. Thousand Oaks, CA: Sage Publications.

Anderson, J. G., Aydin, C. E., Jay, S. J. (eds.) (1995). *Computers in health care: research and evaluation*. Newbury Park, CA: Sage Publications.

Anderson, J. G., Jay, S. J. (eds.) (1987). *Use and Impact of Computers in Clinical Medicine*. New York: Springer-Verlag.

Anderson, J. R. (1983). *The Architecture of Cognition*. Mahwah, N. J.: L. Erlbaum Associates.

Anderson, J. R. (1985). *Cognitive Psychology and its Implications*. New York: W. H. Freeman.

Anderson, J., Rainey, M., et al. (2003). The impact of CyberHealthcare on the physician-patient relationship. *Journal of Medical Systems*, 27: 67-84.

Anderson, R. E. (1998). Imagery and spatial representation. In W. Bechtel & G. Graham (eds.), *A Companion to Cognitive Science*. Malden, MA: Blackwell Publishers.

Anonymous (1879). Practice by Telephone. *Lancet* 2, 819.

Anonymous (1993a). *Draft Application Protocol for Electronic Exchange in Health Care Environments*. (Vol. Version 2. 2, HL7).

Anonymous (1993b). *Standard for Health Care Data Interchange-Information Model Methods*. Draft P1157. 1, IEEE.

Anonymous (1994). *NCPDP Data Dictionary*. June 1, 1994.

Anonymous (1999). *Dublin Core Metadata Element Set*, Version 1. 1: Reference Description. Dublin Core Metadata Initiative. (Accessed 2005 at: http://www.dublincore.org/documents/dces/)

Anonymous (2000a). *Cataloging Practices*. National Library of Medicine. (Accessed 2005 at: http://www.nlm.nih.gov/mesh/catpractices2004.html)

Anonymous (2000b). *Features of the MeSH Vocabulary*. National Library of Medicine. (Accessed 2005 at: http://www.nlm.nih.gov/mesh/intro_features2005.html)

Anonymous (2000c). *Organization of National Library of Medicine Bibliographic Databases*. National Library of Medicine. (Accessed 2005 at: http://www.nlm.nih.gov/pubs/techbull/mj00/mj00_buckets.html)

Anonymous (2001a). *Digital Libraries: Universal Access to Human Knowledge*. President's Information Technology Advisory Committee. (Accessed 2005 at: http://www.nitrd.gov/pubs/pitac/pitac-dl-9feb01.pdf)

Anonymous (2001b). *The Dublin Core Metadata Element Set*. Dublin Core Metadata Initiative. (Accessed 2005 at: http://www.niso.org/standards/resources/Z39-85.pdf)

Anonymous (2001c). The future of the electronic scientific literature. *Nature*, 413:1-3.

Anonymous (2001d). *PubMed Help*. National Library of Medicine. (Accessed 2005 at: http://www.ncbi.nlm.nih.gov/entrez/query/static/help/pmhelp.html)

Anonymous (2001e). *Transforming Health Care Through Information Technology*. President's Information Technology Advisory Committee. (Accessed 2005 at: http://www.nitrd.gov/pubs/pitac/pitac-hc-9feb01.pdf)

Anonymous (2001f). *Using Information Technology to Transform the Way We Learn*. President's Information Technology Advisory Committee. (Accessed 2005 at: http://www.nitrd.gov/pubs/pitac/pitac-tl-9feb01.pdf)

Arenson, R. L. (1984). Automation of the radiology management function. *Radiology*, 153:65-68.

Arenson, R. L., Gitlin, J. N., London, J. W. (1982). The formation of a radiology computer consortium. *Proceedings of the 7th Conference on Computer Applications in Radiology*, Boston, MA, 153-164, April.

Arenson, R. L., Seshadri, S., Kundel, H. L., DeSimone, D., Van der Voorde, F., Gefter, W. B., Epstein, D. M., Miller, W. T., Aronchick, J. M., Simson, M. B. (1988). Clinical evaluation of a medical image management system for chest images. *American Journal of Roentgenology*, 150(1):55-59.

Arms, W., Hillmann, D., et al. (2002). A spectrum of interoperability: the site for science prototype for the NSDL. *D-Lib Magazine*, 8. (Accessed 2005 at: http://www.dlib.org/dlib/january02/arms/0Aarms.html)

Aronow, D. B., Cooley, J. R., Soderland, S. (1995). Automated identification of episodes of asthma exacerbation for quality measurement in a computer-based medical record. *Proc Annu Symp Comput Appl Med Care*, pp. 309-313.

Aronow, D. B., Soderland, S., Ponte, J. M., Feng, F., Croft, W. B., Lehnert, W. G. (1995). Automated classification of encounter notes in a computer based medical record. *Proceedings of Medinfo* 1995, Pt 1:8-12.

Aronow, D. B., Feng, F., Croft, W. B. (1999). Ad hoc classification of radiology reports. *Journal of the American Medical Informatics Association*, 6(5):343-411.

Aronson, A. R. (2001). Effective mapping of biomedical text to the UMLS metathesaurus: the MetaMap program. *Proceedings of the AMIA Annual Symposium*: Hanley & Belfus, pp. 17-21.

Aronson, A., Bodenreider, O., et al. (2000). The NLM indexing initiative. *Proceedings of the AMIA Annual Symposium*, Los Angeles, CA. Hanley & Belfus, pp. 17-21.

Arroll, B., Pandit, S., et al. (2002). Use of information sources among New Zealand family physicians with high access to computers. *Journal of Family Practice*, 51:8.

Ascioli, G. A. (1999). Progress and perspectives in computational neuroanatomy. *Anatomical Record (New Anat.)*, 257(6),195-207.

Ash, J. (1997). Organizational factors that influence information technology diffusion in academic health centers. *Journal of the American Medical Informatics Association*, 4(2):102-111.

Ash, J. S., Gorman, P. N., Lavelle, M., Payne, T. H., Massaro, T. A., Frantz, G. L., Lyman JA. (2003). A cross-site qualitative study of physician order entry. *Journal of the American Medical Informatics Association*, 10(2),188-200.

Ashburner, J., & Friston, K. J. (1997). Multimodal image coregistration and partitioning-a unified framework. *Neuroimage*, 6(3),209-217.

Aspden, P., Corrigan, J. M., Wolcott, J., Erickson, S. M. (editors) and the Committee on Data Standards for Patient Safety(2004). *Patient Safety: Achieving a New Standard for Care*, National Academies Press(Issued November 20, 2003).

Association of American Medical Colleges(1986). *Medical Education in the Information Age*, *Proceedings of the Symposium on Medical Informatics*. Washington D. C. : Association of American Medical Colleges.

ASTM(1989). *Standard Guide for Nosologic Standards and Guides for Construction of New Biomedical Nomenclature*. (Standard E1284-89.)Philadephia: ASTM.

ASTM (1994). *A Standard Specification for Representing Clinical Laboratory Test and Analyte Names*. (Standard E3113.2(Draft).)Philadelphia: ASTM.

Atkinson W, Orenstein W, Krugman S(1992). The resurgence of measles in the United States, 1989-90. *Annual Rev Med* 43:451-463.

Atkinson, R., & Shiffrin, R. (1968). Human memory: A proposed system and its control processes. In *Spence, K. W and Spence, J. T., The Psychology of Learning and Motivation*: II.

Axford, R., Carter, B. (1996). Impact of clinical information systems on nursing practice: Nurses' perspectives. *Computers in Nursing*, 14(3):156-163.

Ayers, S. (1983). NIH consensus conference. Critical care medicine. *Journal of the American Medical Association*, 250(6):798-804.

Babior, B. M., Matzner, Y. (1997). The familial Mediterranean fever gene—cloned at last. *New England Journal of Medicine*, 337(21):1548-1549.

Bachant, J., McDermott, J. (1984). R1 revisited: Four years in the trenches. *AI Magazine*, 5:3.

Bachrach, C., Charen, T. (1978). Selection of MEDLINE contents, the development of its thesaurus, and the indexing process. *Medical Informatics*, 3(3):237-254.

Bader, S. (1993). Recognition of computer-based materials in the promotion guidelines of U. S. medical schools. *Academic Medicine*, 68:S16-S17.

Baeza-Yates, R. and Ribeiro-Neto, B., eds. (1999). *Modern Information Retrieval*. New York:McGraw-Hill.

Bahls, C., Weitzman, J., et al. (2003). Biology's models. *The Scientist*, 17: 5.

Bai, C., Elledge, S. J. (1997). Gene identification using the yeast two-hybrid system. *Methods of Enzymology*, 283:141-56.

Baker, E. L., Friede, A., Moulton, A. D., Ross, D. A. (1995). CDC's information network for public health officials(INPHO): A framework for integrated public health information and practice. *Journal of Public Health Management and Practice*, 1:43-47.

Baker, L., Wagner, T., et al. (2003). Use of the Internet and e-mail for health care information: Results from a national survey. *Journal of the American Medical Association*, 289:2400-2406.

Bakken, S., Cimino, J. J., Haskell, R., Kukafka, R., Matsumoto, C., Chan, G. K., Huff, S. MK. (2000)Evaluation of the clinical LOINC(Logical Observation Identifiers, Names, and Codes) semantic structure as a terminology model for standardized assessment measures. *Journal of the American Medical Informatics Association*, 7(6):529-538.

Bakken, S., Curran, C., Delaleu-McIntosh, J., Desjardins, K., Hyun, S., Jenkins, M., John, R., Ramirez, A-M., Tamayo, R. (2003). Informatics for evidence-based nurse practitioner practice at the Columbia University School of Nursing. *Proceedings of NI* 2003. Rio de Janeiro, Brazil.

Balas, E. A., Austin, S. M., Mitchell, J. A., Ewigman, B. G., Bopp, K. D., Brown, G. D. (1996). The clinical value of computerized information services: A review of 98 randomized clinical trials. *Archives of Family Medicine*, 5(5):271-278.

Balas, E. A. and Boren, S. A. (2000). Managing clinical knowledge for health care improvement. *IMIA Yearbook of Medical Informatics* (R. Haux and A. T. McCray, eds), pp. 65-70, Stuttgart, Germany: Schattauer Publishing Company.

Baldi, P., Brunak, S. (1998). *Bioinformatics: The Machine Learning Approach*. Cambridge, MA:MIT Press.

Baldi, P, Hatfield, G. W. (2002)*DNA Microarrays and Gene Expression*. Cambridge University Press.

Ball, M. (ed.)(1995). *Introduction to Nursing Informatics*. New York: Springer.

Bansler, J. P., Bødker, K. (1993). A reappraisal of structured analysis: Design in an organizational context. *Proceedings* of the ACM Transactions on Information Systems, 11: 165-193.

Barfield, W., Furness, T. (eds.) (1995). Virtual Environments and Advanced Interface Design. New York: Oxford University Press.

Barnett, G. O. (1976). Computer-Stored Ambulatory Record (COSTAR). (DHEW (HRA) 76-3145.): Department of Health, Education, and Welfare.

Barnett, G. O. (1984). The application of computer-based medical-record systems in ambulatory practice. New England Journal of Medicine, 310(25):1643-1650.

Barnett, G. O., Cimino, J. J., Hupp, J. A., Hoffer, E. P. (1987). DXplain: An evolving diagnostic decision-support system. Journal of the American Medical Association, 258 (1):67-74.

Barrows Jr., R. C., Clayton, P. D. (1996). Privacy, confidentiality, and electronic medical records. Journal of the American Medical Informatics Association, 3(2):139-148.

Barnett, GO, Famiglietti, KT, Kim, RJ, Hoffer, EP, Feldman, MJ. (1998). DXplain on the Internet. Proceedings of the AMIA Annual Fall Symposium, pp. 607-611.

Bashshur, R. L., Mandil, S. H., Shannon, G. W. (eds). Telemedicine/telehealth: An international perspective. (2002) Telemedicine Journal and e-Health. 8(1):95-107.

Bashshur, R., Sanders, J., & Shannon, G. (1997). Telemedicine: Theory and Practice Charles C. Thomas, Springfield, IL.

Bass, D. M., McClendon, M. J., Brennan, P. F., McCarthy, C. (1998). The buffering effect of a computer support network on caregiver strain. Journal of Aging and Health, 10(1):20-43.

Bass, D. M., McClendon, M. J., Brennan, P. F., McCarthy, C. (1998) The buffering effect of a computer support network on caregiver strain. Journal of Aging & Health. 10 (1):20-43.

Bates, D. W. (2000). Using information technology in hospitals to reduce rates of medication errors in hospitals. BMJ 320: 788-91.

Bates, D. W., Ebell, M., Gotlieb, E., Zapp, J., Mullins, H. C., (2003). A proposal for electronic medical records in U. S. primary care. J Am Med Inform Assoc. 10(1):1-10.

Bates, D. W., Evans, R. S., Murff, H., Stetson, P. D., Pizziferri, L., Hripcsak, G. (2003). Detecting adverse events using information technology. J Am Med Inform Assoc; 10 (2):115-128.

Bates, D. W., Gawande, A. A. (2003). Patient safety: improving safety with information technology. The New England Journal of Medicine, 348(25):2526-34.

Bates, D. W., Leape, L. L., Cullen, D. J., et al(1998). Effect of computerized physician order entry and a team intervention on prevention of serious medication errors. Journal of the American Medical Association 280(15):1311-1316.

Bates, D. W., Spell, N., Cullen, D. J., Burdick, E., Laird, N., Petersen, L. A., Small, S. D., Sweitzer, B. J., Leape, L. L. (1997). The costs of adverse drug events in hospitalized patients. Journal of the American Medical Association, 277(4):307-311.

Baud, R., Lovis, C., Rassinoux, A. M., Michel, P. A., Scherrer, J. R. Automatic extraction of linguistic knowledge from an international classification (1998). Medinfo 1998 Pt 1:581-5.

Bauman, R. A., Arenson, R. L., Barnett, G. O. (1975a). Computer-based master folder tracking and automated file room operations. Proceedings of the 4th Conference on Computer Applications in Radiology, Las Vegas, NV, 469-480.

Bauman, R. A., Arenson, R. L., Barnett, G. O. (1975b). Fully automated scheduling of radiology appointments. Proceedings of the 4th Conference on Computer Applications in Radiology, Las Vegas, NV, 461-46.

Bauman, R. A., Gell, G., Dwyer, 3rd S. J. (1996). Large picture archiving and communication systems of the world-Part 2. Journal of Digital Imaging, 9(4):172-177.

Bauman, R. A., Pendergrass, H. P., Greenes, R. A. (1972). Further development of an on-line computer system for radiology reporting. Proceedings of the Conference on Computer Applications in Radiology, 409-422.

Baxevanis, A. (2003). The Molecular Biology Database Collection: 2003 update. Nucleic Acids Research, 31: 1-12.

Beagrie, N. (2002). An update on the Digital Preservation Coalition. D-Lib Magazine, 8. (Accessed 2005 at: http://www.dlib.org/dlib/april02/beagrie/04beagrie.html)

Bechtel, W., Abrahamsen, A., & Graham, G. (1998). Part I: The life of cognitive science. In W. Bechtel, G. Graham & D. A. Balota(eds.), A Companion to Cognitive Science (Blackwell Companions to Philosophy, Vol. 13, pp. 2-104). Malden, MA: Blackwell.

Bechtel, W., Graham, G., & Balota, D. A. (1998). A Companion to Cognitive Science. Malden, Mass. : Blackwell.

Beck, J. R., Pauker, S. G. (1983). The Markov process in medical prognosis. Medical Decision Making, 3 (4): 419-58.

Beckett, D., Miller, E., et al. (2000). Using Dublin Core in XML. Dublin Core Metadata Initiative. (Accessed 2005 at: http://dublincore.org/documents/dcmes-xml/)

Bell, D. S., Greenes, R. A. (1994). Evaluation of UltraSTAR: Performance of a collaborative structured data entry system. Proceedings of the 18th Annual Symposium on Computer Applications in Medical Care, Washington, D. C., pp. 216-221.

Benko, L. B. (2003). Back to the drawing board: Cedars-Sinai's physician order-entry system suspended. Modern Healthcare, 12.

Benson, D. A., Karsch-Mizrachi, I, Lipman, DJ, Ostell, J, Wheeler, DL. GenBank. Nucleic Acids Res. 2003;31(1): 23-7.

Bentt, L. R., Santora, T. A., Leyerle, B. J., LoBue, M., Shabot, M. M. (1990). Accuracy and utility of pulse oximetry in a surgical ICU. *Current Surgery*, 47(4):267-268.

Berenson, R. (1984). *Health Technology Case Study 28: Intensive Care Units (ICUs)-Clinical Outcomes, Costs and Decisionmaking*. Washington, DC: Office of Technology Assessment.

Berg, M. (1997). *Rationalizing Medical Work: Decision Support Techniques and Medical Practices*. Cambridge, MA: MIT Press.

Berg, M. (1999). Patient care information systems and health care work: a sociotechnical approach. *International Journal of Medical Informatics*, 55(2),87-101.

Bergeron, B. P., Greenes, R. A. (1989). Clinical skill-building simulations in cardiology: HeartLab and EKGLab. *Computer Methods and Programs in Biomedicine*, 30(2-3): 111-126.

Berland, G., Elliott, M., et al. (2001). Health information on the Internet: Accessibility, quality, and readability in English and Spanish. *Journal of the American Medical Association*,285:2612-2621.

Berman, J. J., Edgerton, M. E., Friedman, B. A. (2003). The tissue microarray data exchange specification: A community-based, open source tool for sharing tissue microarray data. *BMC Med Inform Decis Mak*. 3(1):5.

Berners-Lee, T., Cailliau, R., Luotonen, A., Nielsen, H., Secret, A. (1994). The World-Wide-Web. *Communications of the Association for Computing Machinery*, 37:76-82.

Bero, L., Rennie, D. (1996). The Cochrane Collaboration: Preparing, maintaining, and disseminating systematic reviews of the effects of health care. *Journal of the American Medical Association*, 274:1935-1938.

Besser, H. (2002). The next stage: Moving from isolated digital collections to interoperable digital libraries. *First Monday*, 7: 6. (Available 2005 at: http://www.firstmonday.dk/issues/issue7_6/besser/)

Bickel, R. G. (1979). The TRIMIS concept. *Proceedings of the 3rd Annual Symposium for Computer Applications in Medical Care*, Washington, DC, pp. 839-842.

Bidgood, W. D. Jr. (1998). Clinical importance of the DICOM structured reporting standard. *Int J Card Imaging*. 14(5):307-15.

Bidgood, W. D., Horii, S. C., Prior, F. W., Van Syckle, D. E. (1997). Understanding and using DICOM, the data interchange standard for biomedical imaging. *Journal of the American Medical Informatics Association*, 4(3):199-212.

Biondich, P. G., Anand, V., Downs, S. M., McDonald, C. J. (2003). *Proceedings AMIA Annu Symp*, pp. 86-90.

Bishop, M., Rawlings, C. (eds.)(1997). *DNA and Protein Sequence Analysis—A Practical Approach*: IRL Press at Oxford University Press.

Blaine, G. J., Hill, R. L., Cox, J. R. (1983). PACS workbench at Mallinckrodt Institute of Radiology(MIR). *Proceedings of the SPIE(Society of Photo-optical Instrumentation Engineers)*, Kansas City, MO, 418 (PACSII): 80-86.

Blake, J. A., Richardson, J. E., Bult, C. J., Kadin, J. A., Eppig, J. T., and the members of the Mouse Genome Database Group(2003). MGD: The Mouse Genome Database. *Nucleic Acids Res*,31:193-195.

Bleich, H. (1972). Computer-based consultation: Electrolyte and acid-base disorders. *American Journal of Medicine*, 53:285-291.

Bleich, H. L., Beckley, R. F., Horowitz, G. L., Jackson, J. D., Moody, E. S., Franklin, C., Goodman, S. R., McKay, M. W., Pope, R. A., Walden, T., Bloom, S. A., Slack, W. V. (1985). Clinical computing in a teaching hospital. *New England Journal of Medicine*, 312 (12): 756-764.

Bleich, H. L., Safra,n C., Slack, W. V. (1989). Departmental and laboratory computing in two hospitals. *MD Computing*, 6(3):149-155.

Bliss-Holtz, J. (1995). Computerized support for case management: ISAACC. *Computers in Nursing*, 13(6):289-294.

Blois, M. S. (1984). *Information and Medicine: The Nature of Medical Descriptions*. Berkeley:University of California Press.

Bloom, F. E., & Young, W. G. (1993). *Brain Browser* (Scripps, Trans.). New York: Academic Press.

Blum, B. (1992). *Software Engineering, A Holistic Approach*: Oxford University Press.

Blum, B. I. (1986a). *Clinical Information Systems*. New York: Springer-Verlag.

Blum, B. I. (1986b). Clinical Information Systems: A review. *Western Journal of Medicine*,145(6):791-797.

Boeckmann B., Bairoch A., Apweiler R., Blatter M. -C., Estreicher A., Gasteiger E., Martin M. J., Michoud K., O'Donovan C., Phan I., Pilbout S., Schneider M. (2003). The SWISSPROT protein knowledgebase and its supplement TrEMBL in 2003. *Nucleic Acids Res* 31:365-370.

Boehm, B. (1999): Managing software productivity and reuse; *IEEE Computer*, 31(9):111-113.

Boehm, B., Egyed, A., Kwan, J., Port, D., Shah, A., Madachy, R. (1998). Using the Win Win Spiral Model: A Case Study. *IEEE Computer*, 31(7):33-44.

Boland, P. (1985). *The New Healthcare Market: A Guide to PPOs for Purchasers, Payers and Providers*. Homewood, Illinois: Dow Jones Irwin.

Bone, R. C. (1995). Standards of evidence for the safety and effectiveness of critical care monitoring devices and related interventions. *Critical Care in Medicine*, 23(10):1756-1763.

Booch, G. (1994). *Object-Oriented Design with Applications*. (2nd ed.): Benjamin-Cummins.

Bookstein, F. L. (1989). Principal warps: thin-plate splines and the decomposition of deformations. *IEEE Transactions on Pattern Analysis and Machine Intelligence*, 11(6):567-585.

Bookstein, F. L. (1997). Biometrics and brain maps: The promise of the morphometric synthesis. In: Koslow SH, Huerta MF, editors. *Neuroinformatics: An Overview of the Human Brain Project*. pp. 203-254. Mahwah, New Jersey: Lawrence Erlbaum Associates.

Bookstein, F. L., Green, W. D. K. (2001). *The Edgewarp 3D Browser*. Accessed 2005 from http://vhp.med.umich.edu/edgewarpss.html.

Bopp, K. (2000). Information services that make patients co-producers of quality health care. *Studies in Health Technology and Informatics*, 76:93-106.

Borgman, C. (1999). What are digital libraries? Competing visions. *Information Processing and Management*, 35:227-244.

Bowden, D. M., Martin, R. F. (1995). Neuronames brain hierarchy. *Neuroimage*, 2:63-83.

Bowie, J., Barnett G. O. (1976). MUMPS: An economical and efficient time-sharing system for information management. *Comput Programs Biomed* 6:11-22.

Bowker, G. C., Star, S. L. (1999). *Sorting Things Out: Classification and its Consequences*. Cambridge, Mass.: MIT Press.

Boxwala, A. A., Peleg, M., Tu, S, Ogunyemi, O., Zeng, Q. T., Wang, D., Patel, V. L., Greenes, R., and Shortliffe, E. H. (2004). GLIF3: A representation format for sharable computerinterpretable clinical practice guidelines. *Journal of Biomedical Informatics*, 37(3):147-161.

Boyd, S. and Herkovic, A. (1999). *Crisis in Scholarly Publishing: Executive Summary*. Stanford Academic Council Committee on Libraries. (Accessed 2005 at: http://www.stanford.edu/~boyd/schol_pub_crisis.html)

Boynton, J., Glanville, J., et al. (1998). Identifying systematic reviews in MEDLINE: developing an objective approach to search strategy design. *Journal of Information Science*, 24:137-157.

Bradshaw, K. E., Gardner, R. M., Clemmer, T. P., Orme, J. F., Thomas, F., West, B. J. (1984). Physician decision-making: Evaluation of data used in a computerized ICU. *International Journal of Clinical Monitoring and Computing*, 1(2):81-91.

Bradshaw, K. E., Sittig, D. F., Gardner, R. M., Pryor, T. A., Budd, M. (1988). Improving efficiency and quality in a computerized ICU. *Proceedings of the 12th Annual Symposium on Computer Applications in Medical Care*, Washington, D. C., 763-767.

Brahams, D., Wyatt, J. C. (1989). Decision aids and the law. *Lancet*, 2(8663):632-634.

Brailer, D. J. (2002). Personal Communication.

Brain Innovation, B. V. (2001). *Brain Voyager*. Accessed 2005 at http://www.BrainVoyager.de/

Brannigan V. M. (1991). Software quality regulation under the safe medical devices act of 1990: Hospitals are now the canaries in the software mine. *Proceedings of the 15th Annual Symposium on Computer Applications in Medical Care*, Washington, DC, 238-242.

Bransford, J. D. E., Brown, A. L. E., & Cocking, R. R. E. (1999). *How People Learn: Brain, Mind, Experience, and School*. Washington, DC: National Academies Press.

Brazma, A, Hingamp, P, Quackenbush, J, et. al. (2001). Minimum information about a microarray experiment (MIAME): Toward standards for microarray data. *Nat Genet*. 29(4):365-71.

Brennan, P. F. (1996). The future of clinical communication in an electronic environment. *Holistic Nursing Practice*, 11(1):97-104.

Brennan, P. F. (1998). Computer network home care demonstration: A randomized trial in persons living with AIDS. *Computers in Biology and Medicine*, 28(5):489-508.

Brennan, P. F., Moore, S. M., Bjornsdottir, G., Jones, J., Visovsky, C., Rogers, M. (2001). HeartCare: an Internet-based information and support system for patient home recovery after coronary artery bypass graft (CABG) surgery. *Journal of Advanced Nursing*. 35(5):699-708.

Brennan, P. F., Moore, S. M., Smyth, K. A. (1995). The effects of a special computer network on caregivers of persons with Alzheimer's Disease. *Nursing Research*, 44(3):166-172.

Brennan, P. F., Ripich, S. (1994). Use of a home care computer network by persons with AIDS. *International Journal of Technology Assessment in Health Care*, 10(2):258-272.

Brennan, P., Strombom, I. (1998). Improving health care by understanding patient preferences: The role of computer technology. *Journal of the American Medical Informatics Association*, 5:257-262.

Brenner, S. McKinin, E. (1989). CINAHL and MEDLINE: a comparison of indexing practices. *Bulletin of the Medical Library Association*, 77:366-371.

Brin, S., Page, L. (1998). The anatomy of a large-scale hypertextual Web search engine. *Computer Networks*, 30:107-117.

Brigham, C. R., Kamp, M. (1974). The current status of computer-assisted instruction in the health sciences. *Journal of Medical Education*, 49(3):278-279.

Brimm, J. (1987). Computers in critical care. *Critical Care Nursing Quarterly*, 9(4):53.

Brin, S. and Page, L. (1998). The anatomy of a large-scale hypertextual Web search engine. *Computer Networks*, 30:107-117.

Brinkley, J. F. (1985). Knowledge-driven ultrasonic three-dimensional organ modelling. *PAMI*,7(4):431-441.

Brinkley, J. F. (1991). Structural informatics and its applications in medicine and biology. *Academic Medicine*, 66:589-591.

Brinkley, J. F. (1992). Hierarchical geometric constraint networks as a representation for spatial structural knowledge (UW, Trans.), *Proceedings of the 16th Annual Symposium on Computer Applications in Medical Care*, pp. 140-144.

Brinkley, J. F. (1993a). A flexible, generic model for anatomic shape: Application to interactive two-dimensional medical image segmentation and matching. *Computers and Biomedical Research*, 26, 121-142.

Brinkley, J. F. (1993b). The potential for three-dimensional ultrasound. In Chervenak F. A., Isaacson G. C., Campbell S. (eds.), *Ultrasound in Obstetrics and Gynecology*. Boston: Little, Brown and Company.

Brinkley, J. F., Bradley, S. W., Sundsten, J. W., & Rosse, C. (1997). The Digital Anatomist information system and its use in the generation and delivery of Web-based anatomy atlases. *Computers and Biomedical Research*, 30:472-503.

Brinkley, J. F., Moritz, W. E., Baker, D. W. (1978). Ultrasonic three-dimensional imaging and volume from a series of arbitrary sector scans. *Ultrasound in Medicine and Biology*, 4:317-327.

Brinkley, J. F., Myers, L. M., Prothero, J. S., Heil, G. H., Tsuruda, J. S., Maravilla, K. R., Ojemann, G. A., Rosse, C. (1997). A structural information framework for brain mapping. In Koslow S. H., Huerta M. F. (eds.), *Neuroinformatics: An Overview of the Human Brain Project*, pp. 309-334. Mahwah, NJ: Lawrence Erlbaum.

Brinkley, J. F., Rosse, C. (1997). The Digital Anatomist distributed framework and its applications to knowledge based medical imaging. *Journal of the American Medical Informatics Association*, 4(3):165-183.

Brinkley, J. F., Rosse, C. (2002). Imaging and the Human Brain Project: a review. *Methods of Information in Medicine*, 41:245-260.

Brinkley, J. F., Wong, B. A., Hinshaw, K. P., & Rosse, C. (1999). Design of an anatomy information system. *Computer Graphics and Applications*, 19(3):38-48.

Brody, B. A. (1989). The ethics of using ICU scoring systems in individual patient management. *Problems in Critical Care*, 3:662-670.

Brown, C. L., Howarth, S. P. (2004). The power of picture archiving and communication systems: Strategic hospital considerations. *J Health Inf Manag*. 18(4):19-26.

Brown, SH, Lincoln, MJ, Groen, PJ, Kolodner, RM. (2003). VistA-U. S. Department of Veterans Affairs national-scale HIS. *Int J Med Inf*. 69(2-3):135-56.

Bruer, J. T. (1993). *Schools for Thought: A Science of Learning in the Classroom*. Cambridge, MA: MIT Press.

Bryant, G. D., Norman, G. R. (1980). Expressions of probability: Words and numbers. *The New England Journal of Medicine*, 302:411.

Buchman, T. G. (1995). Computers in the intensive care unit: Promises yet to be fulfilled. *Journal of Intensive Care Medicine*, 10:234-240.

Bulecheck, G. M., McCloskey, J. C., Donahue, W. J. (1995). Nursing Interventions Classification (NIC): A language to describe nursing treatments, *Nursing Data Systems: The Emerging Framework*, pp. 115-131. Washington, D. C.: American Nurses Publishing.

Burley, S. K., Bonanno, J. B. (2002). Structuring the universe of proteins. *Annual Review of Genomics and Human Genetics*. 3:243-62.

Byrne, MD. (2003). Cognitive architecture. In J. Jacko & A. Sears(Eds), *Human-Computer Interaction Handbook* (pp. 97-117). Mahwah, N. J.: Lawrence Erlbaum Associates.

California Managed Health Care Improvement Task Force (1998). Public perceptions and experiences with managed care, *Improving Managed Health Care in California*. (Vol. 2:13-42 & Vol. 3:207-212), Sacramento, CA.

California Office of Statewide Health Planning and Development (1992). *Volume of Coronary Artery Bypass Grafts for 1989-1992 from the Patient Discharge Data Set*.

Callan, J. (1994). Passage level evidence in document retrieval. *Proceedings of the 17th Annual International ACM SIGIR Conference on Research and Development in Information Retrieval*, Dublin, Ireland: Springer-Verlag, pp. 302-310.

Campbell, J. R., Carpenter, P., Sneiderman, C., Cohn, S., Chute, C. G., Warren, J. (1997). Phase II evaluation of clinical coding schemes: Completeness, taxonomy, mapping, definitions, and clarity. CPRI Work Group on Codes and Structures. *Journal of the American Medical Informatics Association*, 4(3):238-251.

Campbell, K. E., Tuttle, M. S., Spackman, K. A. (1998). A "lexically-suggested logical closure" metric for medical terminology maturity. *Proceedings of the 1998 AMIA Annual Fall Symposium*, Orlando, FL, pp. 785-789.

Capin, T. K., Noser, H., Thalmann, D., Pandzic, I. S., Thalmann, N. M. (1997). Virtual human representation and communication in VLNet. *IEEE Computer Graphics and Applications*, 17(2):42-53.

Card, S. K., Mackinlay, J. D., Shneiderman, B. (1999). *Readings in Information Visualization: Using Vision to Think*. San Francisco, Calif.: Morgan Kaufmann Publishers.

Card, S. K., Moran, T. P., & Newell, A. (1983). *The Psychology of Human-Computer Interaction*. Hillsdale, N. J.: L. Erlbaum Associates.

Carroll, J. M. (1997). Human-computer interaction: Psychology as a science of design. *Annual Review of Psychology*, 48(1):61-83.

Carroll, J. M. (ed.)(2002). *Human-Computer Interaction in the New Millenium*. New York: Addison-Wesley.

Carroll, J. M. (2003). *HCI Models, Theories, and Frameworks: Toward a Multidisciplinary Science*. San Francisco, Calif.: Morgan Kaufmann.

Caruso, D. (2000). Digital Commerce: If the AOL-Time Warner deal is about proprietary content, where does that leave a noncommercial directory it will own? *New York Times*. January 17, 2000.

Caviness, V. S., Meyer, J., Makris, N., & Kennedy, D. N. (1996). MRI-based topographic parcellation of human neocortex: an anatomically specified method with estimate of reliability. *Journal of Cognitive Neuroscience*, 8(6):566-587.

Cawley, J., Chernew, M., McLaughlin, C. (2002). CMS payments necessary to support HMO participation in Medicare Managed Care. In Alan M. Garber, ed., *Frontiers in Health Policy Research*, Volume 5, pp1-25. Cambridge, MA: MIT Press,. Cech, TR. (2000) Structural Biology. The ribosome is a ribozyme. *Science* 289(5481):878-879.

Centers for Disease Control and Prevention(1997). *Community Immunization Registries Manual.* (Accessed 2005 at: http://www.cdc.gov/nip/registry/cir-manual.htm)

Centers for Disease Control and Prevention(2002). Immunization Registry Progress —United States, 2002. *Morbidity and Mortality Weekly Report.* August 30, 2002 / 51(34): 760-762.

Centers for Disease Control and Prevention (2003). *Public Health Information Network Conference.*

Centers for Medicare & Medicaid Services(1999). *Medicare Current Beneficiary Survey.*

CFO(1996). The Third Annual Survey: Holding the Line on SG&A. *CFO*, December 1996:28-36.

Chalmers, I., Altman D. (eds.)(1995). *Systematic Reviews.* London: BMJ Publishing Group.

Chandler, P., & Sweller, J. (1991). Cognitive load theory and the format of instruction. *Cognition and Instruction*, 8(4): 293-332.

Chandra, M., Wagner, W. H., Shabot, M. M. (1995). ICU care after infrainguinal arterial surgery: A critical analysis of outcomes. *The American Surgeon*, 61(10):904-907.

Channin, D. S. (2002). Integrating the healthcare enterprise: a primer. Part 6: the fellowship of IHE. *Radiographics*, 22(6):1555-60.

Chapman, K. A., Moulton, A. D. (1995). The Georgia Information Network for Public Health Officials: A demonstration of the CDC INPHO concept. *Journal of Public Health Management & Practice*, 1(2):39-43.

Charen, T. (1976). *MEDLARS Indexing Manual, Part I: Bibliographic Principles and Descriptive Indexing.* Springfield, VA: National Technical Information Service.

Charen, T. (1983). *MEDLARS Indexing Manual, Part II.* Springfield, VA: National Technical Information Service.

Charniak, E. (1993). Statistical Language Learning. Cambridge: MIT Press.

Chase, W. G., Simon, H. A. (1973). Perception in chess. *Cognitive Psychology*, 4(1):55-81.

Chen, R., Felciano, R., Altman, R. B. (1997). RIBOWEB: Linking structural computations to a knowledge base of published experimental data. *Intelligent Systems for Molecular Biology*, 5:84-87.

Cheung, N. T., Fung, K. W., Wong, K. C., Cheung, A., Cheung, J., Ho, W., Cheung, C., Shung, E., Fung, V., Fung, H. (2001). Medical informatics-the state of the art in the Hospital Authority. *Int J Med Inf.* 62:113-119.

Chi, M. T. H., Feltovich, P. J., Glaser, R. (1981). Categorization and representation of physics problems by experts and novices. *Cognitive Science*, 5:121-152.

Chi, M. T. H., Glaser, R. (1981). Categorization and representation of physics problems by experts and novices. *Cognitive Science*, 5:121-152.

Chi, M. T. H., Glaser, R., Farr, M. J. (1988). *The Nature of Expertise.* Hillsdale, N. J.: L. Erlbaum Associates.

Chin, T(2003). February 17, 2003. *American Medical News.*

Chinchor, N. A. (1998). Overview of MUC-7/MET-2. Proceedings of the 7th Message Understanding Conference, April 1998.

Choi, H. S., Haynor, D. R., & Kim, Y. (1991). Partial volume tissue classification of multichannel magnetic resonance images-a mixel model. *IEEE Trans. Med. Imaging*, 10(3):395-407.

Christensen, L., Haug, P., Fiszman, P. (2002). MPLUS: A probabilistic medical language understanding system. *Natural Language Processing in the Biomedical Domain.* Association for Computational Linguistics.

Christensen, G. E., Miller, M. I., Vannier, M. W. (1996). Individualizing neuroanatomical atlases using a massively parallel computer. *IEEE Computer*, 29(1):32-38.

Christensen, G. E., Rabbitt, R. D., & Miller, M. I. (1996). Deformable templates using large deformation kinematics. *IEEE Trans. Image Processing*, 5(10):1435-1447.

Chu, S., Cesnik, B. (2000). A three-tier clinical information systems design model. *Int J Med Inform.* 57(2-3):91-107.

Chuang, J. H., Friedman, C., Hripcsak, G. (2002). A comparison of the Charlson comorbidities derived from medical language processing and administrative data. *Proc AMIA Fall Symp*, pp. 160-164.

Chueh, H. C., Barnett, G. O. (1997)"Just In Time" Clinical Information. *Academic Medicine*,72(6):512-517

Chute, C. G. (2000). Clinical classification and terminology: Some history and current observations. *J Am Med Inform Assoc.* 7(3):298-303.

Chute, C. G., Cohn, S. P., Campbell, K. E., Oliver, D. E., Campbell, J. R. (1996). The content coverage of clinical classifications. *Journal of the American Medical Informatics Association*,3:224-233.

Cimino, J. (1996). Linking patient information systems to bibliographic resources. *Methods of Information in Medicine*, 35:122-126.

Cimino, J. J. (1998). Desiderata for controlled medical vocabularies in the twenty-first century. *Methods Inf Med.* 37(4-5):394-403.

Cimino, J. J., Elhanan, G., Zeng, Q. (1997). Supporting infobuttons with terminological knowledge. *Proc AMIA Annual Fall Symp*, pp. 528-532.

Cimino, J. J., Huang, X., Patel, V., Sengupta, S., Kushniruk, A. (1998). PatCIS: Support for informed patient decision-making. *Proceeding of the AMIA Fall Symposium*, p. 47.

Cimino, J. J., Johnson, S. B., Aguirre, A., Roderer, N., Clayton, P. D. (1992). The MEDLINE button. *Proceedings of the 16th Annual Symposium on Computer Applications in Medical Care*, Baltimore, MD, pp. 81-85.

Cimino, J. J., Li, J., Bakken, S., Patel, V(2002). Theoretical, empirical, and practical approaches to resolving the unmet information needs of clinical information systems users. *Proceedings of the AMIA Symposium*, pp. 170-4.

Cimino, J. J., Li, J., Mendonca, E. A., Sengupta, S., Patel, V. L., Kushniruk, A. W. (2000). An evaluation of patient access to their electronic medical records via the World Wide Web. *Proc AMIA Fall Symp*, pp. 151-155.

Cimino, J. J., Li, J., Graham, M., Currie, L. M., Allen, M., Bakken, S., Patel, V. L., (2003). Use of online resources while using a clinical information system. *Proceedings AMIA Annu Sym* pp. 175-179.

Cimino, J. J., Patel, V. L., Kushniruk, A. W. (2002). The patient clinical information system(PatCIS): Technical solutions for and experience with giving patients access to their electronic medical records. *Int J Med Inf*. 18;68(1-3):113-27.

Clancey, W. J. (1984). The epistemology of a rule-based expert system: A framework for explanation. *Artificial Intelligence*, 20:215-251.

Clancey, W. J. (1986). From GUIDON to NEOMYCIN and HERACLES in twenty short lessons: ORN final report 1979-1985. *AI Magazine*, 7(3):40-60.

Clancey W. J. (1989). Viewing knowledge bases as qualitative models. *IEEE Expert*, 4(2):9-23.

Clancey, W. J., Shortliffe, E. H. (1984). *Readings in Medical Artificial Intelligence: The First Decade*. Reading, Mass: Addison-Wesley.

Clark, J., Lang, N. M. (1992). Nursing's next advance: An international classification for nursing practice. *International Nursing Review*, 39(4):109-112.

Clarysse, P., Friboulet, D., Magnin, I. E. (1997). Tracking geometrical descriptors on 3-D deformable surfaces: application to the left-ventricular surface of the heart. *IEEE Transactions on Medical Imaging*, 16(4):392-404.

Classen, D. C., Pestotnik, S. L., Evans, R. S., Lloyd, J. F., Burke, J. P. (1997). Adverse drug events in hospitalized patients. Excess length of stay, extra costs, and attributable mortality. *Journal of the American Medical Association*, 277(4):301-306.

Clemmer, T. P., Spuhler, V. J., Oniki, T. A., Horn, S. D. (1999) Results of a collaborative quality improvement program on outcomes and costs in a tertiary critical care unit. *Crit Care Med*, 27(9):1768-1774.

Coenen, A., McNeil, B., Bakken, S., Bickford, C., Warren, J. J. and the American Nurses Association Committee on Nursing Practice Information Infrastructure (2001). Toward comparable nursing data: American Nurses Association criteria for data sets, classification systems, and nomenclatures. *Comput Nurs*, 19(6):240-6.

Cohen, J. D. (2001). *FisWidgets*. University of Pittsburgh. (Accessed 2005 at: http://neurocog.lrdc.pitt.edu/fiswidgets/)

Cohen, P. R. (1995). *Empirical Methods for Artificial Intelligence*. Cambridge, MA: MIT Press.

Cole, M., Engestroem, Y. (1997). A cultural-historical approach to distributed cognition. In G. Salomon(ed.), *Distributed Cognitions: Psychological and Educational Considerations (Learning in Doing: Social, Cognitive, and Computational Perspectives)*, pp. 1-46. Cambridge University Press.

Cole, W. G., Stewart, J. G. (1994). Human performance evaluation of a metaphor graphic display for respiratory data. *Methods of Information in Medicine*, 33:390-396.

College of American Pathologists(1971). *Systematized Nomenclature of Pathology*. Chicago: The College of American Pathologists.

Collen, M. F. (1983). The functions of an HIS: An overview. *Proceedings of MEDINFO 83*, Amsterdam: North Holland, pp. 61-64.

Collen, M. F. (1995). *A History of Medical Informatics in the United States: 1950 to 1990*. Bethesda, MD: American Medical Informatics Association, Hartman Publishing.

Coletti, M., Bleich, H. (2001). Medical subject headings used to search the biomedical literature. *Journal of the American Medical Informatics Association*, 8:317-323.

Collins, D. L., Holmes, D J., Peters, T. M., & Evans, A. C. (1995). Automatic 3-D model-based neuroanatomical segmentation. *Hum Brain Mapp*, 3:190-208.

Collins, D. L., Neelin, P., Peters, T. M., Evans, A. C. (1994). Automatic 3-D intersubject registration of MR volumetric data in standardized Talairach space. *Journal of Computer Assisted Tomography*, 18(2):192-205.

Commission on Professional and Hospital Activities(1978). *International Classification of Diseases, Ninth Revision, with Clinical Modifications (ICD-9-CM)*. Ann Arbor: American Hospital Association.

Committee on Quality of Health Care in America, Institute of Medicine(2001). *Crossing the Quality Chasm: A New Health System for the 21st Century*, Washington, DC: National Academies Press.

Committee on Ways and Means(1997). *Medicare and Health Care Chartbook*. U. S. House of Representatives.

Congressional Budget Office(1996). *Reducing the Deficit: Spending and Revenue Options*. Washington, D. C.: U. S. Government Printing Office.

Congressional Budget Office, *Budget Options*, February 2001.

Conley, D. M., Sundsten, J. W., Ratiu, P., Rauschning, W., Rosse, C. (1995). The Digital Anatomist series: 3-D, segmented, dynamic atlases of body regions. *Proceedings of the 19th Symposium on Computer Applications in Medical Care*, New Orleans, p. 1016.

Connolly, D. (ed.) (1997). *XML: Principles, Tools, and Techniques*. Cambridge, MA: O'Reilly & Associates.

Cooke, J. T., Barie, P. S. (1998). Information management and decision support systems in the intensive care unit. *Surgical Technology International*, VI.

Corina, D. P., Poliakov, A. V., Steury, K., Martin, R. F., Brinkley, J. F., Mulligan, K. A., Ojemann, G. A. (2000). Correspondences between language cortex identified by cortical stimulation mapping and fMRI. *Neuroimage (Human Brain Mapping Annual Meeting, June 12-16)*, 11(5), S295.

Côté, R. A., Robboy, S. (1980). Progress in medical information management: Systematized nomenclature of medicine (SNOMED). *Journal of the American Medical Association*, 243:756.

Côté, R. A., Rothwell, D. J. (1993). *The Systematised Nomenclature of Human and Veterinary Medicine*. Northfield, IL: College of American Pathologists.

Côté, R. A., Rothwell, D. J., Palotay, J. L., Beckett, R. S., Brochu, L. (eds.)(1993). *The Systematized Nomenclature of Medicine: SNOMED International*. Northfield, IL: College of American Pathologists.

Council, N. R. (1997). *Assessment of Performance Measures for Public Health, Substance Abuse, and Mental Health*. Washington, DC: National Academy Press.

Covell, D. G., Uman, G. C., Manning, P. R. (1985). Information needs in office practice: are they being met? *Annals of Internal Medicine*, 103(4):596-599.

Covitz, P. A., Hartel, F., Schaefer, C., De Coronado, S., Fragoso, G., Sahni, H., Gustafson, S., Buetow, K. H. (2003). caCORE: A common infrastructure for cancer informatics. *Bioinformatics*. 19(18):2404-12.

Cox Jr., J. (1972). Digital analysis of the electroencephalogram, the blood pressure wave, and the electrocardiogram. *Proceedings of the IEEE*, 60:1137.

Cox, R. W. (1996). AFNI: Software for analysis and visualization of functional magnetic resonance neuroimages. *Computers and Biomedical Research*, 29, 162-173.

CPR Systems Evaluation Work Group(1994). *Draft CPR Project Evaluation Criteria*. : (Available from the Computer-based Patient Record Institute, 919 N. Michigan Ave., Chicago, IL 60611).

Crocco, A., Villasis-Keever, M., et al. (2002). Analysis of cases of harm associated with use of health information on the internet. *Journal of the American Medical Association*, 287:2869-2871.

Crowley, R. S., Naus, G. J., Stewart, J., Friedman, C. P. (2003). Development of visual diagnostic expertise in pathology-an information-processing study. *Journal of the American Medical Informatics Association*, 10(1):39-51.

Cunneen, S. A., Shabot, M. M., Wagner, W. H. (1998). Outcomes from abdominal aortic aneurysm resection: Does SICU length of stay make a difference? *American Surgeon*, 64(2):196-199.

Curran, W. J., Stearns, B., Kaplan, H. (1969). Privacy, confidentiality, and other legal considerations in the establishment of a centralized health-data system. *New England Journal of Medicine*, 281(5):241-248.

Cushing, H. (1903). On routine determination of arterial tension in operating room and clinic. *Boston Medical Surgical Journal*, 148:250.

Dacey, D. (1999). Primate retina: cell types, circuits and color opponency. *Prog Retin Eye Res*, 18(6):737-763.

Dager, S. R., Steen, R. G. (1992). Applications of magnetic resonance spectroscopy to the investigation of neuropsychiatric disorders. *Neuropsychopharmacology*, 6(4):249-266.

Dale, A. M., Fischl, B., Sereno, M. I. (1999). Cortical surface-based analysis. I. Segmentation and surface reconstruction. *Neuroimage*, 9(2):179-194.

Dalto, J. D., Johnson, K. V., Gardner, R. M., Spuhler, V. J., Egbert, L. (1997). Medical Information Bus usage for automated IV pump data acquisition: evaluation of usage patterns. *International Journal of Clinical Monitoring and Computing*, 14(3):151-154.

Dansky, K. H., Palmer, L., Shea, D., & Bowles, K. H. (2001). Cost analysis of telehomecare. *Telemed J E Health*, 7(3):225-232.

Darmoni, S., Leroy, J., et al. (2000). CISMeF: a structured health resource guide. *Methods of Information in Medicine*, 9:30-35.

Davatzikos, C. (1997). Spatial transformation and registration of brain images using elastically deformable models. *Computer Vision and Image Understanding*, 66(2):207-222.

Davatzikos, C., Bryan, R. N. (1996). Using a deformable surface model to obtain a shape representation of the cortex. *IEEE Trans. Medical Imaging*, 15(6):785-795.

David, J. M., Krivine, J. P., Simmons, R. (eds.)(1993). *Second Generation Expert Systems*. Berlin: Springer-Verlag.

Davis, R., Buchanan, B. G., Shortliffe, E. H. (1977). Production rules as a representation for a knowledge-based consultation program. *Artificial Intelligence*, 8:15-45.

Davis, W. S. (1994). *Business Systems Design and Analysis*. Belmont, CA: Wadsworth Publishing.

Day, H. (1963). An intensive coronary care area. *Diseases of the Chest*, 44:423.

Dayhoff, M. O. (1974). Computer analysis of protein sequences. *Federal Proceedings*, 33(12):2314-2316.

Dayhoff, M. O., Barker, W. C., McLaughlin, P. J. (1974). Inferences from protein and nucleic acid sequences: Early molecular evolution, divergence of kingdoms and rates of change. *Origins of Life*, 5(3):311-330.

DeBakey, M. (1991). The National Library of Medicine: Evolution of a premier information center. *Journal of the American Medical Association*, 266:1252-1258.

de Bliek, R., Friedman, C. P., Blaschke, T. F., France, C. L., Speedie, S. M. (1988). Practitioner preferences and receptivity for patient-specific advice from a therapeutic monitoring system. *Proceedings of the 12th Annual Symposium on Computer Applications in Medical Care*, Washington, DC, pp. 225-228.

de Dombal, F. T. (1987). Ethical considerations concerning computers in medicine in the 1980s. *Journal of Medical Ethics*, 13(4):179-84.

de Dombal, F. T., Leaper, D. J., Staniland, J. R., McCann, A. P., Horrocks, J. C. (1972). Computeraided diagnosis of acute abdominal pain. *British Medical Journal*, 1:376-380.

Dean, A. G., Dean, J. A., Burton, A. H., Dicker, R. C. (1991). EpiInfo: a general purpose microcomputer program for public health information systems. *American Journal of Preventitive Medicine*, 7(3):178-182.

Degoulet, P., Phister, B., Fieschi, M. (1997). *Introduction to Clinical Informatics*. New York: Springer-Verlag.

deGroot, A. D. (1965). *Thought and Choice in Chess*. The Hague: Mouton.

Deibel, S. R., Greenes, R. A. (1995). An infrastructure for the development of health care information systems from distributed components. *Journal of the American Society for Information Science*, 26:765-771.

Deibel, S. R., Greenes, R. A. (1996). Radiology systems architectures. In Greenes, R. A. & Bauman, R. A. (eds.) Imaging and information management: computer systems for a changing health care environment. *The Radiology Clinics of North America*, 34(3):681-696.

Department of Health and Human Services (1994). Essential Public Health Functions. *Public Health in America*. (Accessed 2005 at: http://www.health.gov/phfunctions/public.htm)

Department of Health and Human Services (2000). Immunization and Infectious Diseases. *Healthly People* 2010-*Conference Edition*, Objective 14-26: Immunization Registries. (Accessed 2005 at: http://www.cdc.gov/nip/registry/hp2010.htm)

Department of Health and Human Services (2003). *Building the National Health Information Infrastructure*. (Accessed 2005 at: http://aspe.hhs.gov/sp/nhii/)

DeQuardo, J. R., Keshavan, M. S., Bookstein, F. L., Bagwell, W. W., Green, W. D. K., Sweeney, J. A., Haas, G. L., Tandon, R., Schooler, N. R., Pettegrew, J. W. (1999). Landmark-based morphometric analysis of first-episode schizophrenia. *Biological Psychiatry*, 45(10):1321-1328.

Detmer,, W. M., Barnett, G. O., Hersh, W. R. (1997). MedWeaver: integrating decision support, literature searching, and Web exploration using the UMLS Metathesaurus. *Proceedings of the 1997 AMIA Annual Fall Symposium*, Nashville, TN, pp. 490-494.

Detmer, W. M., Friedman, C. P. (1994). Academic physicians' assessment of the effects of computers on health care. *Proceedings of the 18th Annual Symposium on Computer Applications in Medical Care*, Washington, D. C., pp. 558-562.

Detmer, W. M., Shortliffe, E. H. (1995). A model of clinical query management that supports integration of biomedical information over the World Wide Web. *Proceedings of the 19th Annual Symposium on Computer Applications in Medical Care*, New Orleans, LA, pp. 898-902.

Detmer, W. M., Shortliffe, E. H. (1997). Using the Internet to improve knowledge diffusion in medicine. *Communications of the ACM*, 40:101-108.

Dev, P., Pichumani, R., Walker, D., Heinrichs, W. L., Karadi, C., Lorie, W. (1998). Formative design of a virtual learning environment, *Medicine Meets Virtual Reality*, p. 6. Amsterdam: IOS Press.

Dexter, P. R., Perkins, S., Overhage, J. M., Maharry, K., Kohler, R. B., McDonald, C. J. (2001). A computerized reminder system to increase the use of preventive care for hospitalized patients. *N Engl J Med*, 345(13): 965-970.

Dhenain, M., Ruffins, S. W., Jacobs, R. E. (2001). Three-dimensional digital mouse atlas using high-resolution MRI. *Dev. Biol.*, 232(2):458-470.

Diabetes Control and Complications Trial Research Group (1996). Lifetime benefits and costs of intensive therapy as practiced in the diabetes control and complications trial. *JAMA*, 276(17):1409-15.

Dick, R., Steen, E. (eds.) (1991 (Revised 1997)). *The Computer-Based Patient Record: An Essential Technology for Health Care*. Washington, D. C.: Institute of Medicine, National Academy Press.

Dohi, T., Kikinis, R. (Eds.) (2002). *Proceedings of Medical Image Computing and Computer-Assisted Intervention-MICCAI 2002*, 5th International Conference, Tokyo, Japan, September 25-28, Parts I and II.

Dolin, R., Alschuler, L., et al. (2001). The HL7 Clinical Document Architecture. *Journal of the American Medical Informatics Association*, 8:552-569.

Donabedian, A. (1996). Evaluating the quality of medical care. *Millbank Memorial Quarterly*, 44:166-206.

Doolan, D. F., Bates, D. W., James, B. C. (2003). The use of computers for clinical care: A case series of advanced U. S. sites. *Journal of the American Medical Informatics Association*, 10(1), 94-107.

Dowell, R. D., Jokerst, R. M., Day, A., Eddy, S. R., Stein, L. (2001). The distributed annotation system. *BMC Bioinformatics*. 2(1):7.

D'Orsi, C. J., Kopans, D. B. (1997). Mammography interpretation: the BI-RADS method. *American Family Physician*, 55(5):1548-1550.

Downs, S. M., Carroll, A. E., Anand, V., Biondich, P. G. (2005). Human and system errors: Using adaptive turn-around documents to capture data in a busy practice. *Proceedings AMIA Annu Symp.*, pp. 211-215.

Drazen, E., Metzger, J. (1999). *Strategies for Integrated Health Care: Emerging Practices in Information Management and Cross-Continuum Care*. San Francisco: Jossey-

Bass Publishers.

Dhenain, M., Ruffins, S. W., Jacobs, R. E. (2001). Three-dimensional digital mouse atlas using high-resolution MRI. *Dev. Biol.*, 232(2), 458-470.

Drury, H. A., Van Essen, D. C. (1997). Analysis of functional specialization in human cerebral cortex using the visible man surface based atlas. *Hum Brain Mapp*, 5:233-237.

Duda, R. O., Shortliffe, E. H. (1983). Expert systems research. *Science*, 220(4594):261-268.

Duncan, R. G., Saperia, D., Dulbandzhyan, R., Shabot, M. M., Polaschek, J. X., Jones, D. T. (2001). Integrated web-based viewing and secure remote access to a clinical data repository and diverse clinical systems. *Proc AMIA Fall Symp*, pp. 149-53.

Durbin, R., Eddy, R., Krogh, A., Mitchison, G. (1998). *Biological Sequence Analysis: Probabilistic Models of Proteins and Nucleic Acids*. Cambridge, UK: Cambridge University Press.

Durfy, S. J. (1993). Ethics and the Human Genome Project. *Archives of Pathology and Laboratory Medicine*, 117(5): 466-469.

Dwyer, S. J. (1996). Imaging system architectures for picture archiving and communication systems. In Greenes, R. A. & Bauman, R. A. (eds.) Imaging and information management: computer systems for a changing health care environment. *The Radiology Clinics of North America*, 34(3): 495-503.

East, T. D., Bohm, S. H., Wallace, C. J., Clemmer, T. P., Weaver, L. K., Orme Jr., J. F., Morris, A. H. (1992). A successful computerized protocol for clinical management of pressure control inverse ration ventilation. *Chest*, 101(3):697-710.

Eddy, D. M. (1992). *A Manual for Assessing Health Practices and Designing Practice Policies: The Explicit Approach*. Philadelphia: American College of Physicians.

Editorial (1997). Electronic threats to medical privacy. *The New York Times*: March 11, 1997, A14.

Egan, D., Remde, J., Gomez, L., Landauer, T., Eberhardt, J., Lochbaum, C. (1989). Formative design-evaluation of Superbook. *ACM Transactions on Information Systems*, 7:30-57.

Eisner, E. W. (1991). *The Enlightened Eye: Qualitative Inquiry and the Enhancement of Educational Practice*. New York: McMillan Publishing Co.

Eliot, C. R., Williams, K. A., Woolf, B. P. (1996). An intelligent learning enviournment for advanced cardiac life support. *Proceedings of the AMIA Annual Fall Symposium*, Washington, DC, pp. 7-11.

Elkin, P L., Sorensen, B., De Palo, D., Poland, G., Bailey, K. R., Wood, D. L., et al. (2002). Optimization of a research Web environment for academic internal medicine faculty. *J Am Med Inform Assoc*, 9(5):472-478.

Ellwood Jr., P. M., Anderson, N. N., Billings, J. E., Carlson, R. J., Hoagberg, E. J., McClure, W. (1971). Health maintenance strategy. *Medical Care*, 9(3):291-298.

Ellwood, P. M. (1988). Shattuck lecture—Outcomes management: A technology of patient experience. *New England Journal of Medicine*, 318(23):1549-1556.

Elstein A. S., Shulman L. S., Sprafka S. A. (1978). *Medical Problem Solving: An Analysis of Clinical Reasoning*. Cambridge, MA: Harvard University Press.

Elting, L., Martin, C., Cantor, S. B., & Rubenstein, E. B. (1999). Influence of data display on physician investigators' decisions to stop trials: Prospective trial with repeated measures. *British Medical Journal*, 317:1527-1531.

Ely, J., Osheroff, J., et al. (1999). Analysis of questions asked by family doctors regarding patient care. *British Medical Journal*, 319:358-361.

Ely, J., Osheroff, J., et al. (2002). Obstacles to answering doctors' questions about patient care with evidence: Qualitative study. *British Medical Journal*, 324:710-713.

Employee Benefit Research Institute(EBRI)(1995). *Sources of Health Insurance and Characteristics of the Uninsured: Analysis of the March 1994 Current Population Survey*.

Employer Health Benefits(2002). *Annual Survey*, Menlo Park, CA and Chicago, IL: Henry J. Kaiser Family Foundation and Health Research and Educational Trust.

Enthoven, A. C. (1993). The history and priciples of managed competition. *Health Affairs*, 12(Supplement):24-48.

Enthoven, A. C. (1997). Market based reform of US health care financing and delivery: Managed care and managed competition. *Innovations in Health Care Financing: Proceedings of a World Bank Conference*, March 10-11, pp. 195-214, .

Enthoven, A. C. (2003). Employment-based health insurance is failing: Now what? *Health Affairs*, W3:237-249, 28 May.

Enthoven A. C., Singer S. J. (1997). *Reforming medicare before it's too late.* (Research Paper Series, No. 1411): Stanford University Graduate School of Business.

Ericsson, K. A(ed.)(1996). *The Road to Excellence: The Acquisition of Expert Performance in the Arts and Sciences, Sports and Games*. Hillsdale, NJ: Lawrence Erlbaum Publishers.

Ericsson, K. A., Simon, H. A. (1993). *Protocol Analysis: Verbal Reports as Data* (Revised ed.). Cambridge, Mass: MIT Press.

Ericsson, K. A., Smith, J. (1991). *Toward a General Theory of Expertise: Prospects and Limits*. New York: Cambridge University Press.

Eriksson, H., Musen, M. A. (1993). Metatools for knowledge acquisition. *IEEE Software*, 10(3):23-29.

Eriksson H., Puerta A. R., Musen M. A. (1994). Generation of knowledge-acquisition tools from domain ontologies. *International Journal of Human-Computer Studies*, 41:425-453.

Eriksson, H., Shahar, Y., Tu, S. W., Puerta, A. R., Musen, M. A. (1995). Task modeling with reusable problem-solving methods. *Artificial Intelligence*, 79(2):293-326.

Estes, W. K. (1975). *Handbook of Learning and Cognitive Processes*. Hillsdale, N. J.: L. Erlbaum Associates.

EUCLIDES Foundation International(1994). *EUCLIDES Coding System Version 4.0*: The EUCLIDES Foundation.

Evans, D. A., Cimino, J. J., Hersh,W., Huff, S. M., Bell D. S. (1994). Toward a medical-concept representation language. The Canon Group. *J Am Med Inform Assoc*. 1(3): 207-217.

Evans, A. C., Collins, D. L., Neelin, P., MacDonald, D., Kamber, M., Marrett, T. S. (1994). Threedimensional correlative imaging: applications in human brain mapping. In R. W. Thatcher, M. Hallett, T. Zeffiro, E. R. John, M. Heurta (eds.), *Functional Neuroimaging: Technical Foundations*, pp. 145-162. San Diego: Academic Press.

Evans, D. A., Gadd, C. S. (1989). Managing coherence and context in medical problem-solving discourse. In D. A. Evans & V. L. Patel(eds.), *Cognitive Science in Medicine*: pp. 211-255. Cambridge, Mass: MIT Press.

Evans, D., Patel, V. (eds.)(1989). *Cognitive Science in Medicine: Biomedical Modeling*. Cambridge,Mass: MIT Press.

Evans, R. S., Larson, R. A., Burke, J. P., Gardner, R. M., Meier, F. A., Jacobson, J. A., Conti, M. T., Jacobson, J. T., Hulse, R. K. (1986). Computer surveillance of hospital-acquired infections and antibiotic use. *Journal of the American Medical Association*, 256(8):1007-1011.

Evans, R. S., Pestotnik, S. L., Classen, D. C., Burke, J. P. (1999). Evaluation of a computer-assisted antibiotic-dose monitor. *Ann Pharmacother*. 33(10):1026-1031.

Evans, R. S., Pestotnik, S. L., Classen, D. C., Clemmer, T. P., Weaver, L. K., Orme Jr., J. F., Lloyd,J. F., Burke, J. P. (1998). A computer-assisted management program for antibiotics and other antiinfective agents. *New England Journal of Medicine*, 338(4):232-238.

Eysenbach, G., Diepgen, T. (1998). Towards quality management of medical information on the internet: evaluation, labelling, and filtering of information. *British Medical Journal*,317: 1496-1502.

Eysenbach, G,. Powell, J., Kuss, O., Su, E. R. (2002)Empirical studies assessing the quality of health information for consumers on the world wide web: A systematic review. *JAMA*,287(20):2691-700.

Eysenbach, G., Su, E., et al. (1999). Shopping around the internet today and tomorrow: Towards the millennium of cybermedicine. *British Medical Journal*, 319:1294-1298.

Fafchamps, D., Young, C. Y., Tang, P. C. (1991). Modelling work practices: Input to the design of a physician's workstation. *Proceedings of the 15th Annual Symposium on Computer Applications in Medical Care*, Washington, D. C., pp. 788-792.

Federative Committee on Anatomical Terminology(1998). *Terminologia Anatomica*. Stuttgart:Thieme.

Feinstein, A. R. (1995). Meta-analysis: Statistical alchemy for the 21st century. *Journal of Clinical Epidemiology*, 48 (1):71-79.

Feltovich, P. J., Ford, K. M., Hoffman, R. R. (eds.)(1997). *Expertise in Context*. Cambridge, Mass.:MIT Press.

Feltovich, P. J., Johnson, P. E., Moller, J H., Swanson, D. B. (1984). LCS: The role and development of medical knowledge in diagnostic expertise. In W. J. Clancey & E. H. Shortliffe(eds.),*Readings in Medical Artificial Intelligence: The First Decade*, pp. 275-319. Reading, Mass: Addison-Wesley.

Ferguson, T. (2002). From patients to end users: quality of online patient networks needs more attention than quality of online health information. *British Medical Journal*, 324: 555-556.

Fiala, J. C., Harris, K. M. (2001). Extending unbiased stereology of brain ultrastructure to threedimensional volumes. *J Am Med Ass*, 8(1),1-16.

Field M. J. (ed.) (1996). *Telemedicine: A Guide to Assessing Telecommunications in Health Care*. Washington, D. C.: National Academy Press.

Field, M. J., Lohr K. N. (1992). *Clinical Practice Guidelines: Directions for a New Program*. Washington, DC: National Academies Press.

Fielding, N. G., Lee R. M. (1991). *Using Computers in Qualitative Research*. Newbury Park, CA:Sage Publications.

Finkel, A. (ed.)(1977). *CPT4: Physician's Current Procedural Terminology* (4th ed.). Chicago:American Medical Association.

Fischl, B., Sereno, M. I., Dale, A. M. (1999). Cortical surface-based analysis. II: Inflation, flattening, and a surface-based coordinate system. *Neuroimage*, 9(2),195-207.

Flexner, A. (1910). *Medical Education in the United States and Canada: A Report to the Carnegie Foundation for the Advancement of Teaching*. Boston, MA: Merrymount Press.

Flickner, M., Sawhney, H., Niblack, W., Ashley, J., Huang, Q., Dom, B., Gorkani, M., Hafner, J., Lee, D., Petkovic, D., Steele, D., Yanker, P. (1995). Query by image and video content: The QBIC system. *IEEE Computer*, 28(9):23-32.

The FlyBase Consortium(2003). The FlyBase database of the Drosophila genome projects and community literature. *Nucleic Acids Research*;31:172-175.

FMRIDB Image Analysis Group (2001). *FSL-The FMRIB Software Libarary*. (Accessed 2005 at: http://www.fmrib.ox.ac.uk/fsl/index.html)

Foley, J. D. (2001). *Computer Graphics: Principles and Practice*. Reading, Mass.: Addison-Wesley.

Foley, DD., Van Dam, A., Feiner, S. K., Hughes, J. F. (1990). *Computer Graphics: Principles and Practice*. Reading, MA: Addison-Wesley.

Force, U. S. P. S. T. (1996). *Guide to Clinical Preventive Services*. (2nd. ed.). Baltimore: Williams & Williams.

Forrey, A. W., McDonald, C. J., DeMoor, G., Huff, S. M.,

Leavelle, D., Leland, D., Fiers, T., Charles, L., Griffin, B., Stalling, F., Tullis, A., Hutchins, K., Baenziger, J. (1996). Logical observation identifier names and codes (LOINC) database: A public use set of codes and names for electronic reporting of clinical laboratory test results. *Clinical Chemistry*, 42(1):81-90.

Forsythe, D. E. (1992). Using ethnography to build a working system: Rethinking basic design assumptions. *Proceedings of the 16th Annual Symposium on Computer Applications in Medical Care*, Baltimore, MD, pp. 505-509.

Forsythe, D. E., Buchanan, B. G. (1992). Broadening our approach to evaluating medical information systems. *Proceedings of the 16th Annual Symposium on Computer Applications in Medical Care*, Baltimore, MD, pp. 8-12.

Fougerousse, F., Bullen, P., Herasse, M., Lindsay, S., Richard, I., Wilson, D., Suel, L., Durand, M., Robson, S., Abitbol, M., Beckmann, J. S., & Strachan, T. (2000). Human-mouse differences in the embryonic expression of developmental control genes and disease genes. *Human Molecular Genetics*, 9(2),165-173.

Fox, C. (1992). Lexical analysis and stop lists. In Frakes, W. and Baeza-Yates, R., eds. *Information Retrieval: Data Structures and Algorithms*, pp. 102-130. Englewood Cliffs, NJ: Prentice-Hall.

Fox, E. A., Marchionini, G. (1998). Toward a worldwide digital library. *Communications of the ACM*, 41(4):29-98.

Fox, J., Das, S. (2000). *Safe and Sound: Artificial Intelligence in Hazardous Applications*. Cambridge, MA: AAAI and MIT Press.

Fox, J., Johns, N., Rahmanzadeh, A. (1998). Disseminating medical knowledge: The PROforma approach. *Artificial Intelligence in Medicine*, 14:157-181.

Fox, M. (2001). Seal of approval issued to 13 health web sites. *Reuters*. (Accessed 2005 at: http://www.cancerpage.com/news/article.asp?id=3743)

Fox, P. T. (ed.)(2001). *Human Brain Mapping*. New York: John Wiley & Sons.

Frackowiak, R. S. J., Friston, K. J., Frith, C. D., Dolan, R. J., Mazziotta, J. C. (eds.)(1997). *Human Brain Function*. New York: Academic Press.

Frakes, W. (1992). Stemming algorithms. In Frankes, W. and Baeza-Yates, R., eds. *Information Retrieval: Data Structures and Algorithms*, pp. 131-160. Englewood Cliffs, NJ: Prentice-Hall.

Frakes, W. B., Baeza-Yates, R. (1992). *Information Retrieval: Data Structures and Algorithms*. Englewood Cliffs, NJ: Prentice-Hall.

Frank, S. J. (1988). What AI practitioners should know about the law. *AI Magazine*, Part One, 9:63-75 & Part Two, 9109-114.

Franklin, K. B. J., Paxinos, G. (1997). *The Mouse Brain in Stereotactic Coordinates*. San Diego: Academic Press.

Frederiksen, C. H. (1975). Representing logical and semantic structure of knowledge acquired from discourse. *Cognitive Psychology*, 7(3):371-458.

Freiman, J. A., Chalmers, T. C., Smith, H., Kuebler, R. R. (1978). The importance of beta, the Type II error and sample size in the design and interpretation of the randomized controlled trial. *New England Journal of Medicine*, 299:690-694.

Friede, A., Freedman, M. A., Paul, J. E., Rizzo, N. P., Pawate, V. I., Turczyn, K. M. (1994). DATA2000: A computer system to link HP2000 objectives, data sources, and contacts. *American Journal of Preventive Medicine*, 10:230-234.

Friede A., McDonald M. C., Blum H. (1995). Public health informatics: How information-age technology can strengthen public health. *Annual Review Public Health*, 16:239-252.

Friede, A., O'Carroll, P. W. (1996). CDC and ATSDR Electronic Information Resources for Health Officers. *Journal of Public Health Practice Management*, 2:10-24

Friede, A, O'Carroll, PW (1998). Public health informatics. In Last JM(ed.), *Last Public Health and Preventive Medicine*, 14th Edition. Norwalk, CT: Appleton & Lange, pp. 59-65.

Friede, A., O'Carroll, P. W., Thralls, R. B., Reid, J. A. (1996). CDC WONDER on the Web. *Proceedings of the AMIA Annual Fall Symposium*, Washington, DC, pp. 408-412.

Friede, A., Rosen, D. H., Reid, J. A. (1994). CDC WONDER: Cooperative processing for public health informatics. *Journal of the American Medical Informatics Association*, 1(4):303-312.

Friedlander, A. (2002). The National Digital Information Infrastructure Preservation Program: Expectations, realities, choices, and progress to date. *D-Lib Magazine*, 8. (Accessed 2005 at: http://www.dlib.org/dlib/april02/friedlander/04friedlander.html)

Friedman, B., Dieterle, M. (1987). The impact of the installation of a local area network on physicians and the laboratory information system in a large teaching hospital. *Proceedings of the 11th Annual Symposium on Computer Applications in Medical Care*, Washington, D. C., pp. 783-788.

Friedman, C. (ed.)(2002). Special Issue: Biomedical Sublanguage. *J Biomed Inf.*;35(4).

Friedman, C., Alderson, P. O., Austin, J., Cimino, J. J., Johnson, S. B. (1994). A general natural language text processor for clinical radiology. *JAMIA*, 1(2):161-174.

Friedman, C. P., Dev, P., Dafoe, B., Murphy, G., Felciano, R. (1993). Initial validation of a test of spatial knowledge in anatomy. *Proceedings of the 17th Annual Symposium of Computer Applications in Medical Care*, Washington, DC, pp. 791-795.

Friedman, C., Hripcsak, G. (1997). Evaluating natural language processors in the clinical domain. In Chute CG, editor, *Proceedings of the Conference on Natural Language* and *Medical Concept Representation* (IMIA WG6) Jacksonville, Fl, pp. 41-52.

Friedman, C., Hripcsak, G., Johnson, S. B., Cimino, J. J., Clayton, P. D. (1990). A generalized relational schema for an integrated clinical patient database. *Proceedings of the 14th Annual Sympoisum on computer Applications in Medical Care.* CA: IEEE Computer Soc. Press, pp. 335-339.

Friedman, C., Huff, S. M., Hersh, W. R., Pattison-Gordon, E., Cimino, J. J.. (1995). The Canon group's effort: working toward a merged model. *JAMIA*; 2(1):4-18.

Friedman, C., Kra, P., Krauthammer, M., Yu, H., Rzhetsky, A. (2001). GENIES: A naturallangauge processing system for the extraction of molecular pathways from journal articles. *Bioinformatics*; suppl: S74-82.

Friedman, C., Shagina, L., Lussier, Y., Hripcsak, G. (2004). Automated encoding of clinical documents based on natural language processing. *J Am Med Inform Assoc.* 11(5):392-402.

Friedman C. P. (1995). Where's the science in medical informatics? *Journal of the American Medical Informatics Association*, 2(1):65-67.

Friedman, C. P., Abbas, U. L. (2003). Is medical informatics a mature science? A review of measurement practice in outcome studies of clinical systems. *Intl J Med Inf.* 69, 261-272.

Friedman, C. P., Wyatt, J. C. (1997a). *Evaluation Methods in Medical Informatics.* New York: Springer-Verlag.

Friedman, C. P., Wyatt, J. C. (1997b). Studying clinical information systems. In Friedman C. P., & Wyatt, J. C., (ed.), *Evaluation Methods in Medical Informatics*, pp. 41-64 New York: Springer-Verlag.

Friedland, P., Iwasaki, Y. (1985). The concept and implementation of skeletal plans, *Journal of Automated Reasoning*, 1(2), 161-208.

Friedman, R. B. (1973). A computer program for simulating the patient-physician encounter. *Journal of Medical Education*, 48(1):92-97.

Friedman, R. B., Gustafson, D. H. (1977). Computers in clinical medicine: A critical review. *Computers and Biomedical Research*, 10(3):199-204.

Friedman, R. B., Korst, D. R., Schultz, J. V., Beatty, E., Entine, S. (1978). Experience with the simulated patient-physician encounter. *Journal of Medical Education*, 53(10):825-830.

Fries, J. F. (1974). Alternatives in medical record formats. *Medical Care*, 12(10):871-881.

Frisse, M. E., Braude, R. M., Florance, V., Fuller, S. (1995). Informatics and medical libraries: changing needs and changing roles. *Academic Medicine*, 70(1):30-35.

Friston, K. J., Holmes, A. P., Worsley, K. J., Poline, J. P., Frith, C. D., Frackowiak, R. S. J. (1995). Stastical parametric maps in functional imaging: a general linear approach. *Hum Brain Mapp*, 2, 189-210.

Fronstin, P. (2002). Can 'Consumerism' Slow the Rate of Health Benefit Cost Increases?" Issue Brief no. 247, Washington: Employee Benefit Research Institute, July.

Fuchs, V. R. (1983). *Who Shall Live?* New York: Basic Books.

Fuchs, V. R. (1993). *The Future of Health Policy.* Cambridge, MA: Harvard University Press.

Fuchs, V. R., Garber A. M. (1990). The new technology assessment. *New England Journal of Medicine*, 323(20): 673-677.

Fuller, S. (1997). Regional health information systems: Applying the IAIMS model. *Journal of the American Medical Informatics Association*, 4(2): S47-S51.

Funk, M. E., Reid, C. A., McGoogan, L. S. (1983). Indexing consistency in MEDLINE. *Bulletin of the Medical Library Association*, 71(2):176-183.

Gaasterland, T., Karp, P., Karplus, K., Ouzounis, C., Sander C., Valencia, A. (eds.) (1997). *Proceedings of the Fifth International Conference on Intelligent Systems for Molecular Biology.* Menlo Park, CA: AAAI Press.

Gabrieli, E. R. (1989). A new electronic medical nomenclature. *Journal of Medical Systems*, 13(6):355-373.

Gaba, D. M. (2004). The future vision of simulation in health care. *Qual Saf Health Care*, 13 Suppl 1: i2-i10.

Garber, A. M., Owens, D. K. (1994). Paying for evaluative research. In Gelijns A. C., Dawkins H. V. (eds.), *Medical Innovations at the Crossroads, Volume IV: Adopting New Medical Technology*, pp. 172-192. Washington, D. C.: National Academy Press.

Garcia-Molina, H., Ullman, J. D., Widom, J. D. (2002). *Database Systems: The Complete Book*, New York: Prentice-Hall.

Gardner, H. (1985). *The Mind's New Science: A History of the Cognitive Revolution.* New York: Basic Books.

Gardner, R. M. (1989). *Personal Communication.* : LDS Hospital, Salt Lake City, UT.

Gardner, R. M. (1997). Fidelity of recording: Improving the signal-to-noise ratio. In Tobin M. J. (ed.), *Principals and Practice of Intensive Care Monitoring*, pp. 123-132. New York: McGraw-Hill.

Gardner, R. M., Hawley, W. H., East, T. D., Oniki, T. A., Young, H. F. (1992). Real time data acquisition: Recommendations for the medical information bus (MIB). *International Journal of Clinical Monitoring and Computing*, 8(4):251-258.

Gardner, R. M., Lundsgaarde, H. P. (1994). Evaluation of user acceptance of a clinical expert system. *Journal of the American Medical Informatics Association*, 1(6):428-438.

Gardner, R. M., Monis, S., Oehler, P. (1986). Monitoring direct blood pressure: Algorithm enhancements. *IEEE Computers in Cardiology*, 13:607.

Gardner, R. M., Shabot, M. M. (2001). Patient-monitoring systems. In E. H. Shortliffe & L. E. Perreault (eds.),

*Medical Informatics* (2nd ed), pp. 443-485. New York: Springer Verlag.

Gardner, R. M., Sittig, D. F., Clemmer, T. P. (1995). Computers in the intensive are unit: A match meant to be! In Shoemaker W. C. (ed.), *Textbook of Critical Care*. (3rd ed.), pp. 1757-1770. Philadelphia, PA: W. B. Saunders.

Garg, A. X., Adhikari, N. K. J., McDonald, H., Rosas-Arellano M. P., Devereaux, P. J., Beyene, J., Sam, J., Haynes, R. B. (2005). Effects of computerized clinical decision support systems on practitioner performance and patient outcomes: A systematic review. *JAMA* 293(10): 1223-1238.

Garibaldi, R. A. (1998). Editorial: Computers and the quality of care: A clinician's perspective. *New England Journal of Medicine*, 338(4):259-260.

Gazmararian, J., Baker, D., et al. (1999). Health literacy among Medicare enrollees in a managed care organization. *Journal of the American Medical Association*, 281:545-551.

Gee, J. C., Reivich, M., Bajcsy, R. (1993). Elastically deforming 3D atlas to match anatomical brain images. *J. Computer Assisted Tomography*, 17(2), 225-236.

Geissbuhler, A., Miller R. A. (1996). A new approach to the implementation of direct careprovider order entry. *Proceedings of the AMIA Annual Fall Symposium*, pp. 689-693.

Geissbuhler, A. J., Miller, R. A. (1997). Desiderata for product labeling of medical expert systems. *International Journal of Medical Informatics*, 47(3):153-163.

Gelfand, M. (1995). Prediction of function in DNA sequence analysis. *Journal of Computational Biology*, 2(1): 87-115.

The Gene Ontology Consortium(2003). Gene Ontology: tool for the unification of biology. *Nature Genet*, 25: 25-29.

George, J. S., Aine, C. J., Mosher, J. C., Schmidt, D. M., Ranken, D. M., Schlitz, H. A., Wood, C. C., Lewine, J. D., Sanders, J. A., Belliveau, J. W. (1995). Mapping function in human brain with magnetoencephalography, anatomical magnetic resonance imaging, and functional magnetic resonance imaging. *Journal of Clinical Neurophysiology*, 12(5):406-431.

Gerstein, M., Edwards, A., Arrowsmith, C. H., Montelione, G. T. (2003). Structural genomics:Current progress. *Science*. 298(5595):948-950.

Gibson, K., Scheraga, H. (1967). Minimization of polypeptide energy. I. Preliminary structures of bovine pancreatic ribonuclease S-peptide. *Proceedings of the National Academy of Sciences*,58(2):420-427.

Giger M., MacMahon H. (1996). Image processing and computer-aided diagnosis. In Greenes,R. A. & Bauman, R. A. (eds.) Imaging and information management: computer systems for a changing health care environment. *The Radiology Clinics of North America*,34(3):565-596.

Gillan, D. J., Schvaneveldt, R. W. (1999). Applying cognitive psychology: Bridging the gulf between basic research and cognitive artifacts. In F. T. Durso, R. S. Nickerson (eds.), *Handbook of Applied Cognition*, pp. 3-31. New York: Wiley.

Gilman, AG., Simon, MI., Bourne, HR., Harris, BA., Long, R., Ross, EM., Stull, JT., Taussig, R.,Bourne, HR., Arkin, AP., Cobb, MH., Cyster, JG., Devreotes, PN., Ferrell, JE., Fruman, D.,Gold, M., Weiss, A., Stull, JT., Berridge, MJ., Cantley, LC., Catterall, WA., Coughlin, SR.,Olson, EN., Smith, TF., Brugge, JS., Botstein, D., Dixon, JE., Hunter, T., Lefkowitz, RJ.,Pawson, AJ., Sternberg, PW., Varmus, H., Subramaniam, S., Sinkovits, RS., Li, J., Mock, D., Ning, Y., Saunders, B., Sternweis, PC., Hilgemann, D., Scheuermann, RH., DeCamp, D., Hsueh, R., Lin, KM., Ni, Y., Seaman, WE., Simpson, PC., O'Connell, TD., Roach, T.,Simon, MI., Choi, S., Eversole-Cire, P., Fraser, I., Mumby, MC., Zhao, Y., Brekken, D., Shu, H., Meyer, T., Chandy, G., Heo, WD., Liou, J., O'Rourke, N., Verghese, M., Mumby, SM., Han, H., Brown, HA., Forrester, JS., Ivanova, P., Milne, SB., Casey, PJ., Harden, TK.,Arkin, AP., Doyle, J., Gray, ML., Meyer, T., Michnick, S., Schmidt, MA., Toner, M., Tsien, RY., Natarajan, M., Ranganathan, R., Sambrano, GR. (2003). Overview of the Alliance for Cellular Signaling. *Nature*. 420(6916):703-6.

Ginsburg, P. (1982). *Containing Medical Care Costs Through Market Forces*. Washington, D. C. :Congressional Budget Office.

Ginzton, L. E., Laks, M. M. (1984). Computer aided ECG interpretation. *M. D. Computing*,1(3):36-44.

Giuse, D. A., Mickish, A. Increasing the availability of the computerized patient record. *Proc AMIA Annu Fall Symp*. 1996, pp. 633-7.

Glowniak, J. W., Bushway, M. K. (1994). Computer networks as a medical resource: Accessing and using the Internet. *Journal of the American Medical Association*, 271(24): 1934-1940.

Gold, M. R., Siege,l J. E., Russell, L. B., Weinstein, M. C. (eds.)(1996). *Cost Effectiveness in Health and Medicine*. New York: Oxford University Press.

Goldberg, M. A. (1996). Teleradiology and telemedicine. In Greenes, R. A. & Bauman, R. A. (eds.) Imaging and information management: computer systems for a changing health care environment. *The Radiology Clinics of North America*, 34(3):647-665.

Goldstein, B., McNames, J., McDonald, B. A., et al. (2003). Physiological data acquisition system and database for the study of disease dynamics in the intensive care unit. *Crit Car Med*,31(2):433-441

Goldstein, M. K., Hoffman, B. B., Coleman, R. W., Musen, M. A., Tu, S. W., Advani, A., Shankar, R. D., O'Connor, M. (2000). Implementing clinical practice guidelines while taking account of evidence: ATHENA, an easily modifiable decision-support system for management of hypertension in primary care. *Proceedings of the Annual AMIA Fall Symposium*, pp. 300-304, Hanley & Belfus, Philadelphia.

Goldstein, M. K., Hoffman, B. B., Coleman, R. W., Musen, M. A., Tu, S. W., Shankar, R. D., O'Connor, M., Martins, S., Advani, A., Musen, M. A. (2002). Patient safety in guideline-based decision support for hypertension management: ATHENA DSS. *Journal of the American Medical Informatics Association* 9(6 Suppl): S11-16.

Gonzales, R., Bartlett, J., et al. (2001). Principles of appropriate antibiotic use for treatment of acute respiratory infections in adults: background, specific aims, and methods. *Annals of Internal Medicine*, 134:479-486.

Goodman, K. W. (1996). Ethics, genomics and information retrieval. *Computers in Biology and Medicine*, 26(3): 223-229.

Goodman, K. W. (ed.)(1998a). *Ethics, Computing, and Medicine: Informatics and the Transformation of Health Care*. Cambridge and New York: Cambridge University Press.

Goodman, K. W. (1998b). Bioethics and health informatics: An introduction. In Goodman K. W. (ed.), *Ethics, Computing, and Medicine: Informatics and the Transformation of Health Care*, pp. 1-31. Cambridge and New York: Cambridge University Press.

Goodman, K. W. (1998c). Outcomes, futility, and health policy research. In Goodman K. W. (ed.), *Ethics, Computing, and Medicine: Informatics and the Transformation of Health Care*, pp. 116-138. Cambridge: Cambridge University Press.

Goodwin, J. O., Edwards, B. S. (1975). Developing a computer program to assist the nursing process: Phase I-From systems analysis to an expandable program. *Nursing Research*, 24(4):299-305.

Gordon, M. (1982). Historical perspective: The National Conference Group for Classification of Nursing Diagnoses. *Proceedings of the Classification of Nursing Diagnoses: Proceedings of the Third and Fourth National Conferences*.

Gorman, P. N. (1995). Information needs of physicians. *Journal of the American Society for Information Science*, 46: 729-736.

Gorman, P. N., Ash, J., Wykoff, L. (1994). Can primary care physicians' questions be answered using the medical literature? *Bulletin of the Medical Library Association*, 82(2):140-146.

Gorman, P. N., Helfand, M. (1995). Information seeking in primary care: how physicians choose which clinical question to pursue and which to leave unanswered. *Medical Decision Making*,15(2):113-119.

Gould, M. K., Kushner, W. G., Rydzak, C. E., Maclean, C. C., Demas, A. N., Shigemitsu, H., Chan, J. K., Owens, D. K. (2003). Test performance of positron emission tomography and computed tomography for mediastinal staging in patients with non-small cell lung cancer: A meta analysis. *Annals of Internal Medicine* 139:879-892.

Graves, J. R., Corcoran, S. (1989). The study of nursing informatics. *Image: Journal of Nursing Scholarship*, 21: 227-231.

Gray, J. E., Safran, C., Davis, R. B., Pompilio-Weitzner, G., Stewart, J. E., Zaccagnini, L., Pursley, D. (2000). Baby CareLink: using the internet and telemedicine to improve care for high-risk infants. *Pediatrics* 106,1318-1324.

Greenes, R. A. (1982). OBUS: A microcomputer system for measurement, calculation, reporting, and retrieval of obstetrical ultrasound examinations. *Radiology*, 144:879-883.

Greenes, R. A. (1989). The radiologist as clinical activist: A time to focus outward. *Proceedings of the First International Conference on Image Management and Communication in Patient Care: Implementation and Impact (IMAC 89)*, Washington, D. C., pp. 136-140.

Greenes, R. A., Barnett, G. O., Klein, S. W., Robbins, A., Prior, R. E. (1970). Recording, retrieval, and review of medical data by physician-computer interaction. *New England Journal of Medicine*, 282(6):307-315.

Greenes, R. A., Bauman, R. A., Robboy, S. J., Wieder, J. F., Mercier, B. A., Altshuler, B. S. (1978). Immediate pathologic confirmation of radiologic interpretation by computer feedback. *Radiology*, 127(2):381-383.

Greenes, R. A., Bauman, R. A. (1996). Imaging and information management: Computer systems for a changing health care environment. *The Radiology Clinics of North America*, 34(3):463-697.

Greenes, R. A., Brinkley, J. F. (2001). Radiology Systems. In E. H. Shortliffe & L. E. Perreault(eds.), *Medical Informatics* (2nd ed.), pp. 485-538. New York: Springer Verlag.

Greenes, R. A., Deibel, S. R. (1996). Constructing workstation applications: Component integration strategies for a changing health-care system. In Van Bemmel J. H., McCray A. T. (eds.), *IMIA Yearbook of Medical Informatics '96*, pp. 76-86. Rotterdam, The Netherlands: IMIA.

Greenes, R. A., Shortliffe, E. H. (1990). Medical informatics: An emerging academic discipline and institutional priority. *Journal of the American Medical Association*, 263(8): 1114-1120.

Greenlick, M. R. (1992). Educating physicians for population-based clinical practice. *Journal of the American Medical Association*, 267(12):1645-1648.

Greeno, J. G., Simon, H. A. (1988). Problem solving and reasoning. In R. C. Atkinson & R. J. Herrnstein(eds.), *Stevens' Handbook of Experimental Psychology* (2nd ed., Vol. 1:Perception and Motivation), pp. 589-672. Oxford, England: John Wiley & Sons.

Gribskov, M., Devereux, J. (1991). *Sequence Analysis Primer*. New York: Stockton Press.

Griffith, H. M., Robinson, K. R. (1992). Survey of the degree to which critical care nurses are performing current procedural terminology-coded services. *American Journal of Critical Care*, 1(2):91-98.

Grigsby, J., Sanders, J. H. (1998). Telemedicine: Where it is and where it's going. *Annals of Internal Medicine*, 129(2):123-127.

Grimm, R. H., Shimoni, K., Harlan, W. R., Estes, E. H. J. (1975). Evaluation of patient-care protocol use by various providers. *New England Journal of Medicine*, 282(10): 507-511.

Grimshaw, J. M. Russel, I. T. (1993). Effect of clinical guidelines on medical practice: A systematic review of rigorous evaluations. *Lancet*, 342:1317-1322.

Grishman, R., Kittredge R. (eds.) (1986), *Analyzing Language in Restricted Domains: Sublanguage Description and Processing*. Hillsdale, New Jersey: Erlbaum Associates.

Grobe, S. J. (1996). The nursing intervention lexicon and taxonomy: Implications for representing nursing care data in automated records. *Holistic Nursing Practice*, 11(1): 48-63.

Gross, M. S., Lohman, P. (1997). The technology and tactics of physician integration. *Journal of the Healthcare Information and Management Systems Society*, 11(2):23-41.

Grosz, B, Joshi, A, Weinstein, S. (1995). Centering: A framework for modeling the local coherence of discourse. *Computational Linguistics*; 2(21):203-225.

Guo, Q. M.. (2003). DNA microarray and cancer. *Current Opinion in Oncology*. 15(1):36-43.

Gupta, L., Ward, J. E., Hayward, R. S. (1997). Clinical practice guidelines in general practice: A national survey of recall, attitudes and impact. *Med J Aust* 166(2):69-72.

Gusfield, D. (1997). *Algorithms on Strings, Trees, and Sequences: Computer Science and Computational Biology*. Cambridge, England: Cambridge University Press.

Gustafson, D. H., Hawkins, R. P., Boberg, E. W., McTavish, F., Owens, B., Wise, M., Berhe, H., Pingree, S. (2002). CHESS: 10 years of research and development in consumer health informatics for broad populations, including the underserved. *International Journal of Medical Informatics*. 65(3):169-77.

Gustafson, D. H., Taylor, J. O., Thompson, S., Chesney, P. (1993). Assessing the needs of breast cancer patients and their families. *Quality Management in Health Care*, 2(1): 6-17.

Guyatt, G. Rennie, D. et al. (2001). *Users' Guide to the Medical Literature: Essentials of Evidence-Based Clinical Practice*. Chicago. American Medical Association.

Hagen, P. T., Turner, D., Daniels, L., Joyce, D. (1998). Very large-scale distributed scanning solution for automated entry of patient information. *TEPR Proceedings (Toward an Electronic Patient Record)*, One:228-32.

Hahn, U.; Romacker, M.; Schulz, S. (1999) Discourse structures in medical reports-watch out! The generation of referentially coherent and valid text knowledge bases in the medSynDiKATe system. : *International Journal of Medical Informatics*, 53(1):1-28.

Halamka, J. D., Safran, C. (1998). CareWeb: A web-based medical record for an integrated healthcare delivery system. *Proceedings of Medinfo* 1998; pt 1:36-39.

Hamilton, D., Macdonald, B., King, C., Jenkins, D., Parlett, M. (eds.)(1977). *Beyond the Numbers Game*. Berkeley, CA: McCutchan Publishers.

Hammond, W. E., Stead, W. W., Straube, M. J., Jelovsek, F. R. (1980). Functional characteristics of a computerized medical record. *Methods of Information in Medicine*, 19(3):157-162.

Hanlon, W. B., Fene, E. F., Davi, S. D., Downs, J. W. (1996). Project BRAHMS: PACS implementation at Brigham and Women's Hospital. *Proceedings of the S/CAR96*, Denver, CO, pp. 489-490.

Hansen, L. K., Nielsen, F. A., Toft, P., Liptrot, M. G., Goutte, C., Strother, S. C., Lange, N., Gade, A., Rottenberg, D. A., & Paulson, O. B. (1999). Lyngby-modeler's Matlab toolbox for spatiotemporal analysis of functional neuroimages. *Neuroimage*, 9(6), S241.

Haralick, R. M. (1988). *Mathematical Morphology*: Seattle: University of Washington.

Haralick, R. M., Shapiro, L. G. (1992). *Computer and Robot Vision*. Reading, MA: Addison-Wesley.

Hardiker, N. R., Hoy, D., Casey, A. Standards for nursing terminology. *Journal of the American Medical Informatics Association*, 7:6,523-528.

Harless, W. G., Drennon, G. G., Marxer, J. J., Root, J. A., Miller, G. E. (1971). CASE: A computeraided simulation of the clinical encounter. *Journal of Medical Education*, 46(5):443-448.

Harless, W. G., Zier, M. A., Duncan, R. C. (1986). Interactive videodisc case studies for medical education. *Proceedings of the 10th Annual Symposium on Computer Applications in Medical Care*, Washington, DC, pp. 183-187.

Harnad, S. (1998). On-line journals and financial firewalls. *Nature*, 395:127-128.

Harris, J. R., Caldwell, B., Cahill, C. (1998). Measuring the public's health in an era of accountability: Lessons from HEDIS(Health Plan Employer Data and Information Set). *American Journal of Preventive Medicine*, 14(3 suppl):9-13.

Harris, MA, Clark, J, Ireland, A, et al. for the Gene Ontology Consortium (2004). The Gene Ontology (GO) database and informatics resource. *Nucleic Acids Res*. 32(Database issue):D258-6.

Harris, Z. (1991), *A Theory of Language and Information: A Mathematical Approach*, Oxford University Press, New York.

Harris, Z, Gottfried, M, Ryckmann, T, Mattick, Jr P, Daladier, A, Harris, TN, Harris, S. (1989). *The Form of Information in Science: Analysis of an Immunology Sublanguage. Boston, MA: Reidel Dordrecht Studies in the Philosophy of Science.

Harter, S. (1992). Psychological relevance and information science. *Journal of the American Society for Information Science*, 43: 602-615.

Hayes-Roth, F., Waterman, D., Lenat, D. (eds.) (1983). *Building Expert Systems*. Reading, MA: Addison-Wesley.

Haynes, R. (2001). Of studies, syntheses, synopses, and systems: The "4S" evolution of services for finding current best evidence. *ACP Journal Club*, 134: A11-A13.

Haynes, R., Devereaux, P., et al. (2002). Clinical expertise in the era of evidence-based medicine and patient choice. *ACP Journal Club*, 136: A11.

Haynes, R., McKibbon, K., et al. (1985). Computer searching of the medical literature: An evaluation of MEDLINE searching systems. *Annals of Internal Medicine*, 103: 812-816.

Haynes, R. B., McKibbon, K. A., Walker, C. J., Ryan, N., Fitzgerald, D., Ramsden, M. F. (1990). Online access to MEDLINE in clinical settings. *Annals of Internal Medicine*, 112(1): 78-84.

Haynes, R., Walker, C., et al. (1994). Performance of 27 MEDLINE systems tested by searches with clinical questions. *Journal of the American Medical Informatics Association*, 1: 285-295.

Haynes, R. B., Wilczynski, N., McKibbon, K. A., Walker, C. J., Sinclair, J. C. (1994). Developing optimal search strategies for detecting clinically sound studies in MEDLINE. *Journal of the American Medical Informatics Association*, 1(6): 447-458.

Health Care Financial Management Association (1992). *Implementation Manual for the 835 Health Care Claim Payment/Advice*: The Health Care Financial Management Association.

Health Care Financial Management Association (1993). *Implementation Manual for the 834 Benefit Enrollment and Maintenance*. : The Health Care Financial Management Association.

Health Care Financing Administration (1980). *The International Classification of Diseases 9th Revision, Clinical Modification, ICD-9-CM*. (PHS 80-1260.) Washington, D. C.: U. S. Department of Health and Human Services.

Health Care Financing Review (1996). *Medicare and Medicaid Statistical Supplement*. Baltimore: U. S. Department of Health and Human Services.

Health Devices (anon) (2003). Next-generation pulse oximetry. *Health Devices*, 32(2): 49-103

Health Insurance Association of America (HIAA) (1983). *Source Book of Health Insurance Data 1982-1983*. Washington, D. C.: HIAA.

Health Level 7 (2003). *Arden Syntax*. (Accessed 2005 at: http://www.hl7.org/Special/committees/Arden/arden.htm)

Health Level Seven (HL7) (2004). *Technical Committees and Special Interest Groups*. http://www.hl7.org.

Hearst, M., Karadi, C. (1997). Cat-a-Cone: An interactive interface for specifying searches and viewing retrieval results using a large category hierarchy. *Proceedings of the 20th Annual International ACM SIGIR Conference on Research and Development in Information Retrieval*, Philadelphia, PA. ACM Press, pp. 246-255.

Heath, C., Luff, P. (2000). *Technology in Action*. New York: Cambridge University Press.

Heathfield, H. A., Wyatt, J. C. (1993). Philosophies for the design and development of clinical decision-support systems. *Methods of Information in Medicine*, 32(1): 1-8.

Heathfield H. A., Wyatt J. C. (1995). The road to professionalism in medical informatics: A proposal for debate. *Methods of Information in Medicine*, 34(5): 426-433.

Heckerman, D., Horvitz, E. (1986). The myth of modularity in rule-based systems for reasoning with uncertainty. In Lemmer J., Kanal L. (eds.), *Uncertainty in Artificial Intelligence* 2. Amersterdam, Netherlands: North Holland.

Heckerman, D., Horvitz, E., Nathwani, B. (1989). Update on the Pathfinder project. *Proceedings of the Thirteenth Annual Symposium on Computer Applications in Medical Care*, Washington, DC, pp. 203-207.

Heckerman D., Nathwani B. (1992). An evaluation of the diagnostic accuracy of Pathfinder. *Computers and Biomedical Research*, 25: 56-74.

Heiss, W. D., Phelps, M. E. (eds.) (1983). *Positron Emission Tomography of the Brain*. Berlin; New York: Springer-Verlag.

Helfand, M., & Redfern, C. (1998). Screening for thyroid disease. *Annals of Internal Medicine*, 129(2): 144-158.

Hellmich, M., Abrams, K. R., Sutton, A. J. (1999). Bayesian approaches to meta-analysis of ROC curves. *Medical Decision Making* 19: 252-264.

Henchley, A. (2003). *Understanding Version 3: A Primer on the HL7 Version 3 Communication Standard*. Munich, Germany: Alexander Moench Publishing Co.

Henderson, M. (2003). *HL7 Messaging*. Silver Spring, Maryland OTech Inc.

Henderson, S. Crapo, R. O., Wallace, C. J., East, T. D., Morris, A. H., Gardner, R. M. (1991). Performance of computerized protocols for the management of arterial oxygenation in an intensive care unit. *International Journal of Clinical Monitoring and Computing*, 8(4): 271-280.

Henikoff, S, Henikoff, JG. (1992). Amino acid substitution matrices from protein blocks. *Proceedings of the National Academy of the Sciences*. 89(22): 10915-9.

Henley, R. R., Wiederhold, G. (1975). *An Analysis of Automated Ambulatory Medical Record Systems*. (AAMRS Study Group, Technical Report 13(1).): Laboratory of Medical Information Science, University of California, San Francisco.

Hennessy, J. L., Patterson, D. A. (1994). *Computer Architec-*

ture, A Quantitative Approach. (2nd ed.). San Francisco: Morgan Kaufmann.

Henry(Bakken), S. B., Holzemer, W. L., Randell, C., Hsieh, S. F., Miller, T. J. (1997). Comparison of nursing interventions classification and current procedural terminology codes for categorizing nursing activities. *Image: Journal of Nursing Scholarship*, 29(2):133-138.

Henry(Bakken), S. B., Holzemer, W. L., Reilly, C. A., Campbell, K. E. (1994). Terms used by nurses to describe patient problems: Can SNOMED III represent nursing concepts in the patient record? *Journal of the American Medical Informatics Association*, 1(1):61-74.

Henry(Bakken), S. B., Holzemer, W. L., Tallberg, M., Grobe, S. (1995). Informatics: infrastructure for quality assessment and improvement in nursing. *Proceedings of the 5th International Nursing Informatics Symposium (NI94)Post-Conference*, Austin, TX.

Henry(Bakken), S. B., Mead, C. N. (1997). Nursing classification systems: Necessary but not sufficient for representing "what nurses do" for inclusion in computer-based patient record systems. *Journal of the American Medical Informatics Association*, 4(3):222-232.

Hersh, W. R. (1991). Evaluation of Meta-1 for a concept-based approach to the automated indexing and retrieval of bibliographic and full-text databases. *Medical Decision Making*, 11(4 Suppl):S120-S124.

Hersh, W. R. (1994). Relevance and retrieval evaluation: perspectives from medicine. *Journal of the American Society for Information Science*, 45:201-206.

Hersh, W. R. (1996). *Information Retrieval: A Health Care Perspecive*. New York: Springer-Verlag.

Hersh, W. R. (1999). "A world of knowledge at your fingertips": The promise, reality, and future directions of on-line information retrieval. *Academic Medicine*, 74:240-243.

Hersh, W. R. (2001). Interactivity at the Text Retrieval Conference(TREC). *Information Processing and Management*, 37:365-366.

Hersh, W. R. (2003). *Information Retrieval, A Health and Biomedical Perspective (Second Edition)*, New York: Springer-Verlag.

Hersh, W. R., Brown, K. E., Donohoe, L. C., Campbell, E. M., Horacek, A. E. (1996). CliniWeb: managing clinical information on the World Wide Web. *Journal of the American Medical Informatics Association*, 3:273-280.

Hersh, W. R., Crabtree, M., et al. (2002). Factors associated with success for searching MEDLINE and applying evidence to answer clinical questions. *Journal of the American Medical Informatics Association*, 9:283-293.

Hersh, W. R., Elliot, D., et al. (1994). Towards new measures of information retrieval evaluation. *Proceedings of the 18th Annual Symposium on Computer Applications in Medical Care*, Washington, DC. Hanley & Belfus, pp. 895-899.

Hersh, W. R., Elliot, D. L., Hickam, D. H., Wolf, S. L., Molnar, A., Leichtenstein, C. (1995). Towards new measures of information retrieval evaluation. *Proceedings of the 18th Annual International ACMSIGIR Conference on Research and Development in Information Retrieval*, Seattle, WA, .

Hersh, W. R., Hickam, D. (1994). Use of a multi-application computer workstation in a clinical setting. *Bulletin of the Medical Library Association*, 82(4):382-389.

Hersh, W. R., Hickam, D. (1998). How well do physicians use electronic information retrieval systems? A framework for investigation and review of the literature. *Journal of the American Medical Association*, 280:1347-1352.

Hersh, W. R., Pentecost, J., Hickam, D. (1996). A task-oriented approach to information retrieval evaluation. *Journal of the American Society for Information Science*, 47:50-56.

Hersh, W. R. and Rindfleisch, T. C. (2000). Electronic publishing of scholarly communication in the biomedical sciences. *Journal of the American Medical Informatics Association*, 7:324-325.

Hersh, W. R., Turpin, A., et al. (2000). Do batch and user evaluations give the same results? *Proceedings of the 23rd Annual International ACM SIGIR Conference on Research and Development in Information Retrieval*, Athens, Greece. ACM Press, pp. 17-24.

Hickam, D. H., Shortliffe, E. H., Bischoff, M. B., Scott, A. C., Jacobs, C. D. (1985). The treatment advice of a computer-based cancer chemotherapy protocol advisor. *Annals of Internal Medicine*, 103(6 Pt 1):928-936.

Hickam, D. H., Sox, H. C., Sox, C. H. (1985). Systematic bias in recording the history in patients with chest pain. *Journal of Chronic Diseases*, 38:91.

Hilgard, E. R., Bower, G. H. (1975). *Theories of Learning* (4th ed.). Englewood Cliffs, N. J.:Prentice-Hall.

Hillestad, R., Bigelow, J., Bower, A., Girosi, F., Meili, R., Scoville, R., Taylor, R. (2005). Can electronic medical record systems transform health care? Potential health benefits, savings, and costs. *Health Affairs* 24:1103-1117.

Hillman, B. J. (2002). Current clinical trials of the American College of Radiology Imaging Network. *Radiology* 224(3):636-637.

Hinshaw, K. P., Brinkley, J. F. (1997). Using 3-D shape models to guide segmentation of MR brain images. *Proceedings of the 1997 AMIA Annual Fall Symposium*, Nashville, TN, pp. 469-478.

Hinshaw, K. P., Poliakov, A. V., Martin, R. F., Moore, E. B., Shapiro, L. G., & Brinkley, J. F. (2002). Shape-based cortical surface segmentation for visualization brain mapping. *Neuroimage*,16(2), 295-316.

Hobbs, J. R., Appelt, D. E., Bear, J., Israel, D., Kameyama, M., Stickel, M. et al. (1996). FASTUS:A cascaded finite-state transducer for extracting information from natural-language text. In *Finite State Devices for Natural Language Processing*, Cambridge, MA: MIT Press.

Hodge, M. H. (1990). History of the TDS medical information system. In B. I. Blum & K. Duncan(ed.), *A History of Medical Informatics*, pp. 328-344. New York: ACM Press.

Hoey, J. (1998). When the physician is the vector. *CMAJ* 159 (1):45-46.

Hoffer, E. P., Barnett, G. O. (1986). Computer-aided instruction in medicine: 16 years of MGH experience. In Salamon R., B. Blum, & M. Jorgensen, (ed.), *MEDINFO 86*. Amsterdam: Elsevier North-Holland.

Hoffman, C., Rice, D., Sung, H. Y. (1996). Persons with chronic conditions: Their prevalence and costs, *JAMA*, 276,1473-1479.

Hoffman, R. R. (ed.)(1992). *The Psychology of Expertise: Cognitive Research and Empirical AI*. Hilldale, NJ: Lawrence Erlbaum Associates, Publishers.

Hoffman, R. R., Schadbolt, N. R., Burton, A. M., Klein, G. (1995). Eliciting knowledge from experts: A methodological analysis. *Organizational Behavior & Human Decision Processes*, 62(2),129-158.

Hohne, K., Bomans, M., Pommert, A., Riemer, M., Schiers, C., Tiede, U., & Wiebecke, G. (1990). 3-D visualization of tomographic volume data using the generalized voxel model. *The Visual Computer*, 6(1), 28-36.

Hohne, K. H., Bomans, M., Riemer, M., Schubert, R., Tiede, U., Lierse, W. (1992). A volumebased anatomical atlas. *IEEE Computer Graphics and Applications*, 72-78.

Hohne, K. H., Pflesser, B., Riemer, M., Schiemann, T., Schubert, R., Tiede, U. (1995). A new representation of knowledge concerning human anatomy and function. *Nature Medicine*,1(6):506-510.

Honeyman-Buck, J. (2003). PACS adoption. *Semin Roentgenol*. 38(3):256-269.

Hopf, HW. (2003). Molecular diagnostics of injury and repair responses in critical illness: What is the future of "monitoring" in the intensive care unit? *Crit Care Med*; 31(8) [Suppl.]:S518-523 Horii, S. C. (1996). Image acquisition: Sites, technologies and approaches. In Greenes, R. A. & Bauman, R. A. (eds.) Imaging and information management: computer systems for a changing health care environment. *The Radiology Clinics of North America*, 34(3): 469-494.

Horne, P, Saarlas, K, Hinman, A(2000). Costs of immunization registries. Experience from the All Kids Count II Projects. *Am J Prev Med*, 18:262-267.

Horsky, J., Kaufman, D. R., Oppenheim, M. I., Patel, V. L. (2003). A framework for analyzing the cognitive complexity of computer-assisted clinical ordering. *Journal of Biomedical Informatics*,36(1-2),4-22.

Horsky, J., Kaufman, D. R., Patel, V. L. (2003). The cognitive complexity of a provider order entry interface *Proceedings of the AMIA Annual Fall Symposium*, Washington, DC, pp. 294-298.

House, E. R. (1980). *Evaluating with Validity*. Beverly Hills, CA: Sage Publications.

Hoy, J. D., Hyslop, A. Q. (1995). Care planning as a strategy to manage variation in practice: From care planning to integrated person-based record. *Journal of the American Medical Informatics Association*, 2(4):260-266.

Hripcsak, G., Austin, J. H., Alderson, P. O., Friedman, C. (2002). Use of natural language processing to translate clinical information from a database of 889,921 chest radiographic reports. *Radiology*, 224(1):157-163.

Hripcsak, G., Cimino, J. J., Sengupta, S. (1999). WebCIS: Large scale deployment of a Web-based clinical information system. *Proceedings of the Annual AMIA Symposium*, pp. 804-808.

Hripcsak, G., Ludemann, P., Pryor, T. A., Wigertz, O. B., Clayton, P. D. (1994). Rationale for the Arden syntax. *Computers and Biomedical Research*, 27:291-324.

Hripcsak, G, Wilcox, A. (2002). Reference standards, judges, and comparison subjects: roles for experts in evaluating system performance. *J Am Med Inform Assoc*; 9(1):1-15.

Hsu, H. L. (1996). *Interactivity of Human-Computer Interaction and Personal Characteristics in a Hypermedia Learning Environment*. Unpublished doctoral dissertation, Stanford University.

Huang, H. K. (2003). Enterprise PACS and image distribution. *Comput Med Imaging Graph*, 27(2-3):241-53

Hucka, M., Finney, A., Sauro, H. M., et al. (2003). The systems biology markup language(SBML): A medium for representation and exchange of biochemical network models. *Bioinformatics*, 19(4):524-31.

Hudson, L. (1985). Monitoring of critically ill patients. Conference summary. *Respiratory Care*,30:628.

Huff, S. M, Rocha, R. A., McDonald, C. J., DeMoor, G. J., Fiers, T., Bidgood, W. D. Jr., Forrey, A. W., Francis, W. G., Tracy, W. R., Leavelle, D., Stalling, F., Griffin, B., Maloney, P., Leland, D., Charles, L., Hutchins, K., Baenziger, J. (1998). Development of the Logical Observation Identifier Names and Codes(LOINC) vocabulary. *J Am Med Inform Assoc* 5(3):276-292.

Human Brain Project. (2003). *Home page*. (Accessed 2005 at: http://www.nimh.nih.gov/neuroinformatics/index.cfm)

Humphreys, B. L. (2000). Electronic health record meets digital library: A new environment for achieving an old goal. *Journal of the American Medical Informatics Association*, 7: 444-452.

Humphreys, B. L. (ed.)(1990). *UMLS Knowledge Sources-First Experimental Edition Documentation*. Bethesda, MD: National Library of Medicine.

Humphreys, B. L., Lindberg, D. A. (1993). The UMLS project: making the conceptual connection between users and the information they need. *Bulletin of the Medical Library Association*,81(2):170-177.

Humphreys, BL, Lindberg, DA, Schoolman, HM, Barnett, GO(1998). The Unified Medical Language System: An informatics research collaboration. *J Am Med Inform Assoc.* 5(1):1-11.

Hunt, L. T., Dayhoff, M. O. (1974). Table of abnormal human globins. *Annual of the New York Academy of Science*, 241:722-735.

Hunt, D. L., Haynes, R. B., Hanna, S. E., Smith, K. (1998). Effects of computer-based clinical decision support systems on physician performance and patient outcomes: A systematic review. *JAMA*; 280:1339-1346.

Hunter, L. (1993). *Artificial Intelligence and Molecular Biology*. Menlo Park: AAAI Press/MIT Press.

Hurdal, M. K., Stephenson, K., Bowers, P., Sumners, D. W., Rottenberg, D. A. (2000). Coordinate systems for conformal cerebellar flat maps. *Neuroimage*, 11(5), S467.

Hussein, R., Engelmann, U., Schroeter, A., Meinzer, H. P. (2004). DICOM structured reporting: Part 2. Problems and challenges in implementation for PACS workstations. *Radiographics*, 24(3):897-909.

Hutchins, E. (1995). *Cognition in the Wild*. Cambridge, Mass: MIT Press.

IAIMS(1996). *Proceedings of the 1996 IAIMS Symposium*. Nashville, TN: Vanderbilt University.

International Anatomical Nomenclature Committee. (1989). *Nomina Anatomica* (6th ed.). Edinburgh: Churchill Livingstone.

Institute of Medicine(1985). *Assessing Medical Technologies*. Washington, D. C.: National Academy Press.

Institute of Medicine (1988). *The Future of Public Health*. Washington, DC: National Academy Press.

Institute of Medicine(1991). *The Computer-Based Patient Record: An Essential Technology for Patient Care*. Washington, DC: National Academy Press.

Institute of Medicine(1996). *Healthy Communities: New Partnerships for the Future of Public Health*. Washington, DC: National Academy Press.

Institute of Medicine(1997a). *Improving Health in the Community: A Role for Performance Monitoring*. Washington, DC: National Academy Press.

Institute of Medicine(1997b). *Managing Managed Care: Qualtiy Improvement in Behavioral Health*. Washington, DC: National Academy Press.

Institute of Medicine(1997c). *The Computer-Based Patient Record: An Essential Technology for Health Care*. (2nd ed.). Washington, D. C.: National Academy Press.

Institute of Medicine(2000a). *To Err Is Human: Building a Safer Health Care System*. Washington, DC: National Academy Press.

Institute of Medicine(2000b). *Calling the Shots—Immunization Finance Policies and Practices*. Washington, DC: National Academy Press.

Institute of Medicine(2001) *Crossing the Quality Chasm: A New Health System for the Twenty-First Century*, Washington: National Academies Press.

Institute of Medicine(2002). *Priority Areas for National Action: Transforming Health Care Quality*. Washington DC: National Academies Press.

Institute of Medicine(2003). *Patient Safety: Achieving a New Standard for Care*. Washington, DC: National Academies Press.

International Standards Organization(1987). *Information processing systems-Concepts and terminology for the conceptual schema and the information base*. (ISO TR 9007: 1987.): International Standards Organization.

International Standards Organization. (2003). *Integration of a Reference Terminology Model for Nursing* (ISO 18104: 2003). International Standards Organization.

Interstudy(1995). *The Interstudy Competitive Edge, Part II: Industry Report*. Excelsior, Minn.

Issel-Tarver, L., Christie, K. R., Dolinski, K., Andrada, R., Balakrishnan, R., Ball, C. A., Binkley, G., Dong, S., Dwight, S. S., Fisk, D. G., Harris, M., Schroeder, M., Sethuraman, A., Tse, K., Weng, S., Botstein, D., Cherry, J. M. (2001). Saccharomyces genome database. *Methods Enzymol*; 350:329-46.

Ivers, M. T., Timson, G. F. (1985). The applicability of the VA integrated clinical CORE information system to the needs of other health care providers. *MUG Quarterly*, 14: 19-21.

Jacky, J. (1989). Programmed for disaster. *The Sciences*, 29 (5):22-27.

Jadad, A. (1999). Promoting partnerships: Challenges for the Internet age. *British Medical Journal*, 319:761-764.

Jain, R. (1991). *The Art of Computer Systems Performance Analysis: Techniques for Experimental Design, Measurement, Simulation, and Modeling*. New York: John Wiley & Sons, Inc.

Jakobovits, R. M., Modayur, B., Brinkley, J. F. (1996). A Web-based manager for brain mapping data. *Proceedings of the 1996 AMIA Annual Fall Symposium*, Washington, DC, pp. 309-313.

Jakobovits, R. M., Brinkley, J. F., Rosse, C., Weinberger, E. (2001). Enabling clinicians, researchers, and educators to build custom web-based biomedical information systems. *Proc AMIA Annual Fall Symposium*; pp. 279-283.

Jakobovits, R. M., Rosse, C., Brinkley, J. F. (2002). An open source toolkit for building biomedical web applications. *J Am Med Info. Ass.*;9(6):557-590.

Jewett, A. I., Huang, C. C., Ferrin, T. E. (2003). MINRMS: An efficient algorithm for determining protein structure similarity using root-mean-squared-distance. *Bioinformatics*. 19(5):625-34.

John, B. E. (2003). Information processing and skilled behavior. In J. M. Carroll (ed.), *HCI Models, Theories and Frameworks: Toward a Multidisciplinary Science*. San

Francisco, CA: Morgan Kaufmann.

Johnson, K. A., Becker, J. A. (2001). *The Whole Brain Atlas*. Harvard University. (Accessed 2005 at: http://www.med.harvard.edu/AANLIB/home.html)

Johnson, P. (1983). What kind of expert should a system be? *Journal of Medicine and Philosophy*, 8:77-97.

Johnson, P. D., Tu, S. W., Booth, N., Sugden, B., Purves, I. N. (2000). Using scenarios in chronic disease management guidelines for primary care. *Proceedings of the AMIA Annual Symposium*, Los Angeles, CA, Hanley & Belfus, Philadelphia.

Johnson, S. B. (2000). Natural language processing in biomedicine. In: Bronzino JD. *The Handbook of Biomedical Engineering*. Boca Raton, FL: CRC Press, pp. 188-196.

Johnson, S. B., Friedman, C., Cimino, J. J., Clark, T., Hripcsak, G., Clayton, P. D. (1991). Conceptual data model for a central patient database. *Proceedings of the Fifteenth Symposium on Computer Applications in Medical Care*. Washington, D. C., pp. 381-385.

Johnston, D., Pan, E., Walker, J., Bates, D. W., Middleton, B. (2003). *The Value of Computerized Provider Order Entry in Ambulatory Settings*. Boston: Center for Information Technology Leadership, Partners HealthCare.

Johnston, M. C., Langton, K. B., Haynes, R. B., Mathieu, A. (1994). Effects of computer-based clinical decision support systems on clinician performance and patient outcome. A critical appraisal of research. *Annals of Internal Medicine*, 120(2):135-142.

Jolesz, F. A. (1997). 1996 RSNA Eugene P. Pendergrass New Horizons Lecture. Image-guided procedures and the operating room of the future. *Radiology*, 204(3):601-612.

Jollis, J. G., Ancukiewicz, M., DeLong, E. R., Pryor, D. B., Muhlbaier, L. H., Mark, D. B. (1993). Discordance of databases designed for claims payment versus clinical information systems. Implications for outcomes research. *Annals of Internal Medicine*, 119(8):844-850.

Jurafsky, D, Martin, JH. (2000a). *Speech and Language Processing: An Introduction to Natural Language Processing, Computational Linguistics and Speech Recognition*. New York: Prentice Hall.

Jydstrup R. A., Gross M. J. (1966). Cost of information handling in hospitals. *Health Services Research*, 1(3):235-271.

Kahle, B. (1997). Preserving the Internet. *Scientific American*, 276(3):82-83.

Kahn, M. G. (1994). Clinical databases and critical care research. *Critical Care Clinics*, 10(1):37-51.

Kaiser Family Foundation and Health Research and Educational Trust (2005). *Employer Health Benefits 2005 Annual Survey*. Menlo Park, CA.

Kalet, I. J., Austin-Seymour, M. M. (1997). The use of medical images in planning and delivery of radiation therapy. *Journal of the American Medical Informatics Association*, 4(5):327-339.

Kalinski, T., Hofmann, H., Franke, D. S., Roessner, A. (2002). Digital imaging and electronic patient records in pathology using an integrated department information system with PACS. *Pathol Res Pract*, 198(10):679-84.

Kane, B. Sands, D. Z. (1998). Guidelines for the clinical use of electronic mail with patients. *J Am Med Inform Assoc* 5, 104-111.

Kaplan, B. (1997). Addressing organizational issues into the evaluation of medical systems. *Journal of the American Medical Informatics Association*, 4(2):94-101.

Kaplan, B., Duchon, D. (1988). Combining qualitative and quantitative methods in information systems research: A case study. *MIS Quarterly*, 4:571-586.

Karat, C. M. (1994). A business case approach to usability cost justification. In R. G. Bias & D. J. Mayhew(eds.), *Cost Justifying Usability*, pp. 45-70. New York: Academic Press.

Karplus, M., Weaver, D. L. (1976). Protein-folding dynamics. *Nature*, 260(5550):404-406.

Kass, B. (2001). Reducing and preventing adverse drug events to decrease hospital costs. *Research in Action*, Issue 1. AHRQ Publication Number 01-0020. (Accessed 2005 at: http://www.ahrq.gov/qual/aderia/aderia.htm)

Kass, M., Witkin, A., Terzopoulos, D. (1987). Snakes: Active contour models. *International Journal of Computer Vision*, 1(4):321-331.

Kassirer, J. P., Gorry, G. A. (1978). Clinical problem solving: A behavioral analysis. *Annals of Internal Medicine*, 89(2):245-255.

Kastor, J. A.. (2001). *Mergers of Teaching Hospitals in Boston, New York, and Northern California*. Ann Arbor: University of Michigan Press.

Kaufmann, A, Meltzer, M, Schmid, G. (1997). The economic impact of a bioterrorist attack: Are prevention and post-attack intervention programs justifiable? *Emerg Infect Dis* 3(2):83-94.

Kaufman, D. R., Patel, V. L., Hilliman, C., Morin, P. C., Pevzner, J., Weinstock, R., et al. (2003). Usability in the real world: Assessing medical information technologies in the patient's home. *Journal of Biomedical Informatics*. 36(1-2), 45-60.

Kaufman, D. R., Patel, V. L., Magder, S. (1996). The explanatory role of spontaneously generated analogies in reasoning about physiological concepts. *International Journal of Science Education*, 18(3), 369-386.

Kaushal, R., Shojania, K. G., Bates, D. W. (2003). Effects of computerized physician order entry and clinical decision support systems on medication safety: A systematic review. *Archives of Internal Medicine*, 163(12):1409-16.

Keen, P. G. W. (1981). Information systems and organizational change. *Communications of the ACM*, 24:24.

Kennedy, D. (2001). *Internet Brain Segmentation Repository*. Massachusetts General Hospital. (Accessed 2005 at: http://neuro-www.mgh.harvard.edu/cma/ibsr)

Kennelly, R. J., Gardner, R. M. (1997). Perspectives on development of IEEE 1073: The Medical Information Bus(MIB) standard. *International Journal of Clinical Monitoring and Computing*, 14(3):143-149.

Kenny, N. P. (1997). Does good science make good medicine? Incorporating evidence into practice is complicated by the fact that clinical practice is as much art as science. *CMAJ* 157(1):33-36.

Kent, W. J. (2003). BLAT-the BLAST-like alignment tool. *Genome Research*. 12(4):656-64.

Keston, V., Enthoven, A. C. (1996). Total hip replacement: A history of innovations to improve quality while reducing costs. *Stanford University Working Paper Number* 1411: October 29,1996.

Kevles, B. (1997). *Naked to the Bone: Medical Imaging in the Twentieth Century*. New Brunswick, NJ: Rutgers University Press.

Khorasani, R., Hanlon, W. B., Fener, E. F., Lester, J. M., Dreyer, K., Seltzer, S. E., Holman, B. L. (1997). Exploiting the Internet and the world wide web for rapid and inexpensive distribution of digital images and radiology reports. Unpublished technical report, Brigham and Women's Hospital..

Khorasani, R., Lester, J. M., Davis, S. D., Hanlon, W. B., Fener, E. F., Seltzer, S. E., Adams, D. F., Holman, B. L. (1998). Web-based digital radiology teaching file: Facilitating case input at time of interpretation. *AJR American Journal of Roentgenology*, 170(5):1165-1167.

Kikinis, R., Shenton, M. E., Iosifescu, D. V., McCarley, R. W., Saiviroonporn, P., Hokama, H. H., Robatino, A., Metcalf, D., Wible, C. G., Portas, C. M., Donnino, R., Jolesz, F. (1996). A digital brain atlas for surgical planning, model-driven segmentation, and teaching. *IEEE Trans. Visualization and Computer Graphics*, 2(3), 232-241.

Kim, D., Constantinou, P. S., Glasgow, E. (1995). *Clinical Anatomy: Interactive Lab Practical*. St. Louis: Mosby-Year Book. CD-ROM.,.

Kimborg, D. Y., Aguirre, G. K. (2002). *A Flexible Architecture for Neuroimaging Data Analysis and Presentation*. (Accessed 2005 at: http://www.nimh.nih.gov/neuroinformatics/kimberg.cfm)

King, W., Proffitt, J., Morrison, L., Piper, J., Lane, D., Seelig, S. (2000). The role of fluorescence in situ hybridization technologies in molecular diagnostics and disease management. *Mol Diagn*, 5(4),309-319.

Kingsland, L. C., Harbourt, A. M., Syed, E. J., Schuyler, P. L. (1993). Coach: Applying UMLS knowledge sources in an expert searcher environment. *Bulletin of the Medical Library Association*, 81(2):178-183.

Kintsch, W. (1988). The role of knowledge in discourse comprehension: A construction-integration model. *Psychological Review*, 95(2), 163-182.

Kirby, M., Miller, N. (1986). MEDLINE searching on Colleague: Reasons for failure or success of untrained users. *Medical Reference Services Quarterly*, 5:17-34.

Kirkpatrick, D. L. (1994). *Evaluating Training Programs*. San Francisco, CA: Berrett-Koehler Publishers.

Kittredge, R. J. Lehrberger (eds.) (1982). *Sublanguage: Studies of Language in Restricted Semantic Domains*, New York: De Gruyter.

Kjems, U., Strother, S. C., Anderson, J. R., Law, I., Hansen, L. K. (1999). Enhancing the multivariate signal of $^{15}O$ water PET studies with a new nonlinear neuroanatomical registration algorithm. *IEEE Trans. Med. Imaging*, 18, 301-319.

Kleinmuntz, B. (1968). *Formal Representation of Human Judgement*. New York: Wiley.

Kleinmuntz, D. N., Schkade, D. A. (1993). Information displays in decision making. *Psychological Science*, 4, 221-227.

Knaus, W. A., Draper, E. A., Wagner, D. P., Zimmerman, J. E. (1986). An evaluation of outcome from intensive care in major medical centers. *Annals of Internal Medicine*, 104 (3):410-418.

Knaus, W. A., Wagner, D. P., Lynn, J. (1991). Short-term mortality predictions for critically ill hospitalized adults: Science and ethics. *Science*, 254(5030):389-394.

Knight, E., Glynn, R., et al. (2000). Failure of evidence-based medicine in the treatment of hypertension in older patients. *Journal of General Internal Medicine*, 15:702-709.

Koedinger, K. R., Anderson, J. R. (1992). Abstract planning and perceptual chunks. *Cognitive Science*, 14(4), 511-550.

Kohn, L. T., Corrigan, J. M., Donaldson, M. S. (eds)(1999). *To Err is Human: Building A Safer Health System*, Washhington, DC: National Academy Press.

Kolodner, R. M., Douglas, J. V. (eds)(1997). *Computerizing Large Integrated Health Networks: The VA Success*. New York: Springer.

Komaroff, A. (1979). The variability and inaccuracy of medical data. *Proceedings of the IEEE*,67:1196.

Komaroff, A., Black, W., Flatley, M. (1974). Protocols for physician assistants: Management of diabetes and hypertension. *New England Journal of Medicine*, 290:370-312.

Koo, D, O'Carroll, PW, LaVenture, M(2001). Public health 101 for informaticians. *Journal of the American Medical Informatics Association* 8(6):585-97.

Kosara, R., Miksch, S. (2002). Visualization methods for data analysis and planning in medical applications. *Int J Med Inf*, 68(1-3),141-153.

Koski, E. M., Makivirta, A., Sukuvaara, T., Kari, A. (1995). Clinicians' opinions on alarm limits and urgency of therapeutic responses. *Int J Clin Monit Comput* 12(2):85-88

Koslow, S. H., Huerta, M. F. (1997). *Neuroinformatics: An Overview of the Human Brain Project*. Mahwah, NJ: Lawrence Erlbaum.

KPMG Peat Marwick(1996). Health Benefits in 1996. *KPMG*

*Survey of Employer Sponsored Health Benefits.*

Kuhn, I. M., Wiederhold, G., Rodnick, J. E., Ramsey-Klee, D. M., Benett, S., Beck, D. D. (1984). Automated ambulatory medical record systems in the U. S. In B. Blum (ed.), *Information Systems for Patient Care*, pp. 199-217. New York: Springer-Verlag.

Kuhn, T. (1962). *The Structure of Scientific Revolutions*. Chicago: University of Chicago Press.

Kulikowski, C. A. (1997). Medical imaging informatics: Challenges of definition and integration. *Journal of the American Medical Informatics Association*, 4(3):252-253.

Kulikowski, C. A., Jaffe, C. C. (1997). Focus on Imaging Informatics. *Journal of the American Medical Informatics Association*, 4(3).

Kuperman, G., Gardner, R., Pryor, T. A. (1991). *HELP: A Dynamic Hospital Information System*. New York: Springer-Verlag.

Kuperman, G. J., Gibson, R. F. (2003). Computer physician order entry: benefits, costs, issues. *Ann Intern Med*. 139(1):31-39.

Kupiers, B., Kassirer, J. (1984). Causal reasoning in medicine: Analysis of a protocol. *Cognitive Science*, 8:363-385.

Kurtzke, J. F. (1979). ICD-9: A regression. *American Journal of Epidemiology*, 108(4):383-393.

Kushniruk, A. W., Kaufman, D. R., Patel, V. L., Levesque, Y., Lottin, P. (1996). Assessment of a computerized patient record system: A cognitive approach to evaluating medical technology. *MD Computing*, 13(5), 406-415.

Lagoze, C., VandeSompel, H. (2001). The Open Archives Initiative: Building a low-barrier interoperability framework. *Proceedings of the First ACM/IEEE-CS Joint Conference on Digital Libraries*, Roanoke, VA.: ACM Press. 54-62.

Lancaster, J. L., Woldorff, M. G., Parsons, L. M., Liotti, M., Freitas, C. S., Rainey, L., Kochunov, P. V., Nickerson, D., Mikiten, S. A., Fox, P. T. (2000). Automated Talairach atlas labels for functional brain mapping. *Hum Brain Mapp*, 10(3), 120-131.

Lander, E. S., Linton, L. M., Birren, B., and colleagues (2001). Initial sequencing and analysis of the human genome. *Nature*. 409(6822):860-921.

Lange, L. L. (1996). Representation of everyday clinical nursing language in UMLS and SNOMED. *Proceedings of the 1996 AMIA Annual Fall Symposium*, Washington, D. C., pp. 140-144.

Langridge, R. (1974). Interactive three-dimensional computer graphics in molecular biology. *Federal Proceedings*, 33(12):2332-2335.

Lanzola, G., Quaglini, S., Stefanelli, M. (1995). Knowledge-acquisition tools for medical knowledge-based systems. *Methods of Information in Medicine*, 34(1-2):25-39.

Larkin, J. H., McDermott, J., Simon, D. P., Simon, H. A. (1980). Expert and novice performance in solving physics problems. *Science*, 208,1335-1342.

Larkin, J. H., Simon, H. A. (1987). Why a diagram is (sometimes) worth ten thousand words. *Cognitive Science*, 11(1), 65-99.

Lashkari, D. A., DeRisi, J. L., McCusker, J. H., Namath, A. F., Gentile, C., Hwang, S. Y., Brown, P. O., Davis, R. W. (1997). Yeast microarrays for genome wide parallel genetic and gene expression analysis. *Proc Natl Acad Sci*. 94(24):13057-1362.

Lassila, O., Hendler, J., et al. (2001). The Semantic Web. *Scientific American*, 284(5):34-43.

Lawrence, S. (2001). Online or invisible? *Nature*, 411:521.

Lawrence, S., Giles, C., et al. (1999). Digital libraries and autonomous citation indexing. *IEEE Computer*, 32:67-71.

Leape, L. L. & Berwick, D. M. (2005). Five years after "To Err is Human": What have we learned? *JAMA* 239(19):2384-2390.

Leatherman, S., Berwick, D., Iles, D., Lewin, L. S., Davidoff, F., Nolan, T., Bisognano, N. (2003). The business case for quality: Case studies and an analysis. *Health Affairs*, 22(2):17-30.

Le Bihan, D., Mangin, J. F., Poupon, C., Clark, C. A., Pappata, S., Molko, N., Chabriat, H. (2001). Diffusion tensor imaging: concepts and applications. *J. Magnetic Resonance Imaging*, 13(4),534-546.

Lederberg, J. (1978). Digital communications and the conduct of science: The new literacy. *Proceedings of the IEEE*, 66(11):1314-1319.

Ledley, R., Lusted L. (1959). Reasoning foundations of medical diagnosis. *Science*, 130:9-21.

Lee, C. C., Jack, C. R. J., Riederer, S. J. (1996). Use of functional magnetic resonance imaging. *Neurosurgery Clinics of North America*, 7(4):665-683.

Lee, D. H. (2003). Magnetic resonance angiography. *Adv Neurol*, 92:43-52.

Leeming, B. W. A., Simon, M. (1982). CLIP: A 1982 update. *Proceedings of the 7th Conference on Computer Applications in Radiology*, Boston, MA, pp. 273-289.

Lehr, J. L., Lodwick, G. S., Nicholson, B. F., Birznieks, F. B. (1973). Experience with MARS (Missouri Automated Radiology System). *Radiology*, 106(2):289-294.

Leiner, F., Haux, R. (1996). Systematic planning of clinical documentation. *Methods of Information in Medicine*, 35:25-34.

Leitch, D. (1989). Who should have their cholesterol measured? What experts in the UK suggest. *British Medical Journal*, 298:1615-1616.

Lenert, L. A., Michelson, D., Flowers, C., Bergen, M. R. (1995). IMPACT: An object-oriented graphical environment for construction of multimedia patient interviewing software. *Proceedings of the Annual Symposium of Computer Applications in Medical Care*, Washington, DC, pp. 319-323.

Lenhart, A., Horrigan, J., et al. (2003). *The Ever-Shifting*

*Internet Population: A New Look at Internet Access and the Digital Divide.* Pew Internet & American Life Project. (Accessed 2005 at: http://www.pewinternet.org/reports/toc.asp? Report=88)

Lesgold, A., Rubinson, H., Feltovich, P., Glaser, R., Klopfer, D., Wang, Y. (1988). Expertise in a complex skill: Diagnosing x-ray pictures. In M. T. H. Chi & R. Glaser(eds.), *The Nature of Expertise*, pp. 311-342. Hillsdale, NJ: Lawrence Erlbaum Associates.

Lesgold, A. M. (1984). Acquiring expertise. In J. R. Anderson & S. M. Kosslyn(eds.), *Tutorials in Learning and Memory: Essays in Honor of Gordon Bowe*, pp. 31-60. San Francisco, CA: W. H. Freeman.

Lesk, M. (1997). *Practical Digital Libraries: Books, Bytes, & Bucks*. San Francisco. Morgan Kaufmann.

Levit, KR. et al. (2003). Trends in U.S. health care spending, *Health Affairs*, 22(1): 154-64.

Levit, K. R., Lazenby, H. C., Braden, B. R., Cowan, C. A., McDonnell, P. A., Sivarajan, L., Stiller, J. M., Won, D. K., Donham, C. S., Long, A. M., Stewart, M. W. (1996). Data view: National health expenditures, 1995. *Health Care Financing Review*, 18:175-214.

Levitt, M. (1983). Molecular dynamics of native protein. I. Computer simulation of trajectories. *Journal of Molecular Biology*, 168(3):595-617.

Leymann, F., Roller, D. (2000). *Production Workflow: Concepts and Techniques*; New York: Prentice-Hall.

Liberman, L., Menell, J. H. (2002). Breast imaging reporting and data system(BI-RADS). *Radiol Clin North Am.* 40(3):409-430.

Libicki, M. C. (1995). *Information Technology Standards: Quest for the Common Byte*: Digital Press.

Lichtenbelt, B., Crane, R., Naqvi, S. (1998). *Introduction to Volume Rendering*. Upper Saddle River, N. J.: Prentice Hall.

Lin, L., Isla, R., Doniz, K., Harkness, H., Vicente, K. J., Doyle, D. J. (1998). Applying human factors to the design of medical equipment: Patient-controlled analgesia. *Journal of Clinical Monitoring & Computing*, 14(4), 253-263.

Lin, L., Vicente, K. J., Doyle, D. J. (2001). Patient safety, potential adverse drug events, and medical device design: a human factors engineering approach. *Journal of Biomedical Informatics*., 34(4), 274-284.

Lincoln, Y. S., Guba, E. G. (1985). *Naturalistic Inquiry*. Beverly Hills, CA: Sage Publications.

Lindberg, D. A. B. (1965). Operation of a hospital computer system. *Journal of the American Veterinary Medical Association*, 147(12):1541-1544.

Lindberg, D. A. B., Humphreys, B. L., McCray, A. T. (1993). The Unified Medical Language System. *Methods of Information in Medicine*, 32(4):281-291.

Lipton, E, Johnson, K(2001): The Anthrax Trail: Tracking Bioterror's Tangled Course. *New York Times*, Section A, p. 1, 12/26/2001.

Lorensen, W. E., Cline, H. E. (1987). Marching cubes: A high resolution 3-D surface construction algorithm. *ACM Computer Graphics*, 21(4):163-169.

Lorenzi, N. M., Riley, R. T., Blyth, A. J., Southon, G., Dixon, B. J. (1997). Antecedents of the people and organizational aspects of medical informatics. *Journal of the American Medical Informatics Association*, 4(2):79-93.

Lou, S. L., Huang, H. K., Arenson, R. L. (1996). Workstation design: Image manipulation, image set handling, and display issues. In Greenes, R. A. & Bauman, R. A. (eds.) Imaging and information management: computer systems for a changing health care environment. *The Radiology Clinics of North America*, 34(3):525-544.

Lowe, H. J., Barnett, G. O. (1994). Understanding and using the medical subject headings(MeSH) vocabulary to perform literature searches. *Journal of the American Medical Association*, 271(14):1103-1108.

Lusignan, S. D., Stephens, P. N., Adal, N., Majeed, A. (2002) Does feedback improve the quality of computerized medical records in primary care. *Journal of American Medical Informatics Association*, 9, 395-401.

Lussier, Y, Shagina, L, Friedman, C. (2001). Automating SNOMED coding using medical language understanding: A feasibility study. *Proceedings of the AMIA Annual Symposium*, pp. 418-422. Phila: Hanley&Belfus.

Lyon Jr., H. C., Healy, J. C., Bell, J. R., O'Donnell, J. F., Shultz, E. K., Moore-West, M., Wigton, R. S., Hirai, F., Beck, J. R. (1992). PlanAlyzer: An interactive computer-assisted program to teach clinical problem solving in diagnosing anemia and coronary artery disease. *Academic Medicine*, 67(12):821-828.

Maas, M. L., Johnson, M., Moorhead, S. (1996). Classifying nursing-sensitive patient outcomes. *Image: Journal of Nursing Scholarship*, 28(4):295-301.

Macklin, R. (1992). Privacy and control of genetic information. In Annas G. J., Elias S. (eds.), *Gene Mapping: Using Law and Ethics as Guides*. New York: Oxford University Press.

Mahon, BE, Rosenman, MB, Kleiman, MB. (2001). Maternal and infant use of erythromycin and other macrolide antibiotics as risk factors for infantile hypertrophic pyloric stenosis. *J Pediat*, 139(3):380-384.

Major, K., Shabot, M. M., Cunneen, S. (2002). Wireless clinical alerts and patient outcomes in the surgical intensive care unit. *Am Surg.* 68(12):1057-60.

Malcolm, S., Goodship, J. (eds.)(2001). *Genotype to Phenotype* (2nd Edition). BIOS Scientific Publishers Ltd.

Malet, G., Munoz, F., et al. (1999). A model for enhancing Internet medical document retrieval with "medical core metadata". *Journal of the American Medical Informatics Association*, 6:183-208.

Maloney Jr., J. (1968). The trouble with patient monitoring.

*Annals of Surgery*, 168(4):605-619.

Managed Care Trends Digest(2000). Managed Care Digest Series 2000,. Parsippany, NJ: Aventis Pharmaceuticals, Inc.

Manning, C. D., Schütze, H. (1999). *Foundations of Statistical Natural Language Processing*. Cambridge: MIT Press.

Mant, J., Hicks, N. (1995). Detecting differences in quality of care: The sensitivity of measures of process and outcome in treating acute myocardial infarction. *British Medical Journal*, 311(7008):793-796.

Margulies, S. I., Wheeler, P. S. (1972). Development of an automated reporting system. *Proceedings of the Conference on Computer Applications in Radiology*, Columbia, MO, pp. 423-440.

Maroto, M., Reshef, R., Munsterberg, A. E., Koester, S., Goulding, M., Lassar, A. B. (1997). Ectopic Pax-3 activates MyoD and Myf-5 expression in embryonic mesoderm and neural tissue. *Cell*, 89:139-48.

Marrone, T. J., Briggs, J. M., McCammon, J. A. (1997). Structure-based drug design: Computational advances. *Annual Review of Pharmacology and Toxicology*, 37:71-90.

Marshall, E. (1996). Hot property: biologists who compute [news]. *Science*, 272(5269):1730-1732.

Marti,n K. S., Scheet, N. J. (1992). *The Omaha System: Applications for Community Health Nursing*. Philadelphia: WB Saunders.

Martin, K. S., Scheet, N. J. (eds.)(1995). *The Omaha System: Nursing diagnoses, Interventions, and Client Outcomes*. Washington, D. C.: American Nurses Publishing.

Martin, R. F., Bowden, D. M. (2001). *Primate Brain Maps: Structure of the Macaque Brain*. New York: Elsevier Science.

Martin, R. F., Mejino, J. L. V., Bowden, D. M., Brinkley, J. F., Rosse, C. (2001). Foundational model of neuroanatomy: Implications for the Human Brain Project, *Proc AMIA Annu Fall Symp*, pp. 438-442. Washington, DC.

Martin, R. F., Poliakov, A. V., Mulligan, K. A., Corina, D. P., Ojemann, G. A., Brinkley, J. F. (2000). Multi-patient mapping of language sites on 3-D brain models. *Neuroimage* (Human Brain Mapping Annual Meeting, June 12-16), 11(5),S534.

Massoud, T. F., Gambhir, S. S. (2003). Molecular imaging in living subjects: seeing fundamental biological processes in a new light. *Genes and Development*, 17,545-580.

Masys, D. R. (1992). An evaluation of the source selection elements of the prototype UMLS information sources map. *Proceedings of the 16th Annual Symposium on Computer Applications in Medical Care*, Baltimore, MD, pp. 295-298.

Masys, D. R. (2001). Knowledge Management: Keeping Up with the Growing Knowledge. *Speech given at the IOM Annual Meeting* 2001. (Accessed 2005 at: http://www.iom.edu/subpage.asp?id=7774

Mayes, R. T., Draper, S. W., McGregor, A. M., Oatley, K. (1988). Information flow in a user interface: The effect of experience of and context on the recall of MacWrite screens. In D. M. Jones & R. Winder(eds.), *People and Computers IV*, pp. 257-289. Cambridge, England: Cambridge University Press.

Mazziotta, J., Toga, A., Evans, A., Fox, P., et al. (2001). A four-dimensional probabilistic atlas of the human brain. *J Am Med Inform Ass*, 8(5), 401-430.

McAlister, F. A., Laupacis, A., Teo, K. K., Hamilton, P. G., Montague, T. J. (1997). A survey of clinician attitudes and management practices in hypertension. *J Hum Hypertens*, 11(7), 413-419.

McAlister, F. A., Teo, K. K., Lewanczuk, R. Z., Wells, G., Montague, T. J. (1997). Contemporary practice patterns on the management of newly diagnosed hypertension. *Canadian Medical Association Journal*, 157(1), 23-30.

McCloskey, J. C., Bulecheck, G. M. (1996). *Nursing Interventions Classification*. (2nd ed.). St. Louis: C. V. Mosby.

McCormick, K. A., Lang, N., Zielstorff, R., Milholland, D. K., Saba, V., Jacox, A. (1994). Toward standard classification schemes for nursing language: Recommendations of the American Nurses Association Steering Committee on Databases to Support Clinical Nursing Practice. *Journal of the American Medical Informatics Association*, 1(6): 421-427.

McCray, A., Gallagher, M. (2001). Principles for digital library development. *Communications of the ACM*, 44:49-54.

McCray, A. T., Miller, R. A. (1998). Focus on the Unified Medical Language System. *Journal of the American Medical Informatics Association*, 5(1):1-138.

McDaniel, A. M. (1997). Developing and testing a prototype patient care database. *Computers in Nursing*, 15(3): 129-136.

McDonald, C. J. (1973). Computer applications to ambulatory care, *Proceedings of the IEEE Conference on Systems, Man, and Cybernetics*. Boston, MA.

McDonald, C. J. (1976). Protocol-based computer reminders, the quality of care and the nonperfectibility of man. *New England Journal of Medicine*, 295(24):1351-1355.

McDonald, C. J. (1984). The search for national standards for medical data exchange. *MD Computing*, 1(1):3-4.

McDonald, C. J. (ed.)(1987). *Tutorials (M. D. Computing: Benchmark Papers)*. New York:Springer-Verlag.

McDonald, C. J. (1988). Computer-stored medical record systems. *M. D. Computing*, 5(5):1-62.

McDonald, C. J. (1997). The barriers to electronic medical record systems and how to overcome them. *Journal of the American Medical Informatics Association*, 4(3):213-221.

McDonald, C. J., Bhargava, B., Jeris, D. W. (1975). A clinical information system (CIS) for ambulatory care. *Proc AFIPS Natl Comput Conf*, Anaheim, California.

McDonald, C. J., Dexter, P., Schadow, G., Chueh, H. G.,

Abernathy, G., Hook, J., Blevins, L., Overhage, J. M., Berman, J. J. (2005). SPIN Query tools for de-identified research on a humongous database. *Proceedings AMIA Annu Symp*, pp. 515-519.

McDonald, C. J., Huff, S. M., Suico, J. G., Hill, G., Leavelle, D., Aller, R., Forrey, A., Mercer, K., DeMoor, G., Hook, J., Williams, W., Case, J., Maloney, P. (2003). LOINC, a universal standard for identifying laboratory observations: A 5-year update. *Clinical Chemistry*, 49(4):624-633.

McDonald, C. J., Hui, S. L., Smith, D. M., Tierney, W. M., Cohen, S. J., Weinberger, M., McCabe, G. P. (1984). Reminders to physicians from an introspective computer medical record. A two year randomized trial. *Annals of Internal Medicine*, 100(1):130-138.

McDonald, C. J., Overhage, J. M., Dexter, P., Takesue, B. Y., Dwyer, D. M. (1997). A framework for capturing clinical data sets from computerized sources. *Annals of Internal Medicine*, 127(8):675-682.

McDonald, C. J., Overhage, J. M., Tierney, W. M., et al. (1999). The Regenstrief Medical Record System: A quarter century experience. *Int J Med Inf*. 54(3):225-53.

McDonald, C. J., Overhage, J. M., Barnes, M., Schadow, G., Blevins, L., Dexter, P. R., Mamlin, B, and the INPC management committee (2005). The Indiana network for patient care: A working local health information infrastructure. *Helth Aff* (Millwood). 24(5):1214-1220.

McDonald, C. J., Tierney, W. M. (1986a). Research uses of computer-stored practice records in general medicine. *Journal of General Internal Medicine*, 1 (4 supplement): S19-S24.

McDonald, C. J., Tierney, W. M. (1986b). The medical gopher: A microcomputer system to help find, organize and decide about patient data. *The Western Journal of Medicine*, 145(6):823-829.

McDonald, C. J., Tierney, W. M., Overhage, J. M., Martin, D. K., Wilson, G. A. (1992). The Regenstrief Medical Record System: 20 years of experience in hospitals, clinics, and neighborhood health centers. *MD Computing*, 9(4): 206-217.

McDonald, C. J., Schadow, G., Barnes, M., Dexter, P., Overhage, J. M., Mamlin, B., McCoy, J. M. (2003). Open Source software in medical informatics: Why, how and what. *Int J Med Inform*, 69:175-184.

McDonald, C. J., Wiederhold, G., Simborg, D., Hammond, W. E., Jelovsek, F., Schneider, K. (1984). A discussion of the draft proposal for data exchange standards for clinical laboratory results. *Proceedings of the 8th Annual Symposium on Computer Applications in Medical Care*, pp. 406-413.

MacDonald, D. (1993). *Register*: McConnel Brain Imaging Center, Montreal Neurological Institute.

MacDonald, D., Kabani, N., Avis, D., Evans, A. C. (2000). Automated 3-D extraction of inner and outer surfaces of cerebral cortex from MRI. *Neuroimage*, 12(3), 340-356.

McFarland, G. K., McFarlane, E. A. (1993). *Nursing Diangosis & Intervention: Planning for Patient Care*. (2nd ed.). St. Louis: Mosby.

McGlynn, E. A., Asch, S. M., Adams, J., et al(2003): The quality of health care delivered to adults in the United States. *NEJM* 348:2635-2645.

McGrath, J. C., Wagner, W. H., Shabot, M. M. (1996). When is ICU care warranted after carotid endarterectomy? *The American Surgeon*, 62(10):811-814.

McIntosh, N. (2002). Intensive care monitoring: Past, present, future. *Clin Med*, 2(4):349-355

McKibbon, K., Haynes, R., et al. (1990). How good are clinical MEDLINE searches? A comparative study of clinical end-user and librarian searches. *Computers and Biomedical Research*, 23(6):583-593.

McKinin, E. J., Sievert, M. E., Johnson, E. D., Mitchell, J. A. (1991). The Medline/full-text research project. *Journal of the American Society for Information Science*, 42:297-307.

McKnight, L, Wilcox, AB, Hripcsak, G. (2002). The effect of sample size and disease prevalence on supervised machine learning of narrative data. *Proceedings of the AMIA Annual Symp*, pp. 519-522.

McLaughlin, P. J., Dayhoff, M. D. (1970). Eukaryotes versus prokaryotes: An estimate of evolutionary distance. *Science*, 168(938):1469-1471.

McNeer, J. F., Wallace, A. G., Wagner, G. S., Starmer, C. F., Rosati, R. A. (1975). The course of acute myocardial infarction: Feasibility of early discharge of the uncomplicated patient. *Circulation*, 51:410-413.

McPhee, S. J., Bird, J. A., Fordham, D., Rodnick, J. E., Osborn, E. H. (1991). Promoting cancer prevention activities by primary care physicians: results of a randomized, controlled trial. *Journal of the American Medical Association*, 266(4):538-544.

Medicare Board of Trustees(1996). 1996 *Annual Report of the Board of Trustees of the Federal Hospital Insurance Trust Fund and of the Federal Supplementary Medical Insurance Trust Fund*. Washington, DC.

Meek, J. (2001). Science world in revolt at power of the journal owners. The Guardian.

Mehta, T. S., Raza, S., Baum, J. K. (2000). Use of Doppler ultrasound in the evaluation of breast carcinoma. *Semin Ultrasound CT MR*, 21(4),297-307.

Meigs, J., Barry, M., Oesterling, J., Jacobsen, S. (1996). Interpreting results of prostate-specific antigen testing for early detection of prostate cancer. *Journal of General Internal Medicine*,11(9):505-512.

Mejino, J. L. V., Noy, N. F., Musen, M. A., Brinkley, J. F., Rosse, C. (2001). Representation of structural relationships in the foundational model of anatomy, *Proceedings of the AMIA Fall Symposium*, p. 973. Washington, DC.

Melton III, L. J. (1996). History of the Rochester Epidemiology Project. *Mayo Clin Proc*; 71: 266-274.

Michaelis, J., Wellek, S., Willems, J. L. (1990). Reference standards for software evaluation. *Methods of Information in Medicine*, 29(4):289-297.

Michel, A., Zorb, L., Dudeck, J. (1996). Designing a low-cost bedside workstation for intensive care units. *Proceedings of the AMIA Annual Fall Symposium*, Washington, DC, pp. 777-781.

Miettinen, O. S. (1998). Evidence in medicine: Invited commentary. *CMAJ* 158(2):215-221.

Miksch, S., Shahar, Y., Johnson, P. (1997). Asbru: A task-specific, intention-based, and time-oriented language for representing skeletal plans. *Proceedings of the Seventh Workshop on Knowledge Engineering Methods and Languages* (KEML-97)(Milton Keynes, UK).

Miles, W. D(1982). *A History of the National Library of Medicine: The Nation's Treasury of Medical Knowledge*. Bethesda, MD: U. S. Department of Health and Human Services.

Millenson, M. (1997) *Demanding Medical Evidence: Doctors and Accountability in the Information Age*, Chicago: University of Chicago Press.

Miller, E. (1998). An introduction to the Resource Description Framework. *D-Lib Magazine*.

Miller, G. A., Galanter, E., Pribram, K. H. (1986). *Plans and the Structure of Behavior*. New York: Adams-Bannister-Cox.

Miller, N., Lacroix, E., et al. (2000). MEDLINEplus: Building and maintaining the National Library of Medicine's consumer health Web service. *Bulletin of the Medical Library Association*, 88:11-17.

Miller, P. L. (1986). *Expert Critiquing Systems: Practice-Based Medical Consultation by Computer*. New York: Springer-Verlag.

Miller, P. L. (1988). *Selected Topics in Medical Artificial Intelligence*. New York: Springer-Verlag.

Miller, P. L., Frawley SJ, Sayward FG(2001). Exploring the utility of demographic data and vaccination history data in the deduplication of immunization registry patient records. *J Biomed Inform*, 34(1):37-50.

Miller, R. A., Masarie, F. (1990). The demise of the Greek oracle model for medical diagnosis systems. *Methods of Information in Medicine*, 29:1-2.

Miller, R. A., Pople Jr., H., Meyers, J. (1982). INTERNIST-1: An experimental computer-based diagnostic consultant for general internal medicine. *New England Journal of Medicine*, 307:468-476.

Miller, R., Schaffner, K., Meisel, A. (1985). Ethical and legal issues related to the use of computer programs in clinical medicine. *Annals of Internal Medicine*, 102(4):529-537.

Miller, R. A. (1989). Legal issues related to medical decision support systems. *International Journal of Clinical Monitoring and Computing*, 6:75-80.

Miller, R. A. (1990). Why the standard view is standard: people, not machines, understand patients' problems. *Journal of Medicine and Philosophy*, 15(6):581-591.

Miller, R. A., Gardner, R. M. (1997a). Summary recommendations for responsible monitoring and regulation of clinical software systems. *Annals of Internal Medicine*, 127(9): 842-845.

Miller, R. A., Gardner, R. M. (1997b). Recommendations for responsible monitoring and regulation of clinical software systems. *Journal of the American Medical Informatics Association*, 4(6):442-457.

Miller, R. A., Gieszczykiewicz F. M., Vries J. K., Cooper G. F. (1992). CHARTLINE: Providing bibliographic references relevant to patient charts using the UMLS Metathesaurus knowledge sources. *Proceedings of the 16th Annual Symposium on Computer Applications in Medical Care*, Baltimore, MD, pp. 86-90.

Miller, R. A., Goodman, K. W. (1998). Ethical challenges in the use of decision-support software in clinical practice. In Goodman K. W. (ed.), *Ethics, Computing, and Medicine: Informatics and the Transformation of Health Care*. Cambridge: Cambridge University Press.

Miller, R. A., McNeil, M. A., Challinor, S. M., Masarie Jr., F. E., Myers, J. D. (1986). The INTERNIST-1/Quick Medical Reference project: Status report. *Western Journal of Medicine*, 145(6):816-822.

Modayur, B., Portero, J., Ojemann, G., Maravilla, K., Brinkley, J. (1997). Visualization-based mapping of language function in the brain. *Neuroimage*, 6(4):245-258.

Mohr, D. N., Offord, K. P., Owen, R. A., Melton, L. J. (1986). Asymptomatic microhematuria and urologic disease. A population-based study. *Journal of the American Medical Association*, 256(2):224-229.

Morris, AH. (2003). Treatment algorithms and protocolized care. *Curr Opin Crit Care* 9:236-240

Morris, A. H. (2001). Rational use of computerized protocols in the intensive care unit. *Crit Care*, 5(5):249-254

Mortensen, R. A., Nielsen, G. H. (1996). *International Classification of Nursing Practice (Version 0. 2)*. Geneva, Switzerland: International Council of Nursing.

Moses, L. E., Littenberg, B., Shapiro, D. (1993). Combining independent studies of a diagnostic test into a summary ROC curve: Data-analytic approaches and some additional considerations. *Statistics in Medicine*, 12(4):1293-1316.

Muller, H., Michoux, N., Bandon, D., Geissbuhler, A. (2004). A review of content-based image retrieval systems in medical applications: Clinical benefits and future directions. *Int J Med Inform*. 73(1):1-23.

Mulrow, C. D. (1987). The medical review article: State of the science. *Annals of Internal Medicine*, 106:485-488.

Mulrow, C., Cook, D., et al. (1997). Systematic reviews: Critical links in the great chain of evidence. *Annals of Internal Medicine*, 126: 389-391.

Munnecke, T., Kuhn, I. (1989). Large-scale portability of hospital information system software within the Veterans Administration. In H. Orthner and B. Blum(ed.), *Implementing Health Care Information Systems*. New York: Springer-Verlag.

Murphy, P. (1994). Reading ability of parents compared with reading level of pediatric patient education materials. *Pediatrics*, 93: 460-468.

Musen M. A. (1993). An overview of knowledge acquisition. In David J. M., Krivine J. P., Simmons R. (eds.), *Second Generation Expert Systems*, pp. 415-438. Berlin: Springer-Verlag.

Musen, M. A. (1997). Modeling for decision support. In van Bemmel, J., Musen, M. (eds.), *Handbook of Medical Informatics*, pp. 431-448. Heidelberg: Springer-Verlag.

Musen, M. A.. (1998). Domain ontologies in software engineering: Use of PROTéGé with the EON architecture. *Methods of Information in Medicine*, 37(4-5):540-550.

Musen, M. A., Carlson, R. W., Fagan, L. M., Deresinski S. C. (1992). T-HELPER: Automated support for community-based clinical research. *Proceedings of the 16th Annual Symposium on Computer Applications in Medical Care*, Baltimore, MD, pp. 719-723.

Musen, M. A., Fagan, L. M., Combs, D. M., Shortliffe, E. H. (1987). Use of a domain model to drive an interactive knowledge-editing tool. *International Journal of Man-Machine Studies*, 26(1):105-121.

Musen, M. A., Gennari, J. H., Eriksson, H., Tu, S. W., Puerta, A. R. (1995). PROTéGé-II: Computer support for development of intelligent systems from libraries of components. *Proceedings of the MEDINFO* 1995, Vancouver, British Columbia, pp. 766-770.

Musen, M. A., Tu, S. W., Das, A. K., Shahar, Y. (1996). EON: A component-based approach to automation of protocol-directed therapy. *Journal of the American Medical Informatics Association*, 3(6):367-388.

Mutalik, P. G., Deshpande, A., Nadkarni, P. M. (2001). Use of general-purpose negation detection to augment concept indexing of medical documents: A quantitative study using the UMLS. *J Am Med Inform Assoc*; 8(6):598-609.

Mynatt, B., Leventhal, L., et al. (1992). Hypertext or book: Which is better for answering questions? *Proceedings of Computer-Human Interface* 92, pp. 19-25.

Nadkarni, P, Chen, R, Brandt, C. (2001). UMLS concept indexing for production databases: A feasibility study. *J Am Med Inform Assoc*; 8(1):80-91.

Napoli, M., Nanni, M., Cimarra, S., Crisafulli, L., Campioni, P., Marano, P. (2003). Picture archiving and communication in radiology. *Rays*, 28(1):73-81.

National Committee for Quality Assurance (1997). HEDIS 3.0. Washington, DC: National Committee for Quality Assurance.

National Committee on Vital and Health Statistics (2000). NCVHS Report to the Secretary on Uniform Standards for Patient Medical Record Information. *NCVHS Reports and Recommendations*. (Accessed 2005 at: http://www.ncvhs.hhs.gov/hipaa000706.pdf)

National Committee on Vital and Health Statistics (2001). Information for Health: A Strategy for Building the National Health Information Infrastructure. *NCVHS Reports and Recommendations*. (Accessed 2005 at: http://www.ncvhs.hhs.gov/nhiilayo.pdf)

National Council for Prescription Drug Programs (1994). *Data Dictionary*.

National Equipment Manufacturers Association (NEMA) (2004). *DICOM 3.0 Specification*. http://www.nema.org/prod/med/dicom.cfm.

National League for Nursing (1987). *Guidelines for Basic Computer Education in Nursing*. New York: National League for Nursing.

National Library of Medicine. (1999, updated annually). *Medical Subject Headings-Annotated Alphabetic List*. Bethesda, MD: U. S. Department of Health and Human Services, Public Health Service.

National Priority Expert Panel on Nursing Informatics (1993). *Nursing Informatics: Enhancing Patient Care*. Bethesda, MD: U. S. Department of Health and Human Services, U. S. Public Health Service, National Institutes of Health.

National Research Council (1997). *For the Record: Protecting Electronic Health Information*. Washington, D. C.: National Academy Press.

National Research Council (2001). *Networking Health: Prescriptions for the Internet*. Washington, DC: National Academy Press.

National Vaccine Advisory Committee (1999). *Development of Community-and State-Based Immunization Registries*. (Accessed 2005 at: http://www.cdc.gov/nip/registry/nvac.htm)

Nease Jr, R. F., Kneeland, T., O'Connor, G. T., Sumner, W., Lumpkins, C., Shaw, L., Pryor, D., Sox, H. C. (1995). Variation in patient utilities for the outcomes of the management of chronic stable angina. Implications for clinical practice guidelines. *Journal of the American Medical Association*, 273(15):1185-1190.

Nease Jr, R. F., Owens, D. K. (1994). A method for estimating the cost-effectiveness of incorporating patient preferences into practice guidelines. *Medical Decision Making*, 14(4):382-392.

Nease Jr., R. F., Owens, D. K. (1997). Use of influence diagrams to structure medical decisions. *Medical Decision Making*, 17(13):263-275.

Nease Jr., R. F., Tsai, R., Hynes, L. H., Littenberg, B. (1996). Automated utility assessment of global health.

*Quality of Life Research*, 5(1):175-182.

Needleman, S. B., Wunsch, C. D. (1970). A general method applicable to the search for similarities in the amino acid sequence of two proteins. *Journal of Molecular Biology*, 48(3):443-453.

Neisser, U. (1967). *Cognitive Psychology*. New York,: Appleton-Century-Crofts.

Nelson, S. J., Brown, S. H., Erlbaum, M. S., Olson, N., Powell, T., Carlsen, B., Carter, J., Tuttle, M. S., Hole, W. T. (2002) A semantic normal form for clinical drugs in the UMLS: Early experience with the VANDF. *Proceedings of the AMIA Fall Symposium*; pp 557-561.

Newell, A. (1990). *Unified Theories of Cognition*. Cambridge, Mass.: Harvard University Press.

Newell, A., Simon, H. A. (1972). *Human Problem Solving*. Englewood Cliffs, N. J.: Prentice-Hall.

Newhouse, J. (1993) *Free for All? Lessons from the Rand Health Insurance Experiment*, Cambridge, MA: Harvard University Press.

New York Academy of Medicine(1961). *Standard Nomenclature of Diseases and Operations*. (5thed.). New York: McGraw-Hill.

Nguyen, J. H., Shahar, Y., Tu, S. W., Das, A. K., Musen, M. A. (1997). A temporal database mediator for protocol-based decision support. *Proceedings of the AMIA Annual Fall Symposium*, Nashville, TN, pp. 298-302.

NHS Centre for Coding and Classification(1994a). *Read Codes*, Version 3. (April ed.). London: NHS Management Executive, Department of Health.

NHS Centre for Coding and Classification(1994b). *Read Codes and the Terms Projects: A Brief Guide*. (April ed.). Leicestershire, Great Britain: NHS Management Executive, Department of Health.

Nielsen, G. H., Mortensen, R. A. (1996). The architecture for an International Classification of Nursing Practice(ICNP). *International Nursing Review*, 43(6):175-182.

Nielsen, J. (1993). *Usability Engineering*. Boston: Academic Press.

Nielsen, J. (1994). Heuristic evaluation. In J. Nielsen & R. L. Mack(eds.), *Usability Inspection Methods*, pp. 25-62. New York: Wiley & Sons, Inc.

Norman, D. A. (1986). Cognitive engineering. In D. A. Norman & S. W. Draper(eds.), *User Centered System Design: New Perspectives on Human-Computer Interaction*, pp. 31-61. Hillsdale, NJ: Lawrence Erlbaum Associates.

Norman, D. A. (1988). *The Psychology of Everyday Things*. New York: Basic Books.

Norman, D. A. (1993). *Things That Make Us Smart: Defending Human Attributes in the Age of the Machine*. Reading, Mass.: Addison-Wesley Pub. Co.

Norman, F. (1996). Organizing medical networked information: OMNI. *Medical Informatics*, 23:43-51.

O'Carroll, P. W., Friede, A., Noji, E. K., Lillebridge, S. R., Fries, D. J., Atchison, C. G. (1995). The rapid implementation of a statewide emergency health information system during the 1993 Iowa flood. *American Journal of Public Health*, 85(4):564-567.

O'Carroll, P. W., Yasnoff, W. A., Ward, M. E., Ripp, L. H., Martin, E. L. (eds.)(2003). *Public Health Informatics and Information Systems*. New York: Springer-Verlag.

O'Connell, E. M., Teich, J. M., Pedraza, L. A., Thomas, D. (1996). A comprehensive inpatient discharge system. *Proceedings of the AMIA Annual Fall Symposium*, Washington, D. C., pp. 699-703.

O'Donnell-Maloney, M. J., Little, D. P. (1996). Microfabrication and array technologies for DNA sequencing and diagnostics. *Genetic Analysis*, 13(6):151-157.

Office of Technology Assessment(OTA)(1980). *The Implications of Cost-Effectiveness Analysis of Medical Technology*. Washington D. C.: Congress of the United States, U. S. Government Printing Office.

Ohno-Machado, L., Gennari, J. H., Murphy, S. N., et al. (1998). The guideline interchange format: A model for representing guidelines. *Journal of the American Medical Informatics Association*, 5:357-72.

Ohta, T., Tateisi, Y., Mima, H., Tsujii, J. (2002). GENIA Corpus: An annotated research abstract corpus in molecular biology domain. *Proceedings of the Human Language Technology Conference(HLT 2002)*, pp. 73-77.

Ojemann, G., Ojemann, J., Lettich, E., Berger, M. (1989). Cortical language localization in left, dominant hemisphere: an electrical stimulation mapping investigation in 117 patients. *J. Neurosurgery*, 71, 316-326.

Oldendorf, W. H., Oldendorf Jr., W. H. (1991). *MRI Primer*. New York: Raven Press.

Oniki, T. A., Clemmer, T. P., Pryor, T. A. (2003). The effect of computer-generated reminders on charting deficiencies in the ICU. *Journal of the American Medical Informatics Association*, 10:177-187

Ono, M. S., Kubik, S., Abernathy, C. D. (1990). *Atlas of the Cerebral Sulci*. New York: Thieme Medical Publishers.

Organization for Human Brain Mapping. (2001). *Proceedings of the Annual Conference on Human Brain Mapping*. Brighton, United Kingdom.

Orthner, H. F., Blum, B. I. (eds.)(1989). *Implementing Health Care Information Systems*. New York: Springer-Verlag.

Osheroff, J. (ed.)(1995). *Computers in Clinical Practice. Managing Patients, Information, and Communication*. Philadelphia, PA: American College of Physicians.

O'Sullivan, J., Franco, C., Fuchs, B., Lyke, B., Price, R., Swendiman, K. (1997). *Medicare Provisions in the Balanced Budget Act of 1997*. Congressional Research Service Report for Congress BBA 97, P. L. 105-33.

Overhage, J. M. (ed.)(1998). *Proceedings of the Fourth Annual Nicholas E. Davies CPR Recognition Symposium*.

Schaumburg, IL: Computer-based Patient Record Institute.

Overhage, J. M. (2002). Personal Communication.

Overhage, J. M., Dexter, P. R., Perkins, S. M., Cordell, W. H., McGoff, J., McGrath, R., McDonald, C. J. (2002). A randomized, controlled trial of clinical information shared from another institution. *Ann Emerg Med*; 39(1):14-23.

Overhage, J. M., Suico, J., McDonald, C. J. (2001). Electronic laboratory reporting: barriers, solutions and findings. *J Public Health Manag Prac*; 7(6):60-6.

Owens, D., Harris, R., Scott, P., Nease Jr., R. F. (1995). Screening surgeons for HIV infection: A cost-effectiveness analysis. *Annals of Internal Medicine*, 122(9):641-652.

Owens, D. K. (1998a). Patient preferences and the development of practice guidelines. *Spine*, 23(9):1073-1079.

Owens D. K. (1998b). Interpretation of cost-effectiveness analyses. *Journal of General Internal Medicine*, 13(10): 716-717.

Owens, D. K., Holodniy, M., Garber, A. M., Scott, J., Sonnad, S., Moses, L., Kinosian, B., Schwartz, J. S. (1996). The polymerase chain reaction for the diagnosis of HIV infection in adults: A meta-analysis with recommendations for clinical practice and study design. *Annals of Internal Medicine*, 124(9):803-15.

Owens, D. K., Holodniy, M., McDonald, T. W., Scott, J., Sonnad, S. (1996). A meta-analytic evaluation of the polymerase chain reaction(PCR) for diagnosis of human immunodeficiency virus (HIV) infection in infants. *Journal of the American Medical Association*, 275(17):1342-1348.

Owens, D. K., Nease Jr., R. F. (1993). Development of outcome-based practice guidelines: A method for structuring problems and synthesizing evidence. *Joint Commission Journal on Quality Improvement*, 19(7):248-263.

Owens, D. K., Nease Jr., R. F. (1997). A normative analytic framework for development of practice guidelines for specific clinical populations. *Medical Decision Making*, 17(4): 409-426.

Owens, D. K., Sanders, G. D., Harris, R. A., McDonald, K. M., Heidenreich, P. A., Dembitzer, A. D., Hlatky, M. A. (1997). Cost-effectiveness of implantable cardioverter defibrillators relative to amiodarone for prevention of sudden cardiac death. *Annals of Internal Medicine*, 126(1): 1-12.

Owens, D. K., Shachter, R. D., Nease Jr., R. F. (1997). Representation and analysis of medical decision problems with influence diagrams. *Medical Decision Making*, 17(3):241-262.

Ozbolt, J. F., Schultz II, S., Swain, M. A., Abraham, I. I. (1985). A proposed expert system for nursing practice: A springboard to nursing science. *Journal of Medical Systems*, 9(1-2):57-68.

Ozbolt, J. G. (1996). From minimum data to maximum impact: Using clinical data to strengthen patient care. *Advanced Practice Nursing Quarterly*, 1(4):62-69.

Ozbolt, J. G., Fruchnicht, J. N., Hayden, J. R. (1994). Toward data standards for clinical nursing information. *Journal of the American Medical Informatics Association*, 1(2):175-185.

Ozbolt, J. G., Russo, M., Stultz, M. P. (1995). Validity and reliability of standard terms and codes for patient care data. *Proceedings of the 19th Symposium on Computer Applications in Medical Care*, New Orleans, pp. 37-41.

Ozbolt, J. (2000). Terminology standards for nursing: Collaboration at the Summit. *Journal of the American Medical Informatics Association*, 7:6, 517-522.

Ozbolt, J. (2003). Reference terminology for therapeutic goals: A new approach. *Proceedings of the AMIA Fall Symposium*, pp. 504-08.

Ozbolt, J., Brennan G., Hatcher I. (2001). PathworX: An informatics tool for quality improvement. *Proceedings of the AMIA Fall Symposium*, pp 518-22.

Ozdas, A., Speroff, T., Waitman, L. R., Ozbolt, J., Butler, J., Miller, R. A. (2006). Integrating "best of care" protocols into clinicians' workflow via care provider order entry: Impact of quality of care indicators for acute myocardial infarction. *J Amer Med Informatics Assoc*, 13(2)[in press].

Pabst, M. K., Scherubel, J. C., Minnick, A. F. (1996). The impact of computerized documentation on nurses' use of time. *Computers in Nursing*, 14(1):25-30.

Paddock, S. W. (1994). To boldly glow: Applications of laser scanning confocal microscopy in developmental biology. *Bioessays*, 16(5):357-365.

Palda, V. A., Detsky, A. S. (1997). Perioperative assessment and management of risk from coronary artery disease. *Annals of Internal Medicine*, 127(4):313-328.

Palmer, S. (1978). Fundamental aspects of cognitive representation. In E. Rosh & B. B. Lloyd(eds.), *Cognition and Categorization*. Hillsdale, NJ: Lawrence Erlbaum Associates.

Paskin, N. (1999). DOI: Current status and outlook. *D-Lib Magazine*, 5. (Accessed 2005 at: http://www.dlib.org/dlib/may99/05paskin.html)

Patel, V. L. (1998). Individual to collaborative cognition: A paradigm shift? *Artif Intell Med*, 12(2), 93-96.

Patel, V. L., Allen, V. G., Arocha, J. F., Shortliffe, E. H. (1998). Representing clinical guidelines in GLIF: Individual and collaborative expertise. *Journal of the American Medical Informatics Association*, 5(5), 467-483.

Patel, V. L., Arocha, J. F. (1995). Cognitive models of clinical reasoning and conceptual representation. *Methods of Information in Medicine*, 34(1-2), 47-56.

Patel, V. L., Arocha, J. F., Diermeier, M., How, J., Mottur-Pilson, C. (2001). Cognitive psychological studies of representation and use of clinical practice guidelines. *International Journal of Medical Informatics*, 63(3), 147-167.

Patel, V. L., Arocha, J. F., Diermeier, M., Greenes, R. A., Shortliffe, E. H. (2001). Methods of cognitive analysis to support the design and evaluation of biomedical systems:

The case of clinical practice guidelines. *Journal of Biomedical Informatics*, 34(1):52-66.

Patel, V. L., Arocha, J. F., Kaufman, D. R. (1994). Diagnostic reasoning and medical expertise. In D. L. Medin(ed.), *The Psychology of Learning and Motivation: Advances in Research and Theory* (Vol. 31), pp. 187-252. San Diego, CA: Academic Press, Inc.

Patel, V. L., Arocha, J. F., Kaufman, D. R. (2001). A primer on aspects of cognition for medical informatics. *Journal of the American Medical Informatics Association*, 8(4), 324-343.

Patel, V. L., Branch, T, Arocha, J. F. (2002). Errors in interpreting quantities as procedures: The case of pharmaceutical labels. *International Journal of Medical Informatics*, 65(3),193-211.

Patel, V. L. Frederiksen, C. H. (1984). Cognitive processes in comprehension and knowledge acquisition by medical students and physicians. In H. G. Schmidt and M. C. de Volder(eds.), *Tutorials in Problem-Based Learning*, pp. 143-157. Assen, Holland: van Gorcum.

Patel, V. L., Groen, G. J. (1986). Knowledge-based solution strategies in medical reasoning. *Cognitive Science*, 10:91-116.

Patel, V. L., Groen, G. J. (1991). The general and specific nature of medical expertise: A critical look. In K. A. Ericsson & J. Smith(eds.), *Toward a General Theory of Expertise: Prospects and Limits*, pp. 93-125. New York, NY: Cambridge University Press.

Patel, V. L., Groen, G. J., Arocha, J. F. (1990). Medical expertise as a function of task difficulty. *Memory & Cognition*, 18(4), 394-406.

Patel, V. L., Groen, G. J., Frederiksen, C. H. (1986). Differences between students and physicians in memory for clinical cases. *Medical Education*, 20,3-9.

Patel, V. L., Kaufman, D. R. (1998). Medical informatics and the science of cognition. *JAMIA*,5(6),493-502.

Patel, V. L., Kaufman, D. R., Arocha, J. F. (2000). Conceptual change in the biomedical and health sciences domain. In R. Glaser(ed.), *Advances in Instructional Psychology: Educational Design and Cognitive Science* (5th ed., Vol. 5), pp. 329-392. Mahwah, NJ: Lawrence Erlbaum Associates.

Patel, V. L., Kaufman, D. R., Arocha, J. F. (2002). Emerging paradigms of cognition in medical decision-making. *Journal of Biomedical Informatics*, 35,52-75.

Patel, V. L., Kaufman, D. R., Magder, S. A. (1996). The acquisition of medical expertise in complex dynamic environments. In K. A. Ericsson(ed.), *The Road to Excellence: The Acquisition of Expert Performance in the Arts and Sciences, Sports, and Games*, pp. 127-165. Hillsdale, NJ: Lawrence Erlbaum Associates, Inc.

Patel, V. L., Kushniruk, A. W., Yang, S., Yale, J. F. (2000). Impact of a computer-based patient record system on data collection, knowledge organization, and reasoning. *Journal of the American Medical Informatics Association*. 7(6), 569-585.

Patel, V. L., Ramoni, M. F. (1997). Cognitive models of directional inference in expert medical reasoning. In Feltovich, P. J., Ford, K. M., Hoffman, R. R. (eds.). *Expertise in Context*, pp. 67-99. Cambridge, MA: The MIT Press.

Patten, S. F., Lee, J. S., Nelson, A. C. (1996). NeoPath, Inc. NeoPath AutoPap 300 Automatic Pap Screener System. *Acta Cytologica*, 40(1):45-52.

Pauker, S. G., Gorry, G. A., Kassirer, J. P., Schwartz, W. B. (1976). Towards the simulation of clinical cognition. Taking a present illness by computer. *American Journal of Medicine*,60(7):981-996.

Pauker, S. G., Kassirer, J. P. (1980). The threshold approach to clinical decision making. *New England Journal of Medicine*, 302(20):1109-1117.

Pauker, S. G., Kassirer, J. P. (1981). Clinical decision analysis by computer. *Archives of Internal Medicine*, 141(13): 1831-1837. Biondich, P. G., Anand, V., Downs, S. M., McDonald, C. J. (2003). Using adaptive turnaround documents to electronically acquire structured data in vlinical dettings. *Proceedings of the AMIA Annual Symposium*, pp. 86-90.

Paxinos, G., Watson, C. (1986). *The Rat Brain in Stereotaxic Coordinates*. San Diego: Academic Press.

Payne, S. H. (2003). User's mental models: The very idea. In J. M. Carroll(ed.), *HCI Models, Theories and Frameworks*, pp. 135-156. San Francisco, CA: Morgan Kauffman Publishers.

Peabody, G. (1922). The physician and the laboratory. *Boston Medical Surgery Journal*, 187:324.

Peleg, M., Boxwala, A., Bernstam, E., Tu, S. W., Greenes, R. A., Shortliffe, E. H. (2001). Sharable representation of clinical guidelines in GLIF: Relationship to the Arden syntax. *Journal of Biomedical Informatics*, 34: 170-181.

Peleg, M, Boxwala, A. A., Omolola, O., Zeng, Q., Tu, S. W, Lacson, R., Bernstam, E., Ash, N., Mork, P., Ohno-Machado, L., Shortliffe, E. H., Greenes, R. A. (2000). GLIF3: The evolution of a guideline representation format. *Proceedings of the AMIA Annual Symposium*,pp. 645-649. Philadelphia: Hanley & Belfus.

Peleg, M, Boxwala, A. A., Tu, S., Zeng, Q., Ogunyemi, O, Wang, D, Patel, VL, Greenes, RA, Shortliffe, EH (2004). The InterMed approach to sharable computer-interpretable guidelines: A review. *Journal of the American Medical Informatics Association*, 11:1-10.

Perkins, D. N., Schwartz, S., Simmons, R. (1990). A view from programming. In M. Smith(ed.), *Toward a Unified Theory of Problem Solving: Views from Content Domains*. Hillsdale, NJ:Lawrence Erlbaum Associates.

Perkins, G., Renken, C., Martone, M. E., Young, S. J., Ellisman, M., Frey, T. (1997). Electron tomography of neuronal mitochondria: Three-dimensional structure and organization of cristae and menbrane contacts. *J. Structural Biology*, 119(3),260-272.

Peleg, M, Tu, S, Bury, J, Ciccarese, P., Fox, J., Greenes, R. A., Hall, R., Johnson, P. D., Jones, N., Kumar, A., Miksch, S., Quaglini, S., Seyfang, A., Shortliffe, E. H., Stefanelli, M. (2003). Comparing computer-interpretable guideline models: A case-study approach. *J Am Med Inform Asso*, 10(1):52-68

Perreault, L. E., Metzger, J. B. (1999). A pragmatic framework for understanding clinical decision support. *Healthcare Information Management*, 13(2);5-21.

Perry, M. (2003). Distributed cognition. In J. M. Carroll (ed.), *HCI Models, Theories, and Frameworks : Toward a Multidisciplinary Science*. San Francisco, Calif.: Morgan Kaufmann.

Peterson, W., Birdsall, T. (1953). *The Theory of Signal Detectability*. (Technical Report No. 13.):Electronic Defense Group, University of Michigan, Ann Arbor.

Piemme, T. E. (1988). Computer-assisted learning and evaluation in medicine. *Journal of the American Medical Association*, 260(3):367-372.

Pigoski, T. M. (1997): *Practical Software Maintenance: Best Practices for Managing Your Software Investment*, IEEE Computer Society Press.

Pinciroli, F. (1995). Virtual Reality for Medicine. *Computers in Biology and Medicine*, 25(2):81-83.

Polson, P. G., Lewis, C. H., Rieman, J., Wharton, C. (1992). Cognitive walkthroughs: A method for theory-based evaluation of user interfaces. *International Journal of Man-Machine Studies*,36(5),741-773.

Ponte, J., Croft, W. (1998). A language modeling approach to information retrieval. *Proceedings of the 21st Annual International ACM SIGIR Conference on Research and Development in Information Retrieval*, Melbourne, Australia. ACM Press, pp. 275-281.

Poon, E. G., Kuperman, G. J., Fiskio, J., Bates, D. W. (2002). Real-time notification of laboratory data requested by users through alphanumeric pagers. *JAMIA*; 9(3):217-222.

Pople, H. (1982). Heuristic methods for imposing structure on ill-structured problems: The structuring of medical diagnosis. In Szolovits P. (ed.), *Artificial Intelligence in Medicine*. Boulder,CO: Westview Press.

Potchen, E. J. (2000). Prospects for progress in diagnostic imaging. *J. Internal Medicine*, 247(4),411-424.

Pouratian, N., Sheth, S. A., Martin, N. A., Toga, A. W. (2003). Shedding light on brain mapping:Advances in human optical imaging. *Trends in Neurosciences*, 26 (5): 277-282.

Pratt,W., Hearst, M., et al. (1999). A knowledge-based approach to organizing retrieved documents. *Proceedings of the 16th National Conference on Artificial Intelligence*, pp 80-85. Orlando, FL. ;AAAI.

President's Information Technology Advisory Committee (2001). *Transforming Health Care Through Information Technology. (President's Information Technology Advisory Committee : Panel on Transforming Health Care).*. (Accessed 2005 at: http://www. itrd. gov/pubs/pitac/pitac-hc-9feb01. pdf)

Prothero, J. S., Prothero, J. W. (1982). Three-dimensional reconstruction from serial sections: I. A portable microcomputer-based software package in Fortran. *Computers and Biomedical Research*, 15:598-604.

Prothero, J. S., Prothero, J. W. (1986). Three-dimensional reconstruction from serial sections IV. The reassembly problem. *Computers and Biomedical Research*, 19(4):361-373.

Pruitt, K. D., Maglott, D. R.. (2001). RefSeq and LocusLink: NCBI gene-centered resources. *Nucleic Acids Res*; 29(1): 137-140.

Pryor, T. A. (1988). The HELP medical record system. *MD Computing*, 5(5):22-33.

Pryor, T. A., Gardner, R. M., Clayton, P. D., Warner, H. R. (1983). The HELP system. *Journal of Medical Informatics* 7(2):87-102.

Public Health Service(1991). *Healthy People 2000: National Health Promotion and Disease Prevention Objectives: Full Report, with Commentary*. (DHHS publication no. (PHS) 91-50212.):Washington, DC: U. S. Department of Health and Human Services, Public Health Service.

Pyper, C., Amery, J., Watson, M., Crook, C., Thomas, B. (2002). Patients' access to their online electronic health records. *J Telemed Telecare*. 8(Suppl 2):103-5.

Quaglini, S., Stefaneli, M., Lanzola, G., Caporusso, V., Panzarasa, S. (2001). Flexible guidelinebased patient careflow systems. *Artificial Intelligence in Medicine* 22:65-80

Quarterman, J. S. (1990). *The Matrix: Computer Networks and Conferencing Systems Worldwide*;Digital Press.

Raiffa, H. (1970). *Decision Analysis: Introductory Lectures on Choices Under Uncertainty*. Reading, MA: Addison-Wesley.

Ransohoff, D. F., Feinstein, A. R. (1978). Problems of spectrum and bias in evaluating the efficacy of diagnostic tests. *New England Journal of Medicine*, 299(17):926-930.

Read, J. D. (1990). Computerizing medical language. In DeGlanville H., Roberts J. (eds.), *Current Perspectives in Health Computing HC90. British Journal of Health Care Computing*, pp. 203-208.

Read, J. D., Benson, T. J. (1986). Comprehensive coding. *British Journal of Health Care Computing* ,pp. :22-25.

Rector, A. L., Glowinski, A. J., Nowlan, W. A., Rossi-Mori, A. (1995). Medical-concept models and medical records: an approach based on GALEN and PEN & PAD. *Journal of the American Medical Informatics Association*, 2(1): 19-35.

Rector, A. L., Nowlan, W. A., Glowinski, A. (1993). Goals for concept representation in the GALEN project. *Proceed-*

ings of the 17th Annual Symposium on Computer Applications in Medical Car, pp. 414-418. New York: McGraw Hill.

Redman, P., Kelly, J., et al. (1997). Common ground: The HealthWeb project as a model for Internet collaboration. *Bulletin of the Medical Library Association*, 85: 325-330.

Reddy, M. C., Pratt, W., Dourish, P., Shabot, M. (2002). Asking questions: Information needs in a surgical intensive care unit. *Proc AMIA Symp*. pp. 647-651.

Reggia, J., Turhim, S. (eds.) (1985). *Computer-Assisted Medical Decision Making*. New York: Springer-Verlag.

Reich, V., Rosenthal, D. (2001). LOCKSS: A permanent Web publishing and access system. *D-Lib Magazine*, 7. (Accessed 2005 at: http://www.dlib.org/dlib/june01/reich/06reich.html)

Reiser, S. (1991). The clinical record in medicine. Part 1: Learning from cases. *Annals of Internal Medicine*, 114(10):902-907.

Reiser, S. J., Anbar, M. (eds.)(1984). *The Machine at the Bedside: Strategies for Using Technology in Patient Care*. Cambridge, MA: Cambridge University Press.

Richardson, J. S. (1981). The anatomy and taxonomy of protein structure. *Advances in Protein Chemistry*, 34:167-339.

Rimoldi, H. J. A. (1961). The test of diagnostic skills. *Journal of Medical Education*, 36:73-79.

Ringold, D. J., et al., (2000). ASHP national survey of pharmacy practice in acute care settings: Dispensing and administration-1999," *Am J Health Syst Pharm*, 57(19):1759-75.

Ritchie, C. J., Edwards, W. S., Cyr, D. R., Kim, Y. (1996). Three-dimensional ultrasonic angiography using power-mode Doppler. *Ultrasound in Medicine and Biology*, 22(3):277-286.

Robb, R. A. (2000). *Biomedical Imaging, Visualization, and Analysis*. New York: Wiley-Liss.

Robbins, A. H., Vincent, M. E., Shaffer, K., Maietta, R., Srinivasan, M. K. (1988). Radiology reports: Assessment of a 5,000-word speech recognizer. *Radiology*, 167(3):853-855.

Robertson, S., Walker, S. (1994). Some simple effective approximations to the 2-Poisson model for probabilistic weighted retrieval. *Proceedings of the 17th Annual International ACM SIGIR Conference on Research and Development in Information Retrieval*, pp. 232-241. Dublin, Ireland. Springer-Verlag.

Roethligsburger, F. J., Dickson, W. J. (1939). *Management and the Worker*. Cambridge, MA: Harvard University Press.

Rogers, W. A. (ed.). (2002). *Human Factors Interventions for the Health Care of Older Adults*. Mahwah, NJ: Lawrence Erlbaum Associates.

Rogers, Y. (2004). New theoretical approaches for HCI. *Annual Review of Information Science and Technology*, 38:87-143.

Rose, M. T. (1989). *The Open Book: A Practical Perspective on OSI*. New Jersey: Prentice Hall.

Rosen, G. (1993). *History of Public Health*. Baltimore, MD: Johns Hopkins University Press.

Rosen, G. D., Williams, A. G., Capra, J. A., Connolly, M. T., Cruz, B., Lu, L., Airey, D. C., Kulkarni, K., Williams, R. W. (2000). The Mouse Brain Library @ www.mbl.org, *Int. Mouse Genome Conference*, 14:166.

Ross, B., Bluml, S. (2001). Magnetic resonance spectroscopy of the human brain. *Anatomical Record (New Anat.)*, 265(2), 54-84.

Rosse, C. (2000). Terminologia Anatomica: Considered from the perspective of next-generation knowledge sources. *Clinical Anatomy*, 14:120-133.

Rosse, C., Mejino, J. L. V. (2003). A reference ontology for bioinformatics: The Foundational Model of Anatomy. *Journal of Bioinformatics*, 36(6),478-500.

Rosse, C., Mejino, J. L., Jakobovits, R. M., Modayur, B. R., Brinkley, J. F. (1997). Motivation and organizational principles for anatomical knowledge representation: The digital anatomist symbolic knowledge base. *Journal of the American Medical Informatics Association*, 5(1):17-40.

Rosse, C., Shapiro, L. G., Brinkley, J. F. (1998). The Digital Anatomist foundational model: principles for defining and structuring its concept domain, *Proceedings of the AMIA Fall Symposium*, pp. 820-824. Orlando, Florida.

Rossi, P. H., Freeman, H. E. (1989). *Evaluation: A Systematic Approach*. (4th ed.). Newbury Park, CA: Sage Publications.

Roth, E. M., Patterson, E. S., Mumaw, R. J. (2002). Cogntitive engineering: Issues in user-centered system design. In J. J. Marciniak (ed.), *Encyclopedia of Software Engineering*, 2nd edition, pp. 163-179. New York: John Wiley & Sons.

Rothenberg, J. (1999). *Ensuring the Longevity of Digital Information*. RAND Corporation. (Accessed 2005 at: http://www.clir.org/pubs/archives/ensuring.pdf)

Rothschild, M. A., Wett, H. A., Fisher, P. R., Weltin, G. G., Miller, P. L. (1990). Exploring subjective vs. objective issues in the validation of computer-based critiquing advice. *Computer Methods and Programs in Biomedicine*, 31(1):11-18.

Rothwell, D. G., C魅?, R. A., Cordeau, J. P., Boisvert, M. A. (1993). Developing a standard data structure for medical language: The SNOMED proposal. *Proceedings of the 17th Annual Symposium for Computer Applications in Medical Care*, Washington, DC, pp. 695-699.

Rothwell, D. J., C魅?, R. A. (1996). Managing information with SNOMED: Understanding the model. *Proceedings of the AMIA Annual Fall Symposium*, Washington, DC, pp. 80-83.

Rotman, B. L., Sullivan, A. N., McDonald, T. W., Brown, B. W., DeSmedt, P., Goodnature, D., Higgins, M. C.,

Suermondt, H. J., Young, C., Owens, D. K. (1996). A randomized controlled trial of a computer-based physician workstation in an outpatient setting: Implementation barriers to outcome evaluation. *Journal of the American Medical Association*, 3(5):340-348.

Rowen, L., Mahairas, G., Hood, I. (1997). Sequencing the human genome. *Science*, 278(5338):605-607.

Rubin, RD (2003). The community health information movement: Where it's been, where it's going. In O'Carroll, P. W., Yasnoff, W. A., Ward, M. E., Ripp, L. H., Martin, E. L. (eds.), *Public Health Informatics and Information Systems*. New York: Springer-Verlag, p. 605.

Ruland, C. M. (2002). Handheld technology to improve patient care. *Journal of the American Medical Informatics Association*, 9:192-200.

Saba, V. K. (1992). The classification of home health care nursing: Diagnoses and interventions. *Caring Magazine*, 11(3):50-56.

Saba, V. K. (1994). *Home Health Care Classification of Nursing Diagnoses and Interventions*. Washington, DC: Georgetown University.

Saba, V. K. (1995). Home Health Care Classifications (HHCCs): Nursing diagnoses and nursing interventions, In *Nursing Data Systems: The Emerging Framework*, pp. 61-103. Washington, D. C.: American Nurses Publishing.

Saba, V. K., McCormick, K. (1996). *Essentials of Computers for Nurses*. New York: McGraw-Hill.

Sackett, D. L., Richardson, W. S., Rosenberg, W. M., Haynes, R. B. (eds.) (1997). *Evidence-Based Medicine: How to Practice and Teach EBM*. New York: Churchill Livingstone.

Sackett, D. L., Richardson, W. S., Rosenberg, W., Haynes, R. B. (2000) *Evidence-Based Medicine: How to Practice and Teach EBM (Second Edition)*, New York: Churchhill Livingstone..

Safran, C, Using routinely collected data for clinical research. *Stat Med*; 10:559-564.

Safran, C., Porter, D., Lightfoot, J., Rury, C. D., Underhill, L. H., Bleich, H. L., Slack, W. V. (1989). ClinQuery: A system for online searching of data in a teaching hospital. *Annals of Internal Medicine*, 111(9):751-6.

Safran, C., Rind, D. M., Davis, R. B., Ives, D., Sands, D. Z., Currier, J., Slack, W. V., Makadon, H. J., Cotton, D. J. (1995). Guidelines for management of HIV infection with computer-based patient's record. *Lancet*, 346(8971):341-346.

Safran, C., Rury, C., Rind, D. M., Taylor, W. C. (1991). A computer-based outpatient medical record for a teaching hospital. *MD Computing*, 8(5):291-299.

Safran, C., Slack, W. V., Bleich, H. L. (1989). Role of computing in patient care in two hospitals. *MD Computing*, 6(3):141-148.

Sager, N, Friedman, C, Lyman, MS. (1987). *Medical Language Processing: Computer Management of Narrative Data*. New York: Addison-Wesley.

Sailors, R. M., East, T. D. (1997). Role of computers in monitoring. In Tobin M. J. (ed.), *Principals and Practice of Intensive Care Monitoring*, pp. 1329-1354. New York: McGraw-Hill.

Salomon, G., Perkins, D. N., Globerson, T. (1991). Partners in cognition: Extending human intelligence with intelligent technologies. *Educational Researcher*, 20(3):2-9.

Salpeter, S. R., Sanders, G. D., Salpeter, E. E., Owens, D. K. (1997). Monitored isoniazid prophylaxis for low-risk tuberculin reactors older than 35 years of age: A risk-benefit and cost-effectiveness analysis. *Annals of Internal Medicine*, 127(12):1051-1061.

Salton, G. (1983). *Introduction to Modern Information Retrieval*. New York: McGraw-Hill.

Salton, G. (1991). Developments in automatic text retrieval. *Science*, 253:974-980.

Salton, G., Buckley, C. (1990). Improving retrieval performance by relevance feedback. *Journal of the American Society for Information Science*, 41:288-97.

Salton, G., Fox, E., et al. (1983). Extended Boolean information retrieval. *Communications of the ACM*, 26: 1022-1036.

Salton, G., Lesk, M. (1965). The SMART automatic document retrieval system: An illustration. *Communications of the ACM*, 8: 391-398.

Salzberg, S., Searls, D., Kasif, S. (eds.) (1998). *Computational Methods in Molecular Biology*. New York: Elsevier Science.

Sanders, G. D., Hagerty, C. G., Sonnenberg, F. A., Hlatky, M. A., Owens, D. K. (1999). Distributed dynamic decision support using a web-based interface for prevention of sudden cardiac death. *Medical Decision Making*, 19(2): 157-66.

Sanders, D. L., Miller, R. A. (2001). The effects on clinician ordering patterns of a computerized decision support system for neuroradiology imaging studies. *Proceedings of the AMIA Annual Fall Symposium*, pp. 583-587.

Sandor, S., Leahy, R. (1997). Surface-based labeling of cortical anatomy using a deformable atlas. *IEEE Trans. Med. Imaging*, 16(1), 41-54.

Sanford, M. K., Hazelwood, S. E., Bridges, A. J., Cutts 3rd, J. H., Mitchell, J. A., Reid, J. C., Sharp, G. (1996). Effectiveness of computer-assisted interactive videodisc instruction in teaching rheumatology to physical and occupational therapy students. *Journal of Allied Health*, 25(2): 141-148.

Saracevic, T. (1991). Individual differences in organizing, searching, and retrieving information. *Proceedings of the 54th Annual Meeting of the American Society for Information Science*, Washington, D. C.

Sarkar, I. N. Starren, J. (2002). Desiderata for personal electronic communications in clinical systems. *J Am Med Inform Assoc* 9:209-216.

Sartorius, N. (1976). I. Methodologic problems of common terminology, measurement, and classification. II. Modifications and new approaches to taxonomy in long-term care: Advantages and limitations of the ICD. *Medical Care*, 14(4 Suppl):109-15.

Scaife, M., Rogers, Y. (1996). External cognition: How do graphical representations work? *International Journal of Human-Computer Studies*, 45(2),185-213.

Schaltenbrand, G., Warren, W. (1977). *Atlas for Stereotaxy of the Human Brain*. Stuttgart:Thieme.

Scherrer, J. R., Baud, R. H., Hochstrasser, D., Ratib, O. (1990). DIOGENE: An integrated hospital information system in Geneva. *MD Computing*, 7(2):81-89.

Scherrer, J. R., Lovis, C., Borst, F. (1995). DIOGENE 2: A distributed hospital information system with an emphasis on its medical information content. In J. H. van Bemmel and A. T. McCray (ed.), *Yearbook of Medical Informatics*, pp. 86-97. Stuttgart: Schattauer.

Schmidt, H. G., Boshuizen, H. P. (1993). On the origin of intermediate effects in clinical case recall. *Memory & Cognition*, 21(3):338-351.

Schneiderman, B. (1992). *Designing theUser Interface: Strategies for Effective Human-Computer Interaction*. Don Mills, ON: Addison-Wesley Publishing Company.

Schreiber, A. T., Akkermans, J., Anjewierden, A., De Hoog, R., Shadbolt, N., Van De Velde, W., Wielinga, B. (2000). *Knowledge Engineering and Management: The Common KADS Methodology*. Cambridge, MA: The MIT Press.

Schreiber, G., Wielinga, B., Breuker, J. (eds.)(1993). *KADS: A Principled Approach to Knowledge-Based System Development*. London: Academic Press.

Schulz, K. F., Chalmers, I., Hayes, R. J., Altman, D. G. (1995). Empirical evidence of bias:Dimensions of methodological quality associated with estimates of treatment effects in controlled trials. *Journal of the American Medical Association*, 273(5):408-412.

Schulze-Kremer, S. (1994). *Advances in Molecular Bioinformatics*. Washington, D. C. : IOS Press.

Schultz, E. B., Price, C., Brown, P. J. B. (1997). Symbolic anatomic knowledge representation in the Read Codes Version 3: Structure and application. *J. Am. Med. Inform. Assoc.*, 4:38-48.

Schwartz, R. J., Weiss, K. M., Buchanan, A. V. (1985). Error control in medical data. *MD Computing*, 2(2):19-25.

Schwartz, W. B. (1970). Medicine and the computer: The promise and problems of change. *New England Journal of Medicine*, 283(23):1257-1264.

Science(1997). Special issue on bioinformatics. *Science*, 278 (Oct. 24):541-768.

Scriven, M. (1973). Goal free evaluation. In House E. R. (ed.), *School Evaluation*. Berkeley, CA:McCutchan Publishers.

Seiver, A. (2000). Critical care computing: Past, present, future. *Crit Care Clin*, 17(4):601-621.

Selden, C., Humphreys, B. L., Friede, A., Geisslerova, Z. (1996). *Public Health Informatics,January* 1980 *through December* 1995: 471 *Selected Citations*. Bethesda, MD: National Institutes of Health, National Library of Medicine, pp. 1-21.

Senior Medical Review(1987). Urinary tract infection. *Senior Medical Review*.

Sensor Systems Inc. (2001). *MedEx*. (Accessed 2005 at: http://medx.sensor.com/products/medx/index.html)

Setubal, J., Medianis, J. (1997). *Introduction to Computational Molecular Biology*. Boston: PWS Publishing Company.

Severinghaus, J. W., Astrup, P. B. (1986). History of blood gas analysis IV. Oximetry. *Journal of Clinical Monitoring*, 2(4):270-288.

Sewell,W., Teitelbaum, S. (1986). Observations of end-user online searching behavior over eleven years. *Journal of the American Society for Information Science*, 37(4):234-245.

Shabot, M. M. (1982). Documented bedside computation of cardiorespiratory variables with an inexpensive programmable calculator. In DeAngelis J. (ed.), *Debates and Controversies in the Management of High Risk Patients*, pp. 153-163. San Diego, CA: Beach International.

Shabot, M. M. (1989). Standardized acquisition of bedside data: The IEEE P1073 medical information bus. *International Journal of Clinical Monitoring and Computing*, 6(4): 197-204.

Shabot, M. M. (1995). Computers in the intensive care unit: Was Pogo correct? *Journal of Intensive Care Medicine*, 10:211-212.

Shabot, M. M. (1997a). Automated clinical pathways for surgical services. *Surgical Services Management*, June:19-23.

Shabot, M. M. (1997b). The HP CareVue clinical information system. *International Journal of Clinical Monitoring and Computing*, 14(3):177-184.

Shabot, M. M., Gardner, R. M. (eds.)(1994). *Decision Support Systems in Critical Care*. Boston:Springer-Verlag.

Shabot, M. M., Leyerle, B. J., LoBue, M. (1987). Automatic extraction of intensity-intervention scores from a computerized surgical intensive care unit flowsheet. *American Journal of Surgery*, 154(1):72-78.

Shabot, M. M., LoBoe, M. (1995). Real-time wireless decision support alerts on a palmtop PDA. *Proceedings of the* 19*th Annual Symposium on Computer Applications in Medical Care*, New Orleans, LA, pp. 174-177.

Shabot, M. M., Shoemaker, W. C., State, D. (1977). Rapid bedside computation of cardiorespiratory variables with a programmable calculator. *Critical Care Medicine*, 5(2): 105-111.

Shabot, MM. (2003). Closing address: Breaking free of the

past: Innovation and technology in patient care. *Nurs Outlook*, 51(3):S37-38

Shahar, Y. (1997). A framework for knowledge-based temporal abstractions. *Artificial Intelligence*, 90:79-133.

Shahar, Y., Miksch, S., Johnson, P. D. (1988). The Asgaard Project: A task-specific framework for the application and critiquing of time-oriented clinical guidelines. *Artificial Intelligence in Medicine*, 14:29-51.

Shahar, Y., Musen, M. A. (1996). Knowledge-based temporal abstractions in clinical domains. *Artificial Intelligence in Medicine*, 8(3):267-298.

Shan, M. C., Davis, J. W. (1996). Business process flow management and its application in the telecommunications management network. *HP-Journal*, October 1996.

Shapiro, L. G., Stockman, G. C. (2001). *Computer Vision*. Upper Saddle River, N. J.: Prentice Hall.

Shaughnessy, A., Slawson, D., et al. (1994). Becoming an information master: A guidebook to the medical information jungle. *Journal of Family Practice*, 39: 489-499.

Shea, S., DuMouchel, W., Bahamonde, L. (1996). A meta-analysis of 16 randomized controlled trials to evaluate computer-based clinical reminder systems for preventive care in the ambulatory setting. *Journal of the American Medical Informatics Association*, 3(6):399-409.

Shea, S., Starren, J., Weinstock, R. S., Knudson, P. E., Teresi, J., Holmes, D., et al. (2002). Columbia University's Informatics for Diabetes Education and Telemedicine(IDEATel) project: Rationale and design. *J Am Med Inform Assoc*, 9(1),49-62.

Sheppard, L. C., Kouchoukos, N. T., Kurtts, M. A., Kirklin, J. W. (1968). Automated treatment of critically ill patients following operation. *Annals of Surgery*, 168(4): 596-604.

Shlaer, S., Mellor, S. J. (1992). *Object Life Cycles*, Modeling the World in States: New York:Prentice-Hall.

Shortell, S. M., Gillies, R. R., Anderson, D. A. (2000). *Remaking Health Care In America: The Evolution of Organized Delivery Systems* (2nd ed.). San Francisco. Jossey-Bass Publishers.

Shortliffe, E. H. (1976). *Computer-Based Medical Consultations: MYCIN*. New York:Elsevier/North Holland.

Shortliffe, E. H. (1984). Coming to terms with the computer. In Reiser S., Anbar M. (eds.), *The Machine at the Bedside: Strategies for Using Technology in Patient Care*, pp. 235-239. Cambridge, MA: Cambridge University Press.

Shortliffe, E. H. (1986). Medical expert systems: Knowledge tools for physicians. *The Western Journal of Medicine*, 145:830-839.

Shortliffe, E. H. (1989). Testing reality: The introduction of decision-support technologies for physicians. *Methods of Information in Medicine*, 28:1-5.

Shortliffe, E. H. (1993). Doctors, patients, and computers: Will information technology dehumanize healthcare delivery? *Proceedings of the American Philosophical Society*, 137(3):390-398.

Shortliffe, E. H. (1994). Dehumanization of patient care: Are computers the problem or the solution. *Journal of the American Medical Informatics Association*, 1(1):76-78.

Shortliffe, E. H. (1995a). Medical informatics meets medical education. *Journal of the American Medical Association*, 273(13):1061-1065.

Shortliffe, E. H. (1995b). Medical informatics training at Stanford University School of Medicine. In van Bemmel J. H., McCray A. T. (eds.), *IMIA Yearbook of Medical Informatics*. (Vol. 1995), pp. 105-110. Stuttgart, Germany: Schattauer Publishing Company.

Shortliffe, E. H. (1998a). Health care and the Next Generation Internet(editorial). *Annals of Internal Medicine*, 129(2): 138-140.

Shortliffe, E. H. (1998b). The Next Generation Internet and health care: A civics lesson for the informatics community. *Proceedings of the AMIA Annual Fall Symposium*, Orlando, FL, pp. 8-14.

Shortliffe, E. H. (1998c). The evolution of health-care records in the era of the Internet,*Proceedings of Medinfo 98*. Seoul, Korea: Amsterdam: IOS Press.

Shortliffe, E. H. (2000). Networking health: Learning from others, taking the lead. *Health Affairs* 19(6):9-22.

Shortliffe, E. H., Blois, M. S. (2000). The Computer meets medicine and biology: Emergence of a discipline. In E. H. Shortliffe & L. E. Perreault(eds.), *Medical Informatics: Computer Applications in Health Care and Biomedicine* (2nd ed.), pp. 3-40. New York: Springer Verlag.

Shortliffe, E. H., Buchanan, B. G., Feigenbaum, E. (1979). Knowledge engineering for medical decision making: A review of computer-based clinical decision aids. *Proceedings of the IEEE*,67:1207-1224.

Shortliffe, E. H., Johnson, S. B. (2002). Medical informatics training and research at Columbia University. In *IMIA Yearbook of Medical Informatics* (R. Haux and A. T. McCray, eds), pp173-180. Stuttgart, Germany: Schattauer Publishing Company.

Shortliffe, E. H., Sondik, E. (2004). The informatics infrastructure: Anticipating its role in cancer surveillance. *Proceedings of the C-Change Summit on Cancer Surveillance and Information: The Next Decade*, Phoenix, Arizona.

Shubin, H., Weil, M. H. (1966). Efficient monitoring with a digital computer of cardiovascular function in seriously ill patients. *Annals of Internal Medicine*, 65(3):453-460.

Siegel, E., Cummings, M., Woodsmall, R. (1990). Bibliographic Retrieval Systems. In E. Shortliffe & L. Perreault (ed.), *Medical Informatics: Computer Applications in Health Care* (1st ed), pp. 434-465. Reading, MA: Addison-Wesley.

Siegel, E. L., Protopapas, Z., Reiner, B. I., Pomerantz, S. M. (1997). Patterns of utilization of computer workstations in a filmless environment and implications for current and future picture archiving and communication systems. *Journal of Digital Imaging*, 10(3 Suppl 1):41-43.

Silberg, W. M., Lundberg, G. D., Musacchio, R. A. (1997). Assessing, controlling, and assuring the quality of medical information on the Internet: Caveat lector et viewor—let the reader and viewer beware. *Journal of the American Medical Association*, 277(15):1244-1245.

Simborg, D. W. (1984). Networking and medical information systems. *Journal of Medical Systems*, 8(1-2):43-47.

Simborg, D. W., Chadwick, M., Whiting-O'Keefe, Q. E., Tolchin, S. G., Kahn, S. A., Bergan, E. S. (1983). Local area networks and the hospital. *Computers and Biomedical Research*, 16(3):247-259.

Simmons, D. A. (1980). *A Classification Scheme for Client Problems in Community Health Nursing: Nurse Planning Information Series*. (Volume 14, Pub No. [HRP] 501501). Springfield, VA: National Technical Information Service.

Simon, D. P., Simon, H. A. (1978). Individual differences in solving physics problems. In R. Siegler(ed.), *Children's Thinking: What Develops?* Hillsdale, NJ: Lawrence Erlbaum Associates, Publishers.

Singer, S. J. (1991). Problems in gaining access to hospital information. *Health Affairs*, 10(2):148-151.

Singer, S. J., Hunt, K., Gabel, J., Liston, D., Enthoven, A. C. (1997). New research shows how to save money on employee health benefits. *Managing Employee Health Benefits*, 5(4):1-9.

Singhal, A., Buckley, C., et al. (1996). Pivoted document length normalization. *Proceedings of the 19th Annual International ACM SIGIR Conference on Research and Development in Information Retrieval*, Zurich, Switzerland. ACM Press, pp. 21-29.

Sinha, U., Bui, A., Taira, R., Dionisio, J., Morioka, C., Johnson, D., Kangarloo, H. (2002). A review of medical imaging informatics. *Ann N Y Acad Sci*, 980:168-97.

Sittig, D. (1987). Computerized management of patient care in a complex, controlled clinical trial in the intensive care unit. *Proceedings of the 11th Annual Symposium on Computer Applications in Medical Care*, Washington, D. C., pp. 225-232.

Slack, W. V., Bleich, H. L. (1999). The CCC system in two teaching hospitals: A progress report. *Int J Med Inf*, 54(3):183-96.

Sloboda, J. (1991). Musical expertise. In K. A. Ericsson & J. Smith (eds.), *Toward a General Theory of Expertise: Prospects and Limits*, pp. 153-171. New York: Cambridge University Press.

Smith, D. (1994). *Biocomputing: Informatics and Genome Projects*. New York: Academic Press.

Smith, L. (1985). Medicine as an art. In Wyngaarden J., Smith L. (eds.), *Cecil Textbook of Medicine*. Philadelphia: W. B. Saunders.

Smith, L. D. (1986). *Behaviorism and Logical Positivism: A Reassessment of the Alliance*. Stanford, Calif.: Stanford University Press.

Smith, R. (1992). Using a mock trial to make a difficult clinical decision. *British Medical Journal*, 305(6864):1284-1287.

Smith, T., Waterman, M. (1981). Identification of common molecular subsequences. *Journal of Molecular Biology*, 147(1):195-197.

Snow, V., Lascher, S., & Mottur-Pilson, C. (2000). Pharmacologic treatment of acute major depression and dysthymia. *Annals of Internal Medicine*, 132(9):738-742.

Sollins, K. and Masinter, L. (1994). *Functional Requirements for Uniform Resource Names*. Internet Engineering Task Force. (Accessed 2005 at: http://www.w3.org/Addressing/rfc1737.txt)

Somers, A. R. (1971). *The Kaiser Permanente Medical Care Program*, New York: Commonwealth Fund.

Sonnenberg, F. A., Beck, J. R. (1993). Markov models in medical decision making: A practical guide. *Medical Decision Making*, 13(4):322-338.

Soto, G. E., Young, S. J., Martone, M. E., Deerinick, T. J., Lamont, S. L., Carragher, B. O., Hamma, K., Ellisman, M. H. (1994). Serial section electron tomography: A method for three-dimensional reconstruction of large structures. *Neuroimage*, 1:230-243.

Southon, F. C., Sauer, C., Dampney, C. N. (1997). Information technology in complex health services: Organizational impediments to successful technology transfer and diffusion. *Journal of the American Medical Informatics Association*, 4(2):112-124.

Sowa, J. F. (1983). *Conceptual Structures: Information Processes in Mind and Machine*. Reading, MA: Addison-Wesley.

Sowa, J. F. (2000). *Knowledge Representation: Logical, Philosophical, and Computational Foundations*. Pacific Grove: Brooks/Cole.

Sox, H. C. (1986). Probability theory in the use of diagnostic tests. An introduction to critical study of the literature. *Annals of Internal Medicine*, 104(1):60-66.

Sox, H. C. (1987). Probability theory in the use of diagnostic tests: Application to critical study of the literature. In Sox H. C. (ed.), *Common Diagnostic Tests: Use and Interpretation*, pp. 1-17. Philadelphia: American College of Physicians.

Sox, H. C., Blatt, M. A., Higgins, M. C., Marton, K. I. (1988). *Medical Decision Making*. Boston, MA: Butterworth Publisher.

Spackman, K. A. (2000) SNOMED RT and SNOMEDCT. Promise of an international clinical terminology. *MD Comput*, 17(6):29.

Spackman, K. A., Campbell, K. E., Cote, R. A. (1997). SNOMED RT: A reference terminology for health care. *Proc AMIA Annu Fall Symp*, pp. 640-644. Philadelphia:

Hanley and Belfus.

Spee, J. H., de Vos, W. M., Kuipers, O. P. (1993). Efficient random mutagenesis method with adjustable mutation frequency by use of PCR and dITP. *Nucleic Acids Research*, 21(3):777-778.

Spellman, P. T., Miller, M., Stewart, J., et al. (2002). Design and implementation of microarray gene expression markup language(MAGE-ML). *Genome Biol*, 23;3(9): RESEARCH0046. Epub 2002 Aug 23.

Spitzer, V., Ackerman, M., et al. (1996). The visible human male: A technical report. *Journal of the American Medical Informatics Association*, 3: 118-130.

Spitzer, V. M., Whitlock, D. G. (1998). The Visible Human Dataset: The anatomical platform for human simulation. *Anat Rec*, 253(2),49-57.

Srinivasan, P. (1996). Query expansion and MEDLINE. *Information Processing and Management*, 32: 431-444.

Stallings, W. (1987a). *The Open Systems Interconnection (OSI) Model and OSI-Related Standards*. (Vol. 1). New York: Macmillian.

Stallings, W. (1987b). *Handbook of Computer-Communications Standards*. New York: Macmillan Publishing Company.

Stallings, W. (1997). *Data and Computer Communications*. New Jersey: Prentice Hall.

Starr P. (1982). *The Social Transformation of American Medicine*. New York: Basic Books.

Starr, P. (1983). *Social Transformation of American Medicine*. Basic Books.

Starren, J., Hripcsak, G., Sengupta, S., Abbruscato, C. R., Knudson, P., Weinstock, R. S., Shea, S. (2002). Columbia University's Informatics for Diabetes Education and Telemedicine(IDEATel) project: Technical implementation. *J Am Med Inform Assoc*, 9, 25-36.

Starren J., Johnson, S. B. (2000). An object-oriented taxonomy of medical data presentations. *J American Medical Informatics Association*; 7(1):1-20.

Stavri, P. (2001). Personal health information seeking: a qualitative review. *Proceedings of Medinfo* 2001. London, England. IOS Press, pp. 1484-1488.

Stead, W. W. (1997a). Building infrastructure for integrated health systems: Proceedings of the 1996 IAIMS Symposium. *Journal of the American Medical Informatics Association*, 4(2 Suppl):S1-76.

Stead, W. W. (1997b). The evolution of the IAIMS: Lessons for the next decade. *Journal of the American Medical Informatics Association*, 4(2 Suppl):S4-9.

Stead, W. W., Borden, R., Bourne, J., Giuse, D., Giuse, N., Harris, T. R., Miller, R. A., Olsen, A. J. (1996). The Vanderbilt University fast track to IAIMS: Transition from planning to implementation. *Journal of the American Medical Informatics Association*, 3(5):308-317.

Stead, W. W., Hammond, W. E. (1988). Computer-based medical records: The centerpiece of TMR. *MD Computing*, 5(5):48-62.

Steedman, D. (1990). *Abstract Syntax Notation One: The Tutorial and Reference*. Great Britain: Technology Appraisals Ltd.

Steen, E. B. (ed.)(1996). *Proceedings of the Second Annual Nicholas E. Davies CPR Recognition Symposium*. Schaumburg, IL: Computer-Based Patient Record Institute.

Sternberg, R. J., Horvarth, J. A. (1999). *Tacit Knowledge in Professional Practice. Researcher and Practitioner Perspectives*. Mahwah, NJ: Lawrence Erlbaum Associates.

Stensaas, S. S., Millhouse, O. E. (2001). *Atlases of the Brain*. University of Utah. (Accessed 2005 at: http://medstat.med.utah.edu/kw/brain_atlas/)

Stewart, B. K., Lange, r S. G., Hoath, J. I., Tarczy-Hornuch, P. (1997). DICOM image integration into a Web-browsable electronic medical record, *RSNA 1997 Scientific Program Supplement to Radiology.*, p. 205.

Stringer, W. A. (1997). MRA image production and display. *Clinical Neuroscience*, 4(3):110-116.

Strong, D. M., Lee, Y. W., Wang, R. T. (1997). 10 potholes in the road to information quality. *IEEE Computer*, 31: 38-46.

Stryer, L. (1995). *Biochemistry*. New York: WH Freeman.

Subramaniam, B., Hennessey, J. G., Rubin, M. A., Beach, L. S., Reiss, A. L. (1997). Software and methods for quantitative imaging in neuroscience: The Kennedy Krieger Institute Human Brain Project. In S. H. Koslow & M. F. Huerta(eds.), *Neuroinformatics: An Overview of the Human Brain Project*, pp. 335-360. Mahwah, New Jersey: Lawrence Erlbaum.

Suchman, L. (1987). *Plans and Situated Actions: The Problem of Human/Machine Communication*. Cambridge: Cambridge University Press.

Sumner, W., Nease Jr., R. F., Littenberg, B. (1991). U-titer: A utility assessment tool. *Proceedings of the 15th Annual Symposium on Computer Applications in Medical Care*, Washington, DC, pp. 701-5.

Sundheim, B. (1991). *Proceedings of the Third Message Understanding Conference (MUC-3)*. San Mateo, CA: Morgan Kaufmann.

Sundheim, B. (1992). *Proceedings of the Fourth Message Understanding Conference (MUC-4)*. San Mateo, CA: Morgan Kaufmann.

Sundheim, B. (1994). *Proceedings of the Fifth Message Understanding Conference (MUC-5)*. San Mateo, CA.: Morgan Kaufmann.

Sundheim, B. (1996). *Proceedings of the Sixth Message Understanding Conference (MUC-6)*. San Mateo, CA.: Morgan Kaufmann.

Sundsten, J. W., Conley, D. M., Ratiu, P., Mulligan, K. A., Rosse, C. (2000). *Digital Anatomist webbased interactive atlases*. (Accessed 2005 at: http://www9.biostr.washington.edu/da.html)

Sussman, S. Y. (2001). *Handbook of Program Development for Health Behavior Research & Practice*. Thousand Oaks, Calif.: Sage.

Swanson, D. (1988). Historical note: Information retrieval and the future of an illusion. *Journal of the American Society for Information Science*, 39: 92-98.

Swanson, L. W. (1992). *Brain Maps: Structure of the Rat Brain*. Amsterdam; New York: Elsevier.

Swanson, L. W. (1999). *Brain Maps: Structure of the Rat Brain* (2nd ed.). Amsterdam; New York: Elsevier Science.

Sweeney, L. (1996). Replacing personally-indentifying information in medical records: The SCRUB system. *Proceedings of the AMIA Annual Fall Symposium*, Washington, DC, pp. 333-337.

Swets, J. A. (1973). The relative operating characteristic in psychology. *Science*, 182:990.

Szolovits, P. (ed.)(1982). *Artificial Intelligence in Medicine*. Boulder, CO: Westview Press.

Szolovits, P., Pauker, S. G. (1979). Computers and clinical decision making: Whether, how much, and for whom? *Proceedings of the IEEE*, 67:1224-1226.

Tagare, H. D., Jaffe, C. C., Duncan, J. (1997). Medical image databases: A content-based retrieval approach. *Journal of the American Medical Informatics Association*, 4(3): 184-198.

Tagare, H. D., Vos, F. M., Jaffe, C. C., Duncan, J. S. (1995). Arrangement: a spatial relation between parts for evaluating similarity of tomographic section. *IEEE Transactions on Pattern Analysis and Machine Intelligence*, 17(9):880-893.

Talairach, J., Tournoux, P. (1988). *Co-Planar Stereotaxic Atlas of the Human Brain*. New York: Thieme Medical Publishers.

Tanenbaum, A. S. (1987). *Computer Networks*. (2nd ed.). Englewood Cliffs, NJ: Prentice Hall.

Tanenbaum, A. S. (1996). *Computer Networks*. (3rd ed.). Englewood Cliffs, NJ: Prentice-Hall.

Tang, PC. (2003). *Key Capabilities of an Electronic Health Record System* (Letter Report). Committee on Data Standards for Patient Safety. Board on Health Care Services, Institute of Medicine.

Tang, P. C., Annevelink, J., Suermondt, H. J., Young, C. Y. (1994). Semantic integration in a physician's workstation. *International Journal of Bio-Medical Computing*, 35(1):47-60.

Tang, P. C., Fafchamps, D., Shortliffe, E. H. (1994). Traditional medical records as a source of clinical data in the outpatient setting. *Proceedings of the 18th Annual Symposium on Computer Applications in Medical Care*, Washington, DC, pp. 575-579.

Tang, P. C., Marquardt, W. C., Boggs, B., et al. (1999). NetReach: Building a clinical infrastructure for the enterprise. In Overhage JM (ed.) *Fourth Annual Proceedings of the Davies CPR Recognition Symposium*, pp. 25-68. Chicago: McGraw-Hill.

Tang, P. C., McDonald, C J. (2001). Computer-Based Patient-Record Systems. In E. H. Shortliffe & L. E. Perreault (eds.), *Medical Informatics* (2nd ed.)., pp. 327-358. New York: Springer Verlag.

Tang, P., Newcomb, C., et al. (1997). Meeting the information needs of patients: Results from a patient focus group. *Proceedings of the 1997 AMIA Annual Fall Symposium*, Nashville, TN. Hanley & Belfus, pp. 672-676.

Tang, P. C., Patel, V. L. (1993). Major issues in user interface design for health professional workstations: Summary and recommendations. *International Journal of Bio-Medical Computing*, 34(104):139-148.

Tarczy-Hornuch, P., Kwan-Gett, T. S., Fouche, L., Hoath, J., Fuller, S., Ibrahim, K. N., Ketchell, D. S., LoGerfo, J. P., Goldberg, H. (1997). Meeting clinician information needs by integrating access to the medical record and knowledge sources via the Web. *Proceedings of the 1997 AMIA Annual Fall Symposium*, Nashville, TN, pp. 809-813.

Tatro, D., Briggs, R., Chavez-Pardo, R., Hannigan, J., Moore, T., Cohen, S. (1975). Online drug interaction surveillance. *American Journal of Hospital Pharmacy*, 32:417.

Taylor, H., Leitman, R. (2001). *The Increasing Impact of eHealth on Physician Behavior*. Harris Interactive. (Accessed 2005 at: http://www.harrisinteractive.com/news/newsletters/healthnews/HI_HealthCareNews2001Vol1_iss31.pdf)

Teach, R. L., Shortliffe, E. H. (1981). An analysis of physician attitudes regarding computer-based clinical consultation systems. *Computers and Biomedical Research*, 14(6):542-558.

Teich, J. M. (ed.)(1997). *Proceedings of the Third Annual Nicholas E. Davies CPR Recognition Symposium*. Schaumburg, IL: Computer-based Patient Record Institute.

Teich, J. M., Glaser, J. P., Beckley, R. F. (1996). Toward cost-effective, quality care: the Brigham Integrated Computing System. In E. B. Steen(ed.), *Proceedings of the Second Annual Nicholas E. Davies CPR Recognition Symposium*. (Vol. 2), pp. 3-34. Schaumburg, IL: Computer-Based Patient Record Institute.

Teich, JM, Glaser, JP, Beckley, RF, et al. (1999). The Brigham integrated computing system (BICS): Advanced clinical systems in an academic hospital environment. *Int J Med Inf*, 54(3):197-208.

Teich, J. M., Kuperman, G. J., Bates, D. W. (1997). Clinical decision support: Making the transition from the hospital to the community network. *Healthcare Information Management*, 11(4):27-37.

Teich, J. M., Merchia, P. R., Schmiz, J. L., Kuperman, G. J., Spurr, C. D., Bates, D. W. (2000). Effects of computerized physician order entry on prescribing practices. *Arch

*Intern Med*, 160(18):2741-2747.

Telecommunication N. (1992). *NCPDP Telecommunication Standard Format*. (Version 3.2).

Templeton, A. W., Dwyer, S. J., Johnson, J. A., Anderson, W. H., Hensley, K. S., Rosenthal, S. J., Lee, K. R., Preston, D. F., Batnitzky, S., Price, H. I. (1984). An on-line digital image management system. *Radiology*, 152(2):321-325.

Terry, K. (2002). Beam it up, Doctor: Inexpensive wireless networking technology, now available on PDAs and tablet computers, can connect you with clinical and scheduling data throughout your office. *Med Econ*. 79(13):34-6.

Thompson, P., Toga, A. W. (1996). A surface-based technique for warping three-dimensional images of the brain. *IEEE Transactions on Medical Imaging*, 15(4):402-417.

Thompson, P. M., Mega, M. S., Toga, A. W. (2001). Disease-specific brain atlases. In J. C. Mazziotta & A. W. Toga (eds.), *Brain Mapping III: The Disorders*. New York: Academic Press.

Thompson, P. M., Toga, A. W. (1997). Detection, visualization and animation of abnormal anatomic structure with a deformable probalistic brain atlas based on random vector field transformations. *Med Image Anal*, 1, 271-294.

Thompson, Tommy G. (2002). *The State Children's Health Insurance Program: A Summary Evaluation of States' Early Experience with SCHIP*. Washington, DC: Dept of Health and Human Services.

Tibbo, H. (2001). Archival perspectives on the emerging digital library. *Communications of the ACM*, 44(5): 69-70.

Tierney, W. M., McDonald, C. J. (1991). Practice databases and their uses in clinical research. *Stat Med*, 10(4):541-57.

Tierney, W. M., Miller, M. E., Overhage, J. M., McDonald, C. J. (1993). Physician inpatient order writing on microcomputer workstations: Effects on resource utilization. *Journal of the American Medical Association*, 269(3): 379-383.

Todd, W., Harris, R. L., Schwarz, E., Bradnam, K., Lawson, D., Chen, W., Blasier, D., Kenny, E., Cunningham, F., Kishore, R., Chan, J., Muller, H. M., Petcherski, A., Thorisson, G., Day, A., Bieri, T., Rogers, A., Chen, C. K., Spieth, J., Sternberg, P., Durbin, R., Stein, L. D. (2003). WormBase: A cross-species database for comparative genomics. *Nucleic Acids Research*; 31:133-137.

Toga, A. W. (2001a). *Brain Atlases*. (Accessed 2005 at: http://www.loni.ucla.edu/Atlases/)

Toga, A. W. (2001b). *UCLA Laboratory for Neuro Imaging (LONI)*. (Accessed 2005 at: http://www.loni.ucla.edu/)

Toga, A. W., Ambach, K. L., Schluender, S. (1994). High-resolution anatomy from in situ human brain. *Neuroimage*, 1(4), 334-344.

Toga, A. W., Frackowiak, R. S. J., Mazziotta, J. C. (eds.). (2001). *Neuroimage: A Journal of Brain Function*. New York: Academic Press.

Toga, A. W., Santori, E. M., Hazani, R., Ambach, K. (1995). A 3-D digital map of rat brain. *Brain Research Bulletin*, 38(1), 77-85.

Toga, A. W., Thompson, P. W. (2001). Maps of the brain. *Anatomical Record (New Anat.)*, 265, 37-53.

Tolbert, S., Pertuz, A. (1977). Study shows how computerization affects nursing activities in ICU. *Hospitals*, 51(17):79.

Torrance, G. W., Feeny, D. (1989). Utilities and quality-adjusted life years. *International Journal of Technology Assessment in Health Care*, 5(4):559-75.

Tsien, C. L., Fackler, J. C. (1997). Poor prognosis for existing monitors in the intensive care unit. *Critical Care Medicine*, 25(4):614-619.

Tsui, F. C., Espino, J. U., Dato, V. M., Gesteland, P. H., Hutman, J., Wagner, M. M. (2003). Technical Description of RODS: A Real-time Public Health Surveillance System. *J Am Med Inform Assoc*, 10(5): 399-408.

Tu, S., Musen, M. A. (1996). The EON model of intervention protocols and guidelines. *Proceedings of the AMIA Annual Fall Symposium*, Washington, DC, pp. 587-591.

Tu, S. W., Ericsson, H., Gennari, J. H., Shahar, Y., Musen, M. A. (1995). Ontology-based configuration of problem-solving methods and generation of knowledge-acquisition tools: Application of PROTéGé-II to protocol-based decision support. *Artificial Intelligence in Medicine*, 7(3): 257-289.

Tu, S. W., Kemper, C. A., Lane, N. M., Carlson, R. W., Musen, M. A. (1993). A methodology for determining patients' eligibility for clinical trials. *Methods of Information in Medicine*, 32(4):317-325.

Tunis, S. R., Hayward, R. S., Wilson, M. C., Rubin, H. R., Bass, E. B., Johnston, M., et al. (1994). Internists' attitudes about clinical practice guidelines. *Ann Intern Med*, 120(11), 956-963.

Turing, A. M. (1950). Computing machinery and intelligence. *Mind*, 59:433-460.

Tversky, A., Kahneman, D. (1974). Judgment under uncertainty: Heuristics and biases. *Science*, 185:1124-1131.

Tysyer, D. A. (1997). Copyright law: databases. *Bitlaw*, (Accessed 2005 at: http://www.bitlaw.com/copyright/database.html)

Ullman, J. D., Widom, J. (1997). *A First Course in Database Systems*. New Jersey: Prentice Hall.

U. S. Bureau of the Census (continuously updated), Population Estimates and Population Projections, www.census.gov.

United States General Accounting Office (1993). *Automated Medical Records: Leadership Needed to Expedite Standards Development: Report to the Chairman/Committee on Governmental Affairs*. Washington, D. C.: U. S. Senate, USGAO/IMTEC-93-17.

van der Lei, J., Musen, M. A. (1991). A model for critiquing based on automated medical records. *Computers and Biomedical Research*, 24(4):344-378.

van der Lei, J., Musen, M. A., van der Does, E., Man in 't Veld, A. J., van Bemmel, J. H. (1991). Comparison of computer-aided and human review of general practitioners' management of hypertension. *Lancet*, 338(8781):1504-1508.

van Heijst, G., Falasconi, S., Abu-Hanna, A., Schreiber, G., Stefanelli, M. (1995). A case study in ontology library construction. *Artificial Intelligence in Medicine*, 7(3):227-255.

vanBemmel, J. H., Musen, M. A. (1997). *Handbook of Medical Informatics*. Heidelberg/New York:Bohn Stafleu Van Loghum, Houten, and Springer-Verlag.

van Dijk, T. A., & Kintsch, W. (1983). *Strategies of Discourse Comprehension*. New York: Academic.

Van Essen, D. C. (2002). Windows on the brain. The emerging role of atlases and databases in neuroscience. *Curr. Op. Neurobiol.*, 12:574-579.

Van Essen, D. C., Drury, H. A. (1997). Structural and functional analysis of human cerebral cortex using a surface-basec atlas. *J. Neuroscience*, 17(18):7079-7102.

Van Essen, D. C., Drury, H. A., Dickson, J., Harwell, J., Hanlon, D., Anderson, C. H. (2001). An integrated software suite for surface-based analysis of cerebral cortex. *J Am Med Ass*,8(5):443-459.

Van Essen, D. C., Drury, H. A., Joshi, S., Miller, M. I. (1998). Functional and structural mapping of human cerebral cortex: solutions are in the surfaces. *Proc. National Academy of Sciences*,95:788-795.

VandeSompel, H., Lagoze, C. (1999). The Santa Fe Convention of the Open Archives Initiative. *D-Lib Magazine*, 5. (Accessed 2005 at: http://www. dlib. org/dlib/february00/vandesompel-oai/02vandesompel-oai. html)

Vannier, M. W., Marsh, J. W. (1996). Three-dimensional imaging, surgical planning, and imageguided therapy. In Greenes, R. A. and Bauman, R. A. (eds.)Imaging and information management: computer systems for a changing health care environment. *The Radiology Clinics of North America*, 34(3):545-563.

Van Noorden, S. (2002). Advances in immunocytochemistry. *Folia Histochem Cytobiol*, 40(2):121-124.

vanRijsbergen, C. (1979). *Information Retrieval*. London. Butterworth.

van't Veer, L. J., Dai, H., van de Vijver, M. J., et al. (2002). Gene expression profiling predicts clinical outcome of breast cancer. *Nature*. 415(6871):484-485.

Varmus, H. (1999). *PubMed Central: A Proposal for Electronic Publication in the Biomedical Sciences*. National Institutes of Health. (Accessed 2005 at: http://www. nih. gov/welcome/director/ebiomed/ebi. htm)

Varon, J., Marik, P. E. (2002). Clinical information systems and the electronic medical record in the intensive care unit. *Curr Opin Crit Care*, 8(6):614-624

Vetterli, M., Kovarevic, J. (1995). *Wavelets and Subband Coding*. Englewood Cliffs, NJ:Prentice Hall.

Vicente, K. J. (1999). *Cognitive Work Analysis: Toward Safe, Productive & Healthy Computer-Based Work*. Mahwah, N. J.: Lawrence Erlbaum Associates.

Vogel, L. H. (2003). Finding value from information technology investments: Exploring the elusive ROI in healthcare. *Journal for Health Information Management*, 17(4):20-28.

Voorhees, E. (1998). Variations in relevance judgments and the measurement of retrieval effectiveness. *Proceedings of the 21st Annual International ACM SIGIR Conference on Research and Development in Information Retrieval*, Melbourne, Australia, pp. 315-323. ACM Press.

Voorhees, E., Harman, D. (2000). Overview of the Sixth Text REtrieval Conference(TREC). *Information Processing and Management*, 36: 3-36.

Voorhees, E., Harman, D. (2001). Overview of TREC 2001. *Proceedings of the Text Retrieval Conference* 2001, Gaithersburg, MD, pp. 1-15.

Vosniadou, S. (1996). *International Perspectives on the Design of Technology-Supported Learning Environments*.: Mahwah, NJ: Lawrence Erlbaum Associates.

Wachter, S. B., Agutter, J., Syroid, N., Drews, F., Weinger, M. B., Westenskow, D. (2003). The employment of an iterative design process to develop a pulmonary graphical display. *J Am Med Inform Assoc*, 10(4):363-372.

Wagner, M. M., Dato, V., Dowling, J. N., Allswede, M. (2003). Representative threats for research in public health surveillance. *J Biomed Informatics*, 36(3):177-88.

Wake, M. M., Murphy, M., Affara, F. A., Lang, N. M., Clark, J., Mortensen, R. (1993). Toward an international classification for nursing practice: A literature review and survey. *International Nursing Review*, 40(3):77-80.

Walker, J., Pan, E., Johnston, D., Adler-Milstein, J., Bates, D. W., Middleton, B. (2004). *The Value of Healthcare Information Exchange and Interoperability*. Boston, MA: Centre for Information Technology Leadership.

Wang, A. Y., Sable, J. H., Spackman, K. A. (2002). The SNOMED clinical terms development process: Refinement and analysis of content. *Proceedings of the AMIA Annual Symp*,pp. 845-9.

Ware, C. (2003). Design as applied perception. In J. M. Carroll(ed.), *HCI Models, Theories and Frameworks*, pp. 11-26. San Francisco, CA: Morgan Kaufmann.

Warner, H. R. (1979). *Computer-Assisted Medical Decision-Making*. New York: Academic Press.

Warner, H. R., Gardner, R. M., Toronto, A. F. (1968). Computer-based monitoring of cardiovascular function in postoperative patients. *Circulation*, 37(4 Suppl):II68-II74.

Warner, H. R., Toronto, A. F., Veasy, L. (1964). Experience with Bayes' theorem for computer diagnosis of congenital heart disease. *Annals of the New York Academy of Science*, 115:2-16.

Warren, J. J., Hoskins, L. M. (1995). NANDA's nursing diagnosis taxonomy: A nursing database, In *Nursing Data Systems: The Emerging Framework*, pp. 49-59 Washington, D. C.: American Nurses Publishing.

Watson, J., Crick, F. (1953). A structure for deoxyribose nucleic acid, *Nature*, 171:737.

Watson, R. J. (1977). A large-scale professionally oriented medical information system: Five years later. *Journal of Medical Systems*, 1:3-16.

Wang, A. Y., Sable, J. H., Spackman, K. A. (2002). The SNOMED clinical terms development process: Refinement and analysis of content. *Proc AMIA Annual Symposium*, pp. 845-849.

Webster, J. G. (ed.)(1988). *Encyclopedia of Medical Devices and Instrumentation*, New York:Wiley.

Weed, L. L. (1969). *Medical Records, Medical Education and Patient Care: The Problem-Oriented Record as a Basic Tool*. Chicago, IL: Year Book Medical Publishers.

Weed, L. L. (1975). Problem-Oriented Medical Information System(PROMIS) Laboratory. In G. A. Giebin & L. L. Hurst(ed.), *Computer Projects in Health Care*. Ann Arbor, MI: Health Administration Press.

Wei, L., Altman, R. B. (1998). Recognizing protein binding sites using statistical descriptions of their 3D environments. *Proceedings of the Pacific Symposium on Biocomputing '98*, Singapore, pp. 497-508.

Weibel, S. (1996). The Dublin Core: A simple content description model for electronic resources. *ASIS Bulletin*, 24(1): 9-11.

Weibel, W. R. (1979). *Stereological Methods*. New York: Academic Press.

Weil, T. P. (2001) *Health Networks: Can They Be the Solution?*, Ann Arbor, Michigan, University of Michigan Press.

Weinberg, A. D. (1973). CAI at the Ohio State University College of Medicine. *Computers in Biology and Medicine*, 3(3):299-305.

Weiner, J., Parente, S., et al. (1995). Variation in office-based quality: A claims-based profile of care provided to Medicare patients with diabetes. *Journal of the American Medical Association*, 273:1503-1508.

Weinfurt, P. T. (1990). Electrocardiographic monitoring: An overview. *Journal of Clinical Monitoring*, 6(2):132-138.

Weinger, M. B., Slagle, J. (2001). Human factors research in anesthesia patient safety. *Proc AMIA Annual Fall Symp*, pp. 756-760.

Weinstein, M. C., Fineberg, H. (1980). *Clinical Decision Analysis*. Philadelphia: W. B. Saunders.

Weissleder, R., Mahmood, U. (2001). Molecular imaging. *Radiology*, 219,316-333.

Wellcome Department of Cognitive Neurology. (2001). *Statistical Parametric Mapping*. (Accessed 2005 at: http://www.fil.ion.ucl.ac.uk/spm/)

Weller, C. D. (1984). "Free Choice" as a restraint of trade in American health care delivery and insurance. *Iowa Law Review*, 69(5):1351-1378 and 1382-1392.

Wennberg, J. (1998). *The Dartmouth Atlas of Health Care in the United States*. Dartmouth Medical School: American Hospital Publishing Inc.

Wennberg, J. E, Cooper, M. M. (eds)(1999). *The Quality of Medical Care in the United States: A Report on the Medicare Program*, Chicago: American Hospital Association.

Wennberg, J., Gittelsohn, A. (1973). Small area variations in health care delivery. *Science*,182(117):1102-1108.

Werley, H. H., Lang, N. M. (eds.)(1988). *Identification of the Nursing Minimum Data Set*. New York: Springer.

Westwood, J. D., Hoffman, H. M., Stredney, D., Weghorst, S. J. (1998). *Medicine Meets Virtual Reality*. Amsterdam: IOS Press.

White, B. Y., Frederiksen, J. R. (1990). Causal model progressions as a foundation for intelligent learning environments. In W. J. Clancey & E. Soloway(eds.), *Artificial Intelligence and Learning Environments* (Special issues of *Artificial Intelligence*), pp. 99-157.

White House (1997). Remarks by President Clinton in Announcement on Immunization-Child Care.

Whitely, W. P., Rennie, D., Hafner, A. W. (1994). The scientific community's response to evidence of fraudulent publication: The Robert Slutsky case. *Journal of the American Medical Association*, 272(2):170-173.

Whiting-O'Keefe, Q. E., Simborg, D. W., Epstein, W. V. (1980). A controlled experiment to evaluate the use of a time-oriented summary medical record. *Medical Care*, 18(8):842-852.

Whiting-O'Keefe, Q. E., Simborg, D. W., Epstein, W. V., Warger, A. (1985). A computerized summary medical record system can provide more information than the standard medical record. *Journal of the American Medical Association*, 254(9):1185-1192.

Widman, L. E., Tong, D. A. (1997). Requests for medical advice from patients and families to health care providers who publish on the World Wide Web. *Archives of Internal Medicine*,15(2):209-212.

Wiederhold, G. (1981). *Databases for Health Care*. New York: Springer-Verlag.

Wiederhold, G., Bilello, M., Sarathy, V., Qian, X. (1996). A security mediator for health care information. *Proceedings of the AMIA Annual Fall Symposium*, Washington, DC, pp. 120-124.

Wiederhold, G., Clayton, P. D. (1985). Processing biological data in real time. *M. D. Computing*,2(6):16-25.

Wilcox, A, Hripcsak, G. (1999) Classification algorithms applied to narrative reports. *Proc AMIA Annual Symposium*, pp. 455-59.

Wildemuth, B., deBliek, R., et al. (1995). Medical students' personal knowledge, searching proficiency, and database use in problem solving. *Journal of the American Society for Information Science*, 46:590-607.

Williams, D., Counselman, F., et al. (1996). Emergency department discharge instructions and patient literacy: a problem of disparity. *American Journal of Emergency Medicine*, 14:19-22.

Williams, R. M., Baker, L. M., Marshall, J. G. (1992). *Information Searching*. Thorofare, NJ: Slack.

Wilson, M. C., Hayward, R. S., Tunis, S. R., Bass, E. B., Guyatt, G. (1995). User's guides to the medical Literature. VIII.: How to use clinical practice guidelines. *JAMA* 274(20):1630-1632.

Wilson, T. (1990). *Confocal Microscopy*. San Diego: Academic Press Ltd.

Wilson, A. L., Hill, J. J., Wilson, R. G., Nipper, K., Kwon, I. W. (1997). Computerized medication administration records decrease medication occurrences. *Pharm Pract Manag Q*, 17(1):17-29.

Winograd, T., Flores, F. (1987). *Understanding Computers and Cognition: A New Foundation for Design*. Reading, MA: Addison-Wesley.

Winston, P. H., Narasimhan, S. (1996). *On to Java*. Reading, MA: Addison Wesley.

Wittenber, J., Shabot, M. M. (1990). Progress report: The medical device data language for the IEEE 1073 medical information bus. *International Journal of Clinical Monitoring and Computing*, 7(2):91-98.

Wong, B. A., Rosse, C., & Brinkley, J. F. (1999). Semi-automatic scene generation using the Digital Anatomist Foundational Model (UW, Trans.). *Proceedings of the AMIA Annual Symposium*, pp. 637-641. Washington, D. C.

Wong, S. T., Tjandra, D., Wang, H., Shen, W. (2003). Workflow-enabled distributed componentbased information architecture for digital medical imaging enterprises. *IEEE Trans Inf Technol Biomed*. 7(3):171-183.

Wood, E. H. (1994). MEDLINE: The options for health professionals. *Journal of the American Medical Informatics Association*, 1(5):372-380.

Woods, R. P., Cherry, S. R., Mazziotta, J. C. (1992). Rapid automated algorithm for aligning and reslicing PET images. *J. Comp. Assisted Tomogr.*, 16:620-633.

Woods, R. P., Mazziotta, J. C., Cherry, S. R. (1993). MRI-PET registration with automated algorithm. *J. Comp. Assisted Tomogr.*, 17:536-546.

Woods, J. W. (ed.)(1991). *Subband Image Coding*. Boston, MA: Kluwer Academic Computer Publishers.

Woolhandler, S., Himmelstein D. U. (1997). Costs of care and administration at for-profit and other hospitals in the United States. *New England Journal of Medicine*, 336(11):769-774.

World Health Organization (1977). *Ninth Edition. International Classification of Diseases Index. Manual for the International Statistical Classification of Diseases*. Geneva: The World Health Organization.

World Health Organization (1992). *International Classification of Diseases Index. Tenth Revision. Volume 1: Tabular List*. Geneva: The World Health Organization.

Wright, P. C., Fields, R. E., Harrison, M. D. (2000). Analyzing human-computer interaction as distributed cognition: The resources model. *Human-Computer Interaction*, 15(1),1-41.

Wyatt, J. C. (1989). Lessons learned from the field trial of ACORN, an expert system to advise on chest pain. *Proceedings of Medinfo* 1989, Singapore, pp. 111-115.

Wyatt, J. C. (1991a). *A Method for Developing Medical Decision-Aids Applied to ACORN, a Chest Pain Advisor*. Unpublished DM thesis, Oxford University.

Wyatt, J. C. (1991b). Use and sources of medical knowledge. *Lancet*, 338(8779):1368-1373.

Wyatt, J. C., Altman, D. G. (1995). Prognostic models: clinically useful, or quickly forgotten? *British Medical Journal*, 311:1539-1541.

Wyatt, J. C., Spiegelhalter, D. (1990). Evaluating medical expert systems: What to test and how? *Medical Informatics*, 15(3):205-217.

Wyatt, J, Wyatt, S. (2003). When and how to evaluate health information systems? *Int J Med Inf*;69: 251-9.

Xu, J., Croft, W. (1996). Query expansion using local and global document analysis. *Proceedings of the 19th Annual International ACM SIGIR Conference on Research and Development in Information Retrieval*, Zurich, Switzerland. ACM Press, pp. 4-11.

Yamazaki, S, Satomura, Y. (2000). Standard method for describing an electronic patient record template: Application of XML to share domain knowledge. *Methods Inf Med*, 39(1):50-5.

Yasnoff, W. A. (2003). Case study: An immunization data collection system for private providers. In O'Carroll, P. W., Yasnoff, W. A., Ward, M. E., Ripp, L. H., Martin, E. L. (eds.): *Public Health Informatics and Information Systems*. New York: Springer-Verlag, pp. 691-709.

Yasnoff, W. A., Miller, P. L. (2003). Decision support and expert systems in public health. In O'Carroll, P. W., Yasnoff, W. A., Ward, M. E., Ripp, L. H., Martin, E. L. (eds.): *Public Health Informatics and Information Systems*. New York: Springer-Verlag, pp. 494-512.

Yasnoff, W. A., Humphreys, B. L., Overhage, J. M., Detmer, D. E., Brennan, P. F., Morris, R. W., Middleton, B., Bates, D. W., Fanning, J. P. (2004). A consensus action agenda for achieving the national health information infrastructure. *J Am Med Informatics Assoc* 11(4): 332-338.

Yasnoff, W. A., O'Carroll, P. W., Koo, D., Linkins, R. W.,

Kilbourne, E. M. (2000). Public Health Informatics: Improving and transforming public health in the information age. *Journal of Public Health Management & Practice*, 6 (6):67-75.

Young, D. W. (1980). An aid to reducing unnecessary investigations. *British Medical Journal*, 281(6225):1610-1611.

Young, F. (1987). Validation of medical software: Present policy of the Food and Drug Administration. *Annals of Internal Medicine*, 106:628.

Young, W. H., Gardner, R. M., East, T. D., Turne, r K. (1997). Computerized ventilator charting: Artifact rejection and data reduction. *International Journal of Clinical Monitoring and Computing*, 14(3):165-176.

Youngner, S. J. (1988). Who defines futility? *Journal of the American Medical Association*, 260(14):2094-2095.

Yu, V. L., Buchanan, B. G., Shortliffe, E. H., Wraith, S. M., Davis, R., Scott, A. C., Cohen, S. N. (1979). Evaluating the performance of a computer-based consultant. *Computer Programs in Biomedicine*, 9(1):95-102.

Yu, V. L., Fagan, L. M., Wraith, S. M., Clancey, W. J., Scott, A. C., Hannigan, J., Blum, R. L., Buchanan, B. G., Cohen, S. N. (1979). Antimicrobial selection by a computer. A blinded evaluation by infectious disease experts. *Journal of the American Medical Association*, 242 (12):1279-1282.

Zachary, W. W., Strong, G. W., Zaklad, A. (1984). Information systems ethnography: Integrating anthropological methods into system design to insure organizational acceptance. In Hendrick, H. W., Brown, O. (eds.), *Human Factors in Organizational Design and Management*, pp. 223-227. Amsterdam: North Holland Press.

Zhang, J. (1997a). Distributed representation as a principle for the analysis of cockpit information displays. *International Journal of Aviation Psychology*, 7(2):105-121.

Zhang, J. (1997b). The nature of external representations in problem solving. *Cognitive Science*, 21(2):179-217.

Zhang, J., Johnson, T. R., Patel, V. L., Paige, D. L., Kubose, T. (2003). Using usability heuristics to evaluate patient safety of medical devices. *Journal of Biomedical Informatics*, 36(1-2):23-30.

Zhang, J., Norman, D. A. (1994). Representations in distributed cognitive tasks. *Cognitive Science*, 18:87-122.

Zhang, J., Patel, V. L., Johnson, K. A., Malin, J. (2002). Designing human-centered distributed information systems. *IEEE Intelligent Systems*, 17(5):42-47.

Zhang, J., Patel, V. L., Johnson, T. R. (2002). Medical error: Is the solution medical or cognitive? *Journal of the American Medical Informatics Association*, 9(6 Suppl): 75-77.

Zielstorff, R. D., Barnett, G. O., Fitzmaurice, J. B., Estey, G., Hamilton, G., Vickery, A., Welebob, E., Shahzad, C. (1996). A decision support system for prevention and treatment of pressure ulcers based on AHCPR guidelines. *Proceedings of the AMIA Annual Fall Symposium*, Washington, DC, pp. 562-566.

Zielstorff, R. D., Hudgings, C. I., Grobe, S. J. (1993). *Next-Generation Nursing Information Systems: Essential Characteristics for Nursing Practice*. Washington, DC: American Nurses Publishing.

Zijdenbos, A. P., Evans, A. C., Riahi, F., Sled, J., Chui, J., Kollokian, V. (1996). Automatic quantification of multiple sclerosis lesion volume using stereotactic space, *Proc. 4th Int. Conf. on Visualization in Biomedical Computing*, pp. 439-448. Hamburg.

Zuriff, G. E. (1985). *Behaviorism: A Conceptual Reconstruction*. New York: Columbia University Press.

Zweigenbaum, P, Courtois, P. (1998). Acquisition of lexical resources from SNOMED for medical language processing. *Proceedings of Medinfo* 1998; Pt 1:586-90.

# 词 汇 表

(方括号中数字表示该词汇出现的章号)

Arden 语法(Arden syntax) [7,20]
ATTENDING [20]
COBOL 语言(COBOL) [7]
DNA 序列数据库(DNA sequence database) [22]
DNA 阵列(DNA arrays) [22]
DXplain [19,20]
IDF * TF 权重(IDF * TF weighting) [19]
II 型错误(Type II error) [11]
I 型错误(Type I error) [11]
MEDLINEplus(MEDLINEplus) [19]
MEDWEAVER(MedWeaver) [19]
MeSH 副主题词(MeSH subheading) [19]
MYCIN [20]
NP 难题(NP hard) [11]
Occam 剃刀原理(Occam's razor) [2]
ONCOCIN [20]
OPAL [20]
PROTéGé [20]
PubMed(PubMed) [19]
TF * IDF 加权(TF * IDF weighting) [19]
Webmedline(WebMedline) [19]
Web 浏览器(Web browser) [5]
XML 格式(XML format) [6]
X 射线晶体衍射(X-ray crystallography) [22]
X 射线摄影术(Radiography) [9]
X 射线影像图(Shadowgraph) [9]
δ 检验(Delta check) [12]
安全套接层(secure sockets layer, SSL) [5]
安全性(security) [5]
安慰剂效应(placebo effect) [11]
按钮(buttons) [5]
按人头支付(capitation) [23]
按人头支付(per capita payment) [23]
按人头支付系统(capitated system) [13,23]
按字母排序(alphabetic ranking) [19]
版权法(copyright law) [10]
帮助插件(helpers plug-ins) [5]
包(packet) [5]
报表生成(report generation) [5]
报告(presentation) [16]
背景问题(background question) [19]
贝叶斯定理(Bayes' theorem) [3]

贝叶斯诊断程序(Bayesian diagnosis program) [20]
本体论(ontology) [9,20]
比特(bit) [5]
比特率(bit rate) [5]
闭环控制(closed-loop control) [17]
边际成本(marginal cost) [23]
边际成本效益比(marginal cost-effectiveness ratio) [11]
编码(数据)(coded) [12]
编码方案(coding scheme) [2]
编译程序(compiler) [5]
边缘定义(perimeter definition) [5]
边缘检测技术(edge-detection technique) [9]
辨别学习(discrimination learning) [21]
变量(variable) [11]
便携文件格式[portable document format(PDF)] [19]
标记(markup) [19]
标引(indexing) [19]
标注语言(markup language) [6]
标准博弈法(standard-gamble) [3]
标准化编码和分类(standardized coding and classification, SCC) [16]
标准开发组织(standards development organization, SDO) [7]
表面变形(surface-based warping) [9]
表面绘制(surface rendering) [9]
表示(representation) [7]
表示层(presentation layer) [18]
表型(phenotype) [22]
病毒(virus) [5]
并行处理(parallel processing) [5]
病理学系统命名法(systematized nomenclature of pathology, SNOP) [2,7]
病历(medical record) [12]
病历表(patient chart) [12]
患者数量绩效标准(volume performance standard, VPS) [23]
波特率(Baud rate) [5]
波形模板(waveform template) [17]
布尔操作符(Boolean operators) [19]
布尔检索(Boolean searching) [19]
部分匹配检索(partial-match searching) [19]
不可计量的津贴和开支(nonquantifiable benefits and

costs)[23]
部门系统(departmental system)[13]
不一致性的度量(measures of discordance)[3]
采购联盟(purchasing coalitions)[23]
彩色分辨率(color resolution)[5]
采样率(sampling rate)[5]
参考文献数据库(literature reference database)[19]
参考信息模型(reference information model, RIM)[7]
操纵杆(joystick)[5]
操作系统(operating system, OS)[5]
测量(measurement)[11]
测量研究(measurement study)[11]
测试(testing)[6]
层叠(tiling)[9]
插件(plug-ins)[5]
查全率(recall)[19]
查询(query)[12,19]
查询公式化(query formulation)[19]
查询和检索(query and retrieval)[21]
产品(product)[10]
产生规则(production rule)[20]
场地(field)[11]
厂商系统(vendor system)[6]
超声(ultrasound, US)[9,18]
超声成像(ultrasound imaging)[9,18]
超声检查术(ultrasonography)[9,18]
超文本(hypertext)[5,19]
超文本标记语言(hypertext markup language, HTML)[5,6,19,20,21]
超文本传输协议(hypertext transfer protocol, HTTP)[5,9]
沉浸仿真环境(immersive simulated environment)[21]
成本收益分析(cost-benefit analysis, CBA)[11]
成本效益分析(cost-effectiveness analysis, CEA)[11]
成本效益阈值(cost-effectiveness threshold)[11]
成本中心(cost center)[23]
成果(outcomes)
成果变量(outcome variable)[11]
成果度量(outcome measure)[11]
成像模态(imaging modality)[9,18]
成型式决策(formative decision)[11]
程序性知识(procedural knowledge)[4]
成员验证(member checking)[11]
持续护理模式(continuum of care)[16]
抽象(abstraction)[7]
出版物类型(publication type)[19]
初级医疗(primary care)[12]
初级医疗把关者(primary care gatekeepers)[23]
触发事件(trigger event)[7]

触觉反馈(haptic feedback)[18]
触觉反馈(tactile feedback)[5]
触摸屏(touch screen)[5]
传感器(transducer)[17]
传输控制协议/互联网协议(transmission control protocol/internet protocol, TCP/IP)[5]
传闻证据(hearsay evidence)[10]
床边医疗系统(point-of-care system)[13]
辞典编纂(lexicography)[8]
词法(morphology)[8]
语法分析树(parse tree)[8]
词根还原(stemmed)[19]
磁共振成像(magnetic resonance imaging, MRI)[5,9,18]
词汇(vocabulary)[4,7]
词汇统计检索(lexical-statistical retrieval)[19]
词加权(term weighting)[19]
磁盘(magnetic disk)[5]
词频[term frequency(TF)][19]
词条(term)[19]
词位(lexeme)[8]
词性标注(part of speech tagging)[8]
大型网络(large-Scale Networking)[1]
大宗医疗保险(major medical insurance)[23]
代表性(representativeness)[3]
带宽(bandwidth)[1,5]
单核苷酸多态性(single nucleotide polymorphism, SNP)[22]
单位剂量配药(unit-dose dispensing)[13]
单用户系统(single-user system)[5]
蛋白质系统分类(systematic classification of proteins, SCOP)[22]
蛋白质序列数据库(protein-sequence database)[22]
蛋白质组学(proteomics)[22]
当前净值(net present value, NPV)[11]
倒排索引(inverted index)[19]
导医护士(advice nurse)[23]
低阶处理(low-level process)[1]
第二代互联网(Internet 2)[1]
第三方托管(escrow)[5]
地址(address)[5]
点式医疗服务(point of service, POS)[23]
电荷耦合器件照相机[charge coupled device(CCD) camera][9]
电离辐射(ionizing radiation)[9]
电气与电子工程师协会(Institute of Electrical and Electronics Engineers, IEEE)[7,17]
电泳(electrophoresis)[22]
电子健康记录(electronic health record, EHR)[12]

电子健康记录系统(electronic health record system) [12]
电子教科书(electronic textbook) [20]
电子数据交换(electronic data interchange, EDI) [4]
电子邮件的头(header of e-mail) [5]
电子邮件的正文(body of e-mail) [5]
电子长、纸本短系统(electronic-long, paper-short system, ELPS) [19]
订单输入系统(order-entry system) [1]
定向研究论题(orienting issues) [11]
定向研究问题(orienting questions) [11]
定性整理(qualitative arrangement) [18]
定制设计的系统(custom-designed system) [6]
动态规划(dynamic programming) [22]
都柏林核心元数据计划(Dublin Core Metadata Initiative, DCMI) [19]
独立(independence) [3]
渎职(malpractice) [10]
短期开支(short-run cost) [23]
断词(tokenization) [8]
对比分辨率(contrast resolution) [5,9]
队列(queue) [5]
对照(者,组)(controls) [11]
多处理(multiprocessing) [5]
多道程序设计(multiprogramming) [5]
多副本安全存储(lots of copies keep stuff safe, LOCKSS) [19]
多媒体内容(multimedia content) [19]
多模态图像融合(multimodality image fusion) [9]
多普勒频移(Doppler shift) [18]
多数意见(consensus opinion) [11]
多用户系统(multiuser system) [5]
多用途互联网邮件扩展(multipurpose Internet mail extensions, MIME) [5]
多轴性术语(multi-axial terminology) [7]
二次文献(secondary knowledge-based information) [19]
二级医疗(secondary care) [13]
二进制(binary) [5]
发送端(sender) [7]
发送垃圾邮件(spamming) [5]
法定传染病(notifiable disease) [15]
法律问题(legal issues) [10]
反馈(feedback) [21]
反锐化掩模(unsharp masking) [9]
反向投影法(back-projection) [9]
泛空格符(white space) [19]
范围检查(range check) [12]
防火墙(firewall) [5]
仿真(simulation) [21]
放射信息系统(RIS) [7,18]

放射性同位素(radioactive isotope) [9]
放射学(radiology) [9,18]
非电离辐射(nonionizing radiation) [9]
非结构化访谈(unstructured interview) [11]
肺活量测定(spirometry) [17]
费用(charges) [23]
分布式计算机系统(distributed computer system) [13]
分布式认知(distributed cognition) [4]
分段安装(phased installation) [6]
分割(segmentation) [9]
分阶段评价(staged evaluation) [11]
分配偏倚(allocation bias) [11]
分时模式(time-sharing mode) [5]
分子成像(molecular imaging) [9]
风险态度(risk attitude) [3]
风险中性(risk-neutral) [3]
冯·诺依曼计算机(von Neuman machine) [5]
服务(service) [10]
服务器(server) [5]
服务台(service bureau) [13]
符号程序设计语言(symbolic programming language) [5]
福利计划(service benefit) [23]
傅里叶变换(Fourier transform) [18]
副主题词(subheading) [19]
改进(refinement) [19]
概率(probability) [3]
概率关系(probabilistic relationship) [3]
概念(concept) [19]
概念知识(conceptual knowledge) [4]
高级研究计划署网络(advanced research projects agency network, ARPANET) [1,5]
高阶处理(high-level process) [1]
造型的评估(formative evaluation) [21]
个人计算机(personal computer, PC) [5,21]
个体行医协会(individual practice association, IPA) [23]
个体基准率(individual baseline rate) [2]
公共健康信息学(public health informatics) [1]
公共健康(public health) [10,15]
公共医学中心(PubMed Central) [19]
功能磁共振成像(functional magnetic resonance imaging, fMRI) [9]
功能图像(functional image) [9]
功能映射(functional mapping) [9,18]
功效(efficacy) [11]
公钥密钥加密(public-key cryptography) [5]
工作记忆(working memory) [4]
工作站(workstation) [5]
共同保险(coinsurance) [23]

供应者描述系统(provider-profiling system)[13]
骨干计划(skeletal plans)[20]
骨干链路(backbone links)[5]
骨干网(backbone network)[1]
谷歌(Google)[19]
固定费用(fixed fee)[12]
固定开支(fixed cost)[23]
关键字段(key field)[5]
管理(management)[20]
管理式竞争(managed competition)[23]
惯常盛行合理的(customary, prevailing, and reasonable)[23]
光(light)[9]
光笔(light pen)[5]
光标(cursor)[5]
光缆(fiber-optic cable)[5,18]
光盘(compact disk, CD)[5]
光盘(optical disk)[5]
光盘只读存储器(compact-disk read-only memory, CD-ROM)[5]
光纤电缆(fiber-optic cable)[5,18]
光栅扫描显示(raster-scan display)[9]
广域网(wide-area network, WAN)[5,18]
归档存储设备(archival storage)[5]
规范术语(terminology authority)[13]
规范形式(canonical form)[19]
轨迹球(track ball)[5]
国际疾病分类第九版——临床修正版(Ninth International Classification of Diseases - Clinical Modification, ICD-9-CM)[7]
国家标准和技术学会(National Institute for Standards and Technology, NIST)[19]
国家健康信息基础设施(National Health Information Infrastructure, NHII)[1]
国家生物技术信息中心(National Center for Biotechnology Information, NCBI)[19]
国家实践指南交流中心(National Guidelines Clearinghouse)[19]
国家数字信息基础设施保护计划(National Digital Information Infrastructure Preservation Program(NDIIPP))[19]
国家信息标准组织(National Information Standards Organization, NISO)[19]
过程度量(process measure)[11]
过失理论(negligence theory)[10]
还原法(reductionist approach)[22]
行为主义(behaviorism)[4]
核磁共振(nuclear magnetic resonance, NMR)[9]
合同管理系统(contract-management system)[13]

核医学成像(nuclear-medicine imaging)[9]
宏(macro)[5]
后基因组时代(postgenomic era)[9]
后基因组学数据库(postgenomic database)[22]
后验概率(posterior probability)[3]
后组式语言(postcoordination)[7]
弧(在影响图中)[arc(in an influence diagram)][3]
互操作性(interoperability)[19]
互斥(mutually exclusive)[3]
护理标准(standard of care)[10]
护理干预(nursing intervention)[16]
护理和联合保健文献累积索引(cumulative index to nursing and allied health literature, CINAHL)[19]
护理和联合保健文献累积索引主题词(CINAHL subject headings)[19]
护理信息系统(nursing information system, NIS)[16]
护理信息学(nursing informatics)[16]
互联网(Internet)[5]
互联网(或 IP)地址[Internet(or IP) address][5]
互联网标准(Internet standards)[5]
互联网服务提供商(Internet service provider, ISP)[5]
互联网消息访问协议(Internet Mail Access Protocol, IMAP)[5]
患病率(prevalence)[2,3]
唤起强度(evoking strength ES)[20]
患者的特定信息(patient-specific information)[19]
患者分诊(patient triage)[13]
患者跟踪应用(patient-tracking application)[13]
患者护理系统(patient care system)[16]
患者记录(patient record)[12]
患者监测(patient monitoring)[17]
患者监测器(patient monitor)[17]
灰阶(gray scale)[5]
回顾性病历审查(retrospective chart review)[2]
回顾性研究(retrospective study)[12]
回顾性支付(retrospective payment)[23]
汇编程序(assembler)[5]
汇编语言(assembly language)[5]
获得性免疫缺陷综合征(艾滋病)(acquired immunodeficiency syndrome, AIDS)[3,15,21]
霍桑效应(Hawthorne effect)[11]
基本范围检索(set-based searching)[19]
基本线性比对搜索技术(basic linear alignment and search technique, BLAST)[22]译注:原文 774 页是 Basic Local Alignment Search Tool
基础科学(basic science)[1]
基础研究(basic research)[1]
击打式打印机(impact printer)[5]
基带传输(baseband transmission)[5]

机构审查委员会(Institutional review board, IRB)[5,8]
机会成本(opportunity cost)[23]
机会结(chance node)[3]
机密性(confidentiality)[5,10]
机器代码(machine code)[5]
机器翻译(machine translation)[8]
机器语言(machine language)[5]
基线测量(baseline measurement)[11]
基因(gene)[22]
基因数据(genetic data)[10]
基因型(genotype)[22]
基因组(genome)[22]
基因组数据库(genomics database)[19]
基因组学(genomics)[22]
基于比较的方法(comparison-based approach)[11]
基于计算机的教育(computer-based education, CBE)[21]
基于计算机的医嘱录入(computer-based physician order entry, CPOE)[13]
基于链接的标引(link-based indexing)[19]
基于目标的方法(objectives-based approach)[11]
基于体积的变换(volume-based warping)[9]
基于知识的系统(knowledge-based system)[10,20]
基于转换的学习(transformation-based learning)[8]
基于资源的相对价值尺度(resource-based relative value scale, RBRVS)[23]
基准率(baseline rate)[2]
激光打印机(laser printer)[5]
诊断相关组(diagnosis-related group, DRG)[7,16,23]
即时信息模型("just in time" information model)[19]
吉字节(Gigabyte)[5]
集成电路(integrated circuit, IC)[5]
集团模式健康维护组织(group-model HMO)[23]
记录(record)[5]
技术评估(technology assessment)[11]
技术特性(technical characteristics)[11]
计算机X射线摄影术(Computed radiography)[9]
计算机程序(computer program)[5]
计算机断层摄影(computed tomography, CT)[5,9,12,18]
计算机辅助教学(computer-aided instruction, CAI)[21]
计算机辅助学习(computer-assisted learning)[21]
计算机患者监测器(computer-based patient monitor)[17]
计算机监测(computer-based monitoring)[17]
计算机解释(computer interpretation)[12]
计算机体系结构(computer architecture)[5]
计算机系统(computer system)[6]
计算检验(computed check)[12]
记忆棒(memory stick)[5]
寄存器(register)[5]

加密(encryption)[1,5]
加密编码(cryptographic encoding)[5]
加密的(encrypted)[1]
假设演绎法(hypothetico-deductive approach)[2]
假阳结果(FP)[false-positive result(FP)][3]
假阳率(FPR)[false-positive rate(FPR)][3]
假阴结果(FN)(false-negative result, FN)[3]
假阴率(FNR)(false-negative rate, FNR)[3]
监测(surveillance)[15]
监督学习(supervised learning)[20]
间断监测(intermittent monitoring)[17]
间接费用(overhead)[23]
间接护理(indirect care)[16]
监视(监控)(surveillance)[12,15]
检验解释偏倚(test interpretation bias)[3]
检查表效应(checklist effect)[11]
简单邮件传输协议(simple mail transport protocol, SMTP)[5]
检索(retrieval)[19]
检索器(entrez)[19]
检索中介(search intermediary)[19]
检验的敏感度(sensitivity of a test)[2,3]
检验的特异度(specificity of a test)[2,3]
检验提名偏倚(test referral bias)[3]
鉴别(authentication)[5]
鉴别诊断(differential diagnosis)[2]
渐进主义者(incrementalist)[11]
健康安全法案(Health Security Act)[23]
健康保险携带和责任法案(Health Insurance Portability and Accountability Act, HIPAA)[5]
健康网[Health on the Net(HON)][19]
健康维护组织(Health Maintenance Organization, HMO)[7,23]
健康信息基础设施(Health information infrastructure)[15]
健康医疗信息系统(health care information system, HCIS)[13]
键盘(keyboard)[5]
交叉验证(cross validation)[17]
交换机(switch)[5]
脚本(script)[5]
角色受限的访问(role-limited access)[5]
接近性检索(proximity searching)[19]
接口引擎(interface engine)[12,13]
接收端(receiver)[7]
节点(node)[5]
结构比对(structural alignment)[22]
结构（学习方法）[constructive(approach to learning)][21]

结构化查询语言(structured query language, SQL)[5]
结构化程序设计(structured programming)[6]
结构化访谈(structured interview)[11]
结构化就诊表(structured encounter form)[12]
结构化内容(structured content)[21]
结构化数据(structured data)[8]
结构信息学(structural informatics)[1,9]
结果报告(results reporting)[13]
结果事件(conditioned event)[3]
结果数据(outcomes data)[10]
解密(decryption)[1]
解释程序(interpreter)[5]
解题程序(problem solver)[20]
介入放射学(interventional radiology)[18]
金标准检测(gold-standard test)[3]
紧急的(emergent)[11]
禁用词表(stop-word list)[19]
禁用词辞典(negative dictionary)[19]
精度(precision)[5,19]
精确匹配搜索(exact-match searching)[19]
警示消息(alert message)[12]
局域网(local-area network, LAN)[5,18]
句法的(syntactic)[19]
句法(syntax)[5,8]
卷积(convolution)[9]
决策分析(decision analysis)[20]
决策辅助方法(decision facilitation approach)[11]
决策节点(decision node)[3]
决策树(decision tree)[3]
开放档案倡议(Open Archives Initiative)[19]
开放源(open source)[12]
开放政策(open policy)[7]
开环控制(open-loop control)[16]
看护计划(Nursing Care Plan)[16]
抗生素辅助程序(antibiotic-assistant program)[17]
可变开支(variable cost)[23]
可变内存(variable memory)[5]
可变形模型(deformable model)[9,18]
可读性(readability)[19]
可计算性理论(computability theory)[1]
可靠性(reliability)[1]
可扩展标记语言(extensible markup language, XML)[19]
可理解性和控制权(comprehensibility and control)[5]
可确认性(accountability)[5]
可视人计划(Visible Human Project)[19]
可用性(availability)[5]
可用性(usability)[4]
客观主义(objectivist)[11]
客户端-服务器(client - server)[5]

空间分辨率(spatial resolution)[5,9]
口语报告分析(protocol analysis)[4]
跨学科护理(interdisciplinary care)[16]
跨学科护理(multidisciplinary care)[17]
快速医学参考(quick medical reference, QMR)[20,21]
宽带传输(broadband transmission)[5]
扩展二进制编码的十进制交换码(extended binary coded decimal interchange code, EBCDIC)[7]
扩展搜索(explosion)[19]
老年保健医疗制(Medicare)[23]
累积ROC曲线(summary ROC curve)[3]
类型检查(type checking)[5]
类型学(typology)[11]
离线设备(offline device)[5]
理解备忘录(memorandum of understanding)[11]
历史对照试验(historically controlled experiment)[11]
联机设备(online device)[5]
连续语音识别(continuous-speech recognition)[12]
量化(quantitation)[9]
列联表(contingency table)[3]
临床决策支持系统(clinical decision-support system)[20]
临床路径(clinical pathway)[13,16]
临床判断(clinical judgment)[10]
临床实践指南(clinical practice guidelines)[4,20]
临床试验(clinical trials)[1]
临床数据仓库(clinical data repository, CDR)[13]
临床文献库(clinical document architecture, CDA)[19]
临床相关群体(clinically relevant population)[3]
临床信息系统(clinical information system, CIS)[13]
临床信息学(clinical informatics)[1,16]
临床修正版(clinical modifications)[7]
临床亚组(clinical subgroup)[3]
临床研究(clinical research)[10]
临床预测规则(clinical prediction rule)[3]
临床专家系统(clinical expert system)[10,20]
零假设(null hypothesis)[11]
令牌环(token ring)[5]
流程图(flowsheet)[12]
流行病学(epidemiology)[1,15]
浏览(browsing)[5]
浏览器(browser)[6]
留用系统(legacy system)[13]
路由器(router)[5]
伦理学(ethics)[10]
逻辑链路控制(logical link control, LLC)[7]
逻辑实证主义(logical positivism)[4]
逻辑实证主义者(logical-positivist)[11]
螺旋模型(spiral model)[6]
滤波算法(filtering algorithm)[5]

马尔可夫模型(Markov model)[3,8]
马尔可夫周期(Markov cycle)[3]
锚定与调整(anchoring and adjustment)[3]
美国疾病控制和预防中心(Centers for Disease Control and Prevention，CDC)[2,15]
美国信息交换标准代码(American Standard Code for Information Interchange，ASCII)[5]
美国医学索引(Index Medicus)[19]
每秒吉比特(Gigabits per second，Gbps)[5]
每秒兆比特数(Megabits per second，Mbps)[5]
门诊病历系统(ambulatory medical record system，AMRS)[13]
免赔额(deductible)[23]
免疫登记(immunization registries)[15]
面向对象的程序设计(object-oriented programming)[6]
面向对象的数据库(object-oriented database)[22]
面向问题的病历(problem-oriented medical record，POMR)[12]
描述性(或非对照的)研究[descriptive(or uncontrolled) study][11]
敏感度分析(sensitivity analysis)[3]
敏感度计算(sensitivity calculation)[3]
名称服务器(name-server)[5]
命名法(nomenclature)[2,4,7]
命题(proposition)[4]
模板图集(template atlas)[9]
模块化计算机系统(modular computer system)[13]
模拟信号(analog signal)[5]
模式(schema)[5]
模式检验(pattern check)[12]
模式识别(pattern recognition)[16]
模数转换(analog-to-digital conversion，ADC)[5,17]
模型(phantom)[9]
默克索引(Merck Medicus)[19]
目录(content)[19]
目录架构(content structuring)[19]
难获取性(inaccessibility)[12]
脑磁图(magnetoencephalography，MEG)[9]
脑电图(electroencephalography，EEG)[9]
内存(memory)[5]
内核(kernel)[5]
内联网(Intranet)[1]
内容概要(synoptic content)[19]
内在有效性(internal validity)[11]
逆文件频率(inverse document frequency，IDF)[19]
年代表(chronology)[19]
黏着语素(bound morpheme)[8]
排序(ranking)[19]
派生参数(derived parameter)[17]

派生语素(derivational morpheme)[8]
赔偿保险(indemnity insurance)[23]
比率(odds)[3]
比率公式(odds-ratio form)[3]
比率似然公式(odds-likelihood form)[3]
配准(registration)[9]
喷墨打印机(ink-jet printer)[5]
批模式(batch mode)[5]
匹配(matching)[19]
偏倚(bias)[3,11]
拼写检查(spelling check)[12]
频率权重(frequency weight，FW)[20]
谱偏倚(spectrum bias)[3]
评估(evaluation)[11,19,21]
评估偏倚(assessment bias)[11]
平均精度(mean average precision(MAP))[19]
瀑布模型(waterfall model)[6]
期望值(expected value)[3]
期望值决策制定(expected-value decision making)[3]
启发式(heuristic)[2]
启发式评估(heuristic evaluation)[4]
企业主患者索引(enterprise master patient index，EMPI)[13]
千字节(kilobyte)[5]
前端应用程序(front-end application)[5]
前-后研究(before-after study)[11]
前景问题(foreground question)[19]
前瞻性研究(prospective study)[2,12]
先组式语言(precoordination)[7]
强制(coercion)[5]
情况行动规则(situation-action rules)[20]
区域检测技术(region-detection techniques)[9]
区域健康信息网(Regional Health Information Network，RHIN)[13,15]
区域健康信息组织(Regional Health Information Organization，RHIO)[15]
区域网络(regional network)[5]
屈折语素(inflectional morpheme)[8]
全面显示(full disclosure)[17]
全文目录(full-text content)[19]
全文数据库(full-text database)[19]
全域处理(global processing)[9]
确证(validation)[6]
人工标引(manual indexing)[19]
人工神经网络(artificial neural network，ANN)[20]
人工智能(artificial intelligence，AI)[1,20,21]
人机交互(human-computer interaction，HCI)[4]
人口地图册(population-based atlas)[9]
人类基因组计划(Human Genome Project)[22]

人类免疫缺陷病毒(human immunodeficiency virus, HIV)[5,7,15,21]
人种学(ethnography)[11]
任务(task)[11]
认证(credentialing)[14]
认知负荷(cognitive load)[4]
认知启发法(cognitive heuristics)[3]
认知科学(cognitive science)[1,4]
认知制品(cognitive artifacts)[4]
认知走查(cognitive walkthrough)[4]
蠕虫(worm)[5]
入院、出院和转院(admission-discharge-transfer, ADT)[13]
软件(software)[5,6]
软件工程(software engineering)[6]
软件疏漏委员会(Software-Oversight Committees)[10]
软盘(floppy disk)[5]
三级医疗(tertiary care)[13]
三维结构信息(three-dimensional-structure information)[22]
三维重建和可视化(three-dimensional reconstruction and visualization)[9]
散列(hashing)[19]
扫描(screening)[9]
闪存卡(flash card)[5]
商业服务(business services)[6]
上下文无关文法(context-free grammar)[8]
上下无关语法(probabilistic context-free grammar)[8]
社区健康信息网络(Community Health Information Network, CHIN)[10,15]
神经信息学(neuroinformatics)[9]
审定模型(critiquing model)[20]
审定系统(critiquing system)[20]
审计追踪(audit trail)[5]
生产力成本(productivity cost)[11]
生命体征(vital signs)[17]
生物测定标识物(biometric identifier)[6]
生物计算(biocomputation)[1]
生物模型数据库(model organism database)[19]
生物信息学(bioinformatics)[10,22]
生物医学工程(biomedical engineering)[1]
生物医学计算(biomedical computing)[1]
生物医学信息科学与技术倡议(Biomedical Information Science and Technology Initiative, BISTI)[1]
生物医学信息学(biomedical informatics)[1]
生物医学中心(Biomed Central)[19]
时间分辨率(temporal resolution)[9,18]
时间减影法(temporal subtraction)[9]
时间权衡(time trade-off)[3]

实践管理系统(practice management system, PMS)[13]
美国食品和药品监督管理局(Food and Drug Administration, FDA)[10,17,20]
实施阶段(implementation phase)[6]
实时采集(real-time acquisition)[5]
实验科学(experimental science)[1]
视觉类比量表(visual-analog scale)[3]
世界知识产权组织(World Intellectual Property Organization, WIPO)[19]
视频显示终端(video display terminal, VDT)[5]
似然比(likelihood ratio, LR)[3]
事实性知识(factual knowledge)[4]
视图(view)[5,12]
视图模式(view schemas)[5]
事务集(transaction set)[7]
收费中心(revenue center)[13]
授权(authorization)[5]
受试者(subject)[11]
受试者工作特征曲线[(receiver operating characteristic (ROC) curve][3]
输出(output)[5,6]
疏忽法(Negligence Law)[20]
书目目录(bibliographic content)[19]
书目数据库(bibliographic database)[19]
输入(input)[6]
输入数字(import number)[20]
输入条目(entry term)[19]
鼠标(输入设备)[mouse(input device)][5]
数据(datum)[2]
数据变换(data transformation)[16]
数据标准(data standard)[7,16]
数据捕获(data capture)[12]
数据仓库(data warehouse)[13]
数据层(data layer)[13]
数据超载(data overload)[17]
数据处理(data processing)[16]
数据存储(data storage)[16]
数据独立性(data independence)[5]
数据获取(data acquisition)[16]
数据记录(data recording)[2]
数据加密标准(data encryption standard, DES)[5]
数据交换标准(data interchange standards)[7]
数据库(database)[2,5]
数据库管理系统(database management system, DBMS)[5]
数据库中介(database mediator)[20]
数据流(data flow)[6]
数据流程图(data flow diagram, DFD)[6]
数据压缩(data compression)[18]

数据转录(data transcription)[12]
数据总线(data bus)[5]
树谱(tree)[19]
术语服务(terminology services)[13]
术语学(terminology)[7]
数字X射线摄影术(digital radiography)[9]
数字对象标识(digital object identifier(DOI))[19]
数字放射学(digital radiology)[18]
数字计算机(digital computer)[5]
数字视频光盘(digital video disk, DVD)[5,21]
数字通用光盘(digital versatile disk, DVD)[5]
数字图书馆(digital library)[19]
数字信号(digital signal)[5]
数字信号处理芯片[digital signal processing(DSP) chip][5]
数字影像(digital image)[9,18]
数字影像采集(digital acquisition of images)[18]
数字用户线路(digital subscriber line, DSL)[5]
数字资源长期保持联盟(Digital Preservation Coalition)[19]
双绞线(twisted-pair wires)[5]
双盲(double-blind)[2]
水平(level)[11]
私钥密钥加密(secret-key cryptography)[5]
算法(algorithm)[1]
随机存取存储器(random-access memory, RAM)[5,18]
随机地(randomly)[2]
随机化(randomization)[11]
随机临床试验(randomized clinical trial, RCT)[2]
索引(index)[19, 21]
索引属性(index attribute)[19]
索引项(index item)[19]
所指(referent)[8]
所指表达(referential expression)[8]
探路者(pathfinder)[20]
特异病征性的(pathognomonic)[2,20]
特征词(check tag)[19]
特征分类(classification of features)[9]
特征提取(feature extraction)[17]
提名偏倚(referral bias)[3]
提示系统(reminder systems)[20]
体绘制(volume rendering)[9]
体素(voxel)[9]
条件独立(conditional independence)[3]
条件概率(conditional probability)[3]
条件事件(conditioning event)[3]
调频(frequency modulation)[5]
调试程序(debugger)[5]
调制解调器(modem)[5]

贴现(discounting)[11]
通常、习惯和合理的费用(usual, customary, and reasonable fee)[23]
通配符(wildcard character)[19]
通信(计算机)[communication(computer)][5]
通用工作站(universal workstation)[13]
同行评议(peer review)[19]
同时对照(simultaneous controls)[11]
同时访问(simultaneous access)[5]
同义词(synonymy)[19]
同轴电缆(coaxial cable)[18]
元分析(meta-analysis)[3]
统计软件(statistical package)[11]
统计寿命(statistical life)[11]
统计误差(statistical error)[11]
统一医学语言系统语义网(UMLS Semantic Network)[19]
统一资源标识符(uniform resource identifier, URI)[19]
统一资源定位器(uniform resource locator, URL)[5]
统一资源名(uniform resource name, URN)[19]
投影(projection)[9]
图标(icon)[5]
途径(pathways)[1]
图式认知科学(schema cognitive science)[4]
图像操作(image manipulation)[9,18]
图像处理(image processing)[9,18]
图像存档和通讯系统(picture-archiving and communication system, PACS)[18]
图像管理(image management)[9,18]
图像归档和通讯系统工作台(picture-archiving and communication system workbench)[7,18]
图像生成(image generation)[9,18]
图像增强(image enhancement)[9,18]
图像整合(image integration)[9]
图形编辑器(graphic editor)[5]
图形用户界面(graphical user interface, GUI)[4,5]
脱氧核糖核酸(deoxyribonucleic acid, DNA)[22]
拓扑结构(topology)[5]
外部路由器(external router)[5]
外部有效性(external validity)[11]
万维网(World Wide Web, WWW)[5]
网关(gateway)[5]
网际控制消息协议(Internet Control Message Protocol, ICMP)[5]
网际协议(Internet Protocol, IP)[5]
网络超媒体(network-based hypermedia)[19]
网络堆栈(network stack)[5]
网络访问提供商(network access provider)[5]
网络节点(network node)[5]

网络模式健康维护组织(network-model HMO)[23]
网络拓扑结构(network topology)[5]
网络协议(network protocol)[5]
网桥(bridge)[5]
网页分级标引[PageRank(PR) indexing][19]
网站目录(web catalog)[19]
微阵列芯片(microarray chip)[22]
维护阶段(maintenance phase)[6]
维特比算法(Viterbi algorithm)[8]
谓词演算(predicate calculus)[4]
卫生保健组织(Health care organizations,HCO)[13]
位图(bit map)[9]
文本编辑器(text editor)[5]
文本分析(text parsing)[8]
文本检索(text-word searching)[19]
文本检索会议(Text Retrieval Conference,TREC)[19]
文本扫描设备(text-scanning devices)[5]
文本生成(text generation)[8]
文件(file)[5]
文件传输协议(File Transfer Protocol,FTP)[5]
文件服务器(file server)[5]
问题空间(problem space)[4]
无创监测技术(noninvasive monitoring technique)[17]
无干扰式测量(unobtrusive measures)[11]
无目标法(goal-free approach)[11]
无损压缩(lossless compression)[18]
细度(granularity)[19]
细化阶段(specification phase)[6]
系统(system)[6]
系统程序(system programs)[5]
系统回顾(review of systems)[2]
系统集成(system integration)[6]
系统聚合(system aggregation)[19]
系统审查表(system review form)[2,12]
系统综述(systematic review)[19]
下一代互联网(next generation Internet)[1]
先验概率(prior probability)[3]
显示(display)[19]
显示器(display monitor)[5]
现场访问(site visit)[11]
限定亏损覆盖(stop-loss coverage)[23]
现时值(present value,PV)[23]
相对查全率(relative recall)[19]
相关反馈(relevance feedback)[19]
相关性排序(relevance ranking)[19]
向量空间模型(vector-space model)[19]
像素(pixel)[5,9,18]
消费者健康信息学(consumer health informatics,CHI)[10,14]

小波压缩(wavelet compression)[9,18]
小程序(applets)[5]
效用(utility)[3,20]
效用回顾(utilization review)[13]
协议(protocol)[5,20]
心电图(electrocardiogram,ECG)[5,7,17]
心智模式(mental models)[4]
信号伪差(signal artifact)[17]
信念网络(belief network)[3,20]
信息(information)[2]
信息服务(informational services)[6]
信息检索(information retrieval,IR)[8]
信息检索数据库(information retrieval database)[8]
信息论(information theory)[1]
信息提取(information extraction)[8]
信息需求(information need)[19]
信息掌握(infomastery)[19]
信息资源(information resources)[11]
信息资源图(information sources map,ISM)[19]
形式系统分析(formal systems analysis)[11]
形态测量学(morphometrics)[9,18]
姓名权限(name authority)[13]
虚拟内存(virtual memory)[5]
虚拟寻址(virtual addressing)[5]
虚拟专用网(virtual private network,VPN)[5]
序列比对(sequence alignment)[22]
序列信息(sequence information)[22]
选择偏倚(selection bias)[11]
选择性(selectivity)[2]
血管造影术(angiography)[9,18]
循证医学(evidence-based medicine,EBM)[10,19]
循证医学数据库(EBM database)[19]
练习与实践(drill and practice)[21]
教练系统(coaching system)[21]
压力传感器(pressure transducer)[17]
延迟(latency)[1]
严格产品责任(strict product liability)[10,20]
研究方案(study protocol)[11]
研究协议(research protocol)[2]
研究群体(study population)[3]
演示研究(demonstration study)[11]
验后概率(post-test probability)[3]
验前概率(pretest probability)[3]
阳性预测值(positive predictive value,PV+)[3]
样本损耗率(sample attrition rate)[11]
药代动力学参数(pharmacokinetic parameters)[20]
药房信息系统(pharmacy information system)[13]
药品福利管理者(pharmacy benefits manager,PBM)[24]

要求分析(requirements analysis)[6]
药物代谢动力学(pharmacokinetics)[1,20]
液晶显示(liquid crystal display, LCD)[5,17]
页面(page)[5]
业务逻辑层(business logic layer)[13]
一词多义(polysemy)[19]
一次写入多次读取(write once, read many, WORM)[5]
一次性写入系统(write-it-once system)[12]
医患关系(professional - patient relationship)[10]
一键式系统(turnkey system)[6]
医疗补助制度(medicaid)[23]
医疗管理(medical management)[13]
医疗健康信息传输与交换标准(Health level 7, HL7)[1,7,12]
医疗连续性(continuity of care)[2]
医疗团队(health care team)[2]
医疗信息总线(medical information bus, MIB)[7,17]
医生医院组织(Physician-hospital organization, PHO)[23]
一体化医学语言系统(unified medical language system, UMLS)[2,7,9,18,19]
医学计算(medical computing)[1]
医学计算机科学(medical computer science)[1]
医学逻辑模块(medical logic module, MLM)[20]
医学数据(medical datum)[2]
医学数字成像和通信标准(digital imaging and communications in medicine, DICOM)[18]
医学文献分析和检索系统(medical literature analysis and retrieval system, MEDLARS)[19]
医学文献分析与检索在线系统(MEDLARS online, MEDLINE)[19]
医学文摘(excerpta medica)[19]
医学文摘数据库(EMBASE)[19]
医学文摘主题词表系统(EMTREE)[19]
医学系统命名法(Systematized Nomenclature of Medicine, SNOMED)[2,7]
医学信息科学(medical information science)[1]
医学信息学(medical informatics)[1]
医学主题词表(medical subject headings, MeSH)[7,19]
医院信息系统(hospital information system, HIS)[1,5,6,7,12]
一致性(检验结果)[concordant(test results)][3]
一致性检验(consistency check)[12]
一致性度量(measures of concordance)[3]
医嘱录入(order entry)[13]
以太网(Ethernet)[5]
异步传输模式(asynchronous transfer mode, ATM)[5]
艺术批评法(art criticism approach)[11]
易失的(volatile)[5]

因变量(dependent variable)[11]
阴极射线显示器(cathode-ray tube, CRT)[5,17]
阴性预测值(negative predictive value, PV-)[3]
引导(guidance)[21]
引导程序(bootstrap)[5]
隐私权(privacy)[5,10]
隐私增强邮件协议(privacy-enhanced mail protocol, PEM)[5]
引文数据库(citation database)[19]
荧光透视法(fluoroscopy)[9]
影响图(influence diagram)[3,20]
影像信息学(imaging informatics)[1,9,18]
影像资料库(image database)[19]
应答-阐释性方法(responsive-illuminative approach)[11]
硬件(hardware)[5,6]
硬盘(harddisk)[5]
应用程序(application program)[5]
应用研究(applications research)[1]
用户(customer)[6]
用户电话交换机(private branch exchange, PBX)[5]
用户界面(user interface)[8]
用户界面层(user-interface layer)[13]
优先提供者保险(preferred-provider insurance, PPI)[23]
优先提供者组织(preferred-provider organization, PPO)[7,23]
邮件列表(mailing list)[5]
邮件列表服务器(listserver)[5]
邮局协议(Post Office Protocol, POP)[5]
有创监测技术(invasive monitoring technique)[17]
有声思维法(think-aloud protocols)[4]
有损压缩(lossy compression)[18]
有限状态机(finite state machine)[8]
有限状态自动机(finite state automaton)[8]
有效性检验(validity check)[12]
语法(grammar)[8]
语境(context)[19]
语境缺乏(context deficit)[19]
语素(morpheme)[8]
语义(semantics)[5,8,19,20]
语义分析(semantic analysis)[8]
语义关系(semantic relation)[8]
语义类型(semantic type)[8]
语义模式(semantic pattern)[8]
语义网(semantic web)[19]
语义语法(semantic grammar)[8]
语音理解(speech understanding)[5]
语音识别(speech recognition)[5]
语用学(pragmatics)[8]

域(domain)[1]
预测模型(predictive model)[11]
预测值(predictive value)[2]
预付诊金集体医疗(prepaid group practice)[23]
预后评分系统(prognostic scoring system)[10]
域名系统(domain name system, DNS)[5]
预先支付(prospective payment)[23]
预先支付制度(prospective payment system, PPS)[23]
原创内容(original content)[19]
原创知识信息(primary knowledge-based information)[19]
元词表(metathesaurus)[19]
元工具(meta-tool)[20]
员工模式健康维护组织(staff-model HMO)[23]
原始文献(primary literature)[19]
元数据(metadata)[5,19]
元数据收集协议(Protocol for Metadata Harvesting, PMH)[19]
原型系统(prototype system)[6,21]
远程呈现医疗保健(remote-presence health care)[10]
远程医疗(telemedicine)[1,10,14]
在线书目检索(online bibliographic searching)[19]
噪声(noise)[5]
增量成本效益比(incremental cost-effectiveness ratio)[11]
掌上电脑(personal digital assistant, PDA)[13]
长期记忆(long-term memory)[4]
兆比特(megabit)[5]
兆字节(megabyte)[5]
真阳结果(true-positive result, TP)[3]
真阳率(true-positive rate, TPR)[3]
真阴结果(true-negative result, TN)[3]
真阴率(true-negative rate, TNR)[3]
帧中继(frame relay)[5]
诊断(diagnosis)[1,10,20]
诊断过程(diagnostic process)[20]
整合医疗服务网络(integrated delivery network, IDN)[10,13,18]
整合模型(integrative model)[22]
正电子发射断层扫描(positron emission tomography, PET)[9]
证书(certificate)[5]
正则表达式(regular expression)[8]
症状监测(syndromic surveillance)[10]
只读存储器(read-only memory, ROM)[5,17]
支付意愿(willingness to pay)[3]
知识(knowledge)[2]
知识产权(intellectual property)[10]
知识基础型信息(knowledge-based information)[19]
知识库(knowledge base)[2,20]
只提供管理服务(administrative services only, ASO)[23]

直方图均衡(histogram equalization)[9,18]
直觉主义-多元论(intuitionist-pluralist)[11]
直接成本(direct cost)[11]
直接输入(direct entry)[12]
职业标准审查机构(Professional Standards Review Organization, PSRO)[23]
指数试验(index test)[3]
指向设备(pointing device)[5]
质量保证(quality assurance)[23]
质量管理(quality management)[16]
质量修正生命年(quality-adjusted life year, QALY)[3]
治疗阈值概率(treatment threshold probability)[3]
终端(terminal)[5]
终端接口处理器(terminal interface processor, TIP)[5]
中间件(middleware)[18]
终结性决策(summative decision)[11]
中心监护仪(central monitor)[17]
中心理论(centering theory)[8]
中央处理单元(central processing unit, CPU)[5]
中央计算机系统(central computer system)[13]
重症护理(critical care)[10]
重症监护病房(intensive care unit, ICU)[1,7,17]
机会结平均(averaging out at chance nodes)[3]
周转文档(turnaround document)[12]
主动存储设备(active storage)[5]
主观主义(subjectivist)[11]
主患者索引(master patient index, MPI)[13]
主机计算机(mainframe computer)[5]
主题词(subject heading)[19]
主题词表(thesaurus)[19]
专家词典(specialist Lexicon)[19]
专家证人(expert witness)[10]
专利(patent)[10]
专业档案库(specialized registry)[19]
专业开发的(professional-developed)[14]
专业评审法(professional-review approach)[11]
转录(transcription)[12]
转移概率(transition probabilities)[3]
转移矩阵(transition matrix)[8]
准法定方法(quasi-legal approach)[11]
准结构化访谈(semi-structured interview)[11]
咨询模型(consulting model)[20]
咨询系统(consulting system)[20]
资源描述框架(resource description framework, RDF)[19]
子语言(sublanguage)[8]
字(word)[5]
自变量(independent variable)[11]
自动标引(automated indexing)[19]
自动标引(indexing Initiative)[19]

字段(field)[5]
字段限定(field qualification)[19]
字符串(string)[19]
字节(byte)[5]
字母数字(alphanumeric)[19]
自然语言查询(natural-language query)[19]
自然主义的(naturalistic)[11]
自我保险计划(self-insured plans)[23]
自由文本(free text)[12]
自由语素(free morpheme)[8]

字长(word size)[5]
综合目录(aggregate content)[19]
综合业务数字网(Integrated Services Digital Network,ISDN)[5]
总体基准率(population baseline rate)[2]
总统信息技术顾问委员会(President's Information Technology Advisory Committee,PITAC)[19]
创作系统(authoring system)[21]
作业(job)[5]